现代物理学丛书

量子力学

卷Ⅱ

（第五版）

曾谨言　著

科学出版社

北京

内 容 简 介

本书是作者根据多年在北京大学物理系和清华大学物理系（基础科学班）教学与科研工作的经验而写成，20世纪80年代初出版以来，深受读者欢迎. 物理有关专业本科生、研究生和出国留学生几乎人手一册. 本书还在台湾以繁体字出版发行，广泛流传于华裔读者中. 作为《现代物理学丛书》之一，本书是其中仍在出版发行的唯一的一部学术著作，每年都重印发行. 本书先后做了几次修订，现在出版的是第五版. 本书第二版（1990）做了大幅度修订与增补，分两卷出版. 卷Ⅰ可作为本科生教材或主要参考书，卷Ⅱ则作为研究生的教学参考书. 本书也是物理学工作者的一本有用的参考书.

卷Ⅱ主要包括：量子态的描述、量子力学与经典力学的关系、量子力学新进展简介，二次量子化、路径积分、量子力学中的相位、角动量理论、量子体系的对称性、氢原子与谐振子的动力学对称性、时间反演、相对论量子力学、辐射场的量子化及其与物质的相互作用. 为便于读者学习本书，书后附有分析力学简要回顾以及群与群表示理论简介.

图书在版编目 CIP 数据

量子力学. 卷Ⅱ/曾谨言著. —5版. —北京：科学出版社，2014.1
（现代物理学丛书）
ISBN 978-7-03-039461-3

Ⅰ.①量… Ⅱ.①曾… Ⅲ.①量子力学 Ⅳ.①O413.1

中国版本图书馆CIP数据核字（2013）第311387号

责任编辑：窦京涛/责任校对：郭瑞芝
责任印制：霍　兵/封面设计：迷底书装

科学出版社出版
北京东黄城根北街16号
邮政编码：100717
http://www.sciencep.com
河北鹏润印刷有限公司印刷
科学出版社发行　各地新华书店经销
*
1981年7月第一版　开本：720×1000 B5
2014年1月第五版　印张：35 1/4
2024年11月第三十一次印刷　字数：710 000

定价：89.00元

（如有印装质量问题，我社负责调换）

第五版序言

——纪念 Bohr“伟大的三部曲”发表一百周年，
暨北京大学物理学科建立一百周年

（一）它山之石，可以攻玉

2013 年，迎来了北京大学物理专业建系一百周年纪念. 一个偶然，但很愉快的巧合，同时迎来了 N. Bohr“伟大的三部曲”（The Great Trilogy）[①] 发表一百周年. 此文敲开了原子结构量子理论的大门. 之后的十几年中，在 Bohr 思想的影响下，经一批杰出物理学家的共同努力，使当时还比较后进的欧洲小国丹麦首都 Copenhagen 的 Bohr 研究所，成为世界公认的量子物理学研究中心. 在北京大学建设世界第一流的物理学科院所之际，《玻尔研究所的早年岁月，1921—1930》[②] 一书所讲述的经验很值得借鉴. “它山之石，可以攻玉”[③]. 按照我的理解，这些宝贵经验是：

（1）**科学进步本身有赖于鼓励不同思想的自由交流，也有赖于鼓励不同国家的科学家提出的各具特色的研究方法的相互切磋与密切合作**[②]（p. 127）. Bohr 的原子结构的量子理论就汇合了当时物理学两支主要潮流. 一是以英国人 E. Rutherford 和 J. J. Thomson 为先驱的有关物质结构的实验发现，另一是德国物理学家 M. Planck 和 A. Einstein 引导的关于自然规律的理论研究[②]（p. 61）. 表征 Bohr 研究所初期特色的不是一张给人深刻印象的庞大的物理学家名单，而是存在于这个集体中的不寻常的合作精神. 不断地讨论和自由交换思想，给每个物理学家带来了最美好的东西，常常提供了一个能引起决定性突破的灵感或源泉. Bohr 不是一个人孤独地工作，把世界上最活跃的，最有天赋和最有远见的物理学家集聚在他的周围是他最大力量所在. 矩阵力学的奠基人 Heisenberg 说过：“Science is rooted in conversation”[②]（p. 134）. 对量子力学和相对论量子力学做出了杰出贡献的 Dirac 在获得 Nobel 物理学奖后给 Bohr 的信中提到：“我感到我所

---

① N. Bohr, Philosophical Magazine, **26** (1913), *On the Constitution of Atoms and Molecules*, 1-25, 471-502, 857-875.

② 玻尔研究所的早年岁月，1921-1930. 杨福家，卓益忠，曾谨言译. 北京，科学出版社，1985. 译自 P. Robertson, *The Early Years, The Niels Bohr Institute*, 1921—1930. Akademisk Forlag, 1979.

③ 《诗经·小雅·鹤鸣》.

有最深刻的思想，都受了我和你谈话的巨大而有益的影响，它超过了与其他任何人的谈话，即使这种影响并不表现在我的著作中，它却支配着我进行研究的一切打算和计划”[②](p. 153). Bohr 相信，国际合作能在物理学发展中发挥积极的作用. 在 20 世纪 20 年代，Bohr 研究所已成了培育世界各国物理实验室和研究所的未来指挥员的一个苗圃[②](p. 155).

(2) 相对论与量子力学是 20 世纪物理学的两个划时代的贡献. A. Einstein 的名字被神话般地在人群中流传，可能是因为相对论主要是由他一人完成. 与此不同，量子力学的建立是如此困难和复杂，不可能由一个人独立完成. 在此艰辛的征途上，闪烁着当时最优秀的一群科学家的名字：M. Planck，A. Einstein，N. Bohr，W. Heisenberg，W. Pauli，L. de Broglie，E. Schrödinger，M. Born，P. A. M. Dirac 等. 值得注意的是，**他们都是在青年时代（≤45 岁）对量子力学理论做出了杰出贡献**，之后获得 Nobel 物理学奖. Bohr 研究所的一条重要经验是：**不仅仅要依靠少数科学家的能力和才华，而是要不断吸收相当数量的年轻人，让他们熟悉科学研究的结果与方法. 只有这样，才能在最大程度上不断提出新问题. 新思想就会不断涌进科研工作中**[②](p. 32).

(3) **进行理论性研究工作，必须每一时刻把理论的这个或那个结果与实验相比较，然后才能在各种可能性之间做出选择.** 这种工作方式表现在量子力学理论体系提出之前，Bohr 的原子的电子壳层结构理论对于化学元素周期律的唯象探索工作中. 尔后，Pauli 的第 4 个量子数和不相容原理的提出，也深受其影响. “Bohr 的巨大力量之一在于他总是凭借神奇的直观就能了解物理现象，而不是形式地从数学上去推导出同样的结果”[②](p. 116). 同样，**实验研究工作者必须与理论研究密切结合，这样可以减少实验工作的盲目性**[②](p. 15). **实验结果永远是检验一个自然科学理论正确与否的决定性的判据.**

（二）量子论是科学史中经过最准确检验的和最成功的理论

量子论诞生 100 周年之际，物理学界的主流认为：**“量子论是科学史中经过最准确检验的和最成功的理论”**[④]. 量子力学理论在微观领域（原子与分子结构，原子核结构，粒子物理等），物质的基本属性（导电性，导热性，磁性等），以及天体物理，宇宙论等众多宏观领域都取得了令人惊叹的成果. 但由于量子力学的基本原理和概念与人们日常生活经验是如此格格不入，人们对它的疑虑和困惑长期存在. J. A. Wheeler 把量子力学原理比作 “Merlin principle”[⑤]. (Merlin 是传

---

④ D. Kleppner & R. Jackiw, Science **289** (2000) 893; A. Zeilinger, Nature **408** (2000) 639; M. Tegmark & J. A. Wheeler, Scientific American **284** (2001) 68.

⑤ S. Popescu & D. Rohrlich, Foundations of Physics, **24** (1994) 379.

说中的一个魔术师，他可以随追逐者而不断变化，让追逐者感到困惑）．回忆量子理论的一百多年的进展历史，真是光怪陆离．忽而柳花明，忽而又迷雾重重．N. Bohr 曾经说过："Anyone who was not shocked by quantum theory has not understood it". R. P. Feynman[⑥] 也说过："I think I can safely say that nobody today understands quantum mechanics."

20 世纪伊始，Planck 和 Einstein 以及 Bohr 的辐射（光）和实物粒子的能量的量子化所展示的**离散性**（discreteness）与经典物理量的连续性（continuity）的概念格格不入．1927 年 Heisenberg[⑦] 的**不确定性原理**（uncertainty principle）动摇了经典力学中用相空间（正则坐标和正则动量空间）描述粒子运动状态的概念．1935 年，EPR 佯谬[⑧]文章对量子力学正统理论的完备性提出质疑［主要涉及波函数的几率诠释和量子态的叠加原理所展示的"**非局域性**"（non-locality）］．同年稍早，Schrödinger 猫态佯谬[⑨]提出的"**纠缠**"（entanglement），对量子力学正统理论是否适用于宏观世界提出质疑．在尔后长达几十年时期中，EPR 佯谬与 Schrodinger 猫态佯谬一直成为人们争论的课题．但迄今**所有实验观测都与基于局域实在论**（local realism）**而建立起来** Bell **不等式**（CHSH 不等式）**矛盾，而与量子力学的预期一致**[⑩]．**量子非局域性**在 R. P. Feynman 提出的"路径积分"（path-integral）理论中，特别是在 AB（Aharonov-Bohm）效应中，表现得特别明显[⑤]．例如，电子经过一个无磁通的空间中的轨迹，依赖于此空间以外的磁场．此外，迄今人们所知的所有基本相互作用，与 AB 效应一样，都具有规范不变性．

尽管量子力学理论的所有预期（predictions）已为迄今所有实验观测所证实，**人们对其实用性已经没有什么怀疑**．但仍然有人对量子力学理论的正统理论（Copenhagen 诠释）提出非议，认为它是"来自北方的迷雾"（the fog from the north）[⑪]．特别是对于**电子的双缝干涉实验**的诠释，Feynman[⑫] 认为是"量子力学中核心的问题"．在此干涉实验中，人们不知道电子是经过哪一条缝而到达干涉屏上的．而一旦人们能确定电子是经过哪一条缝（例如紧靠一条缝放置一个适当的测量电子位置的仪器），干涉条纹就立刻消失．Copenhagen 诠释认为：这是由于**测量仪器的不可避免的干扰**（"unavoidable measurement disturbance"）所

---

⑥ T. Hey & P. Walters, *The New Quantum Universe*. Cambridge University Press, 2003, page xi. 中文译本，雷奕安译，新量子世界，湖南科技出版社，2005.

⑦ W. Heisenberg, Zeit. Physik **43** (1927) 172；英译本见 *Quantum Theory and Measurement*, J. A. Wheeler & W. H. Zurek 主编，Princeton University Press, NJ, 1984, p. 62.

⑧ A. Einstein, B. Podolsky, & N. Rosen, Phys. Rev. **47** (1935) 777.

⑨ E. Schrödinger, Naturwissenschaften, **23** (1935) 807.

⑩ A. Aspect, Nature **398** (1999) 189; S. Gröblacher, et al., Nature **446** (2007) 871.

⑪ M. Schlosshauer, Nature **453**(2008) 39.

⑫ *The Feynman Lectures of Physics*, vol. 3, *Quantum Mechanics*. Addison-Wesley, Reading.

致. 近期 Dürr 等[13]在原子干涉仪上做了一个 **"测定路径的实验"** (which-way experiment)，即用一束冷原子对光驻波(standing waves of light)的衍射，可观测到对比度很高的衍射花样. 在此实验中未用到双缝，也不必测定原子的位置，而是用原子的内部态来标记原子束的不同的路径. 此时，衍射花样立即消失. 在此实验中，"the 'back action' of path detection is too small (about four orders of magnitude than the fringe separation) to explain the disappearance of the interference pattern". 他们认为不必借助于测量仪器的不可控制的干扰来说明此现象. 他们提出另一种看法：即用 "correlations between the which-way detector and the atomic motion"，即用 "纠缠"(entanglement)来说明. P. Knight[14] 指出：

> "Entanglement is a peculiar but basic feature of quantum mechanics. Individual quantum-mechanical entities need have no well-defined state; they may instead be involved in collective, correlated ('entangled') state with other entities, where only the entire superposition carries information. Entanglement may apply to a set of particles , or to two or more properties of a single particle".

(三) 如何理解不确定度关系的表述

近期，在文献中有不少涉及不确定度关系的评论. 在量子力学教材中，**不确定度关系**(uncertainty relation)通常表述如下：对于任意两个可观测量 A 和 B，

$$\Delta A \Delta B \geqslant \frac{1}{2} |\langle [A, B] \rangle| \tag{1}$$

上式中，$[A,B] \equiv (AB - BA)$，$\Delta A = \sqrt{\langle A^2 \rangle - \langle A \rangle^2}$ 与 $\Delta B = \sqrt{\langle B^2 \rangle - \langle B \rangle^2}$ 是标准偏差，$\langle A \rangle = \langle \psi | A | \psi \rangle$ 与 $\langle B \rangle = \langle \psi | B | \psi \rangle$ 是可观测量 A 和 B 在量子态 $|\psi\rangle$ 下的平均值. 不确定度关系(1)首先由 Robertson[15]，Kennard[16] 和 Weyl[17] 给出. 在量子力学教材中，不确定度关系(1)是基于波函数的统计诠释和 Schwartz 不等式得出的. 它的确切含义是：**对于完全相同制备的大量量子态(即系综)，可观测量 A 和 B 的独立测值的标准误差的乘积受到的限制**[18]. **不确定度关系并不涉及一个测量的精度与干扰，而是给定的量子态 $|\psi\rangle$ 本身的不确定度所固有的，不依赖于任**

---

[13] S. Dürr, T. Nonn & G. Rempe, Nature **395** (1998) 33.

[14] P. Knight, Nature **395** (1998) 12.

[15] H. P. Robertson, Phys. Rev. **34** (1929) 163.

[16] E. H. Kennard, Zeit. Phys. **44** (1927) 326.

[17] H. Weyl, *Gruppentheorie und quantenmechanik*, Hirzel, Leipzig, 1928.

[18] C. Branciard, PNAS **110** (2013) 6742-6727.

何特定的测量[19]**，并已经在许多实验中得到证实**[20]**，是没有争议的.** 但不确定度关系(1)常常被误解为：对于给定的量子态 $|\psi\rangle$，如果$\langle\psi|[B,A]|\psi\rangle\neq 0$，则人们不能对 A 和 B 联合地(jointly)［或相继地(successively)］进行测量[18]. 关于不确定度关系含义的更全面的讨论，可参见卷Ⅰ，4.3.1 节的［注］.

不确定度关系的物理内涵就理解为**不确定性原理**(uncertainty principle). 特别是，对于一个粒子的坐标和动量，$A=x$，$B=p_x$，$C=\hbar$，是一个非 0 的常量，因此，**一个粒子同一时刻的坐标和动量不可能具有完全确定的值；或者说，一个粒子的坐标和动量不可能具有共同本征态.**

Schrödinger 很早还指出[21]，与不确定度关系(1)的平方相应的表示式的右侧，还应加上一项正定的协变项

$$(\Delta A)^2(\Delta B)^2 \geqslant \left|\frac{1}{2}\langle\psi|AB-BA|\psi\rangle\right|^2+\frac{1}{4}[\langle\psi|AB+BA|\psi\rangle-4\langle\psi|A|\psi\rangle\langle\psi|B|\psi\rangle]^2 \tag{2}$$

在一般情况下，不确定度关系式(1)给出的$(\Delta A)^2(\Delta B)^2$ 小于 Schrödinger 给出的式(2).

应该指出，Heisenberg 原来讨论的是**测量误差-干扰关系**(measurement error-disturbance relation)[19]

$$\varepsilon(A)\eta(B) \geqslant \frac{1}{2}|\langle[A,B]\rangle| \tag{3}$$

其中 $\varepsilon(A)$是可观测量 A 的测量误差，$\eta(B)$反映可观测量 B 受到的测量仪器的干扰(包括反冲等). 我国老一辈物理学家王竹溪先生把 Heisenberg 原来讨论的关系译为**测不准关系**，是有根据的. 文献[22]已指出，测量误差-干扰关系(3)形式上不完全正确的. 后来，Ozawa[23] 证明，测量误差-干扰关系(3)应该修订为

$$\varepsilon(A)\eta(B)+\varepsilon(A)\Delta B+\eta(B)\Delta A \geqslant \frac{1}{2}|\langle[A,B]\rangle| \tag{4}$$

近期，文献[19][24]给出了 Ozawa 测量误差-干扰关系(4)的借助于所谓弱测量(weak measurement)的实验验证. 由此，引发了涉及不确定性原理的很多议论. 有人认为，应该把有关内容写进量子力学教材中去，而有人对于 Ozawa 的测量

---

⑲ L. A. Rozema, A. Darabi, D. H. Mahler, A. Hayat, Y. Soudagar, and A. M. Steinberg, Phys. Rev. Lett. **109** (2012) 100404.

⑳ O. Nairz, M. Arndt, &A. Zeilinger, Phys. Rev. **A65** (2002) 032109，以及所引文献.

㉑ E. Schrödinger, Sitz. Preuss. Akad. Wiss. **14**(1930) 296-303；英译本见 arXiv：quant-ph 9903100 v2 15 Jun 2000.

㉒ L. E. Ballentine, Rev. Mod. Phys. **42** (1970) 358.

㉓ M. Ozawa, Phys. Rev. **A67** (2003) 042105; Phys. Lett. **A320** (2004) 367.

㉔ J. Erhart, S. Sponar, G. Sulyok, G. Badurek, M. Ozawa and Y. Hasegawa, Nature Physics **8** (2012) 185.

误差-干扰关系持不同的观点[25]. 最近，C. Branciard[18]提出了另外一个关系式，他称之为对于近似联合测量（approximate joint-measurement）的 error-tradeoff relation

$$\Delta B^2\varepsilon_A^2+\Delta A^2\varepsilon_B^2+2\sqrt{\Delta A^2\Delta B^2-\frac{1}{4}C_{AB}^2}\varepsilon_A\varepsilon_B\geqslant\frac{1}{4}C_{AB}^2 \quad (5)$$

(5) 式中 ΔA 与 ΔB 是标准偏差，ε_A 与 ε_B 是测量误差的方均根偏差，$C=\mathrm{i}\langle[B,A]\rangle$.

在经典力学中，一个粒子在同一时刻的坐标和动量可以精确确定，粒子的运动状态用相空间(正则坐标与正则动量空间)中的一个点来描述. 对于给定 Hamilton 量的体系，其运动状态随时间的演化，由它在相空间的初始点位置和正则方程完全确定，这就是经典力学中的决定论.

在量子力学中，基于 Heisenberg 不确定性原理，一个粒子的同一时刻的坐标和动量不具有确定值. 表现在量子态只能用 Hilbert 空间中的一个矢量$|\psi(t)\rangle$来描述. 而对于给定 Hamilton 量的体系，量子态随时间的演化由它的初始量子态$|\psi(0)\rangle$和 Schrödinger 方程完全确定. Heisenberg 不确定性原理的提出，是科学史中的一个重大发现. 不确定性原理展现出量子力学中的非决定性(indeterminacy)与经典力学中的决定论(determinism)形成截然反差，它标志量子力学理论与经典力学理论的本质的差异.

我们认为，**测量误差-干扰关系(测不准关系)与不确定度关系的含义不同，不可混为一谈. 更不可把测量误差-干扰关系与不确定性原理混为一谈. 测量误差-干扰关系的修订，不会动摇 Heisenberg 不确定性原理的普适性和量子力学理论的基础.**

(四) 纠缠的确切含义与纠缠纯态的 CSCO 判据

现今人们已经普遍认同，1935 年 Schrödinger 提出的**纠缠**，是一个非常基本但又很奇特的概念[14]. 不确定度关系与纠缠之间的密切关系，值得人们注意[26]. 关键点是要搞清量子纠缠的确切含义.

对于一个量子纯态的纠缠，一种看法是：**“与波动-粒子二象性属于单粒子性质相反，量子纠缠至少涉及两个粒子[27]”**. 另一种看法是：**纠缠并不一定涉及两个粒子，而只涉及不同自由度的(至少)两个彼此对易的可观测量**. 这一点在 P. Knight 的文献[14]中已提及. 在 V. Vedral[28] 文中更明确提到：

---

[25] R. Cowen，Nature **498** (2013) 419，以及所引文献.

[26] M. Q. Ruan&J. Y. Zeng，Chin. Phys. Lett. **20** (2003) 1420.

[27] A. Aspect，Nature **446** (2007) 866.

[28] V. Vedrel，Nature **453** (2008) 1004.

"What exactly is entanglement? After all is said and done, it takes (at least) two to tangle, although *these two need not be particles*. To study entanglement, two or more subsystems need to be identified, together with the appropriate degrees of freedom that might be entangled. These subsystems are technically known as modes. Most formally, *entanglement is the degree of correlation between observables (pertaining to different modes)* that exceeds any correlation allowed by the laws of classical physics."

只涉及单个粒子的不同自由度的两个对易的可观测量的纠缠纯态的实验制备，已经在很多实验室中完成. 例如，在 Dürr 等[13]的实验中，制备了一个原子的质心动量与它的内部电子态的纠缠纯态. 在 C. Monroe 等[29]实验中，实现了在 Paul 阱中的一个$^9Be^+$离子的内部态（电子激发态）与其质心运动（即离子的空间运动）的纠缠纯态. 在文献[30]中，分析了一个自旋$\hbar/2$为的粒子的自旋与其路径的纠缠态.

对于一个给定的量子纯态的纠缠问题，已经有很多的理论工作，但问题似未得到很好解决. 下面给出一个纯态的纠缠判据.

一般而言，量子纠缠涉及不同自由度的至少两个对易的可观测量. 为确切起见，谈及一个纠缠纯态，必须指明，它是什么样的两个(多个)对易的可观测量的共同测量之间的关联[26]. 例如，对易的两个可观测量 A 和 B 的纠缠纯态，有如下两个特点[31]：

(a) 测量之前，A 和 B 都不具有确定的值（即不是 A 和 B 的共同本征态).

(b) A 和 B 的共同测量值之间有确切的关联(概率性的).

我们注意到，按照不确定度关系，一般说来，不对易的可观测量不能同时具有确定值，或者说，它们不能具有共同本征态[32]. 不确定度关系本身，不明显涉及自由度的问题. 如果两个可观测量属于不同自由度，则彼此一定对易，因而不涉及不确定度关系. 而纠缠则是涉及不同自由度的两个或多个可观测量(彼此一定对易)的共同测量值之间的关联. 所以，量子纠缠与不确定度关系应该有一定的关系. 但在此，一定会涉及多自由度体系.

一个多自由度或多粒子体系的量子态，需要用一组对易可观测量完全集(CSCO)的共同本征态来完全确定[33]，而一组对易可观测量原则上是可以共同测

㉙ C. Monroe, D. M. Meekhof, B. E. King, D. J. Wineland, Science **272** (1996) 1131.

㉚ T. Pranmanik, *et al.*, Phys. Lett. **A374** (2010) 1121.

㉛ A. Mair, A. Vaziri, G. Weith&A. Zeilinger, Nature **412** (2001) 313 .

㉜ J. Y. Zeng, Y. A. Lei, S. Y. Pei & X. C. Zeng, arXiv: 1306. 3325(2013).

㉝ P. A. M. Dirac, *The Principles of Quantum Mechanics*, 4th. ed, 1958, Oxford University Press, 或见卷 I4. 3. 4 节.

定的. 在实验上，相当于进行一组完备可观测量的测量，用以完全确定体系的一个量子态. 一组对易的可观测量完全集的共同本征态，张开体系的 Hilbert 空间的一组完备基，体系的任何一个量子态都可以用这一组完备基来展开.

设$(A_1,A_2,\cdots)$构成体系的一组 CSCO，其共同本征态记为$\{|A'_1,A'_2,\cdots\rangle\}$，同样，设$(B_1,B_2,\cdots)$构成体系的另一组 CSCO，其共同本征态记为$\{|B'_1,B'_2,\cdots\rangle\}$. 定义厄米对易式矩阵 $C=C^+$，其矩阵元素为 $C_{\alpha\beta}\equiv\mathrm{i}[B_\beta,A_\alpha]$用以描述$(A_1,A_2,\cdots)$中的任何一个可观测量与$(B_1,B_2,\cdots)$中任何一个可观测量的对易关系. 与不确定度关系相似，A_α 与 B_β 也满足与不确定度关系相似的关系，

$$\Delta A_\alpha\Delta B_\beta\geqslant\frac{1}{2}[\langle[A_\alpha,B_\beta]\rangle|=\frac{1}{2}|C_{\alpha\beta}| \tag{6}$$

下面考虑，在 $\mathrm{CSCO}(A_1,A_2,\cdots)$的某一个给定的共同本征态下，彼此对易的各可观测量$(B_1,B_2,\cdots)$的共同测量值之间的关联. 以下给出一个纯态的纠缠判据：[证明见本书卷Ⅱ，3.4.3 节]

(a) 设矩阵 C 的每一行 $i(\mathrm{i}=1,2,\cdots)$，至少有一个矩阵元素 C_{ij} 不为 0，[即每一行 i 的所有元素 $C_{ij}(j=1,2,\cdots)$，不完全为 0].

(b) 对于所有$\{|\psi\rangle=|A'_1,A'_2,\cdots\rangle\}$，$\langle\psi|C|\psi\rangle$不完全为 0.

如以上两个条件都满足，则在量子态$\{|\psi\rangle=|A'_1,A'_2,\cdots\rangle\}$态下，对$(B_1,B_2,\cdots)$进行完备测量时，它们的测量值是彼此关联的(几率性)，即$\{|\psi\rangle=|A'_1,A'_2,\cdots\rangle\}$是$(B_1,B_2,\cdots)$的纠缠态.

如果只有条件(a)满足，而条件(b)不满足，则不能判定所有量子态$\{|A'_1,A'_2,\cdots\rangle\}$都是，或都不是，$(B_1,B_2,\cdots)$的纠缠态.

可以看出，上述量子纯态的纠缠判据与不确定度关系，在结构上有相似之处，可以认为它是不确定度关系在多自由度体系情况下的推广. 读者不难从一些常见的纠缠纯态来进行验证（参见卷Ⅱ，3.4 节).

(五) 量子力学理论与广义相对论的协调

在纪念量子论诞生一百周年之际，Amelino-Camelia[㉞]提及：量子理论与相对论是 20 世纪物理学的最成功的两个理论. 广义相对论是一个纯经典的理论，它描述的空间－时间的几何是连续和光滑的，而量子力学描述的物理量一般是分立的. 这两个理论是不相容的，但都在各自的不同的领域取得巨大成功（“大爆炸”现象除外). 量子力学成功地说明了微观世界以及一定条件下的一些宏观现象的规律，而广义相对论成功说明了宇观领域的一些现象. 把相对论与量子理论结合起来，是人们必须克服的一个巨大障碍，而在解决两者冲突的过程中可能诞生新的物理学规律.

㉞ G. Amelino-Camelia，Nature **408** (2000) 661；**448** (2007) 257.

关于纠缠和非局域关联，N. Gisin[35] 谈道："在现代量子物理学中，纠缠是根本的，而空间是无关紧要的，至少在量子信息论中是如此，空间并不占据一个中心位置，而时间只不过是标记分立的时钟参量. 而在相对论中，空间-时间是基本的，谈不上非局域关联."

涉及纠缠和非局域关联的近期工作，应提及 Schrödinger 的操控（steering)[36] 以及信息因果性（information causality)[37]. 操控是一种新的量子非局域性形式，它介于纠缠与非局域性之间. 信息因果性作为一个原理，它对于能够进行传递的信息总量给出了一个限制. 特别应该提到 J. Oppenheim & S. Wehner[38] 的不确定性原理与非局域性的密切关系的工作. 该文提到：

"量子力学的两个核心概念是的 Heisenberg 不确定性原理与 Einstein 称之为'离奇的超距作用'的一种奇妙的非局域性. 迄今，这两个基本特性被视为不同的概念. 我们指出，两者无法分割，并定量地联系在一起. **量子力学的非局域性不能超越不确定性原理的限制**. 事实上，对于所有物理理论，不确定性与非局域性的联系都存在. 更特别提及，任何理论中的非局域度（degree of non-locality）由两个因素决定：不确定性原理的力度和操控的力度，后者决定在某一个地点制备出来的量子态中，哪些量子态可以在另一个地点被制备出来".

与任何一个自然科学理论一样，量子力学是在不断发展中的一门学科，而且充满争议. 从更积极的角度来看待过去长时期有关量子力学理论的争论，C. Teche[39] 说：

"The paradoxes of the past are about to the technology of the future."

的确，在过去的 20 多年中，量子信息理论和技术，量子态工程，纳米材料学科等领域都有了长足的进展.

在 20 世纪即将结束之际，P. Davis 写道[6]：

> "The 19th century was known the *machine age*, the twentieth century will go do down in history as the *information age*. I believe that the twenty-first century will be the *quantum age*."

对此，有人持不同看法，认为 21 世纪将是生物学和医学的时代. 作者认为，这两种说法都有一定道理. 不同学科领域的进展是互相影响和互相渗透的. 显然，如果没有物理学的进展，例如，光谱学、显微镜、X 射线与核磁共振等技术，现代生物学和医学的进展就难以理解. 物理学研究的是自然界最基本的，但

---

[35] N. Gisin, Science **326** (2009) 1357.

[36] N. Brunner, Science **326** (2010) 842，以及所引文献.

[37] M. Pantowski, *et al.*, Nature **466** (2003) 1101; S. Popescu & D. Rohrlich, Foundations of Physics **24** (1994) 379.

[38] J. Oppenheim & S. Wehner, Science **330** (2010) 1072.

[39] C. Teche, science 290 (2001) 720.

相对说来又是比较简单的规律. 生物学与医学的规律要复杂得多，它的发展与化学和物理学等学科的进展密切相关. 可以期望，在 21 世纪，这些领域都可能有出乎我们意料之外的进展.

*　　　　*　　　　*

作为《现代物理学丛书》之一，本书从 1981 年出版以来，受到广大读者的欢迎和同行专家的肯定. 考虑到量子力学近期的进展，本书曾经几次再版，并且每年都大量重印. 多年以来，本书的繁体字版本还在台湾大量发行. 三十多年过去了，本书是《现代物理学丛书》中至今仍在发行的唯一著作. 本书的历届责任编辑：陈菊华、张邦固、昌盛、贾杨、窦京涛的长年细致工作，保证了本书出版的高质量. 本书第四版的各章的习题的详细解答，可参见张鹏飞教授等所著《量子力学习题解答与剖析》（科学出版社，2011）. 本书第五版的习题与第四版相同，未做变动. 裴寿镛教授对本书第五版的修订提了很多宝贵建议. 作者在此一并表示感谢. 欢迎广大读者和同行教师对本书提出宝贵的修改意见，以便再版时进行修改.

作者于北京大学

2013 年 8 月

第四版（2007年）序言（摘录）

量子论的提出，已经历一百多年．量子力学的建立已有80年的历史．简单介绍一下国际学术刊物的一些文献对量子力学的评价及有关实验结果，对读者是有裨益的．

在纪念量子论诞生100周年之际，D. Kleppner & R. Jackiw写道[①]：

"Quantum theory is the most precisely tested and most successful theory in the history of science."

尽管量子力学已经取得如此重大的成功，由于量子力学的基本概念和原理（波动-粒子二象性与波函数的统计诠释，量子态叠加原理和测量问题，不确定度关系等）与人们日常生活经验严重抵触，人们接受起来有很大难度．正如N. Bohr所说：

"Anyone who is not shocked by quantum theory has not understood it."

对待量子力学基本概念和原理的诠释，一直存在持续的争论．而大多数争论集中在著名的EPR（Einstein-Podolsky-Rosen）佯谬[②]和Schrödinger猫态佯谬[③]两个问题[④]．

对于EPR佯谬的争论，M. A. Rowe等（2001）[⑤] 做了如下表述：

"Local realism is the idea that objects have definite properties whether or not they are measured, and that measurements of these properties are not affected by events taking place sufficiently far away. Einstein, Podolsky and Rosen used those reasonable assumptions to conclude that quantum mechanics is incomplete."

很长一段时间，争论一直停留为纯理论性或思辨性的．但[⑤]

"Starting in 1965, Bell and others constructed mathematical inequalities whereby experiments tests could distinguish between quantum mecha-

---

① D. Kleppner and R. Jackiw, Science **289**(2000) 893.

② A. Einstein, B. Podolsky, and N. Rosen, Phys. Rev. **47**(1935) 777.

③ E. Schrödinger, Naturwissenschaften **23**(1935) 807-812, 823-828, 844-849；英译文见，Quantum Theory and Measurement, ed. J. A. Wheeler and W. H. Zurek (Princeton University Press, NJ, 1983), p. 152～167.

④ A. J. Leggett, Science **307**(2005) 871.

⑤ M. A. Rowe, et al., Nature **409**(2001) 791.

nics and local realistic theories. Many experiments have since been done that are consistent with quantum mechanics and inconsistent with local realism."

Bell 不等式[①②]所揭示的局域实在论（local realism）与量子力学的矛盾是统计性的. Bell 不等式是对 2 量子比特的自旋纠缠态（自旋单态）的分析得出的. Greenberger，Horne & Zeilinger 对 Bell 的工作做了推广[③]，他们分析了 N（$\geqslant$3）量子比特的纠缠态（GHZ 态），发现量子力学对某些可观测量的确切预期（perfect prediction）结果与定域实在论是矛盾的[③④]. 后来的实验观测结果与量子力学预期完全一致，而与定域实在论尖锐矛盾[⑤]. A. Zeilinger 在纪念量子论诞生 100 周年的文章[⑥]中写道：

"All modern experiments confirm the quantum predictions with unprecedented precision. Evidence overwhelmingly suggests that a local realistic explanation of nature is not possible."

Schrödinger 猫态佯谬一文提出了一个疑问，即"量子力学对宏观世界是否适用?"这也涉及量子力学和经典力学的关系［注意，不可把"经典"（classical）与"宏观"（macroscopic）等同起来］. 近年来，在特定的实验条件下，已相继制备出介观尺度和宏观尺度的 Schrödinger"猫态"[⑦⑧]. H. D. Zeh 和 W. H. Zurek[⑨⑩⑪]提出用退相干（decoherence）观点来描述微观世界到宏观世界的过渡. 他们认为[⑩]：

"States of quantum systems evolve according to the deterministic, linear Schrödinger equation

$$\mathrm{i}\hbar \frac{\mathrm{d}}{\mathrm{d}t}|\psi\rangle = H|\psi\rangle$$

---

① S. J. Bell, Physics **1**(1964) 195.

② J. F. Clauser, M. A. Horne, A. Shimony and R. A. Holt, Phys. Rev. Lett. **23**(1969) 880.

③ D. M. Greenberger, M. A. Horne, A. Shimony, and A. Zeilinger, Am. J. Phys. **58**(1990) 1131.

④ N. D. Mermin, Phys. Today, June, 1990, p. 9～11.

⑤ J. W. Pan, D. Bouwmeester, M. Daniell, H. Weinfurter and A. Zeilinger, Nature **403**(2000) 515.

⑥ A. Zeilinger, Nature **408**(2000) 639.

⑦ C. Monroe, *et al.*, Science **272**(1996) 1131.

⑧ C. H. Van der Wal, *et al.*, Science **290**(2001) 773.

⑨ H. D. Zeh, Found. Phys. **1**(1970) 69. W. H. Zurek, Phys. Rev. **D24**(1981) 1516; **D26**(1982) 1862.

⑩ W. H. Zurek, Phys. Today, Oct. 1991, p. 36～44; Rev. Mod. Phys. **75** (2003) 715.

⑪ D. Giulini, E. Joos, G. Kiefer, J. Kipsch, I. Stamatescu and H. D. Zeh, *Decoherence and Appearance of A Classical World in Quantum Theory*, Springer, Berlin, 1996.

That is, just as in classical mechanics, given the initial state of the system and its Hamiltonian H, one can compute the state at an arbitrary time. This deterministic evolution of $|\psi\rangle$ has been verified in carefully controlled experiments."

同时他们又指出，由于实在的宏观物体不可避免与周围环境相互作用，从而导致相干性迅即消失. 在一般情况下，不可能观测到宏观量子叠加态. 对此，G. J. Myatt 等写道[①]：

"The theory of mechanics applies to closed system. In such ideal situations, a single atom can, for example, exist simultaneously in a superposition of two different spatial locations. In contrast, real systems always interact with their environment, with the consequence that macroscopic quantum superpositions (as illustrated by the Schrödinger's cat' thought-experiment) are not observed."

对于量子力学基本概念的持续多年的争论，R. Blatt (2000) 评论道[②]：

"The apparently strange predictions of quantum theory have led to the notion of 'paradox', which arises only when quantum systems are viewed with a classical eye."

而 C. Tesche 认为[③]：

"The paradoxes of the past are about to the technology of the future."

人们看到，伴随这个长期的争论，一些新兴的学科领域，例如量子信息论（量子计算，量子远程传态，量子搜索，量子博弈等)，量子态工程等，正方兴未艾.

当然，尽管量子力学已在如此广泛和众多领域取得极为辉煌的成功，19 世纪末物理学家的历史经验值得注意. 量子力学是经过大量实验工作验证了的一门科学，它的正确性在人们实践所及领域内毋庸质疑. 但量子力学并非绝对真理. 量子力学并没有，也不可能关闭人们进一步认识自然界的道路. 人们应记住 Feynman 的如下告诫：

"We should always keep in mind the possibility that quantum mechanics may fail, since it has certain difficulties with philosophical prejudices that we have about measurement and observation."

此外，量子力学与广义相对论的矛盾，还未解决[④]. 关于量子力学的争论，或许

---

① G. J. Myatt, *et al*. Nature **403**(2000) 269.

② R. Blatt, Nature **404**(2000) 231.

③ C. Tesche, Science **290**(2001) 720.

④ G. Amelino-Camelia, Nature **408**(2000) 661.

是一个更深层次的有待探索的问题的一部分[①]. 正如中国古代伟大诗人屈原的《离骚》中所说:

"路漫漫其修远兮, 吾将上下而求索."

在进一步探索中, 人们对于自然界中物质存在的形式和运动规律的认识, 或许还有更根本性的变革.

作者于北京大学

2007 年 1 月

① M. Tegmark and J. A. Wheeler, Scientific American **284**(2001) 68.

第三版（2000年）序言（摘录）

今年，我们迎来了量子论诞生一百周年．量子力学的建立，也已历七十余载．量子力学与相对论的提出，是20世纪物理学两个划时代的成就．可以毫不夸张地说，没有量子力学与相对论的建立，就没有人类的现代物质文明．

“原子水平上的物质结构及其属性”这个古老而基本的课题，只有在量子力学理论基础上才原则上得以解决．可以说没有哪一门现代物理学的分支及相关的边缘学科能离开量子力学这个基础．例如，固态物理学、原子与分子结构和激光物理、原子核结构与核能利用（核电技术和原子弹）、粒子物理学、量子化学和量子生物学、材料科学、表面物理、低温物理、介观物理、天体物理、量子信息科学等，实在难以胜数．

然而在量子力学建立的早期年代，很少人意识到这个基本理论的广阔应用前景．当时，很少人能认识到，有朝一日量子力学会提供发展原子弹和核电技术所必需的理论基础．同样，也很少人想到基于量子力学而发展起来的固态物理学，不仅基本搞清了“为什么有绝缘体、导体、半导体之分?”“在什么情况下会出现超导现象?”“为什么有顺磁体、反磁体和铁磁体之分?”等最基本的问题，还引发了通讯技术和计算机技术的重大变革，而这些进展对现代物质文明有决定性的影响．

但事情到此并没有完结．尽管量子力学基本理论体系已在20世纪20年代建立起来，尽管正统的量子力学理论在说明各种实验现象和在极广泛领域中的应用已取得令人惊叹的成就，但围绕量子力学基本概念和原理的理解及物理图像，一直存在激烈的争论．我们兴奋地注意到，近年来量子力学在实验和理论方面已取得令人瞩目的新进展．在国际上一些权威性学术刊物（如Nature，Science，Phys. Rev. Lett. 等）上不断出现一系列报道．一方面，关于量子力学基本概念和原理的争论，**已从思辨性讨论转向实证性研究**［包括EPR佯谬，Bell不等式，量子力学中的非定域性的实验检验，Schrödinger猫态在介观尺度上的实现，纠缠态概念与路径判断（which-way）实验，作为描述系综的波函数的实验测量，等］，这些成果有助于人们重新理解量子力学的基本概念和原理，以及量子力学和经典力学的关系．另一方面，**一系列新的宏观量子效应不断被发现**，例如，继激光、超导和超流现象、Josephson效应等之后，近年来发现的量子Hall效应，高温超导现象，Bose-Einstein凝聚等．**相关的应用技术也正在迅速开展．**估计在21世纪初，量子力学的实用性会更加明显，一批新的交叉学科将应运而生，例如，量子态工程，量子信息科学等．

所有这些新的进展给人们两个印象：一是量子力学基本概念和原理的深刻内涵及其广阔的应用前景，还**远未被人们发掘出来，在我们面前还有一个很大的必然王国**. 量子力学的进一步发展，也许会对 21 世纪人类的物质文明有更深远的影响. 另一方面，人们看到，量子力学理论所给出的预言，已被无数实验证明是正确的. 当然，人们对量子力学基本概念和原理的理解还会不断深化，但可以相信，至少**在人们现今对物质存在形式的概念**下，量子力学的理论体系无疑是正确的.

*　　*　　*

本书是根据作者在北京大学从事量子力学教学和研究 40 年经验写成的. 作为一个教师，我愿对同行教师和同学们讲讲自己的对教学的一些看法.

教师的职责是从事教学. 教师教学生，教什么？如何教？学生要学，学什么？如何更有效地学？我认为一个好的高校教师，**不应只满足于传授知识，而应着重培养学生如何思考问题、提出问题和解决问题.**

这里涉及到科学上的继承和创新的关系. 中国有句古话："继往开来"，说得极好，很符合辩证法. 我的理解，**"继往"只是一种手段，而目的只能是"开来"**. 诚然，为了有效地进行探索性工作，必须扎扎实实继承前人留下的有用的知识遗产. 但如就此止步，科学和人类的进步自何而来？有了这点认识，我们的教学思想境界就会高得多，就别有一番天地，就把一个人的认识活动汇进不断发展的人类认识活动的长河中去了.

基于这点认识，教师就会自觉地去**贯彻启发式的教学方式**. 学生学一门课，学的是前人从实践中总结出来的间接知识. 一个好的教师，应当引导学生设身处地去思考，**是否自己也能根据一定的实验现象，通过分析和推理去得出前人已认识到的规律**？自然科学中任何一个新的概念和原理，总是在旧概念和原理与新的实验现象的矛盾中诞生的. 讲课虽不必要完全按照历史的发展线索讲，但有必要充分展开这种矛盾，让学生自己去思考，自己去设想一个解决矛盾的方案. 在此过程中，即使错了，也不要紧，学生可以由此得到极为宝贵的独立工作能力的锻炼. 如果设想出来的方案与历史上解决此矛盾的途径不一样，那就更好. 科学史上**殊途同归**的事例是屡见不鲜的. 对这样的学生，就应格外鼓励. 他们比能够原封不动重述书本的学生要强百倍.

学生有了这点认识，就不会在书本和现有理论面前顶礼膜拜（"尽信书不如无书"），而是把它们看成在**发展中的**东西. 一切理论都必须放在实践的审判台前来辩明其真理性. 我们提倡，**对待前人的知识遗产，既不可轻率否定，也不可盲目相信**. 这样，学生就敢于在通过思考之后对现有理论或老师所讲的东西提出怀疑. 这对于培养有创造性的人才是至关紧要的，也是应提倡的学风和师生关系(所谓"道之所存，师之所存也"，亦即"吾爱吾师，吾尤爱真理".）还应该在教学中提倡讨论的风气. Heisenberg 说过：**"科学植根于讨论之中."**

要真正贯彻启发式教学，教师有必要进行教学与科学研究. 而教学研究既有教学法的研究，但更实质性的是教学内容的研究.

从教学法来讲，教师讲述一个新概念和新原理时，**应力求符合初学者的认识过程**. 真理总是朴素的. 我相信，一切理论，不管它多困难和多抽象，总有办法深入浅出地讲清楚. 做不到这一点，常常是由于教师自己对问题的理解太肤浅. 此外，讲述新概念，如能与学生学过的知识或熟悉的东西联系起来讲，进行类比，则学习的难度往往会大为减轻，而且学生对新东西的理解也会更深刻.

在教学内容上，至少对于像量子力学这样的现代物理课程来讲，我认为还有很多问题并未搞得很清楚，很值得深入研究，决不可人云亦云. 吴大猷先生在他的《量子力学》（甲部）的序言中批评不少教材"辗转抄袭"，这并非夸张之词. （例如国内广泛流传的布洛欣采夫的《量子力学原理》书中提到：基于波函数的统计诠释，从流密度的连续性即可导出波函数微商的连续性，但这种论证是错误的.）教师如能**以研究的态度来进行教学**，通过"潜移默化"，学生也就会把这种精神和学风带到他们尔后的工作中去，这就播下了宝贵的有希望的种子，到时候就会开出更美丽的花朵，并结出更丰硕的果实（"青出于蓝而胜于蓝，冰生于水而寒于水"[①]）.

高校教师，除教学之外，还很有必要在某些前沿领域进行科学研究. 一个完全没有科研实践经验的人，对于什么是认识论，往往只会流于纸上谈兵. 对于人们怎样从不知到知，怎样从杂乱纷纭的现象中找出它们的内在联系，则一片茫然. 有科学实践经验的教师，在讲述一个规律或原理时，一般会注意**剖析人们怎样从不了解到了解它的过程，而不是把它看成一堆死板的知识去灌输给学生**. 我自己有过多次这样的体会，即当讲述一个问题时，如果自己在该问题有关领域做过一定深度的工作，讲起来就"很有精神"，"左右逢源"，并能做到"深入浅出"，"言简意赅". 反之，就只能拘谨地重述别人的话，不敢逾越雷池一步.

高校教师从事科学研究还有两个有利条件：一是有可能触及学科发展中某些根本性的问题，这对于只搞科研而不从事教学的人，往往难以注意到它们. 另一有利条件是能广泛接触很多年轻学生（本科生和研究生），他们是一支重要的新生力量，受传统思想的束缚较少. 教师在教他们的过程中，往往会得到很多启发. 历史上有不少科学家，在大学生或研究生阶段，就已对一些科学问题作出了重要贡献. 例如，R. P. Feynman 的量子力学路径积分理论，就是他在研究生阶段完成的. 有鉴于此，我在教学中，对改革考试制度做过如下的尝试：即在适当的时机，向同学们提出一些目前人们还不很清楚，而学生已有基础可以进行探讨的问题，如哪一位同学能给出一个解决的方案，就予以免试，给予最优秀的成绩. 出乎意料，有一些问题竟被少数聪明而勤奋的学生相当满意地解决了. 有人

---

① 见《荀子·劝学篇》，"青，取之于蓝，而青于蓝；冰，水为之，而寒于水".

也许会说，这样的问题不太好找．但我的经验表明，只要这门学科还在发展，这样的问题就比比皆是，但它们只对勤于思考的人敞开大门．当然，这样的问题并不一定都非常重要，但对于培养创新人才却是非常有效的．

最后谈谈教材建设．也许有人认为，像量子力学这样一门学科，世界上已有不少名著，没有必要再写一本教材．但我认为**只要科学发展不停顿，教材就应不断更新**．量子力学虽然比较成熟，但并不古老．学科的发展和教材的建设还远没有达到尽头．**我们充分尊重世界名著，但也不必被它们完全捆住了手脚**，何况这些名著也不尽适合我国的教学实际情况．回想 20 世纪 50 年代，国内各高校开设量子力学课的经验还很不足．当时北大有一些学生批评“量子力学不讲理”，“量子力学是从天上掉下来的”．这些批评虽嫌偏激，但也反映教学中存在不少问题．我从研究生毕业后走上讲台开始，就下了决心要改变这种状况．在长期教学实践和科学研究的基础上，写成了《量子力学》(上、下册，1981，科学出版社)．90 年代初，又改写成两卷本．在撰写时，我结合教学实际，对基本概念和原理的讲述，做了一些新的尝试．实践证明，收到了较好的效果．出版之后，我先后收到一千多封读者热情的来信，给予了肯定，认为对提高我国的量子力学教学水平以及培养我国(包括台、港、澳地区及世界各地华裔)一代年轻物理学工作者做出了积极的贡献．该书先后十几次重版，仍不能满足读者要求．

岁月如流，40 年转瞬即逝．我们的祖国正欣欣向荣．但应该看到，我国的教育事业，与先进国家相比，还有较大差距．我们中华民族曾经有过光辉的历史，对人类的科学和文化做出过很多重大贡献．但近几百年来，我们落后了．一个国家，如果教育长期落后，就不可能强大繁荣，一个民族如不重视教育，就无法自立于世界民族之林．在此新世纪来临之际，我们必须不失时机奋起直追．这可能需要几代人的努力，作为一个教师，我寄希望于年轻一代．“十年树木，百年树人”．深信我们祖国群星灿烂、人才辈出的光辉前景，定会加速到来．

作者于北京大学

2000 年 1 月

第一、二版（1990，1997年）序言（摘录）

10年前，作者所著《量子力学》（上、下册，科学出版社，1981）的内容是针对当时国内量子力学教学实际情况而选定的．该书出版以来，受到广大读者欢迎，多次重印，仍不能满足要求．作者先后收到读者近千封热情洋溢的来信，给予了肯定和较高的评价，认为对提高我国量子力学教学水平起了积极的作用．1988年初国家教委颁发了建国以来首届国家级高校优秀教材奖，该书是获奖的六本物理书之一．1989年又获得第一届国家级高等院校优秀教学成果奖．

10年以来，我国量子力学教学水平有了明显提高．各高校普遍招收了研究生．作为物理及有关专业研究生的基础理论课，普遍设置了高等量子力学课．为适应这种情况，本书将分两卷出版．卷Ⅰ作为本科生教材或参考书，而卷Ⅱ则作为研究生的教学参考书．

在撰写本书时，作者参照了国外近年来出版的一些新教材的优点，更多地反映了量子力学在有关科研前沿领域中的应用，同时还选用了同行和作者近年来所做的某些教学研究成果．

关于量子力学发展史的介绍，过去国内教材很少直接引证原始文献，有些史实的讲述与历史有出入．本书根据国外一些可靠的量子力学史籍和原始文献，做了一些重要订正．例如，关于Planck黑体辐射公式提出的历史背景，Bohr的对应原理等．

基本概念和原理的讲述，历来是一个大难点．过去学生批评"量子力学课不讲理"，"量子力学是从天上掉下来的"．根据作者多年从事教学和科研工作的经验，在《量子力学》（1981）中，曾经对基本概念和原理的讲述做了一些新的尝试，例如，**从波动-粒子二象性的分析来引进波函数的统计诠释**，以及说明**为什么必须引进算符来刻画可观测量**，关于**量子态概念与态叠加原理**，**表象理论**等．作者着重引导读者去分析问题和解决问题，以增进读者的学习兴趣．这方面得到了很多同行和读者的肯定．在撰写本书时，作者又做了进一步改进，并纠正了一些流行的不恰当的讲法．

过去国内量子力学课的讲法往往给读者造成一个印象，认为力学量本征值问题似乎总是在一定边条件下去求解微分方程，这有历史的原因．但据作者所知，实际科研工作中更多地是用代数方法求解力学量的本征值．有一些本征值问题可以用代数方法给出极漂亮的解法．例如，角动量的Dirac理论和Schwinger表象．为弥补这方面的不足，本书增设力学量本征值问题的代数解法一章．

还有一些问题，在有关科研领域中经常碰到，但在过去教材中讨论得很少，例如，低维体系，定态微扰论与量子跃迁的关系，共振态与束缚态的关系，散射振幅的极点与束缚定态能级的关系，Hellmann-Feynman 定理，自然单位等，本书用了适当篇幅予以介绍. 散射理论一章做了大幅度修改. 对于散射的经典描述和量子力学描述的比较，守恒量分析在散射理论中的重要性，Born 近似的适用条件等，都做了较详细的讨论.

为了有助于读者更深入理解有关概念和原理，书中安排了适量的思考题和练习题. 为增进读者运用量子力学处理具体问题的能力，在每章之末选进了大量习题供读者选用，并附有答案和提示. 这些习题中有相当部分选自近年来国外研究生资格考试题. 采用本书的读者，可同时选用《量子力学习题精选与剖析》（钱伯初，曾谨言，科学出版社）作为主要参考书.

应该强调，教材是给学生学习用的. 教师讲课时应根据不同情况（学生水平，专业需要等）选讲本书的一部分（＜2/3），其余部分最好留给学生自由阅读，这有利于不同程度和兴趣的学生发展其聪明才智. 教师应该明确，教学的目的主要是培养学生分析问题和解决问题的能力，而不应局限于传授具体的知识.

作者于北京大学

1989 年春

原始版（上、下册）（1981年）序言（摘录）

量子力学是在人类的生产实践和科学实验深入到微观物质世界领域的情况下，在20世纪初到20年代中期建立起来的. 人们从实践中发现，在原子领域中，粒子的运动行为与日常生活经验中粒子的运动行为有质的差异，在这里我们碰到一种新的自然现象——**量子现象**，它们的特征要用一个普适常量——Planck常量 h 来表征. 经典物理学在这里碰到了无法克服的矛盾，量子力学的概念与规律就是在解决这些矛盾的过程中逐步揭示出来的.

但是，不能认为量子力学规律与宏观物质世界无关. 事实上，**量子力学的规律不仅支配着微观世界，而且也支配着宏观世界**，可以说全部物理学都是量子力物理学的. 已被长期实践证明的描述宏观自然现象的经典力学规律，实质上不过是量子力学规律的一个近似. 一般说来，在经典物理学中不直接涉及物质的微观组成问题，因而量子效应并不显著，所以经典力学是一个很好的近似. 例如，行星绕太阳的运动，与氢原子中电子绕原子核的运动相似，都受量子力学规律支配，但对于前者，量子效应是微不足道的（角动量 $mvR \gg h$，m 是行星质量，v 是速度，R 是轨道半径），因此，经典力学规律被证实是相当正确的.

但有一些宏观现象，量子效应也直接而明显地表现出来，例如，极低温下（v 很小）的超导现象与超流现象；又例如，白矮星及中子星等高密度（R 很小）的星体以及常温、常压、常密度情况下质量 m 很小的粒子系（例如，金属中的电子气），量子效应都很显著，不能忽视. 因此，**经典力学与量子力学适用范围的分界线，应当根据量子效应重要与否来划分.**

量子力学规律的发现，是人们对于自然界认识的深化. 量子力学，特别是非相对论量子力学的基本规律与某些基本概念，从它们建立到现在的50多年中，经历了无数实践的考验，是我们认识和改造自然界所不可或缺的工具. 由于量子力学所涉及的规律极为普遍，它已深入到物理学的各个领域，以及化学和生物学的某些领域. 现在，可以说，要在物理学的任何领域进行认真的工作，没有量子力学是不可思议的. 事实上，量子力学已成为现代物理学的不可或缺的理论基础.

当然，与任何一门自然科学一样，量子力学也只是在不断发展中的相对真理. 从量子力学建立以来，对它的某些基本概念以及对其基本规律的一些看法，始终存在着不同见解的争论. 这需要通过进一步的科学实践以及新的矛盾的揭示来逐步加以解决.

作者于北京大学

1981年春

目　　录

卷 I 总目录

卷Ⅱ总目录

卷Ⅱ章节目录

第 1 章　量子态的描述

1.1　量子力学基本原理的回顾

1.1.1　波动-粒子两象性，波函数的统计诠释

经典力学中，一个粒子的运动状态，可用它在每一时刻 t 的坐标和动量(即相空间中一个点)给出确切的描述；而运动状态随时间的演化，遵守 Newton 方程(或与之等价的正则方程等). 所以，如粒子在初始($t=0$)时刻的坐标和动量一经给定，则以后任何 $t>0$ 时刻粒子的运动状态就随之而定. 这是一个决定论性的(deterministic)描述.

无数实验已确切证明，微观粒子具有波动-粒子两象性(wave-particle duality). 可以理解，微观粒子的运动状态的描述方式及其随时间演化的规律，必然不同于经典力学中的粒子.

对波动-粒子两象性做认真分析(卷Ⅰ，2.1 节)后，可以看出，实验观测中所展现出来的“粒子性”，只不过是微观粒子的“原子性”(atomicity)或“颗粒性”(corpuscularity)，即粒子是具有确切的内禀属性(电荷、质量等)的一个客体，但并不意味着粒子在空间中的运动具有确切的轨道，后一概念乃是经典力学中粒子运动的特性，与双缝干涉实验中显示出的粒子的波动性是不相容的. 近年来已有直接实验(所谓“which-way”实验)证明[①]，当人们可以确切判断粒子是从双缝中的哪一条缝穿过时，双缝干涉花纹就会完全消失.

另一方面，实验观测到的微观粒子的“波动性”，只不过是波动现象最本质的要素，即波的“相干叠加性”(coherent superposition)，但并不意味着这种波动一定是某种实在的物理量的波动(例如密度波、压强波等).

人们经过认真分析后发现，要把经典粒子的全部属性和经典波动的全部属性统一于同一客体是绝不可能的. 能把粒子性和波动性统一起来的，更确切地说，能把实物粒子的“原子性”和波动的“相干叠加性”统一起来的，惟一自洽的方案是 M. Born 提出的“概率波”(probability wave)概念，即波函数的统计诠释[②]. 这已为无数实验所确证. 为此，Born 获得 1954 年 Nobel 物理学奖.

---

① 例如，S. Dürr，T. Nonn & G. Rempe，Nature **395**(1998) 33，Origin of quantum-mechanical complementarity probed by a “which-way” experiment in an atom interferometer.

② M. Born，Zeit. Phys. **38**(1926) 803；Nature **119**(1927) 354；P. Jordan，Zeit. Phys. **41**(1927) 797；W. Heisenberg，Zeit. Phys **43**(1927) 172.

按照 Born 的波函数的统计诠释，设一个粒子的波动性用波函数 $\psi(\boldsymbol{r})$（复）描述，则

$$|\psi(\boldsymbol{r})|^2 \mathrm{d}x\mathrm{d}y\mathrm{d}z \tag{1.1.1}$$

就是发现粒子位置在 $\boldsymbol{r}$ 点的体积元 $\mathrm{d}x\mathrm{d}y\mathrm{d}z$ 中的概率. 按照概率的含义，显然要求波函数满足归一化条件

$$\iiint_{(\text{全空间})} |\psi(\boldsymbol{r})|^2 \mathrm{d}x\mathrm{d}y\mathrm{d}z = 1 \tag{1.1.2}$$

但应当强调，概率分布的最实质性的内容是“相对概率分布”. 因此，$\psi(\boldsymbol{r})$ 与 $C\psi(\boldsymbol{r})$（C 是不依赖于粒子坐标的任意常数）所描述的粒子在空间不同地点的相对概率分布是完全相同的，即描述的是同一个概率波. 所以量子力学中的波函数总是具有常数因子的不定性. 这一特点是经典波决不可能有的. 例如，经典波的振幅如增大 1 倍，则相应的实在物理量（如振动的能量）将增为 4 倍. 正是基于这种常数因子不定性，一个波函数总可以要求它满足归一化条件(1.1.2)[①]. 在保证归一化条件下，波函数还有相位不定性，因为 ψ 与 $\mathrm{e}^{\mathrm{i}\delta}\psi$（$\delta$ 为实常数）所描述的概率分布完全相同，而且如 ψ 满足归一化条件(1.1.2)，则 $\mathrm{e}^{\mathrm{i}\delta}\psi$ 显然也是归一化的.

对于多粒子体系，例如 2 粒子体系，波函数 $\psi(\boldsymbol{r}_1, \boldsymbol{r}_2)$ 描述的是 6 维位形空间(configuration space)中的波动，除了给予概率诠释外，别无他途，因为“6 维空间中的实在物理量的波动”是难以理解的.

虽然长期以来一直有人对波函数的统计诠释提出了各式各样的批评，但波函数的统计诠释已经在无数实验中被证明是正确的. 我们认为，在人们现今对于物质粒子存在形式的概念框架之下，波函数的统计诠释是能把波动-粒子两象性统一起来的惟一符合实验的方案，尽管从经典物理学的概念来看，它是格格不入的.

还应该强调，波函数的统计诠释中的概率分布，与数学概率论中的概率分布概念有本质不同. 在日常生活中，人们之所以要借助于概率统计理论来处理问题，是因为所处理的问题太复杂，决定事物进程的因素较多，人们无法根据已掌握的事物的现状去准确预测事物尔后出现的结果，所以不得不借助概率统计的方法进行预测. 在量子力学中，波函数必须采用统计诠释是由波动-粒子两象性所导致的. 波函数所预言的概率分布，只是对粒子测量结果的一种预期(expectation)，并非粒子已经具有那样的分布（既成事实）等待人们去观测它. 初学者往往对此有各种各样的误解. 这里就涉及纯态（纯系综）和混合态（混合系综）的概念，将于 2.2 节中讨论.

基于波函数的统计诠释，有人认为，量子力学对事物的描述总是概率性的(probabilistic). 这是一种片面的看法. 量子力学中，对于用波函数描述的微观粒

---

① 尽管任何量子体系的实际波函数，总是归一化的，考虑到波函数的要害是描述相对概率分布，量子力学中并不排除使用一些理想的、不能归一化的波函数，如平面波，δ 波包等. 详见卷Ⅰ.4.4 节.

子，并非对所有物理量的测量结果的预言都是概率性的. 这要看人们测量的是哪一个力学量. 其中对某些力学量的观测结果的预言只能是概率性的，而对另外某些力学量的观测的预言则可能是决定论性的(deterministic)，即只能出现惟一的结果，概率为 1. 这里就涉及力学量的本征态的概念(1.1.2 节)和本征态的相干叠加的概念(1.1.3 节). 这也可以认为是 Bohr 特别强调的"互补性原理"(complementarity principle)的一个重要方面. 波函数的统计诠释的更普遍的表述将在 1.1.3 节中给出.

1.1.2 力学量用算符描述，本征值与本征态，Heisenberg 不确定度关系

考虑到波动-粒子两象性，微观粒子的力学量必定有与经典粒子本质上不同的特征. 首先，按照 de Broglie 关系，$p=h/\lambda$，粒子的动量与波长的倒数成比例. 波长 λ 是表征波动随空间地点变化快慢的量，因此一般说来，"在空间某一点的波长"的提法，就没有严格的意义. 同样，"微观粒子局域于空间某一点的动量"的提法，也无严格的意义. 这表现在直接用波函数 $\psi(\boldsymbol{r})$（按照 Born 的波函数的统计诠释）来计算动量的平均值时，就不得不引进动量(梯度)算符，即(假设波函数 ψ 已归一化)

$$\overline{\boldsymbol{p}} = \int \psi^*(\boldsymbol{r})\hat{\boldsymbol{p}}\,\psi(\boldsymbol{r})\mathrm{d}^3 r, \qquad \hat{\boldsymbol{p}} = -\mathrm{i}\hbar\boldsymbol{\nabla} \tag{1.1.3}$$

可以看出动量平均值 $\overline{\boldsymbol{p}}$ 是与波函数的梯度(而不是与波函数在某点的局域值)相联系. $\psi(\boldsymbol{r})$的梯度愈大，就表现为波长愈短，因而动量平均值就愈大，这在物理图像上是很清楚的.

按动量算符的上述表示式，它的直角坐标分量 $p_\alpha(\alpha=x,y,z)$与坐标各分量 x_α $(\alpha=x,y,z)$满足下列对易关系式：

$$[x_\alpha,\hat{p}_\beta] \equiv x_\alpha\hat{p}_\beta - \hat{p}_\beta x_\alpha = \mathrm{i}\hbar\delta_{\alpha\beta} \tag{1.1.4}$$

这正是 Heisenberg 最先提出的粒子的坐标和动量的乘法不对易关系. (1.1.4)式是量子力学最基本的对易关系式，是波动-粒子两象性的表现. 凡有经典对应的力学量之间的对易关系，均可由它导出. 如粒子的角动量 $\hat{\boldsymbol{l}} = \boldsymbol{r}\times\hat{\boldsymbol{p}}$ 的分量之间的对易关系

$$[\hat{l}_\alpha,\hat{l}_\beta] = \mathrm{i}\hbar\varepsilon_{\alpha\beta\gamma}\hat{l}_\gamma \tag{1.1.5}$$

$\varepsilon_{\alpha\beta\gamma}$为 Levi-Civita 符号.

波动-粒子两象性的另一个集中表现就是坐标-动量不确定度关系(uncertainty relation)

$$\Delta x_\alpha\Delta p_\beta \geqslant \frac{\hbar}{2}\delta_{\alpha\beta} \quad (\alpha,\beta = x,y,z) \tag{1.1.6}$$

事实上，对于任何波动(无论是经典波或概率波)，都可以证明

$$\Delta x\Delta k \gtrsim 1 \tag{1.1.7}$$

式中 k 为波数. 注意：式(1.1.7)还不是量子力学中的不确定度关系. 但如考虑到微

观粒子的波动性，按 de Broglie 关系，$p=\hbar k(k=2\pi/\lambda)$. 由式(1.1.7)即可导出 $\Delta x\Delta p_x \gtrsim \hbar$，此即坐标-动量不确定度关系，它是微观粒子具有波动性的必然结果. 不确定度关系概括地指明：考虑到波动-粒子两象性，人们就不能全盘套用经典粒子的所有概念，特别是轨道运动概念，来描述微观粒子，它指明了应用经典粒子运动概念来描述微观粒子应受到的限制. 从形式上讲，当 $h\to 0$ 时，粒子波长 $\lambda=h/p\to 0$，$\Delta x\Delta p_x\to 0$，波动效应(即量子效应)就可以忽略，而经典力学就可以很好地描述粒子的运动. 在此极限下，粒子的坐标和动量就彼此对易，粒子的轨道运动概念也就很好地成立，这正是日常生活中使用的概念.

量子力学中，"力学量用算符来描述"的含义是多方面的. 除了上面已提到的计算力学量的平均值要用到算符表示外，量子力学有一个基本假定：一个力学量，如 F，在实验观测中的可能取值，就是相应的算符 $\hat{F}$ 的本征值之一，例如 F_n，

$$\hat{F}\psi_n = F_n\psi_n \tag{1.1.8}$$

ψ_n 是与 F_n 相应的本征态. 由于可观测量都为实数($F_n^* = F_n$)，这就要求 $\hat{F}$ 为厄米算符($\hat{F}^+ = \hat{F}$). 可以证明，对应于不同本征值的本征态彼此正交

$$(\psi_n, \psi_m) = \delta_{nm} \tag{1.1.9}$$

此外，力学量之间的关系也表现在算符之间的关系上. 例如，两个力学量 A 和 B 是否可以同时具有确定测值，就取决于相应的算符是否对易. 如$[\hat{A}, \hat{B}]=0$，则 $\hat{A}$ 与 $\hat{B}$ 可具有共同本征态，在这种共同本征态下，A 和 B 同时具有确定值. 反之，若$[\hat{A}, \hat{B}]\neq 0$，则一般说来，A 与 B 不能同时具有确定值. 可以证明更普遍的不确定度关系

$$\Delta A\Delta B \geqslant \frac{1}{2}\left|\overline{[\hat{A}, \hat{B}]}\right| \tag{1.1.10}$$

特例是，用坐标与动量算符的基本对易式(1.1.4)代入式(1.1.10)，即可得出不确定度关系(1.1.6)[注].

人们还发现，一个力学量，如 F，对应于它的某一个本征值的本征态可能不止一个，此之谓简并(degeneracy). 属于同一本征值的诸本征态，彼此不一定就正交. 但总可以使之正交归一化(例如采用 Schmidt 程序). 本征态的简并往往与算符的对称性有关(偶然简并除外). 在存在简并的情况下，往往存在另外的力学量，例如 $\hat{G}$，它与 $\hat{F}$ 对易. 此时，可以求 $\hat{F}$ 和 $\hat{G}$ 的共同本征态(simultaneous eigenstates)，根据 G 的不同的本征值，就有可能把 F 的诸简并态确定下来，此时，简并态之间的正交性就可自动得以保证.

在量子力学中，一个力学量 F(不显含 t)是否是守恒量，就根据它与体系的 Hamilton 量 $\hat{H}$ 是否对易来判断

[注] 参见本书，卷Ⅰ，4.3.1节，及该节的注.

$$[\hat{F}, \hat{H}] = 0 \tag{1.1.11}$$

这与经典力学中根据 Poisson 括号$\{F, H\}=0$是否成立来判断守恒量相对应.

关于力学量的本征值问题,还有几点值得提到:

(1)量子力学中并非所有力学量的本征值都是量子化(离散)的.对于角动量,根据它的分量的对易关系,可以证明角动量的本征值只能是$\hbar$的整数或半奇数倍.对于坐标或动量,本征值是连续的;而对于 Hamilton 量,本征值既可能是离散的(束缚态),也可能是连续的(游离态或散射态).

(2)量子力学对某力学量测值的预言,既可能是概率性的(probabilistic),也可能是决定论性的(deterministic),这取决于体系所处状态是否是待测的力学量的本征态.例如,在力学量F的本征态ψ_n下,测量F所得结果是完全确切的,即F_n(概率为 1),而测量另外的力学量G,就不一定能得到一个确切的值,一般说来,只能做概率性的预期,除非ψ_n同时也是G的本征态.

(3)力学量完全集概念.一组彼此两两对易的,函数独立的力学量,如果它们的共同本征态足以对体系的量子态给予确切的描述,则称之为体系的一组对易力学量完全集(a complete set of commuting observables, CSCO).对于具有n个自由度的体系,对易完全集内的力学量的数目不少于自由度数.例如,三维粒子的 3 个坐标分量$(\hat{x}, \hat{y}, \hat{z})$或动量分量$(\hat{p}_x, \hat{p}_y, \hat{p}_z)$,都可以选为力学量完全集.如完全集中所有力学量又都是守恒量,则称为体系的一组对易守恒量完全集(a complete set of commuting conserved observables, CSCCO).不同的体系,由于它们的对称性的差异,守恒量完全集一般也不相同.对于同一个体系,对易守恒量完全集的选取也可能不止一种.例如,三维自由粒子,$(\hat{p}_x, \hat{p}_y, \hat{p}_z)$,$(\hat{H}, \hat{\boldsymbol{l}}^2, \hat{l}_z)$都可以选作守恒量完全集.对于中心力场$V(r)$中的粒子,$(\hat{H}, \hat{\boldsymbol{l}}^2, \hat{l}_z)$,$(\hat{H}, \hat{\boldsymbol{l}}^2, \hat{l}_x)$,$(\hat{H}, \hat{\boldsymbol{l}}^2, \hat{l}_y)$都可以选为对易守恒量完全集.但注意,守恒量完全集内守恒量的数目并不一定等于自由度数.例如,一维自由粒子,动量$\hat{p}$就构成守恒量完全集,而 Hamilton 量$\hat{H}=\hat{p}^2/2m$本身并不构成守恒量完全集(由于$\hat{H}$的本征态是二重简并),但$(\hat{H}, \hat{P})$则构成一维自由粒子的一组守恒量完全集,$\hat{P}$为空间反射算符.

应用量子力学处理一个具体体系(特别是多自由度体系,或多粒子体系)时,对易守恒量完全集的选取是十分关键的.对易守恒量完全集的一组量子数,称为好量子数完全集.在处理能量本征值(定态)问题时,这一组好量子数可以很方便地用来标记诸定态(包括能级有简并的情况).而在处理跃迁时,可以用它们来建立相应的选择规则(selection rule);在处理散射问题时,则可以根据它们来进行分波.

1.1.3 量子态叠加原理,表象与表象变换

一个体系若处于某力学量,例如F的本征态ψ_n[见式(1.1.8)],则测量F所得结果是完全确切的,即F_n(概率为 1).但如体系处于F的两个本征态的叠加

$$\psi = C_1\psi_1 + C_2\psi_2 \tag{1.1.12}$$

则测量 F 所得结果就不是惟一确定的，或者为 F_1，或者为 F_2. 这就是量子态的叠加原理. 当体系处于某力学量(F)的若干个本征态的叠加态时，就导致测量(F)结果的不确定性，这完全是一种量子力学效应，是量子力学区别于经典力学的最显著的，也是最难理解的一个特征，量子态叠加原理可以认为是波的叠加性与波函数完全描述一个体系的量子态[①]两个概念的概括.

当体系处于力学量 F 的叠加态(1.1.12)时，测量 F 得到 F_1 的概率$\propto |C_1|^2$，测得结果为 F_2 的概率$\propto |C_2|^2$，$|C_1|^2+|C_2|^2=1$ 表示归一化条件. 应当强调，量子态的整体的相位有不定性，即 $e^{i\alpha}(C_1\psi_1+C_2\psi_2)$($\alpha$ 实)与$(C_1\psi_1+C_2\psi_2)$描述的是同一个量子态，但叠加态的相对相位却是有物理意义的. 如$(C_1\psi_1+e^{i\alpha}C_2\psi_2)$($\alpha\neq 0$，实)与$(C_1\psi_1+C_2\psi_2)$描述的就是不同的量子态.

一般地说，设 ψ_n 是体系的某一组(包含 $\hat{F}$ 在内的)对易力学量完全集的共同本征态，$\hat{F}\psi_n=F_n\psi_n$(n 标记一组完备的量子数，假设为离散). 按照态叠加原理，体系的任何一个量子态 ψ 都可以表示成诸本征态$\{\psi_n\}$的线性叠加

$$\psi = \sum_n C_n\psi_n \tag{1.1.13}$$

利用 ψ_n 的正交归一性，$(\psi_n,\psi_m)=\delta_{nm}$，上式中的叠加系数为

$$C_n = (\psi_n,\psi) \tag{1.1.14}$$

$|C_n|^2$ 代表在 ψ 态下测量 F 得到 F_n 的概率，归一化条件为 $\sum\limits_n |C_n|^2=1$，这就是波函数的统计诠释的最一般的表述. 同样，应该强调，各叠加态的相对相位是有物理意义的，它们并未展现在$|C_n|^2$ 中. 但在测量其他力学量(不属于此完全集)时，就可能表现出来(出现干涉现象).

一个力学量(如 F)的本征态，一般不是另一个力学量(如 G)的本征态，除非是它们(F 和 G)的共同本征态. 例如，谐振子的基态 ψ_0，是能量最低的本征态，但它不是坐标(或动量)的本征态. 在 ψ_0 态下，测量其能量，所得结果是惟一的，即$E_0=\hbar\omega/2$，概率为 1，这是量子态的决定论性描述的一面. 而测量粒子坐标时，其结果就不是确定的，而有一个分布，测得粒子位置在 x 点的概率$\propto e^{-\alpha^2x^2}$ $(\alpha=\sqrt{m\omega/\hbar})$，呈 Gauss 分布. 这是量子态的概率性描述的一面.

谐振子处于两个能量本征态的叠加时，如 $\psi=(\psi_0+\psi_1)/\sqrt{2}$，就构成谐振子的一个非定态(nonstationary state). 在此态下，测量其能量时，所得结果就呈现出不

---

① 例如，A. Messiah, *Quantum Mechanics*, **1**, p. 162: "... the wave function completely defines the dynamical state of the system under consideration. In contrast to what occurs in classical theory, the dynamical variables of the system connot in general be defined at each instant with infinite precision. However, if one performs the measurement of a given dynamical variable, the results of measurement follow a certain probability law, and the law must be completely determined upon specifying the wave function."

定性，即既可能出现 E_0，也可能出现 E_1，概率各为 1/2. 不同能量本征态的叠加所导致的测量能量结果的不定性，对于多数读者，似乎都可以理解，并未引起很大的困扰. 但量子态叠加原理的深刻内涵，却并不是很容易搞清楚的. 例如，量子态叠加原理实质上已隐含了量子态的非定域性(nonlocality). 在非定态 ψ 中表现出的测量能量结果的不确定性，是由于 ψ 是不同能量本征态的叠加所导致. 而在一般的量子态 ψ 下，由于它们并非粒子坐标的本征态，而是许多坐标本征态的叠加，就表现出非定域性. 量子态的非定域性是在一篇著名文献——后来被称为 EPR 佯谬(见 1.3 节)中首先提出来的. 在涉及多粒子体系或多自由度体系时，普遍存在一种叠加态，后来被称为纠缠态(entangled state)，它们呈现出的许多性质，与人们日常生活的经验格格不入，往往引起 人们极大的困惑. 例如对不同地域的两个粒子的测量结果彼此相关联. 这在 Schrödinger 猫态中表现最为明显(详细讨论见 1.4 节).

考虑彼此不对易的两个力学量 $\hat{A}$ 和 $\hat{B}$，$[\hat{A},\hat{B}]\neq 0$，一般说来，它们不能具有共同本征态. 按照上述讨论，量子态的叠加原理就隐含了不确定度关系，它们都是微观粒子波动-粒子两象性的表现. 例如，粒子的坐标 $\hat{x}$ 与动量 $\hat{p}_x$，$[\hat{x},\hat{p}_x]=\mathrm{i}\hbar\neq 0$，$x$ 与 $\hat{p}_x$ 不能有共同本征态，所以在任何量子态下，它们的测值的不确定度绝不可能同时为 0，而应满足 $\Delta x\Delta p_x\gtrsim\hbar/2$，这就是 Heisenberg 的不确定度关系.

如式(1.1.13)所示，体系的任一量子态 ψ 都可以表示成它的某一组力学量完全集 F 的共同本征态 ψ_n 的相干叠加，式中 $C_n=(\psi_n,\psi)$，$n=1,2,3\cdots$. 可以看出，只要所有 C_n 给定，则量子态 ψ 随之确定. 人们就称这一组展开系数(复)$\{C_n\}$是量子态 ψ 在 F 表象(representation)中的表示. 它所包含的信息，除了系数的模方 $|C_n|^2$ 所示的概率诠释之外，各叠加系数的相对相位，也是有物理意义的，它们是测量其他力学量(除 F 外)时呈现出的干涉现象的根源. 当然，人们可以选择不同的对易力学量完全集. 每一组对易力学量完全集的共同本征态都可以作为一个表象的一组正交完备基矢. 这就是说，体系的任一量子态都可以采用不同的表象来描述，而不同的表象之间通过一个幺正变换相联系，这就是 Dirac、Jordan 等所给出的量子力学理论的最普遍的形式[①].

Dirac 还进一步把量子态的描述脱离具体的表象，即把体系的一个量子态 ψ 看成 Hilbert 空间中的一个抽象的矢量[②]，记为 $|\psi\rangle$，称为右矢(ket). 它在共轭空间中相应的态矢记为 $\langle\psi|$，称为左矢(bra). 到此，并未涉及具体表象. 如要采用具体表

---

① P. A. M. Dirac, *The Principles of Quantum Mechanics*, 4th ed. Oxford University Press, Oxford, 1957.

② Hilbert 空间是一种"normed complex vector space." 空间中任何两个矢量(量子态) $|\psi\rangle$ 和 $|\varphi\rangle$，存在一个标量积(scaler product)，它可以为复数，满足线性叠加性. Hilbert 空间维数可以是有限维，但为了描述量子体系的某些力学量的本征值是连续谱的情况，Hilbert 空间维数可以是无限的，在此情况下，量子态是不可归一化的. 严格言之，一个量子态 $|\psi\rangle$ 可以用 Hilbert 空间中的一个 ray 来表述，它只涉及矢量的"指向"，而不必计及其"长度".

象，如采用 F 表象，F 的本征态记为 $|\psi_n\rangle$，或简记为 $|n\rangle$，以 $\{|n\rangle\}$ 作为基矢所张开的空间，即 F 表象. 在此表象中，抽象的态矢 $|\psi\rangle$ 表示成

$$|\psi\rangle = \sum_n C_n |n\rangle \tag{1.1.15}$$

式中 $C_n = \langle n \| \psi\rangle$ 或简记为 $\langle n|\psi\rangle$，表示态矢 $|\psi\rangle$ 在基矢 $|n\rangle$ 方向的投影(或分量的值). 这一组展开系数 $\{C_n\}$ 就足以刻画量子态 $|\psi\rangle$. 按式(1.1.15)

$$\begin{aligned}|\psi\rangle &= \sum_n C_n |n\rangle = \sum_n \langle n|\psi|n\rangle \\ &= \sum_n |n\rangle\langle n|\psi\rangle = \sum_n |n\rangle\langle n \| \psi\rangle = \sum_n P_n |\psi\rangle\end{aligned} \tag{1.1.16}$$

式(1.1.16)中 $P_n = |n\rangle\langle n|$ 是沿基矢方向 $|n\rangle$ 的**投影算符**. 满足

$$\hat{P}_n \hat{P}_{n'} = \hat{P}_n \delta_{nn'}, \quad \hat{P}_n^+ = \hat{P}_n \tag{1.1.17}$$

考虑到 $|\psi\rangle$ 是任意态，所以

$$\sum_n |n\rangle\langle n| = 1 \tag{1.1.18}$$

此乃这组基矢 $\{|n\rangle\}$ 的**完备性**的表现.

以上假定了 F 的本征值是离散的. 对于连续谱的情况，求和应换为积分. 如一维粒子的坐标($F=x$)表象，x 本征值为连续实数值($-\infty < x < +\infty$)，本征态记为 $|x\rangle$，而在坐标表象中量子态 $|\psi\rangle$ 表示成

$$|\psi\rangle = \int_{-\infty}^{+\infty} dx |x\rangle\langle x|\psi\rangle = \int_{-\infty}^{+\infty} dx \psi(x) |x\rangle \tag{1.1.19}$$

式中 $\psi(x) = \langle x|\psi\rangle$ 是量子态 $|\psi\rangle$ 在 x 表象中的表示，即平常惯用的坐标表象中的波函数. 相应地，坐标表象基矢的完备性表示为

$$\int dx |x\rangle\langle x| = 1 \tag{1.1.20}$$

但注意，连续谱的本征函数是不能归一化的. 为此，Dirac 引进 δ 函数来描述它们的“归一性”，

$$\langle x'|x''\rangle = \delta(x' - x'') \tag{1.1.21}$$

对于动量表象，也可作类似的讨论.

量子力学中，力学量用一个厄米算符描述. 算符代表对量子态的某种运算. 例如量子态 $|\psi\rangle$ 经过算符 $\hat{L}$ 的运算后，变成量子态 $|\phi\rangle$

$$\hat{L} |\psi\rangle = |\phi\rangle \tag{1.1.22}$$

在采用一个具体的表象后，算符可表示成一个矩阵. 如采用 F 表象($\hat{F} |n\rangle = F_n |n\rangle$)，上式可化为

$$\begin{gathered}\langle n|\hat{L}|\psi\rangle = \langle n|\phi\rangle \\ \sum_{n'} \langle n|\hat{L}|n'\rangle\langle n'|\psi\rangle = \langle n|\phi\rangle\end{gathered} \tag{1.1.23}$$

$\langle n|\psi\rangle$ 和 $\langle n|\phi\rangle$ 分别表示量子态 $|\psi\rangle$ 和 $|\phi\rangle$ 在 F 表象中的表示，可表成列矢(column vector)形式(令 $c_n = \langle n|\psi\rangle$，$b_n = \langle n|\phi\rangle$)

$$\begin{pmatrix} c_1 \\ c_2 \\ \vdots \end{pmatrix}, \quad \begin{pmatrix} b_1 \\ b_2 \\ \vdots \end{pmatrix} \tag{1.1.24}$$

则式(1.1.22)可表示为

$$\begin{pmatrix} L_{11} & L_{12} & \cdots \\ L_{21} & L_{22} & \cdots \\ \vdots & \vdots & \end{pmatrix}\begin{pmatrix} c_1 \\ c_2 \\ \vdots \end{pmatrix} = \begin{pmatrix} b_1 \\ b_2 \\ \vdots \end{pmatrix} \tag{1.1.25}$$

式中 $L_{nn'} = \langle n|\hat{L}|n'\rangle$ 即算符 $\hat{L}$ 在 F 表象中的矩阵表示的元素.算符在以自己的本征态为基矢的表象中,显然为对角矩阵.如,$\hat{L} = \hat{F}$,则

$$F_{nn'} = F_n \delta_{nn'} \tag{1.1.26}$$

对角元即算符的本征值.算符 $\hat{F}$ 可以表示为

$$\hat{F} = \hat{F} \sum_n |n\rangle\langle n| = \sum_n F_n |n\rangle\langle n| = \sum_n F_n \hat{P}_n \tag{1.1.27}$$

$\hat{P}_n = |n\rangle\langle n|$ 是投影算符,这称为算符的谱表示(spectral representation).

1.1.4 量子态随时间的演化,Schrödinger 方程,定态

以上讨论的量子态,都是指某一时刻 t 的量子态而言,尚未涉及量子态随时间的演化.量子力学的另一条基本原理,即量子态随时间的演化遵守下列 Schrödinger 方程

$$\mathrm{i}\hbar \frac{\partial}{\partial t}|\psi(t)\rangle = H|\psi(t)\rangle \tag{1.1.28}$$

H 是给定体系的 Hamilton 算符.由于上式是含时间一次导数的方程,只要体系的初始($t=0$)状态 $|\psi(0)\rangle$ 和 Hamilton 量 H 给定,原则上可以把以后任何时刻 t 的量子态 $|\psi(t)\rangle$ 完全确定下来[①~③].

到此,尚未涉及具体表象.对于常用的坐标表象,设粒子(质量为 m)处于势场定域势 $V(\boldsymbol{r})$ 中,则 Schrödinger 方程(1.1.28)表示成

$$\mathrm{i}\hbar \frac{\partial}{\partial t}\psi(\boldsymbol{r},t) = \left[-\frac{\hbar^2}{2m}\nabla^2 + V(\boldsymbol{r})\right]\psi(\boldsymbol{r},t) \tag{1.1.29}$$

---

① W. H. Zurek, Physics Today, Oct., 1991, p. 36~44, "States of quantum systems evolve according to the *deterministic linear* Schrödinger equation, $\mathrm{i}\hbar \frac{\partial}{\partial t}|\psi\rangle = H|\psi\rangle$. That is, just as in classical mechanics, *given the initial state of the system and its Hamiltonian H, one can compute the state at arbitrary time*. This deterministic evolution of $|\psi\rangle$ has been verified in carefully controlled experiments."

② J. Maddox, Nature, **362** (1993) 693, "... the Schrödinger equation *is perfectly deterministic* equation exactly comparable to the equation of motion of a classical mechanical system, ..."

③ P. A. M. Dirac, *The Principles of Quantum Mechanics*, 3rd. ed. 1947, 27 节, p. 108, "When one makes an observation on the dynamical system, the state of the system gets changed in an unpredictable way, but in between observations causality applies, in quantum mechanics as in classical mechanics, and the system is governed by *equations of motion which make the state at one time determine the state at a later time*."

在一般情况下，式(1.1.28)的求解比较困难．当 H 不显含 t 的情况，式(1.1.28)的解可形式上表示成

$$|\psi(t)\rangle = \mathrm{e}^{-\mathrm{i}Ht/\hbar}|\psi(0)\rangle \tag{1.1.30}$$

若采用能量表象，即以包括 H 在内的一组力学量完全集的本征态 $|\psi_n\rangle$ 为基矢的表象

$$H|\psi_n\rangle = E_n|\psi_n\rangle \tag{1.1.31}$$

设

$$|\psi(0)\rangle = \sum_n C_n|\psi_n\rangle \tag{1.1.32}$$

则按式(1.1.30)，可得

$$|\psi(t)\rangle = \mathrm{e}^{-\mathrm{i}Ht/\hbar}|\psi(0)\rangle = \sum_n C_n \mathrm{e}^{-\mathrm{i}E_n t/\hbar}|\psi_n\rangle \tag{1.1.33}$$

式中 C_n 由初态完全确定，$C_n=\langle\psi_n|\psi(0)\rangle$.

如体系初态是某一个能量本征态．例如 $|\psi(0)\rangle=|\psi_k\rangle$，即 $C_n=\delta_{nk}$，则

$$|\psi(t)\rangle = \mathrm{e}^{-\mathrm{i}E_k t/\hbar}|\psi_k\rangle \tag{1.1.34}$$

这种特殊的状态，称为定态(stationary state)．当体系处于定态时，有一系列重要的特征．首先，测量体系的能量时，所得结果是完全确切的，即与初始时刻的能量相同(能量守恒)，这是体系的时间均匀性的表现．此外，定态还有下列一些特点：粒子的空间概率分布密度和流密度都不随时间改变，因为

$$\rho(\boldsymbol{r},t) = |\psi(\boldsymbol{r},t)|^2 = |\psi(\boldsymbol{r},0)|^2 = \rho(\boldsymbol{r},0) \tag{1.1.35}$$

$$\begin{aligned}\boldsymbol{j}(\boldsymbol{r},t) &= -\frac{\mathrm{i}\hbar}{2m}[\psi^*(\boldsymbol{r},t)\nabla\psi(\boldsymbol{r},t)-\psi(\boldsymbol{r},t)\nabla\psi^*(\boldsymbol{r},t)]\\ &= -\frac{\mathrm{i}\hbar}{2m}[\psi^*(\boldsymbol{r},0)\nabla\psi(\boldsymbol{r},0)-\psi(\boldsymbol{r},0)\nabla\psi^*(\boldsymbol{r},0)]\\ &= \boldsymbol{j}(\boldsymbol{r},0)\end{aligned} \tag{1.1.36}$$

还可以证明，在定态下，任何力学量(不显含 t，但不一定为守恒量)的平均值和测值的概率分布都不随时间改变.

量子力学中，还习惯引进一个含时幺正变换来描述量子态随时间的演化．令

$$|\psi(t)\rangle = U(t,0)|\psi(0)\rangle \tag{1.1.37}$$

代入式(1.1.28)，得

$$\mathrm{i}\hbar\frac{\partial}{\partial t}U(t,0)|\psi(0)\rangle = HU(t,0)|\psi(0)\rangle$$

由于 $|\psi(0)\rangle$ 是任意的，所以

$$\mathrm{i}\hbar\frac{\partial}{\partial t}U(t,0) = HU(t,0) \tag{1.1.38}$$

$U(t,0)$ 称为量子态随时间演化的算符．上式的厄米共轭式为

$$-\mathrm{i}\hbar\frac{\partial}{\partial t}U^+(t,0) = U^+(t,0)H^+ \tag{1.1.39}$$

利用 $H^+=H$(厄米算符),$U^+\cdot(1.1.38)-(1.1.39)\cdot U$,可得出

$$\frac{\partial}{\partial t}[U^+(t,0)U(t,0)]=0 \tag{1.1.40}$$

考虑到初条件 $U(0,0)=1$,所以

$$U^+(t,0)U(t,0)=1 \tag{1.1.41}$$

即 $U(t,0)$ 为幺正算符,这是概率守恒的表现.

对于 H 不显含 t 的情况,式(1.1.38)的解为

$$U(t,0)=\mathrm{e}^{-\mathrm{i}Ht/\hbar} \tag{1.1.42}$$

相应于式(1.1.30).

1.1.5 对 Bohr 互补性原理的理解

通常人们所说的"量子力学的哥本哈根诠释"(Copenhagen interpretation)的两大支柱就是 Heisenberg 的不确定性原理(uncertainty principle)和 Bohr 的互补性原理(complementarity principle).它们构成了正统的量子力学理论的物理诠释的基础.哥本哈根学派的代表人物是 Bohr、Heisenberg、Pauli 等人.在量子力学基本概念和物理诠释的长期争论中[①~⑤],他们坚持 Born 的波函数的统计诠释,即把微观粒子呈现出的波动性理解为"概率波"(probability wave),而不同意 Schrödinger、de Broglie 的"把物质归结为纯粹波动现象"和"物质波"的观点,也不赞成 Einstein 等人坚持的经典力学中的决定论性(deterministic)描述的观点(即"上帝并不掷骰子").

"在 Bohr 的著作中,找不到关于互补性概念的明白和严格的定义"[①,p.143]."这不可避免使一些物理学家和哲学家责难他的思想含混和晦涩."实际上这有多方面的因素.Bohr 一向以科学上严谨作风著称,他有自己的风格."在与人交谈时,他的思想表述清晰而直截了当,颇令人信服.但在他写作时,却更注重词义的细微差异,逐字推敲."此外,量子力学的基本概念与日常生活经验是如此格格不入,要彻底了解它们是极其困难的,可能还需要更长期的科学实验,人们才能更清楚地理解和表述它们.最近一些年来量子力学的新进展也说明了这一点[⑥].

---

① P. Robertson, *The Early Years, The Niels Bohr Institute*, 1921-1930 (Akademisk Forlag, Copenhagen, 1979);中译本,杨福家,卓益忠,曾谨言,玻尔研究所的早年岁月,1921-1930.科学出版社,北京,1985,对此有较详细和真实的评述.

② N. Bohr, *Atomic Theory and the Description of Nature*, Cambridge University Press, 1922.

③ N. Bohr, in *Albert-Einstein: Philosopher-Scientist*, ed. P. A. Schilpp, Library of Living Philosophers, Evanston, 1949.

④ W. Heisenberg, *The Physical Principles of Quantum Theory*, University of Chicago Press, Chicago, 1930;中译本,王正行,李绍先,张虞,《量子论的物理原理》,科学出版社,北京,1983.

⑤ 我们注意到,Bohr 与 Heisenberg 的观点,在早期是有所差异的[①].最初,Heisenberg"不愿意承认波动概念有什么重要性","波动力学只不过是一个有用的数学工具",而 Bohr 认为"波动概念必须与粒子概念一道纳入量子理论的基本假设之中".

⑥ 见 p.1 所引 S. Dürr, et al., Nature **395**(1998) 33.

Bohr 认为:“波动与粒子描述是两个理想的经典概念,每一个概念都有一个有限的适用范围.在特定的物理现象的实验探讨中,辐射(radiation)和实物(matter)均可展现其波动性或粒子性.但这两种理想的描绘中的任何单独一个,都不能对所涉及的现象给出完整的说明.”换言之,这两种描绘中任何单独一个都是不充分的.尽管它们彼此不相容,但为了说明所有可能的实验现象,又都是必需的.为了表达这种彼此不相容又都是必要的逻辑关系,Bohr 提出了“互补性”(complementarity)这个术语.

从近年来量子力学的最新进展来看,除了 Bohr 强调过的波动-粒子二象性(wave-particle duality)这一对互补性概念之外,互补性原理更深刻的含义还有待探讨.例如,连续性(continuity)与离散性(discreteness)在量子力学中是并存的,两者缺一不可.例如,体系的能量本征值,对于束缚态是离散的,而对于非束缚态则是连续的.切不可误认为量子力学中所有力学量都是量子化的.又如概率性(probabilistic)描述与决定论性(deterministic)描述,在量子力学中也是并存的.当体系处于某力学量的本征态(如能量本征态,即定态)时,对该力学量的测量结果的描述,是决定论性的,而对其他力学量的测量结果的描述,则一般是概率性的.因此,切不可误认为量子力学对自然现象的描述都是概率性的.

作者认为,Bohr 的互补性原理的深刻内涵,并不是所有的人都已充分认识到.这表现在关于量子力学基本概念和原理的诠释的长期争论中.作者相信,在人类对于微观世界认识的进一步发展中,互补性原理的重要性会逐步被人们理解.

1.2 密度矩阵

按 1.1 节的讨论,一个体系的量子态 ψ,用 Hilbert 空间中的一个矢量(方向)来描述,记为 $|\psi\rangle$,它不涉及表单问题.体系的一组对易力学量完全集,例如,F 的共同本征态 ψ_n,$\hat{F}\psi_n=F_n\psi_n$,则记为 $|\psi_n\rangle$,或简记为 $|n\rangle$,n 代表一组完备的量子数(设取离散值).以 $|n\rangle$ 为基矢的表象,称为 F 表象.这一组基矢的完备性表现为

$$\sum_n |n\rangle\langle n| = \sum_n P_n = 1 \tag{1.2.1}$$

$P_n=|n\rangle\langle n|$ 是沿基矢 $|n\rangle$ 方向的投影算符,满足

$$P_n^+ = P_n, \quad P_nP_{n'} = P_n\delta_{nn'} \tag{1.2.2}$$

体系的任何一个量子态 $|\psi\rangle$ 都可用这一组完备基展开

$$|\psi\rangle = \sum_n |n\rangle\langle n|\psi\rangle = \sum_n P_n|\psi\rangle = \sum_n C_n|n\rangle \tag{1.2.3}$$

态矢 $|\psi\rangle$ 经过投影算符 $P_n=|n\rangle\langle n|$ 的运算后,变成 $C_n|n\rangle$,$C_n=\langle n|\psi\rangle$ 描述相应的分量的大小及相位, 即 $|\psi\rangle$ 在 $|n\rangle$ 表象中的表述.

利用投影算符 $P_n=|n\rangle\langle n|$,算符 $\hat{F}$ 可以表示成

$$\hat{F} = \sum_n F_n |n\rangle\langle n| \tag{1.2.4}$$

称为 $\hat{F}$ 的谱表示(spectral representation). 下面对投影算符概念进行推广,定义与量子态 $|\psi\rangle$ 相应的投影算符 $\rho = |\psi\rangle\langle\psi|$,称为与量子态 $|\psi\rangle$ 相应的密度算符[①②]. 它可以作为量子态的另一种描述方式. 对于纯态(pure state) $|\psi\rangle$,这两种描述方式是等价的(见 1.2.1 节). 但对于不能用一个波函数 ψ 来描述的混合态(mixed state),就需要用密度算符来描述(其定义见 1.2.2 节).

1.2.1 密度算符与密度矩阵

考虑到随时间的演化,量子态记为 $|\psi(t)\rangle$,设已归一化,$\langle\psi(t)|\psi(t)\rangle = 1$. 定义与 $|\psi(t)\rangle$ 相应的密度算符

$$\rho(t) = |\psi(t)\rangle\langle\psi(t)| \tag{1.2.5}$$

按此定义,显然

$$\rho^+ = \rho \tag{1.2.6}$$

$$\rho^2 = \rho \tag{1.2.7}$$

如采用一个具体表象(离散),例如 F 表象,则与量子态 $|\psi(t)\rangle$ 相应的密度算符,可表成如下矩阵形式,称为密度矩阵

$$\begin{aligned} \rho_{nn'}(t) &= \langle n|\rho(t)|n'\rangle \\ &= \langle n|\psi(t)\rangle\langle\psi(t)|n'\rangle = C_n(t)C_{n'}^*(t) \end{aligned} \tag{1.2.8}$$

其对角元为

$$\rho_{nn}(t) = |C_n(t)|^2 = |\langle n|\psi(t)\rangle|^2 \geqslant 0 \tag{1.2.9}$$

是 $|\psi\rangle$ 态下测量 F 得到 F_n 值的概率,也是投影算符 P_n 在 $|\psi\rangle$ 态下的平均值. 由 $|\psi(t)\rangle$ 的归一化条件,可得密度矩阵的对角元之和为 1.

$$\text{tr}\rho = \sum_n |C_n(t)|^2 = 1 \tag{1.2.10}$$

密度算符 ρ 还可以表示成

$$\begin{aligned} \rho &= |\psi(t)\rangle\langle\psi(t)| = \sum_{nn'} |n\rangle\langle n|\psi(t)\rangle\langle\psi(t)|n'\rangle\langle n'| \\ &= \sum_{nn'} C_n(t)C_{n'}^*(t)|n\rangle\langle n'| = \sum_{nn'} \rho_{nn'}(t)|n\rangle\langle n'| \end{aligned} \tag{1.2.11}$$

从式(1.2.8)可以看出,如 $\rho_{nn'} = 0$,则 $C_n = 0$ 或 $C_{n'} = 0$,二者必居其一. 而只当 C_n 和 $C_{n'}$ 均不为 0 时,$\rho_{nn'}$ 才不为 0. 所以,与量子态 $|\psi\rangle$ 相应的密度矩阵的矩阵元 $\rho_{nn'}$ 出现(不为 0)时,量子态 $|\psi\rangle$ 中必含有 $|n\rangle$ 和 $|n'\rangle$ 态的成分. $\rho_{nn'}$ 的值与 $|n\rangle$ 和 $|n'\rangle$ 态在

---

① L. D. Landau, Zeit. Phys., **45**(1927) 430.

② J. von Neumann, *Mathematische Grundlagen der Quanten Mechanik*, Berlin, Julius Springer, 1931; 英译本 *Mathematical Foundation of Quantum Mechanics*, Princeton Univ. Press, Princeton, 1955.

$|\psi\rangle$态中出现的概率和相对相位都有关. 如 $|\psi\rangle$ 就是 $\hat{F}$ 的某一个本征态 $|k\rangle$,则 $\rho_{nn'}=\langle n|k\rangle\langle k|n'\rangle=\delta_{nk}\delta_{n'k}=\delta_{nn'}\delta_{nk}$,它是一个对角矩阵,而且对角元中只有一个元素 ρ_{kk} 不为 0($\rho_{kk}=1$)(见后面的例 1).

其次,讨论力学量的平均值如何用密度矩阵来计算. 在 $|\psi\rangle$ 态下,力学量 G 的平均值为

$$\begin{aligned}\langle G\rangle &= \langle\psi|G|\psi\rangle = \sum_{nn'}\langle\psi|n\rangle\langle n|G|n'\rangle\langle n'|\psi\rangle \\ &= \sum_{nn'}C_n^* G_{nn'}C_{n'} = \sum_{nn'}\rho_{n'n}G_{nn'} \\ &= \sum_{n'}(\rho G)_{n'n'} = \sum_n (G\rho)_{nn}\end{aligned}$$

所以

$$\langle G\rangle = \mathrm{tr}(\rho G) = \mathrm{tr}(G\rho) \tag{1.2.12}$$

特例 对于 $G=F$ 情况,$G_{nn'}=F_n\delta_{nn'}$,$\langle G\rangle=\langle F\rangle=\sum_n|C_n|^2F_n$. 测量 F 时,得 F_n 值的概率为

$$P(F_n)=\mathrm{tr}(P_n\rho)=\mathrm{tr}(\rho P_n)=|C_n|^2 \tag{1.2.13}$$

式中 $P_n=|n\rangle\langle n|$,因为[利用式(1.2.1)]

$$\begin{aligned}\mathrm{tr}(\rho P_n) &= \mathrm{tr}\Big[\sum_{n'n''}C_{n'}C_{n''}^*|n'\rangle\langle n''|n\rangle\langle n|\Big] \\ &= \mathrm{tr}\Big[\sum_{n'}C_{n'}C_n^*|n'\rangle\langle n|\Big] \\ &= \sum_{n'}C_{n'}C_n^*\,\mathrm{tr}[|n'\rangle\langle n|] = |C_n|^2\end{aligned} \tag{1.2.14}$$

最后讨论密度算符 $\rho(t)$ 随时间的演化. 这需要借助 Schrödinger 方程

$$\mathrm{i}\hbar\frac{\partial}{\partial t}|\psi(t)\rangle = H|\psi(t)\rangle \tag{1.2.15}$$

由此,可得

$$\begin{aligned}\frac{\mathrm{d}}{\mathrm{d}t}\rho(t) &= \frac{\partial|\psi(t)\rangle}{\partial t}\langle\psi(t)| + |\psi(t)\rangle\frac{\partial}{\partial t}\langle\psi(t)| \\ &= \frac{H|\psi(t)\rangle}{\mathrm{i}\hbar}\langle\psi(t)| + |\psi(t)\rangle\langle\psi(t)|\frac{H}{-\mathrm{i}\hbar} \\ &= \frac{1}{\mathrm{i}\hbar}[H\rho(t)-\rho(t)H]\end{aligned}$$

所以①

$$\frac{\mathrm{d}}{\mathrm{d}t}\rho(t) = \frac{1}{\mathrm{i}\hbar}[H,\rho(t)] \tag{1.2.16}$$

---

① 注意比较,一个力学量 F(在 Heisenberg 表象中)随时间的演化遵守下列方程

$$\frac{\mathrm{d}}{\mathrm{d}t}F=\frac{1}{\mathrm{i}\hbar}[F,H]+\frac{\partial F}{\partial t}$$

如选择一个具体的离散表象，则上式表述成一个矩阵方程. 特别是，如选择能量表象，即以 H 本征态 $|n\rangle$ 为基矢的表象（$H|n\rangle=E_n|n\rangle$，n 为一组量子数完全集），则

$$\frac{\mathrm{d}}{\mathrm{d}t}\rho_{nn'}(t)=\frac{1}{\mathrm{i}\hbar}(E_n-E_{n'})\rho_{nn'} \tag{1.2.17}$$

因而

$$\begin{aligned}\rho_{nn'}(t)&=\rho_{nn'}(0)\mathrm{e}^{-\mathrm{i}\omega_{nn'}t}\\ \omega_{nn'}&=(E_n-E_{n'})/\hbar\end{aligned} \tag{1.2.18}$$

即非对角元 $\rho_{nn'}(t)(n\neq n')$ 以角频率 $\omega_{nn'}$ 振荡，而对角元则不随时间变化.

讨论

在坐标表象中，密度算符 $\rho=|\psi\rangle\langle\psi|$ 的"矩阵元"可表示成

$$\rho(\boldsymbol{r},\boldsymbol{r}')=\langle\boldsymbol{r}|\rho|\boldsymbol{r}'\rangle=\langle\boldsymbol{r}|\psi\rangle\langle\psi|\boldsymbol{r}'\rangle=\psi^*(\boldsymbol{r}')\psi(\boldsymbol{r}) \tag{1.2.19}$$

其"对角元"为

$$\rho(\boldsymbol{r},\boldsymbol{r})=\psi^*(\boldsymbol{r})\psi(\boldsymbol{r}) \tag{1.2.20}$$

即粒子在坐标空间的概率密度. 为以后方便，有时把它记为 $W(\boldsymbol{r})=\psi^*(\boldsymbol{r})\psi(\boldsymbol{r})=|\langle\boldsymbol{r}|\psi\rangle|^2$.

与此类似，在动量表象中，密度"矩阵"可表示成

$$\rho(\boldsymbol{p},\boldsymbol{p}')=\langle\boldsymbol{p}|\psi\rangle\langle\psi|\boldsymbol{p}'\rangle=\phi^*(\boldsymbol{p}')\phi(\boldsymbol{p}) \tag{1.2.21}$$

式中 $\phi(\boldsymbol{p})=\langle\boldsymbol{p}|\psi\rangle$. "对角元"为

$$\rho(\boldsymbol{p},\boldsymbol{p})=\langle\boldsymbol{p}|\psi\rangle\langle\psi|\boldsymbol{p}\rangle=\phi^*(\boldsymbol{p})\phi(\boldsymbol{p}) \tag{1.2.22}$$

以后记为 $W(\boldsymbol{p})=\phi^*(\boldsymbol{p})\phi(\boldsymbol{p})=|\langle\boldsymbol{p}|\psi\rangle|^2$.

思考题 1　对于一个无自旋的粒子，当给定 $W(\boldsymbol{r})$ 之后，其量子态是否确定？当给定 $W(\boldsymbol{p})$ 之后，量子态是否确定？当 $W(\boldsymbol{r})$ 和 $W(\boldsymbol{p})$ 都给定后，量子态是否可以确定下来？试举例以说明. 并对你的回答进一步思考，其更深层次的原因是什么？①②（提示：联系量子态的相位问题）

思考题 2　考虑如下算符（m 为粒子质量）

$$\hat{\boldsymbol{K}}=\frac{1}{2m}[|\boldsymbol{r}\rangle\langle\boldsymbol{r}|\boldsymbol{p}+\boldsymbol{p}|\boldsymbol{r}\rangle\langle\boldsymbol{r}|]=\frac{1}{2m}[P(\boldsymbol{r})\boldsymbol{p}+\boldsymbol{p}P(\boldsymbol{r})] \tag{1.2.23}$$

求它在量子态 $|\psi\rangle$ 下的平均值.

答：

$$\langle\psi|\hat{\boldsymbol{K}}|\psi\rangle=-\frac{\mathrm{i}\hbar}{2m}[\psi^*(\boldsymbol{r})\nabla\psi(\boldsymbol{r})-\psi(\boldsymbol{r})\nabla\psi^*(\boldsymbol{r})]=\boldsymbol{j}(\boldsymbol{r}) \tag{1.2.24}$$

即粒子的流密度.

---

① W. Pauli, *General Principles of Quantum Mechanics*, p. 17. Springer, Berlin, 1980.

② W. Gale, E. Guth and G. T. Trammel, Phys Rev. **165**(1968) 1434.

例 1 (1)求电子自旋 $\sigma_x=\pm 1$ 的本征态在 Pauli 表象(σ_z 表象)中的密度矩阵.(2)进而求它在 σ_x 表象中的密度矩阵.

答:(1)在 σ_z 表象中,基矢记为 $|\uparrow\rangle=\begin{pmatrix}1\\0\end{pmatrix}$, $|\downarrow\rangle=\begin{pmatrix}0\\1\end{pmatrix}$, 分别为 $\sigma_z=\pm 1$ 的本征态. 在此表象中, $\sigma_x=\pm1$的本征态记为

$$|\rightarrow\rangle=\frac{1}{\sqrt{2}}\begin{pmatrix}1\\1\end{pmatrix},\quad |\leftarrow\rangle=\frac{1}{\sqrt{2}}\begin{pmatrix}1\\-1\end{pmatrix} \tag{1.2.25}$$

由此不难求出, $\sigma_x=+1$ 和 $\sigma_x=-1$ 的本征态相应的密度矩阵分别为

$$\rho=\frac{1}{2}\begin{pmatrix}1&1\\1&1\end{pmatrix},\quad \rho=\frac{1}{2}\begin{pmatrix}1&-1\\-1&1\end{pmatrix} \tag{1.2.26}$$

例如, $\sigma_x=+1$ 的本征态相应的密度矩阵的矩阵元 $\rho_{00}=\langle\uparrow|\rightarrow\rangle\langle\rightarrow|\uparrow\rangle=(1/\sqrt{2})(1/\sqrt{2})=1/2$,等等. 上式中对角元 $\rho_{00}=\rho_{11}=1/2$,表示在 $\sigma_x=+1$(或-1)的本征态下,测量 σ_z 得 $\sigma_z=+1$(或 $\sigma_z=-1$)的概率均为 1/2. 非对角元 ρ_{01} 和 ρ_{10} 不为 0,表示在 $\sigma_x=+1$(或-1)态下,测量 σ_z 时, $\sigma_z=\pm1$ 的概率都不为 0. 事实上

$$|\rightarrow\rangle=\frac{1}{\sqrt{2}}(|\uparrow\rangle+|\downarrow\rangle),\ |\leftarrow\rangle=\frac{1}{\sqrt{2}}(|\uparrow\rangle-|\downarrow\rangle) \tag{1.2.27}$$

它们分别是 $\sigma_z=\pm1$ 的本征态的相干叠加(等权重,但相对相位不同!).

(2) σ_z 表象→σ_x 表象的幺正变换矩阵为

$$S=\begin{pmatrix}\langle\rightarrow|\uparrow\rangle & \langle\rightarrow|\downarrow\rangle\\ \langle\leftarrow|\uparrow\rangle & \langle\leftarrow|\downarrow\rangle\end{pmatrix}=\frac{1}{\sqrt{2}}\begin{pmatrix}-1&1\\1&-1\end{pmatrix} \tag{1.2.28}$$

逆变换为

$$S^{-1}=\begin{pmatrix}\langle\uparrow|\rightarrow\rangle & \langle\uparrow|\leftarrow\rangle\\ \langle\downarrow|\rightarrow\rangle & \langle\downarrow|\leftarrow\rangle\end{pmatrix}=\frac{1}{\sqrt{2}}\begin{pmatrix}-1&1\\1&-1\end{pmatrix}=S^{+}=S \tag{1.2.29}$$

容易验证 $SS^{+}=1$. 因此, $\sigma_x=+1$ 的本征态 $|\rightarrow\rangle$,在 σ_x 表象中的密度矩阵为

$$S\,\frac{1}{2}\begin{pmatrix}1&1\\1&1\end{pmatrix}S^{-1}=\begin{pmatrix}1&0\\0&0\end{pmatrix} \tag{1.2.30}$$

即只有对角元中的一个元素($\rho_{11}=1$)不为 0. 容易验证, $\rho^2=\rho$, $\mathrm{tr}\rho=1$, $\rho^{+}=\rho$.

例 2 电子自旋 $\boldsymbol{s}=\frac{\hbar}{2}\boldsymbol{\sigma}$ 沿空间方向 $\boldsymbol{n}(\sin\theta\cos\varphi,\ \sin\theta\sin\varphi,\ \cos\theta)$ 的分量 $\boldsymbol{\sigma}\cdot\boldsymbol{n}$(采用 Pauli 表象)的矩阵表示为

$$\boldsymbol{\sigma}\cdot\boldsymbol{n}=\begin{pmatrix}\cos\theta & \sin\theta\mathrm{e}^{-\mathrm{i}\varphi}\\ \sin\theta\mathrm{e}^{\mathrm{i}\varphi} & -\cos\theta\end{pmatrix} \tag{1.2.31}$$

它的本征态为

$$|\sigma_n=1\rangle=\begin{pmatrix}\cos\frac{\theta}{2}\mathrm{e}^{-\mathrm{i}\varphi/2}\\ \sin\frac{\theta}{2}\mathrm{e}^{\mathrm{i}\varphi/2}\end{pmatrix},\quad |\sigma_n=-1\rangle=\begin{pmatrix}\sin\frac{\theta}{2}\mathrm{e}^{-\mathrm{i}\varphi/2}\\ -\cos\frac{\theta}{2}\mathrm{e}^{\mathrm{i}\varphi/2}\end{pmatrix} \tag{1.2.32}$$

不难证明它们相应的投影算符分别为

$$\rho(\sigma_n=1)=|\sigma_n=1\rangle\langle\sigma_n=1|=\begin{pmatrix}\cos^2\dfrac{\theta}{2} & \sin\dfrac{\theta}{2}\cos\dfrac{\theta}{2}\mathrm{e}^{-\mathrm{i}\varphi}\\ \sin\dfrac{\theta}{2}\cos\dfrac{\theta}{2}\mathrm{e}^{\mathrm{i}\varphi} & \sin^2\dfrac{\theta}{2}\end{pmatrix}$$

$$\rho(\sigma_n=-1)=|\sigma_n=-1\rangle\langle\sigma_n=-1|=\begin{pmatrix}\sin^2\dfrac{\theta}{2} & -\sin\dfrac{\theta}{2}\cos\dfrac{\theta}{2}\mathrm{e}^{-\mathrm{i}\varphi}\\ -\sin\dfrac{\theta}{2}\cos\dfrac{\theta}{2}\mathrm{e}^{\mathrm{i}\varphi} & \cos^2\dfrac{\theta}{2}\end{pmatrix}$$

(1.2.33)

当 $\theta=\pi/2,\varphi=0$ 时，上式回到例 1 式(1.2.26). 不难验证算符

$$\boldsymbol{\sigma}\cdot\boldsymbol{n}=|\sigma_n=1\rangle\langle\sigma_n=1|-|\sigma_n=-1\rangle\langle\sigma_n=-1| \tag{1.2.34}$$

可证明，在 $|\sigma_n=1\rangle$ 态下，$\langle\boldsymbol{\sigma}\rangle=\boldsymbol{n}$，即

$$\begin{aligned}\langle\sigma_x\rangle&=\mathrm{tr}(\rho\sigma_x)=\sin\theta\cos\varphi\\ \langle\sigma_y\rangle&=\mathrm{tr}(\rho\sigma_y)=\sin\theta\sin\varphi\\ \langle\sigma_z\rangle&=\mathrm{tr}(\rho\sigma_z)=\cos\theta\end{aligned} \tag{1.2.35}$$

例 3 求自旋为 $\hbar/2$ 的粒子的极化矢量.

可以证明，任何 2×2 矩阵都可以表示成 Pauli 矩阵 σ_x、σ_y、σ_z 和 2×2 单位矩阵的某种线性叠加. 因此，与自旋态 $|\psi\rangle$ 相应的密度矩阵总可表示成如下形式：

$$\rho=a_0I+\boldsymbol{a}\cdot\boldsymbol{\sigma} \tag{1.2.36}$$

式中 a_0 与 $\boldsymbol{a}$ 待定. 上式求迹(求对角元之和)，$\mathrm{tr}\rho=2a_0=1$，所以 $a_0=1/2$. 上式乘 $\sigma_i(i=x,y,z)$，分别求迹，得 $\mathrm{tr}(\rho\sigma_i)=\langle\sigma_i\rangle=2a_i$，所以 $a_i=\dfrac{1}{2}\langle\sigma_i\rangle$，即 $\boldsymbol{\sigma}=\dfrac{1}{2}\langle\boldsymbol{\sigma}\rangle$.

定义 $|\psi\rangle$ 态下粒子的极化矢量

$$\boldsymbol{P}=\langle\boldsymbol{\sigma}\rangle=\langle\psi|\boldsymbol{\sigma}|\psi\rangle \tag{1.2.37}$$

则密度矩阵可表示成

$$\rho=\frac{1}{2}(I+\boldsymbol{P}\cdot\boldsymbol{\sigma}) \tag{1.2.38}$$

例如，相应于 $\sigma_n=1$ 的本征态[见式(1.2.32)]，利用式(1.2.31)，可求出

$$\rho(\theta,\varphi)=\begin{pmatrix}\cos^2\dfrac{\theta}{2} & \sin\dfrac{\theta}{2}\cos\dfrac{\theta}{2}\mathrm{e}^{-\mathrm{i}\varphi}\\ \sin\dfrac{\theta}{2}\cos\dfrac{\theta}{2}\mathrm{e}^{\mathrm{i}\varphi} & \sin^2\dfrac{\theta}{2}\end{pmatrix}$$

与式(1.2.33)相同.

设粒子自旋在空间指向完全无规(各方向等概率)，则密度矩阵可表示成

$$\rho=\frac{1}{4\pi}\int\rho(\theta,\varphi)\mathrm{d}\Omega \tag{1.2.39}$$

利用式(1.2.33)，可求出

$$\rho=\frac{1}{2}\begin{pmatrix}1&0\\0&1\end{pmatrix}=\frac{1}{2}I \tag{1.2.40}$$

与式(1.2.38)中 $\boldsymbol{P}=0$ 的情况相同. 注意，按式(1.2.40)，$\rho^2\neq\rho$. 这似乎违反了密度矩阵的一般性质[见式(1.2.7)]. 实则不然，式(1.2.7)$\rho^2=\rho$ 只对一个纯态成立，而用式(1.2.40)描述的态(粒子已是等概率处于沿任何方向极化的状态)，是一个混合态(见 1.2.2 节).

1.2.2 混合态的密度矩阵

有的实验装置中制备出来的体系，并不处于一个纯态（即并非某一组力学量完全集的共同本征态）。例如，从温度为 T 的炉子中蒸发出来的原子，自然光源发出的非偏振光等。这样制备出来的体系的量子态，不能用单纯的一个波函数来描述。人们对这种状态下的量子体系，能了解到的信息是不完备的。如何去建立一种理论形式以给出该体系尽可能多的信息？为此，需要推广上面讨论过的密度算符的概念。

设 $|\psi_i\rangle(i=1,2,3,\cdots)$ 表示力学量完全集 L 的正交归一的共同本征态，$\sum\limits_i|\psi_i\rangle\langle\psi_i|=1$。设 t 时刻体系处于 $|\psi_k\rangle$ 态的概率为 $p_k(0\leqslant p_k\leqslant 1,\sum\limits_k p_k=1)$，即处于一系列纯态的某种统计混合态。混合态的密度算符定义如下：

$$\rho=\sum_k p_k|\psi_k\rangle\langle\psi_k|=\sum_k p_k\rho_k \tag{1.2.41}$$

式中 $\rho_k=|\psi_k\rangle\langle\psi_k|$ 是与纯态 $|\psi_k\rangle$ 相应的密度算符。不难证明，这种推广了的密度算符，除 $\rho^2=\rho$ 不再成立之外，具有与纯态相应的密度算符相同的如下一些性质[参阅式(1.2.6)，(1.2.10)，(1.2.16)]：

$$\rho^+=\rho \tag{1.2.42}$$

$$\mathrm{tr}\rho=\sum_k p_k\mathrm{tr}\rho_k=\sum_k p_k=1 \tag{1.2.43}$$

$$\begin{aligned}\frac{\mathrm{d}}{\mathrm{d}t}\rho&=\sum_k p_k\frac{\mathrm{d}}{\mathrm{d}t}\rho_k=\frac{1}{\mathrm{i}\hbar}\sum_k p_k[H,\rho_k]\\&=\frac{1}{\mathrm{i}\hbar}\Big[H,\sum_k p_k\rho_k\Big]=\frac{1}{\mathrm{i}\hbar}[H,\rho]\end{aligned} \tag{1.2.44}$$

而

$$\begin{aligned}\rho^2&=\sum_{kk'}p_kp_{k'}|\psi_k\rangle\langle\psi_k|\psi_{k'}\rangle\langle\psi_{k'}|=\sum_{kk'}p_kp_{k'}|\psi_k\rangle\langle\psi_{k'}|\delta_{kk'}\\&=\sum_k p_k^2|\psi_k\rangle\langle\psi_k|\leqslant\sum p_k|\psi_k\rangle\langle\psi_k|=\rho\qquad(p_k^2\leqslant p_k)\end{aligned} \tag{1.2.45}$$

上式中的等式只在纯态下才成立。由此可知 $\mathrm{tr}\rho^2\leqslant 1$。

在用 ρ 描述的混合态下，力学量的平均值公式形式上也不变[参见式(1.2.12)]，例如

$$\begin{aligned}\langle G\rangle&=\sum_k p_k\langle\psi_k|G|\psi_k\rangle=\sum_k p_k\mathrm{tr}(\rho_kG)\\&=\mathrm{tr}\Big(\sum_k p_k\rho_kG\Big)=\mathrm{tr}(\rho G)\end{aligned} \tag{1.2.46}$$

在以力学量完全集 F 的本征态 $|n\rangle(F|n\rangle=F_n|n\rangle)$ 为基矢的表象中，ρ 表示为如下密度矩阵：

$$\rho_{nn'}=\sum_k p_k\langle n|\psi_k\rangle\langle\psi_k|n'\rangle=\sum_k p_kC_n^kC_{n'}^{k*},$$

$$C_n^k = \langle n | \psi_k \rangle, C_{n'}^{k*} = \langle \psi_k | n' \rangle \tag{1.2.47}$$

其对角元为

$$\rho_{nn} = \sum_k p_k |C_n^k|^2 \geqslant 0 \tag{1.2.48}$$

$|C_n^k|^2$ 是在纯态 $|\psi_k\rangle$ 下测量 F 得到 F_n 值的概率. ρ_{nn} 称为在混合态下量子态 $|n\rangle$ 的布居(population),即在混合态下测得体系处于 $|n\rangle$ 态的概率. 非对角元 $\rho_{nn'}$ 表征在 ρ 描述的混合态下, $|n\rangle$ 与 $|n'\rangle$ 的相干(coherence). 如 $\rho_{nn'}=0$,则表示在此混合态下 $|n\rangle$ 与 $|n'\rangle$ 态不相干.

如所取表象 $F=L$,则 $C_n^k=\delta_{kn}$,而 $\rho_{nn'} = \sum_k p_k \delta_{kn} \delta_{kn'} = p_n \delta_{nn'}$, ρ 就是对角矩阵,对角元 $\rho_{nn}=p_n$.

如 F 为能量表象(力学量完全集内包含有体系的不含时 Hamilton 量), $H|n\rangle = E_n |n\rangle$,则

$$\frac{\mathrm{d}}{\mathrm{d}t}\rho_{nn'}(t) = \frac{1}{\mathrm{i}\hbar}(E_n - E_{n'})\rho_{nn'}(t) \tag{1.2.49}$$

所以

$$\rho_{nn'}(t) = \rho_{nn'}(0)\mathrm{e}^{-\mathrm{i}\omega_{nn'}t}, \quad \omega_{nn'} = (E_n - E_{n'})/\hbar \tag{1.2.50}$$

即非对角元 $\rho_{nn'}(t)$ 以角频率 $\omega_{nn'}$ 振荡,而对角元不随时间变化 $\rho_{nn}(t)=\rho_{nn}(0)$.

例 4 从高温炉蒸发出的银原子(自旋 $\hbar/2$)的自旋指向是完全无规的,即等概率指向空间各方向,因此其密度矩阵表示为[见式(1.2.40)]

$$\rho = \frac{1}{2}\begin{pmatrix} 1 & 0 \\ 0 & 1 \end{pmatrix} = \frac{1}{2}I \tag{1.2.51}$$

值得提到,通过不同的制备方式得到的混合态的密度矩阵,可以相同. 例如,制备出的电子有1/2概率处于自旋沿 z 方向极化态 $\begin{pmatrix} 1 \\ 0 \end{pmatrix}$,同时有 1/2 概率处于沿 $-z$ 方向极化态 $\begin{pmatrix} 0 \\ 1 \end{pmatrix}$,则密度矩阵为

$$\rho = \frac{1}{2}\begin{pmatrix} 1 & 0 \\ 0 & 0 \end{pmatrix} + \frac{1}{2}\begin{pmatrix} 0 & 0 \\ 0 & 1 \end{pmatrix} = \frac{1}{2}\begin{pmatrix} 1 & 0 \\ 0 & 1 \end{pmatrix} = \frac{1}{2}I \tag{1.2.52}$$

与式(1.2.51)相同. 按例 3 的讨论,处在这种密度矩阵描述的量子态下,粒子自旋沿任何方向的极化矢量 $\boldsymbol{P}=\langle \boldsymbol{\sigma} \rangle = 0$.

应该强调,初学者由于对波函数的统计诠释的误解,可能把纯态与混合态概念混淆起来,由此而得出错误的结论. 如把处于 $|\sigma_z=+1\rangle$ 的本征态

$$\begin{aligned} |\sigma_z = +1\rangle &= \begin{pmatrix} 1 \\ 0 \end{pmatrix} = \frac{1}{\sqrt{2}}\left[\frac{1}{\sqrt{2}}\begin{pmatrix} 1 \\ 1 \end{pmatrix} + \frac{1}{\sqrt{2}}\begin{pmatrix} 1 \\ -1 \end{pmatrix} \right] \\ &= \frac{1}{\sqrt{2}}[|\sigma_x = 1\rangle + |\sigma_x = -1\rangle] \end{aligned} \tag{1.2.53}$$

的电子,理解为已有 1/2 概率处于 $|\sigma_x=1\rangle$ 态,同时已有 1/2 概率处于 $|\sigma_x=-1\rangle$ 态(这是式(1.2.52)密度矩阵 $\rho=\frac{1}{2}I$ 所示的混合态). 如按此观点,则处于 $|\sigma_x=+1\rangle$ 态和 $|\sigma_x=-1\rangle$ 态下

$$|\sigma_x=+1\rangle=\frac{1}{\sqrt{2}}\left[\begin{pmatrix}1\\0\end{pmatrix}+\begin{pmatrix}0\\1\end{pmatrix}\right]=\frac{1}{\sqrt{2}}[|\sigma_z=+1\rangle+|\sigma_z=-1\rangle]$$

$$|\sigma_x=-1\rangle=\frac{1}{\sqrt{2}}\left[\begin{pmatrix}1\\0\end{pmatrix}-\begin{pmatrix}0\\1\end{pmatrix}\right]=\frac{1}{\sqrt{2}}[|\sigma_z=+1\rangle-|\sigma_z=-1\rangle] \tag{1.2.54}$$

的电子,也都已有 1/2 概率处于 $|\sigma_z=-1\rangle$态. 这样,按式(1.2.53)与(1.2.54)和上述分析,在 $|\sigma_z=+1\rangle$态[见式(1.2.53)]的电子就有$\frac{1}{2}\cdot\frac{1}{2}+\frac{1}{2}\cdot\frac{1}{2}=\frac{1}{2}$概率处于 $|\sigma_z=-1\rangle$态. 这当然是十分荒谬的. 出现此错误结论的原因是对波函数统计诠释的误解. 在 $|\sigma_z=+1\rangle$态下[见式(1.2.53)],可以把它展开成 $|\sigma_x=+1\rangle$和 $|\sigma_x=-1\rangle$态的叠加,叠加系数的模方,按波函数的统计诠释,分别代表测量 σ_x 得到 $\sigma_x=+1$ 和 $\sigma_x=-1$ 的概率的一种预期(expectation),所预言的概率是潜在的(potential),不能误认为在 $|\sigma_z=+1\rangle$态下,已经分别有 1/2 概率处于 $|\sigma_x=+1\rangle$和 $|\sigma_x=-1\rangle$态[后一情况正是式(1.2.51)所示密度矩阵所示的混合态].

例 5 Bloch 球.

在例 3 中,给出了自旋为 1/2 的粒子的自旋态的密度矩阵的一般形式

$$\rho(\boldsymbol{P})=\frac{1}{2}(1+\boldsymbol{\sigma}\cdot\boldsymbol{P}) \tag{1.2.55}$$

式中 $\boldsymbol{P}=\mathrm{tr}(\rho\boldsymbol{\sigma})=\langle\boldsymbol{\sigma}\rangle$表征体系的极化度(polarization). 对于自旋指向空间方向 $\boldsymbol{n}(\sin\theta\cos\varphi,\ \sin\theta\sin\varphi,\cos\theta)$的完全极化态(例 2),可以证明$\langle\boldsymbol{\sigma}\rangle=\boldsymbol{n}$,因此相应的密度矩阵为($\boldsymbol{P}=\boldsymbol{n},\ |\boldsymbol{P}|=1$)

$$\rho(\boldsymbol{n})=\frac{1}{2}(1+\boldsymbol{\sigma}\cdot\boldsymbol{n}) \tag{1.2.56}$$

而对于自旋指向完全无规的自旋态(见例 4),$\boldsymbol{P}=\langle\boldsymbol{\sigma}\rangle=0$,因而密度矩阵为

$$\rho=\frac{1}{2}I \tag{1.2.57}$$

它是一个完全不极化的混合态.

在一般情况下,密度矩阵式(1.2.55)中

$$\rho(\boldsymbol{P})=\frac{1}{2}\begin{pmatrix}1+P_z & P_x-\mathrm{i}P_y\\ P_x+\mathrm{i}P_y & 1-P_z\end{pmatrix} \tag{1.2.58}$$

$\det\rho(\boldsymbol{P})=\frac{1}{4}(1-\boldsymbol{P}^2)$. 考虑到密度矩阵具有非负本征值的特征,$\det\rho\geqslant 0$,可知 $0\leqslant|\boldsymbol{P}|\leqslant 1$,即矢量 $\boldsymbol{P}$ 处于半径为 $|\boldsymbol{P}|=1$ 的球(称为 Bloch 球)面上或球内部. $|\boldsymbol{P}|$表征极化度,完全极化态 $|\boldsymbol{P}|=1$,是一个纯态. 部分极化($|\boldsymbol{P}|<1$)以及完全不极化($\boldsymbol{P}=0$)的态则为混合态.

例 6 与大热源达到平衡,温度为 T 的体系(正则系综),处于非纯态,用密度算符

$$\rho=\frac{1}{Z}\mathrm{e}^{-\beta H} \tag{1.2.59}$$

描述,$\beta=1/kT$,k 为 Boltzmann 常量,H 为 Hamilton 算符,$Z=\mathrm{tr}(\mathrm{e}^{-\beta H})$称为配分函数(partition function). 在能量表象中(基矢 $|n\rangle$,$H|n\rangle=E_n|n\rangle$),密度矩阵为

$$\rho_{nn'}=\frac{1}{Z}\mathrm{e}^{-\beta E_n}\delta_{nn'}$$

$$Z=\sum_n\mathrm{e}^{-\beta E_n} \tag{1.2.60}$$

以谐振子为例，$E_n=(n+\frac{1}{2})\hbar\omega, n=0,1,2,\cdots$

$$Z=\sum_n \mathrm{e}^{-\beta(n+1/2)\hbar\omega}=\mathrm{e}^{-\beta\hbar\omega/2}(1-\mathrm{e}^{-\beta\hbar\omega})^{-1} \tag{1.2.61}$$

谐振子处于 E_n 能级的概率为

$$\begin{aligned}P(E_n)&=\mathrm{tr}(\rho P_n)=\frac{1}{Z}\mathrm{tr}(\mathrm{e}^{-\beta H}|n\rangle\langle n|)\\&=\frac{1}{Z}\mathrm{e}^{-\beta E_n}\mathrm{tr}(|n\rangle\langle n|)=\frac{1}{Z}\mathrm{e}^{-\beta E_n}\end{aligned} \tag{1.2.62}$$

所以能量平均值为

$$\begin{aligned}\langle E\rangle&=\mathrm{tr}(\rho H)=\sum_n P(E_n)E_n=\frac{1}{Z}\sum_n \mathrm{e}^{-\beta E_n}E_n=-\frac{1}{Z}\frac{\partial}{\partial\beta}Z\\&=-\frac{\partial}{\partial\beta}\ln Z=\hbar\omega\left(\frac{1}{2}+\frac{1}{\mathrm{e}^{\beta\hbar\omega}-1}\right)\end{aligned} \tag{1.2.63}$$

可以看出，当 $T\to\infty(\beta\to 0)$时，$\langle E\rangle\to\frac{1}{\beta}=kT$，与经典统计(Boltzmann 统计)给出的结果相同. 相反，在低温极限 $T\to 0(\beta\to\infty)$下，$\langle E\rangle=\hbar\omega/2$，即所有谐振子在低温极限下，都倾向于布居在基态上.

1.3 复合体系

复合体系(composite system)是指一个多粒子体系，或含有两个或多个子体系(subsystem)的复合体系. 它们都具有多个自由度. 从量子力学理论来讲，对于一个多自由度体系或多粒子体系，如果只测量与它的一部分自由度相关的可观测量，测量就是不完全的测量. 在此情况下，为了描述子体系的量子态，例如，计算子体系的某个可观测量的平均值(期待值)，就需要引进约化密度矩阵(reduced density matrix).

1.3.1 直积态与纠缠态

先讨论两个量子体系 A 和 B 的量子**纯态**(pure state)，分别用 Hilbert 空间 H_A 和 H_B 的矢量$|\phi\rangle_A$ 和$|\varphi\rangle_B$ 描述. 复合体系$(A+B)$的量子态$|\Psi\rangle_{AB}$是 Hilbert 空间 $H_A\otimes H_B$ 的一个矢量. 假设$|\Psi\rangle_{AB}$可以表示成$|\Psi\rangle_A$与和$|\varphi\rangle_B$的直积，即

$$|\Psi\rangle_{AB}=|\Psi\rangle_A\otimes|\varphi\rangle_B \tag{1.3.1}$$

则称$|\phi\rangle_{AB}$为直积态(product state)；否则称$|\Psi\rangle_{AB}$为纠缠态(entangled state).

以上讨论可以推广到 N 体量子体系的纯态. 假设 N 体量子体系的量子态可以表示为

$$|\Psi\rangle_{ABC\cdots}=|\phi\rangle_A\otimes|\varphi\rangle_B\otimes|\chi\rangle_C\otimes\cdots \tag{1.3.2}$$

其中

$$|\Psi\rangle_{ABC\cdots} \in H_{ABC\cdots},\ H_{ABC\cdots} = H_A \otimes H_B \otimes H_C \otimes \cdots,$$

$$|\psi\rangle_A \in H_A,\ |\varphi\rangle_B \in H_B,\cdots,\ |\chi\rangle_C \in H_C,\cdots$$

则称$|\Psi\rangle_{ABC\cdots}$为直积态,否则称为纠缠态.

以上讨论只适用于纯态. 混合态(mixed state)的纠缠要复杂得多. 有兴趣的读者,可参见文献①

1.3.2 约化密度矩阵

考虑复合体系$(A+B)$. 设$\{|\psi_i\rangle_A\}$构成子体系A的量子态的一组完全集,$\{|\varphi_\mu\rangle_B\}$构成子体系$B$的量子态的一组完全集,则$|\psi_i\rangle_A \otimes |\varphi_\mu\rangle_B \equiv |\psi_i\rangle_A |\varphi_\mu\rangle_B$(即$|\psi_i\rangle_A$与$|\varphi_\mu\rangle_B$的直积)构成复合体系$(A+B)$的量子态的一组完备基(称为直积态表象,或非耦合表象). 复合体系$(A+B)$的任何一个量子态可以表示成这一组完备基的线性叠加

$$|\Psi\rangle_{AB} = \Sigma_{i\mu} a_{i\mu} |\psi_i\rangle_A |\varphi_\mu\rangle_B,\ \Sigma_{i\mu} |a_{i\mu}|^2 = 1 \tag{1.3.3}$$

相应的密度矩阵为

$$\rho_{AB} = |\Psi\rangle_{AB\,AB}\langle\Psi| = \Sigma_{i\mu j\nu} a_{j\nu}^* a_{i\mu} |\psi_i\rangle_A |\varphi_\mu\rangle_{B\ A}\langle\psi_i|_B\langle\varphi_\mu| \tag{1.3.4}$$

对于复合体系$(A+B)$来讲,这是一个纯态.

设Q_A是子体系A的一个可观测量(只依赖于A的动力学变量). 如把A看成复合体系$(A+B)$的子体系,这个可观测量可以表示成$Q = Q_A \otimes I_B$,I_B为单位算符,它只作用于子体系B的Hilbert空间. 在$|\Psi\rangle_{AB}$态下Q的平均值可以计算如下

$$\langle Q\rangle = \mathrm{tr}_{AB}(\rho_{AB}Q) \tag{1.3.5}$$

在非耦合表象中,

$$\begin{aligned}\langle Q\rangle &= {}_{AB}\langle\Psi| Q_A \otimes I_B |\Psi\rangle_{AB} \\ &= \Sigma_{j\nu} a_{j\nu}^*\ {}_A\langle\psi_j|_B\langle\varphi_\nu| Q_A \otimes I_B \Sigma_{i\mu} a_{i\mu} |\psi_i\rangle_A |\varphi_\mu\rangle_B \\ &= \Sigma_{ij\mu} a_{j\mu}^* a_{i\mu\ A}\langle\psi_j| Q_A |\psi_i\rangle_A \end{aligned} \tag{1.3.6}$$

它可以表示成[注1]

$$\langle Q\rangle = \mathrm{tr}_A(\rho_A Q_A) \tag{1.3.7}$$

式中

$$\rho_A = \Sigma_{ij\mu} a_{i\mu} a_{j\mu}^* |\psi_i\rangle_{A\,A}\langle\psi_j| = \mathrm{tr}_B(\rho_{AB}) \tag{1.3.8}$$

$\rho_A = \mathrm{tr}_B(\rho_{AB})$称为约化密度矩阵(reduced density matrix). 利用ρ_A来计算$\langle Q_A\rangle$时,只需利用下式[注1]

$$\langle Q_A\rangle = \mathrm{tr}_A(\rho_A Q_A) \tag{1.3.9}$$

可以证明,约化密度矩阵$\rho_A = \rho_A^+$具有如下性质[注2]:

---

① H. Harodecki, *et al.*,Rev. Mod. Phys. **81**(2009) 865-942.

$$(1)\rho_A \text{ 为非负}$$

$$(2)\mathrm{tr}_A\rho_A = 1 \tag{1.3.10}$$

因此 ρ_A 可以对角化，本征值为非负实数，而且所有本征值之和为 1.

一般说来，$\rho_A^2=\rho_A$ 并不一定成立，除非 $|\Psi\rangle_{AB}$ 为一个直积态. 由此可以看出，当人们面对一个较大体系的子体系(而不顾及其余子体系)时，即使较大体系的量子态是一个纯态，可以用 Hilbert 空间 $H_A\otimes H_B$ 中的一个矢量来描述，它对于子体系的量子态的描述，不一定是一个纯态，一般说来，需要用混合态的密度矩阵来描述.

[注 1]$\mathrm{tr}_B(\rho_{AB})=\mathrm{tr}_B|\Psi\rangle_{ABAB}\langle\Psi|=\Sigma_{\mu'}\langle\varphi'_\mu|\Sigma_{ij\mu}a^*_{j\nu}a_{i\mu}|\psi_i\rangle_A|\varphi_\mu\rangle_{BA}\langle\psi_j|_A\langle\varphi_\nu|\varphi'_\mu\rangle_B$

$=\Sigma_{ij\mu}a^*_{j\mu}a_{j\mu}|\psi_i\rangle_{AA}\langle\psi_j|=\rho_A$

此即(1.3.8)式. 按此 ρ_A 的形式，

$\mathrm{tr}_A(\rho_A Q_A)=\Sigma_{i'A}\langle\varphi_{i'}|\Sigma_{ij\mu}a_{i\mu}a^*_{j\mu}|\psi_i\rangle_{AA}\langle\psi_j|Q_A|\varphi_{i'}\rangle_A=\Sigma_{ij\mu}a_{i\mu}a^*_{j\mu}{}_A\langle\varphi_j|Q_A|\varphi_i\rangle_A=\langle Q_A\rangle$

此即(1.3.9)式.

[注 2]$\mathrm{tr}_A(\rho_A)=\Sigma_{i'A}\langle\varphi_{i'}|\Sigma_{ij\mu}a_{i\mu}a^*_{j\mu}|\psi_i\rangle_{AA}\langle\psi_j|\psi_{i'}\rangle_A=\Sigma_{i'ij\mu}a_{i\mu}a^*_{j\mu}\delta_{i'i}\delta_{i'j}=\Sigma_{i\mu}|a_{i\mu}|^2=1$

在子体系 A 的任何一个量子态 $|\psi\rangle_A$ 下，ρ_A 平均值为

$\langle\rho_A\rangle={}_A\langle\psi|\rho_A|\psi\rangle_A=\Sigma_{ij\mu}a_{i\mu}a^*_{j\mu}{}_A\langle\psi|\psi_i\rangle_{A\ A}\langle\psi_j|\psi\rangle_A=\Sigma_\mu|\Sigma_i a_{i\mu A}\langle\psi\|\psi_i\rangle_A|^2\geqslant 0$

[注 3]对于 2 体复合体系，用密度矩阵来表述，如果 $\rho_{AB}==\rho_A\otimes\rho_B$，则称 $|\psi\rangle_{AB}$ 为直积态，否则称为纠缠态.

推广到多体复合体系，如果 $\rho_{ABC\cdots}=\rho_A\otimes\rho_B\otimes\rho_c\cdots$ 则称 $|\psi\rangle_{ABC\cdots}$ 为直积态，否则称为纠缠态.

1.3.3 Schmidt 分解，von Neumann 熵

以下讨论 2 体纯态的 Schmidt 分解①. 设量子体系 A 和 B 的量子纯态分别用 Hilbert 空间 H_A 和 H_B 的矢量 $|\psi\rangle_A$ 和 $|\psi\rangle_B$ 描述. 2 体复合体系 $(A+B)$ 的纯态 $|\psi\rangle_{AB}$ 是空间 $H_A\otimes H_B$ 的一个矢量，其一般表述形式为

$$|\psi\rangle_{AB}=\sum_{n\nu}c_{n\nu}|\psi_n\rangle_A\otimes|\varphi_\nu\rangle_B \tag{1.3.11}$$

$|\psi_n\rangle_A$ 和 $|\varphi_\nu\rangle_B$ 分别是 Hilbert 空间 H_A 和 H_B 中的一组正交归一化基，

$${}_A\langle\psi_n|\psi_m\rangle_A=\delta_{nm},\langle\varphi_\nu|\varphi_\mu\rangle=\delta_{\nu\mu} \tag{1.3.12}$$

设作如下局域幺正变换 LUC (local unitary transformation)，使 $|\varphi_\nu\rangle_B\to|\chi_n\rangle_B$

$$|\chi_n\rangle_B=\Sigma_\nu c_{n\nu}|\varphi_\nu\rangle_B \tag{1.3.13}$$

注意：这个局域幺正变换赖与所讨论的态 $|\psi\rangle_{AB}$. 设经过此局域幺正变换后，$|\psi\rangle_{AB}$ 可以表示为如下形式

$$|\psi\rangle_{AB}=\Sigma_n|\psi_n\rangle_A|\chi_n\rangle_B \tag{1.3.14}$$

此时，

① E. Schmidt, Math. Annalen **63**(1906) 433-476.

$$ {}_B\langle \chi_m \| \chi_n \rangle_B = \Sigma_\nu c^*_{m\nu} c_{n\nu} = p_n \delta_{mn} (p_n \text{ 实数}) \tag{1.3.15} $$

不妨让$|\chi_n\rangle_B$归一化,令

$$ | f_n \rangle_B = \frac{1}{\sqrt{p_n}} | \chi_n \rangle_B, \ {}_B\langle f_n \| f_m \rangle_B = \delta_{mn} \tag{1.3.16} $$

而$|\psi\rangle_{AB}$可以表示为

$$ | \psi \rangle_{AB} = \Sigma_n \sqrt{p_n} | \psi_n \rangle_A | f_n \rangle_B \tag{1.3.17} $$

令

$$ \lambda_n = \sqrt{p_n}, \quad n = 1, 2, \cdots, M \tag{1.3.18} $$

λ_n 称为 Schmidt 系数,M 称为 Schmidt 数. 如 $M=1$,$|\psi\rangle_{AB}$为直积态. 对于 $M>1$,$|\psi\rangle_{AB}$称为纠缠态. 此时

$$ \rho_{AB} = | \psi \rangle_{ABAB} \langle \psi | = \Sigma_{mn} \sqrt{p_n p_m} | \psi_n \rangle_A | f_n \rangle_B \, {}_B\langle f_m |_A \langle \psi_m | \tag{1.3.19} $$

而约化密度矩阵为

$$ \begin{aligned} \rho_A &= \mathrm{tr}_B \rho_{AB} = \sum_{mn} {}_B\langle \chi_m | \chi_n \rangle_B | \psi_n \rangle_A \, {}_A\langle \psi_m | \\ &= \Sigma_n p_n | \psi_n \rangle_A \, {}_A\langle \psi_n | \end{aligned} \tag{1.3.20} $$

$$ \rho_B = \mathrm{tr}_A \rho_{AB} = \Sigma_n p_n | f_n \rangle_B \, {}_B\langle f_n | \tag{1.3.21} $$

可见 ρ_A 与 ρ_B 具有相同的非 **0** 对角元,但矩阵的维数可以不同(对角线上的 0 矩阵元的个数可以不同),即 ρ_A 与 ρ_B 具有相同的秩(rank).

表面看来,Schmidt 数 M 愈大,可能意味“更大的纠缠”. 可以证明,用 M 作为纠缠度是不太合适的. 但可以用$\{\lambda_n; n=1,2,\cdots,M\}$构成的另一个函数作为纠缠度,称为部分熵(partial entropy),或称为 von Neumann 熵 ①.

2 体纯态$|\psi\rangle_{AB}$的量子纠缠度 $E(|\psi\rangle_{AB})=\mathrm{S}(\rho_A)=\mathrm{S}(\rho_B)$,$\mathrm{S}(\rho_A)$定义为

$$ \begin{aligned} \mathrm{S}(\rho_A) &= \mathrm{S}(\rho_B) = -\mathrm{tr}(\rho_A \log \rho_A) = -\mathrm{tr}(\rho_B \log \rho_B) \\ &= -\Sigma_{n=1}^M \lambda_n \log \lambda_n \end{aligned} \tag{1.3.22} $$

这里的对数 log,是以 2 为底. 对于直积态$|\psi\rangle_{AB}=|\psi\rangle_A \otimes |\psi\rangle_B$,$E(|\psi\rangle_{AB})=0$. 对于 2 量子比特的最大纠缠态(Bell 基)中的任何一个态,则 $\rho_A=\rho_B=\frac{1}{2}I$,$E=\log 2=1$. 对于纠缠态,局域一定比全局更为混乱,这纯粹是量子特征,用经典概率分布得不出此结果.

N 体纯态的纠缠比 2 体纯态的纠缠要复杂得多(见 P. 22,文献①). 例如,对于 3 体纯态,就不能像 2 体纯态那样进行 Schmidt 分解.

1.3.4 波函数统计诠释的一种观点

按照量子力学正统理论,波函数可以给出对体系进行各种测量的结果出现的

---

① C. H. Bennett, D. P. DiVincenzo ,J. A. Smolin, W. K. Wotters, Phys. Rev. A **54**(1996) 3824.

概率的预期值. 文献[1]对此提出了一种看法. 他们认为,处理测量问题,应该把测量装置与待测体系看成一个复合体系. 而通常人们只对待测体系的测量结果有兴趣(而不理会测量装置),此时人们就应该把待测体系看成复合体系的子体系,用约化密度矩阵去描述测量结果.

设待测体系(记为A)的一组可观测量完全集F的共同本征态记为$|\psi_n\rangle_A$,相应的本征值为F_n,

$$F|\psi_n\rangle_A = F_n|\psi_n\rangle_A \tag{1.3.23}$$

以$\{|\psi_n\rangle_A\}$为基矢的表象中,待测体系A的量子态$|\psi\rangle_A$可以表示为

$$|\psi\rangle_A = \sum_n c_n|\psi_n\rangle_A, \quad c_n = {}_A\langle\psi_n|\psi\rangle_A, \quad \sum_n|c_n|^2 = 1 \tag{1.3.24}$$

按照波函数的统计诠释,$|c_n|^2$表示在$|\psi\rangle_A$态下测量F得到F_n的概率. 与$|\psi\rangle_A$相应的密度矩阵为

$$\rho_A = |\psi\rangle_{A\,A}\langle\psi| = \sum_{nm} c_n c_m^* |\psi_n\rangle_{A\,A}\langle\psi_m| \tag{1.3.25}$$

它描述的是一个纯态,它既有对角元$p_n=|c_n|^2$,也有非对角元$c_n c_m^*$,它刻画纯态的相干性.

在测量过程中,应该把测量装置(记为B)与待测体系看成一个复合体系. 设测量时,待测体系A可能处于$|\psi_n\rangle_A$态,测量装置B处于相应的$|\varphi_n\rangle_B$态,而复合体系$(A+B)$的量子态一般可以表示为

$$|\Psi\rangle_{AB} = \sum_n c_n|\psi_n\rangle_A|\varphi_n\rangle_B \tag{1.3.26}$$

对于复合体系来讲,这是一个纯态,但一般为纠缠态,相应的密度矩阵为

$$\rho_{AB} = |\Psi\rangle_{AB\,AB}\langle\Psi| = \sum_{nm} c_n c_m^* |\psi_n\rangle_A|\varphi_n\rangle_{B\,A}\langle\psi_m|_B\langle\varphi_m| \tag{1.3.27}$$

在测量时,通常人们只对待测体系A的量子态有兴趣,而描述此子体系A的量子态应该用如下的约化密度矩阵

$$\begin{aligned}\rho_A &= \mathrm{tr}_B(\rho_{AB}) = \sum_l {}_B\langle\varphi_l|\rho_{AB}|\varphi_l\rangle_B \\ &= \sum_{lmn} c_n c_m^* {}_B\langle\varphi_l|\varphi_n\rangle_B |\psi_n\rangle_{A\,A}\langle\psi_m| {}_B\langle\varphi_m|\varphi_l\rangle_B \\ &= \sum_n |c_n|^2 |\psi_n\rangle_{A\,A}\langle\psi_n| = \sum_n p_n\rho_n\end{aligned} \tag{1.3.28}$$

上式中$p_n=|c_n|^2$,$\rho_n=|\psi_n\rangle_{A\,A}\langle\psi_n|$描述待测体系$A$的一个纯态. 注意,$\rho_A$的非对角元已全部消失,只剩下对角元$p_n=|c_n|^2$,$\rho_A$描述的是$A$的一个混合态. p_n表征在测量F时,体系A处于F的本征态$|\psi_n\rangle_A$的几率. 这就是量子态的统计诠释的含义.

---

[1] C. D. Cantrell & M. O. Scully, Physics Reports, **43**(1978) 499.

第2章 量子力学与经典力学的关系

2.1 对应原理

有关对应原理(correspondence principle)的系统阐述,最早见于Bohr 1918年的文章[①],而正式使用对应原理这个词汇最早见于他1920年的文章[②~④].对应原理提出:在大量子数极限情况下,量子体系的行为将渐近地趋于与经典力学体系相同.然而应该提到,对应原理思想的萌芽,在Bohr 1913年发表的划时代的论文[⑤]——“伟大的三部曲”(great trilogy)——中已可以明显看出(见其中第一篇论文,第3节),尽管文中并未出现对应原理这个词汇[⑥].1913年12月,在哥本哈根物理学会上的报告中,Bohr又特别强调了这个思想的重要性[⑦].从Bohr 1913年的文章开始,差不多整个10年中,Bohr的思想对于原子物理学和量子理论的发展有极深刻的影响.这个时期的量子理论,有人称之为“早期量子论”(the old quantum theory)或称为“对应原理的量子力学”(the quantum mechanics of the correspondence principle)[⑥].它与Planck-Einstein的关于辐射的量子理论一道,扮演了“A provisional quantum mechanics of simple system”的角色[⑥].Bohr的早期量子论为经典物理学通往微观世界的新力学的过渡铺设了一座桥梁.1925年德国的年轻物理学家Heisenberg正是通过Bohr的对应原理这座桥梁,最终建立了微观体系的新力学——矩阵力学.Heisenberg的矩阵力学的提出,可以认为是Bohr对应原理的逻辑上发展的结果[⑥].

不少原子物理学的教材中,在讲述Bohr理论时把角动量量子化条件放在很突出的地位.这可能出自教学法的考虑.但应强调,量子化条件并非Bohr理论中最实质性的部分.从历史事实来看,角动量量子化条件并不是Bohr一人

---

① N. Bohr,Proc. Dan. Acad. Sc. (1918),(8)**4**,No. 1,part,Ⅰ,Ⅱ.

② N. Bohr,Z. Phys. **2**(1920) 423.

③ N. Bohr,*The Theory of Spectra and Atomic Constitution*(Cambridge University Press,1922).

④ J. Rud. Nielsen 编,*Niels Bohr Collected Works*,Vol. **3**,The Correspondence Principle(1918~1923)(North-Holland,1976).

⑤ N. Bohr,Phil. Mag. **26**(1913) 1,476,857.

⑥ F. Hund,*The History of Quantum Theory*(Harper & Row,New York,1974);英译本:G. Reece译,1974,George G. Harap. & Co.;中译本:甄长荫、徐辅新译,《量子论的成长道路》(高等教育出版社,1994).

⑦ N. Bohr,Fysisk Tidsk **12**(1914) 97.

的贡献[①]. F. Hund认为,Bohr 量子论的主要贡献有两点(上页所引文献⑥):

(1)光谱学中的 Rydberg-Ritz 组合原则

$$\nu = F(n_1, \cdots) - F(n_2, \cdots) \tag{2.1.1}$$

是 Bohr 理论中的频率条件(量子跃迁关系式)

$$h\nu = E(n_1, \cdots) - E(n_2, \cdots) \tag{2.1.2}$$

的表现.

(2)频率

$$\nu = [E(n+\tau) - E(n)]/h \tag{2.1.3}$$

当量子数很大时($n \gg 1, n \gg \tau$),ν 将趋于经典特征频率 $\nu(E)$ 的 τ 倍.

后一点正是对应原理的体现. 在 Bohr 的"伟大三部曲"的第一篇文章[②]第 3 节中正是根据这个思想来推导出氢原子能级公式,并在同一节中由此而得出了圆轨道的角动量量子化条件.

Bohr 在后来撰写的综述文章[③④]中是这样来概括他的工作的. 他认为他的理论中有两条最基本的假定:

(1)原子能够而且只能够稳定地存在于与离散的能量对应的一系列状态中,这些态称为定态. 因此,体系能量的任何改变,包括吸收或发射电磁辐射,都必须在两个定态之间以跃迁的方式进行.

(2)在两个定态之间跃迁时,吸收或发射的辐射频率 ν 是惟一的,其值由

$$h\nu = E' - E'' \text{(频率条件)} \tag{2.1.4}$$

给出. 这里 h 是 Planck 常量,E' 与 E'' 是所考虑的两个定态的能量(设 $E' > E''$).

换句话说,Bohr 理论最核心的思想有两条:一是原子具有能量不连续的定态概念;二是两个定态之间的量子跃迁概念和频率条件. 这两条可以认为是对当时已有实验事实的理论唯象概括,在尔后发展起来的量子力学理论中仍然被保留了下来.

当然,只根据这两个假定还不能把原子的离散能量确定下来. Bohr 是怎样求出氢原子能级的呢? 在他的 1913 年的第一篇文章的第 1 节中得出了氢原子能级,在第 2 节中利用所得到的能级公式和频率条件分析了氢原子和 He^+ 的光谱,在第 3 节中则基于对应原理的思想来论证他文章第 1 节中一些做法的正确性. 下面简述一下 Bohr 的思路. 设电子在 Coulomb 场

$$V(r) = -\frac{\kappa}{r} \tag{2.1.5}$$

---

① P. Ehrenfest, Verh. D. Phys. Ges. **15**(1913) 451 一文在分析转子运动时,已提出了角动量量子化条件. 更早一些,J. W. Nicholson, Monthly Not. Astr. **72**(1912) 49,139,677,692,诸文中已提到,让电子的轨道角动量等于 $h/(2\pi)$. Bohr 的"伟大的三部曲"的文章中就提到了 Nicholson 的工作.

② 见 Bohr(1913)的"伟大三部曲".

③ 见前页注释①文献.

④ N. Bohr, Proc. Dan. Acad. Sc. (1922)(8)**4** No. 1, part Ⅲ.

中运动(对类氢离子 $\kappa=Ze^2$). 考虑束缚态($E<0$),按经典力学,电子轨道是一个椭圆. 设半长轴为 a,半短轴为 b,焦距 $c=\sqrt{a^2-b^2}$,偏心率 $e=c/a$,则电子能量 E 只依赖于长轴的值为(见本书 9.1 节,附录 1)

$$E=-\kappa/2a \tag{2.1.6}$$

电子轨道的周期 T 也只与 a(因而只与能量 E)有关

$$T^2=4\pi^2 ma^3/\kappa \tag{2.1.7}$$

m 为电子质量(约化质量),因此,电子轨道运动频率

$$\nu=\frac{1}{T}=\frac{1}{2\pi}\sqrt{\frac{\kappa}{m}}a^{-3/2}=\frac{1}{\pi\kappa}\sqrt{\frac{2}{m}}|E|^{3/2} \tag{2.1.8}$$

以上完全是经典力学的结果. 现在来考虑如何进行量子化.

Bohr 认为,在这些经典轨道中只有某些离散的能量所对应的状态才是稳定的,而这些离散的能量用正整数 n 来标记. 他假定

$$E(n)=h\nu(E)f(n) \tag{2.1.9}$$

$f(n)$无量纲. 但如何确定 $f(n)$? Bohr 提出,当量子数 n 很大时,量子理论所得结果应该与经典力学相同. 利用

$$\begin{aligned}f'(n)&=\frac{E'(n)}{h\nu(E)}+\frac{E}{h}\frac{\mathrm{d}}{\mathrm{d}n}\left(\frac{1}{\nu}\right)\\&=\frac{E'(n)}{h\nu(E)}-\frac{E}{h\nu^2}\frac{\mathrm{d}\nu}{\mathrm{d}E}\cdot\frac{\mathrm{d}E}{\mathrm{d}n}\\&=\frac{E'(n)}{h\nu(E)}\left(1-E\frac{\mathrm{d}\ln\nu}{\mathrm{d}E}\right)\end{aligned} \tag{2.1.10}$$

考虑电子从 n 轨道($n\gg1$)跃迁到相邻的($n-1$)轨道,$\Delta n=1$,两条轨道的能量差很小,按式(2.1.10),得

$$\begin{aligned}\Delta E&=E'(n)\Delta n=E'(n)\\&=h\nu(E)f'(n)\Big/\left(1-E\frac{\mathrm{d}\ln\nu}{\mathrm{d}E}\right)\end{aligned} \tag{2.1.11}$$

Bohr 认为,在 $n\gg1$ 情况下,既然放出辐射之前和之后的轨道频率之比非常接近于1,按照电动力学,可以期望放出的辐射的频率与电子轨道运动频率之比也应很接近于 1,即 $\Delta E=h\nu(E)$,亦即要求

$$\lim_{n\to\infty}f'(n)=1-E\frac{\mathrm{d}\ln\nu}{\mathrm{d}E} \tag{2.1.12}$$

特别是,如果经典轨道频率为

$$\nu(E)\propto|E|^{\gamma} \tag{2.1.13}$$

按式(2.1.12),即要求 n 很大时

$$f'(n)=1-\gamma$$

因而

$$f(n)=(1-\gamma)n+\text{常数} \tag{2.1.14}$$

对于 Coulomb 场[见式(2.1.8)]，$\gamma=3/2$. 因此，除了一个与 n 无关的常数之外，能量 $E(n)$ 可表示为

$$E(n)=-\frac{n}{2}h\nu(E) \tag{2.1.15}$$

联合式(2.1.8)，得

$$E(n)=-\frac{2\pi^2\kappa^2 m}{n^2h^2} \tag{2.1.16}$$

对于类氢离子($\kappa=Ze^2$)，有

$$E(n)=-\frac{2\pi^2Z^2e^4m}{n^2h^2}=-\frac{Z^2e^4m}{2\hbar^2n^2} \tag{2.1.17}$$

Bohr 认为，可以合理地设想此公式对于量子数 n 小的轨道也适用. 这就是氢原子(类氢离子)的 Bohr 能级公式，式中 $n=1,2,3,\cdots$，称为**主量子数**.

既然稳定态的能量是量子化的，可以想到，相应的轨道半径也应是量子化的. 对于氢原子[$Z=1$，参见式(2.1.6)与式(2.1.17)]，

$$a=\frac{e^2}{2|E|}=\frac{n^2\hbar^2}{me^2}=n^2a_0 \tag{2.1.18}$$

式中

$$a_0=\hbar^2/me^2$$

称为 Bohr 半径. 类似，稳定轨道的频率也是量子化的，

$$\nu(n)=E(n)/hf(n)=-\frac{2}{nh}E(n)=\frac{4\pi^2e^4m}{n^3h^3} \tag{2.1.19}$$

设电子轨道为圆形，则其轨道角动量为

$$J=ma^2\omega=2\pi ma^2\nu=n\hbar,\quad n=1,2,3,\cdots \tag{2.1.20}$$

此即**角动量量子化条件**. 注意：在 Bohr 原来的文章中，它是作为一个**推论**给出的.

从上面讨论可以看出，如要直接利用对应原理思想来求出一个体系的量子化能量，就需要先找出**经典轨道频率对能量的依赖关系** $\nu(E)$. 一般说来，这是比较麻烦的. 反之，如直接把角动量量子化条件作为假设，就可以比较简单地求出量子化的定态能量. 这也许是在尔后几年中人们把注意力转向深入研究角动量量子化的原因之一.

对应原理还可以用来分析更一般的跃迁. 设原子从能级 $E(n)$ 跃迁到能级 $E(n-\tau)$，$n\gg1$，$n\gg\tau$，放出的辐射频率

$$[E(n)-E(n-\tau)]/h$$

应为经典轨道频率 $\nu(E)$ 的 τ 倍，即

$$\tau\frac{1}{h}\frac{\mathrm{d}E}{\mathrm{d}n}=\tau\nu(E)$$

所以

$$\nu(E)=\frac{1}{h}\frac{\mathrm{d}E}{\mathrm{d}n} \tag{2.1.21}$$

在分析力学中，对于一个周期运动，有下列关系[见本节附录式(2.1.35)]：

$$\nu = \frac{\mathrm{d}E}{\mathrm{d}J} \tag{2.1.22}$$

其中

$$J = \oint p\mathrm{d}q \tag{2.1.23}$$

称为作用量(action)，p 与 q 分别为正则动量和正则坐标. 可证明 J 为绝热不变量[①](adiabatic invariant). 比较式(2.1.21)与式(2.1.22)，得 $\mathrm{d}J = h\mathrm{d}n$，再利用式(2.1.23)，得

$$J = \oint p\mathrm{d}q = nh, \quad n = 1,2,3,\cdots \tag{2.1.24}$$

此即 Sommerfeld 等推广了的量子化条件[②③]. 但更深入研究发现，借助相空间积分形式的量子化条件，式(2.1.24)所进行的计算，有时会得出荒谬的结果[④]，Ehrenfest 等列举了一些情况来说明这一点[⑤⑥]. 相反，利用对应原理却可以得出有意义的结果[⑦].

在光谱观测中，除了谱线波长(频率)之外，还有一个重要的可观测量，即谱线的相对强度，它与相应的跃迁概率成比例. 对此问题，量子化条件是完全无能为力的，但根据对应原理，可以在一定程度上处理此问题. Einstein 对此有重要贡献[⑧]. 例如，考虑原子从 $E(n)$ 能级通过自发辐射跃迁到一条较低能级 $E(n-\tau)$，按 Einstein 的自发辐射的量子理论，单位时间放出辐射能量为

$$\frac{\mathrm{d}E}{\mathrm{d}t} = h\nu_\tau A_n^{n-\tau} \tag{2.1.25}$$

$A_n^{n-\tau}$ 为自发辐射系数，ν_τ 为辐射频率. 如知道了 $A_n^{n-\tau}$，就可以计算自发辐射相应的谱线的相对强度. 但如何计算 $A_n^{n-\tau}$？在量子力学提出以前，惟一的办法只能借助于对应原理. 当 $n \gg 1, n \gg \tau$ 时，相应的自发辐射频率为 $\nu_\tau = \tau\nu_c$，即经典轨道频率 ν_c 的 τ 倍. 以下以电偶极辐射为例. 在经典电动力学中，把电偶极矩 P 做 Fourier 展开

$$P = \sum_{\tau=-\infty}^{+\infty} P_\tau \exp(\mathrm{i}2\pi\tau\nu_c t) \tag{2.1.26}$$

---

① 见 L. D. Landau and E. M. Lifshitz, *Mechanics*, 3rd ed., p. 154, 49 节(世界图书出版公司，北京，1999).

② A. Sommerfeld, Menchener Ber. (1915), 425, 429; (1916), 131.

③ W. Wilson, Phil. Mag. **29**(1915) 795.

④ 见 26 页文献⑥Hund 一书.

⑤ P. Ehrenfest and G. Breit, Proc. Aust. **23**(1922) 989; Z. Phys. **9**(1922) 107.

⑥ P. Ehrenfest and R. C. Tolman, Phys. Rev. **24**(1924) 287.

⑦ Bohr 在 Göttingen 曾经诙谐地说："Up with the correspondence principle! Down with the phase-integral!"(见 26 页文献⑥Hund 一书.)

⑧ A. Einstein, Z. Phys. **18**(1917) 121.

要求 P 为实，所以 $P_{-\tau}=P_\tau^*$. 可求出

$$\ddot{P}=-(2\pi\nu_c)^2\sum_\tau P_\tau \tau^2 \exp[\mathrm{i}2\pi\tau\nu_c t]$$

$$(\ddot{P})^2=(2\pi\nu_c)^4\sum_{\tau\tau'} P_\tau P_{\tau'}\tau^2\tau'^2 \exp[\mathrm{i}2\pi\nu_c(\tau+\tau')t]$$

对时间求平均后，只有 $\tau'=-\tau$ 项不为零. 所以

$$\overline{\ddot{P}^2}=(2\pi\nu_c)^4\sum_{\tau=-\infty}^{+\infty}|P_\tau|^2\tau^4 \tag{2.1.27}$$

按经典电动力学，这样的偶极振荡体系在单位时间内放射出的辐射能量为

$$\frac{\mathrm{d}E}{\mathrm{d}t}=\frac{2}{3c^2}\overline{\ddot{P}^2} \tag{2.1.28}$$

如局限于讨论频率为 $\nu_\tau=\tau\nu_c$ 的辐射，则由式(2.1.27)与式(2.1.28)可得

$$\frac{\mathrm{d}E}{\mathrm{d}t}=\frac{4(2\pi)^4}{3c^2}(\tau\nu_c)^4|P_\tau|^2 \tag{2.1.29}$$

比较式(2.1.25)与式(2.1.29)，注意 $\nu_\tau=\tau\nu_c$，得出自发辐射系数①

$$A_n^{n-\tau}=\frac{4(2\pi)^4}{3hc^3}\nu_\tau^3|P_\tau|^2 \tag{2.1.30}$$

根据对应原理还可以类似处理受激辐射、受激吸收以及相应的选择定则等问题.

应该提到，除了前面提到的 Bohr 关于对应原理的表述（在大量子数极限下，量子物理学将回到经典物理学）外，还有另一种表述，即 Planck 的表述②——当 Planck 常量 $h\to 0$ 时，量子物理学将回到经典物理学. 他的表述是基于如下考虑：他得出的黑体辐射能量密度公式（Planck 公式），当 $h\to 0$ 时，将回到基于经典物理学的 Rayleigh-Jeans 公式.

Hassoun & Kobe③ 认为，两种表述可以同样使用，"Both formulations are used concurrently in the sense that the Planck constant goes to zero and the appropriate quantum number goes to infinite, subject to a constraint that their product be fixed at the appropriate classical action."例如，对于电子的圆轨道运动的角动量量子化条件，$J=n\hbar$，这里经典的作用量就是角动量 J，当 $\hbar\to 0$，就要求 $n\to\infty$，使它们的乘积为 J（有限值）.

Bohr 对应原理的应用，可参阅文献④. 对 Bohr 对应原理的批评，可参阅文献⑤.

---

① 如把 $|P_\tau|^2$ 换为电偶极矩算符($-e\boldsymbol{r}$)在初态和末态之间的矩阵元的模的平方，就是平常量子力学教材中给出的自发辐射系数.

② M. Planck, *Vorlesungen uber die Theorie der Warmestrahlung* (Barth, Leipzig, 1st ed. 1906, 2nd ed., 1913).

③ G. Q. Hassoun and D. H. Kobe, Am. J. Phys. **57**(1989) 658-661.

④ F. S. Crawford, Am. J. Phys. **57**(1989) 621-628.

⑤ C. Leubner, M. Alber and N. Schupfer, Am. J. Phys. **56**(1988) 1123-1129.

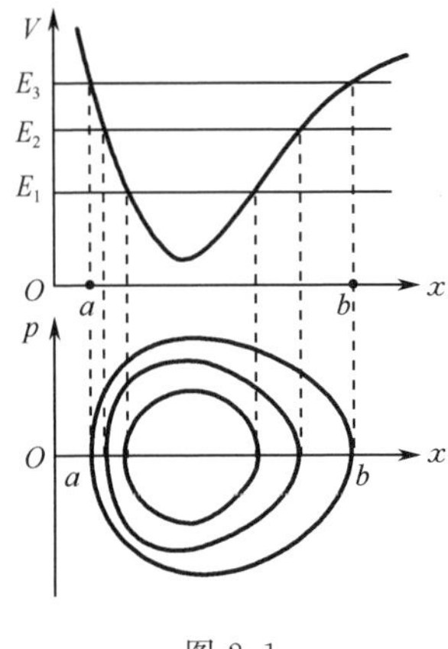

图 2.1

附录

考虑一维势阱 $V(x)$ 中粒子的周期运动(见图 2.1),粒子动量

$$p(E,x)=\pm\sqrt{2m(E-V(x))},\quad a\leqslant x\leqslant b \tag{2.1.31}$$

E 为粒子能量(守恒),a、b 为转折点,而 $p(E,a)=p(E,b)=0$. 定义相空间中的积分

$$J(E)=\oint p\mathrm{d}x \tag{2.1.32}$$

$J(E)$ 称为作用量,$\oint$ 表示对运动积分一个周期. 运动轨道(包括转折点 a,b)与粒子能量有关. 把 E 作为参数,计算 $\mathrm{d}J/\mathrm{d}E$,即

$$\frac{\mathrm{d}}{\mathrm{d}E}\int_a^b p(E,x)\mathrm{d}x=\int_a^b\frac{\partial p}{\partial E}\mathrm{d}x+p(E,b)\frac{\partial b}{\partial E}-p(E,a)\frac{\partial a}{\partial E}=\int_a^b\frac{\partial p}{\partial E}\mathrm{d}x$$

因此

$$\frac{\mathrm{d}}{\mathrm{d}E}J=\frac{\mathrm{d}}{\mathrm{d}E}\oint p\mathrm{d}x=\oint\frac{\partial p}{\partial E}\mathrm{d}x \tag{2.1.33}$$

由式(2.1.31)易于看出,$\partial p/\partial E=m/p=1/v$,所以

$$\frac{\mathrm{d}J}{\mathrm{d}E}=\oint\frac{\mathrm{d}x}{v}=\oint\mathrm{d}t=T \tag{2.1.34}$$

T 为运动周期. 设 ν 为频率,则

$$\nu=\mathrm{d}E/\mathrm{d}J \tag{2.1.35}$$

作用量 J 还可表示成

$$J=\oint p\mathrm{d}x=\oint 2E_\mathrm{k}\mathrm{d}t=2\overline{E}_\mathrm{k}T=2\overline{E}_\mathrm{k}/\nu \tag{2.1.36}$$

上式中,$E_\mathrm{k}=p^2/2m$ 为粒子动能,$\overline{E}_\mathrm{k}$ 是其平均值. 因此

$$\overline{E}_\mathrm{k}=\frac{1}{T}\oint E_\mathrm{k}\mathrm{d}t$$

例 1 一维谐振子,Hamilton 量为

$$H=p^2/2m+\frac{1}{2}m\omega^2x^2$$

对给定 $H=E$,相空间轨道为一椭圆,半轴分别为 $\sqrt{2mE}$ 和 $\sqrt{2E/m\omega^2}$,椭圆面积为 $\pi\sqrt{2mE}\cdot\sqrt{2E/m\omega^2}=2\pi E/\omega$,而 $J=\oint p\mathrm{d}x$ 正是此椭圆的面积,所以

$$J=2\pi E/\omega$$

显然

$$\mathrm{d}E/\mathrm{d}J=\omega/2\pi=\nu$$

例 2 粒子在一维"匣子"($0<x<a$)中运动,速率为 v,碰到匣壁后则弹性反射. 运动频率 $\nu=\dfrac{v}{2a}$,能量 $E=\dfrac{1}{2}mv^2=2ma^2\nu^2$,而

$$J = \oint p \mathrm{d}x = 2ma\nu \cdot 2a = 4ma^2\nu$$

由此得

$$E = J^2/8ma^2$$

因而

$$\frac{\mathrm{d}E}{\mathrm{d}J} = \frac{J}{4ma^2} = \nu$$

例 3 平面转子. 转动惯量为 I,角动量 $L=I\omega$,ω 为角频率,能量为 $E=\frac{1}{2}I\omega^2$,所以

$$J = \oint L \mathrm{d}\varphi = 2\pi L = 2\pi I\omega$$

$$E = J^2/8\pi^2 I$$

$$\frac{\mathrm{d}E}{\mathrm{d}J} = J/4\pi^2 I = \frac{\omega}{2\pi} = \nu$$

还可以证明,作用量 J 为绝热不变量(详细证明,见 Landau & Lifshitz Mechanics, 3rd. ed., 49 节.)

2.2 Poisson 括号与正则量子化

Poisson 括号[定义见书末附录 A. 2,式(A. 2. 10)]最早出现在 1809 年 Poisson 的一篇文章中[①]. 这篇文章讨论了用分析力学处理天体微扰问题. 例如,在其他行星的影响下,太阳系的一个行星的椭圆轨道参数如何改变的问题. 但只在 Jacobi 发现在正则变换下 Poisson 括号具有不变性[②]之后,Poisson 括号的重要性才引起人们注意.

矩阵力学的建立过程中,Heisenberg 摒弃了电子具有连续轨道的概念,代之以用两个指标来标记的不连续的力学量[③](后来 Born 等人认识到这就是矩阵[④],它们的"乘法"遵守一种不可对易的代数法则.)换言之,从经典力学到矩阵力学的过渡,在于把经典力学中的连续变量(q,p 等)换成遵守一定代数法则的矩阵.

在 Heisenberg 工作的启发下,Dirac 认识到 Poisson 括号的重要性在于[⑤⑥]:可

---

① S. D. Poisson, Journal de l'Ecole Polytechnique **8**(1809) 266.

② C. G. J. Jacobi, *Vorlesungen über Dynamik*, 1842～1843(Reimer Berlin, 1866).

③ W. Heisenberg, Z. Physik **33**(1925) 879.

④ M. Born, W. Heisenberg and P. Jordan, Z. Physik **35**(1926) 557.

以上两文的英译文,见 B. L. van der Waerden, *Source of Quantum Mechanics*, p. 261～276, 321～385(Dover, New York, 1968).

⑤ C. Lanczos, The Poisson bracket.

J. Mehra, The golden age of theoretical physics: P. A. M. Dirac's scientific work from 1924～1933.

以上两文载于 *Aspect of Quantum Theory*, ed. by A. Salam and E. P. Wigner(Cambridge University Press, 1972).

⑥ P. A. M. Dirac, Proc. Roy. Soc. (London) **109**(1925) 642.

以把正则方程建立在 Poisson 括号的形式下而避免用 H 的导数. 他提出保留 Poisson括号的形式,但对其定义要重新审定,即用适当的代数形式的定义来代替经典力学中 Poisson 括号的定义(用 H 的导数表示). 他认识到,如果用不对易代数运算代替导数,则将出现与经典概念根本背离的现象. 经过深入分析后,Dirac 发现在量子力学中,经典 Poisson 括号应代之为对易式①

$$\{A,B\} \rightarrow \frac{1}{\mathrm{i}\hbar}(AB - BA) = \frac{1}{\mathrm{i}\hbar}[A,B] \tag{2.2.1}$$

容易证明,经典 Poisson 括号所满足的代数法则[见附录 A. 2,式(A. 2. 11)],对于 $[A,B]$,也完全适用.

可以看出,在 Dirac 理论中出现了不对易代数. 他认为自然界中存在两种量,一种是 q 数(q-number),它们之间的乘法一般是不对易的,另一种是 c 数(c-number),它们之间的乘法是对易的. Dirac 认识到,为要使理论与实验观测相符,不可避免要引进 q 数. 按 Dirac 的理论,经典力学中最基本的力学量——正则坐标和动量之间的 Poisson 括号

$$\{q_k, p_j\} = \delta_{kj} \tag{2.2.2}$$

应代之为

$$[q_k, p_j] = \mathrm{i}\hbar\delta_{kj} \tag{2.2.3}$$

即 q_i 和 p_i 是不对易的. 式(2. 2. 3)正是量子力学的基本对易式. 这种办法称为正则量子化方法. 它在场量子化理论中被广泛使用,与此不同之处在于:场是具有无穷多个自由度的体系,在场量子化过程中将出现无穷大(发散)困难.(例如,参见 11. 2 节、11. 3 节关于电磁场的量子化.)

Dirac 还发现,量子力学中很多问题可以用代数方法方便地解决. 角动量的代数理论(卷Ⅰ,10. 2 节)就是一个漂亮的例子. 他和 Pauli 还运用代数方法成功地求

---

① 例如,考虑 Poisson 括号 $\{AB,CD\}$,

一方面 $\{AB,CD\}=\{AB,C\}D+C\{AB,D\}=A\{B,C\}D+\{A,C\}BD+CA\{B,D\}+C\{A,D\}B$

另一方面 $\{AB,CD\}=A\{B,CD\}+\{A,CD\}B=AC\{B,D\}+A\{B,C\}D+C\{A,D\}B+\{A,C\}DB$

由此得

$$(AC-CA)\{B,D\}=\{A,C\}(BD-DB)$$

要求重新定义 Poisson 括号,但保持代数关系不变,即

$$(AC-CA)\{B,D\}_Q=\{A,C\}_Q(BD-DB)$$

考虑到 A、B、C、D 在 Poisson 括号中的地位无甚差异,如取

$$\{A,C\}_Q\propto(AC-CA), \quad \{B,D\}_Q\propto(BD-DB)$$

则不会出现矛盾,在经典力学中 $AC-CA=0$,在量子力学中,如一般地要求 $AC-CA=0$,即 $\{A,C\}_Q=0$,就没有什么意义. 所以要求 $AC-CA\neq0$,这样就出现了"乘法"的不对易性. 再考虑到能够回到经典力学,可以设想让 $\{A,C\}_Q\propto(AC-CA)/\hbar$. 此时,当回到经典力学,$\hbar\to0$,而 $AC-CA=0$,就不出现矛盾. 其次,再考虑 Poisson 定理(见附录 A. 2),若 A,C 为守恒量,则 $\{A,C\}$ 也是守恒量. 为保证 $\{A,C\}$ 的厄米性,在 $\{A,C\}_Q$ 定义中还要乘上一个虚数 i,即 $\{A,C\}_Q=(AC-CA)/\mathrm{i}\hbar$,此时

$$\{A,C\}_Q^+=\{A,C\}_Q$$

出了氢原子能级公式[1]. 在 Dirac 的代数理论中,除了平常的代数运算外,还增加了厄米共轭(hermilian conjugate)运算. 两个量 A 与 B 乘积的厄米共轭 $(AB)^+ = B^+A^+$. 一切可观测量 F 都要求为自共轭(self-conjugate),即 $F^+ = F$. 特别是正则坐标与动量,要求

$$q_k^+ = q_k, \quad p_k^+ = p_k \tag{2.2.4}$$

可以证明,假设 A、B 是 q、p 的整函数,则(见注 1)

$$\lim_{\hbar\to 0}\frac{1}{\mathrm{i}\hbar}(AB - BA) = \{A,B\} \tag{2.2.5}$$

按正则量子化程序,经典力学中的正则方程 $\dot{q}_k = \{q_k, H\}$,$\dot{p}_k = \{p_k, H\}$,将代之为

$$\dot{q}_k = \frac{1}{\mathrm{i}\hbar}(q_k H - Hq_k)$$

$$\dot{p}_k = \frac{1}{\mathrm{i}\hbar}(p_k H - Hp_k) \tag{2.2.6}$$

而一般的力学量随时间的演化,遵守下列方程:

$$\frac{\mathrm{d}F}{\mathrm{d}t} = \frac{\partial F}{\partial t} + \frac{1}{\mathrm{i}\hbar}(FH - HF) \tag{2.2.7}$$

经典 Poisson 括号在正则变换下的不变性(Jacobi 定理,见书末附录 A.3),在量子力学中相应的表述变得十分简单,即所有代数关系在相似变换(similar transformation)下的不变性. 特别是在相似变换 S 下,

$$q_k \to Q_k = Sq_kS^{-1}$$

$$p_k \to P_k = Sp_kS^{-1} \tag{2.2.8}$$

q_k、p_k 以及一切力学量之间的代数关系在形式上都保持不变. 当然,为了保证自共轭性不改变,要求这些变换满足

$$S^{-1} = S^+ \tag{2.2.9}$$

即为幺正变换(unitary transformation).

[注] 以一维粒子为例,利用基本对易式,$[q,p]=\mathrm{i}\hbar$,不难证明,$[q^m,p]=m\mathrm{i}\hbar q^{m-1}$,$m$ 为正整数,即 $q^m p = pq^m + m\mathrm{i}\hbar q^{m-1}$.

考虑 $A=q^m$,$B=p^n$,m 和 n 为正整数,则

$$\begin{aligned}AB = q^m p^n = q^m p p^{n-1} &= (pq^m + m\mathrm{i}\hbar q^{m-1})p^{n-1} = pq^m p^{n-1} + m\mathrm{i}\hbar q^{m-1}p^{n-1} \\ &= p(pq^m + m\mathrm{i}\hbar q^{m-1})p^{n-2} + m\mathrm{i}\hbar q^{m-1}p^{n-1} = p^2 q^m p^{n-2} + 2m\mathrm{i}\hbar q^{m-1}p^{n-1} + O(\hbar^2) \\ &= \cdots = p^n q^m + nm\mathrm{i}\hbar q^{m-1}p^{n-1} + O(\hbar^2)\end{aligned}$$

这样就证明了

---

① W. Pauli, Zeit. Physik **36**(1926) 336;英译文见 p. 33 所引 van der Waerden 的书, p. 387~415. P. A. M. Dirac, Proc. Roy. Soc. **A110**(1926) 561. 该文中部分内容也可在上书 p. 417~427 中找到.

$$\lim_{\hbar\to 0}\frac{1}{\mathrm{i}\hbar}[q^m, p^n] = nmq^{m-1}p^{n-1} = \{q^m, p^n\} \tag{a}$$

其次，考虑 $A=q^k p^l$，$B=q^m p^n$，(k、l、m、n 均正整数)，不难得出

$$[q^k p^l, q^m p^n] = q^m[q^k, p^n]p^l + q^k[p^l, q^m]p^n$$

利用上式(a)，得

$$\begin{aligned}\lim_{\hbar\to 0}\frac{1}{i\hbar}[q^k p^l, q^m p^n] &= q^m\{q^k, p^n\}p^l + q^k\{p^l, q^m\}p^n \\ &= nkq^{m+k-1}p^{n+l-1} - mlq^k p^{l-1}q^{m-1}p^n \\ &= nkq^{m+k-1}p^{m+l-1} - mlq^{k+m-1}p^{l+n-1} + O(h) \\ &= \{q^k p^l, q^m p^n\}\end{aligned}$$

设 A、B 为整函数，即可展开为

$$A = \sum_{kl} a_{kl} q^k p^l, \quad B = \sum_{mn} b_{mn} q^m p^n$$

由此不难证明式(2.2.5).

附录　正则量子化程序的一些讨论

在坐标表象中，粒子坐标被看成一个普通的数，而动量则表示成算符. 按照上述正则量子化程序，通常把粒子动量写成

$$p_j = -\mathrm{i}\hbar\frac{\partial}{\partial q_j} \tag{2.2.10}$$

显然，它满足正则对易式

$$[q_k, p_j] = \mathrm{i}\hbar\delta_{kj}$$

但应注意，一般说来，这种算符表示式(2.2.10)**只在 Cartesian 坐标系中才正确**. 对于曲线坐标系，**不可一概把动量算符都写成这种形式**，否则会犯错误. 这里还涉及动能和 Hamilton 算符的正确写法的问题.

经典力学中，粒子动能一般表示为

$$T = \frac{1}{2}Mv^2 = \frac{1}{2}M(\mathrm{d}s/\mathrm{d}t)^2 \tag{2.2.11}$$

$\mathrm{d}s$ 为粒子空间轨道曲线的线段元. 在常用的直角坐标系中 $\mathrm{d}s^2 = \mathrm{d}x^2 + \mathrm{d}y^2 + \mathrm{d}z^2$，所以

$$T = \frac{M}{2}(\dot{x}^2 + \dot{y}^2 + \dot{z}^2) \tag{2.2.12}$$

正则动量定义为

$$\begin{aligned} p_x &= \partial T/\partial \dot{x} = M\dot{x} \\ p_y &= \partial T/\partial \dot{y} = M\dot{y} \\ p_z &= \partial T/\partial \dot{z} = M\dot{z} \end{aligned} \tag{2.2.13}$$

因而

$$T = \frac{1}{2M}(p_x^2 + p_y^2 + p_z^2) \tag{2.2.14}$$

按正则量子化程序，$\hat{p}_x$、$\hat{p}_y$、$\hat{p}_z$ 分别表示成

$$\hat{p}_x = -\mathrm{i}\hbar\frac{\partial}{\partial x}, \quad \hat{p}_y = -\mathrm{i}\hbar\frac{\partial}{\partial y}, \quad \hat{p}_z = -\mathrm{i}\hbar\frac{\partial}{\partial z} \tag{2.2.15}$$

而动能算符表示成

$$\hat{T}=\frac{1}{2M}(\hat{p}_x^2+\hat{p}_y^2+\hat{p}_z^2)=-\frac{\hbar^2}{2M}\left(\frac{\partial^2}{\partial x^2}+\frac{\partial^2}{\partial y^2}+\frac{\partial^2}{\partial z^2}\right) \tag{2.2.16}$$

在球坐标系中，$ds^2=dr^2+r^2d\theta^2+r^2\sin^2\theta d\varphi^2$，所以

$$T=\frac{1}{2}M(\dot{r}^2+r^2\dot{\theta}^2+r^2\sin^2\dot{\theta}\varphi^2) \tag{2.2.17}$$

正则动量分别为

$$\begin{aligned}p_r&=\partial T/\partial\dot{r}=M\dot{r}\\ p_\theta&=\partial T/\partial\dot{\theta}=Mr^2\dot{\theta}\\ p_\varphi&=\partial T/\partial\dot{\varphi}=Mr^2\sin^2\theta\dot{\varphi}\end{aligned} \tag{2.2.18}$$

所以

$$T=\frac{1}{2M}\left(p_r^2+\frac{1}{r^2}p_\theta^2+\frac{1}{r^2\sin^2\theta}p_\varphi^2\right) \tag{2.2.19}$$

在过渡到量子力学时，相应的算符如何表示？有人误认为，可以作如下替换

$$p_r\to\hat{p}_r=-i\hbar\frac{\partial}{\partial r},\quad p_\theta\to\hat{p}_\theta=-i\hbar\frac{\partial}{\partial\theta},\quad p_\varphi\to\hat{p}_\varphi=-i\hbar\frac{\partial}{\partial\varphi} \tag{2.2.20}$$

因而动能算符表示成

$$\hat{T}=-\frac{\hbar^2}{2M}\left(\frac{\partial^2}{\partial r^2}+\frac{1}{r^2}\frac{\partial^2}{\partial\theta^2}+\frac{1}{r^2\sin^2\theta}\frac{\partial^2}{\partial\varphi^2}\right) \tag{2.2.21}$$

但这是不正确的.实际上，利用坐标变换关系式

$$x=r\sin\theta\cos\varphi,\quad y=r\sin\theta\sin\varphi,\quad z=r\cos\theta \tag{2.2.22}$$

及逆变换

$$r=\sqrt{x^2+y^2+z^2},\quad \theta=\arctan(\sqrt{x^2+y^2}/z),\quad \varphi=\arctan(y/x) \tag{2.2.23}$$

从 $\hat{T}$ 的直角坐标表示式(2.2.16)可以导出

$$\begin{aligned}\hat{T}&=-\frac{\hbar}{2M}\left(\frac{\partial^2}{\partial x^2}+\frac{\partial^2}{\partial y^2}+\frac{\partial^2}{\partial z^2}\right)\\ &=-\frac{\hbar^2}{2M}\left(\frac{1}{r^2}\frac{\partial}{\partial r}r^2\frac{\partial}{\partial r}+\frac{1}{r^2\sin\theta}\frac{\partial}{\partial\theta}\sin\theta\frac{\partial}{\partial\theta}+\frac{1}{r^2\sin^2\theta}\frac{\partial^2}{\partial\varphi^2}\right)\\ &=-\frac{\hbar^2}{2M}\left(\frac{1}{r}\frac{\partial^2}{\partial r^2}r+\frac{1}{r^2\sin\theta}\frac{\partial}{\partial\theta}\sin\theta\frac{\partial}{\partial\theta}+\frac{1}{r^2\sin^2\theta}\frac{\partial^2}{\partial\varphi^2}\right)\\ &=-\frac{\hbar^2}{2M}\left(\frac{\partial^2}{\partial r^2}+\frac{2}{r}\frac{\partial}{\partial r}+\frac{1}{r^2\sin\theta}\frac{\partial}{\partial\theta}\sin\theta\frac{\partial}{\partial\theta}+\frac{1}{r^2\sin^2\theta}\frac{\partial^2}{\partial\varphi^2}\right)\end{aligned} \tag{2.2.24}$$

这才是正确的结果，它与式(2.2.21)不同.

此外，式(2.2.20)中所示 $\hat{p}_r=-i\hbar\frac{\partial}{\partial r}$并非厄米算符，正确的结果是

$$\hat{p}_r=-i\hbar\left(\frac{\partial}{\partial r}+\frac{1}{r}\right)=-i\hbar\frac{1}{r}\frac{\partial}{\partial r}r=p_r^+ \tag{2.2.25}$$

下面来证明其厄米性质.

p_r 的厄米性质表现在：对于任意平方可积波函数 ψ，要求$(\psi,\hat{p}_r\psi)=(\hat{p}_r\psi,\psi)=(\psi,\hat{p}_r\psi)^*$，即$(\psi,\hat{p}_r\psi)-(\psi,\hat{p}_r\psi)^*=0$.此式左边积分，得

$$\int d\tau[\psi^*\hat{p}_r\psi-(\hat{p}_r\psi)^*\psi]=-i\hbar\int_0^{2\pi}d\varphi\int_0^\pi\sin\theta d\theta\int_0^\infty r^2dr\left[\psi^*\frac{1}{r}\frac{\partial}{\partial r}(r\psi)+\left(\frac{1}{r}\frac{\partial}{\partial r}r\psi\right)^*\psi\right]$$

上式中的径向积分为

$$\int_0^\infty \mathrm{d}r\left[(r\psi^*)\frac{\partial}{\partial r}(r\psi)+(r\psi)\frac{\partial}{\partial r}(r\psi)^*\right]=\int_0^\infty \mathrm{d}r\frac{\partial}{\partial r}|r\psi|^2=|r\psi|^2\Big|_0^\infty=0$$

上式为 0 的理由是:(a)对于平方可积波函数 ψ, $\lim\limits_{r\to\infty}r\psi=0$;(b)对于满足下列条件 $\lim\limits_{r\to\infty}r^2V(r)=0$ 的势函数(通常势场都满足此要求),波函数在 $r\to 0$ 的渐近行为只能是 $\psi\propto r^l$, $l=0,1,2,\cdots$,才是物理上允许的,因此 $\lim\limits_{r\to 0}r\psi=0$.

式(2.2.20)与式(2.2.21)错误的原因是:在球坐标系中,各单位矢 $\boldsymbol{e}_r$、$\boldsymbol{e}_\theta$、$\boldsymbol{e}_\varphi$ 都不是常矢量,它们依赖于粒子位置 $\boldsymbol{r}$ 而改变. 这与直角坐标系很不相同. 在直角坐标系中 $\boldsymbol{r}=x\boldsymbol{e}_x+y\boldsymbol{e}_y+z\boldsymbol{e}_z$, $\boldsymbol{e}_x$、$\boldsymbol{e}_y$ 和 $\boldsymbol{e}_z$ 为常矢量(与 $\boldsymbol{r}$ 无关). 按梯度算符表示式

$$\nabla=\boldsymbol{e}_x\frac{\partial}{\partial x}+\boldsymbol{e}_y\frac{\partial}{\partial y}+\boldsymbol{e}_y\frac{\partial}{\partial z} \tag{2.2.26}$$

而 $\boldsymbol{p}=-\mathrm{i}\hbar\nabla$,因而 $T=p^2/2M=-\dfrac{\hbar^2}{2M}\left(\dfrac{\partial^2}{\partial x^2}+\dfrac{\partial^2}{\partial y^2}+\dfrac{\partial^2}{\partial z^2}\right)$.

在球坐标系中, $\boldsymbol{r}=r\boldsymbol{e}_r$

$$\nabla=\boldsymbol{e}_r\frac{\partial}{\partial r}+\boldsymbol{e}_\theta\frac{1}{r}\frac{\partial}{\partial\theta}+\boldsymbol{e}_\varphi\frac{1}{r\sin\theta}\frac{\partial}{\partial\varphi} \tag{2.2.27}$$

但

$$\nabla^2\neq\frac{\partial^2}{\partial r^2}+\frac{1}{r^2}\frac{\partial^2}{\partial\theta^2}+\frac{1}{r^2\sin^2\theta}\frac{\partial^2}{\partial\varphi^2}$$

正确的结果是[参见式(2.2.24)]

$$\nabla^2=\frac{\partial^2}{\partial r^2}+\frac{2}{r}\frac{\partial}{\partial r}+\frac{1}{r^2\sin\theta}\frac{\partial}{\partial\theta}\sin\theta\frac{\partial}{\partial\theta}+\frac{1}{r^2\sin^2\theta}\frac{\partial^2}{\partial\varphi^2} \tag{2.2.28}$$

式(2.2.25)所示 $\hat{p}_r$ 的厄米性还可如下看出: $-\mathrm{i}\hbar\dfrac{\partial}{\partial r}=\dfrac{1}{r}\boldsymbol{r}\cdot\hat{\boldsymbol{p}}$,由于 $\boldsymbol{r}$ 和 $\hat{\boldsymbol{p}}$ 不对易, $-\mathrm{i}\hbar\dfrac{\partial}{\partial r}$ 是非厄米算符. 但可用如下方案使其变成为厄米算符,即换为 $\dfrac{1}{2}\left(\dfrac{1}{r}\boldsymbol{r}\cdot\hat{\boldsymbol{p}}+\hat{\boldsymbol{p}}\cdot\dfrac{\boldsymbol{r}}{r}\right)=-\dfrac{\mathrm{i}\hbar}{2}\left(\dfrac{1}{r}\boldsymbol{r}\cdot\nabla+\nabla\cdot\dfrac{\boldsymbol{r}}{r}\right)$. 再利用式(2.2.27),

$$\begin{aligned}\nabla\cdot\frac{\boldsymbol{r}}{r}&=\nabla\cdot\boldsymbol{e}_r=\frac{\partial}{\partial r}+\boldsymbol{e}_\theta\cdot\frac{1}{r}\frac{\partial}{\partial\theta}\boldsymbol{e}_r+\boldsymbol{e}_\varphi\cdot\frac{1}{r\sin\theta}\frac{\partial}{\partial\varphi}\boldsymbol{e}_r\\&=\frac{\partial}{\partial r}+\frac{2}{r}\quad\left(\text{因}\frac{\partial}{\partial\theta}\boldsymbol{e}_r=\boldsymbol{e}_\theta,\frac{\partial}{\partial\varphi}\boldsymbol{e}_r=\sin\theta\boldsymbol{e}_\varphi\right)\end{aligned}$$

得

$$\frac{1}{2}\left(\frac{\boldsymbol{r}}{r}\cdot\boldsymbol{p}+\boldsymbol{p}\cdot\frac{\boldsymbol{r}}{r}\right)=-\mathrm{i}\hbar\left(\frac{\partial}{\partial r}+\frac{1}{r}\right)=\hat{p}_r=\hat{p}_r^+$$

按式(2.2.25),可以求出

$$\hat{p}_r^2=-\hbar^2\left(\frac{\partial^2}{\partial r^2}+\frac{2}{r}\frac{\partial}{\partial r}\right) \tag{2.2.29}$$

可见动能表示式(2.2.24)的前两项正是 $\hat{p}_r^2/2M$,与经典力学中动能表示式(2.2.19)的第一项对应,可称为径向动能. 而 $\hat{T}$ 可表示成

$$\begin{aligned}\hat{T}&=\frac{\hat{p}_r^2}{2M}+\frac{1}{2Mr^2}\hat{\boldsymbol{l}}^2\\\hat{\boldsymbol{l}}^2&=-\hbar^2\left(\frac{1}{\sin\theta}\frac{\partial}{\partial\theta}\sin\theta\frac{\partial}{\partial\theta}+\frac{1}{\sin^2\theta}\frac{\partial^2}{\partial\varphi^2}\right)\end{aligned} \tag{2.2.30}$$

式(2.2.30)右边第二项则表示粒子的角向动能(转动能).

对于二维中心力场中粒子的动量和动能算符的表示式也可以类似讨论.此时,通常采用平面极坐标来处理,在此曲线坐标系中,$\mathrm{d}s^2=\mathrm{d}\rho^2+\rho^2\mathrm{d}\varphi^2$,经典粒子的动能表示式为

$$T=\frac{1}{2}M\left(\frac{\mathrm{d}s}{\mathrm{d}t}\right)^2=\frac{1}{2}M(\dot{\rho}^2+\rho^2\dot{\varphi}^2) \tag{2.2.31}$$

正则动量为

$$p_\rho=\partial T/\partial\dot{\rho}=M\dot{\rho},\quad p_\varphi=\partial T/\partial\dot{\varphi}=M\rho^2\dot{\varphi} \tag{2.2.32}$$

所以

$$T=\frac{1}{2M}\left(p_\rho^2+\frac{1}{\rho^2}p_\varphi^2\right) \tag{2.2.33}$$

在进行量子化时,相应的算符应如何表示? 如与式(2.2.20)相似,简单地把

$$p_\rho\to\hat{p}_\rho=-\mathrm{i}\hbar\frac{\partial}{\partial\rho},\quad p_\varphi\to\hat{p}_\varphi=-\mathrm{i}\hbar\frac{\partial}{\partial\varphi} \tag{2.2.34}$$

并把动能算符表示成[把式(2.2.34)代入式(2.2.33)]

$$\hat{T}=-\frac{\hbar^2}{2M}\left(\frac{\partial^2}{\partial\rho^2}+\frac{1}{\rho^2}\frac{\partial^2}{\partial\varphi^2}\right) \tag{2.2.35}$$

这也是不正确的.

事实上,从动能算符在 Cartesian 坐标系中的表示式

$$\hat{T}=-\frac{\hbar^2}{2M}\left(\frac{\partial^2}{\partial x^2}+\frac{\partial^2}{\partial y^2}\right) \tag{2.2.36}$$

出发,按坐标变换

$$x=\rho\cos\varphi,\quad y=\rho\sin\varphi \tag{2.2.37}$$

及逆变换

$$\rho=\sqrt{x^2+y^2},\quad \varphi=\arctan(y/x) \tag{2.2.38}$$

可以求出

$$\hat{T}=-\frac{\hbar^2}{2M}\left(\frac{\partial^2}{\partial x^2}+\frac{\partial^2}{\partial y^2}\right)=-\frac{\hbar^2}{2M}\left(\frac{\partial^2}{\partial\rho^2}+\frac{1}{\rho}\frac{\partial}{\partial\rho}+\frac{1}{\rho^2}\frac{\partial^2}{\partial\varphi^2}\right) \tag{2.2.39}$$

这才是 $\hat{T}$ 的正确表示式.它与式(2.2.35)并不相同.

式(2.2.34)与式(2.2.35)错误的原因可如下看出:

首先,$-\mathrm{i}\hbar\dfrac{\partial}{\partial\rho}$并非厄米算符.在极坐标系中

$$\boldsymbol{\rho}=\rho\boldsymbol{e}_\rho,\quad \boldsymbol{\nabla}=\boldsymbol{e}_\rho\frac{\partial}{\partial\rho}+\boldsymbol{e}_\varphi\frac{1}{\rho}\frac{\partial}{\partial\varphi} \tag{2.2.40}$$

单位矢 $\boldsymbol{e}_\rho$ 和 $\boldsymbol{e}_\varphi$ 并非常矢.而($\hat{\boldsymbol{p}}=-\mathrm{i}\hbar\boldsymbol{\nabla}$)

$$\begin{aligned}
\boldsymbol{e}_\rho\cdot\hat{\boldsymbol{p}}&=-\mathrm{i}\hbar\frac{\partial}{\partial\rho}\\
\hat{\boldsymbol{p}}\cdot\boldsymbol{e}_\rho&=-\mathrm{i}\hbar\left(\boldsymbol{e}_\rho\frac{\partial}{\partial\rho}+\boldsymbol{e}_\varphi\frac{1}{\rho}\frac{\partial}{\partial\varphi}\right)\cdot\boldsymbol{e}_\rho\\
&=-\mathrm{i}\hbar\left(\frac{\partial}{\partial\rho}+\boldsymbol{e}_\varphi\cdot\frac{1}{\rho}\frac{\partial}{\partial\varphi}\boldsymbol{e}_\rho\right)\quad\left(\text{因}\frac{\partial}{\partial\varphi}\boldsymbol{e}_\rho=\boldsymbol{e}_\varphi\right)\\
&=-\mathrm{i}\hbar\left(\frac{\partial}{\partial\rho}+\frac{1}{\rho}\right)
\end{aligned}$$

经对称化后,得

$$\frac{1}{2}[\boldsymbol{e}_\rho \cdot \hat{\boldsymbol{p}}+\hat{\boldsymbol{p}}\cdot \boldsymbol{e}_\rho]=-\mathrm{i}\hbar\left(\frac{\partial}{\partial\rho}+\frac{1}{2\rho}\right)=-\mathrm{i}\hbar\frac{1}{\sqrt{\rho}}\frac{\partial}{\partial\rho}\sqrt{\rho} \tag{2.2.41}$$

径向动量算符的正确表示式为

$$\hat{p}_\rho=-\mathrm{i}\hbar\left(\frac{\partial}{\partial\rho}+\frac{1}{2\rho}\right)=-\mathrm{i}\hbar\frac{1}{\sqrt{\rho}}\frac{\partial}{\partial\rho}\sqrt{\rho}=\hat{p}_\rho^+ \tag{2.2.42}$$

它的厄米性可如下证明:对于任意平方可积的波函数 ψ,可以证明,$(\psi,\hat{p}_\rho\psi)-(\psi,\hat{p}_\rho\psi)^*=0$,因为此式左边为

$$\begin{aligned}
&-\mathrm{i}\hbar\int_0^{2\pi}\mathrm{d}\varphi\int_0^\infty\rho\mathrm{d}\rho\left[\psi^*\frac{1}{\sqrt{\rho}}\frac{\partial}{\partial\rho}\sqrt{\rho}\psi-\psi\left(\frac{1}{\sqrt{\rho}}\frac{\partial}{\partial\rho}\sqrt{\rho}\psi\right)^*\right]\\
&=-\mathrm{i}\hbar\int_0^{2\pi}\mathrm{d}\varphi\int_0^\infty\mathrm{d}\rho\left[\sqrt{\rho}\psi^*\frac{\partial}{\partial\rho}(\sqrt{\rho}\psi)-\sqrt{\rho}\psi\frac{\partial}{\partial\rho}(\sqrt{\rho}\psi^*)\right]\\
&=-\mathrm{i}\hbar\int_0^{2\pi}\mathrm{d}\varphi\int_0^\infty\mathrm{d}\rho\frac{\partial}{\partial\rho}\left|\sqrt{\rho}\psi\right|^2\\
&=-\mathrm{i}\hbar\int_0^{2\pi}\mathrm{d}\varphi\left|\sqrt{\rho}\psi\right|^2\Big|_0^\infty=0
\end{aligned} \tag{2.2.43}$$

(因为对于平方可积波函数,$\lim\limits_{\rho\to\infty}\sqrt{\rho}\psi=0$,而对于物理上可接受的波函数$\lim\limits_{\rho\to 0}\sqrt{\rho}\psi=0$.)

动能算符表示式(2.2.39)也可如下求出.

利用式(2.2.40)

$$\begin{aligned}
\nabla^2=\nabla\cdot\nabla&=\left(\boldsymbol{e}_\rho\frac{\partial}{\partial\rho}+\boldsymbol{e}_\varphi\frac{1}{\rho}\frac{\partial}{\partial\varphi}\right)\cdot\left(\boldsymbol{e}_\rho\frac{\partial}{\partial\rho}+\boldsymbol{e}_\varphi\frac{1}{\rho}\frac{\partial}{\partial\varphi}\right)\\
&=\frac{\partial^2}{\partial\rho^2}+\boldsymbol{e}_\rho\cdot\frac{\partial}{\partial\rho}\left(\boldsymbol{e}_\varphi\frac{1}{\rho}\frac{\partial}{\partial\varphi}\right)+\boldsymbol{e}_\varphi\cdot\frac{1}{\rho}\frac{\partial}{\partial\varphi}\left(\boldsymbol{e}_\rho\frac{\partial}{\partial\rho}\right)+\boldsymbol{e}_\varphi\cdot\frac{1}{\rho}\frac{\partial}{\partial\varphi}\left(\boldsymbol{e}_\varphi\frac{1}{\rho}\frac{\partial}{\partial\varphi}\right)
\end{aligned}$$

考虑到 $\boldsymbol{e}_\rho\cdot\boldsymbol{e}_\varphi=0$,$\frac{\partial}{\partial\rho}\boldsymbol{e}_\varphi=0$,上式第 2 项为 0,利用$\frac{\partial}{\partial\varphi}\boldsymbol{e}_\rho=\boldsymbol{e}_\varphi$,第 3 项化为$\frac{1}{\rho}\frac{\partial}{\partial\rho}$,第 4 项化为$\frac{1}{\rho^2}\frac{\partial^2}{\partial\varphi^2}$,所以

$$\hat{T}^2=-\frac{\hbar^2}{2M}\nabla^2=-\frac{\hbar^2}{2M}\left(\frac{\partial^2}{\partial\rho^2}+\frac{1}{\rho}\frac{\partial}{\partial\rho}+\frac{1}{\rho^2}\frac{\partial^2}{\partial\varphi^2}\right)$$

即式(2.2.39).

如利用式(2.2.42),可算出

$$\hat{p}_\rho^2=-\hbar^2\left(\frac{\partial}{\partial\rho}+\frac{1}{2\rho}\right)\left(\frac{\partial}{\partial\rho}+\frac{1}{2\rho}\right)=-\hbar^2\left(\frac{\partial^2}{\partial\rho^2}+\frac{1}{\rho}\frac{\partial}{\partial\rho}-\frac{1}{4\rho^2}\right) \tag{2.2.44}$$

用此表示式代入式(2.2.33),并且用$-\hbar^2\frac{\partial^2}{\partial\varphi^2}$代替 p_φ^2,则动能算符似乎可以表示成

$$\hat{T}=-\frac{\hbar^2}{2M}\left(\frac{\partial^2}{\partial\rho^2}+\frac{1}{\rho}\frac{\partial}{\partial\rho}+\frac{1}{\rho^2}\frac{\partial^2}{\partial\varphi^2}\right)+\frac{\hbar^2}{8M\rho^2} \tag{2.2.45}$$

与正确表示式(2.2.39)相比,上式中多出一项 $\hbar^2/8m\rho^2$. 但上式可化为

$$\hat{T}=\frac{1}{2M}\left[\hat{p}_\rho^2+\frac{1}{\rho^2}(\hat{p}_\varphi-\hbar/2)(\hat{p}_\varphi+\hbar/2)\right] \tag{2.2.46}$$

式中 $\hat{p}_\rho=-\mathrm{i}\hbar\left(\frac{\partial}{\partial\rho}+\frac{1}{2\rho}\right)$,$\hat{p}_\varphi=-\mathrm{i}\hbar\frac{\partial}{\partial\varphi}$. 与三维粒子的动能表示式相比[见式(2.2.30)],

$$\hat{p}_r\sim\hat{p}_\rho,\boldsymbol{l}^2\sim(\hat{p}_\varphi-\hbar/2)(\hat{p}_\varphi+\hbar/2) \tag{2.2.47}$$

更一般说来,在曲线坐标系$(q^1,q^2,q^3,\cdots)$中,设线段元 $\mathrm{d}s$ 表示成

$$ds^2 = \sum_{ij} g_{ij}\, dq^i\, dq^j \tag{2.2.48}$$

g_{ij} 为空间的度规张量(metric tensor). 令 $\det(g_{ij}) = g, g^{ij} = \dfrac{1}{g}G^{ij}$, G^{ij} 的值是行列式 $\| g_{ij} \|$ 中元素 g_{ij} 的余因式, $\sum_j G^{ij} g_{jk} = g\delta_k^i$, 而

$$\sum_j g^{ij} g_{jk} = \delta_k^i \tag{2.2.49}$$

g^{ij} 称为 g_{ij} 之逆. 在此曲线坐标系中,

$$\nabla^2 = \frac{1}{\sqrt{g}} \sum_{ik} \frac{\partial}{\partial q^i} \sqrt{g} g^{ik} \frac{\partial}{\partial q^k} \tag{2.2.50}$$

而

$$\hat{T} = -\frac{\hbar^2}{2m} \nabla^2 \tag{2.2.51}$$

这就是在曲线坐标系中动能算符的表示式①.

例 1 平面极坐标系, $ds^2 = d\rho^2 + \rho^2 d\varphi^2$, 所以

$$(g_{ij}) = \begin{pmatrix} 1 & 0 \\ 0 & \rho^2 \end{pmatrix}$$

$$\det(g_{ij}) = \rho^2, \quad \sqrt{g} = \rho$$

不难求出

$$(g^{ij}) = \begin{pmatrix} 1 & 0 \\ 0 & \rho^{-2} \end{pmatrix}$$

$$\nabla^2 = \frac{1}{\rho} \frac{\partial}{\partial \rho} \rho \frac{\partial}{\partial \rho} + \frac{1}{\rho^2} \frac{\partial^2}{\partial \varphi^2}$$

例 2 球坐标系, $ds^2 = dr^2 + r^2 d\theta^2 + r^2 \sin^2\theta d\varphi^2$,

$$(g_{ij}) = \begin{pmatrix} 1 & 0 & 0 \\ 0 & r^2 & 0 \\ 0 & 0 & r^2 \sin^2\theta \end{pmatrix}$$

所以 $\det(g_{ij}) = r^4 \sin^2\theta, \sqrt{g} = r^2 \sin\theta$, 而

$$(g_{ij}) = \begin{pmatrix} 1 & 0 & 0 \\ 0 & r^{-2} & 0 \\ 0 & 0 & (r^2 \sin^2\theta)^{-1} \end{pmatrix}$$

$$\nabla^2 = \frac{1}{r^2} \frac{\partial}{\partial r} r^2 \frac{\partial}{\partial r} + \frac{1}{r^2 \sin\theta} \frac{\partial}{\partial \theta} \sin\theta \frac{\partial}{\partial \theta} + \frac{1}{r^2 \sin^2\theta} \frac{\partial^2}{\partial \varphi^2}$$

注意:即使在 Cartesian 坐标系中,动量算符的表示式也有不定性②. 按正则对易关系

$$[\hat{x}, \hat{p}_x] = i\hbar \tag{2.2.52}$$

在坐标表象中,通常取 $\hat{x} = x, \hat{p}_x = -i\hbar \dfrac{\partial}{\partial x}$. 但如算符表示式换为

$$\hat{X} = x, \hat{P}_x = -i\hbar \frac{\partial}{\partial x} + g(x) \tag{2.2.53}$$

---

① 见 W. Pauli, *Die Allgemeinen Prinzipen der Wellen Mechanik*, *Handbuch der Physik*, Bd. **24**(1946).

② R. Shankar, *Principles of Quantum Mechanics*, *Plenum*, 2nd ed. pp. 213～216(New York, 1994).

$g(x)$为任一函数，显然它们仍满足正则对易式(2.2.52). 此时，动量 $\hat{P}_x$ 的本征态不再是平面波，因为本征方程

$$\hat{P}_x\psi \equiv \left[-\mathrm{i}\hbar\frac{\partial}{\partial x}+g(x)\right]\psi_p(x) = p\psi_p(x) \tag{2.2.54}$$

的解不再是 $\mathrm{e}^{\mathrm{i}px/\hbar}$. 试问，物理情况是否因此有所改变？Shankar 书中认为，量子力学中的波函数本身并非直接观测量. 人们观测的只是力学量的本征值、观测值的概率分布及平均值. 动量算符表示式的上述改动，相当于基矢(坐标的本征态)作了一个幺正变换

$$|x\rangle \rightarrow |X\rangle = \mathrm{e}^{-\mathrm{i}f(x)/\hbar}|x\rangle \tag{2.2.55}$$

式中

$$f(x) = \int^x \mathrm{d}x' g(x'), \frac{\partial f}{\partial x} = g(x) \tag{2.2.56}$$

显然，在此基矢变换下，坐标算符表示式不变.

$$\hat{x} = x \rightarrow \hat{X} = \mathrm{e}^{-\mathrm{i}f(x)/\hbar}x\mathrm{e}^{\mathrm{i}f(x)/\hbar} = x \tag{2.2.57}$$

但动量算符表示式 $\hat{p}_x = -\mathrm{i}\hbar\frac{\partial}{\partial x}$将变为

$$\hat{P}_x = \mathrm{e}^{-\mathrm{i}f(x)/\hbar}\hat{P}_x\mathrm{e}^{\mathrm{i}f(x)/\hbar} = \mathrm{e}^{-\mathrm{i}f(x)/\hbar}\left(-\mathrm{i}\hbar\frac{\partial}{\partial x}\right)\mathrm{e}^{\mathrm{i}f(x)/\hbar} = -\mathrm{i}\hbar\frac{\partial}{\partial x}+g(x) \tag{2.2.58}$$

此即式(2.2.53). 在此幺正变换下，观测结果不改变.

2.3 Schrödinger 波动力学与经典力学的关系

2.3.1 Schrödinger 波动方程与 Jacobi-Hamilton 方程的关系

设粒子在势场 $V(\boldsymbol{r})$中运动. 含时间的 Schrödinger 方程表示为

$$\mathrm{i}\hbar\frac{\partial}{\partial t}\psi = \left(-\frac{\hbar^2}{2m}\nabla^2+V\right)\psi \tag{2.3.1}$$

试把波函数的模与相位分开，令

$$\psi = R\mathrm{e}^{\mathrm{i}S/\hbar} \tag{2.3.2}$$

(R, S 为实)，代入式(2.3.1)，经过计算，分别让实部＝实部，虚部＝虚部，得

$$\frac{\partial R}{\partial \mathrm{t}} = -\frac{1}{2m}(R\nabla^2 S+2\nabla R\cdot\nabla S) \tag{2.3.3a}$$

$$\frac{\partial S}{\partial \mathrm{t}} = -\left[\frac{1}{2m}(\nabla S)^2+V-\frac{\hbar^2}{2m}\frac{\nabla^2 R}{R}\right] \tag{2.3.3b}$$

方程(2.3.3)与式(2.3.1)完全等价. 现分别讨论其物理意义.

首先可证明，式(2.3.3a)即概率守恒的微分表示式. 利用 R 与 S，可以把粒子在空间的概率密度 ρ 和流密度 $\boldsymbol{j}$ 表示成

$$\rho = |\psi|^2 = R^2 \tag{2.3.4}$$

$$\begin{aligned}\boldsymbol{j} &= \frac{1}{2m}(\psi^*\boldsymbol{p}\psi+\text{c. c.}) = \frac{1}{2m}\left(\psi^*\frac{\hbar}{i}\nabla\psi+\text{c. c.}\right)\\ &= \frac{1}{2m}\left[R\left(\frac{\hbar}{\mathrm{i}}\nabla R+R\nabla S\right)+\text{c. c.}\right] = \frac{R^2}{m}\nabla S\end{aligned} \tag{2.3.5}$$

容易看出，$2R$ 乘以式(2.3.3a)，可表示成

$$\frac{\partial}{\partial t}\rho + \nabla \cdot \boldsymbol{j} = 0 \tag{2.3.6}$$

这正是概率守恒方程. 如设想处于同一个 ψ 态的粒子数目很大(系综概念)，则 ρ 可理解为多粒子体系的空间分布密度，而 $\boldsymbol{j}$ 表示粒子流密度，式(2.3.6)即粒子数守恒方程，或流体力学中的连续性方程(反映质量守恒). 流体的速度场分布为

$$\boldsymbol{v} = \boldsymbol{j}/\rho = \nabla S/m \tag{2.3.7}$$

可以看出，速度场为非旋场，$\nabla \times \boldsymbol{v} = 0$.

其次，可以看出，在经典极限下，式(2.3.3b)与经典力学中的 Jacobi-Hamilton 方程相当. 因为当 $\hbar \to 0$ 时，式(2.3.3b)中 $\hbar^2$ 项可略去，则化为

$$\frac{\partial S}{\partial t} + \frac{(\nabla S)^2}{2m} + V = 0 \tag{2.3.8}$$

S 与经典力学中的作用量(action)相当(见书末附录 A.4).

用式(2.3.7)代入式(2.3.8)，得

$$\frac{\partial S}{\partial t} + \frac{1}{2}mv^2 + V = 0 \tag{2.3.9}$$

取梯度，并利用式(2.3.7)，得

$$m\frac{\partial}{\partial t}\boldsymbol{v} + m(\boldsymbol{v} \cdot \nabla)\boldsymbol{v} + \nabla V = 0$$

再利用流体力学中的常用公式

$$\frac{\mathrm{d}}{\mathrm{d}t}\boldsymbol{v} = \frac{\partial}{\partial t}\boldsymbol{v} + (\boldsymbol{v} \cdot \nabla)\boldsymbol{v}$$

得

$$m\frac{\mathrm{d}}{\mathrm{d}t}\boldsymbol{v} = -\nabla V \tag{2.3.10}$$

此即经典流体力学中的速度场的运动方程，是 Newton 方程在流体力学中的表述.

对于定态波函数，

$$\frac{\partial R}{\partial t} = 0, \quad \frac{\partial S}{\partial t} = -E \quad (\text{粒子能量}) \tag{2.3.11}$$

式(2.3.3a)化为[参见式(2.3.6)]

$$\nabla \cdot \boldsymbol{j} = 0 \tag{2.3.12}$$

而式(2.3.3b)化为

$$\frac{(\nabla S)^2}{2m} - (E - V) = \frac{\hbar^2}{2m}\frac{\nabla^2 R}{R} \tag{2.3.13}$$

当 $\hbar \to 0$ 时，得

$$\frac{(\nabla S)^2}{2m} = E - V \tag{2.3.14}$$

即不显含时间的作用量满足的 Jacobi-Hamilton 方程[见附录 A.4，式(A.4.10)].

*2.3.2 Schrödinger 波动方程提出的历史简述

在 Planck-Einstein 的光量子论的启发下，L. de Broglie 提出①，与光具有波动-粒子两象性相类比，实物粒子($m\neq 0$)也应具有波动性，他称之为物质波(matter wave).

这个信息被传到了苏黎士. 在联邦工学院和苏黎士大学联合举办的一次学术报告会上，资深教授P. Debye 建议② E. Schrödinger 研究一下 de Broglie 的论文. 在后来一次会议上，Schrödinger 对 de Broglie 的工作作了一个漂亮而清楚的说明，并提到，根据在一个定态轨道上只能容纳整数个波长的波的要求(驻波条件)，就可以导出 Bohr 和 Sommerfeld 的量子化法则. Debye 当即指出，这种做法还很幼稚. 作为 Sommerfeld 的学生，Debye 深知，要真正研究波动，必须建立波动方程. Schrödinger 认真考虑了这个意见. 几个星期之后，他在一次会议上终于提出了他的波动方程③.

Schrödinger 在建立波动力学的过程中，受到了 de Broglie 思想的启发. 对于 19 世纪爱尔兰数学家 R. Hamilton 已注意到粒子力学与几何光学的相似性，他已有所了解. 一方面，在粒子力学中有一条最小作用原理——即自然界中粒子在给定两点之间实际所走的轨道是使作用量 S 取最小值($\delta S=0$)的轨道(见书末附录 A1).(当时人们称 S 为 Hamilton 主函数，现今，按照 Feynman，已普遍把它称为作用量.)利用最小作用原理，即可导出经典力学的基本方程(Lagrange 方程或 Newton 方程等). 另一方面，在几何光学中(光被看成由微粒子组成)，有一条最短光程原理(Fermat 原理)——光从一点到另一点实际所走路径是需时最短的路径. 根据 Fermat 原理，即可导出几何光学的三条基本定律：(1)在均匀介质中光沿直线传播；(2)反射定律；(3)折射定律. 在 19 世纪中期，通过 Fresnel，Young 等人的干涉和衍射实验，人们已认识到光的波动性，波动光学已经建立，支配波动光学运动的基本规律就是 Huygens 原理；人们已了解到，当光波长趋于零时(短波极限)，波动光学就回到几何光学.

按照 de Broglie 的观点，与光一样，实物粒子($m\neq 0$)也应具有波动-粒子两象性. 试问，支配实物粒子波动的运动规律应是怎样？能否从几何光学与波动光学的关系中找到什么借鉴？Schrödinger 就是按此思路来建立起他的波动力学的④.

在波动光学中，设光波用下列函数描述

$$Z = a\mathrm{e}^{\mathrm{i}\phi} \tag{2.3.15}$$

a 是波幅，ϕ 是相位. 相位在空间的变化与波长有关. 当波长→0 时，干涉和衍射现象随之消失，而波动光学规律将代之为几何光学. 从波动的观点来看"几何光学中光线按照需时最短的路径行走(Fermat 原理)". 在数学上相当于："波从一点到另一点的传播过程中，波的相位 ϕ 的变化应尽可能小". Schrödinger 猜想，光波的相位 ϕ 应与粒子力学中的作用量 S 相当，而描述实物粒子的波动的函数也许可以近似表示成

---

① L. de Broglie，Comptes Rendus **177**(1923) 507；Nature **112**(1923) 540.

② 见 F. Bloch，Physics Today **29**(1976) 23.

③ E. Schrödinger，Ann. der Physik **79**(1926) 36，489；**80**(1926) 437；**81**(1926) 109；**79**(1926) 734. E. Schrödinger，*Four Lectures on Wave Mechanics*(1928，Cambridge University Press). 论文的英译本，见 E. Schrödinger，*Collected Papers on Wave Mechanics*(Chelsea，New York，1978)；*Wave Mechanics*，Gunter Ludwig 编(Pergamon，Oxford，1968).

④ 参阅：D. Derbes，Am. J. Phys. **64**(1996) 881.

$$\psi = Re^{iS/\hbar} \tag{2.3.16}$$

这里 S 除以 Planck 常数，是出自量纲的考虑（使相位 $S/\hbar$ 变成无量纲）. Schrödinger 很了解 Hamilton-Jacobi 方程（见附录 A4）

$$\frac{\partial S}{\partial t} + \frac{1}{2m}\left(\frac{\partial S}{\partial x}\right)^2 + V(x) = 0 \tag{2.3.17}$$

在稳定情况下，此式表现为能量 E 守恒，第一项$\partial S/\partial t$ 等于$-E$，第二项为粒子动能，第三项为粒子势能. 按式(2.3.16)的猜想，

$$\frac{\partial S}{\partial x} = -\frac{i\hbar}{\psi}\frac{\partial \psi}{\partial x} \tag{2.3.18}$$

再考虑到 ψ 可能是复函数，所以不妨把 Hamilton-Jacobi 方程改写成

$$-E + \frac{1}{2m}\left(\frac{\partial S}{\partial x}\right)^* \left(\frac{\partial S}{\partial x}\right) + V = 0 \tag{2.3.19}$$

因此

$$-E + \frac{1}{2m}\left(\frac{i\hbar}{\psi^*}\frac{\partial \psi^*}{\partial x}\right)\left(-\frac{i\hbar}{\psi}\frac{\partial \psi}{\partial x}\right) + V = 0$$

或表示成

$$(V-E)\psi^*\psi + \frac{\hbar^2}{2m}\left(\frac{\partial \psi^*}{\partial x}\right)\left(\frac{\partial \psi}{\partial x}\right) = 0 \tag{2.3.20}$$

试把上式左边表示式记为 M，按照 Schrödinger 的想法，把 M 看作广义坐标 ψ、ψ^*、$\partial\psi/\partial x$ 和 $\partial\psi^*/\partial x$的 Lagrange 量，并对下列积分 I 取极值.

$$I = \int M \mathrm{d}x = \int\left[(V-E)\psi^*\psi + \frac{\hbar^2}{2m}\left(\frac{\partial \psi^*}{\partial x}\right)\left(\frac{\partial \psi}{\partial x}\right)\right]\mathrm{d}x \tag{2.3.21}$$

相应的 Euler-Lagrange 方程（对 ψ^* 求变分）为

$$\frac{\partial I}{\partial \psi^*} - \frac{\partial}{\partial x}\left[\frac{\partial I}{\partial(\partial\psi^*/\partial x)}\right] = 0 \tag{2.3.22}$$

即可导出

$$(V-E)\psi - \frac{\hbar^2}{2m}\frac{\partial^2 \psi}{\partial x^2} = 0 \tag{2.3.23}$$

此即不含时的 Schrödinger 方程，亦即粒子在势场 $V(x)$中的能量本征方程.

*2.3.3 力学与光学的相似性

历史上早在 19 世纪初(1825)，Hamilton 已经发现经典粒子力学与几何光学的相似性，但未曾引起人们注意，后来几乎完全被人忘记了. 直到 20 世纪 20 年代波动力学提出后，才重新引起人们广泛注意. 事实上，de Broglie 和 Schrödinger 建立波动力学的过程中，他们对于力学和光学规律的相似性的深刻理解，起了重要的作用.

由式(2.3.7)，$\boldsymbol{v} = \nabla S/m$，可以看出，粒子运动轨道（沿速度$\boldsymbol{v}$ 的方向）与等相面

$$S = 常数 \tag{2.3.24}$$

垂直，速度$\boldsymbol{v}$ 方向即等相面的法线方向，S=常数相当于光学中的波面方程，粒子轨道相当于几何光学中的光线. 令

$$\lambda = \hbar/p = \hbar/\sqrt{2m(E-V(r))} \tag{2.3.25}$$

则 Jacobi-Hamilton 方程(2.3.14)可改写成

$$\left(\frac{1}{\hbar}\nabla S\right)^2 = \frac{1}{\lambda^2} \tag{2.3.26}$$

这与各向同性介质中的几何光学的基本方程

$$(\nabla\Theta)^2 = n^2 \tag{2.3.27}$$

完全相似($S/\hbar\propto\Theta, 1/\lambda\propto n$),式中 n 是介质的折射系数,Θ 称为程函(eikonal),式(2.3.27)称为程函方程,它是光(电磁)波动方程在短波极限下的结果(注).Θ 代表光波的相位,Θ= 常数表示等相面方程.对于均匀介质,n= 常数,方程(2.3.27)的解可表示成

$$\Theta = ax + by + cz + d \tag{2.3.28}$$

积分常数 a、b、c 由边条件确定,Θ= 常数确定一组平面族,其法线方向余弦为$(a:b:c)/\sqrt{a^2+b^2+c^2}$,即光线的传播方向(均匀介质中光沿直线传播).在非均匀介质中,$n(x,y,z)$随不同地点而异,等相面方程 Θ= 常数可以确定一组曲面族,而光线沿与曲面族垂直的曲线传播,即在非均匀介质中光线会发生偏转.在两种介质的界面上(n 不连续变化),光线将发生折射.

由式(2.3.25)可以看出,$\lambda\to 0$(短波极限)相当于 $\hbar\to 0$,这正是量子力学过渡到经典力学的条件.由此可以看出,量子力学与经典力学的关系,跟波动光学和几何光学的关系非常相似.

(注)各向同性介质中,光(电磁)波的波动方程为

$$\nabla^2 f - \frac{1}{u^2}\frac{\partial^2}{\partial t^2} f = 0 \tag{2.3.29}$$

$u=c/n$,c 为真空中光速,f 代表电场或磁场的任一分量.对于单色波(角频率为 ω),

$$f(x,y,z,t) = \Phi(x,y,z)\exp(-\mathrm{i}\omega t) \tag{2.3.30}$$

$\Phi(x,y,z)$满足

$$\nabla^2\Phi + k^2\Phi = 0 \tag{2.3.31}$$

式中 $k^2=1/\lambda^2=\omega^2/u^2=\omega^2 n^2/c^2=n^2/\lambda_0^2$,$\lambda_0=1/k_0=c/\omega=\lambda_0/2\pi$,$\lambda_0=c/v$ 是光在真空中的波长.试把 Φ 的模与相位分开,令

$$\Phi = a\,\exp(\mathrm{i}k_0\Theta) \tag{2.3.32}$$

a,Θ 为实,则

$$\nabla\Phi = \exp(\mathrm{i}k_0\Theta)(\nabla a + \mathrm{i}k_0 a\,\nabla\Theta)$$

$$\nabla^2\Phi = \exp(\mathrm{i}k_0\Theta)[\nabla^2 a + \mathrm{i}k_0 a\,\nabla^2\Theta + 2\mathrm{i}k_0\nabla a\cdot\nabla\Theta - k_0^2 a(\nabla\Theta)^2] \tag{2.3.33}$$

设 λ_0 很小(短波极限),即 k_0 很大,在上式中只保留最后一项,代入式(2.3.31),即得

$$(\nabla\Theta)^2 = n^2, \quad (n^2 = k^2/k_0^2)$$

即式(2.3.27),此式成立条件为[见式(2.3.33)]

$$|\nabla^2\Theta| \ll k_0(\nabla\Theta)^2, \quad |\nabla a| \ll k_0|a\,\nabla\Theta|, \quad \left|\frac{1}{a}\nabla^2 a\right| \ll k_0^2(\nabla\Theta)^2 \tag{2.3.34}$$

对于一维情况,即

$$\left|\frac{\partial^2\Theta}{\partial x^2}\right| \ll k_0\left(\frac{\partial\Theta}{\partial x}\right)^2, \quad \left|\frac{\partial a}{\partial x}\right| \ll k_0\left|a\frac{\partial\Theta}{\partial x}\right|$$

$$\left|\frac{1}{a}\frac{\partial^2}{\partial x^2}a\right| \ll k_0^2\left(\frac{\partial\Theta}{\partial x}\right)^2 \tag{2.3.35}$$

但$\partial\Theta/\partial x\approx n$, $k_0\partial\Theta/\partial x\approx nk_0=k=1/\lambda$,上式可化简为

$$\lambda^2\left|\frac{\partial}{\partial x}\frac{1}{\lambda}\right| = \left|\frac{\partial}{\partial x}\frac{1}{\lambda}\right| \ll 1, \quad \left|\frac{\lambda}{a}\frac{\partial a}{\partial x}\right| \ll 1$$

$$\left|\frac{\lambda^2}{a}\frac{\partial^2 a}{\partial x^2}\right| \ll 1 \tag{2.3.36}$$

上式中第一式表示波长(或折射系数)变化很缓慢,而第二、三式则表示在波长范围内,振幅 a 的相对变化很小,即要求波长很短.

*2.3.4 Bohm 的量子势观点

1951 年,Bohm 在探讨波动力学与经典力学的关系时,提出了一种新的观点,即量子势(quantum potential)的概念[①].按这种观点,粒子运动的轨道概念仍然有效,而粒子运动遵守与经典力学中的 Jacobi-Hamilton 方程相似的一个方程,但方程中除了粒子受到的外界势场 V 之外,还出现了一个量子势(quantum potential).

利用式(2.3.4),$\rho=R^2\geqslant 0$,可得 $R=\rho^{1/2}$.所以 $\nabla R=\frac{1}{2}\rho^{-1/2}\nabla\rho$, $\nabla^2 R/R=\frac{1}{2\rho}\nabla^2\rho-\frac{1}{4\rho^2}(\nabla\rho)^2$.这样式(2.3.3b)可以改写成

$$\frac{\partial S}{\partial t}+\frac{1}{2m}(\nabla S)^2+(V+U)=0 \tag{2.3.37}$$

式中

$$U=-\frac{\hbar^2}{2m}\frac{\nabla^2 R}{R}=-\frac{\hbar^2}{4m}\left[\frac{\nabla^2\rho}{\rho}-\frac{1}{2}\frac{(\nabla\rho)^2}{\rho^2}\right] \tag{2.3.38}$$

称为**量子势**.显然,当 $\hbar\to 0$ 时,$U\to 0$,量子势将消失.当然,与粒子所受的经典势 V[不依赖于粒子的量子态 ψ 的,客观的(objective)势]不同,**量子势 U 依赖于量子态 ψ**.处于相同的 V 势的粒子,如量子态 ψ 不同,粒子受到的量子势 U 是不同的.与 ψ 一样,U 依赖于外界环境(边界条件).例如,双缝衍射与单缝衍射两种情况,量子势 U 就很不相同,因而粒子所走的轨道以及最后形成的衍射花纹也就很不相同.特别应该提到,在 $\rho\to 0$ 的区域,$U\to\infty$,即粒子不能到达的区域,而这正是 $\psi\to 0$ 的区域.按照波函数的统计诠释,粒子在此区域中的概率 $\to 0$,所以两种观点是不矛盾的.

按照 Bohm 的观点,问题可按下列程序来求解:先求解方程

$$\frac{\partial S}{\partial t}+\frac{1}{2m}(\nabla S)^2+V+U=0 \tag{2.3.39}$$

求出 $S(\boldsymbol{r})$,从而求出 $\boldsymbol{v}(\boldsymbol{r})=(\nabla S)/m$.这样,粒子轨道也就确定了.但求解 $S(\boldsymbol{r})$,需要知道 U,它又依赖于波函数的波幅 R,所以要先求出 R.但为此又要先知道 S.所以最终还是归结于求解联立方程(2.3.3a)与(2.3.3b).但最好的办法还是去求解原来的 Schrödinger 方程(2.3.1).设已求解出

$$\psi=u+\mathrm{i}w \tag{2.3.40}$$

u,w 实,因而可求得

$$R^2=u^2+w^2 \tag{2.3.41}$$

$$S=\hbar\arctan(w/u) \tag{2.3.42}$$

2.4 WKB 准经典近似

2.4.1 WKB 准经典近似波函数

Wenzel,Kramers 和 Brillouin[②] 分别提出了一种求解 Schrödinger 方程的**准经**

---

① D. Bohm. Phys. Rev. **85**(1952) 166.

② G. Wenzel, Z. Phys. **38**(1926) 518; H. M. Kramers, Z. Phys. **39**(1926) 828; L. Brillouin. Compes Rendus **183**(1926) 24; J. de Physique et le Rad. **7**(1926) 353.

典近似方法. 此法主要用来求解一维问题. 它成功地处理了势垒穿透这样一个重要的实际问题,并为早期量子论中的角动量量子化条件提供了量子力学的根据,指明了它适用的条件.

考虑粒子在一维势场 $V(x)$ 中运动, Schrödinger 方程表示为

$$-\frac{\hbar^2}{2m}\frac{\mathrm{d}^2}{\mathrm{d}x^2}\psi+V(x)\psi=E\psi \tag{2.4.1}$$

令

$$\psi(x)=\exp[\mathrm{i}S(x)/\hbar] \tag{2.4.2}$$

上式中 $S(x)$ 为复函数[与 2.3 节,式(2.3.2)比较,那里 S 为实],代入式(2.4.1),得到 $S(x)$ 满足的方程

$$\frac{1}{2m}\left(\frac{\mathrm{d}S}{\mathrm{d}x}\right)^2+\frac{\hbar}{\mathrm{i}}\frac{1}{2m}\frac{\mathrm{d}^2S}{\mathrm{d}x^2}=E-V(x) \tag{2.4.3}$$

显然,当 $\hbar\to0$ 时(忽略 $\hbar$ 项),上式趋于

$$\frac{1}{2m}\left(\frac{\mathrm{d}S}{\mathrm{d}x}\right)^2=E-V(x) \tag{2.4.4}$$

形式上它与经典力学中的 Jacobi-Hamilton 方程相同(见附录 A.4), S 相应于经典力学中的作用量(但这里 S 为复). WKB 近似的精神在于:把 $S(x)$ 按 $\hbar$ 作幂级数渐近展开,然后逐级近似求解,即令

$$S=S_0+\frac{\hbar}{\mathrm{i}}S_1+\left(\frac{\hbar}{\mathrm{i}}\right)^2S_2+\cdots \tag{2.4.5}$$

代入式(2.4.3),得

$$\frac{1}{2m}S_0'^2+\frac{\hbar}{\mathrm{i}}\frac{1}{2m}(S_0''+2S_0'S_1')+\frac{1}{2m}\left(\frac{\hbar}{\mathrm{i}}\right)^2(S_1'^2+2S_0'S_2'+S_1'')+\cdots$$
$$=E-V(x) \tag{2.4.6}$$

比较 $\hbar$ 同幂次项,依次得

$$\frac{1}{2m}S_0'^2=E-V(x) \tag{2.4.7a}$$

$$2S_0'S_1'+S_0''=0 \tag{2.4.7b}$$

$$2S_0'S_2'+S_1'^2+S_1''=0 \tag{2.4.7c}$$

式(2.4.7a)与 Jacobi-Hamilton 方程(2.4.4)形式相同(但 S_0 为实). 从式(2.4.7a)可求出零级近似解

$$S_0(x)=\pm\int^x p\,\mathrm{d}x \tag{2.4.8}$$

其中

$$p=\sqrt{2m(E-V(x))} \tag{2.4.9}$$

在经典极限下, p 即粒子动量, S_0 为作用量.

用式(2.4.8)代入式(2.4.7b),得

$$S'_1 = -\frac{1}{2}\frac{S''_0}{S'_0} = -\frac{1}{2}\frac{p'}{p} = (\ln p^{-1/2})'$$

积分，得出量子一级修正

$$S_1 = \ln p^{-1/2} + 常数 \tag{2.4.10}$$

以下分两种情况给出 Schrödinger 方程的准确到 $O(\hbar)$ 近似下的解(一级近似解)：

(1)$V(x)<E$(经典允许区，$p(x)$为实)

$$\psi(x) = \frac{C_1}{\sqrt{p}}\exp\left(\frac{\mathrm{i}}{\hbar}\int^x p\,\mathrm{d}x\right) + \frac{C_2}{\sqrt{p}}\exp\left(-\frac{\mathrm{i}}{\hbar}\int^x p\,\mathrm{d}x\right)$$
$$= \frac{C}{\sqrt{p}}\sin\left(\frac{1}{\hbar}\int^x p\,\mathrm{d}x + \alpha\right) \tag{2.4.11}$$

式中 C_1 与 C_2(或 C 与 α)由具体问题的边条件及归一化条件确定.

(2)$V(x)>E$(经典禁区，$p(x)$为纯虚)

令

$$p = \mathrm{i}|p| = \mathrm{i}\sqrt{2m(V(x)-E)}$$

则

$$\psi(x) = \frac{C'_1}{\sqrt{|p|}}\exp\left(+\frac{1}{\hbar}\int^x |p|\,\mathrm{d}x\right) + \frac{C'_2}{\sqrt{|p|}}\exp\left(-\frac{1}{\hbar}\int^x |p|\,\mathrm{d}x\right) \tag{2.4.12}$$

式中 C'_1与 C'_2也由边条件及归一化条件确定.

讨论 一级近似解的适用条件：

由式(2.4.6)可以看出，一级近似解(2.4.11)与(2.4.12)成立的条件为

$$\hbar|S''_0| \ll |S'^2_0| \tag{2.4.13a}$$

$$2\hbar|S'_0 S'_1| \ll |S'^2_0| \tag{2.4.13b}$$

利用式(2.4.8)与式(2.4.10)，式(2.4.13a)化为 $\hbar|p'| \ll p^2$，而式(2.4.13b)化为 $\hbar|p'/p| \ll |p|$. 概括起来可表示为

$$\left|\frac{\hbar}{p^2}\frac{\mathrm{d}p}{\mathrm{d}x}\right| = \left|\hbar\frac{\mathrm{d}}{\mathrm{d}x}p^{-1}\right| \ll 1$$

即

$$\left|\frac{\mathrm{d}\lambda}{\mathrm{d}x}\right| \ll 1 \tag{2.4.14}$$

式中

$$\lambda(x) = \frac{\hbar}{p} = \frac{\hbar}{\sqrt{2m[E-V(x)]}} \tag{2.4.15}$$

式(2.4.14)也可表示为

$$\left|\frac{\lambda(x)}{2[E-V(x)]}\frac{\mathrm{d}V}{\mathrm{d}x}\right| \ll 1 \tag{2.4.16}$$

由此可看出：

(1)一级近似解成立的条件要求,势场 $V(x)$ 的变化足够缓慢,即在粒子的 de Broglie 波长范围内,$V(x)$ 的变化 $\lambda\dfrac{\mathrm{d}V}{\mathrm{d}x}$ 比粒子的"动能"$[E-V(x)]$ 小得多.

(2)显然,在"转折点"(turning point,$V(x)=E$)附近(即经典允许区与禁区交界处),$p\approx 0$,近似条件(2.4.16)不成立,因而一级近似解(2.4.11)与(2.4.12)不适用.在转折点邻域中 Schrödinger 的解,需用另法求之(见本节数学附注).

以下用 WKB 近似方法分别处理两类问题.

2.4.2 势阱中粒子的准经典束缚态,Bohr-Sommerfeld 量子化条件

设粒子在变化缓慢的势阱 $V(x)$ 中运动,能量为 E.按经典力学观点,粒子将限制在 $a\leqslant x\leqslant b$ 范围中运动,$V(a)=V(b)=E$,a 与 b 为转折点(见图 2.2).

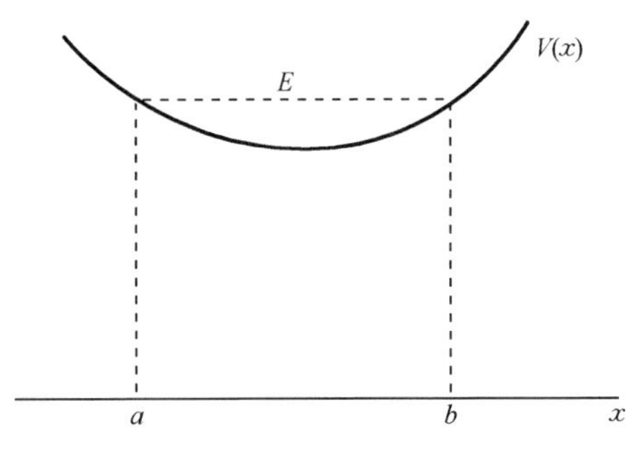

图 2.2

一维规则势阱 $V(x)$ 中粒子的束缚态是非简并的(卷 Ⅰ,3.1 节),除了一个无关紧要的常数因子外,波函数可以取为实.因此,在势阱内$[V(x)<E]$不太靠近转折点处的波函数,可以表示成[见式(2.4.11)]

$$\psi(x)=\frac{C}{\sqrt{p}}\sin\left(\frac{1}{\hbar}\int_a^x p\,\mathrm{d}x+\alpha\right) \tag{2.4.17}$$

其中 C 为归一化常数,α 由边条件确定.为了确定 α,必须知道 $\psi(x)$ 在转折点附近的行为,但在转折点附近,上述近似解形式失效.在此区域中,我们有办法找出其严格解(见本节数学附注).根据此严格解,可找出它在离开转折点较远处的渐近行为,然后与 WKB 近似解(2.4.17)比较,即可定出 α 的值.

首先,根据 $\psi(x)$ 在 $x\approx a$ 邻近的严格解,可得出在 a 点右侧($x>a$,见图 2.2)离开 $x=a$ 较远处 $\psi(x)$ 的渐近表示式,与式(2.4.17)比较,可得出 $\alpha=\pi/4$[见本节数学附注,式(2.4.55)].因此,势阱中粒子的束缚态的 WKB 波函数可表示为

$$\psi(x)=\frac{C}{\sqrt{p}}\sin\left(\frac{1}{\hbar}\int_a^x p\,\mathrm{d}x+\frac{\pi}{4}\right)\overset{令}{=\!=}\frac{C}{\sqrt{p}}\sin\alpha(x) \tag{2.4.18}$$

其次,根据 $\psi(x)$ 在 $x\sim b$ 邻近的严格解,以及它在 $x=b$ 点左边($x<b$,见

图 2.2)较远处的渐近式,也可求出势阱中的 WKB 波函数为

$$\psi(x)=\frac{C'}{\sqrt{p}}\sin\left(\frac{1}{\hbar}\int_x^b p\,\mathrm{d}x+\frac{\pi}{4}\right)\xlongequal{\text{令}}\frac{C'}{\sqrt{p}}\sin\beta(x) \tag{2.4.19}$$

当然,无论从 $x\approx a$ 或从 $x\approx b$ 出发,所得出的势阱中粒子的波函数应该一致.根据正弦函数的性质,只有当式(2.4.18)与式(2.4.19)中正弦函数的宗量之和为 π 的整数倍才能满足此要求,即

$$\alpha(x)+\beta(x)=\frac{1}{\hbar}\int_a^b p\,\mathrm{d}x+\frac{\pi}{2}=(n+1)\pi$$

$$n=0,1,2,\cdots \tag{2.4.20}$$

代入式(2.4.18)和式(2.4.19),不难求出 $C'=(-1)^n C$.这样,波函数(2.4.18)才能够与波函数(2.4.19)光滑地连接起来.式(2.4.20)可改写成

$$\int_a^b p\,\mathrm{d}x=(n+1/2)\pi\hbar$$

亦即

$$\oint p\,\mathrm{d}x=(n+1/2)h,\quad n=0,1,2,\cdots \tag{2.4.21}$$

式中 $\oint\mathrm{d}x$ 是指对周期运动积分一个周期,此即 Bohr-Sommerfeld 量子化条件.注意,式(2.4.21)右侧的最小值为 $h/2$,是原始的 Bohr-Sommerfeld 条件中没有的,它反映体系运动的“零点能”,纯属量子效应.

在以上讨论中,假定了 $V(x)$ 是 x 的缓变化函数.对于方势阱类型的场,这条件并不完全正确.例如,无限深方势阱(图 2.3)

$$V(x)=\begin{cases}0, & a<x<b\\ \infty, & x>b,x<a\end{cases}$$

在 $x=a$、b 点,$V(x)$有无限大跳跃.从物理上来看,粒子不能“渗透”到经典禁区去,要求 $\psi(a)=\psi(b)=0$.在此边条件下,式(2.4.18)与式(2.4.19)应代之为

$$\begin{aligned}\psi(x)&=\frac{C}{\sqrt{p}}\sin\left(\frac{1}{\hbar}\int_a^x p\,\mathrm{d}x\right)\\ \psi(x)&=\frac{C'}{\sqrt{p}}\sin\left(\frac{1}{\hbar}\int_x^b p\,\mathrm{d}x\right)\end{aligned} \tag{2.4.22}$$

而式(2.4.20)应换为

$$\frac{1}{\hbar}\int_a^b p\,\mathrm{d}x=n\pi$$

即

$$\oint p\,\mathrm{d}x=nh,\quad n=1,2,3,\cdots \tag{2.4.23}$$

这正是原始的 Bohr-Sommerfeld 条件.对于图 2.4 所示的势阱,可得出如下类似的量子化条件

$$\oint p\,\mathrm{d}x = \left(n + \frac{3}{4}\right)h, \quad n = 0,1,2,\cdots \tag{2.4.24}$$

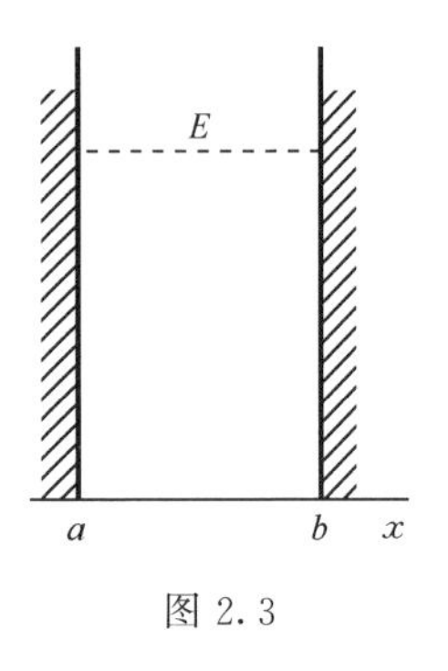

图 2.3

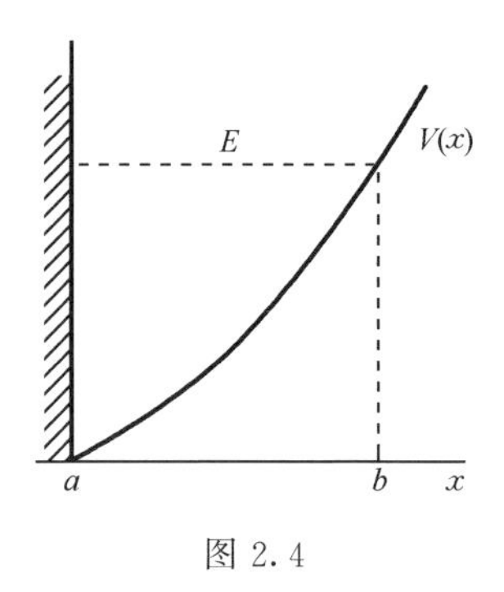

图 2.4

2.4.3 势垒隧穿

假设具有一定能量 E 的粒子从左入射,碰到势垒 $V(x)$(图 2.5).设 $V(x)$变化比较缓慢,而且入射粒子能量 E 不太靠近 $V(x)$的峰值,则可以用 WKB 近似来处理粒子穿透势垒的现象.(如转折点 a 与 b 很靠近势垒顶部,则不能用此近似.)

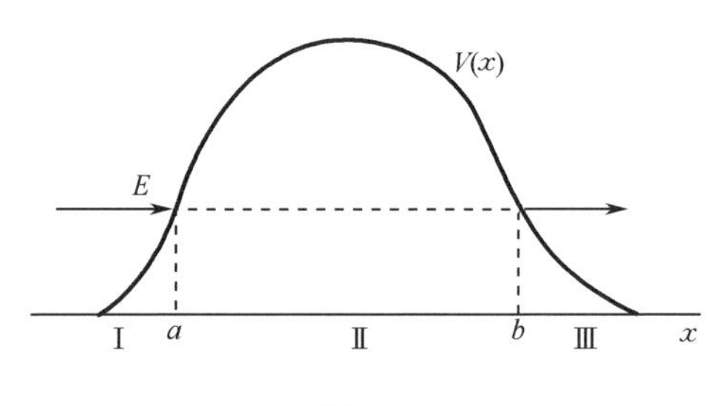

图 2.5

按照经典力学,粒子在 $x=a$ 处会被碰回.而按照量子力学,考虑到粒子的波动性,粒子有一定的概率透过势垒.当然,在许多情况下,这种概率很小.下面我们用 WKB 近似来计算势垒的穿透概率 T,其结果为

$$T = \exp\left[-\frac{2}{\hbar}\left|\int_a^b \sqrt{2m(E-V(x))}\,\mathrm{d}x\right|\right] \tag{2.4.25}$$

注意:此公式只当 $T \ll 1$ 时才有意义.证明如下:

假设在区域Ⅰ($x<a$,经典允许区)中 WKB 近似波函数表示成

$$\begin{aligned}\psi(x) &= \frac{2}{\sqrt{v}}\sin\left(\frac{1}{\hbar}\int_x^a p\,\mathrm{d}x + \frac{\pi}{4}\right) \\ &= \frac{1}{\mathrm{i}\sqrt{v}}\left[\exp\left(\frac{\mathrm{i}}{\hbar}\int_x^a p\,\mathrm{d}x + \frac{\mathrm{i}\pi}{4}\right) - \exp\left(-\frac{\mathrm{i}}{\hbar}\int_x^a p\,\mathrm{d}x - \frac{\mathrm{i}\pi}{4}\right)\right]\end{aligned} \tag{2.4.26}$$

式中 $p=\sqrt{2m[E-V(x)]}$,$v=p/m$ 表示入射粒子速度.上式右侧第一项为入射

波，第二项为反射波．入射波与反射波的强度相同，流密度均为 1．显然，只当穿透概率 $T\ll 1$ 时这才是一个好的近似．

在区域Ⅱ（$a<x<b$，经典禁区）中，WKB 波函数取实指数函数形式［见式(2.4.12)］．可以证明，能够把区域Ⅰ与区域Ⅱ中的波函数(2.4.26)光滑地衔接起来的波函数如下［见本节数学附录，式(2.4.62)］：

$$\frac{2}{\sqrt{v}}\sin\left(\frac{1}{\hbar}\int_x^a p\,\mathrm{d}x+\frac{\pi}{4}\right)\Longleftarrow\frac{1}{\sqrt{v}}\exp\left(-\frac{1}{\hbar}\int_a^x |p|\,\mathrm{d}x\right) \tag{2.4.27}$$

$$(x<a) \qquad\qquad (x>a)$$

在 $x>a$ 区域（经典禁区）中 $p=\mathrm{i}\sqrt{2m(V(x)-E)}=\mathrm{i}|p|$ 为纯虚数．上式右边还可改写成

$$\frac{1}{\sqrt{v}}\exp\left(-\frac{1}{\hbar}\left|\int_a^b p\,\mathrm{d}x\right|\right)\exp\left(\frac{1}{\hbar}\left|\int_b^x p\,\mathrm{d}x\right|\right) \tag{2.4.28}$$

除了常数因子 $\exp\left(-\frac{1}{\hbar}\left|\int_a^b p\,\mathrm{d}x\right|\right)$ 之外，上列波函数形式为

$$\frac{1}{\sqrt{v}}\exp\left(\frac{1}{\hbar}\left|\int_b^x p\,\mathrm{d}x\right|\right) \tag{2.4.29}$$

此波函数在势垒内部不太靠近转折点 a 与 b 的地方是适用的．

可以证明，式(2.4.29)所示的波函数延伸到势阱外（$x>b$，图 2.5 区域Ⅲ）的连接公式为［见本节数学附录，式(2.4.63)］

$$\frac{1}{\sqrt{v}}\exp\left(\frac{1}{\hbar}\left|\int_b^x p\,\mathrm{d}x\right|\right)\Longleftarrow-\frac{1}{\sqrt{v}}\exp\left(\frac{\mathrm{i}}{\hbar}\int_b^x p\,\mathrm{d}x+\frac{\mathrm{i}\pi}{4}\right)$$

$$(x<b) \qquad\qquad (x>b) \tag{2.4.30}$$

考虑到波函数(2.4.28)式前面的常数因子，可得出，在 $x>b$ 区域中的 WKB 波函数（透射波）为

$$\psi(x)=-\frac{1}{\sqrt{v}}\exp\left(-\frac{1}{\hbar}\left|\int_a^b p\,\mathrm{d}x\right|\right)\cdot\exp\left(\frac{\mathrm{i}}{\hbar}\int_b^x p\,\mathrm{d}x+\frac{\mathrm{i}\pi}{4}\right) \tag{2.4.31}$$

所以透射流密度为

$$j_t=\rho v=v|\psi|^2=\exp\left(-\frac{2}{\hbar}\left|\int_a^b p\,\mathrm{d}x\right|\right) \tag{2.4.32}$$

考虑到入射流密度为 1，所以透射系数就是

$$T=\exp\left(-\frac{2}{\hbar}\left|\int_a^b p\,\mathrm{d}x\right|\right)=\exp\left[-\frac{2}{\hbar}\left|\int_a^b \sqrt{2m(E-V(x))}\,\mathrm{d}x\right|\right]$$

此即前面给出的势垒透射概率公式(2.4.25)．

附录　WKB 波函数的连接公式

在经典允许区中，WKB 波函数为振荡函数[见式(2.4.11)]，在禁区中则为指数函数[见式(2.4.12)]. 这两个区域中的 WKB 波函数如何连接起来呢？由于 WKB 波函数在转折点邻域是不适用的，从 WKB 波函数本身无法找出它们的连接公式. 庆幸的是，在转折点邻域可找出 Schrödinger 方程的严格解. 把严格解在离开转折点较远处的渐近行为与 WKB 波函数进行比较，即可找出在转折点两侧的 WKB 波函数的连接公式.

现在来求转折点邻域的 Schrödinger 方程的严格解. 设在转折点 $x=a$ 的邻域 $V(x)$ 变化比较缓慢(图 2.2)，可作 Taylor 展开，只保留一次项

$$V(x) = V(a) + \left.\frac{\partial V}{\partial x}\right|_{x=a} \cdot (x-a) = E - F_0 q \tag{2.4.33}$$

其中

$$q = (x-a), \quad F_0 = -\left.\frac{\partial V}{\partial x}\right|_{x=a} > 0$$

所以在 $x \approx a$ 邻域，Schrödinger 方程可表示为

$$\frac{\mathrm{d}^2}{\mathrm{d}q^2}\psi + \frac{2mF_0}{\hbar^2} q\psi = 0 \tag{2.4.34}$$

引进无量纲变量

$$\xi = \left(\frac{2mF_0}{\hbar^2}\right)^{1/3} q \tag{2.4.35}$$

式(2.4.34)化为

$$\frac{\mathrm{d}^2}{\mathrm{d}\xi^2}\psi + \xi\psi = 0 \tag{2.4.36}$$

在经典允许区($x>a$，即 $q>0$ 或 $\xi>0$)，令

$$\psi = \xi^{1/2} u, \quad z = \frac{2}{3}\xi^{3/2} \tag{2.4.37}$$

则式(2.4.36)化为

$$\frac{\mathrm{d}^2 u}{\mathrm{d}z^2} + \frac{1}{z}\frac{\mathrm{d}u}{\mathrm{d}z} + \left[1 - \frac{(1/3)^2}{z^2}\right] u = 0 \tag{2.4.38}$$

此乃 1/3 阶 Bessel 方程①. 它的一般解可表示为 $\mathrm{J}_{1/3}$ 与 $\mathrm{J}_{-1/3}$ 的线性叠加.

在经典禁区($x<a$，即 $q<0$ 或 $\xi<0$)，式(2.4.36)化为

$$\frac{\mathrm{d}^2}{\mathrm{d}|\xi|^2} - |\xi|\psi = 0 \tag{2.4.39}$$

令

$$\psi = |\xi|^{1/2} u, \quad z = \frac{2}{3}|\xi|^{3/2} > 0 \tag{2.4.40}$$

式(2.4.39)化为

---

① 参阅郭敦仁. 数学物理方法. 北京：高等教育出版社，1965. 第 17 章.

$$\frac{\mathrm{d}^2 u}{\mathrm{d}z^2}+\frac{1}{z}\frac{\mathrm{d}u}{\mathrm{d}z}-\left[1+\frac{(1/3)^2}{z^2}\right]u=0 \tag{2.4.41}$$

这是变型(虚宗量)Bessel 方程,其一般解为 $\mathrm{I}_{1/3}(z)$ 与 $\mathrm{K}_{1/3}(z)$ 的线性叠加. 但考虑到束缚态边条件,在经典禁区中只能取 $\mathrm{K}_{1/3}(z)$[因 $z\to\infty$ 时,$\mathrm{I}_{1/3}(z)$ 是发散的],利用

$$\mathrm{K}_{1/3}(z)\to\sqrt{\frac{\pi}{2z}}\mathrm{e}^{-z},\quad z\to\infty \tag{2.4.42}$$

式(2.4.41)的束缚解可表示为

$$\psi\propto\sqrt{\xi}\mathrm{K}_{1/3}\left(\frac{2}{3}|\xi|^{3/2}\right),\quad \xi<0 \tag{2.4.43}$$

应当提到,束缚态边条件不仅对 $\xi<0$ 区域的波函数作了限制,考虑到在 $\xi=0$ 点处波函数及其导数的连续性,它将对 $\xi>0$ 区域的波函数也有所限制,从而对粒子的能量本征值也有所限制. 为此,要利用数学公式

$$\underset{(\xi<0)}{\sqrt{|\xi|}\mathrm{K}_{1/3}\left(\frac{2}{3}|\xi|^{3/2}\right)}\Longleftrightarrow\underset{(\xi>0)}{\frac{\pi}{\sqrt{3}}\sqrt{\xi}\left[\mathrm{J}_{1/3}\left(\frac{2}{3}\xi^{3/2}\right)+\mathrm{J}_{-1/3}\left(\frac{2}{3}\xi^{3/2}\right)\right]} \tag{2.4.44}$$

上式右边是左侧函数 $\sqrt{|\xi|}\mathrm{K}_{1/3}\left(\frac{2}{3}|\xi|^{3/2}\right)$ 在 $\xi>0$ 区域中的解析延拓. 下面来讨论式(2.4.44)两边的渐近行为.

利用式(2.4.42),当 $|\xi|\to\infty$ 时,

$$\sqrt{|\xi|}\mathrm{K}_{1/3}\left(\frac{2}{3}|\xi|^{3/2}\right)\to\frac{\sqrt{3\pi}}{2\xi^{1/4}}\exp\left(-\frac{2}{3}|\xi|^{3/2}\right) \tag{2.4.45}$$

利用

$$z\to\infty\text{ 时},\quad \mathrm{J}_\nu(z)\to\sqrt{\frac{2}{\pi z}}\cos\left(z-\frac{\nu\pi}{2}-\frac{\pi}{4}\right) \tag{2.4.46}$$

可得

$$\frac{1}{\sqrt{3}}[\mathrm{J}_{1/3}(z)+\mathrm{J}_{-1/3}(z)]\to\sqrt{\frac{2}{\pi z}}\sin\left(z+\frac{\pi}{4}\right) \tag{2.4.47}$$

所以,当 $\xi\to\infty$ 时,式(2.4.44)右边化为

$$\frac{\pi}{\sqrt{3}}\sqrt{\xi}\left[\mathrm{J}_{1/3}\left(\frac{2}{3}\xi^{3/2}\right)+\mathrm{J}_{-1/3}\left(\frac{2}{3}\xi^{3/2}\right)\right]\to\frac{\sqrt{3\pi}}{\xi^{1/4}}\sin\left(\frac{2}{3}\xi^{3/2}+\frac{\pi}{4}\right) \tag{2.4.48}$$

因此,用渐近行为来表示时,式(2.4.44)就化为下列连接公式:

$$\underset{(\xi<0)}{\frac{1}{|\xi|^{1/4}}\exp\left(-\frac{2}{3}|\xi|^{3/2}\right)}\Longleftrightarrow\underset{(\xi>0)}{\frac{2}{\xi^{1/4}}\sin\left(\frac{2}{3}\xi^{3/2}+\frac{\pi}{4}\right)} \tag{2.4.49}$$

这是讨论 WKB 波函数连接公式时用到的基本数学公式.

下面分别讨论束缚态和势垒隧穿两种情况.

1. 束缚态

考虑图 2.2. 所示势阱中的粒子束缚态.

在经典禁区($x<a$,即 $q<0$ 或 $\xi<0$),满足束缚态边条件的 WKB 波函数[见式(2.4.12)]为

$$\psi(x) \propto \frac{1}{\sqrt{|p|}}\exp\left(-\frac{1}{\hbar}\left|\int_a^x p\,\mathrm{d}x\right|\right) \tag{2.4.50}$$

其中

$$p = \mathrm{i}|p| = \mathrm{i}\sqrt{2m(V(x)-E)}$$

在 $x \approx a$ 邻域

$$\approx \mathrm{i}\sqrt{-2mF_0 q} = \sqrt{2mF_0|q|} \tag{2.4.51}$$

$$\left|\int_a^x p\,\mathrm{d}x\right| = \frac{2}{3}\sqrt{2mF_0}|q|^{3/2}$$

所以

$$\psi(x) \propto \frac{1}{(2mF_0|q|)^{1/4}}\exp\left(-\frac{2}{3\hbar}\sqrt{2mF_0}|q|^{3/2}\right)$$

$$\propto \frac{1}{|\xi|^{1/4}}\exp\left(-\frac{2}{3}|\xi|^{3/2}\right) \tag{2.4.52}$$

在经典允许区($x>a$,即 $q>0$ 或 $\xi>0$)WKB 波函数[见式(2.4.11)]为

$$\psi(x) \propto \frac{1}{\sqrt{p}}\sin\left(\frac{1}{\hbar}\int_a^x p\,\mathrm{d}x + \alpha\right) \tag{2.4.53}$$

其中

$$p = \sqrt{2m(E-V(x))} \approx \sqrt{2mF_0 q}$$

在 $x \approx a$ 邻域,

$$\int_a^x p\,\mathrm{d}x = \frac{2}{3}\sqrt{2mF_0}q^{3/2}$$

利用

$$\xi = \left(\frac{2mF_0}{\hbar^2}\right)^{1/3} q, \quad \xi^{3/2} = \frac{\sqrt{2mF_0}}{\hbar}q^{3/2}$$

得

$$\psi(x) \propto \frac{1}{(2mF_0 q)^{1/4}}\sin\left(\frac{2}{3}\frac{\sqrt{2mF_0}}{\hbar}q^{3/2} + \alpha\right)$$

$$\propto \frac{1}{|\xi|^{1/4}}\sin\left(\frac{2}{3}\xi^{3/2} + \alpha\right) \tag{2.4.54}$$

将 $x<a$ 区域中的波函数(2.4.52)和 $x>a$ 区域中的(2.4.54)与连接公式(2.4.49)比较,可看出 WKB 波函数(2.4.54)中的相位 $\alpha=\pi/4$. 这样,我们就得出了在图 2.2 所示转折点 $x=a$ 两侧 WKB 波函数的连接公式

$$\boxed{\begin{array}{cc} \dfrac{1}{\sqrt{|p|}}\exp\left(-\dfrac{1}{\hbar}\left|\displaystyle\int_a^x p\,\mathrm{d}x\right|\right) \Longleftarrow & \dfrac{2}{\sqrt{p}}\sin\left(\dfrac{1}{\hbar}\displaystyle\int_a^x p\,\mathrm{d}x + \dfrac{\pi}{4}\right) \\ \text{(经典禁区 } x<a\text{)} & \text{(经典允许区 } x>a\text{)} \end{array}} \tag{2.4.55}$$

2. 势垒隧穿

先求在进入势垒的转折点 $x=a$(图 2.5)处 WKB 波函数的连接公式. 在 $x \approx a$ 邻域,

$$V(x) \approx V(a) + \left.\frac{\partial V}{\partial x}\right|_{x=a} \cdot (x-a) = E + F_0 q \tag{2.4.56}$$

式中 $E=V(a)$，$q=(x-a)$，$F_0=\left.\frac{\partial V}{\partial x}\right|_{x=a}>0$.

在经典允许区（$x<a$，即 $q<0$ 或 $\xi<0$），WKB 波函数[见式(2.4.11)]为

$$\psi(x) \propto \frac{1}{\sqrt{p}}\sin\left(\frac{1}{\hbar}\int_x^a p\,\mathrm{d}x+\alpha\right) \tag{2.4.57}$$

式中

$$p=\sqrt{2m[E-V(x)]}=\sqrt{-2mF_0 q}=\sqrt{2mF_0|q|} \tag{2.4.58}$$

$$\int_x^a p\,\mathrm{d}x=\frac{2}{3}\sqrt{2mF_0}\,|q|^{3/2}$$

由此得

$$\begin{aligned}\psi(x) &\propto \frac{1}{(2mF_0|q|)^{1/4}}\sin\left(\frac{2}{3}\frac{\sqrt{2mF_0}}{\hbar}|q|^{3/2}+\alpha\right)\\ &\propto \frac{1}{|\xi|^{1/4}}\sin\left(\frac{2}{3}|\xi|^{3/2}+\alpha\right)\end{aligned} \tag{2.4.59}$$

在经典禁区（$x>a$，即 $q>0$ 或 $\xi>0$），WKB 波函数取负指数函数形式

$$\psi(x) \propto \frac{1}{\sqrt{|p|}}\exp\left(-\frac{1}{\hbar}\left|\int_a^x p\,\mathrm{d}x\right|\right) \tag{2.4.60}$$

式中（在 $x\approx a$ 邻域）

$$p=\mathrm{i}|p|=\mathrm{i}\sqrt{2mF_0 q}$$

$$\left|\int_a^x p\,\mathrm{d}x\right|=\int_a^x|p|\,\mathrm{d}x=\int_0^q\sqrt{2mF_0 q}\,\mathrm{d}q=\frac{2}{3}\sqrt{2mF_0}\,q^{3/2}$$

所以

$$\begin{aligned}\psi(x) &\propto \frac{1}{(2mF_0 q)^{1/4}}\exp\left(-\frac{2}{3}\frac{\sqrt{2mF_0}}{\hbar}q^{3/2}\right)\\ &\propto \frac{1}{\xi^{1/4}}\exp\left(-\frac{2}{3}\xi^{3/2}\right)\end{aligned} \tag{2.4.61}$$

将 $x>a$ 区域中的波函数式(2.4.59)和 $x>a$ 区域中的波函数式(2.4.61)与连接公式(2.4.55)比较，可知 WKB 波函数(2.4.59)中的相位应取 $\alpha=\pi/4$. 这样，我们就求出了在入射粒子碰到势垒 $x=a$（图 2.5）两侧的 WKB 波函数的连接公式

$$\boxed{\underset{(\text{经典允许区 } x<a)}{\frac{2}{\sqrt{p}}\sin\left(\frac{1}{\hbar}\int_x^a p\,\mathrm{d}x+\frac{\pi}{4}\right)} \Longleftarrow \underset{(\text{经典禁区 } x>a)}{\frac{1}{\sqrt{|p|}}\exp\left(-\frac{1}{\hbar}\left|\int_a^x p\,\mathrm{d}x\right|\right)}} \tag{2.4.62}$$

为求出粒子射出势垒 $x=b$ 点（图 2.5）两侧的 WKB 波函数的连接公式，可借助于式(2.4.55)（把 a 换为 b）. 不同之处在于：在经典允许区（$x>b$）只有出射波而无反射波，而根据 $x=b$ 点波函数及其导数的连续条件，这将影响到经典禁区（$x<b$）中的波函数. 由此可以证明（见下），在 $x=b$ 两侧的 WKB 波函数的连接公式为

$$\boxed{\underset{(\text{经典禁区 } x<b)}{\frac{1}{\sqrt{|p|}}\exp\left(\frac{1}{\hbar}\left|\int_b^x p\,\mathrm{d}x\right|\right)} \Longleftarrow -\underset{(\text{经典允许区 } x>b)}{\frac{1}{\sqrt{p}}\exp\left(\frac{\mathrm{i}}{\hbar}\int_b^x p\,\mathrm{d}x+\frac{\mathrm{i}\pi}{4}\right)}} \tag{2.4.63}$$

证明如下：

为借助于式(2.4.55),可利用卷Ⅰ,3.1节中证明过的一条定理:对于一维粒子,若 ψ_1 与 ψ_2,是属于同一个能量的两个波函数,则

$$\psi_1\psi'_2-\psi_2\psi'_1=\text{常数}$$

或表示成

$$\psi_2^2(\psi_1/\psi_2)'=\text{常数}$$

试把式(2.4.55)中的波函数(a 点换记为 b 点)看成 ψ_1,把式(2.4.63)中的波函数看成 ψ_2,于是在经典禁区($x<b$)有

$$\begin{aligned}\psi_2^2(\psi_1/\psi_2)&=\frac{1}{|p|}\exp\left(\frac{2}{\hbar}\left|\int_b^x p\,\mathrm{d}x\right|\right)\frac{\dfrac{1}{\sqrt{|p|}}\exp\left(-\dfrac{1}{\hbar}\left|\int_b^x p\,\mathrm{d}x\right|\right)}{\dfrac{1}{\sqrt{|p|}}\exp\left(\dfrac{1}{\hbar}\left|\int_b^x p\,\mathrm{d}x\right|\right)}\\&=\frac{1}{|p|}\exp\left(\frac{2}{\hbar}\left|\int_b^x p\,\mathrm{d}x\right|\right)\cdot\exp\left(-\frac{2}{\hbar}\left|\int_b^x p\,\mathrm{d}x\right|\right)\\&=-2/\hbar\end{aligned}\tag{2.4.64}$$

而在经典允许区($x>b$)有

$$\begin{aligned}\psi_2^2(\psi_1/\psi_2)'=&\frac{1}{p}\exp\left(\frac{2\mathrm{i}}{\hbar}\int_b^x p\,\mathrm{d}x+\frac{\mathrm{i}\pi}{2}\right)\cdot\left[\frac{\exp\left(\dfrac{\mathrm{i}}{\hbar}\displaystyle\int_b^x p\,\mathrm{d}x+\dfrac{\mathrm{i}\pi}{4}\right)-\exp\left(\dfrac{-\mathrm{i}}{\hbar}\displaystyle\int_b^x p\,\mathrm{d}x-\dfrac{\mathrm{i}\pi}{4}\right)}{-\mathrm{i}\exp\left(\dfrac{\mathrm{i}}{\hbar}\displaystyle\int_b^x p\,\mathrm{d}x+\dfrac{\mathrm{i}\pi}{4}\right)}\right.\\&\left.-\frac{1}{\mathrm{i}p}\exp\left(\frac{2\mathrm{i}}{\hbar}\int_b^x p\,\mathrm{d}x+\frac{\mathrm{i}\pi}{2}\right)\cdot\exp\left(-\frac{2\mathrm{i}}{\hbar}\int_b^x p\,\mathrm{d}x-\frac{\mathrm{i}\pi}{2}\right)\right]\\=&-2/\hbar\end{aligned}\tag{2.4.65}$$

这就验证了连接公式(2.4.63).

*2.4.4 中心力场中粒子的准经典近似

中心力场 $V(r)$ 中粒子(无自旋)的能量本征态,通常取为守恒量完全集($H,\boldsymbol{l}^2,l_z$)的共同本征态,即能量本征函数表示成

$$\begin{gathered}\psi(r,\theta,\varphi)=R_l(r)\mathrm{Y}_l^m(\theta,\varphi)=\frac{1}{r}\chi_l(r)\mathrm{Y}_l^m(\theta,\varphi)\\l=0,1,2,\cdots\\m=l,l-1,\cdots,-l\end{gathered}\tag{2.4.66}$$

其中描述角度自由度运动的球谐函数 Y_l^m,对各种中心力场是共同的,而描述径向运动的波函数满足下列方程

$$\begin{gathered}\chi''_l+\left\{\frac{2\mu}{\hbar^2}[E-V(r)]-\frac{l(l+1)}{r^2}\right\}\chi_l=0\\\chi_l(0)=0\end{gathered}\tag{2.4.67}$$

则依赖于中心力场 $V(r)$ 的具体形式,E 为能量本征值.上式还可改写成

$$\chi_l'' + \frac{2\mu}{\hbar^2}[E - V_l(r)]\chi_l = 0$$
$$V_l(r) = V(r) + \frac{\hbar^2}{2\mu}\frac{l(l+1)}{r^2} \tag{2.4.68}$$

上式 $V_l(r)$ 右边第二项称为离心势能，依赖于粒子的角动量 l. 方程(2.4.67)或(2.4.68)的形式，与一维势场 $V(x)$ 中粒子的能量本征方程相似. 因此可套用前面处理一维运动的 WKB 准经典近似方法. 但须注意，径向变量 r 变化范围是 $(0,\infty)$，而一维粒子坐标变化范围为 $(-\infty,+\infty)$. 这表现在边条件有所不同.

下面分别讨论角度部分和径向部分.

1. 球谐函数的准经典近似表示式

先考虑角动量 $m=0$ 的本征态

$$\mathrm{Y}_l^0 = \sqrt{\frac{2l+1}{4\pi}}\mathrm{P}_l(\cos\theta) \tag{2.4.69}$$

$\mathrm{P}_l(\cos\theta)$ 满足 Legendre 方程

$$\frac{1}{\sin\theta}\frac{\mathrm{d}}{\mathrm{d}\theta}\left(\sin\theta\frac{\mathrm{d}}{\mathrm{d}\theta}\mathrm{P}_l\right) + l(l+1)\mathrm{P}_l = 0 \tag{2.4.70}$$

或

$$\frac{\mathrm{d}^2\mathrm{P}_l}{\mathrm{d}\theta^2} + \cot\theta\frac{\mathrm{d}\mathrm{P}_l}{\mathrm{d}\theta} + l(l+1)\mathrm{P}_l = 0$$

为消去上列方程中的一阶微商项，令

$$\mathrm{P}_l(\cos\theta) = \chi(\theta)/\sqrt{\sin\theta} \tag{2.4.71}$$

则

$$\chi'' + \left[\left(l+\frac{1}{2}\right)^2 + \frac{1}{4}\cot^2\theta\right]\chi = 0 \tag{2.4.72}$$

与一维运动方程比较，可看出相应的“de Broglie 波长”为

$$\lambda(\theta) = \left[\left(l+\frac{1}{2}\right)^2 + \frac{1}{4}\cot^2\theta\right]^{-1/2} \tag{2.4.73}$$

按准经典近似的要求

$$\left|\frac{\mathrm{d}\lambda}{\mathrm{d}\theta}\right| \ll 1 \tag{2.4.74}$$

这就要求式(2.4.73)右侧第二项(随 θ 变化)≪第一项. 考虑到 $\cot\theta$ 在 $\theta\approx 0$ 和 π 附近趋于 ∞ $\left(当\ \theta\to 0\ 时，\cot\theta\approx\frac{1}{\theta}；\theta\to\pi\ 时，|\cot\theta|\approx\left|\frac{1}{\pi-\theta}\right|\right)$，所以要求 θ 不要太靠近 0 和 π，并且

$$l\theta \gg 1, \quad (\pi-\theta)l \gg 1 \tag{2.4.75}$$

当 θ 不太靠近 0 或 π，而且条件(2.4.75)满足时，式(2.4.72)可以化为

$$\chi'' + \left(l + \frac{1}{2}\right)^2 \chi = 0 \tag{2.4.76}$$

其解可表示成

$$\chi = A\sin\left[\left(l + \frac{1}{2}\right)\theta + \alpha\right] \tag{2.4.77}$$

因而

$$\mathrm{P}_l(\cos\theta) = \frac{A}{\sqrt{\sin\theta}}\sin\left[\left(l + \frac{1}{2}\right)\theta + \alpha\right] \tag{2.4.78}$$

可以证明①

$$A = \sqrt{2/\pi l}, \quad \alpha = \pi/4$$

即

$$\begin{aligned}
\mathrm{P}_l(\cos\theta) &= \sqrt{\frac{2}{\pi l}}\,\frac{\sin\left[\left(l + \frac{1}{2}\right)\theta + \pi/4\right]}{\sqrt{\sin\theta}} \\
\mathrm{Y}_l^0(\theta) &= \frac{1}{\pi}\,\frac{\sin\left[\left(l + \frac{1}{2}\right)\theta + \pi/4\right]}{\sqrt{\sin\theta}}
\end{aligned} \tag{2.4.79}$$

适用条件为:θ 不太靠近 0 或 π,而且角动量量子数 $l \gg 1$.

2. 径向波函数的准经典近似

先讨论 $l=0$ 的径向波函数

$$\chi_0'' + \frac{2\mu}{\hbar^2}[E - V(r)]\chi_0 = 0 \tag{2.4.80}$$

---

① 证明:当 $\theta \ll 1$ 时,$\cot\theta \approx \frac{1}{\theta}$. 对于 $l \gg 1$,$l(l+1) \approx (l+1/2)^2$. 此时式(2.4.70)化为

$$\frac{\mathrm{d}^2}{\mathrm{d}\theta^2}\mathrm{P}_l + \frac{1}{\theta}\,\frac{\mathrm{d}}{\mathrm{d}\theta}\mathrm{P}_l + \left(l + \frac{1}{2}\right)^2\mathrm{P}_l = 0$$

此乃零阶 Bessel 方程,它在 $\theta \approx 0$ 邻域有界的解表示为

$$\mathrm{P}_l(\cos\theta) = \mathrm{J}_0\left(\left(l + \frac{1}{2}\right)\theta\right)$$

利用

$$\mathrm{J}_n(z) \to \sqrt{\frac{2}{\pi z}}\sin\left(z - \frac{n}{2}\pi + \pi/4\right) \quad (\text{当 } z \to \infty)$$

可得

$$\begin{aligned}
\mathrm{J}_0\left(\left(l + \frac{1}{2}\right)\theta\right) &\xrightarrow{\theta l \gg 1} \sqrt{\frac{2}{\pi\left(l + \frac{1}{2}\right)\theta}}\sin\left[\left(l + \frac{1}{2}\right)\theta + \frac{\pi}{4}\right] \\
&\approx \sqrt{\frac{2}{\pi l}}\,\frac{\sin\left[\left(l + \frac{1}{2}\right)\theta + \frac{\pi}{4}\right]}{\sqrt{\theta}}
\end{aligned}$$

与式(2.4.78)比较(注意,$\sin\theta \approx \theta$),可得

$$A = \sqrt{2/\pi l}, \quad \alpha = \pi/4$$

与一维情况比较，相应的“de Broglie 波长”为

$$\lambda_0=\frac{\hbar}{p}=\frac{\hbar}{\sqrt{2\mu(E-V(r))}} \tag{2.4.81}$$

式中

$$p=\sqrt{2\mu(E-V(r))} \tag{2.4.82}$$

准经典近似条件

$$\left|\frac{\mathrm{d}\lambda}{\mathrm{d}r}\right|\ll 1 \tag{2.4.83}$$

化为

$$\frac{\mu\hbar}{p^3}\left|\frac{\mathrm{d}V}{\mathrm{d}r}\right|\ll 1 \tag{2.4.84}$$

在此条件下，满足边条件(2.4.67)的径向波函数$\chi_0(r)$的准经典近似式可表示为

$$\chi_0(r)\propto\frac{C}{\sqrt{p}}\sin\int_0^r\frac{p\mathrm{d}r}{\hbar} \tag{2.4.85}$$

对于 $l\neq0$ 情况，$V_l(r)$中还包含有离心势. 在 $r\to0$ 区域中，离心势能远比一般的规则势能 $V(r)$还重要. 此时，粒子总能～离心势能，即$\frac{p^2}{2\mu}\propto\hbar^2 l(l+1)/(2\mu r^2)$，

$$p\propto l\hbar/r,\quad \lambda=\frac{\hbar}{p}\propto\frac{r}{l},\quad \frac{\mathrm{d}\lambda}{\mathrm{d}r}\propto\frac{1}{l}\ll1 \tag{2.4.86}$$

所以要求 $l\gg1$. 当 l 较小时，在 $r\approx0$ 邻域准经典近似失效.

为借助于一维粒子的 WKB 近似波函数来写出径向波函数的准经典近似式，试把离心势写成 $\hbar^2s^2/(2\mu r^2)$的形式，然后根据波函数在 $r\to\infty$ 的渐近行为来确定 s. 为此，先考虑自由粒子[即忽略 $V(r)$的影响]. 此时，WKB 近似波函数为

$$\chi_l(r)=\frac{C}{\sqrt{p}}\sin\left(\int_{r_0}^r\frac{p\mathrm{d}r}{\hbar}+\frac{\pi}{4}\right) \tag{2.4.87}$$

式中

$$p=\sqrt{2\mu(E-\hbar^2s^2/2\mu r^2)} \tag{2.4.88}$$

r_0 为转折点，由 $E=\hbar^2s^2/2\mu r_0^2=p^2/2\mu=\hbar^2k^2/2\mu$ 确定，即 $r_0=s/k$. 当 $r\to\infty$时，积分①

$$\frac{1}{\hbar}\int_{r_0}^r p\mathrm{d}r\to\left(kr-\frac{s\pi}{2}\right)$$

与自由粒子的 l 分波波函数的渐近行为的相位(见卷Ⅰ，13.4 节)相比，可得

---

① $$\frac{1}{\hbar}\int_{r_0}^r p\mathrm{d}r=\int_{r_0}^r\sqrt{k^2-s^2/r^2}\,\mathrm{d}r=\int_{x_0}^x\frac{\sqrt{x^2-s^2}}{x}\mathrm{d}x$$
$$=\left[\sqrt{x^2-s^2}-s\arccos\left(\frac{x}{s}\right)\right]_{x_0}^x\quad(x=kr,x_0=kr_0=s)$$
$$\xrightarrow{x\to\infty}\left(x-\frac{s\pi}{2}\right)$$

$$kr-\frac{s\pi}{2}+\frac{\pi}{4}=\left(kr-\frac{l\pi}{2}\right)$$

因此

$$s=l+1/2 \tag{2.4.89}$$

在此基础上,再把位势 $V(r)$ 的影响考虑进去,可求得径向波函数 $\chi_l(r)$ 的准经典近似表示式

$$\chi_l(r)=\frac{C}{\sqrt{p_r}}\sin\left(\frac{1}{\hbar}\int_{r_0}^{r}p_r\mathrm{d}r+\frac{\pi}{4}\right) \tag{2.4.90}$$

式中 p_r 为“径向动量”,

$$\begin{aligned}p_r&=\sqrt{2\mu\left[E-V(r)-\frac{\hbar^2(l+1/2)^2}{2\mu r^2}\right]}\\ r_0&=(l+1/2)/k,\quad k=\sqrt{2\mu E/\hbar^2}\end{aligned} \tag{2.4.91}$$

例 利用径向波函数的准经典近似表示式(2.4.90),可求出各分波的散射相移 δ_l 的准经典近似值.按式(2.4.90)和(2.4.91),在势场 $V(r)$ 作用下粒子的 l 分波的相位为

$$\int_{r_0}^{r}\mathrm{d}r\sqrt{k^2-\frac{(l+1/2)^2}{r^2}-\frac{2\mu V(r)}{\hbar^2}}+\frac{\pi}{4}$$

而对于自由粒子,则为

$$\int_{r_0}^{r}\mathrm{d}r\sqrt{k^2-\frac{(l+1/2)^2}{r^2}}+\frac{\pi}{4}$$

当 $r\to\infty$ 时,两者之差即 $V(r)$ 作用产生的相移 δ_l.当 $l\gg1$ 时,$r_0=s/k=(l+1/2)/k$ 也很大,而在 $[r_0,\infty]$ 范围中 $V(r)$ 很小,可以做如下展开:

$$\begin{aligned}&\left[k^2-\frac{(l+1/2)^2}{r^2}-\frac{2\mu V(r)}{\hbar^2}\right]^{1/2}\\ &\approx\left[k^2-\frac{(l+1/2)^2}{r^2}\right]^{1/2}\cdot\left\{1-\frac{\mu V(r)}{\hbar^2\left[k^2-\frac{(l+1/2)^2}{r^2}\right]}\right\}\\ &=\sqrt{k^2-\frac{(l+1/2)^2}{r^2}}-\frac{\mu V(r)}{\hbar^2\sqrt{k^2-\frac{(l+1/2)^2}{r^2}}}\end{aligned}$$

因此,在准经典近似下,

$$\delta_l\approx-\frac{\mu}{\hbar^2}\int_{r_0}^{r}\frac{V(r)\mathrm{d}r}{\sqrt{k^2-\frac{(l+1/2)^2}{r^2}}} \tag{2.4.92}$$

*2.4.5 严格的量子化条件

最近,文献①给出了一维势阱 $V(x)$ 中束缚粒子的严格的量子化条件,简述如

① Z. Q. Ma and B. W. Xu, Europhys. Lett. **69**(2005) 685.

下. 按 Schrödinger 方程(2.4.1),即

$$\frac{d^2\psi}{dx^2}=-\frac{2m}{\hbar^2}[E-V(x)]\psi(x) \tag{2.4.93}$$

$V(x)$为连续(图 2.2)或分段连续函数,$x=a$、b 为两个转折点. 令 $\psi(x)$的对数微商为①

$$\phi(x)=\frac{1}{\psi(x)}\frac{d\psi(x)}{dx} \tag{2.4.94}$$

容易证明 $\phi(x)$满足 Ricatti 方程(一阶非线性微分方程)

$$\frac{d\phi(x)}{dx}=-\frac{2m}{\hbar^2}[E-V(x)]-\phi(x)^2 \tag{2.4.95}$$

在经典允许区$[E>V(x)]$,即 $a\leqslant x\leqslant b$,$\phi(x)$随 x 单调下降;随 x 增大而跨过 $\psi(x)$的某一节点时,$\phi(x)$将从$-\infty$跃变为$+\infty$,然后再下降. 令

$$\tan\theta(x)=k(x)/\phi(x),\quad k(x)=\sqrt{2m[E-V(x)]}/\hbar \tag{2.4.96}$$

$$\theta(x)=\arctan[k(x)/\phi(x)]+n\pi$$

式中 $\arctan\beta$ 表示反正切函数的主值,$-\pi/2<\arctan\beta\leqslant\pi/2$,在经典允许区,每当 x 跨过 $\phi(x)$的一个节点,n 增加 1. 由此可得

$$\int_a^b\frac{d\theta(x)}{dx}dx=N\pi-\lim_{x\to a^+}\arctan\frac{k(x)}{\phi(a)}+\lim_{x\to b^-}\arctan\frac{k(x)}{\phi(b)} \tag{2.4.97}$$

N 为 $\phi(x)$的节点数. 如 $V(x)$在转折点 $x=a$ 和 $x=b$ 连续,则上式右侧后两项为 0. 由式(2.4.95)与式(2.4.96)可得,在经典允许区($a\leqslant x\leqslant b$)

$$\frac{d\theta(x)}{dx}=k(x)-\phi(x)\frac{dk(x)}{dx}\cdot\left[\frac{d\phi(x)}{dx}\right]^{-1} \tag{2.4.98}$$

上式积分后,得$[p(x)=\hbar k(x)$为经典粒子动量$]$

$$\int_a^b p(x)dx=N\pi\hbar+\int_a^b\phi(x)\frac{dp(x)}{dx}\cdot\left[\frac{d\phi(x)}{dx}\right]^{-1} \tag{2.4.99}$$

此即得出的严格的量子化条件.

对于三维球对称势 $V(r)$ 中的粒子,令 $\psi(r)=r^{-1}\chi_l(r)Y_l^m(\theta,\varphi)$[见式(2.4.66)],则径向方程为[见式(2.4.67)]

$$\frac{d^2\chi_l(r)}{dr^2}=\left\{-\frac{\partial m}{\hbar^2}[E-V(r)]+\frac{l(l+1)}{r^2}\right\}\chi_l(r) \tag{2.4.100}$$

它与式(2.4.93)相似. 类似可以得出球对称中心势 $V(r)$中的粒子束缚态的严格量子化条件$[p(r)=\hbar k(r)]$

$$\int_{r_a}^{r_b}p(r)dr=N\pi\hbar+\int_{r_a}^{r_b}\phi(r)\frac{dp(r)}{dr}\cdot\left[\frac{d\phi(r)}{dr}\right]^{-1} \tag{2.4.101}$$

式(2.4.99)与式(2.4.101)中,右侧第一项来自波函数的节点的贡献,第二项

---

① $\phi(x)$即超对称量子力学方法中的超势,见 9.4.2 节.

称为量子修正，它不依赖于波函数的节点数．该文指出：对于严格可解体系，利用此严格量子化规则可以计算所有的束缚能级，而基态波函数可以从求解 Ricatti 方程得出．对于一维方势阱（无限深或有限深，对称或不对称）、一维谐振势等，计算所得束缚能级，与用 WKB 近似得出的结果一致．该文中还计算了一些较为复杂的一维势阱的束缚能级，有兴趣的读者可参阅该文．

2.5　Wigner 函数，量子态的测量与制备

在经典力学中，一个粒子的运动状态，用它在每一时刻的坐标和动量，即相空间中的一个点来描述．在量子力学中，由于波动-粒子两象性，一个体系的量子态，用 Hilbert 空间中的一个矢量（方向）来描述，记为右矢 $|\psi\rangle$，而在一个具体的表象中，则用态矢 $|\psi\rangle$ 在各基矢方向的分量来刻画．如选用一个连续表象，则量子态表示成一个波函数（复）．例如，在坐标表象中，量子态 $|\psi\rangle$ 表示成 $\langle \boldsymbol{x}|\psi\rangle=\psi(\boldsymbol{x})$．量子态包含了体系的全部信息．

在量子力学中，单个（individual）粒子（或体系）的量子态是不能观测的，即在原则上不能用实验来测定，但对于在同样实验条件下制备出来的粒子（或体系）所构成的系综（ensemble）而言，量子态的测量则是有意义的[①②]．近年来，量子态测量的实验工作，已取得一些重要进展[③]．现今已进行的测量量子态的实验工作，是测量与波函数或密度矩阵等价的 Wigner 函数[④]，它是定义于相空间中的一个实函数[见式(2.5.1)]，它具有准概率分布函数的性质．但 Wigner 函数并非粒子坐标和动量的联合测量分布，因为这是违反 Heisenberg 的不确定度关系的．特别是 Wigner 函数既可以取正值，也可以取负值，后者正是非经典性质的反映．此外，在量子态的制备以及量子工程（quantum engineering）（或称波函数工程）等领域也取得相当的进展[⑤]．

与量子态 $|\psi\rangle$ 或密度算符 $\rho=|\psi\rangle\langle\psi|$ 相应的 Wigner 函数定义如下：（为表述简单，下面以一维粒子为例．多维粒子或更复杂的体系的 Wigner 函数，也可类似定义）

---

① A. Royer, Foundation of Physics **19**(1989) 3, Measurement of quantum states and the Wigner function.

② G. M. D'Ariano and H. P. Yuen, Phys. Rev. Lett. **76**(1996) 2832, Impossibility of measuring the wave function of a single quantum system.

③ 例如，Ch. Kurtsiefer, T. Pfau & J. Mlynek, Nature **386**(1997) 150, Measurement of the Wigner function of an ensemble of helium atoms.

④ E. Wigner, Phys. Rev. **40**(1932) 749, On the quantum correction for thermodynamic equilibrium.

⑤ 例如，参阅 T. Hey and P. Walters, *The New Quantum Universe*, chap. 9(Cambridge University Press, 2003)；中译文，《新量子世界》，雷奕安译（湖南科学技术出版社，2005）．

$$W(x,p)=\frac{1}{2\pi\hbar}\int_{-\infty}^{+\infty}\psi^*\left(x+\frac{x'}{2}\right)\psi\left(x-\frac{x'}{2}\right)\mathrm{e}^{\mathrm{i}px'/\hbar}\mathrm{d}x'$$

$$=\frac{1}{\pi\hbar}\int_{-\infty}^{+\infty}\langle x-x'|\rho|x+x'\rangle\mathrm{e}^{\mathrm{i}2px'/\hbar}\mathrm{d}x'$$

$$=\frac{1}{\pi\hbar}\int_{-\infty}^{+\infty}\langle x-x'|\psi\rangle\langle\psi|x+x'\rangle\mathrm{e}^{\mathrm{i}2px'/\hbar}\mathrm{d}x$$

$$=\frac{1}{\pi\hbar}\int_{-\infty}^{+\infty}\psi^*(x+x')\psi(x-x')\mathrm{e}^{\mathrm{i}2px'/\hbar}\mathrm{d}x \qquad (2.5.1)$$

$W(x,p)$也可以表示成动量空间的波函数的积分(注 1)

$$W(x,p)=\frac{1}{2\pi\hbar}\int_{-\infty}^{+\infty}\langle p-p'|\rho|p+p'\rangle\mathrm{e}^{-\mathrm{i}2xp'/\hbar}\mathrm{d}p'$$

$$=\frac{1}{\pi\hbar}\int_{-\infty}^{+\infty}\langle p-p'|\psi\rangle\langle\psi|p+p'\rangle\mathrm{e}^{-\mathrm{i}2xp'/\hbar}\mathrm{d}p'$$

$$=\frac{1}{\pi\hbar}\int_{-\infty}^{+\infty}\phi^*(p+p')\phi(p-p')\mathrm{e}^{-\mathrm{i}2xp'/\hbar}\mathrm{d}p'$$

$$=\frac{1}{2\pi\hbar}\int_{-\infty}^{+\infty}\phi^*\left(p+\frac{p'}{2}\right)\phi\left(p-\frac{p'}{2}\right)\mathrm{e}^{-\mathrm{i}xp'/\hbar}\mathrm{d}p' \qquad (2.5.2)$$

式中 $\phi(p-p')=\langle p-p'|\psi\rangle$.

(注 1) 式(2.5.1)作 Fourier 变换,得

$$W(x,p)=\frac{1}{\pi\hbar}\frac{1}{2\pi\hbar}\iiint\mathrm{d}x'\mathrm{d}p'\mathrm{d}p''\mathrm{e}^{-\mathrm{i}(x+x')p'/\hbar}\phi^*(p')\mathrm{e}^{\mathrm{i}(x-x')p''/\hbar}\phi(p'')\mathrm{e}^{\mathrm{i}2px'/\hbar}$$

$$=\frac{1}{\pi\hbar}\iint\mathrm{d}p'\mathrm{d}p''\delta(2p-p'-p'')\mathrm{e}^{-\mathrm{i}(p'-p'')x/\hbar}\phi^*(p')\phi(p'')$$

令 $p'=u+v$, $p''=u-v$,则 $p'+p''=2u$, $p'-p''=2v$, $\left|\frac{\partial(p',p'')}{\partial(u,v)}\right|=2$, $\mathrm{d}p'\mathrm{d}p''=2\mathrm{d}u\mathrm{d}v$,得

$$W(x,p)=\frac{1}{\pi\hbar}\iint\mathrm{d}u\mathrm{d}v\delta(p-u)\mathrm{e}^{-\mathrm{i}2vx/\hbar}\phi^*(u+v)\phi(u-v)$$

$$=\frac{1}{\pi\hbar}\int\mathrm{d}v\mathrm{e}^{-\mathrm{i}2vx/\hbar}\phi^*(p+v)\phi(p-v)$$

把 v 换成 p',即式(2.5.2).

1. Wigner 函数的性质

(1) $W(x,p)$为相空间中的实函数

$$W^*(x,p)=W(x,p) \qquad (2.5.3)$$

在式(2.5.1)中令 $x'=-x''$,即可证明上式.

(2) $W(x,p)$具有准概率分布的含义,即(注 2)

$$\int\mathrm{d}pW(x,p)=\psi^*(x)\psi(x) \qquad (2.5.4)$$

$$\int\mathrm{d}xW(x,p)=\phi^*(p)\phi(p) \qquad (2.5.5)$$

$\psi^*(x)\psi(x)$和$\phi^*(p)\phi(p)$是大家熟知的粒子在坐标空间和动量空间的概率分布密度.

（注 2） 把式(2.5.1)代入式(2.5.4)，利用$\int \mathrm{d}p \mathrm{e}^{\mathrm{i}2x'p/\hbar} = 2\pi\hbar\delta(2x') = \pi\hbar\delta(x')$，得

$$\int W(x,p)\mathrm{d}p = \int \mathrm{d}x'\psi^*(x+x')\psi(x-x')\delta(x') = \psi^*(x)\psi(x)$$

类似可证明式(2.5.5).

(3)对于只与坐标有关的力学量$f(x)$[如势能$V(x)$]的平均值，可用$W(x,p)$计算如下（注 3）

$$\overline{f(x)} = \iint \mathrm{d}x\mathrm{d}pW(x,p)f(x) = \int \psi^*(x)f(x)\psi(x)\mathrm{d}x \qquad (2.5.6)$$

这与直接用坐标表象中的波函数$\psi(x)$来计算$f(x)$的平均值公式一致.

（注 3） 利用式(2.5.1)，

$$\begin{aligned}\overline{f(x)} &= \iint \mathrm{d}x\mathrm{d}pW(x,p)f(x) = \frac{1}{\pi\hbar}\iiint \mathrm{d}x\mathrm{d}p\mathrm{d}x'\psi^*(x+x')\psi(x-x')\mathrm{e}^{\mathrm{i}2px'/\hbar}f(x) \\ &= \iint \mathrm{d}x\mathrm{d}x'\psi^*(x+x')\psi(x-x')\delta(x')f(x) = \int \mathrm{d}x\psi^*(x)f(x)\psi(x)\end{aligned}$$

此即式(2.5.6).类似可以证明式(2.5.7)、(2.5.8).

对于只与动量有关的力学量$g(p)$（如动能$T=p^2/2m$），平均值也可类似计算如下：

$$\begin{aligned}\overline{g(p)} &= \iint \mathrm{d}x\mathrm{d}pW(x,p)g(p) = \int \phi^*(p)g(p)\phi(p)\mathrm{d}p \\ &= \int \psi^*(x)g\left(-\mathrm{i}\hbar\frac{\partial}{\partial x}\right)\psi(x)\mathrm{d}x \qquad (2.5.7)\end{aligned}$$

这与用波函数$\psi(x)$或$\phi(p)$计算$\overline{g(p)}$平均值的公式一致.

不难证明，对于如下形式$f(x)+g(p)$的力学量[例如$H=p^2/2m+V(x)$]，平均值也可计算如下：

$$\begin{aligned}\overline{f(x)+g(p)} &= \iint \mathrm{d}x\mathrm{d}pW(x,p)[f(x)+g(p)] \\ &= \int \psi^*(x)\left[f(x)+g\left(-\mathrm{i}\hbar\frac{\partial}{\partial x}\right)\right]\psi(x)\mathrm{d}x \qquad (2.5.8) \\ &= \int \phi^*(p)\left[f\left(\mathrm{i}\hbar\frac{\partial}{\partial p}\right)+g(p)\right]\phi(p)\mathrm{d}p\end{aligned}$$

(4)一般说来，$W(x,p)$既可取正值，也可取负值，所以不能像经典物理中那样，把$W(x,p)$看成粒子在同一时刻坐标取x、动量取p的概率密度（这种描述是违反不确定度关系的）. 然而可以证明，对于准经典态(quasi-classical state)，$W(x,p)\geqslant 0$.

图 2.6 给出了一维谐振子的较低两个能量本征态的 Wigner 函数. 其中基态波函数(Gauss 波包)相应的 Wigner 函数为（取自然单位$m=\hbar=\omega=1$）

$$W_0(x,p)=\frac{1}{\pi}\mathrm{e}^{-(x^2+p^2)}\geqslant 0 \tag{2.5.9}$$

具有相空间中的旋转不变性.对于激发态,则 $W(x,p)$ 可正可负,呈现明显的非经典特征.还可以看出,$W_0(x,p)$ 在 $x=p=0$ 点出现高峰,$W_1(x,p)$ 则有一峰一谷.

对于最理想的准经典态——谐振子相干态,$W(x,p)$ 图形与 $W_0(x,p)$ 相似,但随时间演化,其高峰位置在相空间做圆周运动.

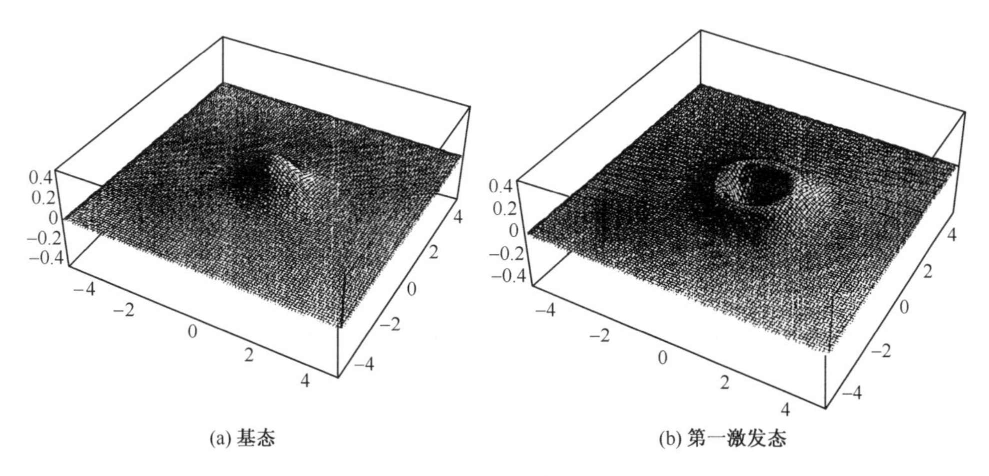

图 2.6　谐振子能量本征态的 Wigner 函数

2. Wigner 函数随时间的演化

利用 Schrödinger 方程

$$\mathrm{i}\hbar\frac{\partial}{\partial t}\psi(x,t)=\left[-\frac{\hbar^2}{2m}\frac{\partial^2}{\partial x^2}+V(x)\right]\psi(x,t) \tag{2.5.10}$$

不难证明,$W(x,p,t)$ 满足(注 4)

$$\begin{aligned}\frac{\partial W}{\partial t}&=-\frac{p}{m}\frac{\partial W}{\partial x}+\frac{\partial V}{\partial x}\frac{\partial W}{\partial p}+\sum_{\lambda(\text{奇})}\left(\frac{\hbar}{2\mathrm{i}}\right)^{\lambda-1}\frac{1}{\lambda!}\left(\frac{\partial^\lambda V}{\partial x^\lambda}\right)\left(\frac{\partial^\lambda W}{\partial p^\lambda}\right)\\&=-\frac{p}{m}\frac{\partial W}{\partial x}+\frac{\partial V}{\partial x}\frac{\partial W}{\partial p}+\left(\frac{\hbar}{2\mathrm{i}}\right)^2\frac{1}{3!}\left(\frac{\partial^3 V}{\partial x^3}\right)\left(\frac{\partial^3 W}{\partial p^3}\right)+\cdots\end{aligned} \tag{2.5.11}$$

当 $O(\hbar^2)$ 项可以忽略(或 $\partial^\lambda V/\partial x^\lambda=0$,对 $\lambda\geqslant 3$)情况

$$\frac{\partial W}{\partial t}=-\frac{p}{m}\frac{\partial W}{\partial x}+\frac{\partial V}{\partial x}\frac{\partial W}{\partial p} \tag{2.5.12}$$

与经典统计物理中 Liouville 定理形式上相同(注 5).

$$\frac{\partial W_{\mathrm{c}}}{\partial t}=-\frac{p}{m}\frac{\partial W_{\mathrm{c}}}{\partial x}+\frac{\partial V}{\partial x}\frac{\partial W_{\mathrm{c}}}{\partial p} \tag{2.5.13}$$

（注 4） 为方便，把 $W(x,p)$ 的定义式(2.5.1)改写成

$$W(x,p)=\frac{1}{\pi\hbar}\int_{-\infty}^{+\infty}\mathrm{d}y\psi^*(x+y)\psi(x-y)\mathrm{e}^{\mathrm{i}2py/\hbar}$$

利用 Schrödinger 方程(为简单起见，波函数中的时间变量 t 未明显写出)，可得出

$$\begin{aligned}\frac{\partial W}{\partial t}&=\frac{1}{\pi\hbar}\int_{-\infty}^{+\infty}\mathrm{d}y\left\{\frac{\mathrm{i}\hbar}{2m}\left[-\frac{\partial^2\psi^*(x+y)}{\partial x^2}\psi(x-y)+\psi^*(x+y)\frac{\partial^2\psi(x-y)}{\partial x^2}\right]\right.\\&\quad\left.+\frac{\mathrm{i}}{\hbar}[V(x+y)-V(x-y)]\psi^*(x+y)\psi(x-y)\right\}\mathrm{e}^{\mathrm{i}2py/\hbar}\\&=\frac{1}{\pi\hbar}\int_{-\infty}^{+\infty}\mathrm{d}y\left\{\frac{\mathrm{i}\hbar}{\partial m}\left[-\frac{\partial^2\psi^*(x+y)}{\partial y^2}\cdot\psi(x-y)+\psi^*(x+y)\frac{\partial^2\psi(x-y)}{\partial y^2}\right]\right.\\&\quad\left.+\frac{\mathrm{i}}{\hbar}[V(x+y)-V(x-y)]\psi^*(x+y)\psi(x-y)\right\}\mathrm{e}^{\mathrm{i}2py/\hbar}\end{aligned}$$

上式中第一项分部积分后，可以化为

$$\begin{aligned}&-\frac{p}{m}\int_{-\infty}^{+\infty}\mathrm{d}y\left\{\psi(x-y)\frac{\partial\psi^*(x+y)}{\partial y}-\psi^*(x+y)\frac{\partial\psi(x-y)}{\partial y}\right\}\mathrm{e}^{\mathrm{i}2py/\hbar}\\&=-\frac{p}{m}\int_{-\infty}^{+\infty}\mathrm{d}y\left\{\psi(x-y)\frac{\partial\psi^*(x+y)}{\partial x}+\psi^*(x+y)\frac{\partial\psi(x-y)}{\partial x}\right\}\mathrm{e}^{\mathrm{i}2py/\hbar}\\&=-\frac{p}{m}\frac{\partial}{\partial x}\int_{-\infty}^{+\infty}\mathrm{d}y\psi^*(x+y)\psi(x-y)\mathrm{e}^{\mathrm{i}2py/\hbar}=-\frac{p}{m}\pi\hbar\frac{\partial}{\partial x}W(x,p)\end{aligned}$$

第二项计算，可利用 $V(x+y)$ 和 $V(x-y)$ 的 Taylor 展开

$$V(x+y)-V(x-y)=2\sum_{\lambda(\text{奇})}\frac{y^\lambda}{\lambda!}\frac{\partial^\lambda V(x)}{\partial x^\lambda}$$

于是第二项化为

$$\begin{aligned}&\frac{2\mathrm{i}}{\hbar}\sum_{\lambda(\text{奇})}\frac{1}{\lambda!}\frac{\partial^\lambda V(x)}{\partial x^\lambda}\frac{1}{\pi\hbar}\int_{-\infty}^{+\infty}\mathrm{d}yy^\lambda\psi^*(x+y)\psi(x-y)\mathrm{e}^{\mathrm{i}2py/\hbar}\\&=\frac{2\mathrm{i}}{\hbar}\sum_{\lambda(\text{奇})}\frac{1}{\lambda!}\frac{\partial^\lambda V(x)}{\partial x^\lambda}\frac{\partial^\lambda}{\partial p^\lambda}\frac{1}{\pi\hbar}\int_{-\infty}^{+\infty}\mathrm{d}y\psi^*(x+y)\psi(x-y)\mathrm{e}^{\mathrm{i}2py/\hbar}\cdot\left(\frac{2\mathrm{i}}{\hbar}\right)^{-\lambda}\\&=\sum_{\lambda(\text{奇})}\left(\frac{\hbar}{2\mathrm{i}}\right)^{\lambda-1}\frac{1}{\lambda!}\frac{\partial^\lambda V(x)}{\partial x^\lambda}\frac{\partial^\lambda}{\partial p^\lambda}W(x,p)\end{aligned}$$

于是式(2.5.11)得证.

（注 5） 按经典正则系综分布

$$W_c(x,p)\propto\mathrm{e}^{-\beta E},\beta=1/kT,E=p^2/2m+V(x)$$

k 为 Boltzmann 常量. 利用 Liouville 定理，$\mathrm{d}W_c/\mathrm{d}t=0$，而

$$\begin{aligned}\frac{\mathrm{d}W_c}{\mathrm{d}t}&=\left(\frac{\partial W_c}{\partial x}\right)\frac{\mathrm{d}x}{\mathrm{d}t}+\left(\frac{\partial W_c}{\partial p}\right)\frac{\mathrm{d}p}{\mathrm{d}t}+\frac{\partial W_c}{\partial t}\\&=v\frac{\partial W_c}{\partial x}-\frac{\partial V}{\partial x}\frac{\partial W_c}{\partial p}+\frac{\partial W_c}{\partial t}\end{aligned}$$

所以

$$\frac{\partial W_c}{\partial t}=-\frac{p}{m}\frac{\partial W_c}{\partial x}+\frac{\partial V}{\partial x}\frac{\partial W_c}{\partial p}$$

式(2.5.13)得证.

*2.6 谐振子的相干态

*2.6.1 Schrödinger 的谐振子相干态

相干态的研究最早要追溯到 Schrödinger 1926 年的工作[①②]. 他发现谐振子存在这样一种状态,它展现出的运动性质与经典谐振子很相似. 在此状态下,谐振子的能量平均值(零点能除外)与经典振子能量相同,而坐标和动量的平均值(即波包中心的位置和动量)随时间的振荡也与经典振子完全相同,并且波包不扩散,坐标与动量的不确定度之积取极小值,$\Delta x\Delta p=\hbar/2$. Schrödinger 最初研究这个问题的意图是想探讨量子力学与经典力学更深刻的联系. 他在给 Planck 的信中[③]提到:他的目的是要找寻局限于空间一个小区域中的不扩散的波包,它在任意长的时间内的运动与经典粒子完全相同. 对于谐振子,这种状态他已找到了,就是后来人们称之为相干态(coherent state)的一种特殊状态. 他还写道:"I believe that it is only a question of computational skill to accompanish the same thing for the electron in the hydrogen atom. The transition from microscopic characteristic oscillations to the macroscopic 'orbit' of classical mechanics will be clearly visible."然而,在类氢原子中可以描述 Kepler 轨道运动的永不扩散的波包,迄今尚未找到. 但近年来,随制备 Rydberg 态(高主量子数 n 的能态)实验工作的突破,这方面的工作已取得可观的进展[④].

在 20 世纪 60 年代,相干态概念被广泛应用于量子光学等领域. Glauber[⑤](首先提出"相干态"这个名词),Klauder 等[⑥]广泛地应用相干态来处理光场的相干性和光子统计学. 在 Dirac 的经典辐射场的量子化理论中,空窖(cavity)中的电磁辐射场往往表示成简正模式(normal modes)的叠加,辐射场被看成无穷多个谐振子组成的体系,而辐射场的状态就用谐振子能量本征态上的光子数填布情况来描述,称为 occupation photon number representation(简称 number representation). 但后来发现这种表象不大适合于描述辐射场的涉及相位和振幅变量的现象,而用相干态来描述却比较方便. 相干态本身是无穷多个光子数本征态的一种特殊的相干叠加,易于展现光子之间的合作行为(cooperative behavior). 尽管相干态已经有如

---

① E. Schrödinger Naturwissenschaften **14**(1926) 664;或 *Collected Papers on Wave Mechanics*, **41** (Chelsea, New York, 1978).

② S. Howard and S. K. Ray, Am. J. Phys. **55**(1987) 1109, Coherent states of a harmonic oscillator.

③ K. Pizibram, *Letters on Wave Mechanics*, ed. London: Vision, 1967, 10.

④ 例如,参阅 M Nauenberg, Stroud C, Yeazell J. *Scientific American*, 1994, p. 24.

⑤ R. Glauber, Phys. Rev. **131**(1963) 2766.

⑥ J. R. Klauder & E. C. G. Sudarsnan, *Fundamentals of Quantum Optics*, New York, Benjamin, 1968.

此广泛的应用，在一般量子力学教材中却较少提到. 系统的介绍往往只能从一些专著①中去找寻. 下面为量子力学的读者给出相干态的初步介绍.

设处于谐振子势 $V(x)=\frac{1}{2}m\omega^2x^2$ 中的粒子的初始时刻($t=0$)状态为

$$\psi(x,0)=\psi_0(x-x_0)=\pi^{-1/4}L^{-1/2}\mathrm{e}^{-(x-x_0)^2/2L^2} \tag{2.6.1}$$

$$L=\sqrt{\hbar/m\omega}\text{(自然长度)}$$

其空间波形与谐振子基态波函数 $\psi_0(x)$ 相同，但波包中心不在谐振势的平衡点($x=0$)，而在 $x=x_0$ 点. 从经典力学观点来看，粒子将围绕平衡点振动. 从量子力学来看，这个态不可能是一个定态(处于定态的粒子，其空间分布概率密度不随时间改变). 事实上，它既不再是基态，也不是任何一个能量本征态，而是无限多个能量本征态按一定的权重的相干叠加，即

$$\psi(x,0)=\sum_{n=0}^{\infty}C_n\psi_n(x) \tag{2.6.2}$$

$\psi_n(x)$ 即 $E_n=(n+1/2)\hbar\omega$ 的能量本征态，

$$\psi_n(x)=N_n\mathrm{e}^{-\xi^2/2}\mathrm{H}_n(\xi),N_n=[L\sqrt{\pi}\cdot 2^n\cdot n!]^{-1/2},\xi=x/L$$

可以证明[注 1]

$$\begin{aligned}C_n&=(\psi_n(x),\psi(x,0))=\xi_0^n\cdot\mathrm{e}^{-\xi_0^2/4}/\sqrt{2^n\cdot n!}\\ \xi_0&=x_0/L\end{aligned} \tag{2.6.3}$$

[注 1] $$C_n=\int_{-\infty}^{+\infty}\psi_n^*(x)\psi(x,0)\mathrm{d}x=\frac{N_n}{\sqrt{L}\pi^{1/4}}\int_{-\infty}^{+\infty}\mathrm{d}\xi\mathrm{e}^{-\xi^2/2}\mathrm{H}_n(\xi)\mathrm{e}^{-(\xi-\xi_0)^2/2}$$

利用 Hermite 多项式的生成函数

$$\mathrm{e}^{-s^2+2s\xi}=\sum_{n=0}^{\infty}\frac{\mathrm{H}_n(\xi)}{n!}s^n$$

可求出

$$\int_{-\infty}^{+\infty}\mathrm{d}\xi\mathrm{e}^{-s^2+2s\xi-(\xi^2-\xi_0\xi+\xi_0^2)/2}=\sum_{n=0}^{\infty}\frac{s^n}{n!}\int_{-\infty}^{+\infty}\mathrm{d}\xi\mathrm{H}_n(\xi)\mathrm{e}^{-(\xi^2-\xi_0\xi+\xi_0^2/2)}$$

上式左边直接积分，容易得出为

$$\begin{aligned}\text{左边}&=\exp[(s+\xi_0/2)^2-s^2-\xi_0^2/2]\cdot\int_{-\infty}^{+\infty}\mathrm{d}\xi\mathrm{e}^{-[\xi-(s+\xi_0)/2]^2}\\&=\sqrt{\pi}\exp[\xi_0s-\xi_0^2/4]=\sqrt{\pi}\mathrm{e}^{-\xi_0^2/4}\sum_{n=0}^{\infty}\frac{(\xi_0s)^n}{n!}\end{aligned}$$

与右边比较，求出积分

$$\int_{-\infty}^{+\infty}\mathrm{d}\xi\mathrm{H}_n(\xi)\mathrm{e}^{-(\xi^2-\xi_0\xi+\xi_0^2/2)}=\sqrt{\pi}\xi_0^n\mathrm{e}^{-\xi_0^2/4}$$

由此，可求出 $$C_n=\xi_0^n\mathrm{e}^{-\xi_0^2/4}/\sqrt{2^n\cdot n!}$$

---

① 例如，J. R. Klauder and B. Skagerstam, *Coherent states*, Singapore, World Scientific, 1985.
M. O. Scully and M. S. Zubairy, *Quantum Qptics*, Cambridge Univ. Press, 1997.
郭光灿，量子光学，北京：高等教育出版社，1990.
范洪义，量子力学表象与变换论，上海：上海科学技术出版社，1997.

按式(2.5.2)、(2.5.3)及 $E_n=(n+1/2)\hbar\omega$,可得出 t 时刻的波函数(注 2)

$$\begin{aligned}\psi(x,t) &= \sum_{n=0}^{\infty} \frac{\mathrm{e}^{-\xi_0^2/4}\xi_0^n}{\sqrt{2^n \cdot n!}} \cdot \psi_n(x)\mathrm{e}^{-(n+1/2)\omega t} \\ &= \frac{1}{[\sqrt{\pi}L]^{1/2}}\exp\Big[-\frac{1}{2}(\xi-\xi_0\cos\omega t)^2 \\ &\quad -\mathrm{i}\Big(\frac{1}{2}\omega t+\xi_0\xi\sin\omega t-\frac{1}{4}\xi_0^2\sin 2\omega t\Big)\Big]\end{aligned} \tag{2.6.4}$$

因此

$$|\psi(x,t)|^2 = \frac{1}{\sqrt{\pi}L}\exp[-(x-x_0\cos\omega t)^2/L^2] \tag{2.6.5}$$

与

$$|\psi(x,0)|^2 = \frac{1}{\sqrt{\pi}L}\exp[-(x-x_0)^2/L^2] \tag{2.6.6}$$

相比,可见 $|\psi(x,t)|^2$ 是一个围绕 $x=0$ 点振荡的 Gauss 波包,且保持波形不变(波包不扩散).波包中心位置在 $x_c=x(t)=x_0\cos\omega t$ 处,与经典振子(初位置在 $x=x_0$ 处)的振动规律完全相同.考虑到谐振子相干态在演化过程中不扩散,保持为与基态相同的 Gauss 波包.而对于基态,已证明 $\Delta x\Delta p=\hbar/2$(最小不确定度关系).因此,对于相干态,此最小不确定度关系将保持不变.所以相干态是一个最理想的准经典态.

[注 2] 更简单的计算方法是用代数方法,即用平移算符 $D(x_0)$ 作用于基态波函数 $\psi_0(x)$ 而得出,

$$\psi_0(x-x_0) = D(x_0)\psi_0(x) = \langle x|D(x_0)|0\rangle \tag{2.6.7}$$

$$D(x_0) = \mathrm{e}^{-\mathrm{i}x_0\hat{p}_x/\hbar}$$

式中 $\hat{p}_x=-\mathrm{i}\hbar\dfrac{\partial}{\partial x}$. $\hat{p}_x$ 可以用谐振子升降算符 a^+ 和 a 表示为

$$\hat{p}_x = \mathrm{i}\sqrt{\frac{m\hbar\omega}{2}}(a^+-a) \tag{2.6.8}$$

于是 $D(x_0)=\mathrm{e}^{\alpha(a^+-a)}$, $\alpha=\sqrt{\dfrac{m\omega}{2\hbar}}x_0=x_0/\sqrt{2}L=\xi_0/\sqrt{2}$(无量纲).利用代数恒等式[见本节附录,式(2.5.67)]

$$\mathrm{e}^{A+B} = \mathrm{e}^A\mathrm{e}^B\mathrm{e}^{-C/2} = \mathrm{e}^B\mathrm{e}^A\mathrm{e}^{C/2}$$

式中 $C=[A,B]$,并假定 $[A,C]=[B,C]=0$.利用 $[a,a^+]=1$,可得

$$\begin{aligned}\mathrm{e}^{\alpha(a^+-a)}|0\rangle &= \mathrm{e}^{-\alpha^2/2}\cdot\mathrm{e}^{\alpha a^+}\cdot\mathrm{e}^{-\alpha a}|0\rangle \\ &= \mathrm{e}^{-\alpha^2/2}\mathrm{e}^{\alpha a^+}|0\rangle \qquad (\text{因 } a|0\rangle=0) \\ &= \mathrm{e}^{-\alpha^2/2}\sum_{n=0}^{\infty}\frac{\alpha^n}{n!}(a^+)^n|0\rangle \\ &= \mathrm{e}^{-\alpha^2/2}\sum_{n=0}^{\infty}\frac{\alpha^n}{\sqrt{n!}}|n\rangle,\ |n\rangle=\frac{(a^+)^n}{\sqrt{n!}}|0\rangle\end{aligned} \tag{2.6.9}$$

所以

$$\langle x \mid D(x_0) \mid 0\rangle = \sum_{n=0}^{\infty} C_n \psi_n(x), \quad C_n = \mathrm{e}^{-\xi_0^2/4} \frac{\xi_0^n}{\sqrt{2^n \cdot n!}}$$

与式(2.5.3)一致.

[注 3] 式(2.6.4)中 $\psi(x,t)$ 可以写成

$$\begin{aligned}\psi(x,t) &= \mathrm{e}^{-\mathrm{i}\omega t/2} \sum_{n=0}^{\infty} \frac{\mathrm{e}^{-\xi_0^2/4}\xi_0^n}{\sqrt{2n \cdot n!}} N_n \cdot \mathrm{e}^{-\xi^2/2} \mathrm{H}_n(\xi) \mathrm{e}^{-\mathrm{i}n\omega t} \\ &= \exp\left(\frac{-\mathrm{i}\omega t}{2} - \frac{\xi^2}{2} - \frac{\xi_0^2}{4}\right) \cdot \frac{\alpha^{1/2}}{\pi^{1/4}} \cdot \sum_{n=0}^{\infty} \frac{1}{n!} \mathrm{H}_n(\xi) \left(\frac{1}{2}\xi_0 \mathrm{e}^{-\mathrm{i}\omega t}\right)^n\end{aligned}$$

而

$$\begin{aligned}\sum_{n=0}^{\infty} \frac{1}{n!} \mathrm{H}_n(\xi) \left(\frac{1}{2}\xi_0 \mathrm{e}^{-\mathrm{i}\omega t}\right)^n &= \exp\left[-\left(\frac{1}{2}\xi_0 \mathrm{e}^{-\mathrm{i}\omega t}\right)^2 + \frac{1}{2}\left(\frac{1}{2}\xi_0 \mathrm{e}^{-\mathrm{i}\omega t}\right)\xi\right] \\ &= \exp\left(-\frac{1}{4}\xi_0^2 \mathrm{e}^{-2\mathrm{i}\omega t} + \mathrm{e}^{-\mathrm{i}\omega t}\xi_0 \xi\right)\end{aligned}$$

所以

$$\begin{aligned}\psi(x,t) &= \frac{1}{\sqrt{L}\pi^{1/4}} \cdot \exp\left[-\frac{\mathrm{i}\omega t}{2} - \frac{\xi^2}{2} - \frac{\xi_0^2}{4}(1 + \mathrm{e}^{2\mathrm{i}\omega t}) + \xi_0 \xi \mathrm{e}^{-\mathrm{i}\omega t}\right] \\ &= \frac{1}{\sqrt{L}\pi^{1/4}} \exp\left[-\frac{\xi^2}{2} - \frac{1}{2}\xi_0^2 \cos^2 \omega t + \xi_0 \xi \cos \omega t - \mathrm{i}\left(\frac{\omega t}{2} + \xi_0 \xi \sin \omega t - \frac{1}{4}\xi_0^2 \sin 2\omega t\right)\right] \\ &= \frac{1}{\sqrt{L}\pi^{1/4}} \exp\left[-\frac{1}{2}(\xi - \xi_0 \cot \omega t)^2 - \mathrm{i}\left(\frac{\omega t}{2} + \xi_0 \xi \sin \omega t - \frac{1}{4}\xi_0^2 \sin 2\omega t\right)\right]\end{aligned}$$

*2.6.2 湮没算符的本征态

按式(2.6.9),谐振子的相干态可以表示成

$$|\alpha\rangle = \mathrm{e}^{\alpha(a^+ - a)} \mid 0\rangle = \mathrm{e}^{-\alpha^2/2} \sum_{n=0}^{\infty} \frac{\alpha^n}{\sqrt{n!}} |n\rangle \tag{2.6.10}$$

可以证明 $|\alpha\rangle$ 是谐振子湮没算符 a 的本征态,本征值为 α,

$$a|\alpha\rangle = \alpha|\alpha\rangle \tag{2.6.11}$$

[证 1]

考虑到谐振子 Hamilton 量 $H=(a^+ a+1/2)\hbar\omega$,显然 $[a,H]\neq 0$,所以 a 的本征态一般不可能是 H 的本征态(基态 $|0\rangle$ 除外),而只能是由许多能量本征态叠加而成的非定态. 再考虑到 $a|n\rangle=\sqrt{n}|n-1\rangle$,可以断定 a 的本征态只能是无限多个能量本征态的叠加. 令

$$|\alpha\rangle = \sum_{n=0}^{\infty} C_n(\alpha) |n\rangle$$

则

$$a|\alpha\rangle = \sum_{n=0} C_n(\alpha) a |n\rangle = \sum_{n=0} C_n(\alpha) \sqrt{n} |n-1\rangle = \alpha|\alpha\rangle = \alpha \sum_{n=0} C_n(\alpha) |n\rangle$$

左乘$\langle m-1|$，得 $C_m\sqrt{m}=\alpha C_{m-1}$，$(m\geqslant 1)$. 由此利用递推关系，可得

$$C_n=\frac{\alpha}{\sqrt{n}}C_{n-1}=\cdots=\frac{\alpha^n}{\sqrt{n!}}\cdot C_0$$

再考虑归一化条件 $\sum_{n=0}|C_n|^2=|C_0|^2\sum_{n=0}\frac{|\alpha|^{2n}}{n!}=|C_0|^2e^{|\alpha|^2}=1$，得 $|C_0|=e^{-|\alpha|^2/2}$，取 C_0 为实，得

$$C_n=\frac{\alpha^n}{\sqrt{n!}}e^{-|\alpha|^2/2}$$

此即式(2.6.10).

［证 2］

利用$[a,a^+]=1$，a 可表示为 $a=\frac{\partial}{\partial a^+}$，因而$[a,e^{\alpha(a^+-a)}]=\alpha e^{\alpha(a^+-a)}$，作用于$|0\rangle$上，注意到 $a|0\rangle=0$，得

$$[a,e^{\alpha(a^+-a)}]|0\rangle=ae^{\alpha(a^+-a)}|0\rangle=\alpha e^{\alpha(a^+-a)}|0\rangle$$

这就是式(2.6.11)，$a|\alpha\rangle=\alpha|\alpha\rangle$.

考虑到 a 并非厄米算符，它的本征值 α 不一定是实数. 因此相干态的表示式(2.6.11)中的 α 可以取复数. 可以看成是原来定义的相干态 $\alpha=x_0/\sqrt{2}L$(实)在复 α 平面上的解析延拓. 这样，我们不妨把式(2.6.11)所示相干态表示成更普遍的形式

$$|\alpha\rangle=e^{\alpha a^+-\alpha^* a}|0\rangle \tag{2.6.12}$$

事实上，利用本节附录中恒等式(2.6.62)，可得

$$\begin{aligned}|\alpha\rangle&=e^{\alpha a^+-\alpha^* a}|0\rangle\\&=e^{-|\alpha|^2}e^{\alpha a^+}e^{-\alpha^* a}|0\rangle\\&=e^{-|\alpha|^2}\cdot e^{\alpha a^+}|0\rangle\end{aligned}$$

不难验证$|\alpha\rangle$是归一化的，因为

$$\langle 0|e^{\alpha^* a}e^{\alpha a^+}|0\rangle=\langle 0|e^{\alpha a^+}e^{\alpha^* a}e^{|\alpha|^2}|0\rangle=e^{|\alpha|^2}$$

练习 1　在谐振子的能量本征态$|n\rangle$下，证明

$$\bar{x}=0,\ \bar{p}=0$$

$$\overline{x^2}=\left(n+\frac{1}{2}\right)\frac{\hbar}{m\omega}=\left(n+\frac{1}{2}\right)L^2$$

$$L=\sqrt{\hbar/m\omega}\text{（长度自然单位）}$$

$$\overline{p^2}=\left(n+\frac{1}{2}\right)m\omega\hbar=\left(n+\frac{1}{2}\right)\hbar^2/L^2$$

$$\Delta x=[\overline{(x-\bar{x})^2}]^{1/2}=\sqrt{n+1/2}L$$

$$\Delta p=[\overline{(p-\bar{p})^2}]^{1/2}=\sqrt{n+1/2}\hbar/L$$

$$\Delta x\cdot\Delta p=(n+1/2)\hbar$$

练习 2　在谐振子相干态 $|\alpha\rangle$ 之下，证明(令 $\hat{N}=a^+a$)

$$\overline{N}=|\alpha|^2, \overline{N^2}=|\alpha|^4+|\alpha|^2$$

$$\Delta N=[\overline{(N-\overline{N})^2}]^{1/2}=|\alpha|, \Delta N/\overline{N}=1/|\alpha|$$

$$\overline{H}=(\overline{N}+1/2)\hbar\omega=(|\alpha|^2+1/2)\hbar\omega=\overline{E}$$

$$\overline{H^2}=(\overline{N^2}+\overline{N}+1/4)\hbar^2\omega^2=(|\alpha|^4+2|\alpha|^2+1/4)\hbar^2\omega^2=\overline{E^2}$$

$$\Delta E=[\overline{E^2}-\overline{E}^2]^{1/2}=|\alpha|\hbar\omega$$

$$\Delta E/\overline{E}=|\alpha|/(|\alpha|^2+1/2)\approx 1/|\alpha|, (|\alpha|\gg 1)$$

随 $|\alpha|$ 增大，$\Delta N/\overline{N}$ 与 $\Delta E/\overline{E}$ 愈小.

练习 3　利用

$$x=\sqrt{\frac{\hbar}{2m\omega}}(a^++a), p=\mathrm{i}\sqrt{\frac{m\omega\hbar}{2}}(a^+-a)$$

$$x^2=\frac{\hbar}{2m\omega}[(a^+)^2+a^2+2a^+a+1]$$

$$p^2=\frac{1}{2}m\omega\hbar[2a^+a-1-a^2-(a^+)^2]$$

证明，在相干态 $|\alpha\rangle$ 下，

$$\overline{x}=\sqrt{\frac{2\hbar}{m\omega}}\mathrm{Re}\alpha, \quad \overline{p}=\sqrt{2m\omega\hbar}\,\mathrm{Im}\alpha$$

$$\overline{x^2}=\frac{\hbar}{2m\omega}[(\alpha^*)^2+\alpha^2+2\alpha^*\alpha+1]=\frac{\hbar}{2m\omega}[1+(\alpha+\alpha^*)^2]$$

$$\overline{p^2}=\frac{1}{2}m\omega\hbar[2\alpha^*\alpha+1-\alpha^2-(\alpha^*)^2]=\frac{1}{2}m\omega\hbar[1-(\alpha-\alpha^*)^2]$$

$$\Delta x=[\overline{x^2}-\overline{x}^2]^{1/2}=\sqrt{\frac{\hbar}{2m\omega}}$$

$$\Delta p=[\overline{p^2}-\overline{p}^2]^{1/2}=\sqrt{m\omega\hbar/2}$$

$$\Delta x\cdot\Delta p=\hbar/2$$

*2.6.3　相干态的一般性质

以下把相干态式(2.6.12)改记为(考虑到 α 可以取复数，把 $\alpha\to z$)

$$|z\rangle=\mathrm{e}^{za^+-z^*a}|0\rangle=D(z)|0\rangle \tag{2.6.13}$$

定义于复 z 平面上，是湮没算符 a 的本征态，

$$a|z\rangle=z|z\rangle$$

$$|z\rangle=\mathrm{e}^{-|z|^2}\sum_{n=0}\frac{z^n}{\sqrt{n!}}|n\rangle \tag{2.6.14}$$

容易证明 $D(z)$ 具有如下性质：

$$D(z)D(z')=D(z+z')\exp[(zz'^*-z^*z')/2] \tag{2.6.15}$$

$$D(-z)=D^{-1}(z)=D^+(z)\quad(\text{即 } D^+(z)D(z)=1) \tag{2.6.16}$$

$$D^{-1}(z)aD(z)=a+z \tag{2.6.17}$$

相干态具有下列性质.

(1)完备性关系

$$\frac{1}{\pi}\int |z\rangle\langle z|\mathrm{d}^2 z = 1 \tag{2.6.18}$$

证明如下：

$$\int |z\rangle\langle z|\mathrm{d}^2 z = \sum_{nm}\frac{|n\rangle\langle m|}{\sqrt{n!m!}}\int z^n z^{*m}\mathrm{e}^{-|z|^2}\mathrm{d}^2 z$$

式中 $\mathrm{d}^2 z = |z|\mathrm{d}|z|\mathrm{d}\varphi$，是复 z 平面上的面积元

$$\begin{aligned}\int |z\rangle\langle z|\mathrm{d}^2 z &= \sum_{n,m}\frac{|n\rangle\langle m|}{\sqrt{n!m!}}\int_0^\infty |z|^{n+m+1}\mathrm{e}^{-|z|^2}\mathrm{d}|z|\int_0^{2\pi}\mathrm{e}^{\mathrm{i}(n-m)\varphi}\mathrm{d}\varphi \\ &= 2\pi\sum_n\frac{|n\rangle\langle n|}{\sqrt{n!}}\int_0^\infty |z|^{2n+1}\mathrm{e}^{-|z|^2}\mathrm{d}|z| \\ &= \pi\sum_n |n\rangle\langle n| = \pi\end{aligned}$$

因此，任一量子态 $|\psi\rangle$ 可以用相干态展开

$$|\psi\rangle = \frac{1}{\pi}\int |z\rangle\langle z|\psi\rangle\mathrm{d}^2 z \tag{2.6.19}$$

此之谓**相干态表象**.

(2)非正交性

利用式(2.5.14)，可得

$$\begin{aligned}\langle z|z'\rangle &= \mathrm{e}^{-(|z|^2+|z'|^2)/2}\sum_{n,m}\frac{z^{*n}z'^m}{\sqrt{n!m!}}\langle n|m\rangle \\ &= \mathrm{e}^{-(|z|^2+|z'|^2)/2}\sum_n\frac{(z^* z')^n}{\sqrt{n!}} \\ &= \mathrm{e}^{-\frac{1}{2}(|z|^2+|z'|^2)+z^* z'}\end{aligned} \tag{2.6.20}$$

因而

$$|\langle z|z'\rangle|^2 = \mathrm{e}^{-(|z|^2+|z'|^2-z^* z'-zz'^*)} = \mathrm{e}^{-|z-z'|^2} \tag{2.6.21}$$

即 $|\langle z|z'\rangle|^2\neq 0$，$|z\rangle$ 与 $|z'\rangle$ 不正交. 只当 $|z-z'|\gg 1$ 时，两个相干态 $|z\rangle$ 与 $|z'\rangle$ 才近似正交.

(3)超完备性

容易证明，$|z\rangle$ 是线性不独立的. 设 m 为任意非零整数，

$$\int z^m |z\rangle\mathrm{d}^2 z = \sum_n\frac{|n\rangle}{\sqrt{n!}}\int_0^\infty |z|^{n+m+1}\mathrm{e}^{-|z|^2/2}\mathrm{d}|z|\int_0^{2\pi}\mathrm{e}^{\mathrm{i}(n+m)\varphi}\mathrm{d}\varphi = 0 \tag{2.6.22}$$

(因对于任意 n 值，对 $|z|$ 的积分总是有界的).

利用式(2.6.18)与式(2.6.20),任何一个相干态$|z'\rangle$都可以展开成

$$|z'\rangle = \frac{1}{\pi}\int |z\rangle\langle z|z'\rangle \mathrm{d}^2 z = \frac{1}{\pi}\int |z\rangle \mathrm{e}^{-|z|^2-|z'|^2+z^* z'}\mathrm{d}^2 z \qquad (2.6.23)$$

所以称相干态$\{|z\rangle\}$(z复)是超完备的. $\{|z\rangle\}$的一个子集就可能构成一组完备基. 例如,$\{|z_0\rangle\}$(z_0实)就构成一组完备基. 又例如,$|z|=r$(固定值),$z=r\mathrm{e}^{\mathrm{i}\varphi}$,$\{|z\rangle\}=\{|r\mathrm{e}^{\mathrm{i}\varphi}\rangle\}$也构成一组完备基. 理由如下:考虑积分($m$为非负整数)

$$\begin{aligned}&\int_0^{2\pi}|z\rangle \mathrm{e}^{-\mathrm{i}m\varphi}\mathrm{d}\varphi \quad (z = r\mathrm{e}^{\mathrm{i}\varphi})\\ &= \mathrm{e}^{-r^2/2}\sum_n \frac{|n\rangle r^n}{\sqrt{n!}}\int_0^{2\pi}\mathrm{e}^{\mathrm{i}(n-m)\varphi}\mathrm{d}\varphi = 2\pi r^m \mathrm{e}^{-r^2/2}|m\rangle/\sqrt{m!}\end{aligned} \qquad (2.6.24)$$

所以

$$|m\rangle = (2\pi)^{-1}r^{-m}\mathrm{e}^{r^2/2}\int_0^{2\pi}|z\rangle \mathrm{e}^{-\mathrm{i}m\varphi}\mathrm{d}\varphi \quad (z = r\mathrm{e}^{\mathrm{i}\varphi}) \qquad (2.6.25)$$

这说明$\{|z\rangle|_{|z|=r}\}$的子集合已足以描述谐振子的所有能量本征态$|m\rangle$(m为非负整数). 而谐振子的任一量子态均可用$\{|m\rangle\}$(m为0及正整数)展开,因而也可以用$\{|z\rangle|_{|z|=r}\}$展开.

作用于谐振子的 Hilbert 空间的任意算符A,也可以在相干态表象中表示如下:

$$A = \frac{1}{\pi^2}\iint |z\rangle\langle z|A|z'\rangle\langle z'|\mathrm{d}^2 z\mathrm{d}^2 z' \qquad (2.6.26)$$

但由于相干态基是超完备的,A的矩阵表示$\langle z|A|z'\rangle$不是惟一的. 利用式(2.5.14),$\langle z|A|z'\rangle$可以用它在能量(声子数)表象中的矩阵元$\langle n|A|n'\rangle$表示出来.

$$\langle z|A|z'\rangle = \mathrm{e}^{-(|z|^2+|z'|^2)/2}\sum_{n,n'}\frac{\langle n|A|n'\rangle}{\sqrt{n!n'!}}z^{*n}z'^{n'} \qquad (2.6.27)$$

利用$\langle n|A|n'\rangle$可以构造一个算符的整函数(entire function)

$$A(z^*,z') = \sum_{n,n'}\sqrt{n!n'!}\langle n|A|n'\rangle\frac{z^{*n}z'^{n'}}{n!n'!} \qquad (2.6.28)$$

因而

$$\langle z|A|z'\rangle = A(z^*,z')\mathrm{e}^{-(|z|^2+|z'|^2)/2} \qquad (2.6.29)$$

所以$A(z^*,z')$可称为算符A的相干态表象,也可称之为$\langle n|A|n'\rangle$的生成函数(generating function).

$A(z^*,z')$可以由它的对角元$A(z^*,z)$导出,这是相干态基是超完备的表现. 理由如下,考虑对角元

$$\begin{aligned}\langle z|A|z\rangle &= A(z^*,z)\mathrm{e}^{-|z|^2}\\ &= \sum_{n,n'}\sqrt{n!n'!}\langle n|A|n'\rangle\frac{z^{*n}z^{n'}}{n!n'!}\mathrm{e}^{-|z|^2}\end{aligned} \qquad (2.6.30)$$

与$\langle z|A|z\rangle$的 Taylor 展开比较,可知

$$\sqrt{n!n'!}\langle n|A|n'\rangle=\left(\frac{\partial}{\partial z^*}\right)^n\left(\frac{\partial}{\partial z}\right)^{n'},\langle z|A|z\rangle e^{|z|^2}\bigg|_{z=0} \tag{2.6.31}$$

即$\langle n|A|n'\rangle$可以由对角元$A(z^*,z)$导出,因而$\langle z|A|z'\rangle$可以由$\langle z|A|z\rangle$导出.

*2.6.4 谐振子的压缩相干态①②

对谐振子的产生和湮没算符做一个幺正变换,定义算符 b 和 b^+,

$$b^+=\lambda a^+ +\nu a \qquad (\lambda,\nu \text{ 为实参数})$$

$$b=\lambda a+\nu a^+$$

$$\lambda^2-\nu^2=1 \tag{2.6.32}$$

不难证明 b 与 b^+ 满足与 a、a^+ 相同的正则对易式

$$[b,b^+]=[a,a^+]=1 \tag{2.6.33}$$

湮没算符 b 的本征态记为$|\beta\rangle$,满足

$$b|\beta\rangle=\beta|\beta\rangle \tag{2.6.34}$$

b 的本征态$|\beta\rangle$,称为压缩相干态(squeezed cohrent state).它具有不同于相干态的一些性质.可以证明,在此本征态下,尽管最小不确定度关系 $\Delta x\Delta p=\hbar/2$ 仍然成立,但(见[注 4])

$$\Delta x=\sqrt{\frac{\hbar}{2m\omega}}|\lambda-\nu|,\quad \Delta p=\sqrt{\frac{m\omega\hbar}{2}}|\lambda+\nu| \tag{2.6.35}$$

依赖于参数 λ 和 ν(其中只有一个独立)的取值.这与相干态下 $\Delta x=\sqrt{\hbar/2m\omega}$,$\Delta p=\sqrt{m\omega\hbar/2}$取固定值不同.因此可以调剂参数 λ 和 ν($\lambda^2-\nu^2=1$)的值,使 Δx 或 Δp 变得很小(相应 Δp 或 Δx 变大).这在量子光学和光通信中有重要应用.

[注 4] 采用谐振子自然单位($\hbar=m=\omega=1$)

$$x=\frac{1}{\sqrt{2}}(a^+ +a),\quad p=\frac{\mathrm{i}}{\sqrt{2}}(a^+ -a) \tag{2.6.36}$$

利用变换式(2.6.32)之逆表示式

$$a^+=\lambda b^+ -\nu b,\quad a=\lambda b-\nu b^+ \tag{2.6.37}$$

可得

$$x=\frac{1}{\sqrt{2}}(\lambda-\nu)(b^+ +b)$$

$$p=\frac{\mathrm{i}}{\sqrt{2}}(\lambda+\nu)(b^+ -b)$$

---

① R. Munoz-Tapia, Am. J. Phys. **61**(1993) 1005, Quantum mechanical squeezed state.

② R. W. Henry and S. C. Glotzer, Am. J. Phys. **56**(1988) 318, A squeezed-state primer.

$$x^2 = \frac{1}{2}(\lambda-\nu)^2(b^{+2}+b^2+2b^+b+1)$$

$$p^2 = -\frac{1}{2}(\lambda+\nu)^2(b^{+2}+b^2-2b^+b-1) \tag{2.6.38}$$

从而可求出它们在$|\beta\rangle$态下)的平均值

$$\begin{aligned}
\bar{x} &= \frac{1}{\sqrt{2}}(\lambda-\nu)(\beta^*+\beta) \\
\bar{p} &= \frac{\mathrm{i}}{\sqrt{2}}(\lambda+\nu)(\beta^*-\beta) \\
\overline{x^2} &= \frac{1}{2}(\lambda-\nu)^2(\beta^{*2}+\beta^2+2\beta^*\beta+1) \\
&= \frac{1}{2}(\lambda-\nu)^2[1+(\beta+\beta^*)^2] \\
\overline{p^2} &= \frac{1}{2}(\lambda+\nu)^2[1-(\beta^*+\beta)^2]
\end{aligned} \tag{2.6.39}$$

所以

$$\Delta x = (\overline{x^2}-\bar{x}^2)^{1/2} = |\lambda-\nu|/\sqrt{2} \tag{2.6.40}$$

$$\Delta p = (\overline{p^2}-\bar{p}^2)^{1/2} = |\lambda+\nu|/\sqrt{2} \tag{2.6.41}$$

添上自然单位,即得式(2.6.35).

压缩相干态还可以推广到λ和ν为复数的情况,算符b和b^+定义为

$$\begin{aligned}
b &= \lambda a+\nu a^+ \\
b^+ &= \lambda^* a^+ + \nu^* a,\ |\lambda|^2-|\nu|^2=1
\end{aligned} \tag{2.6.42}$$

显然$[b,b^+]=(|\lambda|^2-|\nu|^2)[a,a^+]=[a,a^+]=1$.压缩相干态自然定义为湮没算符$b$的本征态(参阅式(2.6.34))

$$b|\beta\rangle = \beta|\beta\rangle \tag{2.6.43}$$

类似于谐振子的声子湮没和产生算符的定义(自然单位)

$$a = \frac{1}{\sqrt{2}}(x+\mathrm{i}p),\quad a^+ = \frac{1}{\sqrt{2}}(x-\mathrm{i}p) \tag{2.6.44}$$

及其逆变换

$$x = \frac{1}{\sqrt{2}}(a^+ + a),\quad p = \frac{\mathrm{i}}{\sqrt{2}}(a^+ - a) \tag{2.6.45}$$

不妨令

$$b = \frac{1}{\sqrt{2}}(X+\mathrm{i}P),\quad b^+ = \frac{1}{\sqrt{2}}(X-\mathrm{i}P) \tag{2.6.46}$$

其逆变换为

$$X = \frac{1}{\sqrt{2}}(b^+ + b),\quad P = \frac{\mathrm{i}}{\sqrt{2}}(b^+ - b) \tag{2.6.47}$$

用式(2.6.42)代入式(2.6.47),得出$(x,p)\to(X,P)$的正则变换关系

$$
\begin{aligned}
X &= (\lambda_1 + \nu_1)x - (\lambda_2 - \nu_2)p \\
P &= (\lambda_2 + \nu_2)x + (\lambda_1 - \nu_1)p
\end{aligned} \tag{2.6.48}
$$

式中 $\lambda_1 = \mathrm{Re}\lambda$， $\lambda_2 = \mathrm{Im}\lambda$， $\nu_1 = \mathrm{Re}\nu$， $\nu_2 = \mathrm{Im}\nu$.

*2.6.5 谐振子相干态与 Schrödinger 猫态的 Wigner 函数

利用（自然单位 $\hbar = \omega = m = 1$）

$$
a = (x + \mathrm{i}p)/\sqrt{2}, \quad a^+ = (x - \mathrm{i}p)/\sqrt{2} \tag{2.6.49}
$$

相干态 $|\alpha\rangle$ 可以表示成

$$
\begin{aligned}
|\alpha\rangle &= \mathrm{e}^{-|\alpha|^2/2}\mathrm{e}^{\alpha a^+}\,|0\rangle = \mathrm{e}^{-|\alpha|^2/2}\mathrm{e}^{\alpha(x-\mathrm{i}p)/\sqrt{2}}\,|0\rangle \\
&= \mathrm{e}^{-|\alpha|^2/2-\alpha^2/4}\mathrm{e}^{\alpha x/\sqrt{2}}\mathrm{e}^{-\mathrm{i}\alpha p/\sqrt{2}}\,|0\rangle
\end{aligned} \tag{2.6.50}
$$

用式(2.6.1)（取自然单位. $L=1$），有 $\langle (x-x')\,|\,0\rangle = \pi^{-1/4}\exp[-(x-x')^2/2]$，可求得

$$
\langle x - x'\,|\alpha\rangle = \frac{1}{\pi^{1/4}}\exp\left[-\frac{|\alpha|^2}{2} - \frac{\alpha^2}{2} - \frac{1}{2}(x-x')^2 + \sqrt{2}\alpha(x-x')\right]
$$

$$
\langle \alpha\,|x + x'\rangle = \frac{1}{\pi^{1/4}}\exp\left[-\frac{|\alpha|^2}{2} - \frac{\alpha^{*2}}{2} - \frac{1}{2}(x+x')^2 - \sqrt{2}\alpha^*(x+x')\right]
$$

由此可以计算出相干态相应的 Wigner 函数

$$
\begin{aligned}
W_\alpha(x,p) &= \frac{1}{\pi}\int \mathrm{d}x'\,\mathrm{e}^{2\mathrm{i}px'}\langle x - x'\,|\alpha\rangle\langle\alpha\,|x + x'\rangle \\
&= \frac{1}{\pi}\exp\left[-\left(x - \frac{\alpha+\alpha^*}{\sqrt{2}}\right)^2 - \left(p - \frac{\alpha-\alpha^*}{\mathrm{i}\sqrt{2}}\right)^2\right] \\
&= \frac{1}{\pi}\exp[-(x - \sqrt{2}\mathrm{Re}\alpha)^2 - (p - \sqrt{2}\mathrm{Im}\alpha)^2]
\end{aligned} \tag{2.6.51}
$$

一个具体的 Wigner 函数图形，$\alpha = (1+\mathrm{i})/\sqrt{2}$，绘于图 2.7 中.

相干态 $\langle x\,|\alpha\rangle$ 是一个不扩散的 Gauss 波包，波包中心 $x_c(t) = x_0\cos\omega t$ （$x_0 = \sqrt{2}\alpha$），围绕平衡点($x=0$)振荡，角频率为 ω. 相应的 Wigner 函数在相空间中的形状是一个二维 Gauss 波包，中心位置在($\sqrt{2}\mathrm{Re}\alpha(t)$，$\sqrt{2}\mathrm{Im}\alpha(t)$)，即($\mathrm{Re}x_c(t)$，$\mathrm{Im}x_C(t)$). 这里 $x_C(t) = x_0\mathrm{e}^{\mathrm{i}\omega t}$. 令 $a(t) = \sqrt{2}\mathrm{Re}\alpha(t) = x_0\cos\omega t$，$b(t) = \sqrt{2}\mathrm{Im}\alpha(t) = x_0\sin\omega t$. 可以看出

$$
a^2(t) + b^2(t) = x_0^2 \tag{2.6.52}
$$

是相空间中一个圆轨道（自然单位），而

$$
W_\alpha(x,p,t) = \frac{1}{\pi}\exp[-(x - a(t))^2 - (p - b(t))^2] \tag{2.6.53}
$$

不难验证，$W_\alpha(x,p,t)$ 满足与经典 Liouville 方程相同形式的方程（见 1.4 节）

$$
\frac{\partial W}{\partial t} = -p\frac{\partial W}{\partial x} + \frac{\partial V}{\partial x}\frac{\partial W}{\partial p} \tag{2.6.54}
$$

这与谐振子势 $\partial^3 V/\partial x^3 = 0$ 有关.

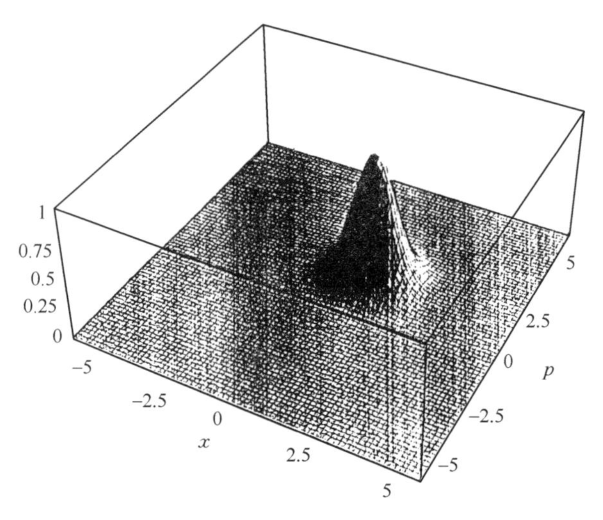

$W\alpha(x,p);\alpha=1/\sqrt{2}+\mathrm{i}1/\sqrt{2}$

图 2.7

附录　一些常用的代数式

[**1°**] 设$[A,B]=C$,则

$$[A,B^n]=nCB^{n-1} \tag{2.6.55}$$

证

$$[A,B^n]=[A,B]B^{n-1}+B[A,B^{n-1}]=CB^{n-1}+B[A,B^{n-1}] \tag{a}$$

把 $n\to n-1$,则有

$$[A,B^{n-1}]=CB^{n-2}+B[A,B^{n-2}]$$

代入式(a)右端,得

$$[A,B^n]=2CB^{n-1}+B^2[A,B^{n-2}]=\cdots=n\,CB^{n-1}$$

推论　设 $f(\mathrm{B})$可展开成 B 的幂级数,则

$$[A,f(B)]=C\frac{\mathrm{d}f}{\mathrm{d}B} \tag{2.6.56}$$

特例,

(1) $[A,\mathrm{e}^{\lambda B}]=\lambda C\mathrm{e}^{\lambda B}$　(2.6.57)

(2) 利用 Bose 子产生与湮没算符对易式$[a,a^\dagger]=1$,可得

$$[a,f(a,a^\dagger)]=\frac{\partial f}{\partial a^\dagger}$$
$$[a^\dagger,f(a,a^\dagger)]=-\frac{\partial f}{\partial a} \tag{2.6.58}$$

(3) $[a,\mathrm{e}^{\lambda a^\dagger-\lambda^* a}]=\lambda\mathrm{e}^{\lambda a^\dagger-\lambda^* a}$　(2.6.59)

所以

$$a\mathrm{e}^{\lambda a^\dagger-\lambda^* a}|0\rangle=\lambda\mathrm{e}^{\lambda a^\dagger-\lambda^* a}|0\rangle$$

令

$$|\lambda\rangle = e^{\lambda a^{\dagger} - \lambda^{*} a} |0\rangle \tag{2.6.60}$$

则

$$a|\lambda\rangle = \lambda|\lambda\rangle$$

即 $|\lambda\rangle = e^{\lambda a^{\dagger} - \lambda^{*} a}|0\rangle$是湮没算符 a 的本征态,本征值为 λ,一般为复数,$|\lambda\rangle$即相干态.

(4) 令 $N = a^{\dagger}a$,利用$[a, a^{\dagger}] = 1$.容易证明

$$[N, a^{\dagger}] = a^{\dagger}, \quad [N, a] = -a$$

利用式(2.6.59),可得

$$[N, a^{m}] = -ma^{m}, \quad [N, a^{\dagger m}] = ma^{\dagger m}$$

即

$$Na^{m} = a^{m}N - ma^{m}, \quad Na^{\dagger m} = a^{\dagger m}N + ma^{\dagger m}$$

由此可以证明

$$\begin{aligned} a^{\dagger m}a^{m} &= N(N-1)\cdots(N-m+1) \\ a^{m}a^{\dagger m} &= (N+1)(N+2)\cdots(N+m) \end{aligned} \tag{2.6.61}$$

理由如下:

$$\begin{aligned} a^{\dagger m}a^{m} &= a^{\dagger m-1}Na^{m-1} = [Na^{\dagger m-1} - (m-1)a^{\dagger m-1}]a^{m-1} \\ &= Na^{\dagger m-1}a^{m-1} - (m-1)a^{\dagger m-1}a^{m-1} \\ &= (N-m+1)a^{\dagger m-1}a^{m-1} \\ &= (N-m+1)(N-m+2)a^{\dagger m-2}a^{m-2} \\ &= \cdots = (N-m+1)(N-m+2)\cdots(N-1)N \end{aligned}$$

[**2°**] 设$[A, B] = C$,而且$[C, A] = 0$,$[C, B] = 0$,则

$$e^{A+B} = e^{A}e^{B}e^{-C/2} = e^{B}e^{A}e^{C/2} \tag{2.6.62}$$

证 令

$$f(\lambda) = e^{\lambda A}e^{\lambda B} \quad (\lambda \text{ 参数})$$

显然 $f(0) = 1$,$f(1) = e^{A} \cdot e^{B}$.不难求出

$$\frac{df}{d\lambda} = e^{\lambda A}(A+B)e^{\lambda B}$$

按式(2.6.57),有 $Ae^{\lambda B} = e^{\lambda B}(A + \lambda C)$,因而

$$\frac{df}{d\lambda} = e^{\lambda A} \cdot e^{\lambda B}(A + B + \lambda C) = f(\lambda)(A + B + \lambda C)$$

$$df/f = (A + B + \lambda C)d\lambda$$

对 λ 积分,考虑到 C 与 A 和 B 对易,得

$$\ln f(\lambda) - \ln f(0) = (A+B)\lambda + \frac{1}{2}C\lambda^{2}$$

所以

$$f(\lambda) = f(0)e^{(A+B)\lambda + \frac{1}{2}C\lambda^{2}} = e^{(A+B)\lambda + \frac{1}{2}C\lambda^{2}}$$

右乘 $e^{-\frac{1}{2}C\lambda^{2}}$,得

$$e^{\lambda(A+B)} = e^{\lambda A}e^{\lambda B}e^{-\frac{1}{2}\lambda^{2}C}$$

让 $B\leftrightarrow A$(互换),则有

$$e^{\lambda(A+B)} = e^{\lambda B} e^{\lambda A} e^{\frac{1}{2}\lambda^2 C}$$

令 $\lambda=1$,即得式(2.6.62).

特例

(1) $e^{\lambda a^\dagger - \lambda^* a} = e^{\lambda a^\dagger} e^{-\lambda^* a} e^{-|\lambda|^2/2}$ (2.6.63)

(2) $e^{A+B} = e^A e^B e^{-[A,B]/2} = e^B e^A e^{-[B,A]/2} = e^B e^A e^{[A,B]/2}$,所以

$$e^A e^B = e^B e^A e^{[A,B]} \tag{2.6.64}$$

[3°] $$e^A B e^{-A} = B + [A,B] + \frac{1}{2!}[A,[A,B]] + \frac{1}{3!}[A,[A,[A,B]]] + \cdots \tag{2.6.65}$$

证

令 $f(\lambda) = e^{\lambda A} B e^{-\lambda A}$ 显然 $f(0)=B$,$f(1)=e^A B e^{-A}$. 对 λ 求导

$$\frac{df}{d\lambda} = e^{\lambda A}(AB - BA)e^{-\lambda A} = e^{\lambda A}[A,B]e^{-\lambda A}$$

$$\frac{d^2 f}{d\lambda^2} = e^{\lambda A}(A[A,B] - [A,B]A)e^{-\lambda A} = e^{\lambda A}[A,[A,B]]e^{-\lambda A} \tag{2.6.66}$$

……

利用 Taylor 展开,

$$f(1) = f(0) + \sum_{n=1}^{\infty} \frac{1}{n!}\left(\frac{d^n f}{d\lambda^n}\right)_{\lambda=0} = B + [A,B] + \frac{1}{2!}[A,[A,B]] + \cdots$$

此即式(2.6.65).

推论

$$e^{\lambda A} B^n e^{-\lambda A} = (e^{\lambda A} B e^{-\lambda A})^n \tag{2.6.67}$$

$$e^{\lambda A} f(B) e^{-\lambda A} = f(e^{\lambda A} B e^{-\lambda A}) \tag{2.6.68}$$

特例

$$e^{\lambda a} a^\dagger e^{-\lambda a} = a^\dagger + \lambda, e^{\lambda a^\dagger} a e^{-\lambda a^\dagger} = a - \lambda \tag{2.6.69}$$

$$e^{\lambda a} f(a, a^\dagger) e^{-\lambda a} = f(a, a^\dagger + \lambda) \tag{2.6.70}$$

$$e^{\lambda a^\dagger} f(a, a^\dagger) e^{-\lambda a^\dagger} = f(a - \lambda, a^\dagger) \tag{2.6.71}$$

令

$$D(\lambda) = e^{\lambda a^\dagger - \lambda^* a} = e^{\lambda a^\dagger} e^{-\lambda^* a} e^{-|\lambda|^2/2} \tag{2.6.72}$$

则

$$D(\lambda)D(\mu) = e^{\lambda a^\dagger} e^{-\lambda^* a} \cdot e^{\mu a^\dagger} e^{-\mu^* a} e^{-(|\lambda|^2 + |\mu|^2)/2} = e^{(\lambda+\mu)a^\dagger} e^{-(\lambda^* + \mu^*)a} e^{-(|\lambda|^2 + |\mu|^2)/2}$$

$$D(\lambda + \mu) = e^{(\lambda+\mu)a^\dagger} e^{-(\lambda^* + \mu^*)a} e^{-(|\lambda+\mu|^2)/2}$$

所以

$$D(\lambda)D(\mu) = D(\lambda + \mu) e^{\frac{1}{2}(\lambda\mu^* + \lambda^*\mu)} \tag{2.6.73}$$

利用 $D(0)=1$,可得 $D(\lambda)D(-\lambda)=1$,即 $D(\lambda)^{-1}=D(-\lambda)$. 定义为 $D^\dagger(\lambda)$

$$D^\dagger(\lambda) = D(-\lambda) = e^{-\lambda a^\dagger + \lambda^* a} \tag{2.6.74}$$

容易验证 $D^\dagger(\lambda)D(\lambda)=1$. 因此,令 $|\lambda\rangle = D(\lambda)|0\rangle$,则

$$D^\dagger(\lambda)|\lambda\rangle = |0\rangle$$

$$D^\dagger(\lambda) a D(\lambda) = a + \lambda \tag{2.6.75}$$

$$D^{\dagger}(\lambda)a^{\dagger}D(\lambda) = a^{\dagger} + \lambda^{*} \tag{2.6.76}$$

$$D^{\dagger}(\lambda)f(a,a^{\dagger})D(\lambda) = f(a+\lambda, a^{\dagger}+\lambda^{*}) \tag{2.6.77}$$

*2.7 Rydberg 波包,波形的演化与恢复

按照 Bohr 的对应原理,在大量子数极限下,量子体系的行为将渐近地趋于与经典力学体系相同.原子或分子中的量子数很大的束缚态(如氢原子中主量子数 $n>100$ 的态),常称为 Rydberg 态.对于其他体系中的大量子数的束缚态,习惯上也称为 Rydberg 态.以氢原子为例,处于能量(角动量)本征态 ψ_{nlm} 上的电子,径向坐标 r 的平均值为

$$\bar{r} = \frac{1}{2}[3n^2 - l(l+1)]a \tag{2.7.1}$$

$a=\hbar^2/m_e e^2=5.29\times10^{-2}\text{nm}\sim1/20\text{nm}$,$a$ 为 Bohr 半径.对于"圆轨道"($n_r=0$,$l=n-1$,径向波函数无节点),$\bar{r}=\left(n^2+\frac{n}{2}\right)a\approx n^2a$,($n\gg1$).对于 $n\geqslant100$ 的 Rydberg 态,$\bar{r}\gtrsim10^4a\sim0.5\mu\text{m}$.已经接近于宏观线度.此外,Rydberg 能级一般较窄,因而寿命较长,处于 Rydberg 态的原子(称为 Rydberg 原子)具有一定的稳定性.因此,Rydberg 态适合用来研究微观世界和宏观世界的联系,或者量子力学与经典力学的关系.

应该注意,处于定态下的量子体系,在空间概率分布是不随时间变化的.所以与经典粒子的轨道运动对应的量子态,绝不是一个简单的定态,而只能是由若干定态的相干叠加所构成的非定态.为了摹拟经典粒子的轨道运动,它们应该是一个在空间运动的较窄的局域波包(localized wave-packet).由许多 Rydberg 态相干叠加形成的波包,称为 Rydberg 波包.我们还注意到,波包一般是要扩散的.这在 Ehrenfest 定理(卷Ⅰ,5.2 节)中已讨论过了.上节讨论的谐振子的相干态,是一种最理想的接近于经典谐振子的波包,是由无穷多个定态按一定的权重(Poisson 分布)相干叠加所形成的一个不扩散的波包,具有最小的不确定度($\Delta x\Delta p=\hbar/2$),波包中心的运动规律与经典谐振子完全相同.Schrödinger 曾经企图从理论上找寻氢原子中的电子沿经典 Kepler 椭圆轨道运动的不扩散的波包,但始终未能成功.

近年来,由于短脉冲激光技术的进展①,已可能在实验室中制备和检测各种体

---

① 特别是可调染料激光技术的进展,可提供高强度并在很宽波段内连续可调的单色光,利用它可以把原子激发到各 Rydberg 态上去,使在实验上研究 Rydberg 态成为可能.染料激光是从有机染料(液态或固态)发出的激光.它的可调谐性质是由于有机分子的基态和第一激发态各振动子能级间存在很多可能的跃迁.有一些染料可以在几乎连续的几百 Å 的波段内发出荧光.应用时,可根据需要,选用某一波长的单色光.

系(原子、分子、半导体量子阱等)中电子的由许多定态相干叠加所形成的局域波包[①]. 这种波包的演化和动力学,是目前物理和化学很多领域都很感兴趣的课题. 例如,用短脉冲激光照射处于基态的原子,电子会从基态激发到量子数 n 很大的一系列相邻的能级上去,形成 Rydberg 波包. n 集中在其平均值 $\bar{n}$ 附近,有一个宽度 σ, $\bar{n}$ 取决于脉冲激光的平均频率,而 σ 则与激光脉冲持续的时间 τ 成反比,$\sigma \propto 1/\tau$(按不确定度关系,$\tau\Delta E \sim \hbar/2$,即 $\tau\Delta\omega \sim 1/2$,$\sigma \sim \Delta\omega$ 即脉冲角频率的宽度).

以下假定局域波包的成分(包各种定态 n 的成分)是 Gauss 分布(这只是为了计算方便,并不影响下面得出的定性结论). 即

$$|C_n|^2 = \frac{1}{\sqrt{2\pi\sigma^2}} e^{-(n-\bar{n})^2/2\sigma^2} \tag{2.7.2}$$

$1/\sqrt{2\pi\sigma^2}$ 是归一化因子$\left(\sum_{n=1}^{\infty} |C_n|^2 = 1\right)$. 考虑到 n 局限在 $\bar{n}$ 附近,不妨把定态能量 E_n 做 Taylor 展开

$$E_n = E_{\bar{n}} + (n-\bar{n})E'_{\bar{n}} + \frac{1}{2!}(n-\bar{n})^2 E''_{\bar{n}} + \frac{1}{3!}(n-\bar{n})^3 E'''_{\bar{n}} + \cdots \tag{2.7.3}$$

定义如下几个时间尺度(取 $\hbar=1$)

$$T_{\text{cl}} = 2\pi/|E'_{\bar{n}}|, \quad T_{\text{rev}} = 2\pi/\frac{1}{2}|E''_{\bar{n}}|, \quad T_{\text{sr}} = 2\pi/\frac{1}{3!}|E'''_{\bar{n}}| \tag{2.7.4}$$

对于通常感兴趣的一些体系,往往 $T_{\text{cl}} \ll T_{\text{rev}} \ll T_{\text{sr}}$. 这样,时刻 t 的波函数可表示成(保留较低幂次项)

$$\psi(r,t) = \sum_n C_n \psi_n(r) \exp\left\{-2\pi i\left[\frac{(n-\bar{n})t}{T_{\text{cl}}} + \frac{(n-\bar{n})^2 t}{T_{\text{rev}}} + \frac{(n-\bar{n})^3 t}{T_{\text{sr}}}\right]\right\} \tag{2.7.5}$$

T_{cl} 称为经典周期. 在 Rydberg 波包形成后的短时间内(约几个周期),波包能够近似保持为周期运动(周期 T_{cl}). 随时间的流逝,组成波包的各定态的相位差将导致波包坍塌(collapse). 但经历一段时间后,波包形状还可能恢复或部分恢复. T_{rev} 称为恢复(revival)时间,而 T_{sr} 称为超恢复(superrevival)时间. 这几个特征时间的长短依赖于能级 E_n 随量子数 n 的变化规律以及波包的构成. 以下以几个常见体系来说明.

谐振子

能级 $E_n = (n+1/2)$, $n=1,2,\cdots$(取自然单位 $\hbar = m = \omega = 1$). 所以 $E'_n = 1$, $E''_n = E'''_n = \cdots = 0$,因而 $T_{\text{cl}} = 2\pi$(单位,ω^{-1}),即经典自然振荡频率,$T_{\text{rev}} = \infty$, $T_{\text{sr}} = \infty$.

---

① 例如,参阅 R. Bluhm, A. Kostelecky and J. A. Porter, Am. J. Phys. **64**(1996) 944, The evolution and revival structure of localized quantum wave packets.

谐振子的局域波包的演化图像特别简单，它总是以自然周期 $2\pi/\omega$ 演化，即经过一周期 $2\pi/\omega$ 后，波包将完全恢复原状，见图 2.8. 这种简单的演化规律是均匀能谱分布的后果，而更深层次的根源是谐振子在相空间中(采用自然单位)的旋转不变性[①]，$H=\frac{1}{2}(x^2+p^2)$. 我们注意到图 2.8 所示 Rydberg 波包的构成，$|C_n|^2$ 呈 Gauss 分布($\bar{n}=15,\sigma=1.5$). 波形是不断变化的，尽管在经历一个周期 T_{cl} 之后，波形将完全复原，它与相干态 $|\alpha\rangle$ 不同(见上节)，后者是由无限多个定态相干叠加而成，而且

$$|C_n|^2 = \mathrm{e}^{-\alpha^2/2} \cdot \alpha^{2n}/n! \tag{2.7.6}$$

是 Poisson 分布. 相干态波包的波形始终保持不变，比 Rydberg 波包的演化规律更为简单.

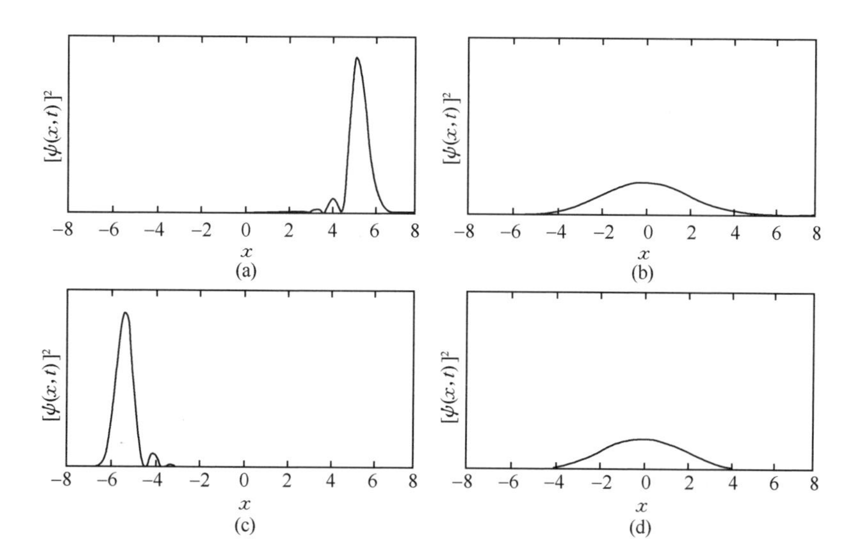

图 2.8　谐振子波包 $|\psi(x,t)|^2$(未归一化)的演化图像

$\bar{n}=15,\sigma=1.5$，横坐标 x 采用自然单位($\alpha^{-1}=\sqrt{\hbar/m\omega}$)，

波包演化周期 $\tau=T_{\text{cl}}=2\pi/\omega$.

(a)$t=0$；(b)$t=T_{\text{cl}}/4$；(c)$t=T_{\text{cl}}/2$；(d)$t=\frac{3}{4}T_{\text{cl}}$

除了谐振子之外的其他体系，由于能级分布不均匀，局域波包的各叠加态的相位随时间演化的频率并无简单的比例关系，波形的变化就比较复杂. 一般说来，只在较短时间内($t\sim$几个 T_{cl})，波包近似作周期演化. 当时间稍长，各叠加态的相消

---

① A. Royer, Am. J. Phys. **64**(1996) 1393, Why are the energy levels of the quantum harmonic oscillator equally spaced?

(destructive)干涉，会导致波包坍塌. 但时间更长后，波形又可能恢复，或部分恢复. 无限深方势阱和平面转子是其中较为简单的例子.

无限深方势阱

无限深方势阱中粒子能级 $E_n = n^2\pi^2/2, n=1,2,3,\cdots$[取自然单位 $\hbar = m = a$ (势阱宽度)$=1$]. 所以 $T_{\text{cl}} = 2\pi/\bar{n}, T_{\text{rev}} = 4/\pi = 2\bar{n}T_{\text{cl}}, T_{\text{sr}} = \infty$. 图 2.10 给出了 Rydberg 波包($\bar{n}=15, \sigma=1.5$)的演化图像，$T_{\text{rev}} = 30T_{\text{cl}}$. 可以看出，经历一个 T_{cl} 后，波包形状大致恢复原状，但未完全恢复. 这与谐振子 Rydberg 波包不尽相同，后者在经历一个 T_{cl} 后，波形完全复原(比较图 2.8 与 2.9). 对于无限深方势阱，在 $t = T_{\text{rev}}$ 时才完全恢复原来波形(见后面讨论及图 2.11).

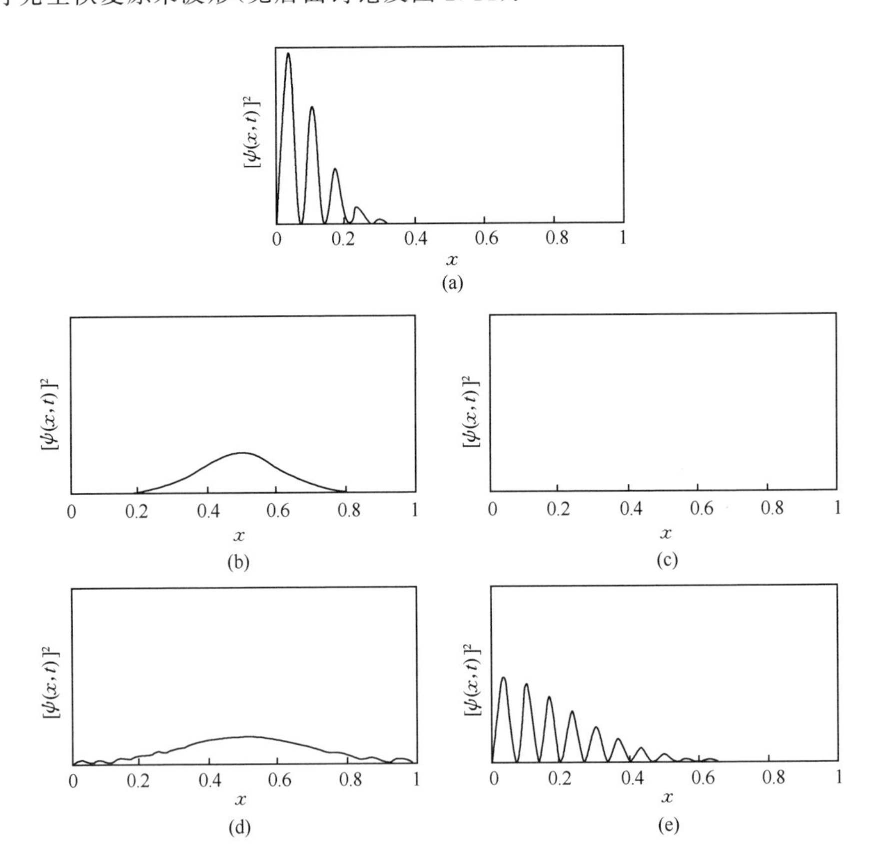

图 2.9　无限深方势阱中 Rydberg 波包($\bar{n}=15, \sigma=1.5$)的演化

自然单位，$\hbar = m = a = 1$，图中横坐标(自然单位)$0 \leqslant x \leqslant 1$，

波函数 $|\psi(x,t)^2|$ 未归一化.

(a)$t=0$;(b)$t=T_{\text{cl}}/4$;(c)$t=T_{\text{cl}}/2$;(d)$t=3T_{\text{cl}}/4$;(e)$t=T_{\text{cl}}$

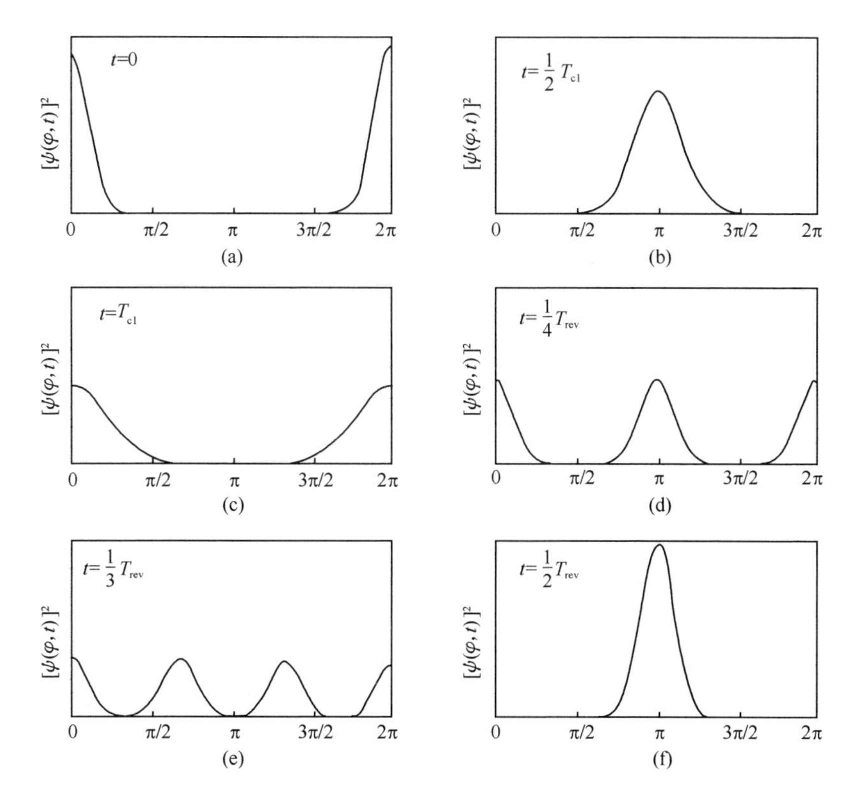

图 2.10　平面转子的 Rydberg 波包($\bar{n}=15,\sigma=1.5$)的演化，转角 φ 用弧度单位 $|\psi(\varphi,t)|^2$ 未归一化，$T_{\rm cl}=2\pi/\bar{n}$(单位 $\omega^{-1}=\hbar/I$)，$T_{\rm rev}=2\bar{n}T_{\rm cl}=30T_{\rm cl}$.
(a)$t=0$；(b)$t=T_{\rm cl}/2$；(c)$t=T_{\rm cl}$；(d)$t=\dfrac{1}{4}T_{\rm rev}$；(e)$t=\dfrac{1}{3}T_{\rm rev}$；(f)$t=\dfrac{1}{2}T_{\rm rev}$

平面转子

Hamilton 量 $H=\dfrac{\hat{L}^2}{2I}$(I 为转动惯量)，(取 $\hbar=I=1$ 自然单位)能级为$E_n=n^2/2$ ($n=0,\pm1,\pm2,\cdots$)，是二重简并($n=0$ 除外). 所以 $T_{\rm cl}=2\pi/\bar{n}$(自然单位 $\omega^{-1}=\hbar/I$)，$T_{\rm rev}=2\bar{n}T_{\rm cl}$，$T_{\rm sr}=\infty$. 图 2.10 给出了 Rydberg 波包($n=15,\sigma=1.5$)的演化. 与无限深方势阱相似，在经历第一个 $T_{\rm cl}$后，波形大致恢复[比较图 2.11(a)和(c)]. 在经历$\dfrac{1}{2}T_{\rm rev}$后，波形更接近于原来形状[比较图 2.10(f)和(b)]. 在$t=T_{\rm rev}$时，波形将完全恢复(与 $t=0$ 时相同). 见后面讨论及图 2.11.

对于无限深方势阱和平面转子，$E_n\propto n^2$；E'''_n 以及更高阶导数都为 0，Rydberg 波包经过 $t=T_{\rm rev}=2\bar{n}T_{\rm cl}$后，如 $\bar{n}$ **为整数**，则波包**可以完全恢复原状**. 对于更复杂的体系，$E'''_n\neq0$，Rydberg 波包就难以完全恢复原状. 例如，氢原子，$E_n=-1/2n^2$(自

然单位)，$E_{\bar{n}}=\bar{n}^{-3}$，$T_{\rm cl}=2\pi\bar{n}^3$，$T_{\rm rev}=\frac{4\pi}{3}\bar{n}^4=\frac{2}{3}\bar{n}T_{\rm cl}$，$T_{\rm sr}=\pi\bar{n}^5=\frac{1}{2}\bar{n}^2T_{\rm cl}$. 由于 E_n 对 n 的高阶导数不严格为 0，它的 Rydberg 波包就难以完全恢复原状. 氢原子的 Rydberg 波包的复杂性还来自它不是一维运动. 一般中心力场 $V(r)$ 中的经典粒子的轨道运动是平面运动，但轨道不一定闭合(见第 8 章). 而对氢原子$[V(r)\propto -1/r]$，其束缚运动轨道是 Kepler 椭圆. 它的能级还具有 l 简并，所以 Rydberg 波包有多种形式.

为描述波包的演化，常用自动关联函数(autocorrelation function)，即重叠积分 $A(t)=(\psi(\boldsymbol{r},t),\psi(\boldsymbol{r},0))$来描述. $|A(t)|^2$ 表示 $\psi(\boldsymbol{r},t)$中还包含初态 $\psi(\boldsymbol{r},0)$的分量. 对于 Rydberg 波包

$$|A(t)|^2 = \left|\sum_n |C_n|^2 e^{-iE_nt/\hbar}\right|^2 \tag{2.7.7}$$

图 2.11 给出了几个例子.

图 2.11(a)是自由粒子的 Gauss 波包的演化. 波包由许多动量(能量)本征态(平面波)叠加而成，

$$|\phi(p)|^2 = \frac{1}{\sqrt{2\pi\sigma^2}}e^{-(p-p_0)^2/2\sigma^2} \tag{2.7.8}$$

$p_0=10$，$\sigma=2.5$(自然单位). 可以看出，自由粒子(无束缚态)的 Gauss 波包的自动关联$|A(t)|^2$ 从$|A(0)|^2=1$ 开始，逐步衰减，最后$|A(\infty)|^2=0$. 波包扩散到全空间，它不是周期运动.

图 2.11(b)是谐振子的 Rydberg 波包. 波包演化是严格的周期运动，$\tau=T_{\rm cl}=2\pi(\omega^{-1}$，自然单位). 显然 $A(k\tau)=1(k=0,1,2,\cdots)$.

图 2.11(c)是无限深方势阱中的 Rydberg 波包. $\bar{n}=15$，$\sigma=1.5$，$T_{\rm cl}=2\pi/\bar{n}=0.42$(自然单位)，$T_{\rm rev}=2\bar{n}T_{\rm cl}=1.27$. 可以看出，当 $t=\frac{1}{4}T_{\rm rev}=0.32$，$\frac{1}{2}T_{\rm rev}=0.64$，$\frac{3}{4}T_{\rm rev}=0.95$ 时，波包部分恢复($|A(t)|^2$ 取极大值)，而当 $t=T_{\rm rev}=1.27$ 时，波包完全恢复，$|A(T_{\rm rev})|^2=1$. 由于 $T_{\rm sr}=\infty$，波包无超恢复现象.

图 2.11(d)是氢原子的圆轨道上的 Rydberg 波包. $\bar{n}=120$，$\sigma=2.5$，$T_{\rm cl}=2\pi\bar{n}^3$(原子单位)$=0.263$ns，$T_{\rm rev}=\frac{2}{3}\bar{n}T_{\rm cl}=21.0$ns，$T_{\rm sr}=\frac{1}{2}\bar{n}^2T_{\rm cl}=1890$ns. 可以看出，$t=\frac{1}{2}T_{\rm rev}$时，$|A(t)|^2$ 出现一个峰值. 在 $t=T_{\rm rev}$时，称为满恢复(full revival)，但这还不是完全恢复(此时$|A(t)|^2$ 仍小于 1). 这是氢原子的能谱结构所决定的. 还可以看到，在 $t\approx\frac{1}{18}T_{\rm sr}=105$ns，$\frac{1}{12}T_{\rm sr}=158$ns，$\frac{1}{6}T_{\rm sr}=316$ns 等还出现$|A(t)|^2$ 的一系列峰值.

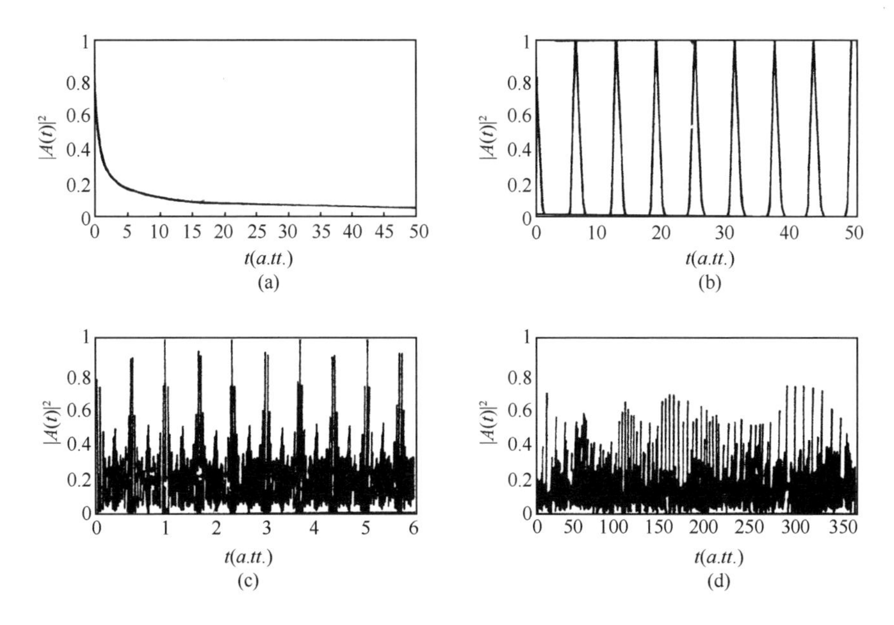

图 2.11　局域波包的自动关联函数$|A(t)|^2$

(a)自由粒子;(b)谐振子;(c)无限深方势阱;

(d)氢原子的圆轨道上的 Rydberg 波包($\bar{n}=120$,$\sigma=2.5$).

本图取自 p.84 所引 Bluhm 等的文献

附录　二维各向同性谐振子的相干态,能量和角动量结构

中心力场中的经典粒子,由于角动量守恒,其运动轨道必处于一平面内,平面的法线方向即角动量的方向.但一般说来,轨道是不闭合的.经典力学中有一条著名定理——Bertrand 定理(见 8.1 节).它说:仅当中心力为平方反比力或 Hooke 力时,粒子的所有束缚运动的轨道才是闭合的.

对于一维谐振子,Schrödinger 已找到了它的不扩散的波包,即相干态,其波包中心的运动与经典谐振子完全一样.他相信,找寻氢原子的 Kepler 椭圆轨道上的不扩散的波包,只是计算上的困难,但他始终未能成功.按上面的分析,这个困难与氢原子的能级结构特性($E_n\propto -1/n^2$,非均匀)密切相关.对于氢原子的 Rydberg 态(例如,$n>100$),相邻能级的间距

$$\begin{aligned}\Delta E_n &= E_{n+1}-E_n=\frac{1}{2}\left[\frac{1}{n^2}-\frac{1}{(n+1)^2}\right]\\&=\frac{1}{2n^2}[1-(1+1/n)^{-2}]\approx 1/n^3\end{aligned}\tag{2.7.9}$$

对于 Rydberg 波包,其构成能级接近于均匀,$\Delta E_n\approx 1/\bar{n}^3$,因此有可能构成与经典 Kepler 轨道运动相应的波包.当然,要像一维谐振子相干态那样的不扩散的波包,是找不到的.

我们注意到,中心力场中的经典粒子是平面运动.为简单起见,不妨考虑二维各向同性谐振子的运动,它的经典运动轨道一般也是椭圆(特殊情况下退化为圆或直线).可以想到,**二维各向同性谐振子的相干态应为沿椭圆轨道传播的不扩散的** Gauss **波包**,其运动规律也与经典粒子相

同.下面我们来分析这种二维不扩散 Gauss 波包的角动量和能量结构,并与相应的经典粒子运动比较.

按 2.6.1 节,设沿 x 方向运动的谐振子的初态为 $\psi(x,0)=\psi_0(x-x_0)$. 令 $\xi=x/L,\xi_0=x_0/L,L=\sqrt{\hbar/M\omega}$(自然长度),则 t 时刻的相干态为[见 2.6 节,式(2.6.8)]

$$\psi(\xi,t)=\frac{1}{\pi^{1/4}L^{1/2}}\exp\left[-\frac{\mathrm{i}\omega t}{2}-\frac{1}{2}\xi^2-\frac{1}{4}\xi_0^2(1+\mathrm{e}^{2\mathrm{i}\omega t})+\xi_0\xi\mathrm{e}^{-\mathrm{i}\omega t}\right]$$

$$|\psi(\xi,t)|^2=\frac{1}{\sqrt{\pi}L}\exp[-(\xi-\xi_0\cos\omega t)^2] \tag{2.7.10}$$

其波形不变,波包中心在 $\xi=\xi_0\cos\omega t$ 处,运动规律与经典谐振子完全相同.

与此类似,设 y 方向的谐振子的相干态比 x 方向落后相位 $\pi/2$,则(令 $\eta=y/L,\eta_0=y_0/L$)

$$\psi(y,t)=\frac{1}{\pi^{1/4}L^{1/2}}\exp\left[-\frac{\mathrm{i}(\omega t-\pi/2)}{2}-\frac{1}{2}\eta^2-\frac{1}{4}\eta_0^2(1-\mathrm{e}^{2\mathrm{i}\omega t})+\mathrm{i}\eta_0\eta\mathrm{e}^{-\mathrm{i}\omega t}\right] \tag{2.7.11}$$

波包中心在 $\eta=\eta_0\cos(\omega t-\pi/2)$. 因此,二维各向同性谐振子的相干态可以表示成

$$\psi(\xi,\eta,t)=\frac{1}{\sqrt{\pi}L}\exp\left[-\mathrm{i}\omega t+\frac{\mathrm{i}\pi}{4}-\frac{1}{2}(\xi^2+\eta^2)-\frac{1}{4}\xi_0^2(1+\mathrm{e}^{2\mathrm{i}\omega t})\right.$$
$$\left.-\frac{1}{4}\eta_0^2(1-\mathrm{e}^{2\mathrm{i}\omega t})-(\xi\xi_0+\mathrm{i}\eta_0\eta)\mathrm{e}^{-\mathrm{i}\omega t}\right] \tag{2.7.12}$$

它的初态($t=0$)可以记为(略去不关紧要的常数相因子 $\mathrm{e}^{\mathrm{i}\pi/4}$)

$$\psi_c(\xi,\eta)=\frac{1}{\sqrt{\pi}L}\exp\left[-\frac{1}{2}\xi_0^2-\frac{1}{2}(\xi^2+\eta^2)+(\xi_0\xi+\mathrm{i}\eta_0\eta)\right] \tag{2.7.13}$$

它是一个非定态,是无穷多个定态的一种相干叠加.

为研究它的角动量结构和能量结构,可以用守恒量完全集$(\hat{H},\hat{l}_z)$的共同本征态来展开,展开系数的模方不依赖于时间. 二维各向同性谐振子的$(\hat{H},\hat{l}_z)$的归一化共同本征态和本征值分别为(参见卷Ⅰ,6.6.2 节)

$$\psi_{nm}(\rho,\varphi)=\left[\frac{n!}{\pi(n+|m|)!}\right]^{1/2}\mathrm{e}^{\mathrm{i}m\varphi}\rho^{|m|}\mathrm{e}^{-\rho^2/2}\mathrm{L}_n^{|m|}(\rho^2)$$
$$\rho=\sqrt{x^2+y^2}/L=\sqrt{\xi^2+\eta^2},\quad n,|m|=0,1,2,\cdots \tag{2.7.14}$$

$$E=E_N=(N+1)\hbar\omega,\quad N=2n+|m|=0,1,2,\cdots \tag{2.7.15}$$

$\mathrm{L}_n^{|m|}$ 为广义 Laguerre 多项式①,它是一个特殊的合流超几何函数,

$$\mathrm{L}_n^{\mu}(z)=\frac{\Gamma(n+\mu+1)}{n!\Gamma(\mu+1)}\cdot\mathrm{F}(-n,\mu+1,z) \tag{2.7.16}$$

是 z 的 n 次多项式,μ 是不等于负整数的任意实数或复数. 式(2.7.13)ψ_c 按 ψ_{nm} 展开的系数为

$$C_{nm}=\int_0^{2\pi}\mathrm{d}\varphi\int_0^{\infty}\rho\mathrm{d}\rho\psi_c(\xi,\eta)\psi_{nm}^*(\rho,\varphi) \tag{2.7.17}$$

以下分两种情况来讨论.

1)$\xi_0=\eta_0$(圆轨道)

用式(2.7.13)、(2.7.14)代入式(2.7.17),经过计算[注],可得

---

① 王竹溪,郭敦仁. 特殊函数概论. 北京:科学出版社,1979. 361~367.

$$
C_{nm} = \begin{cases} \xi_0^m e^{-\xi_0^2} \Big/ \left(2 \frac{1}{\sqrt{m!}} \delta_{n0}\right), & m \geqslant 0 \\ 0, & m < 0 \end{cases} \tag{2.7.18}
$$

可见与经典圆轨道运动相应的只能是 $n=0$(即圆轨道,径向波函数无节点),这是意料中的事. $m\geqslant 0$表示圆轨道运动为逆时针方向(y 轴方向运动比 x 轴方向运动落后 $\pi/2$ 相位). 利用式(2.7.18)可以求出沿圆轨道运动的相干态波包的角动量结构和能量结构. 首先,按式(2.7.18)

$$
\overline{m} = \sum_{m=0}^{\infty} m \xi_0^{2m} e^{-\xi_0^2} \frac{1}{m!} = \xi_0^2 \tag{2.7.19}
$$

所以角动量的平均值为

$$
\overline{l}_z = \overline{m} \hbar = \xi_0^2 \hbar = M\omega x_0^2 = MR^2 \omega \tag{2.7.20}
$$

$R=x_0=y_0$ 表示波包中心运动的圆轨道的半径. 可见 $\overline{l}_z$ 与经典圆轨道运动的角动量相同($MvR=M\omega R^2$). 其次,能量平均值(注意,$n=0,N=|m|$)

$$
\overline{H} = (\overline{m}+1)\hbar\omega = (\xi_0^2+1)\hbar\omega = MR^2\omega + \hbar\omega \tag{2.7.21}
$$

除去零点能 $\hbar\omega$ 之外,此能量正好是经典粒子圆轨道运动的能量(动能+势能).

如 y 轴方向的相干态的相位比 x 方向超前 $\pi/2$,则式(2.7.18)中,仅当 $m\leqslant 0$ 时 C_{nm} 才不为零. 这相当于顺时针的圆轨道运动.

2) $\xi_0 \neq \eta_0$(椭圆轨道)

令

$$
A = (\xi_0 - \eta_0)/2, \quad B = (\xi_0 + \eta_0)/2 \tag{2.7.22}
$$

经过较复杂的计算(注 2),可以求出

$$
C_{nm} = \begin{cases} (-1)^n \frac{1}{\sqrt{n!(n+m)!}} e^{-\frac{1}{2}\xi_0^2} e^{AB} A^n B^{n+m}, & m \geqslant 0 \\ (-1)^n \frac{1}{\sqrt{n!(n-m)!}} e^{-\frac{1}{2}\xi_0^2} e^{AB} B^n A^{n-m}, & m < 0 \end{cases} \tag{2.7.23}
$$

这样,可以分别定义

$$
\begin{aligned}
\overline{m}(m \geqslant 0) &= \sum_{\substack{m\geqslant 0 \\ n}} |C_{nm}|^2 m, \quad \overline{m}(m<0) = \sum_{\substack{m<0 \\ n}} |C_{nm}|^2 m \\
\overline{n}(m \geqslant 0) &= \sum_{\substack{m\geqslant 0 \\ n}} |C_{nm}|^2 n, \quad \overline{n}(m<0) = \sum_{\substack{m<0 \\ n}} |C_{nm}|^2 n
\end{aligned} \tag{2.7.24}
$$

例如,

$$
\begin{aligned}
\overline{n}(m \geqslant 0) &= e^{-\xi_0^2} e^{2AB} \sum_n \frac{A^{2n} B^{2n}}{n!} \sum_{m\geqslant 0} \frac{B^{2m}}{(n-m)!} \\
&= e^{-\xi_0^2} e^{2AB} \left[\frac{A^2}{1!}(e^{B^2}-1) + 2 \cdot \frac{A^4}{2!}\left(e^{B^2} - 1 - \frac{B^2}{1!}\right) \right. \\
&\quad \left. + 3 \cdot \frac{A^6}{3!}\left(e^{B^2} - 1 - \frac{B^3}{1!} - \frac{B^4}{2!}\right) + \cdots \right] \\
&= A^2 e^{-\xi_0^2 + A^2 + 2AB + B^2} - e^{-\xi_0^2 + 2AB} \left[\frac{A^2}{1!} + 2\frac{A^4}{2!}\left(1 + \frac{B^2}{1!}\right) \right. \\
&\quad \left. + 3\frac{A^6}{3!}\left(1 + \frac{B^2}{1!} + \frac{B^4}{2!}\right) + \cdots \right]
\end{aligned} \tag{2.7.25}
$$

而

$$\overline{(n-m)}(m<0)=\mathrm{e}^{-\xi_0^2+2AB}\left[\frac{A^2}{1!}+2\frac{A^4}{2!}+3\frac{A^6}{3!}+\cdots+\frac{B^2}{1!}\left(2\frac{A^4}{2!}+3\frac{A^6}{3!}+\cdots\right)\right.$$

$$\left.+\frac{B^4}{2!}\left(3\frac{A^6}{3!}+4\frac{A^8}{4!}+\cdots\right)+\cdots\right] \tag{2.7.26}$$

可见式(2.7.26)与式(2.7.25)右边第二项是相同的,只是求和的顺序不同. 所以[利用式(2.7.22),$A+B=\xi_0$]

$$\bar{n}(m\geqslant 0)+\overline{(n-m)}(m<0)=A^2\mathrm{e}^{-\xi_0^2+A^2+2AB+B^2}=A^2 \tag{2.7.27}$$

类似可以求出

$$\bar{n}(m<0)+\overline{(n+m)}(m\geqslant 0)=B^2 \tag{2.7.28}$$

式(2.7.27)±式(2.7.28),分别给出

$$2\bar{n}+\overline{|m|}=A^2+B^2 \tag{2.7.29}$$

$$\bar{m}=B^2-A^2 \tag{2.7.30}$$

所以角动量的平均值为

$$\overline{l_z}=\bar{m}\hbar=(B^2-A^2)\hbar=\xi_0\eta_0\hbar=x_0y_0M\omega \tag{2.7.31}$$

与经典椭圆轨道(半长轴与半短轴分别为 x_0 和 y_0)的角动量相同. 其次,能量平均值为

$$\overline{H}=\overline{(2n+|m|+1)}\hbar\omega=(A^2+B^2)\hbar\omega+\hbar\omega$$

$$=\frac{1}{2}(\xi_0^2+\eta_0^2)\hbar\omega+\hbar\omega=\frac{1}{2}(x_0^2+y_0^2)M\omega^2+\hbar\omega \tag{2.7.32}$$

也与经典椭圆轨道上的谐振子的能量相同(零点能除外).

[注 1] $\xi_0=\eta_0$(圆轨道)

$$C_{nm}=\iint\rho\mathrm{d}\rho\mathrm{d}\varphi\frac{1}{\sqrt{\pi}}\exp\left[-\frac{1}{2}\xi_0^2-\frac{1}{2}(\xi^2+\eta^2)+\xi_0(\xi+\mathrm{i}\eta)\right]$$

$$\cdot\left[\frac{n!}{\pi(n+|m|)!}\right]^{1/2}\mathrm{e}^{-\mathrm{i}m\varphi}\rho^{|m|}\mathrm{e}^{-\rho^2/2}\mathrm{L}_n^{|m|}(\rho^2) \tag{2.7.33}$$

利用 $\xi^2+\eta^2=\rho^2$,$\xi+\mathrm{i}\eta=\rho\mathrm{e}^{\mathrm{i}\varphi}$,及积分公式

$$\int_0^{2\pi}\mathrm{d}\varphi\,\mathrm{e}^{\xi_0\rho\mathrm{e}^{\mathrm{i}\varphi}}\mathrm{e}^{-\mathrm{i}m\varphi}=\begin{cases}2\pi(\xi_0\rho)m/m!, & m\geqslant 0\\ 0, & m<0\end{cases} \tag{2.7.34}$$

可得

$$C_{nm}=\left[\frac{n!}{(n+|m|)!}\right]^{1/2}\mathrm{e}^{-\xi_0^2/2}\frac{2\xi_0^m}{m!}\int_0^\infty\mathrm{d}\rho\rho^{2|m|+1}\mathrm{e}^{-\rho^2}\mathrm{L}_n^{|m|}(\rho^2) \tag{2.7.35}$$

利用 Laguerre 多项式的积分公式①

$$2\int_0^\infty\mathrm{d}xx^{2\lambda+1}\mathrm{e}^{-x^2}\mathrm{L}_n^\mu(x^2)=(-)^n\Gamma(\lambda+1)\binom{\lambda-\mu}{n} \tag{2.7.36}$$

可见式(2.7.35)中的积分,只当 $n=0$ 时才不为零. 所以

$$C_{nm}=\mathrm{e}^{-\xi_0^2}\bigg/\left[2\left(\frac{1}{m!}\right)^{3/2}2\xi_0^m\frac{1}{2}m!\delta_{n0}\right],(m\geqslant 0)$$

① 王竹溪,郭敦仁. 特殊函数概论. 北京:科学出版社,1979. 361~367.

$$
= \begin{cases} \xi_0^m \mathrm{e}^{-\xi_0^2} \Big/ \left(2 \dfrac{1}{\sqrt{m!}} \delta_{n0}\right), & m \geqslant 0 \\ 0, & m < 0 \end{cases} \tag{2.7.37}
$$

［注 2］ $\xi_0 \neq \eta_0$（椭圆轨道）

$$
C_{nm} = \frac{1}{\pi}\left[\frac{n!}{(n+|m|)!}\right]^{1/2} \mathrm{e}^{-\xi_0^2/2} \iint \mathrm{d}\rho \mathrm{d}\varphi \exp[\xi_0 \xi + \mathrm{i}\eta_0 \eta]
$$

$$
\cdot \mathrm{e}^{-\mathrm{i}m\varphi} \rho^{|m|+1} \mathrm{e}^{-\rho^2} \mathrm{L}_n^{|m|}(\rho^2) \tag{2.7.38}
$$

利用积分公式

$$
\int_0^{2\pi} \mathrm{d}\varphi \exp[\xi_0 \xi + \eta_0 \eta] \mathrm{e}^{-\mathrm{i}m\varphi} = \begin{cases} 2\pi \displaystyle\sum_{k=0}^{\infty} \frac{(A\rho)^k (B\rho)^{k+m}}{k!(k+m)!}, & m \geqslant 0 \\ 2\pi \displaystyle\sum_{k=0}^{\infty} \frac{(A\rho)^{k-m} (B\rho)^k}{(k-m)!k!}, & m < 0 \end{cases} \tag{2.7.39}
$$

可以计算出式(2.7.23).

习　　题

2.1　试根据量子化条件 $\oint p \mathrm{d}x = \left(n + \dfrac{3}{4}\right)h, n = 0,1,2,\cdots$，求下列势阱中粒子的束缚能级.

(a)

$$
V(x) = \begin{cases} \dfrac{1}{2} m\omega^2 x^2, & x \geqslant 0 \\ \infty, & x < 0 \end{cases}
$$

答：$E_n = (2n + 3/2)\hbar\omega, n = 0,1,2,\cdots$

(b)　$V(x) = \begin{cases} gx, & x > 0, (g > 0) \\ \infty, & x < 0 \end{cases}$

答：$E_n = \dfrac{1}{2}(9\pi^2 g^2 \hbar^2/m)^{1/3} \left(n + \dfrac{3}{4}\right)^{2/3}, n = 0,1,2,\cdots$

2.2　在准经典近似下，计算粒子对下列势垒(图 2.12)的透射系数，粒子能量 $E < 0$.

$$
V(x) = \begin{cases} -V_0, & x < 0 (V_0 > 0) \\ -Fx, & x > 0 \end{cases}
$$

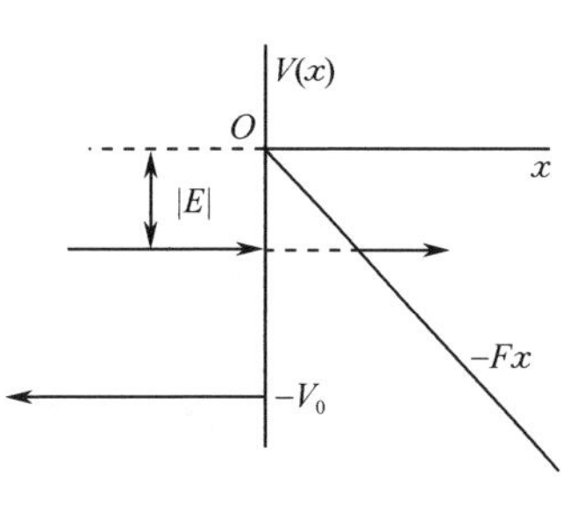

图 2.12

这是在强电场作用下，电子穿透金属表面的简化模型.

答：透射系数 $T = \exp\left(-\dfrac{4}{3}\sqrt{2m}|E|^{3/2}/\hbar F\right)$.

2.3　同上题，但计及电象势，此时

$$
V(x) = \begin{cases} -V_0, & x < 0 \\ -Fx - e^2/4x, & x > 0 \end{cases}
$$

计算电子穿透金属表面的透射系数.

答：透射系数 $T = \exp\left[-\dfrac{4}{3}\dfrac{\sqrt{2m}}{\hbar F}|E|^{3/2}\varphi(\lambda)\right]$,

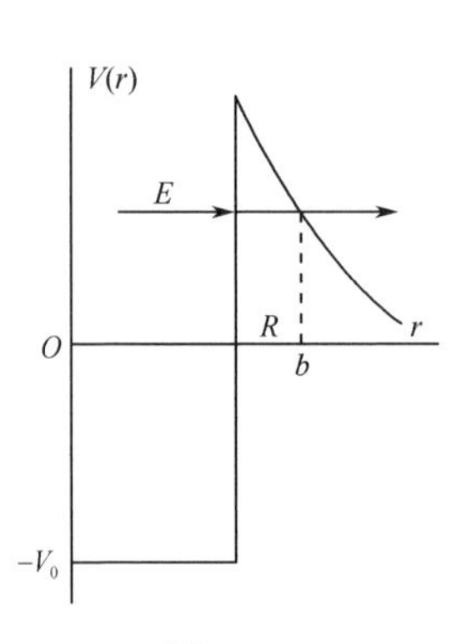

图 2.13

$$\lambda = \sqrt{e^2 F/4|E|^2}, \quad \varphi(\lambda) = \frac{3}{2}\int_{\xi_1}^{\xi_2} \sqrt{1-\xi-\lambda^2/\xi}\,\mathrm{d}\xi$$

ξ_1 和 ξ_2 是方程 $1-\xi-\lambda^2/\xi=0$ 的两个根，$\xi_{1,2}=\frac{1}{2}(1\mp\sqrt{1-4\lambda^2})$.

2.4　放射性原子核 α 衰变时，α 粒子受到的势场可近似表示为(图 2.13)

$$V(r) = \begin{cases} -V_0, & r<R \\ \alpha/r, & r>R \end{cases}$$

式中 $\alpha=2Ze^2$，Z 是子核的质子数，R 是“核半径”. 求 α 粒子穿透此 Coulomb 势垒的系数.

答：$T=\exp\left\{-\frac{2\alpha}{\hbar}\sqrt{\frac{2\mu}{E}}\left[\arccos\sqrt{\frac{ER}{\alpha}}-\sqrt{\frac{ER}{\alpha}\left(1-\frac{ER}{\alpha}\right)}\right]\right\}$

　式中 μ 为约化质量.

2.5　用 WKB 近似计算粒子对下列势垒的透射系数.

$$V(x) = \begin{cases} V_0(1-x^2/a^2), & |x|<a(V_0>0) \\ 0, & |x|>a \end{cases}$$

设粒子能量 $E<V_0$，质量为 m.

答：$T=\exp\left[-\frac{\pi\alpha}{\hbar}\left(1-\frac{E}{V_0}\right)\sqrt{2mV_0}\right]$

2.6　对于无自旋的粒子，将波函数写成 $\psi=\sqrt{\rho}\mathrm{e}^{\mathrm{i}\varphi}$，其中 ρ、φ 为实函数，$\rho\geqslant 0$. 求概率流密度的表示式，并在准经典近似下导出量子化条件.

答：

$$\boldsymbol{j} = \frac{\hbar}{m}\rho\,\nabla\varphi$$

$$\oint \boldsymbol{p}\cdot\mathrm{d}\boldsymbol{r} = nh, \quad n=1,2,3,\cdots$$

其中

$$\boldsymbol{p} = \hbar\nabla\varphi$$

2.7　质量为 m 的粒子在势阱 $V(x)$ 中运动. 其能级由量子化条件

$$\int_{x_1}^{x_2} \sqrt{2m[E-V(x)]}\,\mathrm{d}x = \left(n+\frac{1}{2}\right)\pi\hbar, \quad n=0,1,2,\cdots$$

确定，x_1 与 x_2 为转折点，由 $V(x_1)=V(x_2)=E$ 定出. 试用此量子化条件和 Hellmann-Feynman 定理(卷Ⅰ，6.5 节)证明，对于任何一个准经典束缚态 ψ_n，动能平均值与能量本征值 E_n 有下列关系：

$$\langle T\rangle_n = \frac{1}{2}\left(n+\frac{1}{2}\right)\frac{\partial E_n}{\partial n}$$

2.8　质量为 m 的粒子在势场 $V(x)=\lambda|x|^\nu$ 中运动，$\lambda,\nu>0$. 证明在准经典近似下，粒子能级 E_n 可表示成如下形式：

$$E_n = A(\nu)\left(n+\frac{1}{2}\right)^{2\nu/(\nu+2)}\cdot\lambda^{2/(\nu+2)}\cdot\left(\frac{\hbar^2}{2m}\right)^{\nu/(\nu+2)}$$

式中 $A(\nu)$ 无量纲，是 ν 的函数.

2.9　质量为 m 的粒子，在势阱 $V(x)=\lambda|x|^{\nu}$ 中运动，其中 $\lambda,\nu>0$. 试根据量子化条件

$$\int_{x_1}^{x_2}\sqrt{2m[E-V(x)]}\,dx=\left(n+\frac{1}{2}\right)\pi\hbar,\quad n=0,1,2,\cdots$$

$V(x_1)=V(x_2)=E$，求粒子能级.

答：$E_n=\left[\dfrac{\sqrt{\pi}\nu\Gamma\left(\frac{3}{2}+\frac{1}{\nu}\right)}{\Gamma\left(\frac{1}{\nu}\right)}\right]\left(n+\dfrac{1}{2}\right)^{2\nu/(\nu+2)}\cdot\lambda^{2/(\nu+2)}\left(\dfrac{\hbar^2}{2m}\right)^{\nu/(\nu+2)}$

其形式与第 8 题结果相同.

对 $\nu=1$，得

$$E_n=\left[\frac{3\pi}{4}\left(n+\frac{1}{2}\right)\right]^{2/3}\cdot\left(\frac{\lambda^2\hbar^2}{2m}\right)^{1/3},\quad n=0,1,2,\cdots$$

对 $\nu=2$，令 $\lambda=\dfrac{1}{2}m\omega^2$，得 $E_n=\left(n+\dfrac{1}{2}\right)\hbar\omega,\quad n=0,1,2,\cdots$

2.10　将一维运动粒子的量子化条件推广，用以处理中心力场中粒子的 s 态($l=0$). 设 $V(r)=\lambda r^{\nu}$，其中 $\lambda,\nu>0$，求 s 能级公式. 讨论 $\nu=1$、2 的结果.

答：s 态的量子化条件表示为

$$\int_0^{r_c}\sqrt{2\mu(E-V(r))}\,dr=\left(n+\frac{3}{4}\right)\pi\hbar,\quad n=0,1,2,\cdots$$

n 是 s 能级的编号数，即径向量子数，$V(r_c)=E$，r_c 为转折点.

$$E_n=\left[\frac{\sqrt{\pi}2\nu\Gamma\left(\frac{3}{2}+\frac{1}{\nu}\right)}{\Gamma\left(\frac{1}{\nu}\right)}\left(n+\frac{3}{4}\right)\right]^{2\nu/(\nu+2)}\cdot\lambda^{2/(\nu+2)}\cdot\left(\frac{\hbar^2}{2\mu}\right)^{\nu/(\nu+2)}$$

$n=0,1,2,\cdots$

特例 1　谐振子($\nu=2$)，令 $\lambda=\dfrac{1}{2}\mu\omega^2$，得出 s 态能级的 WKB 近似解

$$E_n=\left(2n+\frac{3}{2}\right)\hbar\omega,\quad n=0,1,2,\cdots$$

精确解为

$$E=\left(2n_r+l+\frac{3}{2}\right)\hbar\omega,\quad n_r,l=0,1,2,\cdots$$

而对 s 态($l=0$)，与 WKB 近似解相同.

特例 2　线性中心势($\nu=1$)，s 态能级 $E_n=\left(\dfrac{\lambda^2\hbar^2}{2\mu}\right)^{1/3}\cdot x_n$，　x_n 为 Airy 函数的零点，即 $J_{1/3}\left(\dfrac{2}{3}x^{3/2}\right)+J_{-1/3}\left(\dfrac{2}{3}x^{3/2}\right)=0$ 之根.

2.11　同上题，求准经典近似下能级的公式(不局限于 s 态).

答：$E_{n_r l}=\left\{\sqrt{\pi}2\nu\left(n_r+\dfrac{l}{2}+\dfrac{3}{4}\right)\dfrac{\Gamma\left(\frac{3}{2}+\frac{1}{\nu}\right)}{\Gamma\left(\frac{1}{\nu}\right)}\right\}^{2\nu/(\nu+2)}\cdot\lambda^{2/(\nu+2)}\cdot\left(\dfrac{\hbar^2}{2\mu}\right)^{\nu/(\nu+2)}$

$n_r,l=0,1,2,\cdots$

特例 3　谐振子($\nu=2$)，令 $\lambda=\dfrac{1}{2}\mu\omega^2$，得 $E=\left(2n_r+l+\dfrac{3}{2}\right)\hbar\omega$，与严格解相同.

2.12　质量为 μ 的粒子在吸引中心势

$$V(r)=\lambda r^{\nu},\quad \lambda<0,\quad -2<\nu<0$$

中运动.试在准经典近似下求出束缚能级的量子化条件,并求出能级公式.

答:量子化条件表示为

$$\int_0^{r_c}\sqrt{2\mu(E-V(r))}\,\mathrm{d}r=\left[n_r+\frac{2l+\nu+3}{2(\nu+2)}\right]\pi\hbar,\quad n_r=0,1,2,\cdots$$

束缚能级公式为($E<0$)

$$E_{n_r l}=-\,|\lambda|^{2/(\nu+2)}\left(\frac{\hbar^2}{2\mu}\right)^{\nu/(\nu+2)}\left[\sqrt{\pi}\,|\nu|\left(2n_r+\frac{2l+\nu+3}{\nu+2}\right)\cdot\frac{\Gamma\left(1-\frac{1}{\nu}\right)}{\Gamma\left(-\frac{1}{2}-\frac{1}{\nu}\right)}\right]^{2\nu/(\nu+2)}$$

$$\lambda<0,\quad -2<\nu<0,\quad n_r、l=0,1,2,\cdots$$

特例　氢原子 $V(r)=-e^2/r,\nu=-1,\lambda=-e^2$,给出

$$E_{n_r l}=-\frac{\mu e^4}{2\hbar^2(n_r+l+1)^2}$$

与严格解一致.

第3章　量子力学新进展简介

3.1　EPR 佯谬与纠缠态

“纠缠”一词首先见于1935年 Schrödinger 的一篇文献[①]. 同年稍早, A. Einstein, B. Podolsky & N. Rosen 的文献[②]讨论了2自由粒子体系(无自旋)的纠缠态. 20世纪50年代, D. Bohm 提出隐变量(hidden variable)[③]概念,并在他的书中,以自旋为 $\hbar/2$ 的粒子组成的2粒子体系的自旋单态为例,讨论了 EPR 佯谬. 在尔后长达几十年中,以 Einstein, Schrödinger 等为首的一方,与以 Bohr, Heisenberg 等为首的另一方,展开了激烈的论争. 但论争局限于认识论或哲学的范畴.

20世纪60年代中期, J. Bell[④] 基于局域隐变量(local hidden variable)理论,分析了 EPR 佯谬的 Bohm 形式. 即分析两个粒子的自旋分别沿3个不同方向 $\boldsymbol{a}$, $\boldsymbol{b}$, $\boldsymbol{c}$ 的分量关联的平均值,即 $\langle(\boldsymbol{\sigma}_1\cdot\boldsymbol{a})(\boldsymbol{\sigma}_2\cdot\boldsymbol{b})\rangle$, $\langle(\boldsymbol{\sigma}_1\cdot\boldsymbol{b})(\boldsymbol{\sigma}_2\cdot\boldsymbol{c})\rangle$, $\langle(\boldsymbol{\sigma}\cdot\boldsymbol{c})(\boldsymbol{\sigma}_2\cdot\boldsymbol{a})\rangle$ 之间的关联,得出了著名的 Bell 不等式. 后来, J. F. Clauser, *et al*.[⑤]分析了两个粒子的自旋分别沿4个不同方向的分量的关联,得出了类似于 Bell 不等式的不等式,即 CHSH 不等式,它比 Bell 不等式更适用于与实验比较. 之后的几十年间,所有实验观测的结果都与量子力学的预期一致,而与 CHSH 不等式矛盾[⑥](参见3.2.2节). 现今人们已普遍认同,自然界存在非局域关联(non-local correlation),但人们对其本质的理解还不很明朗[⑦]. (参见3.5.4节)

3.1.1　EPR 佯谬

EPR 佯谬一文[2]讨论了一维2自由粒子(无自旋)的如下纠缠态

$$\delta(x_1-x_2-a)=\frac{1}{\sqrt{2\pi\hbar}}\int_{-\infty}^{+\infty}dp\exp[\mathrm{i}p(x_1-x_2-a)\hbar] \tag{3.1.1}$$

对量子力学的正统诠释(Copenhagen 诠释)提出挑战. 此量子态可以看成是两个粒

---

① E. Schrödinger, Naturwissenschaften **23**(1935) 807, 823, 844. [Schrödinger 猫态佯谬]

② A. Einstein, B. Podolsky, N. Rosen, Phys. Rev. **47**(1935) 777. [EPR 佯谬]

③ D. Bohm, *Quantum Theory*. New York, Prentice-Hall, 1951. [EPR 佯谬的 Bohm 形式]

④ J. Bell, Physics **1**(1964) 195.

⑤ J. F. Clauser, M. A. Horne, A. Shimony, & R. A. Holt, Phys. Rev. Lett. **23**(1969) 880.

⑥ A. Aspect, Nature **398**(1999) 189.

⑦ N. Gisin, Science **326**(2009) 1357.

子的动量(p_1,p_2)的共同本征态(simultaneous eigenstate)的相干叠加①,

$$\delta(x_1-x_2-a)=\int_{-\infty}^{+\infty}\mathrm{d}p\psi_p(x_2)u_p(x_1) \tag{3.1.2}$$

其中 $u_p(x_1)=\mathrm{e}^{ipx_1/\hbar}$ 是粒子 1 的动量本征态[本征值 p],$\psi_p(x_2)=\mathrm{e}^{-ip(x_2-a)/\hbar}$ 是粒子 2 的动量本征态[本征值 $-p$],($-\infty<p<+\infty$). 如果测量粒子 1 的动量的测值为 p,则粒子 2 的动量测量结果一定是($-p$),两者之间有确切的关联,即使两个粒子相距 a 很大. 这就是纠缠态所展示的非局域性(non-locality). Einstein 认为,当两个粒子相距很大的情况下(例如,$a\to\infty$),粒子 1 的测量结果不会影响到对于粒子 2 的同时测量结果,否则就要乞求于离奇的超距作用(spookyaction at a distance),这是违反相对论教义的(信息传递不能超过光速). 据此,Einstein 对量子力学的正统诠释提出批评. 认为量子力学理论是不完备的.

按照量子力学理论,不难看出①,量子态(3.1.1)除了是 2 自由粒子的相对坐标 $x=x_1-x_2$ 的本征态(本征值 $x=a$)以外,它还是两粒子的总动量 $P=p_1+p_2$ 的本征态($P=0$),即量子态(3.1.1)是(x,P)的共同本征态,$|x=a,P=0\rangle$. 前面已经提到,(p_1,p_2)也构成一维 2 粒子(无自旋)体系的一组可观测量完全集. 所以,(3.1.2)式实质上就是(x,P)的共同本征态,$|x=a,P=0\rangle$ 按照(p_1,p_2)的共同本征态来展开[注 1].

但值得注意,量子态(3.1.1)实质上是两个自由粒子的 δ 波包,是一个非定态,它将在瞬间扩散到全空间. 假设体系在初始时刻($t=0$)处于量子态(3.1.1),则在 $t>0$ 以后,

$$\begin{aligned}\psi(t>0)&=\frac{1}{\sqrt{2\pi\hbar}}\int_{-\infty}^{+\infty}\mathrm{d}p'\exp\left[\frac{ip'(x_1-x_2-a)}{\hbar}-\frac{ip'^2}{\hbar}\right]\\&=\frac{1}{2}\sqrt{\frac{m}{\hbar\pi t}}\exp\left[\frac{im(x_1-x_2-a)}{4\hbar t}-\frac{i\pi}{4}\right]\end{aligned} \tag{3.1.3}$$

所以

$$|\psi(t>0)|^2=\frac{m}{4\pi\hbar t} \tag{3.1.4}$$

这样的 δ 波包不便于在实验上进行操控. 后期的有关 EPR 佯谬的争论,大多在 Bohm 形式[注 2]下进行.

[注 1]

尽管$[p_1,P]=[p_2,P]=0$,但$[p_1,x]\neq0$,$[p_2,x]\neq0$,(x,P)的本征态不可能是(p_1,p_2)的本征态,而是(p_1,p_2)共同本征态的相干叠加. 例如,在(x_1,x_2)表象中

$$\langle x_1,x_2\mid x=a,P=b\rangle=\frac{1}{\sqrt{2\hbar\pi}}\int\mathrm{d}p'\,\mathrm{e}^{-ip'a/\hbar}\psi_{-p'+b/2}(x_2)\cdot u_{p'}(x_1) \tag{3.1.5}$$

式中

① M. Q. Ruan& J. Y. Zeng, Chin. Phys. Lett. **20** (2003) 1420.

$$u_{p'+b/2}(x_1)=\frac{1}{\sqrt{2\hbar\pi}}\exp[i(p'+b/2)x_1/\hbar$$

$$\psi_{-p'+b/2}(x_1)=\frac{1}{\sqrt{2\hbar\pi}}\exp[-i(p'-b/2)x_2/\hbar$$

分别是 p_1 和 p_2 的本征态，本征值分别为 $p_1=p'+b/2, p_2=-p'+b/2$.

与此类似，(x_1,x_2)也构成一组 CSCO，所以$\langle x_1,x_2|x=a,P=b\rangle$也可以做如下展开

$$\langle x_1,x_2\mid x=a,P=b\rangle=\frac{1}{\sqrt{2\hbar\pi}}\exp\left[\frac{ib(x_1+x_2)}{2\hbar}\right]\int dx'\delta(x_2-x'+a)\delta(x_1-x') \tag{3.1.6}$$

上式中，$\delta(x_1-x')$是 x_1 的本征态$(x_1=x')$，$\delta(x_2-x'+a)$是 x_2 的本征态$(x_2=x'-a)$.

还可以证明，(X,p)也构成一维自由二粒子体系的一组 CSCO，$X=(x_1+x_2)/2$ 是质心坐标，$p=(p_1-p_2)/2$ 是相对动量. (X,p)的共同本征态不可能是(x_1,x_2)或(p_1,p_2)的共同本征态，而只能是它们的共同本征态的相干叠加. 例如

$$\begin{aligned}&\langle x_1,x_2\mid X=a,p=b\rangle\\&=\frac{1}{\sqrt{2\pi\hbar}}\exp\left[\frac{ib(x_1-x_2)}{\hbar}\right]\delta\left(\frac{x_1-x_2}{2}\right)\\&=\frac{1}{\sqrt{2\pi\hbar}}\exp\left[\frac{ib(x_1-x_2)}{\hbar}\right]\int dx'2\delta(x_2-x'-2a)\delta(x_1-x')\end{aligned} \tag{3.1.7}$$

$$\begin{aligned}&\langle p_1,p_2\mid X=a,p=b\rangle\\&=\frac{1}{\sqrt{2\pi\hbar}}\exp\left[\frac{-ia(p_1+p_2)}{\hbar}\right]\delta\left(\frac{p_1-p_2}{2}-b\right)\\&=\frac{1}{\sqrt{2\pi\hbar}}\exp\left[\frac{-ia(p_1+p_2)}{\hbar}\right]\int dx'2\delta(p_2-p'+2b)\delta(p_1-p')\end{aligned} \tag{3.1.8}$$

[注 2] EPR 佯谬的 Bohm 形式(图 3.1)

20 世纪 50 年代，D. Bohm 对自旋为 $\hbar/2$ 的 2 粒子体系的自旋单态进行了分析(见 3.1.2 节)

$$|\psi\rangle_{12}=\frac{1}{\sqrt{2}}[|\uparrow\rangle_1|\downarrow\rangle_2-|\downarrow\rangle_1|\uparrow\rangle_2] \tag{3.1.9}$$

式中$|\uparrow\rangle$和$|\downarrow\rangle$表示粒子 1 的自旋 z 分量 $s_z=\pm\hbar/2$ 的态. 自旋单态是$|\uparrow\rangle_1|\downarrow\rangle_2$ 和$|\downarrow\rangle_1|\uparrow\rangle_2$ 两个态的相干叠加. 处于自旋单态的 2 粒子体系的总自旋 $S=0$，其 z 方向量 $S_z=0$，是各向同性的. 在自旋单态下，两个粒子的自旋的 z 分量的共同测量结果是彼此关联的，如图 3.1 所示. 按照量子力学理论，如对粒子 1 的自旋 z 分量进行测量，如测得到结果为 $s_{1z}=+\hbar/2$(或$-\hbar/2$，几率各为 1/2)，则粒子 2 的自旋 z 分量的测值必为 $s_{2z}=-\hbar/2$(或$+\hbar/2$)两者之间有确切的关联. 这就是纠缠的概念. Einstein 认为，既然两个粒子已互相远离，粒子 1 的测量结果不会影响到粒子 2 的测量结果，这就是 EPR 佯谬的 Bohm 形式(见图 3.1).

[注 3] Einstein 对量子力学理论正统诠释的主要反对论点

(1)针对波函数的统计诠释，Einstein 有一句名言："I do not think God plays dice"[①]. Einstein

---

① 见 W. Heisenberg, *Physics and Beyond*, p. 81；或 *Albert Einstein, Philosopher - Scientist*, A. Schlipp 主编，p. 218 所载 N. Bohr 的文章.

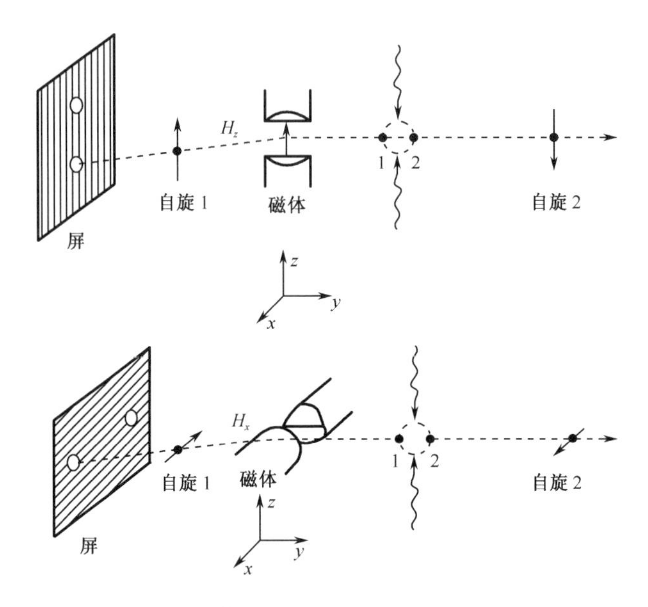

图 3.1　取自 C. D. Cantrell & M. O. Scully, Physics Reports, **43**(1978) 499.
设 $t=0$ 时刻,经过光分裂,两个粒子沿相反方向运动,互相分离.在光分裂过程中,未引进角动量来干扰体系的自旋态,所以在过程中总角动量守恒,保持 $S=0$.在光分裂发生足够长时间后($t>T$),两个粒子已互相远离,彼此已无相互作用.按照 EPR 的观点,对于粒子 1 的测量结果应该不会影响到对于粒子 2 的测量结果.此外,自旋单态(3.1.9)是各向同性的,所以对于自旋沿任何方向的分量的测量(例如 x 方向,见图 3.1,下半部分)都有类似的非局域关联

认为:"可以相信,量子理论及其 Copenhagen 诠释是可能的,是没有矛盾的.然而它与我的直觉背道而驰,我不能放弃找寻一个更完整的概念的研究.".在 Einstein 看来,"物理实在是受不依赖于人而存在的因果律所支配,物理学的目的就是去发现这些规律.用概率语言表达的物理理论,不能对自然现象做出完全决定论的描述,在最好的情况下,也只能是物理学发展进程中的一个暂时的权宜之计". Einstein 认为,"量子理论的统计性不能对物理现象提供一个完备的和协调的描述".尽管量子力学非常成功地用以描述分子,原子,和原子核的结构,以及电子在固态物体中的运动等, Einstein 反对"宏观客体会遵守量子力学规律,并与光子与电子一样,具有同样的不确定性".他相信进一步发展会展现一个更深刻的理论,在这个理论中,原子尺度上的事件可以被确切地预言,而不只是几率.物理学会重新回到人们所熟悉的经典理论的因果性描述①.

(2)针对量子力学中出现的"非局域关联",他认为乞求超距离作用是违反相对论教义的(信息传递不能超光速).

(3)关于"物理实在性"(physical reality), Einstein 有一句名言:"I like to think that the moon is there even I don't look at it ."②.

关于物理实在性的确切含义,N. Gisin 有一个重要的提醒,见 3.2.1 节,[注 2].

---

① 玻尔研究所的早年岁月,(1921-1930),杨福家,卓益忠,曾谨言译,北京,科学出版社,1985,pp. 144,146 .

② E. Mooij, Nature Physics **6**(2010) 401.

3.1.2　2 电子纠缠态，Bell 基

在卷 I，9.4 节中，讨论了 2 电子体系的自旋耦合. 2 电子的自旋之和记为 $\boldsymbol{S}=\boldsymbol{s}_1+\boldsymbol{s}_2$，

$$\boldsymbol{S}^2=\boldsymbol{s}_1^2+\boldsymbol{s}_2^2+2\boldsymbol{s}_1\cdot\boldsymbol{s}_2=\frac{1}{2}\hbar^2(3+\boldsymbol{\sigma}_1\cdot\boldsymbol{\sigma}_2) \tag{3.1.10}$$

$(\boldsymbol{S}^2,S_z)$的共同本征态记为$|S,M\rangle$，$\boldsymbol{S}^2$ 的本征值为 $S(S+1)\hbar^2$，$S=0,1$，S_z 的本征值为$M\hbar(M\leqslant S)$，

$$\begin{aligned}
|0,0\rangle &= \frac{1}{\sqrt{2}}[|\uparrow\rangle_1|\downarrow\rangle_2-|\downarrow\rangle_1|\uparrow\rangle_2]\\
|1,0\rangle &= \frac{1}{\sqrt{2}}[|\uparrow\rangle_1|\downarrow\rangle_2+|\downarrow\rangle_1|\uparrow\rangle_2]\\
|1,1\rangle &= |\uparrow\rangle_1|\uparrow\rangle_2\\
|1,-1\rangle &= |\downarrow\rangle_1|\downarrow\rangle_2
\end{aligned} \tag{3.1.11}$$

其中$|S=1,M=1,0,-1|$称为自旋三重态(triplet state)，$|S=0,M=0\rangle$称为自旋单态(singlet state). $|1,\pm1\rangle$为直积态，而$|0,0\rangle$和$|1,0\rangle$为纠缠态. 这不足为奇，因为尽管 $\boldsymbol{S}^2$ 为 2 体自旋算符，而 S_z 为单体自旋算符.

如果希望所有的共同本征态都是纠缠态，就是选择由 2 体自旋算符构成的对易力学量完全集的共同本征态. 不难证明：对于 2 电子体系

$$\begin{aligned}
(\sigma_{1x}\sigma_{2x})(\sigma_{1y}\sigma_{2y})(\sigma_{1z}\sigma_{2z}) &= -1\\
(\sigma_{1x}\sigma_{2y})(\sigma_{1y}\sigma_{2z})(\sigma_{1z}\sigma_{2x}) &= -1\\
(\sigma_{1x}\sigma_{2z})(\sigma_{1z}\sigma_{2y})(\sigma_{1y}\sigma_{2x}) &= -1
\end{aligned} \tag{3.1.12}$$

上式中 $\sigma_{i\alpha}$ 为 Pauli 矩阵，$i=1,2,3$，$\alpha=x,y,z$. 以上各式中，任何一式的左侧的 3 个 2 体自旋算符中任何两个，都构成体系的一组对易力学量完全集(CSCO)，它们的共同本征态就是 Bell 基，[表 3.1].

表 3.1　Bell 基

Bell 基	$\sigma_{1x}\sigma_{2x}$	$\sigma_{1y}\sigma_{2y}$	$\sigma_{1z}\sigma_{2z}$
$\vert\phi^+\rangle_{12}=\frac{1}{\sqrt{2}}[\vert\uparrow\rangle_1\vert\uparrow\rangle_2+\vert\downarrow\rangle_1\vert\downarrow\rangle_2]$	+1	−1	+1
$\vert\phi^-\rangle_{12}=\frac{1}{\sqrt{2}}[\vert\uparrow\rangle_1\vert\uparrow\rangle_2-\vert\downarrow\rangle_1\vert\downarrow\rangle_2]$	−1	+1	+1
$\vert\psi^+\rangle_{12}=\frac{1}{\sqrt{2}}[\vert\uparrow\rangle_1\vert\downarrow\rangle_2+\vert\downarrow\rangle_1\vert\uparrow\rangle_2]$	+1	+1	−1
$\vert\psi^-\rangle_{12}=\frac{1}{\sqrt{2}}[\vert\uparrow\rangle_1\vert\downarrow\rangle_2-\vert\downarrow\rangle_1\vert\uparrow\rangle_2]$	−1	−1	−1

还可以证明

$$
\begin{aligned}
(\sigma_{1x}\sigma_{2y})(\sigma_{1y}\sigma_{2x})(\sigma_{1z}\sigma_{2z}) &= +1 \\
(\sigma_{1y}\sigma_{2z})(\sigma_{1z}\sigma_{2y})(\sigma_{1x}\sigma_{2x}) &= +1 \\
(\sigma_{1z}\sigma_{2x})(\sigma_{1x}\sigma_{2z})(\sigma_{1y}\sigma_{2y}) &= -1
\end{aligned}
\tag{3.1.13}
$$

上列各式中,任何一式的左侧的3个2体自旋算符中任何两个,都构成体系的一组CSCO,它们的共同本征态,都是纠缠态.表3.2中所列是$(\sigma_{1x}\sigma_{2y})$与$(\sigma_{1y}\sigma_{2x})$的共同本征态,也是$(\sigma_{1z}\sigma_{2z})$的本征态.

表3.2 $(\boldsymbol{\sigma}_{1x}\boldsymbol{\sigma}_{2y})$与$(\boldsymbol{\sigma}_{1y}\boldsymbol{\sigma}_{2x})$的共同本征态与本征值

共同本征态	$\sigma_{1x}\sigma_{2y}$	$\sigma_{1y}\sigma_{2x}$	$\sigma_{1z}\sigma_{2z}$
$\frac{1}{\sqrt{2}}[\|\uparrow\rangle_1\|\uparrow\rangle_2+\mathrm{i}\|\downarrow\rangle_1\|\downarrow\rangle_2]$	+1	−1	+1
$\frac{1}{\sqrt{2}}[\|\uparrow\rangle_1\|\uparrow\rangle_2-\mathrm{i}\|\downarrow\rangle_1\|\downarrow\rangle_2]$	−1	+1	+1
$\frac{1}{\sqrt{2}}[\|\uparrow\rangle_1\|\downarrow\rangle_2+\mathrm{i}\|\downarrow\rangle_1\|\uparrow\rangle_2]$	+1	+1	−1
$\frac{1}{\sqrt{2}}[\|\uparrow\rangle_1\|\downarrow\rangle_2-\mathrm{i}\|\downarrow\rangle_1\|\uparrow\rangle_2]$	−1	−1	−1

[注4] 表3.1和3.2中的所有2电子态都是纠缠态,而且是两项直积态的等权重的相干叠加,这是由于选择了Pauli表象,即$(\sigma_{1z}\sigma_{2z})$表象.如果选择其他表象,则可能含有4项.例如,利用单电子态的σ_z与σ_x表象的基矢之间的关系,

$$
|\uparrow\rangle=\frac{1}{\sqrt{2}}[|\rightarrow\rangle+|\leftarrow\rangle],\quad |\downarrow\rangle=\frac{1}{\sqrt{2}}[|\rightarrow\rangle-|\leftarrow\rangle] \tag{3.1.14}
$$

这里$|\rightarrow\rangle$和$|\leftarrow\rangle$分别表示$\sigma_x=\pm1$的本征态,则在$(\sigma_{1x},\sigma_{2x})$表象中,则下列各直积态应表示为

$$
|\uparrow\rangle_1|\uparrow\rangle_2=\frac{1}{\sqrt{2}}[|\rightarrow\rangle|\rightarrow\rangle+|\rightarrow\rangle|\leftarrow\rangle+|\leftarrow\rangle|\rightarrow\rangle+|\leftarrow\rangle|\leftarrow\rangle]
$$

$$
|\downarrow\rangle_1|\downarrow\rangle_2=\frac{1}{\sqrt{2}}[|\rightarrow\rangle|\rightarrow\rangle-|\rightarrow\rangle|\leftarrow\rangle-|\leftarrow\rangle|\rightarrow\rangle+|\leftarrow\rangle|\leftarrow\rangle]
$$

而纠缠态$|\psi^-\rangle=|0,0\rangle$则表示为

$$
\begin{aligned}
|\psi^-\rangle &= \frac{1}{\sqrt{2}}[|\uparrow\rangle_1|\downarrow\rangle_2-|\downarrow\rangle_1|\uparrow\rangle_2] \\
&= \frac{1}{2}[|\rightarrow\rangle|\rightarrow\rangle+|\rightarrow\rangle|\leftarrow\rangle+|\leftarrow\rangle|\rightarrow\rangle+|\leftarrow\rangle|\leftarrow\rangle]
\end{aligned}
$$

不难验证,表3.1和3.2中所有的2电子态的单粒子约化密度矩阵均为

$$
\rho_1=\rho_2=\frac{1}{2}\begin{pmatrix}1 & 0\\ 0 & 1\end{pmatrix} \tag{3.1.15}
$$

即矩阵的秩(rank)$r=2$,所以总可以找到合适的非耦合表象,把它们表示为只含2项直积态的相干叠加,这种表象可称为优选表象[①].在任何非耦合表象中都不能表示为直积态的形式的量

---

① M. Q. Ruan & J. Y. Zeng, Phys. Rev. **A 70**(2004) 052113; M. Q. Ruan, G. Xu, J. Y. Zeng, Science in China, Ser. G, **47**(2004) 36;曾谨言,阮曼奇,量子力学新进展,第三集,北京,清华大学出版社,2003.

子纯态,称为纠缠态.一个量子纯态是否为纠缠态,不依赖于所取表象.. 对于直积态,单体约化密度矩阵的秩为 $r=1$.

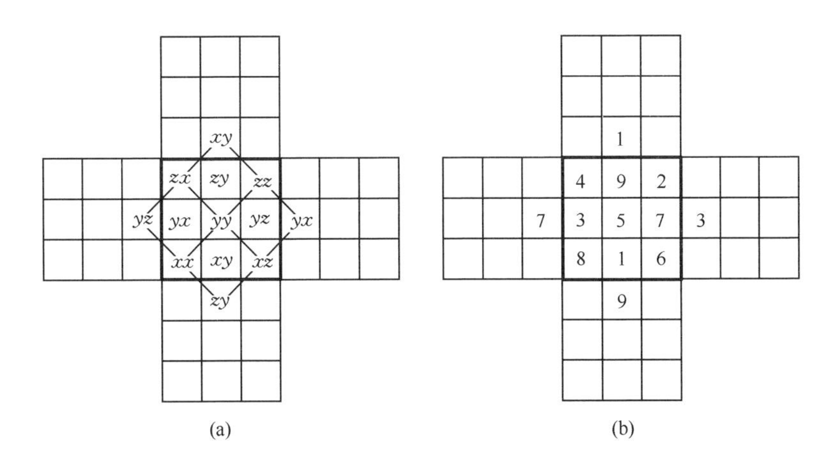

图 3.2 将 9 个二体自旋算符 $\sigma_{1\alpha}\sigma_{2\beta}$(简记为 $\alpha\beta,\alpha,\beta=x,y,z$)有规律地放在 9 个小方块中,构成一个 3×3 的大方块,即图 3.2(a) 的粗线所围成的大方块.把此大方块向左,右,上,下 4 个方向延拓,就构成图 3.2(a).图中所示沿±45°方向,各有 3 条线.分别把各条线上的 3 个二体自旋算符相乘,将分别等于±1,这就构成(3.13)式和(3.12)式,这可能是 $SU_2\otimes SU_2$ 对称性的反映.图 3.2(a)与图 3.2(b)在形式上相似.后者就是中国古典文献《易经》中的九宫图.图 3.2(b)的用粗线所围成的九宫图中,每一行(列)中的 3 个数相加的和是 15,两个对角线的 3 个数相加分别也是 1

练习 1 设 $\boldsymbol{a}$ 与 $\boldsymbol{b}$ 为空间任意两个方向的单位矢量,计算在自旋单态 $|\psi^-\rangle_{12}=\frac{1}{\sqrt{2}}[|\uparrow\rangle_1|\downarrow\rangle_2-|\downarrow\rangle_1|\uparrow\rangle_2]$,证明 $(\boldsymbol{\sigma}_1\cdot\boldsymbol{a})(\boldsymbol{\sigma}_2\cdot\boldsymbol{b})$ 的平均值为

$$\langle\overline{(\boldsymbol{\sigma}_1\cdot\boldsymbol{a})(\boldsymbol{\sigma}_2\cdot\boldsymbol{b})}\rangle={}_{12}\langle\psi^-|(\boldsymbol{\sigma}_1\cdot\boldsymbol{a})(\boldsymbol{\sigma}_2\cdot\boldsymbol{b})|\psi^-\rangle_{12}=-(\boldsymbol{a}\cdot\boldsymbol{b}) \tag{3.1.16}$$

提示 利用 $(\boldsymbol{\sigma}_1+\boldsymbol{\sigma}_2)|\psi^-\rangle_{12}=0$,以及 $(\boldsymbol{\sigma}\cdot\boldsymbol{a})(\boldsymbol{\sigma}\cdot\boldsymbol{b})=\boldsymbol{a}\cdot\boldsymbol{b}+\mathrm{i}\boldsymbol{\sigma}\cdot\boldsymbol{a}\times\boldsymbol{b}$.

3.1.3 光子的偏振态与双光子纠缠态

光子是电磁场量子,自旋为 1,静质量为 0,因而无静止参考系.自旋指向总是与光子运动方向垂直.这表现为经典电磁波为横波,即电场与磁场方向与波传播方向垂直(以下取传播方向为 z 轴,即波矢沿 z 轴方向).习惯上取电场方向为偏振方向.任何偏振态均可分解两个互相垂直的线偏振态,例如,水平方向(x)和垂直方向(y)的线偏振态,记为 $|x\rangle$ 和 $|y\rangle$(图 3.3).绕 z 轴旋转 θ 角后,

$$|x\rangle\rightarrow|x(\theta)\rangle=\cos\theta|x\rangle+\sin\theta|y\rangle \tag{3.1.17}$$

$$|y\rangle\rightarrow|y(\theta)\rangle=-\sin\theta|x\rangle+\cos\theta|y\rangle \tag{3.1.18}$$

或表示成

$$\begin{pmatrix}|x(\theta)\rangle\\|y(\theta)\rangle\end{pmatrix}=\begin{pmatrix}\cos\theta & \sin\theta\\-\sin\theta & \cos\theta\end{pmatrix}\begin{pmatrix}|x\rangle\\|y\rangle\end{pmatrix}=R_z(\theta)\begin{pmatrix}|x\rangle\\|y\rangle\end{pmatrix}$$

$$R_z(\theta) = \begin{pmatrix} \cos\theta & \sin\theta \\ -\sin\theta & \cos\theta \end{pmatrix} \tag{3.1.19}$$

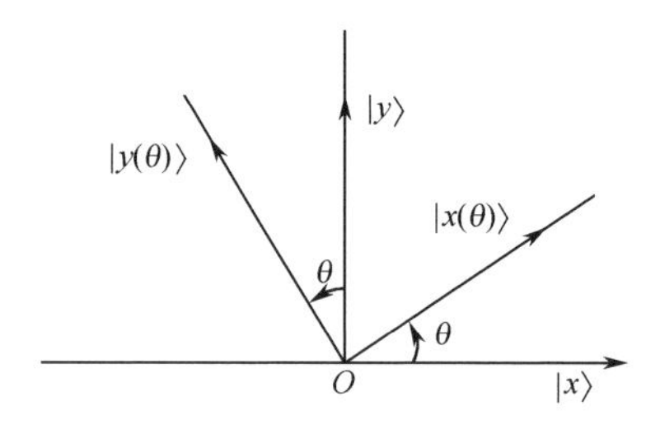

图 3.3

$R_z(\theta)$是实正交矩阵，描述坐标系绕 z 轴旋转 θ 角. 由于绕定轴的旋转群为 Abel 群，$R_z(\theta)$是可约化的. 不难证明，$R_z(\theta)$的两个本征态可以表示成

$$|R\rangle = \frac{1}{\sqrt{2}}\begin{pmatrix} 1 \\ \mathrm{i} \end{pmatrix}, \quad |L\rangle = \frac{1}{\sqrt{2}}\begin{pmatrix} \mathrm{i} \\ 1 \end{pmatrix} \tag{3.1.20}$$

分别称为右旋和左旋偏振态，相应的 $R_z(\theta)$的本征值为 $\mathrm{e}^{\pm \mathrm{i}\theta}$. 不难看出，$R_z(\theta)=\mathrm{e}^{\mathrm{i}\theta s_z}$ 的生成元(无穷小算符)为①

$$s_z = \begin{pmatrix} 0 & -\mathrm{i} \\ \mathrm{i} & 0 \end{pmatrix} = \sigma_y \tag{3.1.21}$$

而$|R\rangle$和$|L\rangle$是 s_z 的本征态，s_z 本征值分别为± 1，$s_z|R\rangle=|R\rangle$，$s_z|L\rangle=-|L\rangle$. 这反映光子自旋 $s=1$(而不是 1/2).

在量子力学中，右旋和左旋光子态习惯上记为$|+\rangle$和$|-\rangle$

$$\begin{aligned} |+\rangle &= \frac{1}{\sqrt{2}}(|x\rangle + \mathrm{i}|y\rangle) \\ |-\rangle &= \frac{1}{\sqrt{2}}(|x\rangle - \mathrm{i}|y\rangle) \end{aligned} \tag{3.1.22}$$

不难看出，$s_y|\pm\rangle=\pm|\pm\rangle$，即$|+\rangle$和$|-\rangle$是 s_y 本征态，本征值为± 1，分别称为右旋光子态和左旋光子态.

现在来考虑双光子体系. 设一个光子沿$+z$ 轴方向传播，另一个往$-z$ 轴方向传播，则下列双光子偏振态

$$|+\rangle_1|-\rangle_2, \; |-\rangle_1|+\rangle_2 \tag{3.1.23}$$

是双光子体系总自旋投影 $S_z=s_{1z}+s_{2z}=0$ 的本征态. 它们对于绕 z 轴是旋转不变的[注意，光子自旋沿传播方向的投影，称为螺旋度(helicity). 由于两个光子传播

① 注意，不要因为出现 σ_y 矩阵而误以为光子的自旋为 1/2.

方向相反,所以两个光子的螺旋度是相同的]. 注意,式(3.1.23)所示两个偏振态并非纠缠态. 但借助它们可以构造

$$|\psi^{\pm}\rangle_{12} = -\frac{1}{\sqrt{2}}(|+\rangle_1|-\rangle_2 \pm |-\rangle_1|+\rangle_2) \tag{3.1.24}$$

它们是双光子的偏振纠缠态,仍然是总自旋投影 $S_z=0$ 的本征态.

设绕 z 轴旋转 θ 角后的 x 轴和 y 轴方向的线偏振态分别记为 $|x(\theta)\rangle$ 和 $|y(\theta)\rangle$ [见式(3.1.19)]. 定义算符(相当于电子的 $\boldsymbol{\sigma}$ 沿 θ 角方向的分量)

$$\tau(\theta) = |x(\theta)\rangle\langle x(\theta)| - |y(\theta)\rangle\langle y(\theta)| \tag{3.1.25}$$

显然

$$\tau(\theta)|x(\theta)\rangle = +|x(\theta)\rangle, \quad \tau(\theta)|y(\theta)\rangle = -|y(\theta)\rangle \tag{3.1.26}$$

即 $|x(\theta)\rangle$ 和 $|y(\theta)\rangle$ 都是 $\tau(\theta)$ 的本征态,本征值为 ±1. 式(3.1.25)是算符 $\tau(\theta)$ 的谱表示[见 1.1 节 ,式(3.1.23)].

练习 2 计算在双光子纠缠态(3.1.24)下 $\tau_1(\theta_1)\tau_2(\theta_2)$ 的平均值.

考虑到 $|\psi^+\rangle_{12}$ 态对 z 轴旋转的不变性,

$$\begin{aligned}{}_{12}\langle\psi^+|\tau_1(\theta_1)\tau_2(\theta_2)|\psi^+\rangle_{12} &= {}_{12}\langle\psi^+|\tau_1(0)\tau_2(\theta_2-\theta_1)|\psi^+\rangle_{12} \\ &= \frac{1}{2}[{}_2\langle x|\tau_2(\theta_2-\theta_1)|x\rangle_2 + {}_2\langle y|\tau_2(\theta_2-\theta_1)|y\rangle_2]\end{aligned}$$

经过计算得(注)

$${}_{12}\langle\psi^+|\tau_1(\theta_1)\tau_2(\theta_2)|\psi^+\rangle_{12} = \cos^2(\theta_2-\theta_1) - \sin^2(\theta_2-\theta_1) = \cos2(\theta_2-\theta_1) \tag{3.1.27}$$

(注)令 $\theta=\theta_2-\theta_1$,

$$\begin{aligned}{}_2\langle x|\tau_2(\theta)|x\rangle_2 &= {}_2\langle x\mid x(\theta)\rangle_2 \cdot {}_2\langle x(\theta)|x\rangle_2 - {}_2\langle x|y(\theta)\rangle_2 \cdot {}_2\langle y(\theta)|x\rangle_2 \\ &= (1\quad 0)\begin{pmatrix}\cos\theta \\ \sin\theta\end{pmatrix}(\cos\theta\quad \sin\theta)\begin{pmatrix}1\\0\end{pmatrix} - (1\quad 0)\begin{pmatrix}-\sin\theta \\ \cos\theta\end{pmatrix}(-\sin\theta\quad \cos\theta)\begin{pmatrix}1\\0\end{pmatrix} \\ &= \cos^2\theta - \sin^2\theta\end{aligned}$$

类似有

$${}_2\langle y|\tau_2(\theta)|y\rangle_2 = \cos^2\theta - \sin^2\theta$$

3.1.4 N ($N\geqslant3$)量子比特的纠缠态,GHZ 态

可以证明[①],对于 3 量子比特体系,4 个 3 体自旋算符有下列关系

$$(\sigma_{1x}\sigma_{2y}\sigma_{3y})(\sigma_{1y}\sigma_{2x}\sigma_{3y})(\sigma_{1y}\sigma_{2y}\sigma_{3x})(\sigma_{1x}\sigma_{2x}\sigma_{3x}) = -1 \tag{3.1.28}$$

上列左侧的 4 个 3 体自旋算符中,任何 3 个都构成一个 CSCO. 例如,取

① M. Q. Ruan & J. Y. Zeng, Phys. Rev. **A 70**(2004) 052113.

$$\{A_1, A_2, A_3\} = \{(\sigma_{1x}\sigma_{2y}\sigma_{3y}), (\sigma_{1y}\sigma_{2x}\sigma_{3y}), (\sigma_{1y}\sigma_{2y}\sigma_{3x})\} \tag{3.1.29}$$

它们的共同本征态,如表 3.3 所示,称为 GHZ 态.

表 3.3　3 量子比特的 GHZ 态

$(\sigma_{1z}, \sigma_{2z}, \sigma_{3z})$表象	$\sigma_{1x}\sigma_{2y}\sigma_{3y}$	$\sigma_{1y}\sigma_{2x}\sigma_{3y}$	$\sigma_{1y}\sigma_{2y}\sigma_{3x}$	$\sigma_{1x}\sigma_{2x}\sigma_{3x}$
$\frac{1}{\sqrt{2}}[\lvert\uparrow\uparrow\uparrow\rangle \pm \lvert\downarrow\downarrow\downarrow\rangle]$	∓ 1	∓ 1	∓ 1	± 1
$\frac{1}{\sqrt{2}}[\lvert\uparrow\uparrow\downarrow\rangle \pm \lvert\downarrow\downarrow\uparrow\rangle]$	± 1	± 1	∓ 1	± 1
$\frac{1}{\sqrt{2}}[\lvert\uparrow\downarrow\uparrow\rangle \pm \lvert\downarrow\uparrow\downarrow\rangle]$	± 1	∓ 1	± 1	± 1
$\frac{1}{\sqrt{2}}[\lvert\uparrow\downarrow\downarrow\rangle \pm \lvert\downarrow\uparrow\uparrow\rangle]$	∓ 1	± 1	± 1	± 1

类似,还可以分析 4 量子比特的 GHZ 态. 设$(\sigma_{1\alpha}\sigma_{2\beta}\sigma_{3\gamma}\sigma_{4\delta})$简单表示为$(\alpha\beta\gamma\delta)$, $\alpha, \beta, \gamma, \delta = x, y, z$. 可以证明

$$\begin{aligned}(xxxx)(yyyy) &= (xxyy)(yyxx) = (xyxy)(yxyx) \\ &= (xyyx)(yxxy) = (zzzz)\end{aligned} \tag{3.1.30}$$

这 9 个 4 体算符中任何 4 个函数独立的 4 体算符,都构成 4 量子比特体系的一个 CSCO . 例如,$\{(xxxx), (xxyy), (xyxy), (xyyx)\}$就组成一个 CSCO. 当然,在这 4 个 4 体算符中,把任何一个换成$(zzzz)$,也构成一个 CSCO. 它们的共同本征态列于表 3.4 中.

表 3.4　4 量子比特的 GHZ 态

$(zzzz)$表象	$xxxx$	$xxyy$	$xyxy$	$xyyx$	$zzzz$
$\frac{1}{\sqrt{2}}[\lvert\uparrow\uparrow\uparrow\uparrow\rangle \pm \lvert\downarrow\downarrow\downarrow\downarrow\rangle]$	± 1	∓ 1	∓ 1	∓ 1	+
$\frac{1}{\sqrt{2}}[\lvert\uparrow\uparrow\uparrow\downarrow\rangle \pm \lvert\downarrow\downarrow\downarrow\uparrow\rangle]$	± 1	± 1	± 1	∓ 1	−
$\frac{1}{\sqrt{2}}[\lvert\uparrow\uparrow\downarrow\downarrow\rangle \pm \lvert\downarrow\downarrow\uparrow\downarrow\rangle]$	± 1	± 1	∓ 1	± 1	−
$\frac{1}{\sqrt{2}}[\lvert\uparrow\uparrow\downarrow\downarrow\rangle \pm \lvert\downarrow\downarrow\uparrow\uparrow\rangle]$	± 1	∓ 1	± 1	± 1	+
$\frac{1}{\sqrt{2}}[\lvert\uparrow\downarrow\uparrow\uparrow\rangle \pm \lvert\downarrow\uparrow\downarrow\downarrow\rangle]$	± 1	∓ 1	∓ 1	± 1	−
$\frac{1}{\sqrt{2}}[\lvert\uparrow\downarrow\uparrow\downarrow\rangle \pm \lvert\downarrow\uparrow\downarrow\uparrow\rangle]$	± 1	± 1	∓ 1	± 1	+
$\frac{1}{\sqrt{2}}[\lvert\uparrow\downarrow\downarrow\uparrow\rangle \pm \lvert\downarrow\uparrow\uparrow\downarrow\rangle]$	± 1	± 1	± 1	∓ 1	+
$\frac{1}{\sqrt{2}}[\lvert\uparrow\downarrow\downarrow\downarrow\rangle \pm \lvert\downarrow\uparrow\uparrow\uparrow\rangle]$	± 1	∓ 1	± 1	± 1	−

3.2 Bell 定理

3.2.1 Bell 不等式，CHSH 不等式，局域实在论

20 世纪 60 年代，J. Bell[①] 分析了 EPR 佯谬的 Bohm 形式. 在局域隐变量(local hidden variable)假定下，得出了一个不等式，即著名的 Bell 不等式. 实验证明，自旋为 1/2 粒子的自旋 $\boldsymbol{s}=\boldsymbol{\sigma}/2(\hbar=1)$沿任何方向的分量的测量值，只有两种可能，即$\pm 1/2$，即 $\boldsymbol{\sigma}$ 沿任何方向的分量只能± 1. 考虑自旋为 1/2 的 2 粒子组成的体系，处于自旋单态$|\psi^-\rangle$(参见 3.1.1 节，表 3.1).

设粒子 1 的 $\boldsymbol{\sigma}_1$ 沿空间方向 $\boldsymbol{a}$ 的投影的测量结果记为$A(\boldsymbol{a},\lambda)$，它依赖于方向 $\boldsymbol{a}$ 和隐变量 λ，$A(\boldsymbol{a},\lambda)=\pm 1$. 与此类似，设粒子 2 的 $\boldsymbol{\sigma}_2$ 在空间方向 $\boldsymbol{b}$ 的投影的测量结果记为 $B(\boldsymbol{b},\lambda)$，它依赖于方向 $\boldsymbol{b}$ 和隐变量 λ，而 $B(\boldsymbol{b},\lambda)=\pm 1$. 两个粒子的自旋沿不同方向 $\boldsymbol{a}$ 和 $\boldsymbol{b}$ 的投影的关联为 $A(\boldsymbol{a},\lambda)B(\boldsymbol{b},\lambda)$. 考虑到在现今实验中隐变量 λ 尚未被人们揭示出来，设 λ 有一个分布 $\rho(\lambda)$，$\int \mathrm{d}\lambda\rho(\lambda)=1$ (归一化). 在实验中观测到的关联，是已经对隐参量进行了平均后的结果，即

$$P(\boldsymbol{a},\boldsymbol{b})=\int \mathrm{d}\lambda\rho(\lambda)A(\boldsymbol{a},\lambda)B(\boldsymbol{b},\lambda) \tag{3.2.1}$$

按照量子态的统计诠释，$P(\boldsymbol{a},\boldsymbol{b})$相当于量子力学中自旋为 1/2 的 2 粒子体系的可观测量$(\boldsymbol{\sigma}_1,\boldsymbol{a})(\boldsymbol{\sigma}_2,\boldsymbol{b})$在自旋单态$|\psi^-\rangle$下的平均值，

$$P(\boldsymbol{a},\boldsymbol{b})\sim\langle\psi^-|(\boldsymbol{\sigma}_1\cdot\boldsymbol{a})(\boldsymbol{\sigma}_2\cdot\boldsymbol{b})|\psi^-\rangle=-\boldsymbol{a}\cdot\boldsymbol{b} \tag{3.2.2}$$

Bell 证明了下列不等式(证明见注 1)

$$|P(\boldsymbol{a},\boldsymbol{b})-P(\boldsymbol{a},\boldsymbol{c})|\leqslant 1+P(\boldsymbol{b},\boldsymbol{c}) \tag{3.2.3}$$

它给出在自旋单态下，自旋为 1/2 的 2 粒子体系的 $\boldsymbol{\sigma}_1$ 和 $\boldsymbol{\sigma}_2$ 沿 3 个不同方向 $\boldsymbol{a}$，$\boldsymbol{b}$，$\boldsymbol{c}$ 的各分量 $P(\boldsymbol{a},\boldsymbol{b})$，$P(\boldsymbol{a},\boldsymbol{c})$和 $P(\boldsymbol{b},\boldsymbol{c})$之间的关联，此即 Bell 不等式.

后来，J. F. Clauser, *et al*[②]，在局域隐变量的假定下，进一步分析了自旋为 1/2 的 2 粒子体系的 $\boldsymbol{\sigma}_1$ 和 $\boldsymbol{\sigma}_2$ 沿 4 个不同方向 $\boldsymbol{a},\boldsymbol{b},\boldsymbol{a}',\boldsymbol{b}'$的各分量之间的关联，得出下列不等式

$$|P(\boldsymbol{a},\boldsymbol{b})+P(\boldsymbol{a}',\boldsymbol{b})-P(\boldsymbol{a},\boldsymbol{b}')+P(\boldsymbol{a}',\boldsymbol{b}')|\leqslant 2 \tag{3.2.4}$$

此即 CHSH 不等式. Bell 不等式与 CHSH 不等式都是基于局域隐变量而导出，但后者较便于和实验观测进行比较. (3.2.4)式的左侧称为Bell信号(Bell's signal).

按照 CHSH 不等式，Bell信号$\leqslant 2$. 而按照量子力学理论，式(3.2.4)左侧所示 Bell 信号的最大值为 $2\sqrt{2}=2.828$(注 1)，与局域隐变量(LHV)假定所得出的结论

---

① J. Bell, Physics **1**(1964) 195.

② J. F. Clauser, M. A. Horne, A. Shimony, R. A. Holt, Phys. Rev. Lett. **23**(1969) 880.

矛盾.后来所有的精确实验观测结果都表明[见下节],Bell信号>2,与局域隐变量(LHV)假定所得出的结论矛盾,而与量子力学理论的预期一致.

[注 1] 按照量子力学理论,对于自旋为 1/2 的 2 粒子体系[参见式(3.2.2],当相邻单位方向矢量 $\boldsymbol{a},\boldsymbol{b},\boldsymbol{a}',\boldsymbol{b}'$之间的夹角为 $\theta=\pi/4$ 时,即

$$\cos(\boldsymbol{a}\cdot\boldsymbol{b})=\cos(\boldsymbol{a}'\cdot\boldsymbol{b})=\cos(\boldsymbol{a}'\cdot\boldsymbol{b}')=\cos(\boldsymbol{a},\boldsymbol{b}')=\cos(\pi/4)=\sqrt{2}/2,$$

所以 Bell 信号$=2\sqrt{2}$.

早期的实验是用偏振双光子态来进行的.按 3.1.3 节,式(3.1.27),相应的角度应为 $2\theta=\pi/4$,即 $\theta=\pi/8=22.5°$.

[注 2] 局域实在论的确切含义

对于局域实在论(local realism),M. A. Rowe① 有如下确切表述:

"Local realism is the idea that objects have definite properties whether or not they are measured (注:此即 physical reality 概念),and that measurements of these properties are not affected by events taking place sufficiently far away (注:此即 locality 概念)."

对于物理实在论(physical realism)和局域性(locality),S. Gröblacher, *et al*②. 有如下确切的表述:

"Physical realism suggests that the results of observation are a consequence properties carried by physical systems." "All measurement outcomes depend on pre-existing properties of objects that are independent of the measurement."(物理实在论)

"Locality means that local events cannot be affected by actions in space-like regions." 即($|\boldsymbol{r}_1-\boldsymbol{r}_2|^2\geqslant c^2(t_1-t_2)^2$ 区域.(局域性)

[注 3] Bell 不等式的证明

按照(3.2.1)式,有

$$\begin{aligned}P(\boldsymbol{a}-\boldsymbol{b})-P(\boldsymbol{a}-\boldsymbol{b}')&=\int \mathrm{d}\lambda\rho(\lambda)[A(\boldsymbol{a},\lambda)B(\boldsymbol{b},\lambda)-A(\boldsymbol{a},\lambda)B(\boldsymbol{b}',\lambda)]\\&=\int \mathrm{d}\lambda\rho(\lambda)\{A(\boldsymbol{a},\lambda)B(\boldsymbol{b},\lambda)[1\pm A(\boldsymbol{a}',\lambda)B(\boldsymbol{b}',\lambda)]\}\\&\quad-\int \mathrm{d}\lambda\rho(\lambda)\{A(\boldsymbol{a},\lambda)B(\boldsymbol{b}',\lambda)[1\pm A(\boldsymbol{a}',\lambda)B(\boldsymbol{b}',\lambda)]\}\end{aligned}$$

考虑到

$$-1\leqslant A(\boldsymbol{a},\lambda)B(\boldsymbol{b},\lambda)\leqslant+1,\quad -1\leqslant A(\boldsymbol{a},\lambda)B(\boldsymbol{b}',\lambda)\leqslant 1$$

可得

$$\begin{aligned}&|P(\boldsymbol{a},\boldsymbol{b})-P(\boldsymbol{a},\boldsymbol{b}')|\\&\leqslant\int \mathrm{d}\lambda\rho(\lambda)[1\pm A(\boldsymbol{a}',\lambda)B(\boldsymbol{b}',\lambda)]+\int \mathrm{d}\lambda\rho(\lambda)[1\pm A(\boldsymbol{a}',\lambda)B(\boldsymbol{b},\lambda)]\end{aligned}$$

即

$$|P(\boldsymbol{a},\boldsymbol{b})-P(\boldsymbol{a},\boldsymbol{b}')|\leqslant 2+[P(\boldsymbol{a}',\boldsymbol{b}')+P(\boldsymbol{a}',\boldsymbol{b})]$$

---

① M. A. Rowe, *et al*., Nature **409**(2001) 791.

② S. Gröblacher, *et al*., Nature **446**(2007) 871.

如让 $\boldsymbol{a}'=\boldsymbol{b}'=\boldsymbol{c}$，考虑到 $P(c,c)=1$，而且 $P(\boldsymbol{b},\boldsymbol{c})=P(\boldsymbol{c},\boldsymbol{b})$，则得

$$|P(\boldsymbol{a},\boldsymbol{b})-P(\boldsymbol{a},\boldsymbol{c})|\leqslant 2\pm[-1+P(\boldsymbol{b},\boldsymbol{c})]$$

由于$-1+P(\boldsymbol{b},\boldsymbol{c})\leqslant 0$，上式可化为

$$|P(\boldsymbol{a},\boldsymbol{b})-P(\boldsymbol{a},\boldsymbol{c})|\leqslant 2+[-1+P(\boldsymbol{b},\boldsymbol{c})]$$

即

$$|P(\boldsymbol{a},\boldsymbol{b})-P(\boldsymbol{a},\boldsymbol{c})|\leqslant 1+P(\boldsymbol{b},\boldsymbol{c})$$

Bell 不等式证毕.

[注 4] CHSH 不等式的证明

CHSH 不等式的证明与 Bell 不等式的证明相似，但涉及 $\boldsymbol{\sigma}$ 沿任何 4 个不同方向 $\boldsymbol{a},\boldsymbol{b},\boldsymbol{a}',\boldsymbol{b}'$ 的分量的观测值的关联. 为表述简洁，把$\langle\boldsymbol{\sigma}\cdot\boldsymbol{a}\rangle$，$\langle\boldsymbol{\sigma}\cdot\boldsymbol{b}\rangle$，$\langle\boldsymbol{\sigma}\cdot\boldsymbol{a}'\rangle$，$\langle\boldsymbol{\sigma}\cdot\boldsymbol{b}'\rangle$分别简单记为 a，b，a'，b'. [注意：$a,b,a',b'=\pm 1$]. 不难证明，

$$(a+a')b-(a-a')b'=\pm 2$$

(分别考虑两种情况，即 $a+a'=0$，$a-a'=0$，两种情况来证明.) 对隐变量分布 $\rho(\lambda)$ 求平均后，得出

$$\langle ab\rangle+\langle a'b\rangle-\langle ab'\rangle+\langle a'b'\rangle=\langle\theta\rangle$$

上式中 $\theta=\pm 2$，$|\langle\theta\rangle|\leqslant 2$. 因此，

$$|\langle ab\rangle+\langle a'b\rangle-\langle ab'\rangle+\langle a'b'\rangle|\leqslant 2$$

或写成

$$|P(\boldsymbol{a},\boldsymbol{b})+P(\boldsymbol{a}',\boldsymbol{b})-P(\boldsymbol{a},\boldsymbol{b}')+P(\boldsymbol{a}',\boldsymbol{b}')|\leqslant 2$$

CHSH 不等式证毕.

3.2.2 Bell 不等式与实验的比较

Aspect 在文献①中对 1999 年以前有关 Bell 定理的实验工作的进展做了系统总结. 早期的实验工作始于 20 世纪 70 年代②，是用双光子偏振态来进行的. 由于激光物理和现代光学的进展，在 80 年代建立了第 2 代实验装置③，使用了基于非线性光学中原子级联辐射产生的高效的关联光子对. 第 2 代的实验给出的结果与不等式的偏离超过 10 个标准偏离. 第 3 代的系列实验始于 80 年代后期④⑤. 文献①还提及 90 年代末期 Innsbruck 研究组的工作⑥，它避免了实验观测中的“光椎漏洞”(light-cone loopholes)，即保证实验中没有来自光椎(light cone)之外

---

① A. Aspect, Nature **398**(1999) 189.

② S. J. Freedman & J. F. Clauser, Phys. Rev. Lett. **28**(1972) 938.

③ A. Aspect, P. Grangier, & G. Roger, Phys. Rev. Lett. **49**(1982) 91.

④ Y. H. Shih & C. O. Alley, Phys. Rev. Lett. **61**(1988) 2921;[6] ZY. Ou&L. Mandel, Phys. Rev. Lett. **61**(1988) 50

Z. Y. Ou, S. F. Peirera, H. J. Kimble & K. C. Peng, Phys. Rev. Lett. **68**(1992) 3663.

⑤ P. R. Tapster, J. G. Rarity & P. C. M. Owens, Phys. Rev. Lett. **73**(1994) 1923; W. TittelJ. Brendel, H. Zbinden&N. Gisin, Phys. Rev. Lett. **81**(1998) 3563.

⑥ G. Weihs, T. Jennewein, C. Simon, H. Weinfurter & A. Zeilinger. Phys. Rev. Lett. **81**(1998) 5039.

$[(\boldsymbol{r}_2-\boldsymbol{r}_1)^2 \geqslant c^2(t_2-t_1)^2]$的事件出现，亦即保证局域性. 21 世纪初期，Rowe，*et al*.[1]的实验使用了处于纠缠态的实物粒子($^9Be^+$离子)，实验观测得出的 Bell 信号为 2.25±0.03，与 CHSH 不等式(即局域隐变量理论)所预言的 Bell 信号≤2 矛盾. 文献[1]还讨论了"观测漏洞"(detection loophole)问题，并指出：

"In contrast to previous measurements with massive particles, the violation of Bell's inequality was obtained by use of a complete set of measurements. Moreover, the high detection efficiency of our apparatus eliminates the so-called "detection-loophole."

关与 Bell 不等式(CHSH 不等式)的重要性，A. Aspect[2] 还评论道：

"Bell proved that Einstein's point of view (local realism) leads to algebraic predictions (the celebrated Bell's inequality) that are contradicted by the quantum-mechanical predictions for an EPR gedanken experiment involving several polarizer orientations. The issue was no longer a matter of taste, or epistemological position: it was a quantitative question that could be answered experimentally, at least in principle."

在纪念量子论提出一百周年的文章，A. Zeilinger[3] 指出：

"All modern experiments confirm the quantum predictions with unprecendented precision. Evidence overwhelmingly suggests that a local realistic explanation of nature is not possible."

A. Aspect[4] 评论道：

"The experimental violation of mathematical relations known as Bell's inequalities sounded the death-knell of Einstein's idea of 'local realism' in quantum mechanic"s.

S. Gröblacher, *et al*.[5]还评论道：

"According to Bell's theorem, any theory that is based on the joint assumptions of realism and locality is at variance with certain quantum predictions. Experiments with entangled pairs of particles have amply confirmed these quantum predictions, thus rendering local realistic theories untenable."

概括起来讲，近几十年的无数实验结果都与基于局域实在论得出的 Bell (CHSH)不等式的预期矛盾，而与量子力学的预期一致.

---

① M. A. Rowe, *et al*., Nature **409**(2001) 791.

② A. Aspect, Nature **398**(1999) 189.

③ A. Zeilinger, Nature **408**(2000) 639.

④ A. Aspect, Nature **446**(2007) 866.

⑤ S. Gröblacher, *et al*., Nature **446**(2007) 871.

但 Aspect 又指出：

"But which concept, locality or realism, is the problem?"

Gröblacher, *et al*. 做了纠缠光子对的实验，实验结果与基于非局域实在论(non-local realism)而得出的 Leggett 不等式[①]也是矛盾的. 所以他们认为：

"Giving up the concept of locality is not sufficient to be consistent with experiments , unless certain features of realism are abandoned."

即只放弃 "locality"是不够的，还必须涉及 "reality"问题. 关于"reality"概念，Gisin 的文献[②]的注 3 特别提醒人们，不要把实在论(realism)与决定性(determinism)混为一谈. 他提到：

"*realism* is often confused with *determinism*, an uninteresting terminology issue".

我们认为："实在性"(reality)并不一定排除几率的概念，不要把"实在性"与"波函数的几率诠释"混为一谈. 关于实在性的确切概念，可参见 3.2.1 节，[注 2].

概括起来说，迄今所有实验观测结果，既与局域实在论(LR)的预期矛盾，也与非局域实在论(NLR)的预期矛盾. 而自然界中存在量子纠缠所展示的非局域关联，则已经是一个不可争辩的事实，并已在量子信息技术领域得到广泛应用. 对其物理本质的进一步探讨，将在 3.5.4 节中介绍.

3.2.3 GHZ 定理

应当强调，实验观测与 Bell 不等式(CHSH 不等式)的预期尖锐矛盾，而与量子力学预期完全一致，是统计性的，即实验测量肯定了量子理论的统计预期(statistical prediction)，而与局域实在论(LR)尖锐矛盾. 下面我们介绍 GHZ 定理[③④]，它将判断量子理论和局域实在论的确切预期(perfect prediction)孰是孰非. 这里要涉及 $N(N\geqslant 3)$量子比特体系的纠缠态.

3 量子比特体系的纠缠态已在 3.1.3 节中给出. 以纠缠态

$$|\psi\rangle_{123}=\frac{1}{\sqrt{2}}[|\uparrow\uparrow\uparrow\rangle_{123}-|\downarrow\downarrow\downarrow\rangle_{123}] \tag{3.2.5}$$

为例，按照局域实在论，自旋为 $\hbar/2$ 的 3 个粒子的 $\boldsymbol{\sigma}$ 沿 α 方向($\alpha=x,y,z$)的分量 $m_{i\alpha}(i=1,2,3)$，有下列关系(见表 3.3)

$$m_{1x}m_{2y}m_{3y}=1, m_{1y}m_{2x}m_{3y}=1, m_{1y}m_{2y}m_{3x}=1,$$

---

① A. J. Leggett, Foundations of Physics **33**(2003) 1469.

② N. Gisin, Science **326**(2009) 1357.

③ D. M. Greenberger, M. A. Horne& A. Zeilinger, in *Bell's Theorem ,Quantum Theory, and Conceptions of the Universe* (ed. M. Katatos) 73-79 (Kluwer Academic, Dordrecht, 1989); D. M. Greenberger, M. A. Horne, A. Shimony& A Zeilinger, Am. J. Phys. **58**(1990) 1131.

④ N. D. Mermin, Phys. Today, June, 1990, p. 9.

此外，考虑到 $m_{i\alpha}^2=1$，应该有

$$(m_{1x}m_{2y}m_{3y})(m_{1y}m_{2x}m_{3y})(m_{1y}m_{2y}m_{3x}) = m_{1x}m_{2x}m_{3x} = 1 \tag{3.2.6}$$

这是局域实在论的确切预期. 而按照量子力学理论(见表 3.3)，纠缠态(3.2.5)还是 $\sigma_{1x}\sigma_{2x}\sigma_{3x}$ 的本征态[①]，本征值为-1，即

$$m_{1x}m_{2x}m_{3x} = -1 \tag{3.2.7}$$

比较(3.2.6)式与(3.2.7)式，可以看出，对于 3 量子比特的 GHZ 态，量子力学的确切预期与 LR 尖锐矛盾. 实验测量结果肯定量子力学的确切预期，而与 LR 尖锐矛盾[②].

对于 4 量子比特的 GHZ 态也可以类似论证. 关于 4 量子比特的 CSCO 结构，可以证明[①]

$$\begin{aligned}
&(\sigma_{1x}\sigma_{2x}\sigma_{3x}\sigma_{4x})(\sigma_{1y}\sigma_{2y}\sigma_{3y}\sigma_{4y})\\
=&(\sigma_{1x}\sigma_{2x}\sigma_{3y}\sigma_{4y})(\sigma_{1y}\sigma_{2y}\sigma_{3x}\sigma_{4x})\\
=&(\sigma_{1x}\sigma_{2y}\sigma_{3x}\sigma_{4y})(\sigma_{1y}\sigma_{2x}\sigma_{3y}\sigma_{4x})\\
=&(\sigma_{1x}\sigma_{2y}\sigma_{3y}\sigma_{4x})(\sigma_{1y}\sigma_{2x}\sigma_{3x}\sigma_{4y})\\
=&(\sigma_{1z}\sigma_{2z}\sigma_{3z}\sigma_{4z})
\end{aligned} \tag{3.2.8}$$

从上式前面 4 对算符中的每一对，任取一个，所构成的 4 个 4 体自旋算符，即构成 4 量子比特体系的一组 CSCO. 例如，

$$\{(\sigma_{1x}\sigma_{2x}\sigma_{3x}\sigma_{4x}),(\sigma_{1y}\sigma_{2y}\sigma_{3y}\sigma_{4y}),(\sigma_{1x}\sigma_{2y}\sigma_{3x}\sigma_{4y})(\sigma_{1x}\sigma_{2y}\sigma_{3y}\sigma_{4x})\}$$

即可构成一组 CSCO. 它们的共同本征态，即 4 量子比特的 GHZ 态及本征值，已列于 3.1.4 节的表 3.4 中. 以 GHZ 态$[|\uparrow\uparrow\uparrow\uparrow\rangle-|\downarrow\downarrow\downarrow\downarrow\rangle]$为例，按照局域实在论，

$$m_{1x}m_{2x}m_{3x}m_{4x}=-1,m_{1x}m_{2x}m_{3y}m_{4y}=+1,m_{1x}m_{2y}m_{3x}m_{4y}=+1$$

考虑到 $m_{i\alpha}^2=1$，我们有

$$m_{1x}m_{2x}m_{3x}m_{4x}\cdot m_{1x}m_{2x}m_{3y}m_{4y}\cdot m_{1x}m_{2y}m_{3x}m_{4y} = m_{1x}m_{2y}m_{3y}m_{4x} = -1 \tag{3.2.9}$$

而按照量子力学理论(见表 3.3)，量子态$[|\uparrow\uparrow\uparrow\uparrow\rangle-|\downarrow\downarrow\downarrow\downarrow\rangle]$还是 $\sigma_{1x}\sigma_{2y}\sigma_{3y}\sigma_{4x}$ 的本征态，其本征值为$+1$，所以

$$m_{1x}m_{2y}m_{3y}m_{4x} = +1 \tag{3.2.10}$$

比较(3.2.9)与(3.2.10)两式，可以看出，对于 4 量子比特的 GHZ 态，量子力学理论与局域实在论的确切预期也是尖锐矛盾的. 实验测量结果与量子力学理论的确切预期一致，而与局域实在论的确切预期截然相反.

3.2.4 非隐变量定理

Bell(CHSH)不等式与实验观测结果的矛盾，否定了隐变量理论. 但它们要求

---

① M. Q. Ruan & J. Y. Zeng, Phys. Rev. A **70**(2004) 052113.

② J. W. Pan, D. Bouwmeester, M. Daniel, H. Weinfurter, A. Zeilinger, Nature **403** (2000) 515.

制备特殊的量子态，即纠缠态. 实际上，还存在众多的其他类型的量子态(非纠缠态)，并不一定违反这些不等式[①].

隐变量理论认定[②]:

(1) 测量一个可观测量 A 的结果为一个隐变量 λ 事先所确定.

(2) 如果 A 与 B 的测量结果，与在此前(此后，或同时)它们是否有过测量没有关系，则称"可观测量 A 和 B 是相容的(compatible)". 这就是隐变量理论中的 *non-contextuality* 概念.

关于经典力学(隐变量)理论中的 non-contextuality 概念，文献[1]提到:

> "An intuitive feature of classical models is non-contextuality: the property of any measurement has a value independent of other compatible measurements being carried out at the same time."

文献 Kochen&Specker[③] and Bell[④] 证明:隐变量模型理论中的 non-contextuality 概念与量子力学是抵触的. 进而提出非隐变量(NHV)定理. 后来，A. Peres[⑤]与 N. D. Mermin[⑥] 对于此定理做了进一步分析. 特别是，Mermin 认为，原来文献[③]的证明过于繁复，而且论证中有严重缺陷. 下面给出 Mermin 文献中的论证.

设有彼此对易的可观测量(厄密算符)A, B, C,…，满足下列函数关系

$$f(A,B,C,\cdots)=0 \tag{3.2.11}$$

按照量子力学理论，它们可以共同测定. 假设它们的共同测量值分别为它们的本征值之一，A',B',C',…，则不管在测量之前体系处于什么状态，下列关系式总是成了的

$$f(A',B',C',\cdots)=0 \tag{3.2.12}$$

假设对于一个给定体系相继测量这些可观测量 A, B, C,…的所得值分别为 $v(A)$, $v(B)$, $v(C)$,…，[它们分别必定是 A, B, C,…的本征值之一]. 由于这些可观测量可以共同测量，如果要求这些测量满足 non-contextuality，并满足量子力学理论，则下式成立

$$f(\nu(A),\nu(B),\nu(C),\cdots)=0 \tag{3.2.13}$$

Mermin 分别以 2-和 3-量子比特体系为例来论证，这是不可能的，而且这个证明不依赖于体系所处的状态.

---

① G. Kirchmair, *et al.*, Nature **460** (2009) 494.

② B. Blinov, Nature **460** (2009) 464.

③ S. Kochen and E. P. Specker, J. Math. Mech. **17**(1967) 59.

④ J. Bell, Rev. Mod. Phys. **38**(1966) 447.

⑤ A. Peres, Phys. Lett. A **151**(1990) 107.

⑥ N. D. Mermin, Phys. Rev. Lett. **65**(1990) 3373.

2-量子比特体系

考虑 Pauli 算符构成的 3×3 矩阵((Peres matrix)

$$\begin{pmatrix} \sigma_{1x} & \sigma_{2x} & \sigma_{1x}\otimes\sigma_{2x} \\ \sigma_{2y} & \sigma_{1y} & \sigma_{1y}\otimes\sigma_{2y} \\ \sigma_{1x}\otimes\sigma_{2y} & \sigma_{1y}\otimes\sigma_{2x} & \sigma_{1z}\otimes\sigma_{2z} \end{pmatrix} \tag{3.2.14}$$

可以看出：

(1)Peres 矩阵的每一行(每一列)的诸元素是彼此对易的.

(2)Peres 矩阵的每一行以及每一列的诸元素的乘积分别为

$$R_1 = R_2 = R_3 = C_1 = C_2 = 1, C_3 = -1$$

按照式(3.2.13),应该有下列 6 组关系式

$$\begin{aligned} &\nu(\sigma_{1x})\nu(\sigma_{2x})\nu(\sigma_{1x}\sigma_{2x}) = 1 \\ &\nu(\sigma_{2y})\nu(\sigma_{1y})\nu(\sigma_{1y}\sigma_{2y}) = 1 \\ &\nu(\sigma_{1x})\nu(\sigma_{2y})\nu(\sigma_{1x}\sigma_{2y}) = 1 \\ &\nu(\sigma_{2x})\nu(\sigma_{1y})\nu(\sigma_{1y}\sigma_{2x}) = 1 \\ &\nu(\sigma_{1x}\sigma_{2y})\nu(\sigma_{1y}\sigma_{2x})\nu(\sigma_{1z}\sigma_{2z}) = 1 \\ &\nu(\sigma_{1x}\sigma_{2x})\nu(\sigma_{1y}\sigma_{2y})\nu(\sigma_{1z}\sigma_{2z}) = -1 \end{aligned} \tag{3.2.15}$$

以上每一个式子的左边的每一个因子的取值为±1. 上式左边一共有 18 个因子,但每一个因子都成对出现,所以上式 18 个因子的乘积为+1. 但上式右边的乘积为−1. 这是不可能的,由此说明,量子力学理论与隐变量理论中的 non-contextuality 概念是不相容的.

3 量子比特体系

可以证明，

$$(\sigma_{1x}\sigma_{2y}\sigma_{3y})(\sigma_{1y}\sigma_{2x}\sigma_{3y})(\sigma_{1y}\sigma_{2y}\sigma_{3x})(\sigma_{1x}\sigma_{2x}\sigma_{3x}) = -1 \tag{3.2.16}$$

上式左边 4 个因子是彼此对易的,它们中任何 3 个都构成 3 量子比特体系的一组 CSCO. 还可以证明下列 4 个算符关系式①，

$$\begin{aligned} &(\sigma_{1x}\sigma_{2y}\sigma_{3y})(\sigma_{1x})(\sigma_{2y})(\sigma_{3y}) = 1 \\ &(\sigma_{1y}\sigma_{2x}\sigma_{3y})(\sigma_{1y})(\sigma_{2x})(\sigma_{3y}) = 1 \\ &(\sigma_{1y}\sigma_{2y}\sigma_{3x})(\sigma_{1y})(\sigma_{2y})(\sigma_{3x}) = 1 \\ &(\sigma_{1x}\sigma_{2x}\sigma_{3x})(\sigma_{1x})(\sigma_{2x})(\sigma_{3x}) = 1 \end{aligned} \tag{3.2.17}$$

上面每个式子的左边的 4 个因子都是彼此对易的. 因此,按照式(3.2.14),有下列 5 个关系式，

---

① M. Q. Ruan&J. Y Zeng, Phys. Rev. **A70**(2004) 052113

$$
\begin{aligned}
&\nu(\sigma_{1x}\sigma_{2y}\sigma_{3y})\nu(\sigma_{1y}\sigma_{2x}\sigma_{3y})\nu(\sigma_{1y}\sigma_{2y}\sigma_{3x})\nu(\sigma_{1x}\sigma_{2x}\sigma_{3x}) = -1 \\
&\nu(\sigma_{1x}\sigma_{2y}\sigma_{3y})\nu(\sigma_{1x})\nu(\sigma_{2y})\nu(\sigma_{3y}) = 1 \\
&\nu(\sigma_{1y}\sigma_{2x}\sigma_{3y})\nu(\sigma_{1y})\nu(\sigma_{2x})\nu(\sigma_{3y}) = 1 \\
&\nu(\sigma_{1y}\sigma_{2x}\sigma_{3x})\nu(\sigma_{1x})\nu(\sigma_{2x})\nu(\sigma_{3x}) = 1 \\
&\nu(\sigma_{1x}\sigma_{2x}\sigma_{3x})\nu(\sigma_{1x})\nu(\sigma_{2x})\nu(\sigma_{3x}) = 1
\end{aligned} \tag{3.2.18}
$$

以上 5 个等式的左边共有 20 个因子,每个因子的可能取值±1,但每个因子都成对出现,一共有 10 对,每对因子的取值为+1. 所以以上 5 个式子的左边诸因子的乘积为+1. 但上式右边诸因子的乘积为−1,这是不可能的. 再一次证明,量子力学与因变量理论中的 non-contextuality 概念是不相容的.

近期,Cabello① 证明:对于所有 non-contextuality 理论,下列不等式成立,

$$
\langle \chi_{KS} \rangle = \langle R_1 \rangle + \langle R_2 \rangle + \langle R_3 \rangle + \langle C_1 \rangle + \langle C_2 \rangle - \langle C_3 \rangle \leqslant 4 \tag{3.2.19}
$$

上式中⟨… ⟩表示对系综的平均(ensemble average),此式称为 Kochen-Specker 不等式. 而按照量子力学理论,可以证明$\langle \chi_{KS} \rangle = 6$. 两者是矛盾的.

之后不久,G. Kirchmair *et al*. ②所做的实验结果,都与 Kochen-Specker 不等式矛盾. 在他们的实验中,对束缚于线性 Pauli 阱中的一对$^{40}Ca^+$离子的各种量子态(相当于 2 量子比特的各种纠缠态和非纠缠态)都进行了测量,所得结果$\langle \chi_{KS} \rangle = 5.22(10) > 4$.

3.3 Schrödinger 猫态佯谬,退相干

3.3.1 Schrödinger 猫态佯谬

量子力学理论成功阐明了微观世界的众多现象,例如原子结构,分子结构,化学键,固体的导电性等. 但量子力学理论的一些基本概念与我们日常生活经验格格不入. EPR 佯谬③指出,两个粒子(无自旋)的纠缠态[见(3.1.1)式]所展现的非局域关联(non-local correlation),即不管两个粒子相距多远,粒子 1 的测量结果会影响到粒子 2 的同时测量结果,需要引进离奇的超距作用. Einstein 认为量子理论对于物理实在的描述是不完备的.

Schrödinger 猫态佯谬④一文更进一步,对量子力学的正统理论对于宏观世界的实用性提出质疑(特别是针对量子态的几率诠释及态叠加原理). Schrödinger 讨

---

① A. Cabello, Phys. Rev. Lett. **101**(2008) 210401.

② G. Kirchmair*et al*. , Nature **460**(2009) 494.

③ A. Einstein, B. Podolsky&N. Rosen ,Phys. Rev. **47**(1935) 777.

④ E. Schrödinger, Naturwissenschaften **23**(1935) 807-812,823-828, 844-849. 英译本,见 J. A. Wheeler &W. H. Zurek 主编, *Quantum Theory and Measurement* Princeton University Press, Princeton, NJ, 1983.

论了如下一个理想实验：设想一个可怜的猫被关在一个与外界隔绝的笼子里，笼中装有一个毒药瓶，瓶子的开关用一个放射性原子控制．当原子处于激发态$|\uparrow\rangle$时，毒药瓶未被打开，猫是活着的．但原子有一定的几率跃迁到基态，当原子跃迁到基态$|\downarrow\rangle$时，将发射出一个光子，从而启动毒药瓶口，毒药就释放出来，猫就会被毒死 Schrödinger 用下列波函数来描述这种状态

$$|\psi\rangle = \alpha\,|\uparrow\rangle\,|\text{活猫}\rangle + \beta\,|\downarrow\rangle\,|\text{死猫}\rangle, \quad |\alpha|^2 + |\beta|^2 = 1 \quad (3.3.1)$$

此即 Schrödinger 猫态．按照量子态的统计诠释，$|\alpha^2|$表示原子处于激发态而猫是活着的几率，而$|\beta|^2$ 表示原子处于基态而猫是死的几率．当猫被关在笼子里的时候，人们并不知道它究竟是活，还是死，即猫处于一个既是活，也是死的状态，[或者说处于不死不活的状态]．这与我们日常生活的经验是格格不入的，是反直觉的(counterintuitive)．在宏观现实世界中，猫要不是活，就是死，两者必居其一，即"非活即死"，这是经典世界中的图像．而在量子理论的描述中，猫可以处于"亦死亦活"，或"不死不活"的状态．

关于量子世界与经典世界的这种差异，在 P. Ball[①] 文中做了如下概括：

> "Classical world is an '*either/or*'（非此即彼）kind of place. The quantum world ,by contrast, is '*both/and*'（亦此亦彼）：a magnetic atom, say, has no trouble at all pointing both directions at once. The same is true for other properties such as energy, location or speed, generally speaking, they *can take on a range of values simultaneously*, that a quantum object is in a '*superposition*' *of states*."

Einstein 对于量子理论能否用以描述宏观现象也持怀疑态度．他反对如下概念：真正宏观物体的行为，与光子或自旋一样，遵守量子力学规律，特别是量子态的叠加原理以及量子态的几率诠释．"一个宏观物体同时处于空间两个地点是反直觉的(counter-intuitive)"．他提到[②]：

> "I like to think that the moon is there even I don't look at it."

按照 Einstein 的物理实在性(physical reality)的思想以及日常生活经验，在宏观世界中一个物体存在与否，是否在那儿，以及它的性质，不依赖于人们是否观测它．

3.3.2 纠缠与退相干，量子力学与经典力学的关系

尽管量子力学正统理论所给出的各种预期，已被无数实验所证实，特别是对于微观世界的各种现象，都给予了很满意的说明．但量子力学正统理论与我们的直觉和日常经验是如此格格不入，Einstein 与 Schrödinger 始终对量子力学的正统诠释持反对的态度．Schrödinger 强烈反对正统的量子力学理论中量子态的几率诠释以

---

① P. Ball, Nature **453**(2008) 22.

② 见 J. E. Mooij, Nature Physics **6**(2010) 401.

及态叠加原理，因为这种“亦此亦彼”的量子图像与我们日常生活经验中的“非此即彼”图像格格不入.

“量子力学理论对于宏观世界究竟是否适用?”始终是众多物理学家关切的问题.但对此问题应该注意:不要把“经典(classical)”与“宏观(macroscopic)”混为一谈.问题应归结为:“量子力学与经典力学的关系”,或“量子世界的规律如何过度到经典力学规律?”.

量子力学的 Copenhagen 诠释的要点是:量子力学与经典力学之间有一个分界线)[1][2].但 Bohr 强调,这个分界线是移动的(mobile).这里,涉及测量(measurement)问题,而测量装置是经典的.关于“量子力学与经典力学的关系”这个问题,曾经出现过各种理论.据作者的了解,目前为物理学界多数同行认可的理论是:必须考虑量子体系与周围环境的纠缠(entanglement)以及退相干[3][4][5](decoherence).下面对退相干理论做一个简单的定性介绍.更系统的介绍可以参阅有关专著[5]

按照量子力学理论，一个量子体系的量子态随时间的演化按照 Schrödinger 方程进行

$$i\hbar \frac{\partial}{\partial t} |\psi(t)\rangle = H |\psi(t)\rangle \tag{3.3.2}$$

式中 Hamilton 量 H 是线性厄米算符.与经典力学一样,只要给定体系的 Hamilton 量 H 以及体系的初始量子态$|\psi(0)\rangle$,人们就可以计算出以后任何时刻 t 的量子态.量子态随时间的这种决定性的演化(deterministic evolution)已为仔细控制的实验所证实[3] 量子力学中的态叠加原理可以认为是线性方程(3.3.2)的推论.

下面先简单介绍文献中关于量子力学与经典力学的关系的论述.

H. D. Zeh 曾经强调:Schrödinger 方程(3.3.2)只适用于闭合体系.例如,W. H. Zurek[6].提到:

> “Macroscopic quantum systems are never isolated from their environments…. They should not be expected to follow Schrödinger's equation, which is *applicable only to a closed system*. As a result systems usually regarded as classical suffer (or benefit) from the natural loss of quantum coherence, which ‘leaks out’ into the environment.”

Myatt, *et al*.[7].提到:

---

① H. D. Zeh, Found. Phys. **1**(1970) 69.

② W. H. Zurek, Phys. Rev. **D24**(1981)1516; **26**(1982) 1862.

③ W. H. Zurek, D Phys. Rev. **D24**(1981) 1516;**D26**(1982) 1862.

④ W. H. Zurek, Rev. Mod. Phys. **75**(2003) 715.

⑤ M. Schlosshauer, *Decoherence and the Quantum-to-Classical Transition* (Springer , Heidelberg/Berlin, 2007.)

⑥ W. H. Zurek, Physics Today, 1991, Oct., pp. 36-44.

⑦ C. J. Myatt, *et al*. Nature **403**(2000) 269.

"The theory of quantum mechanics applies to *closed systems*. In such ideal situations, a single atom can, for example, exist simultaneously in a superposition of two different locations. In contrast, real systems always interact with their environment, with consequence that macroscopic quantum superpositions (as illustrated by the Schrödinger's thought-experiment) are not observed."

Schlosshauer① 指出：

"A key ingredient is '*entanglement*': when systems interact they lose their individuality and must be described by a shared wave-function. Entanglement is ubiquitous. Physical systems cannot avoid interacting with their environment, so a system's behavior is dictated by the wave function involving both system and environment. This is the physical process of entanglement."

P. Ball② 指出：

"The quantum-classical transition is not really a matter of *size*, but of *time*. The stronger a quantum object's interactions are with the surroundings, the faster decoherence kicks in. So larger objects, which generally have more ways of interacting, decoherence almost instantaneously, transforming their quantum character into classical behavior just as quickly."

"Decoherence is unavoidable to some degree. Even in a perfect vacuum, particles will decohere through interactions with photons in the omni-present cosmic microwave background."

"In summary, decoherence offer a way 'to understand classicality as emergent from within the quantum formalism".

通常用量子力学来处理问题时，体系的 Hamilton 量 H 往往未计及体系与周围环境的相互作用. 这对于微观情况的体系是可以的. 例如，处理氢原子时，就只计及原子核对于电子库仑引力和电子之间的排斥力，而未计及与更大的外界环境的相互作用.

对于宏观体系，它们不可避免与周围环境有相互作用. 因此，一个宏观体系的行为应该由它与环境的共同(纠缠)波函数来支配. 所以必须考虑体系与相邻环境的纠缠，这个物理过程即退相干. 宏观体系绝不可能与相邻环境相孤立. 在某种程度上，退相干是不可避免的，因为即使在完全真空中，粒子也会与宇宙微波背景辐

① M. Schlosshauer, Nature **453**(2008) 39.

② P. Ball, Nature **453**(2008) 22.

射的光子的相互作用而不断退相干.宏观体系的量子相关性将会不断'流失'到环境中去.在通常情况下,宏观体系可以认为是经典的.

量子体系从量子态—经典态的过度发生的快慢,依赖于它与相邻环境的相互作用的强度.一般说来,一个较大的物体与相邻环境的相互作用就更大,退相干过程几乎立即发生.例如,一个大分子被制备在一个叠加态,彼此相距~10Å,在周围分子的碰下,在大约 10^{-17} 秒内就会退相干.

Zurek 及其同事们提出了"量子达尔文主义"的观点①②. P. Ball 如下通俗地介绍量子达尔文主义:

> "Different quantum states have very different resistences to decoherence. So only the resistant state will survive when a system interacts with its environment. These robust states are those that feature in classical physics, such as position and its rate of change, which is associated momentum. In a sense, these are the 'fittest' states'—which is why Zurek and his colleagues call their idea quantum Darwinism."
>
> "In summary, decoherence offers a way to understand classicality as emergent from within the quantum formalism. Indeed, this picture means that the classical world no longer sits in opposition to quantum mechanics ,but is demanded it."

从理论本身来看,退相干理论是可行的.而从实验技术来讲,还有很长的路要走.有兴趣的读者可以阅读有关的文献.

3.3.3 介观与宏观 Schrödinger 猫态的制备

Myatt, *et al*. ③指出:

> "*Macroscopic superpositions* decay so quickly that even the dynamics of decoherence cannot be observed. However, *mesoscopic systems* offer the possibility of observing the decoherence of such quantum superpositions."

该文还报道了下列类型的介观量子叠加态,即受控的单个被束缚的原子的相干态的叠加态.而几年之前,C. Monroe *et al*. ④首先在单原子水平上从实验上制备出类似于 Schrödinger 猫态的实物离子 $^9Be^+$ 的如下叠加态

$$|\psi\rangle = \frac{1}{\sqrt{2}}[|\uparrow\rangle|x_1\rangle + |\downarrow\rangle|x_2\rangle] \tag{3.3.3}$$

式中 $|\uparrow\rangle$ 和 $|\downarrow\rangle$ 分别表示 $^9Be^+$ 的内部(电子)激发态和基态, $|x_1\rangle$ 和 $|x_2\rangle$ 分别描述

---

① H. Ollivier, D. Poulin & W. H. Zurek, Phys. Rev. Lett. **93**(2004) 220401.

② R. Blume-Kohout & W. H. Zurek, Phys. Rev. A **73** (2006) 062310.

③ C. J. Myatt, *et al*, Nature **403**(2000) 269.

④ C. Monroe, *et al*., Science **272**(1996) 1131.

$^9Be^+$的质心运动的两个很窄的 Gauss 波包，波包中心的位置分别在 x_1 点和 x_2 点. *Gauss* 波包的宽度～7nm≫原子尺度～0.1nm，但远小于两个波包中心的距离 $|x_1-x_2|$～80nm(介观尺度). 所以 $|x_1\rangle$ 和 $|x_2\rangle$ 可以认为是"局域于不同地点的两个很窄的 Gauss 波包". 比较(3.3.1)和(3.3.3)式，可以看出，$|x_1\rangle$ 相当于|活猫〉，而 $|x_2\rangle$ 相当于|死猫〉. 式(3.3.3)所示的 Schrödinger 猫态，称为介观 Schrödinger 猫态，或称为 Schrödinger 猫仔(kitten)态①.

我们还注意到，式(3.3.3)所示纠缠态，并不涉及两个实物粒子，而只是一个实物粒子 $^9Be^+$ 的内部运动自由度的量子态与其质心运动的相干叠加态(纠缠态)，并不涉及非局域性问题. 所以"纠缠"的概念与"非局域性"概念并不完全等同. 式(3.3.3)所示纠缠态表明，同一个实物粒子 $^9Be^+$ 可以同时处于空间不同地点(x_1 点或 x_2 点).

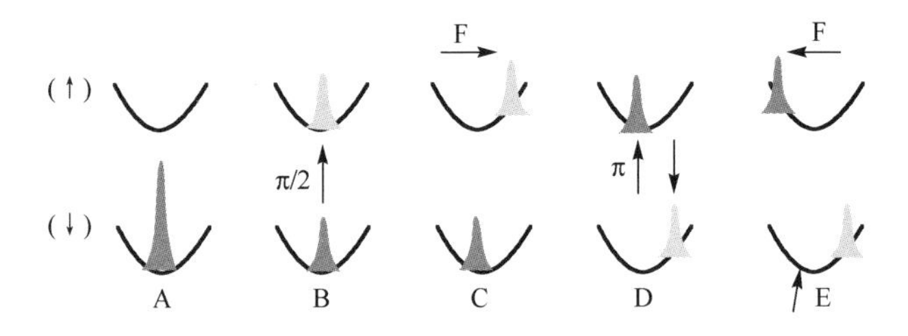

图 3.4　Monroe *et al*. 的 $^9Be^+$ 离子的介观 Schrödinger 猫态的制备过程的示意图

按照原子核壳模型，$^9Be^+$ 的原子核(含 4 个质子和 5 个中子)的基态，其中 4 个质子和 4 个中子已配对，对核自旋无贡献. 而未配对的奇中子处于 $p_{3/2}$ 能级，所以原子核的自旋为 $I=3/2$. $^9Be^+$ 离子有 3 个电子(处于原子核的 Coulomb 场中)，其中 2 个电子处于原子的最低壳的 $1s_{1/2}$ 能级，而价电子处于 $2s_{1/2}$ 能级. 所以 $^9Be^+$ 离子的总角动量为 $F=1,2$. 在外磁场中，$^9Be^+$ 离子的内部态的基态为 $|F=2,M_F=-2\rangle$，记为 $|\downarrow\rangle$. 激发态为 $|F=1,M_F=-1|$，记为 $|\uparrow\rangle$. 当加上频率为 $\omega_{HF}=1.250\text{GHz}$ 的脉冲时，离子的内部态在在 $|\downarrow\rangle$ 与 $|\uparrow\rangle$ 之间振荡.

$^9Be^+$ 离子的介观 Schrödinger 态的制备过程，分为 5 个步骤(见图 3.4)：

(A)在 Paul 阱中的 $^9Be^+$ 离子经激光冷却后，离子的内部态处于基态 $|\downarrow\rangle$，而质心运动则为局域于谐振子势的底部($x=0$)的 Gauss 波包，$|x=0\rangle$.

(B) 经 $\pi/2$ 脉冲作用后，离子将处于叠加态～$[|\downarrow\rangle|x=0\rangle+|\uparrow\rangle x=0]$.

(C) 经历只作用于 $|\uparrow\rangle$ 的常作用力 F(持续时间 $\tau=10\mu s$)后，离子态将变为 $|\uparrow\rangle|x_2\rangle$ 与 $|\downarrow|0\rangle$ 的相干叠加，但两者之间有一定的相位差.

(D) 对离子加上 $\pi-$ 脉冲，使离子的内部态 $|\uparrow\rangle$ 与 $|\downarrow\rangle$ 互相对换，离子将处于与 $|\uparrow\rangle|0\rangle$ 与 $|\downarrow\rangle|x_2\rangle$ 相干叠加态.

(E) 再加上沿相反方向的均匀场 $-Fx$ 作用，使离子处于 $|\uparrow\rangle|x_1\rangle$ 与 $|\downarrow\rangle|x_2\rangle$ 的相干叠加，两者之间有一相差，这就是式(3.3.3)所示量子态.

① G Taubes, Science **272**(1996) 1101.

［注］Monroe *et al*. 的一个注中提到，在文献中并无为大家公认的关于“Schrödinger 猫态”的定义. 某些作者把～$[|x_1\rangle+|x_2\rangle]$也称为 Schrödinger 猫态. 特别是量子光学中，把谐振子的两个相干态的叠加态

$$|\alpha\pm\rangle = N_\alpha[|\alpha\rangle \pm |-\alpha\rangle] \tag{3.3.4}$$

也称为 Schrödinger 猫态，式中 N_α 为归一化常数，$|\alpha\rangle$为谐振子的相干态(见卷 I，3.4 节)

$$|\alpha\rangle = \sum_{n=0}^{\infty} C_{n\alpha}|n\rangle, \quad C_{n\alpha} = \frac{|\alpha|^n}{\sqrt{2^n n!e}}\exp[-|\alpha|^2/2] \tag{3.3.5}$$

$L=\alpha^{-1}=(\hbar/m\omega)^{1/2}$是谐振子的长度自然单位. 当$|\alpha|\gg 1$，$N_\alpha\approx 1/\sqrt{2}$. 在量子态(3.3.4)下，简谐振子处于不同位置的两个量子态的相干叠加态.

真正宏观物体的纠缠态的实验制备，是在 21 世纪初才得以实现. 例如，Friedman 等①在一个超导量子干涉仪(superconducting quantum interference device，SQUID)上实现了如下量子态：即 SQUID 处于两个磁通(magnetic flux) 状态的相干叠加，相应于沿相反方向(顺时针与反时针方向)的两束电流的相干叠加态，电流强度约几个 mA.

与此几乎同时，Van der Wal 等②的实验中，在一个具有 3 个 Josephson 节的宏观超导环 (macroscopic superconducting loop) 的附近，放置一个 DC-SQUID 与之相耦合. 当加上一个小的外磁场时，宏观超导环上将出现一个诱导电流.［此实验装置相当于一个对称双势阱中的粒子的能级状态.］当对此宏观超导环上加上一个超导磁通 Φ_0 的整数倍的磁场时，将有沿相反方向的两束经典持续性电流. 此实验装置上将出现两个宏观的对称态与反对称态的相干叠加.

3.3.4 双缝干涉的纠缠诠释

Feynman③④ 认为电子双缝干涉现象是量子力学的最核心的问题，绝对不能用任何经典的方式来诠释，

> “a phenomenon which is impossible, *absolutely* impossible, to explain in any classical way, and which is in the heart of quantum mechanics. In reality, it contains the *only* mystery. We cannot make the mystery go away by ‘explaining’ how it works. We will just *tell* you how it works.”

Heisenberg 认为，确定粒子通过哪条缝(即确定粒子位置)的观测，由于测量仪器的不可控制的扰动，粒子的动量就有一个不确定度，从而破坏原来的干涉图像. Bohr 的观点略有不同. 他认为：波动-粒子两重性是辐射(radiation)和实物粒

---

① J. R. Friedman, *et al*., Nature **406**(2000) 43.

② C. H. Van der Wal, *et al*., Science **290**(2000) 773.

③ R. P. Feynman, *et al*., *The Feynman Lecture on Physics*, Vol. 3, *Quantum Mechanics*, 1965.

④ M. Arndt, *et al*., Nature **401**(1999) 680.

子(静质量≠0)都具有的内在的和不可避免的性质.波动与粒子描述是两个理想的经典概念,每一个概念都有一个有限的适用的范围,其中任何单独一个都不能对所涉及的现象给出完整的说明.这两种描绘中任何单独一个都是不充分的.在电子双缝干涉实验中,从电子的粒子性来看:"Each electron *either* goes through hole 1 *or* it goes through hole 2".但是,确定粒子通过哪条缝的任何观测,都会导致双缝干涉现象的消失,而干涉现象是波动性的特征.

辐射以及实物粒子(电子,原子,中子等)的波动-粒子二象性已为多种实验所证实.20世纪与21世纪之交,大分子 C_{60}(fullerene)的量子干涉现象已为奥地利Zeilinger研究组的实验所证实①.在Arndt *et al*.的实验中,从温度约900－1000K的高温炉中蒸发出来的 C_{60} 分子束,经过 SiN_x 衍射光栅(周期～100nm,缝宽～50nm)后,在屏上可观测到衍射现象.衍射现象证实了 C_{60} 分子的波动性,即一个 C_{60} 分子自己与自己干涉,或者说,在衍射实验中,C_{60} 分子处于一种叠加态,它描述一个 C_{60} 分子同时处于空间不同的地域.然而如果用一个电子显微镜去观测它(位置),它又表现为一个有确定位置的粒子.对此,A. Zeilinger如下表述粒子-波动的互补性(complementarity)观点[见P. Ball②]:

> "If you scan with a scanning tunnelling microscope a surface to which fullerene molecules stick, you see the little soccer balls sitting there as classical objects. But if you choose our interference experiment set-up, they are quantum mechanically delocalized. In other words, the same object can behave as a quantum system in one situation, and as a classical system in another."

Zeilinger研究组还进行了比更大的分子[$C_{60}(C_{60}F_{48})$ 和 $(C_{44}H_{30}N_4)$]的实验③.他们发现,这些大分子的干涉图像,随它们经过的气体的密度增大而逐渐消失.这种现象可以用退相干(decoherence)理论给予说明.随气体的密度增大,这些大分子与气体分子的碰撞更加频繁,因而退相干会更加速.干涉效应是纯粹的量子效应,是量子态叠加原理的表现.

以上介绍的是量子力学正统理论对于双缝干涉现象的诠释.近期有人提出用纠缠来说明双缝干涉现象.Dürr等进行了如下实验④,先把铷原子 ^{85}Ru 制备在基态(价电子处于 $5^2s_{1/2}$ 能级.)铷原子核 $^{85}_{37}$Ru 的自旋为 $J=5/2$[按原子核壳模型,第37个奇质子处于 $f_{5/2}$ 能级].所以铷原子的基态的总角动量为 $F=(5/2\pm1/2)=2,3$.铷原子(具有超精细结构)的基态为 $F=2$,紧邻的激发态为 $F=3$,分别记为 $|2\rangle$ 和 $|3\rangle$.这

① M. Arndt, *et al*., Nature **401**(1999) 680.

② P. Ball, Nature **453**(2008) 22.

③ L. Hackermuller, *et al*., Phys. Rev. Lett. **91**(2003) 090408.

④ D. Dürr, T. Noon & G. Rempe, Nature **395**(1998) 33.

两个紧邻能级的间距很小，而且远离铷原子的其他电子激发能级，形成一个具有超精细结构的 2 能级体系.

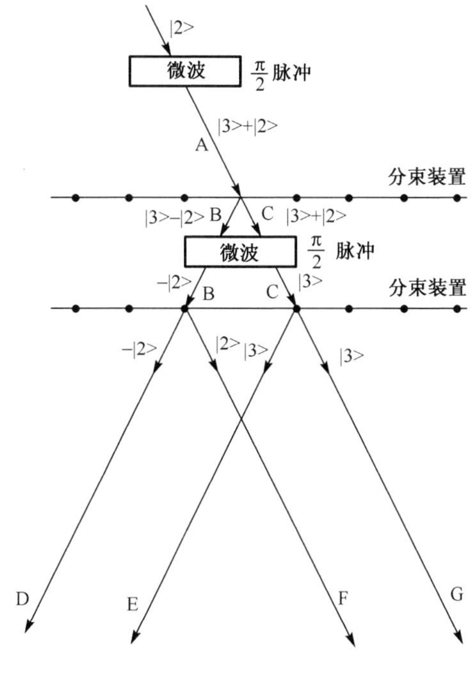

图 3.5　Dürr 等实验的示意图

在 Dürr 等的实验[①]中，先把铷原子束制备在基态 $|2\rangle$ 上. 然后进行下列几个步骤：(见图 3.5).

(a)让铷原子束经过一个 $\pi/2$ 微波脉冲，铷原子束就被制备在量子态 $\sim[|3\rangle+|2\rangle]$ 上.

(b)再通过一个分束装置(beam splitter，由 a standing wave of light 构成). 按照波动光学，从光疏介质到光密介质，反射波有 π 相位的变化，而透射波无相位变化. 而从光密介质到光疏介质时，反射波与透射波都没有相位变化. 通过分束装置后，Ru 原子束分列为两束，所经两条路径分别记为 B 和 C，，量子态分别为

$$|\psi\rangle\sim(|3\rangle)|\psi_C\rangle,\quad |\psi\rangle\sim(|3\rangle-|2\rangle)|\psi_B\rangle \tag{3.3.6}$$

(c) 分别再经过一个 $\pi/2$ 微波脉冲，两束原子的量子态为

$$|\psi\rangle\sim-|2\rangle|\psi_B\rangle,\quad |\psi\rangle\sim|3\rangle|\psi_C\rangle \tag{3.3.7}$$

此时，沿 B 和 C 两条路径的原子束，已经分别用原子的内部态 $|2\rangle$ 和 $|3\rangle$ 进行了标记. 式(3.3.7)是原子的内部态与质心运动路径的纠缠态，人们可以用原子内部态来判定 Ru 原子所走的路径.

(4)再经过一个分束装置，原子束 B 又分裂为 D 和 E 两束，而原子束 C 分裂为 F 和 G 两束. 在经历一段路程后，D 和 E 两束射向左侧，F 和 G 两束射向右侧，左侧两束与右侧两束在空间上彼此分开. 量子态分别表示为

---

① P. Knight，Nature **395**(1998) 12 .

$$|\psi\rangle \sim -|2\rangle|\psi_D\rangle + |3\rangle|\psi_E\rangle, \quad |\psi\rangle \sim |2\rangle|\psi_F\rangle + |3\rangle|\psi_G\rangle \tag{3.3.8}$$

考虑到原子内部态的正交性，$\langle 2|3\rangle=0$，左边的 D 和 E 两条原子束的干涉消失，叠加形成的条纹的强度为

$$\begin{aligned} P(z) &= |\psi(z)|^2 \\ &\propto |\psi_D(z)|^2 + |\psi_E(z)|^2 - \psi_D^*(z)\psi_E(z)\langle 2\mid 3\rangle - \psi_E^*(z)\psi_D(z)\langle 3|2\rangle \\ &= |\psi_D(z)|^2 + |\psi_E(z)|^2 \end{aligned} \tag{3.3.9}$$

同样，右边的 F 和 G 两条原子束叠加形成的条纹的强度为

$$\begin{aligned} P(z) &= |\psi(z)|^2 \\ &\propto |\psi_F(z)|^2 + |\psi_G(z)|^2 + \psi_F^*(z)\psi_G(z)\langle 2\mid 3\rangle - \psi_F^*(z)\psi_G(z)\langle 3|2\rangle \\ &= |\psi_F(z)|^2 + |\psi_G(z)|^2 \end{aligned} \tag{3.3.10}$$

3.3.5 量子态工程

美国物理学会 1959 年 Pasadena 会议上，R. P. Feynman 做了一个题目为"There's plenty of room at the bottom"的报告[1]，副标题为"an invitation to enter a new field of physics". 很多人认为，这个报告标志"纳米技术"(nanotechnology) 的发轫. 所谓"纳米技术"是指对实物进行纳米(nm)尺度上的操作. $1\text{nm}=10^{-9}\text{m}=10^{-3}\mu$，相当于～20 个氢原子 Bohr 半径 a 的长度(a=0.053nm). Feynman 设想，有朝一日能实现对物质原子按人们的要求的某种规律进行排列. 他说：

> "…it would be possible, in principle, possible (I think) for a physicist to synthesize any chemical substance that chemist writes down. Give the orders and the physicist synthesizes it. How ? Put the atoms down where the chemist says, and so you make the substance."

由于技术上的困难，在很长一段时间内 Feynman 的设想没有能够实现. 到 20 世纪末，情况有了较大改变. 例如，在美国加州的 IBM 研究中心的 D. Eigler 和他的同事们，用扫描隧道显微镜(scanning tunneling microscopy, STM)对单个原子进行操控，制备出世界上最小的 IBM 商标图案(见图 3.6)，以及很壮观的量子畜栏(quantum corral) (见图 3.7). 他们还把一个一个的原子排列起来，构成一些人工分子(artificial molecule). Weinhacht 等的报告[2]中，利用裁剪激光脉冲(tailored laser pulse)对原子中的电子波函数按照选定的形状进行造型. Schleich[3] 认为这类工作对于量子计算和选键化学有重要应用，有兴趣的读者可以跟踪这一方面的进展.

---

① T. Hey and P. Walters, *The New Quantum Universe*, chap. 9, Cambridge University Press, 2003. 中文译本，新量子世界，雷奕安译，湖南科技出版社，2005.

② T. C. Weinacht, *et al.*, Nature **397**(1999) 223.

③ W. P. Schleich, Nature **397**(1999) 207.

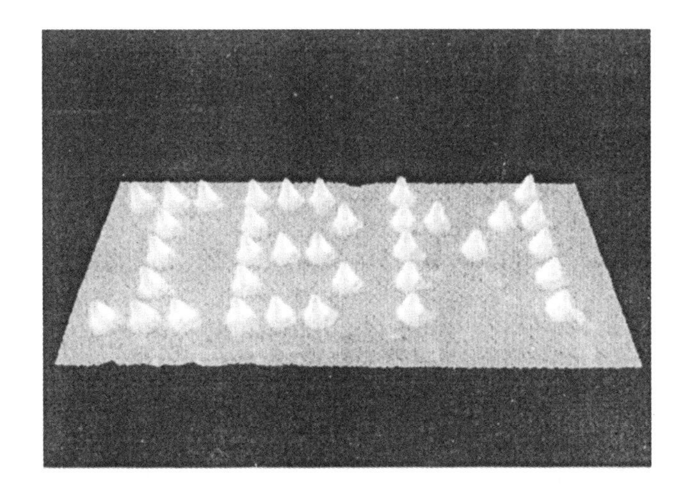

图 3.6 D. Eigler 等把少量 Xe 原子放置于一块清洁 Ni 板的表面，在低温(～4K)下，对一个一个 Xe 原子进行操控，放在指定的位置. 最后，用 35 个 Xe 原子排成 IBM 这 3 个字母. 本图取自上页文献①，p. 85

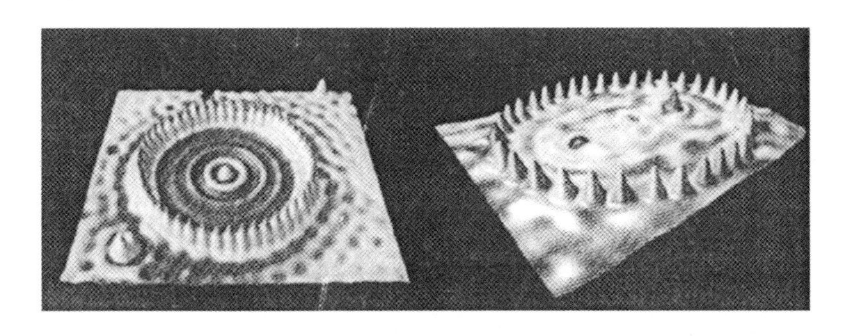

图 3.7 量子畜栏(quantum corral)，取自上页文献①，p. 184.

3.4 纠缠与不确定性

量子力学中的不确定性原理(uncertainty principle)是 Heisenberg 在 1927 年发现的①. 事隔 8 年之后，Schrödinger② 提出了纠缠的概念. 基于 EPR 佯谬③中的

① W. Heisenberg, Zeit. Phys. **43**(1926) 172.

② E. Schrödinger, Naturwissenschaften **23**(1935) 807, 823, 844.

英译本，见 J. A. Wheeler & W. H. Zurek 主编，*Quantum Theory and Measurement*，Princeton University Press, Princeton, NJ, 1983.

③ A. Einstein, B. Podolsky & N. Rosen, Phys. Rev. **47**(1935) 777.

局域实在论概念建立起来的 Bell 不等式①和 CHSH 不等式②,与量子力学理论的预期是矛盾的.尔后几十年间的所有实验都证实了量子力学的预期,而与 Bell 不等式(CHSH 不等式)相矛盾③.近年来,量子纠缠已经引起人们广泛注意,且在量子信息和量子计算技术中得到广泛应用.但量子纠缠与不确定性原理的密切关系似未引起人们注意④.本节分析将指出,量子纠缠与不确定度关系之间确有很密切的关系,但这首先要求搞清楚纠缠的确切含义.

3.4.1 纠缠的确切含义

有一种观点认为[A. Aspect,1⑤]:

"In contrast to wave-particle duality, which is a one-particle feature, entanglement involves at least two particles(与波动-粒子二象性属于单粒子性质相反,量子纠缠至少涉及两个粒子.)".

另一种观点⑥⑦则认为:量子纠缠并不一定涉及两个粒子,而只涉及(至少)两个彼此对易的可观测量(observables).例如,P. Knight 提到:

"Entanglementis a peculiar but basic feature of quantum mechanics introduced by Erwin Schrödingerin 1935. Individual quantum-mechanical entities need have no well-defined state; they may instead be involved in collective, correlated ('entangled') states with other entities, where only the entire superposition carries information. *That may apply to a set of particles , or to two or more properties of a single particle.*"

V. Vedral⑦⑧ 更明确地提到:

"What exactly is entanglement? After all is said and done, it takes (at least) two to tangle, although *these two need not be particles*. To study entanglement, two or more subsystems need to be identified , together with the appropriate degrees of freedom that might be entangled. These subsystems are technically known as modes. Most formally, *entanglement is the degree of correlation between observables pertaining*

① J. Bell,Physics **1**(1964) 195.

② J.F. Clauser, M.A. Horne, A. Shimony, R.A. Holt, Phys. Rev. Lett. **23**(1969) 880.

③ A. Aspect, Nature **398**(1999) 189.

④ M.Q. Ruan& J.Y. Zeng,Chin. Phys. Lett. **20**(2003) 1420.

⑤ A. Aspect,Nature **446**(2007) 866.

⑥ P.Knight, Nature **395**(1998) 12.

⑦ V. Vedral, Nature **453**(2008) 1004.

⑧ S. Dürr , T. Nonn& G. Rempe, Nature **395**(1998) 33.

to different modes, that exceeds any correlation allowed by the laws of classical physics."

Knight 还介绍了 Dürr 等人[②]的实验工作. 在 Dürr 等人的实验中,制备了一个原子的动量与它的内部电子态的纠缠态. 在文献[①]中,分析了一个自旋 $\hbar/2$ 为的粒子与其路径的纠缠态. 在 C. Monroe 等人的工作[②]中,制备了一个介观尺度上的纠缠态,即束缚在 Paul 阱中的一个 $^9Be^+$ 离子的内部态(电子激发态)与其质心运动(即离子的空间运动)自由度的纠缠态.

我们倾向于后一种观点. 从量子力学理论上来看,一般而言,量子纠缠应该理解为涉及不同自由度的至少两个可对易可观测量. 这两个可观测量,既可以属于同一个粒子,也可以属于两个粒子[③]. 为确切起见,当谈及一个纠缠态时,必须指明,它是属于不同自由度的什么样的两个(或多个)可对易的可观测量之间的纠缠. 可对易可观测量 A 和 B 的纠缠纯态,有如下两个特点[④]:

(a)测量之前,A 和 B 都不具有确定的值(即不是 A 和 B 的共同本征态).

(b)A 和 B 的同时测量结果之间有确切的关联(几率性的).

3.4.2 纠缠与不确定度关系的联系

基于上述看法,我们注意到,量子纠缠与不确定度关系之间确有密切的关系. 在量子力学理论建立的初期,Heisenberg 的不确定性原理的提出,是科学史上一个重大事件. 特别是,按照不确定性原理,一个粒子的同一时刻的坐标和动量,一般说来,不具有确定值;即两个不对易的可观测量,一般说来,不能具有共同本征态. 在经典力学中,一个粒子的运动状态用相空间(正则坐标和正则动量空间)中的一个点来描述不同. 基于不确性原理,一个体系的量子纯态需要用 Hilbert 空间中的一个矢量来描述;而量子态的演化,遵守 Schrödinger 方程,并遵守态叠加原理和几率诠释. 粒子运动状态的经典描述与量子描述大相径庭.

按照不确定度关系,一般说来,两个不对易的可观测量不能同时具有确定值,即不能具有共同本征态. 如果两个可观测量属于不同的自由度,则彼此一定是对易的,因而原则上可以同时测定的. 而纠缠则是涉及属于不同自由度的两个或多个彼此对易的可观测量的共同测量(simultaneous measurement)结果之间的关联. 人们可以想到,不确定关系与纠缠之间可能存在一定关系. 但在这里一定要涉及多自由度体系.

---

① T. Pranmanik, *et al.*, Phys. Lett. A**374**(2010) 1121.

② C. Monroe, *et al.*, Nature **272**(1996) 1131.

③ Y. Hasegawa, *et al.*, Nature **425**(2003) 45.

④ A. Mair, Nature **412**(2001) 313.

3.4.3 纠缠纯态的一个判据

在通常量子力学的教科书中，两个可观测量 A 和 B 的不确定度关系表示为

$$\Delta A \Delta B \geqslant \frac{1}{2} |\bar{C}| \tag{3.4.1}$$

上式中，ΔA 和 ΔB 分别表示在给定量子态$|\psi\rangle$系综概念下可观测量 A 和 B 的测量值的不确定度(方均根偏差)，$\Delta A = \sqrt{\langle\psi|A^2|\psi\rangle - \langle\psi|A|\psi\rangle^2}$，$\Delta B = \sqrt{\langle\psi|B^2|\psi\rangle - \langle\psi|B|\psi\rangle^2}$，而 C 是 A 与 B 的厄米对易式，$C = \mathrm{i}[B, A]$，$\bar{C} = \langle\psi|C\psi\rangle$.

按照不确定度关系，在任何给定的量子态$|\psi\rangle$下，两个不对易的可观测量，一般说来，不能同时具有确定值，即它们不可能具有共同本征态. 例外是，对于特殊的量子态$|\psi\rangle$，如果满足

$$\bar{C} = \langle\psi | C | \psi\rangle = 0 \tag{3.4.2}$$

则可观测量 A 和 B 可以同时具有确定值. 例如，同属于一个粒子转动自由度的轨道角动量 $\boldsymbol{l}$ 的两个分量是不相对易的. 例如$[l_x, l_y] = \mathrm{i}\hbar l_z$，所以 l_x 和 l_y 一般不能同时具有确定值. 但对于 $l=0$ 的特殊量子态，$\langle l=0|[l_x, l_y]|l=0\rangle = 0$，则 l_x 与 l_y 可以同时具有确定值，即存在共同本征态，本征值均为 0.

我们注意到：不确定度关系本身并不明显涉及自由度的问题. 但只当可观测量 A 和 B 属于同一个体系的同一个自由度，A 和 B 才有可能不对易(C 为非零算符)情况下，才需要考虑在量子态$|\psi\rangle$下，C 的平均值$\langle C\rangle = \langle\psi|C|\psi\rangle$是否为 0 的问题. 而要讨论纠缠的问题，一定会涉及多自由度体系，或多粒子体系.

一个多自由度或多粒子体系的量子态，可以用一组对易的可观测量完全集(CSCO)的共同本征态来完全确定[参见本书，卷 I，4.3.4 节]. 每一组对易的可观测量原则上可以共同测定的. 在实验上，相当于进行一组完备可观测量的测量，以制备体系的一个完全确定的量子态.

设$(A_1, A_2, \cdots)$构成体系的一组 CSCO，其共同本征态记为$\{|A'_1, A'_2, \cdots\rangle\}$，再假设$(B_1, B_2, \cdots)$构成体系的另一组 CSCO，其共同本征态记为$\{|B'_1, B'_2, \cdots\rangle\}$，考虑$(A_1, A_2, \cdots)$中的任何一个量与$(B_1, B_2, \cdots)$中任何一个量的对易关系，定义对易式矩阵 $C = C^+$

$$C_{\alpha\beta} \equiv \mathrm{i}[B_\beta, A_\alpha] \tag{3.4.3}$$

与不确定度关系式(3.4.1)相似，我们有

$$\Delta A_\alpha \Delta B_\beta \geqslant \frac{1}{2} |\langle C_{\alpha\beta}\rangle| \tag{3.4.4}$$

如果$|\langle C_{\alpha\beta}\rangle| = |\langle[A_\alpha, B_\beta]\rangle| \neq 0$，则 A_α 与 B_β 不能同时具有确定值.

以下我们给出一个给定的量子纯态的一个纠缠判据[①]：

---

① J. Y. Zeng, Y. A. Lei, S. Y. Pei, & X. C. Zeng., arXiv./1306. 3325.

(a)设矩阵 C 的每一行 $i(i=1,2,\cdots)$，至少都有一个矩阵元素 C_{ij} 不为零.

(b)对于所有量子态，$\{|\psi\rangle=|A'_1,A'_2,\cdots\rangle\}$，$\langle\psi|C|\psi\rangle\neq 0$ 都成立.

如果条件(a)和(b)都成立，则在量子态，$A'_2,\cdots\rangle\}$是$(B_1,B_2,\cdots)$的纠缠态.

例外的是，条件(a)成立，但条件(b)不成立，即对于所有$\{|\psi\rangle=|A'_1,A'_2,\cdots\rangle\}$，$\langle\psi|C|\psi\rangle=0$，就不能判定所有的量子态$|A'_1,A'_2,\cdots\rangle$都是，或都不是$(B_1,B_2,\cdots)$的纠缠态.（例如，参见 3.4.4 节，例 4. 下面的证明与表象无关.）

［证明］

因为$\{|A'_1,A'_2,\cdots\rangle\}$和$\{|B'_1,B'_2,\cdots\rangle\}$分别都张开体系的 Hilbert 空间的一组完备基，体系的任何给定的量子态都可以用任何一组基展开. 因此，在条件(a)下，$|A'_1,A'_2,\cdots\rangle$态肯定不是$(B_1,B_2,\cdots)$的任何一个共同本征态. 但可以展开如下，

$$|A'_1,A'_2,\cdots\rangle=\sum_{B'_1B'_2,\cdots}\langle B'_1B'_2,\cdots|A'_1,A'_2,\cdots=\rangle|B'_1,B'_2,\cdots\rangle \tag{3.4.5}$$

对于给定的量子态$|A'_1,A'_2,\cdots\rangle$，展开系数$\langle B'_1B'_2,\cdots|A'_1,A'_2,\cdots\rangle$就不完全为 0，而且是完全确定的，其值依赖于$|B'_1,B'_2,\cdots\rangle$. $|\langle B'_1,B'_2,\cdots|A'_1,A'_2,\cdots\rangle|^2$ 就是在$|A'_1,A'_2,\cdots\rangle$态下$(B_1,B_2,\cdots)$的共同测量值分别为$(B'_1,B'_2,\cdots)$的几率. 因此，$(B'_1B'_2,\cdots)$的共同测量值之间有确切的关联（率性的）. 即量子态$|A'_1,A'_2,\cdots\rangle$是$(B_1,B_2,\cdots)$的纠缠态.

可以看出，上述量子纯态的纠缠判据与不确定度关系有一定的相似性. 不确定度关系主要强调：在任何给定的量子态下，不对易的两个可观测量 A 和 B，即 $C=\mathrm{i}[B,A]\neq 0$，A 和 B 不能同时具有确定值，即 A 和 B 不具有共同本征态［特殊的量子态$|\psi\rangle$，满足$\langle\psi|C|\psi\rangle=0$，除外］. 而上述量子纠缠判据，则讨论在多粒子或多自由度体系的对易的可观测量完全集$(A_1,A_2,\cdots)$的共同本征态$\{|\psi\rangle=|A'_1,A'_2,\cdots\rangle\}$下，另一个对易的可观测量完全集$(B_1,B_2,\cdots)$的共同测量之间存在相干关联（纠缠）的条件，即借助于对易式矩阵 $C_{ij}\equiv\mathrm{i}[B_i,A_i]$的性质来判断.

3.4.4 几个示例

以下以几个简单的例子对上述量子纯态的纠缠判据进行验证.

例 1 EPR 佯谬中的 2 自由粒子（无自旋）的纠缠态.

可以证明，EPR 佯谬一文中的(9)式给出的量子态

$$\delta(x_1-x_2-a)=\frac{1}{\sqrt{2\pi\hbar}}\int_{-\infty}^{+\infty}dp\exp[\mathrm{i}p(x_1-x_2-a)/\hbar] \tag{3.4.6}$$

是 2 个自由（一维）粒子的一组对易可观测量完全集 $(A_1,A_2)=(x,P)$的共同本征态[①]，$x=x_1-x_2$ 是相对坐标，$P=p_1+p_2$是总动量. 分别取$(B_1,B_2)=(p_1,p_2)$和(x_1,x_2)，则相应的 C 矩阵为

$$C=\hbar\begin{pmatrix}1&0\\-1&0\end{pmatrix},\quad C=\hbar\begin{pmatrix}0&1\\0&1\end{pmatrix} \tag{3.4.7}$$

是常数矩阵，满足条件(a)和(b). 这就验证了$|x=a,P=0\rangle$既不是(p_1,p_2)的共同本征态，也不

---

① M. Q. Ruan& J. Y. Zeng, Chin. Phys. Lett. **20**(2003) 1420.

是(x_1,x_2)的共同本征态，而可以看成是(p_1,p_2)或(x_1,x_2)的共同本征态的相干叠加态，即它们的纠缠态.

例 2　单电子的总角动量的本征态

单电子的总角动量$\boldsymbol{j}=\boldsymbol{l}+\boldsymbol{s}$，$\boldsymbol{l}$是轨道角动量，$\boldsymbol{s}$是自旋角动量.$(\boldsymbol{l}^2,\boldsymbol{j}^2,j_z)$构成一组对易可观测量完全集. 人所熟知，它们的共同本征态[见本书卷 I，9.2 节] 记为$|ljm_j\rangle$，$j=l\pm1/2$，$|m_j|\leqslant j$，$m_j=m+1$，

$$\text{对于 } j=l+1/2,(l=0,1,2,\cdots,m_j)\quad |jm_j\rangle=\frac{1}{\sqrt{2l+1}}\begin{pmatrix}\sqrt{l+m+1} & Y_l^m\\ \sqrt{l-m} & Y_l^{m+1}\end{pmatrix}$$

$$\text{对于 } j=l-1/2,(l=0,1,2,\cdots,m_j)\quad |jm_j\rangle=\frac{1}{\sqrt{2l+1}}\begin{pmatrix}-\sqrt{l-m} & Y_l^m\\ \sqrt{l+m+1} & Y_l^{m+1}\end{pmatrix}$$
(3.4.8)

由上式可以看出，对于给定l的$|ljm_j\rangle$态，l_z和s_z的共同测量值是纠缠的，

对于$j=l+1/2$，它们的相对几率为$(l+m+1)/(1-m)$

对于$j=l-1/2$，它们的相对几率为$(l-m)/(l+m+1)$

在给定l的情况下，取$(A_1,A_2)=(\boldsymbol{j}^2,j_z)$，$(B_1,B_2=(l_z,s_z)$，则相应的$C$矩阵为

$$C=2\hbar\begin{pmatrix}(-s_xl_y+s_yl_x) & 0\\ (-s_xl_y-s_yl_x) & 0\end{pmatrix}\tag{3.4.9}$$

满足条件(a)和(b). 这就验证了(3.4.8)式所示的单电子(给定l)的总角动量的本征态$|jm_j\rangle$是l_z和s_z的纠缠态. 注意：纠缠态(3.4.8)不涉及两个粒子，它只涉及单个粒子的自旋分量和轨道角动量分量的纠缠.

例 3　Bell 基

不难证明，对于 2 量子比特体系，如选择$(A_1,A_2)=(\sigma_{1x}\sigma_{2x},\sigma_{1y}\sigma_{2y})$，$(B_1,B_2)=(\sigma_{1x}\otimes I^{(2)},\sigma_{2x}\otimes I^{(1)})$，$(\sigma_{1y}\otimes I^{(2)},\sigma_{2y}\otimes I^{(1)})$，$(\sigma_{1z}\otimes I^{(2)},\sigma_{2z}\otimes I^{(1)})$，则$C$矩阵分别为

$$-2\begin{pmatrix}0 & \sigma_{1z}\sigma_{2y}\\ 0 & \sigma_{1y}\sigma_{2z}\end{pmatrix},\quad 2\begin{pmatrix}\sigma_{1z}\sigma_{2x} & 0\\ \sigma_{1x}\sigma_{2z} & 0\end{pmatrix},\quad 2\begin{pmatrix}-\sigma_{1y}\sigma_{2x} & \sigma_{1x}\sigma_{2y}\\ -\sigma_{1x}\sigma_{2y} & \sigma_{1y}\sigma_{2z}\end{pmatrix}\tag{3.4.10}$$

满足条件(a)和(b). 这就验证了众所周知的 Bell 基既是$(\sigma_{1x},\sigma_{2x})$，的纠缠态，也是$(\sigma_{1y},\sigma_{2y})$和$(\sigma_{1z},\sigma_{2z})$的纠缠态.

例 4　$(\boldsymbol{S}^2,S_z)$的共同本征态

在角动量耦合理论中(见本书，卷 II，3.1.2 节)，2 电子的自旋本征态通常选为对易可观测量完全集$(\boldsymbol{S}^2,S_z)$的共同本征态$|S,M\rangle$，其中$\boldsymbol{S}=\boldsymbol{s}_1+\boldsymbol{s}_2$是总自旋，$\boldsymbol{S}^2$的本征值记为$S(S+1)$，$S_z=s_{1z}+s_{2z}$，它的本征值记为$M$，$|M|\leqslant S$. $|S=1,M=\pm1,0\rangle$是三重态(triplet)，$|S=0,M=0\rangle$是单态(singlet). 从波函数的形式来看，$|0,0\rangle$和$|1,0\rangle$是s_{1z}和s_{2z}的纠缠态，而$|1,1\rangle$和$|1,-1\rangle$则是直积态. 这一点也可以用上述量子纯态的纠缠判据来验证. 因为对于$(A_1,A_2)=(\boldsymbol{S}^2,S_z)$，$(B_1,B_2)=(s_{1z},s_{2z})$，可得

$$C=-\frac{1}{2}\hbar^3\begin{pmatrix}\sigma_{1y}\sigma_{2x}-\sigma_{1x}\sigma_{2y} & 0\\ \sigma_{1x}\sigma_{2y}-\sigma_{1y}\sigma_{2x} & 0\end{pmatrix}\tag{3.4.11}$$

满足条件(a)，但不满足条件(b)，[可以证明，对于所有三重态和单态，$\langle\psi|C|\psi\rangle=0$.]所以不能保证$(S^2,S_z)$的所有共同本征态都是，或都不是，$(s_{1z},s_{2z})$的共同本征态.

从算符结构来看，在$(A_1, A_2) = (\boldsymbol{S}^2, S_z)$中，尽管$\boldsymbol{S}^2$是2体自旋算符，但$S_z$却为单体自旋算符，所以上述结论也是可以理解的.

例5 3量子比特体系的GHZ态

3量子比特体系的对易可观测量完全集的结构已在3.1.4节中讨论过. 3量子比特的GHZ态已列于表3.3中，它们是

$$\{A_1, A_2, A_3\} = \{\sigma_{1x}\sigma_{2y}\sigma_{3y}, \sigma_{1y}\sigma_{2x}\sigma_{3y}, \sigma_{1y}\sigma_{2y}\sigma_{3x}\}$$

的共同本征态. 如$\{B_1, B_2, B_3\}$分别取为$\{\sigma_{1x}, \sigma_{2y}, \sigma_{3y}\}$，$\{\sigma_{1y}, \sigma_{2x}, \sigma_{3y}\}$，$\{\sigma_{1y}, \sigma_{2y}, \sigma_{3x}\}$，则$C$矩阵分别为

$$-2\begin{pmatrix} 0 & \sigma_{1z}\sigma_{2x}\sigma_{3y} & \sigma_{1z}\sigma_{2y}\sigma_{3x} \\ 0 & -\sigma_{1y}\sigma_{2z}\sigma_{3y} & 0 \\ 0 & 0 & -\sigma_{1y}\sigma_{2y}\sigma_{3z} \end{pmatrix}$$

$$-2\begin{pmatrix} -\sigma_{1x}\sigma_{2y}\sigma_{3y} & 0 & 0 \\ -\sigma_{1x}\sigma_{2z}\sigma_{3y} & 0 & \sigma_{1y}\sigma_{2z}\sigma_{3x} \\ 0 & 0 & -\sigma_{1y}\sigma_{2y}\sigma_{3z} \end{pmatrix}$$

$$-2\begin{pmatrix} -\sigma_{1x}\sigma_{2y}\sigma_{3y} & 0 & 0 \\ 0 & -\sigma_{1y}\sigma_{2z}\sigma_{3y} & 0 \\ \sigma_{1x}\sigma_{2y}\sigma_{3z} & \sigma_{1y}\sigma_{2x}\sigma_{3z} & 0 \end{pmatrix} \tag{3.4.12}$$

满足条件(a)和(b)，所以3量子比特的GHZ态是自旋纠缠态. 对于4个和更多量子比特的GHZ态，也可以类似讨论它们的纠缠性.

3.5 量子信息理论简介

量子信息理论涉及量子计算(quantum computation)，量子态远程传递(quantum teleportation)，量子搜索(quantum searching)，量子密码(quantum cryptogragh)，量子博弈(quantum game)等基于量子力学原理的各种信息过程的理论.

本节简单介绍与量子力学基本原理密切相关的一部分内容. 量子信息理论的系统介绍，可以参阅文献[①②]

3.5.1 量子计算与量子信息理论基础

在量子计算和量子信息理论中，操作的对象是**量子比特**. 比特(bit)是经典计算和信息理论的基本概念. **量子比特**(quantum-bit，简记为qubit)是比特的推广. 为了区别，比特也称为经典比特. 一个经典比特有两个状态：即0，或1. 量子比特的两个可能状态的Dirac符号表示分别记为$|0\rangle$和$|1\rangle$. 量子比特的物理实现，例如：电子沿某一个方向的两个可能取向的自旋态，光子的两种可能的偏振态，超导

① N. D. Mermin, *Quantum Computer Science-An Introduction*. Cambridge University Press, Cambridge, 2007.

② M. A. Nielsen & I. L. Chang, *Quantum Computation and Quantum Information*. Cambridge University Press, 2000.

环中电流的两种可能取向，一个二态体系的量子态等.

$|0\rangle$和$|1\rangle$构成一个量子比特的 Hilbert 空间的一组彼此正交的基. 量子比特的一般状态用 2 维 Hilbert 空间的一个矢量用$|\psi\rangle$来表示，

$$|\psi\rangle = a\,|0\rangle + b\,|1\rangle \tag{3.5.1}$$

它是$|0\rangle$和$|1\rangle$的相干线性叠加. 按照量子态的几率诠释，$|a|^2$ 和$|b|^2$ 分别表示测量时，量子比特分别处于$|0\rangle$和$|1\rangle$的几率. 通常取归一化条件

$$|a|^2 + |b|^2 = 1 \tag{3.5.2}$$

与经典量子比特不同，一个量子比特可以处于满足归一化条件的$|0\rangle$和$|1\rangle$的任意线性叠加态. 式(3.5.2)可以改写成

$$|\psi\rangle = \mathrm{e}^{\mathrm{i}\gamma}\left[\cos\frac{\theta}{2}\,|0\rangle + \mathrm{e}^{\mathrm{i}\varphi}\sin\frac{\theta}{2}\,|1\rangle\right] \tag{3.5.3}$$

上式中 γ,φ,θ 为任意实数. 量子力学中，一个量子态的整体的相因子 $\mathrm{e}^{\mathrm{i}\gamma}$无可观测的效应，可以省去. 所以(3.5.3)式可以改记为

$$|\psi\rangle = \left[\cos\frac{\theta}{2}\,|0\rangle + \mathrm{e}^{\mathrm{i}\varphi}\sin\frac{\theta}{2}\,|1\rangle\right] \tag{3.5.4}$$

$|\psi\rangle$可以直观地用指向单位球面上的任何一点(θ,φ)的矢量来表示，此单位球称为 Bloch 球. (3.5.4)式的一个特例($\theta=\pi/2,\varphi=0$)是

$$|\psi\rangle = \frac{1}{\sqrt{2}}[\,|0\rangle + |1\rangle\,] \tag{3.5.5}$$

它表示的量子态测量时，体系处于$|0\rangle$和$|1\rangle$的几率各为 1/2.

$N(N\geqslant 2)$量子比特的量子态用 2^N 维 Hilbert 空间中的一个矢量来描述. 例如，2 量子比特的量子态用 4 维 Hilbert 空间中的一个矢量来描述. 4 维 Hilbert 空间最常用的一组基，即 Bell 基

$$|\psi\rangle = \frac{1}{\sqrt{2}}[\,|00\rangle \pm |11\rangle\,],\quad \frac{1}{\sqrt{2}}[\,|01\rangle \pm |10\rangle\,] \tag{3.5.6}$$

本书卷 I 第 9 章中，电子自旋向上和向下的量子态分别形象地表示为$|\uparrow\rangle$和$|\downarrow\rangle$. 而 2 电子体系的纠缠自旋态用 Bell 基

$$|\psi\rangle = \frac{1}{\sqrt{2}}[\,|\uparrow\uparrow\rangle \pm |\downarrow\downarrow\rangle\,],\quad \frac{1}{\sqrt{2}}[\,|\uparrow\downarrow\rangle \pm |\downarrow\uparrow\rangle\,] \tag{3.5.7}$$

描述，它们是 2 量子比特的一种物理实现.

N 量子比特的量子态用 2^N 维 Hilbert 空间的一个矢量来描述，

$$|\psi\rangle = \sum\nolimits_{s_1,s_2\cdots s_N} a_{s_1 s_2\cdots s_N}\,|\,s_1 s_2\cdots s_N\rangle \tag{3.5.8}$$

每个 s_i 可以取 0 或 1，$s_i=0,1(i=1,2,\cdots,N)$，$|s_1 s_2\cdots s_N\rangle$表示 2^N 维 Hilbert 空间的一组基矢，而 $a_{s_1 s_2\cdots s_N}=\langle s_1 s_2\cdots s_N|\psi\rangle$是量子态$|\psi\rangle$在$|s_1 s_2\cdots s_N\rangle$表象中的表示，是$(2^N-1)$个独立的复数，满足归一化条件

$$\sum\nolimits_{s_1 s_2\cdots s_N}|\,a_{s_1 s_2\cdots s_N}\,|^2 = 1 \tag{3.5.9}$$

所以N量子比特可用以存储(2^N-1)个不受限制的复数描述的信息. 这与经典比特截然不同,N个经典比特只能存储从0到(2^N-1)之间的整数描述的信息。

只要N个量子比特的相干性能够保持,量子态$|\psi\rangle$随时间的演化就按照Schrödinger方程进行

$$i\hbar\frac{\partial}{\partial t}|\psi\rangle=H|\psi\rangle \tag{3.5.10}$$

即$|\psi\rangle$按照一个幺正变换$U(t)=\exp[-iHt/\hbar]$演化(设H不显含t)

$$|\psi(t)\rangle=\exp[-iHt/\hbar]|\psi(0)\rangle \tag{3.5.11}$$

为量子力学读者方便,2维空间的量子态常常用一个列矢来表示. 两个基矢分别记为

$$|0\rangle=|\uparrow\rangle=|\sigma_z=1\rangle=\begin{pmatrix}1\\0\end{pmatrix},\quad |1\rangle=|\downarrow\rangle=|\sigma_z=-1\rangle=\begin{pmatrix}0\\1\end{pmatrix} \tag{3.5.12}$$

对量子态的操作用一个2×2矩阵表示. 常用的基本操作有3个Pauli矩阵,Hadamard门H,和相位变换S

$$X=\sigma_x=\begin{pmatrix}0&1\\1&0\end{pmatrix},\quad Y=\sigma_y=\begin{pmatrix}0&-i\\i&0\end{pmatrix},\quad Z=\sigma_z=\begin{pmatrix}1&0\\0&-1\end{pmatrix} \tag{3.5.13}$$

$$H=\frac{1}{\sqrt{2}}\begin{pmatrix}1&1\\1&-1\end{pmatrix}=\frac{1}{\sqrt{2}}(\sigma_x+\sigma_z),\quad H^+H=1 \tag{3.5.14}$$

$$S=\begin{pmatrix}1&0\\0&e^{i\varphi}\end{pmatrix},(\varphi\text{实数}),S^+S=1 \tag{3.5.15}$$

容易证明

$$H|0\rangle=\frac{1}{\sqrt{2}}[|0\rangle+|1\rangle]=|\sigma_x=1\rangle,\quad H|1\rangle=\frac{1}{\sqrt{2}}[|0\rangle-|1\rangle]=|\sigma_x=-1\rangle \tag{3.5.16}$$

$$S|0\rangle=|0\rangle,\quad S|1\rangle=e^{i\varphi}|1\rangle,\quad S\begin{pmatrix}a\\b\end{pmatrix}=\begin{pmatrix}a\\be^{i\varphi}\end{pmatrix} \tag{3.5.17}$$

定义球面上的一个单位矢量,$\boldsymbol{n}=\frac{1}{\sqrt{2}}(\boldsymbol{e}_x+\boldsymbol{e}_z)$,它处于$xz$平面中的$x$轴与$z$轴的等分角线上. 绕$\boldsymbol{n}$方向旋转$\boldsymbol{\theta}$角的算符为

$$R(\boldsymbol{n},\theta)=e^{-i\theta\boldsymbol{\sigma}\cdot\boldsymbol{n}}=\cos\frac{\theta}{2}-i\boldsymbol{\sigma}\cdot\boldsymbol{n}\sin\frac{\theta}{2} \tag{3.5.18}$$

不难证明

$$R(\boldsymbol{n},\pi)=-i\boldsymbol{\sigma}\cdot\boldsymbol{n}=-i\frac{1}{\sqrt{2}}(\sigma_x+\sigma_z)=-iH \tag{3.5.19}$$

Shor 量子算法

1994 年 P. W. Shor①. 给出了一个量子算法(quantum algorithms),目的是想解决大数 N 的因式分解问题,$N=n_1\times n_2$. 例如 $29083=127\times229$.

正整数 N 的因式分解的经典计算方法是用正整数 $1\rightarrow\sqrt{N}$ 逐个相除②,

$$\text{所需次数(时间)}\propto\sqrt{N}=2\exp\left[\frac{1}{2}\log_2 N\right]\sim e^L,\quad L=\log_2 N \tag{3.5.20}$$

所需时间与 L 的关系是指数关系,L 表示在 2 进制中 N 的长度. 当 N 非常大时,这是一个非常困难的问题. 据说,在 1994 年,对一个 129 位的大数进行因式分解,用 1600 台工作站花了 8 个月时间,计算才完成. 对一个 250 位的大数进行因式分解,需要时间 $\sim8\times10^5$ 年. 而对一个 600 位的大数进行因式分解,就需时 $\sim10^{25}$ 年(宇宙年龄),这实际上是不可能的.

Shor 量子算法是利用量子态的相干叠加性,进行平行计算. 可以证明,按照 Shor 量子算法,大数 N 的因式分解所需时间与 L 的关系是多项式(polynomial)关系,即所需时间 $\propto\mathrm{Pol}(L)$,称为 P 问题[注]. 例如,对于一个 1000 位大数的因式分解大约只需 ~1 秒即可完成. 这就引起人们对量子算法,进而对量子信息理论的广泛注意. 实现量子算法的主要困难在于在保证计算过程中的相干性的问题.

[注] P 问题,即多项式问题.

NP 问题,即非多项式(non-polynomial)问题,分为两种:即 NPC 问题和 NPI 问题.

NPC(complete NP)问题,指已经证明为 NP 问题,

NPI(intermediate NP)问题,指尚未能证明为 NP 问题.

按照经典算法,大数的因式分解是一个 NPI 问题.

Grover 量子搜索

量子搜索的系统研究始于 L. K. Grover③ 的工作. 要解决的问题是:在未分类(杂乱无章)的 N 个客体中,找出特定的目标.

经典搜索方案是逐个搜寻(one by one),每一次搜索的结果是:是或否(yes or no). 经历 $N/2$ 次搜索后,找到特定目标的几率约为 1/2.

按照量子搜索方案,每次都对所有客体进行搜索,但对各种结果的几率幅不做记录,(既可以为 0,也可以为 1). 由于量子相干效应,上一次的搜索会影响下一次

---

① P. W. Shor, Algorithms for quantum computation: discrete logarithms and factoring,载于 *Proceedings*, 35th *Annual Symposium on Foundation of Computer Science*.

② N. D. Mermin, *Quantum Computer Science—An Introduction*. Cambridge University Press, Cambridge, 2007.

③ L. K. Grover, Phys. Rev. Lett. **79**(1997) 325.

的搜索.可以证明,重复的搜索$\sqrt{N}$次以后,找到特定的对象的几率~1/2.

例如,在100万人口的城市中去找寻一个特定的个人的电话号码.按照经典搜索方法,经过50万次搜索后,找到的几率~1/2.而按照量子搜索方法,经过一千次搜索后,找到的几率~1/2.随N增大,量子搜索的优越性就越明显.

3.5.2 量子不可克隆定理

Wotters&Zurek① 一文,基于量子态叠加原理得出下列论断:一个未知的量子态不可能被完全精确复制.此即量子不可克隆定理(quantum no-cloning theorem).量子不可克隆定理是量子态叠加原理的一个重要推论.该文以光子的偏振态为例来论证.但其论证适用于任何一个2态体系,即任何一个量子比特. Wotters&Zurek的论证简述如下:(更全面的论述,见原始文献.)

一个量子比特的Hilbert空间的一组正交归一基矢分别记为$|0\rangle$和$|1\rangle$.按照量子态叠加原理,一个量子比特的任何量子态$|\psi\rangle$都可以表示成$|0\rangle$和$|1\rangle$的相干叠加,

$$|\psi\rangle = a|0\rangle + b|1\rangle, \quad |a|^2 + |b|^2 = 1 \tag{3.5.21}$$

设复制装置的初态为$|A\rangle$.量子态的完全精确复制过程可以表述如下:

$$|A\rangle|\psi\rangle \to |A_\psi\rangle|\psi\rangle|\psi\rangle \tag{3.5.22}$$

$|A_\psi\rangle$是复制后复制装置所处的状态,它可以依赖,也可以不依赖于被复制的量子态$|\psi\rangle$.设$|0\rangle$与$|1\rangle$可以被这个复制装置完全精确复制,即

$$|A\rangle|0\rangle \to |A_0\rangle|0\rangle|0\rangle, \quad |A\rangle|1\rangle \to |A_1\rangle|1\rangle|1\rangle \tag{3.5.23}$$

试问:体系的任何一个量子态$|\psi\rangle$是否也可以被这个复制装置完全精确复制?回答是否定的.理由如下:按式(3.5.21),

$$|A\rangle|\psi\rangle = |A\rangle(a|0\rangle + b|1\rangle) = a|A\rangle|0\rangle + b|A\rangle|1\rangle \tag{3.5.24}$$

而按式(3.5.22)的假定,

$$|A\rangle|\psi\rangle \to a|A_0\rangle|0\rangle|0\rangle + b|A_1\rangle|1\rangle|1\rangle \tag{3.5.25}$$

以下分两种情况来讨论:

(1)设$|A_0\rangle \neq |A_1\rangle$,则上式所示复制出来的体系处于混合态,不可能是要复制的纯态$|\psi\rangle|\psi\rangle$(不计及归一化问题),因为

$$\begin{aligned} |\psi\rangle|\psi\rangle &= (a|0\rangle + b|1\rangle) \times (a|0\rangle + b|1\rangle) \\ &= a^2|0\rangle|0\rangle + 2ab|0\rangle|1\rangle + b^2|1\rangle|1\rangle \end{aligned} \tag{3.5.26}$$

(2)设$|A_0\rangle = |A_1\rangle$,则式(3.5.26)所示的复制出来的体系处于如下纯态,$\sim a|0\rangle|0\rangle + b|1\rangle|1\rangle$,是一个纠缠态,而决不可能是式(3.5.25)所示状态.

(证明完毕)

---

① W. K. Wotters&W. H. Zurek, Nature **299**(1982) 802

H. P. Yuen[①] 对于不可克隆定理做了进一步工作. 他证明：假设复制过程可以用一个幺正变换描述，则当，且仅当，两个量子态正交时，它们才可以被同一个复制装置克隆.

［证明］设两个量子态$|\psi_0\rangle$与$|\psi_1\rangle$可以被同一个复制装置克隆

$$U|A\rangle|\psi_0\rangle \rightarrow |A_0\rangle|\psi_0\rangle|\psi_0\rangle \tag{3.5.27a}$$

$$U|A\rangle|\psi_1\rangle \rightarrow |A_1\rangle|\psi_0\rangle|\psi_0\rangle \tag{3.5.27b}$$

式中$U^+U=UU^+=1$，U 是描述复制过程的幺正变换. 式(35.27b)取复共轭，与(3.5.27a)取内积，得

$$\langle\psi_1|\psi_0\rangle = \langle\psi_1|\psi_0\rangle^2\langle A_1|A_0\rangle \tag{3.5.28}$$

由于$|\langle A_1|A_0\rangle|\leqslant 1$，所以要求

$$\langle\psi_1|\psi_0\rangle \leqslant |\langle\psi_1|\psi_0\rangle^2| \tag{3.5.29}$$

而只有当$\langle\psi_1|\psi_0\rangle=0$，上式中的等式才能满足，即要求两个待复制的量子态$|\psi_1\rangle$与$|\psi_0\rangle$正交.（证毕）

以上讨论的是对纯态的复制. H. Barnum, *et al.*[②]进一步研究了混合态的复制，提出了量子不可播送定理(non-broadcasting theorem). A. K. Patti & L. S. Braunstein[③] 提出了一个与量子不可克隆定理相似的量子不可删除定理(quantum non-deleting theorem). 介绍量子不可克隆定理的科普文献，还可参阅[④].

3.5.3 量子态远程传递

1993 年，C. H. Bennett, *et al.*[⑤]，提出借助于纠缠态以进行量子态的远程传递的一个方案. 从基本原理上来讲，此方案基于量子态叠加原理以及量子态的统计诠释. 其方案简述如下：

此方案的目的是要求发送人员 Alice 把一个量子比特的态

$$|\phi\rangle = a|\uparrow\rangle + b|\downarrow\rangle \tag{3.5.30}$$

发送给远处的接收人员 Bob. Alice 与 Bob 之间有一个经典通道（例如电话），以传递测量过程中技术上的信息. 但为了保密，Alice 对于要传递的量子态$|\phi\rangle$可能一无所知.

Bennett 的量子态远程传递方案的程序，分为如下 4 步：

(1)在 Alice 处存放量子比特 1 的量子态

$$|\phi\rangle_1 = a|\uparrow\rangle_1 + b|\downarrow\rangle_1 \quad |a|^2+|b|^2=1 \tag{3.5.31}$$

---

① H. P. Yuen, Phys. Lett. **113**A(1986) 405.

② H. Barnum, *et al.*, Phys. Rev. Lett. **76**(1996) 2812.

③ A. K. Patti & L. S. Braunstein, Nature **404**(2000) 164.

④ 郭光灿，段路明，物理 **27**(1997) 54.

⑤ C. H. Bennett, *et al.*, Phys. Rev. Lett. **70**(1993), 1895. Teleporting an unknown quantum state via dual classical and EPR channels.

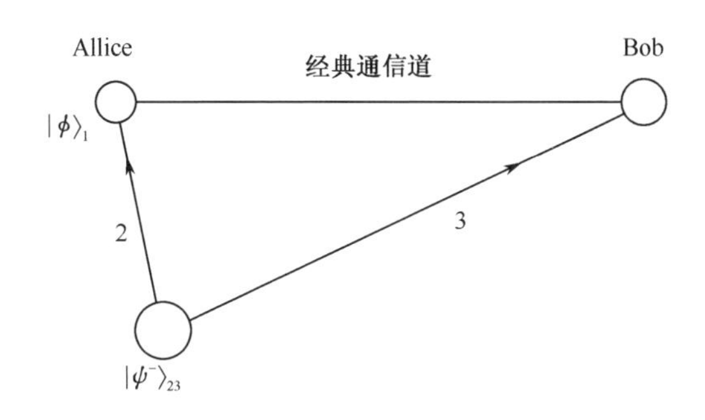

图 3.8　Bennett 等的量子态远程传递方案示意图

(2)制备量子比特 2 与 3 的一个纠缠态(Bell 基之一),例如

$$|\psi^-\rangle_{23}=\frac{1}{\sqrt{2}}[|\uparrow\rangle_2|\downarrow\rangle_3-|\downarrow\rangle_2|\uparrow\rangle_3] \tag{3.5.32}$$

并把处于纠缠态的量子比特 2 发送给 Alice,而把处于纠缠态的量子比特 3 发送给 Bob.

(3)Alice 使用可以识别 4 个 Bell 基的技术,对量子比特 1 和 2 进行测量.与此同时,Bob 对量子比特 3 进行测量.联合起来,是对如下的 3 量子比特体系进行了一个完备测量,

$$|\Psi\rangle_{123}=|\phi\rangle_1|\psi^-\rangle_{23} \tag{3.5.33}$$

这个量子态可以按照量子比特 1 和 2 的纠缠态完全集(Bell 基,见 3.1 节,表 3.1)来展开.直接计算,可以得出

$$\begin{aligned}|\Psi\rangle_{123}=&\frac{1}{2}\{[|\psi^-\rangle_{12}(-a|\uparrow\rangle_3-b|\downarrow\rangle_3)]+[|\psi^+\rangle_{12}(-a|\uparrow\rangle_3+b|\downarrow\rangle_3)]\\&+[|\phi^-\rangle_{12}(-b|\uparrow\rangle_3+a|\downarrow\rangle_3)]+[|\phi^+\rangle_{12}(-b|\uparrow\rangle_3-a|\downarrow\rangle_3)]\}\end{aligned} \tag{3.5.34}$$

这里,(3.5.33)式中的量子比特 2 与 3 的纠缠态转化为(3.5.34)式中的量子比特 1 和 2 的纠缠态.形式上这与角动量的重耦合(angular momentum recoupling)相似.当 Alice 对粒子 1 和 2 进行 Bell 基的测量时,每一个 Bell 基出现的几率都是 1/4. Bob 同时对量子比特 3 的测量结果,应该与 Alice 对量子比特 1 和 2 的 Bell 基的测量结果相对应,见表 3.5.

(4)Alice 把对粒子 1 和 2 的 Bell 基的测量所得结果[U_i($i=1,2,3$,或 4)中的某一个.例如 4,告诉 Bob . 于是 Bob 用 U_4^{-1} 作用于 $U_4|\phi\rangle_3$ 上,就可得到待传送的量子态 $|\phi\rangle_3$,即 $U_4^{-1}U_4|\phi\rangle_3=|\phi\rangle_3$, $|\phi\rangle_3$ 就是原来要传送的量子态 $|\phi\rangle_1$ 的一个副本,只不过粒子 1 被粒子 3 所替换罢了.

表 3.5

Alice 测得粒子对(1,2)所处 Bell 基	Bob 对量子比特 3 的进行相应测量所得到的态	$U_i, i=1,2,3,4$
$\vert\psi^-\rangle_{12}$	$-a\vert\uparrow\rangle_3-b\vert\downarrow\rangle_3=\begin{pmatrix}-a\\-b\end{pmatrix}_3=U_1\vert\phi\rangle_3$	$U_1=\begin{pmatrix}-1&0\\0&-1\end{pmatrix}$
$\vert\psi^+\rangle_{12}$	$-a\vert\uparrow\rangle_3+b\vert\downarrow\rangle_3=\begin{pmatrix}-a\\b\end{pmatrix}_3=U_2\vert\phi\rangle_3$	$U_2=\begin{pmatrix}-1&0\\0&1\end{pmatrix}$
$\vert\phi^-\rangle_{12}$	$b\vert\uparrow\rangle_3+a\vert\downarrow\rangle_3=\begin{pmatrix}b\\a\end{pmatrix}_3=U_3\vert\phi\rangle_3$	$U_3=\begin{pmatrix}0&1\\1&0\end{pmatrix}$
$\vert\phi^+\rangle_{12}$	$-b\vert\uparrow\rangle_3+a\vert\downarrow\rangle_3=\begin{pmatrix}-b\\a\end{pmatrix}_3=U_4\vert\phi\rangle_3$	$U_4=\begin{pmatrix}0&-1\\1&0\end{pmatrix}$

从 1997 年开始,量子态的传递过程的实验已陆续实现.例如,D. Bouwmeester, *et al*.[①],借助处光子偏振实态现量子态的远程传递.与此几乎同时,D. Boschi, *et al*.[②],实现了一个光子偏振态的远程传递. A. Fursawa, *et al*.,[③]利用光的压缩态实现了量子态远程传递. M. A. Nielsen,*et al*,[④]利用核磁共振实现了量子态远程传递.随后的几年,在许多实验室中也都实现了各种类型的量子态远程传递[⑤⑥⑦⑧].

关于量子态的远程传递,还有下点应该注意:

(a)量子态不可克隆定理

在量子态的远程传递过程中,原来在处的粒子 1 的量子态 $|\phi\rangle_1$ 已经被破坏(粒子 1 与 2 已发生了纠缠),这正是量子态不可克隆定理的表现.

(b)量子非信息传递定理(Quantum no-signaling theorem)

Bennett 等的量子态远程传递方案一文中明确指出:

> "Our teleportation *cannot* take place instantaneously or over a space-like interval, because it requires, among other things, sending a classical message from Alice to Bob."

即他们的量子态的远程传递方案并不能用来进行量子态的超光速的传递.这就是所谓量子非信息传递定理.例如,N. Gisin[⑨] 一文中指出:

> "It is important to state that the nonlocal correlations of quantum

---

① D. Bouwmeester, *et al*., Nature **390**(1997) 575.

② D. Boschi, *et al*., Phys. Rev. Lett. **80**(1998) 1121.

③ A. Fursawa, *et al*., Science **282**(1998) 182.

④ M. A. Nielsen, E. Knill, & R. Laflamme, Nature **396**(1998) 52.

⑤ Y. H. Kim, *et al*., Phys. Rev. Lett. **86**(2001) 1370.

⑥ M. Aspelmeyer, *et al*., Science **301**(2003) 621.

⑦ M. Bicke, *et al*., Nature **429**(2004) 734.

⑧ S. Olmschenk, *et al*., Science **323**(209) 486.

⑨ N. Gisin, Science **326**(2009) 1357.

physics are *non-signaling*. That is, they *do not communicate information*. This should remove some of the uneasiness ."

但是他指出:"In a non-signaling world, correlations can be non-local only if the measurement results were not predetermined."Gisin 强调的这一点与纠缠态的定义是一致的. 例如,A. Mair[①] 指出:

> "The measurement of the state of one particle in a two-particle entangled state defines the state of the second particle instantaneously, whereas *neither particle possesses its own well-defined state before the measurement*."

但应当指出:"Quantum mechanics as well as classical mechanics obeys the no-signaling principle, meaning that information cannot travel faster than light." 看来,"no-signaling"并不能作为区分量子力学与经典力学的特征.

(c)量子态的传递需要借助于纠缠性

在 Bennett 量子态远程传递方案中,量子比特 2 与 3 所构成的纠缠态(Bell 基)的约化密度矩阵的秩 $r=2$. 如果量子比特 2 与 3 处于直积态,就不能进行量子态的传递. 不难证明

$$
\begin{aligned}
|\phi\rangle_1\ |\uparrow\uparrow\rangle_{23} &= |\uparrow\uparrow\rangle_{13}\begin{pmatrix} a \\ 0 \end{pmatrix}_2 + |\downarrow\uparrow\rangle_{13}\begin{pmatrix} b \\ 0 \end{pmatrix}_2 \\
|\phi\rangle_1\ |\downarrow\downarrow\rangle_{23} &= |\downarrow\downarrow\rangle_{13}\begin{pmatrix} 0 \\ b \end{pmatrix}_2 + |\uparrow\downarrow\rangle_{13}\begin{pmatrix} 0 \\ a \end{pmatrix}_2 \\
|\phi\rangle_1\ |\uparrow\downarrow\rangle_{23} &= |\downarrow\downarrow\rangle_{13}\begin{pmatrix} b \\ 0 \end{pmatrix}_2 + |\uparrow\downarrow\rangle_{13}\begin{pmatrix} 0 \\ a \end{pmatrix}_2 \\
|\phi\rangle_1\ |\downarrow\uparrow\rangle_{23} &= |\uparrow\uparrow\rangle_{13}\begin{pmatrix} 0 \\ a \end{pmatrix}_2 + |\downarrow\uparrow\rangle_{13}\begin{pmatrix} 0 \\ b \end{pmatrix}_2
\end{aligned}
\tag{3.5.35}
$$

文献[①]也证明,2 粒子(自旋 1/2)的($\boldsymbol{S}^2, S_z$)的共同本征态[即角动量耦合表象的基矢 $|SM\rangle$, $S=1, M=1,0,-1$(triplet), $S=M=0$(singlet)],也不能用来进行完全确切的量子态的远程传递. 这是因为尽管它们一部分态($|0,0\rangle$, $|1,0\rangle$)是纠缠态,另一部分($|1,1\rangle$, $|1,-1\rangle$)则是直积态.

(d)借助于 N 量子比特的 GHZ 态,不能传递 2 个或多个量子比特的任意量子态[②]. 因为所有 N 量子比特的 GHZ 态的 k 粒子约化密度矩阵($k=1,2,\cdots,[N/2]$)的秩. 都是 $r=2$. 为了进行 k 量子比特的任意量子态的传递,必须借助于约化密度矩阵的秩 $r=k$ 的其他类型量子态.

(e)纠缠转移

---

① A. Mair, *et al*., Nature **412**(2001) 313.

② J. Y. Zeng, H. B Zhu & S. Y. Pei, Phys. Rev. **A65**(2002) 052307.

图 3.9 所示的待传递的量子比特 1 处于一个确定的量子态$|\phi\rangle_1$. 如果待传递的是一个量子比特的不确定的态[例如,是 2 量子比特体系(1 和 4)的某一个纠缠态,如 Bell 基$|\psi^-\rangle_{14}$],则称为纠缠转移(entanglement swapping)①. 不难证明(参见表 3.1)

$$
\begin{aligned}
|\psi\rangle_{1423} &= |\psi^-\rangle_{14}|\psi^-\rangle_{23} \\
&= \frac{1}{2}[|\psi^+\rangle_{13}|\psi^+\rangle_{42} + |\psi^-\rangle_{13}|\psi^-\rangle_{42} + |\phi^+\rangle_{13}|\phi^+\rangle_{42} + |\phi^-\rangle_{13}|\phi^-\rangle_{42}]
\end{aligned}
\tag{3.5.36}
$$

在纠缠态$|\psi^-\rangle_{14} = \frac{1}{\sqrt{2}}[|\uparrow\rangle_1|\downarrow\rangle_4 - |\downarrow\rangle_1|\uparrow\rangle_4]$中,量子比特 1 所处量子态是不确定的.

纠缠转移的数学结构,在形式上与角动量重耦合(angular momentum recoupling)有相似之处,但角动量的重耦合比纠缠更为复杂,因为角动量重耦合还涉及简并态的问题. 例如,式(3.5.36)与如下 4 个角动量的重耦合的结构形式上有相似之处,

$$
\begin{aligned}
&\Psi((j_1j_4)J_{14}(j_2j_3)J_{23},JM) \\
&= \sum_{J_{14}J_{23}} \Psi((j_1j_4)J_{14}(j_2j_3)J_{23},JM)\sqrt{(2J_{14}+1)(2J_{23}+1)(2J_{12}+1)(2J_{43}+1)} \\
&\quad \times \begin{Bmatrix} j_1 & j_4 & J_{14} \\ j_2 & j_3 & J_{23} \\ j_{12} & j_{43} & J \end{Bmatrix}
\end{aligned}
\tag{3.5.37}
$$

$\begin{Bmatrix} j_1 & j_4 & J_{14} \\ j_2 & j_3 & J_{23} \\ j_{12} & j_{43} & J \end{Bmatrix}$称为 9-$j$ 系数,它描述 4 个角动量的两个不同耦合之间的关系(参见本书卷 II, 7.4.2 节).

3.5.4 非局域性与量子纠缠的进一步探讨

在 3.2.2 节中已提及,迄今所有实验观测都与局域实在论(LR)的预期矛盾. 自然界中存在量子纠缠与非局域关联是一个不可争辩的事实,并已在量子信息技术领域得到广泛应用. 量子非局域性可以说是最反直觉的一种现象. 对此,Brunner② 一文提到:

> "Quantum mechanics predicts that measurements on spatially separated particles can yield non-local correlations." "Quantum non-locality

① J. W. Pan, D. Bouwmeester, H. Weinfurtrer& A. Zeilinger, Phys. Rev. Lett. **80**(1998) 3891.

② N. Brunner, Nature Physics **6**(2010) 842.

is arguably the most striking and counterintuitive: spatially separated quantum particles can behave in a way that drastically defies our intuition about space and time. Apart from its obvious fundamental significance, quantum non-locality is also the key ingredient in promising applications in information process."

关于非局域关联和量子纠缠,N. Gisin[①] 提到:

"In modern quantum physics, entanglement is fundamental; furthermore, space is irrelevant—at least in quantum information science, space plays no central role and time is a mere discrete clock parameter. In relativity, space-time is fundamental and there is no place for nonlocal correlations. To put the tension in other words: No story in space-time can tell us how nonlocal correlations happen; hence nonlocal quantum correlations seem to emerge , somehow, from outside space-time."

操控

Brunner 认为,Schrödinger 的操控(steering)概念[②]有助于人们更好地理解量子非局域性. 量子非局域性 1935 年首先为 Einstein, Podolsky, & Rosen(EPR)[③]提出. Schrödinger 的操控概念,可以认为是 EPR 佯谬思想的推广. Schrödinger 原来的操控思想在文献[④]中得以系统化. Brunner 的文献给出了非局域性的三种不同形式,见图 3.9.

如何鉴别 **a** 和 **c**? 即区分究竟发生了量子纠缠,还是操控? 基于 Gavalcanti 等的工作[⑤],Saunders 等[⑥]给出了一个漂亮的解答. 他们导出了类似 Bell 不等式的"steering inequality",借助于此不等式,可以判断是否发生了"操控".

首先,Bob 要求 Alice 对她的光子进行一些可能的操作,并把她进行了的是什么操作告诉他. Bob 对他的光子进行操作,得知其实际所处的状态. 多次重复此过程,以检验此"steering inequality"是否成立. 如果肯定观测结果违反了"steering inequality",就可以判断 Alice 的确制备了一个纠缠态.

当然,还需要判断,这些实验是否只是 Bell test 的一个变种? 已经搞清楚:"不是所有纠缠态可以用以进行操控,而且不是所有可操控态都导致违反 Bell 不等式". 结论是:"操控是一种新的量子非局域形式,介于纠缠与非局域性之间."

---

① N. Gisin, Science **326**(2009) 1357.

② E. Schrodinger, Proc. Camb. Phil. Soc. **31**(1935)555; **32**(1936)446.

③ A. Einstein, B. Podolsky & N. Rosen, Phys. Rev. **47**(1935) 777

④ H. M. Wiseman, S. J. Jones & A. C. Doherty, Phys. Rev. Lett. **98**(2007) 140402.

⑤ E. G. Cavalcanti, S. J. Jones, H. M. Wiseman & M. D. Reid, Phys. Rev. **A80**(2009) 032112.

⑥ D. J. Saunders, S. J. Jones, H. M. Wiseman & G. J. Pryde, Nature Physics **6**(2010) 845.

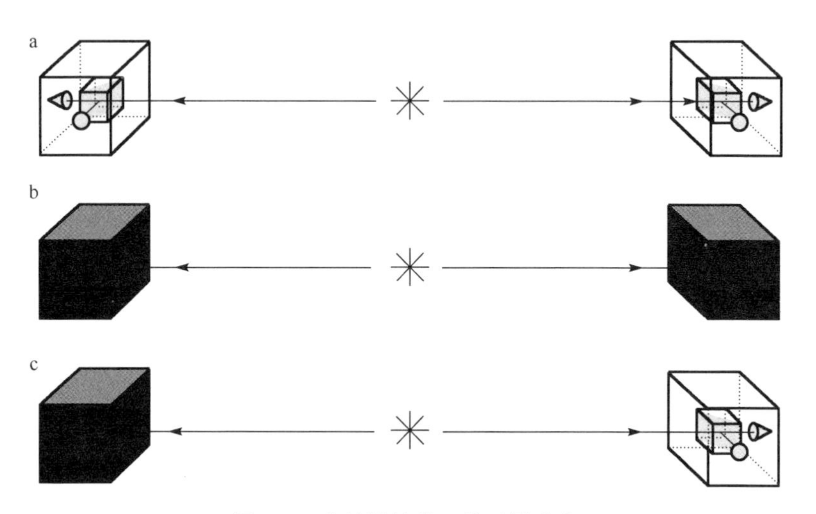

图 3.9 非局域性的 3 种不同形式

a 量子纠缠(EPR 佯谬的 Bohm 形式). Alice 对她的光子做了一个观测,Bob 的光子就会立即改变为量子力学所预期的状态. 但 Alice 与 Bob 之间的信息传递不能超过光速.

b 与量子力学无关的非局域性.

c 操控. 介于两种情况之间. 光子源在 Alice 手中,当她发射一个光子给 Bob 时,声称她能操控在远处的 Bob 的光子的状态. 但 Bob 只相信自己的测量装置的观测结果,并不相信对方的任何言词(也许有欺骗). 他如何判断 Alice 没有欺骗他?(例如,Alice 发送了一个没有关联的一个光子给他).

信息因果性原理

经典物理学假定:所有物理量同时具有完全确定的值. 而相对论则认为:光(辐射)与电荷的速度. 对于所有观测者都是一样的. 与此截然不同,量子态用相空间中的一个矢量来描述,而且其动力学具有时间反演不变性[①]. 量子力学具有如下一些特点:例如,在一般情况下,量子力学只给出几率性的预期(non-determinism). 坐标与动量不能同时测定,一般说来,测量要改变体系的状态. 与此相关的特征是出现非局域关联和纠缠. 但可以证明,一个未知的量子态是不能复制的(no-cloning). 此外,尽管量子关联要强于任何经典关联,信息传递是不能超过光速的(no-signalling). 这在量子信息理论和技术上已得到广泛应用(例如,量子密码,未知量子态的远程传递等)[②]. 然而这些特点还不能把量子理论完全确定下来. 有很多理论都具有这些特点,甚至可以具有比量子力学更强的关联.

文献[①]建议,把信息因果性(information causality)当作一个物理原理. 把信息

---

① M. Pantowski, *et al*. Nature **466**(2003) 1101.

② S. Popescu& D. Rohrlich, Foundations of Physics **24**(1994) 379.

因果性当作一个物理原理的含义如下：

"The information gain that Bob can reach abouta previously unknown to him data set of Alice, by using all his local resourses and m calassical bits communicated by Alice , is at most m bits." "The standard no-signalling condition is just information causality for $m=0$."

这些建议还有待实验进一步检验.

第4章　二次量子化

4.1　全同粒子系的量子态的描述

对于全同粒子组成的体系,由于粒子的全同性(不可分辨性),任何两个粒子的置换并不导致一个新的量子态. 通过深入分析可以得出(见卷Ⅰ,5.5节),这种置换对称性对全同粒子系的量子态给予了很强的限制,即对于全同粒子系,在自然界中能实现的量子态,只可能是具有一定置换对称性的量子态.它们或者是对于任何两个粒子交换不变的对称态,或者是对任何两个粒子交换改变正负号的反对称态.对于前者,粒子系的统计性质遵守Bose统计,故称为Bose子;对于后者,则遵守Fermi统计,故称为Fermi子.所有实验都表明,统计性与粒子的自旋值密切相关,即Bose子的自旋(单位$\hbar$)为整数(包括0),而Fermi子的自旋为半奇数.

4.1.1　粒子数表象

在卷Ⅰ,5.5节中,全同粒子系的量子态的描述采用了坐标表象,以下简称q表象(q表示单粒子的全部坐标,如粒子有自旋,除空间坐标外,还应包含自旋变量).在q表象中,N个全同Fermi子的归一化的量子态表示成

$$\psi^{A}_{\alpha\beta\gamma\cdots}(q_1,\cdots,q_N)=\frac{1}{\sqrt{N!}}\begin{vmatrix}\varphi_\alpha(q_1)\cdots\varphi_\alpha(q_N)\\ \varphi_\beta(q_1)\cdots\varphi_\beta(q_N)\\ \varphi_\gamma(q_1)\cdots\varphi_\gamma(q_N)\\ \vdots\qquad\qquad\vdots\end{vmatrix}\tag{4.1.1}$$

$$=\frac{1}{\sqrt{N!}}\sum_P\delta_P P[\varphi_\alpha(q_1)\varphi_\beta(q_2)\varphi_\gamma(q_3)\cdots]$$

上式表示在每个单粒子态(假设已归一化)$\varphi_\alpha,\varphi_\beta,\varphi_\gamma,\cdots$上分别有一个粒子,$P$表示粒子之间的某种置换,$\delta_P(=\pm1)$是置换$P$的奇偶性(参阅附录B.2.2).由式(4.1.1)可以看出,处于每个单粒子态上的全同Fermi子的数目不能超过1(Pauli原理).

对于全同Bose子体系,情况与此不同.它们的波函数对于任何两个粒子的交换要求是对称的.因此,处于每一个单粒子态上的Bose子的数目没有什么限制.设在单粒子态$\varphi_{k_1},\varphi_{k_2},\cdots,\varphi_{k_N}$上分别有$n_1,n_2,\cdots,{}_N$个粒子($\sum_i n_i=N$,$n_i$中有的可以为0,有的可以大于1),则归一化的交换对称波函数可表示为

$$\psi^S_{n_1\cdots n_N}(q_1,\cdots,q_N)=\sqrt{\frac{\prod_i n_i!}{N!}}\sum_P P[\underbrace{\varphi_{k_1}(q_1)\cdots}_{n_1}\cdots\underbrace{\varphi_{k_N}(q_N)}_{n_N}] \tag{4.1.2}$$

这里 P 是指那些只对处于不同单粒子态上的粒子进行对换所构成的置换，因而式(4.1.2)中各项是彼此正交的，总的项数为 $N!\Big/\prod_i n_i!$.

采用坐标表象来描述全同粒子系的量子态是相当繁琐的，利用它来进行各种计算很不方便，所以它不是一种令人满意的表象. 其根源在于：对于全同粒子进行编号是没有意义的，完全是多余的. 但在波函数的上述表示方式中，又不得不先对粒子进行编号，以写出 q 表象中的某一项波函数[如 $\varphi_{k_1}(q_1)\varphi_{k_2}(q_2)\cdots\varphi_{k_N}(q_N)$]，然后再把对粒子进行各种置换所构成的各项波函数叠加起来，以满足置换对称性时要求. 事实上，只需要把处于每个单粒子态上的粒子数$(n_1,n_2,\cdots,n_N)$交待清楚，全同粒子系的量子态就完全确定了，并不需要(也没有意义)去指出处于某单粒子态上的粒子是"哪一个"粒子. 这就是式(4.1.2)中用$(n_1,n_2,\cdots,n_N)$来标记波函数的根据. 为避免对全同粒子进行编号，需要脱离 q 表象. 此时，全同 Bose 子体系的量子态可以用下列右矢来标记：

$$|n_1 n_2\cdots n_N\rangle \tag{4.1.3}$$

这种表示方式称为粒子填布数表象(occupation particle number representation)，简称粒子数表象，也称为 Fock 表象.

对于 Fermi 子，Pauli 原理要求 $n_i=1$ 或 0[即 $n_i(n_i-1)=0$]. 根据上述精神，式(4.1.1)也可改记为 $\psi^A_{11\cdots1}(q_1q_2\cdots q_N)$，表示 $n_\alpha=n_\beta=\cdots=1$(其余单粒子态上无粒子，$n_i=0$，没有明显写出). 脱离 q 表象后，可记为

$$|n_\alpha=1,n_\beta=1,n_\gamma=1,\cdots\rangle$$

简记为

$$|1_\alpha 1_\beta 1_\gamma\cdots\rangle \quad 或 \quad |\alpha\beta\gamma\cdots\rangle \tag{4.1.4}$$

后一式中只标出了被粒子占据的那些单粒子态.

4.1.2 产生算符与湮没算符，全同 Bose 子体系的量子态的描述

为了在粒子数表象中进行各种计算，引进粒子产生算符和湮没算符是很方便的. 利用它们，就可以把粒子数表象的基矢以及各种类型的力学量方便地表示出来，而且在各种计算中，只需借助这些产生算符和湮没算符的基本对易关系，量子态的置换对称性即可自动得以保证.

为了初学者方便，在引进产生算符和湮没算符之前，简要回顾一下一维谐振子的代数解法(因式分解)(卷Ⅰ，10.1 节)中的升算符和降算符概念.

一维谐振子的 Hamilton 量为(采用自然单位，$\hbar=m=\omega=1$)

$$H=\frac{1}{2}p^2+\frac{1}{2}x^2 \tag{4.1.5}$$

引进无量纲算符

$$a = \frac{1}{\sqrt{2}}(x + \mathrm{i}p)$$

$$a^+ = \frac{1}{\sqrt{2}}(x - \mathrm{i}p) \tag{4.1.6}$$

根据$[x,p]=\mathrm{i}$,易于证明

$$[a,a^+] = 1 \tag{4.1.7}$$

式(4.1.6)之逆为

$$x = \frac{1}{\sqrt{2}}(a^+ + a), \quad p = \frac{\mathrm{i}}{\sqrt{2}}(a^+ - a) \tag{4.1.8}$$

由此不难求出

$$H = a^+ a + \frac{1}{2} = \hat{N} + \frac{1}{2} \tag{4.1.9}$$

可以证明,$\hat{N}=a^+a$ 为正定厄米算符.本征方程表示为 $\hat{N}|n\rangle=n|n\rangle$,本征值为非负整数 $n=0,1,2,\cdots$.相应的归一化本征态(采取适当的相位)可以表示成(试用归纳法证明)

$$|n\rangle = \frac{1}{\sqrt{n!}}(a^+)^n \mid 0\rangle, \quad n = 0,1,2,\cdots \tag{4.1.10}$$

显然,$|n\rangle$也是 H 的本征态,本征值为 $E_n=\left(n+\frac{1}{2}\right)$(能量单位为 $\hbar\omega$).基态为$|0\rangle$,能量 $E_0=\hbar\omega/2$ 称为零点能.

利用式(4.1.10)和对易式(4.1.7),可以得出①

$$\begin{aligned} a^+ \mid n\rangle &= \sqrt{n+1} \mid n+1\rangle \\ a\mid n\rangle &= \sqrt{n} \mid n-1\rangle \end{aligned} \tag{4.1.11}$$

其伴式(adjoint)表示为

$$\begin{aligned} \langle n|a &= \sqrt{n+1}\langle n+1 | \\ \langle n|a^+ &= \sqrt{n}\langle n-1| \end{aligned} \tag{4.1.12}$$

所以 $a^+(a)$可以视为谐振子的相邻能级之间的升(降)算符.

我们也可以采用另一种看法,即把$|0\rangle$视为真空态,$|n\rangle$视为有 n 个声子(phonon)的激发态($n=1,2,\cdots$),每个声子的能量为 $\hbar\omega$.这样,a^+ 和 a 可理解为声子的

---

① 论证的方式也可以倒过来.令$|n\rangle$表示有 n 个声子的激发态.定义声子产生和湮没算符如下:$a^+|n\rangle=\sqrt{n+1}|n+1\rangle$,$a|n\rangle=\sqrt{n}|n-1\rangle$.由此易于证明,$[a,a^+]=1$.并由此证明归一化的$|n\rangle$可以表示为

$$|n\rangle = \frac{1}{\sqrt{n!}}(a^+)^n \mid 0\rangle$$

提示:$\hat{n}=a^+a$ 是声子数算符,可证明$[\hat{n}, a^{+k}]=ka^{+k}$,$k=0,1,2,\cdots$.$|0\rangle$表示无声子态,$a|0\rangle=0$.证明$\hat{n}\ |n\rangle=n|n\rangle$,然后用归纳法证明$\langle n|n\rangle=1$.

产生(creation)和湮没(annihilation)算符.

以上讨论可推广到 N 维谐振子. N 维谐振子可以分解为彼此独立的 N 个一维谐振子. 对于不同的谐振子,分别引进相应的声子产生算符 a_i^+ 和湮没算符 a_i(声子能量为 $\hbar\omega_i$),它们满足下列基本对易式:

$$
\begin{aligned}
&[a_i, a_j^+] = \delta_{ij} \\
&[a_i, a_j] = [a_i^+, a_j^+] = 0, \quad i,j = 1,2,\cdots,N
\end{aligned}
\tag{4.1.13}
$$

而 N 维谐振子的归一化的能量本征态可表示为

$$
|n_1 n_2 \cdots\rangle = \frac{1}{\sqrt{n_1!\, n_2!\, \cdots}} (a_1^+)^{n_1} (a_2^+)^{n_2} \cdots |0\rangle \tag{4.1.14}
$$

相应的本征值为

$$
E_{n_1 n_2 \cdots} = \sum_{i=1}^{N} (n_i + 1/2)\hbar\omega_i \tag{4.1.15}
$$

Bose 子多体系的粒子数表象的基矢

现在借用上述理论形式来描述 Bose 子多体系在粒子数表象中的基矢. 但此时 a_i^+ 与 a_i 应理解为单粒子态 φ_i 上的粒子产生与湮没算符. 它们满足对易关系式(4.1.13),而式(4.1.14)所描述的 Bose 子多体系的态是:在 φ_i 单粒子态上有 n_i 个 Bose 子($i=1,2,\cdots$),

$$
|n_1 n_2 \cdots\rangle = \frac{1}{\sqrt{\prod_i n_i!}} (a_1^+)^{n_1} (a_2^+)^{n_2} \cdots |0\rangle \tag{4.1.16}
$$

它是粒子数算符 $\hat{n}_i = a_i^+ a_i$ 的本征态,本征值为 $n_i (i=1,2,\cdots)$. 当然, 它也是粒子总数算符 $\hat{N} = \sum_{i=1}^{N} \hat{n}_i$ 的本征态,本征值为 $N = \sum_{i=1}^{N} n_i$. 式(4.1.16)描述的态对于任何两个 Bose 子的交换是对称的.

类似于式(4.1.11),可以证明,在取适当相位规定后,

$$
\begin{aligned}
a_\alpha^+ |n_1 n_2 \cdots n_\alpha \cdots\rangle &= \sqrt{n_\alpha + 1}\, |n_1 n_2 \cdots (n_\alpha + 1) \cdots\rangle \\
a_\alpha |n_1 n_2 \cdots n_\alpha \cdots\rangle &= \sqrt{n_\alpha}\, |n_1 n_2 \cdots (n_\alpha - 1) \cdots\rangle
\end{aligned}
\tag{4.1.17}
$$

其伴式为

$$
\begin{aligned}
\langle \cdots n_\alpha \cdots n_2 n_1 | a_\alpha &= \sqrt{n_\alpha + 1} \langle \cdots (n_\alpha + 1) \cdots n_2 n_1 | \\
\langle \cdots n_\alpha \cdots n_2 n_1 | a_\alpha^+ &= \sqrt{n_\alpha} \langle \cdots (n_\alpha - 1) \cdots n_2 n_1 |
\end{aligned}
\tag{4.1.18}
$$

4.1.3 全同 Fermi 子体系的量子态的描述

对于全同 Fermi 子多体系,也可类似处理. 不同之处在于,考虑到波函数的交换反对称性,每一个单粒子态上最多只允许一个粒子占据(Pauli 原理). 利用粒子产生算符,式(4.1.1)所示状态可以记为

$$|\alpha\beta\gamma\cdots\rangle = a_\alpha^+ a_\beta^+ a_\gamma^+ \cdots |0\rangle \tag{4.1.19}$$

a_α^+、a_β^+、…分别代表在单粒子态 φ_α、φ_β、…上的粒子产生算符. 考虑到交换反对称性[见式(4.1.1)]

$$|\beta\alpha\gamma\cdots\rangle = -|\alpha\beta\gamma\cdots\rangle$$

即

$$a_\beta^+ a_\alpha^+ a_\gamma^+ \cdots |0\rangle = -a_\alpha^+ a_\beta^+ a_\gamma^+ \cdots |0\rangle$$

亦即

$$(a_\alpha^+ a_\beta^+ + a_\beta^+ a_\alpha^+)|\gamma\cdots\rangle = 0$$

由于$|\gamma\cdots\rangle$是任意的,所以要求 Fermi 子产生算符满足下列反对易式:

$$a_\alpha^+ a_\beta^+ + a_\beta^+ a_\alpha^+ \equiv [a_\alpha^+, a_\beta^+]_+ = 0 \tag{4.1.20}$$

显然,上式对于 $\alpha=\beta$ 也适用,这就导致

$$a_\alpha^+ a_\alpha^+ = 0 \quad (\alpha \text{ 任意}) \tag{4.1.21}$$

此即 Pauli 原理. 式(4.1.19)之伴态为

$$\langle\cdots\gamma\beta\alpha| = \langle 0|\cdots a_\gamma a_\beta a_\alpha \tag{4.1.22}$$

与式(4.1.20)相应,要求 Fermi 子湮没算符满足下列反对易式:

$$[a_\alpha, a_\beta]_+ \equiv a_\alpha a_\beta + a_\beta a_\alpha = 0 \tag{4.1.23}$$

考虑到单粒子态的归一性,$\langle\alpha|\alpha\rangle=1$,即$\langle 0|a_\alpha a_\alpha^+|0\rangle=1$. 由于真空态$|0\rangle$及其伴态$\langle 0|$不简并,所以 $a_\alpha a_\alpha^+|0\rangle$代表一个确定状态,即真空态

$$a_\alpha a_\alpha^+|0\rangle = a_\alpha|\alpha\rangle = |0\rangle \tag{4.1.24}$$

上式中,α 是任意的. 这正是湮没算符的性质. 按照湮没算符的物理含义,有

$$a_\alpha|0\rangle = 0 \tag{4.1.25}$$

更一般的情况是

$$a_\alpha|\beta\gamma\cdots\rangle = 0 \quad (\alpha\neq\beta\neq\gamma\neq\cdots) \tag{4.1.26a}$$

$$a_\alpha|\alpha\beta\gamma\cdots\rangle = |\beta\gamma\cdots\rangle \tag{4.1.26b}$$

利用式(4.1.20)、式(4.1.21)和式(4.1.26),可知

$$\begin{aligned} a_\beta a_\alpha^+ a_\beta^+ a_\gamma^+ \cdots |0\rangle &= -a_\beta a_\beta^+ a_\alpha^+ a_\gamma^+ \cdots |0\rangle = -a_\alpha^+ a_\gamma^+ \cdots |0\rangle \\ &= -a_\alpha^+ a_\beta a_\beta^+ a_\gamma^+ \cdots |0\rangle \end{aligned}$$

所以

$$(a_\beta a_\alpha^+ + a_\alpha^+ a_\beta)|\beta\gamma\cdots\rangle = 0$$

而对于单粒子态 β 空着的态$|\gamma\delta\cdots\rangle$,由式(4.1.26a)有

$$(a_\beta a_\alpha^+ + a_\alpha^+ a_\beta)|\gamma\delta\cdots\rangle = 0$$

因此,无论对什么态(β 态被占据与否),$a_\beta a_\alpha^+ + a_\alpha^+ a_\beta$($\beta\neq\alpha$)运算的结果均为 0,所以

$$[a_\alpha^+, a_\beta]_+ = 0 \quad (\beta\neq\alpha) \tag{4.1.27}$$

其次,考虑 $a_\alpha a_\alpha^+$ 与 $a_\alpha^+ a_\alpha$ 对$|\alpha\beta\gamma\cdots\rangle$的运算. 利用式(4.1.21),有

$$a_\alpha a_\alpha^+ |\alpha\beta\gamma\cdots\rangle = a_\alpha a_\alpha^+ a_\alpha^+ a_\beta^+ a_\gamma^+ \cdots |0\rangle = 0$$

而利用式(4.1.26b),有

$$a_\alpha^+ a_\alpha |\alpha\beta\gamma\cdots\rangle = a_\alpha^+ a_\alpha a_\alpha^+ a_\beta^+ a_\gamma^+ \cdots |0\rangle = a_\alpha^+ a_\beta^+ a_\gamma^+ \cdots |0\rangle = |\alpha\beta\gamma\cdots\rangle$$

所以

$$(a_\alpha a_\alpha^+ + a_\alpha^+ a_\alpha) |\alpha\beta\gamma\cdots\rangle = |\alpha\beta\gamma\cdots\rangle \tag{4.1.28}$$

而对于$|\beta\gamma\cdots\rangle$态(单粒子态$\alpha$空着)的运算,利用式(4.1.26b),

$$a_\alpha a_\alpha^+ |\beta\gamma\cdots\rangle = |\beta\gamma\cdots\rangle$$

利用式(4.1.26a),有

$$a_\alpha^+ a_\alpha |\beta\gamma\cdots\rangle = 0 \quad (\alpha \neq \beta \neq \gamma \neq \cdots)$$

所以

$$(a_\alpha a_\alpha^+ + a_\alpha^+ a_\alpha) |\beta\gamma\cdots\rangle = |\beta\gamma\cdots\rangle \tag{4.1.29}$$

联合式(4.1.28)、式(4.1.29)可知,无论对什么态(单粒子态α被占据与否),$(a_\alpha a_\alpha^+ + a_\alpha^+ a_\alpha)$的作用都相当于恒等算符,即

$$[a_\alpha, a_\alpha^+]_+ = 1 \tag{4.1.30}$$

将式(4.1.20)、式(4.1.23)、式(4.1.27)、式(4.1.30)概括起来,表示为

$$\begin{aligned} &[a_\alpha, a_\beta^+]_+ = \delta_{\alpha\beta} \\ &[a_\alpha, a_\beta]_+ = [a_\alpha^+, a_\beta^+]_+ = 0 \end{aligned} \tag{4.1.31}$$

它概括了Fermi子产生和湮没算符的全部代数性质.与Bose子相应的关系式(4.1.13)相比,差别只在于对易式换成了反对易式.这是波函数交换对称或反对称的反映.

如把每个单粒子态上的粒子数明显写出来

$$|n_1 n_2 \cdots\rangle$$

对于Fermi子,$n_i=1$或0,即$n_i(n_i-1)=0$.与Bose子的式(4.1.17)相应,对于Fermi子有

$$\begin{aligned} a_\alpha^+ |n_1 \cdots n_\alpha \cdots\rangle &= (-1)^{\sum_{\nu=1}^{\alpha-1} n_\nu} \sqrt{1-n_\alpha} |n_1 \cdots (n_\alpha+1) \cdots\rangle \\ &= \begin{cases} 0, & n_\alpha = 1 \\ (-1)^{\sum_{\nu=1}^{\alpha-1} n_\nu} |n_1 \cdots 1_\alpha \cdots\rangle, & n_\alpha = 0 \end{cases} \end{aligned} \tag{4.1.32}$$

这是因为不同单粒子态上的(产生和湮没)算符是反对易的,而a_α^+要跨过算符$(a_1^+)^{n_1} \cdots (a_{\alpha-1}^+)^{n_{\alpha-1}}$后才能对$\alpha$态上的粒子数进行运算,由于反对易关系,就出现了因子

$$(-1)^{n_1+n_2+\cdots+n_{\alpha-1}} = (-1)^{\sum_{\nu=1}^{\alpha-1} n_\nu}$$

式(4.1.32)可改写成

$$a_\alpha^+ |\cdots n_\alpha \cdots\rangle = (-1)^{\sum_{\nu=1}^{\alpha-1} n_\nu} |\cdots 1_\alpha \cdots\rangle \delta_{n_\alpha 0} \tag{4.1.33}$$

类似有

$$a_\alpha \,|\cdots n_\alpha \cdots\rangle = (-1)^{\sum\limits_{\nu=1}^{\alpha-1} n_\nu} \,|\cdots 0_\alpha \cdots\rangle \delta_{n_\alpha 1} \tag{4.1.34}$$

它们的伴式为

$$\langle \cdots n_\alpha \cdots | a_\alpha = (-1)^{\sum\limits_{\nu=1}^{\alpha-1} n_\nu} \langle \cdots 1_\alpha \cdots | \delta_{n_\alpha 0} \tag{4.1.35}$$

$$\langle \cdots n_\alpha \cdots | a_\alpha^+ = (-1)^{\sum\limits_{\nu=1}^{\alpha-1} n_\nu} \langle \cdots 0_\alpha \cdots | \delta_{n_\alpha 1} \tag{4.1.36}$$

练习 1　设$[a,a^+]_+ = 1, [a,a]_+ = 0$,令 $\hat{n} = a^+ a$,证明 $\hat{n}$ 的本征值 n 只能取 1 或 0,并证明

$$a^+ \,|n\rangle = \sqrt{1-n}\,|n+1\rangle, \quad a\,|n\rangle = \sqrt{n}\,|n-1\rangle$$

练习 2　令 $\hat{n}_\alpha = a_\alpha^+ a_\alpha$,证明:无论对于 Bose 子或 Fermi 子,

$$[\hat{n}, a_\alpha^+] = a_\alpha^+, \quad [\hat{n}_\alpha, a_\alpha] = -a_\alpha \tag{4.1.37}$$

4.2　Bose 子的单体和二体算符的表示式

Bose 子的产生和湮没算符满足的基本对易关系式,如 4.1 节式(4.1.13)所示,用它们来表示粒子数表象的基矢,见 4.1 节,式(4.1.14). 全同 Bose 子体系的一般状态,可以用这些基矢来展开. 下面我们考虑全同 Bose 子体系的力学量如何用这些产生和湮没算符来表示. 通常碰到的力学量是单体或二体算符.

4.2.1　单体算符

设

$$\hat{F} = \sum_{a=1}^{N} \hat{f}(a) \tag{4.2.1}$$

表示 N 个单粒子算符 $\hat{f}(a)(a=1,2,\cdots,N)$之和. 例如粒子系的总动量、总角动量、总动能、总粒子数、磁矩、电四极矩等,都是这类算符. 下面我们先用平常 q 表象中的具有交换对称性的 N 粒子波函数

$$\psi_{n_1 \cdots n_N}(q_1, \cdots, q_N) = \sqrt{\frac{\prod n_i!}{N!}} \sum_P P[\varphi_{k_1}(q_1) \cdots \varphi_{k_N}(q_N)] \tag{4.2.2}$$

来计算 $\hat{F}$ 的矩阵元. 然后证明在粒子数表象中 $\hat{F}$ 可表示成

$$\hat{F} = \sum_{\alpha\beta} f_{\alpha\beta} a_\alpha^+ a_\beta \tag{4.2.3}$$

式中

$$f_{\alpha\beta} = (\varphi_\alpha, \hat{f} \varphi_\beta) \tag{4.2.4}$$

是单粒子算符 $\hat{f}$ 在单粒子态 φ_α 与 φ_β 之间的矩阵元.

先用波函数(4.2.2)来计算矩阵元$(\psi_{n_1' n_2' \cdots}, \hat{F} \psi_{n_1 n_2 \cdots})$. 由于 $\hat{F}$ 对于粒子交换是

完全对称,而波函数 $\psi_{n_1n_2\cdots}$ 和 $\psi_{n_1'n_2'\cdots}$ 中各粒子所处的地位完全同等,不难看出

$$
\begin{aligned}
(\psi_{n_1'n_2'\cdots}, \hat{F}\psi_{n_1n_2\cdots}) &= \sum_a (\psi_{n_1'n_2'\cdots}, \hat{f}(a)\psi_{n_1n_2\cdots}) \\
&= N(\psi_{n_1'n_2'\cdots}, \hat{f}(1)\psi_{n_1n_2\cdots})
\end{aligned} \tag{4.2.5}
$$

即任意挑一个粒子的算符[例如 $\hat{f}(1)$]来计算其矩阵元,然后乘上粒子总数 N.由于 $\hat{f}(a)$为单体算符,**只当体系的初态与末态相同,或只差一个单粒子态时,矩阵元才可能不为0.**

1) F 的平均值

$$
\bar{F} = (\psi_{n_1n_2\cdots}, \hat{F}\psi_{n_1n_2\cdots}) = N(\psi_{n_1n_2\cdots}, \hat{f}(1)\psi_{n_1n_2\cdots}) \tag{4.2.6}
$$

设"粒子 1"处于 φ_k 态(k 任意),$\hat{f}(1)$的平均值记为

$$
f_{kk} = (\varphi_k(q_1), \hat{f}(1)\varphi_k(q_1)) = (\varphi_k, \hat{f}\varphi_k)
$$

此时,其余$(N-1)$个粒子的填布数为$(n_1, n_2, \cdots, n_k-1, \cdots)$.考虑到 $\hat{f}(1)$与其余粒子的坐标无关以及各单粒子态的正交归一性,式(4.2.6)积分后,有贡献的项数为

$$
\frac{(N-1)!}{n_1!\, n_2! \cdots (n_k-1)! \cdots}
$$

因此

$$
\bar{F} = N \cdot \frac{\prod_i n_i!}{N!} \sum_k \frac{(N-1)!}{n_1! \cdots (n_k-1)! \cdots} f_{kk} = \sum_k n_k f_{kk} \tag{4.2.7}
$$

2) F 的非对角矩阵元

体系初末态只能差一个单粒子态,矩阵元为

$$
(\psi_{\cdots(n_i+1)\cdots(n_k-1)\cdots}, \hat{F}\psi_{\cdots n_i\cdots n_k\cdots}) = N(\psi_{\cdots(n_i+1)\cdots(n_k-1)\cdots}, \hat{f}(1)\psi_{\cdots n_i\cdots n_k\cdots}) \tag{4.2.8}
$$

显然,只当"粒子 1"在初态中处于 φ_k 而在末态中处于 φ_i 的项才对矩阵元(4.2.8)有贡献.此时单粒子算符 $\hat{f}(1)$的矩阵元为 f_{ik},而在式(4.2.8)中,这种贡献有

$$
\frac{(N-1)!}{\cdots n_i! \cdots (n_k-1)! \cdots}
$$

项,因此,式(4.2.8)所示矩阵元为

$$
N \frac{\cdots n_i! \cdots (n_k-1)! \cdots}{N!} \sqrt{(n_i+1)n_k} \frac{(N-1)!}{\cdots n_i! \cdots (n_k-1)! \cdots} f_{ik} = \sqrt{(n_i+1)n_k} f_{ik} \tag{4.2.9}
$$

以下证明,如在粒子数表象中 $\hat{F}$ 用式(4.2.3)来表示,则所求得的矩阵元与式(4.2.7)和(4.2.9)完全一样.首先考虑 $\hat{F}$ 的平均值,用式(4.2.3)代入,有

$$
\begin{aligned}
\bar{F} &= \langle \cdots n_k \cdots n_i \cdots | \hat{F} | \cdots n_i \cdots n_k \cdots \rangle \\
&= \sum_{\alpha\beta} f_{\alpha\beta} \langle \cdots n_k \cdots n_i \cdots | a_\alpha^+ a_\beta | \cdots n_i \cdots n_k \cdots \rangle \\
&= \sum_\alpha f_{\alpha\alpha} \langle \cdots n_k \cdots n_i \cdots | a_\alpha^+ a_\alpha | \cdots n_i \cdots n_k \cdots \rangle
\end{aligned}
$$

利用 4.1 节,式(4.1.18) $= \sum_{\alpha} f_{\alpha\alpha} \langle \cdots n_k \cdots n_i \cdots | n_\alpha | \cdots n_i \cdots n_k \cdots \rangle = \sum_{\alpha} f_{\alpha\alpha} n_\alpha$

这与式(4.2.7)相同.其次考虑 $\hat{F}$ 的矩阵元

$$
\begin{aligned}
&\langle \cdots (n_k - 1) \cdots (n_i + 1) \cdots | \hat{F} | \cdots n_i \cdots n_k \cdots \rangle \\
&= \sum_{\alpha\beta} f_{\alpha\beta} \langle \cdots (n_k - 1) \cdots (n_i + 1) \cdots | a_\alpha^+ a_\beta | \cdots n_i \cdots n_k \cdots \rangle \\
&= \sum_{\alpha\beta} f_{\alpha\beta} \sqrt{n_i + 1}\, \delta_{\alpha i} \langle \cdots (n_k - 1) \cdots n_i \cdots | \cdots n_i \cdots (n_k - 1) \cdots \rangle \sqrt{n_k}\, \delta_{\beta k} \\
&= \sqrt{(n_i + 1) n_k} f_{ik}
\end{aligned}
$$

这与式(4.2.9)相同.这样,我们就证明了在粒子数表象中 Bose 子单体算符 $\hat{F}$ 的表示式(4.2.3) 的正确性.

4.2.2 二体算符

设

$$
G = \sum_{a<b}^{N} \hat{g}(a,b) \tag{4.2.10}
$$

是各二体算符 $\hat{g}(a,b) = \hat{g}(b,a)$之和.例如,粒子之间的二体相互作用即属于此类型.由于 G 为二体算符,体系的初态与末态最多可以相差两个单粒子态,否则矩阵元为 0.下面分别讨论 G 的对角元与非对角元的计算.仍然先用 Bose 子体系的在 q 表象中的波函数(4.2.2)来计算,然后讨论如何用产生和湮没算符来表示二体算符.

1) G 的平均值

由于在对称波函数,式(4.2.2)中诸粒子的地位完全等当,而 G 对于任何两个粒子交换是对称的,所以只需任意挑选一对粒子[例如(1,2)粒子]来计算其平均值,然后乘以粒子对的数目 $N(N-1)/2$,即

$$
\begin{aligned}
\bar{G} &= (\psi_{n_1 n_2 \cdots}, G \psi_{n_1 n_2 \cdots}) = \sum_{a<b}^{N} (\psi_{n_1 n_2 \cdots}, \hat{g}(a,b) \psi_{n_1 n_2 \cdots}) \\
&= \frac{N(N-1)}{2} (\psi_{n_1 n_2 \cdots}, \hat{g}(1,2) \psi_{n_1 n_2 \cdots})
\end{aligned} \tag{4.2.11}
$$

在波函数 $\psi_{n_1 n_2 \cdots}$ 的各项中,“粒子 1”与“粒子 2”所处的单粒子态,可以不同,也可以相同.

(1) 先假设两个粒子所处单粒子态不同,例如假定一个在 φ_k 态,另一个在 $\varphi_{k'}$ 态(约定 $k<k'$),其余$(N-2)$个粒子中,有(n_k-1)个处于 φ_k 态,有$(n_{k'}-1)$个处于 $\varphi_{k'}$ 态,所以它们取各种可能的单粒子态的项数为

$$\frac{(N-2)!}{n_1!\cdots(n_k-1)!\cdots(n_{k'}-1)!\cdots}$$

这一部分对 $\bar{G}$ 的贡献为

$$\frac{N(N-1)}{2}\frac{\prod_i n_i!}{N!}\sum_{PP'}\left(P[\varphi_{k_1}(q_1)\cdots],\hat{g}(1,2)P'[\varphi_{k_1}(q_1)\cdots]\right)$$

$$=\frac{N(N-1)}{2}\frac{\prod_i n_i!}{N!}\sum_{k<k'}\frac{(N-2)!}{n_1!\cdots(n_k-1)!\cdots(n_{k'}-1)!\cdots}$$

$$\times\left(\begin{vmatrix}\varphi_k(q_1) & \varphi_{k'}(q_1)\\ \varphi_k(q_2) & \varphi_{k'}(q_2)\end{vmatrix}_+,\hat{g}(1,2)\begin{vmatrix}\varphi_k(q_1) & \varphi_{k'}(q_1)\\ \varphi_k(q_2) & \varphi_{k'}(q_2)\end{vmatrix}_+\right)$$

$$=\sum_{k<k'}n_k n_{k'}\{(\varphi_k(q_1)\varphi_{k'}(q_2),\hat{g}(1,2)\varphi_{k'}(q_2)\varphi_k(q_1))$$

$$+(\varphi_k(q_1)\varphi_{k'}(q_2),\hat{g}(1,2)\varphi_k(q_2)\varphi_{k'}(q_1))\}$$

$$=\sum_{k<k'}n_k n_{k'}\{\langle kk'|\hat{g}|k'k\rangle+\langle kk'|\hat{g}|kk'\rangle\} \tag{4.2.12}$$

式中

$$\begin{vmatrix}\varphi_k(q_1) & \varphi_{k'}(q_1)\\ \varphi_k(q_2) & \varphi_{k'}(q_2)\end{vmatrix}_+\equiv\varphi_k(q_1)\varphi_{k'}(q_2)+\varphi_{k'}(q_1)\varphi_k(q_2)$$

而

$$\langle kk'|\hat{g}|k'k\rangle=\iint d\tau_1 d\tau_2\varphi_k^*(q_1)\varphi_{k'}^*(q_2)\hat{g}(1,2)\varphi_{k'}(q_2)\varphi_k(q_1)$$

$$\langle kk'|\hat{g}|kk'\rangle=\iint d\tau_1 d\tau_2\varphi_k^*(q_1)\varphi_{k'}^*(q_2)\hat{g}(1,2)\varphi_k(q_2)\varphi_{k'}(q_1)$$

分别表示直接项与交换项.

(2) 其次,考虑粒子 1 和 2 所处的单粒子态相同的情况,如都处于单粒子态 φ_k,与上类似,可求出这一部分对 $\bar{G}$ 的贡献为

$$\frac{N(N-1)}{2}\frac{\prod_i n_i!}{N!}\sum_k\frac{(N-2)!}{n_1!\cdots(n_k-2)!\cdots}\cdot(\varphi_k(q_1)\varphi_k(q_2),\hat{g}(1,2)\varphi_k(q_2)\varphi_k(q_1))$$

$$=\frac{1}{2}\sum_k n_k(n_k-1)\langle kk|\hat{g}|kk\rangle \tag{4.2.13}$$

联合式(4.2.12)和(4.2.13),得到

$$\bar{G}=\frac{1}{2}\sum_{k\neq k'}n_k n_{k'}\{\langle kk'|\hat{g}|k'k\rangle+\langle kk'|\hat{g}|kk'\rangle\}+\frac{1}{2}\sum_k n_k(n_k-1)\langle kk|\hat{g}|kk\rangle \tag{4.2.14}$$

2) G 的非对角元

根据初态和末态的粒子数填布情况,二体算符 G 有下列两大类非对角元,分别列于图 4.1 和图 4.2 中.

下面举两个例子，即图 4.1(a)和 4.1(c)所示跃迁，来说明如何利用 q 表象中的波函数表示式(4.2.2)来计算 G 的非对角元. 其他类型的跃迁所相应的矩阵元也可类似计算.

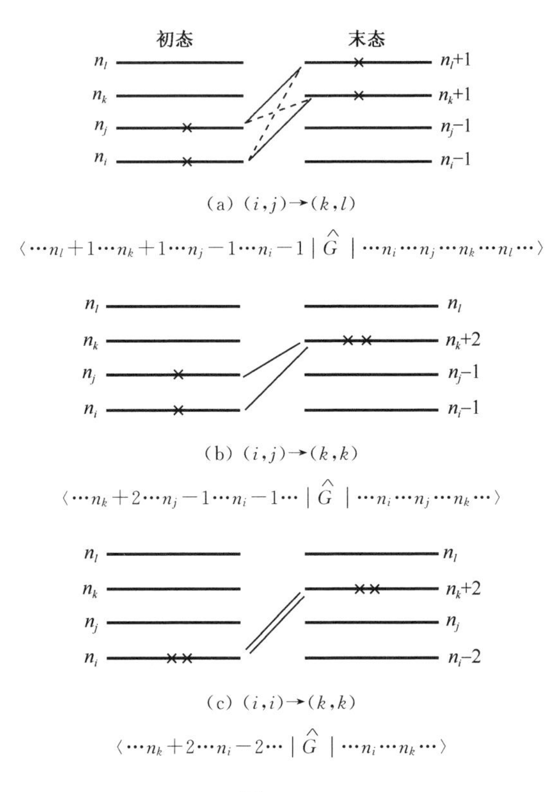

图 4.1

(a)$(i,j)\to(k,l)$涉及 4 条能级的填布发生变化；(b) $(i,j)\to(k,k)$涉及 3 条能级的填布发生变化；(c) $(i,i)\to(k,k)$涉及 2 条能级的填布发生变动. 凡与讨论的跃迁无关的"旁观"粒子，未在图中画出

图 4.1(a)所示跃迁的矩阵元为

$$
\begin{aligned}
&\left(\psi_{\cdots(n_i-1)\cdots(n_j-1)\cdots(n_k+1)\cdots(n_l+1)\cdots},\hat{G}\psi_{\cdots n_i\cdots n_j\cdots n_k\cdots n_l\cdots}\right)\\
&=\frac{N(N-1)}{2}\left(\psi_{\cdots(n_i-1)\cdots(n_j-1)\cdots(n_k+1)\cdots(n_l+1)\cdots},\hat{g}(1,2)\psi_{\cdots n_i\cdots n_j\cdots n_k\cdots n_l\cdots}\right)\\
&=\frac{N(N-1)}{2}\left[\frac{(n_i-1)!\,(n_j-1)!\,(n_k+1)!\,(n_l+1)!}{N!}\right]^{1/2}\\
&\quad\cdot\left[\frac{n_i!\,n_j!\,n_k!\,n_l!}{N!}\right]^{1/2}\sum_{PP'}\left\{P[\varphi_{k_1}(q_1)\cdots],\hat{g}(1,2)P'[\varphi_{k_1}(q_1)\cdots]\right\}
\end{aligned}
\tag{4.2.15}
$$

显然，只当粒子(1,2)在初态中处于单粒子态 φ_i 与 φ_j，而在末态中处于 φ_k 与 φ_l 时，才对矩阵元有贡献. 这样的项数为

$$\frac{(N-2)!}{(n_i-1)!\,(n_j-1)!\,n_k!\,n_l!}$$

因此,式(4.2.15)所示矩阵元为

$$\begin{aligned}
&\frac{1}{2}\sqrt{n_i n_j (n_k+1)(n_l+1)} \\
&\cdot\left(\begin{vmatrix}\varphi_k(q_1) & \varphi_l(q_1)\\ \varphi_k(q_2) & \varphi_l(q_2)\end{vmatrix}_+,\hat{g}(1,2)\begin{vmatrix}\varphi_i(q_1) & \varphi_j(q_1)\\ \varphi_i(q_2) & \varphi_j(q_2)\end{vmatrix}_+\right) \\
&=\sqrt{n_i n_j (n_k+1)(n_l+1)}(\langle kl\,|\,\hat{g}\,|\,ij\rangle+\langle kl\,|\,\hat{g}\,|\,ji\rangle)
\end{aligned} \tag{4.2.16}$$

图 4.1(c)所示跃迁矩阵元为

$$\begin{aligned}
&\left(\psi_{\cdots(n_i-2)\cdots(n_k+2)\cdots},\hat{G}\,\psi_{\cdots n_i\cdots n_k\cdots}\right) \\
&=\frac{N(N-1)}{2}\left(\psi_{\cdots(n_i-2)\cdots(n_k+2)\cdots},\hat{g}(1,2)\psi_{\cdots n_i\cdots n_k\cdots}\right) \\
&=\frac{N(N-1)}{2}\left[\frac{(n_i-2)!\,(n_k+2)!}{N!}\right]^{1/2}\cdot\left(\frac{n_i!\,n_k!}{N!}\right)^{1/2} \\
&\quad\cdot\frac{(N-2)!}{(n_i-2)!\,n_k!}\cdot\left(\varphi_k(q_1)\varphi_k(q_2),\hat{g}(1,2)\varphi_i(q_2)\varphi_i(q_1)\right) \\
&=\frac{1}{2}[n_i(n_i-1)(n_k+2)(n_k+1)]^{1/2}\langle kk\,|\,g\,|\,ii\rangle
\end{aligned} \tag{4.2.17}$$

还有一类非对角元(图 4.2 所示),表面看来只有一个单粒子发生了跃迁($j\to k$),另一个粒子似未改变状态.但由于波函数的交换对称性及粒子之间的二体作用,仍对矩阵元有贡献.因为另一个粒子所处单粒子态并非固定,它可以是 $\alpha\neq j,k$ 的任一条单粒子态,例如 $\alpha=i$ 或 l(图 4.2,上两图),或 $\alpha=j$ 或 k(图 4.2,下两图).这一类非对角元的计算,见后.

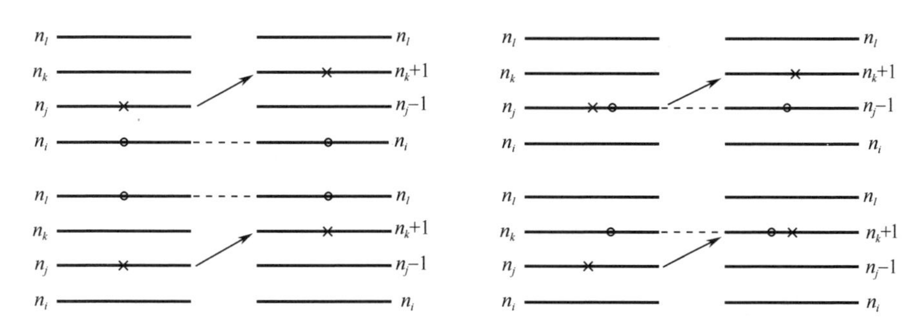

图 4.2

$(j,\alpha)\to(k,\alpha)$,矩阵元$\langle\cdots n_k+1\cdots n_j-1\cdots\,|\,\hat{G}\,|\,\cdots n_j\cdots n_k\cdots\rangle$.交换项涉及的跃迁未在图中画出.

*　　　　*　　　　*

下面我们来证明,在粒子数表象中二体算符 $\hat{G}$ 可以表示成

$$\hat{G}=\frac{1}{2}\sum_{\alpha'\beta'\alpha\beta}g_{\alpha'\beta',\beta\alpha}a_{\alpha'}^{+}a_{\beta'}^{+}a_{\beta}a_{\alpha}\tag{4.2.18}$$

其中

$$\begin{aligned}g_{\alpha'\beta',\beta\alpha}&\equiv\left(\varphi_{\alpha'}(q_1)\varphi_{\beta'}(q_2),\hat{g}(1,2)\varphi_{\beta}(q_2)\varphi_{\alpha}(q_1)\right)\\&\equiv\langle\alpha'\beta'|\hat{g}|\beta\alpha\rangle\end{aligned}$$

由它给出的矩阵元与上面分析所得结果完全相同.

1)G 的平均值

分两种情况计算 G 的平均值 $\bar{G}=\langle\cdots n_2n_1|\hat{G}|n_1n_2\cdots\rangle$. 一种情况是 $\hat{G}$ 的两个产生(湮没)算符作用于不同的单粒子态的粒子占据数上,即

$$\begin{aligned}&\frac{1}{2}\sum_{\alpha\beta\alpha'\beta'}g_{\alpha'\beta',\beta\alpha}\langle\cdots n_\beta\cdots n_\alpha\cdots|a_{\alpha'}^{+}a_{\beta'}^{+}a_{\beta}a_{\alpha}|\cdots n_\alpha\cdots n_\beta\cdots\rangle\\&=\frac{1}{2}\sum_{\alpha\beta\alpha'\beta'}g_{\alpha'\beta',\alpha\beta}\cdot\langle\cdots n_\beta\cdots n_\alpha\cdots|a_{\alpha'}^{+}a_{\beta'}^{+}|\cdots n_\alpha-1\cdots n_\beta-1\cdots\rangle\sqrt{n_\alpha n_\beta}\\&=\frac{1}{2}\sum_{\alpha\beta\alpha'\beta'}g_{\alpha'\beta',\beta\alpha}\sqrt{n_\alpha n_\beta}(\delta_{\alpha'\alpha}\delta_{\beta'\beta}+\delta_{\alpha'\beta}\delta_{\beta'\alpha})\sqrt{n_\alpha n_\beta}\\&=\frac{1}{2}\sum_{\alpha\beta}n_\alpha n_\beta(g_{\alpha\beta,\beta\alpha}+g_{\alpha\beta,\alpha\beta})\end{aligned}$$

这与式(4.2.12)相同.另一种情况是 $\hat{G}$ 的两个产生(湮没)算符作用于同一个单粒子态的粒子占据数上,即

$$\begin{aligned}&\frac{1}{2}\sum_{\alpha\beta\alpha'\beta'}g_{\alpha'\beta',\beta\alpha}\langle\cdots n_\alpha\cdots|a_{\alpha'}^{+}a_{\beta'}^{+}a_{\beta}a_{\alpha}|\cdots n_\alpha\cdots\rangle\\&=\frac{1}{2}\sum_{\alpha\beta\alpha'\beta'}g_{\alpha'\beta',\beta\alpha}\langle\cdots n_\alpha\cdots|\alpha_{\alpha'}^{+},a_{\beta'}^{+}|\cdots n_\alpha-2\cdots\rangle\sqrt{n_\alpha(n_\alpha-1)}\delta_{\alpha\beta}\\&=\frac{1}{2}\sum_{\alpha\beta\alpha'\beta'}g_{\alpha'\beta',\beta\alpha}\sqrt{n_\alpha(n_\alpha-1)}\delta_{\alpha'\alpha}\delta_{\beta'\alpha}\sqrt{n_\alpha(n_\alpha-1)}\delta_{\alpha\beta}\\&=\frac{1}{2}\sum_{\alpha}n_\alpha(n_\alpha-1)g_{\alpha\alpha,\alpha\alpha}\end{aligned}$$

所以

$$\bar{G}=\frac{1}{2}\sum_{\alpha\beta}n_\alpha n_\beta(g_{\alpha\beta,\beta\alpha}+g_{\alpha\beta,\alpha\beta})+\frac{1}{2}\sum_{\alpha}n_\alpha(n_\alpha-1)g_{\alpha\alpha,\alpha\alpha}\tag{4.2.19}$$

这与式(4.2.14)一致.

2)G 的非对角元

下面依次给出图 4.1 所示各种类型的矩阵元.

图 4.1(a)$(i,j)\to(k,l)$,G 的矩阵元如下:

$$\langle\cdots(n_l+1)\cdots(n_k+1)\cdots(n_j-1)\cdots(n_i-1)\cdots|\hat{G}|\cdots n_i\cdots n_j\cdots n_k\cdots n_l\cdots\rangle$$

$$=\frac{1}{2}\sum_{\alpha\beta\alpha'\beta'}g_{\alpha'\beta',\beta\alpha}\langle\cdots(n_l+1)\cdots(n_k+1)\cdots(n_j-1)\cdots(n_i-1)\cdots|a^+_{\alpha'}a^+_{\beta'}$$

$$\cdot a_\beta a_\alpha|\cdots n_i\cdots n_j\cdots n_k\cdots n_l\cdots\rangle$$

$$=\frac{1}{2}\sum_{\alpha\beta\alpha'\beta'}g_{\alpha'\beta',\beta\alpha}\ \sqrt{(n_k+1)(n_l+1)}(\delta_{\alpha'k}\delta_{\beta'l}+\delta_{\alpha'l}\delta_{\beta'k})(\delta_{\alpha i}\delta_{\beta j}+\delta_{\alpha j}\delta_{\beta i})$$

$$\cdot\ \sqrt{n_in_j}\langle\cdots n_l\cdots n_k\cdots(n_j-1)\cdots(n_i-1)\cdots|\cdots(n_i-1)\cdots(n_j-1)\cdots n_k\cdots n_l\cdots\rangle$$

$$=\frac{1}{2}\ \sqrt{n_in_j(n_k+1)(n_l+1)}(g_{kl,ij}+g_{kl,ji}+g_{lk,ij}+g_{lk,ji})$$

$$=\sqrt{n_in_j(n_k+1)(n_l+1)}(g_{kl,ij}+g_{lk,ji}) \tag{4.2.20}$$

这与式(4.2.16)完全一致.

图 4.1(c)$(i,j)\rightarrow(k,k)$,G 的矩阵元如下：

$$\langle\cdots(n_k+2)\cdots(n_i-2)\cdots|\hat{G}|\cdots n_i\cdots n_k\cdots\rangle$$

$$=\frac{1}{2}\sum_{\alpha\beta\alpha'\beta'}g_{\alpha'\beta',\beta\alpha}\langle\cdots(n_k+2)\cdots(n_i-2)\cdots|a^+_{\alpha'}a^+_{\beta'}a_\beta a_\alpha|\cdots n_i\cdots n_k\cdots\rangle$$

$$=\frac{1}{2}\sum_{\alpha\beta\alpha'\beta'}g_{\alpha'\beta',\beta\alpha}\ \sqrt{(n_k+2)(n_k+1)}\delta_{\alpha'k}\delta_{\beta'k}\cdot\sqrt{n_i(n_i-1)}\delta_{\alpha i}\delta_{\beta i}$$

$$=\frac{1}{2}\ \sqrt{n_i(n_i-1)(n_k+2)(n_k+1)}g_{kk,ii} \tag{4.2.21}$$

这与式(4.2.17)相同.

练习 1　计算图 4.1(b)$(i,j)\rightarrow(k,k)$的矩阵元

$$\langle\cdots(n_k+2)\cdots(n_j-1)\cdots(n_i-1)\cdots|\hat{G}|\cdots n_i\cdots n_j\cdots n_k\cdots\rangle$$

$$=\frac{1}{2}\sum_{\alpha'\beta'\alpha\beta}g_{\alpha'\beta',\beta\alpha}\langle\cdots(n_k+2)\cdots(n_j-1)\cdots(n_i-1)\cdots|a^+_{\alpha'}\ a^+_{\beta'}\ a_\beta a_\alpha|\cdots n_i\cdots n_j\cdots n_k\cdots\rangle$$

$$=\frac{1}{2}\sum_{\alpha'\beta',\alpha\beta}g_{\alpha'\beta',\beta\alpha}\ \sqrt{(n_k+2)(n_k+1)}\delta_{\alpha'k}\delta_{\beta'k}\cdot(\delta_{\alpha i}\delta_{\beta j}+\delta_{\alpha j}\delta_{\beta i})\ \sqrt{n_in_j}$$

$$=\sqrt{n_in_j(n_k+1)(n_k+2)}g_{kk,ij} \tag{4.2.22}$$

练习 2　证明图 4.2 所示跃迁的非对角矩阵元为

$$\langle\cdots(n_k+1)\cdots(n_j-1)\cdots|\hat{G}|\cdots n_j\cdots n_k\cdots\rangle$$

$$=\sum_{\alpha(\neq j,k)} \sqrt{n_j(n_k+1)n_\alpha}(g_{k\alpha,j\alpha}+g_{\alpha k,j\alpha})+\sqrt{n_k^2(n_k+1)n_j}g_{kk,kj}+\sqrt{(n_j-1)^2n_j(n_k+1)}g_{jk,jj}$$

(4.2.23)

4.3 Fermi 子的单体和二体算符的表示式

考虑 N 个全同 Fermi 子组成的体系. 设在单粒子态 φ_α、φ_β、φ_γ、…上分别有一个粒子. 在 q 表象中,反对称 N 粒子波函数通常写成 Slater 行列式形式[4.1 节,式(4.1.1)]

$$\psi_{\alpha\beta\gamma\cdots}(q_1,q_2,q_3,\cdots)=\frac{1}{\sqrt{N!}}\begin{vmatrix}\varphi_\alpha(q_1) & \varphi_\alpha(q_2) & \varphi_\alpha(q_3)\cdots \\ \varphi_\beta(q_1) & \varphi_\beta(q_2) & \varphi_\beta(q_3)\cdots \\ \varphi_\gamma(q_1) & \varphi_\gamma(q_2) & \varphi_\gamma(q_3)\cdots \\ \vdots & \vdots & \vdots\end{vmatrix}$$

$$=\frac{1}{\sqrt{N!}}\sum_P(-1)^{\delta_P}P[\varphi_\alpha(q_1)\varphi_\beta(q_2)\varphi_\gamma(q_3)\cdots] \quad (4.3.1)$$

在粒子数表象中,式(4.3.1)可写成[4.1 节,式(4.1.4)]

$$|n_\alpha=1,n_\beta=1,n_\gamma=1,\cdots\rangle=|1_\alpha 1_\beta 1_\gamma\cdots\rangle \quad (4.3.2)$$

或简记为 $|\alpha\beta\gamma\cdots\rangle$. 用粒子产生算符表示出来,则为

$$|\alpha\beta\gamma\cdots\rangle=a_\alpha^+a_\beta^+a_\gamma^+\cdots|0\rangle \quad (4.3.3)$$

其伴态表示为

$$\langle\cdots\gamma\beta\alpha|=\langle 0|\cdots a_\gamma a_\beta a_\alpha \quad (4.3.4)$$

Fermi 子产生和湮没算符满足下列基本反对易式[4.1 节,式(4.1.31)]:

$$\begin{aligned}&[a_\alpha,a_\beta^+]_+=\delta_{\alpha\beta}\\&[a_\alpha,a_\beta]_+=[a_\alpha^+,a_\beta^+]_+=0\end{aligned} \quad (4.3.5)$$

下面我们来讨论如何用产生算符和湮没算符来表示全同 Fermi 子体系的力学量. 分析表明,与 Bose 子体系在形式上完全相同,单体和二体算符可分别表示成

$$\hat{F}=\sum_{\alpha\beta}f_{\alpha\beta}a_\alpha^+a_\beta \quad (4.3.6)$$

$$\hat{G}=\frac{1}{2}\sum_{\alpha\beta\alpha'\beta'}g_{\alpha'\beta',\beta\alpha}a_{\alpha'}^+a_{\beta'}^+a_\beta a_\alpha \quad (4.3.7)$$

只是需要注意:Fermi 子产生和湮没算符所满足的反对易关系式(4.3.5)与 Bose 子的对易关系式[4.1 节,式(4.1.13)]截然不同. 以下我们分别来论证式(4.3.6)和(4.3.7)的正确性.

4.3.1 单体算符

先考虑单体算符 $\hat{F}=\sum_a\hat{f}(a)$ 在 q 表象中的反对称态(4.3.1)下的平均值.

与 Bose 子完全相同的论证[参阅 4.2 节,式(4.2.5)、(4.2.7)]可得出

$$\overline{F}=(\psi_{\alpha\beta\gamma\cdots},\hat{F}\psi_{\alpha\beta\gamma\cdots})=N(\psi_{\alpha\beta\gamma\cdots},\hat{f}(1)\psi_{\alpha\beta\gamma\cdots})=\sum_k n_k f_{kk} \tag{4.3.8}$$

式中 $n_k=1$ 或 0. 更仔细一点写出来,即

$$\overline{F}=f_{\alpha\alpha}+f_{\beta\beta}+f_{\gamma\gamma}+\cdots \tag{4.3.9}$$

这里只有被 Fermi 子占据的那些单粒子态($\alpha,\beta,\gamma,\cdots$)才有贡献,其余单粒子态($k\neq\alpha,\beta,\gamma,\cdots$)上,$n_k=0$,对 $\overline{F}$ 没有贡献.

其次考虑 $\hat{F}$ 的矩阵元. 由于 $\hat{F}$ 为单体算符体系的初、末态,最多可以差一个单粒子态,否则矩阵元为 0. 对于 Fermi 子,这种矩阵元的一般形式为

$$(\psi_{\cdots 1_j\cdots 0_k\cdots},\hat{F}\psi_{\cdots 0_j\cdots 1_k\cdots})\qquad(\text{约定 } j<k) \tag{4.3.10}$$

即初态中有一个粒子处于单粒子 φ_k 态而在末态中跃迁到单粒子态 φ_j 上去了,其余($N-1$)个粒子的填布保持不变. 按式(4.3.1),这种矩阵元

$$\begin{aligned}(\psi_{\cdots 1_j\cdots 0_k\cdots},\hat{F}\psi_{\cdots 0_j\cdots 1_k\cdots})&=N(\psi_{\cdots 1_j\cdots 0_k\cdots},\hat{f}(1)\psi_{\cdots 0_j\cdots 1_k\cdots})\\&=N\frac{1}{N!}\sum_{PP'}\delta_P\delta_{P'}\cdot\{P[\cdots\varphi_j(q_j)\cdots],\hat{f}(1)P'[\cdots\varphi_k(q_k)\cdots]\}\end{aligned} \tag{4.3.11}$$

初态中"粒子 1"必须占据 φ_k 态,从标准排列式 $\varphi_\alpha(q_1)\varphi_\beta(q_2)\cdots$ 到此排列需经历 $\sum_{i=1}^{k-1}n_i$ 次对换,所以

$$\delta_{P'}=(-1)^{\sum_{i=1}^{k-1}n_i}$$

同理,末态中"粒子 1"必须占据 φ_j 态,

$$\delta_P=(-1)^{\sum_{i=1}^{j-1}n_i}$$

在 Slater 波函数(4.3.1)中这种类型的项有($N-1$)! 项,所以式(4.3.11)化为

$$\begin{aligned}&N\cdot\frac{1}{N!}\cdot(N-1)!(-1)^{\sum_{i=1}^{j-1}n_i+\sum_{i=1}^{k-1}n_i}f_{jk}\qquad(j<k)\\&=(-1)^{2\sum_{i=1}^{j-1}n_i+\sum_{i=j}^{k-1}n_i}f_{jk}=(-1)^{\sum_{i=j}^{k-1}n_i}f_{jk}\\&=(-1)^{\sum_{i=j+1}^{k-1}n_i}f_{jk}\qquad(\text{因初态中 } n_j=0)\end{aligned}$$

最后得

$$(\psi_{\cdots 1_j\cdots 0_k\cdots},\hat{F}\psi_{\cdots 0_j\cdots 1_k\cdots})=(-1)^{\sum_{i=j+1}^{k-1}n_i}f_{jk}\qquad(j<k) \tag{4.3.12}$$

下面我们来验证,在粒子数表象中用单体算符的表示式(4.3.6)来计算,也可得出与上相同的结果. 首先计算平均值

$$\bar{F} = \langle \cdots\gamma\beta\alpha \mid \hat{F} \mid \alpha\beta\gamma\cdots \rangle = \sum_{\alpha'\beta'} f_{\alpha'\beta'} \langle \cdots\gamma\beta\alpha \mid a_{\alpha'}^{+} a_{\beta'} \mid \alpha\beta\gamma\cdots \rangle$$

$$= \sum_{\alpha'} f_{\alpha'\alpha'} \langle \cdots\gamma\beta\alpha \mid \hat{n}_{\alpha'} \mid \alpha\beta\gamma\cdots \rangle = f_{\alpha\alpha} + f_{\beta\beta} + f_{\gamma\gamma} + \cdots \qquad (4.3.13)$$

这是因为$|\alpha\beta\gamma\cdots\rangle$是粒子数算符 $\hat{n}_{\alpha'}$ 的本征态,在 $\alpha,\beta,\gamma,\cdots$单粒子态上,$n_{\alpha'}=1$,在其余单粒子态上,$n_{\alpha'}=0$. 式(4.3.13)与式(4.3.9)完全一样.

其次计算矩阵元

$$\langle \cdots 0_k \cdots 1_j \cdots \mid \hat{F} \mid \cdots 0_j \cdots 1_k \cdots \rangle \qquad (j<k)$$

$$= \sum_{\alpha\beta} f_{\alpha\beta} \langle \cdots 0_k \cdots 1_j \cdots \mid a_\alpha^{+} \alpha_\beta \mid \cdots 0_j \cdots 1_k \cdots \rangle$$

利用 4.1 节,式(4.1.33)与(4.1.34),得

$$\sum_{\alpha\beta} f_{\alpha\beta} \delta_{\alpha j} \delta_{\beta k} (-1)^{\sum_{i=1}^{j-1} n_i + \sum_{i=1}^{k-1} n_i} = (-1)^{\sum_{i=j+1}^{k-1} n_i} f_{jk} \qquad (4.3.14)$$

这与式(4.3.12)相同. 这样我们就验证了单体算符的表示式(4.3.6)是正确的.

4.3.2 二体算符

1)G 的平均值

先用 q 表象中的反对称波函数,式(4.3.1)来计算二体算符 $\hat{G}$ 的平均值. 式(4.3.1)还可以写成与 Bose 子相同的形式 $\psi_{n_1 n_2\cdots}$,但应注意在 Fermi 子情况下$n_k=1$或 0,因而$n_k(n_k-1)\equiv 0$. 计算$\bar{G}$的过程与 4.2 节中相同,但考虑到 Pauli 原理,4.2 节中式(4.2.13)类型的贡献在这里不存在,只剩下式(4.2.12)类型对平均值有贡献. 所以

$$\bar{G} = (\psi_{n_1 n_2\cdots}, \hat{G}\psi_{n_1 n_2\cdots}) = \frac{N(N-1)}{2} (\psi_{n_1 n_2\cdots}, \hat{g}(1,2)\psi_{n_1 n_2\cdots})$$

$$= \frac{N(N-1)}{2} \frac{1}{N!} \sum_{k<k'} \left[\frac{(N-2)!}{n_1! \cdots (n_k-1)! \cdots (n_{k'}-1)! \cdots} \right]$$

$$\cdot \left(\begin{vmatrix} \varphi_k(q_1) & \varphi_{k'}(q_1) \\ \varphi_k(q_2) & \varphi_{k'}(q_2) \end{vmatrix}, \hat{g}(1,2) \begin{vmatrix} \varphi_k(q_1) & \varphi_{k'}(q_1) \\ \varphi_k(q_2) & \varphi_{k'}(q_2) \end{vmatrix} \right)$$

$$= \sum_{k<k'} n_k n_{k'} [(\varphi_k(q_1)\varphi_{k'}(q_2), \hat{g}(1,2)\varphi_{k'}(q_2)\varphi_k(q_1))$$

$$- (\varphi_k(q_1)\varphi_{k'}(q_2), \hat{g}(1,2)\varphi_k(q_2)\varphi_{k'}(q_1))]$$

$$= \sum_{k<k'} n_k n_{k'} [\langle kk' \mid \hat{g} \mid k'k \rangle - \langle kk' \mid \hat{g} \mid kk' \rangle -]$$

或

$$= \frac{1}{2} \sum_{k\neq k'} n_k n_{k'} [\langle kk' \mid \hat{g} \mid k'k \rangle - \langle kk' \mid \hat{g} \mid kk' \rangle] \qquad (4.3.15)$$

2) G 的非对角元

以下考虑 $\hat{G}$ 的非对角元. 对于 Fermi 子,考虑到 $n_\alpha(n_\alpha-1)=0$(Pauli 原理),

图 4.1 中所示三种非对角元，只有图 4.1(a)型非对角元存在，而且 $n_i=n_j=1, n_k=n_l=0$. 相应的矩阵元为

$$(\psi_{\cdots 0_i\cdots 0_j\cdots 1_k\cdots 1_l\cdots}, \hat{G}\psi_{\cdots 1_i\cdots 1_j\cdots 0_k\cdots 0_l\cdots}) \qquad (i<j, k<l)$$
$$=\frac{1}{2}N(N-1)(\psi_{\cdots 0_i\cdots 0_j\cdots 1_k\cdots 1_l\cdots}, \hat{g}(1,2)\psi_{\cdots 1_i\cdots 1_j\cdots 0_k\cdots 0_l\cdots})$$

在初态中把“粒子 1”和“粒子 2”从标准式挪到 φ_i 态和 φ_j 态将出现因子 $(-1)^{\sum_{\nu=1}^{i-1}n_\nu+\sum_{\nu=1}^{j-1}n_\nu}$. 同样，在末态中把“粒子 1”和“粒子 2”从标准式挪到 φ_k 态和 φ_l 态将出现因子 $(-1)^{\sum_{\nu=1}^{k-1}n_\nu+\sum_{\nu=1}^{l-1}n_\nu}$. 所以矩阵元最后表示成

$$\frac{1}{2}N(N-1)\frac{(N-2)!}{N!}(-1)^{\sum_{\nu=1}^{i-1}n_\nu+\sum_{\nu=1}^{j-1}n_\nu+\sum_{\nu=1}^{k-1}n_\nu+\sum_{\nu=1}^{l-1}n_\nu}$$
$$\cdot\left(\begin{vmatrix}\varphi_k(q_1) & \varphi_l(q_1)\\ \varphi_k(q_2) & \varphi_l(q_2)\end{vmatrix}, \hat{g}(1,2)\begin{vmatrix}\varphi_i(q_1) & \varphi_j(q_1)\\ \varphi_i(q_2) & \varphi_j(q_2)\end{vmatrix}\right)$$
$$=(-1)^{\sum_{\nu=i}^{j-1}n_\nu+\sum_{\nu=k}^{l-1}n_\nu}[\langle kl|\hat{g}|ji\rangle-\langle kl|\hat{g}|ij\rangle]$$
$$=(-1)^{\sum_{\nu=i+1}^{j-1}n_\nu+\sum_{\nu=k+1}^{l-1}n_\nu}[g_{kl,ji}-g_{kl,ij}] \tag{4.3.16}$$

式中

$$g_{kl,ji}=\int d\tau_1 d\tau_2\varphi_k^*(q_1)\varphi_l^*(q_2)\hat{g}(1,2)\varphi_j(q_2)\varphi_i(q_1)$$
$$g_{kl,ij}=\int d\tau_1 d\tau_2\varphi_k^*(q_1)\varphi_l^*(q_2)\hat{g}(1,2)\varphi_i(q_2)\varphi_j(q_1)$$

下面来验证，在粒子数表象中采用二体算符的表示式(4.3.7)，也可得出与上相同的结果. 首先计算平均值 $\bar{G}$.

$$\bar{G}=\langle\cdots n_2 n_1|\hat{G}|n_1 n_2\cdots\rangle$$
$$=\frac{1}{2}\sum_{\alpha\beta\alpha'\beta'}g_{\alpha'\beta',\beta\alpha}\langle\cdots n_2 n_1|a_{\alpha'}^+a_{\beta'}^+a_\beta a_\alpha|n_1 n_2\cdots\rangle$$
$$=\frac{1}{2}\Big[\sum_{\substack{\alpha>\beta\\ \alpha'>\beta'}}+\sum_{\substack{\alpha<\beta\\ \alpha'<\beta'}}+\sum_{\substack{\alpha>\beta\\ \alpha'<\beta'}}+\sum_{\substack{\alpha<\beta\\ \alpha'>\beta'}}\Big]g_{\alpha'\beta',\beta\alpha}\cdot\langle\cdots n_2 n_1|a_{\alpha'}^+a_{\beta'}^+a_\beta a_\alpha|n_1 n_2\cdots\rangle$$
$$=\frac{1}{2}\Big[\sum_{\substack{\alpha>\beta\\ \alpha'>\beta'}}+\sum_{\substack{\alpha<\beta\\ \alpha'<\beta'}}\Big]g_{\alpha'\beta',\beta\alpha}n_\alpha n_\beta\delta_{\alpha\alpha'}\delta_{\beta\beta'}-\frac{1}{2}\Big[\sum_{\substack{\alpha>\beta\\ \alpha'<\beta'}}+\sum_{\substack{\alpha<\beta\\ \alpha'>\beta'}}\Big]g_{\alpha'\beta',\beta\alpha}n_\alpha n_\beta\delta_{\alpha\beta'}\delta_{\beta\alpha'}$$
$$=\frac{1}{2}\Big[\sum_{\alpha>\beta}+\sum_{\alpha<\beta}\Big]g_{\alpha\beta,\beta\alpha}n_\alpha n_\beta-\frac{1}{2}\Big[\sum_{\alpha>\beta}+\sum_{\alpha<\beta}\Big]g_{\alpha\beta,\alpha\beta}n_\alpha n_\beta$$
$$=\frac{1}{2}\sum_{\alpha\neq\beta}(g_{\alpha\beta,\beta\alpha}-g_{\alpha\beta,\alpha\beta})n_\alpha n_\beta \tag{4.3.17}$$

这与式(4.3.15)同.

其次计算非对角元[图 4.1(a), $n_i=n_j=1, n_k=n_l=0, i<j, k<l$]

$$
\begin{aligned}
&\langle\cdots 1_l\cdots 1_k\cdots 0_j\cdots 0_i\cdots|\hat{G}|\cdots 1_i\cdots 1_j\cdots 0_k\cdots 0_l\cdots\rangle \\
&=\frac{1}{2}\sum_{\alpha\beta\alpha'\beta'} g_{\alpha'\beta',\beta\alpha}\langle\cdots 1_l\cdots 1_k\cdots 0_j\cdots 0_i\cdots|a_{\alpha'}^{+}a_{\beta'}^{+}a_\beta a_\alpha|\cdots 1_i\cdots 1_j\cdots 0_k\cdots 0_l\cdots\rangle \\
&=\frac{1}{2}\sum_{\alpha'\beta'\alpha\beta} g_{\alpha'\beta',\beta\alpha}(-1)^{\sum_{\nu=1}^{k-1}n_\nu+\sum_{\nu=1}^{l-1}n_\nu}(\delta_{\alpha'k}\delta_{\beta'l}-\delta_{\alpha'l}\delta_{\beta'k})(\delta_{\alpha i}\delta_{\beta j}-\delta_{\alpha j}\delta_{\beta i})(-1)^{\sum_{\nu=1}^{i-1}n_\nu+\sum_{\nu=1}^{j-1}n_\nu} \\
&=\frac{1}{2}(g_{kl,ji}-g_{kl,ij}-g_{lk,ji}+g_{lk,ij})(-1)^{\sum_{\nu=k}^{l-1}n_\nu+\sum_{\nu=i}^{j-1}n_\nu} \\
&=(g_{kl,ji}-g_{kl,ij})(-1)^{\sum_{\nu=k+1}^{l-1}n_\nu+\sum_{\nu=i+1}^{j-1}n_\nu}
\end{aligned}
\tag{4.3.18}
$$

这与式(4.3.16)相同.

练习 1　设 $\hat{g}(1,2)=\hat{f}(1)\hat{f}(2)$(可分离变量),则

$$
\hat{G}=\frac{1}{2}\sum_{\alpha\beta\alpha'\beta'} f_{\alpha'\alpha}f_{\beta'\beta}a_{\alpha'}^{+}a_{\beta'}^{+}a_\beta a_\alpha \tag{4.3.19}
$$

练习 2　在一些文献中,Fermi 子的二体相互作用

$$
V=\sum_{a<b}V(a,b)
$$

在粒子数表象中还常常写成

$$
V=\frac{1}{4}\sum_{\alpha\beta\alpha'\beta'} V_{\alpha'\beta',\alpha\beta}^{A}a_{\alpha'}^{+}a_{\beta'}^{+}a_\beta a_\alpha \tag{4.3.20}
$$

其中

$$
V_{\alpha'\beta',\alpha\beta}^{A}=V_{\alpha'\beta',\beta\alpha}-V_{\alpha'\beta',\alpha\beta} \tag{4.3.21}
$$

是已反对称化的相互作用矩阵元,满足

$$
V_{\alpha'\beta',\alpha\beta}^{A}=-V_{\beta'\alpha',\alpha\beta}^{A}=-V_{\alpha'\beta',\beta\alpha}^{A}=V_{\beta'\alpha',\beta\alpha}^{A} \tag{4.3.22}
$$

以上诸式中[参见 4.2 节,式(4.2.12)]

$$
V_{\alpha'\beta',\beta\alpha}=(\varphi_{\alpha'}(q_1)\varphi_{\beta'}(q_2),V(1,2)\varphi_\beta(q_2)\varphi_\alpha(q_1)) \tag{4.3.23}
$$

4.4　坐标表象与二次量子化

4.4.1　坐标表象

考虑有自旋 1/2 的全同粒子组成的多体系. 单粒子态取为 $\boldsymbol{p}$(动量)和 s_z(自旋的 z 分量)的共同本征态(采用箱归一化方法确定 $\boldsymbol{p}$ 的本征值,箱体积取为 V),令 $a_{\boldsymbol{p}s_z}^{+}$ 与 $a_{\boldsymbol{p}s_z}$ 分别表示相应的粒子产生与湮没算符. 作 Fourier 变换

$$\psi^{+}(\boldsymbol{r},s_z)=\sum_{\boldsymbol{p}}\frac{\exp(-\mathrm{i}\boldsymbol{p}\cdot\boldsymbol{r}/\hbar)}{\sqrt{V}}a^{+}_{\boldsymbol{p}s_z}$$

$$\psi(\boldsymbol{r},s_z)=\sum_{\boldsymbol{p}}\frac{\exp(\mathrm{i}\boldsymbol{p}\cdot\boldsymbol{r}/\hbar)}{\sqrt{V}}a_{\boldsymbol{p}s_z} \tag{4.4.1}$$

$\psi^{+}(\boldsymbol{r},s_z)$和$\psi(\boldsymbol{r},s_z)$分别表示在空间$\boldsymbol{r}$点产生和湮没一个自旋$z$分量为$s_z$的粒子的算符.理由如下:试用$\psi^{+}(\boldsymbol{r},s_z)$作用于真空态$|0\rangle$上,然后投影到坐标表象的基矢上去,即

$$\begin{aligned}\langle\boldsymbol{r}',s'_z|\psi^{+}(\boldsymbol{r},s_z)|0\rangle&=\langle\boldsymbol{r}',s'_z\left|\sum_{\boldsymbol{p}}\frac{\exp(-\mathrm{i}\boldsymbol{p}\cdot\boldsymbol{r}/\hbar)}{\sqrt{V}}a^{+}_{\boldsymbol{p}s_z}\right|0\rangle\\&=\sum_{\boldsymbol{p}}\frac{\exp(-\mathrm{i}\boldsymbol{p}\cdot\boldsymbol{r}/\hbar)}{\sqrt{V}}\langle\boldsymbol{r}',s'_z|\boldsymbol{p},s_z\rangle\\&=\sum_{\boldsymbol{p}}\frac{\exp[-\mathrm{i}\boldsymbol{p}\cdot(\boldsymbol{r}-\boldsymbol{r}')/\hbar]}{V}\delta_{s_zs'_z}\\&=\delta(\boldsymbol{r}-\boldsymbol{r}')\delta_{s_zs'_z}\end{aligned} \tag{4.4.2}$$

所以$\psi^{+}(\boldsymbol{r},s_z)$表示在$\boldsymbol{r}$点产生一个自旋$z$分量为$s_z$的粒子的算符.

对于无自旋的粒子,可定义

$$\varphi^{+}(\boldsymbol{r})=\sum_{\boldsymbol{p}}\frac{\exp(-\mathrm{i}\boldsymbol{p}\cdot\boldsymbol{r}/\hbar)}{\sqrt{V}}a^{+}_{\boldsymbol{p}}$$

$$\varphi(\boldsymbol{r})=\sum_{\boldsymbol{p}}\frac{\exp(\mathrm{i}\boldsymbol{p}\cdot\boldsymbol{r}/\hbar)}{\sqrt{V}}a_{\boldsymbol{p}} \tag{4.4.3}$$

$\varphi^{+}(\boldsymbol{r})$表示在$\boldsymbol{r}$点产生一个粒子的算符.

利用Bose子产生和湮没算符的基本对易式$[a_{\boldsymbol{p}},a^{+}_{\boldsymbol{p}'}]=\delta_{\boldsymbol{p}\boldsymbol{p}'}$,可以证明

$$\begin{aligned}[\varphi(\boldsymbol{r}),\varphi^{+}(\boldsymbol{r}')]&=\sum_{\boldsymbol{p}\boldsymbol{p}'}\frac{\exp[\mathrm{i}(\boldsymbol{p}\cdot\boldsymbol{r}-\boldsymbol{p}'\cdot\boldsymbol{r}')/\hbar]}{V}[a_{\boldsymbol{p}},a^{+}_{\boldsymbol{p}'}]\\&=\sum_{\boldsymbol{p}}\frac{\exp[\mathrm{i}\boldsymbol{p}\cdot(\boldsymbol{r}-\boldsymbol{r}')/\hbar]}{V}=\delta(\boldsymbol{r}-\boldsymbol{r}')\end{aligned} \tag{4.4.4}$$

对于自旋为1/2的粒子,利用Fermi子产生和湮没算符的基本反对易式$[a_{\boldsymbol{p}s_z},a_{\boldsymbol{p}'s'_z}]_{+}=\delta_{\boldsymbol{p}\boldsymbol{p}'}\delta_{s_zs'_z}$,类似可以证明

$$[\psi(\boldsymbol{r},s_z),\psi^{+}(\boldsymbol{r}',s'_z)]_{+}=\delta(\boldsymbol{r}-\boldsymbol{r}')\delta_{s_zs'_z} \tag{4.4.5}$$

式(4.4.1)之逆为

$$a^{+}_{\boldsymbol{p}s_z}=\int\mathrm{d}^3r\,\frac{\exp(\mathrm{i}\boldsymbol{p}\cdot\boldsymbol{r}/\hbar)}{\sqrt{V}}\psi^{+}(\boldsymbol{r},s_z)$$

$$a_{\boldsymbol{p}s_z}=\int\mathrm{d}^3r\,\frac{\exp(-\mathrm{i}\boldsymbol{p}\cdot\boldsymbol{r}/\hbar)}{\sqrt{V}}\psi(\boldsymbol{r},s_z) \tag{4.4.6}$$

式(4.4.3)之逆为

$$
\begin{aligned}
a_{\boldsymbol{p}}^{+} &= \int \mathrm{d}^3 r \, \frac{\exp(\mathrm{i}\boldsymbol{p} \cdot \boldsymbol{r}/\hbar)}{\sqrt{V}} \varphi^{+}(\boldsymbol{r}) \\
a_{\boldsymbol{p}} &= \int \mathrm{d}^3 r \, \frac{\exp(-\mathrm{i}\boldsymbol{p} \cdot \boldsymbol{r}/\hbar)}{\sqrt{V}} \varphi(\boldsymbol{r})
\end{aligned}
\tag{4.4.7}
$$

利用算符 ψ^{+} 和 ψ(或 φ^{+} 和 φ)可以把全同粒子系的单体和二体算符表示如下:

1)动能算符

$$
\begin{aligned}
T &= \sum_{\boldsymbol{p}s_z} \frac{\boldsymbol{p}^2}{2m} a_{\boldsymbol{p}s_z}^{+} a_{\boldsymbol{p}s_z} \\
&= \frac{1}{2m} \sum_{\boldsymbol{p}s_z} \boldsymbol{p}^2 \int \mathrm{d}^3 r \int \mathrm{d}^3 r' \cdot \frac{\exp(\mathrm{i}\boldsymbol{p} \cdot \boldsymbol{r}/\hbar - \mathrm{i}\boldsymbol{p} \cdot \boldsymbol{r}'/\hbar)}{V} \psi^{+}(\boldsymbol{r}, s_z) \psi(\boldsymbol{r}', s_z) \\
&= \frac{\hbar^2}{2m} \iint \mathrm{d}^3 r \mathrm{d}^3 r' \sum_{\boldsymbol{p}s_z} \frac{\nabla \exp(\mathrm{i}\boldsymbol{p} \cdot \boldsymbol{r}/\hbar) \cdot \nabla' \exp(-\mathrm{i}\boldsymbol{p} \cdot \boldsymbol{r}'/\hbar)}{V} \psi^{+}(\boldsymbol{r}, s_z) \psi(\boldsymbol{r}', s_z)
\end{aligned}
$$

分部积分后,

$$
\begin{aligned}
T &= \frac{\hbar^2}{2m} \iint \mathrm{d}^3 r \mathrm{d}^3 r' \sum_{\boldsymbol{p}s_z} \frac{\exp[\mathrm{i}\boldsymbol{p} \cdot (\boldsymbol{r} - \boldsymbol{r}')/\hbar]}{V} \cdot \nabla \psi^{+}(\boldsymbol{r}, s_z) \cdot \nabla' \psi(\boldsymbol{r}', s_z) \\
&= \frac{\hbar^2}{2m} \iint \mathrm{d}^3 r \mathrm{d}^3 r' \sum_{s_z} \delta(\boldsymbol{r} - \boldsymbol{r}') \nabla \psi^{+}(\boldsymbol{r}, s_z) \cdot \nabla' \psi(\boldsymbol{r}', s_z) \\
&= \frac{\hbar^2}{2m} \sum_{s_z} \int \mathrm{d}^3 r \nabla \psi^{+}(\boldsymbol{r}, s_z) \cdot \nabla \psi(r, s_z)
\end{aligned}
\tag{4.4.8}
$$

对于无自旋粒子,类似有

$$
T = \sum_{\boldsymbol{p}} \frac{\boldsymbol{p}^2}{2m} a_{\boldsymbol{p}}^{+} a_{\boldsymbol{p}} = \frac{\hbar^2}{2m} \int \nabla \varphi^{+}(\boldsymbol{r}) \cdot \nabla \varphi(\boldsymbol{r}) \mathrm{d}^3 r \tag{4.4.9}
$$

通常在坐标表象中,一个无自旋的粒子的波函数记为 $\varphi(\boldsymbol{r})$,则粒子动能平均值(分部积分后)表示为

$$
\overline{T} = \int \varphi^{*}(\boldsymbol{r}) \frac{\boldsymbol{p}^2}{2m} \varphi(\boldsymbol{r}) \mathrm{d}^3 r = \frac{\hbar^2}{2m} \int \nabla \varphi^{*}(\boldsymbol{r}) \cdot \nabla \varphi(\boldsymbol{r}) \mathrm{d}^3 r \tag{4.4.10}
$$

可见式(4.4.9)与式(4.4.10)形式上相似,但在式(4.4.10)中 $\varphi(\boldsymbol{r})$和 $\varphi^{*}(\boldsymbol{r})$为粒子在坐标表象中的波函数,而在式(4.4.9)中 $\varphi(\boldsymbol{r})$和 $\varphi^{+}(\boldsymbol{r})$则为在 $\boldsymbol{r}$ 点粒子湮没和产生算符[见式(4.4.3)],它们作用于粒子数表象空间. 由此原因,在历史上把此理论称为二次量子化. 除此之外,并无其他特别的含义. 在全同粒子多体系的描述中,用“粒子数表象”一词似乎更确切一些.

2) 粒子数算符

$$
\hat{N} = \sum_{\boldsymbol{p}s_z} a_{\boldsymbol{p}s_z}^{+} a_{\boldsymbol{p}s_z} \tag{4.4.11}
$$

利用式(4.4.6)可证明

$$
= \sum_{s_z} \int \mathrm{d}^3 r \psi^{+}(\boldsymbol{r}, s_z) \psi(\boldsymbol{r}, s_z) = \int \mathrm{d}^3 r \rho(\boldsymbol{r}) \tag{4.4.12}
$$

式中

$$\rho(\boldsymbol{r}) = \sum_{s_z}\psi^+(\boldsymbol{r}, s_z)\psi(\boldsymbol{r}, s_z) \tag{4.4.13}$$

是粒子在坐标空间的密度分布算符,是一个单体算符.

3) 粒子流算符

$$\boldsymbol{J} = \sum_{\boldsymbol{p}s_z}\frac{\boldsymbol{p}}{m}a^+_{\boldsymbol{p}s_z}a_{\boldsymbol{p}s_z} \tag{4.4.14}$$

类似地可以证明

$$\boldsymbol{J} = \int \mathrm{d}^3 r \boldsymbol{j}(\boldsymbol{r}) \tag{4.4.15}$$

式中

$$\boldsymbol{j}(\boldsymbol{r}) = \frac{\hbar}{\mathrm{i}2m}\sum_{s_z}[\psi^+(\boldsymbol{r}, s_z)\nabla\psi(\boldsymbol{r}, s_z) - (\nabla\psi^+(\boldsymbol{r}, s_z))\psi(\boldsymbol{r}, s_z)] \tag{4.4.16}$$

是粒子在坐标空间的流密度算符.

对于无自旋粒子,也可得出与式(4.4.11)~(4.4.16)相似的式子.

4.4.2 无相互作用 Fermi 气体

考虑由无相互作用的自旋为 1/2 的粒子组成的 Fermi 气体. 设 ε_F 为 Fermi 能量,p_F 为 Fermi 动量. 体系的基态记为 $|\Phi_0\rangle$,它表示能量 $\varepsilon \leqslant \varepsilon_F$ 的单粒子能级已为粒子所占据,而 $\varepsilon > \varepsilon_F$ 的单粒子能级则完全空着. 即动量空间中,$|\boldsymbol{p}| \leqslant p_F$($\varepsilon_F = p_F^2/2m$)的球(Fermi 球)内的单粒子态完全被粒子填布,而球外($|\boldsymbol{p}| > p_F$)的粒子态则完全空着,这称为完全简并 Fermi 气体. 设粒子系所处空间的体积为 V(箱归一化体积).

令 $\hat{n}_{\boldsymbol{p}s_z} = a^+_{\boldsymbol{p}s_z}a_{\boldsymbol{p}s_z}$ 表示单粒子态($\boldsymbol{p}, s_z$)上的粒子数算符,在 $|\Phi_0\rangle$ 态下,其平均值为

$$n_{\boldsymbol{p}s_z} = \langle\Phi_0|\hat{n}_{\boldsymbol{p}s_z}|\Phi_0\rangle = \begin{cases}1, & |\boldsymbol{p}| \leqslant p_F \\ 0, & |\boldsymbol{p}| > p_F\end{cases} \tag{4.4.17}$$

因此,粒子总数为

$$N = \sum_{\boldsymbol{p}s_z} n_{\boldsymbol{p}s_z} = 2\sum_{|\boldsymbol{p}| \leqslant p_F} 1$$

化为积分

$$N = 2V\int_0^{p_F}\frac{\mathrm{d}^3 p}{(2\pi\hbar)^3} = \frac{2V}{(2\pi\hbar)^3}\frac{4\pi}{3}p_F^3 \tag{4.4.18}$$

由此可得出 Fermi 动量与粒子系在坐标空间的分布密度 $n = N/V$ 的关系

$$p_F^3 = \frac{3\pi^2\hbar^3 N}{V} = 3\pi^2\hbar^3 n \tag{4.4.19}$$

不难验证,在粒子坐标空间的密度算符 $\rho(\boldsymbol{r})$[见式(4.4.13)]在 $|\Phi_0\rangle$ 态下的平均值 $\langle\Phi_0|\rho(\boldsymbol{r})|\Phi_0\rangle = n$,

$$
\begin{aligned}
\langle \Phi_0 | \rho(\boldsymbol{r}) | \Phi_0 \rangle &= \sum_{s_z} \langle \Phi_0 | \psi^+ (\boldsymbol{r}, s_z) \psi(\boldsymbol{r}, s_z) | \Phi_0 \rangle \\
&= \sum_{\boldsymbol{p}\boldsymbol{p}'s_z} \frac{\exp(-\mathrm{i}\boldsymbol{p} \cdot \boldsymbol{r}/\hbar + \mathrm{i}\boldsymbol{p}' \cdot \boldsymbol{r}/\hbar)}{V} \langle \Phi_0 | a^+_{\boldsymbol{p}s_z} a_{\boldsymbol{p}'s_z} | \Phi_0 \rangle \\
&= \sum_{\boldsymbol{p}\boldsymbol{p}'s_z} \frac{\exp(-\mathrm{i}\boldsymbol{p} \cdot \boldsymbol{r}/\hbar + \mathrm{i}\boldsymbol{p}' \cdot \boldsymbol{r}/\hbar)}{V} \delta_{\boldsymbol{p}\boldsymbol{p}'} n_{\boldsymbol{p}s_z} \\
&= \frac{1}{V} \sum_{\boldsymbol{p}s_z} n_{\boldsymbol{p}s_z} = \frac{N}{V} = n
\end{aligned} \tag{4.4.20}
$$

1\. 单粒子密度矩阵

作为上式的推广，考虑非对角元，定义**单粒子密度矩阵**(one-particle density matrix)如下

$$
\begin{aligned}
G_{s_z}(\boldsymbol{r} - \boldsymbol{r}') &= \langle \Phi_0 | \psi^+ (\boldsymbol{r}, s_z) \psi(\boldsymbol{r}', s_z) | \Phi_0 \rangle \qquad (4.4.21) \\
&= \sum_{\boldsymbol{p}\boldsymbol{p}'} \frac{\exp[-\mathrm{i}(\boldsymbol{p} \cdot \boldsymbol{r} - \boldsymbol{p}' \cdot \boldsymbol{r}')/\hbar]}{V} \delta_{\boldsymbol{p}\boldsymbol{p}'} n_{\boldsymbol{p}s_z} \\
&= \sum_{\boldsymbol{p}} \frac{\exp[-\mathrm{i}\boldsymbol{p} \cdot (\boldsymbol{r} - \boldsymbol{r}')/\hbar]}{V} n_{\boldsymbol{p}s_z}
\end{aligned}
$$

化为积分，得

$$
\begin{aligned}
G_{s_z}(\boldsymbol{r} - \boldsymbol{r}') &= \int_0^{p_F} \frac{\mathrm{d}^3 p}{(2\pi\hbar)^3} \exp[-\mathrm{i}\boldsymbol{p} \cdot (\boldsymbol{r} - \boldsymbol{r}')/\hbar] \\
&= \frac{1}{2\pi^2} \int_0^{k_F} \frac{\sin(k|\boldsymbol{r} - \boldsymbol{r}'|)}{k|\boldsymbol{r} - \boldsymbol{r}'|} k^2 \mathrm{d}k
\end{aligned} \tag{4.4.22}
$$

其中 $k_F = p_F/\hbar$. 令 $x = k_F |\boldsymbol{r} - \boldsymbol{r}'|$，则

$$
G_{s_z}(|\boldsymbol{r} - \boldsymbol{r}'|) = \frac{k_F^3}{2\pi^2} \frac{\sin x - x\cos x}{x^3}
$$

利用式(4.4.19)，得

$$
G_{s_z}(|\boldsymbol{r} - \boldsymbol{r}'|) = \frac{3n}{2} \frac{\sin x - x\cos x}{x^3} \tag{4.4.23}
$$

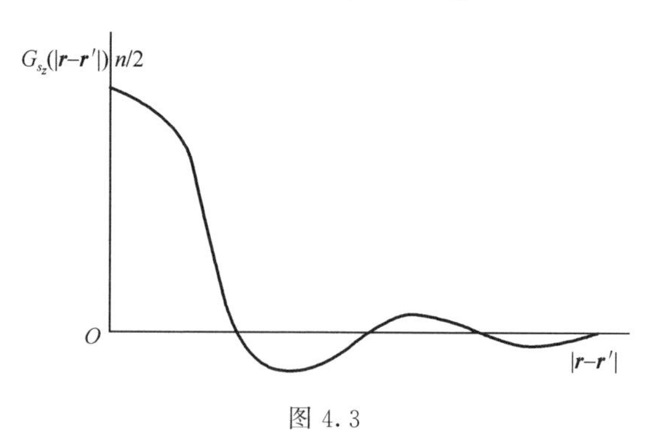

图 4.3

它随$|\boldsymbol{r}-\boldsymbol{r}'|$的变化，如图 4.3 所示. 不难证明，当 $x\to 0$(即 $\boldsymbol{r}\to\boldsymbol{r}'$)时，

$$G_{s_z}(|\boldsymbol{r}-\boldsymbol{r}'|)\approx\frac{n}{2}\left[1-\frac{1}{10}(k_F|\boldsymbol{r}-\boldsymbol{r}'|)^2\right]\approx\frac{n}{2} \tag{4.4.24}$$

在此极限情况下，有一半粒子的自旋 $s_z=1/2$，而另一半粒子自旋 $s_z=-1/2$.

2. 二粒子关联函数

考虑一个 Fermi 子多体系，处于基态$|\Phi_0\rangle$，试求在 $\boldsymbol{r}$ 点找到一个粒子(自旋为 s_z)而同时在 $\boldsymbol{r}'$点找到另一个粒子(自旋为 s_z')的概率.

显然，$\psi(\boldsymbol{r},s_z)|\Phi_0\rangle\equiv|\Phi(\boldsymbol{r},s_z)\rangle$表示把自旋投影为 s_z 的一个粒子在 $\boldsymbol{r}$ 点湮没后的$(N-1)$个粒子体系的状态. 在此态下，求粒子(自旋投影 s_z')在 $\boldsymbol{r}'$点的空间密度，

$$\begin{aligned}&\langle\Phi(\boldsymbol{r},s_z)|\psi^+(\boldsymbol{r}',s'_z)\psi(\boldsymbol{r}',s'_z)|\Phi(\boldsymbol{r},s_z)\rangle\\&=\langle\Phi_0|\psi^+(\boldsymbol{r},s_z)\psi^+(\boldsymbol{r}',s'_z)\psi(\boldsymbol{r}',s'_z)\psi(\boldsymbol{r},s_z)|\Phi_0\rangle\end{aligned} \tag{4.4.25}$$

用式(4.4.1)代入，它变为

$$\frac{1}{V^2}\sum_{pp'qq'}\langle\Phi_0|a^+_{ps_z}a^+_{qs_z'}a_{q's_z'}a_{p's_z}|\Phi_0\rangle \tag{4.4.26}$$

把上式表示成

$$\left(\frac{n}{2}\right)^2 g_{s_zs_z'}(\boldsymbol{r}-\boldsymbol{r}') \tag{4.4.27}$$

$g_{s_zs_z'}(\boldsymbol{r}-\boldsymbol{r}')$称为二粒子关联函数(two-particle correlation function)，用以刻画两个粒子的关联(一个粒子自旋为 s_z，在 $\boldsymbol{r}$ 点，另一个粒子在 $\boldsymbol{r}'$点，自旋为 s_z'.)

对于 $s_z\neq s_z'$情况，式(4.4.26)中必须 $\boldsymbol{p}'=\boldsymbol{p}$，$\boldsymbol{q}'=\boldsymbol{q}$，否则矩阵元为 0. 此时

$$\begin{aligned}\left(\frac{n}{2}\right)^2 g_{s_zs'_z}(\boldsymbol{r}-\boldsymbol{r}')&=\frac{1}{V^2}\sum_{pq}\langle\Phi_0|a^+_{ps_z}a^+_{qs'_z}a_{qs'_z}a_{ps_z}|\Phi_0\rangle\\&=\frac{1}{V^2}\sum_{pq}n_{ps_z}n_{qs'_z}=n_{s_z}n_{s_z'}\end{aligned} \tag{4.4.28}$$

但 $n_{s_z}=n_{s_z'}=n/2$，所以

$$g_{s_zs_z'}(\boldsymbol{r}-\boldsymbol{r}')=1\qquad(s_z\neq s'_z) \tag{4.4.29}$$

这表明：在 $\boldsymbol{r}$ 点找到一个粒子(自旋投影 s_z)而且同时在 $\boldsymbol{r}'$找到另一个粒子(自旋投影 $s_z'\neq s_z$)的概率与$|\boldsymbol{r}-\boldsymbol{r}'|$无关(由于 $s_z\neq s_z'$，Pauli 原理对粒子在坐标空间的分布没有限制)，此结论与经典无相互作用的气体分子体系的情况相同.

对于 $s_z'=s_z$，则必须考虑到 Pauli 原理. 在式(4.4.26)中，如 $\boldsymbol{p}=\boldsymbol{q}$ 或 $\boldsymbol{p}'=\boldsymbol{q}'$，则矩阵元为 0，只当 $\boldsymbol{p}=\boldsymbol{p}'$，$\boldsymbol{q}=\boldsymbol{q}'$，或 $\boldsymbol{p}=\boldsymbol{q}'$，$\boldsymbol{p}'=\boldsymbol{q}$ 时，才有贡献. 因此

$$\begin{aligned}\langle\Phi_0|a^+_{ps_z}a^+_{qs_z}a_{q's_z}a_{p's_z}|\Phi_0\rangle&=(\delta_{pp'}\delta_{qq'}-\delta_{pq'}\delta_{p'q})\langle\Phi_0|a^+_{ps_z}a_{ps_z}a^+_{qs_z}a_{qs_z}|\Phi_0\rangle\\&=(\delta_{pp'}\delta_{qq'}-\delta_{pq'}\delta_{p'q})n_{ps_z}n_{qs_z}\end{aligned}$$

所以

$$\left(\frac{n}{2}\right)^2 g_{s_z s_z}(\boldsymbol{r}-\boldsymbol{r}') = \frac{1}{V^2}\sum_{pq}\{1-\exp[-\mathrm{i}(\boldsymbol{p}-\boldsymbol{q})\cdot(\boldsymbol{r}-\boldsymbol{r}')/\hbar]\} n_{ps_z} n_{qs_z}$$

$$= \left(\frac{n}{2}\right)^2 - [G_{s_z}(\boldsymbol{r}-\boldsymbol{r}')]^2 \tag{4.4.30}$$

因而[利用式(4.4.23)]

$$g_{s_z s_z}(\boldsymbol{r}-\boldsymbol{r}') = 1 - \frac{9}{x^6}(\sin x - x\cos x)^2$$

$$x = k_F |\boldsymbol{r}-\boldsymbol{r}'| \tag{4.4.31}$$

如图 4.4 所示，当 $s_z = s_z'$ 时，两个 Fermi 子靠近($|\boldsymbol{r}-\boldsymbol{r}'| \to 0$)的概率为 0，这是波函数交换反对称性的反映，表现为自旋取向相同的两个 Fermi 子之间在坐标空间的一种排斥力，这纯属量子力学效应.

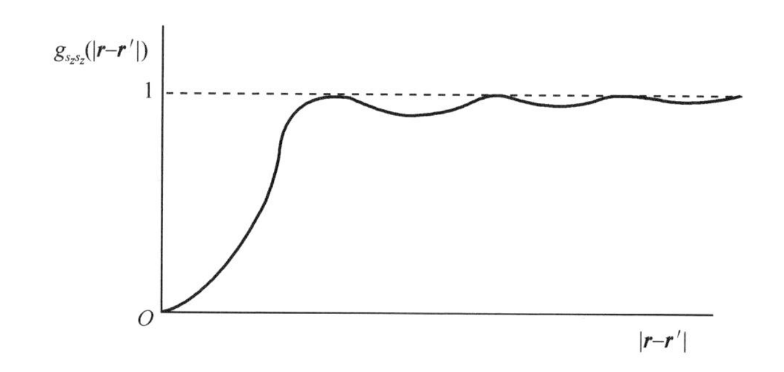

图 4.4　二 Fermi 子关联函数

4.4.3　无相互作用无自旋粒子多体系

作为对比，考虑由无相互作用无自旋粒子组成的多体系. 设此 Bose 子体系处于状态

$$|\Phi\rangle = |n_{p_1} n_{p_2} \cdots\rangle \tag{4.4.32}$$

粒子在坐标空间的分布密度为

$$\langle\Phi|\rho(\boldsymbol{r})|\Phi\rangle = \langle\Phi|\varphi^+(\boldsymbol{r})\varphi(\boldsymbol{r})|\Phi\rangle = \frac{1}{V}\sum_p n_p = N/V = n \tag{4.4.33}$$

与经典粒子体系以及 Fermi 子体系[见式(4.4.20)]都相同.

下面考虑二粒子关联函数. 可以预料，其行为与 Fermi 子体系很不相同. 注意，式(4.4.26)、式(4.4.27)形式上对于 Fermi 子或 Bose 子都适用. 但对于无自旋粒子，矩阵元 $\langle\Phi|a_p^+ a_q^+ a_{q'} a_{p'}|\Phi\rangle$，只当 $\boldsymbol{p}=\boldsymbol{p}'$，$\boldsymbol{q}=\boldsymbol{q}'$ 或 $\boldsymbol{p}=\boldsymbol{q}'$，$\boldsymbol{p}'=\boldsymbol{q}$ 才不为 0. 但 $\boldsymbol{p}=\boldsymbol{q}$ 或 $\boldsymbol{p}\neq\boldsymbol{q}$ 都是允许的. 对于 $\boldsymbol{p}\neq\boldsymbol{q}$ 情况，矩阵元表示为

$$(1-\delta_{pq})[\delta_{pp'}\delta_{qq'}\langle\Phi|a_p^+ a_q^+ a_q a_p|\Phi\rangle + \delta_{pq'}\delta_{p'q}\langle\Phi|a_p^+ a_q^+ a_p a_q|\Phi\rangle]$$

$$= (1-\delta_{pq})(\delta_{pp'}\delta_{qq'} + \delta_{pq'}\delta_{p'q}) n_p n_q \tag{4.4.34}$$

对于 $\boldsymbol{p}=\boldsymbol{q}$，矩阵元可表示为

$$\delta_{pq}\delta_{pp'}\delta_{qq'}\langle\Phi|a_p^+a_p^+a_qa_q|\Phi\rangle=\delta_{pq}\delta_{pp'}\delta_{qq'}\langle\Phi|a_p^+(\alpha_pa_p^+-1)a_p|\Phi\rangle$$
$$=\delta_{pq}\delta_{pp'}\delta_{qq'}n_p(n_p-1) \tag{4.4.35}$$

与式(4.4.25)相应的表示式为[利用式(4.4.3)]

$$\begin{aligned}
&\langle\Phi|\varphi^+(\boldsymbol{r})\varphi^+(\boldsymbol{r}')\varphi(\boldsymbol{r}')\varphi(\boldsymbol{r})|\Phi\rangle\\
&=\frac{1}{V^2}\sum_{pp'qq'}\exp[-\mathrm{i}(\boldsymbol{p}-\boldsymbol{q}')\cdot r/\hbar-\mathrm{i}(\boldsymbol{q}-\boldsymbol{q}')\cdot\boldsymbol{r}'/\hbar]\\
&\quad\cdot[\delta_{pq}\delta_{pp'}\delta_{qq'}n_p(n_p-1)+(\delta_{pp'}\delta_{qq'}+\delta_{pq'}\delta_{p'q}-\delta_{pq}\delta_{pp'}\delta_{qq'}-\delta_{pq}\delta_{pq'}\delta_{p'q})n_pn_q]\\
&=\frac{1}{V^2}\Big\{\sum_p n_p(n_p-1)+\sum_{pq}n_pn_q\\
&\quad+\sum_{pq}\exp[-\mathrm{i}(\boldsymbol{p}-\boldsymbol{q})\cdot(\boldsymbol{r}-\boldsymbol{r}')/\hbar]n_pn_q-2\sum_p n_p^2\Big\}\\
&=\Big(\frac{1}{V}\sum_p n_p\Big)\Big(\frac{1}{V}\sum_q n_q\Big)+\Big|\sum_p\frac{1}{V}\exp[-\mathrm{i}\boldsymbol{p}\cdot(\boldsymbol{r}-\boldsymbol{r}')/\hbar]n_p\Big|^2-\frac{1}{V^2}\sum_p n_p(n_p+1)\\
&=n^2+\Big|\sum_p\frac{1}{V}\exp[-\mathrm{i}\boldsymbol{p}\cdot(\boldsymbol{r}-\boldsymbol{r}')/\hbar]n_p\Big|^2-\frac{1}{V^2}\sum_p n_p(n_p+1)
\end{aligned} \tag{4.4.36}$$

与式(4.4.30)(Fermi 子多体系)比较,不同之处在于:式(4.4.36)中第二项为+号(反映 Bose 子波函数交换对称性),而第三项来自可以有多个 Bose 子处于同一个单粒子态,是 Fermi 子体系所不允许的.下面分析两个特例.

例 1 设所有 Bose 子均处于同一个单粒子态(例如 $\boldsymbol{p}_0$),则式(4.4.36)简化为

$$n^2+n^2-\frac{1}{V^2}N(N+1)=\frac{N(N-1)}{V^2} \tag{4.4.37}$$

例 2 设粒子填布呈 Gauss 型,

$$n_p=C\exp[-\alpha(\boldsymbol{p}-\boldsymbol{p}_0)^2/(2\hbar^2)]=C\exp[-\alpha(\boldsymbol{k}-\boldsymbol{k}_0)^2/2] \tag{4.4.38}$$

波包中心在 $\boldsymbol{p}_0$,C 为归一化因子.设箱归一化体积 $V\to\infty$(但保持 $N/V=n$ 为常数),则式(4.4.36)中最后一项(只有一个求和号)比前两项小得多[$\approx O(1/V)$],可略去,式(4.4.36)中第二项化为积分.最后得

$$\begin{aligned}
&\langle\Phi|\varphi^+(\boldsymbol{r})\varphi^+(\boldsymbol{r}')\varphi(\boldsymbol{r}')\varphi(\boldsymbol{r})|\Phi\rangle\\
&=n^2+C^2\Big|\int\frac{\mathrm{d}^3p}{(2\pi\hbar)^3}\exp[-\mathrm{i}\boldsymbol{p}\cdot(\boldsymbol{r}-\boldsymbol{r}')/\hbar-\alpha(\boldsymbol{p}-\boldsymbol{p}_0)^2/(2\hbar)]\Big|^2\\
&=n^2+C^2\Big|\frac{1}{(2\pi)^3}\int\mathrm{d}^3k\exp[-\alpha(-\boldsymbol{k}-\boldsymbol{k}_0)^2-\mathrm{i}\boldsymbol{k}\cdot(\boldsymbol{r}-\boldsymbol{r}')]\Big|^2\\
&=n^2[1+\exp[-(\boldsymbol{r}-\boldsymbol{r}')^2/\alpha]
\end{aligned} \tag{4.4.39}$$

令

$$\langle\Phi|\varphi^+(\boldsymbol{r})\varphi^+(\boldsymbol{r}')\varphi(\boldsymbol{r}')\varphi(\boldsymbol{r})|\Phi\rangle=n^2g(|\boldsymbol{r}-\boldsymbol{r}'|) \tag{4.4.40}$$

$g(|\boldsymbol{r}-\boldsymbol{r}'|)$随$|\boldsymbol{r}-\boldsymbol{r}'|$的变化见图 4.5.式(4.4.39)中第二项来自波函数的交换对称性.由于它的出现,当$|\boldsymbol{r}-\boldsymbol{r}'|\to 0$时,$g(|\boldsymbol{r}-\boldsymbol{r}'|)\to 2$,而当$|\boldsymbol{r}-\boldsymbol{r}'|\to\infty$,第二项消失,$g(|\boldsymbol{r}-\boldsymbol{r}'|)\to 1$.这表明在坐标空间两个 Bose 子有互相靠近的趋势,与 Fermi 子正好相反(比较图 4.4 与图 4.5).

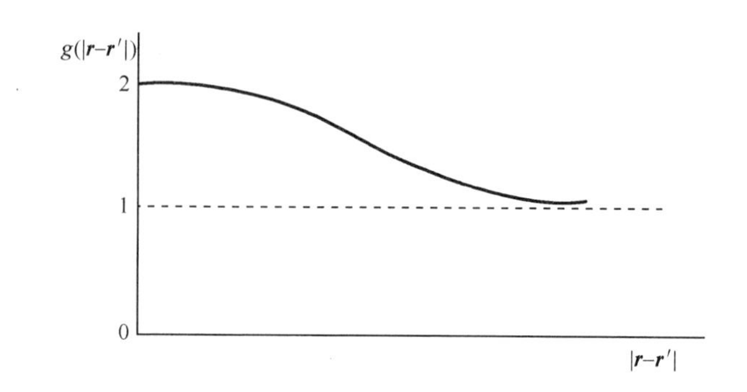

图 4.5　无自旋二粒子关联函数

4.5　Hartree-Fock 自洽场,独立粒子模型

多粒子系的 Schrödinger 方程的严格求解,实际上是不可能的.实际问题中总需要采用某种近似模型和近似计算方法.在这些近似模型中,应用最广泛的是独立粒子模型,即假设粒子独立地在某种平均场中运动,此平均场当然是由其余粒子所提供(一般说来,还包括外场对粒子的作用),即粒子之间的相互作用近似地用某种平均场来代替.这当然是一个粗糙的近似,因为粒子之间的关联效应被忽略了.更细致的进一步处理中,还有必要把粒子之间的"剩余相互作用"(residual interaction),即未能在平均场中反映出来的粒子之间的相互作用,考虑进去.

金属电子论中最简单的独立粒子模型,即 Fermi 气体模型(卷 I,14.4 节).对于晶体,周期场近似和能带论是很有用的(卷 I,4.8 节).原子物理中的电子壳模型,对阐明元素化学性质的周期律是很成功的(卷 I,9.5 节).原子中的电子壳模型势可以用 Hartree-Fock 自洽场方法来计算①.后来,此法又被广泛用于原子核的壳模型势的计算.建立在变分原理基础上的 Hartree 自洽场方法,已在卷 I,14.1.3 节中讲过了.Hartree 方法中,未计及全同粒子波函数的交换对称性.Fock 对 Hartree 方法对此做了改进,考虑了 Fermi 子多体系波函数的交换反对称性.下面我们来介绍 Fock 的自洽场方法.显然,采用粒子数表象来讲述 Fock 方法是很方便的.但为使读者先有一个较形象的理解,先在大家熟悉的坐标表象中来讨论.

考虑由 N 个全同 Fermi 子组成的多体系.设粒子之间有二体相互作用,Hamilton量表示为

$$H = -\sum_i \frac{\hbar^2}{2m}\nabla_i^2 + \frac{1}{2}\sum_{i\neq j} V(\boldsymbol{r}_i, \boldsymbol{r}_j) \tag{4.5.1}$$

① D. R. Hartree, Proc. Camb. Phil. Soc. **24**(1928) 111.
V. Fock, Z. Phys. **61**(1930) 126; J. C. Slater, Phys. Rev. **35**(1930) 210.

设多体系的试探波函数表示成独立粒子波函数 ψ_i 的乘积形式，并计及交换反对称性，即表示成 Slater 行列式的形式

$$\Psi(1,2,\cdots,N) = \frac{1}{\sqrt{N!}}\begin{vmatrix} \psi_1(q_1) & \psi_1(q_2) & \cdots & \psi_1(q_N) \\ \psi_2(q_1) & \psi_2(q_2) & \cdots & \psi_2(q_N) \\ \vdots & \vdots & \ddots & \vdots \\ \psi_N(q_1) & \psi_N(q_2) & \cdots & \psi_N(q_N) \end{vmatrix} \tag{4.5.2}$$

ψ_i 表示正交归一化的单粒子态，待求. 在上述多体波函数形式之下，能量平均值为

$$\begin{aligned}\overline{H} = (\Psi, H\Psi) = & -\frac{\hbar^2}{2m}\sum_i\int \mathrm{d}\tau\psi_i^*(\boldsymbol{r})\,\boldsymbol{\nabla}^2\psi_i(\boldsymbol{r}) \\ & + \frac{1}{2}\sum_{i\neq j}\sum\iint \mathrm{d}\tau\,\mathrm{d}\tau'\psi_i^*(\boldsymbol{r})\psi_j^*(\boldsymbol{r}')V(\boldsymbol{r},\boldsymbol{r}')\psi_i(\boldsymbol{r})\psi_j(\boldsymbol{r}') \\ & - \frac{1}{2}\sum_{i\neq j}\sum\iint \mathrm{d}\tau\,\mathrm{d}\tau'\psi_i^*(\boldsymbol{r})\psi_j^*(\boldsymbol{r}')V(\boldsymbol{r},\boldsymbol{r}')\psi_i(\boldsymbol{r})\psi_j(\boldsymbol{r}')\end{aligned} \tag{4.5.3}$$

这里已假定相互作用与粒子自旋无关，所以自旋部分波函数没有明显写出. 按变分原理，试对单粒子态 $\psi_i(\psi_i^*)$ 做微小变化，$\psi_i \to \psi_i + \delta\psi_i$，$\psi_i^* \to \psi_i^* + \delta\psi_i^*$，在保证归一化条件

$$(\psi_i, \psi_i) = 1, \qquad i = 1,2,\cdots \tag{4.5.4}$$

之下，要求 $\overline{H}$ 取极值（条件极值），即

$$\delta\overline{H} - \sum_i \varepsilon_i \delta(\psi_i, \psi_i) = 0 \tag{4.5.5}$$

ε_i 为 Lagrange 乘子. 利用式(4.5.3)，可求出

$$\begin{aligned}\delta\overline{H} = & -\frac{\hbar^2}{2m}\sum_i\int \mathrm{d}\tau\,\delta\psi_i^*(\boldsymbol{r})\,\boldsymbol{\nabla}^2\psi_i(\boldsymbol{r}) \\ & + \frac{1}{2}\sum_{i\neq j}\sum\iint \mathrm{d}\tau\,\mathrm{d}\tau'\{[\delta\psi_i^*(\boldsymbol{r})\psi_j^*(\boldsymbol{r}') + \psi_i^*(\boldsymbol{r})\delta\psi_j^*(\boldsymbol{r}')]V\psi_i(\boldsymbol{r})\psi_j(\boldsymbol{r}')\} \\ & - \frac{1}{2}\sum_{i\neq j}\sum\iint \mathrm{d}\tau\,\mathrm{d}\tau'\{[\delta\psi_i^*(\boldsymbol{r})\psi_j^*(\boldsymbol{r}') + \psi_i^*(\boldsymbol{r})\delta\psi_j^*(\boldsymbol{r}')]V\psi_i(\boldsymbol{r}')\psi_j(\boldsymbol{r})\} \\ & + \text{复共轭项} \\ = & -\frac{\hbar^2}{2m}\sum_i\int \mathrm{d}\tau\,\delta\psi_i^*(\boldsymbol{r})\,\boldsymbol{\nabla}^2\psi_i(\boldsymbol{r}) + \sum_{i\neq j}\sum\iint \mathrm{d}\tau\,\mathrm{d}\tau'\delta\psi_i^*(\boldsymbol{r})\psi_j^*(\boldsymbol{r}')V\psi_i(\boldsymbol{r})\psi_j(\boldsymbol{r}') \\ & - \sum_{i\neq j}\sum\iint \mathrm{d}\tau\,\mathrm{d}\tau'\delta\psi_i^*(\boldsymbol{r})\psi_j^*(\boldsymbol{r}')V\psi_i(\boldsymbol{r}')\psi_j(\boldsymbol{r}) + \text{复共轭项}\end{aligned} \tag{4.5.6}$$

把式(4.5.6)代入式(4.5.5)，考虑到 $\delta\psi_i^*$ 与 $\delta\psi_i$ 是任意的，由此可得出下列方程及其复共轭方程

$$\begin{aligned}& -\frac{\hbar^2}{2m}\boldsymbol{\nabla}^2\psi_i(\boldsymbol{r}) + \sum_{j(\neq i)}\int \mathrm{d}\tau'\psi_j^*(\boldsymbol{r}')V\psi_i(\boldsymbol{r})\psi_j(\boldsymbol{r}') - \sum_{j(\neq i)}\int \mathrm{d}\tau'\psi_j^*(\boldsymbol{r}')V\psi_i(\boldsymbol{r}')\psi_j(\boldsymbol{r}) \\ & = \varepsilon_i\psi_i(\boldsymbol{r})\end{aligned} \tag{4.5.7}$$

此即 Fock 自洽场方程. 与 Hartree 方程相比，不同之处在于式(4.5.7)中出

现了势能作用的交换项，它是由于波函数的交换反对称性所导致的. 式(4.5.7)左边第二、三两项中的 $\sum_{j(\neq i)}$ 可以换为 $\sum_j$，因为 $j=i$ 时两项互相抵消. 所以式(4.5.7)可改写成

$$-\frac{\hbar^2}{2m}\nabla^2\psi_i(\boldsymbol{r})+\int d\tau' U(\boldsymbol{r},\boldsymbol{r}')\psi_i(\boldsymbol{r}')=\varepsilon_i\psi_i(\boldsymbol{r}) \tag{4.5.8}$$

其中

$$U(\boldsymbol{r},\boldsymbol{r}')=\delta(\boldsymbol{r}-\boldsymbol{r}')\sum_j\int d\tau'' V(\boldsymbol{r},\boldsymbol{r}'')|\psi_j(\boldsymbol{r}'')|^2-\sum_j V(\boldsymbol{r},\boldsymbol{r}')\psi_j^*(\boldsymbol{r}')\psi_i(\boldsymbol{r}) \tag{4.5.9}$$

定义密度矩阵(密度算符在坐标表象中的矩阵表示)

$$\rho(\boldsymbol{r}',\boldsymbol{r})=\langle\boldsymbol{r}|\rho|\boldsymbol{r}'\rangle=\sum_j\langle\boldsymbol{r}|\psi_j\rangle\langle\psi_j|\boldsymbol{r}'\rangle=\sum_j\psi_j^*(\boldsymbol{r}')\psi_j(\boldsymbol{r}) \tag{4.5.10}$$

其对角元为

$$\rho(\boldsymbol{r},\boldsymbol{r})=\sum_j|\psi_j(\boldsymbol{r})|^2 \tag{4.5.11}$$

不难验证

$$\rho^2=\rho \tag{4.5.12}$$

因为

$$\begin{aligned}\langle\boldsymbol{r}|\rho^2|\boldsymbol{r}'\rangle&=\int d\tau''\langle\boldsymbol{r}|\rho|\boldsymbol{r}''\rangle\langle\boldsymbol{r}''|\rho|\boldsymbol{r}'\rangle\\&=\int d\tau''\sum_{jk}\psi_j^*(\boldsymbol{r}'')\psi_j(\boldsymbol{r})\psi_k^*(\boldsymbol{r}')\psi_k(\boldsymbol{r}'')\\&=\sum_{jk}\delta_{jk}\psi_j(\boldsymbol{r})\psi_k^*(\boldsymbol{r}')=\sum_j\psi_j^*(\boldsymbol{r}')\psi_j(\boldsymbol{r})=\langle\boldsymbol{r}|\rho|\boldsymbol{r}'\rangle\end{aligned}$$

式(4.5.9)可改写成

$$U(\boldsymbol{r},\boldsymbol{r}')=\delta(\boldsymbol{r}-\boldsymbol{r}')\int d\tau'' V(\boldsymbol{r},\boldsymbol{r}'')\rho(\boldsymbol{r}'',\boldsymbol{r}'')-V(\boldsymbol{r},\boldsymbol{r}')\rho(\boldsymbol{r}',\boldsymbol{r}) \tag{4.5.13}$$

以上理论形式有一个缺点，即不能明显回答所得结果的近似程度有多好？(Hamilton 量中哪些部分已经对角化？还有哪些部分未处理？)以下采用二次量子化形式来表述. 这里要用到一个有用的数学定理，即 Wick 定理(见本节末附录). 利用它，可以把二体相互作用中的单体算符项挑出来，并把略去的二体算符部分明显表示出来.

按照二次量子化形式，Hamilton 量表示为

$$H=\sum_{\nu\nu'}T_{\nu\nu'}a_\nu^+a_{\nu'}+\frac{1}{4}\sum_{\mu\nu\mu'\nu'}V_{\mu\nu,\mu'\nu'}a_\mu^+a_\nu^+a_{\nu'}a_{\mu'} \tag{4.5.14}$$

式中 $V_{\mu\nu,\mu'\nu'}$ 是已经反对称化了的二体相互作用矩阵元[见 4.3 节，式(4.4.21)]，即

$$V_{\mu\nu,\mu'\nu'}=-V_{\mu\nu,\nu'\mu'}=-V_{\nu\mu,\mu'\nu'}=V_{\nu\mu,\nu'\mu'} \tag{4.5.15}$$

设$|\rangle$表示 Fock 真空态(见本节末附录),按 Wick 定理

$$
\begin{aligned}
a_\mu^+ a_\nu^+ a_{\nu'} a_{\mu'} = & \langle | a_\mu^+ a_{\mu'} | \rangle \langle | a_\nu^+ a_{\nu'} | \rangle - \langle | a_\mu^+ a_{\nu'} | \rangle \langle | a_\nu^+ a_{\mu'} | \rangle \text{(完全编缩项)} \\
& + \langle | a_\mu^+ a_{\mu'} | \rangle : a_\nu^+ a_{\nu'} : + \langle | a_\nu^+ a_{\nu'} | \rangle : a_\mu^+ a_{\mu'} : \quad \text{(一次编缩项)} \\
& - \langle | a_\mu^+ a_{\nu'} | \rangle : a_\nu^+ a_{\mu'} : - \langle | a_\nu^+ a_{\mu'} | \rangle : a_\mu^+ a_{\nu'} : \\
& + : a_\mu^+ a_\nu^+ a_{\nu'} a_{\mu'} : \quad \text{(正规乘积项,无编缩)}
\end{aligned}
\tag{4.5.16}
$$

代入式(4.5.14),利用 $V_{\mu\nu,\mu'\nu'}$ 的对称性式(4.5.15),可以看出,完全编缩项(常数项)中的两项可化成同一形式,一次编缩项(单体算符形式)中的 4 项也可化成同一形式.然后利用

$$
: a_\nu^+ a_{\nu'} : = a_\nu^+ a_{\nu'} - \langle | a_\nu^+ a_{\nu'} | \rangle \tag{4.5.17}
$$

把 H 中的常数项,单体算符项和无编缩项(仍为二体算符形式)分开写出

$$
\begin{aligned}
H = & -\frac{1}{2} \sum_{\mu\nu\mu'\nu'} V_{\mu\nu,\mu'\nu'} \langle | a_\mu^+ a_{\mu'} | \rangle \langle | a_\nu^+ a_{\nu'} | \rangle \quad \text{(常数项)} \\
& + \sum_{\nu\nu'} \left[T_{\nu\nu'} + \sum_{\mu\mu'} V_{\mu\nu,\mu'\nu'} \langle | a_\mu^+ a_{\mu'} | \rangle \right] a_\nu^+ a_{\nu'} \quad \text{(单体算符项)} \\
& + \frac{1}{4} \sum_{\mu\nu\mu'\nu'} V_{\mu\nu,\mu'\nu'} : a_\mu^+ a_\nu^+ a_{\nu'} a_{\mu'} : \quad \text{(剩余二体作用项)}
\end{aligned}
\tag{4.5.18}
$$

上式中的常数项对体系的能谱无影响.

到此,以上诸式中单粒子态的选择还是任意的.如选择它们使得 H 中的单体算符项已经对角化,即

$$
T_{\nu\nu'} + \sum_{\mu\mu'} V_{\mu\nu,\mu'\nu'} \langle | a_\mu^+ a_{\mu'} | \rangle = \varepsilon_\nu \delta_{\nu\nu'} \tag{4.5.19}
$$

则有许多方便之处,上式即 Fock 方程.

引进密度矩阵

$$
\rho_{\mu'\mu} = \langle | a_\mu^+ a_{\mu'} | \rangle \tag{4.5.20}
$$

则 Fock 方程可改写成

$$
T_{\nu\nu'} + U_{\nu\nu'} = \varepsilon_\nu \delta_{\nu\nu'} \tag{4.5.21}
$$

式中

$$
U_{\nu\nu'} = \sum_{\mu\mu'} V_{\mu\nu,\mu'\nu'} \rho_{\mu'\mu} \tag{4.5.22}
$$

Fock 方程(4.5.19)或(4.5.21)的自洽性是明显的,因为方程中出现了 Fock 真空态(见本节附录)

$$
|\rangle = \prod_{i=1}^{N} a_i^+ |0\rangle \tag{4.5.23}
$$

这里$|0\rangle$表示裸真空(bare vacuum),$|\rangle$则表示 Fermi 面之下的所有单粒子态都已被粒子填布的状态(往后为清楚起见,在 Fermi 面之下的单粒子态用 $i,j,\cdots$标记,而Fermi 面之上的记为 $l,m,\cdots$),但要知道这些单粒子态,还有待于求解方程(4.5.21).这只能用迭代(iteration)方式去逐步逼近,最后达到自洽.

如采用 Fock 基，则

$$\rho_{\mu'\mu} = \langle | a_\mu^+ a_{\mu'} | \rangle = \delta_{\mu\mu'} \sum_{i=1}^{N} \delta_{\mu i} \tag{4.5.24}$$

即

$$\rho = \left(\begin{array}{cccc|c} 1 & & & & \\ & 1 & & & \\ & & \ddots & & 0 \\ & & & 1 & \\ \hline & & 0 & & 0 \end{array}\right)$$

（矩阵上方标注列号 $1\ 2 \cdots N$）

显然

$$\rho^2 = \rho \tag{4.5.25}$$

在 Fock 基中，常数项表示为

$$-\frac{1}{2}\sum_{\mu\nu\mu'\nu'} V_{\mu\nu,\mu'\nu'}\rho_{\mu'\mu}\rho_{\nu'\nu} = -\frac{1}{2}\sum_{\mu\nu\mu'\nu'} V_{\mu\nu,\mu'\nu'} \cdot \delta_{\mu'\mu}\sum_{i=1}^{N}\delta_{\mu i} \cdot \delta_{\nu'\nu}\sum_{j=1}^{N}\delta_{\nu j}$$

$$= -\frac{1}{2}\sum_{ij} V_{ij,ij} \tag{4.5.26}$$

而 Hamilton 量表示成

$$H = \sum_\nu \varepsilon_\nu a_\nu^+ a_\nu - \frac{1}{2}\sum_{ij} V_{ij,ij} + V_{\text{res}} = H_0 + V_{\text{res}} \tag{4.5.27}$$

其中

$$\varepsilon_\nu = T_{\nu\nu} + U_{\nu\nu} = T_{\nu\nu} + \sum_{\mu\mu'} V_{\mu\nu,\mu'\nu}\delta_{\mu'\mu}\sum_{j=1}^{N}\delta_{\mu j} = T_{\nu\nu} + \sum_j V_{j\nu,j\nu} \tag{4.5.28}$$

$$V_{\text{res}} = \frac{1}{4}\sum_{\mu\nu\mu'\nu'} V_{\mu\nu,\mu'\nu'} : a_\mu^+ a_\nu^+ a_{\nu'} a_{\mu'} : \tag{4.5.29}$$

V_{res}是一个二体算符. 表示粒子之间的剩余相互作用(residual interaction). 在真空态下，$\langle | V_{\text{res}} | \rangle = 0$，而在激发态下，$V_{\text{res}}$平均值并不为零. 作为近似，在 Fock 自洽场理论中，V_{res}被略去了，$H \approx H_0$，

$$H_0 = \sum_\nu \varepsilon_\nu a_\nu^+ a_\nu - \frac{1}{2}\sum_{ij} V_{ij,ij} \tag{4.5.30}$$

此时，基态能量为

$$E_0 = \langle | H_0 | \rangle = \sum_{i=1}^{N}\varepsilon_i - \frac{1}{2}\sum_{ij} V_{ij,ij} \quad \left(\neq \sum_{i=1}^{N}\varepsilon_i\right) \tag{4.5.31}$$

利用

$$[H_0, a_\nu^+] = \varepsilon_\nu a_\nu^+, \qquad [H_0, a_\nu] = -\varepsilon_\nu a_\nu \tag{4.5.32}$$

容易求出 H_0 的各激发态的能量. 例如，有一个粒子和一个空穴(1ph)的态，记为 $a_l^+ a_i | \rangle$

$$H_0 a_l^+ a_i |\rangle = (E_0 + \varepsilon_l - \varepsilon_i) a_l^+ a_i |\rangle \tag{4.5.33}$$

而 2 粒子-2 空穴(2ph)态 $a_l^+ a_m^+ a_i a_j |\rangle$ 相应的能量本征值为 $E_0 + \varepsilon_l + \varepsilon_m - \varepsilon_i - \varepsilon_j$.

附录

1) 正规乘积

算符 A、B、C、D…代表 Fermi 子产生或湮没算符. 算符乘积 $ABCD\cdots$ 的正规乘积(normal product)记为 $:ABCD\cdots:$,规定如下:

(a)作用于真空态上为 0 的算符放在右边,不为 0 的算符放在左边.

(b) 任何两个算符换位时,出一个负号.

按正规乘积定义,可知正规乘积在真空态下平均值必为 0,即

$$\langle | : ABC\cdots : | \rangle = 0$$

关于真空态,有两种常用的选择:

(i) 选择真空态为裸真空(bare vacuum) $|0\rangle$. 此时,正规乘积要求把湮没算符放在右边,产生算符放在左边. 例如

$$: a_\alpha^+ a_\beta : = a_\alpha^+ a_\beta$$

$$: a_\alpha a_\beta^+ : = - a_\beta^+ a_\alpha$$

$$: a_\alpha^+ a_\beta^+ : = a_\alpha^+ a_\beta^+$$

$$: a_\alpha^+ a_\beta a_\gamma^+ : = - a_\alpha^+ a_\gamma^+ a_\beta = a_\gamma^+ a_\alpha^+ a_\beta$$

(ii) 选择真空态为 Hartree-Fock 真空 $|\rangle$. 对于由 N 个 Fermi 子组成的体系,

$$|\rangle = |ij\,k\cdots\rangle = \prod_{i\leqslant N} a_i^+ |0\rangle$$

这里把 Fermi 面之下的 N 个单粒子态记为 i、j、k、…,而 Fermi 面之上的单粒子态记为 l、m、n、…. 显然,

$$a_l |\rangle = 0, \qquad a_m |\rangle = 0, \qquad \cdots$$

而考虑到 Pauli 原理,

$$a_i^+ |\rangle = 0, \qquad a_j^+ |\rangle = 0, \qquad \cdots$$

不妨定义准粒子算符

$$\alpha_l^+ = a_l^+,\ \alpha_l = a_l,\ \cdots$$

但

$$\alpha_i^+ = a_i,\ \alpha_i = a_i^+,\ \cdots$$

则

$$\alpha_\nu |\rangle = 0 (\text{不论 } \nu \text{ 在 Fermi 面之上,或之下})$$

此时正规乘积的构成法则同(i),例如

$$: a_l^+ a_i^+ a_j a_m : = : \alpha_l^+ \alpha_i \alpha_j^+ \alpha_m : = - \alpha_l^+ \alpha_j^+ \alpha_i \alpha_m = - a_l^+ a_j a_i^+ a_m$$

若直接从粒子算符来运算,应记住把 a_i^+ 放 a_j 之右边(因 $a_i^+ |\rangle = 0$),所以

$$: a_l^+ a_i^+ a_j a_m : = - a_l^+ a_j a_i^+ a_m$$

2) 缩并

两个算符 A 与 B 的"缩并"(contraction),记为 $\overline{AB}$,定义为

$$\overline{AB} = \langle \mid AB \mid \rangle$$

它是一个数，不再是算符，所以

$$:\overline{AB}CD\cdots: = \overline{AB}:CD\cdots: = \langle \mid AB \mid \rangle :CD\cdots:$$

$$:\overset{\sqcap}{A}\overset{\sqcap}{B}\overset{\sqcap}{C}DE\overset{\sqcap}{F}\cdots: = -:\overline{AC}\,BFDE\cdots: = -\overline{AC}\,\overline{BF}:DE\cdots:$$

$$= -\langle \mid AC \mid \rangle \langle \mid BF \mid \rangle :DE\cdots:$$

显然，缩并只能在产生和湮没算符之间进行，否则为 0. 因为

$$\overline{a_\mu^+ a_\nu^+} = \langle \mid a_\mu^+ a_\nu^+ \mid \rangle = 0, \quad \overline{a_\mu a_\nu} = \langle \mid a_\mu a_\nu \mid \rangle = 0$$

3) Wick 定理

借助于正规乘积和缩并概念，算符乘积可以表示成更方便的形式，使计算其矩阵元(特别是平均值)容易进行. 先讨论两个算符乘积的情况. 两算符乘积 AB 经过换位变成正规乘积后，可能出现一个常数，记为 $C(AB)$，即

$$AB = :AB: + C(AB)$$

上式对真空态求平均，注意到$\langle \mid :AB: \mid \rangle = 0$，所以 $C(AB) = \langle \mid AB \mid \rangle = \overline{AB}$，这样

$$AB = :AB: + \overline{AB}$$

更一般的情况，有一个 Wick 定理(可用归纳法证明，从略)

$$\begin{aligned}
ABCD\cdots = &:ABCD\cdots: && \text{(不含缩并项)}\\
&+:\overline{AB}CD\cdots: + :\overline{ABC}D\cdots: + \cdots + :A\overline{BC}D\cdots: &&\\
&+\cdots && \text{(含一次缩并项)}\\
&+:\overline{AB}\,\overline{CD}\cdots: + \cdots && \text{(含二次缩并项)}\\
&+\cdots && \text{(含多次缩并项)}
\end{aligned}$$

例如，

$$\begin{aligned}
ABC = &:ABC: + \overline{AB}C - \overline{AC}B + \overline{BC}A\\
&\cdots\cdots
\end{aligned}$$

又如二体作用中

$$\begin{aligned}
a_\mu^+ a_\nu^+ a_{\nu'} a_{\mu'} = &:a_\mu^+ a_\nu^+ a_{\nu'} a_{\mu'}:\\
&+\overline{a_\mu^+ a_{\mu'}}:a_\nu^+ a_{\nu'}: + \overline{a_\nu^+ a_{\nu'}}:a_\mu^+ a_{\mu'}: - \overline{a_\mu^+ a_{\nu'}}:a_\nu^+ a_{\mu'}: - \overline{a_\nu^+ a_{\mu'}}:a_\mu^+ a_{\nu'}:\\
&+\overline{a_\mu^+ a_{\mu'}}\,\overline{a_\nu^+ a_{\nu'}} - \overline{a_\mu^+ a_{\nu'}}\,\overline{a_\nu^+ a_{\mu'}}
\end{aligned}$$

显然，计算真空态下的平均值时，只有完全缩并项才有贡献(含正规乘积的各项在真空态下平均值必为 0).

4.6 对关联，BCS 波函数，准粒子

考虑全同 Fermi 子体系，假设粒子之间有对相互作用(pairing interaction). 先讨论一个简单情况，假设单粒子能级 ε_ν 为二重简并，即单粒子态 ν 及其时间反演态

$\bar{\nu}$(或记为$-\nu$)同属于能级ε_ν[①]. 设体系的 Hamilton 量表示为

$$H = H_{sp} + H_P \tag{4.6.1}$$

$$H_{sp} = \sum_{\nu>0} \varepsilon_\nu (a_\nu^+ a_\nu + a_{\bar{\nu}}^+ a_{\bar{\nu}}) = \sum_{\nu>0} \varepsilon_\nu \hat{n}_\nu$$

$$H_P = -G \sum_{\mu,\nu>0} S_\mu^+ S_\nu$$

$$S_\mu^+ = a_\mu^+ a_{\bar{\mu}}^+, \qquad S_\nu = a_{\bar{\nu}} a_\nu$$

H_{sp}为单粒子部分 Hamilton 量,H_P为对相互作用,$\hat{n}_\nu=(a_\nu^+ a_\nu + a_{\bar{\nu}}^+ a_{\bar{\nu}})$为单粒子能级$\varepsilon_\nu$上的粒子数算符,$S_\mu^+$和$S_\mu$是能级$\varepsilon_\mu$上的粒子对产生和湮没算符,$G>0$为对力强度(吸引力). 对力是一种非常短程的非局域的(non-local)相互作用,在某些方面与二体力$\delta(\boldsymbol{r}_1-\boldsymbol{r}_2)$有相似之处[②]. 但即使对于这样简单的相互作用的多粒子系,Schrödinger 方程的严格求解,一般说来也是极为困难的,需要采用近似方法. 以下先用变分法来近似求解,然后介绍准粒子概念.

设体系的基态试探波函数(BCS 波函数)[③]取为

$$|0\gg = \prod_\nu (U_\nu + V_\nu S_\nu^+)|0\rangle \tag{4.6.2}$$

$$U_\nu^2 + V_\nu^2 = 1 \qquad (U_\nu, V_\nu, \text{实数}) \tag{4.6.3}$$

其中V_ν(或U_ν)作为变分参数. 此试探波函数所描述的态,粒子数是不确定的[④]. 试问:这种粒子数不确定的状态与具有确定粒子数的实际体系有什么关系? 在最佳的情况下也只能要求在$|0\gg$态下粒子数$\hat{N}=\sum_\nu \hat{n}_\nu$的平均值等于体系实际的粒子数$N_0$,即

$$\overline{N} = \ll 0|\hat{N}|0\gg = N_0 \tag{4.6.4}$$

这样,问题就归结为一个条件极值问题,即变动参数$V_\nu(U_\nu)$,使

$$\delta\overline{H} - \lambda\delta\overline{N} = 0 \tag{4.6.5}$$

λ为 Lagrange 乘子. 为此,先计算$\overline{H}$与$\overline{N}$. 利用代数恒等式

---

① 例如,自由粒子,动量本征态$|\boldsymbol{p}\rangle$与$|-\boldsymbol{p}\rangle$互为时间反演态. 轴对称(对称轴取为z轴)势场中粒子的角动量$(\boldsymbol{j}^2, j_z)$的本征态$|j,\Omega\rangle$与$|j,-\Omega\rangle$互为时间反演态.

② 例如,它们给出的能谱有相似之处. 参阅:A. de Shalit and H. Feshbach, *Theoretical Nuclear Physics*, Vol. 1, *Nuclear Structure* (John Wiley & Sons), 1974, p. 289. 曾谨言、孙洪洲,原子核结构理论(上海科技出版社,1987), p. 260.

③ J. Bardeen, L. N. Cooper and J. R. Schrieffer, Phys. Rev. **106**(1957) 162; **108**(1957) 1175.

④ 令$c_\nu=V_\nu/U_\nu$,则

$$|0\gg = \left(\prod_\rho U_\rho\right)\prod_\rho (1+c_\rho S_\rho^+)|0\rangle$$

$$= \left(\prod_\rho U_\rho\right)[1+\sum_\nu c_\nu S_\nu^+ + \sum_{\nu\mu} c_\nu c_\mu S_\nu^+ S_\mu^+ + \cdots]|0\rangle$$

上式[…]中第一项是无粒子的状态,第二项代表有一对粒子的状态,第三项代表有两对粒子的状态…,所以 BCS 波函数描述的态的粒子数是不确定的.

$$[A,BC] = [A,B]_+ C - B[A,C]_+ \tag{4.6.6}$$

$$[AB,C] = A[B,C]_+ - [A,C]_+ B \tag{4.6.7}$$

以及 Fermi 子产生和湮没算符的基本对易式，容易证明

$$\begin{aligned} &[\hat{n}_\mu, S_\nu^+] = 2\delta_{\mu\nu} S_\nu^+ \\ &[n_\mu, S_\nu] = -2\delta_{\mu\nu} S_\nu \\ &[S_\mu, S_\nu^+] = (1-\hat{n}_\nu)\delta_{\mu\nu} \end{aligned} \tag{4.6.8}$$

由此可以计算出①

$$\overline{N} = 2\sum_\nu V_\nu^2 \tag{4.6.9}$$

$$\overline{H} = 2\sum_\nu \varepsilon_\nu V_\nu^2 - G\Big(\sum_\nu U_\nu V_\nu\Big)^2 \tag{4.6.10}$$

所以

$$\overline{H}' \equiv \overline{H} - \lambda\overline{N} = \sum_\nu 2(\varepsilon_\nu - \lambda)V_\nu^2 - G\Big(\sum_\nu U_\nu V_\nu\Big)^2 \tag{4.6.11}$$

条件极值式(4.6.5) $\delta\overline{H}' = \delta\overline{H} - \lambda\delta\overline{N} = 0$，可表示为

$$\sum_\nu \frac{\partial \overline{H}'}{\partial V_\nu}\delta V_\nu = 0$$

δV_ν 是任意的，所以

$$\frac{\partial \overline{H}'}{\partial V_\nu} = 0 \qquad (\text{对所有 } \nu) \tag{4.6.12}$$

用式(4.6.11)代入上式，得

$$2(\varepsilon_\nu - \lambda)V_\nu - G\Big(\sum_\mu U_\mu V_\mu\Big)\frac{\partial}{\partial V_\nu}(U_\nu V_\nu) = 0 \tag{4.6.13}$$

由式(4.6.3)，$U_\nu = (1-V_\nu^2)^{1/2}$，有

$$\frac{\partial}{\partial V_\nu}(U_\nu V_\nu) = U_\nu + V_\nu \frac{\partial}{\partial V_\nu}(1-V_\nu^2)^{1/2} = (U_\nu^2 - V_\nu^2)/U_\nu$$

---

①

$$\begin{aligned} \overline{N} &= \sum_\mu \langle\langle 0 \mid \hat{n}_\mu \mid 0\rangle\rangle = \sum_\mu \langle 0 \Big| \prod_{\nu\nu'} (U_\nu + V_\nu S_\nu)\hat{n}_\mu (U_{\nu'} + V_{\nu'} S_{\nu'}^+) \Big| 0\rangle \\ &= \sum_\mu \langle 0 \mid (U_\mu + V_\mu S_\mu)\hat{n}_\mu (U_\mu + V_\mu S_\mu^+) \mid 0\rangle = \sum_\mu V_\mu^2 \langle 0 \mid S_\mu \hat{n}_\mu S_\mu^+ \mid 0\rangle \\ &= \sum_\mu V_\mu^2 \langle 0 \mid S_\mu (S_\mu^+ \hat{n}_\mu + 2S_\mu^+) \mid 0\rangle = 2\sum_\mu V_\mu^2 \\ \overline{H} &= \sum_\nu \varepsilon_\nu \langle\langle \mid \hat{n}_\nu \mid 0\rangle\rangle - G\sum_{\mu\nu} \langle\langle 0 \mid S_\mu^+ S_\nu \mid 0\rangle\rangle \\ &= 2\sum_\nu \varepsilon_\nu V_\nu^2 - G\sum_{\mu\nu} \langle 0 \mid (U_\mu + V_\mu S_\mu) S_\mu^+ (U_\mu + V_\mu S_\mu^+) \cdot (U_\nu + V_\nu S_\nu) S_\nu (U_\nu + V_\nu S_\nu^+) \mid 0\rangle \\ &= 2\sum_\nu \varepsilon_\nu V_\nu^2 - G\sum_{\mu\nu} U_\mu V_\mu U_\nu V_\nu = 2\sum_\nu \varepsilon_\nu V_\nu^2 - G\Big(\sum_\nu U_\nu V_\nu\Big)^2 \end{aligned}$$

代入式(4.6.13),并令

$$\Delta = G\sum_{\nu} U_{\nu}V_{\nu} \tag{4.6.14}$$

得

$$2(\varepsilon_{\nu} - \lambda)U_{\nu}V_{\nu} = \Delta(U_{\nu}^2 - V_{\nu}^2) \tag{4.6.15}$$

(Δ 的物理意义,见后.)上式平方,利用 $U_{\nu}^2 + V_{\nu}^2 = 1$,得

$$4(\varepsilon_{\nu} - \lambda)^2 U_{\nu}^2 V_{\nu}^2 = \Delta^2(1 - 4U_{\nu}^2 V_{\nu}^2)$$

即

$$4U_{\nu}^2 V_{\nu}^2 [(\varepsilon_{\nu} - \lambda)^2 + \Delta^2] = \Delta^2$$

令

$$E_{\nu} = \sqrt{(\varepsilon_{\nu} - \lambda)^2 + \Delta^2} \tag{4.6.16}$$

则得

$$2U_{\nu}V_{\nu} = \Delta / E_{\nu} \tag{4.6.17}$$

代入式(4.6.15),得

$$U_{\nu}^2 - V_{\nu}^2 = (\varepsilon_{\nu} - \lambda)/E_{\nu} \tag{4.6.18}$$

联合 $U_{\nu}^2 + V_{\nu}^2 = 1$,可得

$$\begin{aligned} U_{\nu}^2 &= \frac{1}{2}\left[1 + \frac{\varepsilon_{\nu} - \lambda}{E_{\nu}}\right] = \frac{1}{2}\left[1 + \frac{\varepsilon_{\nu} - \lambda}{\sqrt{(\varepsilon_{\nu} - \lambda)^2 + \Delta^2}}\right] \\ V_{\nu}^2 &= \frac{1}{2}\left[1 - \frac{\varepsilon_{\nu} - \lambda}{E_{\nu}}\right] = \frac{1}{2}\left[1 - \frac{\varepsilon_{\nu} - \lambda}{\sqrt{(\varepsilon_{\nu} - \lambda)^2 + \Delta^2}}\right] \end{aligned} \tag{4.6.19}$$

此即 BCS 试探波函数,式(4.6.2)中的参数 U_{ν} 和 V_{ν} 的解.其中有两个待定量,即 λ 与 Δ,可由式(4.6.4)与式(4.6.14)确定.按式(4.6.4)与式(4.6.9),有

$$2\sum_{\nu} V_{\nu}^2 = N_0 \tag{4.6.20}$$

即

$$\sum_{\nu}\left[1 - \frac{\varepsilon_{\nu} - \lambda}{\sqrt{(\varepsilon_{\nu} - \lambda)^2 + \Delta^2}}\right] = N_0 \tag{4.6.21}$$

用式(4.6.17)代入式(4.6.14),得

$$\frac{1}{G} = \frac{1}{\Delta}\sum_{\nu} U_{\nu}V_{\nu} = \frac{1}{2}\sum_{\nu}\frac{1}{E_{\nu}} \tag{4.6.22}$$

联合式(4.6.16),得

$$\frac{1}{2}\sum_{\nu}\frac{1}{\sqrt{(\varepsilon_{\nu} - \lambda)^2 + \Delta^2}} = \frac{1}{G} \tag{4.6.23}$$

对于给定的 Fermi 子体系(N_0 给定),根据单粒子能级 ε_{ν} 的分布情况,由式(4.6.21)及式(4.6.23)联立求解,可定出 λ 和 Δ 的值.然后代入式(4.6.19),即可求出 U_{ν} 和 V_{ν},从而定出 BCS 试探波函数,式(4.6.2).

由式(4.6.20)不难理解，V_ν^2 表示单粒子能级 ε_ν 被粒子对占据的概率，因而 $U_\nu^2=1-V_\nu^2$ 表示 ε_ν 能级空着的概率. 由式(4.6.14)可知，当 $G\to 0$(对力消失)时，$\Delta\to 0$(Δ 的物理意义将在后面讨论). 此时，按式(4.6.19)，有

$$V_\nu^2=\begin{cases}1, & \varepsilon_\nu<\lambda\\ 0, & \varepsilon_\nu>\lambda\end{cases} \tag{4.6.24}$$

即 $\varepsilon_\nu<\lambda$ 的单粒子能级完全被粒子对填满，而 $\varepsilon_\nu>\lambda$ 的能级则完全空着. 这种分布称为完全简并的 Fermi 分布(图 4.6 中虚线所示). 所以 λ 具有 Fermi 能量的意义. 在有对力的情况下($G\neq 0$)，Fermi 体系的基态 $|0\gg$ 的 V_ν^2 随 ε_ν 的分布如图 4.6 中实线所示. G 愈大，V_ν^2 偏离完全简并 Fermi 分布愈厉害.

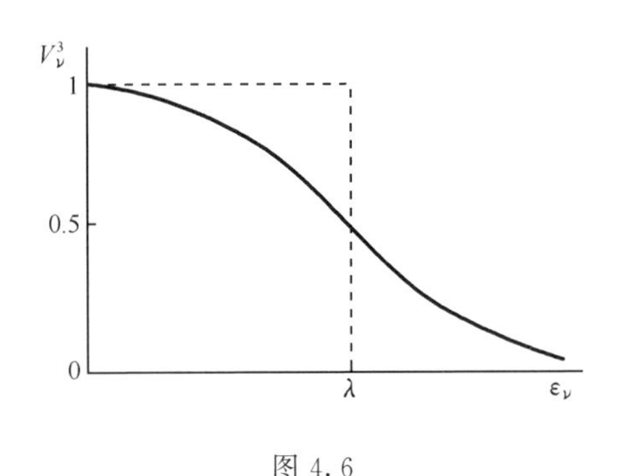

图 4.6

可以证明，在 $|0\gg$ 态下，粒子数的涨落为

$$\Delta N=\left[\overline{(\hat{N}-\overline{N})^2}\right]^{1/2}=(\overline{N^2}-\overline{N}^2)^{1/2}=2\Big[\sum_\nu U_\nu^2V_\nu^2\Big]^{1/2}$$

$$=\Delta\Big[\sum_\nu\frac{1}{(\varepsilon_\nu-\lambda)^2+\Delta^2}\Big]^{1/2} \tag{4.6.25}$$

它是由于采用 BCS 方法来处理对力所引起的. 当粒子数很大($N_0\to\infty$)时，可证明 $\Delta N/N_0\to 0$，粒子数不确定的问题并不严重. 所以 BCS 方法对于处理金属中电子的超导现象是一个很成功的理论.

众所周知，用变分法处理体系的基态，相对说来比较容易，而处理激发态则比较繁琐. Bogoliubov① 与 Valatin② 在数学上进一步发展了 BCS 方法，他们引进了粒子-准粒子变换(或称 Bogoliubov-Valatin 变换)，用准粒子激发的概念来方便地描述超导体的激发谱. 令

$$\begin{aligned}\alpha_\nu^+&=U_\nu a_\nu^+-V_\nu a_{\bar\nu}\\ \alpha_{\bar\nu}&=U_\nu a_{\bar\nu}+V_\nu a_\nu^+\\ U_\nu^2+V_\nu^2&=1\qquad (U_\nu,V_\nu\ 实)\end{aligned} \tag{4.6.26}$$

① N. N. Bogoliubov, Nuovo Cimento **7**(1958) 794.

② J. G. Valatin, Nuovo Cimento **7**(1958) 843.

或简记为

$$\begin{pmatrix}\alpha_\nu^+\\ \alpha_{\bar\nu}\end{pmatrix}=\begin{pmatrix}U_\nu & -V_\nu\\ V_\nu & U_\nu\end{pmatrix}\begin{pmatrix}a_\nu^+\\ a_{\bar\nu}\end{pmatrix}$$

α_ν^+(α_ν)是准粒子产生(湮没)算符.式(4.6.26)之逆为

$$\begin{aligned}a_\nu^+ &= U_\nu\alpha_\nu^+ + V_\nu\alpha_{\bar\nu}\\ a_{\bar\nu} &= U_\nu\alpha_{\bar\nu} - V_\nu\alpha_\nu^+\end{aligned}\tag{4.6.27}$$

根据 Fermi 子产生和湮没算符 a_ν^+、a_ν、$a_{\bar\nu}^+$、$a_{\bar\nu}$的基本反对易式,容易证明准粒子产生和湮没算符也满足同样的反对易式

$$\begin{aligned}&[\alpha_\nu,\alpha_\mu^+]_+ = \delta_{\nu\mu}, \quad [\alpha_\nu,\alpha_\mu]_+ = [\alpha_\nu^+,\alpha_\mu^+]_+ = 0\\ &[\alpha_{\bar\nu},\alpha_{\bar\mu}^+]_+ = \delta_{\nu\mu}, \quad [\alpha_{\bar\nu},\alpha_{\bar\mu}]_+ = [\alpha_{\bar\nu}^+,\alpha_{\bar\mu}^+]_+ = 0\end{aligned}\tag{4.6.28}$$

所以变换(4.6.26)是一个正则变换.但在此变换下,粒子数与准粒子数不可能同时守恒.引进此正则变换的目的是希望把一个具有二体对相互作用的 Fermi 子体系近似地简化为一个无相互作用的准粒子体系,从而可以用准粒子激发来方便地描述体系的激发谱.但在具有确定准粒子数的状态下,粒子数是不确定的.为弥补此缺陷,可引进一个 Lagrange 乘子 λ,令

$$H' = H - \lambda N\tag{4.6.29}$$

然后在所求出的 H'的本征态下,让粒子数的平均值 $\overline{N}$ 等于体系的实际粒子数 N_0,以确定 λ 的值(参见式(4.6.4)和(4.6.21)).

用式(4.6.27)代入式(4.6.29),并利用式(4.6.28)把各项化成正规乘积的形式,得

$$H' = U' + H'_{11} + H'_{20} + H'_{\rm int}\tag{4.6.30}$$

其中 U'是不含准粒子产生和湮没算符的常数项,不影响准粒子的激发谱,H'_{11}是含有一个产生和一个湮没算符的项,H'_{20}是含有 2 个产生或湮没算符的项,$H'_{\rm int}$则为含有 4 个准粒子(产生,湮没)算符的项[①],$H'_{\rm int}$表示准粒子之间的相互作用.通常假定 $H'_{\rm int}$很微小,予以忽略(从理论上要对此给出一个令人信服的论据是困难的,但如果仍坚持保留这一项,则准粒子描述的优越性就没有了).计算得出

$$U' = \sum_\nu(\varepsilon_\nu-\lambda)2V_\nu^2 - G\sum_\nu V_\nu^4 - G\Big(\sum_\nu U_\nu V_\nu\Big)^2$$

$$\begin{aligned}H'_{11} = \sum_\nu\Big\{&(\varepsilon_\nu-\lambda)(U_\nu^2-V_\nu^2) + 2GU_\nu V_\nu\Big(\sum_\mu U_\mu V_\mu\Big)\\ &- GV_\nu^2(U_\nu^2-V_\nu^2)\Big\}(\alpha_\nu^+\alpha_\nu + \alpha_{\bar\nu}^+\alpha_{\bar\nu})\end{aligned}$$

---

① $H'_{\rm int} = H'_{22} + H'_{31} + H'_{40}$

$$H'_{22} = -G\sum_{\mu\nu}\{(U_\mu^2U_\nu^2+V_\mu^2V_\nu^2)\alpha_\mu^+\alpha_{\bar\mu}^+\alpha_{\bar\nu}\alpha_\nu + U_\mu V_\mu U_\nu V_\nu[2\alpha_\mu^+\alpha_{\bar\nu}^+\alpha_{\bar\nu}\alpha_\mu + \alpha_{\bar\mu}^+\alpha_{\bar\nu}^+\alpha_\nu\alpha_\mu + \alpha_{\bar\mu}^+\alpha_{\bar\nu}^+\alpha_{\bar\nu}\alpha_{\bar\mu}]\}$$

$$H'_{31} = -G\sum_{\mu\nu}U_\mu V_\mu(U_\nu^2+V_\nu^2)[\alpha_{\bar\nu}^+\alpha_{\bar\nu}(\alpha_\mu^+\alpha_\mu + \alpha_{\bar\mu}^+\alpha_{\bar\mu}) + (\alpha_\mu^+\alpha_\mu + \alpha_{\bar\mu}^+\alpha_{\bar\mu})\alpha_\nu\alpha_{\bar\nu}]$$

$$H'_{40} = -G\sum_{\mu\nu}U_\mu^2V_\nu^2(\alpha_\nu^+\alpha_{\bar\nu}^+\alpha_{\bar\mu}^+\alpha_\mu^+ + \alpha_\nu\alpha_{\bar\nu}\alpha_{\bar\mu}\alpha_\mu)$$

$$H'_{20} = \sum_{\nu} \{ (\varepsilon_{\nu} - \lambda) 2U_{\nu}V_{\nu} - G(U_{\nu}^2 - V_{\nu}^2) \Big(\sum_{\mu} U_{\mu}V_{\mu} \Big)$$

$$- 2GU_{\nu}V_{\nu}^3 \} (\alpha_{\nu}^{+}\alpha_{\bar{\nu}}^{+} + \alpha_{\bar{\nu}}\alpha_{\nu}) \tag{4.6.31}$$

如略去准粒子相互作用 H'_{int},并选择 U_{ν} 和 V_{ν},使 $H'_{20}=0$,则

$$H' \approx U' + H'_{11} \tag{4.6.32}$$

U' 为常数项,而 H'_{11} 只含一个产生和湮没算符的项,在此近似下,H' 描述的就是一个独立的准粒子体系(详见下),问题就大为简化了. 根据式(4.6.31),$H'_{20}=0$ 可表示为(忽略了 H'_{20} 的大括号{…}中最后一个微小项 $-2GU_{\nu}V_{\nu}^3$)

$$(\varepsilon_{\nu} - \lambda) 2U_{\nu}V_{\nu} - G\Big(\sum_{\mu} U_{\mu}V_{\mu} \Big)(U_{\nu}^2 - V_{\nu}^2) - 0 \tag{4.6.33}$$

与式(4.6.14)同样,令

$$\Delta = G\sum_{\mu} U_{\mu}V_{\mu} \tag{4.6.34}$$

则

$$2(\varepsilon_{\nu} - \lambda_{\nu})U_{\nu}V_{\nu} = \Delta(U_{\nu}^2 - V_{\nu}^2) \tag{4.6.35}$$

此式与式(4.6.15)全同. 再往下,重复前面式(4.6.16)-(4.6.19)的推导,就可得出正则变换(4.6.26)中的参数 U_{ν} 和 V_{ν} 的表示式(4.6.19). U_{ν} 与 V_{ν} 的表示式中的 Δ 与 λ,同样由式(4.6.21)和式(4.6.23)定出.

式(4.6.31)中的 H'_{11} 项可改写如下[略去 H'_{11} 的大括号{…}中微小的最后一项,$-GV_{\nu}^2(U_{\nu}^2 - V_{\nu}^2)$]

$$\begin{aligned} H'_{11} &= \sum_{\nu} \{ (\varepsilon_{\nu} - \lambda)(U_{\nu}^2 - V_{\nu}^2) + 2G\Big(\sum_{\mu} U_{\mu}V_{\mu} \Big) U_{\nu}V_{\nu} \} (\alpha_{\nu}^{+}\alpha_{\nu} + \alpha_{\bar{\nu}}^{+}\alpha_{\bar{\nu}}) \\ &= \sum_{\nu} \left\{ \frac{(\varepsilon_{\nu} - \lambda)^2}{E_{\nu}} + \frac{\Delta^2}{E_{\nu}} \right\} (\alpha_{\nu}^{+}\alpha_{\nu} + \alpha_{\bar{\nu}}^{+}\alpha_{\bar{\nu}}) = \sum_{\nu} E_{\nu} (\alpha_{\nu}^{+}\alpha_{\nu} + \alpha_{\bar{\nu}}^{+}\alpha_{\bar{\nu}}) \end{aligned} \tag{4.6.36}$$

这样,$H' \approx U' + H'_{11}$,除了一个不关紧要的常数项 U' 之外,所描述的正是一个无相互作用的准粒子体系,E_{ν}[见式(4.6.16)]表示准粒子的能量.

显然,H' 的基态即准粒子真空态. 不难验证,BCS 波函数

$$|0\rangle\rangle = \prod_{\nu} (U_{\nu} + V_{\nu}S_{\nu}^{+}) |0\rangle \tag{4.6.37}$$

正是准粒子真空态,满足[①]

---

① 例如,

$$\alpha_{\mu} |0\rangle\rangle = \prod_{\nu \neq \mu} (U_{\nu} + V_{\nu}S_{\nu}^{+}) \cdot (U_{\mu}\alpha_{\mu} - V_{\mu}\alpha_{\bar{\mu}}^{+})(U_{\mu} + V_{\mu}a_{\mu}^{+}a_{\bar{\mu}}^{+}) |0\rangle$$

而

$$\begin{aligned} (U_{\mu}a_{\mu} - V_{\mu}a_{\bar{\mu}}^{+})(U_{\mu} + V_{\mu}a_{\mu}^{+}a_{\bar{\mu}}^{+}) |0\rangle &= (U_{\mu}^2 a_{\mu} + U_{\mu}V_{\mu}a_{\mu}a_{\mu}^{+}a_{\bar{\mu}}^{+} - V_{\mu}U_{\mu}a_{\bar{\mu}}^{+} - V_{\mu}^2 a_{\bar{\mu}}^{+}a_{\mu}^{+}a_{\bar{\mu}}^{+}) |0\rangle \\ &= \{ U_{\mu}V_{\mu}[a_{\mu}^{+}a_{\nu} + 1)a_{\bar{\mu}}^{+} - a_{\bar{\mu}}^{+}] - V_{\mu}^2 a_{\mu}^{+}a_{\bar{\mu}}^{+}a_{\bar{\mu}}^{+} \} |0\rangle = 0 \end{aligned}$$

$$\alpha_\mu |0\rangle\rangle = 0, \qquad \alpha_{\bar{\mu}} |0\rangle\rangle = 0 \tag{4.6.38}$$

H'的各种激发态则可表示成准粒子激发的形式. 为方便,不妨取准粒子真空态的能量为能量零点. 此时,一准粒子激发态,而 $\alpha_{\nu_0}^+ |0\rangle\rangle$,相应的能量为 E_{ν_0}. 二准粒子激发态 $\alpha_{\mu_0}^+\alpha_{\nu_0}^+ |0\rangle\rangle$和 $\alpha_{\nu_0}^+\alpha_{\bar{\nu}_0}^+ |0\rangle\rangle$的激发能分别为 $E_{\mu_0}+E_{\nu_0}$和 $2E_{\nu_0}$. 可以证明

$$\begin{aligned}
\alpha_{\nu_0}^+ |0\rangle\rangle &= a_{\nu_0}^+ \prod_{\nu\neq\nu_0} (U_\nu + V_\nu S_\nu^+) |0\rangle \\
\alpha_{\mu_0}^+\alpha_{\nu_0}^+ |0\rangle\rangle &= a_{\mu_0}^+ a_{\nu_0}^+ \prod_{\nu\neq\mu_0,\nu_0} (U_\nu + V_\nu S_\nu^+) |0\rangle \\
\alpha_{\nu_0}^+\alpha_{\bar{\nu}_0}^+ |0\rangle\rangle &= (-V_{\nu_0} + U_{\nu_0} S_\nu^+) \prod_{\nu\neq\nu_0} (U_\nu + V_\nu S_{\nu_0}^+) |0\rangle
\end{aligned} \tag{4.6.39}$$

更多准粒子激发态的表述以及激发能,也可类似给出. 应当提到,基于准粒子真空$|0\rangle\rangle$而建立起来的准粒子激发态的上述表示式中,Pauli 堵塞效应(blocking effect)完全被忽略了(在计算真空态$|0\rangle\rangle$中的 U_ν 和 V_ν 时,没有把不配对粒子所堵塞的单粒子能级 $\nu_0,\mu_0,\cdots$排除在外). 对于多体系的低激发态(涉及 Fermi 面附近的单粒子能级),堵塞效应是非常重要的①②. 但在 BCS 方法中,很难处理堵塞效应,因为要严格计及堵塞效应,则在不同堵塞下,势必引进不同的准粒子基矢①,从而把 BCS 方法的简洁性的优点丢掉了.

出自统计性的考虑,偶数个 Fermi 子组成的体系的基态用$|0\rangle\rangle$描述,激发态则用偶数准粒子激发态来描述. 例如 $\alpha_\mu^+\alpha_\nu^+ |0\rangle\rangle$,$\alpha_\nu^+\alpha_{\bar{\nu}}^+ |0\rangle\rangle$表示二准粒子激发态,而 $\alpha_\mu^+\alpha_\nu^+\alpha_\sigma^+\alpha_\tau^+ |0\rangle\rangle,\cdots$描述 4 准粒子激发态. 对于奇数个 Fermi 子组成的体系,则用奇数准粒子激发态来描述. 例如,一准粒子态 $\alpha_\nu^+ |0\rangle\rangle$,$\alpha_{\bar{\nu}}^+ |0\rangle\rangle,\cdots$,三准粒子态 $\alpha_\mu^+\alpha_\nu^+\alpha_\sigma^+ |0\rangle\rangle,\cdots$.

不难看出,偶数个与奇数个 Fermi 子组成的体系的低激发能谱有截然不同的特征. 对于偶数粒子体系,二准粒子激发态 $\alpha_{\nu_0}^+\alpha_{\bar{\nu}_0}^+ |0\rangle\rangle$与基态$|0\rangle\rangle$的能量差为

$$2E_{\nu_0} = 2\sqrt{(\varepsilon_{\nu_0}-\lambda)^2+\Delta^2} > 2\Delta \tag{4.6.40}$$

对于最靠近 Fermi 面的单粒子能级 ε_{ν_0},$|\varepsilon_{\nu_0}-\lambda| \ll \Delta$. 可见,与无对力时的低激发能量($\sim|\varepsilon_{\nu_0}-\lambda|$)相比,二准粒子的能量 $2E_{\nu_0}$ 要大得多($2E_{\nu_0}>2\Delta\gg 2|\varepsilon_{\nu_0}-\lambda|$),形成一个配对能隙(pairing energy gap).

与此截然不同,奇数 Fermi 子体系的低激态(包括基态)是各种不同的一准粒子态. 两个一准粒子态 $\alpha_\mu^+ |0\rangle\rangle$与 $\alpha_\nu^+ |0\rangle\rangle$的能量差为

$$|E_\mu - E_\nu| = \Delta \left| [1+(\varepsilon_\mu-\lambda)^2/\Delta^2]^{1/2} - [1+(\varepsilon_\nu-\lambda)^2/\Delta^2]^{1/2} \right|$$

---

① D. J. Rowe, *Nuclear Collective Motion*, Methuen, 1970, p. 194; H. Moligue and J. Dudek, Phys. Rev. **C 56**(1997) 1795.

② J. Y. Zeng and T. S. Cheng, Nucl. Phys. **A 405**(1983) 1; J. Y. Zeng, T. S. Cheng, L. Cheng and C. S. Wu, Nucl. Phys. **A 411**(1983) 49; **A 421**(1984) 125.

$$
\begin{aligned}
&\approx\Delta\left|\left[1+\frac{1}{2}\frac{(\varepsilon_\mu-\lambda)^2}{\Delta^2}\right]-\left[1+\frac{1}{2}\frac{(\varepsilon_\nu-\lambda)^2}{\Delta^2}\right]\right| \\
&=\frac{1}{2\Delta}\left|(\varepsilon_\mu-\lambda)^2-(\varepsilon_\nu-\lambda)^2\right| \\
&=|\varepsilon_\mu-\varepsilon_\nu|\frac{|\varepsilon_\mu-\lambda|+|\varepsilon_\nu-\lambda|}{2\Delta} \\
&<|\varepsilon_\mu-\varepsilon_\nu|
\end{aligned}
\tag{4.6.41}
$$

与无对力时的低激发能量$|\varepsilon_\mu-\varepsilon_\nu|$相比，$|E_\mu-E_\nu|$反而更小了. 即不仅没有能隙，反而比无对力时更加密集了. 所以奇数粒子体系的内部激发谱的谱形与偶数粒子体系截然不同. 这种能谱奇偶差在原子核的低激发谱中表现得十分明显.[①]

BCS的金属超导性的理论提出后不久，Bohr, Mottelson & Pines根据对丰富的实验现象的分析，指出原子核内核子之间存在很强的对力，而核子之间这种相干对关联(coherent pairing correlation)导致了原子核的"超导性"[②]. 对关联最突出的表现是原子核的一系列性质都表现出奇偶差(odd-even difference)，如核质量与结合能、能谱形状、转动惯量等. 原子核的超导性对于阐明原子核低激发态的许多重要性质，是必不可少的. 例如，原子核基带的转动惯量的实验值为什么远小于刚体值(只有刚体值的 1/3～1/2 左右)？这可以从准粒子低激发谱中的能隙得以说明. 又例如，相邻偶偶核基态("超导态")之间的粒子对转移反应(pair-transfer reaction)[(p,t),(t,p)反应等]截面特别大，这是很强的相干对关联的表现.[①] 原子核超导性的提出，是核结构理论发展中的一个重要里程碑. 随后，人们把 BCS 方法和准粒子概念移植到原子核理论中来[③]，并取得重要的成果.

对说明金属的超导性，毫无疑问，BCS 理论是一个非常成功和漂亮的理论. BCS方法被移植到原子核结构理论中来，在取得重要成果的同时，也应指出它的严重缺陷. 问题在于，原子核内的核子数($\approx 10^2$)，特别是决定低激发态性质的价核子的数目($\approx$10)，是不太大的. 因此，BCS 方法中粒子数不守恒以及它带来的一系列问题，例如过多的假态(spurious states)出现，都应认真对待. 特别是前面已提到的不配对粒子的堵塞效应(blocking effect)，尽管它对低激发态性质有很重要影响，但在 BCS 方法中却很难恰当地处理它[④]，因为不同的堵塞能级，将导致不同的

---

① A. Bohr and B. R. Mottelson, *Nuclear Structure*, vol. Ⅱ *Deformation*(Benjamin, London, 1975).

② A. Bohr, B. R. Mottelson and D. Pines, Phys. Rev. **110**(1958) 936.

③ S. T. Belyaev, Mat. Fys. Medd. Dan. Vid. Selsk. **31**(1959) No. 11.
L. S. Kisslinger and R. A. Sørensen, Mat. Fys. Medd. Dan. Vid. Selsk, **32**(1960) No. 12.
S. G. Nilsson and O. Prior, Mat. Fys. Medd. Dan. Vid. Selsk; **32**(1960) No. 16.

④ D. J. Rowe, *Nuclear Collective Motion*, Methuen, 1970, p. 194.

准粒子基.因此,对于建立在BCS方法基础上得出的关于原子核性质的结论,要十分小心,其中有一些重要结论还有待认真研究.[①~⑤] 例如,设准粒子真空态 $|0\rangle\rangle$,一准粒子激发态 $\alpha_{\mu_0}^+|0\rangle\rangle$ 和 $\alpha_{\nu_0}^+|0\rangle\rangle$,二准粒子激发带 $\alpha_{\mu_0}^+\alpha_{\nu_0}^+|0\rangle\rangle$ 的能量分别为0,E_{μ_0},E_{ν_0} 和 $E_{\mu_0\nu_0}$,则 $E_{\mu_0\nu_0}=E_{\mu_0}+E_{\nu_0}$.但实验资料系统分析表明,准粒子能量的这种相加性并不很好成立,这说明准粒子之间的相互作用必须考虑.更为明显的是原子核的转动惯量的相加性在实验上并不成立.实验表明,质量数 $A=150\sim190$ 的稀土核和 $A>225$ 的锕系核都具有稳定的轴对称变形,在它们的低激发谱中观测到大量的极有规律的转动带.这些转动带分别建立在不同的准粒子激发态之上.设准粒子真空态 $|0\rangle\rangle$,一准粒子态 $\alpha_{\mu_0}^+|0\rangle$ 和 $\alpha_{\nu_0}^+|0\rangle\rangle$,二准粒子态 $\alpha_{\mu_0}^+\alpha_{\nu_0}^+|0\rangle\rangle$ 上建立起来的转动带的转动惯量分别记为 J_0,$J(\mu_0)$,$J(\nu_0)$ 和 $J(\mu_0,\nu_0)$,则按BCS理论,有[①]

$$R=\frac{(J(\mu_0)-J_0)+(J(\nu_0)-J_0)}{J(\mu_0,\nu_0)-J_0}=1$$

而系统分析实验表明[④],$R>1$.此外,实验还发现,变形原子核的转动惯量存在系统的奇偶差 $\delta J(=J_{\text{奇}A\text{核}}-J_0$,$J_0$ 是偶偶核基带转动惯量),按BCS方法估算(见上页文献①),$\delta J/J_0\approx15\%$.但实验分析发现,$\delta J/J_0$ 有很大幅度涨落.这表明堵塞效应要认真考虑.用严格考虑堵塞效应的粒子数守恒方法,对推转壳模型的计算结果,对实验观测到的 $\delta J/J_0$ 的大幅度涨落给出了较好的说明[③].配对能隙 Δ 对于不配对粒子数(seniority数)s(即诸塞效应)和转动角频率 ω 的依赖关系,都只有在对力的粒子数守恒(particle-number conserving, PNC)计算方法中得到可靠的阐明.[⑤]

习　题

4.1　设全同Fermi子体系在轴对称势场中运动.单粒子能级 ε_ν 为二重简并,ε_ν 能级上的两个简并态分别用 $\nu,\bar{\nu}$ 标记.令

$$S_\nu^+=a_\nu^+a_{\bar{\nu}}^+,\qquad S_\nu=a_{\bar{\nu}}a_\nu,\qquad \hat{n}_\nu=a_\nu^+a_\nu+a_{\bar{\nu}}^+a_{\bar{\nu}}$$

S_ν^+(S_ν)代表 ε_ν 能级上一对粒子的产生(湮没)算符,$\hat{n}_\nu$ 表示 ε_ν 能级上的粒子数算符.证明

$$[S_\mu,S_\nu^+]=(1-\hat{n}_\mu)\delta_{\mu\nu}$$
$$[\hat{n}_\mu,S_\nu^+]=2S_\mu^+\delta_{\mu\nu}$$
$$[n_\mu,S_\nu]=-2S_\mu\delta_{\mu\nu}$$

4.2　同上题.设粒子之间有对力作用,Hamilton量为

$$H=\sum_\nu\varepsilon_\nu(a_\nu^+a_\nu+a_{\bar{\nu}}^+a_{\bar{\nu}})-G\sum_{\mu\nu}S_\mu^+S_\nu$$

G 为对力强度.设体系只有一对粒子,求其能量本征值(真空态能量取为0).

---

① J. Y. Zeng and T. S. Cheng, Nucl. Phys. **A 405**(1983) 1.

② C. S. Wu and J. Y. Zeng, Phys. Rev. Lett. **66**(1991) 1022.

③ J. Y. Zeng, Y. A. Lei, T. H. Jin, and Z. J. Zhao, Phys, Rev. **C 50**(1994) 746.

④ S. X. Liu and J. Y. Zeng, Phys. Rev. **C 66**(2002) 067301.

⑤ X. Wu, Z. H. Zhang, J. Y. Zeng, and Y. A. Lai, Phys. Rev. **C 83**(2011) 034323.

提示　分两类状态，即

(a) 两个粒子“不配对”，分别处于不同单粒子能级上，用 $a_\mu^+ a_\nu^+ |0\rangle$ 描述($\mu \neq \nu$)，能量为$\varepsilon_\mu + \varepsilon_\nu$.

(b) 两个粒子“配对”，用 $|\psi\rangle = A^+ |0\rangle = \sum_\nu c_\nu S_\nu^+ |0\rangle$ 描述，代入 $H|\psi\rangle = E|\psi\rangle$，利用$[H, A^+]|0\rangle = HA^+|0\rangle = EA^+|0\rangle$以及上题给出的对易式，证明能量本征值 E 由下式确定：

$$\sum_\nu \frac{1}{E - 2\varepsilon_\nu} = -\frac{1}{G}$$

4.3　设 Fermi 子体系在中心力场中运动. 单粒子能级用 ε_j 表示，j 为粒子的角动量，单粒子态记为 $a_{jm}^+|0\rangle$，$m = j, j-1, \cdots, -j+1, -j$，能级为$(2j+1)$重简并. 考虑有一对粒子处于 ε_j 能级上，角动量耦合为 $J=0$，记为$|jj00\rangle$. 试用产生算符把$|jj00\rangle$表示出来.

答

$$|jj00\rangle = \frac{1}{\sqrt{\Omega_j}} \sum_{m>0} a_{jm}^+ a_{j\bar{m}}^+ |0\rangle \qquad (\Omega_j = j + 1/2)$$

$$a_{j\bar{m}}^+ = (-1)^{j-m} a_{j-m}^+, \qquad a_{j\bar{m}}^+ |0\rangle \text{ 是 } a_{jm}^+ |0\rangle \text{的时间反演态.}$$

4.4　同上题，令

$$S_j^+ = \frac{1}{\sqrt{\Omega_j}} \sum_{m>0} a_{jm}^+ a_{j\bar{m}}^+, \qquad S_j = \frac{1}{\sqrt{\Omega_j}} \sum_{m>0} a_{j\bar{m}} a_{jm}$$

$$\hat{n}_j = \sum_m a_{jm}^+ a_{jm} = \sum_{m>0} (a_{jm}^+ a_{jm} + a_{j\bar{m}}^+ a_{j\bar{m}})$$

证明

$$[\hat{n}_j, S_j^+] = 2S_j^+, \qquad [n_j, S_j] = -2S_j$$

$$[S_j, S_j^+] = 1 - \hat{n}_j/\Omega_j$$

试与 Bose 子对易关系比较.

4.5　同 4.3 题. (a)设 ε_j 能级上有两对 Fermi 子，证明归一化的波函数可表示为

$$\frac{1}{\sqrt{2(1 - 1/\Omega_j)}} (S_j^+)^2 |0\rangle$$

(b)设 ε_j 能级上有 k 对粒子($k \leqslant \Omega_j$)，证明归一化的波函数可表示成

$$\left[k! \prod_{\nu=0}^{k-1} \left(1 - \frac{\nu}{\Omega_j}\right) \right]^{-1/2} (S_j^+)^k |0\rangle$$

4.6　同 4.3 题. 设粒子之间还有对力作用，Hamilton 量为

$$H = \sum_{jm} \varepsilon_j a_{jm}^+ a_{jm} - \frac{G}{4} \sum_{jj'} S_j^+ S_{j'}$$

设体系由一对粒子组成. 其配对态的一般形式为

$$A^+ |0\rangle = \sum_j c_j S_j^+ |0\rangle$$

利用第 4 题证明了的关系式，证明能量本征值 E 由下式确定：

$$\sum_j \frac{\Omega_j}{E - 2\varepsilon_j} = -\frac{1}{G}$$

提示　计算$[H, A^+]$，代入$[H, A^+]|0\rangle = HA^+|0\rangle = EA^+|0\rangle$. [参阅 J. Högaasen-Feldman, Nucl. Phys. **28**(1961) 258.]

4.7　同 4.3 题. 设只有一条单粒子能级 ε_j. 令

$$S_{m+} = (-1)^{j+m} a_{jm}^{+} a_{j-m}^{+}$$
$$S_{m-} = (S_{m+})^{+} = (-1)^{j+m} a_{j-m} a_{jm}$$
$$S_{m0} = \frac{1}{2}(a_{jm}^{+} a_{jm} + a_{j-m}^{+} a_{j-m} - 1)$$

证明

$$[S_{m+}, S_{m-}] = 2S_{m0}$$
$$[S_{m0}, S_{m+}] = S_{m+}$$
$$[S_{m0}, S_{m-}] = -S_{m-}$$

与角动量的对易关系式比较,

$$[j_+, j_-] = 2j_z, \qquad [j_z, j_+] = j_+, \qquad [j_z, j_-] = -j_-$$

(S_{m+}, S_{m-}, S_{m0})称为准自旋(quasispin).[参阅 A. K. Kerman, *Annals of Physics*, **12** (1961),300.]

对于轴对称势场中的 Fermi 子体系(第 1 题),亦可类似处理.令

$$S_{\nu+} = a_{\nu}^{+} a_{\bar{\nu}}^{+}, \qquad S_{\nu-} = (S_{\nu+})^{+} = a_{\bar{\nu}} a_{\nu}$$
$$S_{\nu 0} = \frac{1}{2}(a_{\nu}^{+} a_{\nu} + a_{\bar{\nu}}^{+} a_{\bar{\nu}} - 1) = \frac{1}{2}(\hat{n}_{\nu} - 1)$$

证明

$$[S_{\mu+}, S_{\nu-}] = 2S_{\mu 0}\delta_{\mu\nu}$$
$$[S_{\mu 0}, S_{\nu\pm}] = \pm S_{\mu\pm}\delta_{\mu\nu}$$

4.8 设中心力场只有一条单粒子束缚能级 ε_j(为方便,取 $\varepsilon_j = 0$).设有 N 个 Fermi 子处于此能级上($N \leqslant 2j+1$),粒子之间有对力作用,Hamilton 量表示为

$$H = -G \sum_{m,m'>0} a_{jm}^{+} a_{j\bar{m}}^{+} a_{j\bar{m}'} a_{jm'} \qquad (G > 0)$$

简记为

$$H = -G \sum_{m,m'>0} a_{m}^{+} a_{\bar{m}}^{+} a_{\bar{m}'} a_{m'}$$

求此 N 粒子系的能谱.

提示 令

$$S_{+} = \sum_{m>0} a_{m}^{+} a_{\bar{m}}^{+}, \qquad S_{-} = (S_{+})^{+}$$
$$S_{0} = \frac{1}{2}(\hat{N} - \Omega), \qquad \hat{N} = \sum_{m>0}(a_{m}^{+} a_{m} + a_{\bar{m}}^{+} a_{\bar{m}}), \qquad \Omega = j + 1/2$$

证明

$$[S_{+}, S_{-}] = 2S_{0}, \quad [S_{0}, S_{+}] = S_{+}, \quad [S_{0}, S_{-}] = -S_{-}$$

而

$$H = -GS_{+}S_{-} = -G(\boldsymbol{S}^2 - S_0^2 + S_0)$$

S 称为准自旋(quasispin).

第5章　路径积分

继20世纪20年代中期Heisenberg的矩阵力学和Schrödinger的波动力学提出之后，Feynman在20世纪40年代提出了量子力学的另一种理论形式，他称之为路径积分(path integral)[①~④]. 这个理论的核心是如何去构造量子力学中的传播子(propagator). 传播子包含了量子体系的全部信息. 不同于Schrödinger波动力学处理此问题的方案(见5.1节)，Feynman的路径积分理论把传播子直接与经典力学中的作用量(作为粒子坐标的函数)联系起来.

如果说Heisenberg的矩阵力学是正则形式下经典力学的量子对应(把经典Poisson括号换为量子对易式，见2.2节)，Schrödinger的波动力学则与经典力学中的Hamilton-Jacobi方程有密切的关系(2.3节). 概括起来. 它们与经典力学的Hamilton形式有渊源关系. 与此不同，Feynman的路径积分理论则与经典力学的Lagrange形式(通过作用量)有很密切的关系. 其优点之一是易于从非相对论形式推广到相对论形式，因为作用量是一个相对论性不变量. 所以路径积分理论对于场量子化有其优越性. Feynman路径积分理论是现代量子场论(量子规范场理论)和量子引力场理论的出发点. 它的另一个优点是把含时间(time-dependent)问题和不含时间(time-independent)问题纳于同一个理论框架中来处理. 路径积分理论形式在统计物理、凝聚态物理、粒子物理和核物理理论中已得到广泛应用. 另外，通过Feynman路径积分理论可以更形象地研究量子力学与经典力学的关系，并使人们对于经典力学的基本规律(如最小作用原理)有了更深刻的理解(见5.2节).

当然，人们看问题应力求全面一些. 事实上，Heisenberg的矩阵力学(量子力学的一种代数形式)，Schrödinger的波动力学[量子力学的微分方程形式或局域性描述(local description)]，与Feynman的路径积分理论[量子体系的一种整体性描述(global description)]，是彼此等价的. 它们各有优点. 在处理具体问题时，可根据问题的侧重点来选用较为方便的理论形式.

路径积分理论的基本思想是采用不同于Schrödinger波动力学的新方案来构

---

① R. P. Feynman, Ph. D. thesis, Princeton Univ., 1942. A Principle of Least Action in Quantum Mechanics.

② R. P. Feynman, Rev. Mod. Phys. **20**(1948) 367. Space-Time Approach to Non-relativistic Quantum Mechanics.

③ R. P. Feynman and A. R. Hibbs, *Quantum Mechanics and Path Integral*, McGraw-Hill, 1965.

④ R. P. Feynman, *Nobel Lecture in Physics*, 1965, The Development of the Space-Time View of Quantum Electrodynamics, 刊于 Science **153**(1966) 699-708; 或见 Physics Today, 1966, Aug. p. 31.

造传播子，把它与经典力学中的作用量直接联系起来. 为此，在 5.1 节中先回顾在 Schrödinger 波动力学中如何构造传播子，以及传播子的基本性质. 在 5.2 节中介绍路径积分的基本思想. 在 5.3 节中介绍 Feynman 的计算传播子的多边折线道(polygonal paths)方案. 在 5.4 节中讨论 Feynman 的路径积分理论与 Schrödinger 波动方程等价. 在 5.5 节中分别给出常用的在位形空间(configuration space)和相空间(phase space)中计算传播子的公式. 作为应用，在 5.6 节中用路径积分理论来讨论 Aharonov-Bohm 效应. 关于路径积分理论的详细论述，可参阅前引 Feynman & Hibbs 的书. 路径积分理论的近期进展及其在各领域中的应用，可参阅有关综述性文献或专著[①~④].

5.1 传 播 子

先回顾一下 Schrödinger 波动力学中的传播子(propagator)概念(卷 Ⅰ，2.2.2 节). 按 Schrödinger 波动力学，一个量子体系状态 $|\psi(t)\rangle$ 的演化由 Schrödinger 方程给出

$$\mathrm{i}\hbar\frac{\partial}{\partial t}|\psi(t)\rangle = H|\psi(t)\rangle \tag{5.1.1}$$

H 为体系的 Hamilton 量. 以下假设 H 不显含 t. 按式(5.1.1)，体系在时刻 t'' 的状态 $|\psi(t'')\rangle$，可由时刻 $t'(\leqslant t'')$ 的状态 $|\psi(t')\rangle$ 如下确定：

$$|\psi(t'')\rangle = \exp[-\mathrm{i}H(t''-t')/\hbar]|\psi(t')\rangle \tag{5.1.2}$$

如采用坐标表象，则

$$\begin{aligned}\langle \boldsymbol{r}''|\psi(t'')\rangle &= \langle \boldsymbol{r}''|\exp[-\mathrm{i}H(t''-t')/\hbar]|\psi(t')\rangle \\ &= \int \mathrm{d}^3x' \langle \boldsymbol{r}''|\exp[-\mathrm{i}H(t''-t')/\hbar]|\boldsymbol{r}'\rangle\langle \boldsymbol{r}'|\psi(t')\rangle\end{aligned}$$

或表示成

$$\psi(\boldsymbol{r}''t'') = \int \mathrm{d}^3x' K(\boldsymbol{r}''t'',\boldsymbol{r}'t')\psi(\boldsymbol{r}'t') \tag{5.1.3}$$

其中

$$K(\boldsymbol{r}''t'',\boldsymbol{r}'t') = \langle \boldsymbol{r}''|\exp[-\mathrm{i}H(t''-t')/\hbar]|\boldsymbol{r}'\rangle \tag{5.1.4}$$

---

① D. C. Khandekar and S. V. Lawande. Phys. Reports **137**(1986) 115, Feynman path integrals: some exact results and applications.

② P. D. Mannheim, Am. J. Phys. **51**(1983) 328, The Physics behind Path-integrals in Quantum Mechanics.

③ L. S. Schulman, *Techniques and Applications of Path Integrals*, Wiley Interscience, New York, 1981.

④ D. C. Khandekas, S. V. Lewande and K. V. Bhagwat, *Path Integral Method and their Application*, World Scientific, 1993.

称为传播子.

1. 传播子的物理意义

设 $\psi(\boldsymbol{r}'t')=\delta(\boldsymbol{r}'-\boldsymbol{r}_0)$,即 t'时刻粒子处于坐标本征态,本征值为 $\boldsymbol{r}_0$ 点,由式(5.1.3)可得$\psi(\boldsymbol{r}''t'')=K(\boldsymbol{r}''t'',\boldsymbol{r}_0t')$. 为方便,不妨在此把 $\boldsymbol{r}_0$ 换记为 $\boldsymbol{r}'$,即 t'时刻粒子位于 $\boldsymbol{r}'$点,则 t''时刻粒子在 $\boldsymbol{r}''$点的波幅为 $\psi(\boldsymbol{r}''t'')=K(\boldsymbol{r}''t'',\boldsymbol{r}'t')$. 由此,我们可以得出传播子的物理意义如下:设粒子在初时刻 t'处于空间 $\boldsymbol{r}'$处(位置本征态),则 $K(\boldsymbol{r}''t'',\boldsymbol{r}'t')$表示在以后某时刻 $t''(\geqslant t')$粒子处于空间 $\boldsymbol{r}''$点的概率波幅(probability amplitude)(见图 5.1).

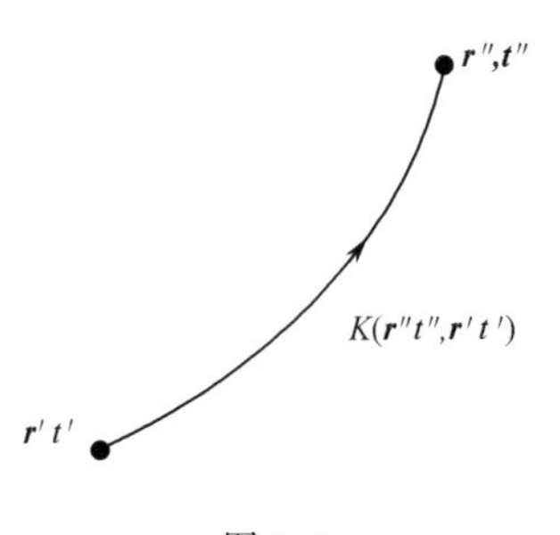

图 5.1

当然,粒子在 t'时刻的量子态不一定是位置本征态,一般用 $\psi(\boldsymbol{r}'t')$描述. 在这种情况下,t''时刻粒子处于 $\boldsymbol{r}''$点的概率波幅 $\psi(\boldsymbol{r}''t'')$由

$$\int K(\boldsymbol{r}''t'',\boldsymbol{r}'t')\psi(\boldsymbol{r}'t')\mathrm{d}^3x'$$

给出,此即式(5.1.3). 式(5.1.4)是传播子在坐标表象中的表示式. 在能量表象中,即用 H(不显含 t)的本征态$|n\rangle$为基矢的表象,

$$H|n\rangle=E_n|n\rangle \tag{5.1.5}$$

则式(5.1.4)可表示为

$$\begin{aligned}
K(\boldsymbol{r}''t'',\boldsymbol{r}'t') &= \sum_{nn'}\langle\boldsymbol{r}''|n\rangle\langle n|\exp[-\mathrm{i}H(t''-t')/\hbar]|n'\rangle\langle n'|\boldsymbol{r}'\rangle \\
&= \sum_{nn'}\psi_n(\boldsymbol{r}'')\exp[-\mathrm{i}E_n(t''-t')/\hbar]\delta_{nn'}\psi_{n'}^*(\boldsymbol{r}') \\
&= \sum_n\psi_n^*(\boldsymbol{r}'t')\psi_n(\boldsymbol{r}''t'')
\end{aligned} \tag{5.1.6}$$

其中

$$\psi_n(\boldsymbol{r}''t'')=\psi_n(\boldsymbol{r}'')\exp(-\mathrm{i}E_nt''/\hbar)$$

显然,由式(5.1.6)可看出,当 $t''=t'=t$ 时,

$$K(\boldsymbol{r}''t,\boldsymbol{r}'t)=\sum_n\psi_n^*(\boldsymbol{r}')\psi_n(\boldsymbol{r}'')=\delta(\boldsymbol{r}'-\boldsymbol{r}'') \tag{5.1.7}$$

例 自由粒子.

Hamilton 量为 $H=p^2/(2m)$,对于三维自由粒子,能级的简并度为无穷大. 考虑到动量 $\boldsymbol{p}$ 为守恒量,能量本征态可以表示成守恒量完全集 $\boldsymbol{p}(p_x,p_y,p_z)$的共同本征态,即能量为 $p^2/(2m)$的诸简并态可以用动量本征值 $\boldsymbol{p}$ 予以区分开来,即

$$\begin{aligned}
\psi_{\boldsymbol{p}}(\boldsymbol{r}t) &= \frac{1}{(2\pi\hbar)^{3/2}}\exp\left[\mathrm{i}\left(\boldsymbol{p}\cdot\boldsymbol{r}-\frac{p^2}{2m}t\right)\Big/\hbar\right] \\
&= \psi_{\boldsymbol{p}}(\boldsymbol{r})\exp(-\mathrm{i}p^2t/(2m)\hbar)
\end{aligned} \tag{5.1.8}$$

传播子可表示为

$$
\begin{aligned}
K(\boldsymbol{r}''t'',\boldsymbol{r}'t') &= \langle \boldsymbol{r}'' \mid \exp[-\mathrm{i}H(t''-t')/\hbar] \mid \boldsymbol{r}' \rangle \\
&= \int \mathrm{d}^3 p \langle \boldsymbol{r}'' \mid \boldsymbol{p} \rangle \langle \boldsymbol{p} \mid \exp[-\mathrm{i}p^2(t''-t')/(2m\hbar)] \mid \boldsymbol{r}' \rangle \\
&= \int \mathrm{d}^3 p \psi_{\boldsymbol{p}}(\boldsymbol{r}'') \mathrm{e}^{-\mathrm{i}p^2(t''-t')/(2m\hbar)} \langle \boldsymbol{p} \mid \boldsymbol{r}' \rangle \\
&= \int \mathrm{d}^3 p \psi_{\boldsymbol{p}}^*(\boldsymbol{r}') \mathrm{e}^{\mathrm{i}p^2 t'/(2m\hbar)} \cdot \psi_{\boldsymbol{p}}(\boldsymbol{r}'') \mathrm{e}^{-\mathrm{i}p^2 t''/(2m\hbar)} \\
&= \int \mathrm{d}^3 p \psi_{\boldsymbol{p}}^*(\boldsymbol{r}'t') \psi_{\boldsymbol{p}}(\boldsymbol{r}''t'') \\
&= \frac{1}{(2\pi\hbar)^3} \int \mathrm{d}^3 p \exp\left\{ \frac{\mathrm{i}}{\hbar} \left[\boldsymbol{p} \cdot (\boldsymbol{r}''-\boldsymbol{r}') - \frac{p^2}{2m}(t''-t') \right] \right\}
\end{aligned}
$$

积分后可得

$$
K(\boldsymbol{r}''t'',\boldsymbol{r}'t') = \left[\frac{m}{2\pi\hbar\mathrm{i}(t''-t')} \right]^{3/2} \exp\left[\frac{\mathrm{i}m(\boldsymbol{r}''-\boldsymbol{r}')^2}{2\hbar(t''-t')} \right] \tag{5.1.9}
$$

利用 δ 函数性质，可以证明，当$(t''-t')\to 0$ 时，上式右边$\to\delta(\boldsymbol{r}'-\boldsymbol{r}'')$，这与式(5.1.7)一致.

我们注意到，对于一个经典自由粒子，Lagrange 量 $L=T$(动能)$=\frac{1}{2}mv^2$ 为守恒量，因而作用量[附录 A.1，式(A.1.11]

$$
S_{\mathrm{cl}}(\boldsymbol{r}''t'',\boldsymbol{r}'t') = \int_{t'}^{t''} L\,\mathrm{d}t = \frac{1}{2}mv^2(t''-t') = \frac{m}{2}\frac{(\boldsymbol{r}''-\boldsymbol{r}')^2}{(t''-t')} \tag{5.1.10}
$$

所以，式(5.1.9)右边的指数因子可表示成 $\exp[\mathrm{i}S_{\mathrm{cl}}(\boldsymbol{r}''t'',\boldsymbol{r}'t')/\hbar]$. 由此，可以得出一个印象，量子力学中的传播子可能与经典力学中的作用量有密切关系.

练习　对于一维谐振子，$V(x)=m\omega^2x^2/2$，证明

$$
K(x''t'',x't') = \left(\frac{m\omega}{2\pi\hbar\mathrm{i}\sin\omega T} \right)^{1/2} \exp\left\{ \frac{\mathrm{i}m\omega}{2\hbar\sin\omega T} [(x'^2+x''^2)\cos\omega T - 2x'x''] \right\} \tag{5.1.11}
$$

$$
T = (t''-t')
$$

对于三维各向同性谐振子，$V(r)=m\omega^2r^2/2$，只需把上式中 $x'\to\boldsymbol{r}'$，$x''\to\boldsymbol{r}''$，$x'x''\to\boldsymbol{r}'\cdot\boldsymbol{r}''$，即可得出其传播子 $K(\boldsymbol{r}''t'',\boldsymbol{r}'t')$. 与附录 A.1 的练习 2 比较，观察一下传播子与作用量的关系.

2. 传播子的基本性质

1) 传播子的组合规则(combination rule)

按式(5.1.3)

$$
\psi(\boldsymbol{r}''t'') = \int \mathrm{d}^3x' K(\boldsymbol{r}''t'',\boldsymbol{r}'t')\psi(\boldsymbol{r}'t')
$$

我们可以设想把传播过程分得更细一些(见图 5.2). 设想 t_1 时刻$(t'<t_1<t'')$粒子态为 $\psi(\boldsymbol{r}_1,t_1)$，则

$$
\psi(\boldsymbol{r}''t'') = \int \mathrm{d}^3x_1 K(\boldsymbol{r}''t'',\boldsymbol{r}_1t_1)\psi(\boldsymbol{r}_1t_1)
$$

而 $\psi(\boldsymbol{r}_1t_1)$与 $\psi(\boldsymbol{r}'t')$有下列关系：

$$
\psi(\boldsymbol{r}_1t_1) = \int \mathrm{d}^3x' K(\boldsymbol{r}_1t_1,\boldsymbol{r}'t')\psi(\boldsymbol{r}'t')
$$

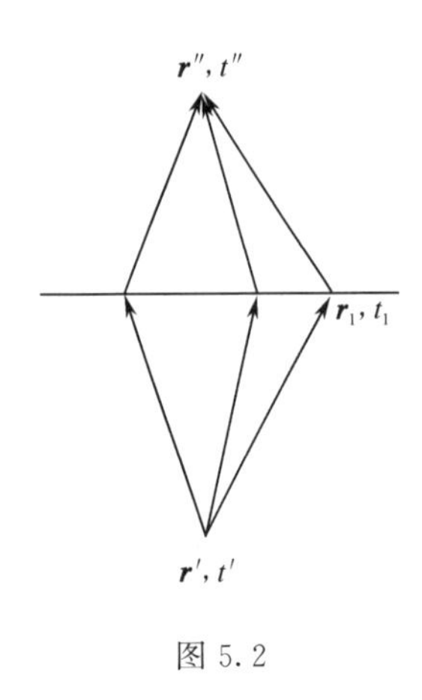

图 5.2

由此得

$$\psi(\boldsymbol{r}''t'') = \iint \mathrm{d}^3 x' \mathrm{d}^3 x_1 K(\boldsymbol{r}''t'', \boldsymbol{r}_1 t_1) \cdot K(\boldsymbol{r}_1 t_1, \boldsymbol{r}'t')\psi(\boldsymbol{r}'t')$$

与式(5.1.3)相比,可知

$$K(\boldsymbol{r}''t'', \boldsymbol{r}'t') = \int \mathrm{d}^3 x_1 K(\boldsymbol{r}''t'', \boldsymbol{r}_1 t_1) \cdot K(\boldsymbol{r}_1 t_1, \boldsymbol{r}'t') \tag{5.1.12}$$

此即传播子的组合规则.

还可以进一步推广,设想把(t', t'')分成 N 段,

$$t_0 = t', t_1, t_2, \cdots, t_{N-1}, t_N = t''$$

粒子相应的坐标为

$$\boldsymbol{r}', \boldsymbol{r}_1, \boldsymbol{r}_2, \cdots, \boldsymbol{r}_{N-1}, \boldsymbol{r}_N = \boldsymbol{r}''$$

在给定 $\boldsymbol{r}''$、$\boldsymbol{r}'$ 情况下,每一个 $\boldsymbol{r}_j(j=1,\cdots,N-1)$可以在全空间中变动,这样

$$K(\boldsymbol{r}''t'', \boldsymbol{r}'t') = \int\cdots\int \mathrm{d}^3 x_1 \mathrm{d}^3 x_2 \cdots \mathrm{d}^3 x_{N-1} K(\boldsymbol{r}''t'', \boldsymbol{r}_{N-1} t_{N-1}) \cdot K(\boldsymbol{r}_{N-1} t_{N-1}, \boldsymbol{r}_{N-2} t_{N-2}) \cdots K(\boldsymbol{r}_1 t_1, \boldsymbol{r}'t') \tag{5.1.13}$$

2) 传播子满足的方程

按照上面阐述的传播子的物理意义,$K(\boldsymbol{r}t, \boldsymbol{r}'t')$(看成 $\boldsymbol{r}, t$ 的函数)乃是一种特殊的波函数,指明粒子在 t'时刻处于空间 $\boldsymbol{r}'$点.所以它应满足 Schrödinger 方程

$$\mathrm{i}\hbar \frac{\partial}{\partial t} K(\boldsymbol{r}t, \boldsymbol{r}'t') = \left[-\frac{\hbar^2}{2m}\boldsymbol{\nabla}^2 + V(\boldsymbol{r}, t)\right] K(\boldsymbol{r}t, \boldsymbol{r}'t') \quad (t > t') \tag{5.1.14}$$

即

$$\left[\mathrm{i}\hbar \frac{\partial}{\partial t} + \frac{\hbar^2}{2m}\boldsymbol{\nabla}^2 - V(\boldsymbol{r}, t)\right] K(\boldsymbol{r}t, \boldsymbol{r}'t') = 0 \qquad (t > t')$$

到此,对于 $t<t'$,尚未定义 $K(\boldsymbol{r}t, \boldsymbol{r}'t')$.从因果律来考虑,如定义

$$K(\boldsymbol{r}t, \boldsymbol{r}'t') = 0 \qquad (t < t') \tag{5.1.15}$$

是很自然的.显然 $t<t'$,$K(\boldsymbol{r}t, \boldsymbol{r}'t')=0$ 满足 Schrödinger 方程.但 $t=t'$时刻,并不满足 Schrödinger 方程,因此一般说来,这样定义的传播子在 $t=t'$时可能出现不连续变化.按前面给出的传播子定义,当 $t=t'$时[见式(5.1.7)]

$$K(\boldsymbol{r}t, \boldsymbol{r}'t) = \delta(\boldsymbol{r} - \boldsymbol{r}') \tag{5.1.16}$$

所以 $K(\boldsymbol{r}t, \boldsymbol{r}'t')$满足下列微分方程:

$$\left[\mathrm{i}\hbar \frac{\partial}{\partial t} + \frac{\hbar^2}{2m}\boldsymbol{\nabla}^2 - V(\boldsymbol{r}, t)\right] K(\boldsymbol{r}t, \boldsymbol{r}'t') = \mathrm{i}\hbar\delta(\boldsymbol{r} - \boldsymbol{r}')\delta(t - t') \tag{5.1.17}$$

此方程右边可理解为一种"点源"(point source)的影响.可以看出,$K(\boldsymbol{r}t, \boldsymbol{r}'t')$正是 Schrödinger 方程的一类 Green 函数.

5.2 路径积分的基本思想

下面介绍 Feynman 路径积分的基本思想[①]. 设 A 点为粒子源(图 5.3). 在 B 点放置一个探测器,对粒子进行探测. 设想在 A 与 B 之间放置一个多孔屏(屏上开有一系列小孔 $C_1, C_2, \cdots$). 从经典力学来看,若粒子在位置 A 处的动量已给定,则它往后运动的轨道也随之完全确定. 如它的动量合适,则有可能通过屏上某一小孔 C_k,尔后在 B 点被观测到(即 C_k 处于粒子运动轨道上,否则粒子不能经过 C_k 孔). 如果从 A 点发射出的粒子的动量有一个分布,则粒子有一定的概率经过 C_k 而在 B 点被观测到. 在 B 点被测得的总概率为

$$P(B,A) = \sum_k P(BC_kA) \quad (5.2.1)$$

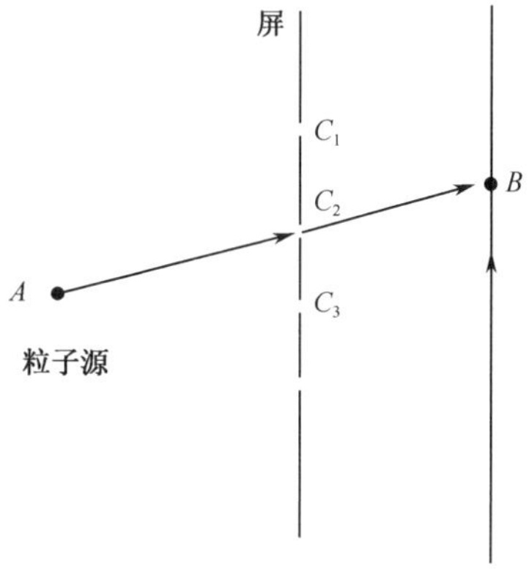

图 5.3

其中 $P(BC_kA)$ 表示粒子从 A 点出发,经过 C_k 孔而在 B 点被测得的概率. 按经典力学概念,由于通过屏上不同孔而达到 B 点的事件是不相容的,所以式(5.2.1)中各概率是相加的.

现在从量子力学的观点来分析. 考虑到粒子-波动两象性,按照态叠加原理,粒子从 A 点出发到 B 点的概率波幅(probability amplitude)为

$$K(B,A) = \sum_k \psi(BC_kA) \tag{5.2.2}$$

其中 $\psi(BC_kA)$ 表示只有孔 C_k 打开的情况下,粒子(从 A 点出发,经过 C_k 孔)在 B 点出现的概率波幅. 按波函数的统计诠释,粒子在 B 点被测到的概率为

$$P(B,A) = |K(B,A)|^2 = \left| \sum_k \psi(BC_kA) \right|^2 \tag{5.2.3}$$

现在设想屏上开的小孔愈来愈多,最后就等于没有设置这个屏. 此时粒子经过屏上所有各点而达到 B 点的概率波幅都应考虑进去. 我们还可以设想,在 A 和 B 之间重重叠叠地设置了无限多个屏,每个屏上又都开了无限多个小孔(这相当于一个屏也没有设置),于是粒子从 A 点出发经过一切可能的中介点(即经过一切可能的路径)而达到 B 点的概率波幅都应考虑在内. 设 $\boldsymbol{r}(t)$ 代表从 A 到 B 的一条可能的路径,则粒子从 A 出发而在 B 点出现的概率波幅(即传播子)为

$$K(B,A) = \sum_{\text{所有}\boldsymbol{r}(t)} \psi(\boldsymbol{r}(t)) \tag{5.2.4}$$

---

① 参阅 p. 188 所引 Feynman & Hibbs 的书.

其中 $\psi(\boldsymbol{r}(t))$ 代表粒子经过路径 $\boldsymbol{r}(t)$ 而到达 B 点的概率波幅. 式(5.2.4)表示不同路径所贡献的波幅以相同权重相加起来,但相位可以不同(见下),从而会出现干涉现象.

Feynman 路径积分理论的基本假定是如下构造传播子:

$$K(B,A) = C \sum_{\text{所有道路}} \exp\{\mathrm{i}S[\boldsymbol{r}(t)]/\hbar\} \tag{5.2.5}$$

其中

$$S[\boldsymbol{r}(t)] = \int_{t_A}^{t_B} L(\boldsymbol{r},\dot{\boldsymbol{r}},t)\mathrm{d}t \tag{5.2.6}$$

代表粒子沿路径 $\boldsymbol{r}(t)$ 从 A 到 B 的作用量,L 是粒子的 Lagrange 量,C 为适当的归一化常数. 考虑到 S 的量纲是角动量,在式(5.2.5)的相因子中加上了 $\hbar$,使相因子变成无量纲. 注意,这里的路径 $\boldsymbol{r}(t)$ 并不限于要求作用量 S 取极值的经典轨道,而是包括从 A 到 B 的一切可能的通道. 于是粒子在 B 点被测到的概率为

$$P(B,A) = |K(B,A)|^2 = |C|^2 \left| \sum_{\text{所有路径}} \exp\{\mathrm{i}S[\boldsymbol{r}(t)]/\hbar\} \right|^2 \tag{5.2.7}$$

实际上,由于各种可能的路径是连续变化的,而且不可数,所以式(5.2.7)中的求和应化为对所有连续变化的路径 $\boldsymbol{r}(t)$ 进行积分. 这就是路径积分名称的由来. 如何计算这个路径积分,是一个困难的数学问题. 在 5.3 节中将介绍 Feynman 提出的多边折线道方案(polygonal paths scheme). 可以证明,按 Feynman 的路径积分理论得出的传播子,与从 Schrödinger 波动力学理论所得结果完全相同. 还可以更普遍地证明 Feynman 路径积分理论与 Schrödinger 波动方程等价. 特别是,可以从路径积分的思路,导出 Schrödinger 方程(见 5.4 节).

在进行路径积分的具体计算之前,我们先对路径积分的物理含义进行一些讨论. 这对于更深入理解经典力学中的最小作用原理是很有启发的.

在经典力学的 Lagrange 理论形式中,最小作用原理是作为第一原理(或假定)出现的. 虽然无数的实验已经证明在宏观物质世界中它是千真万确的,但在经典力学理论框架中,不能去追问:粒子为什么只选择走使 S 取极值($\delta S=0$)的路径,而不允许走其他路径($\delta S\neq 0$)? 人们只能说:"自然界规律本来就如此!"(或者说"上帝就是如此安排的"). 但试问:如果不允许粒子对每一条路径都去"试探"一下,它如何能判断走哪一条道"最佳"?

按照 Feynman 的观点,粒子走各种道路的可能性都是存在的. 这是否违反了经过无数实践检验的最小作用原理? 否. 不仅如此,它还对最小作用原理提供了更自然的说明,从而更深刻地认识了最小作用原理. 按照路径积分理论,从 A 到 B 的各轨道均应一视同仁(等权)地考虑,但沿不同轨道所贡献的概率波幅的相位不同,因而会导致干涉现象. 设从 A 到 B 的某一轨道相应的作用量为 S,而与之相邻的另一轨道相应的作用量记为 $S+\delta S$(见图 5.4). 一般说来,对宏观上可以区分的两

条轨道来讲，$\delta S \gg \hbar$，即相位差 $\delta S/\hbar \gg 1$，所以相邻诸轨道的贡献，彼此相消很厉害. 但在使 S 取极值（$\delta S=0$）的一条轨道（与它相应的作用量为 S_{cl}）的邻域的诸轨道，在准到一级小 $O(\delta S)$ 下，作用量（$\approx S_{cl}+O(\delta S)^2$）是相同的，因而相位相同. 这些相邻轨道的贡献，由于相干叠加（coherent superposition），将使总的概率波幅不仅不抵消，反而大大加强. 这就是为什么宏观粒子总是沿最小作用原理所指示的轨道而运动的量子力学说明.

按照 Feynman 的观点，微观世界中的干涉和衍射诸现象，均可得到自然的说明. 例如，粒子从 A 到 B，如在路旁有一个障碍物 C（图 5.5），它就会影响到在 B 处测得粒子的概率. 因为当 C 存在时，凡通过 C 的道路都因受阻而被排除，因而到达 B 点的总的概率波幅就与障碍物 C 不存在的情况有所不同. 表现出来，就是衍射现象. 与此相反，如果象经典粒子那样，粒子只走 $\delta S=0$ 所规定的一条轨道，则只要 C 不横亘在轨道上，就不会对粒子有影响，即不会产生衍射现象.

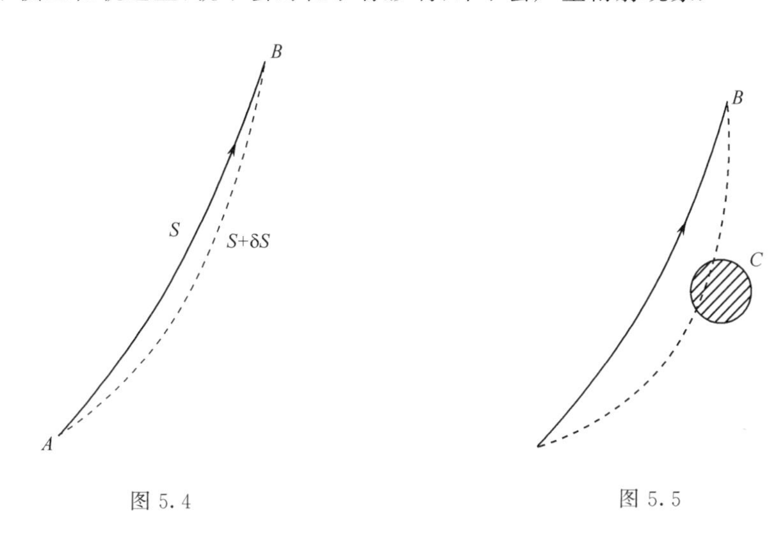

图 5.4　　　　图 5.5

5.3　路径积分的计算方法

按 Feynman 路径积分的假定，传播子[见 5.2 节，式(5.2.5)]

$$K(\boldsymbol{r}''t'',\boldsymbol{r}'t') = C\sum_{\text{所有路径}} \exp\{\mathrm{i}S[\boldsymbol{r}(t)]/\hbar\} \tag{5.3.1}$$

其中

$$S[\boldsymbol{r}(t)] = \int_{t'}^{t''} L(\boldsymbol{r},\dot{\boldsymbol{r}},t)\mathrm{d}t$$

是依赖于粒子轨道 $\boldsymbol{r}(t)$ 的泛函. 注意，这里并不要求这些轨道使 S 取极值，而是包括在给定初点和终点[$\boldsymbol{r}(t')=\boldsymbol{r}'$，$\boldsymbol{r}(t'')=\boldsymbol{r}''$]下的一切可能的轨道. 每一条轨道对传播子做等权贡献,但各有不同的相位$\propto S[\boldsymbol{r}(t)]$. 由于各种轨道是连续变化的,所以式(5.3.1)中的求和应化为下列泛函积分:

$$K(\boldsymbol{r}''t'',\boldsymbol{r}'t') = \int \exp\{\mathrm{i}S[\boldsymbol{r}(t)]/\hbar\}D[\boldsymbol{r}(t)] \tag{5.3.2}$$

这里$\int D[\boldsymbol{r}(t)]$就是表示对给定初终点$[\boldsymbol{r}(t')=\boldsymbol{r},\boldsymbol{r}(t'')=\boldsymbol{r}'']$下的一切连续变化的可能轨道求积分. Feynman 提出如下的一个多边折线道(polygonal paths)的简单计算方案,见图 5.6,即把路径积分作为多维空间 Riemann 积分的极限[①].

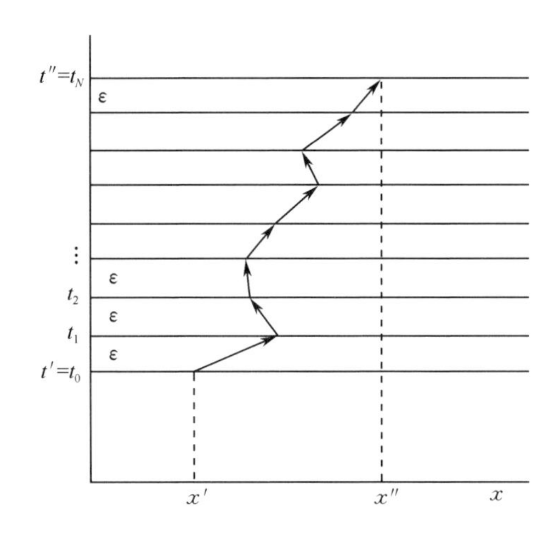

图 5.6

将时间间隔$(t''-t')$做 N 等分,令 $\varepsilon=(t''-t')/N$(N 是一个很大的正整数,最后取极限 $N\to\infty,\varepsilon\to 0$),

$$t_0 = t',t_1,t_2,\cdots,t_{N-1},t_N = t''$$

$$t_j - t_{j-1} = \varepsilon, \qquad j = 1,2,\cdots,N$$

相应的粒子坐标 $\boldsymbol{r}_j=\boldsymbol{r}(t_j)$($j=1,2,\cdots,N-1$)的变化范围是$(-\infty,+\infty)$,而

$$r(t_0) = \boldsymbol{r}(t') = \boldsymbol{r}',\boldsymbol{r}(t_N) = \boldsymbol{r}(t'') = \boldsymbol{r}''$$

保持固定. N 是很大的正整数. 这样,作用量(沿多边折线道)可表示为

$$S_N[\boldsymbol{r}(t)] = \varepsilon\sum_{j=1}^{N} L\left(\frac{\boldsymbol{r}_j+\boldsymbol{r}_{j-1}}{2},\frac{\boldsymbol{r}_j-\boldsymbol{r}_{j-1}}{\varepsilon},j\varepsilon\right) \tag{5.3.3}$$

而

$$\int D[\boldsymbol{r}(t)] \to C_N\int\prod_{j=1}^{N-1}\mathrm{d}^3x_j \tag{5.3.4}$$

---

① 关于此计算方案的严格数学证明可参阅有关的文章,例如 A. Truman, J. Math. Phys. **17**(1976) 1852, Feynman path integrals and quantum mechanics as $\hbar\to 0$; *ibid* **18**(1977) 2308, Classical mechanics, the diffusion (heat) equation, and the Schrödinger equation; *ibid* **19**(1978) 1742, The Feynman maps and the Wiener integral.

C_N 应恰当选择，使 $N\to\infty(\varepsilon\to 0)$时积分的极限存在. 这样，传播子可表示为

$$K_N(\boldsymbol{r}''t'',\boldsymbol{r}'t') = C_N\int\exp\left\{\frac{\mathrm{i}}{\hbar}S_N[\boldsymbol{r}(t)]\right\}\prod_{j=1}^{N-1}\mathrm{d}^3x_j, \tag{5.3.5}$$

$$K(\boldsymbol{r}''t'',\boldsymbol{r}'t') = \lim_{\substack{N\to\infty\\ \varepsilon\to 0}}K_N(\boldsymbol{r}''t'',\boldsymbol{r}'t').$$

一维自由粒子的传播子

按上述方案，把时间间隔$(t''-t')$分成 N 等分$(N\to\infty)$，先计算无穷小段 x_j，$t_j\to x_{j+1}$，t_{j+1}的作用量. 考虑到自由粒子$(V=0)$的动量守恒，在无穷小段中的作用量为(与经典轨道的计算结果相同，参见附录 A. 1)

$$S[x_{j+1}t_{j+1},x_j\,t_j] = \frac{m}{2}\left(\frac{x_{j+1}-x_j}{t_{j+1}-t_j}\right)^2\cdot(t_{j+1}-t_j) = \frac{m}{2\varepsilon}(x_{j+1}-x_j)^2 \tag{5.3.6}$$

因此

$$K(x''t'',x't') = \lim_{\substack{N\to\infty\\ \varepsilon\to 0}}C_N\int_{-\infty}^{+\infty}\mathrm{d}x_1\cdots\int_{-\infty}^{+\infty}\mathrm{d}x_{N-1}\exp\left[\frac{\mathrm{i}m}{2\hbar\varepsilon}\sum_{j=0}^{N-1}(x_{j+1}-x_j)^2\right] \tag{5.3.7}$$

利用积分公式

$$\int_{-\infty}^{+\infty}\mathrm{d}x\exp[\alpha(x_1-x)^2+\beta(x_2-x)^2] = \sqrt{\frac{-\pi}{\alpha+\beta}}\exp\left[\frac{\alpha\beta}{\alpha+\beta}(x_1-x_2)^2\right] \tag{5.3.8}$$

式(5.3.7)右侧依次积分，如取(详细讨论见下节)

$$C_N = [m/(2\pi\hbar\mathrm{i}\varepsilon)]^{N/2} \tag{5.3.9}$$

则最后可得

$$K(x''t'',x't') = \left[\frac{m}{2\pi\hbar\,\mathrm{i}(t''-t')}\right]^{1/2}\exp\left[\frac{\mathrm{i}m}{2\hbar}\frac{(x''-x')^2}{(t''-t')}\right] \tag{5.3.10}$$

推广到三维自由粒子

$$K(\boldsymbol{r}''t'',\boldsymbol{r}'t') = \left[\frac{m}{2\pi\hbar\,\mathrm{i}(t''-t')}\right]^{3/2}\exp\left[\frac{\mathrm{i}m}{2\hbar}\frac{(\boldsymbol{r}''-\boldsymbol{r}')^2}{(t''-t')}\right] \tag{5.3.11}$$

与 Schrödinger 波动方程的计算结果相同[见 5.1 节，式(5.3.9)].

练习 1　对于一维谐振子，$L=\frac{1}{2}m\dot{x}^2-\frac{1}{2}m\omega^2x^2$，计算其传播子.

答

$$K(x''t'',x't') = \left(\frac{2m}{2\pi\hbar\,\mathrm{i}\sin\omega T}\right)^{1/2}\exp\left\{\frac{\mathrm{i}m\omega}{2\hbar\sin\omega T}[(x''^2+x'^2)\cos\omega T-2x''x']\right\}$$

$$T=(t''-t') \tag{5.3.12}$$

对于三维各向同性谐振子，只需把 $x'\to\boldsymbol{r}'$，$x''\to\boldsymbol{r}''$，$x''x'\to\boldsymbol{r}''\cdot\boldsymbol{r}'$.

(与 5.1 节 p. 191 练习的计算结果比较.)

p. 188 所引 Feynman & Hibbs 书中还给出了很多具体例子的传播子的计算. 例如, $V=a+bx+cx^2+d\dot{x}+ex\dot{x}$ 形式的势场中粒子的传播子的计算.

练习 2　计算线性势 $V(x)=Fx$(F 为常量)中粒子的传播子.

答　经典粒子的作用量为

$$S[x''t'',x't']=\frac{m}{2}\frac{(x''-x')^2}{(t''-t')}-\frac{F}{2}(t''-t')(x''+x')-\frac{F^2}{24m}(t''-t')^3$$

$$K(x''t'',x't')=\sqrt{\frac{m}{2\pi\hbar\mathrm{i}(t''-t')}}\exp\left\{\frac{\mathrm{i}}{\hbar}S[x''t'',x't']\right\} \tag{5.3.13}$$

参见 B. R. Holstein, *Topics in Advanced Quantum Mechanics*, Addison-Wesly, 1992, p. 23～24.

5.4　Feynman 路径积分理论与 Schrödinger 波动方程等价

5.4.1　从 Feynman 路径积分到 Schrödinger 波动方程

在 Schrödinger 波动力学中,用波函数描述粒子的量子态. 如一维粒子,用 $\psi(x,t)$ 表征粒子在时刻 t 出现于 x 点的概率波幅(并不问其过去历史如何). 传播子则直接给人以更细致的信息, $K(xt;x't')$ 表示一种特定的概率波幅,即指明粒子在 t' 时刻位于 x' 点,而在 t 时刻出现于 x 点的概率波幅. 两者关系如下:

$$\psi(x,t)=\int K(xt;x't')\psi(x',t')\mathrm{d}x' \tag{5.4.1}$$

事实上,人们对粒子过去状态的细节并无兴趣,只需用 $\psi(x,t)$ 就足以描述粒子的状态了. 粒子过去的历史情况已反映在 $\psi(x,t)$ 中. 尽管人们忘记了过去历史,只要知道某时刻 t 粒子的波函数 $\psi(x,t)$,根据 Schrödinger 方程,就可以知道以后任何时刻粒子状态. 由于 Schrödinger 方程的形式比传播子满足的方程简单一些,所以人们通常还是习惯与 Schrödinger 方程打交道,采用 $\psi(x,t)$ 这种描述方式.

Feynman 路径积分理论的特点是采用完全不同的方案来建立传播子,把它与经典力学中的作用量直接联系起来. 下面我们来讨论路径积分理论与 Schrödinger 波动方程的等价性. 为简单起见,仍以一维粒子来讨论.

考虑 $t+\varepsilon(\varepsilon\to0^+)$ 时刻粒子的状态 $\psi(x,t+\varepsilon)$,它与 t 时刻粒子的状态 $\psi(y,t)$ 有下列关系:

$$\psi(x,t+\varepsilon)=\int_{-\infty}^{+\infty}K(x,t+\varepsilon;y,t)\psi(y,t)\mathrm{d}y \tag{5.4.2}$$

考虑到 $\varepsilon\to0^+$,在此无穷小的时间间隔中,按照 Feynman 的假定,传播子可表示成

$$K(x,t+\varepsilon;y,t)=C\exp\left[\frac{\mathrm{i}\varepsilon}{\hbar}L\left(\frac{x+y}{2},\frac{x-y}{\varepsilon},t\right)\right] \tag{5.4.3}$$

C 待定. 设粒子在一维势场 $V(x,t)$ 中运动,

$$L=\frac{1}{2}m\dot{x}^2-V(x,t) \tag{5.4.4}$$

则式(5.4.3)可表示成

$$\psi(x,t+\varepsilon)=C\int_{-\infty}^{+\infty}\exp\left\{\frac{\mathrm{i}\varepsilon}{\hbar}\left[\frac{m}{2}\left(\frac{x-y}{\varepsilon}\right)^2-V\left(\frac{x+y}{2},t\right)\right]\right\}\psi(y,t)\mathrm{d}y \quad (5.4.5)$$

令

$$x=y-\eta \quad (5.4.6)$$

即 $y=x+\eta$,而 $x-y=-\eta$,$(x+y)/2=x+\eta/2$,所以

$$\psi(x,t+\varepsilon)=C\int_{-\infty}^{+\infty}\exp\left\{\frac{\mathrm{i}\varepsilon}{\hbar}\left[\frac{m\eta^2}{2\varepsilon^2}-V\left(x+\frac{\eta}{2},t\right)\right]\right\}\psi(x+\eta,t)\mathrm{d}\eta \quad (5.4.7)$$

上式被积函数中的指数因子 $\exp[\mathrm{i}m\eta^2/(2\hbar\varepsilon)]$,当 $\varepsilon\to0^+$ 时,随 η 变化而迅速振荡,积分的贡献主要来自 $\eta\approx0$ 区域(即 $y\approx x$ 邻域).因此,我们把上式中被积函数对 η 作 Taylor 展开(视 ε、η 为无穷小),得

$$\psi(x,t)+\varepsilon\frac{\partial\psi}{\partial t}=C\int_{-\infty}^{+\infty}\exp\left(\frac{\mathrm{i}m\eta^2}{2\hbar\varepsilon}\right)\left[1-\frac{\mathrm{i}\varepsilon}{\hbar}V(x,t)\right]\cdot\left[\psi(x,t)+\eta\frac{\partial\psi}{\partial x}+\frac{\eta^2}{2}\frac{\partial^2\psi}{\partial x^2}+\cdots\right]\mathrm{d}\eta \quad (5.4.8)$$

当 $\varepsilon\to0$,$\eta\to0$,忽略一切高级无穷小项并要求上式成立,则可得

$$\psi(x,t)=C\int_{-\infty}^{+\infty}\exp\left(\frac{\mathrm{i}m\eta^2}{2\hbar\varepsilon}\right)\mathrm{d}\eta\,\psi(x,t)$$

即

$$C\int_{-\infty}^{+\infty}\exp\left(\frac{\mathrm{i}m\eta^2}{2\hbar\varepsilon}\right)\mathrm{d}\eta=1$$

由此得

$$C=\sqrt{m/(2\pi\hbar\mathrm{i}\varepsilon)} \quad (5.4.9)$$

再利用积分公式

$$\int_{-\infty}^{+\infty}\exp\left(\frac{\mathrm{i}m\eta^2}{2\hbar\varepsilon}\right)\eta\,\mathrm{d}\eta=0$$

$$\int_{-\infty}^{+\infty}\exp\left(\frac{\mathrm{i}m\eta^2}{2\hbar\varepsilon}\right)\eta^2\,\mathrm{d}\eta=\frac{\mathrm{i}\hbar\varepsilon}{m}$$

式(5.4.8)可化为

$$\psi(x,t)+\varepsilon\frac{\partial\psi}{\partial t}=\psi(x,t)-\frac{\mathrm{i}\varepsilon}{\hbar}V\psi(x,t)+\frac{\mathrm{i}\hbar\varepsilon}{2m}\frac{\partial^2}{\partial x^2}\psi(x,t)$$

即

$$\mathrm{i}\hbar\frac{\partial}{\partial t}\psi(x,t)=\left(-\frac{\hbar^2}{2m}\frac{\partial^2}{\partial x^2}+V\right)\psi(x,t) \quad (5.4.10)$$

这正是一维粒子的 Schrödinger 方程.这样就证明了 Feynman 的路径积分理论与 Schrödinger 方程的等价性.

*5.4.2 Feynman 路径积分提出的历史简介

稍仔细介绍一下 Feynman 提出路径积分理论的历史①②是颇有启发的. 这个理论是他在 Princeton 大学,在 J. A. Wheeler 指导下的博士论文中提出的. 他当时着手研究光子和电子的量子理论的含义. 他认识到 Lagrange 量可能是解决此问题的关键. 在 Nassau-Tavern 举办的一次学术会议上,他碰到来自欧洲的 Herbert Jehle 教授. 他问 Jehle 是否知道有什么人把 Lagrange 量引进量子力学中来? 第二天,Jehle 告诉他,Dirac 有过这样的工作③.

为了解 Dirac 的工作,要简单回顾一下波动光学中的 Huygens 原理:当给了传播过程中光波的一个波前(wave front),则可以把该波前上的任何一点作为波源,它们所发出的相干的子波(wavelet)叠加起来,就可构成下一时刻的波前. 数学上,Huygens 原理可以表示成下列积分方程形式:

$$\psi(x''t'') = \int \mathrm{d}x' K(x''t'', x't')\psi(x't') \tag{5.4.11}$$

$K(x''t'', x't')$称为"核"(kernel)或传播子. Dirac 的文章中提到,在量子力学中,这个"核"类似(analogous)于 $\exp(\mathrm{i}S/\hbar)$,其中 $S=\int L\mathrm{d}t$ 是粒子的作用量.

Feynman 阅读了 Dirac 的文章后,询问 Jehle,"analogous"是什么意思? 是否是指"相等"(equal)? Jehle 回答说:"否." Feynman 说:"让我来试一下,如果是指'相等',会有什么结果."这就是他的路径积分理论的发轫.

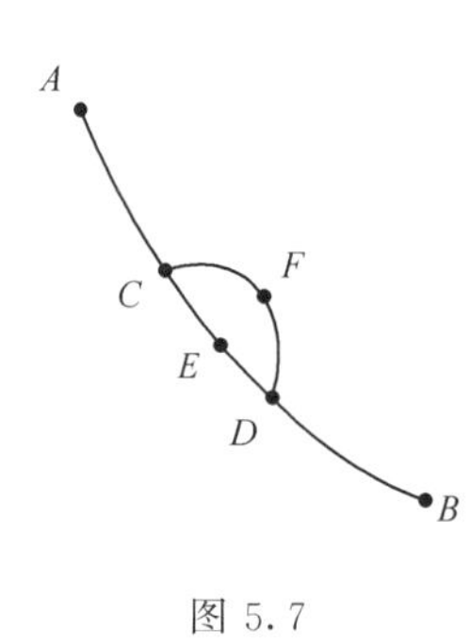

图 5.7

Feynman 有很好的数学功底. 他了解 J. Bernoulli 的局域原理(local principle)④. 此原理的要点是:"任何曲线,如在整体上具有某种极小性质,则在局域上也具有这种性质"[Any curve which has a minimum property globally (in the large) must have the same property locally (in the small)]. 如图 5.7 所示,设在一个垂直平面上给定 A 和 B 两点,一个物体从 A 沿一条滑道滑到 B. 试找出需时最短的滑道. 设 $ACEDB$ 是这样的滑道,则 CED 曲线也是从 C 到 D 需时最短的滑道. 这易于从反证法来说明,即假设不是 CED,而是 CFD 是从 C 到 D

---

① D. Derbes, Am. J. Phys. **64**(1996) 881, Feynman's derivation of the Schrödinger equation.

② Phys. Today, 1989, 2 月,纪念 R. P. Feynman 专辑,其中有 J. A. Wheeler, F. J. Dyson, J. Schwinger, M. Gell-Mann, J. D. Bjφrken, D. Pines 等人的撰文.

③ P. A. M. Dirac, Phys. Zeits. Sowjeunion **3**(1933) 64, The Lagrangian in Quantum Mechanics. 转载于 J. Schwinger, *Quantum Electrodynamics*, Dover, New York, 1958.

④ 例如,参阅 W. Yourgrau and S. Mandelstam, *Variational Principles in Dynamics and Quantum Theory*, Dover, New York, 1968.

需时最短的滑道. 这样,从 A 到 B 沿 $ACFDB$ 所需时间将短于沿 $ACEDB$ 道. 这与假设矛盾.

Bernoulli 的局域原理使积分方程问题(求 A 到 B 所需时间最短)化为一个微分方程,这可能使问题求解容易一些. 事实上,分析力学中的 Hamilton 最小作用原理(见附录 A. 1)—"Nature chooses, out of an infinite of paths, the one that minimizes S",就是局域原理在经典力学中的一种体现. 这里 $S=\int_{t'}^{t''}L\,\mathrm{d}t$. 在最简单的情况下,$L=T-V$,$T$ 是粒子动能,V 是势能,L 是 Lagrange 量. 从 Hamilton 最小作用原理 $\delta S=0$,即可导出 Lagrange 方程(见附录 A. 1).

Feynman 也是按照类似的思路来考虑传播子的问题,考虑一个粒子在很短时间 $\Delta t=\varepsilon(\varepsilon\to 0)$ 内从 y 点到 x 点的传播子. 在此短时间过程中,动能和势能的平均值为 $T_{av}=\frac{1}{2}m(x-y)^2/\varepsilon^2$,$V_{av}=V\left(\frac{1}{2}(x+y)\right)$,所以

$$S\approx\frac{1}{2}m(x-y)^2/\varepsilon-V\left(\frac{1}{2}(x+y)\right)\varepsilon \tag{5.4.12}$$

如 Feynman 的最初想法正确,则传播子(取 $t'=t,t''=t+\varepsilon,\varepsilon\to 0^+$)

$$K(x,t+\varepsilon;y,t)\approx\exp\left[\frac{\mathrm{i}m(x-y)^2}{2\hbar\varepsilon}-\frac{\mathrm{i}\varepsilon}{\hbar}V\left(\frac{1}{2}(x+y)\right)\right] \tag{5.4.13}$$

上式对 ε 作 Taylor 展开

$$K(x,t+\varepsilon;y,t)\approx\exp\left[\frac{\mathrm{i}m(x-y)^2}{2\hbar\varepsilon}\right]\left[1-\frac{\mathrm{i}\varepsilon}{\hbar}V\left(\frac{1}{2}(x+y)\right)+O(\varepsilon^2)\right]$$

代入式(5. 4. 11),

$$\psi(x,t+\varepsilon)\approx\int_{-\infty}^{+\infty}\exp\left[\frac{\mathrm{i}m(x-y)^2}{2\hbar\varepsilon}\right]\left[1-\frac{\mathrm{i}\varepsilon}{\hbar}V\left(\frac{1}{2}(x+y)\right)+O(\varepsilon^2)\right]\psi(y,t)\mathrm{d}y \tag{5.4.14}$$

考虑到上式中指数因子的迅速振荡(因 Planck 常量 $\hbar$ 值很小,而且 $\varepsilon\to 0$),对积分有贡献的区域只限于$(y-x)=\eta\to 0$,所以

$$\psi(x,t+\varepsilon)\approx\int\exp\left(\frac{\mathrm{i}m\eta^2}{2\hbar\varepsilon}\right)\left[1-\frac{\mathrm{i}\varepsilon}{\hbar}V\left(x+\frac{\eta}{2}\right)\right]\psi(x+\eta,t)\mathrm{d}\eta \tag{5.4.15}$$

利用 $\psi(x+\eta,t)=\psi(x,t)+\eta\frac{\partial\psi(x,t)}{\partial x}+\frac{1}{2}\eta^2\frac{\partial^2\psi(x,t)}{\partial x^2}+\cdots$,代入上式,略去 $O(\eta^2)$ 项,并根据积分公式 $\int_{-\infty}^{+\infty}\mathrm{e}^{-\alpha x^2}\mathrm{d}x=\sqrt{\pi/\alpha}$,则可得出

$$\psi(x,t)\approx\sqrt{\frac{2\pi\mathrm{i}\hbar\varepsilon}{m}}\psi(x,t) \tag{5.4.16}$$

Feynman 由此发现他原来的猜想并不完全正确. 即这里的"核"K 并不等于 $\mathrm{e}^{\mathrm{i}S/\hbar}$,而只是成比例(proportional). 他发现,如取

$$K = C e^{iS/\hbar}, \qquad C = \sqrt{\frac{m}{2\pi\hbar i\varepsilon}} \tag{5.4.17}$$

就不会出现矛盾.这就是式(5.4.9)中取 $C=\sqrt{m/(2\pi\hbar i\varepsilon)}$ 的理由.

*5.4.3 量子理论发展历史的反思

简单回顾一下量子理论的发展线索(见表 5.1),对于理解量子理论的实质以及对今后发展的展望,都是有益的.在量子理论的发展过程中,人们对于实物粒子($m\neq 0$)的动力学规律与对光(辐射)运动规律的认识,是相辅相成、并行而交替上升的.

量子理论发轫于 Planck(1900)的黑体辐射理论.为了说明黑体辐射能量密度随频率的变化规律(Planck 公式),Planck 提出:黑体吸收或发射辐射时,采取一种不连续的量子形式.Einstein(1905)进一步提出了光量子(light quantum)的概念.他基于特殊相对论的考虑,提出光量子能量 E 和动量 p 与辐射频率 ν 和波长 λ 有下列关系:

$$E = h\nu, \qquad p = h/\lambda \tag{5.4.18}$$

这样,人们就更深入地揭示了光(辐射)的粒子和波动两象性,两者通过式(5.4.18)相联系,而式中出现了一个普适常数 h(Planck 常数).此时,人们对于光的本质的认识深度,走在了前头,反过来必然促进人们对实物粒子运动规律的认识.在已经建立起来的经典力学中,实物粒子运动有确切的轨道,力学量是连续变化的,它们随时间的演化遵守 Laplace 的决定论.Bohr(1913)为了说明原子的稳定性和原子线状光谱的规律性,提出原子能量(以及角动量)的不连续性,定态以及定态之间的量子跃迁等重要概念.但原子能量为什么是不连续的?为什么束缚定态能量只能取某些离散值?de Broglie(1923)类比光具有波动和粒子两象性,提出实物粒子也具有波动性(物质波)

$$\nu = E/h, \qquad \lambda = h/p \tag{5.4.19}$$

式中 E 和 p 是实物粒子的能量和动量.之后,人们自然要去探寻物质粒子波动的规律,这是 Schrödinger 完成的(1926).Schrödinger 方程是描述粒子波动的一种局域性(local)理论,并且是非相对论性的.相应的相对论性波动方程有 Klein-Gordon 方程(描述自旋为 0,但 $m\neq 0$ 的粒子)和 Dirac 方程(描述自旋为 1/2 的粒子).它们与 19 世纪提出的光的电磁辐射场理论,即 Maxwell 方程(描述自旋为 1,$m=0$ 的粒子,即光子)的地位相当,都是局域性理论.而在此之前已建立的波动光学理论(基于 Huygens 原理)中,人们已经发展了光波的整体性(global)理论.

在波动力学(Schrödinger,de Broglie)和矩阵力学(Heisenberg 等)提出 20 多年后,Feynman 提出了量子力学的第三种理论形式——路径积分理论.这个理论的核心是如何去构造传播子,是粒子波动理论的一种整体性理论(global theory),其地位与 Huygens 波动光学理论在光学理论中的地位相当.(构造传播子的 Feynman 原理相当于 Huygens 原理.)

表 5.1　光学与力学理论发展的关系

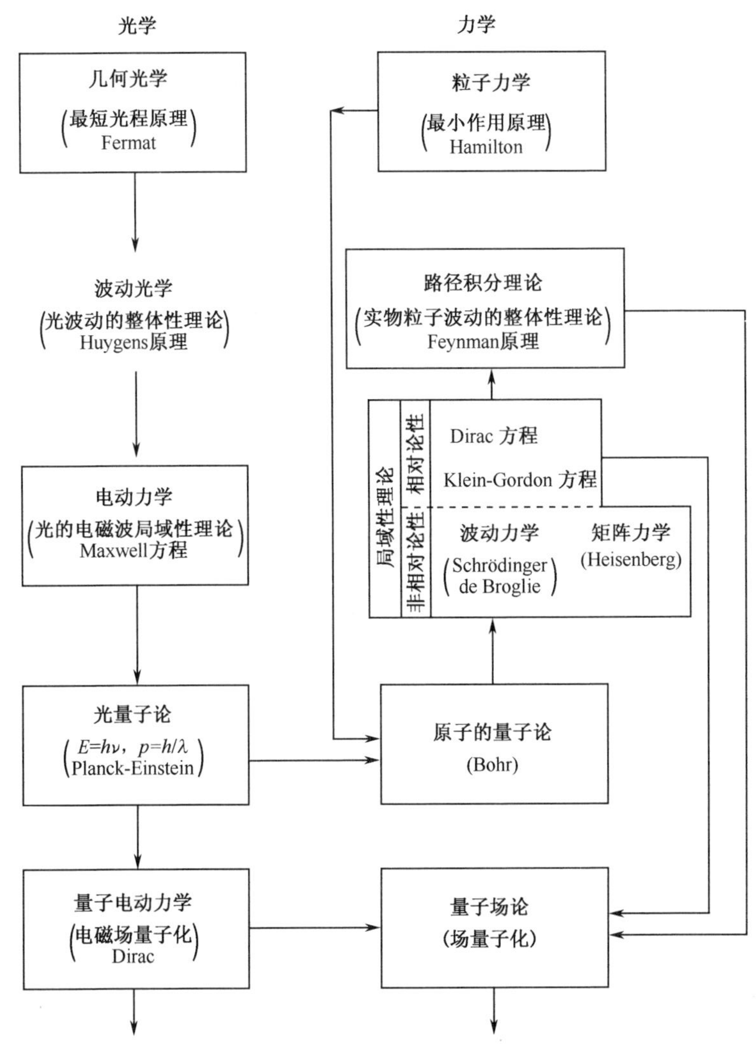

这里有两个问题值得思考:其一,为什么光的波动性远在实物粒子波动性被人揭示之前就已为人们认识到?其二,为什么粒子波动的整体性理论在局域性理论(Schrödinger)提出 20 多年后才出现?

光的波动性能够较早被人们认识到,与光子是 Bose 子以及光子静质量为 0 有密切的关系. 由于光子为 Bose 子,可以有大量光子处于同一个量子态,因而有宏观的体现(见卷 Ⅰ,2.2.1 节,7.5 节). 由于光子的静质量为 0,表现为光的波长没有什么限制(对于实物粒子,其 Compton 波长 $\lambda\!\!\!^{-}=\hbar/mc$ 往往很短,不易为人们觉察到). 在历史上,恰好是可见光部分($\lambda\approx 4000\sim 7000\text{Å}$)首先为人们觉察到,并进行了广泛的研究,这是可以理解的. 由于实验技术上的困难,实物粒子(首先是电子)的波动性直到 20 世纪 20 年代末才被人们观察到. 在此之前当然不可能出现与波动光学相当的实物粒子的整体性波动理论.但在波动力学建立之后,为什么人们未能立即着手去探索它所相应的整体性理论,而一直到 40 年代这种理论才被 J. A. Wheeler 一个年轻的研究生 Feynman 提出,这是很值得人们反思的.

随着近代物理的发展,物理学家已清楚地认识到光和实物粒子($m\neq 0$)都是物质存在的不同形式.两方面的理论研究已逐渐融合在一起.然而在人们面前,还有一个广阔无垠和光怪陆离的必然王国在等待探索.物质世界是无限的,人们对它的认识也应是无限的.

5.5 位形空间和相空间的路径积分

以下按照路径积分理论来具体计算传播子.为了数学表述简单起见,考虑一维势场 $V(x)$中运动的粒子,Hamilton 量表示为

$$H=\frac{p^2}{2m}+V(x) \tag{5.5.1}$$

按 5.1 节,式(5.1.4),传播子为

$$K(x''t'',x't')=\langle x''|\exp[-\mathrm{i}H(t''-t')/\hbar]|x'\rangle \tag{5.5.2}$$

以下分别在位形空间(configuration space)和相空间(phase space)中给出传播子的路径积分表达式①.

5.5.1 位形空间中的路径积分

下面来计算位形空间中的传播子.与 5.3 节相同,把时间间隔$(t''-t')$作 N 等分

$$t_0=t',t_1,t_2,\cdots,t_{j-1},t_j,\cdots,t_N=t''$$
$$t_j-t_{j-1}=\varepsilon,\quad (t''-t')=N\varepsilon$$
$$x(t_0)=x(t')=x',\quad x(t_N)=x(t'')=x''$$

显然,

$$\mathrm{e}^{-\mathrm{i}H(t''-t')/\hbar}=(\mathrm{e}^{-\mathrm{i}\varepsilon H/\hbar})^N \tag{5.5.3}$$

利用恒等式[见 2.5 节,式(2.7.66)],对两个算符 A 和 B,设$[A,B]$与 A 和 B 都对易,则

$$\mathrm{e}^{A+B}=\mathrm{e}^A\mathrm{e}^B\mathrm{e}^{-[A,B]/2} \tag{5.5.4}$$

可得

$$\begin{aligned}\exp(-\mathrm{i}\varepsilon H/\hbar)&=\exp\left[-\frac{\mathrm{i}\varepsilon}{\hbar}\left(\frac{p^2}{2m}+V(x)\right)\right]\\&=\exp\left(-\frac{\mathrm{i}\varepsilon}{\hbar}\frac{p^2}{2m}\right)\cdot\exp\left[-\frac{\mathrm{i}\varepsilon}{\hbar}V(x)\right]+O(\varepsilon^2)\end{aligned} \tag{5.5.5}$$

---

① 参阅:R. Shankar, *Principles of Quantum Mechanics*, 2nd. ed., Chap. 21. Plenum Press, 1998.

当 ε→0 时，$O(\varepsilon^2)$项可略去. 把式(5.5.4)代入式(5.5.3)，并在 N 个因式之间插入$(N-1)$个单位式(identity)

$$I=\int_{-\infty}^{+\infty}\mathrm{d}x_j\,|x_j\rangle\langle x_j|,\qquad j=1,2,\cdots,N-1 \tag{5.5.6}$$

于是传播子(5.5.2)可以表示为

$$\begin{aligned}K(x''t'',x't')=&\langle x''=x_N|\prod_{j=1}^{N-1}\int_{-\infty}^{+\infty}\mathrm{d}x_j\\&\cdot\exp\left(-\frac{\mathrm{i}\varepsilon}{2m\hbar}p^2\right)\cdot\exp\left[-\frac{\mathrm{i}\varepsilon}{\hbar}V(x)\right]|x_{N-1}\rangle\langle x_{N-1}|\\&\exp\left(-\frac{\mathrm{i}\varepsilon}{2m\hbar}p^2\right)\cdot\exp\left[-\frac{\mathrm{i}\varepsilon}{\hbar}V(x)\right]\cdot|x_{N-2}\rangle\langle x_{N-2}|\\&\cdots\\&\exp\left(-\frac{\mathrm{i}\varepsilon}{2m\hbar}p^2\right)\cdot\exp\left[-\frac{\mathrm{i}\varepsilon}{\hbar}V(x)\right]|x_1\rangle\langle x_1|\\&\exp\left(-\frac{\mathrm{i}\varepsilon}{2m\hbar}p^2\right)\cdot\exp\left[-\frac{\mathrm{i}\varepsilon}{\hbar}V(x)\right]|x_0=x'\rangle\end{aligned} \tag{5.5.7}$$

式中

$$\begin{aligned}&\langle x_j|\exp\left(-\frac{\mathrm{i}\varepsilon}{2m\hbar}p^2\right)\exp\left[-\frac{\mathrm{i}\varepsilon}{\hbar}V(x)\right]|x_{j-1}\rangle\\&=\langle x_j|\exp\left(\frac{-\mathrm{i}\varepsilon}{2m\hbar}p^2\right)|x_{j-1}\rangle\exp\left[-\frac{\mathrm{i}\varepsilon}{\hbar}V(x_{j-1})\right]\\&=\left(\frac{m}{2\pi\hbar\mathrm{i}\varepsilon}\right)^{1/2}\cdot\exp\left[\frac{\mathrm{i}m(x_j-x_{j-1})^2}{2\hbar\varepsilon}\right]\cdot\exp\left[-\frac{\mathrm{i}\varepsilon}{\hbar}V(x_j)\right]\end{aligned} \tag{5.5.8}$$

这里利用了自由粒子的传播子的计算公式[见 5.1 节，式(5.1.9)].

把式(5.5.8)代入式(5.5.7)，可得出

$$\begin{aligned}&K(x''t'',x't')\\&=\left(\frac{m}{2\pi\hbar\mathrm{i}\varepsilon}\right)^{1/2}\cdot\left[\prod_{j=1}^{N-1}\int_{-\infty}^{+\infty}\left(\frac{m}{2\pi\hbar\mathrm{i}\varepsilon}\right)^{1/2}\mathrm{d}x_j\right]\cdot\exp\left[\sum_{j=1}^{N}\frac{\mathrm{i}m(x_j-x_{j-1})^2}{2\hbar\varepsilon}-\frac{\mathrm{i}\varepsilon}{\hbar}V(x_{j-1})\right]\end{aligned} \tag{5.5.9}$$

当 ε→0 时，$(x_j-x_{j-1})/\varepsilon\approx\dot{x}_j$，于是式(5.5.9)右边最后一个因式化为

$$\exp\left\{\frac{\mathrm{i}\varepsilon}{\hbar}\left[\frac{1}{2}m\dot{x}_j^2-V(x_j)\right]\right\}=\exp\left[\frac{\mathrm{i}\varepsilon}{\hbar}L(x_j,\dot{x}_j)\right] \tag{5.5.10}$$

因而式(5.5.9)化为

$$K(x''t'',x't')=\int D[x(t)]\cdot\exp\left(\frac{\mathrm{i}}{\hbar}\int_{t'}^{t''}\mathrm{d}tL(x,\dot{x})\right) \tag{5.5.11}$$

式中

$$\int D[x(t)]=\lim_{\substack{N\to\infty\\ \varepsilon\to 0}}\left(\frac{m}{2\pi\hbar\mathrm{i}\varepsilon}\right)^{1/2}\cdot\int\prod_{j=1}^{N-1}\left(\frac{m}{2\pi\hbar\mathrm{i}\varepsilon}\right)^{1/2}\mathrm{d}x_j \tag{5.5.12}$$

此即位形空间中的路径积分.

5.5.2 相空间中的路径积分

按式(5.5.1)～(5.5.5),传播子 $K(x''t'',x't')$ 可以写成如下形式:

$$\langle x_N=x''\left|\underbrace{\exp\left(\frac{-\mathrm{i}\varepsilon}{2m\hbar}p^2\right)\cdot\exp\left[-\frac{\mathrm{i}\varepsilon}{\hbar}V(x)\right]\cdot\exp\left(\frac{-\mathrm{i}\varepsilon}{2m\hbar}p^2\right)\cdot\exp\left[-\frac{\mathrm{i}\varepsilon}{\hbar}V(x)\right]}_{N\text{个因式}}\right.$$

$$\cdots\Big|x_0=x'\rangle \tag{5.5.13}$$

在上式中相邻两个指数算符因式之间依次插入

$$I=\int\mathrm{d}x_j\,|x_j\rangle\langle x_j|,\qquad j=1,2,\cdots,N-1 \tag{5.5.14}$$

$$I=\int\mathrm{d}p_j\,|p_j\rangle\langle p_j|,\qquad j=1,2,\cdots,N \tag{5.5.15}$$

$|x_j\rangle$ 与 $|p_j\rangle$ 分别是粒子坐标 x 和动量 p 的本征态,而 $\langle x_j|p_k\rangle=\mathrm{e}^{\mathrm{i}p_kx_j}/\sqrt{2\pi\hbar}$. 此时,式(5.5.13)中每一个指数算符因式都作用在它的本征态上,可以很容易给出其表示式. 例如,以 $N=3$ 为例,式(5.5.13)化为

$$\iiint_{-\infty}^{+\infty}\mathrm{d}p_3\mathrm{d}p_2\mathrm{d}p_1\iint_{-\infty}^{+\infty}\mathrm{d}x_2\mathrm{d}x_1\langle x_3\left|\exp\left(-\frac{\mathrm{i}\varepsilon}{2m\hbar}p^2\right)\right|p_3\rangle$$

$$\langle p_3\left|\exp\left[-\frac{\mathrm{i}\varepsilon}{\hbar}V(x)\right]\right|x_2\rangle\cdot\langle x_2\left|\exp\left(-\frac{\mathrm{i}\varepsilon}{2m\hbar}p^2\right)\right|p_2\rangle$$

$$\langle p_2\left|\exp\left[-\frac{\mathrm{i}\varepsilon}{\hbar}V(x)\right]\right|x_1\rangle\cdot\langle x_1\left|\exp\left(-\frac{\mathrm{i}\varepsilon}{2m\hbar}p^2\right)\right|p_1\rangle$$

$$\langle p_1\left|\exp\left[-\frac{\mathrm{i}\varepsilon}{\hbar}V(x)\right]\right|x_0\rangle$$

$$=\iiint_{-\infty}^{+\infty}\mathrm{d}p_3\mathrm{d}p_2\mathrm{d}p_1\iint_{-\infty}^{+\infty}\mathrm{d}x_2\mathrm{d}x_1\cdot\exp\left\{-\frac{\mathrm{i}\varepsilon}{2m\hbar}(p_3^2+p_2^2+p_1^2)\right.$$

$$\left.-\frac{\mathrm{i}\varepsilon}{\hbar}[V(x_2)+V(x_1)+V(x_0)]\right\}\cdot\langle x_3|p_3\rangle\langle p_3|x_2\rangle\langle x_2|p_2\rangle\langle p_2|x_1\rangle$$

$$\langle x_1|p_1\rangle\langle p_1|x_0\rangle\left(\frac{1}{\sqrt{2\pi\hbar}}\right)^6\iiint_{-\infty}^{+\infty}\mathrm{d}p_3\mathrm{d}p_2\mathrm{d}p_1\iint_{-\infty}^{+\infty}\mathrm{d}x_2\mathrm{d}x_1$$

$$\cdot\exp\left\{-\frac{\mathrm{i}\varepsilon}{2m\hbar}(p_3^2+p_2^2+p_1^2)+\frac{\mathrm{i}}{\hbar}[p_3(x_3-x_2)+p_2(x_2-x_1)\right.$$

$$\left.+p_1(x_1-x_0)]-\frac{\mathrm{i}\varepsilon}{\hbar}[V(x_3)+V(x_2)+V(x_1)]\right\} \tag{5.5.16}$$

推广到一般情况,式(5.5.13)可化为

$$K(x''t'',x't')$$
$$=\int_{(x',t')}^{(x'',t'')} D[p(t)]D[x(t)]\exp\left\{\sum_{j=1}^{N}\left[\frac{-\mathrm{i}\varepsilon}{2m\hbar}p_j^2+\frac{\mathrm{i}}{\hbar}p_j(x_j-x_{j-1})-\frac{\mathrm{i}\varepsilon}{\hbar}V(x_{j-1})\right]\right\}$$
(5.5.17)

式中

$$\int_{(x',t')}^{(x'',t'')} D[p(t)]D[x(t)]=\left(\frac{1}{\sqrt{2\pi\hbar}}\right)^{2N}\iint_{-\infty}^{+\infty}\cdots\int\prod_{j=1}^{N}\prod_{k=1}^{N-1}\mathrm{d}p_j\,\mathrm{d}x_k \quad (5.5.18)$$

当 $N\to\infty$，$\varepsilon\to 0$ 时，$x_j-x_{j-1}\approx\dot{x}_j\varepsilon$，因而，式(5.5.17)可化为

$$K(x''t'',x't')=\int D[p]D[x]\cdot\exp\left\{\frac{\mathrm{i}}{\hbar}\int_{t'}^{t''}[p\dot{x}-H(x,p)]\mathrm{d}t\right\}$$
$$=\int D[p]D[x]\cdot\exp\left[\frac{\mathrm{i}}{\hbar}\int_{t'}^{t''}L(x,\dot{x})\mathrm{d}t\right] \quad (5.5.19)$$

此即用相空间中的路径积分来计算传播子的公式.

5.6 AB(Aharonov-Bohm)效应

在经典电动力学中，电磁矢势和标势只是作为描述和计算电磁场强度的一个方便的数学工具而引进的.诚然，在经典力学的 Hamilton 正则形式和 Lagrange 理论形式中，对于荷电粒子的描述，的确要出现矢势和标势.但在荷电粒子的基本动力学方程中

$$m\frac{\mathrm{d}}{\mathrm{d}t}\boldsymbol{v}=\left(q\boldsymbol{E}+\frac{q}{c}\boldsymbol{v}\times\boldsymbol{B}\right) \quad (5.6.1)$$

只有粒子所在地域(local)的电场强度 $\boldsymbol{E}(\boldsymbol{r},t)$ 和磁场强度 $\boldsymbol{B}(\boldsymbol{r},t)$ 出现，而矢势和标势并不出现.

与此不同，量子力学中(无论是 Schrödinger 波动力学形式，Heisenberg 矩阵力学形式，或者 Feynman 路径积分形式)，描述荷电粒子在电磁场中的动力学方程中都会出现粒子所在地域的(local)矢势 $\boldsymbol{A}(\boldsymbol{r},t)$ 和标势 $\varphi(\boldsymbol{r},t)$. Aharonov 和 Bohm[①]首先认识到电磁矢势和标势的深刻的物理含义.他们指出，在电磁场强度为0的区域中(但矢势和标势并不为0)运动的两束相干的荷电粒子，波函数会发生不同的相位变化.因此，当两束粒子重新会聚后，就会出现干涉现象.不久，果然在实验中观测到了这种干涉现象[②].后来人们称之为 AB 效应[③]. Furry 和 Ram-

① Y. Aharonov and D. Bohm, Phys. Rev. **115**(1959) 485.

② R. G. Chambers, Phys. Rev. Lett. **5**(1960) 1.

③ 例如，M. Peskin and A. Tonomura, *The Aharonov-Bohm effect*, *Lecture Notes in Physics*, vol. **340**, Springer-Verlag, Berlin, 1989.

sey[①] 还从量子力学理论本身的自洽性来论证了 AB 效应的正确性. 下面简单介绍一下两种形式的 AB 效应,即磁 AB 效应和电 AB 效应.

Feynman 的路径积分理论现今已被广泛应用来处理各种物理现象,例如 AB 效应、量子 Hall 效应等. 作为路径积分理论的一个重要应用,下面用路径积分理论来分析 AB 效应. 先讨论磁 AB 效应.

磁 AB 效应实验的示意图,如图 5.8 所示. 它实质上是一个双缝干涉实验. 与通常双缝干涉实验不同之处,仅在于双缝装置的后面(图中斜线所示区域)安放一条很细的长螺管,管内部有磁场 $\boldsymbol{B}\neq 0$,垂直纸面向上. 在螺管外面有矢势 $\boldsymbol{A}$(采用 Coulomb 规范),如图中圆圈所示.

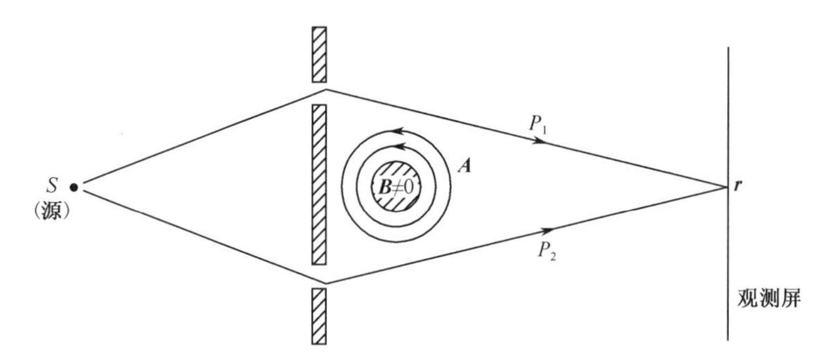

图 5.8　磁 AB 效应示意图

取自 Shankar 的教材[②]

在通常的双缝干涉实验中,粒子从源 S 发出后,经过双缝后,在屏上会合,会观测到干涉现象. 按照路径积分理论 5.2 节,描述双缝干涉的波函数为

$$\psi(\boldsymbol{r}) \approx \psi_{P_1}(\boldsymbol{r}) + \psi_{P_2}(\boldsymbol{r}) \tag{5.6.2}$$

ψ_{P_1} 和 ψ_{P_2} 分别是经历路径 P_1 和 P_2 的贡献.

下面来讨论磁 AB 效应(图 5.8)[①]. 按照路径积分理论,由于 Lagrange 量 L 中的$(\boldsymbol{v}\cdot\boldsymbol{A})$项[本书末附录 A.1,式(A.1.11)],沿每一条路径上的波函数将出现一个额外的因子

$$\exp\left[\frac{\mathrm{i}q}{\hbar c}\int_{t_0}^{t}(\boldsymbol{v}\cdot\boldsymbol{A})\mathrm{d}t'\right] = \exp\left(\frac{\mathrm{i}q}{\hbar c}\int_{S}^{r}\boldsymbol{A}\cdot\mathrm{d}\boldsymbol{r}'\right) \tag{5.6.3}$$

因此描述磁 AB 效应(图 5.8)的波函数为

$$\psi(\boldsymbol{r}) \approx \psi_{P_1}(\boldsymbol{r})\exp\left(\frac{\mathrm{i}q}{\hbar c}\int_{P_1}\boldsymbol{A}\cdot\mathrm{d}\boldsymbol{r}'\right) + \psi_{P_2}(\boldsymbol{r})\exp\left(\frac{\mathrm{i}q}{\hbar c}\int_{P_2}\boldsymbol{A}\cdot\mathrm{d}\boldsymbol{r}'\right) \tag{5.6.4}$$

把右侧两项的一个共同因子提出后,上式可改写成

---

① W. H. Furry and N. F. Ramsey, *Phys. Rev.*, **118**(1960) 623.

② R. Shankar, *Principles of Quantum Mechanics*, 2nd. ed., p. 497～499; K. Gottfried and T. M. Yan, *Quantum Mechanics. Fundamentals*, 2nd. ed., p. 196～198.

$$
\begin{aligned}
\psi(\boldsymbol{r}) &\approx (\text{共同因子})\left[\psi_{P_1}(\boldsymbol{r})+\psi_{P_2}(\boldsymbol{r})\exp\left(\frac{\mathrm{i}q}{\hbar c}\oint \boldsymbol{A}\cdot \mathrm{d}\boldsymbol{r}'\right)\right] \\
&= (\text{共同因子})\left[\psi_{P_1}(\boldsymbol{r})+\psi_{P_2}(\boldsymbol{r})\exp\left(\frac{\mathrm{i}q\Phi}{\hbar c}\right)\right]
\end{aligned}
\tag{5.6.5}
$$

式中

$$
\Phi=\oint \boldsymbol{A}\cdot \mathrm{d}\boldsymbol{r}'=\int(\nabla\times\boldsymbol{A})\cdot \mathrm{d}\boldsymbol{s}=\int \boldsymbol{B}\cdot \mathrm{d}\boldsymbol{s} \tag{5.6.6}
$$

是通过细螺管的磁通.在磁 AB 效应中,由于细螺管内磁场 $\boldsymbol{B}$ 的存在,通过 P_1 和 P_2 两条路径的波函数有一个相差,$\delta\phi=q\Phi/\hbar c$.在一般情况下,其干涉花样将不同于通常的双缝干涉,这一点已为实验所证实.

磁 AB 效应实验表明,尽管在粒子所经历的路径 P_1 和 P_2 上及它们邻域(处于细螺管外)中,$\boldsymbol{B}=0$,但 $\boldsymbol{A}\neq 0$.由于矢势 $\boldsymbol{A}$ 的存在,双缝干涉花样将不同于通常的双缝干涉花样,在实验上是可以观测的,所以矢势 $\boldsymbol{A}$ 是有物理意义的.但应强调,尽管矢势 $\boldsymbol{A}$ 是与规范有关,但实验观测到的双缝干涉花样的变化,只依赖于螺管内的磁通 Φ,它不依赖于矢势 A 所采用的规范.

注意:当细螺管内的磁通 Φ 满足条件 $q\Phi/(\hbar c)=2n\pi$(n 整数)时,双缝干涉花样就与平常的双缝干涉实验中的观测结果相同.换言之,当磁通 $1\text{Gs}=10^{-4}\text{T}$

$$
\Phi=n\Phi_0,\qquad \Phi_0=2\pi\hbar c/q=4.14\times10^{-7}\text{Gs}\cdot\text{cm}^2 \tag{5.6.7}
$$

就会出现上述现象.Φ_0 称为磁通量子(flux quantum).随磁通 Φ 的变化,相差 $\delta\phi$(因而双缝干涉花样)也随之变化.磁通变化的周期为 $\Phi_0=2\pi\hbar c/q$,这已在实验中观测到.关于磁 AB 效应的更深刻的物理含义,可参阅 Aharonov-Bohm 的原始文献和有关的评述性文献①.

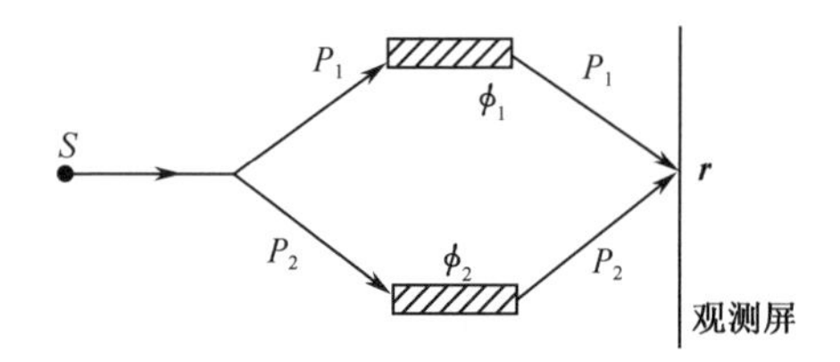

图 5.9　电 AB 效应

其次用路径积分理论来分析电 AB 效应,如示意图 5.9 所示.设入射荷电 q 的粒子束经过双缝后,分别经历两条路径 P_1 和 P_2,然后在观测屏汇集.在粒子经历的两条路径上,分别放置两个 Faraday 筒(空心金属圆柱形筒,筒内无电场),筒上静电势分别为 ϕ_1 和 ϕ_2,电势差为 $\Delta\phi=\phi_2-\phi_1$.由于荷电粒子经历的路径上有静电势 ϕ 的存在,Lagrange 量 L 中出现一项 $-q\phi$[见本书末附录 A.1,式(A.1.11)],波

① 例如,M. P. Silverman, Am. J. Phys. **61**(1993) No. 6, p. 514~523; Y. Aharonov and D. Rohrlich, *Quantum Paradoxes*, §4.4(Wiley-VCH).

函数中将出现一个因子 $\exp\left(-\frac{\mathrm{i}q}{\hbar}\int^{t}\phi\,\mathrm{d}t\right)$. 设荷电粒子通过 Faraday 筒所需时间为 τ,则经历两条路径的荷电粒子的波函数有一个相差

$$\delta = \frac{q\tau}{\hbar}\Delta\phi \tag{5.6.8}$$

由于技术上的困难,这种电 AB 效应尚未在实验上观测到.

附录 规范不变性

1. 经典力学中的规范不变性

在经典电动力学中,电磁场矢势 $\boldsymbol{A}(\boldsymbol{r},t)$ 与标势 $\varphi(\boldsymbol{r},t)$ 如作以下变换:

$$\begin{aligned}\boldsymbol{A}(\boldsymbol{r},t) &\to \boldsymbol{A}'(\boldsymbol{r},t) = \boldsymbol{A}(\boldsymbol{r},t) + \nabla f(\boldsymbol{r},t) \\ \varphi(\boldsymbol{r},t) &\to \varphi'(\boldsymbol{r},t) = \varphi(\boldsymbol{r},t) - \frac{\partial}{c\partial t}f(\boldsymbol{r},t)\end{aligned} \tag{1}$$

式中 $f(\boldsymbol{r},t)$ 是任意的非奇异函数,电磁场强度

$$\begin{aligned}\boldsymbol{E} &= -\nabla\varphi - \frac{\partial}{c\partial t}\boldsymbol{A} \\ \boldsymbol{B} &= \nabla\times\boldsymbol{A}\end{aligned} \tag{2}$$

显然保持不变,此即电磁场的规范不变性.

以下考虑荷电 q、质量为 M 的粒子在电磁场中的运动.

1)Newton 力学形式

在 Newton 方程中

$$M\frac{\mathrm{d}^2}{\mathrm{d}t^2}\boldsymbol{r} = q\left(\boldsymbol{E} + \frac{1}{c}v\times\boldsymbol{B}\right) \tag{3}$$

只出现 $\boldsymbol{E}$ 和 $\boldsymbol{B}$,其规范不变性是很明显的.

2)Lagrange 力学形式

荷电粒子的 Lagrange 量为

$$L(\boldsymbol{r},\boldsymbol{v},t) = \frac{1}{2}Mv^2 - q\left[\varphi(\boldsymbol{r},t) - \frac{1}{c}\boldsymbol{v}\cdot\boldsymbol{A}(\boldsymbol{r},t)\right] \tag{4}$$

$\boldsymbol{A}$ 与 φ 出现在 L 中,所以 L 与规范有关. 但把 L 代入 Lagrange 方程

$$\frac{\partial L}{\partial\boldsymbol{r}} - \frac{\mathrm{d}}{\mathrm{d}t}\left(\frac{\partial L}{\partial\boldsymbol{v}}\right) = 0 \tag{5}$$

可得出

$$\frac{\mathrm{d}}{\mathrm{d}t}\left[M\boldsymbol{v} + \frac{q}{c}\boldsymbol{A}\right] = -q\nabla\varphi + \frac{q}{c}\nabla(\boldsymbol{v}\cdot\boldsymbol{A})$$

利用

$$\frac{\mathrm{d}}{\mathrm{d}t}\boldsymbol{A} = \frac{\partial}{\partial t}\boldsymbol{A} + (\boldsymbol{v}\cdot\nabla)\boldsymbol{A}$$

$$\nabla(\boldsymbol{v}\cdot\boldsymbol{A}) = \boldsymbol{v}\times(\nabla\times\boldsymbol{A}) + (\boldsymbol{v}\cdot\nabla)\boldsymbol{A} = \boldsymbol{v}\times\boldsymbol{B} + (\boldsymbol{v}\cdot\nabla)A$$

可得

$$M \frac{\mathrm{d}}{\mathrm{d}t} \boldsymbol{v} = q\left(\boldsymbol{E} + \frac{1}{c} \boldsymbol{v} \times \boldsymbol{B}\right) \tag{6}$$

与式(3)相同,也与规范无关.

3) Hamilton 力学形式

粒子运动状态用正则坐标 $\boldsymbol{r}(t)$ 和正则动量 $\boldsymbol{p}(t)$ 描述. 正则动量定义为

$$\boldsymbol{p} = \frac{\partial L}{\partial \boldsymbol{v}} = M\boldsymbol{v} + \frac{q}{c}\boldsymbol{A} = \boldsymbol{\pi} + \frac{q}{c}\boldsymbol{A} \tag{7}$$

$\boldsymbol{\pi} = M\boldsymbol{v}$ 称为机械动量. 粒子的 Hamilton 量定义为

$$\begin{aligned} H &= \boldsymbol{v} \cdot \boldsymbol{p} - L \\ &= \boldsymbol{v} \cdot \left(M\boldsymbol{v} + \frac{q}{c}\boldsymbol{A}\right) - \frac{1}{2}Mv^2 + q\left(\psi - \frac{1}{c}\boldsymbol{v} \cdot \boldsymbol{A}\right) \\ &= \frac{1}{2}Mv^2 + q\varphi \end{aligned} \tag{8}$$

即

$$H = \frac{1}{2M}\left(\boldsymbol{p} - \frac{q}{c}\boldsymbol{A}\right)^2 + q\varphi \tag{9}$$

正则方程表示为

$$\dot{\boldsymbol{r}} = \frac{\partial}{\partial \boldsymbol{p}} H(\boldsymbol{r}, \boldsymbol{p}, t), \qquad \dot{\boldsymbol{p}} = -\frac{\partial}{\partial \boldsymbol{r}} H(\boldsymbol{r}, \boldsymbol{p}, t) \tag{10}$$

由此也可以得出

$$M\ddot{\boldsymbol{r}} = q\left(\boldsymbol{E} + \frac{q}{c}\boldsymbol{v} \times \boldsymbol{B}\right) \tag{11}$$

与式(3)同,也与规范选取无关.

在规范变换下,坐标 $\boldsymbol{r}$ 与机械动量 $\boldsymbol{\pi}$ 保持不变

$$\boldsymbol{r}'(t) = \boldsymbol{r}(t), \qquad \boldsymbol{\pi}'(t) = \boldsymbol{\pi}(t) \tag{12}$$

机械角动量

$$\boldsymbol{\Lambda} = \boldsymbol{r} \times \boldsymbol{\pi} = M\boldsymbol{r} \times \boldsymbol{v} \tag{13}$$

也保持不变

$$\boldsymbol{\Lambda}'(t) = \boldsymbol{\Lambda}(t) \tag{14}$$

但正则动量显然与规范有关,$\boldsymbol{p} = M\boldsymbol{v} + \frac{q}{c}\boldsymbol{A}$, $\boldsymbol{p}' = M\boldsymbol{v} + \frac{q}{c}\boldsymbol{A}'$,所以

$$\boldsymbol{p}' = \boldsymbol{p} + \frac{q}{c} \nabla f(\boldsymbol{r}, t) \tag{15}$$

Hamilton 量一般也与规范有关,

$$H = \frac{1}{2M}\left(\boldsymbol{p} - \frac{q}{c}\boldsymbol{A}\right)^2 + q\varphi$$

$$H' = \frac{1}{2M}\left(\boldsymbol{p}' - \frac{q}{c}\boldsymbol{A}'\right)^2 + q\varphi' = \frac{1}{2M}\left(\boldsymbol{p} - \frac{q}{c}\boldsymbol{A}\right)^2 + q\left(\varphi - \frac{1}{c}\frac{\partial}{\partial t}f\right)$$

所以

$$H' = H - \frac{q}{c}\frac{\partial}{\partial t}f \tag{16}$$

只当 H 不显含 t 情况,可取 $\boldsymbol{A}$ 和 φ 与 t 无关,因而可取 $\partial f/\partial t = 0$,此时 $\varphi'(\boldsymbol{r}) = \varphi(\boldsymbol{r})$,而

$$H' = H \tag{17}$$

Hamilton 量(即能量)为守恒量①.

2. 量子力学中的规范不变性

在量子力学中,粒子坐标和动量算符(采用坐标表象)分别为

$$\hat{\boldsymbol{r}} = \boldsymbol{r}, \quad \hat{\boldsymbol{p}} = -\mathrm{i}\hbar\boldsymbol{\nabla} \tag{18}$$

在经典力学中,粒子坐标不随规范变换而变[见式(12)],正则动量则与规范有关[见式(15)].试问,量子力学中的动量算符,是否与经典力学中正则动量一样,随规范不同而异?

通常的做法是,不管采用什么规范,正则动量算符与坐标算符都不随规范而异,即

$$\hat{\boldsymbol{r}}' = \hat{\boldsymbol{r}}, \quad \hat{\boldsymbol{p}}' = \hat{\boldsymbol{p}} = -\mathrm{i}\hbar\boldsymbol{\nabla} \tag{19}$$

在 Feynman 的书中②对这种做法的物理考虑,作了分析.在理论上应如何理解?

问题的关键在于,量子力学中的波函数和算符本身都不是直接观测的物理量,观测的只是力学量(算符)在一定波函数描述的量子态下的平均值、本征值(允许值)及相应的概率分布.与经典力学量直接对应的并不是算符本身,而是算符的平均值.因此,与式(12)和式(15)相似,在量子力学中要求:在规范变换下坐标和正则动量的平均值满足下列关系③:

$$\langle\psi'(t)\,|\,\hat{\boldsymbol{r}}'\,|\,\psi'(t)\rangle = \langle\psi(t)\,|\,\boldsymbol{r}\,|\,\psi(t)\rangle \tag{20}$$

$$\langle\psi'(t)\,|\,\hat{\boldsymbol{p}}'\,|\,\psi'(t)\rangle = \langle\psi(t)\left|\,\hat{\boldsymbol{p}} + \frac{q}{c}\boldsymbol{\nabla} f(\boldsymbol{r},t)\,\right|\psi(t)\rangle \tag{21}$$

式中 $|\psi(t)\rangle$ 和 $|\psi'(t)\rangle$ 是同一个量子态在两个规范下的表示[两个规范通过 $f(\boldsymbol{r},t)$ 相联系,见式(1)].注意,上两式中 $\hat{\boldsymbol{p}}' = \hat{\boldsymbol{p}} = -\mathrm{i}\hbar\boldsymbol{\nabla}$ [见式(19)]. $|\psi'(t)\rangle$ 与 $|\psi(t)\rangle$ 是什么关系才能保证式(20)和(21)成立?令

$$\begin{aligned} |\psi'(t)\rangle &= T_f\,|\psi(t)\rangle \\ T_f^{+}T_f &= T_f T_f^{+} = 1 \end{aligned} \tag{22}$$

T_f 代表与规范变换(1)相联系的一个幺正变换.按照式(20)和式(22),要求

$$T_f^{+}\,\hat{\boldsymbol{r}}\,T_f = \hat{\boldsymbol{r}} \tag{23}$$

即 $[T_f, \hat{\boldsymbol{r}}] = 0$,$T_f$ 与 $\hat{\boldsymbol{r}}$ 对易.考虑到 T_f 的幺正性,在坐标表象中

$$T_f = \mathrm{e}^{\mathrm{i}\chi(\boldsymbol{r},t)} \qquad [\chi(\boldsymbol{r},t)\ \text{为实}] \tag{24}$$

代入式(21),得

$$\mathrm{e}^{-\mathrm{i}\chi}\,\hat{\boldsymbol{p}}'\,\mathrm{e}^{\mathrm{i}\chi} = \boldsymbol{p} + \frac{q}{c}\boldsymbol{\nabla} f$$

---

① 即使在此情况下,$q\varphi$ 可以理解为荷电粒子的静电势能,Lagrange 量中的另一项 $\frac{q}{c}\boldsymbol{v}\cdot\boldsymbol{A}$ 并不能理解为静磁势能,因为 Lorentz 力 $\frac{q}{c}\boldsymbol{v}\times\boldsymbol{B}$ 总是垂直于 $\boldsymbol{v}$,对粒子不做功.这表现在 Hamilton 量中

$$H = \frac{1}{2M}\pi^2 + q\varphi = \frac{1}{2}Mv^2 + q\varphi$$

只有一项机械动能和一项静电势能.

② *The Feynman Lectures on Physics*, Vol. 3., *Quantum Mechanic*, p. 21～25. Addison-Wesley, 1965.

③ C. Cohen-Tannoudji, B. Diu and F. Faloë, *Quantum Mechanics*, John Wiley & Sons, 1977.

利用 $\hat{\boldsymbol{p}}'=\hat{\boldsymbol{p}}=-\mathrm{i}\hbar\boldsymbol{\nabla}$，上式左边$=-\mathrm{i}\hbar\boldsymbol{\nabla}+\hbar\boldsymbol{\nabla}\chi$，由此得 $\hbar\boldsymbol{\nabla}\chi=\frac{q}{c}\boldsymbol{\nabla}f$，所以

$$\chi(\boldsymbol{r},t)=\frac{q}{\hbar c}f(\boldsymbol{r},t)+f_0(t) \tag{25}$$

如不涉及态随时间的演化，可以略去 $f_0(t)$，则

$$\chi(\boldsymbol{r},t)=\frac{q}{\hbar c}f(\boldsymbol{r},t) \tag{26}$$

而

$$T_f=\exp\left[\frac{\mathrm{i}q}{\hbar c}f(\boldsymbol{r},t)\right] \tag{27}$$

所以在坐标表象中的波函数在两种规范下的关系为

$$\psi'(\boldsymbol{r},t)=\exp\left[\frac{\mathrm{i}q}{\hbar c}f(\boldsymbol{r},t)\right]\cdot\psi(\boldsymbol{r},t) \tag{28}$$

上述结论也可以根据 Schrödinger 方程的形式在规范变换下保持不变而得出，即要求

$$\mathrm{i}\hbar\frac{\partial}{\partial t}\psi'(\boldsymbol{r},t)=\left[\frac{1}{2M}\left(\hat{\boldsymbol{p}}'-\frac{q}{c}\boldsymbol{A}'\right)^2+q\varphi'\right]\psi'(\boldsymbol{r},t) \tag{29}$$

式中 $\hat{\boldsymbol{p}}'=-\mathrm{i}\hbar\boldsymbol{\nabla}$. 利用

$$\mathrm{i}\hbar\frac{\partial}{\partial t}\psi'-q\varphi'\psi'=\exp\left(\frac{\mathrm{i}q}{\hbar c}f\right)\cdot\left(\mathrm{i}\hbar\frac{\partial}{\partial t}\psi+q\varphi\psi\right)$$

$$\left(-\mathrm{i}\hbar\boldsymbol{\nabla}-\frac{q}{c}\boldsymbol{A}'\right)\psi'=\exp\left(\frac{\mathrm{i}q}{\hbar c}f\right)\cdot\left(-\mathrm{i}\hbar\boldsymbol{\nabla}-\frac{q}{c}\boldsymbol{A}\right)\psi$$

$$\left(-\mathrm{i}\hbar\boldsymbol{\nabla}-\frac{q}{c}\boldsymbol{A}'\right)^2\psi'=\exp\left(\frac{\mathrm{i}q}{\hbar c}f\right)\cdot\left(-\mathrm{i}\hbar\boldsymbol{\nabla}-\frac{q}{c}\boldsymbol{A}\right)^2\psi$$

式(29)化为

$$\mathrm{i}\hbar\frac{\partial}{\partial t}\psi=\left[\frac{1}{2M}\left(\hat{\boldsymbol{p}}-\frac{q}{c}\right)^2+q\varphi\right]\psi,\quad \hat{\boldsymbol{p}}=-\mathrm{i}\hbar\boldsymbol{\nabla} \tag{30}$$

这表明，如果波函数按照式(28)变换，则 Schrödinger 方程的形式在规范变换下保持不变.

应该提到，尽管动量算符表示式不随规范而变($\hat{\boldsymbol{p}}'=\hat{\boldsymbol{p}}=-\mathrm{i}\hbar\boldsymbol{\nabla}$)，它的矩阵元则随规范而异. 例如

$$\begin{aligned}
&\int\mathrm{d}^3r\psi_1'^*(\boldsymbol{r},t)\hat{\boldsymbol{p}}'\psi_2'(\boldsymbol{r},t)\\
=&\int\mathrm{d}^3r\psi_1'^*(\boldsymbol{r},t)(-\mathrm{i}\hbar\boldsymbol{\nabla})\psi_2'(\boldsymbol{r},t)\\
=&\int\mathrm{d}^3r\psi_1^*(\boldsymbol{r},t)\exp\left(-\frac{\mathrm{i}qf}{\hbar c}\right)(-\mathrm{i}\hbar\boldsymbol{\nabla})\exp\left(\frac{\mathrm{i}qf}{\hbar c}\right)\psi_2(\boldsymbol{r},t)\\
=&\int\mathrm{d}^3r\psi_1^*(\boldsymbol{r},t)(-\mathrm{i}\hbar\boldsymbol{\nabla})\psi_2(\boldsymbol{r},t)+\int\mathrm{d}^3r\psi_1^*(\boldsymbol{r},t)\left[\frac{q}{c}\boldsymbol{\nabla}f(\boldsymbol{r},t)\right]\psi_2(\boldsymbol{r},t)\\
=&\int\mathrm{d}^3r\psi_1^*(\boldsymbol{r},t)\hat{\boldsymbol{p}}\psi_2(\boldsymbol{r},t)+\int\mathrm{d}^3r\psi_1^*(\boldsymbol{r},t)\left[\frac{q}{c}\boldsymbol{\nabla}f(\boldsymbol{r},t)\right]\psi_2(\boldsymbol{r},t)
\end{aligned} \tag{31}$$

与正则动量不同，在规范变换下，机械动量 $\hat{\boldsymbol{\pi}}=\hat{\boldsymbol{p}}-\frac{q}{c}\boldsymbol{A}=-\mathrm{i}\hbar\boldsymbol{\nabla}-\frac{q}{c}\boldsymbol{A}$ 将改变为

$$\hat{\boldsymbol{\pi}}'=-\mathrm{i}\hbar\boldsymbol{\nabla}-\frac{q}{c}\boldsymbol{A}'(\boldsymbol{r},t)=-\mathrm{i}\hbar\boldsymbol{\nabla}-\frac{q}{c}[\boldsymbol{A}(\boldsymbol{r},t)+\boldsymbol{\nabla}f(\boldsymbol{r},t)]$$

$$= \hat{\boldsymbol{\pi}} - \frac{q}{c} \boldsymbol{\nabla} f(\boldsymbol{r},t) \tag{32}$$

但其平均值不随规范而异(与经典力学中机械动量一样).

类似,Hamilton 算符一般也随规范而异,因为

$$\hat{H} = \frac{1}{2M}\left[\hat{\boldsymbol{p}} - \frac{q}{c}\boldsymbol{A}(\boldsymbol{r},t)\right]^2 + q\varphi(\boldsymbol{r},t), \quad \hat{\boldsymbol{p}} = -\mathrm{i}\hbar\boldsymbol{\nabla} \tag{33}$$

$$\begin{aligned}\hat{H}' &= \frac{1}{2M}\left[\hat{\boldsymbol{p}}' - \frac{q}{c}\boldsymbol{A}'(\boldsymbol{r},t)\right]^2 + q\varphi'(\boldsymbol{r},t), \quad \hat{\boldsymbol{p}}' = -\mathrm{i}\hbar\boldsymbol{\nabla} \\ &= \frac{1}{2M}\left[\hat{\boldsymbol{p}} - \frac{q}{c}\boldsymbol{A}(\boldsymbol{r},t)\right]^2 + q\varphi(\boldsymbol{r},t) - \frac{q}{c}\frac{\partial}{\partial t}f(\boldsymbol{r},t) \neq \hat{H}\end{aligned} \tag{34}$$

只当电磁场不随时间变化的情况下,可以取 $\boldsymbol{A}$ 和 φ 保持与 t 无关,因而$\partial f/\partial t=0$. 此时 $\hat{H}'=\hat{H}$,即 $\hat{H}$(守恒量)与规范无关.

从 Schrödinger 方程形式的规范不变性来看

$$\mathrm{i}\hbar\frac{\partial}{\partial t}|\psi'(t)\rangle = \hat{H}'|\psi'(t)\rangle \tag{35}$$

上式左边为

$$\begin{aligned}\mathrm{i}\hbar\frac{\partial}{\partial t}|\psi'(t)\rangle &= \mathrm{i}\hbar\frac{\partial}{\partial t}T_f|\psi(t)\rangle \qquad \left(\text{式中 } T_f = \exp\left(\frac{\mathrm{i}q}{\hbar c}f\right)\right) \\ &= -\frac{q}{c}\frac{\partial f}{\partial t}T_f|\psi(t)\rangle + T_f\mathrm{i}\hbar\frac{\partial}{\partial t}|\psi(t)\rangle = -\frac{q}{c}\frac{\partial f}{\partial t}T_f|\psi(t)\rangle + T_f\hat{H}|\psi(t)\rangle \\ &= -\frac{q}{c}\frac{\partial f}{\partial t}T_f|\psi(t)\rangle + T_f\hat{H}T_f^+T_f|\psi(t)\rangle = \left(-\frac{q}{c}\frac{\partial f}{\partial t} + T_f\hat{H}T_f^+\right)|\psi'(t)\rangle\end{aligned}$$

与式(35)右边比较,得

$$\hat{H}' = -\frac{q}{c}\frac{\partial f}{\partial t} + T_f\hat{H}T_f^+ \tag{36}$$

利用

$$T_f\varphi(\boldsymbol{r},t)T_f^+ = \varphi(\boldsymbol{r},t)$$

$$\begin{aligned}T_f\left[\hat{\boldsymbol{p}} - \frac{q}{c}\boldsymbol{A}(\boldsymbol{r},t)\right]^2 T_f^+ &= T_f\left[-\mathrm{i}\hbar\boldsymbol{\nabla} - \frac{q}{c}\boldsymbol{A}(\boldsymbol{r},t)\right]^2 T_f^+ \\ &= \left[-\mathrm{i}\hbar\boldsymbol{\nabla} - \frac{q}{c}\boldsymbol{A}(\boldsymbol{r},t) - \frac{q}{c}\boldsymbol{\nabla}f(\boldsymbol{r},t)\right]^2 \\ &= \left[\hat{\boldsymbol{p}} - \frac{q}{c}\boldsymbol{A}'(\boldsymbol{r},t)\right]^2\end{aligned}$$

可得

$$\begin{aligned}\hat{H}' &= \frac{1}{2M}\left[\boldsymbol{p} - \frac{q}{c}\boldsymbol{A}'(\boldsymbol{r},t)\right]^2 + q\left[\varphi(\boldsymbol{r},t) - \frac{1}{c}\frac{\partial f(\boldsymbol{r},t)}{\partial t}\right] \\ &= \frac{1}{2M}\left[\boldsymbol{p} - \frac{q}{c}\boldsymbol{A}'(\boldsymbol{r},t)\right]^2 + q\varphi'(\boldsymbol{r},t)\end{aligned} \tag{37}$$

与式(34)相同.

Hamilton 量的平均值与规范变换的关系为

$$\langle\psi'|\hat{H}'|\psi'\rangle = \langle\psi|T_f^+\hat{H}'T_f|\psi\rangle$$

利用式(36),有

$$\langle\psi'\mid\hat{H}\mid\psi'\rangle=\langle\psi\left|H-\frac{q}{c}\frac{\partial f}{\partial t}\right|\psi\rangle \tag{38}$$

与经典力学中相应的关系式(16)相同.

3. 路径积分理论的规范不变性

在经典力学中,荷电 q 的粒子在电磁场中的 Lagrange 量表示为(见附录 A.1)

$$L=\frac{1}{2}mv^2-q\varphi+\frac{q}{c}\boldsymbol{v}\cdot\boldsymbol{A} \tag{39}$$

相应的作用量为(从 $\boldsymbol{r}'t'\to\boldsymbol{r}''t''$)

$$S[\boldsymbol{r}(t)]=\int_{t'}^{t''}\mathrm{d}t\left(\frac{1}{2}mv^2-q\varphi+\frac{q}{c}\boldsymbol{v}\cdot\boldsymbol{A}\right) \tag{40}$$

在规范变换(1)下,S 变为

$$S\to S'=S+\frac{q}{c}\int_{t'}^{t''}\mathrm{d}t\left(\boldsymbol{v}\cdot\nabla f+\frac{\partial}{\partial t}f\right) \tag{41}$$

利用

$$\frac{\mathrm{d}}{\mathrm{d}t}f=\frac{\partial}{\partial t}f+(\boldsymbol{v}\cdot\nabla)f$$

得

$$S'=S+\frac{q}{c}[f(\boldsymbol{r}'',t'')-f(\boldsymbol{r}',t')] \tag{42}$$

但按最小作用原理进行变分时,初终点位置是固定不变的(见附录 A.1).因此,$\delta S'=0$ 与 $\delta S=0$ 给出的结果是相同的.这就是经典力学中的规范不变性.下面来讨论 Feynman 的路径积分理论的规范不变性.

在 Feynman 路径积分理论中,传播子是如下构成的:

$$K(\boldsymbol{r}''t'',\boldsymbol{r}'t')=C\sum_{\text{所有路径}}\exp[\mathrm{i}S/\hbar] \tag{43}$$

容易看出,在规范变换下

$$K\to K'=K\exp\left\{\frac{\mathrm{i}q}{\hbar c}[f(\boldsymbol{r}''t'')-f(\boldsymbol{r}',t')]\right\} \tag{44}$$

但

$$K(\boldsymbol{r}''t'',\boldsymbol{r}'t')=\langle\boldsymbol{r}''|U(t'',t')|\boldsymbol{r}'\rangle \tag{45}$$

其中 $U(t'',t')$ 是描述态演化的算子,

$$|\psi(t'')\rangle=U(t'',t')|\psi(t')\rangle$$

可以看出,规范变换(1)相当于坐标本征矢作如下变换:

$$|\boldsymbol{r}\rangle\to\exp\left(-\mathrm{i}\frac{qf}{\hbar c}\right)|\boldsymbol{r}\rangle \tag{46}$$

而波函数 $\psi(\boldsymbol{r})=\langle\boldsymbol{r}|\psi\rangle\to$

$$\psi'(\boldsymbol{r})=\exp[\mathrm{i}qf(\boldsymbol{r},t)/(\hbar c)]\psi(\boldsymbol{r}) \tag{47}$$

即只产生一个相位变化.这在讨论 Schrödinger 方程的规范不变性时已得到过[见式(28)].在此变化下,粒子的空间密度分布和流密度显然不改变.对其他可观测量的观测概率分布的分析,要复杂一些,但也可以证明它们具有规范不变性.

在只有常磁场(不依赖时间 t),如取 $\boldsymbol{A}=\boldsymbol{A}(\boldsymbol{r})$,$\varphi=0$,则含时 Schrödinger 方程为

$$\mathrm{i}\hbar\frac{\partial}{\partial t}\psi=\frac{1}{2M}\left(\hat{\boldsymbol{p}}-\frac{q}{c}\boldsymbol{A}\right)^2\psi \tag{48}$$

如 ψ 作以下相位变换:

$$\psi=\exp[-\mathrm{i}qf(\boldsymbol{r})/(\hbar c)]\psi' \tag{49}$$

式中 $f(\boldsymbol{r})$取得使$\nabla f(\boldsymbol{r})=-\boldsymbol{A}(\boldsymbol{r})$,则不难证明

$$\mathrm{i}\hbar\frac{\partial}{\partial t}\psi'=\frac{1}{2m}\hat{\boldsymbol{p}}^2\psi' \tag{50}$$

即矢势在方程中消失. 从不含矢势的 Schrödinger 方程,到有矢势 $\boldsymbol{A}(\boldsymbol{r})$出现的 Schrödinger 方程,相应的波函数从 $\psi'\to\psi$,即出现了一个相因子

$$\exp[-\mathrm{i}qf(\boldsymbol{r})/\hbar c]=\exp\left[\frac{\mathrm{i}q}{\hbar c}\int^{r}\boldsymbol{A}(\boldsymbol{r}')\cdot\mathrm{d}\boldsymbol{r}'\right] \tag{51}$$

人们有时把 $\exp\left[\frac{\mathrm{i}q}{\hbar c}\int^{r}\boldsymbol{A}(\boldsymbol{r}')\cdot\mathrm{d}\boldsymbol{r}'\right]$ 称为 Dirac 因子.

第6章 量子力学中的相位

杨振宁先生在纪念Schrödinger诞辰100周年的文章[①]中，一开头就引用了Dirac的一段重要的话[②]：

“问题在于，不对易性是否真是量子力学新概念的主体？我过去一直认为答案是肯定的.但最近我开始怀疑这一点.我想，从物理观点来说，不对易性可能并非唯一重要的观念，或许还存在某些更深层的观念，而某些通常的概念在量子力学中或许还需要作一些更深刻的改变.”Dirac进一步讨论了这个问题，并得出结论：“所以，如果有人问，量子力学的主要特征是什么？现在我倾向于说，量子力学的主要特征并不是不对易代数，而是概率幅的存在.后者是全部原子过程的基础.概率幅是与实验相联系的，但这只是问题的一部分.概率幅的模方是我们能观测的某种量，即实验者所测量到的概率，但除此以外还有相位，它是模为1的数，它的变化不影响模方.但这个相位是极其重要的，因为它是所有干涉现象的根源，而其物理含义是极其隐晦难解的.所以可以说，Heisenberg与Schrödinger的真正天才在于他们发现了包含相位这个物理量的概率幅的存在.相位这个物理量很巧妙地隐藏在大自然中.正是由于它隐藏得如此巧妙，人们才未能更早建立起量子力学.”

杨振宁先生还提到，人们对于Dirac的见解也许有不同的看法，即究竟是引入不对易代数重要，还是引入包含相位的概率幅重要.但无论如何，对于物理学家描述自然来讲，两者都很重要则是毫无疑义的.

6.1 量子态的常数相位不定性

在量子力学教材中讲述波函数的统计诠释时，考虑到对于概率分布，要紧的是相对概率分布，所以波函数有一个整体的常数因子不定性(见卷Ⅰ，2.1.2节)，即$|\psi\rangle$与$C|\psi\rangle$(C为常数)描述的是同一个量子态，因为在$|\psi\rangle$和$C|\psi\rangle$态下，所有力学量的测量结果的概率分布和平均值都不变.即使考虑到归一化条件，$\langle C\psi|C\psi\rangle=|C|^2\langle\psi|\psi\rangle=|C|^2=1$，$C=e^{i\alpha}$($\alpha$为实常数)，波函数还有一个整体的常数相因子的不定性.

---

① C. N. Yang, Square root of minus one, Complex phases and Erwin Schrödinger, in *Schrödinger Centenary Celebration of a Polymath*, Kilmister C W ed. Cambridge University Press, New York, 1987；中译文：唐贤民译，宁平治校.自然杂志，**11**(1).这里给出的译文即根据此译文，但在个别修辞上有小改动.

② P. A. M. Dirac, Fields & Quanta, 1972(3) 139.

特别应当提到，量子力学中任何力学量 $\hat{F}$（不显含时）的本征态都有常数相因子不定性. 假设力学量（算符）$\hat{F}$ 的本征方程为

$$\hat{F}|\psi_n\rangle = F_n|\psi_n\rangle \tag{6.1.1}$$

$|\psi_n\rangle$ 和 F_n 分别表示本征态和本征值. 显然，在本征态作相位变换 $|\psi_n\rangle \to |\tilde{\psi}_n\rangle = e^{i\alpha_n}|\psi_n\rangle$ 下，$|\tilde{\psi}_n\rangle$ 仍是 $\hat{F}$ 的本征态（且属于同一本征值 F_n），

$$\hat{F}|\tilde{\psi}_n\rangle = F_n|\tilde{\psi}_n\rangle \tag{6.1.2}$$

本征态的相位不定性表现在，以这些本征态为基矢的表象中，各种力学量的矩阵元的相位不定性.

一个最常见例子，即角动量（$\hat{\boldsymbol{j}}^2, \hat{j}_z$）的共同本征态（取 $\hbar=1$）

$$\begin{aligned}
&\hat{\boldsymbol{j}}^2|jm\rangle = j(j+1)|jm\rangle \\
&\hat{j}_z|jm\rangle = m|jm\rangle \\
&j = 0,1,2,\cdots;1/2,3/2,5/2,\cdots \\
&m = j,j-1,\cdots,-j
\end{aligned} \tag{6.1.3}$$

在给定 j 值的 $(2j+1)$ 维 $(m=j,j-1,\cdots,-j)$ 子空间中，$\hat{\boldsymbol{j}}^2$ 和 $\hat{j}_z$ 的矩阵（只有对角元，实）是完全确定的，

$$\begin{aligned}
&\langle jm|\hat{\boldsymbol{j}}^2|jm'\rangle = j(j+1)\delta_{mm'} \\
&\langle jm|\hat{j}_z|jm'\rangle = m\,\delta_{mm'}
\end{aligned} \tag{6.1.4}$$

但与 $\hat{j}_z$ 不对易的算符 $\hat{j}_x$ 和 $\hat{j}_y$ 等的矩阵表示就有相位不定性. 当 $|jm\rangle \to |\widetilde{jm}\rangle = e^{i\alpha_m}|jm\rangle$，$\hat{\boldsymbol{j}}^2$ 和 $\hat{j}_z$ 的矩阵元不改变，但 $\hat{j}_x$ 与 $\hat{j}_y$ 的矩阵元就会改变，例如

$$\langle\widetilde{jm}|\hat{j}_x|\widetilde{jm'}\rangle = e^{-i(\alpha_m-\alpha_{m'})}\langle jm|\hat{j}_x|jm'\rangle \tag{6.1.5}$$

事实上，在角动量的代数理论中（见卷 Ⅰ，10.2 节），根据角动量算符的基本对易式 $\hat{j}_x\hat{j}_y-\hat{j}_y\hat{j}_x=i\hat{j}_z,\cdots$，只能给出 $\hat{j}_x$ 与 $\hat{j}_y$ 或 $\hat{j}_\pm=\hat{j}_x\pm i\hat{j}_y$ 的矩阵元的模方为

$$|\langle jm'|\hat{j}_\pm|jm\rangle|^2 = \delta_{m',m\pm1}(j\pm m+1)(j\mp m) \tag{6.1.6}$$

通常取如下相位规定：即 $\hat{j}_\pm$ 的矩阵元为实，也就是取 $\hat{j}_x$ 矩阵元为实，而 $\hat{j}_y$ 矩阵元为纯虚数

$$\begin{aligned}
&\langle jm\pm1|\hat{j}_x|jm\rangle = \frac{1}{2}\sqrt{(j\pm m+1)(j\mp m)} \\
&\langle jm\pm1|\hat{j}_y|jm\rangle = \frac{i}{2}\sqrt{(j\pm m+1)(j\mp m)}
\end{aligned} \tag{6.1.7}$$

例如，Pauli 矩阵（σ_z 表象）就符合此规定

$$\sigma_x = \begin{pmatrix}0 & 1\\ 1 & 0\end{pmatrix},\sigma_y = \begin{pmatrix}0 & -i\\ i & 0\end{pmatrix},\sigma_z = \begin{pmatrix}1 & 0\\ 0 & -1\end{pmatrix} \tag{6.1.8}$$

与本征态的相位不定性相关，在量子态的叠加原理中，尽管叠加系数有相位改变，其模方是不变的. 例如，在 F 表象中

$$|\psi\rangle = \sum_n |\psi_n\rangle\langle\psi_n|\psi\rangle \tag{6.1.9}$$

当表象的基矢作常数相因子变换 $|\psi\rangle \to |\tilde{\psi}_n\rangle = e^{i\alpha_n}|\psi_n\rangle$ 时，

$$|\psi\rangle = \sum_n |\tilde{\psi}_n\rangle\langle\tilde{\psi}_n|\psi\rangle \tag{6.1.10}$$

叠加系数 $\langle\tilde{\psi}_n|\psi\rangle = e^{i\alpha_n}\langle\psi_n|\psi\rangle$ 有相位改变，但 $|\langle\tilde{\psi}_n|\psi\rangle|^2 = |\langle\psi_n|\psi\rangle|^2$，即测得 F 的取值的概率分布及平均值并不改变.

此外，量子力学中的一个表象是以某一组对易力学量完全集的共同本征态作为基矢. 由于本征态的常数相位不定性，任何两个表象之间的幺正变换的矩阵元就具有常数相位不定性. 例如，两个角动量的耦合表象与非耦合表象之间的幺正变换的矩阵元，即 Clebsch-Gordan 系数，$\langle j_1m_1j_2m_2|jm\rangle$ 在取适当的相位规定[见卷Ⅰ，10.4 节，式(10.4.17)与式(10.4.20)]后，就为实数(称为 Condon-Shortley 约定). 这种取法有很多方便之处. 例如，幺正变换 U 及其逆变换 U^{-1} 如取为实，则 $U^{-}=U^{+}=\tilde{U}$，变换系数可以用相同的符号，如 $\langle j_1m_1j_2m_2|jm\rangle = \langle jm|j_1m_1j_2m_2\rangle$. 3 个角动量耦合的 Racah 系数或 $6j$-系数，以及 4 个角动量耦合的 $9j$-系数(见 6.4 节)，通常也都取为实数.

6.2 含时不变量，Lewis-Riesenfeld (LR)相

6.1 节讨论了量子态的常数相位不定性，特别是不含时对易力学量完全集的共同本征态的常数相位不定性，以及不同表象之间的幺正变换矩阵元的常数相位不定性. 对于显含时力学量，其本征态依赖于时间 t. 在适常条件下(见下)，它的本征态也具有含时相位不定性. 这种含时相位不定性可以用来处理量子态随时演化的问题. 本节将介绍 Lewis & Riesenfeld(LR)的含时不变量理论和 LR 相的概念①.

对于 Hamilton 量不含时的体系(具有时间均匀性)，能量是守恒量. 设力学量 $\hat{F}$ 不显含 t，考虑到 $d\hat{F}/dt = [\hat{F},\hat{H}]/i\hbar + \partial\hat{F}/\partial t = [\hat{F},\hat{H}]/i\hbar$，若 $[\hat{F},\hat{H}]=0$，则称 F 为体系的守恒量，它与 $\hat{H}$ 可以有共同本征态. 设包含 H 在内的一组守恒量完全集的共同本征态记为 $|n\nu\rangle$，

$$\hat{H}|n\nu\rangle = E_n|n\nu\rangle \tag{6.2.1}$$

ν 标记诸简并态. 处理这类体系的量子态随时间演化的问题比较简单. 设体系初态 $|\psi(0)\rangle$ 给定，不妨用 $|n\nu\rangle$ 展开

$$|\psi(0)\rangle = \sum_{n\nu} C_{n\nu}|n\nu\rangle \tag{6.2.2}$$

$C_{n\nu} = \langle n\nu|\psi(0)\rangle$ 由初态 $|\psi(0)\rangle$ 决定，则 t 时刻量子态可表示成

---

① H. R. Lewis and W. R. Riesenfeld, J. Math. Phys. **10**(1969) 1458.

$$|\psi(t)\rangle = \sum_{n\nu} C_{n\nu} \mathrm{e}^{-\mathrm{i}E_n t/\hbar} |n\nu\rangle = \sum_{n\nu} C_{n\nu} |n\nu, t\rangle \tag{6.2.3}$$

式中

$$|n\nu, t\rangle = \mathrm{e}^{-\mathrm{i}E_n t/\hbar} |n\nu\rangle \tag{6.2.4}$$

是一个定态波函数. 注意,在式(6.2.3)中,展开系数 $C_{n\nu}$ 不依赖于时间 t.

对于 H 显含时的体系,能量不是守恒量,不存在严格的定态. 这种体系的量子态随时间的演化,比较复杂. 在处理含时谐振子问题时,Lewis 与 Riesenfeld 详细讨论了含时不变量(time-dependent invariant),并用它代替 Hamilton 量(非守恒量)的地位来处理量子态随时间演化的问题.

设含时力学量 $\hat{I}(t)^{+} = \hat{I}(t)$,$(\partial \hat{I}/\partial t \neq 0)$,满足

$$\frac{\mathrm{d}\hat{I}}{\mathrm{d}t} = \frac{1}{\mathrm{i}\hbar}[\hat{I}, \hat{H}] + \frac{\partial \hat{I}}{\partial t} = 0 \tag{6.2.5}$$

则称 $\hat{I}(t)$ 为含时不变量. 显然,$[\hat{I}, \hat{H}] \neq 0$,所以 $\hat{I}$ 与 $\hat{H}$ 不能有共同本征态. 所以对于 $\hat{H}$ 不含时体系($\hat{H}$ 为守恒量),这种含时不变量并无多大研究的价值,它只适合用以研究 $\hat{H}$ 含时的体系.

设包含含时不变量 $\hat{I}(t)$ 在内的一组守恒量[其中必无 $\hat{H}(t)$]完全集的共同本征态记为 $|\lambda\kappa, t\rangle$,

$$\hat{I}(t) |\lambda\kappa, t\rangle = \lambda |\lambda\kappa, t\rangle \tag{6.2.6}$$

λ(实)是 $\hat{I}(t)$ 的本征值(一般依赖于 t),κ 标记简并态,$|\lambda\kappa, t\rangle$ 满足正交归一化条件

$$\langle \lambda'\kappa', t | \lambda\kappa, t\rangle = \delta_{\lambda'\lambda} \delta_{\kappa'\kappa} \tag{6.2.7}$$

以下证明:

(1) 含时不变量的本征值不随时间改变,即

$$\mathrm{d}\lambda / \mathrm{d}t = 0 \tag{6.2.8}$$

证 式(6.2.6)对 t 微分,得

$$\frac{\partial \hat{I}}{\partial t} |\lambda\kappa, t\rangle + \hat{I} \frac{\partial}{\partial t} |\lambda\kappa, t\rangle = \frac{\mathrm{d}\lambda}{\mathrm{d}t} |\lambda\kappa, t\rangle + \lambda \frac{\partial}{\partial t} |\lambda\kappa, t\rangle \tag{6.2.9}$$

左乘 $\langle \lambda\kappa, t|$(注意 $\hat{I}^{+} = \hat{I}$,λ 为实数),得

$$\frac{\mathrm{d}\lambda}{\mathrm{d}t} = \left\langle \lambda\kappa, t \left| \frac{\partial \hat{I}}{\partial t} \right| \lambda\kappa, t \right\rangle \tag{6.2.10}$$

用含时不变量条件(6.2.5)对 $|\lambda\kappa, t\rangle$ 运算,利用式(6.2.6),得

$$\mathrm{i}\hbar \frac{\partial \hat{I}}{\partial t} |\lambda\kappa, t\rangle + \hat{I}\hat{H} |\lambda\kappa, t\rangle - \lambda \hat{H} |\lambda\kappa, t\rangle = 0 \tag{6.2.11}$$

左乘 $\langle \lambda'\kappa', t|$,得

$$\mathrm{i}\hbar \left\langle \lambda'\kappa', t \left| \frac{\partial \hat{I}}{\partial t} \right| \lambda\kappa, t \right\rangle + (\lambda' - \lambda) \langle \lambda'\kappa', t | \hat{H} | \lambda\kappa, t\rangle = 0 \tag{6.2.12}$$

对于 $\lambda'=\lambda$（但 $\kappa'=\kappa$ 或 $\kappa'\neq\kappa$ 均可），有

$$\langle\lambda\kappa',t|\frac{\partial\hat{I}}{\partial t}|\lambda\kappa,t\rangle=0 \tag{6.2.13}$$

代入式(6.2.10)，即得 $\mathrm{d}\lambda/\mathrm{d}t=0$.

(2) $|\lambda\kappa,t\rangle$一般不满足含时 Schrödinger 方程.

用 $\mathrm{d}\lambda/\mathrm{d}t=0$ 代入式(6.2.9)，得

$$(\lambda-\hat{I})\frac{\partial}{\partial t}|\lambda\kappa,t\rangle=\frac{\partial\hat{I}}{\partial t}|\lambda\kappa,t\rangle$$

左乘$\langle\lambda'\kappa',t|$，并利用式(6.2.12)，得

$$(\lambda-\lambda')\langle\lambda'\kappa',t\left|\frac{\partial}{\partial t}\right|\lambda\kappa,t=\langle\lambda'\kappa',t|\frac{\partial\hat{I}}{\partial t}|\lambda\kappa,t\rangle$$

$$=(\lambda-\lambda')\langle\lambda'\kappa',t|\hat{H}|\lambda\kappa,t\rangle/\mathrm{i}\hbar \tag{6.2.14}$$

所以，当 $\lambda\neq\lambda'$ 时，

$$\mathrm{i}\hbar\langle\lambda'\kappa',t|\frac{\partial}{\partial t}|\lambda\kappa,t\rangle=\langle\lambda'\kappa',t|\hat{H}|\lambda\kappa,t\rangle \tag{6.2.15}$$

但 $\lambda'=\lambda$ 时，上式不一定成立. 否则，根据$|\lambda\kappa,t\rangle$的完备性，就意味着$|\lambda\kappa,t\rangle$满足含时 Schrödinger 方程

$$\mathrm{i}\hbar\frac{\partial}{\partial t}|\lambda\kappa,t\rangle=\hat{H}|\lambda\kappa,t\rangle$$

(3) 设 $\hat{I}$ 不含对 t 微商的算符，$|\lambda\kappa,t\rangle$作为 $\hat{I}(t)$的本征态，则有含时相位不定性. 所以$|\lambda\kappa,t\rangle$可作一个适当的含时相变换，令

$$|\tilde{\lambda}\kappa,t\rangle=\mathrm{e}^{\mathrm{i}\alpha_{\lambda\kappa}(t)}|\lambda\kappa,t\rangle\qquad[\alpha_{\lambda\kappa}(t)\text{ 为实}] \tag{6.2.16}$$

$|\tilde{\lambda}\kappa,t\rangle$仍保持为 $\hat{I}(t)$的正交归一的本征态，且本征值不变，

$$\hat{I}(t)|\tilde{\lambda}\kappa,t\rangle=\lambda|\tilde{\lambda}\kappa,t\rangle \tag{6.2.17}$$

尽管一般说来，$|\lambda\kappa,t\rangle$不满足 Schrödinger 方程，我们可以找到合适的相位 $\alpha_{\lambda\kappa}(t)$，使$|\tilde{\lambda}\kappa,t\rangle$满足含时 Schrödinger 方程

$$\mathrm{i}\hbar\frac{\partial}{\partial t}|\tilde{\lambda}\kappa,t\rangle=\hat{H}|\tilde{\lambda}\kappa,t\rangle \tag{6.2.18}$$

用式(6.2.16)代入式(6.2.18)，得

$$-\hbar\dot{\alpha}_{\lambda\kappa}|\lambda\kappa,t\rangle+\mathrm{i}\hbar\frac{\partial}{\partial t}|\lambda\kappa,t\rangle=\hat{H}|\lambda\kappa,t\rangle$$

左乘$\langle\lambda\kappa',t|$，得

$$\hbar\dot{\alpha}_{\lambda\kappa}\delta_{\kappa\kappa'}=\langle\lambda\kappa',t|\left(\mathrm{i}\hbar\frac{\partial}{\partial t}-\hat{H}\right)|\lambda\kappa,t\rangle \tag{6.2.19}$$

当 $\kappa\neq\kappa'$ 时，要求上式右边为 0，即要求在给定 λ 的子空间中可以把$(\mathrm{i}\hbar\partial/\partial t-\hat{H})$对角化. 这个要求是可以做到的，因为$(\mathrm{i}\hbar\partial/\partial t-\hat{H})$为厄米算符.

当 $\kappa'=\kappa$ 时，式(6.2.19)化为

$$\hbar\dot{\alpha}_{\lambda\kappa} = \langle\lambda\kappa,t|\left(\mathrm{i}\hbar\frac{\partial}{\partial t}-\hat{H}\right)|\lambda\kappa,t\rangle$$

对 t 积分，得[取 $\alpha_{\lambda\kappa}(0)=0$]

$$\alpha_{\lambda\kappa}(t) = \int_0^t \mathrm{d}t'\langle\lambda\kappa,t'|\mathrm{i}\frac{\partial}{\partial t'}-\frac{\hat{H}(t')}{\hbar}|\lambda\kappa,t'\rangle \tag{6.2.20}$$

结论是 $|\lambda\kappa,t\rangle\to|\tilde{\lambda}\kappa,t\rangle=\mathrm{e}^{\mathrm{i}\alpha_{\lambda\kappa}(t)}|\lambda\kappa,t\rangle$ 后，$|\tilde{\lambda}\kappa,t\rangle$ 就满足含时 Schrödinger 方程(6.2.18)，$\alpha_{\lambda\kappa}(t)$ 由式(6.2.20)给出，此即 LR 相.

考虑到 $|\tilde{\lambda}\kappa,t\rangle=\mathrm{e}^{\mathrm{i}\alpha_{\lambda\kappa}(t)}|\lambda\kappa,t\rangle$ 满足 Schrödinger 方程，并且构成正交归一完备基，所以该体系的任何满足 Schrödinger 方程的量子态 $|\psi(t)\rangle$，总可以用 $|\tilde{\lambda}\kappa,t\rangle$ 来展开，此时展开系数不再依赖于时间，

$$|\psi(t)\rangle = \sum_{\lambda\kappa}C_{\lambda\kappa}|\tilde{\lambda}\kappa,t\rangle = \sum_{\lambda\kappa}C_{\lambda\kappa}\mathrm{e}^{\mathrm{i}\alpha_{\lambda\kappa}(t)}|\lambda\kappa,t\rangle \tag{6.2.21}$$

上式中 $\alpha_{\lambda\kappa}(t)$ 由式(6.2.20)给出，而 $C_{\lambda\kappa}$ 不依赖于 t，由初态确定

$$C_{\lambda\kappa} = \mathrm{e}^{-\mathrm{i}\alpha_{\lambda\kappa}(0)}\langle\lambda\kappa,0|\psi(0)\rangle = \langle\lambda\kappa,0|\psi(0)\rangle \qquad [\text{因已取 } \alpha_{\lambda\kappa}(0)=0] \tag{6.2.22}$$

比较式(6.2.3)与式(6.2.21)，可以看出，$|\tilde{\lambda}\kappa,t\rangle$ 伴演的角色，与 $|n\nu,t\rangle$ 相当.

设 $|\psi(0)\rangle=|\lambda_0\kappa_0,0\rangle$，则 $C_{\lambda\kappa}=\delta_{\lambda\lambda_0}\delta_{\kappa\kappa_0}$，而

$$|\psi(t)\rangle = \mathrm{e}^{\mathrm{i}\alpha_{\lambda_0\kappa_0}(t)}|\lambda_0\kappa_0,t\rangle \tag{6.2.23}$$

式中

$$\alpha_{\lambda_0\kappa_0}(t) = \int_0^t \mathrm{d}t'\langle\lambda_0\kappa_0,t'|\mathrm{i}\frac{\partial}{\partial t'}-\frac{\hat{H}(t')}{\hbar}|\lambda_0\kappa_0,t'\rangle \tag{6.2.24}$$

即与初态一样，体系仍然处于含时不变量的同一个本征态. 在一般情况下，如

$$|\psi(0)\rangle = \sum_{\lambda\kappa}C_{\lambda\kappa}|\lambda\kappa,0\rangle \tag{6.2.25}$$

则

$$|\psi(t)\rangle = \sum_{\lambda\kappa}C_{\lambda\kappa}\mathrm{e}^{\mathrm{i}\alpha_{\lambda\kappa}(t)}|\lambda\kappa,t\rangle \tag{6.2.26}$$

$\alpha_{\lambda\kappa}(t)$ 由式(6.2.20)给出.

6.3 突发近似与绝热近似

对于 Hamilton 量含时的体系，能量是非守恒量，不存在严格的定态. 体系的量子态随时间的演化 $|\psi(t)\rangle$ 是一个比较困难的问题，除了少数特殊情况下可以严格求解外，在多数情况下，人们常用含时微扰论来处理，这已在卷 I，12.2 节中讨论过了. 下面讨论两种极端情况下的近似解法. 一种极端情况是突发作用，即 Hamilton 量 $H(t)$ 只在一个极短的时间间隔 ε 内发生变化("极短的时间间隔"

的确切含义见下)，即突发近似(sudden approximation). 另一种极端情况是绝热作用，即 $H(t)$ 随时间的变化足够缓慢("足够缓慢"的确切含义，见 6.3.2 节)，即绝热近似(adiabatic approximation). 这两种近似方法，可以作为含时微扰论近似方法的补充.

6.3.1 突发近似

设体系 Hamilton 量是在极短时间间隔 ε 内突然发生变化($\varepsilon\to 0^+$)

$$H'(t)=\begin{cases}H', & |t|<\varepsilon/2\\ 0, & |t|>\varepsilon/2\end{cases}\qquad (\varepsilon\to 0^+)\tag{6.3.1}$$

设 H' 有限，按含时 Schrödinger 方程，体系的初、末态有下列关系：

$$\psi(\varepsilon/2)-\psi(-\varepsilon/2)=\frac{1}{\mathrm{i}\hbar}\int_{-\varepsilon/2}^{+\varepsilon/2}H'(t)\psi(t)\,\mathrm{d}t\xrightarrow{\varepsilon\to 0^+}0\tag{6.3.2}$$

即末态与初态相同

$$\psi(\varepsilon/2)=\psi(-\varepsilon/2)\tag{6.3.3}$$

即对于突发(瞬时，但有限)的作用，体系的状态还来不及改变，所以体系还保持停留在初始状态①. 这里所谓"极短的时间间隔 ε"的确切含义是指 ε 远小于体系的自然时间尺度②. 下面讨论几个例子.

例 1 β 衰变

考虑原子核$(Z,N)\xrightarrow{\beta^-}(Z+1,N-1)$过程. 过程中释发出一个高速运动电子(速度 $v\sim c$)，过程持续时间为 $T\approx a/Zc$，a 为 Bohr 半径，a/Z 为原子序数为 Z 的原子 $n=1$ 壳(1s)的最可几半径. 原子中 1s 轨道的特征时间为③ $\tau\approx(a/Z)/(Z\alpha c)(\alpha\approx 1/137)$. 显然，$T/\tau\approx\alpha Z$，对于不太重的原子，$T/\tau\ll 1$. 在此短暂过程中，$\beta^-$ 衰变前原子中一个 K 壳电子(1s 电子)的状态是来不及改变的，即维持在原来状态. 但由于原子核电荷已经改变，原来状态并不能维持为新原子的能量本征态. 特别是，不能维持为新原子的 1s 态. 试问有多大概率处于新原子的 1s 态？设 K 电子波函数表为

$$\psi_{100}(Z,r)=\left(\frac{Z^3}{\pi a^3}\right)^{1/2}\mathrm{e}^{-Zr/a}\tag{6.3.4}$$

按照波函数统计诠释，测得此 K 电子处于新原子的 1s 态的概率为

---

① 这里假定 H' 有限. 对于 δ 函数型的相互作用，体系的状态会发生改变，见下面例 2.

② R. Shankar, *Principles of Quantum Mechanics*, 2nd. ed., p. 477, "An instantaneous change in H produces no instantaneous change in $|\psi\rangle$. Now the limit $\varepsilon\to 0$ is unphysical". 指出式(6.3.3)成立的条件是"H changes over a time that is very small compared to the natural time scale of the system".

③ 按类氢原子估算，电子动能平均值$=-E=\dfrac{\mu e^4 Z^2}{2\hbar^2}$(对 1s 轨道，$n=1$). 设电子速度为 v，则 $\dfrac{1}{2}\mu v^2\approx\mu e^4Z^2/2\hbar^2$，所以 $v\approx Ze^2/\hbar=Z\alpha c$($\alpha=e^2/\hbar c=1/137$ 为精细结构常数).

$$
\begin{aligned}
P_{100} = \left| \langle \psi_{100}(Z+1) | \psi_{100}(Z) \rangle \right|^2 &= \frac{Z^3(Z+1)^3}{\pi^2 a^6}(4\pi)^2 \left| \int_0^\infty \mathrm{e}^{-(2Z+1)r/a} r^2 \mathrm{d}r \right|^2 \\
&= \left(1+\frac{1}{Z}\right)^3 \left(1+\frac{1}{2Z}\right)^{-6} \\
&\approx 1-\frac{3}{4Z^2} \qquad (1 \ll Z \ll 137)
\end{aligned}
\tag{6.3.5}
$$

例如,$Z=10$,$P_{100}\approx 0.9932$.

例 2 氢原子处于基态,受到脉冲电场 $\mathscr{E}(t)=\mathscr{E}_0\delta(t)$ 作用,$\mathscr{E}_0$ 为常数. 试用微扰论(一级近似)计算电子跃迁到各激发态的概率以及仍停留在基态的概率.

[参阅:钱伯初,曾谨言.《量子力学习题精选与剖析》,第三版,13.2 题.]

提示:氢原子态用 $|nlm\rangle$ 描述. 基态(1s)为 $|100\rangle$. 设电场沿 Z 轴方向. 按微扰论计算,经过脉冲电场作用后,电子从基态跃迁到 $|nlm\rangle$ 态的概率为 $P_n=\left(\frac{e\mathscr{E}_0}{\hbar}\right)^2 |\langle n10|z|100\rangle|^2$,这里已考虑选择定则 $\Delta l=1$,$\Delta m=0$. 经过计算,电子从基态跃迁到各激发态的概率总和为

$$
\sum_n P_n = (\kappa a)^2, \quad \kappa = e\varepsilon_0/\hbar \tag{6.3.6}
$$

仍停留在 1s 态的概率为 $1-(\kappa a)^2$.

此题还可以严格求解(见上引钱伯初,曾谨言的书,13.3 题). 计算结果:电子仍停留在基态的概率为

$$
P = (1+\kappa^2 a^2/4)^{-4} \tag{6.3.7}
$$

当电场很弱时($\kappa a \ll 1$),上式给出 $P\approx 1-(\kappa a)^2$,与微扰论的计算结果一致,而 $(\kappa a)^2$ 正是电子跃迁到各激发态的概率总和. 当 $\kappa a\to 0$ 时,电子将完全停留在基态.

例 3 质量为 M 的粒子处于宽度为 L 的一维无限深势阱中的基态. 按半经典估计,粒子运动的自然时间尺度为 $T=ML^2/\pi\hbar$(见 6.3.2 节). 设势阱宽度在极短时间间隔 $\tau\ll T$ 内,突然对称地变为 $2L$. 计算粒子处于新的一维无限深方势阱的基态的概率.

[参阅上页所引 Shankar 的书,练习题 6.2.1 和 18.2.3. 答:$(8/3\pi)^2$.]

例 4 在势阱 $V(x)=\frac{1}{2}m\omega^2 x^2 - fx$ 中的粒子处于基态. 设 $t=0$ 时刻,线性势 $-fx$ 突然撤掉,求粒子处于谐振子势 $\frac{1}{2}m\omega^2 x^2$ 的第 n 激发态的概率 P_n.

$$
P_n = \frac{\mathrm{e}^{-\lambda}\lambda^n}{n!}, \quad \lambda = f^2/2m\omega^3\hbar \tag{6.3.8}
$$

(参阅 Shankar 的书,练习题 18.2.5.)

6.3.2 量子绝热定理及成立条件

按照量子力学基本原理,量子态 $|\psi(t)\rangle$ 随时间的演化遵守 Schrödinger 波动方程

$$
\mathrm{i}\hbar \frac{\partial}{\partial t}|\psi(t)\rangle = H(t)|\psi(t)\rangle \tag{6.3.9}
$$

它是含 $|\psi(t)\rangle$ 对时间一次微商的方程,对于给定 $H(t)$ 和体系初态 $|\psi(0)\rangle$,则以后

$t>0$ 时刻体系的状态 $|\psi(t)\rangle$ 就唯一确定[①]. 对于 H 不显含 t 的体系，能量为守恒量，Schrödinger 方程(6.3.9)的求解比较容易，在 6.2 节中已讨论过了. 下面讨论 $H(t)$ 作绝热变化情况下，量子态随时间的演化 $|\psi(t)\rangle$ 的求解.

设 $H(t)$ 的瞬时(instantaneous)本征方程为

$$H(t)\,|n(t)\rangle = E_n(t)\,|n(t)\rangle \tag{6.3.10}$$

$|n(t)\rangle$ 是包含 $H(t)$ 在内的一组力学量完全集的共同本征态，n 是一组完备的量子数，$E_n(t)$ 为瞬时能量本征值，一般要随时间变化. 在 6.2 节中讨论 LR 相时已强调指出，作为含时力学量(假设不含对 t 微商算符)，$H(t)$ 的瞬时本征态 $|n(t)\rangle$ 具有含时相位不定性.

设体系初态处于 $H(0)$ 的某一给定的瞬时本征态

$$|\psi(0)\rangle = |m(0)\rangle \tag{6.3.11}$$

试问：在 $t>0$ 时刻，$|\psi(t)\rangle=$？ 众所周知，对于 Hamilton 量含时的体系，能量不守恒，不存在严格的定态，体系会发生量子跃迁. 一般说来，$|\psi(t)\rangle$ 应该表示为所有 $|n(t)\rangle$ 的相干叠加

$$|\psi(t)\rangle = \sum_n a_n(t)\exp\left[-\frac{\mathrm{i}}{\hbar}\int_0^t E_n(t')\mathrm{d}t'\right]|n(t)\rangle \tag{6.3.12}$$

上式中 $|a_n(t)|^2$ 表示在 t 时刻测得体系处于 $|n(t)\rangle$ 态的概率. 一般情况下，$|\psi(t)\rangle$ 很难求解. 但如果 $H(t)$ 随时间变化足够缓慢，则可以用量子绝热定理来处理.

量子绝热定理说[②~④]：设体系 Hamilton 量 $H(t)$ 随时间变化足够缓慢，初态为 $|\psi(0)\rangle=|m(0)\rangle$，则 $t>0$ 时刻体系将保持在 $H(t)$ 的相应的瞬时本征态 $|m(t)\rangle$ 上.

定理成立的条件是什么？ 也就是说：$H(t)$ 随时间变化"足够缓慢"的确切含义是什么？ 从绝热定理的物理内容来讲，就是要求式(6.3.12)中所有 $n\neq m$ 项的 $|a_n(t)|^2$ 非常小，$|a_n(t)|^2\ll 1$，即从 $|m(0)\rangle$ 态到所有 $|n(t)\rangle(n\neq m)$ 态的跃迁可以

---

①在很多量子力学经典著作中都对此有明确表述. 还可以参阅：

W. H. Zurek, Phys. Today, Oct. 1991, p. 36～44，文中提到："States of quantum systems evolve according to the *deterministic* linear Schrödinger equation $\mathrm{i}\hbar\frac{\partial}{\partial t}|\psi\rangle=H|\psi\rangle$. That is, jut as in classical mechanics, given the initial state of the system and its Hamiltonian H, one can compute the state at arbitrary time. This deterministic evolution of $|\psi\rangle$ has been verified in carefully controlled experiments."又例如，J. Maddox, Nature, **362**(1993), 693，"... the Schrödinger equation is *a perfectly deterministic equation* exactly comparable to the equation of motion of a classical mechanical system, ..."

②R. Shankar, *Principles of Quantum Mechanics*, 2nd. ed., p. 478～481. Plenum Press, New York, 1994.

③W. Ditrich and M. Router, *Classical and Quantum Dynamics*, 2nd ed. (1992), p. 303.

④B. R. Holstein, Am. J. Phys. **57**(1989) 714, eq(24).

忽略，因而体系才可能保持在$|m(t)\rangle$态. 能保证这一点的条件，将在后面式(6.3.23)中给出. 在此之前，先从物理直观图像来分析"$H(t)$随时间变化足够缓慢"的确切含义.

1. 半经典图像[①]

考虑质量为M的粒子在宽度为$L(t)$的一维无限深方势阱中运动，阱宽$L(t)$随时间缓慢变化(阱壁缓慢移动). 阱内粒子动量和速度的量级为

$$p \approx \frac{\hbar}{L}, \quad v = \frac{p}{M} \approx \frac{\hbar}{ML} \tag{6.3.13}$$

粒子在阱内运动的周期(即粒子运动的特征时间)

$$T \approx \frac{L}{v} \approx \frac{ML^2}{\hbar} \tag{6.3.14}$$

所谓"阱壁缓慢移动"是指在粒子运动的一周期T内阱宽的变化$\Delta L = T|\dot{L}| \ll L$，即

$$\frac{ML^2}{\hbar}|\dot{L}|/L = |\dot{L}|/\frac{\hbar}{ML} = |\dot{L}|/v \ll 1 \tag{6.3.15}$$

即阱壁移动的速度$|\dot{L}|$非常缓慢，比阱内粒子运动速度v小得多($|\dot{L}|/v$无量纲)，这就是经典物理中阱壁绝热移动的含义.

2. 量子力学的估算

一个量子体系处于能级E_i，量子态随时间变化的特征时间为

$$T \approx \frac{1}{\omega_{\min}} = \frac{\hbar}{|E_f - E_i|_{\min}} \tag{6.3.16}$$

$\omega_{\min}$是体系从初态i到一切可能末态f的跃迁相应的频率$\omega_{fi} = |E_f - E_i|/\hbar$中的最小值. 对于一维无限深方势阱，$E_n(t) = \pi^2\hbar^2 n^2/2ML^2(t)$，$n=1,2,3,\cdots$

$$T \approx \frac{1}{\omega_{\min}} = \frac{\hbar}{|E_f - E_i|_{\min}} \approx \frac{ML^2}{\hbar} \tag{6.3.17}$$

与式(6.3.14)的半经典估算一致. 阱壁移动的特征时间τ[即 Hamilton 量$H(t)$随时间变化快慢的特征时间]为

$$\tau = \omega^{-1} \approx L/|\dot{L}| \tag{6.3.18}$$

所以绝热变化条件可以表述为[②③]

---

① 参见前页脚注②.

② F. Casa, J. A. Oteo and J. Ros, Phys. Lett. **A 163**(1992) 359.

③ A. Mostafazadeh, *Dynamical Invariant, Adiabatic Approximation and Geometric Phase*, Nova Science Publishers, New York(2001). 该文第 4 章有关于量子绝热近似成立条件的详细讨论，特别是 p. 50～51.

$$T/\tau = |\dot{L}|/\left(\frac{\hbar}{ML}\right) \ll 1, \quad \text{或}\ \omega/\omega_{\min} \ll 1 \tag{6.3.19}$$

这与半经典估计式(6.3.15)一致，它表示体系 Hamilton 量 $H(t)$缓慢变化的频率 ω 远小于体系的特征频率 $\omega_{\min}$. Mostafazadeh 把无量纲量 $\beta=\omega/\omega_{\min}$称为绝热参量(adiabatic parameter)，而绝热定理近似成立的条件就是 $\beta\ll 1$，而当无量纲参量 $\beta\to 0$时，量子绝热定理就精确成立.

3. 量子绝热定理成立条件

把式(6.3.12)代入 Schrödinger 方程(6.3.9)，并利用式(6.3.10)，得

$$\begin{aligned}&\mathrm{i}\hbar\sum_n \dot{a}_n(t)\exp\left[-\frac{\mathrm{i}}{\hbar}\int_0^t E_n(t')\mathrm{d}t'\right]|n(t)\rangle \\ &+\mathrm{i}\hbar\sum_n a_n(t)\exp\left[-\frac{\mathrm{i}}{\hbar}\int_0^t E_n(t')\mathrm{d}t'\right]|\dot{n}(t)\rangle = 0\end{aligned}$$

用$\langle m(t)|$左乘上式(取标积)，得

$$\begin{aligned}\dot{a}_m &= -\sum_n a_n\exp\left[-\frac{\mathrm{i}}{\hbar}\int_0^t [E_m(t')-E_n(t')\mathrm{d}t'\right]\langle m|\dot{n}\rangle \\ &= -a_m\langle m|\dot{m}\rangle-\sum_{n\neq m}a_n\exp\left[-\frac{\mathrm{i}}{\hbar}\int_0^t [E_m(t')-E_n(t')\mathrm{d}t'\right]\langle m|\dot{n}\rangle\end{aligned} \tag{6.3.20}$$

上式即$|\psi(t)\rangle$的展开系数 $a_n(t)$所满足的联立方程组，一般求解是很困难的. 绝热定理成立的条件是：式(6.3.12)中只需保留 $n=m$ 一项，即式(6.3.20)右边所有 $n\neq m$的项可以略去. 式(6.3.20)对 t 积分后，即可求出展开系数 $a_m(t)$(无量纲)①. 在绝热一级近似下，$n\neq m$ 项可以略去的条件为下列无量纲参量

$$\beta = \left|\frac{\hbar\langle m|\dot{n}\rangle}{E_m-E_n}\right| \ll 1 \quad (\text{对所有}\ n\neq m) \tag{6.3.21}$$

上式左边即绝热参量. 上式的物理意义是，体系的瞬时本征态随时间变化的频率，比体系的内禀特征频率$|(E_m-E_n)/\hbar|$要小得多.

瞬时能量本征态方程(6.3.10)对 t 微分，得

$$\frac{\partial H}{\partial t}|n(t)\rangle + H|\dot{n}(t)\rangle = \frac{\partial E_n}{\partial t}|n(t)\rangle + E_n|\dot{n}(t)\rangle$$

用$\langle m(t)|$左乘，$(m\neq n)$，得

$$\left\langle m\left|\frac{\partial H}{\partial t}\right|n\right\rangle + E_m\langle m|\dot{n}\rangle = E_n\langle m|\dot{n}\rangle$$

所以

① 更详细的计算，可参阅：B. R. Holstein, Am. J. Phys. **57**(1989) 1079，The Adiabatic Theorem and Berry's Phase.

$$\langle m|\dot{n}\rangle = \left\langle m\left|\frac{\partial H}{\partial t}\right|n\right\rangle\Big/(E_n - E_m) \quad (n\neq m) \tag{6.3.22}$$

联合式(6.3.21)和式(6.3.22),可以看出,当下列无量纲绝热参量β远小于1,即

$$\beta = \left|\frac{\hbar\langle m|\dot{n}\rangle}{E_n - E_m}\right| = \left|\frac{\hbar\left\langle m\left|\frac{\partial H}{\partial t}\right|n\right\rangle}{(E_n - E_m)^2}\right| \ll 1 \quad (\text{对所有 } n\neq m) \tag{6.3.23}$$

成立时,量子绝热定理就近似成立,这条件在很多文献中已明确给出[①~③].而在极限情况下,

$$\sum_{n\neq m}\left|\frac{\hbar\langle m|\dot{n}\rangle}{E_n - E_m}\right| = \sum_{n\neq m}\left|\hbar\left\langle m\left|\frac{\partial H}{\partial t}\right|n\right\rangle\Big/(E_n - E_m)^2\right| \to 0 \tag{6.3.24}$$

量子绝热定理就精确成立.在这种情况下,含时 Schrödinger 方程(6.3.9)的解,在给定的初态条件(6.3.11)$|\psi(0)\rangle = |m(0)\rangle$下,可以表示为

$$|\psi(t)\rangle = a_m(t)\exp\left[-\frac{\mathrm{i}}{\hbar}\int_0^t E_m(t')\mathrm{d}t'\right]|m(t)\rangle \tag{6.3.25}$$

式(6.3.23)中,$|\langle m|\dot{n}\rangle| = \left|\left\langle m\left|\frac{\partial H}{\partial t}\right|n\right\rangle\Big/(E_n - E_m)\right|$,$(n\neq m)$,表征$H(t)$随时间变化快慢的频率,而$|(E_n - E_m)/\hbar|$则表征处于$|m(t)\rangle$态的体系内禀特征频率(作为参照).式(6.3.23)表征无量纲量$\beta\ll 1$,其物理意义非常清楚,即当此条件满足时,体系从瞬时能量本征态$|m(0)\rangle$跃迁到所有$n\neq m$的瞬时能量本征态$|n(t)\rangle$的概率就可以忽略,因而能保证体系保持在与$|m(0)\rangle$相应的瞬时能量本征态$|m(t)\rangle$,见图6.1.当条件(6.3.23)满足时,式(6.3.25)就是体系的一个好的绝热近似解,而在极限情况式(6.3.24)满足时,式(6.3.25)所示$|\psi(t)\rangle$就是体系的一个精确解.所以式(6.3.24)就是量子绝热定理成立条件的确切表述.

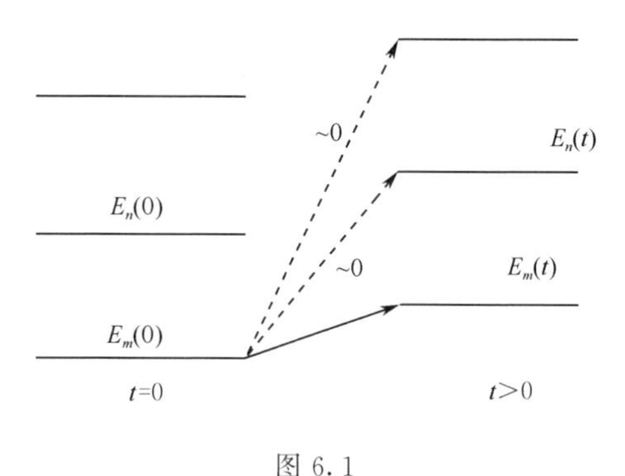

图 6.1

① D. Bohm, *Quantum Theory* (1951), p. 500.

② Y. Aharonov and J. Anandan, Phys. Rev. Lett. **58** (1987) 1593.

③ 孙昌璞,张芃.量子力学新进展.第二辑.北京:北京大学出版社,2001.21~86.

从式(6.3.23)可以看出,在能级接近简并的情况下,即在 E_m 能级邻近存在另外一条能级 E_n,则量子绝热近似解就很差,体系将有可观的概率跃迁到相邻能级 E_n 上去.在能级简并的情况下,量子绝热定理就完全失效,体系在时刻 t 的波函数就不能表示成式(6.3.25).

到此,对量子力学中常用的几个近似方法的适用条件作一个比较是有益的.在各种近似方法中,往往涉及某些物理量的大小,或它们随空间或时间变化的快慢等,在这里都必须有一个参照,因此各种近似成立的条件往往用一个无量纲参量来表征(见表6.1,第二列).

表 6.1 几个常用近似的适用条件

近似方法	适用条件
非相对论近似	$v/c \ll 1$,v 是物体运动速度,c 是真空中光速.
非简并态微扰论	$\left\lvert \dfrac{\langle n \vert H' \vert m\rangle}{E_m^{(0)}-E_n^{(0)}} \right\rvert \ll 1$,$n\neq m$,$H'$ 是微扰,$E_n^{(0)}$ 和 $\vert n\rangle$ 是 H_0 的本征值和本征态.
WKB 近似	$\left\lvert \dfrac{\lambda\!\!\!^{-}}{2[E-V(x)]}\dfrac{\mathrm{d}V}{\mathrm{d}x} \right\rvert \ll 1$, $\lambda\!\!\!^{-}=\hbar/\sqrt{2m[E-V(x)]}$ 是质量为 m 的粒子在缓变化势场 $V(x)$ 中的 de Broglie 波长.
量子绝热近似	$\left\lvert \dfrac{\hbar\langle n \vert \partial H/\partial t \vert m\rangle}{(E_n-E_m)^2} \right\rvert = \left\lvert \dfrac{\hbar\langle n \vert \dot{m}\rangle}{E_m-E_n} \right\rvert \ll 1$,$n\neq m$.

6.3.3 量子绝热近似解,绝热相

设体系 $H(t)$ 随时间变化足够缓慢,能保证绝热近似条件式(6.3.23)或式(6.3.24)满足,并且在初始($t=0$)时刻体系处于非简并瞬时本征态 $\lvert\psi(0)\rangle = \lvert m(0)\rangle$.在此情况下,式(6.3.20)中只保留第一项($n=m$ 项),即

$$\dot{a}_m = -\langle m \vert \dot{m}\rangle a_m \tag{6.3.26}$$

上式积分,并考虑到初条件 $a_n(0)=\delta_{nm}$,得

$$a_m(t) = \exp\left[-\int_0^t \langle m \vert \dot{m}\rangle \mathrm{d}t\right] a_m(0) \tag{6.3.27}$$

所以在初条件(6.3.11)$\lvert\psi(0)\rangle = \lvert m(0)\rangle$和绝热近似条件(6.3.23)成立的情况下,式(6.3.12)解 $\lvert\psi(t)\rangle$ 中所有 $n\neq m$ 项都可以忽略[见式(6.3.25)],

$$\lvert\psi(t)\rangle = \mathrm{e}^{\mathrm{i}[\alpha_m(t)+\gamma_m(t)]}\lvert m(t)\rangle \tag{6.3.28}$$

式中

$$\alpha_m(t) = -\frac{1}{\hbar}\int_0^t E_m(t')\mathrm{d}t' \tag{6.3.29}$$

$$\gamma_m(t) = \mathrm{i}\int_0^t \langle m(t') \vert \dot{m}(t')\rangle \mathrm{d}t' \tag{6.3.30}$$

$\alpha_m(t)$即大家熟悉的动力学相，它只依赖于瞬时本征能量 $E_m(t)$随时间的变化. 在 H 不含时情况下，E_m 不随 t 变化，$\alpha_m(t)=-E_m t/\hbar$. 与 $\alpha_m(t)$不同，$\gamma_m(t)$依赖于 $\langle m|\dot{m}\rangle=\langle m|\dot{H}|n\rangle/(E_n-E_m)$，即 $\gamma_m(t)$依赖于能量本征态$|m(t)\rangle$及其随时间变化的快慢[①][②]. 利用瞬时本征态的归一化条件，可以证明[③]$\langle m|\dot{m}\rangle$为虚数，所以$\gamma_m(t)$为实数. 由于 $\gamma_m(t)$具有与 $\alpha_m(t)$不同的特性，并且是在绝热近似下求解含时 Schrödinger 方程时出现的，Moore 把 $\gamma_m(t)$称为绝热相(adiabatic phase). 本书采用 Moore 的称谓.

在此，有两点必须注意：

(1)在 6.2 节讨论含时不变量时已指出，含时不变量(设不含$\dfrac{\partial}{\partial t}$算符)的本征态具有含时相因子的不定性. 与此相似，含时 Hamilton 量 $H(t)$的瞬时本征态也具有含时相因子的不定性. 例如，式(6.3.28)所示$|\psi(t)\rangle$，或$|m(t)\rangle$，或$|\varphi(t)\rangle=e^{i\alpha_m(t)}|m(t)\rangle$等，都满足瞬时能量本征方程(6.3.10)，即它们都是 $H(t)$的瞬时能量本征态，且瞬时能量本征值都是 $E_m(t)$.

(2)设初始时刻体系处于某一非简并瞬时本征态，例如，式(6.3.11)，$|\psi(0)\rangle=|m(0)\rangle$，则在 $t(\geqslant 0)$时刻的量子态$|\psi(t)\rangle$由式(6.3.28)给出. 式(6.3.28)中的绝热相因子 $e^{i\gamma_m(t)}$是必不可少的. 不含绝热相因子的波函数

$$|\varphi(t)\rangle=e^{i\alpha_m(t)}|m(t)\rangle=\exp\left[-\frac{i}{\hbar}\int_0^t E_m(t')dt'\right]|m(t)\rangle \qquad (6.3.31)$$

尽管它也是 $H(t)$的瞬时本征态，它是不满足含时 Schrödinger 方程的[注].

[注][④]

用式(6.3.31)所示$|\varphi(t)\rangle$代入含时 Schrödinger 方程，

$$i\hbar\frac{\partial}{\partial t}|\varphi(t)\rangle=H(t)|\varphi(t)\rangle+e^{-\frac{i}{\hbar}\int_0^t E_m(t')dt'}i\hbar\frac{\partial}{\partial t}|m(t)\rangle \qquad (6.3.32)$$

利用瞬时能量本征方程(6.3.10)的微分以及瞬时能量本征函数的完备性，可以证明

$$\frac{\partial}{\partial t}|m(t)\rangle=\langle m|\frac{\partial}{\partial t}|m\rangle|m(t)\rangle+\sum_{n\neq m}\frac{\langle n\left|\frac{\partial H}{\partial t}\right|m\rangle}{(E_m-E_n)}|n(t)\rangle \qquad (6.3.33)$$

在绝热近似条件式(6.3.23)或式(6.3.24)下，上式右侧中的求和项$\sum\limits_{n\neq m}$可以略去，但右侧第一项

---

① D. J. Moore, Rhys. Report **210**(1991) 1.

② J. Y. Zeng and Y. A. Lei, Phys. Rev. **A51**(1995) 4415.

③ 利用归一化条件$\langle m(t)|m(t)\rangle=1$，对 t 微分，得

$$\langle m(t)|\dot{m}(t)\rangle+\langle\dot{m}(t)|m(t)\rangle=0$$

即

$$\langle m(t)|\dot{m}(t)\rangle+\langle m(t)|\dot{m}(t)\rangle^*=0$$

所以$\langle m(t)|\dot{m}(t)\rangle$为纯虚数.

④ 孙昌璞，张芃，私人通信.

是不可忽略的. 一方面,其积分是一个有限量;另一方面,它的大小依赖于 $|m(t)\rangle$ 的相位的选取. 例如,当 $|m(t)\rangle\to e^{i\theta}|m(t)\rangle$ 时,

$$\left|\langle m\left|\frac{\partial}{\partial t}\right|m\rangle\right|\to\left|\langle m\left|\frac{\partial}{\partial t}\right|m\rangle+i\theta\right| \tag{6.3.34}$$

$$\left|\langle n\left|\frac{\partial}{\partial t}\right|m\rangle\right|\to\left|\langle n\left|\frac{\partial}{\partial t}\right|m\rangle\right|,\quad n\neq m \tag{6.3.35}$$

从严格数学方面来看,一个微分方程中的各项是否可以忽略,主要考察其积分形式. 含时 Schrödinger 方程式(6.3.32)积分后,利用式(6.3.33),得

$$\begin{aligned}
&i\hbar|\varphi(t)\rangle-i\hbar|\varphi(0)\rangle\\
&=\int_0^t H|\varphi(t)\rangle dt+\int_0^t e^{-\frac{i}{\hbar}\int_0^t E_m(t')dt'}i\hbar\frac{\partial}{\partial t}|m(t)\rangle dt\\
&=\int_0^t H|\varphi(t)\rangle dt+i\hbar\int_0^t e^{-\frac{i}{\hbar}\int_0^t E_m(t')dt'}\langle m|\dot{m}\rangle dt+i\hbar\int_0^t e^{-\frac{i}{\hbar}\int_0^t E_m(t')dt'}\sum_{n\neq m}\frac{\langle n\left|\frac{\partial H}{\partial t}\right|m\rangle}{(E_m-E_n)}|n(t)\rangle dt
\end{aligned} \tag{6.3.36}$$

式(6.3.36)右侧中的求和项 $\sum\limits_{n\neq m}$,由于 $n\neq m$,每一项的大小与相位选取无关[见式(6.3.35)],只要条件式(6.3.23)或(6.3.24)成立,即可略去. 但式(6.3.36)右侧 $n=m$ 项 $\langle m|\dot{m}\rangle$[即绝热相 $\gamma_m(t)$]是不能略去的,即只有包含了绝热相因子的解式(6.3.28)才满足含时 Schrödinger 方程,这正是绝热相因子出现的动力学起因. 更详细的讨论可参阅孙昌璞和张芃,《量子力学新进展》第二辑,p. 21～26(北京大学出版社,2001)以及该文所引文献.

6.4 Berry 几何相

以下简单介绍 M. V. Berry (1984)[①] 的重要工作. 考虑一个量子体系,其 Hamilton 量 $H(\boldsymbol{R}(t))$ 依赖于含时参量 $\boldsymbol{R}(t)$,且周期演化,周期为 τ,$\boldsymbol{R}(\tau)=\boldsymbol{R}(0)$,$H(\boldsymbol{R}(\tau))=H(\boldsymbol{R}(0))$. 按照量子力学基本原理,体系的量子态 $|\psi(t)\rangle$ 随时间的演化,遵守含时 Schrödinger 方程

$$i\hbar\frac{\partial}{\partial t}|\psi(t)\rangle=H(\boldsymbol{R}(t))|\psi(t)\rangle \tag{6.4.1}$$

设 $H(\boldsymbol{R}(t))$ 的瞬时本征方程为

$$H(\boldsymbol{R}(t))|n(\boldsymbol{R}(t))\rangle=E_n(\boldsymbol{R}(t))|n(\boldsymbol{R}(t))\rangle \tag{6.4.2}$$

$E_n(\boldsymbol{R}(t))$ 为瞬时能量本征值,$|n(\boldsymbol{R}(t))\rangle$ 为该体系的包含 $H(\boldsymbol{R}(t))$ 在内的一组力学量完全集的瞬时共同本征态,n 是标记体系量子态的一组完备量子数,$\{|n(\boldsymbol{R}(t))\rangle\}$ 构成 t 时刻体系量子态的一组完备基,体系任一量子态 $|\psi(t)\rangle$ 均可用这一组完备基展开.

Berry 还假定体系的 Hamilton 量随时间变化足够缓慢[其确切表述,见 6.3 节,式(6.3.24)],量子绝热定理成立. 假设体系初始时刻($t=0$)处于某一个给定的瞬

① M. V. Berry, Proc. Rcy. Soc. (London) **A392**(1984) 45.

时能量本征态$|m(\boldsymbol{R}(0))\rangle$，

$$|\psi(0)\rangle = |m(\boldsymbol{R}(0))\rangle \tag{6.4.3}$$

则体系在 t 时刻的量子态 $|\psi(t)\rangle$ 为[见 6.3 节，式(6.3.28)，式(6.3.29)，式(6.3.30)]

$$|\psi(t)\rangle = e^{i[\alpha_m(t)+\gamma_m(t)]}|m(\boldsymbol{R}(t))\rangle \tag{6.4.4}$$

$$\alpha_m(t) = -\frac{1}{\hbar}\int_0^t E_m(\boldsymbol{R}(t'))\mathrm{d}t' \tag{6.4.5}$$

$$\gamma_m(t) = \mathrm{i}\int_0^t \langle m(\boldsymbol{R}(t'))|\dot{m}(\boldsymbol{R}(t'))\rangle \mathrm{d}t' \tag{6.4.6}$$

$\alpha_m(t)$是通常的动力学相，它依赖于瞬时能量本征值 $E_m(\boldsymbol{R}(t))$，$\gamma_m(t)$称为绝热相(或称为 Berry 绝热相)，它依赖于瞬时能量本征态$|m(\boldsymbol{R}(t))\rangle$及其随时间变化的快慢$|\dot{m}(\boldsymbol{R}(t))\rangle$. Berry 文中指出，$\gamma_m(t)$是由量子态式(6.4.4)要求满足含时 Schrödinger 方程式(6.4.1)所确定的. 考虑到 $\boldsymbol{R}(t)$[因而 $H(\boldsymbol{R}(t))$]随时间周期演化，Berry 强调指出，$\gamma_m(t)$是不可积的，γ_m 不能表示为 $\boldsymbol{R}$ 的函数. 特别是经过一个周期 τ 以后，在参数空间中 $\boldsymbol{R}(t)$ 画出一个闭合曲线，$\boldsymbol{R}(\tau)=\boldsymbol{R}(0)$，但一般说来，$\gamma_m(\tau)$不等于 $\gamma(0)$. 这是 Berry 的重要发现.

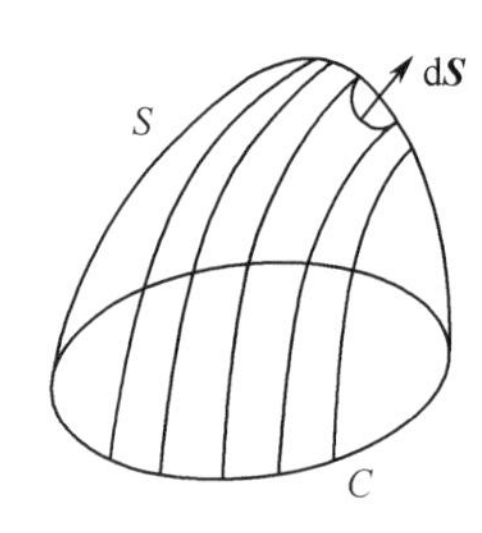

图 6.2

他还指出，$\gamma_m(\tau)$可以表示为参数空间中的一个回路积分(见图 6.2).

$$\gamma_m(\tau) = \mathrm{i}\int_{\boldsymbol{R}(0)}^{\boldsymbol{R}(\tau)} \mathrm{d}\boldsymbol{R}\cdot\langle m(\boldsymbol{R})|\frac{\partial}{\partial\boldsymbol{R}}|m(\boldsymbol{R})\rangle = \oint_C \boldsymbol{A}_m(\boldsymbol{R})\cdot\mathrm{d}\boldsymbol{R} = \gamma_m(C) \tag{6.4.7}$$

$$\boldsymbol{A}_m(\boldsymbol{R}) = \mathrm{i}\left\langle m(\boldsymbol{R})\left|\frac{\partial}{\partial\boldsymbol{R}}\right|m(\boldsymbol{R})\right\rangle \tag{6.4.8}$$

Berry 把 $\gamma_m(\tau)$记为 $\gamma_m(C)$，只要绝热近似成立，$\gamma_m(C)$不依赖于 C 如何行走. 利用$|m(\boldsymbol{R})\rangle$的正交归一性，可以证明[注1]，$A_m(\boldsymbol{R})$为实，因而 $\gamma_m(C)$为实，是可以观测的. Berry 把 $\gamma_m(C)$称为“geometrical phase change”. 后来人们习惯称 $\gamma_m(C)$为 Berry 几何相①，或简称为几何相.

利用 Stoke's 定理，式(6.4.7)还可以化为参数空间中的面积分(图 6.2).

$$\gamma_m(C) = \iint_S \left[\frac{\partial}{\partial\boldsymbol{R}}\times\boldsymbol{A}_m(\boldsymbol{R})\right]\cdot\mathrm{d}\boldsymbol{S} = \iint_S \boldsymbol{B}_m(\boldsymbol{R})\cdot\mathrm{d}\boldsymbol{S} \tag{6.4.9}$$

形式上，$\boldsymbol{A}_m(\boldsymbol{R})$可看作参数空间中的“矢势”，而 $\boldsymbol{B}_m=\frac{\partial}{\partial\boldsymbol{R}}\times\boldsymbol{A}_m(\boldsymbol{R})$则看成相应的“磁场强度”，$\gamma_m(C)$则代表通过以参数空间中闭曲线 C 为边界的曲面 S 的“磁通量”. 可以证明[注2]，除了“磁单极”奇点(出现在能级简并处)外，

---

① 见综述性文献，D. J. Moore, Phys. Report **210**(1991) 1.

$$\nabla \cdot \boldsymbol{B}_m(\boldsymbol{R}) = 0 \tag{6.4.10}$$

$\boldsymbol{B}_m(\boldsymbol{R})=\frac{\partial}{\partial \boldsymbol{R}}\times \boldsymbol{A}_m(\boldsymbol{R})$的表示式，见式(6.4.11). 可以证明[注3]，尽管 $\boldsymbol{A}_m(\boldsymbol{R})$依赖于瞬时能量本征态$|m(\boldsymbol{R})\rangle$的相位的选取，$\boldsymbol{B}_m(\boldsymbol{R})$和 $\gamma_m(C)$都与此无关.

[注 1] 利用$\langle m(\boldsymbol{R})|m(\boldsymbol{R})\rangle=1$，对参数 $\boldsymbol{R}$ 微分，得

$$\langle m(\boldsymbol{R})|\frac{\partial}{\partial \boldsymbol{R}}|m(\boldsymbol{R})\rangle+\left\langle\frac{\partial}{\partial \boldsymbol{R}}m(\boldsymbol{R})\,\middle|\,m(\boldsymbol{R})\right\rangle = 0$$

即

$$\langle m(\boldsymbol{R})\rangle|\frac{\partial}{\partial \boldsymbol{R}}|m(\boldsymbol{R})\rangle+\langle m(\boldsymbol{R})|\frac{\partial}{\partial \boldsymbol{R}}|m(\boldsymbol{R})\rangle^* = 0$$

所以$\langle m(\boldsymbol{R})|\frac{\partial}{\partial \boldsymbol{R}}|m(\boldsymbol{R})\rangle$为纯虚数，即 $A_n(\boldsymbol{R})$为实.

[注 2]

$$\boldsymbol{B}_m(\boldsymbol{R}) = \nabla\times\boldsymbol{A}_m(\boldsymbol{R}) =-\mathrm{I_m}\nabla\times\langle m(\boldsymbol{R})|\nabla|m(\boldsymbol{R})\rangle$$

利用$\nabla\times(u\boldsymbol{a})=\nabla u\times\boldsymbol{a}+u\nabla\times\boldsymbol{a}$，$\boldsymbol{B}_n$ 化为

$$\boldsymbol{B}_n(\boldsymbol{R}) =-\mathrm{I_m}\langle\nabla m(\boldsymbol{R})\times\nabla m(\boldsymbol{R})\rangle =-\mathrm{I_m}\sum_{m\neq n}\langle\nabla m(\boldsymbol{R})|m(\boldsymbol{R})\rangle\times\langle m(\boldsymbol{R})|\nabla m(\boldsymbol{R})\rangle$$

再利用

$$\langle m(\boldsymbol{R})|\nabla m(\boldsymbol{R})\rangle = \frac{\langle m(\boldsymbol{R})|(\nabla H(\boldsymbol{R}))|m(\boldsymbol{R})\rangle}{E_m(\boldsymbol{R})-E_n(\boldsymbol{R})}$$

得

$$\boldsymbol{B}_m(\boldsymbol{R}) =-\mathrm{I_m}\sum_{n\neq m}\frac{\langle m(\boldsymbol{R})|(\nabla H(\boldsymbol{R}))|m(\boldsymbol{R})\rangle\times\langle n(\boldsymbol{R})|(\nabla H(\boldsymbol{R}))|m(\boldsymbol{R})\rangle}{(E_m(\boldsymbol{R})-E_n(\boldsymbol{R}))^2} \tag{6.4.11}$$

定义厄米算符

$$\boldsymbol{F} =-\mathrm{i}\sum_n|\nabla n\rangle\langle n| = \boldsymbol{F}^+ \tag{6.4.12}$$

则

$$|\nabla n\rangle = \mathrm{i}\boldsymbol{F}|n\rangle$$

$$\mathrm{i}\langle m|\boldsymbol{F}|n\rangle = \sum_{n'}\langle m|\nabla n'\rangle\langle n'|n\rangle = \langle m|\nabla|n\rangle = \frac{\langle m|(\nabla H)|n\rangle}{(E_n-E_m)} \tag{6.4.13}$$

式(6.4.11)可表示成

$$\boldsymbol{B}_m(\boldsymbol{R}) =-\mathrm{I_m}\sum_{n\neq m}\langle m|\boldsymbol{F}|n\rangle\times\langle n|\boldsymbol{F}|m\rangle =-\mathrm{I_m}\langle m|\boldsymbol{F}\times\boldsymbol{F}|m\rangle \tag{6.4.14}$$

所以

$$\begin{aligned}\nabla\cdot\boldsymbol{B}_m(\boldsymbol{R}) =&-\mathrm{I_m}[\langle\nabla m|\cdot(\boldsymbol{F}\times\boldsymbol{F})|m\rangle+\langle m|(\boldsymbol{F}\times\boldsymbol{F})\cdot|\nabla m\rangle\\&+\langle m|\nabla\cdot(\boldsymbol{F}\times\boldsymbol{F})|m\rangle]\\=&-\mathrm{I_m}[-\mathrm{i}\langle\boldsymbol{F}\cdot(\boldsymbol{F}\times\boldsymbol{F})|m\rangle+\mathrm{i}\langle m|(\boldsymbol{F}\times\boldsymbol{F})\cdot\boldsymbol{F}|m\rangle\\&+\langle m|(\nabla\times\boldsymbol{F})\cdot\boldsymbol{F}-\boldsymbol{F}\cdot(\nabla\times\boldsymbol{F})|m\rangle]\end{aligned}$$

利用

$$\nabla\times\boldsymbol{F} =-\mathrm{i}\sum_n|\nabla n\rangle\times\langle\nabla n| =-\mathrm{i}\sum_n\boldsymbol{F}|n\rangle\times\langle n|\boldsymbol{F} = \mathrm{i}\boldsymbol{F}\times\boldsymbol{F}$$

得$\nabla\cdot\boldsymbol{B}_m(\boldsymbol{R})=0$ [$E_m(\boldsymbol{R})=E_n(\boldsymbol{R})$点除外].

[注 3]

按式(6.4.8),$\boldsymbol{A}_m(\boldsymbol{R})=\mathrm{i}\langle m(\boldsymbol{R})|\nabla|m(\boldsymbol{R})\rangle$,当$|m(\boldsymbol{R})\rangle$作一个相位变换时,

$$|m(\boldsymbol{R})\rangle \to \mathrm{e}^{\mathrm{i}\chi(\boldsymbol{R})}|m(\boldsymbol{R})\rangle$$

则 $\boldsymbol{A}_m(\boldsymbol{R})\to\boldsymbol{A}_m(\boldsymbol{R})-\nabla\chi$,相当于作一个规范变换.但 $\boldsymbol{B}_m(\boldsymbol{R})=\nabla\times\boldsymbol{A}_m(\boldsymbol{R})$不改变(与规范变换无关),因而 $\gamma_m(C)$与$|m(\boldsymbol{R})\rangle$的相位选取无关.这一点从式(6.4.7)也可以直接看出,因为$\boldsymbol{A}_m(\boldsymbol{R})$围绕一个闭合回路 C 的线积分是与规范无关的①,且可以不为 0.

6.5 Aharonov-Anandan 相

Aharonov 与 Anandan 对 Berry 几何相理论做了重要推广②,即放弃了绝热近似假定,但假定体系的量子态$|\psi(t)\rangle$按照 Schrödinger 方程周期演化,周期为 τ(但并不要求 Hamilton 量 H 周期变化)

$$|\psi(\tau)\rangle=\mathrm{e}^{\mathrm{i}\phi}|\psi(0)\rangle \tag{6.5.1}$$

即经历一个周期 τ 后,量子态回到初态,但有一个相差 ϕ.试作含时相变换

$$|\psi(t)\rangle=\mathrm{e}^{\mathrm{i}f(t)}|\tilde{\psi}(t)\rangle. \tag{6.5.2}$$

并要求 $f(\tau)-f(0)=\phi$.这样$|\tilde{\psi}(t)\rangle$在经历一周期后没有相位变化,

$$|\tilde{\psi}(\tau)\rangle=|\tilde{\psi}(0)\rangle \tag{6.5.3}$$

注意,与$|\psi(t)\rangle$随时间的演化必须满足 Schrödinger 方程不同,$|\tilde{\psi}(t)\rangle$随时间演化不再遵守 Schrödinger 方程.用式(6.5.2)代入 Schrödinger 方程

$$\mathrm{i}\hbar\frac{\partial}{\partial t}|\psi(t)\rangle=-\hbar\dot{f}|\psi(t)\rangle+\mathrm{e}^{\mathrm{i}f(t)}\mathrm{i}\hbar\frac{\partial}{\partial t}|\tilde{\psi}(t)\rangle=H(t)|\psi(t)\rangle \tag{6.5.4}$$

上式左乘$\langle\psi(t)|$,得

$$-\hbar\dot{f}+\langle\tilde{\psi}(t)|\mathrm{i}\hbar\frac{\partial}{\partial t}|\tilde{\psi}(t)\rangle=\langle\psi(t)||H|\psi(t)\rangle$$

对 t 积分一周期,得

$$f(\tau)-f(0)=\int_0^\tau \mathrm{d}t\left\langle\psi(t)\left|\frac{-H(t)}{\hbar}\right|\psi(t)\right\rangle+\int_0^\tau \mathrm{d}t\langle\tilde{\psi}(t)|\mathrm{i}\frac{\partial}{\partial t}|\tilde{\psi}(t)\rangle \tag{6.5.5}$$

即

$$\phi=f(\tau)-f(0)=\alpha(\tau)+\gamma(\tau) \tag{6.5.6}$$

$$\alpha(\tau)=\int_0^\tau \mathrm{d}t\left\langle\psi(t)\left|\frac{-H(t)}{\hbar}\right|\psi(t)\right\rangle \tag{6.5.7}$$

$$\gamma(\tau)=\int_0^\tau \mathrm{d}t\langle\tilde{\psi}(t)|\mathrm{i}\frac{\partial}{\partial t}|\tilde{\psi}(t)\rangle=\phi-\alpha(\tau) \tag{6.5.8}$$

他们把 $\alpha(\tau)$称为动力学相,而把总相位变化 ϕ 与动力学相 $\alpha(\tau)$之差 $\phi-\alpha(\tau)=\gamma(\tau)$称为几何相,后来人们也称之为 AA 相.

---

① 见 223 页引 R. Shankar 的书,p. 595.

② Y. Aharonov and J. Ananden. Phys. Rev. Lett. **58**(1987) 1593.

如果回到 Berry 讨论过的 $H(\boldsymbol{R}(t))$ 随时间绝热地周期变化的情况(周期为 τ),设体系处于 $H(\boldsymbol{R}(t))$ 的某一个瞬时本征态 $|m(\boldsymbol{R}(t))\rangle$,则

$$\alpha_m(t)=\int_0^t \mathrm{d}t'\left\langle m(t')\left|\frac{-H(t')}{\hbar}\right|m(t')\right\rangle=-\frac{1}{\hbar}\int_0^t \mathrm{d}t' E_m(\boldsymbol{R}(t')) \quad (6.5.9)$$

与 Berry 定义的动力学相是一致的[见 6.4 节,式(6.4.5)],而经历一周期后总相位变化 ϕ 与 $\alpha_m(\tau)$ 之差,$\gamma_m(\tau)=\phi-\alpha_m(\tau)$,则称为几何相.

例 1 一维谐振子

Hamilton 量为

$$H=\frac{p^2}{2m}+\frac{1}{2}m\omega^2x^2 \quad (6.5.10)$$

本征值 $E_n=(n+1/2)\hbar\omega, n=0,1,2,\cdots$,相应本征态记为 $|\psi_n\rangle$. 设初态

$$|\psi(0)\rangle=\cos\frac{\theta}{2}|\psi_0\rangle+\sin\frac{\theta}{2}|\psi_1\rangle \quad (6.5.11)$$

即基态 $|\psi_0\rangle$ 与第一激发态 $|\psi_1\rangle$ 的叠加. 参数 θ 刻画两个态的成分与相对相位. 例如,$\theta=0$ 表示初态处于基态,$\theta=\pi$ 则表示初态处于第一激发态,而 $\theta=\pi/2$ 则初态是基态和第一激发态的等权重、同相的相干叠加.

显然,

$$|\psi(t)\rangle=\cos\frac{\theta}{2}\mathrm{e}^{-\mathrm{i}\omega t/2}|\psi_0\rangle+\sin\frac{\theta}{2}\mathrm{e}^{-\mathrm{i}3\omega t/2}|\psi_1\rangle \quad (6.5.12)$$

是一个非定态,在经历一周期后($\tau=2\pi/\omega$),$|\psi(\tau)\rangle=-\psi(0)\rangle$,总相位变化为 $\phi=\pi$. 把式(6.5.12)代入式(6.5.7)和式(6.5.8),可得

$$\begin{aligned}\alpha(\tau)&=\pi\cos\theta\\ \gamma(\tau)&=\phi-\beta(\tau)=\pi(1-\cos\theta)\\ &=\begin{cases}0, & \text{对于 } \theta=0 \text{ 或 } \pi \quad (\text{定态})\\ \pi, & \text{对于 } \theta=\pi/2 \text{ 或 } 3\pi/2 \quad (\text{完全非定态})\end{cases}\end{aligned} \quad (6.5.13)$$

即对于定态,AA 相为 0,而对于完全非定态,AA 相达到极大值 π.

事实上,上述结论对于任何两态体系都成立. 设

$$H|\psi_\pm\rangle=\pm|E||\psi_\pm\rangle \quad (6.5.14)$$

$|\psi_\pm\rangle$ 分别是能量为 $\pm|E|$ 的本征态. 设体系初态为

$$|\psi(0)\rangle=\cos\frac{\theta}{2}|\psi_-\rangle+\sin\frac{\theta}{2}|\psi_+\rangle \quad (6.5.15)$$

则

$$|\psi(t)\rangle=\cos\frac{\theta}{2}\mathrm{e}^{\mathrm{i}|E|t/\hbar}|\psi_-\rangle+\sin\frac{\theta}{2}\mathrm{e}^{-\mathrm{i}|E|t/\hbar}|\psi_+\rangle \quad (6.5.16)$$

可以看出,经历一个周期 $\tau=\pi\hbar/|E|$ 后,$|\psi(\tau)\rangle=-|\psi(0)\rangle$,即总相位变化 $\phi=\pi$,而

$$\begin{aligned}\alpha(\tau)&=\pi\cos\theta\\ \gamma(\tau)&=\pi(1-\cos\theta)\\ &=\begin{cases}0, & \text{对于 } \theta=0 \text{ 或 } \pi \quad (\text{定态})\\ \pi & \text{对于 } \theta=\pi/2 \text{ 或 } 3\pi/2 \quad (\text{完全非定态})\end{cases}\end{aligned} \quad (6.5.17)$$

按以上分析可以看出,对于定态,AA 相恒为 0,而只对于非定态,AA 相才可能出现. 对于两个

定态的叠加所构成的非定态，AA 相的大小可以作为刻画非定态性的一个参数. 对于完全非定态($\theta=\pi/2$ 或 $3\pi/2$，两个定态等权重叠加)，AA 相达到极大值 π.

例 2 平面转子的相干态①

平面转子的 Hamilton 量为

$$H=-\frac{\hbar^2}{2I}\frac{\partial^2}{\partial\varphi^2} \tag{6.5.18}$$

I 为转动惯量，能量本征值和本征态为

$$E_m=m^2\hbar^2/2I$$

$$\psi_m(\varphi)=\frac{1}{\sqrt{2\pi}}\mathrm{e}^{\mathrm{i}m\varphi},\quad m=0,\pm1,\pm2,\cdots \tag{6.5.19}$$

能级一般为二重简并($m=0$ 除外).

设体系的初态为

$$\langle\varphi|\psi(0)\rangle=\frac{1}{\sqrt{2}}[\psi_m(\varphi)+\psi_{m'}(\varphi)],\qquad |m'|\neq|m| \tag{6.5.20}$$

显然，

$$\langle\varphi|\psi(t)\rangle=\frac{1}{2\sqrt{\pi}}\left|\mathrm{e}^{\mathrm{i}m\varphi-\frac{\mathrm{i}\hbar t}{2I}m^2}+\mathrm{e}^{\mathrm{i}m'\varphi-\frac{\mathrm{i}\hbar t}{2I}m'^2}\right| \tag{6.5.21}$$

而

$$\begin{gathered}|\langle\varphi|\psi(t)\rangle|^2=\frac{1}{\pi}\cos^2[N(\varphi-\varphi_c(t))]\\ N=m-m',\quad \varphi_c=\Omega t,\quad \Omega=\frac{\hbar}{2I}(m+m')\end{gathered} \tag{6.5.22}$$

可以看出，波包的极大点(对于 $N=1$ 情况，只有一个极大点)以匀角速度 Ω 旋转，不扩散. 经历一个周期后[$\tau=2\pi\hbar/(E_m-E_{m'})$]，总相位变化(设 $m>m'$)为

$$\phi=-E_c\tau/\hbar+\pi,\quad E_c=(E_m+E_{m'})/2 \tag{6.5.23}$$

用式(6.5.21)代入式(6.5.7)与式(6.5.8)，可求出

$$\begin{aligned}\alpha(\tau)&=-E_c\tau/\hbar\\ \gamma(\tau)&=\phi-\alpha(\tau)=\pi\end{aligned} \tag{6.5.24}$$

例 3 谐振子相干态

设谐振子初态处于(见 2.6.1 节与 2.6.2 节，*p*. 72，(2.6.10)式)

$$\langle x|\psi(0)\rangle=\psi_0(x-x_0)=\mathrm{e}^{-\delta^2/2}\sum_{n=0}^{\infty}\frac{\delta^n}{\sqrt{n!}}\psi_n(x) \tag{6.5.25}$$

$$\delta=\alpha x_0/\sqrt{2},\quad \alpha=\sqrt{m\omega/\hbar}=L^{-1}$$

L 表示谐振子的特征长度. 初态(6.5.25)是无穷多个定态按一定权重的相干叠加. 可以求出

$$\langle x|\psi(t)\rangle=\frac{\alpha^{1/2}}{\pi^{1/4}}\exp\left[-\frac{1}{2}(\alpha x-\sqrt{2}\delta\cos\omega t)^2-\mathrm{i}\left(\frac{1}{2}\omega t-\frac{1}{2}\delta^2\sin2\omega t\right)\right] \tag{6.5.26}$$

$$|\langle x|\psi(t)\rangle|^2=\frac{\alpha}{\pi^{1/2}}\exp[-\alpha^2(x-x_c(t))^2] \tag{6.5.27}$$

$$x_c(t)=x_0\cos\omega t$$

① W. S. Porter, Am. J. Phys. **61**(1993) 1050.

它描述一个围绕 $x=0$ 点振荡的波包，不扩散，振幅为 x_0，频率为 ω，与经典谐振子的自然振荡极为相似. 可以看出，在经历一个周期 $\tau=2\pi/\omega$ 后，$\langle x|\psi(\tau)\rangle=-\langle x|\psi(0)\rangle$，总相位变化为 $\phi=\pi$. 用式(6.5.25)代入式(6.5.7)和式(6.5.8)，可求出

$$\begin{aligned}\alpha(\tau) &= 2\pi(\delta^2+1/2)\\ \gamma(\tau) &= \pi-\alpha(\tau) = 2\pi\delta^2 \\ &= \begin{cases}0, & \text{对于 } \delta=0 \quad (\text{定态})\\ \pi, & \text{对于 } \delta=1/\sqrt{2} \quad (\text{即 } x_0=L)\end{cases}\end{aligned} \tag{6.5.28}$$

这里我们也可以看出，对于定态($\delta=0$)，有 $\gamma(\tau)=0$，而对于 $x_0=L$ 的相干态，$\gamma(\tau)$ 达到极大值 π. 相干态是与经典谐振子的自然振动相应的量子波包，可认为是完全非定态.

一般说来，设体系 Hamilton 量不显含 t，能量本征方程为 $H|\psi_m\rangle=E_m|\psi_m\rangle$，设初态不是定态，而是一些定态的叠加

$$|\psi(0)\rangle=\sum_n C_m|\psi_m\rangle \tag{6.5.29}$$

$$C_m=\langle\psi_m|\psi(0)\rangle$$

则

$$|\psi(t)\rangle=\sum_m C_m e^{-iE_m t/\hbar}|\psi_m\rangle \tag{6.5.30}$$

将上式代入式(6.5.7)，可求出动力学相

$$\alpha(\tau)=-\sum_m |C_m|^2 E_m\tau/\hbar=-\bar{E}\tau/\hbar \tag{6.5.31}$$

$\bar{E}$ 为能量平均值. 总相位变化 ϕ 由下式给出：

$$e^{i\phi}=\sum_m |C_m|^2 e^{-iE_m\tau/\hbar} \tag{6.5.32}$$

而 $\gamma(\tau)=\phi-\alpha(\tau)$. 一般说来，$\phi\neq\alpha(\tau)$，$\gamma(\tau)\neq 0$，除非 $C_m=\delta_{mn}$(定态)，此时 $\phi=\alpha(\tau)=-E_n\tau/\hbar$，而 $\gamma(\tau)=0$.

对于 H 含时的体系，即使在绝热近似下，体系也不存在严格的定态，因而 AA 相 $\gamma(\tau)$就可能出现.

附录　LR 含时不变量理论与 Berry 绝热相和 AA 相的关系

设体系的 Hamilton 量 $H(\boldsymbol{R}(t))$随时间周期演化，周期为 τ，体系在初始时刻处于某给定的瞬时能量本征态 $|\psi(0)\rangle=|m(\boldsymbol{R}(0))\rangle$，则在绝热近似下体系的量子态[见 6.4 节，式(6.4.3)～(6.4.6)]为

$$|\psi(t)\rangle=\exp\left[-\frac{i}{\hbar}\int_0^t E_m(\boldsymbol{R}(t))dt+i\int_0^t i\langle m(\boldsymbol{R}(t))|\dot{m}(\boldsymbol{R}(t))\rangle dt\right]|m(\boldsymbol{R}(t))\rangle \tag{1}$$

$\gamma_m(t)=i\int_0^t\langle m(\boldsymbol{R}(t))|\dot{m}(\boldsymbol{R}(t))\rangle dt$ 称为 Berry 绝热相，依赖于瞬时能量本征态 $|m(\boldsymbol{R}(t))\rangle$及其随时间变化的快慢 $|\dot{m}(\boldsymbol{R}(t))\rangle$. Berry(1984)发现，$\gamma_m$ 不能表示为 $\boldsymbol{R}$ 的函数，特别是在经历一周期 τ 后，尽管 $\boldsymbol{R}(\tau)=\boldsymbol{R}(0)$，一般说来，$\gamma_m(\tau)\neq\gamma_m(0)$. $\gamma_m(\tau)$记为 $\gamma_m(C)$，称为 Berry 几何相，是可以观测的.

Aharonov & Anandan (1987)对 Berry 的工作做了重要推广，放弃了 Hamilton 量绝热演化的假定(Hamilton 量甚至可以不随时间变化)，但假定体系的量子态随时间周期演化，从而导出了 AA 相(见 6.5 节).

不久，S. S. Mizrahi[①]，D. A. Moralis[②] 分别研究了 LR 含时不变量理论与 Berry 相和 AA 相的关系. Mizrahi 一文的摘要中写道："An approach for the exact calculation of the geometrical and dynamical phases, by using the method of Lewis and Riesenufeld, is presented."该文在简单回顾 Berry 相和 AA 相工作后说："A third approach to obtain the geometrical phase is proposed here and it makes use of an earlier work of Lewis and Riesenfeld."然后讨论了从含时不变量理论来研究此问题的两个优点：

(i) Since the LR phase is part of the exact solution of the Schrödinger equation, the phases can be computed without the adiabatic hypothesis and no corrections, in the sense of Berry, are necessary. (ii) While in Berry's work the Hamiltonian contains time-dependent parameters, in the present approach the geometrical phase exists even for Hamiltonians that do not have an explicit time dependence, as in the AA approach.

Morales 一文[②] 指出：他用 LR 含时不变量得出的 Lewis 相位"is *exact* even though the system does not evolve adiabatically in time and becomes equal to Berry's result in the adiabatic limit".

继 Mizrahi 和 Morales 的工作之后，在 20 世纪 90 年代出现了大量文献，它们基于含时不变量理论，从不同方面讨论了 LR 相与 Berry 相和 AA 相的关系. 在 A. Mostafazadeh 的专著[③]中对此有详细评述. 有兴趣的读者可以参阅此专著及书中所引文献，这里不再详细介绍. 但应提到，所有这些工作，在量子力学基本理论上都基于下列两点：

(1)量子态随时间的演化必须遵守含时 Schrödinger 方程. 在 Berry 原始文献中清楚指出，绝热近似解中的绝热相 $\gamma_m(t)$ 是为满足含时 Schrödinger 方程所必需的. 在 AA 相理论中[见 6.5 节，式(6.5.4)～式(6.5.8)]也强调了这一点. 在含时不变量理论中，LR 相 $\alpha_{\lambda\kappa}(t)$ 也是根据满足含时 Schrödinger 方程而确定的[见 6.2 节，式(6.2.18)～式(6.2.20)].

(2)含时力学量(不含对时间 t 微商的算符)的本征态有一个含时相因子的不定性. 例如，含时不变量 $I(t)$(见 6.2 节)，或含时 Hamilton 量 $H(t)$，都是如此，差别仅在于含时不变量的本征值 λ 不随时间改变，$d\lambda/dt=0$[6.2 节，式(6.2.8)]，而含时 Hamilton 量 $H(t)$ 的本征值 $E_n(t)$ 随时间改变，能量非守恒量，且其本征态是非定态. 因此 LR 相的表示式与 Berry 绝热相的表示式有所差异. 例如，设体系初始时刻处于含时不变量 $I(t)$ 的某一个确定的本征态 $|\psi(0)\rangle=|\lambda_0\kappa_0,0\rangle$，则 t 时刻体系量子态为[6.2 节，式(6.2.23)、式(6.2.24)]

$$|\psi(t)\rangle=\exp\left[-\frac{i}{\hbar}\int_0^t\langle\lambda_0\kappa_0,t|H(t)|\lambda_0\kappa_0,t\rangle dt+i\int_0^t i\langle\lambda_0\kappa_0,t\left|\frac{\partial}{\partial t}\right|\lambda_0\kappa_0,t\rangle dt\right]|\lambda_0\kappa_0,t\rangle \quad (2)$$

比较式(1)和式(2)，形式上不同之处在于，$|\lambda_0\kappa_0,t\rangle$ 不是 $H(t)$ 的本征态，而 $|m(\boldsymbol{R}(t))\rangle$ 是 $H(\boldsymbol{R}(t))$ 的本征态，本征值为 $E_m(\boldsymbol{R}(t))$，所以动力学相因子的表示式略异.

---

① S. S. Mizrahi, Phys. Lett. **A138**(1989) 465-468.

② D. A. Morales J. Phys. **A21** (1988) L889-L892.

③ A. Mostafazadeh, *Dynamical Invariant, Adiabatic Approximation and Geometric Phase*, Nova Science Publishers, New York, 2001.

第 7 章　角动量理论

7.1　量子体系的有限转动[①]

7.1.1　量子态的转动，转动算符

先考虑一种特殊的情况，即无自旋粒子绕 z 轴的转动. 设体系绕 z 轴转过一个无限小角度 $\delta\varphi$(图 7.1)，粒子的角坐标从 $\varphi \to \varphi' = \varphi + \delta\varphi$，波函数从 $\psi \to \psi' = R_z(\delta\varphi)\psi$，试求 $R_z(\delta\varphi)$.

显然

$$\psi'(\varphi + \delta\varphi) = \psi(\varphi)$$

即

$$\begin{aligned}\psi'(\varphi) &= \psi(\varphi - \delta\varphi) \\ &= \psi(\varphi) - \delta\varphi \frac{\partial}{\partial\varphi}\psi + \frac{1}{2!}(\delta\varphi)^2 \frac{\partial^2}{\partial\varphi^2}\psi + \cdots \\ &= \mathrm{e}^{-\delta\varphi\frac{\partial}{\partial\varphi}}\psi = \mathrm{e}^{-\mathrm{i}\delta\varphi \hat{l}_z/\hbar}\psi\end{aligned}$$

式中

$$\hat{l}_z = -\mathrm{i}\hbar \frac{\partial}{\partial\varphi}$$

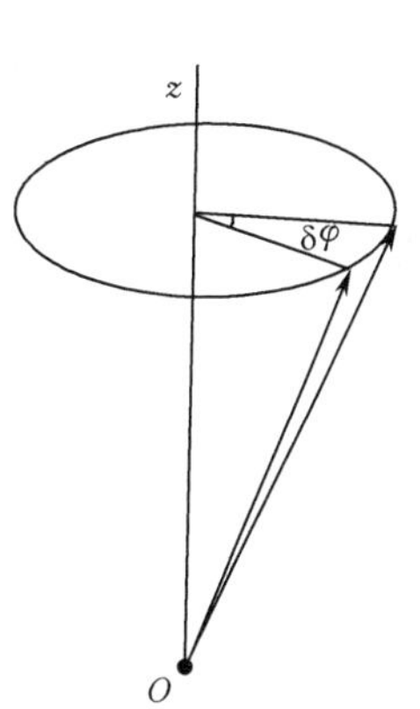

图 7.1

是轨道角动量 $\boldsymbol{l}$ 的 z 分量. 这样，无自旋粒子绕 z 轴旋转 $\delta\varphi$ 角的算符可表示成

$$R_z(\delta\varphi) = \mathrm{e}^{-\mathrm{i}\delta\varphi \hat{l}_z/\hbar} \tag{7.1.1}$$

$\hat{l}_z$即粒子绕 z 轴旋转的无穷小算符. 设体系绕 z 轴旋转一个有限角 α，它可以看成体系相继进行一系列无限小角度旋转的总的效果，因而

$$R_z(\alpha) = \mathrm{e}^{-\mathrm{i}\alpha \hat{l}_z/\hbar} \tag{7.1.2}$$

如果粒子具有自旋，则轨道角动量应代之为总角动量 $\boldsymbol{j}$，即

$$R_z(\alpha) = \mathrm{e}^{-\mathrm{i}\alpha j_z/\hbar} \tag{7.1.3}$$

更进一步推广，设粒子绕空间任一方向 $\boldsymbol{n}$ 旋转一个角度 θ，则转动算符可表示成

---

① 参阅 M. E. Rose, *Elementary Theory of Angular Momentum*. John Wiley and Sons, New York, 1957.

A. R. Edmonds, *Angular Momentum in Quantum Mechanics*, 2nd. ed. Princeton University Press, 1960.

$$R(\theta\boldsymbol{n}) = \mathrm{e}^{-\mathrm{i}\theta\boldsymbol{n}\cdot\boldsymbol{j}/\hbar} \tag{7.1.4}$$

更普遍讲，设体系的总角量算符为 $\boldsymbol{J}$，则体系绕空间 $\boldsymbol{n}$ 方向旋转 θ 角的转动算符为

$$R(\theta\boldsymbol{n}) = \mathrm{e}^{-\mathrm{i}\theta\boldsymbol{n}\cdot\boldsymbol{J}/\hbar} \tag{7.1.5}$$

总角动量 $\boldsymbol{J}$ 即体系的无穷小转动算符.

7.1.2 角动量本征态的转动，$\boldsymbol{D}$ 函数

设体系处于$(\boldsymbol{J}^2, J_z)$的共同本征态 ψ_{jm}，则把体系沿 $\boldsymbol{n}$ 方向旋转 θ 角以后，体系状态变为(以下为简便，取 $\hbar=1$)

$$R(\theta\boldsymbol{n})\psi_{jm} = \mathrm{e}^{-\mathrm{i}\theta\boldsymbol{n}\cdot\boldsymbol{J}}\psi_{jm} \tag{7.1.6}$$

考虑到$[\boldsymbol{J}^2, R]=0$，可知 $R\psi_{jm}$ 仍为 $\boldsymbol{J}^2$ 的本征态，

$$\boldsymbol{J}^2 R\psi_{jm} = R\boldsymbol{J}^2\psi_{jm} = j(j+1)R\psi_{jm}$$

但一般说来，J_z 与 R 不对易，因而 $R\psi_{jm}$ 一般不再是 J_z 的本征态，而是 J_z 的各本征态的叠加，即 $R\psi_{jm}$ 的最一般表示式为

$$R(\theta\boldsymbol{n})\psi_{jm} = \sum_{m'}\langle jm'|\mathrm{e}^{-\mathrm{i}\theta\boldsymbol{n}\cdot\boldsymbol{J}}|jm\rangle\psi_{jm'} \tag{7.1.7}$$

$\langle jm'|\mathrm{e}^{-\mathrm{i}\theta\boldsymbol{n}\cdot\boldsymbol{J}}|jm\rangle$表示叠加系数，记为 $D^j_{m'm}(\theta\boldsymbol{n})$，它是转动算符 $\mathrm{e}^{-\mathrm{i}\theta\boldsymbol{n}\cdot\boldsymbol{J}}$ 在 ψ_{jm}(j 取定)张开的 $2j+1$ 维(子)空间中的矩阵表示，或称之为转动群的$(2j+1)$维不可约表示. 这样，式(7.1.7)可改记为

$$R(\theta\boldsymbol{n})\psi_{jm} = \sum_{m'}D^j_{m'm}(\theta\boldsymbol{n})\psi_{jm'} \tag{7.1.8}$$

习惯上，三维空间的转动用三个 Euler 角(α,β,γ)来描述，见图 7.2. 这样，转动算符可以写成如下相继的三个转动算符之乘积

$$R = \exp(-\mathrm{i}\gamma J_{z''})\cdot\exp(-\mathrm{i}\beta J_{y'})\cdot\exp(-\mathrm{i}\alpha J_z) \tag{7.1.9}$$

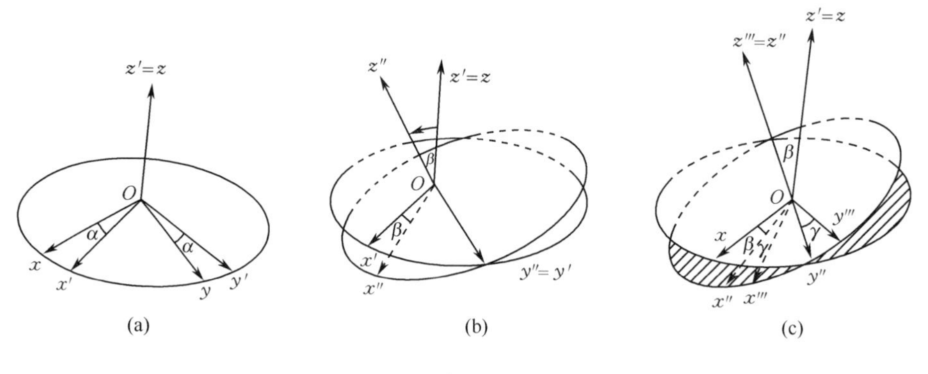

图 7.2

因为表象的基矢 ψ_{jm} 是$(\boldsymbol{J}^2, J_z)$的共同本征态，为便于计算 R 的矩阵元，最好用角

动量在实验室坐标系(x,y,z)中的分量算符J_x、J_y、J_z来表示R. 为此，利用下列关系[图7.2(a)和(b)]：

$$\exp(-\mathrm{i}\beta J_{y'}) = \exp(-\mathrm{i}\alpha J_z)\cdot\exp(-\mathrm{i}\beta J_y)\cdot\exp(\mathrm{i}\alpha J_z)$$

$$\exp(-\mathrm{i}\gamma J_{z''}) = \exp(-\mathrm{i}\beta J_{y'})\cdot\exp(-\mathrm{i}\gamma J_{z'})\cdot\exp(\mathrm{i}\beta J_{y'})$$

可得

$$\begin{aligned} R &= \exp(-\mathrm{i}\beta J_{y'})\cdot\exp(-\mathrm{i}\gamma J_{z'})\cdot\exp(-\mathrm{i}\alpha J_z) \\ &= \exp(-\mathrm{i}\alpha J_z)\cdot\exp(-\mathrm{i}\beta J_y)\cdot\exp(\mathrm{i}\alpha J_z)\cdot\exp(-\mathrm{i}\gamma J_{z'})\cdot\exp(-\mathrm{i}\alpha J_z) \end{aligned}$$

但z'轴即z轴，由此得出

$$R(\alpha,\beta,\gamma) = \exp(-\mathrm{i}\alpha J_z)\cdot\exp(-\mathrm{i}\beta J_y)\cdot\exp(-\mathrm{i}\gamma J_z) \tag{7.1.10}$$

它在$|jm\rangle$表象中的矩阵元，记为$D^j_{m'm}(\alpha,\beta,\gamma)$，即

$$\begin{aligned} &D^j_{m'm}(\alpha,\beta,\gamma) \\ &= \langle jm'|\exp(-\mathrm{i}\alpha J_z)\cdot\exp(-\mathrm{i}\beta J_y)\exp(-\mathrm{i}\gamma J_z)|jm\rangle \\ &= \exp(-\mathrm{i}m'\alpha)\langle jm'|\exp(-\mathrm{i}\beta J_y)|jm\rangle\exp(-\mathrm{i}m\gamma) \\ &= \exp(-\mathrm{i}m'\alpha)d^j_{m'm}(\beta)\exp(-\mathrm{i}m\gamma) \end{aligned} \tag{7.1.11}$$

其中

$$d^j_{m'm}(\beta) = \langle jm'|\exp(-\mathrm{i}\beta J_y)|jm\rangle \tag{7.1.12}$$

而式(7.1.7)可表示为

$$R(\alpha,\beta,\gamma)\psi_{jm} = \sum_{m'} D^j_{m'm}(\alpha,\beta,\gamma)\psi_{jm'} \tag{7.1.13}$$

这样，计算$D^j_{m'm}(\alpha,\beta,\gamma)$就归结为计算$d^j_{m'm}(\beta)$.

在给出$d^j_{m'm}(\beta)$的计算公式之前，先以$j=1/2$为例，计算$d^{1/2}_{m'm}(\beta)$. 为此，利用$J_y^2=1/4$，可得

$$\begin{aligned} &\exp(-\mathrm{i}\beta J_y) \\ &= 1-\mathrm{i}\beta J_y+\frac{(-\mathrm{i}\beta)^2}{2!}J_y^2+\frac{(-\mathrm{i}\beta)^3}{3!}J_y^3+\cdots \\ &= 1-\frac{1}{2!}\left(\frac{\beta}{2}\right)^2+\frac{1}{4!}\left(\frac{\beta}{2}\right)^4-\cdots+\cdots-2\mathrm{i}J_y\left[\frac{\beta}{2}-\frac{1}{3!}\left(\frac{\beta}{2}\right)^3+\frac{1}{5!}\left(\frac{\beta}{2}\right)^5\right]-\cdots+\cdots \\ &= \cos\frac{\beta}{2}-2\mathrm{i}J_y\sin\frac{\beta}{2} \end{aligned}$$

所以

$$\left\langle\frac{1}{2}m'\right|\exp(-\mathrm{i}\beta J_y)\left|\frac{1}{2}m\right\rangle = \cos\frac{\beta}{2}\delta_{m'm}-2\mathrm{i}\sin\frac{\beta}{2}\left\langle\frac{1}{2}m'\right|J_y\left|\frac{1}{2}m\right\rangle$$

利用J_y的矩阵元公式，即可求出$d^{1/2}_{m'm}(\beta)$的2×2矩阵元，如表7.1.

可以证明，在取适当相位规定后，$d^j_{m'm}(\beta)$为实，其普遍表示式为①

① 例如，见p.239所引Rose书中，式(4.13)，或见E. P. Wigner, *Group Theory and its Application to the Quantum Mechanics of Atomic Spectra*. p.167，式(15.27). Academic Press, N. Y., 1959.

$$d_{m'm}^{j}(\beta)=[(j+m)!(j-m)!(j+m')!(j-m')!]^{1/2}$$
$$\cdot\sum_{\nu}[(-)^{\nu}(j-m'-\nu)!(j+m-\nu)!\cdot(\nu+m'-m)!\nu!]^{-1}$$
$$\cdot\left(\cos\frac{\beta}{2}\right)^{2j+m-m'-2\nu}\left(-\sin\frac{\beta}{2}\right)^{m'-m+2\nu} \tag{7.1.14}$$

上式中整数 ν 的取值应保证各阶乘因式内的数为非负整数.

例如,对于 $j=1$,$d_{m'm}^{1}(\beta)$的 3×3 矩阵元如表 7.2,这是常用到的.

表 7.1 $d_{m'm}^{1/2}(B)$

m' \ m	1/2	−1/2
1/2	$\cos\beta/2$	$-\sin\beta/2$
−1/2	$\sin\beta/2$	$\cos\beta/2$

表 7.2 $d_{m'm}^{1}(\beta)$

m' \ m	1	0	−1
1	$\frac{1}{2}(1+\cos\beta)$	$-\frac{1}{\sqrt{2}}\sin\beta$	$\frac{1}{2}(1-\cos\beta)$
0	$\frac{1}{\sqrt{2}}\sin\beta$	$\cos\beta$	$-\frac{1}{\sqrt{2}}\sin\beta$
−1	$\frac{1}{2}(1-\cos\beta)$	$\frac{1}{\sqrt{2}}\sin\beta$	$\frac{1}{2}(1+\cos\beta)$

1. $d_{m'm}^{j}(\beta)$的性质

(1) 由于 $\exp(-\mathrm{i}\beta J_y)$为幺正算符,习惯上取矩阵元 $d_{m'm}^{j}(\beta)$为实数,$d^{+}=\tilde{d}^{*}=\tilde{d}=d^{-1}$,即 $d=\tilde{d}^{-1}$,所以

$$d_{m'm}^{j}(\beta)=d_{mm'}^{j}(-\beta) \tag{7.1.15}$$

按式(7.1.14),当 $\beta\to-\beta$ 时,左边$\left(通过 \sin\frac{\beta}{2}\right)$将出现因子$(-1)^{m'-m+2\nu}=(-1)^{m'-m}$,所以

$$d_{m'm}^{j}(-\beta)=(-1)^{m'-m}d_{m'm}^{j}(\beta) \tag{7.1.16}$$

再联合式(7.1.15)和式(7.1.16),得

$$d_{m'm}^{j}(\beta)=(-1)^{m'-m}d_{mm'}^{j}(\beta) \tag{7.1.17}$$

即矩阵行列互换时,将出现因子$(-1)^{m'-m}$.

（2）按式(7.1.14)，当 $m \rightleftharpoons -m'$ 时，$d^j_{m'm}(\beta)$ 的表示式不变，所以

$$d^j_{m'm}(\beta) = d^j_{-m,-m'}(\beta) \tag{7.1.18}$$

联合式(7.1.17)与式(7.1.18)，得

$$d^j_{m'm}(\beta) = (-1)^{m'-m} d^j_{-m',-m}(\beta) \tag{7.1.19}$$

（3）当 $\beta=\pi$ 时，$\cos\dfrac{\beta}{2}=0$，这就要求式(7.1.14)中 $\cos\dfrac{\beta}{2}$ 的幂次为 0，即 $2j+m-m'-2\nu=0$，所以 $\nu=j+\dfrac{1}{2}(m-m')$. 于是式(7.1.14)中的阶乘因子化为

$$(j-m'-\nu)! = \left[-\frac{1}{2}(m'+m)\right]!$$

$$(j+m-\nu)! = \left[\frac{1}{2}(m'+m)\right]!$$

这就要求 $m'+m=0$. 由此可推导出

$$d^j_{m'm}(\pi) = (-1)^{j+m'}\delta_{m',-m} \tag{7.1.20}$$

再联合式(7.1.16)与式(7.1.18)，得

$$d^j_{m'm}(-\pi) = (-1)^{j-m'}\delta_{m',-m} \tag{7.1.21}$$

（4）考虑到 $d(\pi+\beta)=d(\pi)d(\beta)$，可得

$$d^j_{m'm}(\pi+\beta) = \sum_{m''} d^j_{m'm''}(\pi) d^j_{m''m}(\beta) = \sum_{m''} (-1)^{j+m'}\delta_{m',-m''} d^j_{m''m}(\beta)$$

所以

$$d^j_{m'm}(\pi+\beta) = (-1)^{j+m'} d^j_{-m',m}(\beta) \tag{7.1.22}$$

类似还可证明

$$d^j_{m'm}(\pi-\beta) = (-1)^{j+m'} d^j_{m',-m}(\beta) \tag{7.1.23}$$

2. D 函数的性质

1）D 函数的正交归一性

根据转动算符的幺正性，$R^+=R^{-1}$，其矩阵元有下列关系：

$$\langle jm'|R^{-1}|jm\rangle = \langle jm'|R^+|jm\rangle = \langle jm|R|jm'\rangle^*$$

即

$$D^j_{m'm}(-\gamma,-\beta,-\alpha) = D^{j*}_{mm'}(\alpha,\beta,\gamma) \tag{7.1.24}$$

根据 D 函数定义式(7.1.11)及 $d^j_{m'm}(\beta)$ 性质(7.1.19)，可得

$$D^{j*}_{m'm}(\alpha,\beta,\gamma) = (-1)^{m'-m} D^j_{-m'-m}(\alpha,\beta,\gamma) \tag{7.1.25}$$

根据 $R^+R=1$，可知

$$\langle jm'|R^+R|jm''\rangle = \delta_{m'm''}$$

插入 $\sum\limits_m |jm\rangle\langle jm| = 1$（在 j 取定的子空间中），得

$$\sum_m \langle jm'|R^+|jm\rangle\langle jm|R|jm''\rangle = \sum_m \langle jm|R|jm'\rangle^* \langle jm|R|jm''\rangle = \delta_{m'm''}$$

即

$$\sum_m D^{j*}_{mm'}(\alpha,\beta,\gamma)D^j_{mm''}(\alpha,\beta,\gamma)=\delta_{m'm''} \tag{7.1.26}$$

2) D 函数的耦合规则

根据角动量本征态的耦合规则以及角动量本征态在转动下的变换性质，可求出 D 函数的耦合规则. 按照两个角动量 $\boldsymbol{j}_1$ 和 $\boldsymbol{j}_2$ 的耦合，$\boldsymbol{J}=\boldsymbol{j}_1+\boldsymbol{j}_2$

$$\psi_{jm}(1,2)=\sum_{m_1}\langle j_1m_1j_2m-m_1|jm\rangle\psi_{j_1m_1}(1)\psi_{j_2m-m_1}(2)$$

在转动 $R(\alpha,\beta,\gamma)$ 作用下，ψ_{jm} 变成

$$\begin{aligned}&\sum_\mu D^j_{\mu m}\psi_{j\mu}(1,2)\\&=\sum_{m_1}\langle j_1m_1j_2m-m_1|jm\rangle\sum_{\mu_1}D^{j_1}_{\mu_1m_1}\psi_{j_1\mu_1}(1)\sum_{\mu_2}D^{j_2}_{\mu_2m-m_1}\psi_{j_2\mu_2}(2)\\&=\sum_{m_1\mu_1\mu_2}\langle j_1m_1j_2m-m_1|jm\rangle D^{j_1}_{\mu_1m_1}D^{j_2}_{\mu_2m-m_1}\sum_{j'}\langle j_1\mu_1j_2\mu_2|j'\mu_1+\mu_2\rangle\psi_{j'\mu_1+\mu_2}(1,2)\end{aligned}$$

左乘 $\langle\psi_{j\mu}(1,2)|$（取标积），利用正交性，得

$$\begin{aligned}&D^j_{\mu m}(\alpha,\beta,\gamma)\\&=\sum_{m_1\mu_1}\langle j_1m_1j_2m-m_1|jm\rangle\langle j_1\mu_1j_2\mu-\mu_1|j\mu\rangle D^{j_1}_{\mu_1m_1}(\alpha,\beta,\gamma)D^{j_2}_{\mu-\mu_1,m-m_1}(\alpha,\beta,\gamma)\end{aligned} \tag{7.1.27}$$

类似可求出上式之逆，

$$\begin{aligned}&D^{j_1}_{\mu_1m_1}(\alpha,\beta,\gamma)D^{j_2}_{\mu_2m_2}(\alpha,\beta,\gamma)\\&=\sum_j\langle j_1\mu_1j_2\mu_2|j\mu_1+\mu_2\rangle\langle j_1m_1j_2m_2|jm_1+m_2\rangle D^j_{\mu_1+\mu_2,m_1+m_2}(\alpha,\beta,\gamma)\end{aligned} \tag{7.1.28}$$

上两式即 D 函数的耦合规则，亦称 Clebsch-Gordan 系列.

7.1.3 D 函数与球谐函数的关系

为了研究 D 函数与球谐函数的关系，我们从球谐函数在坐标系转动下的变换性质入手. 在前面，我们讨论态在转动下的变换，采用的是主动(active)描述方式，即对体系（态矢）进行转动，而坐标系（基矢）保持不动. 另外还有一种被动(passive)描述方式，即让坐标系（基矢）转动，而体系（态矢）保持不动（但在两个坐标系中，态矢的表达式并不相同）. 两种描述方式各有优点. 以下不妨采用被动方式来研究在坐标系转动下球谐函数的变换性质.

设有一个坐标系 Σ（实验室参照系），经过转动 $R(\alpha,\beta,\gamma)$ 之后，变成坐标系 Σ'（转动参照系）. 设空间中一个矢量在原来实验室坐标系 Σ 中用 $\boldsymbol{r}$ 表示，在转动参照系 Σ' 中用 $\boldsymbol{r}'$ 表示. 任何一个标量函数，在原坐标系中表示成 $\psi(\boldsymbol{r})$，在转动后的坐标系中表示成 $\psi'(\boldsymbol{r}')$，满足

$$\psi'(\boldsymbol{r}') = \psi(\boldsymbol{r}) \tag{7.1.29}$$

在被动描述方式下,若转动算符 R 仍表示成式(7.1.9),考虑到态矢的变换与坐标系(基矢)的变换互逆,可知

$$\psi' = R^{-1}\psi \quad 或 \quad \psi = R\psi' \tag{7.1.30}$$

把函数的宗量写进去(即其在坐标 $\boldsymbol{r}'$表象中的表示),得

$$\psi(\boldsymbol{r}') = R\psi'(\boldsymbol{r}')$$

再利用标量函数性质(7.1.29),得

$$\psi(\boldsymbol{r}') = R\psi(\boldsymbol{r}) \tag{7.1.31}$$

将此式应用于球谐函数,转动算符用 D 函数表示出来,则

$$\mathrm{Y}_l^m(\theta',\varphi') = \sum_{m'} D^l_{m'm}(\alpha,\beta,\gamma)\mathrm{Y}_l^{m'}(\theta,\varphi) \tag{7.1.32}$$

注意,宗量(θ,φ)描述的空间方向与(θ',φ')描述的空间方向完全相同,只不过在不同坐标系中来看,角度的数值不同而已.关系式(7.1.32)在描述分子或原子核的转动时经常要用到.式(7.1.32)左边是球谐函数在随体系一起转动的参照系中的表示式,而右边 $\mathrm{Y}_l^m(\theta,\varphi)$则是球谐函数在实验室参照系中的表示式.

现在考虑一个特殊的转动,即假设在Σ参照系中(θ,φ)方向上的某一点,在转动参考系Σ'中正好落在z'轴上,并处于$x'z'$平面内,即 $\theta'=\varphi'=0$. 当 $\varphi'=0$ 时,式(7.1.32)左边之值与 m 无关,不妨取 $m=0$. 利用 $\mathrm{Y}_l^0(0,0)=\sqrt{(2l+1)/4\pi}$,并注意到上述特殊的转动相应的 Euler 角为 $\alpha=\varphi,\beta=\theta$,于是式(7.1.32)化为

$$\sum_{m'} D^l_{m'0}(\varphi,\theta,0)\mathrm{Y}_l^{m'}(\theta,\varphi) = \sqrt{\frac{2l+1}{4\pi}} \tag{7.1.33}$$

试与球谐函数相加定理[①]

$$\sum_{m'=-l}^{l} \mathrm{Y}_l^{m'*}(\theta,\varphi)\mathrm{Y}_l^{m'}(\theta,\varphi) = \frac{2l+1}{4\pi} \tag{7.1.34}$$

比较,可以看出

$$D^l_{m'0}(\varphi,\theta,0) = \sqrt{\frac{4\pi}{2l+1}}\mathrm{Y}_l^{m'*}(\theta,\varphi)$$

即

$$D^l_{m0}(\alpha,\beta,0) = \sqrt{\frac{4\pi}{2l+1}}\mathrm{Y}_l^{m*}(\beta,\alpha) \tag{7.1.35}$$

此即 D 函数与球谐函数的关系.利用此关系,从 D 函数的耦合规则(7.1.28)可得出球谐函数的耦合规则

---

① 见卷Ⅰ,附录四,式(A4.43)

$$\mathrm{P}_l(\cos\theta_{12}) = \frac{4\pi}{2l+1}\sum_{m=-l}^{l} \mathrm{Y}_l^{m*}(\theta_1,\varphi_1)\mathrm{Y}_l^m(\theta_2,\varphi_2)$$

θ_{12}是(θ_1,φ_1)和(θ_2,φ_2)两个方向的夹角,当$(\theta_1,\varphi_1)=(\theta_2,\varphi_2)$时,$\theta_{12}=0$,而 $\mathrm{P}_l(1)=1$.

$$
\begin{aligned}
&Y_{l_1}^{m_1}(\theta,\varphi)Y_{l_2}^{m_2}(\theta,\varphi)\\
&=\sum_L\sqrt{\frac{(2l_1+1)(2l_2+1)}{4\pi(2L+1)}}\langle l_1m_1l_2m_2\,|\,Lm_1+m_2\rangle\langle l_10l_20\,|\,L0\rangle Y_L^{m_1+m_2}(\theta,\varphi)
\end{aligned}
\tag{7.1.36}
$$

注意:上式两侧的各球谐函数的宗量均为(θ,φ),与两个粒子的轨道角动量的耦合并不是一回事!

利用球谐函数的正交性及式(7.1.36),还可得出三个球谐函数乘积的积分公式

$$
\begin{aligned}
&\int d\Omega Y_{l_3}^{m_3\,*}(\theta,\varphi)Y_{l_1}^{m_1}(\theta,\varphi)Y_{l_2}^{m_2}(\theta,\varphi)\\
&=\sqrt{\frac{(2l_1+1)(2l_2+1)}{4\pi(2l_3+1)}}\langle l_1m_1l_2m_2\,|\,l_3m_3\rangle\langle l_10l_20\,|\,l_30\rangle
\end{aligned}
\tag{7.1.37}
$$

练习 1 为方便,有时令

$$
C_{lm}(\hat{\boldsymbol{r}})=\sqrt{\frac{4\pi}{2l+1}}Y_l^m(\hat{\boldsymbol{r}})
\tag{7.1.38}
$$

$\hat{\boldsymbol{r}}=\boldsymbol{r}/r$ 表示 $\boldsymbol{r}$ 方向单位矢,则式(7.1.36)可改写成

$$
C_{l_1m_1}(\hat{\boldsymbol{r}})C_{l_2m_2}(\hat{\boldsymbol{r}})=\sum_L\langle l_1m_1l_2m_2\,|\,Lm_1+m_2\rangle\langle l_10l_20\,|\,L0\rangle C_{Lm_1+m_2}(\hat{\boldsymbol{r}})
\tag{7.1.39}
$$

练习 2 球谐函数相加定理还可以表示为

$$
\sum_{m=-l}^{+l}C_{lm}(\hat{\boldsymbol{r}}_1)C_{lm}(\hat{\boldsymbol{r}}_2)=P_l(\cos\theta_{12})
\tag{7.1.40}
$$

此处 θ_{12} 为 $\hat{\boldsymbol{r}}_1$ 与 $\hat{\boldsymbol{r}}_2$ 的夹角. 当 $\hat{\boldsymbol{r}}_1=\hat{\boldsymbol{r}}_2$ 时($\theta_{12}=0$),利用 $P_l(1)=1$,即得

$$
\sum_{m=-l}^{+l}C_{lm}(\hat{\boldsymbol{r}})C_{lm}(\hat{\boldsymbol{r}})=1
\tag{7.1.41}
$$

由此可看出,满壳组态的空间密度分布是球对称的.

7.1.4 *D* 函数的积分公式

计算积分

$$
K=\int d\Omega D_{m_1k_1}^{j_1\,*}(\alpha,\beta,\gamma)D_{m_2k_2}^{j_2}(\alpha,\beta,\gamma)
\tag{7.1.42}
$$

这里

$$
\int d\Omega\equiv\int_0^{2\pi}d\alpha\int_0^{2\pi}d\gamma\int_0^{\pi}\sin\beta d\beta
$$

利用 D 函数耦合规则(7.1.28)及式(7.1.25),得

$$
\begin{aligned}
K&=(-1)^{m_1-k_1}\int d\Omega D_{-m_1-k_1}^{j_1}(\alpha,\beta,\gamma)D_{m_2k_2}^{j_2}(\alpha,\beta,\gamma)\\
&=(-1)^{m_1-k_1}\sum_j\langle j_1-m_1j_2m_2\,|\,jm_2-m_1\rangle\\
&\quad\cdot\langle j_1-k_1j_2k_2\,|\,jk_2-k_1\rangle\int d\Omega D_{m_2-m_1,k_2-k_1}^{j}(\alpha,\beta,\gamma)
\end{aligned}
$$

上式中对 α 和 γ 的积分为

$$\int_0^{2\pi} \mathrm{d}\alpha \exp[-\mathrm{i}(m_2 - m_1)\alpha] \int_0^{2\pi} \mathrm{d}\gamma \exp[-\mathrm{i}(k_2 - k_1)\gamma] = (2\pi)^2 \delta_{m_1 m_2} \delta_{k_1 k_2}$$

所以

$$K = (2\pi)^2 (-1)^{m_1 - k_1} \delta_{m_1 m_2} \delta_{k_1 k_2} \sum_j \langle j_1 - m_1 j_2 m_1 | j0 \rangle$$

$$\cdot \langle j_1 - k_1 j_2 k_1 | j0 \rangle \int_0^{\pi} d_{00}^j(\beta) \sin\beta \mathrm{d}\beta$$

而[利用式(7.1.35)]

$$d_{00}^j(\beta) = D_{00}^j(0, \beta, 0) = \sqrt{\frac{4\pi}{2j+1}} \mathrm{Y}_j^0(\beta, 0) = \mathrm{P}_j(\cos\beta)$$

$$\int_0^{\pi} d_{00}^j(\beta) \sin\beta \mathrm{d}\beta = \int_{-1}^{+1} \mathrm{P}_j(x) \mathrm{d}x = 2\delta_{j0}$$

因此

$$\begin{aligned} K &= 8\pi^2 \delta_{m_1 m_2} \delta_{k_1 k_2} (-1)^{m_1 - k_1} \langle j_1 - m_1 j_2 m_1 | 00 \rangle \langle j_1 - k_1 j_2 k_1 | 00 \rangle \\ &= 8\pi^2 \delta_{m_1 m_2} \delta_{k_1 k_2} (-1)^{m_1 - k_1} \frac{(-1)^{j_1 + m_1}}{\sqrt{2j_1 + 1}} \frac{(-1)^{j_1 + k_1}}{\sqrt{2j_1 + 1}} \delta_{j_1 j_2} \\ &= 8\pi^2 \delta_{m_1 m_2} \delta_{k_1 k_2} \delta_{j_1 j_2} / (2j_1 + 1) \end{aligned}$$

最后得

$$\int \mathrm{d}\Omega D_{m_1 k_1}^{j_1 *}(\alpha, \beta, \gamma) D_{m_2 k_2}^{j_2}(\alpha, \beta, \gamma) = \frac{8\pi^2}{2j_1 + 1} \delta_{j_1 j_2} \delta_{m_1 m_2} \delta_{k_1 k_2} \qquad (7.1.43)$$

利用 D 函数的耦合规则(7.1.28)及上式,还可以得出三个 D 函数乘积的积分公式

$$\int \mathrm{d}\Omega D_{m_3 k_3}^{j_3 *}(\alpha, \beta, \gamma) D_{m_1 k_1}^{j_1}(\alpha, \beta, \gamma) D_{m_2 k_2}^{j_2}(\alpha, \beta, \gamma)$$

$$= \frac{8\pi^2}{2j_3 + 1} \delta_{m_3, m_1 + m_2} \delta_{k_3, k_1 + k_2} \langle j_1 m_1 j_2 m_2 | j_3 m_3 \rangle \langle j_1 k_1 j_2 k_2 | j_3 k_3 \rangle \quad (7.1.44)$$

7.2 陀螺的转动

下面考虑刚性陀螺的转动谱.早在 20 世纪 20 年代,在研究分子转动谱时就提出了这个问题,并用量子力学进行了仔细的研究①.在 50 年代,原子核的变形及转动谱被实验证实②,对称陀螺波函数又被广泛应用于原子核结构理论中.

下面先给出经典力学中陀螺的 Hamilton 量,然后进行量子化;之后用代数解法求解对称陀螺的能量本征值(转动谱)和本征函数;最后讨论非轴对称陀螺的转动谱.

---

① F. Reiche, Z. Phys. **39**(1926) 444.

② A. Bohr and B. R. Mottelson, *Nuclear Structure*, Vol. **II**, *Nuclear Deformations* W. A. Benjamin, 1975.

7.2.1 陀螺的 Hamilton 量

陀螺的空间转动有三个自由度，它在空间的位置通常用 Euler 角(α,β,γ)描述，即实验室坐标系的 x、y、z 轴经受用 Euler 角(α,β,γ)描述的转动之后，就与陀螺的三个惯量主轴(记为 1,2,3 轴)相重合. 一个自由陀螺(不计及重力场影响)只有转动能. 为清楚起见，把图 7.2 所示转动分解成三步，分别画出几个平面图[图 7.3(a),(b),(c)].

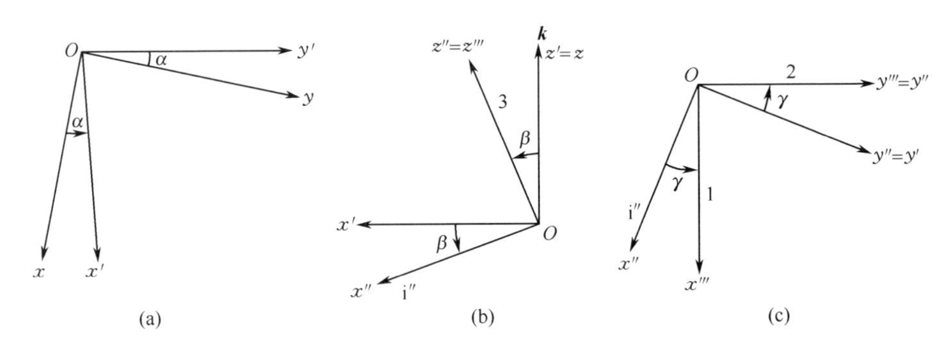

图 7.3

(a)绕 z 轴旋转 α 角(实验室坐标系 z 轴方向单位矢 $\boldsymbol{k}$)；(b)绕 y' 轴旋转 β 角(y' 轴方向单位矢 $\boldsymbol{j}'$)；(c)绕 z'' 轴旋转 γ 角($z''=z'''=3$ 轴方向单位矢 $\mathbf{3}$，随陀螺旋转).

陀螺绕空间方向 $\boldsymbol{n}(\alpha,\beta,\gamma)$ 的无穷小转动 $\delta\boldsymbol{n}(\delta\alpha,\delta\beta,\delta\gamma)$ 可表示成

$$\delta n=\delta\alpha\boldsymbol{k}+\delta\beta\boldsymbol{j}'+\delta\gamma\mathbf{3} \tag{7.2.1}$$

由图 7.3 可看出

$$\begin{aligned}\boldsymbol{k}&=\cos\beta\mathbf{3}-\sin\beta\boldsymbol{i}''\\ \boldsymbol{i}''&=\cos\gamma\mathbf{1}-\sin\gamma\mathbf{2}\\ \boldsymbol{j}'&=\sin\gamma\mathbf{1}+\cos\gamma\mathbf{2}\end{aligned} \tag{7.2.2}$$

把式(7.2.2)代入式(7.2.1)，得出 $\delta\boldsymbol{n}$ 用陀螺的 3 个主轴方向单位矢($\mathbf{1},\mathbf{2},\mathbf{3}$)表示的式子：

$$\delta\boldsymbol{n}=(\sin\gamma\delta\beta-\sin\beta\cos\gamma\delta\alpha)\mathbf{1}+(\cos\gamma\delta\beta+\sin\beta\sin\gamma\delta\alpha)\mathbf{2}+(\cos\beta\delta\alpha+\delta\gamma)\mathbf{3} \tag{7.2.3}$$

因此，陀螺的角速度可表示成

$$\begin{aligned}\omega&=\frac{\delta\boldsymbol{n}}{\delta t}=\omega_1\mathbf{1}+\omega_2\mathbf{2}+\omega_3\mathbf{3}\\ \omega_1&=\sin\gamma\dot{\beta}-\sin\beta\cos\gamma\dot{\alpha}\\ \omega_2&=\cos\gamma\dot{\beta}+\sin\beta\sin\gamma\dot{\alpha}\\ \omega_3&=\cos\beta\dot{\alpha}+\dot{\gamma}\end{aligned} \tag{7.2.4}$$

此即 Euler 运动学方程①. 陀螺的转动能 T 由下式给出：

$$T = \frac{1}{2}(J_1\omega_1^2 + J_2\omega_2^2 + J_3\omega_3^2) \tag{7.2.5}$$

J_1、J_2、J_3 表示 3 个主转动惯量. 陀螺角动量 $\boldsymbol{I}$ 沿 3 个惯量主轴方向的分量为

$$I_i = \frac{\partial T}{\partial \omega_i} = J_i\omega_i, \quad i = 1,2,3 \tag{7.2.6}$$

因此

$$T = \sum_{i=1}^{3} \frac{I_i^2}{2J_i} \tag{7.2.7}$$

对于对称陀螺（取对称轴为 3 轴），$J_1 = J_2 = J$，则

$$T = \frac{\boldsymbol{I}^2}{2J} + \frac{1}{2}\left(\frac{1}{J_3} - \frac{1}{J}\right)I_3^2 \tag{7.2.8}$$

此即经典对称陀螺的 Hamilton 量的表示式.

下面来求它在量子力学中的算符表示式. 先求角动量 $\boldsymbol{I}$ 的各分量在坐标表象中的算符表示式. 由图 7.3(a)和(c)可以看出

$$I_3 = -\mathrm{i}\hbar\frac{\partial}{\partial\gamma}, \quad I_z = -\mathrm{i}\hbar\frac{\partial}{\partial\alpha} \tag{7.2.9}$$

为了求 $\boldsymbol{I}^2$，还需求出 I_x 与 I_y. 由图 7.3(a)、(b)、(c)可看出

$$\begin{aligned} I_{y'} &= -\mathrm{i}\hbar\frac{\partial}{\partial\beta} = I_y\cos\alpha - I_x\sin\alpha \\ I_{x'} &= I_x\cos\alpha + I_y\sin\alpha \\ I_{z''} &= -\mathrm{i}\hbar\frac{\partial}{\partial\gamma} = I_z\cos\beta + I_{x'}\sin\beta \\ &= I_z\cos\beta + (I_x\cos\alpha + I_y\sin\alpha)\sin\beta \end{aligned} \tag{7.2.10}$$

由此得出（注意：$z'' \equiv 3$）

$$I_x\cos\alpha + I_y\sin\alpha = -\frac{\mathrm{i}\hbar}{\sin\beta}\frac{\partial}{\partial\gamma} + \cot\beta\,\mathrm{i}\hbar\frac{\partial}{\partial\alpha} \tag{7.2.11}$$

联合式(7.2.10)与式(7.2.11)，得

$$\begin{aligned} I_x &= -\mathrm{i}\hbar\left(-\cos\alpha\cot\beta\frac{\partial}{\partial\alpha} - \sin\alpha\frac{\partial}{\partial\beta} + \frac{\cos\alpha}{\sin\beta}\frac{\partial}{\partial\gamma}\right) \\ I_y &= -\mathrm{i}\hbar\left(-\sin\alpha\cot\beta\frac{\partial}{\partial\alpha} + \cos\alpha\frac{\partial}{\partial\beta} + \frac{\sin\alpha}{\sin\beta}\frac{\partial}{\partial\gamma}\right) \end{aligned} \tag{7.2.12}$$

联合式(7.2.9)与式(7.2.12)，得

$$\begin{aligned} \boldsymbol{I}^2 &= I_x^2 + I_y^2 + I_z^2 \\ &= -\hbar^2\left[\frac{1}{\sin^2\beta}\frac{\partial^2}{\partial\alpha^2} - \frac{2\cos\beta}{\sin^2\beta}\frac{\partial^2}{\partial\alpha\partial\gamma} + \frac{1}{\sin^2\beta}\frac{\partial^2}{\partial\gamma^2} + \frac{1}{\sin\beta}\frac{\partial}{\partial\beta}\left(\sin\beta\frac{\partial}{\partial\beta}\right)\right] \end{aligned} \tag{7.2.13}$$

---

① 例如，参阅 H. Goldstein, *Classical Mechanics*, p. 164. Addison-Wesley, 1953.

代入式(7.2.8),可得出对称陀螺的动能(Hamilton 量)的算符表达式

$$H = T = -\frac{\hbar^2}{2J}\left[\frac{1}{\sin^2\beta}\frac{\partial^2}{\partial\alpha^2} - \frac{2\cos\beta}{\sin^2\beta}\frac{\partial^2}{\partial\alpha\partial\gamma} + \left(\frac{J}{J_3} + \cot^2\beta\right)\frac{\partial^2}{\partial\gamma^2} + \frac{1}{\sin\beta}\frac{\partial}{\partial\beta}\sin\beta\frac{\partial}{\partial\beta}\right]$$

$$= -\frac{\hbar^2}{2J}\left[\frac{1}{\sin^2\beta}\frac{\partial^2}{\partial\alpha^2} - \frac{2\cos\beta}{\sin^2\beta}\frac{\partial^2}{\partial\alpha\partial\gamma} + \frac{1}{\sin^2\beta}\frac{\partial^2}{\partial\gamma^2} + \frac{1}{\sin\beta}\frac{\partial}{\partial\beta}\sin\beta\frac{\partial}{\partial\beta} + \left(\frac{J}{J_3} - 1\right)\frac{\partial^2}{\partial\gamma^2}\right] \quad (7.2.14)$$

7.2.2 对称陀螺的转动谱的代数解法①

设陀螺的角动量为 $\boldsymbol{I}$,它在实验室坐标系的三个分量记为 I_x、I_y、I_z,它们满足对易式(取 $\hbar=1$)

$$[I_x, I_y] = \mathrm{i}I_z, \quad [I_y, I_z] = \mathrm{i}I_x, \quad [I_z, I_x] = \mathrm{i}I_y \quad (7.2.15)$$

在随陀螺一起转动的参照系中(三个坐标轴的方向取为陀螺的惯量主轴方向),$\boldsymbol{I}$ 的分量记为 I_1、I_2、I_3. 可证明它们满足下列对易式②

$$[I_1, I_2] = -\mathrm{i}I_3, \quad [I_2, I_3] = -\mathrm{i}I_1, \quad [I_3, I_1] = -\mathrm{i}I_2 \quad (7.2.16)$$

设陀螺的三个主转动惯量为 J_1、J_2 和 J_3,则其转动能(即自由陀螺的 Hamilton 量)可表示成[参见式(7.2.7)]

$$H = \sum_{i=1}^{3} I_i^2/2J_i \quad (7.2.17)$$

对于对称陀螺(取对称轴为第 3 轴),$J_1 = J_2 = J$,则

$$H = \frac{1}{2J}(I_1^2 + I_2^2) + \frac{1}{2J_3}I_3^2 = \frac{1}{2J}\boldsymbol{I}^2 + \left(\frac{1}{2J_3} - \frac{1}{2J}\right)I_3^2 \quad (7.2.18)$$

其**能谱一般有简并**,这里除了孤立体系所具有的空间转动不变性带来的简并度 $(2I+1)$ 之外,还有轴对称陀螺本身的对称性带来的简并. 可选择**对易守恒量完全**

---

① 对称陀螺的能量本征值和本征态的分析解法,即求解对称陀螺波函数(作为 Euler 角 α,β,γ 的函数)满足的 Schrödinger 方程的方法,见 S. Flügge, *Practical Quantum Mechanics*, prob. 46.

② 可以更普遍证明,设 $\boldsymbol{a}$,$\boldsymbol{b}$ 为随陀螺运动的矢量,则

$$(\boldsymbol{I}\cdot\boldsymbol{a})(\boldsymbol{I}\cdot\boldsymbol{b}) - (\boldsymbol{I}\cdot\boldsymbol{b})(\boldsymbol{I}\cdot\boldsymbol{a}) = -\mathrm{i}\boldsymbol{I}\cdot(\boldsymbol{a}\times\boldsymbol{b})$$

证明如下:

$$(\boldsymbol{I}\cdot\boldsymbol{a})(\boldsymbol{I}\cdot\boldsymbol{b}) - (\boldsymbol{I}\cdot\boldsymbol{b})(\boldsymbol{I}\cdot\boldsymbol{a})$$
$$= (I_x a_x + I_y a_y + I_z a_z)(I_x b_x + I_y b_y + I_z b_z) - (I_x b_x + I_y b_y + I_z b_z)(I_x a_x + I_y a_y + I_z a_z)$$

例如其中 xy 部分,利用角动量分量与矢量分量的对易关系,$I_x a_y - a_y I_x = \mathrm{i}a_z$,$I_y a_x - a_x I_y = -\mathrm{i}a_z$,有

$$I_x a_x I_y b_y + I_y a_y I_x b_x - I_x b_x I_y a_y - I_y b_y I_x a_x$$
$$= I_x(I_y a_x + \mathrm{i}a_z)b_y + I_y(I_x a_y - \mathrm{i}a_z)b_x - I_x(I_y b_x + \mathrm{i}b_z)a_y - I_y(I_x b_y - \mathrm{i}b_z)a_x$$
$$= (I_x I_y - I_y I_x)(a_x b_y - b_x a_y) + \mathrm{i}I_x(a_z b_y - b_z a_y) + \mathrm{i}I_y(b_z a_x - a_z b_x)$$
$$= \mathrm{i}I_z(\boldsymbol{a}\times\boldsymbol{b})_z - \mathrm{i}I_x(\boldsymbol{a}\times\boldsymbol{b})_x - \mathrm{i}I_y(\boldsymbol{a}\times\boldsymbol{b})_y$$

由此可得出

$$(\boldsymbol{I}\cdot\boldsymbol{a})(\boldsymbol{I}\cdot\boldsymbol{b}) - (\boldsymbol{I}\cdot\boldsymbol{b})(\boldsymbol{I}\cdot\boldsymbol{a}) = \mathrm{i}\boldsymbol{I}\cdot(\boldsymbol{a}\times\boldsymbol{b}) - \mathrm{i}\boldsymbol{I}\cdot(\boldsymbol{a}\times\boldsymbol{b}) - \mathrm{i}\boldsymbol{I}\cdot(\boldsymbol{a}\times\boldsymbol{b})$$
$$= -\mathrm{i}\boldsymbol{I}\cdot(\boldsymbol{a}\times\boldsymbol{b})$$

取 $\boldsymbol{a}=\boldsymbol{1}$,$\boldsymbol{b}=\boldsymbol{2}$,则 $\boldsymbol{a}\times\boldsymbol{b}=\boldsymbol{3}$,即得式(7.2.16).

集 $\boldsymbol{I}^2(H)$、I_z、I_3 的共同本征态①$|IMK\rangle$来区分各简并态. 按照角动量的普遍代数理论,

$$
\begin{aligned}
&\boldsymbol{I}^2|IMK\rangle = I(I+1)|IMK\rangle, && I = 0,1,2,\cdots \\
&I_z|IMK\rangle = M|IMK\rangle, && M = 0,\pm 1,\cdots,\pm I \\
&I_3|IMK\rangle = K|IMK\rangle, && K = 0,\pm 1,\cdots,\pm I
\end{aligned}
\tag{7.2.19}
$$

因此,自由对称陀螺的 H 本征值(转动能)为

$$
E_{IK} = \frac{\hbar^2}{2J}I(I+1) + \frac{\hbar^2 K^2}{2}\left(\frac{1}{J_3} - \frac{1}{J}\right) \tag{7.2.20}
$$

可以看出,转动能只依赖于 K^2,而与 K 的正负号无关,所以能级的简并度为 $2(2I+1)$($K=0$ 除外). 注意,当 K 取定(为方便,约定 $K>0$)时

$$
I = K, K+1, K+2, \cdots \tag{7.2.21}
$$

相应的诸能级按 $I(I+1)$ 规律上升,构成一个转动带,用 K 来标记,而同一带中的各能级则用 I 来区分.

有时还采用另外一种标记诸简并态的方式,即选择它们为对易守恒量完全集 $\boldsymbol{I}^2(H)$、I_z、I_3^2、$R_1(\pi)$ 的共同本征态②,这里 $R_1(\pi)=\exp(-\mathrm{i}\pi I_1)$ 是陀螺绕(垂直于对称轴 3 轴的)1 轴旋转 180°的操作. 考虑到 I 为整数,$R_1(\pi)^2=R_1(2\pi)=1$,$R_1(\pi)$ 的本征值 $r=\pm 1$,称为旋称(signature). 可以证明(取适当相位规定)

$$
R_1(\pi)|IMK\rangle = (-1)^I |IM-K\rangle \tag{7.2.22}
$$

因此 $|IM\pm K\rangle$ 两个简并态可以代之为 $|IMKr\rangle$(约定 $K>0$),

$$
\begin{aligned}
|IMK,+1\rangle &= \frac{1}{\sqrt{2}}[|IMK\rangle + (-1)^I|IM-K\rangle] \\
|IMK,-1\rangle &= \frac{1}{\sqrt{2}}[|IMK\rangle - (-1)^I|IM-K\rangle]
\end{aligned}
\tag{7.2.23}
$$

它们是 $|IMK\rangle$ 和 $|IM-K\rangle$ 的相干叠加. 容易证明式(7.2.23)是 $R_1(\pi)$ 的本征态

$$
R_1(\pi)|IMKr\rangle = r|IMKr\rangle, \qquad r = \pm 1 \tag{7.2.24}
$$

这种标记简并态的方式的优点之一是:在某些情况下,I_3 可能不再守恒(K 不再守恒),但 I_3^2 仍然守恒,$R_1(\pi)$ 对称性也保持不变,$(IM|K|r)$ 仍保持为好量子数(即 $|K|$ 和 r 守恒).

对于 $K=0$ 的转动带,由于 $K=(+0)$ 与 (-0) 是同一个态,不可区分. 按式(7.2.23),要求

$$
\begin{aligned}
r = +1 \text{ 时}, \quad & I = 0,2,4,\cdots \\
r = -1 \text{ 时}, \quad & I = 1,3,5,\cdots
\end{aligned}
\tag{7.2.25}
$$

---

① 注意,$[I_3, I_z]=0$,参见式(7.2.9).

② 注意:尽管 $[R_1(\pi), I_3]\neq 0$,但 $[R_1(\pi), I_3^2]=0$.

即按照旋称 r 的值,$K=0$ 的转动带内的能级分成两组(用 $r=+1$ 和 $r=-1$ 刻画). 由于某种与 r 值有关的相互作用,两组能级可能发生相对移动[尽管两组能级各自仍遵循能级的 $I(I+1)$ 规律]. 这种现象在双原子分子和轴对称变形原子核的转动谱中已系统地观测到.

*7.2.3　非轴对称陀螺的转动谱

非轴对称刚性陀螺的 Hamilton 量可表示为

$$H=\alpha_1 I_1^2+\alpha_2 I_2^2+\alpha_3 I_3^2 \tag{7.2.26}$$

$$\alpha_i=\hbar^2/2J_i,\qquad i=1,2,3$$

考虑到式(7.2.16),可以看出,$[I_3,H]\neq 0$,K 不再是好量子数. 但 $\boldsymbol{I}^2$、I_z、$R_1(\pi)$ 仍为守恒量(注意,$[I_3^2,R_1(\pi)]=0$). 因此选用 $\boldsymbol{I}^2$、I_z、I_3^2、$R_1(\pi)$ 的共同本征态,记为 $|IM|K|r\rangle$ 为基矢的表象来求 H 的本征值和本征态是很方便的.

例如,旋称 $r=+1$ 的转动态(偶偶原子核的低激发转动带多属此情况)可以表示成

$$\psi_{IMr=+1}=\sum_{K\geqslant 0}A_K\,|IMK,+1\rangle \tag{7.2.27}$$

其中[见式(7.2.23)]

$$|IMK,+1\rangle=\frac{1}{\sqrt{2(1+\delta_{K0})}}\left[\,|IMK\rangle+(-1)^I\,|IM-K\rangle\right]\qquad (K\geqslant 0) \tag{7.2.28}$$

是 $\boldsymbol{I}^2$、I_z、I_3^2、$R_1(\pi)$ 的归一化本征态($r=+1$). 在往下计算中,因能级与量子数 M 无关,所以略去 M 不记.

下面求 $r=+1$ 的转动能级. 式(7.2.26)可改写为

$$\begin{aligned}H&=\left[\frac{1}{2}(\alpha_1+\alpha_2)(\boldsymbol{I}^2-I_3^2)+\alpha_3 I_3^2\right]+\frac{1}{2}(\alpha_1-\alpha_2)(I_1^2-I_2^2)\\&=\left[\frac{1}{2}(\alpha_1+\alpha_2)(\boldsymbol{I}^2-I_3^2)+\alpha_3 I_3^2\right]+\frac{1}{4}(\alpha_1-\alpha_2)(I_+^2+I_-^2)\end{aligned} \tag{7.2.29}$$

$$I_\pm=I_1\pm \mathrm{i}I_2$$

上式右边第一项[…]在 $|IMK\rangle$ 表象中是对角的,而第二项则只有非对角元. 因此 H 的对角元为

$$\langle IK|H|IK\rangle=\frac{1}{2}(\alpha_1+\alpha_2)[I(I+1)-K^2]+\alpha_3K^2 \tag{7.2.30}$$

式(7.2.29)右边第二项将引起不同 K 态的混合,选择定则为 $\Delta K=\pm 2$. 利用对易式(7.2.16)可证明

$$I_\pm\;|IK\rangle=\sqrt{(I\pm K)(I\mp K+1)}\,|IK\mp 1\rangle \tag{7.2.31}$$

$$I_\pm^2\;|IK\rangle=\sqrt{(I\pm K)(I\mp K+1)(I\pm K-1)(I\mp K+2)}\,|IK\mp 2\rangle \tag{7.2.32}$$

由此可求出 H 的非对角元($\Delta K=\pm 2$)

$$\langle IK|H|IK\pm 2\rangle=\frac{1}{4}(\alpha_1-\alpha_2)\sqrt{(I\mp K)(I\pm K+1)(I\mp K-1)(I\pm K+2)} \tag{7.2.33}$$

按照式(7.2.29)，并借助于矩阵元公式(7.2.28)～(7.2.33)，可以求出能量本征方程

$$H\psi = E\psi \tag{7.2.34}$$

的本征值 E 和本征态 ψ.

以偶偶核低激发转动谱为例.其主要成分为 $K=0$.按照选择定则($\Delta K=\pm 2$)，式(7.2.27)中对 K 求和只需考虑 $K\leqslant I$ 的偶数，即 $K=0,2,\cdots,I$(I 偶)或($I-1$)(I 奇).对于基态，$I^\pi=0^+$，$r=+1$，K 只能取 0，所以基态波函数为 $|IMKr\rangle=|000+1\rangle$，其能量可取为能量零点，从而可以求出各转动激发谱.

例 计算 $I^\pi=2^+$ 能级($r=+1$)

波函数

$$\psi_{2M+1} = A_0\,|2M0,+1\rangle + A_2\,|2M2,+1\rangle \tag{7.2.35}$$

代入方程(7.2.34)，利用矩阵元公式(7.2.30)与(7.2.33)可求出

$$\begin{aligned} 3(\alpha_1+\alpha_2)A_0 + \sqrt{3}(\alpha_1-\alpha_2)A_2 &= EA_2 \\ \sqrt{3}(\alpha_1-\alpha_2)A_0 + (\alpha_1+\alpha_2+4\alpha_3)A_2 &= EA_2 \end{aligned} \tag{7.2.36}$$

解此齐次方程，只当

$$E = 2(a \pm \sqrt{a^2-3b}) \tag{7.2.37}$$

时，方程才有非平庸解.这两条 $I^\pi=2^+$ 的能级分别记为

$$E_{2_1^+} = 2(a-\sqrt{a^2-3b}),\quad E_{2_2^+} = 2(a+\sqrt{a^2-3b})$$

式(7.2.37)中

$$a = \alpha_1+\alpha_2+\alpha_3,\quad b = \alpha_1\alpha_2+\alpha_2\alpha_3+\alpha_3\alpha_1 \tag{7.2.38}$$

练习 1 证明，H 只有一条 $I^\pi=3^+$ 的能级($r=+1$)，此能级

$$E_{3^+} = E_{2_1^+} + E_{2_2^+} = 4a \tag{7.2.39}$$

此关系式与 α_1、α_2、α_3 的取值无关，是刚性陀螺转动谱的一般性质.

练习 2 证明，H 有两条 $I^\pi=5^+$($r=+1$)的能级，并证明

$$E_{5_1^+} + E_{5_2^+} = 5E_{3^+} \tag{7.2.40}$$

7.3 不可约张量，Wigner-Eckart 定理

7.3.1 不可约张量算符

在 7.1 节中已讨论过，体系的角动量本征态 ψ_{jm}(j 取定，$m=j,j-1,\cdots,-j+1,-j$，共 $2j+1$ 个态)，在转动 R 作用下，由于$[\boldsymbol{J}^2,R]=0$，转动态 $R\psi_{jm}$ 总可以表示成这($2j+1$)个态的线性叠加，即

$$R\psi_{jm} = \sum_{m'}\psi_{jm'}D^j_{m'm}(R) \tag{7.3.1}$$

用群表示的语言来讲，$D^j_{m'm}(R)$函数构成转动群的 $2j+1$ 维不可约表示，即对应于每一个转动 R，有一个($2j+1$)维的矩阵 $D^j(R)$.可以证明，这个矩阵是不可约的，即不能通过任何相似变换而化为块对角(block diagonal)形式.上式表示，这 $2j+1$ 个态所张开的态空间是转动下的一个不变子空间.人们称 ψ_{jm}($m=j,j-1,\cdots,$

$-j$)按照转动群的 $2j+1$ 维不可约表示 D^j 变换. 凡按照转动群的不可约表示 D^j 进行变换的各态,用一个共同的量子数 j 来标志,而彼此则可用磁量子数 m 相区别,它们组成一个多重态(multiplet),多重度为$(2j+1)$. 以上即量子态可以按照它们在旋转下的变换性质进行分类(多重态)的概念,亦即按照转动群的不可约表示进行分类的概念. 最简单的多重态即单态($j=0$). 由于 $D^0(R)=1$,$R\psi_{00}=\psi_{00}$,即 $j=0$的量子态是转动不变态(球对称态,或称为各向同性态).

与此相应,体系的力学量(算符)也可以按照它们在旋转下的变换性质进行分类,这就导致不可约张量算符(irreducible tensor operator)的概念. 其中最简单的一类算符,即标量(scaler)算符,也称转动不变量,它们满足

$$[F,R]=0 \qquad 即 \qquad RFR^{-1}=F$$

一般的算符当然不一定具有如此简单的性质. 但也有一些算符,例如粒子的三个坐标(x,y,z),在转动之下,它们也只在彼此之间变换. 而且,如把它们进行适当的线性组合(见练习 1),它们也有与多重态相似的简单变换规律. 一般说来,假设有 $2k+1$ 个算符 T_{kq}($q=k,k-1,\cdots,-k$;$k\geqslant 0$,整数),在转动 R 之下,如它们按照下列简单规律在彼此之间变换

$$RT_{kq}R^{-1}=\sum_{q'}T_{kq'}D^k_{q'q}(R) \tag{7.3.2}$$

则称 T_{kq} 构成转动下的一组 k 阶不可约(球)张量算符[①].

转动群的不可约表示 D^j 的$(2j+1)$个基矢 $|jm\rangle$($m=j,j-1,\cdots,-j$)是 $\boldsymbol{J}^2$ 和 J_z 的共同本征态($\hbar=1$)

$$\begin{aligned}
\boldsymbol{J}^2|jm\rangle &= j(j+1)|jm\rangle \\
J_z|jm\rangle &= m|jm\rangle \\
J_\pm|jm\rangle &= \sqrt{(j\pm m+1)(j\mp m)}|jm\pm 1\rangle \\
&= \sqrt{j(j+1)-m(m\pm 1)}|jm\pm 1\rangle
\end{aligned} \tag{7.3.3}$$

而 $\boldsymbol{J}$ 正是无穷小转动的生成元(generator). 与此类似,不可约张量算符也可以按照无穷小转动下算符的性质来定义. 设体系旋转一个无穷小角度 $\boldsymbol{\varepsilon}$,则(取 $\hbar=1$)

$$R(\boldsymbol{\varepsilon})=\exp[-\mathrm{i}\boldsymbol{\varepsilon}\cdot\boldsymbol{J}]\approx 1-\mathrm{i}\boldsymbol{\varepsilon}\cdot\boldsymbol{J} \tag{7.3.4}$$

$\boldsymbol{J}$ 为体系的总角动量. 因此

$$R(\boldsymbol{\varepsilon})T_{kq}R(\varepsilon)^{-1}\approx T_{kq}-\mathrm{i}\boldsymbol{\varepsilon}\cdot[\boldsymbol{J},T_{kq}] \tag{7.3.5}$$

按式(7.3.4)以及 D 矩阵定义,式(7.3.2)右边等于

$$\sum_{q'}T_{kq'}\langle kq'|(1-\mathrm{i}\boldsymbol{\varepsilon}\cdot\boldsymbol{J})|kq\rangle=T_{kq}-\mathrm{i}\boldsymbol{\varepsilon}\cdot\sum_{q'}T_{kq'}\langle kq'|\boldsymbol{J}|kq\rangle$$

与式(7.3.5)比较,可得

---

① 所谓不可约矩阵表示,即不可能经过任何相似变换而变成块对角的形式. 由于 D^k 矩阵表示不可约,在 T_{kq} 中不存在一个子集合,在转动下只在子集合的成员之间变换,故称为不可约张量.

$$[\boldsymbol{J}, T_{kq}] = \sum_{q'} T_{kq'} \langle kq' | \boldsymbol{J} | kq \rangle \tag{7.3.6}$$

再利用角动量算符($J_z, J_\pm$)的矩阵元公式,可将上式改写成

$$[J_z, T_{kq}] = qT_{kq}$$

$$\begin{aligned}[J_\pm, T_{kq}] &= \sqrt{(k \pm q + 1)(k \mp q)}\, T_{kq\pm1} \\ &= \sqrt{k(k+1) - q(q \pm 1)}\, T_{kq\pm1}\end{aligned} \tag{7.3.7}$$

凡满足上述对易式的一组算符 T_{kq}($q=k, k-1, \cdots, -k$)就定义为一组 k 阶不可约张量算符.此定义与式(7.3.2)定义等价,但用它来检验一组算子是否是旋转变换下的不可约张量是方便的. $k=0$(因而 $q=0$),即标量算符. $k=1$,即一阶(球)张量,它的三个分量与平常一个矢量的三个 Cartesian 坐标分量之间,用一个幺正变换相联系[见式(7.2.10)]. $k=2$,即二阶张量,例如四极矩张量.

练习 1 令

$$r_0 = z, \qquad r_\pm = \mp \frac{1}{\sqrt{2}}(x \pm \mathrm{i}y)$$

即

$$r_q = \sqrt{\frac{4\pi}{3}}\, r \mathrm{Y}_1^q(\theta, \varphi), \qquad q = 0, \pm 1 \tag{7.3.8}$$

证明 r_q 构成一阶不可约张量.

提示 利用$[J_\alpha, x_\beta] = \mathrm{i}\epsilon_{\alpha\beta\gamma} x_\gamma$,不难证明

$$[J_z, r_q] = qr_q, \quad [J_\pm, r_q] = \sqrt{2 - q(q \pm 1)}\, r_{q\pm1}$$

练习 2 与上类似,用角动量算符 $\boldsymbol{J}$ 的 3 个分量可以构成一阶不可约球张量 J_μ,

$$J_0 = J_z, \quad J_{\pm1} = \mp \frac{1}{\sqrt{2}}(J_x \pm \mathrm{i}J_y) = \mp \frac{1}{\sqrt{2}} J_\pm \tag{7.3.9}$$

进一步推广,任何一个矢量算符 **V** 的 3 个 Cartesian 分量(V_x、V_y、V_z)都可以构成如下的一阶球张量 V_q

$$V_0 = V_z, \quad V_{\pm1} = \mp \frac{1}{\sqrt{2}}(V_x \pm \mathrm{i}V_y) \tag{7.3.10}$$

练习 3 证明不可约张量定义式(7.3.7)可改写成

$$[J_\mu, T_{kq}] = -\sqrt{k(k+1)} \langle 1\mu kq | kq + \mu \rangle T_{kq+\mu} \tag{7.3.11}$$

提示 式(7.3.7)可改写成

$$[J_0, T_{kq}] = qT_{kq}$$

$$[J_{\pm1}, T_{kq}] = \mp \frac{1}{\sqrt{2}} \sqrt{(k \pm q + 1)(k \mp q)}\, T_{kq\pm1} \tag{7.3.12}$$

利用 CG 系数表,

$$\langle kq10 | kq \rangle = \frac{q}{\sqrt{k(k+1)}}$$

$$\langle kq-1, 11 | kq \rangle = -\sqrt{\frac{(k-q+1)(k+q)/2}{k(k+1)}}$$

$$\langle kq+1, 1, -1 | kq \rangle = +\sqrt{\frac{(k+q+1)(k-q)/2}{k(k+1)}}$$

式(7.3.12)可统一表示为

$$[J_\mu, T_{kq}] = \sqrt{k(k+1)}(-1)^\mu \langle kq+\mu, 1, -\mu | kq \rangle T_{kq+\mu} \tag{7.3.11'}$$
$$= -\sqrt{k(k+1)}\langle 1\mu kq | kq+\mu \rangle T_{kq+\mu}$$

练习 4 Cartesian 坐标系中四极矩张量 Q_{ij} 定义为

$$Q_{ij} = Q_{ji} = 3x_i x_j - r^2 \delta_{ij} \tag{7.3.13}$$

即

$$Q_{xy} = 3xy, \quad Q_{yz} = 3yz, \quad Q_{zx} = 3zx$$
$$Q_{xx} = 2x^2 - y^2 - z^2, \quad Q_{yy} = 2y^2 - z^2 - x^2, \quad Q_{zz} = 2z^2 - x^2 - y^2$$

显然

$$Q_{xx} + Q_{yy} + Q_{zz} = 0 \tag{7.3.14}$$

即 Q_{ij} 为零迹对称张量,只有 5 个独立的分量. 证明把 Q_{ij} 适当线性叠加后,可以构成如下的二阶球张量

$$Q_{2\mu} = r^2 \mathrm{Y}_2^\mu(\theta,\varphi) \tag{7.3.15}$$

其中

$$r^2 \mathrm{Y}_2^0(\theta,\varphi) = \sqrt{\frac{5}{16\pi}}(2z^2 - x^2 - y^2) = \sqrt{\frac{5}{16\pi}} Q_{zz}$$

$$r^2 \mathrm{Y}_2^{\pm 1}(\theta,\varphi) = \mp \sqrt{\frac{15}{8\pi}}(x \pm \mathrm{i}y)z$$

是 Q_{xz} 和 Q_{yz} 的线性叠加,而

$$r^2 \mathrm{Y}_2^{\pm 2}(\theta,\varphi) = \frac{1}{2}\sqrt{\frac{15}{8\pi}}(x \pm \mathrm{i}y)^2$$

是 Q_{xy}、Q_{xx}、Q_{yy} 的线性叠加.

7.3.2 Wigner-Eckart 定理

人们之所以要研究不可约张量算符,是因为不可约张量算符在 $|jm\rangle$ 表象中的矩阵元有很简单的表示式,它对磁量子数的依赖关系完全寄托在一个 CG 系数上,而其余部分则与磁量子数无关,称为约化矩阵元[见式(7.3.23)],此即 Wigner-Eckart 定理. 为清楚起见,以下分三步来证明这个用途很广泛的重要定理.

(1) 设 $|\alpha j_1 m_1\rangle$ 表示 $(\boldsymbol{J}^2, J_z)$ 的共同本征态(α 是确定体系状态所需的其他量子数),则 $T_{kq}|\alpha j_1 m_1\rangle$ 也是 J_z 的一个本征态,相应的本征值为 $(q+m_1)$.

证明 体系绕 z 轴旋转 φ 角的算符记为 $R_z(\varphi) = \exp(-\mathrm{i}\varphi J_z)$. 利用 D 函数的性质可求出

$$\begin{aligned} R_z(\varphi) T_{kq} |\alpha j_1 m_1\rangle &= R_z(\varphi) T_{kq} R_z(\varphi)^{-1} R_z(\varphi) |\alpha j_1 m_1\rangle \\ &= \sum_{q'} T_{kq'} D^k_{q'q}(\varphi) \sum_{m_1'} |\alpha j_1 m_1'\rangle D^{j_1}_{m_1' m_1}(\varphi) \\ &= \sum_{q'} T_{kq'} \exp(-\mathrm{i}q\varphi)\delta_{q'q} \sum_{m_1'} |\alpha j_1 m_1'\rangle \exp(-\mathrm{i}m_1\varphi)\delta_{m_1' m_1} \\ &= \exp[-\mathrm{i}(q+m_1)\varphi] T_{kq} |\alpha j_1 m_1\rangle \end{aligned}$$

即

$$\mathrm{e}^{-\mathrm{i}\varphi J_z} T_{kq} |\alpha j_1 m_1\rangle = \mathrm{e}^{-\mathrm{i}(q+m)\varphi} T_{kq} |\alpha j_1 m_1\rangle$$

此式相当于

$$J_z T_{kq}|\alpha j_1 m_1\rangle = (q+m_1) T_{kq}|\alpha j_1 m_1\rangle \tag{7.3.16}$$

(2) 虽然 $T_{kq}|\alpha j_1 m_1\rangle$是 J_z 的本征态,却不一定是 $\boldsymbol{J}^2$ 的本征态.但可以证明,与角动量本征态的耦合相似,如把它们做如下线性组合

$$\sum_q T_{kq}|\alpha j_1 m-q\rangle\langle kqj_1 m-q|jm\rangle \xlongequal{\text{记为}} |\tilde{\alpha}jm\rangle \tag{7.3.17}$$

则构成($\boldsymbol{J}^2$,J_z)的共同本征态,本征值分别为 $j(j+1)$和 m.

证明 在转动 R 作用下,$|\tilde{\alpha}jm\rangle$变为

$$\begin{aligned} R|\tilde{\alpha}jm\rangle &= \sum_q RT_{kq}R^{-1}R|\alpha j_1 m-q\rangle\langle kqj_1 m-q|jm\rangle \\ &= \sum_{qq'm_1'} T_{kq'}|\alpha j_1 m_1'\rangle D^k_{q'q}(R) D^{j_1}_{m_1' m-q}(R)\langle kqj_1 m-q|jm\rangle \end{aligned}$$

利用 D 函数的耦合规则[7.1 节,式(7.1.28)],

$$\begin{aligned} R|\tilde{\alpha}jm\rangle = &\sum_{qq'm_1'} T_{kq'}|aj_1 m_1'\rangle \sum_J \langle kq'j_1 m_1'|Jq'+m_1'\rangle \\ &\cdot\langle kqj_1 m-q|Jm\rangle D^J_{q'+m_1',m}(R)\langle kqj_1 m-q|jm\rangle \end{aligned}$$

利用

$$\sum_q \langle kqj_1 m-q|Jm\rangle\langle kqj_1 m-q|jm\rangle = \delta_{Jj}$$

得

$$\begin{aligned} R|\tilde{\alpha}jm\rangle &= \sum_{q'm_1'} T_{kq'}|aj_1 m_1'\rangle\langle kq'j_1 m_1'|jq'+m_1'\rangle D^j_{q'+m_1',m}(R) \\ &= \sum_{\mu q'} T_{kq'}|\alpha j_1 \mu-q'\rangle\langle kq'j_1\mu-q'|j\mu\rangle D^j_{\mu m}(R) \\ &= \sum_\mu |\tilde{\alpha}j\mu\rangle D^j_{\mu m}(R) \end{aligned} \tag{7.3.18}$$

即$|\tilde{\alpha}jm\rangle$在转动 R 下按转动群的$(2j+1)$维不可约表示 $D^j(R)$变换,即为 $\boldsymbol{J}^2$ 的本征态,对应本征值为 $j(j+1)$.综合起来,我们就证明了$|\tilde{\alpha}jm\rangle$是($\boldsymbol{J}^2$,J_z)的共同本征态.

(3) 考虑等式①

$$\int d\omega R^{-1}(\omega)R(\omega) = \int d\omega = \frac{1}{8\pi^2}\int_0^\pi \sin\beta d\beta \int_0^{2\pi} d\alpha \int_0^{2\pi} d\gamma = 1$$

等式两边取矩阵元

$$\int d\omega\langle\alpha'j'm'|R^{-1}(\omega)R(\omega)|\tilde{\alpha}jm\rangle = \langle\alpha'j'm'|\tilde{\alpha}jm\rangle \tag{7.3.19}$$

利用式(7.3.18)及其厄米共轭式

---

① 如涉及双值表示,可代之为

$$\int d\omega = \frac{1}{32\pi^2}\int_0^\pi \sin\beta\, d\beta \int_0^{4\pi} d\alpha \int_0^{4\pi} d\gamma$$

$$R(\omega)|\tilde{\alpha}jm\rangle = \sum_{\mu}|\tilde{\alpha}j\mu\rangle D^j_{\mu m}(\omega)$$

$$\langle\alpha'j'm'|R(\omega)^{-1} = \langle\alpha'j'm'|R(\omega)^{+} = \sum_{\mu'}\langle\alpha'j'\mu'|D^{j'*}_{\mu'm'}(\omega)$$

可得

$$\langle\alpha'j'm'|\tilde{\alpha}jm\rangle = \sum_{\mu\mu'}\int d\omega D^{j'*}_{\mu'm'}(\omega)D^j_{\mu m}(\omega)\langle\alpha'j'\mu'|\tilde{\alpha}j\mu\rangle$$

$$= \sum_{\mu\mu'}\frac{1}{2j+1}\delta_{j'j}\delta_{\mu'\mu}\delta_{m'm}\langle\alpha'j'\mu'|\tilde{\alpha}j\mu\rangle$$

$$= \delta_{j'j}\delta_{m'm}\left[\frac{1}{2j+1}\sum_{\mu}\langle\alpha'j\mu|\tilde{\alpha}j\mu\rangle\right] \tag{7.3.20}$$

上式中[…]表示对磁量子数 μ 求平均. 用式(7.3.17)代入式(7.3.20),得

$$\sum_{q}\langle\alpha'j'm'|T_{kq}|\alpha j_1 m-q\rangle\langle kqj_1 m-q|jm\rangle = \delta_{j'j}\delta_{m'm}\left[\frac{1}{2j+1}\sum_{\mu}\langle\alpha'j\mu|\tilde{\alpha}j\mu\rangle\right] \tag{7.3.21}$$

利用 CG 系数的正交性,可得出①

$$\langle\alpha'j'm'|T_{kq}|\alpha j_1 m_1\rangle = \langle kqj_1 m_1|j'm'\rangle\left[\frac{1}{2j+1}\sum_{\mu}\langle\alpha'j\mu|\tilde{\alpha}j\mu\rangle\right]$$

$$= \langle j_1 m_1 kq|j'm'\rangle\left[\frac{(-1)^{j_1+k-j'}}{2j+1}\sum_{\mu}\langle\alpha'j\mu|\tilde{\alpha}j\mu\rangle\right] \tag{7.3.22}$$

上式右边[…]与磁量子数无关,可以把它写成下列形式(为看起来方便一些,把式中 $j_1m_1\to jm$)

$$\langle\alpha'j'm'|T_{kq}|\alpha jm\rangle = \langle jmkq|j'm'\rangle\frac{1}{\sqrt{2j'+1}}\langle\alpha'j'\|T_k\|\alpha j\rangle \tag{7.3.23}$$

其中 $\langle\alpha'j'\|T_k\|\alpha j\rangle$ 与磁量子数无关,称为约化矩阵元(reduced matrix element). 上式表明不可约张量算符 T_{kq} 在角动量本征态之间的矩阵元对磁量子数的依赖关系,完全由一个 CG 系数来承担(CG 系数反映角动量耦合的几何关系),其余部分则用一个与磁量子数无关的约化矩阵元来表示,此即 Wigner-Eckart 定理.

(注) 约化矩阵元的定义在各文献中并不统一. 在主要参考书中,大别之可分为两种定义(以下只讨论 k=整数的不可约张量):

(1) 与本书定义式(7.3.23)相同的. 例如,

A. Bohr & B. R. Mottelson, *Nuclear Structure*, Vol. **I**, *Single-Particle Motion*, p. 82, 式(1A-60). W. A. Benjamin, 1969.

A. R. Edmonds, *Angular Momentum in Quantum Mechanics*, 2nd. ed. p. 75, 式(5.4.1). Princeton Univ. Press, 1960.

$$\langle\alpha'j'm'|T_{kq}|ajm\rangle = \frac{(-1)^{k-j+j'}}{\sqrt{2j'+1}}\langle kqjm|j'm'\rangle\langle\alpha'j'\|T_k\|a_j\rangle$$

---

① 用式(7.3.22)代入式(7.3.21)左边,并利用 $\sum_q\langle kqj_1m-q|jm\rangle\langle kqj_1m-q|j'm'\rangle=\delta_{jj'}\sigma_{mm'}$ 即可验证.

A. de Shalit & H. Feshbach, *Theoretical Nuclear Physics*, Vol. **I**, *Nuclear Structure*, John Wiley & Sons, 1974, p. 923,式(2.44)

$$\langle \alpha' j' m' | T_{kq} | \alpha j m \rangle = (-1)^{j'-m'} \begin{pmatrix} j' & k & j \\ -m' & q & m \end{pmatrix} \langle \alpha' j' \| T_k \| \alpha j \rangle$$

(2) 与本书定义差一个因子. 例如,M. E. Rose, *Elementary Theory of Angular Momentum*, 式(5.14). Wiley,1957.

$$\langle \alpha' j' m' | T_{kq} | \alpha j m \rangle = \langle j m k q | j' m' \rangle \langle \alpha' j' \| T_k \| \alpha j \rangle$$

所以

$$\langle \alpha' j' \| T_k \| \alpha j \rangle_{\text{Rose}} = \frac{1}{\sqrt{2j'+1}} \langle \alpha' j' \| T_k \| \alpha j \rangle_{\text{Edmonds}}$$

练习 5　求出下列约化矩阵元公式:

$$\langle j' \| \boldsymbol{J} \| j \rangle = \delta_{jj'} \sqrt{j(j+1)(2j+1)} \tag{7.3.24}$$

$$\langle l' \| \boldsymbol{l} \| l \rangle = \delta_{ll'} \sqrt{l(l+1)(2l+1)}$$

$$\langle s' \| \boldsymbol{s} \| s \rangle = \delta_{ss'} \sqrt{3/2}$$

例如,J_μ 的不为 0 的矩阵元为

$$\langle j m' | J_0 | j m \rangle = m \delta_{mm'}$$

$$\langle j m' | J_{\pm 1} | j m \rangle = \mp \frac{1}{\sqrt{2}} \sqrt{(j \pm m + 1)(j \mp m)} \delta_{m', m\pm 1}$$

查 CG 系数表,可以把上式统一写成[参阅式(7.3.11)的证明]

$$\begin{aligned} \langle j' m' | J_\mu | j m \rangle &= \delta_{jj'} \delta_{m', m+\mu} (-1)^\mu \langle j' m' 1 -\mu | j m \rangle \sqrt{j(j+1)} \\ &= \delta_{jj'} \delta_{m', m+\mu} \langle j m 1 \mu | j' m' \rangle \sqrt{j(j+1)} \end{aligned} \tag{7.3.25}$$

但按不可约张量定义式(7.3.23),

$$\text{上式} = \frac{1}{\sqrt{2j'+1}} \langle j m 1 \mu | j' m' \rangle \langle j' \| \boldsymbol{J} \| j \rangle$$

$\delta_{m', m+\mu}$已由$\langle j m 1 \mu | j' m' \rangle$得以保证,所以

$$\langle j' \| \boldsymbol{J} \| j \rangle = \delta_{jj'} \sqrt{j(j+1)(2j+1)}$$

练习 6　证明

$$\begin{aligned} \langle l' \| \mathrm{Y}_k \| l \rangle &= \sqrt{\frac{(2l+1)(2k+1)}{4\pi}} \langle l 0 k 0 | l' 0 \rangle \\ &= (-1)^{l'} \begin{pmatrix} l' & k & l \\ 0 & 0 & 0 \end{pmatrix} \sqrt{\frac{(2l'+1)(2k+1)(2l+1)}{4\pi}} \end{aligned} \tag{7.3.26}$$

提示　利用 3 个球谐函数乘积的积分公式[7.1 节,式(7.1.37)]

$$\langle l' m' | \mathrm{Y}_{kq} | l m \rangle = \sqrt{\frac{(2l+1)(2k+1)}{4\pi(2l+1)}} \langle l 0 k 0 | l' 0 \rangle \langle l m k q | l' m' \rangle$$

练习 7　证明

$$\langle j \| T_k \| j' \rangle = (-1)^{j-j'} \langle j' \| T_k \| j \rangle \qquad (k = \text{整数}) \tag{7.3.27}$$

利用式(7.3.23),

$$\langle j m | T_{k-q} | j' m' \rangle = \langle j' m' k - q | j m \rangle \frac{1}{\sqrt{2j+1}} \langle j \| T_k \| j' \rangle$$

$$= (-1)^{q+j-j'}\langle jmkq|j'm'\rangle \frac{1}{\sqrt{2j'+1}}\langle j \| T_k \| j'\rangle \tag{7.3.28}$$

再利用 $T_{k-q}=(-1)^q T_{kq}^*$[试从式(7.3.7)来论证],

$$\begin{aligned}\langle jm|T_{k-q}|j'm'\rangle &= (-1)^q\langle jm|T_{kq}^*|j'm'\rangle \\ &= (-1)^q\langle j'm'|T_{kq}^+|jm\rangle = (-1)^q\langle j'm'|T_{kq}|jm\rangle \\ &= (-1)^q\langle jmkq|j'm'\rangle \frac{1}{\sqrt{2j'+1}}\langle j' \| T_k \| j\rangle \end{aligned}\tag{7.3.29}$$

比较式(7.3.28)与(7.3.29),即得式(7.3.27).

注意 张量 T_{kq} 的厄米共轭算符 T_{kq}^+ 并非一个张量,因为不可约张量定义式(7.3.7)的厄米共轭为

$$\begin{aligned}&[J_z, T_{kq}^+] = -qT_{kq}^+ \\ &[J_\pm, T_{kq}^+] = -\sqrt{(k\mp q+1)(k\pm q)}\,T_{kq\pm 1}^+\end{aligned}\tag{7.3.30}$$

可见 T_{kq}^+ 不符合不可约张量的定义. 但如令

$$\overline{T}_{kq} = (-1)^{k+q}T_{k-q}^+ \tag{7.3.31}$$

则可以证明 $\overline{T}_{kq}$ 为不可约张量. 例如,

$$[J_z, \overline{T}_{kq}] = (-1)^{k+q}[J_z, T_{k-q}^+] = (-1)^{k+q}qT_{k-q}^+ = q\overline{T}_{kq}$$

下面我们计算 $\overline{T}_{kq}$ 与 T_{kq} 的约化矩阵元的关系. 式(7.3.23)取厄米共轭,由于 CG 系数取为实数,得

$$\langle \alpha'j'm'|T_{kq}|\alpha jm\rangle^+ = \langle jmkq|j'm'\rangle \frac{1}{\sqrt{2j'+1}}\langle \alpha'j' \| T_k \| \alpha j\rangle^*$$

$$\begin{aligned}\text{左边} &= \langle \alpha jm|T_{kq}^+|\alpha'j'm'\rangle = (-1)^{k-q}\langle \alpha jm|\overline{T}_{k-q}|\alpha'j'm'\rangle \\ &= (-1)^{k-q}\langle j'm'k-q|jm\rangle\langle \alpha j \| \overline{T}_k \| \alpha'j'\rangle/\sqrt{2j'+1} \\ &= (-1)^{k-q}\langle j-mk-q|j'-m'\rangle \\ &\quad \cdot (-1)^{k-q}\sqrt{\frac{2j+1}{2j'+1}}\langle \alpha j \| \overline{T}_k \| \alpha'j'\rangle/\sqrt{2j'+1} \\ &= (-1)^{j+k-j'}\frac{\langle jmkq|j'm'\rangle}{\sqrt{2j'+1}}\sqrt{\frac{2j+1}{2j'+1}}\langle \alpha j \| \overline{T}_k \| \alpha'j'\rangle\end{aligned}$$

由此得

$$\langle \alpha j \| \overline{T}_k \| \alpha'j'\rangle = (-1)^{j+k-j'}\sqrt{\frac{2j'+1}{2j+1}}\langle \alpha'j' \| T_k \| \alpha j\rangle^* \tag{7.3.32}$$

*7.4 多个角动量的耦合

在分子、原子、原子核和粒子物理中,必然碰到全同多粒子系. 它们的波函数除了要求具有交换对称性之外,还要求是角动量的本征态. 这就涉及多个角动量的耦合. 与两个角动量的耦合不同之处在于:多个角动量的耦合与耦合的先后顺序有

关. 为研究三个角动量在不同顺序下耦合成的波函数的关系，Racah 引进了重耦合(recoupling)系数，它是研究更多角动量的耦合的基础. 三个或更多角动量的耦合，从原理上讲并没有什么新东西，都属于技巧性问题，但作为一种工具，却是很有用的，计算多粒子系的许多力学量的矩阵元和平均值都离不开它们.

*7.4.1 3 个角动量的耦合，Racah 系数，6j 符号

考虑三个属于不同自由度(作用于不同的态空间)的角动量的耦合. 令

$$\boldsymbol{j}_1+\boldsymbol{j}_2+\boldsymbol{j}_3=\boldsymbol{J} \tag{7.4.1}$$

$\boldsymbol{J}$ 称为总角动量. 耦合有三种不同的顺序

$$\boldsymbol{j}_1+\boldsymbol{j}_2=\boldsymbol{J}_{12},\qquad \boldsymbol{J}_{12}+\boldsymbol{j}_3=\boldsymbol{J} \tag{7.4.2a}$$

$$\boldsymbol{j}_2+\boldsymbol{j}_3=\boldsymbol{J}_{23},\qquad \boldsymbol{j}_1+\boldsymbol{J}_{23}=\boldsymbol{J} \tag{7.4.2b}$$

$$\boldsymbol{j}_1+\boldsymbol{j}_3=\boldsymbol{J}_{13},\qquad \boldsymbol{j}_2+\boldsymbol{J}_{13}=\boldsymbol{J} \tag{7.4.2c}$$

不同的耦合顺序得出的总角动量相同的态之间通过幺正变换相联系.

按(7.4.2a)顺序得出的态记为

$$\begin{aligned}&\psi((j_1j_2)J_{12}j_3,JM)\\&=[[\phi_{j_1}(1)\times\phi_{j_2}(2)]_{J_{12}}\times\phi_{j_3}(3)]_{JM}\\&=\sum_{m_3(M_{12})}\psi(j_1j_2J_{12}M_{12})\phi_{j_3m_3}\langle j_{12}M_{12}j_3m_3|JM\rangle\\&=\sum_{m_1m_3(M_{12}m_2)}\phi_{j_1m_1}\phi_{j_2m_2}\phi_{j_3m_3}\langle j_1m_1j_2m_2|J_{12}M_{12}\rangle\langle j_{12}M_{12}j_3m_3|JM\rangle\end{aligned} \tag{7.4.3a}$$

(注意：对磁量子数求和中，只有两个独立，因 $M=m_3+M_{12}$ 是给定的，而 $M_{12}=m_1+m_2$.)

按(7.4.2b)顺序，则

$$\begin{aligned}&\psi(j_1(j_2j_3)J_{23},JM)\\&=[\phi_{j_1}(1)\times[\phi_{j_2}(2)\times\phi_{j_3}(3)]_{J_{23}}]_{JM}\\&=\sum_{m_1m_2(m_3M_{23})}\phi_{j_1m_1}\phi_{j_2m_2}\phi_{j_3m_3}\langle j_2m_2j_3m_3|J_{23}M_{23}\rangle\langle j_1m_1J_{23}M_{23}|JM\rangle\end{aligned} \tag{7.4.3b}$$

两者之间的关系表示为

$$\begin{aligned}&[\phi_{j_1}(1)\times[\phi_{j_2}(2)\times\phi_{j_3}(3)]_{J_{23}}]_{JM}\\&=\sum_{J_{12}}[[\phi_{j_1}(1)\times\phi_{j_2}(2)]_{J_{12}}\times\phi_{j_3}(3)]_{JM}\langle(j_1j_2)J_{12}j_3,JM|j_1(j_2j_3)J_{23},JM\rangle\end{aligned} \tag{7.4.4}$$

$\langle(j_1j_2)J_{12}j_3,JM|j_1(j_2j_3)J_{23},JM\rangle$ 是一个幺正变换的系数，称为重耦合系数(recoupling coefficient). 可以证明，重耦合系数与磁量子数 M 无关. 证明如下：

$$[\phi_{j_1}(1)\times[\phi_{j_2}(2)\times\phi_{j_3}(3)]_{J_{23}}]_{JM+1}$$

$$=\frac{1}{\sqrt{(J+M+1)(J-M)}}J_+[\phi_{j_1}(1)\times[\phi_{j_2}(2)\times\phi_{j_3}(3)]_{J_{23}}]_{JM}$$

用式(7.4.4)代入上式右边，得

$$[\phi_{j_1}(1)\times[\phi_{j_2}(2)\times\phi_{j_3}(3)]_{J_{23}}]_{JM+1}$$

$$=\frac{1}{\sqrt{(J+M+1)(J-M)}}\sum_{J_{12}}J_+[[\phi_{j_1}(1)\times\phi_{j_2}(2)]_{J_{12}}\times\phi_{j_3}(3)]_{JM}$$

$$\cdot\langle(j_1j_2)J_{12}j_3,JM|j_1(j_2j_3)J_{23},JM\rangle$$

$$=\frac{1}{\sqrt{(J+M+1)(J-M)}}\sum_{J_{12}}\sqrt{(J+M+1)(J-M)}$$

$$\cdot[[\phi_{j_1}(1)\times\phi_{j_2}(2)]\times\phi_{j_3}(3)]_{JM+1}\langle(j_1j_2)J_{12}j_3,JM|j_1(j_2j_3)J_{23},JM\rangle$$

$$=\sum_{J_{12}}[[\phi_{j_1}(1)\times\phi_{j_2}(2)]_{J_{12}}\times\phi_{j_3}(3)]_{JM+1}\langle(j_1j_2)J_{12}j_3,JM|j_1(j_2j_3)J_{23},JM\rangle$$

但按式(7.4.4)，

$$\text{左边}=\sum_{J_{12}}[[\phi_{j_1}(1)\times\phi_{j_2}(2)]_{J_{12}}\times\phi_{j_3}(3)]_{JM+1}$$

$$\cdot\langle(j_1j_2)J_{12}j_3,JM+1|j_1(j_2j_3)J_{23}JM+1\rangle$$

(证毕)

因此重耦合系数中可略去 M，记为 $\langle(j_1j_2)J_{12}j_3,J|j_1(j_2j_3)J_{23},J\rangle$. 为更便于显示其对称性，令

$$\langle(j_1j_2)J_{12}j_3,J|j_1(j_2j_3)J_{23},J\rangle=\sqrt{(2J_{12}+1)(2J_{23}+1)}W(j_1j_2Jj_3,J_{12}j_{23})\tag{7.4.5}$$

W 称为 Racah 系数. 这样，式(7.4.4)可改写成

$$[\phi_{j_1}(1)\times[\phi_{j_2}(2)\times\phi_{j_3}(3)]_{J_{23}}]_{JM}$$

$$=\sum_{J_{12}}[[\phi_{j_1}(1)\times\phi_{j_2}(2)]_{J_{12}}\times\phi_{j_3}(3)]_{JM}$$

$$\cdot\sqrt{(2J_{12}+1)(2J_{23}+1)}W(j_1j_2Jj_3,J_{12}J_{23})\tag{7.4.6}$$

把式(7.4.3a)和(7.4.3b)代入式(7.4.4)，在等式两边左乘(取标积) $\langle\phi_{j_1m_1}(1)\phi_{j_2m_2}(2)\phi_{j_3m_3}(3)|$，再利用单粒子态的正交归一性，得

$$\sum_{m_1m_2m_3M_{23}}\delta_{m_1m_1'}\delta_{m_2m_2'}\delta_{m_3m_3'}\langle j_2m_2j_3m_3|J_{23}M_{23}\rangle\langle j_1m_1J_{23}M_{23}|JM\rangle$$

$$=\sum_{m_1m_2m_3M_{12}J_{12}}\delta_{m_1m_1'}\delta_{m_2m_2'}\delta_{m_3m_3'}\cdot\langle j_1m_1j_2m_2|J_{12}M_{12}\rangle\langle J_{12}M_{12}j_3M_3|JM\rangle$$

$$\cdot\sqrt{(2j_{12}+1)(2J_{23}+1)}W(j_1j_2Jj_3,J_{12}J_{23})$$

求和后，把等式两边磁量子数的一撇都去掉，得

$$
\begin{aligned}
&\langle j_2 m_2 j_3 m_3 \mid J_{23} M_{23}\rangle\langle j_1 m_1 J_{23} M_{23} \mid JM\rangle \\
&= \sum_{J_{12}} \langle j_1 m_1 j_2 m_2 \mid J_{12} M_{12}\rangle\langle J_{12} M_{12} j_3 m_3 \mid JM\rangle \\
&\quad \cdot \sqrt{(2J_{12}+1)(2J_{23}+1)}\, W(j_1 j_2 J j_3, J_{12} J_{23})
\end{aligned}
\tag{7.4.7}
$$

上式两边乘$\langle j_1 m_1 j_2 m_2 \mid J'_{12} M_{12}\rangle$，对 m_1 求和(M_{12}取定，$m_2 = M_{12} - m_1$，不独立)，利用 CG 系数正交性，右边出现 $\delta_{J_{12}J'_{12}}$，然后把 J'_{12}的一撇去掉，得

$$
\begin{aligned}
&\langle J_{12} M_{12} j_3 m_3 \mid JM\rangle \sqrt{(2J_{12}+1)(2J_{23}+1)}\, W(j_1 j_2 J j_3, J_{12} J_{23}) \\
&= \sum_{m_1} \langle j_1 m_1 j_2 m_2 \mid J_{12} M_{12}\rangle\langle j_2 m_2 j_3 m_3 \mid J_{23} M_{23}\rangle\langle j_1 m_1 J_{23} M_{23} \mid JM\rangle
\end{aligned}
\tag{7.4.8}
$$

上式两边乘$\langle J_{12} M_{12} j_3 m_3 \mid JM\rangle$，对 m_3 求和后，得

$$
\begin{aligned}
&\sqrt{(2J_{12}+1)(2J_{23}+1)}\, W(j_1 j_2 J j_3, J_{12} J_{23}) \\
&= \sum_{m_1 m_2 (M_3 M_{12} M_{23})} \langle j_1 m_1 j_2 m_2 \mid J_{12} M_{12}\rangle\langle J_{12} M_{12} j_3 m_3 \mid JM\rangle \\
&\quad \cdot \langle j_2 m_2 j_3 m_3 \mid J_{23} M_{23}\rangle\langle j_1 m_1 J_{23} M_{23} \mid JM\rangle
\end{aligned}
\tag{7.4.9}
$$

上式求和中，只有两个磁量子数是独立的，因为 M 先取定，而 $m_1 + m_2 + m_3 = M$，$M_{12} = m_1 + m_2$，$M_{23} = m_2 + m_3$. 上式表明，Racah 系数可表示成 4 个 CG 系数乘积的叠加，因而涉及 4 个三角形关系. 如图 7.4 所示四面体. 因此，只当下列 4 个三角形关系：

$$\triangle(j_1 j_2 J_{12}) \qquad \triangle(j_2 j_3 J_{23})$$
$$\triangle(J_{12} j_3 J) \qquad \triangle(j_1 J_{23} J)$$

都满足时，Racah 系数 $W(j_1 j_2 J j_3, J_{12} J_{23})$才不为 0.

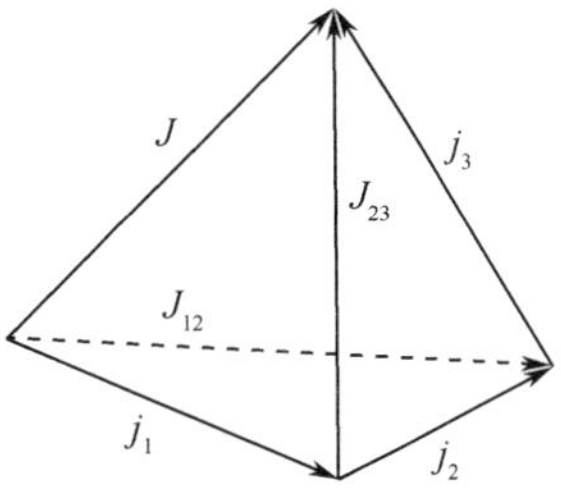

图 7.4

习惯上 CG 系数取为实数，所以 Racah 系数也是实数. 根据 CG 系数的对称性及式(7.4.9)，可求出 Racah 系数的对称性关系如下：

$$
\begin{aligned}
&W(abcd, ef) = W(badc, ef) = W(cdab, ef) = W(acbd, fe) \\
&W(abcd, ef) = (-1)^{e+f-a-d} W(ebcf, ad) = (-1)^{e+f-b-c} W(aefd, bc)
\end{aligned}
\tag{7.4.10}
$$

为了使对称性表现更明显，以便于记忆，Wigner 引进 $6j$ 符号来代替 Racah 系数，后来被广泛用来列表. $6j$ 符号定义如下：

$$
\begin{Bmatrix} j_1 & j_2 & J_{12} \\ j_3 & J & J_{23} \end{Bmatrix} = (-1)^{j_1+j_2+j_3+J} W(j_1 j_2 J j_3, J_{12} J_{23}) \tag{7.4.11}
$$

或

$$
\begin{Bmatrix} j_1 & j_2 & j_5 \\ j_4 & j_3 & j_6 \end{Bmatrix} = (-1)^{j_1+j_2+j_3+j_4} W(j_1 j_2 j_3 j_4, j_5 j_6) \tag{7.4.11$'$}
$$

用 $6j$ 符号来表示时，式(7.4.6)可改写成

$$[\phi_{j_1}(1)\times[\phi_{j_2}(2)\times\phi_{j_3}(3)]_{J_{23}}]_{JM}$$
$$=\sum_{J_{12}}(-1)^{j_1+j_2+j_3+J}\sqrt{(2J_{12}+1)(2J_{23}+1)}$$
$$\cdot\begin{Bmatrix} j_1 & j_2 & J_{12} \\ j_3 & J & J_{23}\end{Bmatrix}[[\phi_{j_1}(1)\times\phi_{j_2}(2)]J_{12}\times\phi_{j_3}(3)]_{JM} \tag{7.4.12}$$

类似有

$$[[\phi_{j_1}(1)\times\phi_{j_2}(2)]_{J_{12}}\times\phi_{j_3}(3)]_{JM}$$
$$=\sum_{J_{13}}(-1)^{j_2+j_3+J_{12}+J_{13}}\sqrt{(2J_{12}+1)(2J_{13}+1)}$$
$$\cdot\begin{Bmatrix} j_1 & j_2 & J_{12} \\ J & j_3 & J_{13}\end{Bmatrix}[[\phi_{j_1}(1)\times\phi_{j_3}(3)]J_{13}\times\phi_{j_2}(2)]_{JM} \tag{7.4.13}$$

6j 符号的对称性

(1) 任何两列交换,6j 符号的值不变.

$$\begin{Bmatrix} j_1 & j_2 & j_3 \\ l_1 & l_2 & l_3\end{Bmatrix}=\begin{Bmatrix} j_2 & j_1 & j_3 \\ l_2 & l_1 & l_3\end{Bmatrix}=\cdots \tag{7.4.14}$$

(2) 上行中任意两元素与下行中的相应两元素对调,6j 符号值不变.

$$\begin{Bmatrix} j_1 & j_2 & j_3 \\ l_1 & l_2 & l_3\end{Bmatrix}=\begin{Bmatrix} l_1 & l_2 & j_3 \\ j_1 & j_2 & l_3\end{Bmatrix}=\cdots \tag{7.4.15}$$

利用 CG 系数和 3j 符号的关系以及 3j 和 6j 符号的对称性,式(7.4.7)、式(7.4.8)、式(7.4.9)可依次改写如下[①]:

式(7.4.7)中,让 $J_{23}\to j_3, J_{12}\to l_3, j_3\to l_1, J\to j_2, j_2\to l_2$,经整理后,得

$$\begin{pmatrix} j_1 & j_2 & j_3 \\ m_1 & m_2 & m_3\end{pmatrix}\begin{Bmatrix} l_1 & l_2 & j_3 \\ m'_1 & m'_2 & m_3\end{Bmatrix}$$
$$=\sum_{l_3}(2l_3+1)(-1)^{l_1+l_2+l_3+j_1+j_2-j_3-m_1-m'_1} \tag{7.4.7'}$$
$$\cdot\begin{Bmatrix} j_1 & j_2 & j_3 \\ l_1 & l_2 & l_3\end{Bmatrix}\begin{pmatrix} l_2 & j_1 & l_3 \\ m'_2 & m_1 & m'_3\end{pmatrix}\begin{pmatrix} j_2 & l_1 & l_3 \\ m_2 & m'_1 & -m'_3\end{pmatrix}$$

式(7.4.8)中,作下列替换:

$J_{12}\to j_1,\quad M_{12}\to m_1,\quad J_{23}\to l_1,\quad M_{23}\to m'_1,\quad j_3\to j_2,\quad m_3\to m_2$

$j_1\to l_2,\quad m_1\to m'_2,\quad J\to j_3,\quad M\to -m_3,\quad j_2\to l_3,\quad m_2\to m'_3$

经整理后,得

① 例如:参阅 A. de Shalit and H. Feshbach, *Theoretical Nuclear Physics*, Vol. I, *Nuclear Structure*, p. 929. John Wiley & Sons, 1974.

$$\begin{pmatrix} j_1 & j_2 & j_3 \\ m_1 & m_2 & m_3 \end{pmatrix} \begin{Bmatrix} j_1 & j_2 & j_3 \\ l_1 & l_2 & l_3 \end{Bmatrix}$$

$$= \sum_{m'_1(m'_2 m'_3)} (-1)^{l_1+l_2+l_3+m'_1+m'_2+m'_3}$$

$$\cdot \begin{pmatrix} j_1 & l_2 & l_3 \\ m_1 & m'_2 & -m'_3 \end{pmatrix} \begin{pmatrix} l_1 & j_2 & l_3 \\ -m'_1 & m_2 & m'_3 \end{pmatrix} \begin{pmatrix} l_1 & l_2 & j_3 \\ m'_1 & -m'_2 & m_3 \end{pmatrix} \tag{7.4.8$'$}$$

(对 m'_1, m'_2, m'_3 求和中，只有一个是独立的.)

类似的，式(7.4.9)可以化为

$$\begin{Bmatrix} j_1 & j_2 & j_3 \\ l_1 & l_2 & l_3 \end{Bmatrix}$$

$$= \sum_{\substack{m_1 m_2 m_3 \\ m'_1 m'_2 m'_3}} (-1)^{l_3-l_1-l_2-j_1-j_2-j_3-m_1-m'_1} \begin{pmatrix} j_1 & j_2 & j_3 \\ m_1 & m_2 & -m_3 \end{pmatrix}$$

$$\cdot \begin{pmatrix} l_1 & l_2 & j_3 \\ m'_1 & m'_2 & m_3 \end{pmatrix} \begin{pmatrix} j_2 & l_1 & l_3 \\ m_2 & m'_1 & -m'_3 \end{pmatrix} \begin{pmatrix} l_2 & j_1 & l_3 \\ m'_2 & m_1 & m'_3 \end{pmatrix} \tag{7.4.9$'$}$$

(求和中只有两个磁量子数是独立的.)

$6j$ 符号中如有一个元素为 0，则有下列简单的表示式

$$\begin{Bmatrix} j_1 & j_2 & 0 \\ j_3 & J & J_{23} \end{Bmatrix} = \delta_{j_1 j_2} \delta_{j_3 J} (-1)^{j_1+j_3+J_{23}} / \sqrt{(2j_1+1)(2j_3+1)} \tag{7.4.16}$$

$$\begin{Bmatrix} j_1 & j_2 & J_{12} \\ 0 & J & J_{23} \end{Bmatrix} = \delta_{J_{12} J} \delta_{j_2 J_{23}} (-1)^{j_1+j_2+J_{12}} / \sqrt{(2j_2+1)(2J_{12}+1)} \tag{7.4.17}$$

式(7.4.16)和式(7.4.17)的结果可以从图 7.5 及三角形关系明显看出.

式(7.4.17)还可改写成

$$\begin{Bmatrix} j_1 & j_2 & j_3 \\ 0 & j_4 & j_5 \end{Bmatrix} = \delta_{j_3 j_4} \delta_{j_2 j_5} (-1)^{j_1+j_2+j_3} / \sqrt{(2j_2+1)(2j_3+1)} \tag{7.4.17$'$}$$

式(7.4.16)中，如 $j_1 = j_3 = j$(半奇数)，让 $J_{23} \to L$，则

$$\begin{Bmatrix} j & j & 0 \\ j & j & L \end{Bmatrix} = (-1)^{L+1}/(2j+1) \tag{7.4.18}$$

$6j$ 系数的正交性

利用变换的幺正性，注意到重耦合系数已取为实数，可得出

$$\sum_{J_{23}} \langle (j_1 j_2) J_{12} J_3, j \,|\, j_1 (j_2 j_3) J_{23}, J \rangle \langle (j_1 j_2) J'_{12} j_3, J \,|\, j_1 (j_2 j_3) J_{23}, J \rangle = \delta_{J_{12} J'_{12}}$$

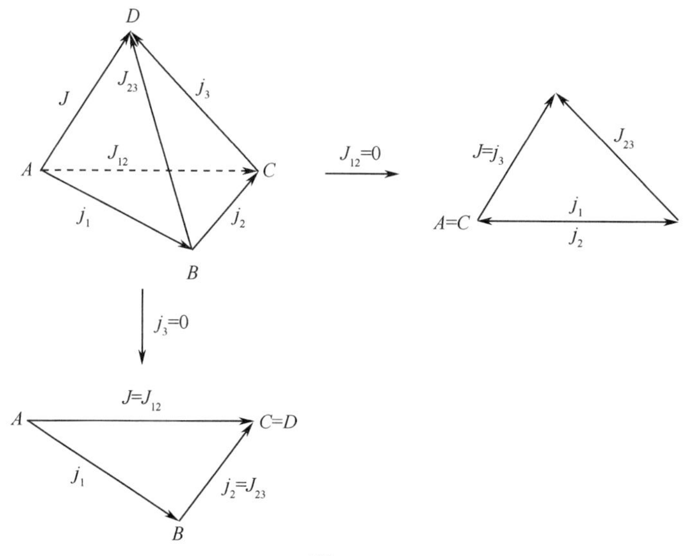

图 7.5

按式(7.4.5)和(7.4.11),上式可改写成

$$\sum_{J_{23}} \sqrt{(2J_{12}+1)(2J'_{12}+1)}(2J_{23}+1)$$

$$\cdot \begin{Bmatrix} j_1 & j_2 & J_{12} \\ j_3 & J & J_{23} \end{Bmatrix} \begin{Bmatrix} j_1 & j_2 & J'_{12} \\ j_3 & J & J_{23} \end{Bmatrix} = \delta_{J_{12}J'_{12}}$$

作替换 $J_{12}\to J'$,$J'_{12}\to J''$,$J_{23}\to J$,$J\to j_4$,考虑到右边 $\delta_{J_{12}J'_{12}}$,得

$$\sum_{J}(2J'+1)(2J+1)\begin{Bmatrix} j_1 & j_2 & J' \\ j_3 & j_4 & J \end{Bmatrix} \begin{Bmatrix} j_1 & j_2 & J'' \\ j_3 & j_4 & J \end{Bmatrix} = \delta_{J'J''} \quad (7.4.19)$$

上式中如 $j_1=j_2=j$(半奇数),$j_3=j_4=j'$(半奇数),$J'=0$,利用式(7.4.16),可得

$$\sum_{J}(2J+1)\frac{(-1)^{j+j'+J}}{\sqrt{(2j+1)(2j'+1)}}\begin{Bmatrix} j & j & J'' \\ j' & j' & J \end{Bmatrix} = \delta_{J''0}$$

让 $J''\to L$,则

$$\sum_{J}(2J+1)(-1)^{J}\begin{Bmatrix} j & j & L \\ j' & j' & J \end{Bmatrix} = (-1)^{j+j'}\sqrt{(2j+1)(2j'+1)}\delta_{L0}$$

(7.4.20)

6j 符号的求和规则

根据完备性,有

$$\sum_{J_{23}}\langle (j_1j_2)J_{12}j_3, J\,|\,j_1(j_2j_3)J_{23}, J\rangle\langle j_1(j_2j_3)J_{23}, J\,|\,j_2(j_3j_1)J_{31}, J\rangle$$

$$=\langle (j_1j_2)J_{12}j_3, J\,|\,j_2(j_3j_1)J_{31}, J\rangle$$

将上式中一部分两角动量的耦合顺序改动一下，可得

$$\sum_{J_{23}} \langle (j_1 j_2) J_{12} j_3, J \,|\, j_1 (j_2 j_3) J_{23}, J \rangle$$

$$\cdot \langle (j_2 j_3) J_{23} j_1, J \,|\, j_2 (j_3 j_1) J_{31}, J \rangle (-1)^{j_1 + J_{23} - J}$$

$$= \langle (j_2 j_1) J_{12} j_3, J \,|\, j_2 (j_1 j_3) J_{13}, J \rangle (-1)^{j_1 + j_2 - J_{12} + j_1 + j_3 - J_{13}}$$

利用式(7.4.5)、(7.4.11)，并用 $6j$ 符号表示出来，则上式化为

$$\sum_{J_{23}} \sqrt{(2J_{12}+1)(2J_{13}+1)}(2J_{23}+1)$$

$$\cdot (-1)^{2(j_1+j_2+j_3+J)+j_1+J_{23}-J} \begin{Bmatrix} j_1 & j_2 & J_{12} \\ j_3 & J & J_{23} \end{Bmatrix} \begin{Bmatrix} j_2 & j_3 & J_{23} \\ j_1 & J & J_{31} \end{Bmatrix}$$

$$= (-1)^{-(j_2+j_1+j_3+J)+j_1+j_2-J_{12}+j_1+j_3-J_{13}}$$

$$\cdot \sqrt{(2J_{12}+1)(2J_{13}+1)} \begin{Bmatrix} j_2 & j_1 & J_{12} \\ j_3 & J & J_{13} \end{Bmatrix}$$

经过化简，并利用 $6j$ 符号的对称性式(7.4.14)与式(7.4.15)，可得

$$\sum_{J_{23}} (2J_{23}+1)(-1)^{J_{12}+J_{23}+J_{31}} \begin{Bmatrix} j_1 & j_2 & J_{12} \\ j_3 & J & J_{23} \end{Bmatrix} \begin{Bmatrix} j_1 & j_3 & J_{13} \\ j_2 & J & J_{23} \end{Bmatrix}$$

$$= \begin{Bmatrix} j_1 & j_2 & J_{12} \\ j_3 & J & J_{13} \end{Bmatrix}$$

作替换 $J_{12} \to j_3, j_3 \to j_4, J \to j_5, J_{23} \to j_6, J_{13} \to j'_3$，上式化为

$$\sum_{j_6} (2j_6+1)(-1)^{j_3+j'_3+j_6} \begin{Bmatrix} j_1 & j_2 & j_3 \\ j_4 & j_5 & j_6 \end{Bmatrix} \begin{Bmatrix} j_1 & j_4 & j'_3 \\ j_2 & j_5 & j'_6 \end{Bmatrix}$$

$$= \begin{Bmatrix} j_1 & j_2 & j_3 \\ j_5 & j_4 & j'_3 \end{Bmatrix} \tag{7.4.21}$$

上式两边乘以 $(-1)^{-j_3-j'_3}(2j_3+1)\begin{Bmatrix} j_1 & j_2 & j_3 \\ j_4 & j_5 & j'_6 \end{Bmatrix}$，对 j_3 求和，利用正交性公式(7.4.19)，式(7.4.21)化为

$$\sum_{j} (-1)^{j_6} \underbrace{\sum_{j_3} (2j_3+1)(2j_6+1) \begin{Bmatrix} j_1 & j_2 & j_3 \\ j_4 & j_5 & j'_6 \end{Bmatrix} \begin{Bmatrix} j_1 & j_2 & j_3 \\ j_4 & j_5 & j_6 \end{Bmatrix}}_{\delta_{j_6 j'_6}} \begin{Bmatrix} j_1 & j_4 & j'_3 \\ j_2 & j_5 & j_6 \end{Bmatrix}$$

$$= \sum_{j_2} (2j_3+1)(-1)^{-j_3-j'_3} \begin{Bmatrix} j_1 & j_2 & j_3 \\ j_4 & j_5 & j'_6 \end{Bmatrix} \begin{Bmatrix} j_1 & j_2 & j_3 \\ j_5 & j_4 & j'_3 \end{Bmatrix}$$

然后把 $j'_6 \to j_6, j'_3 \to j'_6$[注意：$2(j_3+j_6+j'_6)=$偶数]，得

$$\sum_{j_3} (-1)^{j_3+j_6+j'_6} \begin{Bmatrix} j_1 & j_2 & j_3 \\ j_4 & j_5 & j_6 \end{Bmatrix} \begin{Bmatrix} j_1 & j_2 & j_3 \\ j_5 & j_4 & j'_6 \end{Bmatrix} = \begin{Bmatrix} j_1 & j_5 & j_6 \\ j_2 & j_4 & j'_6 \end{Bmatrix} \tag{7.4.22}$$

在式(7.4.21)中,如 $j'_3=0$,利用式(7.4.16)与(7.4.17)化简,得

$$\sum_{j_6}(2j_6+1)\begin{Bmatrix} j_1 & j_2 & j_3 \\ j_4 & j_5 & j_6 \end{Bmatrix}\delta_{j_1j_4}\delta_{j_2j_5}=(-1)^{2(j_1+j_2)}\delta_{j_1j_4}\delta_{j_2j_5}$$

令 $j_1=j_4=j, j_2=j_5=j', j_6\to J, j_3\to L$,上式化为

$$\sum_J(2J+1)\begin{Bmatrix} j & j' & L \\ j & j' & J \end{Bmatrix}=(-1)^{2(j+j')} \tag{7.4.23}$$

*7.4.2 4个角动量的耦合,9j 符号

考虑彼此对易的4个角动量的耦合.令

$$\boldsymbol{j}_1+\boldsymbol{j}_2+\boldsymbol{j}_3+\boldsymbol{j}_4=\boldsymbol{J} \tag{7.4.24}$$

它们也有不同的耦合顺序.例如

$$\boldsymbol{j}_1+\boldsymbol{j}_2=\boldsymbol{J}_{12}\quad \boldsymbol{j}_3+\boldsymbol{j}_4=\boldsymbol{J}_{34},\quad \boldsymbol{J}_{12}+\boldsymbol{J}_{34}=\boldsymbol{J}$$
$$\boldsymbol{j}_1+\boldsymbol{j}_3=\boldsymbol{J}_{13}\quad \boldsymbol{j}_2+\boldsymbol{j}_4=\boldsymbol{J}_{24},\quad \boldsymbol{J}_{13}+\boldsymbol{J}_{24}=\boldsymbol{J}$$

按这两种顺序耦合得出的具有相同的($\boldsymbol{J}^2, J_z$)本征值的波函数之间通过一个幺正变换相联系,记为

$$\begin{aligned}&\psi[(j_1j_2)J_{12}(j_3j_4)J_{34},JM]\\&=\sum_{J_{13}J_{24}}\psi[(j_1j_3)J_{13}(j_2j_4)J_{24},JM]\langle(j_1j_3)J_{13}(j_2j_4)J_{24},J\,|\,(j_1j_2)J_{12}(j_3j_4)J_{34},J\rangle\end{aligned} \tag{7.4.25}$$

幺正变换系数记为$\langle(j_1j_3)J_{13}(j_2j_4)J_{24},J\,|\,(j_1j_2)J_{12}(j_3j_4)J_{34},J\rangle$,这里已利用了它与磁量子数无关的性质,$M$ 已经略去.习惯上取它们为实数.它们可以表示成6个CG系数的乘积的叠加.式(7.4.25)两边的波函数,借助于CG系数,可以表示成4个单粒子态的乘积的叠加,然后左乘$\langle\phi_{j_1m_1}(1)\phi_{j_2m_2}(2)\phi_{j_3m_3}(3)\phi_{j_4m_4}(4)|$(取标积),利用单粒子态的正交归一性,可求出幺正变换系数与CG系数的关系.然后等式两边乘以

$$\langle j_1m_1j_3m_3\,|\,J_{13}M_{13}\rangle\langle j_2m_2j_4m_4\,|\,J_{24}M_{24}\rangle\langle J_{13}M_{13}J_{24}M_{24}\,|\,JM\rangle$$

并对磁量子数求和,利用CG系数的正交性,最后可得出

$$\begin{aligned}&\langle(j_1j_2)J_{12}(j_3j_4)J_{34},J\,|\,(j_1j_3)J_{13}(j_2j_4)J_{24},J\rangle\\&=\sum_{(\text{磁量子数})}\langle j_1m_1j_2m_2\,|\,J_{12}M_{12}\rangle\langle j_3m_3j_4m_4\,|\,J_{34}M_{34}\rangle\\&\quad\cdot\langle j_{12}M_{12}J_{34}M_{34}\,|\,JM\rangle\langle j_1m_1j_3m_3\,|\,J_{13}M_{13}\rangle\\&\quad\cdot\langle j_2m_2j_4m_4\,|\,J_{24}M_{24}\rangle\langle J_{13}M_{13}J_{24}M_{24}\,|\,JM\rangle\end{aligned} \tag{7.4.26}$$

右边对磁量子数求和中,只有3个是独立的,因为 M 已取定,而

$$m_1+m_2+m_3+m_4=M,\quad M_{12}=m_1+m_2,\quad M_{34}=m_3+m_4$$
$$M_{13}=m_1+m_3,\quad M_{24}=m_2+m_4$$

为更明显表现幺正变换系数的对称性,Wigner引进下列9j 符号:

$$\langle (j_1 j_2) J_{12} (j_3 j_4) J_{34}, J \mid (j_1 j_3) J_{13} (j_2 j_4) J_{24}, J \rangle$$
$$= \sqrt{(2J_{12}+1)(2J_{34}+1)(2J_{13}+1)(2J_{24}+1)} \begin{Bmatrix} j_1 & j_2 & J_{12} \\ j_3 & j_4 & J_{34} \\ J_{13} & J_{24} & J \end{Bmatrix} \tag{7.4.27}$$

$9j$ 符号{}中,每一行和每一列的 3 个角动量都要求满足三角形关系,

$$\triangle(j_1 j_2 J_{12}), \quad \triangle(j_3 j_4 J_{34}), \quad \triangle(J_{12} J_{34} J)$$
$$\triangle(j_1 j_3 J_{13}), \quad \triangle(j_2 j_4 J_{24}), \quad \triangle(J_{13} J_{24} J)$$

利用 $9j$ 符号,式(7.4.25)可表示成

$$\psi((j_1 j_2) J_{12} (j_3 j_4) J_{34}, JM)$$
$$= \sum_{J_{13} J_{24}} \psi((j_1 j_3) J_{13} (j_2 j_4) J_{24}, JM)$$
$$\cdot \sqrt{(2J_{12}+1)(2J_{34}+1)(2J_{13}+1)(2J_{24}+1)}$$
$$\cdot \begin{Bmatrix} j_1 & j_2 & J_{12} \\ j_3 & j_4 & J_{34} \\ J_{13} & J_{24} & J \end{Bmatrix} \tag{7.4.28}$$

例如,LS 耦合与 jj 耦合波函数之间的关系可表示为

$$\psi((l_1 l_2) L (s_1, s_2) S, JM)$$
$$= \sum_{j_1 j_2} \psi((l_1 s_1) j_1 (l_2 s_2) j_2, JM) \sqrt{(2L+1)(2S+1)(2j_1+1)(2j_2+1)}$$
$$\cdot \begin{Bmatrix} l_1 & l_2 & L \\ s_1 & s_2 & S \\ j_1 & j_2 & J \end{Bmatrix} \tag{7.4.29}$$

其他不同顺序之间的幺正变换系数也可类似得出,例如

$$\langle (j_1 j_2) \rangle J_{12} (j_3 j_4) J_{34}, J \mid (j_1 j_4) J_{14} (j_2 j_3) J_{23}, J \rangle$$
$$= (-1)^{j_3+j_4-J_{34}} \sqrt{(2J_{12}+1)(2J_{34}+1)(2J_{14}+1)(2J_{23}+1)}$$
$$\cdot \begin{Bmatrix} j_1 & j_2 & J_{12} \\ j_4 & j_3 & J_{34} \\ J_{14} & J_{23} & J \end{Bmatrix} \tag{7.4.30}$$

$$\langle (j_1 j_2) \rangle J_{12} (j_3 j_4) J_{34}, J \mid (j_1 j_4) J_{14} (j_3 j_2) J_{23}, J \rangle$$
$$= (-1)^{j_2-J_{23}-j_4+J_{34}} \sqrt{(2J_{12}+1)(2J_{34}+1)(2J_{14}+1)(2J_{23}+1)}$$
$$\cdot \begin{Bmatrix} j_1 & j_2 & J_{12} \\ j_4 & j_3 & J_{34} \\ J_{14} & J_{23} & J \end{Bmatrix} \tag{7.4.31}$$

9j 符号的对称性

按照 9j 符号的定义式(7.4.27)及式(7.4.26)，以及 CG 系数的对称性，可得出 9j 符号的下列对称性：

(1) 行列转置，9j 符号的值不变；

(2) 每一行(或一列)中的各元素做奇置换时，出现因子$(-1)^P$，其中 $P=9$ 个元素之和. 行(或列)做遇置换时，9j 符号值不变.

9j 符号的正交性

$$\sum_{J_{12}J_{34}}(2J_{12}+1)(2J_{34}+1)\begin{Bmatrix} j_1 & j_2 & J_{12} \\ j_3 & j_4 & J_{34} \\ J_{13} & J_{24} & J \end{Bmatrix}\begin{Bmatrix} j_1 & j_2 & J_{12} \\ j_3 & j_4 & J_{34} \\ J'_{13} & J'_{24} & J \end{Bmatrix}$$

$$=\frac{\delta_{J_{13}J'_{13}}\delta_{J_{24}J'_{24}}}{(2J_{13}+1)(2J_{24}+1)} \tag{7.4.32}$$

9j 符号的求和规则

利用每一种耦合顺序所构成的$(\boldsymbol{J}^2, J_z)$本征态的完备性以及 9j 符号的定义，可证明

$$\sum_{J_{13}+J_{24}}(-1)^{J_{23}+J_{24}-J_{34}-2j_2}(2J_{13}+1)(2J_{24}+1)\begin{Bmatrix} j_1 & j_2 & J_{12} \\ j_3 & j_4 & J_{34} \\ J_{13} & J_{24} & J \end{Bmatrix}\begin{Bmatrix} j_1 & j_3 & J_{13} \\ j_4 & j_2 & J_{24} \\ J_{14} & J_{23} & J \end{Bmatrix}$$

$$=\begin{Bmatrix} j_1 & j_2 & J_{12} \\ j_4 & j_3 & J_{34} \\ J_{14} & J_{23} & J \end{Bmatrix} \tag{7.4.33}$$

9j 符号与 6j 符号的关系

考虑四个角动量的重耦合系数

$$\langle (j_1j_2)J_{12}(j_3j_4)J_{34}, J \mid (j_1j_3)J_{13}(j_2j_4)J_{24}, J\rangle \tag{7.4.34}$$

试把角动量 j_1 解脱耦合，上式右半部分化为

$$\begin{aligned}
&\mid (j_1j_3)J_{13}(j_2j_4)J_{24}, J\rangle \\
&=\sum_{\lambda}\mid j_1\rangle \mid j_3(j_2j_4)J_{24}, \lambda\rangle \\
&\quad\cdot\langle j_1(j_3J_{24})\lambda, J \mid (j_1j_3)J_{13}(j_2j_4)J_{24}, J\rangle\langle (j_1j_2)J_{12}(j_3j_4)J_{34}, J\mid \\
&=\sum_{\lambda'}\langle j_1\mid\langle j_2(j_3j_4)J_{34}, \lambda'\mid\cdot\langle (j_1j_2)J_{12}(j_3j_4)J_{34}, J\mid j_1(j_2J_{34})\lambda', J\rangle
\end{aligned}$$

代入式(7.4.34)，由于正交性，将出现 $\delta_{\lambda\lambda'}$，由此得出

$$
\begin{aligned}
&\langle (j_1 j_2) J_{12} (j_3 j_4) J_{34}, J \mid (j_1 j_3) J_{13} (j_2 j_4) J_{24}, J \rangle \\
=&\sum_{\lambda} \langle (j_1 j_2) J_{12} J_{34}, J \mid j_1 (j_2 J_{34}) \lambda, J \rangle \\
&\cdot \langle j_2 (j_3 j_4) J_{34}, \lambda \mid j_3 (j_2 j_4) J_{24}, \lambda \rangle \langle j_1 (j_3 J_{24}) \lambda, j \mid (j_1 j_3) J_{13} J_{24}, J \rangle
\end{aligned}
\tag{7.4.35}
$$

上式右边是三个角动量的重耦合系数之乘积,它们分别可以用 $6j$ 符号表示出来. 按式(7.4.5)和(7.4.11),式(7.4.35)右边三个因子可分别表示为[参见图 7.6(a)、(b)和(c)]

$$
\begin{aligned}
&\langle (j_1 j_2) J_{12} J_{34}, J \mid j_1 (j_2 J_{34}) \lambda, J \rangle \\
&= (-1)^{j_1+j_2+J_{34}+J} \sqrt{(2J_{12}+1)(2\lambda+1)} \cdot \begin{Bmatrix} j_1 & j_2 & J_{12} \\ J_{34} & J & \lambda \end{Bmatrix}
\end{aligned}
$$

$$
\begin{aligned}
&\langle j_2 (j_3 j_4) J_{34}, \lambda \mid j_3 (j_2 j_4) J_{24}, \lambda \rangle \\
&= \langle j_3 (j_2 j_4) J_{24}, \lambda \mid j_2 (j_3 j_4) J_{34}, \lambda \rangle \qquad \text{(实数)} \\
&= (-1)^{(j_3+J_{24}-\lambda)+(j_3+j_4-J_{34})} \langle (j_2 j_4) J_{24} j_3, \lambda \mid j_2 (j_4 j_3) J_{34}, \lambda \rangle \\
&= (-1)^{(j_3+J_{24}-\lambda)+(j_3+j_4-J_{34})+j_2+j_3+j_4+\lambda} \sqrt{(2J_{24}+1)(2J_{34}+1)} \begin{Bmatrix} j_2 & j_4 & J_{24} \\ j_3 & \lambda & J_{34} \end{Bmatrix}
\end{aligned}
$$

$$
\begin{aligned}
&\langle j_1 (j_3 J_{24}) \lambda, J \mid (j_1 j_3) J_{13} J_{24}, J \rangle \\
&= \langle (j_1 j_3) J_{13} J_{24}, \lambda \mid j_1 (j_3 J_{24}) \lambda, J \rangle \\
&= (-1)^{j_1+j_3+J_{24}+J} \sqrt{(2J_{13}+1)(2\lambda+1)} \begin{Bmatrix} j_1 & j_3 & J_{13} \\ J_{24} & J & \lambda \end{Bmatrix}
\end{aligned}
$$

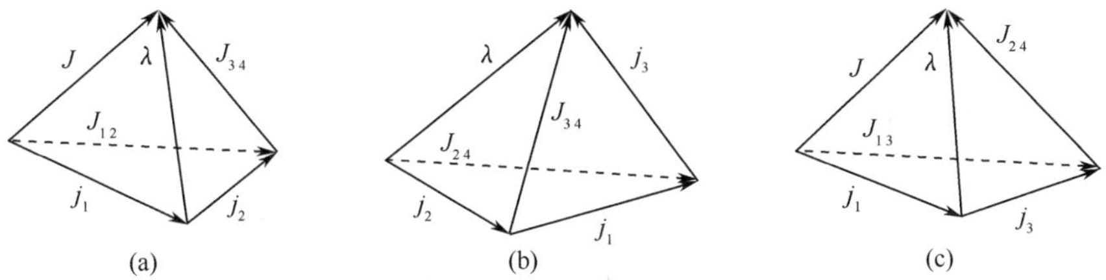

(a) (b) (c)

图 7.6

将以上各式代入式(7.4.35)右边,而式(7.4.35)左边按 $9j$ 符号定义式(7.4.27)写出,化简,最后得

$$
\begin{Bmatrix} j_1 & j_2 & J_{12} \\ j_3 & j_4 & J_{34} \\ J_{13} & J_{24} & J \end{Bmatrix} = (-1)^{2(j_2+j_3+j_4)} \sum_{\lambda} (2\lambda+1)
\cdot \begin{Bmatrix} j_1 & j_2 & J_{12} \\ J_{34} & J & \lambda \end{Bmatrix} \begin{Bmatrix} j_2 & j_4 & J_{24} \\ j_3 & \lambda & J_{34} \end{Bmatrix} \begin{Bmatrix} j_1 & j_3 & J_{13} \\ J_{24} & J & \lambda \end{Bmatrix}
\tag{7.4.36}
$$

若 $J=0$，利用式(7.4.17′)及 $6j$ 符号的对称性，并注意 $9j$ 符号中 $2(j_1+j_2+j_3+j_4)=$偶数，可得出

$$\begin{Bmatrix} j_1 & j_2 & J_{12} \\ j_3 & j_4 & J_{34} \\ J_{13} & J_{24} & 0 \end{Bmatrix} = \frac{(-1)^{j_2+j_3+J_{12}+J_{13}}}{\sqrt{(2J_{12}+1)(2J_{13}+1)}} \cdot \begin{Bmatrix} j_1 & j_2 & J_{12} \\ j_4 & j_3 & J_{13} \end{Bmatrix} \delta_{J_{12}J_{34}} \delta_{J_{13}J_{24}} \tag{7.4.37}$$

*7.5 张量积，矩阵元

*7.5.1 张量积

与两个角动量的本征态的耦合相似，两个不可约张量可进行如下的耦合

$$\sum_{q_1} \langle k_1 q_1 k_2 q-q_1 | kq \rangle T_{k_1 q_1} T_{k_2 q-q_1} = T_{kq} \tag{7.5.1}$$

其中

$$k = k_1 + k_2, \cdots, |k_1 - k_2|$$

可以证明，$T_{kq}(q=k,k-1,\cdots,-k)$ 是一个 k 阶不可约张量. 通常记为 $[T_{k_1} \times T_{k_2}]_{kq}$.

证明 在转动 R 作用下，T_{kq} 算符变为

$$\begin{aligned} RT_{kq}R^{-1} &= \sum_{q_1} \langle k_1 q_1 k_2 q-q_1 | kq \rangle RT_{k_1 q_1} R^{-1} RT_{k_2 q-q_1} R^{-1} \\ &= \sum_{q_1} \langle k_1 q_1 k_2 q-q_1 | kq \rangle \cdot \sum_{q_1'} T_{k_1 q_1'} D^{k_1}_{q_1' q_1}(R) \sum_{q_2'} T_{k_2 q_2'} D^{k_2}_{q_2' q-q_1}(R) \end{aligned}$$

利用 D 函数耦合公式[7.1 节，式(7.1.28)]，

$$\begin{aligned} RT_{kq}R^{-1} = &\sum_{q_1 q_1' q_2'} \langle k_1 q_1 k_2 q-q_1 | kq \rangle T_{k_1 q_1'} T_{k_2 q_2'} \\ &\cdot \sum_{k'} \langle k_1 q_1' k_2 q_2' | k' q_1' + q_2' \rangle \langle k_1 q_1 k_2 q-q_1 | k' q \rangle D^{k'}_{q_1'+q_2', q}(R) \end{aligned}$$

利用

$$\sum_{q_1} \langle k_1 q_1 k_2 q-q_1 | kq \rangle \langle k_1 q_1 k_2 q-q_1 | k' q \rangle = \delta_{kk'}$$

得

$$\begin{aligned} RT_{kq}R^{-1} &= \sum_{q_1' q_2'} \langle k_1 q_1' k_2 q_2' | kq_1' + q_2' \rangle T_{k_1 q_1'} T_{k_2 q_2'} D^k_{q_1'+q_2', q}(R) \\ &= \sum_{q' q_1'} \langle kq_1' k_2 q' - q_1' | kq' \rangle T_{k_1 q_1'} T_{k_2 q'-q_1'} D^k_{q' q}(R) \\ &= \sum_{q'} T_{kq'} D^k_{q' q}(R) \end{aligned} \tag{7.5.2}$$

这就证明了 $T_{kq}=[T_{k_1}\times T_{k_2}]_{kq}$, $q=k,k-1,\cdots,-k$,构成一个 k 阶不可约张量. 这种张量的耦合也称为张量的乘积.

张量积是初等几何学中两个矢量的"标积"(相当于$k=0$)和"矢积"(相当于$k=1$)概念的推广. 初等几何学中两个矢量 $\boldsymbol{U}$ 与 $\boldsymbol{V}$ 的标积定义为

$$\boldsymbol{U}\cdot\boldsymbol{V}=U_xV_x+U_yV_y+U_zV_z \tag{7.5.3}$$

如用球张量(spherical tensor)形式表示出来,可如下定义:两个 L 阶球张量 U_L 与 V_L 的"标积"Q 为

$$Q\equiv(U_L,V_L)=\sum_{M=-L}^{L}(-1)^M U_{LM}V_{L-M} \tag{7.5.4}$$

对于一阶张量($L=1$),其标积为

$$(U_1,V_1)=-(U_{11}V_{1-1}+U_{1-1}V_{11})+U_{10}V_{10} \tag{7.5.5}$$

其中[见 7.3 节式(7.3.10)]

$$U_{1\pm1}=\mp\frac{1}{\sqrt{2}}(U_x\pm \mathrm{i}U_y),\quad U_{10}=U_z$$

$$V_{1\pm1}=\mp\frac{1}{\sqrt{2}}(V_x\pm \mathrm{i}V_y),\quad V_{10}=V_z$$

代入式(7.5.5),容易得出

$$(U_1,V_1)=U_xV_x+U_yV_y+U_zV_z=\boldsymbol{U}\cdot\boldsymbol{V}$$

与式(7.5.3)的定义相同,即平常两个矢量的标积. 容易看出,张量"标积"的定义 Q 与$[U_L\times V_L]_0$ 只差一个常数因子,因按式(7.5.1)

$$\begin{aligned}[U_L\times V_L]_0&=\sum_M\langle LML-M|00\rangle U_{LM}V_{L-M}\\&=\frac{(-1)^L}{\sqrt{2L+1}}\sum_M(-)^M U_{LM}V_{L-M}\\&=\frac{(-1)^L}{\sqrt{2L+1}}Q\end{aligned} \tag{7.5.6}$$

类似可证明$[U_1\times V_1]_{1M}$构成的一阶张量,与两个矢量 $\boldsymbol{U}$ 与 $\boldsymbol{V}$ 的矢积 $\boldsymbol{U}\times\boldsymbol{V}$ 也只差一个常数因子. 例如

$$\begin{aligned}[U_1\times V_1]_{10}&=\sum_{M_1}\langle 1M_1 1-M_1|10\rangle U_{1M_1}V_{1-M_1}\\&=\frac{1}{\sqrt{2}}(U_{11}V_{1-1}-U_{1-1}V_{11})\\&=\frac{1}{\sqrt{2}}\left[-\frac{1}{2}(U_x+\mathrm{i}U_y)(V_x-\mathrm{i}V_y)+\frac{1}{2}(U_x-\mathrm{i}U_y)(V_x+\mathrm{i}V_y)\right]\\&=\frac{\mathrm{i}}{\sqrt{2}}(U_xV_y-U_yV_x)=\frac{\mathrm{i}}{\sqrt{2}}(\boldsymbol{U}\times\boldsymbol{V})_z\end{aligned}$$

*7.5.2　张量积的矩阵元

我们经常碰到的物理量中，有的本身就可以用一个球张量来描述(如磁矩、电四极矩)，它们的矩阵元可以借助于 Wigner-Eckart 定理来计算. 有的物理量，如两粒子的相互作用，则可以用张量的乘积来展开. 因此，我们会经常碰到计算张量积的矩阵元的问题.

标积的矩阵元

同一个体系的两个同阶张量的标积 Q[见式(7.5.4)]

$$Q=\sum_{M}(-1)^{M}U_{LM}V_{L-M} \tag{7.5.7}$$

可以证明，其矩阵元

$$\langle jm|Q|j'm'\rangle=\sum_{j''}\langle j\|U_L\|j''\rangle\langle j''\|V_L\|j\rangle(-1)^{j'-j''}\delta_{j'j}\delta_{m'm}/(2j+1) \tag{7.5.8}$$

即只有对角元(平均值)可能不为 0，其值为

$$\langle jm|Q|jm\rangle=\sum_{j'}\langle j\|U_L\|j'\rangle\langle j'\|V_L\|j\rangle(-1)^{j-j'}/(2j+1) \tag{7.5.9}$$

证明

$$\langle jm|Q|j'm'\rangle=\sum_{j'',M(m'')}(-1)^{M}\langle jm|U_{LM}|j''m''\rangle\langle j''m''|V_{L-M}|j'm'\rangle$$

利用 Wigner-Eckart 定理，

$$\langle jm|Q|j'm'\rangle=\sum_{j'',M(m'')}(-1)^{M}\frac{\langle j''m''LM|jm\rangle}{\sqrt{2j+1}}\langle j\|U_L\|j''\rangle\cdot\frac{\langle j'm'L-M|j''m''\rangle}{\sqrt{2j''+1}}\langle j''\|V_L\|j\rangle \tag{7.5.10}$$

利用

$$\sum_{M(m'')}(-1)^{M}\langle j''m''LM|jm\rangle\langle j'm'L-M|j''m''\rangle$$

$$=\sum_{M(m'')}(-1)^{M}\langle j''m''LM|jm\rangle\langle j''-m''L-M|j'-m'\rangle(-1)^{L-M}\sqrt{\frac{2j''+1}{2j'+1}}$$

$$=\sum_{M(m'')}\langle j''m''LM|jm\rangle\cdot\langle j''m''LM|j'm'\rangle(-1)^{j'-j''}\sqrt{\frac{2j''+1}{2j'+1}}$$

$$=(-1)^{j'-j''}\delta_{jj'}\sqrt{\frac{2j''+1}{2j'+1}}$$

代入式(7.5.10)，即得式(7.5.8).

设 $U_L(1)$是体系 1 的 L 价张量，$V_L(2)$是体系 2 的 L 阶张量[或 $U_L(1)$与 $V_L(2)$

分别属于不同自由度],则在两个体系的角动量耦合表象中,标积

$$Q = \sum_M (-1)^M U_{LM}(1) V_{L-M}(2) \tag{7.5.11}$$

的矩阵元为

$$\begin{aligned}
&\langle j_1 j_2 jm | Q | j'_1 j'_2 j' m' \rangle \\
&= \delta_{jj'} \delta_{mm'} (-1)^{j'_1+j_2+j} \langle j_1 \| U_L \| j'_1 \rangle \langle j_2 \| V_L \| j'_2 \rangle \begin{Bmatrix} j_1 & j_2 & j \\ j'_2 & j'_1 & L \end{Bmatrix} \\
&= \delta_{jj'} \delta_{mm'} (-1)^{j_1+j'_2-j} \langle j_1 \| U_L \| j'_1 \rangle \langle j_2 \| V_L \| j'_2 \rangle W(j_1 j_2 j'_1 j'_2, jL)
\end{aligned} \tag{7.5.12}$$

证明 换到非耦合表象中去,

$$\begin{aligned}
&\langle j_1 j_2 m | Q | j'_1 j'_2 j' m' \rangle \\
&= \sum_{M m_1 m'_1} (-1)^M \langle j_1 m_1 j_2 m_2 | jm \rangle \langle j'_1 m'_1 j'_2 m'_2 | j' m' \rangle \\
&\quad \cdot \langle j_1 m_1 | U_{LM} | j'_1 m'_1 \rangle \langle j_2 m_2 | V_{L-M} | j'_2 m'_2 \rangle \delta_{jj'} \delta_{mm'}
\end{aligned}$$

利用 Wigner-Eckart 定理

$$\begin{aligned}
&= \frac{\langle j_1 \| U_L \| j'_1 \rangle \langle j_2 \| V_L \| j'_2 \rangle}{\sqrt{(2j_1+1)(2j_2+1)}} \Big[\sum_{M m_1 m'_1} (-1)^M \langle j_1 m_1 j_2 m_2 | jm \rangle \\
&\quad \cdot \langle j'_1 m'_1 j'_2 m'_2 \mid jm \rangle \langle j'_1 m'_1 LM | j_1 m_1 \rangle \langle j'_2 m'_2 L-M | j_2 m_2 \rangle \Big] \delta_{jj'} \delta_{mm'}
\end{aligned} \tag{7.5.13}$$

利用

$$\langle j'_2 m'_2 L-M | j_2 m_2 \rangle = \langle LM j_2 m_2 | j'_2 m'_2 \rangle (-1)^{L-M} \sqrt{\frac{2j_2+1}{2j'_2+1}}$$

式(7.5.13)中[…]可化为

$$\begin{aligned}
&(-1)^L \sqrt{\frac{2j_2+1}{2j'_2+1}} \sum_{M m_1 m'_1} \langle j'_1 m'_1 LM | j_1 m_1 \rangle \langle j_1 m_1 j_2 m_2 | jm \rangle \\
&\qquad \cdot \langle LM j_2 m_2 | j'_2 m'_2 \rangle \langle j'_1 m'_1 j'_2 m'_2 | jm \rangle
\end{aligned}$$

与 Racah 系数定义比较[见 7.4 节式(7.4.9)]

$$\begin{aligned}
\text{上式} &= (-1)^L \sqrt{\frac{2j_2+1}{2j'_2+1}} \sqrt{(2j_1+1)(2j'_2+1)} W(j'_1 L j j_2, j_1 j'_2) \\
&= (-1)^{j_1+j'_2-j} \sqrt{(2j_1+1)(2j_2+1)} W(j_1 j_2 j'_1 j'_2, jL) \\
&= (-1)^{j'_1+j_2-j} \sqrt{(2j_1+1)(2j_2+1)} \cdot \begin{Bmatrix} j_1 & j_2 & j \\ j'_2 & j'_1 & L \end{Bmatrix}
\end{aligned}$$

代入式(7.5.13),即得式(7.5.12).

张量积的矩阵元

一个体系的两个张量的张量积

$$T_{LM}=[U_{L_1}\times V_{L_2}]_{LM}$$
$$=\sum_{M_1(M_2)}U_{L_1M_1}V_{L_2M_2}\langle L_1M_1L_2M_2|LM\rangle \tag{7.5.14}$$

的矩阵元公式

$$\langle jm|T_{LM}|j'm'\rangle=(-1)^{j-m}\begin{pmatrix} j & L & j' \\ -m & M & m' \end{pmatrix}\langle j\|T_L\|j'\rangle \tag{7.5.15}$$

其中

$$\langle j\|T_L\|j'\rangle$$
$$=\sqrt{2L+1}(-1)^{j+j'+L}\sum_{j''}\begin{Bmatrix} L_1 & L_2 & L \\ j' & j & j'' \end{Bmatrix}\langle j\|U_L\|j''\rangle\langle J''\|V_L\|j'\rangle$$

如$U_L(1)$是体系 1 的L_1阶张量,$V_L(2)$是体系 2 的L_2阶张量,则张量积

$$T_{LM}=[U_{L_1}(1)\times V_{L_2}(2)]_{LM}$$
$$=\sum_{M_1(M_2)}U_{L_1M_1}(1)V_{L_2M_2}(2)\langle L_1M_1L_2M_2|LM\rangle \tag{7.5.16}$$

在角动量耦合表象中的矩阵元为

$$\langle j_1j_2jm|T_{LM}|j'_1j'_2j'm'\rangle$$
$$=(-1)^{j-m}\begin{pmatrix} j & L & j' \\ -m & M & m' \end{pmatrix}\langle j_1j_2j\|T_L\|j'_1j'_2j'\rangle$$

其中

$$\langle j_1j_2j\|T_L\|j'_1j'_2j'\rangle$$
$$=\langle j_1\|U_{L_1}\|j'_1\rangle\langle j_2\|V_{L_2}\|j'_2\rangle\sqrt{(2j+1)(2L+1)(2j'+1)}$$
$$\cdot\begin{Bmatrix} j_1 & j'_1 & L_1 \\ j_2 & j'_2 & L_2 \\ j & j' & L \end{Bmatrix} \tag{7.5.17}$$

上式中如$L=0$,则除一个常数因子外,T_{00}即标积Q,式(7.5.17)将回到式(7.5.4).

在式(7.5.16)中,取$L_2=0$,此时$V_{L_2}=1$,$T_{LM}=U_{L_1M_1}(1)$. 利用$\langle j_2\|1\|j'_2\rangle=\sqrt{2j_2+1}\delta_{j_2j'_2}$,$\langle L_1M_100|LM\rangle=\delta_{L_1L}\delta_{M_1M}$,以及[见 7.4 节,式(7.4.37)]

$$\begin{Bmatrix} j_1 & j'_1 & L_1 \\ j_2 & j'_2 & 0 \\ j & j' & L \end{Bmatrix}=(-1)^P\begin{Bmatrix} j_1 & j'_1 & L_1 \\ j & j' & L_1 \\ j_2 & j'_2 & 0 \end{Bmatrix}=\frac{(-1)^{P-(j'_1+j+L_1+j_2)}}{(2L_1+1)(2j_2+1)}\begin{Bmatrix} j_1 & j'_1 & L_1 \\ j' & j & j_2 \end{Bmatrix}\delta_{j_2j'_2}$$
$$P=(j_1+j'_1+j_2+j'_2+j+j'-2L_1)$$

可得出

$$\langle j_1j_2j\|U_{L_1}(1)\|j'_1j'_2j'\rangle$$
$$=(-1)^{j_1+j'_2+j'+L_1}\sqrt{(2j+1)(2j'+1)}\begin{Bmatrix} j_1 & j'_1 & L_1 \\ j' & j & j_2 \end{Bmatrix}\langle j_1\|U_{L_1}\|j'_1\rangle\delta_{j_2j'_2} \tag{7.5.18}$$

类似有

$$
\begin{aligned}
&\langle j_1 j_2 j \| V_{L_2}(2) \| j'_1 j'_2 j' \rangle \\
&= (-1)^{j_1+j_2+j'+L_2} \sqrt{(2j+1)(2j'+1)} \begin{Bmatrix} j_2 & j'_2 & L_2 \\ j' & j & j_1 \end{Bmatrix} \langle j_2 \| V_{L_2} \| j'_2 \rangle \delta_{j_1 j'_1}
\end{aligned}
\tag{7.5.19}
$$

例 1 证明球谐函数 Y_L^M 在自旋 $s=1/2$ 的粒子的总角动量本征态之间的约化矩阵元为

$$
\begin{aligned}
\langle j \| Y_L \| j' \rangle &\equiv \langle l \tfrac{1}{2} j \| Y_L \| l' \tfrac{1}{2} j' \rangle \\
&= (-1)^{j-\frac{1}{2}+L} \sqrt{\frac{(2j+1)(2j'+1)}{4\pi}} \cdot \langle j' \tfrac{1}{2} j - \tfrac{1}{2} \,|\, L0 \rangle
\end{aligned}
\tag{7.5.20}
$$

证明 利用式(7.5.18)及 7.3 节式(7.3.26),得

$$
\begin{aligned}
&\langle l \tfrac{1}{2} j \| Y_L \| l' \tfrac{1}{2} j' \rangle \\
&= (-1)^{l+\frac{1}{2}+j'+L} \sqrt{(2j+1)(2j'+1)} \begin{Bmatrix} l & l' & L \\ j' & j & \frac{1}{2} \end{Bmatrix} \langle l \| Y_L \| l' \rangle \\
&= (-1)^{j'+\frac{1}{2}+L} \sqrt{(2j+1)(2j'+1)(2l+1)(2l'+1)(2L+1)/4\pi} \\
&\quad \cdot \begin{pmatrix} l & L & l' \\ 0 & 0 & 0 \end{pmatrix} \begin{Bmatrix} l & l' & L \\ j' & j & \frac{1}{2} \end{Bmatrix}
\end{aligned}
\tag{7.5.21}
$$

经过仔细计算(注意 $l+l'+L=$偶),可以求出(参阅节 7.4.1 节)

$$
\begin{pmatrix} l & l' & L \\ 0 & 0 & 0 \end{pmatrix} \begin{Bmatrix} l & l' & L \\ j' & j & \frac{1}{2} \end{Bmatrix} = \frac{-(-1)^{j-j'} \langle j' \frac{1}{2} j - \frac{1}{2} \,|\, L0 \rangle}{\sqrt{(2l+1)(2l'+1)(2L+1)}}
$$

代入式(7.5.21),即得式(7.5.20).

例 2 荷电 e 的粒子的电四极矩算符定义为

$$
Q_{2m} = e \sqrt{\frac{16\pi}{5}} r^2 Y_2^{m*}(\theta, \varphi) \tag{7.5.22}
$$

是一个 2 阶不可约球张量.设粒子自旋 $s=1/2$,电四极矩的观测值定义为(注意,$Y_2^{0*}=Y_2^0$)

$$
Q_j = \langle lsjm | Q_{20} | lsjm \rangle |_{m=j} \tag{7.5.23}
$$

$|lsjm\rangle$ 是($\boldsymbol{l}^2 \boldsymbol{s}^2 \boldsymbol{j}^2 j_3$)的共同本征态.利用 Wigner-Eckart 定理(径向部分波函数未明显写出),得

$$
Q_j = e \sqrt{\frac{16\pi}{5}} \langle r^2 \rangle \frac{1}{\sqrt{2j+1}} \langle jj20 | jj \rangle \langle l \tfrac{1}{2} j \| Y_2 \| l \tfrac{1}{2} j \rangle
$$

利用式(7.5.20)及查 CG 系数表,得

$$
\begin{aligned}
Q_j &= e \langle r^2 \rangle \sqrt{\frac{4}{5}} (-1)^{j-1/2} \sqrt{2j+1} \langle jj20 | jj \rangle \langle j \tfrac{1}{2} j - \tfrac{1}{2} \,|\, 20 \rangle \\
&= -e \langle r^2 \rangle \frac{2j-1}{2j+1}
\end{aligned}
\tag{7.5.24}
$$

上式对 $j=l\pm 1/2$ 态均成立.可以看出,当 $j=1/2$ 时,$Q_j=0$.当 $j\to\infty$(大量子数极限)时,$Q_j=-e\langle r^2 \rangle$.设 $e>0$,则 $Q_j<0$.其经典图象是一个扁旋转轨道(对称轴为 z 轴),所以 $Q_j<0$.

例 3 计算两个核子的中心势 $V(r)=V(|\boldsymbol{r}_1-\boldsymbol{r}_2|)$的矩阵元，

$$\begin{aligned}&\langle j_1 j_2 JM|V(r)|j'_1 j'_2 JM\rangle\\ \equiv\ &\langle (l_1 s_1)j_1(l_2 s_2)j_2 JM|V(r)|(l'_1 1/2)j'_1(l'_2 1/2)j'_2 JM\rangle\end{aligned}\tag{7.5.25}$$

$V(r)$是与自旋无关的标量，最方便的计算可在 LS 耦合表象中进行. 为此，利用 $9j$ 系数[7.4 节式(7.4.29)]

$$\begin{aligned}&\psi[(l_1 s_1)j_1(l_2 s_2)j_2, JM]\\ =&\sum_{LS}\psi[(l_1 l_2)L(s_1 s_2)S, JM]\sqrt{(2j_1+1)(2j_2+1)(2L+1)(2S+1)}\cdot\begin{Bmatrix}l_1 & s_1 & j_1\\ l_2 & s_2 & j_2\\ L & S & J\end{Bmatrix}\end{aligned}$$

则式(7.5.25)可表示成

$$\begin{aligned}\langle j_1 j_2 JM|V(r)|j'_1 j'_2 JM\rangle =& \sqrt{(2j_1+1)(2j_2+1)(2j'_1+1)(2j'_2+1)}\\ &\cdot\sum_{LSL'S'}\sqrt{(2L+1)(2S+1)(2L'+1)(2S'+1)}\\ &\cdot\begin{Bmatrix}l_1 & s_1 & j_1\\ l_2 & s_2 & j_2\\ L & S & J\end{Bmatrix}\begin{Bmatrix}l'_1 & s_1 & j'_1\\ l'_2 & s_2 & j'_2\\ L' & S' & J'\end{Bmatrix}\\ &\cdot\langle (l_1 l_2)L(s_1 s_2)SJM|V(r)|(l'_1 l'_2)L'(s_1 s_2)S'JM\rangle\end{aligned}\tag{7.5.26}$$

为了把径向与角度部分的积分分离，标量势 $V(r)$可按 Legendre 多项式展开，

$$V(r)=\sum_{k=0}^{\infty}V_k(r_1,r_2)\mathrm{P}_k(\cos\theta_{12})\tag{7.5.27}$$

θ_{12}是 $\boldsymbol{r}_1$ 与 $\boldsymbol{r}_2$ 的夹角，

$$r=\sqrt{r_1^2+r_2^2-2r_1 r_2\cos\theta_{12}}$$

$$\cos\theta_{12}=\cos\theta_1\cos\theta_2-\sin\theta_1\sin\theta_2\cos(\phi_1-\phi_2)$$

利用 Legendre 多项式的正交归一性，可求出式(7.5.27)中的展开系数

$$\begin{aligned}V_k(r_1,r_2)&=V_k(r_2,r_1)\\ &=\frac{2k+1}{2}\int_{-1}^{+1}V(r)\mathrm{P}_k(\cos\theta_{12})\mathrm{d}\cos\theta_{12}\end{aligned}\tag{7.5.28}$$

利用球谐函数相加定理

$$\begin{aligned}\mathrm{P}_k(\cos\theta_{12})&=\frac{4\pi}{2k+1}\sum_{q=-k}^{k}\mathrm{Y}_k^{q*}(\theta_1,\phi_1)\mathrm{Y}_k^q(\theta_2,\phi_2)\\ &=\frac{4\pi}{2k+1}(\mathrm{Y}_k(1),\mathrm{Y}_k(2))\end{aligned}\tag{7.5.29}$$

上式中$(\mathrm{Y}_k(1),\mathrm{Y}_k(2))$是两个张量的标积[见式(7.5.4)].

式(7.5.26)右边的矩阵元的角度和自旋部分为

$$\begin{aligned}&\langle (l_1 l_2)L(s_1 s_2)SJM|(\mathrm{Y}_k(1),\mathrm{Y}_k(2))|(l'_1 l'_2)L'(s_1 s_2)S'JM\rangle\\ =&\sum_{M_S M'_S(M_L M'_L)}\langle LM_L SM_S|JM\rangle\langle L'M'_L S'M'_S|JM\rangle\\ &\cdot\langle l_1 l_2 LM_L|(\mathrm{Y}_k(1),\mathrm{Y}_k(2))|l'_1 l'_2 L'M'_L\rangle\delta_{SS'}\delta_{M_S M'_S}\end{aligned}\tag{7.5.30}$$

利用

$$
\begin{aligned}
&\langle l_1 l_2 L M_L \mid (\mathrm{Y}_k(1), \mathrm{Y}_k(2)) \mid l'_1 l'_2 L' M'_L \rangle \\
&= (-1)^{l'_1+l_2+L} \langle l_1 \| \mathrm{Y}_k \| l'_1 \rangle \langle l_2 \| \mathrm{Y}_k \| l'_2 \rangle \begin{Bmatrix} l_1 & l_2 & L \\ l'_2 & l'_1 & k \end{Bmatrix} \delta_{LL'} \delta_{M_L M'_L}
\end{aligned}
$$

以及

$$
\sum_{M_S} \langle LM - M_S S M_S \mid JM \rangle \langle LM - M_S S M_S \mid JM \rangle = 1
$$

式(7.5.30)可化为

$$
\delta_{SS'} \delta_{LL'} (-1)^{l'_1+l_2+L} \langle l_1 \| \mathrm{Y}_k \| l'_1 \rangle \langle l_2 \| \mathrm{Y}_k \| l'_2 \rangle \begin{Bmatrix} l_1 & l_2 & L \\ l'_2 & l'_1 & k \end{Bmatrix} \tag{7.5.31}
$$

式(7.5.26)右边的径向积分记为

$$
\begin{aligned}
F_k &= \iint r_1^2 r_2^2 \mathrm{d}r_1 \mathrm{d}r_2 V_k(r_1, r_2) R_{n_1 l_1}(r_1) R_{n_2 l_2}(r_2) R_{n'_1 l'_1}(r_1) R_{n'_2 l'_2}(r_2) \\
&\equiv F_k(n_1 l_1, n_2 l_2, n'_1 l'_1, n'_2 l'_2)
\end{aligned} \tag{7.5.32}
$$

称为推广的 Slater 积分，$R_{nl}(r)$为核子径向波函数. 把(7.5.27)、(7.5.29)、(7.5.31)、(7.5.32)诸式代入式(7.5.26)，可求出矩阵元(与 M 无关)

$$
\begin{aligned}
&\langle j_1 j_2 J \mid V(r) \mid j'_1 j'_2 J \rangle \\
&= \sqrt{(2j_1+1)(2j_2+1)(2j'_1+1)(2j'_2+1)} \cdot \sum_{LS} (2L+1)(2S+1) \\
&\cdot \begin{Bmatrix} l_1 & \frac{1}{2} & j_1 \\ l_2 & \frac{1}{2} & j_2 \\ L & S & J \end{Bmatrix} \begin{Bmatrix} l'_1 & \frac{1}{2} & j'_1 \\ l'_2 & \frac{1}{2} & j'_2 \\ L & S & J \end{Bmatrix} (-1)^{l'_1+l_2+L} \\
&\cdot \sum_{k=0}^{\infty} \frac{4\pi}{2k+1} \langle l_1 \| \mathrm{Y}_k \| l'_1 \rangle \langle l_2 \| \mathrm{Y}_k \| l'_2 \rangle \begin{Bmatrix} l_1 & l_2 & L \\ l'_2 & l'_1 & k \end{Bmatrix} F_k
\end{aligned} \tag{7.5.33}
$$

上式求和中 $S=0,1$，而 k 受三角形条件$\triangle(l_1、l'_1、k)$、$\triangle(l_2、l'_2、k)$以及 $l_1+l'_1+k=$偶，$l_2+l'_2+k=$偶的限制.

*7.5.3 一阶张量的投影定理，矢量模型

关于一阶张量(矢量)的以下诸定理，对于处理角动量、磁矩、磁偶极跃迁等是很有用的.

(1) 设 $T_\mu(\mu=0,\pm 1)$为一阶球张量，则

$$
\langle J'M' \mid T_\mu \mid JM \rangle = \delta_{J'J} \delta_{M',\mu+M} \frac{\langle JM' \mid J_\mu (\boldsymbol{J} \cdot \boldsymbol{T}) \mid JM \rangle}{J(J+1)} \tag{7.5.34}
$$

特别是 $J'=J$ 时，有

$$
\langle JM' \mid T_\mu \mid JM \rangle = \delta_{M',\mu+M} \frac{\langle JM' \mid J_\mu (\boldsymbol{J} \cdot \boldsymbol{T}) \mid JM \rangle}{J(J+1)} \tag{7.5.35}
$$

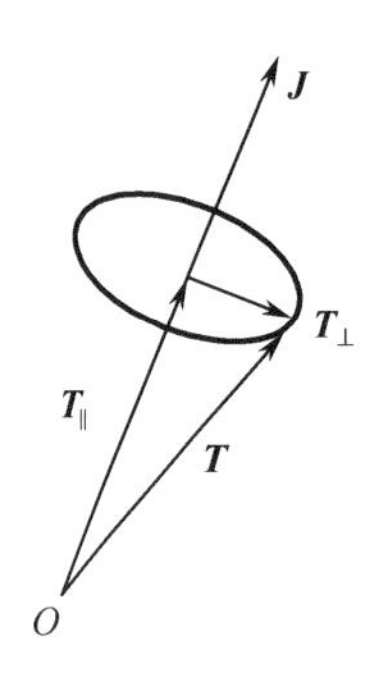

图 7.7

在证明式(7.5.34)之前,先从半经典图像来理解式(7.5.34)的物理意义.如图7.7,矢量 $\boldsymbol{T}=\boldsymbol{T}_\parallel+\boldsymbol{T}_\perp$,$\boldsymbol{T}_\parallel$ 与 $\boldsymbol{T}_\perp$ 分别代表 $\boldsymbol{T}$ 的平行和垂直于矢量 $\boldsymbol{J}$ 的分量,在角动量($\boldsymbol{J}^2,J_z$)本征态下,$\boldsymbol{T}_\perp$ 的平均值为0(在早期量子论的矢量模型中,认为 $\boldsymbol{T}$ 绕守恒量 $\boldsymbol{J}$ 旋转,因而 $\boldsymbol{T}_\perp$ 的平均值为0),只剩下 $\boldsymbol{T}_\parallel=\boldsymbol{J}(\boldsymbol{J}\cdot\boldsymbol{T})/\boldsymbol{J}^2\to\boldsymbol{J}(\boldsymbol{J}\cdot\boldsymbol{T})/J(J+1)$ 有贡献.对平均值($M'=M$)来讲,则只有 T_0 的贡献.

证明 考虑一阶球张量 $J_\mu(\boldsymbol{J}\cdot\boldsymbol{T})$ 的矩阵元[注意:$\boldsymbol{J}\cdot\boldsymbol{T}$ 为标量]

$$\begin{aligned}\mathscr{M}&=\langle J'M'|J_\mu(\boldsymbol{J}\cdot\boldsymbol{T})|JM\rangle\\&=\sum_\nu(-1)^\nu\langle J'M'|J_\mu J_\nu T_{-\nu}|JM\rangle\end{aligned}$$

可以证明①

$$\mathscr{M}=\sum_\nu(-1)^\nu\langle J'M'|J_\mu T_{-\nu}J_\nu|JM\rangle \tag{7.5.36}$$

利用 J_μ 的选择定则

$$\mathscr{M}=\sum_\nu(-1)^\nu\langle J'M'|J_\mu|J'M'-\mu\rangle\langle J'M'-\mu|T_{-\nu}|J\nu+M\rangle\langle J\nu+M|J_\nu|JM\rangle$$

利用7.3节式(7.3.25)及Wigner-Eckart定理[7.3节式(7.3.23)],上式化为

$$\begin{aligned}\mathscr{M}=&\sum_\nu(-1)^\nu(-1)^\mu\langle J'M'1,-\mu\mid J'M'-\mu\rangle\sqrt{J'(J'+1)}\\&\cdot\frac{1}{\sqrt{2J'+1}}\langle J\nu+M,1,-\nu\mid J'M'-\mu\rangle\langle J'\|\boldsymbol{T}\|J\rangle\\&\cdot(-1)^\nu\langle J\nu+M,1,-\nu\mid JM\rangle\sqrt{J(J+1)}\\=&\sqrt{\frac{J(J+1)J'(J'+1)}{2J'+1}}(-1)^\mu\langle J'M'1,-\mu\mid J'M'-\mu\rangle\\&\cdot\sum_\nu\underbrace{\langle J\nu+M,1,-\nu\mid J'M'-\mu\rangle\langle J\nu+M,1,-\nu\mid JM\rangle}_{\delta_{J'J}\delta_{M'-\mu,M}}\langle J'\|\boldsymbol{T}\|J\rangle\\=&\frac{J(J+1)}{\sqrt{2J+1}}\langle J\|\boldsymbol{T}\|J\rangle(-1)^\mu\langle JM+\mu,1,-\mu\mid JM\rangle\delta_{J'J}\delta_{M',M+\mu}\\=&\delta_{J'J}\delta_{M',M+\mu}\frac{J(J+1)}{\sqrt{2J+1}}\langle JM1\mu\mid JM+\mu\rangle\langle J\|\boldsymbol{T}\|J\rangle\end{aligned}$$

---

① 利用7.3节,式(7.3.11′)(对于 $k=1$),$[J_\nu,T_{-\nu}]=(-1)^\nu\sqrt{2}\langle101,-\nu|1-\nu\rangle T_0$,所以

$$\sum_\nu(-1)^\nu\langle J'M'|J_M[J_\nu,T_{-\nu}]|JM\rangle$$

$$=\sqrt{2}\langle J'M'|J_MT_0|JM\rangle\sum_\nu\langle101,-\nu|1-\nu\rangle=0\quad\left(\sum_\nu\langle101,-\nu|1-\nu\rangle=\sum_\nu\frac{\nu}{\sqrt{3}}=0\right)$$

再注意到 $J_\nu T_{-\nu}=T_{-\nu}J_\nu+[J_\nu,T_{-\nu}]$,得证.

根据 Wigner-Eckart 定理,得

$$\mathscr{M} = \delta_{J'J}\,\delta_{M',M+\mu} J(J+1)\langle JM' \,|\, T_\mu \,|\, JM\rangle \tag{7.5.37}$$

联合式(7.5.36)与(7.5.37),即得式(7.5.34).

这样,计算矩阵元 $\langle JM' \,|\, T_\mu \,|\, JM\rangle$ 就归结为计算矩阵元 $\langle JM' \,|\, J_\mu(\boldsymbol{J}\cdot\boldsymbol{T}) \,|\, JM\rangle$,然后借助下列因式分解定理,转化为计算 $\langle J \,\|\, (\boldsymbol{J}\cdot\boldsymbol{T}) \,\|\, J\rangle$,问题就简化了.

(2) 因式分解定理

$$\langle JM' \,|\, J_\mu(\boldsymbol{J}\cdot\boldsymbol{T}) \,|\, JM\rangle = \langle JM' \,|\, J_\mu \,|\, JM\rangle\langle J \,\|\, \boldsymbol{J}\cdot\boldsymbol{T} \,\|\, J\rangle / \sqrt{2J+1} \tag{7.5.38}$$

证明 考虑到$(\boldsymbol{J}\cdot\boldsymbol{T})$为标量(零阶张量),有

$$\begin{aligned}\langle JM' \,|\, J_\mu(\boldsymbol{J}\cdot\boldsymbol{T}) \,|\, JM\rangle &= \sum_{M''}\langle JM' \,|\, J_\mu \,|\, JM''\rangle\langle JM'' \,|\, \boldsymbol{J}\cdot\boldsymbol{T} \,|\, JM\rangle \\ &= \sum_{M''}\langle JM' \,|\, J_\mu \,|\, JM''\rangle\delta_{M''M}\langle J \,\|\, \boldsymbol{J}\cdot\boldsymbol{T} \,\|\, J\rangle / \sqrt{2J+1} \\ &= \langle JM' \,|\, J_\mu \,|\, JM\rangle\langle J \,\|\, \boldsymbol{J}\cdot\boldsymbol{T} \,\|\, J\rangle / \sqrt{2J+1}\end{aligned}$$

(3) 联合式(7.5.35)与式(7.5.38),得

$$\frac{\langle JM' \,|\, T_\mu \,|\, JM\rangle}{\langle JM' \,|\, J_\mu \,|\, JM\rangle} = \frac{\langle J \,\|\, \boldsymbol{J}\cdot\boldsymbol{T} \,\|\, J\rangle}{J(J+1)\sqrt{2J+1}} \tag{7.5.39}$$

这是因为 T_μ 及 J_μ 均为一阶张量,它们的矩阵元之比与磁量子数无关. 由于$\langle JM' \,|\, J_\mu \,|\, JM\rangle$已有简单的计算公式[见 7.3 节式(7.3.25)],用它代入上式,可求出

$$\langle JM' \,|\, T_\mu \,|\, JM\rangle = \delta_{M',M+\mu}\langle JM1\mu \mid JM'\rangle \frac{\langle J \,\|\, \boldsymbol{J}\cdot\boldsymbol{T} \,\|\, J\rangle}{\sqrt{J(J+1)(2J+1)}} \tag{7.5.40}$$

而按 Wigner-Eckart 定理

$$\langle JM' \,|\, T_\mu \,|\, JM\rangle = \langle JM1\mu \mid JM'\rangle\langle J \,\|\, \boldsymbol{T} \,\|\, J\rangle / \sqrt{2J+1}$$

$\delta_{M',M+\mu}$已自动由$\langle JM1\mu \,|\, JM'\rangle$保证,所以

$$\langle J \,\|\, \boldsymbol{T} \,\|\, J\rangle = \frac{1}{\sqrt{J(J+1)}}\langle J \,\|\, \boldsymbol{J}\cdot\boldsymbol{T} \,\|\, J\rangle \tag{7.5.41}$$

此即求一阶张量的约化矩阵元的一般公式. 求出它之后,代入式(7.5.39),即得出$\langle JM' \,|\, T_\mu \,|\, JM\rangle$.

练习 令 $\boldsymbol{T}=\boldsymbol{J}$,代入式(7.5.41),验证$\langle J \,\|\, \boldsymbol{J} \,\|\, J\rangle = \sqrt{J(J+1)(2J+1)}$[参阅 7.3 节式(7.3.24)].

例 *在 LS 耦合方案中求原子磁矩的公式.*

设原子中诸电子自旋之和为 $\boldsymbol{S}$,轨道角动量之和为 $\boldsymbol{L}$,总角动量为 $\boldsymbol{J}=\boldsymbol{L}+\boldsymbol{S}$. 原子状态记为$|\alpha SLJM\rangle$是$(\boldsymbol{S}^2,\boldsymbol{L}^2,\boldsymbol{J}^2,J_z)$的共同本征态,$\alpha$ 为完全标记原子状态所需的其他量子数. 原子磁矩算符为

$$\boldsymbol{\mu} = g_L\boldsymbol{L} + g_S\boldsymbol{S} = g_J\boldsymbol{J} \tag{7.5.42}$$

g_L 与 g_S 分别为轨道和自旋部分的 g 因子，g_J 称为 Landè g 因子. 利用

$$\begin{aligned}\boldsymbol{\mu}\cdot\boldsymbol{J} &= (g_L\boldsymbol{L}+g_S\boldsymbol{S})\cdot(\boldsymbol{L}+\boldsymbol{S}) \\ &= g_L\boldsymbol{L}^2+g_S\boldsymbol{S}^2+(g_L+g_S)\boldsymbol{S}\cdot\boldsymbol{L} \\ &= g_L\boldsymbol{L}^2+g_S\boldsymbol{S}^2+\frac{1}{2}(g_L+g_S)(\boldsymbol{J}^2-\boldsymbol{L}^2-\boldsymbol{S}^2) \\ &= \frac{1}{2}(g_L+g_S)\boldsymbol{J}^2+\frac{1}{2}(g_L-g_S)(\boldsymbol{L}^2-\boldsymbol{S}^2)\end{aligned} \tag{7.5.43}$$

$$\langle SLJ\,\|\,\boldsymbol{J}^2\,\|\,SLJ\rangle = J(J+1)\sqrt{2J+1}$$

$$\langle SLJ\,\|\,\boldsymbol{L}^2\,\|\,SLJ\rangle = L(L+1)\sqrt{2J+1}$$

$$\langle SLJ\,\|\,\boldsymbol{S}^2\,\|\,SLJ\rangle = S(S+1)\sqrt{2J+1}$$

可得

$$\langle SLJ\,\|\,\boldsymbol{\mu}\cdot\boldsymbol{J}\,\|\,SLJ\rangle = \frac{1}{2}\{(g_L+g_S)J(J+1)+(g_L-g_S)[L(L+1)-S(S+1)]\}\sqrt{2J+1}$$

但

$$\langle SLJ\,\|\,\boldsymbol{\mu}\cdot\boldsymbol{J}\,\|\,SLJ\rangle = g_J\langle SLJ\,\|\,\boldsymbol{J}^2\,\|\,SLJ\rangle = g_J J(J+1)\sqrt{2J+1} \tag{7.5.44}$$

因此

$$g_J = \frac{1}{2}\left\{(g_L+g_S)+\frac{(g_L-g_S)[L(L+1)-S(S+1)]}{J(J+1)}\right\} \tag{7.5.45}$$

此即 Landè g 因子公式.

磁矩观测值定义为

$$\mu = \langle JM\,|\,\mu_z\,|\,JM\rangle\,|_{M=J} = \langle JJ\,|\,\mu_z\,|\,JJ\rangle \tag{7.5.46}$$

按 Wigner-Eckart 定理及式(7.5.41)和式(7.5.44)，

$$\mu = \frac{\langle JJ10\,|\,JJ\rangle}{\sqrt{2J+1}}\langle J\,\|\,\boldsymbol{\mu}\,\|\,J\rangle = \frac{\langle JJ10\,|\,JJ\rangle}{\sqrt{2J+1}}\,\frac{\langle J\,\|\,\boldsymbol{\mu}\cdot\boldsymbol{J}\,\|\,J\rangle}{\sqrt{J(J+1)}} = g_J J \tag{7.5.47}$$

对于碱金属原子，如只考虑单个价电子的贡献，则只需在以上公式中把 $S\rightarrow 1/2, L\rightarrow l$, $J\rightarrow j=l\pm 1/2(l\neq 0), j=1/2(l=0), g_L\rightarrow g_l=-1, g_S\rightarrow g_s=-2$，从而得出 g_j 和 $\mu=g_j j$，

$$u = g_l j + \begin{cases}\dfrac{1}{2}(g_s-g_l), & j=l+1/2 \\ -\dfrac{1}{2}(g_s-g_l)\dfrac{j}{j+1}, & j=l-1/2, (l\neq 0)\end{cases} \tag{7.5.48}$$

即单粒子模型中的磁矩公式[Schmidt 公式，参阅卷 I, 9.2 节，式(9.2.32)].

第8章　量子体系的对称性

8.1　绪　　论

人类对于对称性的认识，可以追溯到没有文字记载的史前时期，它与人们对于和谐与美的追求紧密联系在一起. 古人类使用的装饰品和祭祀器皿往往具有某种空间对称性. 中国历代的建筑，如北京故宫及城市建筑的布局，都具有很高的对称性. 汉语中的象形文字，往往具有某种几何对称性. 中国文学中的一些体裁，如骈文、诗、词、赋和对联等，不仅讲究句形上的对称，而且注意内容上的呼应. 脍炙人口的王勃的《滕王阁序》中的名句：

落霞与孤鹜齐飞
秋水共长天一色

给予人们无尽的美的享受. 诗圣杜甫在《登高》一诗中的千古绝唱：

无边落木萧萧下
不尽长江滚滚来

更引发人们的无限遐想. 对称性应用于自然科学极为广泛的各学科领域所起的促进作用，是饶有兴趣的一个课题. 下面将简单介绍对称性在经典物理学和量子物理学中的应用.

8.1.1　对称性在经典物理学中的应用

对称性概念总是和某种变换下的不变性相联系. 一个球体，具有一种非常对称的几何形状，无论从空间哪个方向去看，其形状均同，即在空间旋转变换下是不变的. 物理学中称之为各向同性. 一个轴对称体系，对于绕对称轴旋转任意角，都是不变的，其对称性，则稍逊于球体. 一个正三角形，对于绕重心旋转 120°是不变的，其对称性则逊于圆.

经典物理学中所涉及的对称性，主要是与空间和时间变换相联系的对称性. 利用这些对称性，曾得出过许多有用的结果，但主要是用以简化问题的处理. 这大致可分两个方面：

(1) 对称性可能导致一些物理量之间存在某种关系，从而使问题简化.

例 1　在小变形情况下，弹性体的应力(对称)张量(包含 6 个独立的分量，即正应力 X_x、Y_y、Z_z 和切应力 $X_y=Y_x$，$Y_z=Z_y$，$Z_x=X_z$)与应变(对称)张量(正应变 e_{xx}，e_{yy}，e_{zz} 及切应变 $e_{xy}=e_{yx}$，$e_{yz}=e_{zy}$，$e_{zx}=e_{xz}$)之间是线性关系，一般要用 36 个弹性系数来描述. 但如假设弹性体由各向同性的均匀介质组成，则 36 个弹性系数就不再完全独立，可归结为两个，一是刻画正应力与正应变关系的 Young 模量 E，一是刻画切应变与正应变关系的 Poisson 比 σ[①].

例 2 光(电磁波)在一般介质中的传播规律是相当复杂的. 电位移矢量 $\boldsymbol{D}$ 与电场强度 $\boldsymbol{E}$ 的方向，一般说来并不相同，它们之间通过介电张量 ε_{ij} 相联系

$$D_i = \sum_j \varepsilon_{ij} E_j \qquad (i,j = x,y,z)$$

(磁感应强度 $\boldsymbol{B}$ 与磁场强度 $\boldsymbol{H}$ 的关系也与此类似.)可以证明，为保证能量守恒，ε_{ij} 必为对称张量($\varepsilon_{ij}=\varepsilon_{ji}$)，只有 6 个独立分量. 经过主轴变换，变到介电主坐标系中以后，

$$D_x = \varepsilon_x E_x, \quad D_y = \varepsilon_y E_y, \quad D_z = \varepsilon_z E_z$$

ε_x、ε_y、ε_z 称为主介电系数. 一般介质中，$\varepsilon_x \neq \varepsilon_y \neq \varepsilon_z$，所以 $\boldsymbol{D}$ 和 $\boldsymbol{E}$ 方向并不相同. 各种奇异现象，如光的偏振与双折射，均由此而生. 但对于各向同性介质，则 $\varepsilon_x=\varepsilon_y=\varepsilon_z=\varepsilon$，只有一个独立的介电系数 ε，而 $\boldsymbol{D}=\varepsilon\boldsymbol{E}$，即 $\boldsymbol{D}$ 与 $\boldsymbol{E}$ 同向. 对于磁各向同性介质，则有 $\boldsymbol{B}=\mu\boldsymbol{H}$，$\mu$ 为导磁系数. 这样，在均匀各向同性介质中，电磁波的传播方程中只含有两个常量，即 ε 和 μ，而传播速度为 $v=c/\sqrt{\varepsilon\mu}$，$c$ 为真空中的光速. 电磁场波动方程就大为简化.

(2) 对称性往往导致某种守恒量(运动积分)，利用它们可以简化动力学方程的求解.

最常见的例子是物体在中心力场 $V(r)$ 中的运动，相对于力心的轨道角动量 $\boldsymbol{l}=\boldsymbol{r}\times\boldsymbol{p}$ 是守恒量，因为

$$\begin{aligned}\frac{\mathrm{d}}{\mathrm{d}t}\boldsymbol{l} &= \frac{\mathrm{d}\boldsymbol{r}}{\mathrm{d}t}\times\boldsymbol{p} + \boldsymbol{r}\times\frac{\mathrm{d}\boldsymbol{p}}{\mathrm{d}t} = \boldsymbol{v}\times\boldsymbol{p} + \boldsymbol{r}\times(-\nabla V(r)) \\ &= -\frac{1}{r}\frac{\mathrm{d}V}{\mathrm{d}r}\boldsymbol{r}\times\boldsymbol{r} = 0\end{aligned}$$

即 $\boldsymbol{l}$ 是一个运动积分，由初值决定. 这样，含时间二阶微商的 Newton 方程就可化简为含时间一阶微商的方程. 此外，由于 $\boldsymbol{r}\cdot\boldsymbol{l}=0$，$\boldsymbol{p}\cdot\boldsymbol{l}=0$，而 $\boldsymbol{l}$ 又为守恒量，可以判定中心力场中粒子的运动必为一个平面运动，平面的法线方向即 $\boldsymbol{l}$ 的方向.

经典力学中，体系的守恒量与对称性的关系，首先被 Jacobi 注意到[②]. 他指出(1842)，对于一个能够用 Lagrange 量 L 来描述的体系，L 在体系平移下的不变性将导致动量守恒，而在旋转下的不变性则导致角动量守恒. Schütz(1897)指出，L 在时间平移下的不变性将导致能量守恒[③]. Nöther(1918)把变分原理应用于物理学中，给出了一个重要定理，后来称为 Nöther 定理[④]：对于每一个连续对称性变

---

① 或者与(E,σ)等价的 Lamè 系数(λ,μ).

② C. G. J. Jacobi. *Vorlesungen Über Dynamik*, Werke, Supplementband Reimer, Berlin, 1884.

③ J. R. Schütz, Gött. Nachr., 1897, p. 110.

④ 例如参阅 J. D. Bjϕrken & S. D. Drell, *Relativistic Quantum Fields*, §11.4. McGraw-Hill, 1965, E. L. Hill, Rev. Mod. Phys. **23**(1957) 253. Nöther 定理对于场论，特别是规范场论的发展，有重要影响.

换，如果体系的 Lagrange 量(在场论中为 Lagrange 密度)和 Lagrange 方程在形式上保持不变，则有一个相应的守恒定律和运动常数[①].

Wigner 认为[①]，物理学用以描述自然界中发生的事件的三个基本范畴是：(1)初条件；(2)自然规律；(3)对称性. 他指出，Newton 的伟大贡献不仅在于他找出了经典力学的基本规律，而且在于他把初条件和自然规律两个概念区分开来. Newton 注意到，物理世界全部的复杂性寓于初条件的特殊性之中. 只要给定了体系的初条件(初位置和初速度)，则根据简单的自然规律(Newton 第二定律)即可准确预言以后任何时刻体系的运动状态. 把复杂的初条件与简单的自然规律区别开来的这种洞察力，在物理学发展中起过极为重要的作用，是经典物理学发展中在概念上的一个大突破. 有此认识之后，人们就可以把自然界的无限演化过程进行分段研究，即人们可以暂时不去追究事物过去的历史演化情况，先集中力量研究在给定初条件下事物如何运动和演化，否则人们将面临举步维艰的困境. 事实上，这就构成了经典力学研究的基本思想.

8.1.2 对称性在量子物理学中的深刻内涵

Wigner 指出[①]，在近代物理的发展中，Einstein 的伟大贡献之一在于，他首次指出对称性(不变性)在物理学中的重大意义. 最基本的几个不变性是：(1)自然规律在空间各处都相同，不因地点而异，此即"空间的均匀性"；(2)自然规律不因时间零点的选择不同而异，此即"时间的均匀性"；(3)自然规律的旋转不变性，或"空间各向同性". 对于一个孤立系来讲，空间和时间的均匀性及空间各向同性是一种很自然的假定，几乎是不言而喻的. (4)第四种不变性并不象以上三种不变性那样明显和易于为人们认识，是 Einstein 在建立特殊相对论时重新提出的 Lorentz 不变性，它是 Galilei 不变性的发展. 简单说来就是，自然规律对于各种惯性参考系是完全相同的. 这一点 Galilei 早已认识到了. 但在 19 世纪的电磁和光的理论中，由于相信"以太"(ether)的存在而否定了这种不变性. 20 世纪初，Einstein 重新提出这个不变性，但对 Newton 力学中的绝对时间和空间概念做了根本性的修正. 不同惯性参考系中的时间和空间坐标之间遵守 Lorentz 变换，而不是 Galilei 变换. Lorentz 不变性，的要求，对特殊相对论的建立起了重要的作用，在后来广义相对论中得到了进一步发展，并且是近代场论的理论基础之一.

在 Einstein 之后，对称性的重要性虽然已经为不少人注意到，但对称性真正成为物理学日常工作的语言，还是量子力学建立以后的事. 与经典物理学相比，量子

---

① E. P. Wigner, in *Symmetry in Science*, ed. B. Gruber & R. S. Millman, p. 18. Plenum Press, 1980. The role and value of symmetry principles and Einstein's contribution to their recognition，文中提到，"对于对称性(即不变性)原理与守恒定律关系的认识，通常归功于 Klein 与 Nöther，我相信，甚至更早些时候，Hamel 已认识到这点."

物理学中对称性的内涵及其应用范围都大大扩充了.这种情况的出现固然与解决各领域中实际问题的需要有关,但更根本的原因是量子力学规律本身的特点所带来的.

与经典力学体系状态的描述方式(用相空间中一个点)不同,具有波动-粒子两象性的微观体系的量子态用波函数(Hilbert 空间中的一个矢量)来描述.量子力学中的态叠加原理是应用群论(特别是群表示论)这种数学工具来系统处理量子体系的对称性的基础.描述量子态的好量子数(守恒量)、能级的简并性、诸简并态的标记(体系的对称性群及其适当的子群链的不可约表示及其分解)、具有某种对称性的力学量的矩阵元计算、跃迁概率及选择规则和分支比等,都与体系的对称性密切相关.这些都是本章各节要详细讨论的课题.

经典物理学中碰到的对称性主要是体系的空间几何对称性[①].然而正如 Weisskopf 指出[②].在经典力学框架中,这种空间对称性多少带有偶然的性质.例如行星的运动,一个完全对称的圆轨道是非常罕见的,其出现的可能性极微.这种情况是经典力学规律自身的特点所决定的.经典力学允许一切力学量做连续变化.实验中展示出的具有确定特性和空间构形的原子,是经典力学无法说明的.它只有用量子力学中不连续变化的量子态才能说明.一个原子,并非任何轨道都是允许的,而只有某些具有一定形状的轨道才允许.例如,氢原子中电子的轨道,只有某些用球谐函数描述其对称性的轨道才能稳定地存在.

从基于量子力学而建立起来的众多近代物理学科的发展历史来看,对量子体系的几何对称性的研究的确曾经取得很丰硕的成果.例如,几何对称性对于原子和分子光谱学(矢量模型、角动量和宇称选择规则等),周期场对称性的研究对于了解晶体的导电性等,都取得很有价值的成果.20 世纪 50 年代,A. Bohr & B. R. Mottelson 对于变形原子核的轴对称性和空间反射不变性的研究,使人们对于原子核转动谱及相应的电磁跃迁的认识,深入了一大步[③].由于经典力学量可以连续变化,与离散的空间变换对称性相应的守恒量并无经典对应[例如,与空间反射对称性相应的宇称,与旋转 180°对称性相应的旋称(signature)等].

除了空间几何对称性之外,量子力学中还出现另外一些新的对称性.它们在经典力学中,或者不出现,或者没有多大价值.其中最重要的是全同粒子的置换对称

① 包括空间平移,旋转对称性,以及两者的结合——螺旋(helical)对称性,还有空间反射.

② V. F. Weisskopf, in *Nobel Symposium* 11, editors, A. Engström & B. Strandberg. John Wiley & Sons, 1968.

③ 变形原子核的转动谱,与双原子分子转动谱相似,近似遵守 $E(I)\propto I(I+1)$ 规律(I 为原子核角动量),反映出变形原子核的轴对称性,并说明在低激发区绝热近似是好的.偶偶原子核的基转动带中只观测到 $I^\pi=0^+,2^+,4^+,\cdots$ 能级,则表明变形原子核具有绕垂直于对称轴(z 轴)的任何一轴(如 x 轴)旋转 180°[即 $R_x(\pi)$]的分立对称性.对于偶偶核,$R_x(\pi)^2=R_x(2\pi)=1$,$R_x(\pi)$ 的本征值 $r=\pm1$.r 称为旋称(signature).$I^\pi=0^+,2^+,4^+,\cdots$ 正是属于 $r=+1$ 的能谱.详见 A. Bohr and B. R. Mottelson, *Nuclear Structure*. vol. **II**, *Nuclear Deformations*, chap. 4. W. A. Benjamin, Inc., 1975.

性. 这些对称性都是由于量子态的描述与经典力学态的描述有根本性差异而来，在物理本质上则反映了微观客体的波动-粒子两象性.

全同性(置换对称性)

所谓“全同性”(identity)，是指无法确认两个物体之间的任何差别. 一切宏观物体，由于其性质和状态(形状等)可以连续变化，实际上都有可以辨认的差别，没有两个宏观物体可以称得上真正“全同”(identical)[①].

量子体系则不然. 由于态的量子化，两个量子态，或者全同，或者很不相同，中间并无连续的过渡. 当两个氢原子都处于基态时，可以说它们是真正全同[②]. 此时电子处于最低能态(1s 态)，具有确定的空间构形等性质. 无论一个氢原子是怎样制备出来的，最终的稳定产物都完全相同. 没有态的量子化，就谈不上全同性. 反过来，粒子的全同性又对自然界中可能出现的量子态给予很严格的限制[③]，即全同粒子系的量子态，对于两粒子交换，或者是对称的(Bose 子)，或者是反对称的(Fermi 子)，二者必居其一. 这种对称性，导致统计性守恒，即体系的统计性(Bose 统计或 Fermi 统计)是不改变的.

应该强调，全同性(统计性)并非只是一个抽象的概念，而是一个可观测量[④]. 特别应该提到，全同性将导致粒子之间有一种新型作用能——交换能，这纯粹是一种量子效应. 如果没有这种交换能，世界上原子和分子不可能稳定存在. 两个全同的 Fermi 子，如它们的自旋态相同，则其空间相对运动波函数$\psi(\boldsymbol{r})$必须反对称($\boldsymbol{r}=\boldsymbol{r}_1-\boldsymbol{r}_2$ 表示相对坐标)，即 $P_{12}\psi(\boldsymbol{r})=\psi(-\boldsymbol{r})=-\psi(\boldsymbol{r})$. 因而$\psi(0)=0$，即两个粒子在空间重叠的概率为 0. 这表现为粒子之间有一种斥力，阻止两个粒子位置重合[⑤]. 这就是 Pauli 原理在坐标表象中的表现. Pauli 原理是原子的电子壳结构和化学元素周期律的理论基础，此乃量子理论的重大成就之一. 交换能对化学家唯象地引进的化学键概念提供了理论依据，由此才诞生了量子化学.

当然，某种粒子的全同性并不是绝对不变的. 例如，将物质加热到百万度

---

① 例如，数以几十亿计的人群中，没有两个人的指纹完全相同. 在人类已观测到的无数恒星中，也没有发现任何两颗恒星完全相同，人们总可以在两个宏观物体之间找到微小的差异.

② 在经典力学中，即使承认两个粒子“全同”，也不会得出什么有价值的东西. 人们仍然可以根据它们的初条件不同(因而有不同轨道)来区分它们.

③ 当然，在有的情况下，全同性也不一定能导致什么特别的后果. 例如，两个电子如果各自定域于一定空间区域，波函数在空间不重叠，则波函数的置换对称性并不带来什么可观测的后果. 对于这种情况下的粒子，仍然可用 Boltzmann 统计来处理.

④ 例如，由全同原子组成的双原子分子 O_2 的转动谱中，角动量 $L=$奇数的能级不存在(参阅卷 1，14.2 节). 历史上有一些原子核的自旋(统计性)就是通过双原子分子光谱的实验观测来确定的.

⑤ 与此不同，两个全同 Bose 子(设自旋为 0)的相对运动波函数 $\psi(\boldsymbol{r})$应是对称的，允许 $\psi(0)\neq 0$，两个粒子的空间位置可以重叠. 如两个粒子靠近的概率较大，就表现为一种“吸引力”. 由很多这样的粒子组成的体系，当其温度$\approx$0K 时，粒子的热运动极为缓慢. 在适当条件下，这种“吸引力”将起主导作用而形成 Bose-Einstein 凝聚.

(10^6K～10eV)，一般物质原子都将丧失其全同性.因为在此情况下，原子有可观的概率被激发，而不同的原子可以处于不同的激发态，此时很难说两个原子全同.分子(特别是有机大分子)的情况则有所不同.因为分子的转动和振动激发能可能很低，在室温下这种自由度就可能被激发，两个分子处于同一个量子态的概率可能很小，此时分子作为一个整体的全同性，意义就不大①.

8.2 守恒量与对称性

利用对称性来处理物理问题的一个很重要的方面，就是分析守恒量，无论在经典力学中或在量子力学中，都是如此.

经典力学中，守恒量的含义比较单纯(见本节附录).设在体系运动过程中，某力学量 F 保持不随时间改变，即

$$\frac{\mathrm{d}}{\mathrm{d}t}F = 0 \tag{8.2.1}$$

则称 F 为体系的一个守恒量，其值由初条件决定.守恒量在 Newton 力学形式和 Lagrange 形式下的表述见本节附录.为便于过渡到量子力学，下面对正则力学形式做简要回顾.

一个体系有各种各样的力学量，其中坐标、动量、角动量等是带有共性的力学量.表征一个力学体系的特性的是其 Hamilton 量.无论在经典力学中或在量子力学中，Hamilton 量都占有特殊重要的地位.在经典力学的正则形式中，体系的状态用 $2N$ 维相空间中的一个点[$q_i(t), p_i(t); i=1,2,\cdots,N$, N 为自由度]来描述，q_i 和 p_i 分别为正则坐标和正则动量.它们随时间的演化遵守正则方程(附录 A2)

$$\dot{q}_i = \frac{\partial H}{\partial p_i}, \quad \dot{p}_i = -\frac{\partial H}{\partial q_i}, \quad i = 1,2,\cdots,N \tag{8.2.2}$$

任何不显含 t 的力学量 $F(q,p)$ 随时间的演化为

$$\frac{\mathrm{d}}{\mathrm{d}t}F = \sum_i \left(\frac{\partial F}{\partial q_i}\dot{q}_i + \frac{\partial F}{\partial p_i}\dot{p}_i\right) = \sum_i \left(\frac{\partial F}{\partial q_i}\frac{\partial H}{\partial p_i} - \frac{\partial F}{\partial p_i}\frac{\partial H}{\partial q_i}\right) \equiv \{F, H\} \tag{8.2.3}$$

$\{\cdots\}$为 Poisson 括号[附录 A2，式(A2.10)].因此，如

$$\{F, H\} = 0 \tag{8.2.4}$$

则 F 为体系的一个守恒量.F 是否为守恒量，取决于体系 Hamilton 量的特性.

---

① 生物体由细胞组成，而分子(特别是大分子)则是构成细胞的原件.大分子的对称性是生命科学极有兴趣研究的课题.大分子的对称性可称为积木对称性(building block symmetry).很接近日常生活中的对称性概念，但它是建立在原子的全同性以及原子具有特征的空间构形的基础上.由全同的客体有规律地联结起来的积木对称性，有一些普遍的几何规则.例如，由全同客体按一定规则一个挨一个联结起来的线性结构，一般为螺旋结构(helical structure)，直线或圆则是其特殊情况.由此出发，可以理解生物大分子的螺旋结构.由全同客体联结成的二维或三维结构的类型则不止一种，但类型的数目有限.例如，平面晶体有 17 种类型，三维晶体有 230 种类型.

当过渡到量子力学时，力学量用相应的算符来刻画. 而按照正则量子化原则(参见 2.2 节)，经典 Poisson 括号应代之为如下的对易式，即

$$\{A,B\} \to \frac{1}{i\hbar}[A,B] \equiv \frac{1}{i\hbar}(AB-BA) \tag{8.2.5}$$

因此，守恒量条件式(8.2.4)就换为

$$[F,H]=0 \tag{8.2.6}$$

F 是否守恒量取决于它与 H 是否对易.

上述结论也可根据体系的对称性从 Schrödinger 方程得出. 一个体系的量子态 ψ 随时间的演化，遵守 Schrödinger 方程

$$i\hbar\frac{\partial}{\partial t}\psi = H\psi \tag{8.2.7}$$

设体系在某种线性变换(不显含 t，非奇异，即存在逆变换 Q^{-1})下

$$\psi \to \psi' = Q\psi (\text{或 } \psi = Q^{-1}\psi') \tag{8.2.8}$$

体系在变换 Q 下的不变性表现为：ψ' 与 ψ 遵守相同的动力学规律，即

$$i\hbar\frac{\partial}{\partial t}\psi' = H\psi' \tag{8.2.9}$$

用式(8.2.8)代入

$$i\hbar\frac{\partial}{\partial t}Q\psi = HQ\psi$$

用 Q^{-1} 运算，得

$$i\hbar\frac{\partial}{\partial t}\psi = Q^{-1}HQ\psi \tag{8.2.10}$$

与 Schrödinger 方程(8.2.7)比较，不变性要求表现为

$$Q^{-1}HQ = H$$

即

$$[Q,H]=0 \tag{8.2.11}$$

凡满足式(8.2.11)的变换 Q，称为体系的对称性变换，而式(8.2.11)成立与否，取决于体系(即其 Hamilton 量)的对称性. 物理学中的对称性变换 Q，总是构成一个群，称为体系的对称性群(symmetry group).

以上是根据体系的 Hamilton 量在某种线性变换下的不变性来描述体系的对称性和相应的守恒定律. 更普遍来讲[①]，对于一个体系，设一个变换不改变它的各物理量之间的相互关系，则称为体系的一个对称性变换. 对于一个量子体系，设它的某一状态用态矢 ψ 描述，而经过某种变换后则用态矢 ψ' 描述(或等价地说，第一观测者用 ψ 描述，另一个观测者用 ψ' 描述). 类似，体系的另一个态用 ϕ 描述，而经

---

① E. Wigner, *Group Theory and its Application to Quantum Mechanics of Atomic Spectra* chap. 26. Academic Press, 1959.

过与上相同的变换后则用ϕ'描述. 若该变换是体系的一个对称性变换，则状态之间的关系不因变换(不同观测者)而异. 按照量子力学中统计诠释这一基本原理，必然要求

$$|(\psi,\phi)| = |(\psi',\phi')| \tag{8.2.12}$$

(注意:这里只要求标量积的绝对值不变，并未要求标量积不变，后者乃是幺正变换的要求.)基于量子力学这个基本原理的要求，Wigner 曾经得出下列重要结论[①]：对称性变换只能是幺正(unitary)变换，或反幺正(anti-unitary)变换.

对于幺正变换(记为U)，

$$\psi \to \psi' = U\psi \tag{8.2.13}$$

U 要求满足

$$U(c_1\psi_1 + c_2\psi_2) = c_1 U\psi_1 + c_2 U\psi_2 \quad (\text{线性算符}) \tag{8.2.14}$$

式中 c_1、c_2 是两个任意(复)数，ψ_1 与 ψ_2 为体系任意两个态. 此外，还要求

$$(\psi',\phi') = (\psi,\phi) \tag{8.2.15}$$

按

$$(\psi',\phi') = (U\psi,U\phi) = (\psi,U^+U\phi)$$

可见

$$U^+U = UU^+ = 1 \qquad (\text{或 } U^{-1} = U^+) \tag{8.2.16}$$

对于反幺正变换(记为θ)，

$$\psi \to \psi' = \theta\psi \tag{8.2.17}$$

θ 要求满足

$$\theta(c_1\psi_1 + c_2\psi_2) = c_1^*\theta\psi_1 + c_2^*\theta\psi_2 \quad (\text{反线性算符}) \tag{8.2.18}$$

$$(\psi',\phi') = (\psi,\phi)^* = (\phi,\psi) \tag{8.2.19}$$

对于连续对称性变换，例如，空间平移或旋转，时间平移，它们总可以从恒等变换出发，连续地经过无穷小变换(用参量 ε 刻画 $\varepsilon\to 0$)而得出(当 $\varepsilon\to 0$ 时，连续变换将回到恒等变换 I). 这种变换与取复共轭 K(注)不相容，只可能是幺正变换. 但对于离散的对称性变换，则两种可能性均存在. 例如，空间反射，属于幺正变换，而时间反演(见第 10 章)，则属反幺正变换.

(注)"取复共轭"运算 K，是反线性算符，因为

$$K(c_1\psi_1 + c_2\psi_2) = c_1^*\psi_1^* + c_2^*\psi_2^* = c_1^*K\psi_1 + c_2^*K\psi_2$$

还可证明 K 为反幺正算符，因为它不仅满足式(8.2.18)，而且满足式(8.2.19)，即

$$(K\psi,K\phi) = (\psi^*,\phi^*) = (\psi,\phi)^* = (\phi,\psi)$$

还可以证明，反幺正算符×反幺正算符=幺正算符. 例如，设 θ 为反幺正算符，则 $\theta K = U$ 为幺正算符. 因为

$$\begin{aligned} U(c_1\psi_1 + c_2\psi_2) &= \theta K(c_1\psi_1 + c_2\psi_2) = \theta(c_1^*\psi_1^* + c_2^*\psi_2^*) \\ &= c_1\theta\psi_1^* + c_2\theta\psi_2^* = c_1\theta K\psi_1 + c_2\theta K\psi_2 = c_1U\psi_1 + c_2U\psi_2 \end{aligned}$$

而$(U\psi,U\phi)=(\theta K\psi,\theta K\phi)=(\theta\psi^*,\theta\phi^*)=(\phi^*,\psi^*)=(\phi,\psi)^*=(\psi,\phi)$，所以 $U=\theta K$ 为幺正算符.

利用 $K^2=1$，有

$$\theta = UK \tag{8.2.20}$$

即一个反幺正算符总可以表示成一个幺正算符与取复共轭运算 K 之积.

应当指出，如果一个体系存在一个守恒量，则体系一定具有相应的某种对称性. 反之，不一定正确. Wigner 曾经证明，对于幺正变换对称性，的确存在相应的守恒量，但对于反幺正变换对称性，如时间反演，并不存在相应的什么守恒量.

幺正变换 U 的无穷小(infinitesimal)变换可表示为

$$U = 1 - \mathrm{i}\varepsilon F \tag{8.2.21}$$

ε 为描述连续变换的无穷小参量，F 为一个线性算符. 按幺正性要求

$$U^+ U = 1$$

可得出

$$F^+ = F \tag{8.2.22}$$

即 F 为线性厄米算符，可用以定义一个可观测量(observable). 这样，Hamilton 量的不变性条件(8.2.11)就化为式(8.2.6)

$$[F, H] = 0$$

F 就是与该对称性相应的守恒量.

例 1 空间平移不变性.

把一个体系(态)作无穷小平移 $\delta \boldsymbol{r}$ 的算符为(见卷 I,5.4.1 节)

$$D(\delta \boldsymbol{r}) = \exp[-\mathrm{i}\,\delta \boldsymbol{r}\cdot \boldsymbol{p}/\hbar] \tag{8.2.23}$$

其中

$$\boldsymbol{p} = -\mathrm{i}\hbar\,\boldsymbol{\nabla} \tag{8.2.24}$$

为平移变换的无穷小算子，即动量算符. 平移不变性表现为 $[D,H]=0$，因而

$$[\boldsymbol{p}, H] = 0 \tag{8.2.25}$$

即动量为守恒量. 所有平移变换构成的群，称为平移群，是一个非紧致连续群.

例 2 空间旋转不变性.

一个无自旋体系绕空间方向 $\boldsymbol{n}$ 旋转无穷小角度 $\delta\varphi$，相应的无穷小旋转算符表为(见卷 I，5.4.2 节)

$$R(\boldsymbol{n}\delta\psi) = \exp(-\mathrm{i}\delta\varphi\boldsymbol{n}\cdot \boldsymbol{l}/\hbar) \tag{8.2.26}$$

其中

$$\boldsymbol{l} = \boldsymbol{r}\times\boldsymbol{p} = -\mathrm{i}\hbar\boldsymbol{r}\times\boldsymbol{\nabla} \tag{8.2.27}$$

为旋转变换的无穷小算子，即体系的轨道角动量算符. 空间旋转不变性表现为 $[R,H]=0$，因而

$$[\boldsymbol{l}, H] = 0 \tag{8.2.28}$$

即轨道角动量 $\boldsymbol{l}$ 为守恒量. 所有旋转变换构成的群称为旋转群(SO_3)，是一个紧致的连续群，但非 Abel 群，三个无穷小算子 l_x、l_y、l_z 彼此不对易.

例 3 空间反射不变性.

设粒子坐标本征态记为 $|\boldsymbol{r}\rangle$，($\boldsymbol{r}$ 取任意实数值)，在空间反射算符 P 的作用下，

$$P|\boldsymbol{r}\rangle = |-\boldsymbol{r}\rangle \tag{8.2.29}$$

显然，

$$P^2|\boldsymbol{r}\rangle = P|-\boldsymbol{r}\rangle = |-(-\boldsymbol{r})\rangle = |\boldsymbol{r}\rangle \quad (\boldsymbol{r}\text{ 任意实数值}) \tag{8.2.30}$$

上式对坐标表象的所有基矢$|\boldsymbol{r}\rangle$都成立，所以

$$P^2 = I(\text{单位算符}) \tag{8.2.31}$$

所以空间反射不变性群是一个二阶(循环)群，包含两个元素，即(P,I). 体系的空间反射不变性表现为

$$[P,H] = 0 \tag{8.2.32}$$

由式(8.2.29)～式(8.2.31)，还可得出(i)$P^{-1}=P$;(ii)$P^{+}=P$;(iii)$P^{+}P=1$，即P为厄米算符，也是幺正算符. 空间反射为离散变换，不能用连续变化的参量来描述. 对于离散对称性变换，可以直接用变换本身来定义一个守恒量. 对于空间反射P的不变性，守恒量即宇称. 由于P^2本征值为1，P的本征值只能为±1，相应的本征态分别称为偶宇称态和奇宇称态. 具有空间反射不变性的体系的 Hamilton 量为偶宇称算符(参阅卷 I,5.4.3 节). 自由粒子或孤立系，显然具有空间反射不变性.

守恒量总是与体系的某种对称性相联系，这一点在经典力学中和量子力学中是相同的. 但在量子力学中守恒量的含义与在经典力学中有所不同，其根源在于量子态的描述与经典力学态的描述不相同，而这正是微观客体具有波动-粒子两象性的反映.

(1)量子力学中的守恒量并不一定具有确定的(不随时间变化的)值. 这一点与初态密切相关. 如在初始时刻，体系某守恒量取确定值(即体系处于该守恒量的本征态)，则以后将保持取该确定值(体系保持在该本征态). 反之，若初态并非某守恒量的本征态，则以后也不是该守恒量的本征态. 当然，守恒量作为一个特殊的力学量，与一般力学量的不同之处在于，它在任何态(不一定是定态)下的平均值和测值的概率分布都保持不随时间变化(保持与初态同).

(2)量子力学中并非所有守恒量都可以同时取确定值. 例如，空间旋转不变性带来的守恒量——角动量的三个分量是不对易的. 一般说来，它们不能同时取确定值，即不能有共同本征态($l=0$ 态除外). 这与旋转群为非 Abel 群有关[①].

(3)量子力学中的守恒量，有一些有经典对应，例如，能量、动量、角动量等，它们是与连续对称性变换相应的守恒量[②]. 但有一些可观测量并无经典对应. 因此，当它们作为量子体系的守恒量时，所相应的对称性变换，在经典力学中并不导致什么有意义的守恒量(例如空间反射不变性)，或者守恒量消失(例如自旋)，或者那种对称性变换在经典力学中没有多大价值(如全同粒子的置换对称性).

连续对称性变换相应的守恒量是相加性(additive)守恒量. 例如，多粒子系的

---

① 对于空间平移变换，平移变换群是 Abel 群，作为平移不变性相应的守恒量——动量$\boldsymbol{p}$的三个分量彼此对易，它们可以具有共同本征态.

② 有经典对应的守恒量，总是体系某种连续对称性变换所导致. 反之，则不尽然. 例如，自旋也是量子体系在空间旋转下的不变性所导致，但无经典对应($\hbar\to0$ 时，自旋$\to0$). 自旋反映粒子一种新的自由度，表现为需用多分量波函数来描述其量子态.

动量和角动量分别等于诸粒子的动量和角动量之和. 离散(discrete)对称性变换相应的守恒量,习惯上表示为相乘性(multiplicative)守恒量[①]. 如多粒子系的宇称是诸粒子宇称之积[②].

独立守恒量的数目

经典力学中,具有 N 个自由度的封闭体系(closed system),其独立的守恒量的最大数目为$(2N-1)$[③]. 如体系的守恒量的数目不少于 N 的体系,则称为可积(integrable)体系. 反之,为非可积(nonintegrable)体系,其经典轨道运动会出现混沌(chaos)现象.

(1)设体系的对称性群是一个有限群 G,即群 G 的所有元素都与体系的 Hamilton 量对易

$$[g_i, H] = 0 \quad (g_i \in G)$$

这样看来,似乎一切元素均可作为守恒量. 但应注意,并非所有元素都对应于物理上有价值的守恒量(如单位元素,即为一个平庸的守恒量). 另外,不是所有元素都可作为独立的守恒量,具有对称性(用有限群刻画)的体系的独立守恒量的数目都小于群元素的数目. 实际上只能选取一定数目的元素作为独立的守恒量,而其他元素均可表示成这些元素的某种乘积,不能作为独立的守恒量.

例 1 设体系的对称性群为一个循环(cyclic)群,则只存在一个独立守恒量. 最简单例子是空间反射群,独立守恒量即宇称 P. 又如 C_n 群(绕定轴旋转 $2\pi/k$ 角的所有旋转,$k=0,1,2,\cdots,n-1$),独立守恒量可选为 $R(2\pi/n)$.

---

① 有时人们也用相加性量子数来描述离散对称性变换相应的守恒量. 例如,轴对称变形原子核,往往具有绕垂直于对称轴(z 轴)的任何一轴(例如 x 轴)旋转 180°,$R_x(\pi)=\exp[-i\pi J_x]$的对称性. 若选用离散变换 $R_x(\pi)$本身作为守恒量,其本征值 r 称为旋称,是相乘性的. 对于偶偶核,$R_x(\pi)^2=R_x(2\pi)=1$,所以 $r=\pm1$;对于奇偶核,$R_x(\pi)^2=-1$,所以$r=\pm i$. 若令 $r=\exp[-i\pi\alpha]$,选用 α 为好量子数,称为旋称指数(signature exponent),则为相加性的. $r=\pm1$ 对应于 $\alpha=0,1$,而 $r=\mp i$ 对应于 $\alpha=\pm1/2$. 变形核的角动量 $I=\alpha \text{Mod} 2$,即

r	α	I
$+1$	0	$0,2,4,\cdots$
-1	1	$1,3,5,\cdots$
$-i$	1/2	$1/2,5/2,9/2,\cdots$
$+i$	$-1/2$	$3/2,7/2,11/2,\cdots$

② 粒子作为一个整体在空间中的运动所相应的宇称,称为轨道宇称. 若粒子处于轨道角动量为 l 的量子态,则轨道宇称为$(-1)^l$. 如粒子还有内禀结构,在涉及内禀态改变的过程(包括粒子产生或湮没)中,则要计及内禀态在空间反射下的性质,需引进内禀宇称. 通常此概念用于内禀结构不清楚的粒子,目前还不能从理论上确切给出其内禀宇称,而只能从守恒定律及实验分析来确定反应过程中各粒子的相对内禀宇称. 详见高崇寿、曾谨言著,《粒子物理与核物理讲座》,高等教育出版社,1990. 原子核的宇称,由其结构决定,为诸核子宇称之积. 原子核不同激发态的宇称也可以不同. 原子核的宇称,现已不再称为内禀宇称,但原子核的总角动量(诸核子总角动量之和)仍习惯上仍然称为核自旋(内禀角动量).

③ 参见 Landau and Lifshitz, *Mechanics*, 3rd. edition, § 2.1.

例 2 变形原子核中的三轴对称性(triaxial symmetry).

对称性运算有:(a)绕 x、y、z 轴旋转 π 角,即 $R_x(\pi)$、$R_y(\pi)$、$R_z(\pi)$.(b)对 xy、yz、zx 平面的镜像反射,σ_z、σ_x、σ_y. 但这些元素中只有三个独立,例如选 σ_x、$R_z(\pi)$、P[空间反射 $P=\sigma_x R_x(\pi)=\sigma_y R_y(\pi)=\sigma_z R_z(\pi)$]. 其他元素均可表示成它们的某种乘积. 不难证明,

$$\sigma_z = PR_z(\pi), \qquad R_x(\pi) = \sigma_x P$$
$$R_y(\pi) = \sigma_x\sigma_z, \qquad \sigma_y = PR_y(\pi)$$

(2)设体系的对称性群为连续群 G,例如,为 r 阶 Lie 群,对应有 r 个无穷小算子(或生成元). 群 G 的所有变换均可通过此 r 个无穷小算子来表达,所以体系独立守恒量的数目为 r. 但注意,一般说来,对称性群为非 Abel 群,这 r 个无穷小算子不都是彼此对易,所以不能把它们全体都选入量子体系的同一组守恒量完全集.

(3)设体系在群 G 和群 G' 变换下分别都是不变的,而且这两种变换彼此对易,则其直积群 $G\times G'$ 也是体系的一个对称性群.(若 G 与 G' 均为有限群,G 的任何一元素与 G' 任一元素之积,都可以作为体系的一个复合的守恒量,但不是所有这些复合元素都有价值,也不都是独立的.)

附录 经典力学中守恒量与对称性的关系

1. Newton 力学形式

考虑一个 N 粒子体系,设粒子质量、坐标和动量分别记为 m_i、$\boldsymbol{r}_i$ 和 $\boldsymbol{p}_i(i=1,2,\cdots,N)$. 设粒子受力可表示成与时间无关的局域(local)位势的梯度. 例如,第 k 个粒子受力

$$\boldsymbol{F}_k = -\nabla_k V(\boldsymbol{r}_1,\cdots,\boldsymbol{r}_k,\cdots,\boldsymbol{r}_N) \tag{1}$$

按 Newton 方程

$$\dot{\boldsymbol{p}}_k = m_k\ddot{\boldsymbol{r}}_k = -\nabla_k V(\boldsymbol{r}_1,\cdots,\boldsymbol{r}_k,\cdots,\boldsymbol{r}_N) \tag{2}$$

(1)设体系具有空间平移不变性,即在无穷小平移(见图 8.1)下

$$\boldsymbol{r}_k \rightarrow \boldsymbol{r}'_k = \boldsymbol{r}_k + \boldsymbol{\varepsilon} \tag{3}$$

($\boldsymbol{\varepsilon}$ 为任意的无穷小量)

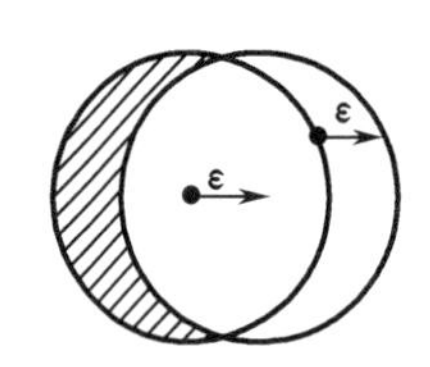

图 8.1

$$V(\boldsymbol{r}_1+\boldsymbol{\varepsilon},\cdots,\boldsymbol{r}_k+\boldsymbol{\varepsilon},\cdots,\boldsymbol{r}_N+\varepsilon) = V(\boldsymbol{r}_1,\cdots,\boldsymbol{r}_k,\cdots,\boldsymbol{r}_N) \tag{4}$$

上式做 Taylor 展开,保留一级小量,得

$$\boldsymbol{\varepsilon}\cdot\sum_k \nabla_k V = 0$$

由于 $\boldsymbol{\varepsilon}$ 是任意的,所以

$$\sum_k \nabla_k V = 0 \tag{5}$$

利用 Newton 方程(2),可得

$$\sum_k \dot{\boldsymbol{p}}_k = -\sum_k \nabla_k V = 0$$

令

$$\boldsymbol{P} = \sum_k \boldsymbol{p}_k \quad (\text{总动量}) \tag{6}$$

则

$$\dot{\boldsymbol{P}} = 0 \tag{7}$$

即总动量 $\boldsymbol{P}$ 为守恒量，由初值决定. 定义体系的质心运动速度

$$\dot{\boldsymbol{R}} = \boldsymbol{P}/M \quad (M = \sum_k m_k\text{，总质量}) \tag{8}$$

则 $\dot{\boldsymbol{R}}=$常量，积分得

$$\boldsymbol{R} = \frac{\boldsymbol{P}}{M}t + \boldsymbol{R}_0 \tag{9}$$

$\boldsymbol{R}$ 为质心坐标，$\boldsymbol{R}_0$ 为质心初位置. 6 个常量 $\boldsymbol{R}_0$ 和 $\boldsymbol{P}$ 均由初值决定.

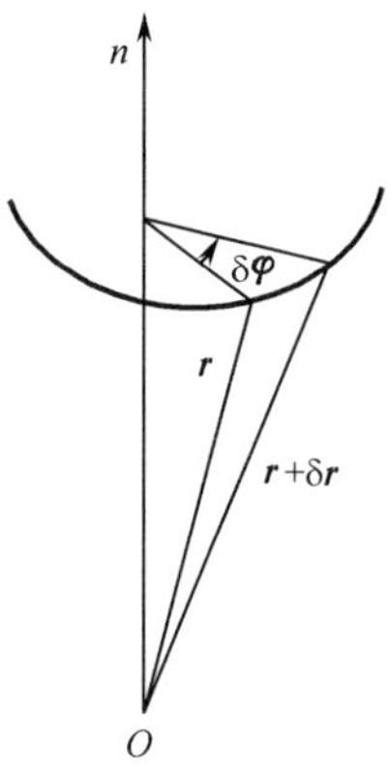

(2) 设体系绕 $\boldsymbol{n}$ 方向旋转角度 $\delta\varphi$，$\delta\boldsymbol{\varphi}=\delta\varphi\boldsymbol{n}$（图 8.2）. 任一个矢量 $\boldsymbol{r}$ 在此旋转下的变化为

$$\delta\boldsymbol{r} = \delta\boldsymbol{\varphi}\times\boldsymbol{r} \tag{10}$$

图 8.2

设体系具有旋转不变性，即

$$V(\boldsymbol{r}_1 + \delta\boldsymbol{\varphi}\times\boldsymbol{r}_1, \cdots, \boldsymbol{r}_k + \delta\boldsymbol{\varphi}\times\boldsymbol{r}_k, \cdots) = V(\boldsymbol{r}_1, \cdots, \boldsymbol{r}_k, \cdots) \tag{11}$$

上式做 Taylor 展开，保留一级小量，得

$$\sum_k (\delta\boldsymbol{\varphi}\times\boldsymbol{r}_k)\cdot\boldsymbol{\nabla}_k V(\boldsymbol{r}_1, \cdots, \boldsymbol{r}_k, \cdots)$$
$$= \delta\boldsymbol{\varphi}\cdot\sum_k (\boldsymbol{r}_k\times\boldsymbol{\nabla}_k)V(\boldsymbol{r}_1, \cdots, \boldsymbol{r}_k, \cdots) = 0$$

$\delta\boldsymbol{\varphi}$ 是任意的，所以

$$\sum_k (\boldsymbol{r}_k\times\boldsymbol{\nabla}_k)V = 0 \tag{12}$$

利用 Newton 方程(2)，可得

$$\sum_k m_k\boldsymbol{r}_k\times\ddot{\boldsymbol{r}}_k = -\sum_k \boldsymbol{r}_k\times\boldsymbol{\nabla}_k V = 0$$

亦即

$$\frac{\mathrm{d}}{\mathrm{d}t}\Big[\sum_k \boldsymbol{r}_k\times(m_k\dot{\boldsymbol{r}}_k)\Big] = \frac{\mathrm{d}}{\mathrm{d}t}\sum_k(\boldsymbol{r}_k\times\boldsymbol{p}_k) = 0 \tag{13}$$

令

$$\boldsymbol{L} = \sum_k \boldsymbol{l}_k = \sum_k(\boldsymbol{r}_k\times\boldsymbol{p}_k) \quad \text{（总轨道角动量）} \tag{14}$$

则 $\boldsymbol{L}$ 为守恒量，由初条件决定.

(3) 设体系具有时间平移不变性，即 V 不显含 t. 利用 Newton 方程(2)，乘以 $\dot{\boldsymbol{r}}_k$，由于 $\partial V/\partial t=0$，得

$$\sum_k m_k\dot{\boldsymbol{r}}_k\cdot\ddot{\boldsymbol{r}}_k = -\sum_k \dot{\boldsymbol{r}}_k\cdot\boldsymbol{\nabla}_k V = -\frac{\mathrm{d}}{\mathrm{d}t}V \tag{15}$$

令

$$T = \frac{1}{2}\sum_k m_k\dot{\boldsymbol{r}}_k^2 \quad \text{（总动能）} \tag{16}$$

则式(15)可表示成

$$\frac{\mathrm{d}}{\mathrm{d}t}(T+V) = 0 \tag{17}$$

即体系总能量 $E=T+V$ 为守恒量.

以上讨论中假设了粒子位势与速度无关. 以下讨论带电粒子所受的 Lorentz 力，它与速度有关. 设粒子荷电 q，则

$$\boldsymbol{F} = q\left(\boldsymbol{E} + \frac{\boldsymbol{v}}{c} \times \boldsymbol{B}\right) \tag{18}$$

此时

$$m\ddot{\boldsymbol{r}} = q\left(\boldsymbol{E} + \frac{1}{c}\boldsymbol{v} \times \boldsymbol{B}\right)$$

$$m\dot{\boldsymbol{r}} \cdot \ddot{\boldsymbol{r}} = q\left[\dot{\boldsymbol{r}} \cdot \boldsymbol{E} + \frac{1}{c}\dot{\boldsymbol{r}} \cdot (\dot{\boldsymbol{r}} \times \boldsymbol{B})\right] = q\dot{\boldsymbol{r}} \cdot \boldsymbol{E}$$

设 $\boldsymbol{E}$ 为静电场，$\boldsymbol{E} = -\nabla\phi$，利用 $\dot{\boldsymbol{r}} \cdot \nabla\phi = \frac{\mathrm{d}}{\mathrm{d}t}\phi$，上式可化为

$$\frac{\mathrm{d}}{\mathrm{d}t}\left(\frac{1}{2}m\dot{\boldsymbol{r}}^2 + q\phi\right) = 0 \tag{19}$$

即 $T + q\phi$ 为守恒量.

2. Lagrange 形式

设体系的 Lagrange 量表示为 $L(q_1, \cdots, q_N, \dot{q}_1, \cdots, \dot{q}_N, t)$，或简记为 $L(q, \dot{q}, t)$，其中 $q_i (i=1, 2, \cdots, N)$ 是一组独立的广义坐标，N 为体系的自由度.

对于具有时间均匀性的体系(例如，孤立系，或外界作用不依赖于时间)，即对于时间平移(时间零点的选取)，L 具有不变性，

$$\delta L = \frac{\partial L}{\partial t}\delta t = 0$$

δt 是任意的，所以

$$\frac{\partial L}{\partial t} = 0 \tag{20}$$

考虑到

$$\frac{\mathrm{d}L}{\mathrm{d}t} = \sum_i \left(\frac{\partial L}{\partial q_i}\dot{q}_i + \frac{\partial L}{\partial \dot{q}_i}\ddot{q}_i\right) + \frac{\partial L}{\partial t} \tag{21}$$

利用 Lagrange 方程

$$\frac{\mathrm{d}}{\mathrm{d}t}\left(\frac{\partial L}{\partial \dot{q}_i}\right) - \frac{\partial L}{\partial q_i} = 0, \qquad i = 1, 2, \cdots, N \tag{22}$$

及式(20)，式(21)化为

$$\frac{\mathrm{d}}{\mathrm{d}t}L = \sum_i \left(\dot{q}_i \frac{\mathrm{d}}{\mathrm{d}t}\frac{\partial L}{\partial \dot{q}_i} + \ddot{q}_i \frac{\partial L}{\partial \dot{q}_i}\right)$$

所以

$$\frac{\mathrm{d}}{\mathrm{d}t}\left(\sum_i \dot{q}_i \frac{\partial L}{\partial \dot{q}_i} - L\right) = 0 \tag{23}$$

$\left(\sum_i \dot{q}_i \frac{\partial L}{\partial \dot{q}_i} - L\right)$ 即体系的能量，它是守恒量. 令

$$p_i = \frac{\partial L}{\partial \dot{q}_i} \tag{24}$$

表示与 q_i 相应的广义动量，并把 L 表示成(q_i, p_i, t)的函数，即独立变量选为 q_i、$p_i (i=1, 2, \cdots, N)$，定义

$$H(q, p, t) = \sum_i \dot{q}_i p_i - L \tag{25}$$

则称为体系的 Hamilton 量.式(23)表明,具有时间均匀性的体系,能量(Hamilton 量)是守恒量.由式(24)及 Lagrange 方程(22),有

$$\dot{p}_i = \frac{\partial L}{\partial q_i} \tag{26}$$

对于具有空间均匀性的体系,在无穷小平移(见式(3))下,

$$\delta L = \sum_k \frac{\partial L}{\partial \boldsymbol{r}_k} \cdot \delta \boldsymbol{r}_k = \boldsymbol{\varepsilon} \cdot \sum_k \frac{\partial L}{\partial \boldsymbol{r}_k} = 0$$

$\boldsymbol{\varepsilon}$ 任意,所以

$$\sum_k \frac{\partial L}{\partial \boldsymbol{r}_k} = 0 \tag{27}$$

再利用 Lagrange 方程(22),得

$$\frac{\mathrm{d}}{\mathrm{d}t} \sum_k \frac{\partial L}{\partial \dot{\boldsymbol{r}}_k} = \sum_k \frac{\partial L}{\partial \boldsymbol{r}_k} = 0 \tag{28}$$

注意到式(24),上式表明

$$\boldsymbol{P} = \sum_k \frac{\partial L}{\partial \dot{\boldsymbol{r}}_k} = \sum_k \boldsymbol{p}_k \quad (\text{总动量}) \tag{29}$$

是守恒量.

对于具有空间各向同性的体系,在作无穷小旋转(见式(10))下

$$\delta L = \sum_k \left(\frac{\partial L}{\partial \boldsymbol{r}_k} \cdot \delta \boldsymbol{r}_k + \frac{\partial L}{\partial \dot{\boldsymbol{r}}_k} \cdot \delta \dot{\boldsymbol{r}}_k \right) = 0 \tag{30}$$

利用式(24)与式(26),得

$$\begin{aligned} \delta L &= \sum_k (\dot{\boldsymbol{p}}_k \cdot \delta \boldsymbol{r}_k + \boldsymbol{p}_k \cdot \delta \dot{\boldsymbol{r}}_k) = \sum_k [\dot{\boldsymbol{p}}_k \cdot (\delta \boldsymbol{\varphi} \times \boldsymbol{r}_k) + \boldsymbol{p}_k \cdot (\delta \boldsymbol{\varphi} \times \dot{\boldsymbol{r}}_k)] \\ &= \delta \boldsymbol{\varphi} \cdot \sum_k (\boldsymbol{r}_k \times \dot{\boldsymbol{p}}_k + \dot{\boldsymbol{r}}_k \times \boldsymbol{p}_k) = \delta \boldsymbol{\varphi} \cdot \frac{\mathrm{d}}{\mathrm{d}t} \sum_k (\boldsymbol{r}_k \times \boldsymbol{p}_k) \end{aligned}$$

$\delta \boldsymbol{\varphi}$ 是任意的,所以

$$\frac{\mathrm{d}}{\mathrm{d}t} \sum_k \boldsymbol{l}_k = \frac{\mathrm{d}}{\mathrm{d}t} \sum_k \boldsymbol{r}_k \times \boldsymbol{p}_k = 0 \tag{31}$$

即

$$\boldsymbol{L} = \sum_k \boldsymbol{l}_k \quad (\text{总轨道角动量}) \tag{32}$$

为守恒量.

8.3 量子态的分类与对称性

8.3.1 量子态按对称性群的不可约表示分类

设在某种(非奇异)变换 R 之下,体系的状态

$$\psi \to \psi' = R\psi \tag{8.3.1}$$

体系的 Hamilton 算符

$$H \to H' = RHR^{-1} \tag{8.3.2}$$

如果

$$H' = H \quad 即 \quad [R,H] = 0 \tag{8.3.3}$$

则称体系(用 Hamilton 量 H 表征)在变换 R 下具有不变性.通常物理学中的对称性变换总是构成一个群,称为体系的**对称性群**(symmetry group).

设 H 本征方程为

$$H\psi_\nu^i = E_i\psi_\nu^i, \qquad \nu = 1,2,\cdots,f_i \tag{8.3.4}$$

f_i 为能级 E_i 的简并度.设体系具有 R 变换下的对称性,按式(8.3.3),有

$$HR\psi_\nu^i = RH\psi_\nu^i = RE_i\psi_\nu^i = E_iR\psi_\nu^i$$

这表明 $R\psi_\nu^i$ 仍为 H 的本征态,而且对应的本征值也是 E_i.因此,它的最普遍的表达式为

$$R\psi_\nu^i = \sum_{\mu=1}^{f_i} D_{\mu\nu}^i(R)\psi_\mu^i \tag{8.3.5}$$

$D_{\mu\nu}^i(R)$是展开系数(依赖于 R)①,$\mu,\nu=1,2,\cdots,f_i$.$D^i(R)$构成 ψ_ν^i 张开的 f_i 维空间中的$(f_i\times f_i)$矩阵.下面证明:

定理1 $D^i(R)$构成体系的对称性群 R 的一个 f_i 维表示.

证明

(1)设体系相继经历两次变换 RS,则

$$\begin{aligned} RS\psi_\nu^i &= R\sum_\mu D_{\mu\nu}^i(S)\psi_\mu^i = \sum_\mu D_{\mu\nu}^i(S)R\psi_\mu^i \\ &= \sum_\mu D_{\mu\nu}^i(S)\sum_\gamma D_{\gamma\mu}^i(R)\psi_\gamma^i = \sum_\gamma\Big[\sum_\mu D_{\gamma\mu}^i(R)D_{\mu\nu}^i(S)\Big]\psi_\gamma^i \end{aligned} \tag{8.3.6}$$

但如把 RS 看成一个变换(由 R,S 相乘而得出的一个变换),则

$$RS\psi_\nu^i = \sum_\gamma D_{\gamma\nu}^i(RS)\psi_\gamma^i \tag{8.3.7}$$

比较式(8.3.6)与(8.3.7),可得

$$D_{\gamma\nu}^i(RS) = \sum_\mu D_{\gamma\mu}^i(R)D_{\mu\nu}^i(S)$$

即

$$D^i(RS) = D^i(R)D^i(S) \tag{8.3.8}$$

即相继进行两次变换 RS 所相应的矩阵$D^i(RS)$等于变换 R 和 S 相应的矩阵 $D^i(R)$和 $D^i(S)$之积.

(2)与恒等变换(记为 e)对应的矩阵为单位矩阵(记为 I),$D^i(e)=I$.因为按恒等变换定义,$eR=R$,而按式(8.3.8),

$$D^i(eR) = D^i(e)D^i(R) = D^i(R)$$

所以

$$D^i(e) = D^i(R)D^i(R)^{-1} = I \quad (单位矩阵) \tag{8.3.9}$$

---

① 若群元素用连续变化的参数来描述(如转动群用三个 Euler α,β,γ 角来描述),则 $D_{\mu\nu}^i(R)$可表示成参量的函数[如 $D_{\mu\nu}^i(\alpha,\beta,\gamma)$].

(3)设 R 之逆变换为 R^{-1},即 $RR^{-1}=e$. 按式(8.3.8),有

$$D^i(R)D^i(R^{-1}) = D^i(e) = I$$

所以

$$D^i(R^{-1}) = D^i(R)^{-1} \tag{8.3.10}$$

即与逆变换 R^{-1} 对应的矩阵 $D^i(R^{-1})$ 是 $D^i(R)$ 的逆矩阵 $D^i(R)^{-1}$.

这样,我们就证明了矩阵的集合 $D^i(R)$ 本身也构成一个群,而且它们与体系的对称性变换群有同态(holomorphic)的对应关系,所以 $D^i(R)$ 构成对称性群的一个表示(f_i 维).

这个表示一般说来是不可约的,即除了极个别的"偶然简并"情况之外,体系的某一能级的诸简并态,可以荷载体系的对称性群的一个不可约表示

$$R\psi_\nu^i = \sum_{\mu=1}^{f_i} D_{\mu\nu}^i(R)\psi_\mu^i, \qquad \nu = 1,2,\cdots,f_i \tag{8.3.11}$$

我们称属于能级 E_i 的 f_i 个简并态"按照对称性群的不可约表示 $D^i(R)$ 变换",即体系的能量本征态可以按照它们在对称性变换下的性质来分类. 这 f_i 个简并态构成体系的一个 f_i 重态.

由此可以看出,与经典力学相比,量子力学更适合于利用体系的对称性来处理问题. 这是由于量子力学用波函数来描述体系的状态,而且遵守态叠加原理. 这些量子态张开一个线性空间,可用以荷载体系的某种对称性群的表示. 对称性的重要性反映在:能量本征态可以按照对称性群的不可约表示来分类,标记不可约表示的指标可用以作为描述体系状态的好量子数,而研究对称性群的不可约表示的维数对于了解体系能级的简并度是很有用的(见 8.4 节).

在 8.2 节中已指出,物理学中通常碰到的对称性变换(除时间反演外),包括一切连续的对称性变换,均为幺正变换,因此相应的群表示均为幺正表示. 这就保证了在这些变换下波函数的正交归一性不改变.

反过来说,假设在变换前能量本征态是正交归一化的

$$(\psi_\nu^i, \psi_\mu^i) = \delta_{\nu\mu} \tag{8.3.12}$$

在经过变换 R 后,$\psi \to \psi' = R\psi$,如要求

$$(R\psi_\nu^i, R\psi_\mu^i) = \delta_{\nu\mu} \tag{8.3.13}$$

仍然成立,即

$$\sum_{\alpha\beta} D_{\alpha\nu}^{i*}(R)D_{\beta\mu}^i(R)(\psi_\alpha^i, \psi_\beta^i) = \delta_{\nu\mu}$$

$$\sum_\alpha D_{\alpha\nu}^{i*}(R)D_{\alpha\mu}^i(R) = \sum_\alpha D_{\nu\alpha}^{i+}(R)D_{\sigma\mu}^i(R) = \delta_{\nu\mu}$$

所以

$$D^i(R)^+ D^i(R) = I \tag{8.3.14}$$

即要求 $D^i(R)$ 为幺正表示.

按照群的不等价的不可约表示的正交归一性定理(见附录B.3.2),可以证明下列正交性定理:

定理2 设ψ_α^i与ϕ_β^j分别按照对称性群的两个不等价的不可约表示D^i和D^j变换,则

$$(\psi_\nu^i,\phi_\mu^j) = \delta_{ij}\delta_{\nu\mu}C_i \tag{8.3.15}$$

其中C_i不依赖于"磁量子数"ν和μ.

证明

$$(\psi_\nu^i,\phi_\mu^j) = (R\psi_\nu^i,R\phi_\mu^j) = \sum_{\alpha\beta}D_{\alpha\nu}^{i*}(R)D_{\beta\mu}^j(R)(\psi_\alpha^i,\phi_\beta^j)$$

等式两边对所有群元素R求和(在连续群情况则为积分),

$$(\psi_\nu^i,\phi_\mu^j)\sum_R = \sum_{\alpha\beta}\Big[\sum_R D_{\sigma\nu}^{i*}(R)D_{\beta\mu}^j(R)\Big](\psi_\alpha^i,\phi_\beta^j)$$

利用附录B.3.2的定理2,

$$\text{上式} = \sum_{\alpha\beta}\left[\frac{\sum\limits_R \delta_{ij}\delta_{\alpha\beta}\delta_{\nu\mu}}{f_i}\right](\psi_\alpha^i,\phi_\beta^j) = \frac{\delta_{ij}\delta_{\mu\nu}}{f_i}\sum_R(\psi_\alpha^i,\phi_\alpha^i)\sum_R$$

因此

$$(\psi_\nu^i,\phi_\mu^j) = \delta_{ij}\delta_{\mu\nu}C_i$$

其中

$$C_i = \frac{1}{f_i}\sum_{\alpha=1}^{f_i}(\psi_\alpha^i,\phi_\alpha^i)$$

不依赖于磁量子数.

8.3.2 简并态的标记,子群链

在讲一般原则之前,先讲一个具体的例子.在7.1节中已讲过,一个体系的角动量$(\boldsymbol{J}^2,J_z)$的共同本征态ψ_{jm},在空间旋转$R(\alpha,\beta,\gamma)$下(α,β,γ为Euler角)

$$R(\alpha,\beta,\gamma)\psi_{jm} = \sum_{m'}D_{m'm}^j(\alpha,\beta,\gamma)\psi_{jm'} \tag{8.3.16}$$

若限制R为只是绕z轴的旋转(转角为φ),则

$$D_{m'm}^j(\varphi,0,0) = \exp(-\mathrm{i}m\varphi)\delta_{m'm} \tag{8.3.17}$$

即转动群的矩阵表示化为对角矩阵

$$D^j(\varphi,0,0) = \begin{pmatrix} \mathrm{e}^{-\mathrm{i}j\varphi} & & & \\ & \mathrm{e}^{-\mathrm{i}(j-1)\varphi} & & \\ & & \ddots & \\ & & & \mathrm{e}^{\mathrm{i}j\varphi} \end{pmatrix} \tag{8.3.18}$$

用群表示的语言来讲,式(8.3.16)的意思就是:$(2j+1)$个态$\psi_{jm}(m=j,j-1,\cdots,-j)$,在空间旋转$R$下按照转动群的$(2j+1)$维不可约表示$D^j(R)$变换.它们有一个共同的量子数$j$,就是转动群$SO_3$的不可约表示的标记.但如局限于绕$z$轴的旋转——它们构成$SO_3$群的一个子群$SO_2$,则$D^j$也是子群$SO_2$的表示.式(8.3.18)

表明,原来的 SO_3 群的不可约表示将变成可约化的. 由于 SO_2 是一个 Abel 群,而 Abel 群的不可约表示只能是一维的. 与旋转 φ 角的变换相应的 SO_2 群的不可约表示为 $e^{-im\varphi}$,用 m 来标记.(对于 Abel 群 SO_2,其 Casimir 算子就是 SO_2 的惟一的无穷小算子 $L_z=-i\hbar\dfrac{\partial}{\partial\varphi}$,$SO_2$ 的不可约表示 $e^{-im\varphi}$ 就是用这个 Casimir 算子 L_z 的本征值 $m(\hbar)$ 来标记.)这个 m 正是区分诸简并态 ψ_{jm} 的磁量子数.

一般来讲,设 $\mathscr{H}$ 为群 G 的一个子群,$D^j(g_i)$ 是 G 的一个不可约表示($g_i\in G$). 若限制 $g_i\in\mathscr{H}$,即只限于子群 $\mathscr{H}$ 中的元素,此时虽然 $D^j(g_i)$ 也是群 $\mathscr{H}$ 的一个表示,但表示一般是可约的[即可以经过一个相似变换,使 $D^j(g_i)(g_i\in\mathscr{H})$ 变成块对角形式]. 经过约化之后,可以化为子群 $\mathscr{H}$ 的若干个不可约表示的直和

$$D^j=\sum_k a_{jk}d^k \tag{8.3.19}$$

d^k 是子群 $\mathscr{H}$ 的一个不可约表示,a_{jk} 表示约化时 d^k 出现的次数①. 这样我们就找到了另一个量子数 k,它是子群 $\mathscr{H}$ 的一个不可约表示的标记. 在量子力学中就可以用 k 来区分属于群 G 的不可约表示 D^j 的某些简并态.

量子力学中在能级有简并的情况下,通常是选择一组守恒量完全集来标定诸简并态. 以中心力场中无自旋粒子为例,通常选用守恒量完全集($H,\boldsymbol{l}^2,l_z$)的共同本征态 $\psi_{n_r lm}$ 来标记能级 $E_{n_r l}$ 的各简并态. 用群表示论的语言来讲,量子数 l 就是体系的对称性群 SO_3 的 $2l+1$ 维不可约表示 D^l 的标记,也是 SO_3 群的 Casimir 算子 $\boldsymbol{l}^2$ 的本征值(取 $\hbar=1$)$l(l+1)$的标记. 区别各简并态的磁量子数 m 则是 SO_3 的子群 SO_2 的不可约表示的标记,也是 SO_2 的 Casimir 算子 l_z 的本征值(m)的标记. 所以量子力学中找寻一组守恒量完全集的本征值来标定各定态,相当于群表示理论中找寻体系的对称性群的一个合适的子群链(如 $SO_3\supset SO_2$),并用各子群的不可约表示的标记(即其 Casimir 算子的本征值)来区分各简并态.

8.3.3 力学量的矩阵元

这一节可以认为是转动变换下的不可约张量概念的推广(参阅 7.3 节).

1. 标量的矩阵元

设算符 F 在对称性变换 R 之下具有不变性,即对于所有 R,有 $RFR^{-1}=F$,或

$$[F,R]=0 \tag{8.3.20}$$

则称 F 为变换 R 下的标量算子.(例如,Lie 群的 Casimir 算符就具有此性质.)

---

① 按附录 B.4.2,式(B.4.11),

$$a_{jk}=\frac{1}{n_{\mathscr{H}}}\sum_\rho n_\rho\chi^k(\rho)\chi^j(\rho)$$

$n_{\mathscr{H}}$ 表示子群 $\mathscr{H}$ 所含元素的数目,ρ 标记 $\mathscr{H}$ 的一个类,包含 n_ρ 个元素,χ 是特征标.

定理 3 在对称性群的不可约表示的基矢之间，标量算符 F 的矩阵元为

$$(\psi_\nu^i, F\phi_\mu^j) = \delta_{ij}\delta_{\nu\mu}F_i \tag{8.3.21}$$

即 F 的矩阵元对于“量子数”i 和 j 是对角化的，并且不依赖于“磁量子数(μ,ν)”.

在证明此定理之前，先举大家熟知的两个例子.

例 1 对于空间转动群，其 Casimir 算子 $\boldsymbol{j}^2$ 在$(2j+1)$维不可约表示的基矢 ψ_{jm}之间的矩阵元($\hbar=1$)为

$$(\psi_{j'm'}, \boldsymbol{j}^2\psi_{jm}) = j(j+1)\delta_{j'j}\delta_{m'm}$$

例 2 中心势场 $V(r)$是空间转动下的标量. 它在粒子态 $\psi_{n_r lm}=R_{n_r l}(r)\mathrm{Y}_l^m(\theta,\varphi)$之间的矩阵元

$$(\psi_{n'_r l'm'}, V(r)\psi_{n_r lm}) = (R_{n'_r l}, V(r)R_{n_r l})\delta_{l'l}\delta_{m'm}$$

证明 利用式(8.3.20)

$$RF\phi_\mu^j = FR\phi_\mu^j = F\sum_\beta D_{\beta\mu}^j(R)\phi_\beta^j = \sum_\beta D_{\beta\mu}^j(R)F\phi_\beta^j$$

即 $F\phi^j$ 按照对称性群的不可约表示 D^j 变换，因此可以令

$$F\phi_\mu^j \equiv \Theta_\mu^j$$

利用定理 2(正交性关系)，可得

$$(\psi_\nu^i, \Theta_\mu^j) = \delta_{ij}\delta_{\nu\mu}F_i$$

亦即

$$(\psi_\nu^i, F\phi_\mu^j) = \delta_{ij}\delta_{\nu\mu}F_i$$

F_i 不依赖于“磁量子数”.

定理 3 说明，只当初、末态都按照对称性群的同一个不可约表示变换，并且“磁量子数”也相同时，标量算符的矩阵元才可能不为 0.

2. 不可约张量，直积表示的约化，选择定则

设有一组算符 $T_q^k(q=1,2,\cdots,f_k)$，在变换 R 下具有下列性质：

$$RT_q^kR^{-1} = \sum_{q'} D_{q'q}^k(R)T_{q'}^k \tag{8.3.22}$$

上式中 $D^k(R)$是体系的对称性群的一个不可约表示，则称 T_q^k 是变换 R 下的一组不可约张量(irreducible tensor). 关于不可约张量的矩阵元，有一个重要的定理——Wigner-Eckart 定理(转动群的 Wigner-Eckart 定理已在 7.3.2 节中讲过). 在讲述此定理之前，先介绍一个群的两个不可约表示的直积及其约化的概念，量子力学中的跃迁选择定则与此密切相关.

试分析 $T_q^k\phi_\mu^j$ 的变换性质.

$$\begin{aligned} RT_q^k\phi_\mu^j &= RT_q^kR^{-1}R\phi_\mu^j = \sum_{q'} D_{q'q}^k(R)D_{q'}^k\sum_{\mu'} D_{\mu'\mu}^j(R)\phi_{\mu'}^j \\ &= \sum_{q'\mu'}[D_{q'q}^k(R)D_{\mu'\mu}^j(R)]T_{q'}^k\phi_{\mu'}^j \\ &= \sum_{q'\mu'}[D^k(R)\times D^j(R)]_{q'\mu',q\mu}T_{q'}^k\phi_{\mu'}^j \end{aligned} \tag{8.3.23}$$

其中 $D^k(R)\times D^j(R)$ 是两个不可约表示(矩阵) $D^k(R)$ 与 $D^j(R)$ 的直积(direct product,参阅附录 B.5.1).可以证明,此直积表示也是对称性群的一个表示.但一般言之,直积表示 $D^k\times D^j$ 是可约的.所以可以把 $T_q^k\phi_\mu^j$ 重新线性叠加,使之荷载对称性群的若干个不可约表示,即 $D^k\times D^j$ 可以约化成若干个不可约表示的直和

$$D^k \times D^j = \sum_l a_l D^l \tag{8.3.24}$$

a_l 是不可约表示 D^l 出现的次数.式(8.3.24)称为 Clebsch-Gordan 系列.如 $a_l\leqslant 1$,即约化后每一个不可约表示最多可能出现一次,这种群称为简单可约(simply reducible)群.转动群 SO_3 就是一个简单可约群.这是在角动量耦合理论中已经知道的结论:两个角动量 $\boldsymbol{j}_1$ 与 $\boldsymbol{j}_2$ 耦合成总角动量 $\boldsymbol{J}=\boldsymbol{j}_1+\boldsymbol{j}_2$ 时,

$$J = |j_1-j_2|,|j_1-j_2|+1,\cdots,(j_1+j_2)$$

每一个 J 值只出现一次.用群表示论语言来表述,即

$$D^{j_1}\times D^{j_2} = \sum_{J=|j_1-j_2|}^{j_1+j_2} D^J \tag{8.3.25}$$

两个角动量的耦合问题,就是转动群的两个不可约表示的直积的约化问题.

设对称性群的不可约表示 D^i 出现在 $D^k\times D^j$ 直积约化的 Clebsch-Gordan 系列(8.3.24)中,即 $a_i\neq 0$,则由式(8.3.23)和定理 2[式(8.3.15)],可知矩阵元$(\psi_\nu^i, T_q^k\phi_\mu^j)$可能不为 0,这里 ψ_ν^i 是张开不可约表示 D^i 的基矢.反之,若 $a_i=0$,即 D^i 不出现在直积 $D^k\times D^j$ 的 Clebsch-Cordan 约化系列中,则必然

$$(\psi_\nu^i, T_q^k\phi_\mu^j) = 0 \tag{8.3.26}$$

这就是选择规则(selection rule)在群表示论中的表述.在量子力学中,若 T_q^k 代表导致体系跃迁的相互作用张量算符,在一级微扰论中,$(\psi_\nu^i, T_q^k\phi_\mu^j)$代表从初态 ϕ_μ^j 到末态 ψ_ν^i 的跃迁幅度(transition amplitude).当式(8.3.26)成立时,这种量子跃迁是禁戒的(forbidden).

实际物理问题中,导致跃迁的相互作用算符本身并不一定是一个不可约张量,但往往可以表示成若干不可约张量之和,

$$O = \sum_{kq} C_{kq} O_q^k \tag{8.3.27}$$

其中 O_q^k 是按对称性群的不可约表示 D^k 变换的张量,此时可以在不同的物理条件下分别考虑式(8.3.27)中的不同项所相应的跃迁选择定则.

3. Wigner-Eckart 定理,分支比

转动群的 Wigner-Eckart 定理,已在 7.3.2 节中讲述过.下面讲述对于一般的体系的对称性群的类似的 Wigner-Eckart 定理.

按上面的分析,按照对称性群的不可约表示 D^k 变换的不可约张量算符 $T_q^k(q=1,2,\cdots,f_k)$,对张开不可约表示 D^j 的基矢 $\phi_\mu^j(\mu=1,2,\cdots,f_j)$ 运算后,所得的 f_kf_j

个态 $T_q^k\phi_\mu^j$，就张开群的一个直积表示 $D^k\times D^j$，此表示一般是可约的.因此可以把这 f_kf_j 个态 $T_q^k\phi_\mu^j$ 重新线性组合，用以荷载对称性群的若干个不可约表示.设

$$\Theta_\gamma^l=\sum_{q\mu}\langle kqj\mu|l\gamma\rangle T_q^k\phi_\mu^j\quad(\gamma=1,2,\cdots,f_l)\tag{8.3.28}$$

按照不可约表示 D^l 变换，D^l 是出现在 $D^k\times D^j$ 的 Clebsch-Gordan 系列(8.3.24)中的一个不可约表示.这里为了简单，只讨论简单可约情况($a_l\leqslant 1$).式(8.3.28)中的组合系数$(kqj\mu|l\gamma)$称为 Clebsch-Gordan 系数.式(8.3.28)之逆可表示为①

$$T_q^k\phi_\mu^j=\sum_{l\gamma}\langle l\gamma|kqj\mu\rangle\Theta_\gamma^l\tag{8.3.29}$$

因此

$$(\psi_\nu^i,T_q^k\phi_\mu^j)=\sum_{l\gamma}\langle l\gamma|kqj\mu\rangle(\psi_\nu^i,\Theta_\gamma^l)$$

按定理 2[见式(8.3.15)]

$$\text{上式}=\sum_{l\gamma}\langle l\gamma|kqj\mu\rangle\delta_{il}\delta_{\nu\gamma}C_i=\langle i\nu|kqj\mu\rangle C_i\tag{8.3.30}$$

C_i 不依赖于“磁量子数”.上式表明不可约张量算符 T_q^k 的矩阵元$(\psi_\nu^i,T_q^k\phi_\mu^j)$对磁量子数的依赖，完全寄托在 Clebsch-Gordan 系数$(i\nu|kqj\mu)$上.这就是 Wigner-Eckart 定理.此定理在原子和分子物理，核物理和粒子物理中有广泛的应用.

8.4 能级简并度与对称性的关系

8.4.1 一般讨论

量子体系的能级常出现简并，即对应于某一个能量本征值，存在不止一个能量本征态.卷Ⅰ,3.1 节已指出，一维规则势阱中粒子的束缚态(如存在的话)是不简并的.但一维自由粒子，对应于能量 E，有两个本征态，$\psi(x)\sim\exp(\pm\mathrm{i}\sqrt{2mE}x/\hbar)$，即出现二重简并.对于三维自由粒子，能量 E 给定后，

$$\psi(\boldsymbol{r})\sim\exp(\mathrm{i}\boldsymbol{p}\cdot\boldsymbol{r}/\hbar)\qquad(|\boldsymbol{p}|=\sqrt{2mE})$$

都是能量本征态.尽管 $\boldsymbol{p}$ 的大小 $|\boldsymbol{p}|$ 虽已确定，但方向是任意的，所以简并度为无穷大.自由粒子能级(为连续谱)的这种简并性，与自由粒子的对称性(包括空间各向同性和空间均匀性)有密切关系.又例如，一般的中心力场中粒子的束缚态(离散谱)一般是简并的.它的能级 E_{n_rl} 依赖于径向量子数 n_r 和角动量量子数 l，但与磁量子数 m 无关($m=l,l-1,\cdots,-l$)，简并度为$(2l+1)$.这种简并性与中心力场的几何对称性(空间各向同性)密切相关.

这里自然会提出两个问题：

(1)能级出现简并是否表明体系就有某种对称性？

---

① 若组合系数选为实数，则$\langle l\gamma|kqj\mu\rangle=\langle kqj\mu|l\gamma\rangle$.转动群中的两个角动量耦合的 Clebsch-Gordan 系数就选为实数.

(2)量子体级的对称性是否一定导致能级简并?

对于第一个问题,Messiah 书中①提到:“能级的简并度几乎总是与 Hamilton 量的某种对称性相联系.”对于“几乎”的含义,书中未明确指出,可能是考虑到能级的“偶然简并”问题.所谓“偶然简并”(accidental degeneracy),往往是指 Hamilton 量中某些参量(如电场或磁场强度、势场的某些参量等)的变化所引起的,即当这些参量取某些特殊值时,本来不简并的两条能级发生交叉的情况.这种简并与体系的对称性并没有什么本质的联系,故称为“偶然简并”.但应着重指出,有一些简并是被误称为“偶然简并”,实则并非“偶然”,而是体系具有某种更高的对称性的反映.例如,Coulomb 场和各向同性谐振子场中粒子的能级的简并度,高于一般中心力场中粒子能级的简并度,这并不是偶然的,而是它们具有比一般中心力场的几何对称性(SO_3)更高的动力学对称性的反映(见 9.1 节,9.2 节).此外,还有一些简并,表面上一看,似乎是由于某些参数取某些特殊值时才出现的简并,但事实上是一种系统出现的简并.如果仍然称之为“偶然简并”,看来是不恰当的.正如 Elliott 指出②,系统地出现某种简并,往往意味着某种对称性.

对于第二个问题,应当指出,体系的对称性并不一定导致能级简并.例如,一维谐振子,虽然具有空间反射不变性(宇称为守恒量),但其能级是不简并的.试问:什么样的对称性才能导致简并?

按照群表示理论,一个 Abel 群的不可约表示必为一维表示.因此,若一个体系的全部对称性群为 Abel 群(即不存在对称性变换群为非 Abel 群),则能级不会出现简并.例如,一维谐振子的对称性群即空间反射群,是一个二阶群(包含两个元素,即恒等变换和空间反射),为 Abel 群,此外不存在其他非 Abel 对称性群,所以能级是不简并的.反之,若体系有一个对称性群是非 Abel 群,则能级一般说来是简并的.例如,一般中心力场中的粒子,对称性群为三维旋转群 SO_3,它是非Abel群,它的 3 个无穷小算符(即角动量的 3 个分量)彼此不对易.因此其能级(除$l=0$外)是简并的,简并度为$(2l+1)$,即 SO_3 群的不可约表示的维数.

量子力学中有一条定理,可用以判断体系能级是否会出现简并(卷 I,5.1 节).定理说:假设体系有两个彼此不对易的守恒量 F 和 G,即$[F,H]=0$,$[G,H]=0$,但$[F,G]\neq0$,则其能级一般是简并的(个别特殊能级除外).这条定理实质上与上面用群表示的语言所讲述的原则是等价的.因为一个体系的对称性变换群如为非 Abel 的 Lie 群,则其无穷小算符(均为守恒量)一般是不对易的,因而一般会出现简并.

---

① A. Messiah, *Quantum Mechanics*, North-Holland Publishing Co, 1961.

② J. P. Elliott and P. G. Dawber, *Symmetry in Physics*, Vol. 1, *Principles and Simple Applications*. MacMillan Press, 1979.

例 1 Stark 效应.

考虑碱金属原子的价电子(荷电$-e$)在屏蔽 Coulomb 场 $V(r)$(来自原子核提供的纯 Coulomb 场以及内层满壳电子的贡献)中运动(具有 SO_3 对称性). 当加上沿 z 轴方向的均匀外电场 $\mathscr{E}$ 时,Hamilton 量表示为

$$H = \frac{p^2}{2\mu} + V(r) + e\mathscr{E}z \tag{8.4.1}$$

SO_3 对称性被破坏,但体系仍具有绕 z 轴的旋转不变性,即绕定轴的旋转群(SO_2),是一个 Abel 群. 乍一看来,电子能级的简并将被全部解除. 但 SO_2 并未完全概括体系的全部对称性,因为体系还有镜像反射对称性(镜像面包含 z 轴在内,如 yz,zx 平面),即 σ_{yz} 与 σ_{zx}(镜像反射)是对称性操作

$$\begin{aligned} \sigma_{yz} &: x \to -x, y \to y, z \to z \\ \sigma_{zx} &: y \to -y, x \to x, z \to z \end{aligned} \tag{8.4.2}$$

显然$[\sigma_{yz}, H]=0$,$[\sigma_{zx}, H]=0$. 但$[\sigma_{yz}, l_z]\neq 0$,$[\sigma_{zx}, l_z]\neq 0$,l_z 是绕 z 轴旋转的 SO_2 群的无穷小算符. 包括 σ_{yz} 和 σ_{zx} 在内的绕 z 轴的旋转群,是一个非 Abel 群,因而能级出现二重简并.

例 2 Zeeman 效应.

同上例,但电场换为磁场,即加上沿 z 轴方向的均匀外磁场 B,此时

$$H = \frac{p^2}{2\mu} + \frac{eB}{2\mu c} l_z + \frac{e^2 B^2}{8\mu c^2}(x^2 + y^2) + V(r) \tag{8.4.3}$$

可看出,$[l_z, H]=0$,即体系仍有绕 z 轴的旋转不变性,l_z 仍为守恒量. 但$[\sigma_{yz}, H]\neq 0$,$[\sigma_{zx}, H]\neq 0$,因为在 σ_{yz} 或 σ_{zx} 的运算下[见式(8.4.2)],$l_z = -\mathrm{i}\hbar\left(x\frac{\partial}{\partial y} - y\frac{\partial}{\partial x}\right) \to -l_z$. 所以镜像反射对称性被破坏. 因此,体系的对称性群只是 Abel 群 SO_2,因而能级简并完全解除,能级 $E_{n_r l} \to E_{n_r lm}$,能量将依赖于磁量子数 m.

8.4.2 二维势阱中粒子能级的简并性

1. 一般二维中心势

采用极坐标,二维中心势 $V(\rho)$ 中粒子的 Schrödinger 方程为

$$H\psi = \left[-\frac{\hbar^2}{2\mu}\left(\frac{1}{\rho}\frac{\partial}{\partial\rho}\rho\frac{\partial}{\partial\rho} + \frac{1}{\rho^2}\frac{\partial^2}{\partial\varphi^2}\right) + V(\rho)\right]\psi = E\psi \tag{8.4.4}$$

显然,角动量 $l_z = -\mathrm{i}\hbar\left(x\frac{\partial}{\partial y} - y\frac{\partial}{\partial x}\right) = -\mathrm{i}\hbar\frac{\partial}{\partial\varphi}$是守恒量,

$$[l_z, H] = 0$$

通常选择(H, l_z)为对易守恒量完全集,在坐标表象中其共同本征态为

$$\psi(\rho,\varphi) \propto R(\rho)\mathrm{e}^{\mathrm{i}m\varphi}, \qquad m = 0, \pm 1, \pm 2, \cdots \tag{8.4.5}$$

$R(\rho)$满足下列径向方程:

$$\left[-\frac{\hbar^2}{2\mu}\frac{1}{\rho}\frac{\mathrm{d}}{\mathrm{d}\rho}\rho\frac{\mathrm{d}}{\mathrm{d}\rho} + \frac{m^2\hbar^2}{2\mu\rho^2} + V(\rho)\right]R(\rho) = ER(\rho) \tag{8.4.6}$$

根据 $R(\rho)$满足的边条件(包括束缚态条件),即可求出能量本征值 E. 但不用进行具体计算即可判断能级必有简并,因为式(8.4.6)中只出现 m^2,能级 E 对$\pm|m|$必

定是简并的.因此,一般二维中心势阱中粒子的束缚态是二重简并的(基态 $m=0$ 除外).

乍一看来,二维中心势的对称性群似乎是绕 z 轴的旋转群 SO_2(是一个 Abel 群),能级似应无简并,但这是不全面的,因为体系还有镜像反射对称性[见式(8.4.2)].可以证明 σ_{yz} 和 σ_{zx} 均为守恒量,即

$$[\sigma_{yz},H]=[\sigma_{zx},H]=0 \tag{8.4.7}$$

但 σ_{yz} 和 σ_{zx} 与守恒量 $l_z=xp_y-yp_x$ 不对易,

$$[\sigma_{yz},l_z]\neq 0,[\sigma_{zx},l_z]\neq 0 \tag{8.4.8}$$

因此能级出现简并.体系的对称变换,除了 SO_2 外,还包含空间反射.

练习 1　试分析二维无限深圆方势阱中粒子能级的简并度.

$$V(\rho)=\begin{cases}0, & \rho<a\\ \infty, & \rho>a\end{cases}$$

练习 2　二维无限深方势阱

$$V(x,y)=\begin{cases}0, & 0<x、y<a\\ \infty, & \text{其他区域}\end{cases}$$

粒子能级为

$$\begin{aligned}E_{n_xn_y}&=\frac{\pi^2\hbar^2}{2\mu a^2}(n_x^2+n_y^2)=\frac{\pi^2\hbar^2}{2\mu a^2}n^2\\ n^2&=n_x^2+n_y^2\\ n_x,n_y&=1,2,3,\cdots\end{aligned} \tag{8.4.9}$$

波函数为

$$\psi_{n_xn_y}(x,y)=\frac{2}{a}\sin\left(\frac{n_x\pi}{a}x\right)\sin\left(\frac{n_y\pi}{a}y\right)$$

试分析能级的简并度.能级简并度可否大于一般二维中心势?如何理解其对称性?

提示

(n_x,n_y)	$E_n\Big/\frac{\pi^2\hbar^2}{2\mu a^2}$	f_n(简并度)
(1,1)	2	1
(1,2)	5	2
(1,7) (5,5)	50	3
(1,8) (4,7)	65	4
(1,18) (6,17) (10,15)	325	6
(4,33) (9,32) (12,31) (23,24)	1 105	8

2. 二维谐振子

二维谐振子势

$$V = \frac{1}{2}\mu(\omega_x^2 x^2 + \omega_y^2 y^2) \tag{8.4.10}$$

中粒子的能级是众所熟知的,即

$$E_{n_x n_y} = \left(n_x + \frac{1}{2}\right)\hbar\omega_x + \left(n_y + \frac{1}{2}\right)\hbar\omega_y$$
$$n_x, n_y = 0, 1, 2, \cdots \tag{8.4.11}$$

如 ω_x/ω_y=无理数,则能级无简并. 为讨论方便,令

$$\omega_x = \omega_0(1-\varepsilon)$$
$$\omega_y = \omega_0(1+\varepsilon) \tag{8.4.12}$$

其逆为

$$\omega_0 = \frac{1}{2}(\omega_x + \omega_y)$$
$$\varepsilon = \frac{\omega_y - \omega_x}{\omega_y + \omega_x} \tag{8.4.13}$$

ω_0 表示振子的平均强度,ε 表示形变度,$\varepsilon=0$ 表示各向同性($\omega_y=\omega_x$). 能级公式(8.4.11)可改写为

$$E_{n_x n_y} = (n_x + n_y + 1)\hbar\omega_0 - (n_x - n_y)\varepsilon\hbar\omega_0 \tag{8.4.14}$$

对于各向同性二维谐振子($\omega_x=\omega_y=\omega_0$)

$$E = E_n = (n+1)\hbar\omega_0$$
$$n = n_x + n_y \tag{8.4.15}$$
$$n_x, n_y, n = 0, 1, 2, \cdots$$

它只依赖于量子数 n_x 与 n_y 的一种特殊组合,即 $n_x+n_y=n$. 这是振子强度 $\omega_x=\omega_y$ 所导致的. 对于给定能级(即给定 n),

$$n_x = n, n-1, n-2, \cdots, 0$$

相应

$$n_y = 0, 1, \quad 2, \quad \cdots, n$$

即有$(n+1)$个量子态 $\psi_{n_x n_y}$,所以能级 E_n 的简并度为

$$f_n = (n+1), \quad n = 0, 1, 2, \cdots \tag{8.4.16}$$

它比一般二维中心势阱 $V(\rho)$的能级简并度(=2)高一些. 这反映出二维各向同性谐振子势的对称性 U_2 高于一般的二维中心势 O_2($U_2 \supset O_2$),是各向同性谐振子势[$V(\rho)\propto\rho^2$]所特有的一种动力学对称性(见 9.3 节).

设二维谐振子势

$$\frac{\omega_x}{\omega_y} = \frac{a}{b} \tag{8.4.17}$$

a、b 为整数，a/b 为既约分数，则能级也会出现简并. 特别是当 a/b 为简单分数(如 $a/b=1/1,1/2,2/3,\cdots$)时，在低激发谱中就会出现简并. 下面以 $a/b=1/2$ 为例来说明. 此时按式(8.4.13)，$\varepsilon=1/3$，而能级

$$\begin{aligned} E &= \frac{2}{3}\left(n_x + 2n_y + \frac{3}{2}\right)\hbar\omega_0 = \frac{2}{3}\left(n + \frac{3}{2}\right)\hbar\omega_0 \\ n &= n_x + 2n_y = 0,1,2,\cdots \end{aligned} \tag{8.4.18}$$

对于给定能级(即给定 n)，可证明其简并度为

$$f_n = \begin{cases} \frac{1}{2}(n+2), & n \text{ 偶} \\ \frac{1}{2}(n+1), & n \text{ 奇} \end{cases} \tag{8.4.19}$$

表 8.1 中给出较低的几条能级的简并量子态. 设粒子自旋为 1/2，则粒子遵守 Pauli 原理，从最低能级开始填充，一直到填满第 n 能级，形成满壳结构，它所包含的粒子数为 $2\sum_{i=0}^{n} f_i$，习惯上称之为幻数(magic number)，见表 8.1 最后一列.

表 8.1　$\omega_x/\omega_y=1/2$ 二维谐振子的能级简并度与壳结构

$n=n_x+2n_y$	$E_n/\hbar\omega_0$	简并态(n_x,n_y)	f_n	幻数 $\left(2\sum_{i=0}^{n} f_i\right)$
0	1	(00)	1	2
1	5/3	(10)	1	4
2	7/3	(20),(01)	2	8
3	3	(30),(11)	2	12
4	11/3	(40),(21),(02)	3	18
5	13/3	(50),(31),(12)	3	24
6	5	(60),(41),(22),(03)	4	32
7	17/3	(70),(51),(32),(13)	4	40
⋮				

能级和壳结构随形变度 ε 的变化，见图 8.3. 可以看出，当 $\omega_x/\omega_y=1,1/2,2/3,\cdots$ 简单分数时，低激发谱中就出现能级集束(bundling)现象，或者说，能级分布出现很不均匀的现象，即出现壳结构(shell structure). 在 $\omega_x/\omega_y=1$(各向同性，$\varepsilon=0$)时，能级简并度最大，能级集束最明显.

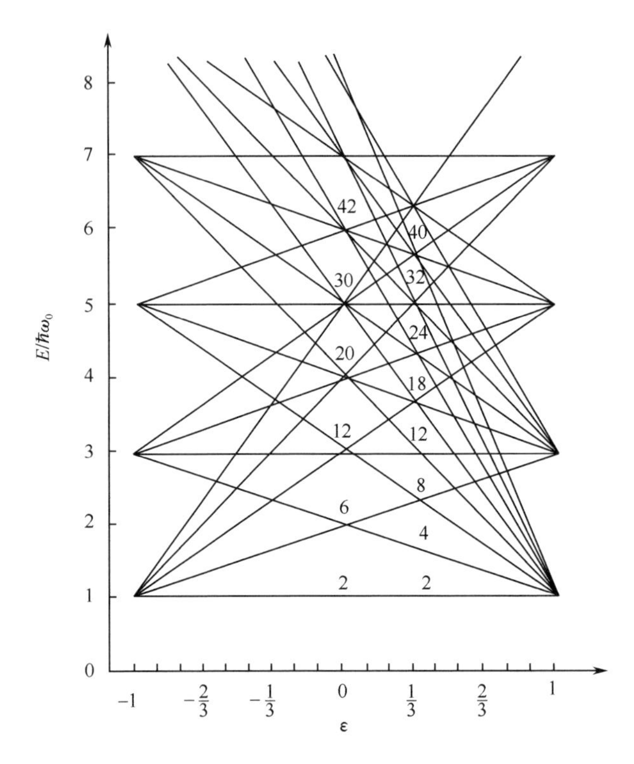

图 8.3　二维谐振子势中粒子能级

8.4.3　轴对称变形势

一般的轴对称变形势 $V(\rho,z)$(不依赖于 φ 角)具有绕 z 轴的旋转不变性以及 xy 平面内的反射不变性(O_2 对称性),粒子能量本征态可以取为 l_z 的本征态,即

$$\psi(\rho,\varphi,z) = R(\rho,z)e^{im\varphi}, \quad m = 0, \pm 1, \pm 2, \cdots \tag{8.4.20}$$

$R(\rho,z)$满足

$$\left\{-\frac{\hbar^2}{2\mu}\left[\left(\frac{1}{\rho}\frac{\partial}{\partial\rho}\rho\frac{\partial}{\partial\rho}-\frac{m^2}{\rho^2}\right)+\frac{\partial^2}{\partial z^2}\right]+V(\rho,z)\right\}R(\rho,z) = ER(\rho,z) \tag{8.4.21}$$

能量本征值不依赖于 m 的正负号,所以与一般二维中心势 $V(\rho)$相同,一般的轴对称变形势 $V(\rho,z)$中能级的简并度仍为 2.

如进一步假定 V 是可分离变量,

$$V(\rho,z) = V_1(\rho) + V_2(z) \tag{8.4.22}$$

则波函数 $R(\rho,z)=f_1(\rho)f_2(z)$. 如 $V_2(z)$的参数与 $V_1(\rho)$的参数没有什么关系,则能级简并度与二维中心势 $V_1(\rho)$的能级相同.

在二原子分子和稳定变形原子核的理论中,常用到轴对称变形势[①]. 下面讨论

---

① A. Bohr and B. R. Mottelson, *Nuclear Structure*, Vol. **II**, chap. 4. Benjamin, 1975.

轴对称变形谐振子势($\omega_x=\omega_y=\omega_\perp$),

$$V(x,y,z)=\frac{1}{2}\mu\omega_\perp^2(x^2+y^2)+\frac{1}{2}\mu\omega_z^2z^2 \tag{8.4.23}$$

其能级为

$$E=(n+1)\hbar\omega_\perp+\left(n_z+\frac{1}{2}\right)\hbar\omega_z \tag{8.4.24}$$

$$n=n_x+n_y$$

$$n_x,n_y,n,n_z=0,1,2,\cdots$$

若 $\omega_\perp/\omega_z$=无理数,则能级简并度与二维各向同性谐振子势相同.但当

$$\frac{\omega_\perp}{\omega_z}=\frac{a}{b} \tag{8.4.25}$$

a/b 为既约分数,(a、b 为整数)时,就会出现新的简并.当 $a/b=1:1$,即三维各向同性谐振子,它具有比一般中心力场更高的对称性(SU_3),这将于第 9 章中讨论.为讨论方便,令

$$\omega_\perp=\left(1+\frac{1}{3}\varepsilon\right)\omega_0,\quad \omega_z=\left(1-\frac{2}{3}\varepsilon\right)\omega_0 \tag{8.4.26}$$

其逆表示式为

$$\omega_0=\frac{1}{3}(2\omega_\perp+\omega_z),\quad \varepsilon=\frac{3(\omega_\perp-\omega_z)}{2\omega_\perp+\omega_z} \tag{8.4.27}$$

ω_0 是振子平均强度,ε 表示形变.$\varepsilon=0(\omega_\perp=\omega_z)$表示球形谐振子,$\varepsilon>0(\omega_\perp>\omega_z)$表示长椭球(prolate)变形,$\varepsilon<0$ 表示偏椭球(oblate)变形.

下面稍仔细讨论一下 $\omega_\perp/\omega_z=2:1(\varepsilon=0.6)$情况下能级的简并度.此时,式(8.4.24)化为

$$E=E_N=(N+5/2)\hbar\omega_\perp/2$$

$$N=2n+n_z \tag{8.4.28}$$

$$n_z,n,N=0,1,2,\cdots$$

对给定能级 E_N,有

$$n_z=N,N-2,\cdots,1(N\text{ 奇})\text{ 或 }0(N\text{ 偶})$$

$$n=0,\quad 1,\cdots,\quad \frac{N-1}{2}\text{ 或}\frac{N}{2} \tag{8.4.29}$$

而对于给定 n,有$(n+1)$个(n_x,n_y),因此 E_N 能级的简并度为

$$f_N=\sum_n(n+1)=\frac{1}{8}\begin{cases}(N+2)(N+4), & N\text{ 偶}\\(N+1)(N+3), & N\text{ 奇}\end{cases} \tag{8.4.30}$$

表 8.2 给出较低几条能级的简并度以及相应的“幻数”(设粒子自旋为 1/2).

表 8.2　长短轴比 $\omega_\perp/\omega_z=2:1$ 的轴对称谐振子势的简并度与壳结构(见图 8.4)

$N(nn_z)$	$2f_N$(计及自旋)	幻数 $\left(2\sum_{i=0}^{N}f_i\right)$
0　(00)	2	2
1　(01)	2	4
2　(02),(10)	6	10
3　(03),(11)	6	16
4　(04),(12),(20)	12	28
5　(05),(13),(21)	12	40
6　(06),(14),(22),(30)	20	60
7　(07),(15),(23),(31)	20	80

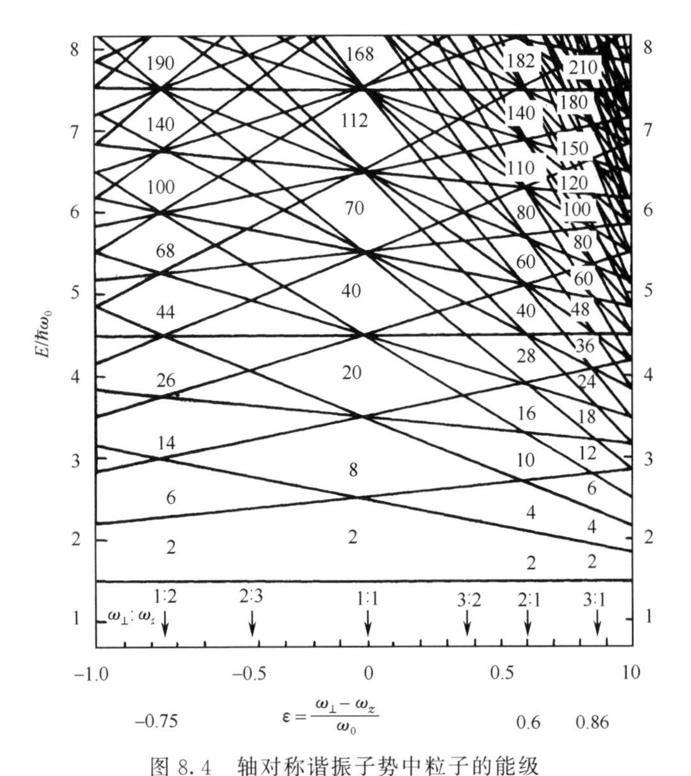

图 8.4　轴对称谐振子势中粒子的能级

取自 A. Bohr and B. R. Mottelson, *Nuclear Structure*, Vol. **II**, p. 592.

8.4.4　能级简并性,壳结构与经典轨道闭合性的关系

先举一个最简单的例子,即二维谐振子,$V=\frac{1}{2}(m\omega_x^2x^2+m\omega_y^2y^2)$. 众所周知,在经典力学中,如 $\omega_x/\omega_y=a/b$(既约分数),则轨道是闭合的,是一个周期运动,角频率为 $\omega=a\omega_y=b\omega_x$. 在量子力学中,它的能级为

$$E(n_x, n_y) = (n_x + 1/2)\hbar\omega_x + (n_y + 1/2)\hbar\omega_y \tag{8.4.31}$$

作为(n_x, n_y)的函数,易见

$$\frac{\partial E}{\partial n_x}\bigg/\frac{\partial E}{\partial n_y} = \omega_x/\omega_y \tag{8.4.32}$$

8.4.2 节中的分析已指出,当 $\omega_x/\omega_y = a/b$(简单既约分数)时,在低激发谱中就会出现简并,能级分布就出现壳结构.例如,$\omega_x/\omega_y = 1$(各向同性谐振子)和 $\omega_x/\omega_y = 1/2$ 时,低激发能级中就出现不同的壳结构(见图 8.3 与表 8.1).轴对称变形谐振子势中的粒子,也存在类似的能级壳结构.这说明,量子体系能级的简并性和壳结构,与经典轨道的闭合性有密切关系.

以下来分析在中心力场 $V(r)$ 中粒子的能级简并性以及壳结构.其能级(束缚态)一般依赖于角动量 l 和径向量子数 n_r,即 $E(n_r, l)$,但不依赖于磁量子数 m.能级简并度为$(2l+1)$.

试把 $E(n_r, l)$看成量子数 n_r, l 的解析函数①,在(n_r, l)平面中某点(n_{r0}, l_0)的邻域作 Taylor 展开

$$\begin{aligned} E(n_r, l) = & E(n_{r0}, l_0) + (n_r - n_{r0})\left(\frac{\partial E}{\partial n}\right)_0 + (l - l_0)\left(\frac{\partial E}{\partial l}\right)_0 \\ & + \frac{1}{2}(n_r - n_{r0})^2\left(\frac{\partial^2 E}{\partial n}\right)_0 + (n_r - n_{r0})(l - l_0)\left(\frac{\partial^2}{\partial n_r}\frac{E}{\partial l}\right)_0 \\ & + \frac{1}{2}(l - l_0)^2\left(\frac{\partial^2 E}{\partial l^2}\right)_0 + \cdots \end{aligned} \tag{8.4.33}$$

设 $E(n_r, l)$随(n_r, l)变化很光滑而缓慢,作为初步近似,在上式中略去较小的二次项,

$$\begin{aligned} E(n_r, l) & \approx E(n_{r0}, l_0) + (n_r - n_{r0})\left(\frac{\partial E}{\partial n_r}\right)_0 + (l - l_0)\left(\frac{\partial E}{\partial l}\right)_0 \\ & = \text{常数项} + \left(\frac{\partial E}{\partial n_r}\right)_0 n_r + \left(\frac{\partial E}{\partial l}\right)_0 l \end{aligned} \tag{8.4.34}$$

即近似为 n_r、l 的线性函数.设

$$\left(\frac{\partial E}{\partial n_r}\right)_0\bigg/\left(\frac{\partial E}{\partial l}\right)_0 = a/b \tag{8.4.35}$$

其中 a/b 为既约分数(a, b 为整数),则单粒子能级系中将出现一系列近简并的能级.令

$$\left(\frac{\partial E}{\partial n_r}\right)_0 = a\Delta, \quad \left(\frac{\partial E}{\partial l}\right)_0 = b\Delta \tag{8.4.36}$$

---

① 这是对 Regge 轨迹概念的推广.在 Regge 轨迹概念中,把 $E(n_r, l)$解析延拓到复 l 平面上.见 A. Bohr & B. R. Mottelson, *Nuclear Structure*, Vol. **II**, p. 578. Benjamin, 1975.

则

$$E(n_r,l)=N_{\rm sh}\Delta+\text{常数}$$
$$N_{\rm sh}=an_r+bl \tag{8.4.37}$$

对于给定 $N_{\rm sh}$,能级 $E(n_r,l)$ 也近似给定.但对于给定的 $N_{\rm sh}$,(n_r,l) 还可以有各种可能组合,因此能级可能出现进一步简并(近简并),即单粒子能级出现集束(bundling)现象. $N_{\rm sh}$ 相同,但 (n_r,l) 不尽相同的诸能级就构成一个大壳,用 $N_{\rm sh}$ 来标记.相邻大壳之间的间距为

$$\hbar\omega_{\rm sh}=\Delta=\frac{1}{a}\left(\frac{\partial E}{\partial n_r}\right)_0=\frac{1}{b}\left(\frac{\partial E}{\partial l}\right)_0 \tag{8.4.38}$$

对于三维各向同性谐振子

$$E=(2n_r+l+3/2)\hbar\omega$$
$$\left(\frac{\partial E}{\partial n_r}\right):\left(\frac{\partial E}{\partial l}\right)=2:1 \tag{8.4.39}$$

此式对 (n_r,l) 平面上所有点都成立,而且 E 对 n_r 和 l 的高阶微商均为 0,因此形成高度"集束"现象,即出现严格的简并①,相邻两条能级("大壳")之间的间距 $\hbar\omega_{\rm sh}=\hbar\omega$ 是常数(能级为均匀分布),$N_{\rm sh}=2n_r+l$ 就是平常习惯用的量子数 $N=2n_r+l$.

对于氢原子[$V(r)=-\kappa/r$],

$$E=-\frac{\mu\kappa^2}{2\hbar^2}\frac{1}{(n_r+l+1)^2} \tag{8.4.40}$$

$$\left(\frac{\partial E}{\partial n_r}\right):\left(\frac{\partial E}{\partial l}\right)=1:1 \tag{8.4.41}$$

此式对 (n_r,l) 平面上所有点也都成立. $N_{\rm sh}=(n_r+l)$ 与平常习惯用的主量子数 $n=(n_r+l+1)$ 只差一个不关重要的常数.与各向同性谐振子不同,氢原子的相邻两个大壳(简并能级)之间间距为

$$\hbar\omega_{\rm sh}=\frac{1}{a}\frac{\partial E}{\partial n_r}=\frac{\mu\kappa^2}{\hbar^2}\frac{1}{(n_r+l+1)^3} \tag{8.4.42}$$

当 $n_r+l\to\infty$ 时,$\hbar\omega_{\rm sh}\to 0$,表现为 Coulomb 势的各大壳之间的间距越来越密.

8.5 对称性在简并态微扰论中的应用

8.5.1 一般原则

微扰论是应用量子力学处理实际问题中最常用的近似方法,其中绝大多数问题涉及简并态如何受到微扰的影响.设体系 Hamilton 量

① 这种平面运动可以看成两个谐振动的复合,一个是径向 r 的振动,一个是角度 θ 的转动.而这两种运动的周期(频率)是可约的(commensurable),因而运动轨道呈闭合曲线.参阅 H. Goldstein, *Classical Mechanics*, 2nd ed., p. 94. Addison-Wesley, Reading, Mass., 1980.

$$H = H_0 + H' \tag{8.5.1}$$

H'代表微扰.设体系原来处于 H_0 的某简并能级,在计及微扰 H'之后,能级的简并度、能级位置和能量本征态将如何变化?

显然,如 H'与 H_0 具有完全相同的对称性,则加上 H'后,原来能级可能发生移动,但能级简并度不会变化,即原来简并能级不会分裂.但每条能级移动的大小不尽相同,因此有可能出现能级发生交叉.但如果 H'的对称性低于 H_0,即体系的对称性被(部分或全部)破坏,则能级的简并可能被解除(部分或全部).下面举两个简单的例子.

例 1 设粒子处于一般中心力场中,$H_0 = p^2/2\mu + V(r)$,具有空间旋转(SO_3)不变性,能级 $E_{n_r l}$ 具有简并度 $2l+1$.设 $H' = -Dl^2$($D>0$,常数),则 $H = H_0 + H'$仍具有 SO_3 对称性.能级 $E_{n_r l}$ 不会分裂,但将发生移动,$E_{n_r l} \to E_{n_r l} - Dl(l+1)\hbar^2$.例如,无限深球方势阱(见卷 I,6.2 节)中粒子的最低的几条能级 $E_{n_r l}$ 依次为 0s、0p、0d、1s、0f、1p、….当受到微扰 $H' = -Dl^2$ 的作用后,尽管每条能级都不分裂,它们将下移 $\Delta E = -Dl(l+1)\hbar^2$,其中 s 能级($l=0$)不移动,$l\neq 0$ 能级都会下移,l 越大的能级下降越厉害.当 D 足够大时,0d 能级就可能下降到 1p 之下,即两条能级会发生交叉.但 l 相同的能级下降的幅度相同,彼此不会交叉.

例 2 各向同性谐振子势 $V(r) = \frac{1}{2}\mu\omega^2 r^2$ 中的粒子,能级 $E_N = (N+3/2)\hbar\omega$,$N = 2n_r + l$,$n_r, l = 0,1,2,\cdots$.对于给定能级 E_N,l 可以取 $N, N-2, \cdots, 0$ 或 1(视 N 为偶或奇而定).这种 l 简并性是各向同性谐振子势的动力学对称性(SU_3)高于 SO_3 对称性的表现(见 9.3 节).能级简并度 $f_N = \frac{1}{2}(N+1)(N+2)$,高于一般中心力场中能级的简并度($2l+1$).因此,当加上 $H' = -Dl^2$之后,SU_3 对称性被破坏,l 简并性即被解除.如 $N=2$ 能级,$l=2,0$,包含 0d 和 1s,是简并的(l 简并).当加上 $H' = -Dl^2$($D>0$)之后,0d 能级将下降 $6D\hbar^2$,而 1s 能级保持不动.因此,$N=2$ 能级的 l 简并被解除,分裂成两条能级,即 0d 和 1s.

下面用群论的语言做更深入的描述.设 H_0 的对称性群为 G_0,计及微扰 H'后,$H = H_0 + H'$的对称性群为 G.分两种情况进行讨论.

(1)设 $G = G_0$,即 H 与 H_0 具有相同的对称性,则与 H_0 完全一样,H 的各能级上的诸简并态,都按照 $G_0 = G$ 的不可约表示变换,所以能级简并度不会发生改变,即能级不会分裂,但可以移动.当然,在 H'的影响下,H_0 的不同能级的移动不一定相同,并且随 H'强度变化(对称性保持不变),移动的幅度也会变化.此时可能出现下列情况:随 H'强度增大,H_0 的某些能级可能交叉.在发生交叉时,两能级将出现简并,习惯上称之为"偶然简并".

但也可能出现如下情况:即某些能级不可能彼此交叉.下面稍仔细一点讨论此问题.考虑两条能级 E_1 和 E_2,在微扰 H'(对称性与 H_0 相同)作用下发生移动.当 $H' = H_1$ 时,它的两个本征值 E_1 和 E_2 已相当靠近,相应的本征方程为

$$\begin{aligned} (H_0 + H_1)\psi_1 &= E_1\psi_1 \\ (H_0 + H_1)\psi_2 &= E_2\psi_2 \end{aligned} \tag{8.5.2}$$

设 ψ_1 和 ψ_2 分别按照 G_0 的彼此等价的不可约表示变换. 现在继续让 H' 变化一个小量 v(对称性保持不变,设 v 为实),即 $H'=H_1+v$,此时能量本征方程变为

$$(H_0+H_1+v)\psi=E\psi \tag{8.5.3}$$

令

$$\psi=c_1\psi_1+c_2\psi_2 \tag{8.5.4}$$

代入式(8.5.3),利用 ψ_1 和 ψ_2 的正交归一性,得

$$\begin{aligned}E_1c_1+v_{11}c_1+v_{12}c_2&=Ec_1\\ v_{21}c_1+E_2c_2+v_{22}c_2&=Ec_2\end{aligned} \tag{8.5.5}$$

此齐次方程有非平庸解的条件为

$$\begin{vmatrix}E_1+v_{11}-E & v_{12}\\ v_{21} & E_2+v_{22}-E\end{vmatrix}=0 \tag{8.5.6}$$

解得

$$\begin{aligned}E=E_\pm=&\frac{1}{2}(E_2+v_{22}+E_1+v_{11})\\ &\pm\sqrt{[(E_2+v_{22})-(E_1+v_{11})]^2+4|v_{12}|^2}\end{aligned} \tag{8.5.7}$$

相应的波函数分别为

$$\begin{aligned}\psi_+&=\cos\frac{\theta}{2}\psi_1-\sin\frac{\theta}{2}\psi_2\\ \psi_-&=\sin\frac{\theta}{2}\psi_1+\cos\frac{\theta}{2}\psi_2\end{aligned} \tag{8.5.8}$$

式中 θ 由下式确定:

$$\tan\theta=\frac{|v_{12}|}{|(E_2+v_{22})-(E_1+v_{11})|} \tag{8.5.9}$$

如要求 E_1 和 E_2 发生交叉,就要求出现重根,即 $E_+=E_-$,这要求

$$E_1+v_{11}-E_2-v_{22}=0,\quad v_{12}=0 \tag{8.5.10}$$

这对 $v=H'-H_1$ 是一个很苛刻的要求. 一般 v 只含有一个可调节的参数(强度参数),很难使式(8.5.10)的两个条件都得到满足,因此能级不会发生交叉,如图 8.5(a)所示. 但如 ψ_1 与 ψ_2 按照 G_0 的不等价的两个不可约表示变换,由于 H' 与 H_0 对称性相同,$v_{12}=0$ 恒成立,此时两能级发生交叉是可能的,如图 8.5(b).(参阅,卷 I,11.3 节.)

例如, 对于上面例 1 的情况,如两条能级 E_{n_rl} 和 $E_{n_r'l'}$ 的角动量相同($l'=l$),则两条能级不会交叉,而当 $l'\neq l$(转动群的不可约表示 D^l 与 $D^{l'}$ 不等价)两条能级就可能发生交叉.

(2) 设 H' 的对称性低于 H_0,即对称性群 G 是 G_0 的子群,$G\subset G_0$. 我们知道,一个群的不可约表示,也是它的子群的表示,但往往是可约的. 这样,在计及微扰 H' 的影响之后,原来属于 H_0 的某能级的诸简并态所张开的 G_0 的不可约表示空间,往往会约化为群 G 的若干个不可约表示空间,即原来的 H_0 的某一条能级会分裂

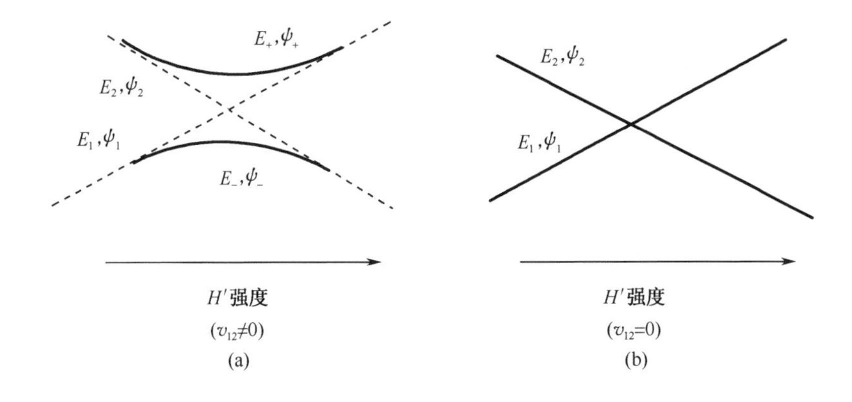

图 8.5

成若干条，而属于分裂后的每一条能级的简并态（简并未完全解除情况），各自张开群 G 的一个不可约表示空间. 群 G 的这些不可约表示空间的维数之和，与原来 H_0 某一条能级的简并度相同.

例如，设 H_0 的某一条能级 $E^{(0)}$ 为 f 重简并，简并态 $\psi_1^{(0)}, \psi_2^{(0)}, \cdots, \psi_f^{(0)}$ 张开 G_0 的一个 f 维不可约表示 $D(g), g \in G_0$. 在计及微扰 H'后，$H = H_0 + H'$的对称性群为 $G \subset G_0$. 此时能级 $E^{(0)}$ 将分裂成 $E_1, E_2, \cdots$，简并度分别为 $f_1, f_2, \cdots$ $\left(\sum\limits_i f_i = f\right)$，属于 E_i 能级的简并态 $\varphi_\alpha^{(i)}$ $(\alpha = 1, 2, \cdots, f_i)$张开 G 的一个 f_i 维不可约表示 $d^{(i)}$（见表 8.3）. 这些不可约表示的直和 $\sum\limits_i d^{(i)}$，与原来 G_0 的不可约表示最多差一个相似变化

$$\sum_i d^{(i)}(g) = U^{-1} D(g) U, \quad g \in G$$

表 8.3

H_0（对称性群 G_0）	$H = H_0 + H'$（对称性群 $G \subset G_0$）
能级 $E^{(0)}$，简并度 f __$E^{(0)}$__	$\vdots$ E_3，$\varphi_\alpha^{(3)}, \alpha = 1, 2, \cdots, f_3; d^{(3)}$ E_2，$\varphi_\alpha^{(2)}, \alpha = 1, 2, \cdots, f_2; d^{(2)}$ E_1，$\varphi_\alpha^{(1)}, \alpha = 1, 2, \cdots, f_1; d^{(1)}$
简并态 $\psi_1^{(0)}, \psi_2^{(0)}, \cdots, \psi_f^{(0)}$	$\sum\limits_i f_i = f$
张开 G_0 的 f 维不可约表示 $D(g)$	$\sum\limits_i d_{(g)}^{(i)} = U^{-1} D(g) U \quad (g \in G)$

在简并微扰论的计算中，表象的选择是重要的. 其原则是：(a)尽可能使 H' 接近于对角化；(b)计算 H' 的矩阵元应较为简便. 为做到这点，需要对 H' 的对称性进行仔细的分析(见例 3).

应该指出，从对称性的考虑，只能得知简并度解除的上限. 如果微扰论的计算进行到足够高级的修正，原则上能级简并的解除可以达到此上限. 但通常微扰论计算往往只做到一级或二级修正，此时并不一定能使简并度的解除达到此上限. 此外，单纯从对称性的考虑，只能得知能级最多可以分裂成几条，但不可能提供分裂的细致的信息(分裂的大小，分裂后能级的确切位置等)，这些只能从体系的动力学性质给出.

例 3 正常 Zeeman 效应(磁场 $\boldsymbol{B}$ 沿 z 轴方向，不计及电子自旋)

$H_0=\dfrac{\boldsymbol{p}^2}{2\mu}+V(r)$	$H=H_0+\dfrac{eB}{2\mu c}l_z$
对称性群 $G_0=SO_3$	$G=SO_2$(绕 z 轴的旋转群)
能级 E_{nl}，$(2l+1)$重简并	$E_{nlm}=E_{nl}+\dfrac{eB}{2\mu c}m\hbar$，简并解除
简并态选为 $\psi_{nlm}(m=l,l-1,\cdots,-l)$	量子态仍为 ψ_{nlm}
按 SO_3 的$(2l+1)$维不可约表示 $D^l_{m',m}(\alpha,\beta,\gamma)$变换，作为其子群 SO_2 的表示时是可约化的.	按 SO_2 的不可约表示(一维)$e^{-im\alpha}$变换，

$$D^l(\alpha,0,0)=\begin{pmatrix} e^{-il\alpha} & & & \\ & e^{-i(l-1)\alpha} & & \\ & & \ddots & \\ & & & e^{il\alpha} \end{pmatrix}$$

即群 SO_2 的$(2l+1)$个不可约(一维)表示的直和. 这里由于群 SO_2 的 E_{nl} 空间的基矢 ψ_{nlm} 选择得恰当[即已选之为群 SO_2 的惟一的无穷小算符 $\hat{l}_z=-i\hbar\dfrac{\partial}{\partial\alpha}$(亦即其 Casimir 算子)的本征态]，当转动局限于绕 z 轴的旋转(SO_2)时，$D^l(\alpha,0,0)$不必再经过幺正变换就已经是对角矩阵了.

在 Zeeman 效应中，空间反射对称性保持不变，所以宇称仍为守恒量.

例 4 Stark 效应(外电场 $\mathscr{E}$ 沿 z 轴方向).

考虑碱金属原子，其价电子在屏蔽 Coulomb 场 $V(r)$中运动. 能级 E_{nl} 的$(2l+1)$个简并态(取为 ψ_{nlm})按对称性群 O_3 的不可约表示 D^l 变换. 当沿 z 轴方向加上电场 $\mathscr{E}$ 时，微扰 $H'=e\mathscr{E}z$. 此时普遍的空间旋转不变性和反射不变性已不复存在，宇称不再是守恒量. 但绕 z 轴的旋转不变性仍然保存. 此外，对于含 z 轴在内的平面的镜像反射(σ_v，即 σ_{yz}，σ_{zx})也具有不变性. 对称性群记为 $C_{\infty v}$，是一个非 Abel 群. 它有两个一维表示(记为 A_1 和 A_2)和无穷多个二维不可约表示(记为 E_m，$m=1,2,3,\cdots$)，如表 8.4 所示. 试问，体系的能级将如何分裂？为此，可借助于群表示理论中的特征标分析(见附录 B.4).

在 O_3 的不可约表示 D^l 中，旋转 α 角的一类元素 $C(\alpha)$（不管转轴的指向）的特征标为

$$\mathrm{tr}D^l(\alpha,0,0)=\sum_{m=-l}^{l}\mathrm{e}^{-\mathrm{i}m\alpha}=\sum_{m=l}^{l}2\cos m\alpha+1=\sum_{m=l}^{l}\mathrm{tr}E_m(\alpha)+1$$

$$=\begin{cases}\dfrac{\sin(l+1/2)\alpha}{\sin\alpha/2}, & \alpha\neq 0\\ 2l+1, & \alpha=0\end{cases}\tag{8.5.11}$$

这里 $\mathrm{tr}E_m(\alpha)$ 是元素 $C(\alpha)$ 在 $C_{\infty v}$ 的二维不可约表示 E_m 中的特征标，而 1 则可视为它在一维表示 A_1 中的特征标.

现在考虑在 D^l 表示中 σ_v 的特征标. 以对 zy 平面的镜像反射 σ_{zy} 为例. 容易看出，$\sigma_{zy}=C_x(\pi)P$，$C_x(\pi)$ 是绕 x 轴旋转 π 角，P 为三维空间反射（$\boldsymbol{r}\to-\boldsymbol{r}$）. 在 D^l 表示中，σ_{zy} 的特征标为

$$\begin{aligned}\mathrm{tr}D^l(\sigma_{zy})&=\mathrm{tr}D^l(C_x(\pi)P)\\&=\mathrm{tr}D^l(C_x(\pi))\cdot\mathrm{tr}D^l(P)\\&=\frac{\sin(l+1/2)\pi}{\sin\pi/1}\cdot(-1)^l=1\end{aligned}$$

所以

$$\mathrm{tr}D^l(\sigma_v)=1\tag{8.5.12}$$

由表 8.4 可看出，σ_v 在 $C_{\infty v}$ 的一维表示 A_1 中特征标为 1，在二维表示 E_m 中特征标为 0. 综合上述分析，可得出如下结论：群 O_3 的不可约表示 D^l，作为其子群 $C_{\infty v}$ 的表示时，约化为

$$D^l(g)=\sum_{m=1}^{l}E_m(g)\oplus A_1\quad(g\in C_{\infty v})$$

表 8.4

群元素 \ 不可约表示	A_1	A_2	$E_m(\alpha)$ $m=1,2,3,\cdots$
$C_z(\alpha)$ 绕 z 轴旋转 α 角	1	1	$\begin{pmatrix}\mathrm{e}^{-\mathrm{i}m\alpha} & 0\\ 0 & \mathrm{e}^{\mathrm{i}m\alpha}\end{pmatrix}$
σ_v	1	-1	$\begin{pmatrix}0 & 1\\ 1 & 0\end{pmatrix}$

因此，能级 E_{nl} 将分裂为 l 条 2 重简并能级和 1 条非简并能级.

8.5.2 对称性在原子光谱分析中的应用，*LS* 耦合

多电子原子是一个很复杂的体系. 多电子体系的 Hamilton 量为

$$H=\sum_{i}^{Z}\left[\frac{\boldsymbol{p}_i^2}{2\mu}-\frac{Ze^2}{r_i}+\xi(r_i)\boldsymbol{s}_i\cdot\boldsymbol{l}_i\right]+\sum_{i<j}^{Z}\frac{e^2}{|\boldsymbol{r}_i-\boldsymbol{r}_j|}\tag{8.5.13}$$

其中 $-Ze^2/r_i$ 代表原子核（荷电 $+Ze$）对电子的吸引 Coulomb 势能，$\xi(r_i)\boldsymbol{s}_i\cdot\boldsymbol{l}_i$ 表示在中心力场中的电子感受到的自旋轨道耦合（spin-orbit coupling.），$\xi(r_i)$ 依赖

于中心力场[①]. 式(8.5.13)中方括号内各项均为单体算符,较容易处理. 难以对付的是电子之间的Coulomb作用 e^2/r_{ij},它是一个二体算符. 通常采用独立粒子模型(即壳模型)和微扰论来近似处理. 在此模型中,电子之间的二体相互作用被一个适当的平均场 $V_c(r_i)$ 代替,$V_c(r_i)$ 假设为一个中心力场. 此时可以把 H 改写成

$$H = \sum_{i=1}^{Z}\left[\frac{\boldsymbol{p}_i^2}{2\mu} - \frac{Ze^2}{r_i} + V_c(r_i)\right] + V_{SL} + V_{\text{res}} \tag{8.5.14}$$

其中

$$V_{SL} = \sum_{i=1}^{Z}\xi(r_i)\boldsymbol{s}_i \cdot \boldsymbol{l}_i \tag{8.5.15}$$

$$V_{\text{res}} = \sum_{j\neq i}^{Z}\frac{e^2}{r_{ij}} - \sum_{i=1}^{Z}V_c(r_i) \tag{8.5.16}$$

V_{res} 可以视为电子之间的剩余相互作用(residual interaction). 在独立粒子模型中,把 V_{res} 忽略掉,Hamilton 量取为

$$H_0 = \sum_{i=1}^{Z}\left[\frac{\boldsymbol{p}_i^2}{2\mu} - \frac{Ze^2}{r_i} + V_c(r_i) + \xi(r_i)\boldsymbol{s}_i \cdot \boldsymbol{l}_i\right] \tag{8.5.17}$$

它是单体算符,其本征函数可表示成各单电子波函数的乘积(并计及交换反对称). 在更精确的计算中才把 V_{res}(作为微扰)的影响考虑进去.

在原子中,自旋轨道耦合作用比较微弱,其强度与核电荷 Z 有关,随 Z 增大而加强,只在重原子中才比较重要. 对于轻原子或中等原子,$V_{SL} \ll V_{\text{res}}$. 因此,可以先考虑 V_{res} 的影响,然后再考虑 V_{SL} 的影响.

在忽略 V_{SL} 的情况下,考虑到 $[V_{\text{res}}, \boldsymbol{S}]=0$,$[V_{\text{res}}, \boldsymbol{L}]=0$,$\boldsymbol{S}$ 是诸电子的自旋之和,$\boldsymbol{L}$ 是诸电子轨道角动量之和,即 $\boldsymbol{S}$、$\boldsymbol{L}$ 和 $\boldsymbol{J}=\boldsymbol{L}+\boldsymbol{S}$ 均为守恒量. 考虑到微扰 V_{res} 与自旋无关,在进行微扰计算时,选择以($H_0, \boldsymbol{L}^2, \boldsymbol{S}^2, L_z, S_z$)的共同本征态 $|\alpha LSM_LM_S\rangle$ 为基矢的表象是方便的,此即 *LS* **耦合方案**. α 是为确定原子状态所需的其他量子数,当某一 *LS* 能级出现多次的情况,就需要用 α 去区分它们. 若在给定电子组态(configuration)情况下,某个 *LS* 只出现一次,则 α 是不必要的. 在 *LS* 耦合方案中,对于 LSM_LM_S 量子数来说,V_{res} 已对角化,即

$$\langle\alpha'L'S'M_L'M_S'|V_{\text{res}}|\alpha LSM_LM_S\rangle = \delta_{L'L}\delta_{S'S}\delta_{M_L'M_L}\delta_{M_S'M_S}V_{\alpha'\alpha}(LS) \tag{8.5.18}$$

在不需其他量子数 α 的情况下,V_{res} 的对角化已经解决. 此时只需考虑 V_{res} 的对角元的贡献. 考虑到电子之间剩余相互作用为排斥力,它对不同 *LS* 能级的贡献大小,有一个 Hund 法则:**在给定电子组态(未满壳中电子数≤半满壳)的情况下,最低能级的 S 取最大的可能值,而 L 则取在此 S 值下允许的最大值.**

---

① 设电子在中心势 $V(r)$ 中运动,则 $\xi(r)=\dfrac{1}{2\mu^2c^2}\dfrac{1}{r}\dfrac{\mathrm{d}V}{\mathrm{d}r}$(参见 11.4.3 节).

[注]Hund 法则的定性说明

Hund 法则是从原子光谱分析中总结出来的经验规则. 从对称性可给予定性的解释. 由于电子相互作用为 Coulomb 排斥力,空间波函数反对称度越大的状态越稳定. 根据 Fermi 子多体系波函数的反对称要求,相应的自旋波函数的交换对称性越大的状态就越稳定. 为此,我们研究多电子体系的自旋波函数的交换对称性.

令 P_{ij}^{S} 表示 (i,j) 两个电子的自旋交换算符,$\boldsymbol{S}(i,j)=\boldsymbol{s}(i)+\boldsymbol{s}(j)$ 表示两个电子自旋之和. 容易证明(取 $\hbar=1$,参见卷Ⅰ,p. 305,式(9.4.21))

$$P_{ij}^{S} = \boldsymbol{S}^2(i,j) - 1 = \begin{cases} +1, & \text{作用于 3 重态上} \\ -1, & \text{作用于单态上} \end{cases}$$

对于由 k 个电子组成的体系,总自旋 $\boldsymbol{S} = \sum_i \boldsymbol{s}(i)$

$$\boldsymbol{S}^2 = \Big(\sum_i \boldsymbol{s}(i)\Big)^2 = \sum_i \boldsymbol{s}(i)^2 + 2\sum_{i<j} \boldsymbol{s}(i)\cdot\boldsymbol{s}(j)$$

利用

$$\boldsymbol{S}^2(i,j) = \boldsymbol{s}(i)^2 + \boldsymbol{s}(j)^2 + 2\boldsymbol{s}(i)\cdot\boldsymbol{s}(j)$$

$$2\boldsymbol{s}(i)\cdot\boldsymbol{s}(j) = \boldsymbol{S}^2(i,j) - \boldsymbol{s}(i)^2 - \boldsymbol{s}(j)^2 = (P_{ij}^{S}+1) - 3/2 = P_{ij}^{S} - 1/2$$

得

$$\begin{aligned}\boldsymbol{S}^2 &= \sum_{i=1}^{k} \frac{3}{4} + \sum_{i<j}^{k} P_{ij}^{S} - \frac{1}{2}\sum_{i<j}^{k} \\ &= \frac{3}{4}k + \sum_{i<j}^{k} P_{ij}^{S} - \frac{1}{4}k(k-1) = \sum_{i<j}^{k} P_{ij}^{S} + k - \frac{1}{4}k^2\end{aligned}$$

令

$$P^{S} = \sum_{i<j}^{k} P_{ij}^{S}$$

表征 k 个电子体系的自旋态的交换对称性的程度,

$$P^{S} = \boldsymbol{S}^2 + \frac{1}{4}k^2 - k$$

其本征值为

$$S(S+1) + \frac{1}{4}k^2 - k$$

S 的最大值为 $k/2$(所有电子自旋取向相同),此时 P^{S} 本征值为 $\frac{1}{2}k(k-1)$,相当于所有 $P_{ij}^{S}=1$,此时自旋态的交换对称性最大,因而最稳定.

对于给定的 S,如有几个 L 值都是允许时,则 L 较大的空间态下,电子相距较远,库仑斥力较小,因而较稳定.

在计及 V_{SL} 后,$\boldsymbol{L}$ 与 $\boldsymbol{S}$ 分别不再为守恒量,但可证明 $\boldsymbol{L}^2$、$\boldsymbol{S}^2$ 和 $\boldsymbol{J}=\boldsymbol{L}+\boldsymbol{S}$ 仍为守恒量,即 LS 仍保持为好量子数. 因此只需在具有一定的能量(H_0+V_{res})的本征值和 LS 的子空间[记为 $\mathscr{E}(\alpha LS)$]中把 $H=H_0+V_{\text{res}}+V_{SL}$ 对角化. 可以证明(注),在此子空间中,V_{SL} 可以换为一个等效算符 $A(\boldsymbol{S}\cdot\boldsymbol{L})$,$A$ 为不依赖于磁量子数的常量,即

$$\langle \alpha LSM'_L M'_S | V_{SL} | \alpha LSM_L M_S \rangle = A \langle \alpha LSM'_L M'_S | \boldsymbol{S} \cdot \boldsymbol{L} | \alpha LSM_L M_S \rangle \tag{8.5.19}$$

为便于处理 V_{SL}，可采用耦合表象，因为在子空间 $\mathscr{E}(\alpha LS)$ 的表象 $|\alpha LSM_L M_S\rangle$ 中 V_{SL} 是非对角的，在换到耦合表象 $|\alpha LSJM\rangle$ 中则是对角化的. $|\alpha LSJM\rangle$ 是 $(H_0 + V_{res}, \boldsymbol{L}^2, \boldsymbol{S}^2, \boldsymbol{J}^2, J_z)$ 的共同本征态. 此时，

$$\begin{aligned} \langle \alpha LSJ'M' | V_{SL} | \alpha LSJM \rangle &= A \langle \alpha LSJ'M' | \boldsymbol{S} \cdot \boldsymbol{L} | \alpha LSJM \rangle \\ &= \frac{A}{2} \langle \alpha LSJ'M' | \boldsymbol{J}^2 - \boldsymbol{L}^2 - \boldsymbol{S}^2 | \alpha LSJM \rangle \\ &= \frac{A}{2} \hbar^2 [J(J+1) - L(L+1) - S(S+1)] \delta_{JJ'} \delta_{MM'} \end{aligned} \tag{8.5.20}$$

这样，V_{SL} 使 (αLS) 标记的能级分裂成若干条，每一条用一个 J 值标记，简并度为 $2J+1$. J 的可能取值为

$$J = |L-S|, |L-S|+1, \cdots, (L+S) \tag{8.5.21}$$

［注］

V_{SL} 是单体算符［见式(8.5.15)］，$|\alpha LSM_L M_S\rangle$ 是已反对称化的态，所以

$$\langle \alpha LSM'_L M'_S | V_{SL} | \alpha LSM_L M_S \rangle = Z \langle \alpha LSM'_L M'_S | \xi(r) \boldsymbol{s} \cdot \boldsymbol{l} | \alpha LSM_L M_S \rangle$$

考虑到 $\boldsymbol{l}$、$\boldsymbol{s}$、$\boldsymbol{L}$、$\boldsymbol{S}$ 都是转动下的一阶张量，按照 Wigner-Eckart 定理

$$\langle \alpha LSM'_L M'_S | \xi(r) s_\mu l_\nu | \alpha LSM_L M_S \rangle = a \langle \alpha LSM'_L M'_S | S_\mu L_\nu | \alpha LSM_L M_S \rangle$$

其中 a 不依赖于磁量子数，只是约化矩阵元之比. 因此

$$\langle \alpha LSM'_L M'_S | \xi(r) \boldsymbol{s} \cdot \boldsymbol{l} | \alpha LSM_L M_S \rangle = a \langle \alpha LSM'_L M'_S | \boldsymbol{S} \cdot \boldsymbol{L} | \alpha LSM_L M_S \rangle$$

所以

$$\langle \alpha LSM'_L M'_S | V_{SL} | \alpha LSM_L M_S \rangle = A \langle \alpha LSM'_L M'_S | \boldsymbol{S} \cdot \boldsymbol{L} | \alpha LSM_L M_S \rangle$$

式中 $A = Za$，与磁量子数无关.

例 ^{12}C 低激发能级的分析.

按独立粒子模型，^{12}C 原子的最低的电子组态为 $(1s)^2(2s)^2(2p)^2$，包含两个满壳 $(1s)^2$，$(2s)^2$ 和一个未满壳 $(2p)^2$. 对于原子的低激发态，满壳中的电子的激发可视为冻结，只需考虑未满壳中价电子的激发. 对于 ^{12}C，就只考虑 $(2p)^2$ 组态所包含的可能状态. 计及电子的自旋自由度和 Pauli 原理，在此组态下共有 15 个态 $\left[\binom{6}{2} = 15\right]$. 如按 LS 耦合方案对量子态进行分类，则这些态用 $L=0,1,2$ 和 $S=0,1$ 来标记. 计及 Pauli 原理后，允许的态为

$$^3\text{P}, {}^1\text{S}, {}^1\text{D}$$

这些态的总数也恰好是 $15 = (3\times3 + 1\times1 + 1\times5)$. 在此情况下，每一个 LS 只出现一次，附加量子数 α 是不必要的. 计及微扰作用后，能级将分裂为 3 条. 3 条能级的相对位置取决于相互作用的对角元 $V_{res}(^3\text{P})$，$V_{res}(^1\text{S})$ 及 $V_{res}(^1\text{D})$. 按照 Hund 法则，$^3\text{P}(S=1, L=1)$ 能级最低，而 $^1\text{D}(S=0, L=2)$ 低于 $^1\text{S}(S=0, L=0)$ 能级，见图 8.6.

图 8.6(b) 中的 ^{3}P 能级 $(S=1, L=1)$，在 V_{SL} 作用下就分裂成 3 条，$J=0$、1、2，即 $^3\text{P}_0$、$^3\text{P}_1$ 和 $^3\text{P}_2$. 因 $A>0$，由式(8.5.20)可看出，J 较大的能级位置较高［图 8.6(c)］. 对于 $S=0(J=L)$ 或

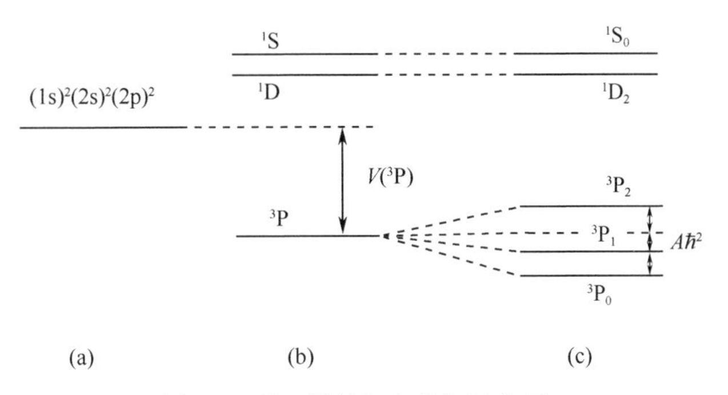

图 8.6　^{12}C 最低组态的能级分析.

(a)H_0 的最低组态$[(1s)]^2(2s)^2$ 是满壳，冻结；(b)计及电子相互作用 V 后的能级(H_0+V_{res})；(c)再计及自旋轨道耦合后的能级($H_0+V_{\text{res}}+V_{SL}$)

$L=0(J=S$ 情况$)$，V_{SL} 无贡献，能级不移动. 图 8.6 中的^{1}S 和^{1}D 能级就属于 $S=0$ 情况.

磁场对原子光谱的影响，Landèg 因子

当加上外磁场后，一般说来，原子总角动量 J 不再是守恒量. 但对于均匀外磁场 B(沿 z 轴方向)，原子与外磁场作用可表示为

$$W=\frac{eB}{2\mu c}(L_z+2S_z)=\frac{eB}{2\mu c}(J_z+S_z) \tag{8.5.22}$$

此时 J_z 仍保持为守恒量. 以下分两种情况讨论：

1)外磁场很强($W\gg V_{SL}$)

此时可忽略 V_{SL}，只考虑外磁场的影响，因此只需在子空间 $\mathscr{E}(\alpha LS)$中把 W 对角化. 此时选用$|\alpha LSM_LM_S\rangle$表象是方便的，因为在此表象中 W 已对角化

$$\langle \alpha LSM'_L、M'_S|W|\alpha LSM_LM_S\rangle=\mu_{\mathrm{B}}B(M_L+2M_S)\delta_{M'_LM_L}\delta_{M'_SM_S} \tag{8.5.23}$$

式中 $\mu_{\mathrm{B}}=e\hbar/2\mu c$ 是 Bohr 磁子. 于是原来能级 $E_{\alpha LS}$ 分裂为

$$E_{\alpha LS}\to E_{\alpha LSM_LM_S}=E_{\alpha LS}+\mu_{\mathrm{B}}B(M_L+2M_S) \tag{8.5.24}$$

$$M_L=L,L-1,\cdots,-L,\quad M_S=S,S-1,\cdots,-S$$

由于能量依赖于(M_L+2M_S)这个特殊的组合，能级有时还可能出现简并.

2)外磁场 B 很弱($W\ll V_{SL}$)

此时应先考虑 V_{SL} 影响，然后把 W 作为微扰处理，因此采用耦合表象是方便的. 此时可局限在给定能级(αLSJ)的各简并态张开的 $2J+1$ 维子空间 $\mathscr{E}(\alpha LSJ)$中把 W 对角化. 考虑到 $\boldsymbol{J}+\boldsymbol{S}$ 和 $\boldsymbol{J}$ 均为转动下的一阶张量，在此子空间中，按照 Wigner-Eckart 定理(见 7.3.2 节，8.3.3 节)

$$\langle \alpha LSJM'|(\boldsymbol{J}+\boldsymbol{S})|\alpha LSJM\rangle=g\langle \alpha LSJM'|\boldsymbol{J}|\alpha LSJM\rangle \tag{8.5.25}$$

式中 Landè g 因子，不依赖于磁量子数，是约化矩阵元之比. 事实上，在此子空间中，$\boldsymbol{J}+\boldsymbol{S}$ 与 $g\boldsymbol{J}$ 是彼此等效的算符. 为计算 g 因子，可分别计算$(\boldsymbol{J}+\boldsymbol{S})\cdot\boldsymbol{J}$ 和$g\boldsymbol{J}\cdot\boldsymbol{J}$ 的对角元.

$$\langle (\boldsymbol{J}+\boldsymbol{S})\cdot\boldsymbol{J}\rangle = \langle \boldsymbol{J}^2+\boldsymbol{S}\cdot\boldsymbol{J}\rangle = \left\langle \boldsymbol{J}^2+\frac{1}{2}(\boldsymbol{J}^2+\boldsymbol{S}^2-\boldsymbol{L}^2)\right\rangle$$

$$= \frac{\hbar^2}{2}L[3J(J+1)+S(S+1)-L(L+1)]$$

$$g\langle \boldsymbol{J}\cdot\boldsymbol{J}\rangle = gJ(J+1)\hbar^2$$

由此得出

$$g = 1+\frac{1}{2J(J+1)}[J(J+1)+S(S+1)-L(L+1)] \qquad (8.5.26)$$

利用以上结果,可计算的矩阵元

$$\langle \alpha LSJM'|W|\alpha LSJM\rangle = \frac{eB}{2\mu c}\langle \alpha LSJM'|(J_z+S_z)|\alpha LSJM\rangle$$

$$= \frac{eB}{2\mu c}g\langle \alpha LSJM'|J_z|\alpha LSJM\rangle$$

$$= \frac{eB}{2\mu c}gM\hbar\,\delta_{M'M} = Mg\mu_B B\delta_{M'M} \qquad (8.5.27)$$

这样,在弱磁场 B 的影响之下,原来 $(2J+1)$ 重简并的能级 $E_{\alpha LSJ}$ 就均匀分裂为 $(2J+1)$ 条能级,简并完全解除,

$$E_{\alpha LSJ} \rightarrow E_{\alpha LSJM} = E_{\alpha LSJ}+Mg\mu_B B \qquad (8.5.28)$$

$$M = J, J-1, \cdots, -J$$

第9章　氢原子与谐振子的动力学对称性

9.1　中心力场中经典粒子的运动,轨道闭合性与守恒量

经典力学中,在一个中心力场 $V(r)$ 中运动的粒子,除能量守恒之外,轨道角动量 $\boldsymbol{L}=\boldsymbol{r}\times\boldsymbol{p}$ 也是守恒量,因为

$$\frac{\mathrm{d}}{\mathrm{d}t}\boldsymbol{L}=\boldsymbol{r}\times\frac{\mathrm{d}\boldsymbol{p}}{\mathrm{d}t}+\frac{\mathrm{d}\boldsymbol{r}}{\mathrm{d}t}\times\boldsymbol{p}=\boldsymbol{r}\times\frac{\mathrm{d}\boldsymbol{p}}{\mathrm{d}t}$$
$$=-\boldsymbol{r}\times\nabla V(r)=-\boldsymbol{r}\times\frac{\boldsymbol{r}}{r}\frac{\mathrm{d}V}{\mathrm{d}r}=0 \tag{9.1.1}$$

在物理上,这很容易理解.因为作用力的方向指向力心,粒子所受力矩为0,因而角动量守恒.此外,由于

$$\boldsymbol{L}\cdot\boldsymbol{r}=\boldsymbol{L}\cdot\boldsymbol{p}=0 \tag{9.1.2}$$

经典粒子的运动必为一个平面运动,轨道平面的法线方向即 $\boldsymbol{L}$ 的方向.以上这些特点是体系的空间旋转不变性(SO_3 对称性)的表现.但应指出,在一般的中心力场 $V(r)$ 中的粒子的轨道,并不一定能保证是一条闭合的曲线.

9.1.1　氢原子轨道的闭合性,Runge-Lenz 矢量

在万有引力场中的粒子,或在 Coulomb 场中的带电粒子(如氢原子),势场

$$V(r)=-\frac{\kappa}{r} \tag{9.1.3}$$

按经典力学分析(见本节附录1),当粒子能量 $E<0$ 时(束缚态),它的运动轨道为椭圆(图9.1).设椭圆的半长轴和半短轴的长度分别为 a 和 b,偏心率 $e=c/a=\sqrt{a^2-b^2}/a$,则粒子能量

$$E=-\frac{\kappa}{2a} \tag{9.1.4}$$

只依赖于长轴的长度.但角动量平方

$$L^2=\mu\kappa a(1-e^2) \tag{9.1.5}$$

(μ 为约化质量)则与半长轴长度 a 和偏心率 e 均有关.能量相同而角动量不同的粒子轨道的偏心率不同.偏心率越小,则角动量越大.特别是,圆轨道($e=0$)的角

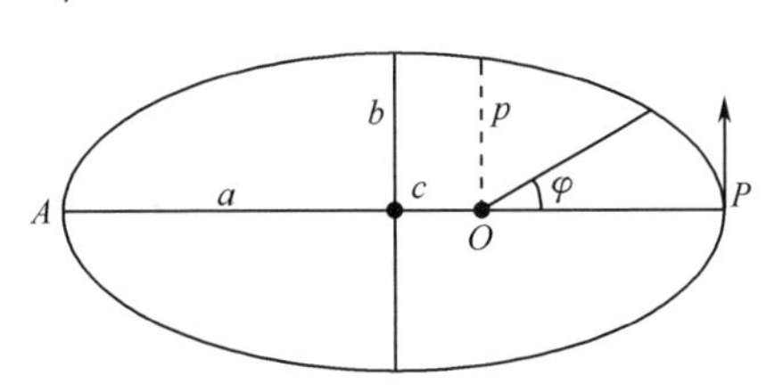

图 9.1

a 为半长轴,b 为半短轴,$c=\sqrt{a^2-b^2}$ 为焦距,偏心率为 $e=c/a$,$p=b^2/a$. P 为近日点(perihelion),A 为远日点(aphelion).近日距 $r_{近}=\frac{p}{1+e}$,远日距 $r_{远}=\frac{p}{1-e}$. $r_{近}+r_{远}=2a=2p/(1-e^2)$,$a=\frac{p}{1-e^2}$ 或 $p=a(1-e^2)$.

动量最大. 根据能量和角动量的大小,即可确定椭圆轨道的形状. 再根据角动量的指向,即可确定椭圆轨道平面的法线方向. 所有这些都表明万有引力场或 Coulomb 场是一种特殊的中心力场. 更仔细的分析发现,除了能量 E 和轨道角动量 $\boldsymbol{L}$ 之外,还有另外的守恒量,即 Runge-Lenz 矢量①

$$\boldsymbol{R} = \frac{1}{\mu\kappa}\boldsymbol{p} \times \boldsymbol{L} - \frac{\boldsymbol{r}}{r} \tag{9.1.6}$$

可以证明(见本节附录 2)

$$\frac{\mathrm{d}}{\mathrm{d}t}\boldsymbol{R} = 0 \tag{9.1.7}$$

从 $\boldsymbol{R}$ 的定义式(9.1.6)可明显看出

$$\boldsymbol{R} \cdot \boldsymbol{L} = 0 \tag{9.1.8}$$

即 $\boldsymbol{R}$ 是在轨道平面内的一个守恒量. 在远(近)日点处($\boldsymbol{p} \cdot \boldsymbol{r}=0$),$\boldsymbol{R}$ 的方向就是长轴方向. 考虑到 $\boldsymbol{R}$ 为守恒量,所以椭圆长轴方向在运动过程中保持不变. 还可以证明(见本节附录 2)

$$R^2 = \boldsymbol{R} \cdot \boldsymbol{R} = \frac{2H}{\mu\kappa^2}L^2 + 1 \tag{9.1.9}$$

式中

$$H = \frac{p^2}{2\mu} - \frac{\kappa}{r} \tag{9.1.10}$$

是体系的 Hamilton 量. 所以 $\boldsymbol{R}$ 的大小也是运动常数,并与能量和角动量平方之积有关. 按式(9.1.4)、(9.1.5)、(9.1.9),可得出

$$R^2 = e^2 \tag{9.1.11}$$

$\boldsymbol{R}$ 的大小,即椭圆的偏心率($\boldsymbol{R}$ 方向即长轴方向).

Coulomb 场(或万有引力场)表现出的这些特点,反映它具有比一般中心力场更高的对称性②(见 9.2.1 节).

9.1.2 各向同性谐振子轨道的闭合性

经典力学中,各向同性谐振子势

$$V(r) = \frac{1}{2}Kr^2 = \frac{1}{2}\mu\omega^2 r^2, \quad \omega = \sqrt{K/\mu} \tag{9.1.12}$$

---

① C. Runge, *Vektoranalysis*, Vol. **1**, p. 70. Hirzel, Leipzig, 1919; W. Lenz, Z. Phys. **24**(1924) 197. 据史料调查,早在 18 世纪末 Laplace 已发现了这一守恒量,见 P. S. Laplace, *Traité de Mécanique Céleste*, Vol. **1** Villars, Paris, 1799. 关于有关史料,有兴趣的读者可参阅:H. Goldstein, Am. J. Phys. **43**(1975) 735; **44**(1976) 1123.

② W. Pauli, Z. Phys. **36**(1926) 336-363; 英译文见 *Sources of Quantum Mechanics*, ed. B. L. van der Waerden(Dover, New York, 1967), On the hydrogen spectrum from the standing point of the new quantum mechanics, p. 387~415. Pauli 首先用代数方法,得出了氢原子的能谱.

中粒子的轨道，一般是椭圆. 设椭圆的半长轴为 a，半短轴为 b（图 9.2）. 简单分析即可证明，谐振子的能量 E 和角动量平方 L^2 分别为①

$$E = \frac{K}{2}(a^2 + b^2) \qquad (9.1.13)$$

$$L^2 = \mu K a^2 b^2 \qquad (9.1.14)$$

根据 E 和 L^2 可以把椭圆轨道的形状参量 a 和 b 确定下来，再根据角动量 $\boldsymbol{L}$ 的方向，即可确定轨道的法线方向.

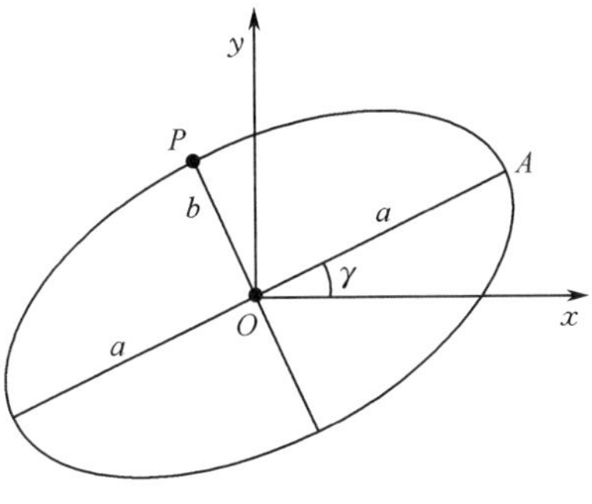

图 9.2

与 Coulomb 场的不同点在于：在 Coulomb 场情况下，力心 O 不在椭圆轨道的中心而在椭圆长轴上的一个焦点. 长轴和短轴的地位是不等当的，远日点（perihelion）和近日点（aphelion）都在长轴上，长轴的方向（RungeLenz 矢量的方向）和偏心率是守恒的，能量只依赖于长轴的长度. 而对于三维各向同性谐振子，力心 O 即椭圆轨道的中心. 远日点在长轴上，近日点在短轴上，长轴与短轴的地位是相当的. 能量既依赖于 a^2，也依赖于 b^2.

考虑到谐振子 Hamilton 量（取自然单位，$\mu=\omega=\hbar=1$）在相空间中的旋转不变性$[H=(p^2+r^2)/2]$，对于各向同性谐振子，x、y、z 轴的地位完全等当，因此，除了角动量的三个分量

$$L_z = xp_y - yp_x, \quad L_x = yp_z - zp_y, \quad L_y = zp_x - xp_z \qquad (9.1.15)$$

之外，容易看出（采用自然单位）

$$H_x = \frac{1}{2}(x^2 + p_x^2), \quad H_y = \frac{1}{2}(y^2 + p_y^2), \quad H_z = \frac{1}{2}(z^2 + p_z^2) \qquad (9.1.16)$$

$$Q_{xy} = xy + p_x p_y, \quad Q_{yz} = yz + p_y p_z, \quad Q_{zx} = zx + p_z p_x \qquad (9.1.17)$$

都是守恒量（但注意，它们彼此并不完全独立，详见下节）.

下面来讨论这些守恒量如何保证了粒子轨道的闭合性. 首先，由于角动量守恒，就保证了轨道必然在一个平面内，例如取为 xy 平面（见图 9.2）. 下面考虑在此平面中的各向同性谐振子的运动. 考虑守恒量

---

① 谐振子势可以分离变量，在 x、y、z 轴三个方向的运动都是简谐运动. 两个彼此垂直的简谐运动，当振动频率之比为有理数时，合成的运动轨道即有名的 Lissajour 图形. 各向同性谐振子的轨道就是最简单的 Lissajour 图形，即椭圆. 参阅 K. R. Symon，*Mechanics*，3rd. ed. 3～10 节. Reading，Massachusetts，Addison-Wesley，1971. 经典谐振子的平面运动可分解成两个一维谐振子，一个能量为 $\frac{1}{2}Ka^2$，另一个为 $\frac{1}{2}Kb^2$，总能量为 $E=\frac{K}{2}(a^2+b^2)$. 由于角动量为守恒量，不妨在远日点 A 处来分析其角动量的大小. 设粒子在点 A 的速度为 v_0，则 $E=\frac{1}{2}Ka^2+\frac{1}{2}\mu v_0^2=\frac{1}{2}Ka^2+\frac{1}{2}Kb^2$，所以 $v_0^2=Kb^2/\mu$，而角动量值为 $\mu v_0 a$，因而 $L^2=\mu^2 v_0^2 a^2=\mu K a^2 b^2$.

$$Q_{xy} = xy + p_x p_y$$

$$Q_1 = H_x - H_y = \frac{1}{2}(x^2 - y^2) + \frac{1}{2}(p_x^2 - p_y^2)$$

在远日点 A 处

$$x = a\cos\gamma, \quad y = a\sin\gamma$$

$$p_x = -b\sin\gamma, \quad p_y = b\cos\gamma$$

因此,守恒量表示为

$$Q_{xy} = \frac{1}{2}(a^2 - b^2)\sin 2\gamma$$

$$Q_1 = \frac{1}{2}(a^2 - b^2)\cos 2\gamma \tag{9.1.18}$$

因而

$$\tan 2\gamma = Q_{xy}/Q_1 \tag{9.1.19}$$

$$Q_{xy}^2 + Q_1^2 = \frac{1}{4}(a^2 - b^2)^2 \tag{9.1.20}$$

由式(9.1.13)和(9.1.20)可得椭圆偏心率

$$\begin{aligned} &\propto (a^2 - b^2)/(a^2 + b^2) \\ &= \sqrt{Q_{xy}^2 + Q_1^2}/(H_x + H_y) = \sqrt{Q_{xy}^2 + Q_1^2}/E \end{aligned} \tag{9.1.21}$$

椭圆轨道的长轴(以及短轴)在平面中的指向(由 γ 刻画)就由守恒量 Q_{xy}/Q_1 确定,而偏心率则由守恒量 $\sqrt{(Q_{xy}^2 + Q_1^2)}/E$ 确定.

9.1.3 独立守恒量的数目与轨道的闭合性

对于一个具有 s 个自由度的封闭的经典力学体系(孤立系,或 Hamilton 量不显含 t),由于时间零点的选择是任意的,可以证明,体系的独立守恒量的最大数目是 $(2s-1)$[①]. 独立的守恒量的数目 $\geqslant s$ 的体系,称为可积(integrable). 反之,为不可积(nonintegrable),体系的运动会出现混沌(chaos)现象[②]. 具有 $s+\Lambda$ 个独立守恒量的体系($0 \leqslant \Lambda \leqslant s-1$),称为 Λ 重简并(Λ-fold degenerate). 而 $\Lambda = s-1$ 的体系,称为完全简并体系(completely degenerate system). 对于一个具有 s 个自由度的经典体系的周期运动,原则上具有 s 个运动频率(或周期)ω_i($i=1,2,\cdots,s$). 对于 Λ 重简并的体系,这些频率之间存在 Λ 个线性关系(系数都是整数[③])而对于完全简并的体系,就只剩下一个独立的频率,因而轨道是闭合的.

---

① L. Landau and E. M. Lifshitz, *Mechanics*, 3rd. ed., §6. 北京,世界图书出版公司,1999.

② 例如,参阅 M. C. Gützwiller, *Chaos in Classical and Quantum Mechanics*, Chap. 3. Springer-Verlag, New York, 1990.

③ S. Weigert and H. Thomas, Am. J. Phys. **61**(1993) 272.

例 1 一般中心力场 $V(r)$ 中的粒子($s=3$),独立的守恒量有 H 和 $\boldsymbol{L}=\boldsymbol{r}\times\boldsymbol{p}$,即 4 个独立守恒量($4=3+1$),所以它是一重简并($\Lambda=1$)体系. 它周期运动的独立频率有 2 个(例如,一个选为角频率 ω_θ,一个选为径向振动频率 ω_r),但它们之间并不一定有什么关系. 这就说明,为什么一般中心力场中的经典粒子运动必为平面运动,但并不保证为闭合轨道.

例 2 氢原子

可以证明,除 H 和 $\boldsymbol{L}=\boldsymbol{r}\times\boldsymbol{p}$ 外,还存在另一个矢量守恒量,即 Runge-Lenz 矢量 $\boldsymbol{R}$(见本节附录 2). 但这 7 个守恒量之间存在两个关系,即(用自然单位)

$$\boldsymbol{R}\cdot\boldsymbol{L}=0,\quad \boldsymbol{R}\cdot\boldsymbol{R}=2HL^2+1$$

因此有 5 个独立的守恒量($s=3+\Lambda,\Lambda=2$). 所以氢原子是一个完全简并体系($s-1=2=\Lambda$),只有一个独立的角频率,因而其周期运动的轨道是闭合的.

例 3 各向同性谐振子

前面已指出,三维各向同性谐振子有 9 个守恒量,即(L_x,L_y,L_z),(H_x,H_y,H_z),(Q_{xy},Q_{yz},Q_{zx}). 但可以证明,它们之间有下列 4 个关系

$$L_x^2+Q_{yz}^2=4H_yH_z \tag{9.1.22}$$

$$L_y^2+Q_{zx}^2=4H_zH_x \tag{9.1.23}$$

$$L_z^2+Q_{xy}^2=4H_xH_y \tag{9.1.24}$$

$$(Q_{xy}Q_{yz}+Q_{yz}Q_{zx}+Q_{zx}Q_{xy})-(L_zL_x+L_xL_y+L_yL_z)=2(H_xQ_{yz}+H_yQ_{zx}+H_zQ_{xy}) \tag{9.1.25}$$

因此,独立的守恒量只有 5 个,所以也是一个完全简并的体系(理由与例 2 同),只有一个独立的周期运动频率,所以轨道是闭合的.

附录 1 Coulomb 场中经典粒子的束缚态运动

质量为 μ 的粒子,在 Coulomb 场中运动,

$$V(r)=-\kappa/r \tag{9.1.26}$$

考虑到角动量 $\boldsymbol{L}$ 和能量 E 守恒,我们有(采用极坐标系)

$$\mu r^2\dot{\theta}=L \tag{9.1.27}$$

$$\frac{1}{2}\mu(\dot{r}^2+r^2\dot{\theta}^2)-\frac{\kappa}{r}=E \tag{9.1.28}$$

由此可以求出轨道方程 $r(\theta)$. 利用式(9.1.27),我们有

$$\dot{r}=\frac{\mathrm{d}r}{\mathrm{d}\theta}\dot{\theta}=\frac{L}{\mu r^2}\frac{\mathrm{d}r}{\mathrm{d}\theta}=-\frac{L}{\mu}\frac{\mathrm{d}}{\mathrm{d}\theta}\left(\frac{1}{r}\right)$$

令

$$u=\frac{1}{r}$$

则有

$$\dot{r}=-\frac{L}{\mu}\frac{\mathrm{d}u}{\mathrm{d}\theta} \tag{9.1.29}$$

利用式(9.1.27)和式(9.1.29),可将式(9.1.28)化为

$$\left(\frac{\mathrm{d}u}{\mathrm{d}\theta}\right)^2=\frac{2\mu E}{L^2}+\frac{2\mu\kappa}{L^2}u-u^2 \tag{9.1.30}$$

开方后，积分，得

$$\int \frac{\mathrm{d}u}{\sqrt{\frac{2\mu E}{L^2}+\frac{2\mu\kappa}{L^2}u-u^2}}=\theta+\text{常数} \tag{9.1.31}$$

利用积分公式

$$\int \frac{\mathrm{d}x}{\sqrt{a+bx+cx^2}}=\frac{-1}{\sqrt{-c}}\arcsin\left(\frac{2cx+b}{\sqrt{-q}}\right) \tag{9.1.32}$$

式中 $c<0, q=4ac-b^2<0$. 式(9.1.31)可化为[注意，$\arcsin(-x)=-\arcsin x$，$\arcsin x+\arccos x=\pi/2$]

$$\arcsin \frac{u-\mu\kappa/L^2}{\sqrt{\mu^2\kappa^2/L^4+2\mu E/L^2}}=\theta+\text{常数}$$

或

$$\arccos \frac{u-\mu\kappa/L^2}{\sqrt{\mu^2\kappa^2/L^4+2\mu E/L^2}}=-\theta+\pi/2+\text{常数} \tag{9.1.33}$$

取适当坐标极轴，使 $\pi/2+$常数$=0$，则有

$$\cos\theta=\frac{u-\mu\kappa/L^2}{\sqrt{\frac{\mu^2\kappa^2}{L^4}+\frac{2\mu E}{L^2}}} \tag{9.1.34}$$

即

$$u=\frac{\mu\kappa}{L^2}\left(1+\sqrt{1+\frac{2EL^2}{\mu\kappa^2}}\cos\theta\right)$$

所以

$$r=\frac{L^2/\mu\kappa}{1+\sqrt{1+\frac{2EL^2}{\mu\kappa^2}}\cos\theta} \tag{9.1.35}$$

与二次曲线的标准式(极坐标)

$$r=\frac{p}{1+e\cos\theta} \tag{9.1.36}$$

比较(见图 9.1)，对于 $E<0$ 情况，偏心率为

$$e=\sqrt{1+\frac{2EL^2}{\mu\kappa^2}}<1 \tag{9.1.37}$$

轨道为椭圆(束缚运动)，而参数 p 为

$$p=L^2/\mu\kappa \tag{9.1.38}$$

因此轨道角动量平方为

$$L^2=\mu\kappa p=\mu\kappa a(1-e^2) \tag{9.1.39}$$

a 是椭圆的半长轴. 由式(9.1.37)与式(9.1.39)可解出粒子的能量

$$E=-\kappa/2a \tag{9.1.40}$$

粒子运动的面积速度$=\frac{1}{2}r^2\dot{\theta}=L/2\mu$ 为守恒量，椭圆面积为 πab，所以运动周期为

$$T=\frac{\pi ab}{L/2\mu}=2\pi\mu ab/L$$

$$T^2=\frac{4\pi^2\mu^2a^2b^2}{L^2}=\frac{4\pi^2\mu^2a^3p}{L^2}=\frac{4\pi^2\mu a^3}{\kappa} \tag{9.1.41}$$

由此可得

$$T = 2\pi\sqrt{\frac{\mu}{\kappa}}a^{3/2} \tag{9.1.42}$$

频率 $\nu=1/T$ 为

$$\nu = \frac{1}{2\pi}\sqrt{\frac{\kappa}{\mu}}a^{-3/2} \tag{9.1.43}$$

用能量($|E|=\kappa/2a$)表示出来,则有

$$T = \pi\kappa\sqrt{\mu/2}\,|E|^{-3/2} \tag{9.1.44}$$

$$\nu = \frac{1}{\pi\kappa}\sqrt{2/\mu}\,|E|^{3/2} \tag{9.1.45}$$

附录 2　经典力学中的 Runge-Lenz 矢量

由 $\boldsymbol{r}$ 和 $\boldsymbol{p}$ 构成的矢量,除 $\boldsymbol{L}=\boldsymbol{r}\times\boldsymbol{p}$ 之外,还有

$$\boldsymbol{M} = \boldsymbol{L}\times\boldsymbol{r},\quad \boldsymbol{N} = \boldsymbol{L}\times\boldsymbol{p} \tag{9.1.46}$$

由此可得

$$\begin{aligned}
\mu\frac{\mathrm{d}}{\mathrm{d}t}\boldsymbol{M} &= \mu\boldsymbol{L}\times\frac{\mathrm{d}}{\mathrm{d}t}\boldsymbol{r} = \boldsymbol{N} \\
\frac{\mathrm{d}}{\mathrm{d}t}\boldsymbol{N} &= \boldsymbol{L}\times\frac{\mathrm{d}}{\mathrm{d}t}\boldsymbol{p} = \boldsymbol{L}\times\left(-\frac{\boldsymbol{r}}{r}\frac{\mathrm{d}V}{\mathrm{d}r}\right) = -\frac{1}{r}\frac{\mathrm{d}V}{\mathrm{d}r}\boldsymbol{M}
\end{aligned} \tag{9.1.47}$$

但

$$\boldsymbol{M} = (\boldsymbol{r}\times\boldsymbol{p})\times\boldsymbol{r} = r^2\boldsymbol{p} - (\boldsymbol{r}\cdot\boldsymbol{p})\boldsymbol{r}$$

而

$$\mu r\frac{\mathrm{d}}{\mathrm{d}t}\frac{\boldsymbol{r}}{r} = \mu r\left(\frac{1}{r}\dot{\boldsymbol{r}} - \frac{\dot{r}}{r^2}\boldsymbol{r}\right) = \boldsymbol{p} - \frac{1}{r^2}(\boldsymbol{r}\cdot\boldsymbol{p})\boldsymbol{r}$$

(利用了 $r\dot{r}=\boldsymbol{r}\cdot\dot{\boldsymbol{r}}$),所以

$$\boldsymbol{M} = \mu r^3\frac{\mathrm{d}}{\mathrm{d}t}\frac{\boldsymbol{r}}{r} \tag{9.1.48}$$

代入式(9.1.47),得

$$\frac{\mathrm{d}}{\mathrm{d}t}\boldsymbol{N} + \mu r^2\frac{\mathrm{d}V}{\mathrm{d}r}\frac{\mathrm{d}}{\mathrm{d}t}\frac{\boldsymbol{r}}{r} = 0$$

对于 Coulomb 势 $V(r)=-\kappa/r$,有

$$\frac{\mathrm{d}}{\mathrm{d}t}\left(\boldsymbol{N} + \mu\kappa\frac{\boldsymbol{r}}{r}\right) = 0 \tag{9.1.49}$$

而

$$\boldsymbol{R} = \frac{1}{\mu\kappa}(\boldsymbol{p}\times\boldsymbol{L}) - \frac{\boldsymbol{r}}{r} = -\frac{1}{\mu\kappa}(\boldsymbol{N} + \mu\kappa\boldsymbol{r}/r)$$

所以

$$\frac{\mathrm{d}}{\mathrm{d}t}\boldsymbol{R} = 0 \tag{9.1.50}$$

还有

$$
\begin{aligned}
\boldsymbol{R}^2 &= \left(\frac{1}{\mu\kappa}\boldsymbol{p}\times\boldsymbol{L}-\frac{\boldsymbol{r}}{r}\right)^2 \\
&= \frac{1}{\mu^2\kappa^2}(\boldsymbol{p}\times\boldsymbol{L})\cdot(\boldsymbol{p}\times\boldsymbol{L})-\frac{2}{\mu\kappa}(\boldsymbol{p}\times\boldsymbol{L})\cdot\frac{\boldsymbol{r}}{r}+1 \\
&= \frac{1}{\mu^2\kappa^2}p^2L^2-\frac{2}{\mu\kappa}\frac{L^2}{r}+1=\frac{2}{\mu\kappa^2}\left[\frac{p^2}{2\mu}-\frac{\kappa}{r}\right]L^2+1=\frac{2H}{\mu\kappa^2}L^2+1
\end{aligned}
\tag{9.1.51}
$$

*9.1.4 Bertrand 定理及其推广

前面我们从守恒量的分析，讨论了中心力场中经典粒子轨道的闭合性. 特别是氢原子中的电子和三维各向同性谐振子的轨道的闭合性. 在经典力学中有一条著名的定理——Bertrand 定理[①]：只当中心力为平方反比力或 Hooke 力时，粒子的所有束缚运动轨道才是闭合的.（详细证明可参阅文献[②].）

仔细分析 Bertrand 定理的证明，可以看出，证明中做了如下假定，即中心势场 $V(r)$ 取下列幂函数形式，$V(r)\propto r^{\nu}$. 结论是只当 $\nu=-1$（平方反比力）和 $\nu=2$（Hooke 力）时，所有束缚运动轨道才是闭合的. 进一步分析发现[③]，如果放弃 $V(r)$ 形式取 r 的幂函数这个假定，则可能存在其他中心势，在角动量合适的情况下，也会出现一系列闭合轨道. 可以证明，对于屏蔽（screened）Coulomb 势和屏蔽各向同性谐振子势，就会出现这种情况.

1. 屏蔽 Coulomb 势

对于屏蔽 Coulomb 势（采用自然单位，$k=\mu=1$）

$$
V(r)=-\frac{1}{r}-\frac{\lambda}{r^2}\quad(0<\lambda\ll 1) \tag{9.1.52}
$$

此时，轨道方程为[$u=1/r$，见式(9.1.30)]

$$
\mathrm{d}\theta=-\,\mathrm{d}u/\sqrt{2E/L^2+2u/L^2-\alpha^2u^2} \tag{9.1.53}
$$

式中

$$
\alpha=\sqrt{1-2\lambda/L^2}\quad(0\leqslant\alpha\leqslant 1) \tag{9.1.54}
$$

式(9.1.53)积分，得

$$
u=\frac{1}{r}=\frac{1}{L^2\alpha^2}\left[1+\sqrt{1+2EL^2\alpha^2}\cos\alpha(\theta-\theta_0)\right] \tag{9.1.55}
$$

θ_0 为积分常数，而 $\sqrt{1+2EL^2\alpha^2}=\sqrt{1+2E(L^2-2\lambda)}\geqslant 0$. 可以看出，一般情况下，轨道是不闭合的，而是一系列进动的轨道（图 9.3 给出一个例子），进动轨道介于近日

---

① J. Bertrand, *Comptes Rendus* **77**(1873) 849.

② H. Goldstein, *Classical Mechanics*, 2nd. ed., §3.5 and Appendix A. Addison-Wesley, New York, 1980.

③ Z. B. Wu(武作兵) and J. Y. Zeng (曾谨言), Phys. Rev. **A 62**(2000) 032509; Chin. Phys. Lett. **16**(1999) 781; J. Math. Phys. **39**(1998) 5253.

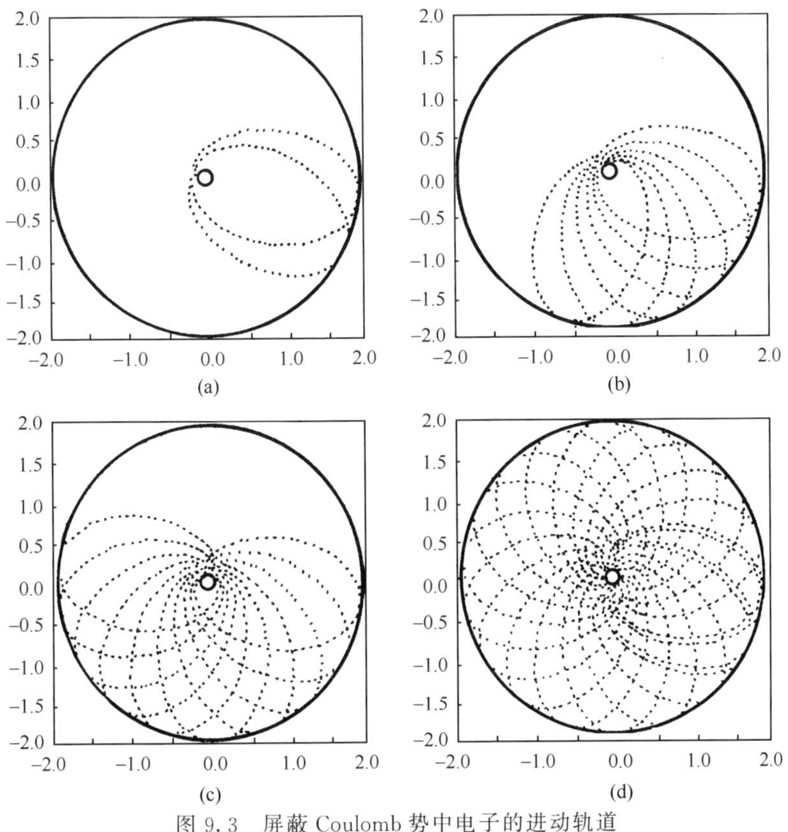

图 9.3　屏蔽 Coulomb 势中电子的进动轨道

取 $\lambda=0.2, E=-0.5, \alpha=\frac{1}{2}+0.01\sqrt{2}$.

点圆(perihelion circle)和远日点圆(aphelion circle)之间,它们的半径分别为 $r_p=[1-\sqrt{1-2\alpha^2L^2|E|}]/2|E|$ 和 $r_a=[1+\sqrt{1-2\alpha^2L^2|E|}]/2|E|$. 利用

$$\frac{\mathrm{d}}{\mathrm{d}t}\boldsymbol{p}=-\nabla V(r)=-(r+2\lambda)\boldsymbol{r}/r^4$$

可以证明,在近(远)日点处($\dot{r}=0$)

$$\frac{\mathrm{d}}{\mathrm{d}t}\widetilde{\boldsymbol{R}}=0,\quad \widetilde{\boldsymbol{R}}=\left[\boldsymbol{p}\times\boldsymbol{L}-\left(1+\frac{2\lambda}{r}\right)\frac{\boldsymbol{r}}{r}\right] \tag{9.1.56}$$

矢量 $\widetilde{\boldsymbol{R}}$ 称为推广的 Runge-Lenz 矢量,其指向与 $\boldsymbol{r}$ 相反,其大小为

$$|\widetilde{\boldsymbol{R}}|=\sqrt{2(H-\lambda/r^2)L^2+(1+2\lambda/r)^2} \tag{9.1.57}$$

我们注意到,当 α 为无理数时,粒子轨道[见(9.1.55)式]是不闭合的. 粒子从任何一点出发,永远不能回到原来的位置. 然而当 $\alpha=\sqrt{1-2\lambda/L^2}$ 为任一有理数时,粒子轨道就是闭合的,所以粒子有无穷多条闭合轨道(对应于无穷多个有理数 α,即对应于适当的轨道角动量 L). 图 9.4 中给出了几个最简单的闭合轨道. 在 α 为有理数的情况下,粒子绕过力心若干圈以后将回到原来位置. 表现为近(远)日矢量总

是指向空间某些特定方向，在运动过程中保持不变动. 它们的取向如下

$$\begin{aligned}\theta_a - \theta_0 &= (2n+1)\pi/\alpha \\ \theta_p - \theta_0 &= 2n\pi/\alpha\end{aligned} \qquad n = 0,1,2,\cdots \tag{9.1.58}$$

闭合轨道的几何性质只依赖于 α（即角动量 L），但不依赖于粒子能量 E. 但近（远）日矢的长度依赖于 E.

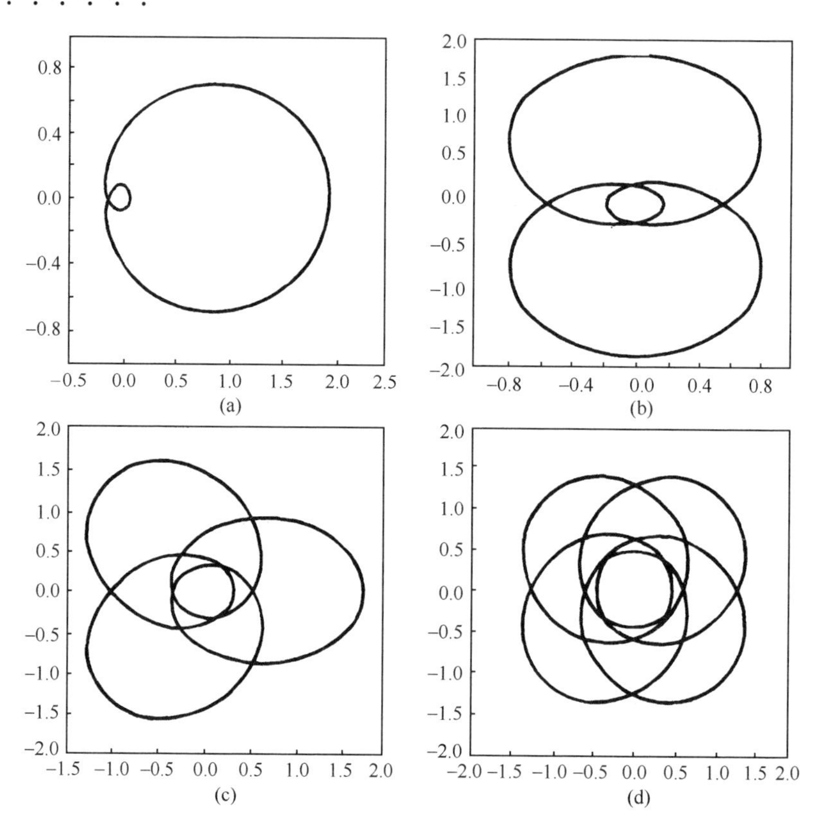

图 9.4 屏蔽 Coulomb 势中电子的闭合轨道（$\lambda=0.2, E=-0.5$）

(a) $\alpha=1/2\left(L=\frac{2}{3}\sqrt{6\lambda}\right)$；(b) $\alpha=2/3\left(L=\frac{3}{5}\sqrt{10\lambda}\right)$；

(c) $\alpha=3/4\left(L=\frac{4}{7}\sqrt{14\lambda}\right)$；(d) $\alpha=4/5\left(L=\frac{5}{3}\sqrt{2\lambda}\right)$.

粒子平面运动轨道的闭合性，意味着粒子的径向运动频率 ω_r 与角向（旋转）运动频率 ω_θ 是可约的(commensurable). 可以证明，对于屏蔽 Coulomb 势(9.1.52)

$$\omega_r/\omega_\theta = \alpha \tag{9.1.59}$$

当 $\lambda=0$ 时，$\alpha=1, \omega_r/\omega_\theta=1$，就回到平常的 Coulomb 引力势，$\widetilde{\boldsymbol{R}}$ 就回到著名的 Runge-Lenz 矢量，$\boldsymbol{R}=\boldsymbol{p}\times\boldsymbol{L}-\boldsymbol{r}/r$. 但必须注意，对于纯 Coulomb 势，$\frac{\mathrm{d}}{\mathrm{d}t}\boldsymbol{R}=0$ 在粒

子的整个闭合轨道(椭圆)上都成立. 而对于屏蔽 Coulomb 势($\lambda \neq 0$),$\frac{\mathrm{d}}{\mathrm{d}t}\widetilde{\boldsymbol{R}}=0$ 只在近(远)日点处才成立,即近日矢和远日矢为守恒量. 它反映原来的纯 Coulomb 势的动力学对称性 O_4 由于受到屏蔽而发生了破缺.

2. 屏蔽各向同性谐振子势

对于屏蔽三维各向同性谐振子势

$$V(r)=r^2-\lambda/r^2 \quad (0 \leqslant \lambda \ll 1) \tag{9.1.60}$$

轨道方程为

$$\mathrm{d}\theta=-\mathrm{d}u/\sqrt{2E/L^2-2/(L^2u^2)-\alpha^2u^2} \tag{9.1.61}$$
$$\alpha=\sqrt{1-2\lambda/L^2}$$

积分式(9.1.61),得

$$u^2=\frac{1}{r^2}=\frac{1}{L^2\alpha^2}\left[E+\sqrt{E^2-2L^2\alpha^2}\cdot\cos 2\alpha(\theta-\theta_0)\right] \tag{9.1.62}$$

同样,一般情况下(α 为无理数),粒子轨道是不闭合的. 而当 α 为有理数时,轨道变成闭合. 最简单的几条闭合轨道,给于图 9.5 中. 闭合轨道的近日矢和远日矢的指

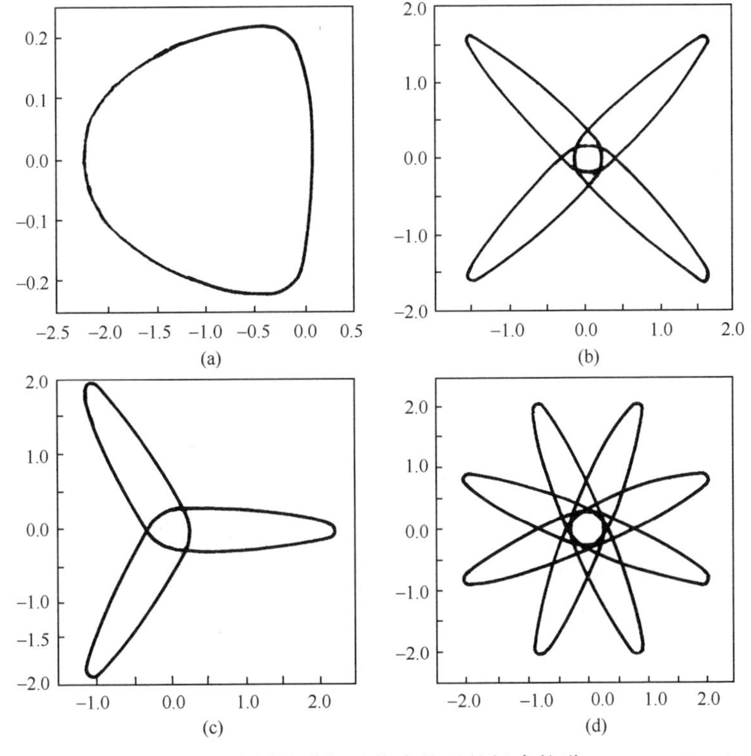

图 9.5 屏蔽三维各向同性谐振子势中粒子的闭合轨道($\lambda=0.2, E=5$)

(a)$\alpha=1/2$, $\left(L=\frac{2}{3}\sqrt{6\lambda}\right)$;(b)$\alpha=2/3$, $\left(L=\frac{3}{5}\sqrt{10\lambda}\right)$;

(c)$\alpha=3/4$, $\left(L=\frac{4}{7}\sqrt{14\lambda}\right)$;(d)$\alpha=4/5$, $\left(L=\frac{5}{3}\sqrt{2\lambda}\right)$.

向是

$$\begin{aligned}\theta_{\mathrm{p}}-\theta_0&=n\pi/\alpha\\ \theta_{\mathrm{a}}-\theta_0&=\left(n+\frac{1}{2}\right)\pi/\alpha\end{aligned}\quad(n=0,1,2,\cdots)\tag{9.1.63}$$

还可以证明,对于屏蔽各向同性谐振子势

$$\omega_r/\omega_\theta=2\alpha\tag{9.1.64}$$

9.2 氢原子的动力学对称性

以下讨论氢原子(Coulomb 场)的动力学对称性. 首先,9.2.1 节讨论二维氢原子,其能谱可以借助于大家较熟悉的角动量代数(SO_3 对称性)较简单地得出. 然后,9.2.2 节讨论三维氢原子的 SO_4 对称性. 在 9.2.3 节中,分析指出,中心力场的经典粒子除能量和角动量之外,还存在另一种守恒量,它在一般情况下只在远(近)日点守恒,并不能保证粒子轨道闭合. 然后证明,当,而且仅当 $V(r)$ 为纯 Coulomb 场或屏蔽 Coulomb 场的情况[9.1 节,式(9.1.52)]下,推广的 Runge-Lenz 矢量 $\tilde{\boldsymbol{R}}$ 和角动量 $\boldsymbol{L}$,在给定能量本征值 $E<0$ 的诸简并态张开的子空间中,构成一个封闭的 SO_4 Lie 代数. 9.2.4 节讨论 n 维氢原子束缚态的 SO_{n+1} 对称性.

9.2.1 二维氢原子的 O_3 动力学对称性①

二维类氢原子的 Hamilton 量(在质心系中)表示为

$$H=\frac{\boldsymbol{p}^2}{2\mu}-\frac{\kappa}{\rho}\tag{9.2.1}$$

μ 为约化质量,$\kappa=Ze^2$,$\boldsymbol{\rho}=x\boldsymbol{i}+y\boldsymbol{j}$,$\rho=\sqrt{x^2+y^2}$,$\boldsymbol{p}=p_x\boldsymbol{i}+p_y\boldsymbol{j}$.

Runge-Lenz 矢量记为

$$\boldsymbol{R}=\frac{1}{2\mu\kappa}(\boldsymbol{p}\times\boldsymbol{L}-\boldsymbol{L}\times\boldsymbol{p})-\boldsymbol{\rho}/\rho\tag{9.2.2}$$

其中 $\boldsymbol{L}=(xp_y-yp_x)\boldsymbol{k}=L_z\boldsymbol{k}$ 是轨道角动量,式(9.2.2)右边圆括号中的第二项是为保证 $\boldsymbol{R}$ 为厄米算符而引进的. 利用

$$\boldsymbol{p}\times\boldsymbol{L}+\boldsymbol{L}\times\boldsymbol{p}=2\mathrm{i}\hbar\boldsymbol{p}$$

式(9.2.2)可改写成

$$\boldsymbol{R}=\frac{1}{\mu\kappa}\boldsymbol{p}\times\boldsymbol{L}-\frac{\mathrm{i}\hbar}{\mu\kappa}\boldsymbol{p}-\boldsymbol{\rho}/\rho\tag{9.2.3}$$

即

---

① 曾谨言,万唯实,大学物理,1988,No,**3**,p. 1.刘宇峰,曾谨言,物理学报 **46**(1997) 1267.

$$
\begin{aligned}
R_x &= \frac{1}{\mu\kappa}p_y L_z - \frac{\mathrm{i}\hbar}{\mu\kappa}p_x - \frac{x}{\rho} \\
R_y &= -\frac{1}{\mu\kappa}p_x L_z - \frac{\mathrm{i}\hbar}{\mu\kappa}p_y - \frac{y}{\rho}
\end{aligned}
\tag{9.2.4}
$$

当 $\hbar\to 0$ 时，上两式右边第二项消失，$\boldsymbol{R}$ 回到经典 Runge-Lenz 矢量. 容易证明

$$
[L_z, H] = 0, \quad [\boldsymbol{R}, H] = 0 \tag{9.2.5}
$$

即除了 $\boldsymbol{L}=L_z\boldsymbol{k}$ 之外，$\boldsymbol{R}$ 也是守恒量，并处于 xy 平面内($\boldsymbol{L}\cdot\boldsymbol{R}=0$).

经过仔细计算，可以证明

$$
\begin{aligned}
[L_z, R_x] &= \mathrm{i}\hbar R_y \\
[L_z, R_y] &= -\mathrm{i}\hbar R_x \\
[R_x, R_y] &= \left(-\frac{2H}{\mu\kappa^2}\right)\mathrm{i}\hbar L_z
\end{aligned}
\tag{9.2.6}
$$

三个算符 R_x、R_y、L_z 彼此的对易式中出现了另外的算符 H，所以它们并不是封闭的. 但如局限于二维类氢原子的具有一定能量本征值 $E(<0)$ 的诸简并态张开的子空间中讨论问题，则 H 可代之为常数 $E(<0)$，三个算符就构成封闭的 Lie 代数. 此时，可令

$$
A_x = \sqrt{-\frac{\mu\kappa^2}{2E}}R_x, \quad A_y = \sqrt{-\frac{\mu\kappa^2}{2E}}R_y, \quad A_z = L_z \tag{9.2.7}
$$

则

$$
[A_\alpha, A_\beta] = \mathrm{i}\hbar\varepsilon_{\alpha\beta\gamma}A_\gamma \quad (\alpha,\beta,\gamma = x,y,z) \tag{9.2.8}
$$

此即大家熟知的角动量的三个分量(SO_3 群的三个无穷小算子)所满足的对易式. 所以二维类氢原子具有 SO_3 动力学对称性.

还可以证明

$$
R_x^2 + R_y^2 = \frac{2H}{\mu\kappa^2}\left(L_z^2 + \frac{\hbar^2}{4}\right) + 1 \tag{9.2.9}
$$

从而

$$
\boldsymbol{A}^2 \equiv A_x^2 + A_y^2 + A_z^2 = -\frac{\hbar^2}{4} - \frac{\mu\kappa^2}{2E} \tag{9.2.10}
$$

按照角动量代数，$\boldsymbol{A}^2$ 的本征值为

$$
l(l+1)\hbar^2, \quad l = 0,1,2,\cdots \tag{9.2.11}
$$

(注意：因 $A_z = L_z$ 为轨道角动量，为保证其厄米性，l 只能取非负整数.)用式(9.2.11)代入式(9.2.10)，可知二维类氢原子的束缚态能量本征值只能取

$$
E = E_l = -\frac{\mu\kappa^2}{2\hbar^2}\frac{1}{(l+1/2)^2} = -\frac{\mu Z^2 e^4}{2\hbar^2 n_2^2} \tag{9.2.12}
$$

$$
n_2 = (l+1/2) = 1/2, 3/2, 5/2, \cdots
$$

与微分方程解法得出的能谱相同(见卷 I，附录七). 与三维氢原子能级的 Bohr 公式

$$E = E_n = -\frac{\mu Z^2 e^4}{2\hbar^2 n^2}, \quad n = 1,2,3,\cdots \tag{9.2.13}$$

相比，差别仅在于整数主量子数 n 换成了半奇数量子数 n_2. 在大量子数极限下[$n \gg 1, n_2$(或 l)$\gg 1$]，两式趋于相同. 这符合对应原理. 在经典力学中，无论是三维或二维氢原子，都是平面运动，对于束缚态($E<0$)，又都是椭圆轨道.

上述能级公式(9.2.12)还可如下导出. 令

$$R_{\pm} = R_x \pm \mathrm{i} R_y \tag{9.2.14}$$

可以证明

$$[L_z, R_{\pm}] = \pm \hbar R_{\pm} \tag{9.2.15}$$

$$R_- R_+ = \frac{H}{2\mu\kappa^2}(2L_z + \hbar)^2 + 1 \tag{9.2.16}$$

可见 R_+ 与 R_- 分别相当于 L_z 本征值的升与降算符. 设对易守恒量完全集(H, L_z)的共同本征态记为 $|Em\rangle$，

$$\begin{aligned} H|Em\rangle &= E|Em\rangle \\ L_z|Em\rangle &= m\hbar|Em\rangle \end{aligned} \tag{9.2.17}$$

利用式(9.2.5)与式(9.2.15)，可以证明

$$\begin{aligned} HR_{\pm}|Em\rangle &= ER_{\pm}|Em\rangle \\ L_z R_{\pm}|Em\rangle &= (m \pm 1)\hbar R_{\pm}|Em\rangle \end{aligned} \tag{9.2.18}$$

即 $R_+|Em\rangle$ 与 $R_-|Em\rangle$ 仍为(H, L_z)的共同本征态，相应的 H 本征值仍为 E，但 L_z 的本征值分别增、减 $\hbar$. 然而在给定能量本征值 E 之下，角动量不能无限增大(否则离心势能趋于∞，因而 $E \to \infty$，矛盾)，即 L_z 本征值必有一个上界，记为 l(非负整数). 此时

$$R_+|El\rangle = 0 \tag{9.2.19}$$

因而 $R_- R_+|El\rangle = 0$，利用式(9.2.16)，得

$$\frac{E}{2\mu\kappa^2}(2l+1)^2\hbar^2 + 1 = 0 \tag{9.2.20}$$

由此可立即得出能级公式(9.2.12).

由上述推导还可看出，对给定能级 E_l，L_z 可以取($2l+1$)个可能值. 所以能级 E_l 的简并度为 $f_l = (2l+1) = 2n_2 = 1,3,5,\cdots$. 这些简并态(未归一化)可表示为

$$(R_-)^k|El\rangle, \quad k = 0,1,\cdots,2l \tag{9.2.21}$$

它们的宇称的奇偶性，视($l-k$)的奇偶而定. 同一能级的诸简并态中可以有不同宇称，这和体系的动力学对称性有关. 对于二维氢原子，在空间反射 $P(x \to -x, y \to -y)$下，

$$P\boldsymbol{R}P^{-1} = -\boldsymbol{R}, \quad PL_zP^{-1} = L_z \tag{9.2.22}$$

即守恒量 $\boldsymbol{R}$ 为极矢量，而守恒量 L_z 为轴矢量. 这就可以理解为何同一条能级的诸简并态中有的宇称为偶，而有的宇称为奇.

练习　证明归一化的本征态 $|Em\rangle$ 之间有下列递推关系：

$$R_{\pm}\ |Em\rangle = \frac{1}{l+1/2}\sqrt{(l\pm m+1)(l\mp m)}\,|Em\pm 1\rangle \tag{9.2.23}$$

9.2.2 三维氢原子的 O_4 动力学对称性[①]

在量子力学中，三维氢原子的 Runge-Lenz 矢量为

$$\boldsymbol{R} = \frac{1}{2\mu\kappa}(\boldsymbol{p}\times\boldsymbol{L}-\boldsymbol{L}\times\boldsymbol{p})-\boldsymbol{r}/r \tag{9.2.24}$$

利用

$$\boldsymbol{L}\times\boldsymbol{p}+\boldsymbol{p}\times\boldsymbol{L} = 2\mathrm{i}\hbar\boldsymbol{p} \tag{9.2.25}$$

$\boldsymbol{R}$ 可改写为

$$\boldsymbol{R} = \frac{1}{\mu\kappa}(\boldsymbol{p}\times\boldsymbol{L}-\mathrm{i}\hbar\boldsymbol{p})-\boldsymbol{r}/r \tag{9.2.26}$$

当 $\hbar\to 0$ 时，上式将回到经典 Runge-Lenz 矢量. 可以证明（见本节附录 1）

$$[\boldsymbol{L},H]=0,\quad [\boldsymbol{R},H]=0 \tag{9.2.27}$$

所以除轨道角动量 $\boldsymbol{L}$ 之外，$\boldsymbol{R}$ 也是守恒量. 人们熟知，$\boldsymbol{L}$ 的三个分量满足下列对易式

$$[L_\alpha,L_\beta] = \mathrm{i}\hbar\varepsilon_{\alpha\beta\gamma}L_\gamma,\quad \alpha,\beta,\gamma = x,y,z \tag{9.2.28}$$

根据 $\boldsymbol{R}$ 的定义式(9.2.26)，可以证明（见本节附录 1）

$$\begin{aligned}[L_\alpha,R_\beta] &= \mathrm{i}\hbar\varepsilon_{\alpha\beta\gamma}R_\gamma\\ [R_\alpha,R_\beta] &= -\frac{2H}{\mu\kappa^2}\mathrm{i}\hbar\varepsilon_{\alpha\beta\gamma}L_\gamma\end{aligned} \tag{9.2.29}$$

可见 6 个算符 L_x、L_y、L_z、R_x、R_y、R_z 彼此之间的对易式并不封闭，因为式(9.2.29)中出现了另外的算符 H. 但如局限于氢原子的某一能级 $E(<0)$ 的诸简并态所张开的子空间中，H 可代之为常数 $E(<0)$. 此时可令

$$\boldsymbol{A} = \sqrt{-\frac{\mu\kappa^2}{2E}}\boldsymbol{R} \tag{9.2.30}$$

则式(9.2.29)可改写成

$$\begin{aligned}[L_\alpha,A_\beta] &= \mathrm{i}\hbar\varepsilon_{\alpha\beta\gamma}A_\gamma\\ [A_\alpha,A_\beta] &= \mathrm{i}\hbar\varepsilon_{\alpha\beta\gamma}L_\gamma\end{aligned} \tag{9.2.31}$$

从式(9.2.28)和式(9.2.31)可看出，$\boldsymbol{L}$ 与 $\boldsymbol{A}$ 的 6 个分量构成一个封闭的 Lie 代数. 如令

$$\begin{aligned}(L_x,L_y,L_z) &= (L_{23},L_{31},L_{12}) = -(L_{32},L_{13},L_{21})\\ (A_x,A_y,A_z) &= (L_{14},L_{24},L_{34}) = -(L_{41},L_{42},L_{43})\end{aligned} \tag{9.2.32}$$

则式(9.2.28)与式(9.2.31)可概括为($\hbar=1$)

$$[L_{ij},L_{kl}] = \mathrm{i}(\delta_{ik}L_{jl}-\delta_{il}L_{jk}-\delta_{jk}L_{il}+\delta_{jl}L_{ik}) \tag{9.2.33}$$

---

① 见 p.326 所引 Pauli 的文献.

这 6 个反对称张量算符 $L_{ij}=-L_{ji}(i,j=1,2,3,4)$ 正好构成 SO_4 群的 Lie 代数,这表明三维束缚态氢原子具有 SO_4 动力学对称性.

还可以证明(本节附录)

$$\boldsymbol{R}^2=\frac{2H}{\mu\kappa^2}(\boldsymbol{L}^2+\hbar^2)+1 \tag{9.2.34}$$

因而

$$\boldsymbol{A}^2=-(\boldsymbol{L}^2+\hbar^2)-\frac{\mu\kappa^2}{2E} \tag{9.2.35}$$

考虑到 $\boldsymbol{R}\cdot\boldsymbol{L}=\boldsymbol{A}\cdot\boldsymbol{L}=0$,上式可改写成

$$(\boldsymbol{L}+\boldsymbol{A})^2=-\frac{\mu\kappa^2}{2E}-\hbar^2 \tag{9.2.36}$$

令

$$\boldsymbol{I}=\frac{1}{2}(\boldsymbol{L}+\boldsymbol{A}),\quad \boldsymbol{K}=\frac{1}{2}(\boldsymbol{L}-\boldsymbol{A}) \tag{9.2.37}$$

其逆表示式为

$$\boldsymbol{L}=(\boldsymbol{I}+\boldsymbol{K}),\quad \boldsymbol{A}=(\boldsymbol{I}-\boldsymbol{K}) \tag{9.2.38}$$

容易证明

$$\begin{aligned}&\boldsymbol{I}^2=\boldsymbol{K}^2\\&[I_\alpha,K_\beta]=0\\&[I_\alpha,I_\beta]=\mathrm{i}\hbar\varepsilon_{\alpha\beta\gamma}I_\gamma\\&[K_\alpha,K_\beta]=\mathrm{i}\hbar\varepsilon_{\alpha\beta\gamma}K_\gamma\end{aligned} \tag{9.2.39}$$

即 $\boldsymbol{I}$ 与 $\boldsymbol{K}$ 对易,$\boldsymbol{I}$ 和 $\boldsymbol{K}$ 的分量各自构成群 SO_3 的一组闭合的 Lie 代数. $\boldsymbol{I}^2$、$\boldsymbol{K}^2$ 的本征值为

$$\boldsymbol{I}^2\to I(I+1)\hbar^2,\quad \boldsymbol{K}^2\to K(K+1)\hbar^2 \tag{9.2.40}$$

$$I,K=\begin{cases}0, & 1, & 2,\cdots\\ 1/2, & 3/2, & 5/2,\cdots\end{cases}$$

因此[见式(9.2.37)]

$$(\boldsymbol{L}+\boldsymbol{A})^2=4\boldsymbol{I}^2\to 4I(I+1)\hbar^2$$

代入式(9.2.36),得

$$-\frac{\mu\kappa^2}{2E}=(2I+1)^2\hbar^2$$

由此可得出

$$\begin{aligned}&E=-\frac{\mu\kappa^2}{2\hbar^2n^2}=-\frac{\mu Z^2e^4}{2\hbar^2n^2}\\&n=(2I+1)=1,2,3,\cdots\end{aligned} \tag{9.2.41}$$

此即著名的 Bohr 氢原子能级公式.

按式(9.2.38)和式(9.2.39),$\boldsymbol{L}$ 可以看成大小相等的两个角动量算符 $\boldsymbol{I}$ 与 $\boldsymbol{K}$

的相加,因此

$$
\begin{aligned}
l &= |I-K|,|I-K|+1,\cdots,(I+K) \\
&= 0,1,2,\cdots,2I \\
&= 0,1,2,\cdots,(n-1)
\end{aligned}
\tag{9.2.42}
$$

所以能级 E_n 的简并度为

$$
f_n = \sum_{l=0}^{n-1}(2l+1) = n^2 \tag{9.2.43}
$$

从式(9.2.42)还可看出,属于 E_n 能级的各简并态,可能是偶宇称态(l 偶),也可能是奇宇称态(l 奇).这与体系存在两类守恒量有密切关系,即 $\boldsymbol{L}$ 为轴矢量(空间反射下不变),而 $\boldsymbol{R}$ 为极矢量(空间反射下改变正负号).

附录　量子力学中的 Runge-Lenz 矢量

下面证明有关 Runge-Lenz 矢量的几个代数关系.

为此,先给出一些简单的对易式,它们很容易根据 $\boldsymbol{r}$ 和 $\boldsymbol{p}$ 各分量的基本对易式推出.

$$
[\boldsymbol{r},p^2] = 2\mathrm{i}\hbar\boldsymbol{p} \tag{9.2.44}
$$

$$
\boldsymbol{p}\cdot\boldsymbol{r},p^2] = 2\mathrm{i}\hbar p^2 \tag{9.2.45}
$$

$$
\boldsymbol{r}\cdot\boldsymbol{p}-\boldsymbol{p}\cdot\boldsymbol{r} = 3\mathrm{i}\hbar \tag{9.2.46}
$$

$$
[\boldsymbol{r},\boldsymbol{p}\cdot\boldsymbol{r}] = [\boldsymbol{r},\boldsymbol{r}\cdot\boldsymbol{p}] = \mathrm{i}\hbar\boldsymbol{r} \tag{9.2.47}
$$

$$
[\boldsymbol{p}\cdot\boldsymbol{r},\boldsymbol{p}] = [\boldsymbol{r}\cdot\boldsymbol{p},\boldsymbol{p}] = \mathrm{i}\hbar\boldsymbol{p} \tag{9.2.48}
$$

$$
[\boldsymbol{p},r^{-1}] = \mathrm{i}\hbar\boldsymbol{r}/r^3,[\boldsymbol{p},r^{-3}] = 3\mathrm{i}\hbar\boldsymbol{r}/r^5 \tag{9.2.49}
$$

$$
[\boldsymbol{p}\cdot\boldsymbol{r},r^{-1}] = \mathrm{i}\hbar/r \tag{9.2.50}
$$

$$
[p^2,r^{-1}] = \mathrm{i}\hbar[r^{-3}(\boldsymbol{r}\cdot\boldsymbol{p})+(\boldsymbol{p}\cdot\boldsymbol{r})r^{-3}] \tag{9.2.51}
$$

$$
[(\boldsymbol{p}\cdot\boldsymbol{r})\boldsymbol{p},r^{-1}] = \mathrm{i}\hbar[r^{-1}\boldsymbol{p}+(\boldsymbol{p}\cdot\boldsymbol{r})\boldsymbol{r}r^{-3}] \tag{9.2.52}
$$

$$
\boldsymbol{p}\times\boldsymbol{L} = p^2\boldsymbol{r}+\mathrm{i}\hbar\boldsymbol{p}-(\boldsymbol{p}\cdot\boldsymbol{r})\boldsymbol{p} \tag{9.2.53}
$$

证明式(9.2.51)、(9.2.52)时,用到了式(9.2.49).又如证明式(9.2.53),

$$
\begin{aligned}
\boldsymbol{p}\times\boldsymbol{L} &= \boldsymbol{p}\times(\boldsymbol{r}\times\boldsymbol{p}) = p_x\boldsymbol{r}p_x + p_y\boldsymbol{r}p_y + p_z\boldsymbol{r}p_z - (\boldsymbol{p}\cdot\boldsymbol{r})\boldsymbol{p} \\
&= p_x(p_x\boldsymbol{r}+\mathrm{i}\hbar\boldsymbol{i}) + p_y(p_y\boldsymbol{r}+\mathrm{i}\hbar\boldsymbol{j}) + p_z(p_z\boldsymbol{r}+\mathrm{i}\hbar\boldsymbol{k}) - (\boldsymbol{p}\cdot\boldsymbol{r})\boldsymbol{p} \\
&= p^2\boldsymbol{r}+\mathrm{i}\hbar\boldsymbol{p}-(\boldsymbol{p}\cdot\boldsymbol{r})\boldsymbol{p}
\end{aligned}
$$

以下分别证明:

(1)$[\boldsymbol{R},H]=0$

证明　利用式(9.2.53),可将 Runge-Lenz 矢量表示为

$$
\boldsymbol{R} = \frac{1}{\mu\kappa}(\boldsymbol{p}\times\boldsymbol{L}-\mathrm{i}\hbar\boldsymbol{p}) - \boldsymbol{r}/r = \frac{1}{\mu\kappa}[p^2\boldsymbol{r}-(\boldsymbol{p}\cdot\boldsymbol{r})\boldsymbol{p}] - \boldsymbol{r}/r
$$

所以

$$
[\boldsymbol{R},r^{-1}] = \frac{1}{\mu\kappa}\{[p^2,r^{-1}]\boldsymbol{r}-[(\boldsymbol{p}\cdot\boldsymbol{r})\boldsymbol{p},r^{-1}]\}
$$

而利用式(9.2.51)、式(9.2.52),得

$$
[\boldsymbol{R},r^{-1}] = \frac{\mathrm{i}\hbar}{\mu\kappa}\{r^{-3}(\boldsymbol{r}\cdot\boldsymbol{p})\boldsymbol{r}-r^{-1}\boldsymbol{p}\} \tag{9.2.54}
$$

另外，

$$[\boldsymbol{R},p^2]=\frac{1}{\mu\kappa}\{p^2[\boldsymbol{r},p^2]-[(\boldsymbol{p}\cdot\boldsymbol{r}),p^2]\boldsymbol{p}\}-\left[\frac{\boldsymbol{r}}{r},p^2\right]$$

利用式(9.2.44)与式(9.2.45)，上式的$\{\cdots\}=-r^{-1}[\boldsymbol{r},p^2]-[r^{-1},p^2]\boldsymbol{r}$

利用式(9.2.51)与式(9.2.44)

$$=-r^{-1}2\mathrm{i}\hbar\boldsymbol{p}+\mathrm{i}\hbar r^{-3}(\boldsymbol{r}\cdot\boldsymbol{p})\boldsymbol{r}+\mathrm{i}\hbar(\boldsymbol{p}\cdot\boldsymbol{r})r^{-3}\boldsymbol{r}$$

利用式(9.2.46)

$$=\mathrm{i}\hbar[-2r^{-1}\boldsymbol{p}+r^{-3}(\boldsymbol{r}\cdot\boldsymbol{p})\boldsymbol{r}+(\boldsymbol{r}\cdot\boldsymbol{p}-3\mathrm{i}\hbar)r^{-3}\boldsymbol{r}]$$

利用式(9.2.49)

$$=\mathrm{i}\hbar[-2r^{-1}\boldsymbol{p}+r^{-3}(\boldsymbol{r}\cdot\boldsymbol{p})\boldsymbol{r}+\boldsymbol{r}\cdot(r^{-3}\boldsymbol{p}+3\mathrm{i}\hbar\boldsymbol{r}r^{-5})\boldsymbol{r}-3\mathrm{i}\hbar r^{-3}\boldsymbol{r}]$$

$$=2\mathrm{i}\hbar[-r^{-1}\boldsymbol{p}+r^{-3}(\boldsymbol{r}\cdot\boldsymbol{p})\boldsymbol{r}] \tag{9.5.55}$$

联合式(9.2.54)与式(9.2.55)，得

$$[\boldsymbol{R},H]=0 \tag{9.2.56}$$

(2) $\boldsymbol{R}\times\boldsymbol{R}=-\dfrac{2\mathrm{i}\hbar}{\mu\kappa^2}H\boldsymbol{L}$ (9.2.57)

证明

$$\mu^2\kappa^2\boldsymbol{R}\times\boldsymbol{R}=\{p^2\boldsymbol{r}-(\boldsymbol{p}\cdot\boldsymbol{r})\boldsymbol{p}-\mu\kappa\boldsymbol{r}/r\}\cdot\{p^2\boldsymbol{r}-(\boldsymbol{p}\cdot\boldsymbol{r})\boldsymbol{p}-\mu\kappa\boldsymbol{r}/r\}$$

利用式(9.2.44)、式(9.2.48)

$$\mu^2\kappa^2\boldsymbol{R}\times\boldsymbol{R}=\{p^2\boldsymbol{r}-(\boldsymbol{p}\cdot\boldsymbol{r})\boldsymbol{p}-\mu\kappa\boldsymbol{r}/r\}\cdot\{\boldsymbol{r}p^2-3\mathrm{i}\hbar\boldsymbol{p}-\boldsymbol{p}(\boldsymbol{p}\cdot\boldsymbol{r})-\mu\kappa\boldsymbol{r}/r\}$$

$$=-3\mathrm{i}\hbar p^2\boldsymbol{L}-p^2\boldsymbol{L}(\boldsymbol{p}\cdot\boldsymbol{r})+(\boldsymbol{p}\cdot\boldsymbol{r})\boldsymbol{L}p^2-\mu\kappa(\boldsymbol{p}\cdot\boldsymbol{r})\boldsymbol{L}r^{-1}+3\mathrm{i}\hbar\mu\kappa r^{-1}\boldsymbol{L}+\mu\kappa r^{-1}\boldsymbol{L}(\boldsymbol{p}\cdot\boldsymbol{r})$$

$\boldsymbol{L}$ 与标量对易

$$=\{-3\mathrm{i}\hbar p^2-[p^2,\boldsymbol{p}\cdot\boldsymbol{r}]-\mu\kappa[\boldsymbol{p}\cdot\boldsymbol{r},r^{-1}]+3\mathrm{i}\hbar\mu\kappa r^{-1}\}\boldsymbol{L}$$

利用式(9.2.45)、式(9.2.50)

$$=\{-3\mathrm{i}\hbar p^2+2\mathrm{i}\hbar p^2-\mathrm{i}\hbar\mu\kappa r^{-1}+3\mathrm{i}\hbar\mu\kappa r^{-1}\}\boldsymbol{L}$$

$$=-\mathrm{i}\hbar(p^2-2\mu\kappa r^{-1})\boldsymbol{L}=-2\mathrm{i}\hbar\mu H\boldsymbol{L}$$

所以

$$\boldsymbol{R}\times\boldsymbol{R}=-\frac{2\mathrm{i}\hbar}{\mu\kappa^2}H\boldsymbol{L}$$

(3) $\boldsymbol{R}^2=\dfrac{2H}{\mu\kappa^2}(\boldsymbol{L}^2+\hbar^2)+1$

利用

$$(\boldsymbol{p}\times\boldsymbol{L})\cdot(\boldsymbol{p}\times\boldsymbol{L})=p^2\boldsymbol{L}^2-(\boldsymbol{p}\cdot\boldsymbol{L})^2=p^2\boldsymbol{L}^2 \tag{9.2.58}$$

$$(\boldsymbol{p}\times\boldsymbol{L})\cdot\boldsymbol{p}=(-\boldsymbol{L}\times\boldsymbol{p}+2\mathrm{i}\hbar\boldsymbol{p})\cdot\boldsymbol{p}=2\mathrm{i}\hbar p^2 \tag{9.2.59}$$

$$\boldsymbol{p}\cdot(\boldsymbol{p}\times\boldsymbol{L})=0 \tag{9.2.60}$$

$$(\boldsymbol{p}\times\boldsymbol{L})\cdot\boldsymbol{r}=(-\boldsymbol{L}\times\boldsymbol{p}+2\mathrm{i}\hbar\boldsymbol{p})\cdot\boldsymbol{r}=-(\boldsymbol{L}\times\boldsymbol{p})\cdot\boldsymbol{r}+2\mathrm{i}\hbar\boldsymbol{p}\cdot\boldsymbol{r}=\boldsymbol{L}^2+2\mathrm{i}\hbar\boldsymbol{p}\cdot\boldsymbol{r}$$

$$\boldsymbol{r}\cdot(\boldsymbol{p}\times\boldsymbol{L})=\boldsymbol{L}^2 \tag{9.2.61}$$

得

$$\mu^2\kappa^2\boldsymbol{R}^2=(\boldsymbol{p}\times\boldsymbol{L}-\mathrm{i}\hbar\boldsymbol{p}-\mu\kappa\boldsymbol{r}/r)\cdot(\boldsymbol{p}\times\boldsymbol{L}-\mathrm{i}\hbar\boldsymbol{p}-\mu\kappa\boldsymbol{r}/r)$$

$$=p^2\boldsymbol{L}^2+2\hbar^2p^2-\mu\kappa(\boldsymbol{L}^2+2\mathrm{i}\hbar\boldsymbol{p}\cdot\boldsymbol{r})r^{-1}-\hbar^2p^2+\mathrm{i}\hbar\mu\kappa(\boldsymbol{p}\cdot\boldsymbol{r})r^{-1}-\mu\kappa r^{-1}\boldsymbol{L}^2$$

$$+\mathrm{i}\hbar\mu\kappa r^{-1}(\boldsymbol{r}\cdot\boldsymbol{p})+\mu^2\kappa^2$$

$$=p^2\boldsymbol{L}^2+\hbar^2p^2-2\mu\kappa\boldsymbol{L}^2r^{-1}-\mathrm{i}\hbar\mu\kappa[(\boldsymbol{p}\cdot\boldsymbol{r})r^{-1}-r^{-1}(\boldsymbol{r}\cdot\boldsymbol{p})]+\mu^2\kappa^2$$

利用式(9.2.46)

$$=p^2\boldsymbol{L}^2+\hbar^2p^2-2\mu\kappa\boldsymbol{L}^2r^{-1}-\mathrm{i}\hbar\mu\kappa[(\boldsymbol{p}\cdot\boldsymbol{r})r^{-1}-r^{-1}(\boldsymbol{p}\cdot\boldsymbol{r})-3\mathrm{i}\hbar r^{-1}]+\mu^2\kappa^2$$

利用式(9.2.50)

$$\begin{aligned}&=p^2\boldsymbol{L}^2+\hbar^2p^2-2\mu\kappa\boldsymbol{L}^2r^{-1}-2\hbar^2\mu\kappa r^{-1}+\mu^2\kappa^2\\&=(p^2-2\mu\kappa r^{-1})\boldsymbol{L}^2+\hbar^2(p^2-2\mu\kappa r^{-1})+\mu^2\kappa^2\\&=2\mu H(\boldsymbol{L}^2+\hbar^2)+\mu^2\kappa^2\end{aligned}$$

所以

$$\boldsymbol{R}^2=\frac{2H}{\mu\kappa^2}(\boldsymbol{L}^2+\hbar^2)+1$$

*9.2.3 屏蔽 Coulomb 场的动力学对称性[1]

前面分析了二维和三维氢原子的动力学对称性,并用代数方法得出了它们的能量本征值和本征态.在 9.1.1 节和 9.1.2 节中讨论了 Runge-Lenz 矢量和轨道的闭合性.在 9.1.4 节中的分析表明,在屏蔽 Coulomb 场中电子(例如碱金属原子中的价电子),存在推广的 Runge-Lenz 矢量 $\widetilde{\boldsymbol{R}}$,在远(近)日点 $\widetilde{\boldsymbol{R}}$ 是守恒的.由此得出,当角动量合适的情况,存在无穷多条闭合轨道.试问:此结论是否只对屏蔽 Coulomb 场[见 9.1.4 节,式(9.1.52)]才成立?分析表明[1]:

定理 1 对于任意中心力场 $V(r)$ 中的经典粒子,除能量 E 和角动量 $\boldsymbol{L}=\boldsymbol{r}\times\boldsymbol{p}$ 为守恒量外,还存在一种新的守恒量 $\widetilde{\boldsymbol{R}}$(取粒子质量 $\mu=1$)

$$\widetilde{\boldsymbol{R}}=\boldsymbol{p}\times\boldsymbol{L}-g(r)\frac{\boldsymbol{r}}{r},\quad g(r)=r\frac{\mathrm{d}V}{\mathrm{d}r}=\frac{\mathrm{d}V}{\mathrm{d}\ln r}\tag{9.2.62}$$

在远(近)日点($\dot{r}=0$)的 $\widetilde{\boldsymbol{R}}$,即远(近)日矢,是守恒的,但这并不一定保证轨道是闭合的.

证明 按角动量守恒,$\dfrac{\mathrm{d}}{\mathrm{d}t}\boldsymbol{L}=0$,可得

$$\frac{\mathrm{d}}{\mathrm{d}t}(\boldsymbol{p}\times\boldsymbol{L})=\dot{\boldsymbol{p}}\times\boldsymbol{L}$$

按 Newton 定律 $\dot{\boldsymbol{p}}=F(r)\dfrac{\boldsymbol{r}}{r}$,$F(r)=-\dfrac{\mathrm{d}V}{\mathrm{d}r}$,以及 $\boldsymbol{p}=\dot{\boldsymbol{r}}$,可得

$$\frac{\mathrm{d}}{\mathrm{d}t}(\boldsymbol{p}\times\boldsymbol{L})=F(r)\frac{\boldsymbol{r}}{r}\times(\boldsymbol{r}\times\dot{\boldsymbol{r}})$$

再利用矢量代数恒等式 $\boldsymbol{a}\times(\boldsymbol{b}\times\boldsymbol{c})=(\boldsymbol{a}\cdot\boldsymbol{c})\boldsymbol{b}-(\boldsymbol{a}\cdot\boldsymbol{b})\boldsymbol{c}$,以及 $\boldsymbol{r}\cdot\dot{\boldsymbol{r}}=r\dot{r}$,得

$$\begin{aligned}\frac{\mathrm{d}}{\mathrm{d}t}(\boldsymbol{p}\times\boldsymbol{L})&=\frac{F(r)}{r}[(\boldsymbol{r}\cdot\dot{\boldsymbol{r}})\boldsymbol{r}-r^2\dot{\boldsymbol{r}}]=-F(r)r^2\left[\frac{\dot{\boldsymbol{r}}}{r}-\frac{\dot{r}\boldsymbol{r}}{r^2}\right]\\&=-F(r)r^2\frac{\mathrm{d}}{\mathrm{d}t}\left(\frac{\boldsymbol{r}}{r}\right)\end{aligned}$$

在远(近)日点($\dot{r}=0$),上式$=\dfrac{\mathrm{d}}{\mathrm{d}t}\left[-F(r)r^2\dfrac{\boldsymbol{r}}{r}\right]$,由此可得

---

[1] B. Zeng (曾蓓) & J. Y. Zeng (曾谨言), J. Math. Phys. **43**(2002) 897-903.

$$\frac{\mathrm{d}\widetilde{\boldsymbol{R}}}{\mathrm{d}t}=0,\quad \widetilde{\boldsymbol{R}}=(\boldsymbol{p}\times\boldsymbol{L})-g(r)\frac{\boldsymbol{r}}{r},\quad \text{式中 } g(r)=-rF(r)=r\frac{\mathrm{d}V}{\mathrm{d}r} \tag{9.2.63}$$

定理1得证.

对于屏蔽Coulomb场. $V(r)=-\frac{1}{r}-\frac{\lambda}{r^2}$,

$$\widetilde{\boldsymbol{R}}=\boldsymbol{p}\times\boldsymbol{L}-\left(1+\frac{2\lambda}{r}\right)\frac{\boldsymbol{r}}{r}$$

与9.1.4节,式(9.1.56)相同.

定理2 当且仅当中心力场 $V(r)$ 为纯,或屏蔽Coulomb场的情况时,在给定能量 $E<0$ 的诸简并态张开的子空间中,$\widetilde{\boldsymbol{R}}$ 与 $\boldsymbol{L}$ 才构成一个封闭的 SO_4 李代数.

证明 推广的Runge-Lenz矢量的量子力学形式为($\hbar=1$)

$$\widetilde{\boldsymbol{R}}=\frac{1}{2}(\boldsymbol{p}\times\boldsymbol{L}-\boldsymbol{L}\times\boldsymbol{p})-g(r)\frac{\boldsymbol{r}}{r}=\boldsymbol{p}\times\boldsymbol{L}-\mathrm{i}\boldsymbol{p}-g(r)\frac{\boldsymbol{r}}{r} \tag{9.2.64}$$

首先,$\boldsymbol{L}$ 的3个分量满足下列对易式

$$[L_\alpha,L_\beta]=\mathrm{i}\varepsilon_{\alpha\beta\gamma}L_\gamma \tag{9.2.65}$$

其次,对于任意 $g(r)$[即 $V(r)$],可以证明(留作练习)

$$[L_\alpha,\widetilde{\boldsymbol{R}}_\beta]=\mathrm{i}\varepsilon_{\alpha\beta\gamma}\widetilde{\boldsymbol{R}}_\gamma \tag{9.2.66}$$

而 $\widetilde{\boldsymbol{R}}$ 各分量满足

$$\widetilde{\boldsymbol{R}}\times\widetilde{\boldsymbol{R}}=-2\mathrm{i}\left[\frac{1}{2}\boldsymbol{p}^2-\frac{3g(r)+rg'(r)}{2}\right]\boldsymbol{L} \tag{9.2.67}$$

对照式(9.2.57)或(9.2.29)相比,要求($\mu=k=\hbar=1$)

$$\widetilde{\boldsymbol{R}}\times\widetilde{\boldsymbol{R}}=-2\mathrm{i}H\boldsymbol{L} \tag{9.2.68}$$

即要求

$$H=\frac{p^2}{2}-\frac{3g(r)+rg'(r)}{2},\quad g(r)=r\frac{\mathrm{d}V}{\mathrm{d}r}=\frac{\mathrm{d}V}{\mathrm{d}\ln r} \tag{9.2.69}$$

考虑到 $H=\frac{p^2}{2}+V(r)$,所以要求 $\frac{1}{2}[3g(r)+rg'(r)]=-V(r)$,即

$$r^2\frac{\mathrm{d}^2V}{\mathrm{d}r^2}+4r\frac{\mathrm{d}V}{\mathrm{d}r}+2V=0 \tag{9.2.70}$$

是Euler型微分方程,其解为

$$V(r)=C_1\frac{1}{r}+C_2\frac{1}{r^2} \tag{9.2.71}$$

C_1 与 C_2 为两个积分常数.为保证束缚态存在,要求 $C_1<0$.上式的解有两种情况:

(i) $C_2=0$,$V(r)$ 为纯Coulomb势(吸引),$\widetilde{\boldsymbol{R}}$ 回到Runge-Lenz矢量 $\boldsymbol{R}$

$$\widetilde{\boldsymbol{R}}=\boldsymbol{R}=\frac{1}{2}(\boldsymbol{p}\times\boldsymbol{L}-\boldsymbol{L}\times\boldsymbol{p})-\frac{\boldsymbol{r}}{r} \tag{9.2.72}$$

(ii) $C_2\neq0$,$V(r)$ 为屏蔽Coulomb势,(取 $C_1=-1,C_2=-\lambda$)

$$V(r) = -\frac{1}{r} - \frac{\lambda}{r^2} \quad (0 < \lambda \ll 1) \tag{9.2.73}$$

$\widetilde{\boldsymbol{R}}$ 就是推广的 Runge-Lenz 矢量[见 9.1.4 节,式(9.1.56)],

$$\widetilde{\boldsymbol{R}} = \frac{1}{2}(\boldsymbol{p} \times \boldsymbol{L} - \boldsymbol{L} \times \boldsymbol{p}) - \left(1 + \frac{2\lambda}{r}\right)\frac{\boldsymbol{r}}{r} \tag{9.2.74}$$

定理 2 证毕.

对于二维(xy 平面)的任意中心势 $V(\rho)$(ρ 为极坐标),也总可以构造

$$\widetilde{\boldsymbol{R}} = \boldsymbol{p} \times \boldsymbol{L} - g(\rho)\boldsymbol{\rho}/\rho, \quad g(\rho) = \rho\frac{\mathrm{d}V}{\mathrm{d}\rho} \tag{9.2.75}$$

在远(近)日点处($\dot{\rho}=0$),$\frac{\mathrm{d}}{\mathrm{d}t}\widetilde{\boldsymbol{R}}=0$. $\widetilde{\boldsymbol{R}}$ 的量子形式为

$$\widetilde{\boldsymbol{R}} = \frac{1}{2}(\boldsymbol{p} \times \boldsymbol{L} - \boldsymbol{L} \times \boldsymbol{p}) - g(\rho)\boldsymbol{\rho}/\rho \tag{9.2.76}$$

类似可以证明:当,且仅当 $V(\rho)$ 为纯,或屏蔽 Coulomb 势时(参阅 9.2.1 节),

$$\begin{aligned} [L_z, \widetilde{R}_x] &= \mathrm{i}\widetilde{R}_y \\ [L_z, \widetilde{R}_y] &= -\mathrm{i}\widetilde{R}_x \\ [\widetilde{R}_x, \widetilde{R}_y] &= -2\mathrm{i}HL_z \end{aligned} \tag{9.2.77}$$

即在给定束缚态能量 $E<0$ 的诸简并态张开的子空间中,$(L_z, \widetilde{R}_x, \widetilde{R}_y)$ 才构成一个封闭的 SO_3 李代数.

*9.2.4 n 维氢原子的 O_{n+1} 动力学对称性①

按照上面关于二维和三维氢原子的讨论,可以想到,n 维氢原子也具有比其几何对称性 O_n 更高的动力学对称性. 下面证明,它具有 O_{n+1} 动力学对称性. n 维氢原子的 Hamilton 量仍表示为

$$H = \frac{1}{2\mu}p^2 - \frac{\kappa}{r} \tag{9.2.78}$$

$p^2 = \sum_{i=1}^{n} p_i^2, r = \left[\sum_{i=1}^{n} x_i^2\right]^{1/2}$. 显然,它具有 SO_n 对称性,它的 $n(n-1)/2$ 个无穷小算符可取为

$$l_{ij} = -l_{ji} = x_i p_j - x_j p_i, \quad i \neq j = 1,2,\cdots,n \tag{9.2.79}$$

它们满足下列对易式

$$[l_{ij}, H] = 0 \tag{9.2.80}$$

$$[l_{ij}, l_{kl}] = \mathrm{i}\hbar(\delta_{ik}l_{jl} - \delta_{il}l_{jk} - \delta_{jk}l_{il} + \delta_{jl}l_{ik}) \tag{9.2.81}$$

下面证明,n 维氢原子存在一个 n 维矢量守恒量

$$R_i = \frac{1}{\mu\kappa}\left[\sum_{\substack{j=1 \\ (j\neq i)}}^{n} p_j l_{ij} - \frac{n-1}{2}\mathrm{i}\hbar p_i\right] - \frac{x_i}{r} \tag{9.2.82}$$

$$i = 1,2,\cdots,n$$

---

① Y. K. Qian (钱裕昆) & J. Y. Zeng (曾谨言), Science in China (SeriesA) **36**(1993) 395.

$$[\boldsymbol{R}, H] = 0 \tag{9.2.83}$$

作为一个 n 维矢量，它与 SO_n 的无穷小算符满足下列对易式

$$[l_{ij}, R_k] = i\hbar(\delta_{ik}R_j - \delta_{jk}R_i) \tag{9.2.84}$$

经过较繁的计算，可以证明 $\boldsymbol{R}$ 的各分量满足下列对易式

$$[R_i, R_j] = \frac{2i\hbar}{\mu\kappa^2}(-H)l_{ij} \tag{9.2.85}$$

因此，一般说来 l_{ij} 和 R_k 并不构成一个完备的 Lie 代数. 但如局限于一定的束缚能级 $E(E<0)$ 的诸简并态张开的子空间中，(考虑到 H 与 l_{ij} 对易)，式(9.2.85)可改写成

$$[R_i, R_j] = \frac{2i\hbar}{\mu\kappa^2}(-E)l_{ij} \tag{9.2.86}$$

这样，我们可以定义一组算符

$$L_{ij} = \begin{cases} l_{ij}, & i \neq j \leqslant n \\ \sqrt{\dfrac{\mu\kappa^2}{-2E}}R_i, & i \leqslant n, j = n+1 \\ -\sqrt{\dfrac{\mu\kappa^2}{-2E}}R_j, & j \leqslant n, i = n+1 \end{cases} \tag{9.2.87}$$

显然 $L_{ij} = -L_{ji}(i \neq j = 1, 2, \cdots, n+1)$，共有 $(n+1)n/2$ 个独立的反对称算符，联合式(9.2.81)、(9.2.84)、(9.2.86)和(9.2.87)，可以得出

$$[L_{ij}, L_{kl}] = i\hbar(\delta_{ik}L_{jl} - \delta_{il}L_{jk} - \delta_{jk}L_{il} + \delta_{jl}L_{ik}) \tag{9.2.88}$$

这正是群 SO_{n+1} 的 $(n+1)n/2$ 个无穷小算符满足的对易式. 这样，这 $(n+1)n/2$ 个算符就构成了 SO_{n+1} 的 Lie 代数. 再考虑到

$$[L_{ij}, H] = 0, \quad i \neq j = 1, 2, \cdots, n+1 \tag{9.2.89}$$

这就证明了处于束缚态的 n 维氢原子具有 SO_{n+1} 动力学对称性.

下面计算 n 维氢原子的能级及其简并度. 直接计算可以证明

$$\boldsymbol{R}^2 = \sum_{i=1}^{n} R_i^2 = \frac{1}{\mu\kappa^2}2H\left[\boldsymbol{l}^2 + \left(\frac{n-1}{2}\right)^2\hbar^2\right] + 1 \tag{9.2.90}$$

式中 $\boldsymbol{l}^2 = \dfrac{1}{2}\sum_{i \neq j=1}^{n} l_{ij}l_{ij}$ 是 SO_n 群的 Casimir 算子. 由式(9.2.90)和式(9.2.87)，n 维氢原子的能量 $E(E<0)$ 可以表示为

$$E = -\frac{\mu\kappa^2}{2\left[\boldsymbol{L}^2 + \left(\dfrac{n-1}{2}\right)^2\hbar^2\right]} \tag{9.2.91}$$

式中 $\boldsymbol{L}^2 = \dfrac{1}{2}\sum_{i \neq j=1}^{n+1} L_{ij}L_{ij}$ 是 SO_{n+1} 群的 Casimir 算子. 由式(9.2.91)可以看出，E 只依赖于 $\boldsymbol{L}^2$ 的本征值. 因此，对于给定 $\boldsymbol{L}^2$ 本征值，而 $\boldsymbol{l}^2$ 本征值不同的能级是简并的，即 n 维氢原子的能级具有比一般 n 维中心力场的能级更高的简并度.

为了求得 $\boldsymbol{L}^2$ 的本征值，可以求解 n 维氢原子的定态 Schrödinger 方程

$$\left(\boldsymbol{\nabla}^2 + \frac{2\mu\kappa}{\hbar^2}\frac{1}{r} + \frac{2\mu E}{\hbar^2}\right)\psi(\boldsymbol{x}) = 0 \tag{9.2.92}$$

采用 n 维球坐标系(本节附录 2)，波函数可分离变量

$$\psi(\boldsymbol{x}) = R(r)\mathrm{Y}_{J_{n-1}\cdots J_1 J_0}(\theta_{n-2}, \cdots, \theta_1, \theta_0) \tag{9.2.93}$$

$$0 \leqslant |J_0| \leqslant J_1 \leqslant \cdots \leqslant J_{n-2} \quad (J_0, J_1, \cdots, J_{n-2} \text{ 均为整数})$$

$Y_{J_{n-2}\cdots J_1 J_0}$ 为 n 维空间的球谐函数，J_{n-2} 为 SO_n 群的 Casimir 算子 $\boldsymbol{l}^2$ 相应的量子数：

$$\boldsymbol{l}^2 Y_{J_{n-2}\cdots J_1 J_0} = J_{n-2}(J_{n-2}+n-2)\hbar^2 Y_{J_{n-2}\cdots J_1 J_0} \tag{9.2.94}$$

将式(9.2.93)代入方程(9.2.92)，利用∇^2的表达式(见本节附录 2)及式(9.2.94)，可得到径向方程

$$\frac{1}{r^{n-1}}\frac{d}{dr}\left(r^{n-1}\frac{d}{dr}R\right)+\frac{1}{\beta}\frac{1}{r}R-\frac{J_{n-2}(J_{n-2}+n-2)}{r^2}R-\alpha^2 R=0 \tag{9.2.95}$$

$$\beta=\frac{2\mu\kappa}{\hbar^2},\quad \alpha^2=-\frac{2\mu E}{\hbar^2}\quad (E<0) \tag{9.2.96}$$

考虑到解的渐近行为及束缚态边条件，可以令

$$R(r)=e^{-\alpha r}g(r) \tag{9.2.97}$$

可得 $g(r)$满足下列方程：

$$r^2 g''+[(n-1)-2\alpha r]rg'-[J_{n-2}(J_{n-2}+n-2)-\beta r+\alpha(n-1)r]g=0 \tag{9.2.98}$$

再考虑到解在 $r\to 0$ 的行为及波函数的统计诠释的要求，对于物理上允许的解，可以令

$$g(r)=r^{J_{n-2}}f(r) \tag{9.2.99}$$

可得出 $f(r)$满足的方程

$$r^2 f''+[(n+2J_{n-2}-1)-2\alpha r]rf'+[\beta-(n+2J_{n-2}-1)\alpha]rf=0 \tag{9.2.100}$$

令 $x=2\alpha r$，得

$$x\frac{d^2}{dx^2}f+[(2J_{n-2}+n-1)-x]\frac{df}{dx}+\left[\frac{\beta}{2\alpha}-\left(J_{n-2}+\frac{n-1}{2}\right)\right]f=0 \tag{9.2.101}$$

此即合流超几何方程. 它的在 $x\approx 0$ 邻域的解析解为合流超几何函数，一般为无穷级数. 但考虑到束缚态边条件，要求解必须中断为多项式. 这就要求

$$\beta/2\alpha-\left(J_{n-2}+\frac{n-1}{2}\right)=n_r,\quad n_r=0,1,2,\cdots \tag{9.2.102}$$

从而给出

$$\alpha=\frac{\beta/2}{n_r+J_{n-2}+\dfrac{n-1}{2}} \tag{9.2.103}$$

联合式(9.2.96)，得出 n 维氢原子的能级公式

$$E=E_K=-\frac{\mu\kappa^2}{2\hbar^2}\cdot\frac{1}{\left(K+\dfrac{n-1}{2}\right)^2} \tag{9.2.104}$$

$$K=n_r+J_{n-2}=0,1,2,\cdots$$

与式(9.2.91)比较，可得出 $\boldsymbol{L}^2$ 的本征值

$$\boldsymbol{L}^2=K(K+n-1)\hbar^2,\quad K=0,1,2,\cdots \tag{9.2.105}$$

与能量本征值 E_K 相应的径向波函数为$R(r)\propto e^{-\alpha r}r^{J_{n-2}}f(r)$，

$$f\propto L_{n_r}^{(\gamma)}(\xi),\quad \xi=2\alpha r,\quad \gamma=2J_{n-2}+n-2 \tag{9.2.106}$$

是 Laguerre 多项式.

由式(9.2.104)可以看出，E_K 只依赖于量子数 K(主量子数). K 相同，但 J_{n-2}不同的能级是简并的. 对于给定 $K=n_r+J_{n-2}$，有

$$n_r=0,\quad 1,\cdots,\quad K$$

$$J_{n-2}=K,\quad K-1,\cdots,\quad 0$$

$$J_k=0,1,\cdots,J_{k+1},\quad k=1,2,\cdots,(n-3)$$
$$J_0=-J_1,-J_1+1,\cdots,+J_1 \tag{9.2.107}$$

因此能级简并度为

$$f_K=\sum_{J_{n-2}=0}^{K}\sum_{J_{n-3}=0}^{J_{n-2}}\cdots\sum_{J_1=0}^{J_2}(2J_1+1)=(2K+n-1)\frac{(K+n-2)!}{K!(n-1)!} \tag{9.2.108}$$

不难验证,对于 $n=2,3$ 情况,式(9.2.104)和式(9.2.108)给出的能级及其简并度的公式与9.2.1节和9.2.2节相同.

本征函数的角度部分的表示式见本节附录2.可以证明,属于能级 E_K 的诸简并态中,具有不同宇称.事实上,本征函数的宇称 π 为

$$\pi=(-1)^{J_{n-2}} \tag{9.2.109}$$

对于给定 K,J_{n-2} 可以取 $K,K-1,\cdots,1,0$,所以两种宇称态都存在.这一事实与守恒量完全集中有两种矢量有关,即角动量 l_{ij} 为"轴矢量",而 $\boldsymbol{R}$ 为"极矢量".

附录 n 维空间的球谐函数①

引进 n 维空间球坐标$(r,\theta_0,\theta_1,\cdots,\theta_{n-2})$

$$\begin{aligned}
x_1&=r\cos\theta_{n-2}\\
x_2&=r\sin\theta_{n-2}\cos\theta_{n-3}\\
&\cdots\\
x_{n-1}&=r\sin\theta_{n-2}\sin\theta_{n-3}\cdots\sin\theta_1\cos\theta_0\\
x_n&=r\sin\theta_{n-2}\sin\theta_{n-3}\cdots\sin\theta_1\sin\theta_0
\end{aligned} \tag{9.2.110}$$

其中 $0\leqslant r<\infty,0\leqslant\theta_0\leqslant 2\pi,0\leqslant\theta_k\leqslant\pi,k\geqslant 1$.

n 维空间线段元 $\mathrm{d}s$ 可如下给出

$$\mathrm{d}s^2=\mathrm{d}r^2+r^2\mathrm{d}\theta_{n-2}^2+r^2\sin^2\theta_{n-2}\mathrm{d}\theta_{n-3}^2+\cdots+r^2\sin^2\theta_{n-2}\sin^2\theta_{n-3}\cdots\sin^2\theta_1\mathrm{d}\theta_0^2 \tag{9.2.111}$$

n 维空间的 Laplace 算符为

$$\begin{aligned}
\nabla^2=&\frac{1}{r^{n-1}}\frac{\partial}{\partial r}\left(r^{n-1}\frac{\partial}{\partial r}\right)+\frac{1}{r^2\sin^{n-2}\theta_{n-2}}\frac{\partial}{\partial\theta_{n-2}}\left(\sin^{n-2}\theta_{n-2}\frac{\partial}{\partial\theta_{n-2}}\right)\\
&+\cdots\\
&+\frac{1}{r^2\sin^2\theta_{n-2}\sin^2\theta_{n-3}\cdots\sin^2\theta_{k+1}\sin^k\theta_k}\cdot\frac{\partial}{\partial\theta_k}\left(\sin^k\theta_k\frac{\partial}{\partial\theta_k}\right)\\
&+\cdots\\
&+\frac{1}{r^2\sin^2\theta_{n-2}\sin^2\theta_{n-3}\cdots\sin^2\theta_1}\frac{\partial^2}{\partial\theta_0^2}
\end{aligned} \tag{9.2.112}$$

n 维各向同性势 $V(r)$中粒子的 Schrödinger 方程

$$\left[\nabla^2-\frac{2\mu}{\hbar^2}V(r)+\frac{2\mu}{\hbar^2}E\right]\psi(\boldsymbol{x})=0 \tag{9.2.113}$$

的解可以分离变量

$$\psi(\boldsymbol{x})=R(r)\Theta^{(n-2)}(\theta_{n-2})\cdots\Theta^{(k)}(\theta_k)\cdots\Theta^{(0)}(\theta_0) \tag{9.2.114}$$

从而可得出一系列方程

---

① Y. K. Qian & J. Y. Zeng, Science in China (Series A) **36**(1993) 395.

$$\left(\frac{d^2}{d\theta_0^2}+\lambda_0\right)\Theta^{(0)}(\theta_0)=0$$

$$\frac{1}{\sin\theta_1}\frac{d}{d\theta_1}\left(\sin\theta_1\frac{d}{d\theta_1}\Theta^{(1)}(\theta_1)\right)-\frac{\lambda_0}{\sin^2\theta_1}\Theta^{(1)}(\theta_1)+\lambda_1\Theta^{(1)}(\theta_1)=0$$

$$\cdots\cdots$$

$$\frac{1}{\sin^k\theta_k}\frac{d}{d\theta_k}\left(\sin^k\theta_k\frac{d}{d\theta_k}\Theta^{(k)}(\theta_k)\right)-\frac{\lambda_{k-1}}{\sin^2\theta_k}\Theta^{(k)}(\theta_k)+\lambda_k\Theta^{(k)}(\theta_k)=0 \qquad (9.2.115)$$

$$\cdots\cdots$$

$$\frac{1}{\sin^{n-2}\theta_{n-2}}\frac{d}{d\theta_{n-2}}\left[\sin^{(n-2)}\theta_{n-2}\frac{d}{d\theta_{n-2}}\Theta^{(n-2)}(\theta_{n-2})\right]-\frac{\lambda_{n-3}}{\sin^2\theta_{n-3}}\Theta^{(n-2)}(\theta_{n-2})+\lambda_{n-2}\Theta^{(n-2)}(\theta_{n-2})=0$$

$$\frac{1}{r^{n-1}}\frac{d}{dr}\left(r^{n-1}\frac{d}{dr}R\right)-\frac{2\mu}{\hbar^2}V(r)-\frac{\lambda_{n-2}}{r^2}R+\frac{2\mu E}{\hbar^2}R=0$$

与三维情况类似,角度部分可以先解出.对 θ_0 部分,物理上可接受的解为

$$\Theta^{(0)}(\theta_0)=\exp[iJ_0\theta_0] \qquad (9.2.116)$$

$$\lambda_0=J_0^2,\qquad J_0=0,\pm1,\pm2,\cdots$$

对于 $\Theta^{(k)}(\theta_k)$,$k\geqslant1$,令 $\cos\theta_k=z_k$,则

$$(1-z_k^2)\frac{d^2}{dz_k^2}\Theta^{(k)}-(k+1)z_k\frac{d}{dz_k}\Theta^{(k)}-\frac{\lambda_{k-1}}{(1-z_k^2)}\Theta^{(k)}+\lambda_k\Theta^{(k)}=0 \qquad (9.2.117)$$

考虑 $\lambda_{k-1}=0$ 的情况.此时,要求解在 $z_k=\pm1$ 处有界,可得出本征值

$$\lambda_k=J_k(J_k+1),\quad J_k=0,1,2,\cdots \qquad (9.2.118)$$

相应的本征函数记为 $P_{Jk}^{(k)}(z_k)$(其中 $k\geqslant1$),有

$$P_{Jk}^{(k)}(z_k)=T_{Jk}^{(k-1)/2}(z_k) \qquad (9.2.119)$$

$T_n^\beta(z)$称为 Gegenbauer 多项式①.当 $k=1$ 时,$P_{J_1}^{(1)}(z_1)=P_{J_1}(z_1)$,即平常的 Legendre 多项式.

对于 $\lambda_{k-1}\neq0$,考虑 $k=1$.此时,$\lambda_0=J_0^2$,方程(9.2.117)即平常的连带(associated)Legendre 方程.它在 $z_k=\pm1$ 处有界的解即为连带 Legendre 函数,记为

$$P_{J_1}^{(1)J_0}(z_1)=P_{J_1}^{J_0}(z_1) \qquad (9.2.120)$$

对于 $k>1$,λ_{k-1} 已经由 $\Theta^{(k-1)}(\theta_{k-1})$的本征方程解出,$\lambda_{k-1}=J_{k-1}(J_{k-1}+k-1)$,$J_{k-1}=0,1,2,\cdots$.令

$$\Theta^{(k)(z_k)}=(1-z_k^2)^{\frac{1}{2}J_{k-1}}g(z_k) \qquad (9.2.121)$$

代入式(9.2.17),得 $g(z)$满足的方程

$$(1-z^2)g''-(2J_{k-1}+k+1)zg'+(J_k-J_{k-1})(J_k+J_{k-1}+k)g=0 \qquad (9.2.122)$$

其解仍为 Gegenbauer 函数.要求 $\Theta^{(k)}(z_k)$在 $z_k=\pm1$ 处有界,则要求($J_k\geqslant J_{k-1}$)

$$J_k-J_{k-1}=0,1,2,\cdots \qquad (9.2.123)$$

相应的解 $g(z)$为 Gegenbauer 多项式,$T_{J_k-J_{k-1}}^{J_{k-1}+(k-1)/2}(z)$.而 $\Theta^{(k)}(z_k)$可记为

$$P_{Jk}^{(k)J_{k-1}}(z)=(1-z^2)^{\frac{1}{2}J_{k-1}}T_{J_k-J_{k-1}}^{J_{k-1}+(k-1)/2}(z) \qquad (9.2.124)$$

由 Gegenbauer 多项式的正交归一关系

① P. M. Morse and H. Feshbach, *Methods of Theoretical Physics*, Vol. **I**, p. 781. McGraw-Hill, 1953.

$$\int_{-1}^{1} dz(1-z^2)^{\beta} T_n^{\beta}(z) T_m^{\beta}(z) = \delta_{nm} \frac{2\Gamma(n+2\beta+1)}{(2n+2\beta+1)\Gamma(n+1)} \tag{9.2.125}$$

可求出

$$\int_{-1}^{1} dz(1-z^2)^{(k-1)/2} P_{J_k}^{(k)J_{k-1}}(z) P_{J_k'}^{(k)J_{k-1}}(z) = \delta_{J_k J_k'} \frac{2\Gamma(J_k+J_{k-1}+k)}{(2J_k+k)\Gamma(J_k-J_{k-1}+1)} \tag{9.2.126}$$

此式对 $k=1, J_0<0$ 也适用.

这样,n 维空间中正交归一的球谐函数可表示为

$$Y_{J_{n-2}\cdots J_1 J_0}(\theta_{n-2},\cdots,\theta_1,\theta_0) = A_{J_{n-2}\cdots J_1 J_0} P_{J_{n-2}}^{(n-2)J_{n-3}}(x_{n-2})\cdots P_{J_1}^{(1)J_0}(x_1)\exp[iJ_0\theta_0] \tag{9.2.127}$$

$$\begin{aligned}
&\int_{(\omega)} d\Omega^{(n)} Y^*_{J'_{n-2}\cdots J'_1 J'_0} Y_{J_{n-2}\cdots J_1 J_0} = \delta_{J'_{n-2}J_{n-2}}\cdots\delta_{J'_1 J_1}\delta_{J'_0 J_0} \\
&d\Omega^{(n)} = \sin^{n-2}\theta_{n-2}\cdots\sin^k\theta_k\cdots\sin\theta_1 \, d\theta_{n-2}\cdots d\theta_k\cdots d\theta_1 \, d\theta_0 \\
&(\omega):\quad 0 \leqslant \theta_0 \leqslant 2\pi,\quad 0 \leqslant \theta_k \leqslant \pi \quad (k>1)
\end{aligned} \tag{9.2.128}$$

归一化常数为

$$A_{J_{n-2}\cdots J_1 J_0} = \frac{1}{2^{(n-1)/2}\sqrt{\pi}} \left[\prod_{k=1}^{n-2} \frac{(2J_k+k)\Gamma(J_k-J_{k-1}+1)}{\Gamma(J_k+J_{k-1}+k)} \right]^{1/2} \tag{9.2.129}$$

在空间反射 P 下,$x_i \to -x_i$,即

$$\begin{aligned}
&\theta_0 \to \pi+\theta_0,\quad \theta_k \to \pi-\theta_k \quad (k>1) \\
&z_k = \cos\theta_k \to -z_k
\end{aligned} \tag{9.2.130}$$

利用 $T_n^{\beta}(-z)=(-1)^n T_n^{\beta}(z)$,可得

$$P_{Jk}^{(k)J_{k-1}}(-z) = (-1)^{J_k-J_{k-1}} P_{J_k}^{(k)J_{k-1}}(z) \tag{9.2.131}$$

而

$$e^{iJ_0(\pi+\theta_0)} = (-1)^{J_0}\exp[iJ_0\theta_0] \tag{9.2.132}$$

所以

$$\begin{aligned}
PY_{J_{n-2}\cdots J_1 J_0}(\theta_{n-2},\cdots,\theta_1,\theta_0) &= Y_{J_{n-2}\cdots J_1 J_0}(\pi-\theta_{n-2},\cdots,\pi-\theta_1,\pi+\theta_0) \\
&= (-1)^{J_{n-2}} Y_{J_{n-2}\cdots J_1 J_0}(\theta_{n-2},\cdots,\theta_1,\theta_0)
\end{aligned} \tag{9.2.133}$$

即宇称为$(-1)^{J_{n-2}}$.

9.3 各向同性谐振子的动力学对称性

相对于氢原子,各向同性谐振子的 Schrödinger 方程的求解要简单一些. 例如,高维各向同性谐振子,可采用 Cartesian 坐标,化为若干个彼此独立的一维谐振子. 其根源来自高维各向同性谐振子的特殊的动力学对称性. 因此下面先讨论高维各向同性谐振子,然后分别讨论二维和三维各向同性谐振子.

9.3.1 各向同性谐振子的幺正对称性

k 维各向同性谐振子的 Hamilton 量表示为(自然单位 $\hbar=m=\omega=1$)

$$H = \sum_{j=1}^{k} H_j = \frac{1}{2}\sum_{j=1}^{k}(x_j^2 + p_j^2) \tag{9.3.1}$$

利用正则对易式

$$[x_i, p_j] = \mathrm{i}\delta_{ij}, \qquad i, j = 1, 2, \cdots, k \tag{9.3.2}$$

可将 H 改写成

$$\begin{aligned} H &= \frac{1}{2}\sum_{j=1}^{k}(x_j - \mathrm{i}p_j)(x_j + \mathrm{i}p_j) + k/2 \\ &= \frac{1}{2}\sum_{j=1}^{k}(x_j + \mathrm{i}p_j)^+ (x_j + \mathrm{i}p_j) + k/2 \\ &= \frac{1}{2}\sum_{j=1}^{k}|x_j + \mathrm{i}p_j|^2 + k/2 \end{aligned} \tag{9.3.3}$$

因此,除了一个常数项 $k/2$ 外,H 可视为 k 维(复)空间的一个"矢量"$(x_j+\mathrm{i}p_j)$($j=1,2,\cdots,k$)的模方. 因此,在 k 维(复)空间的幺正变换 U($U^+=U^{-1}$)之下

$$x_j + \mathrm{i}p_j \to x_j' + \mathrm{i}p_j' = U(x_j + \mathrm{i}p_j)U^{-1} \tag{9.3.4}$$

$$\begin{aligned} (x_j' + \mathrm{i}p_j')^+ (x_j' + \mathrm{i}p_j') &= (x_j + \mathrm{i}p_j)^+ U^+ U(x_j + \mathrm{i}p_j) \\ &= (x_j + \mathrm{i}p_j)^+ (x_j + \mathrm{i}p_j) \end{aligned}$$

所以

$$H' = UHU^{-1} = H$$

即

$$[U, H] = 0 \tag{9.3.5}$$

在 U 变换下 H 具有不变性. 这种幺正变换下的对称性,即 k 维各向同性谐振子的动力学对称性,记为 U_k,是由 Hamilton 量(9.3.1)的特点所决定的.

与一维谐振子的代数解法相似,引进升、降算符

$$a_j^+ = \frac{1}{\sqrt{2}}(x_j - \mathrm{i}p_j), \quad a_j = \frac{1}{\sqrt{2}}(x_j + \mathrm{i}p_j) \tag{9.3.6}$$

$$j = 1, 2, \cdots, k$$

其逆表示式为

$$x_j = \frac{1}{\sqrt{2}}(a_j^+ + a_j), \quad p_j = \frac{\mathrm{i}}{\sqrt{2}}(a_j^+ - a_j) \tag{9.3.7}$$

容易证明

$$\begin{aligned} &[a_i, a_j] = 0, \quad [a_i^+, a_j^+] = 0 \\ &[a_i, a_j^+] = \delta_{ij}, \quad i, j = 1, 2, \cdots, k \end{aligned} \tag{9.3.8}$$

与 Bose 子的产生和湮没算符的基本对易式相同. 利用此对易式,可将 H 改写成

$$\begin{aligned} H &= (\hat{N} + k/2) \\ \hat{N} &= \sum_{i=1}^{k}\hat{N}_i = \sum_{i=1}^{k}a_i^+ a_i \end{aligned} \tag{9.3.9}$$

$\hat{N}_i$ 与 $\hat{N}$ 为正定厄米算符，其本征值分别为 $n_i=0,1,2,\cdots,N=\sum_{i=1}^{k} n_i=0,1,2,\cdots$. 能量本征值为

$$E_N=\left(N+\frac{k}{2}\right)(\text{自然单位}),\quad N=0,1,2,\cdots \tag{9.3.10}$$

能谱均匀分布，但能级有简并（基态除外）. 本征态可表示成

$$\begin{aligned}|n_1 n_2\cdots n_k\rangle &= |n_1\rangle|n_2\rangle\cdots|n_k\rangle \\ &= \frac{1}{\sqrt{n_1!n_2!\cdots n_k!}}a_1^{+n_1}a_2^{+n_2}\cdots a_k^{+n_k}|0\rangle\end{aligned} \tag{9.3.11}$$

$$N=n_1+n_2+\cdots+n_k=0,1,2,\cdots$$

能级的简并度

$$f_N=\begin{pmatrix}N+k-1\\N\end{pmatrix}=\frac{(N+k-1)!}{N!(k-1)!} \tag{9.3.12}$$

此乃各向同性谐振子的幺正对称性的表现.

利用产生与湮没算符，可以构成 k^2 个如下形式的算符：

$$a_i^+a_j,\quad i,j=1,2,\cdots,k \tag{9.3.13}$$

显然它们能保证总粒子数 N 不变，

$$[a_i^+a_j,\hat{N}]=[a_i^+a_j,H]=0 \tag{9.3.14}$$

可以证明

$$[a_i^+a_j,a_k^+a_l]=\delta_{jk}a_i^+a_l-\delta_{il}a_k^+a_j \tag{9.3.15}$$

这 k^2 个算符构成群 U_k 的 Lie 代数. 可以把它们进行适当的线性组合，使之为厄米算符，用作为体系一组合适的守恒量[如式(9.3.18)]. 当然，这种线性组合是不唯一的. 具体问题中如何选取它们，要根据问题的侧重而定. 如把 $\hat{N}=\sum_{i=1}^{k}a_i^+a_i$（或 H）除外，则其余(k^2-1)个线性独立的算符构成群 $SU_k(U^+=U^{-1},\det U=1)$的 Lie 代数.

9.3.2 二维各向同性谐振子

二维各向同性谐振子的 Hamilton 量为（自然单位）

$$H=\frac{1}{2}(x^2+y^2+p_x^2+p_y^2)=\hat{N}_x+\hat{N}_y+1,\quad \hat{N}_x=a_x^+a_x,\hat{N}_y=a_y^+a_y \tag{9.3.16}$$

能量本征态可以选为守恒量完全集$(\hat{N}_x,\hat{N}_y)$的共同本征态 $|n_xn_y\rangle$

$$|n_xn_y\rangle=\frac{1}{\sqrt{n_x!n_y!}}a_x^{+n_x}a_y^{+n_y}|0\rangle \tag{9.3.17}$$

$$n_x,n_y=0,1,2,\cdots$$

它也是 $\hat{N}=\hat{N}_x+\hat{N}_y$（即能量 H）的本征态，能量本征值为

$$E_N=(N+1)(\text{自然单位}),\quad N=0,1,2,\cdots \tag{9.3.18}$$

能级简并度为 $f_N=N+1$.

利用升、降算符，还可以构造下列守恒量

$$
\begin{aligned}
L_z &= \mathrm{i}(a_y^+ a_x - a_x^+ a_y) \\
Q_1 &= (a_x^+ a_x - a_y^+ a_y) \\
Q_{xy} &= a_x^+ a_y + a_y^+ a_x
\end{aligned}
\tag{9.3.19}
$$

$|n_x n_y\rangle$也是 $Q_1 = \hat{N}_x - \hat{N}_y$ 的本征态，本征值为$(n_x - n_y)$. (L_z, Q_1, Q_{xy})构成 SU_2 李代数. 如把 H(或 $\hat{N} = \hat{N}_x + \hat{N}_y$)包含进去，则构成 U_2 李代数.

试做下列幺正变换，令

$$
a_\pm = \frac{1}{\sqrt{2}}(a_x \mp \mathrm{i}a_y), \quad a_\pm^+ = \frac{1}{\sqrt{2}}(a_x^+ \pm \mathrm{i}a_y^+) \tag{9.3.20}
$$

它们满足与式(9.3.8)相似的对易关系

$$
\begin{aligned}
&[a_r, a_s] = 0, \quad [a_r^+, a_s^+] = 0 \\
&[a_r, a_s^+] = \delta_{rs}, \quad r, s = +, -
\end{aligned}
\tag{9.3.21}
$$

定义

$$
\hat{N}_r = a_r^+ a_r, r = +, -
$$

其本征值为 $n_+, n_- = 0, 1, 2, \cdots$. 利用这些算符，诸守恒量表示为

$$
\begin{aligned}
H &= (\hat{N}_+ + \hat{N}_- + 1) \\
L_z &= \hat{N}_+ - \hat{N}_- \\
Q_1 &= (a_+^+ a_- + a_-^+ a_+) \\
Q_{xy} &= -\mathrm{i}(a_+^+ a_- - a_-^+ a_+)
\end{aligned}
\tag{9.3.22}
$$

$(\hat{N}_+, \hat{N}_-)$的共同本征态记为$|n_+ n_-\rangle$

$$
|n_+ n_-\rangle = \frac{1}{\sqrt{n_+ ! n_- !}} (a_+^+)^{n_+} (a_-^+)^{n_-} |0\rangle \tag{9.3.23}
$$

它们也是(H, L_z)的共同本征态

$$
\begin{aligned}
H|n_+ n_-\rangle &= (n_+ + n_- + 1)|n_+ n_-\rangle \\
L_z|n_+ n_-\rangle &= (n_+ - n_-)|n_+ n_-\rangle
\end{aligned}
\tag{9.3.24}
$$

还可以证明$(\hbar = 1)$

$$
\begin{aligned}
[L_z, a_\pm^+] &= \pm a_\pm^+ \\
[L_z, a_\pm] &= \mp a_\pm
\end{aligned}
\tag{9.3.25}
$$

可见 a_+^+ 与 a_- 是 L_z 本征值的升算符，而 a_+ 与 a_-^+ 则为降算符.

在荷电粒子的量子场论中，可以把场看成二维各向同性谐振子场. a_+^+ 产生一个正电荷粒子，a_- 消灭一个负电荷粒子，都使电荷增加 1(自然单位). a_+ 消灭一个正电粒子，a_-^+ 产生一个负电荷粒子，都使电荷减少 1. $\hat{N}_+$、$\hat{N}_-$ 分别表示正、负荷电粒子数算符，$L_z = N_+ - N_-$ 则可表示电荷算符. 二维各向同性谐振子场还可用来描述晶格的振动，振动量子称为声子.

9.3.3 三维各向同性谐振子

三维各向同性谐振子的 Hamilton 量表示为

$$H=(a_x^+a_x+a_y^+a_y+a_z^+a_z+3/2) \tag{9.3.26}$$

能量本征值为(自然单位)

$$E_N=(N+3/2) \tag{9.3.27}$$

$$N=n_x+n_y+n_z$$

$$n_x,n_y,n_z,N=0,1,2,\cdots$$

本征态记为

$$|n_xn_yn_z\rangle=\frac{1}{\sqrt{n_x!n_y!n_z!}}(a_x^+)^{n_x}(a_y^+)^{n_y}(a_z^+)^{n_z}|0\rangle \tag{9.3.28}$$

由此易于求出能级 E_N 的简并度为(注)

$$f_N=\frac{1}{2}(N+1)(N+2) \tag{9.3.29}$$

[注]群 SU_3 的不可约表示$(\lambda\mu)$的维数是

$$f[(\lambda\mu)]=\frac{1}{2}(\lambda+1)(\mu+1)(\lambda+\mu+2)$$

这里 $\lambda=f_1-f_2$，$\mu=f_2-f_3$，而$[f_1,f_2,f_3]$是下列 Young 图的标记

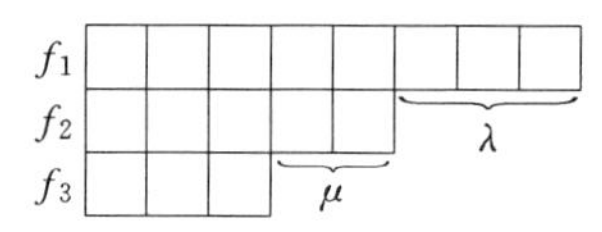

对称表示$(\lambda\mu)=(N0)$的维数 $f[(N0)]=\frac{1}{2}(N+1)(N+2)$，与 E_N 能级简并度相同. 属于 E_N 能级的诸简并态荷载 SU_3 的不可约(对称)表示$(N0)$.

为了显示在转动下的变换性质，引进球张量算符是方便的.

令

$$a_0^+=a_z^+,\quad a_{\pm1}^+=\mp\frac{1}{\sqrt{2}}(a_x^+\pm \mathrm{i}a_y^+) \tag{9.3.30}$$

容易证明

$$\begin{aligned}&[a_r,a_s^+]=\delta_{rs},\quad [a_r,a_s]=[a_r^+,a_s^+]=0\\&r,s=0,\pm1\end{aligned} \tag{9.3.31}$$

令

$$\hat{N}_r=a_r^+a_r,r=0,\pm1 \tag{9.3.32}$$

其本征值为

$$n_r=0,1,2,\cdots,\quad r=0,\pm1 \tag{9.3.33}$$

Hamilton 量可写成

$$H = (\hat{N}_0 + \hat{N}_{+1} + \hat{N}_{-1} + 3/2) \tag{9.3.34}$$

本征值仍如式(9.3.27)所示,但 $N=n_0+n_{+1}+n_{-1}$,相应的本征态可记为

$$|n_0 n_{+1} n_{-1}\rangle = \frac{1}{\sqrt{n_0!\,n_{+1}!\,n_{-1}!}}(a_0^+)^{n_0}(a_{+1}^+)^{n_{+1}}(a_{-1}^+)^{n_{-1}}|0\rangle \tag{9.3.35}$$

可以证明,它是角动量的 z 分量 L_z 的本征态. 利用式(9.3.8)和(9.3.30)之逆,L_z 可表示成

$$L_z = (xp_y - yp_x) = -\mathrm{i}(a_x^+ a_y - a_y^+ a_x) = (\hat{N}_{+1} - \hat{N}_{-1}) \tag{9.3.36}$$

所以

$$L_z|n_0 n_{+1} n_{-1}\rangle = (n_{+1} - n_{-1})|n_0 n_{+1} n_{-1}\rangle = m|n_0 n_{+1} n_{-1}\rangle \tag{9.3.37}$$

$$m = (n_{+1} - n_{-1})$$

但一般说来,$|n_0 n_{+1} n_{-1}\rangle$不是守恒量 $\hat{L}^2$ 的本征态,而是 $\hat{L}^2$ 的若干本征态的叠加. 可以计算出. 在给定 N 下,$L=N, N-2, N-4, \cdots(\geqslant 0)$.

9.4 超对称量子力学方法

在卷 I,10.1 节中,介绍了 Schrödinger 的一维谐振子的因式分解法和能量升、降算符的概念[①]. 在 20 世纪 80 年代初,Witten 在量子场论中为了把 Fermi 子场和 Bose 子场联系起来,提出了超对称性概念[②]. 后来,Schrödinger 的因式分解法和超对称性概念被推广,用以处理一般的一维势阱 $V(x)$ 中粒子的能量本征方程,形成超对称量子力学(supersymmetric quantum mechanics)方法[③].

9.4.1 Schrödinger 因式分解法的简要回顾

在介绍超对称量子力学方法之前,先简要回顾一下一维谐振子的 Schrödinger 因式分解法.

考虑一维谐振子的能量本征方程(自然单位 $\hbar=\omega=m=1$),

---

① E. Schrödinger, Proc. R. Irish Acad. **A 46**(1940) 9,183; **47**(1942) 53. L. Infeld and T. E. Hull, Rev. Mod. Phys. **23**(1951) 21.

② E. Witten, Nucl. Phys. **B 185**(1981)513.

③ F. Cooper and B. Freedman, Ann. Phys., **146**(1983) 262.
L. Gendenshtein, JETP Lett. **38**(1983) 356.
F. Cooper, J. Ginocchio and A. Khare Phys. Rev. **D36**(1987) 2458.
C. V. Sukumar, J. Phys. **A 18**(1985) L57,2917,2937; **20**(1987) 2461.
R. Dutt, A. Khare and U. P. Sukhatme, Am. J. Phys. **56**(1988) 163.
F. Cooper, A. Khare and U. Sukhatme. Phys. Rep. **251**(1995) 267.
葛墨林,王育邠. 大学物理中的前沿问题. 兰州:兰州大学出版社,1987. 第 3 章.

$$H\psi = \frac{1}{2}\left(-\frac{d^2}{dx^2}+x^2\right)\psi = E\psi \tag{9.4.1}$$

引进算符

$$a = \frac{1}{\sqrt{2}}\left(\frac{d}{dx}+x\right), \quad a^+ = \frac{1}{\sqrt{2}}\left(-\frac{d}{dx}+x\right) \tag{9.4.2}$$

容易证明

$$aa^+ = \frac{1}{2}\left(-\frac{d^2}{dx^2}+x^2+1\right), a^+ a = \frac{1}{2}\left(-\frac{d^2}{dx^2}+x^2-1\right) \tag{9.4.3}$$

所以

$$[a, a^+] = 1 \tag{9.4.4}$$

而 Hamilton 量可以因式分解为

$$H = a^+ a + \frac{1}{2} = \hat{N} + \frac{1}{2} \tag{9.4.5}$$

$\hat{N}=a^+ a=\hat{N}^+$ 为正定厄米算符,可以证明其本征值为(卷 I,10.1 节)

$$n = 0, 1, 2, \cdots \tag{9.4.6}$$

因此能量本征值(自然单位 $\hbar\omega$)为

$$E_n = \left(n+\frac{1}{2}\right), \quad n = 0, 1, 2, \cdots \tag{9.4.7}$$

相应的本征态 ψ_n 简记为 $|n\rangle$. 利用算符 a^+,归一化的本征态 $|n\rangle$ 可表示成

$$|n\rangle = \frac{1}{\sqrt{n!}}(a^+)^n |0\rangle \tag{9.4.8}$$

不难证明

$$\begin{aligned} a^+ |n\rangle &= \sqrt{n+1}|n+1\rangle \\ a|n\rangle &= \sqrt{n}|n-1\rangle \end{aligned} \tag{9.4.9}$$

所以 a^+ 和 a 分别为能量升、降算符,它们把相邻的能量本征态联系起来.

试分别考虑下列两个 Hamilton 量的本征值和本征态之间的关系,

$$H_- = a^+ a, \quad H_+ = aa^+ \tag{9.4.10}$$

$$H_- \psi_n^{(-)} = E_n^{(-)}\psi_n^{(-)}, \quad H_+ \psi_n^{(+)} = E_n^{(+)}\psi_n^{(+)} \tag{9.4.11}$$

容易证明,H_- 与 H_+ 的本征值和本征态之间有下列关系(见图 9.6).

(1)除 H_- 的基态能量 $E_0^{(-)}=0$ 外,H_- 与 H_+ 的能谱完全相同,且

$$E_{n+1}^{(-)} = E_n^{(+)} = (n+1) \tag{9.4.12}$$

(2)

$$\psi_n^{(+)} = \frac{1}{\sqrt{n+1}}a\psi_{n+1}^{(-)} = \frac{1}{\sqrt{E_{n+1}^{(-)}}}a\psi_{n+1}^{(-)} \tag{9.4.13}$$

$$\psi_{n+1}^{(-)} = \frac{1}{\sqrt{n+1}}a^+ \psi_n^{(+)} = \frac{1}{\sqrt{E_n^{(+)}}}a^+ \psi_n^{(+)} \tag{9.4.14}$$

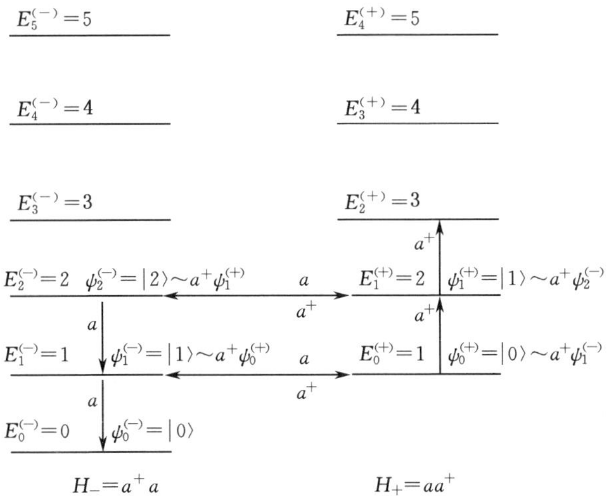

$E_5^{(-)}=5$　　　　$E_4^{(+)}=5$

$E_4^{(-)}=4$　　　　$E_3^{(+)}=4$

$E_3^{(-)}=3$　　　　$E_2^{(+)}=3$

a^+

$E_2^{(-)}=2$　$\psi_2^{(-)}=|2\rangle \sim a^+\psi_1^{(+)}$　a　a^+　$E_1^{(+)}=2$　$\psi_1^{(+)}=|1\rangle \sim a^+\psi_2^{(-)}$

a　　a^+

$E_1^{(-)}=1$　$\psi_1^{(-)}=|1\rangle \sim a^+\psi_0^{(+)}$　a　a^+　$E_0^{(+)}=1$　$\psi_0^{(+)}=|0\rangle \sim a^+\psi_1^{(-)}$

a

$E_0^{(-)}=0$　$\psi_0^{(-)}=|0\rangle$

$H_-=a^+a$　　　　$H_+=aa^+$

图 9.6

9.4.2 超对称量子力学方法,一维 Schrödinger 方程的因式分解

试把 Schrödinger 的谐振子因式分解法推广,用以研究一般的一维势阱 $V(x)$ 中粒子能量的本征值问题,

$$H\psi_n(x) = \left[-\frac{\hbar^2}{2m}\frac{\mathrm{d}^2}{\mathrm{d}x^2} + V(x)\right]\psi_n(x) = E_n\psi_n(x) \tag{9.4.15}$$

一维规则势阱中粒子的束缚能级是不简并的.基态波函数 $\psi_0(x)$(束缚态),除两端边界点以外,无节点.设想 $\psi_0(x)$满足下列势阱的能量本征方程,相应本征值为 0,

$$H_-\ \psi_0(x) = \left[-\frac{\hbar^2}{2m}\frac{\mathrm{d}^2}{\mathrm{d}x^2} + V_-(x)\right]\psi_0(x) = 0 \tag{9.4.16}$$

由上式可看出,

$$V_-(x) = \frac{\hbar^2}{2m}\frac{\psi''_0(x)}{\psi_0(x)} \tag{9.4.17}$$

所以,H_- 可以写成

$$H_- = \frac{\hbar^2}{2m}\left[-\frac{\mathrm{d}^2}{\mathrm{d}x^2} + \frac{\psi''_0(x)}{\psi_0(x)}\right] \tag{9.4.18}$$

容易看出,如定义下列算符:

$$A = \frac{\hbar}{\sqrt{2m}}\left(\frac{\mathrm{d}}{\mathrm{d}x} - \frac{\psi'_0}{\psi_0}\right),\quad A^+ = \frac{\hbar}{\sqrt{2m}}\left(-\frac{\mathrm{d}}{\mathrm{d}x} - \frac{\psi'_0}{\psi_0}\right) \tag{9.4.19}$$

则 H_- 可以因式分解如下:

$$H_- = A^+A = -\frac{\hbar^2}{2m}\frac{\mathrm{d}^2}{\mathrm{d}x^2} + V_-(x) \tag{9.4.20}$$

由式(9.4.19),显然

$$A\psi_0 = 0 \tag{9.4.21}$$

考虑到 A 与 A^+ 不对易,按式(9.4.19),可以构造如下的 Hamilton 量

$$H_+ = AA^+ = -\frac{\hbar^2}{2m}\frac{\mathrm{d}^2}{\mathrm{d}x^2} + V_+(x)$$

$$V_+(x) = -\frac{\hbar^2}{2m}\frac{\psi''_0(x)}{\psi_0(x)} + \frac{\hbar^2}{m}\frac{\psi'_0(x)^2}{\psi_0(x)^2} \tag{9.4.22}$$

试问:H_+ 与 H_- 的本征谱和本征态有什么关系?

设

$$H_-\psi_n^{(-)} = E_n^{(-)}\psi_n^{(-)}, \quad H_+\psi_n^{(+)} = E_n^{(+)}\psi_n^{(+)} \tag{9.4.23}$$

可以看出

$$H_+A\psi_n^{(-)} = AA^+A\psi_n^{(-)} = AH_-\psi_n^{(-)} = E_n^{(-)}A\psi_n^{(-)} \tag{9.4.24}$$

即 $A\psi_n^{(-)}$ 是 H_+ 的本征态,相应本征值为 $E_n^{(-)}$. 换言之,如 $\psi_n^{(-)}$ 是 H_- 的本征态(本征值 $E_n^{(-)}$),则 $A\psi_n^{(-)}$ 为 H_+ 的本征态,本征值仍为 $E_n^{(-)}$.

与此类似,

$$H_-A^+\psi_n^{(+)} = A^+AA^+\psi_n^{(+)} = A^+H_+\psi_n^{(+)} = E_n^{(+)}A^+\psi_n^{(+)} \tag{9.4.25}$$

即:如 $\psi_n^{(+)}$ 为 H_+ 本征态(本征值 $E_n^{(+)}$),则 $A^+\psi_n^{(+)}$ 为 H_- 的本征态,本征值也是 $E_n^{(+)}$.

利用式(9.4.21),可以看出,$H_-\psi_0 = A^+A\psi_0 = 0$,即 ψ_0 是 H_- 的本征态,相应本征值为 0. 所以可以把 ψ_0 记为 $\psi_0^{(-)}$,而相应本征值 $E_0^{(-)} = 0$. 注意,ψ_0 并非 H_+ 的本征态. 因此按照以上分析可以看出,除 H_- 的最低能级 $E_0^{(-)} = 0$ 之外,H_+ 与 H_- 的能谱彼此一一对应,即

$$E_n^{(+)} = E_{n+1}^{(-)}, \quad n = 0,1,2,\cdots \tag{9.4.26}$$

式(9.4.24)中把 $n \to n+1$,得

$$H_+A\psi_{n+1}^{(-)} = E_{n+1}^{(-)}A\psi_{n+1}^{(-)} = E_n^{(+)}A\psi_{n+1}^{(-)}$$

试与 $H_+\psi_n^{(+)} = E_n^{(+)}\psi_n^{(+)}$ 比较,考虑到一维势阱的束缚能级不简并,可知 $A\psi_{n+1}^{(-)} \propto \psi_n^{(-)}$. 考虑归一化条件后,得

$$\psi_n^{(+)} = [E_{n+1}^{(-)}]^{-1/2}A\psi_{n+1}^{(-)} \tag{9.4.27}$$

这与谐振子的关系式(9.4.13)相似. 类似有

$$\psi_{n+1}^{(-)} = [E_n^{(+)}]^{-1/2}A^+\psi_n^{(+)} \tag{9.4.28}$$

这与谐振子的关系式(9.4.14)相似.

H_+ 与 H_- 的本征能谱和能态的关系如图 9.7 所示.

图 9.7 与图 9.6 相比,有下列两点不同:

(1) 图 9.6 所示谐振子(以及 H_-,H_+)的能谱为均匀分布. 而图 9.7 所示一般一维势阱 $V(x)$ 中(以及 H_-、H_+)的能谱分布一般是不均匀.

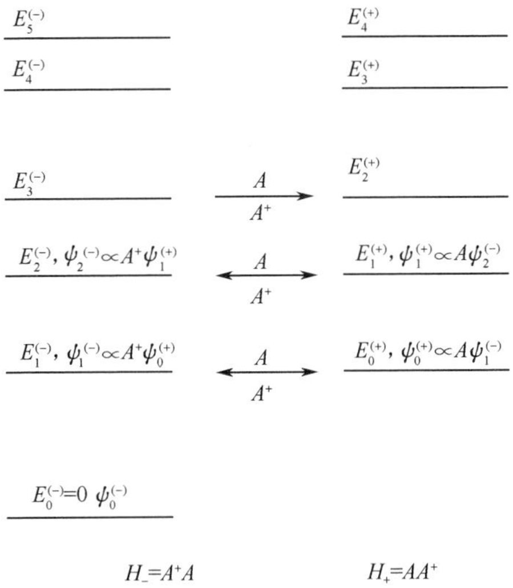

$E_5^{(-)}$ $E_4^{(+)}$

$E_4^{(-)}$ $E_3^{(+)}$

$E_3^{(-)}$ A A^+ $E_2^{(+)}$

$E_2^{(-)}, \psi_2^{(-)} \propto A^+\psi_1^{(+)}$ A A^+ $E_1^{(+)}, \psi_1^{(+)} \propto A\psi_2^{(-)}$

$E_1^{(-)}, \psi_1^{(-)} \propto A^+\psi_0^{(+)}$ A A^+ $E_0^{(+)}, \psi_0^{(+)} \propto A\psi_1^{(-)}$

$E_0^{(-)}=0\ \psi_0^{(-)}$

$H_-=A^+A$ $H_+=AA^+$

图 9.7

(**2**) 图 9.6 所示谐振子的升降算符 a^+ 与 a,不仅把 H_- 的能级 $E_{n+1}^{(-)}$ 与 H_+ 的相应能级 $E_n^{(+)}$ 联系起来,而且把 H_+ 或 H_- 自身的相邻能级(E_n 与 $E_{n\pm1}$)联系起来.而图 9.7 所示移动算符(shift operators)A 与 A^+,则只涉及 H_- 的能级 $E_{n+1}^{(-)}$ 与 H_+ 的相应能级 $E_n^{(+)}$ 之间的关系,而不涉及 H_-(或 H_+)本身的相邻能级之间的升、降.

超势

定义

$$W(x)=-\frac{\hbar}{\sqrt{2m}}\frac{\psi_0'(x)}{\psi_0(x)} \tag{9.4.29}$$

除了一个常数因子外,$W(x)$ 就是 $\psi_0(x)$ 的对数微商.上式的解可表示成

$$\psi_0(x)=\exp\left[-\frac{\sqrt{2m}}{\hbar}\int^x \mathrm{d}xW(x)\right] \tag{9.4.30}$$

这里要求 $W(x)$ 能保证 $\psi_0(x)$ 平方可积.$W(x)$ 称为超势①(superpotential).于是算符 A 与 A^+ 可以表示成

---

① 按 $W(x)$ 的定义,可得

$$W'(x)=-\frac{\hbar}{\sqrt{2m}}\left(\frac{\psi''_0}{\psi_0}-\frac{\psi'^2_0}{\psi_0^2}\right),\quad W(x)^2=-\frac{\hbar^2}{2m}\frac{\psi'^2_0}{\psi_0^2}$$

所以

$$W(x)^2-\frac{\hbar}{\sqrt{2m}}W'(x)=\frac{\hbar^2}{2m}\frac{\psi''_0(x)}{\psi_0(x)}=V_-(x)$$

这是超势 $W(x)$ 满足的一阶非线性微分方程(Ricatti 方程).

$$A = \frac{\hbar}{\sqrt{2m}}\frac{\mathrm{d}}{\mathrm{d}x} + W(x), \quad A^+ = -\frac{\hbar}{\sqrt{2m}}\frac{\mathrm{d}}{\mathrm{d}x} + W(x) \tag{9.4.31}$$

由此可得

$$\begin{aligned} A^+ A &= -\frac{\hbar^2}{2m}\frac{\mathrm{d}^2}{\mathrm{d}x^2} + W(x)^2 - \frac{\hbar}{\sqrt{2m}}W'(x) \\ AA^+ &= -\frac{\hbar^2}{2m}\frac{\mathrm{d}^2}{\mathrm{d}x^2} + W(x)^2 + \frac{\hbar}{\sqrt{2m}}W'(x) \end{aligned} \tag{9.4.32}$$

$$[A, A^+] = \frac{2\hbar}{\sqrt{2m}}W'(x) \tag{9.4.33}$$

而

$$\begin{aligned} H_- = A^+ A &= -\frac{\hbar^2}{2m}\frac{\mathrm{d}^2}{\mathrm{d}x^2} + W(x)^2 - \frac{\hbar}{\sqrt{2m}}W'(x) \\ &= -\frac{\hbar^2}{2m}\frac{\mathrm{d}^2}{\mathrm{d}x^2} + V_-(x) \end{aligned} \tag{9.4.34}$$

$$\begin{aligned} H_+ = AA^+ &= -\frac{\hbar^2}{2m}\frac{\mathrm{d}^2}{\mathrm{d}x^2} + W(x)^2 + \frac{\hbar}{\sqrt{2m}}W'(x) \\ &= -\frac{\hbar^2}{2m}\frac{\mathrm{d}^2}{\mathrm{d}x^2} + V_+(x) \end{aligned} \tag{9.4.35}$$

式中

$$V_\pm(x) = W(x)^2 \pm \frac{\hbar}{\sqrt{2m}}W'(x) \tag{9.4.36}$$

显然

$$\frac{1}{2}[V_+(x) + V_-(x)] = W(x)^2 \tag{9.4.37}$$

$$\frac{1}{2}[V_+(x) - V_-(x)] = \frac{\hbar}{\sqrt{2m}}W'(x) \tag{9.4.38}$$

把 H_- 与 H_+ 联合起来,写成超对称 Hamilton 量形式

$$\begin{aligned} H_s &= \begin{pmatrix} H_- & 0 \\ 0 & H_+ \end{pmatrix} = \begin{pmatrix} A^+ A & 0 \\ 0 & AA^+ \end{pmatrix} \\ &= \left[-\frac{\hbar^2}{2m}\frac{\mathrm{d}^2}{\mathrm{d}x^2} + W(x)^2\right] - \frac{\hbar}{\sqrt{2m}}W'(x)\sigma_z \end{aligned} \tag{9.4.39}$$

$\sigma_z = \begin{pmatrix} 1 & 0 \\ 0 & -1 \end{pmatrix}$是 Pauli 矩阵.

例 无限深方势阱

$$V(x) = \begin{cases} 0, & 0 < x < L \\ \infty, & x < 0, x > L \end{cases} \tag{9.4.40}$$

能量本征函数与本征值为(卷 I,3.2.1 节)

$$\psi_n(x)=\sqrt{\frac{2}{L}}\sin\frac{(n+1)\pi x}{L},\quad 0\leqslant x\leqslant L,\quad n=0,1,2,\cdots \tag{9.4.41}$$

$$E_n=\frac{(n+1)^2\pi^2\hbar^2}{2mL^2}=(n+1)^2E_0$$

基态能量 $E_0=\pi^2\hbar^2/2mL^2$. 显然 $V_-(x)=V(x)-E_0$,

$$E_n^{(-)}=E_n-E_0=\frac{n(n+2)\pi^2\hbar^2}{2mL^2} \tag{9.4.42}$$

$$\psi_n^{(-)}(x)=\psi_n(x),\quad n=0,1,2,\cdots$$

利用 $\psi_0(x)=\sqrt{\frac{2}{L}}\sin\frac{\pi x}{L}$,可求出

$$W(x)=-\frac{\hbar}{\sqrt{2m}}\frac{\psi_0'(x)}{\psi_0(x)}=-\frac{\hbar}{\sqrt{2m}}\frac{\pi}{L}\cot\left(\frac{\pi x}{L}\right)\quad(0<x<L)$$

$$W'(x)=\frac{\hbar}{\sqrt{2m}}\frac{\pi^2}{L^2}\csc^2\left(\frac{\pi x}{L}\right)$$

$$A=\frac{\hbar}{\sqrt{2m}}\frac{\mathrm{d}}{\mathrm{d}x}+W(x)=\frac{\hbar}{\sqrt{2m}}\left[\frac{\mathrm{d}}{\mathrm{d}x}-\frac{\pi}{L}\cot\left(\frac{\pi x}{L}\right)\right]$$

$$V_+(x)=W(x)^2+\frac{\hbar}{\sqrt{2m}}W'(x)=\frac{\pi^2\hbar^2}{mL^2}\left[\cot^2\left(\frac{\pi x}{L}\right)+1/2\right] \tag{9.4.43}$$

人们早已知道,无限深方势阱的能谱,除基态外,与$\frac{\pi^2\hbar^2}{mL^2}\cot^2\left(\frac{\pi x}{L}\right)$势阱的能谱相同(见本节附录1). 按上述超对称量子力学方法,利用算符 A,从无限深方势阱的各激发态波函数可以构造出 $V_+(x)$势阱的各能量本征态

$$\psi_n^{(+)}(x)\propto\left(\frac{\mathrm{d}}{\mathrm{d}x}-\frac{\pi}{L}\cot\frac{\pi x}{L}\right)\sin\left[\frac{(n+2)\pi x}{L}\right] \tag{9.4.44}$$

例如,最低的两个能量本征函数为

$$\psi_0^{(+)}(x)\propto\left(\frac{\mathrm{d}}{\mathrm{d}x}-\frac{\pi}{L}\cot\frac{\pi x}{L}\right)\sin\frac{2\pi x}{L}\propto\sin^2\left(\frac{\pi x}{L}\right)$$

$$\psi_1^{(+)}(x)\propto\left(\frac{\mathrm{d}}{\mathrm{d}x}-\frac{\pi}{L}\cot\frac{\pi x}{L}\right)\sin\frac{3\pi x}{L}\propto\sin\frac{\pi x}{L}\sin\frac{2\pi x}{L}$$

*9.4.3 形状不变性

非相对论量子力学中,某些一维势阱的束缚态有解析解. 其内在原因何在? 这些势阱有什么内在对称性? Gendenshtein 对此作了深入的探讨,提出了“形状不变性”(shape invariance)的概念①.

定义 设 $V_\pm(x)$满足下列条件

$$V_+(x,a_0)=V_-(x,a_1)+R(a_1) \tag{9.4.45}$$

式中 a_0 代表一个(或一组)参数,$a_1=f(a_0)$是 a_0 的函数,$R(a_1)$与 x 无关,称为余式,则称势 $V_\pm$具有形状不变性. 式(9.4.45)表明,V_+与 V_-的函数形式相似,只是参数不同.

---

① 见 p. 355 所引 Gendenshtein 的文献.

具有形状不变性的势阱的束缚能级可如下求出. 试构造以下 Hamilton 量系列：

$$H^{(s)}, \qquad s=0,1,2,\cdots \tag{9.4.46}$$

其中

$$H^{(0)}=H_{-}, H^{(1)}=H_{+}, \cdots$$

$$H^{(s)}=-\frac{\hbar^2}{2m}\frac{\mathrm{d}^2}{\mathrm{d}x^2}+V_{-}(x,a_s)+\sum_{k=1}^{s}R(a_k) \tag{9.4.47}$$

$$a_s=f^s(a_0)=f[f[\cdots f(a_0)]\cdots]$$

$$(f \text{ 函数运算 } s \text{ 次})$$

即

$$a_1=f(a_0), a_2=f(a_1)=f(f(a_0)), \cdots$$

由此可以看出，$H^{(s+1)}$ 和 $H^{(s)}$ 有下列关系：

$$\begin{aligned}H^{(s+1)}&=-\frac{\hbar^2}{2m}\frac{\mathrm{d}^2}{\mathrm{d}x^2}+V_{-}(x,a_{s+1})+\sum_{k=1}^{s+1}R(a_k)\\&=-\frac{\hbar^2}{2m}\frac{\mathrm{d}^2}{\mathrm{d}x^2}+V_{+}(x,a_s)+\sum_{k=1}^{s}R(a_k)\end{aligned} \tag{9.4.48}$$

比较式(9.4.47)与式(9.4.48)，可见从 $H^{(s)}\to H^{(s+1)}$，只在于把 $V_{-}(x,a_s)\to V_{+}(x,a_s)$，而余式部分 $\sum_{k=1}^{s}R(a_k)$（与 x 无关）完全相同. 通常称 $H^{(s+1)}$ 和 $H^{(s)}$ 构成超对称伴(supersymmetric partner) Hamilton 量. 按 9.4.2 节的分析，除了 $H^{(s)}$ 的最低一条能级外，$H^{(s)}$ 与 $H^{(s+1)}$ 的能谱完全相同[$H^{(s)}$ 与 $V_{-}(x,a_s)$ 相应，$H^{(s+1)}$ 与 $V_{+}(x,a_s)$ 相应，而余式部分相同，且与 x 无关].

现在来考虑 Hamilton 量系列，$H^{(n)}\to H^{(n-1)}\to\cdots\to H^{(1)}=H_{+}\to H^{(0)}=H_{-}$，其中

$$H^{(0)}=H_{-}=-\frac{\hbar^2}{2m}\frac{\mathrm{d}^2}{\mathrm{d}x^2}+V_{-}(x,a_0)$$

$$\begin{aligned}H^{(1)}=H_{+}&=-\frac{\hbar^2}{2m}\frac{\mathrm{d}^2}{\mathrm{d}x^2}+V_{-}(x,a_1)+R(a_1)\\&=-\frac{\hbar^2}{2m}\frac{\mathrm{d}^2}{\mathrm{d}x^2}+V_{+}(x,a_0)\end{aligned} \tag{9.4.49}$$

$H^{(0)}=H_{-}$ 除了其最低能级 $E_0^{(-)}=0$ 之外，激发能级与 $H^{(1)}=H_{+}$ 的能级完全相同. 从式(9.4.49)可以看出，$H^{(1)}$ 的最低能级(如存在束缚态的话)为 $R(a_1)$，而这正是 H_{-} 的第一激发能级所在. 如此继续往上推，可看出 $H^{(s)}$ 的最低能级(如存在束缚态)为 $\sum_{k=1}^{s}R(a_k)$. 由此可以得出 $V_{-}(x,a_0)$ 势阱的第 n 激发能级(如存在束缚态)与基态能级(取为 0，$E_0^{(-)}=0$)之差为

$$E_n^{(-)} = \sum_{k=1}^{n} R(a_k) \tag{9.4.50}$$

例 讨论势阱 $V(x)=-V_0\,\text{sech}^2\beta x(V_0>0)$的形状不变性.

势阱 $V(x)=-V_0\,\text{sech}^2\beta x$(见图 9.9)中的粒子能量本征态的解析解已找出(见本节附录 2).基态波函数为

$$\psi_0(x) \propto (\text{sech}\,\beta x)^s, \quad s = \frac{1}{2}\left(\sqrt{\frac{8mV_0}{\hbar^2\beta^2}+1}-1\right) \tag{9.4.51}$$

按式(9.4.29),超势 $W(x)$为

$$W(x) = -\frac{\hbar}{\sqrt{2m}}[\ln\psi_0(x)]' = \alpha\tanh\beta x, \quad \alpha = \frac{\hbar\beta s}{\sqrt{2m}} \tag{9.4.52}$$

$$W'(x) = \alpha\beta\,\text{sech}^2\beta x$$

由此,以及式(9.4.36)

$$V_{\pm}(x) = W(x)^2 \pm \frac{\hbar}{\sqrt{2m}}W'(x) \tag{9.4.53}$$

可得

$$\begin{aligned} V_-(x,\alpha) &= \alpha^2 - \alpha\left(\alpha + \frac{\hbar\beta}{\sqrt{2m}}\right)\text{sech}^2\beta x \\ V_+(x,\alpha) &= \alpha^2 - \alpha\left(\alpha - \frac{\hbar\beta}{\sqrt{2m}}\right)\text{sech}^2\beta x \end{aligned} \tag{9.4.54}$$

由此可知

$$\begin{aligned} V_-\left(x,\alpha-\frac{\hbar\beta}{\sqrt{2m}}\right) &= \left(\alpha-\frac{\hbar\beta}{\sqrt{2m}}\right)^2 - \left(\alpha-\frac{\hbar\beta}{\sqrt{2m}}\right)\alpha\,\text{sech}^2\beta x \\ &= V_+(x,\alpha) - \alpha^2 + \left(\alpha-\frac{\hbar\beta}{\sqrt{2m}}\right)^2 \end{aligned}$$

即

$$V_+(x,\alpha) = V_-\left(x,\alpha-\frac{\hbar\beta}{2m}\right) + \alpha^2 - \left(\alpha-\frac{\hbar\beta}{\sqrt{2m}}\right)^2 \tag{9.4.55}$$

与式(9.4.45)比较,可知

$$a_0 = \alpha, \quad a_1 = f(a_0) = f(\alpha) = \left(\alpha - \frac{\hbar\beta}{\sqrt{2m}}\right)$$

$$R(a_1) = a_0^2 - a_1^2$$

因而

$$a_s = f^s(a_0) = a - \frac{s\hbar\beta}{\sqrt{2m}}, \quad s = 0,1,2,\cdots \tag{9.4.56}$$

由此可知,势阱 $V_-(x,\alpha)=V_-(x,a_0)$的第 n 激发能级为

$$\begin{aligned} E_n^{(-)} &= \sum_{k=1}^{n} R(a_k) = \sum_{k=1}^{n}(a_{k-1}^2 - a_k^2) = a_0^2 - a_n^2 = \alpha^2 - \left(\alpha - \frac{n\hbar\beta}{\sqrt{2m}}\right)^2 = \frac{\hbar^2\beta^2}{2m}[s^2-(s-n)^2] \\ &= \frac{\hbar^2\beta^2}{2m}\left\{\left[\frac{1}{2}\sqrt{\frac{8mV_0}{\hbar^2\beta^2}+1}-\frac{1}{2}\right]^2 - \left[\frac{1}{2}\sqrt{\frac{8mV_0}{\hbar^2\beta^2}+1}-\left(n+\frac{1}{2}\right)\right]^2\right\} \end{aligned} \tag{9.4.57}$$

显然 $E_0^{(-)}=0$. 上式与 Schrödinger 方程的解析解(见本节附录 2)

$$E_n = -\frac{\hbar^2\beta^2}{2m}\left[\frac{1}{2}\sqrt{\frac{8mV_0}{\hbar^2\beta^2}+1}-\left(n+\frac{1}{2}\right)\right]^2 \tag{9.4.58}$$

的$(E_n - E_0)$的结果完全一致.

附录 1 $V(x)=V_0\cot^2(\pi\eta x)$势阱的能谱①

粒子的能量本征方程为

$$\left(-\frac{\hbar^2}{2m}\frac{\mathrm{d}^2}{\mathrm{d}x^2}+V_0\cot^2\pi\eta x\right)\psi(x) = E\psi(x) \tag{9.4.59}$$

令

$$\psi(x) = (\sin\pi\eta x)^{-2\lambda}u(x) \tag{9.4.60}$$

式中无量纲参数 λ 为

$$\lambda = \frac{1}{4}\left(\sqrt{\frac{8mV_0}{\pi^2\hbar^2\eta^2}+1}-1\right) \tag{9.4.61}$$

$u(x)$满足下列方程:

$$\frac{\mathrm{d}^2u}{\mathrm{d}x^2}-4\pi\eta\lambda\cot(\pi\eta x)\frac{\mathrm{d}u}{\mathrm{d}x}+4\pi^2\eta^2(\nu^2-\lambda^2)u = 0 \tag{9.4.62}$$

式中

$$\nu = \sqrt{\frac{m}{2\pi^2\hbar^2\eta^2}(E+V_0)} \tag{9.4.63}$$

为另一个无量纲参数. 引进变量 $z=\cot^2(\pi\eta x)$,则式(9.4.62)化为超几何方程

$$z(1-z)\frac{\mathrm{d}^2u}{\mathrm{d}z^2}+\left[\frac{1}{2}-(1-2\lambda)z\right]\frac{\mathrm{d}u}{\mathrm{d}z}+(\nu^2-\lambda^2)u = 0 \tag{9.4.64}$$

与超几何方程的标准式[见式(9.4.83)]比较,相应的参数为 $\alpha=-(\nu+\lambda)$,$\beta=(\nu-\lambda)$,$\gamma=1/2$. 方程(9.4.64)的一个解(偶函数)为

$$u_1 = \mathrm{F}(-\nu-\lambda,\nu-\lambda,1/2;z) \tag{9.4.65}$$

它在 $z=0$ 点(即 $x=1/2\eta=L/2$)取有限值. 另一个解(奇函数)为

$$u_2 = \sqrt{|z|}\,\mathrm{F}(-\nu-\lambda+1/2,\nu-\lambda+1/2,3/2;z) \tag{9.4.66}$$

在 $z=0$ 点趋于∞.

为便于利用束缚态边条件(在 $z=1$,即 $x=0,L$ 点),可利用下列公式:

$$\mathrm{F}(\alpha,\beta,\gamma;z) = (1-z)^{-\alpha}\mathrm{F}\left(\alpha,\gamma-\beta,\gamma;\frac{z}{z-1}\right) \tag{9.4.67}$$

此时,u_1 和 u_2 可以表示成

$$u_1 = (1-z)^{\nu+\lambda}\mathrm{F}\left(-\nu-\lambda,\frac{1}{2}-\nu+\lambda,\frac{1}{2};\frac{z}{z-1}\right) \tag{9.4.68a}$$

$$u_2 = \sqrt{|z|}(1-z)^{\nu+\lambda-1/2}\mathrm{F}\left(-\nu-\lambda+1/2,1-\nu+\lambda,\frac{3}{2};\frac{z}{z-1}\right) \tag{9.4.68b}$$

为保证 $z\to1$ 时波函数趋于 0(束缚态),式(9.4.67)作为$\left(\frac{z}{z-1}\right)$的幂级数,必须中断为一个多项

---

① 附录 1 和附录 2 中的解析解,可参阅 D. ter Haar, *Problems in Quantum Mechanics*,第 15 题和第 14 题. 关于超几何方程与超几何函数,可参阅王竹溪,郭敦仁,特殊函数概论. 北京:科学出版社,1979. 第 4 章.

式.对于(9.4.68a),就要求$(-\nu-\lambda)$或$(1/2-\nu+\lambda)$为0或负整数.但仔细分析表明,只有第二种情况,即$\nu-\lambda-1/2=k=0,1,2,\cdots$时,所得波函数才满足束缚态条件.类似,对于(9.4.68b),要求$\nu-\lambda-1=k=0,1,2,\cdots$.概括起来,即要求

$$\nu-\lambda=n/2,\quad n=1,2,3,\cdots \tag{9.4.69}$$

即$\nu^2=(\lambda+n/2)^2$,代入式(9.4.63),得

$$E=E_n=\frac{\pi^2\hbar^2}{2mL^2}(n^2+4\lambda n+4\lambda^2)-V_0 \tag{9.4.70}$$

再利用式(9.4.61),可知$V_0=(2\lambda^2+\lambda)\pi^2\hbar^2/mL^2$,因而

$$E_n=\frac{\pi^2\hbar^2}{2mL^2}(n^2+4\lambda n-2\lambda),\quad n=1,2,3,\cdots \tag{9.4.71}$$

这就是图9.8所示势阱中粒子的能级.

按式(9.4.43),

$$V_+(x)=\frac{\pi^2\hbar^2}{mL^2}\left[\cot^2\left(\frac{\pi x}{L}\right)+\frac{1}{2}\right]=V(x)+\frac{\pi^2\hbar^2}{2mL^2} \tag{9.4.72}$$

式中

$$V(x)=V_0\cot^2\left(\frac{\pi x}{L}\right),\quad V_0=\pi^2\hbar^2/mL^2 \tag{9.4.73}$$

由式(9.4.61)和(9.4.73),可得

$$\lambda=\frac{1}{4}\left[\sqrt{\frac{8mV_0L^2}{\pi^2\hbar^2}+1}-1\right]=1/2 \tag{9.4.74}$$

所以[利用式(9.4.71)]

$$E_n^{(+)}=E_n+\frac{\pi^2\hbar^2}{2mL^2}=\frac{\pi^2\hbar^2}{2mL^2}(n^2+4\lambda n-2\lambda+1)$$

$$=\frac{\pi^2\hbar^2}{2mL^2}n(n+2),\quad n=1,2,3,\cdots \tag{9.4.75}$$

而式(9.4.42)给出

$$E_n^{(-)}=\frac{\pi^2\hbar^2}{2mL^2}n(n+2),n=0,1,2,\cdots \tag{9.4.76}$$

可见除$E_0^{(-)}=0$外,$E_n^{(+)}$与$E_{n+1}^{(-)}$能级一一对应.

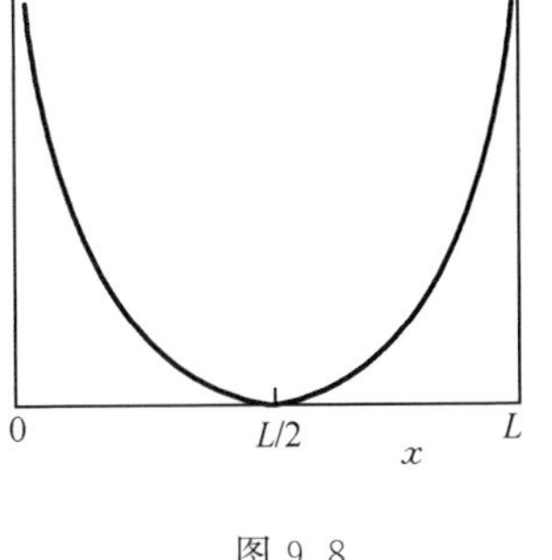

图9.8

$V(x)=V_0\cot^2(\pi\eta x)$($L=1/\eta$,长度自然单位,表征势阱宽度.)

附录2 $V(x)=-V_0\,\mathrm{sech}^2\beta x$势阱中粒子的束缚能级

势阱($V_0>0$)具有反射不变性,见图9.9,粒子的能量本征方程为

$$\left(\frac{-\hbar^2}{2m}\frac{d^2}{dx^2}-V_0\,\mathrm{sech}^2\beta x\right)\psi(x)=E\psi(x) \tag{9.4.77}$$

V_0(阱深)为强度参数,β^{-1}为势阱特征长度.引进无量纲参数

$$\lambda=\frac{1}{4}\left[\sqrt{\frac{8mV_0}{\hbar^2\beta^2}+1}-1\right] \tag{9.4.78}$$

作函数变换,令

$$\psi=(\mathrm{sech}\beta x)^{2\lambda}u \tag{9.4.79}$$

则

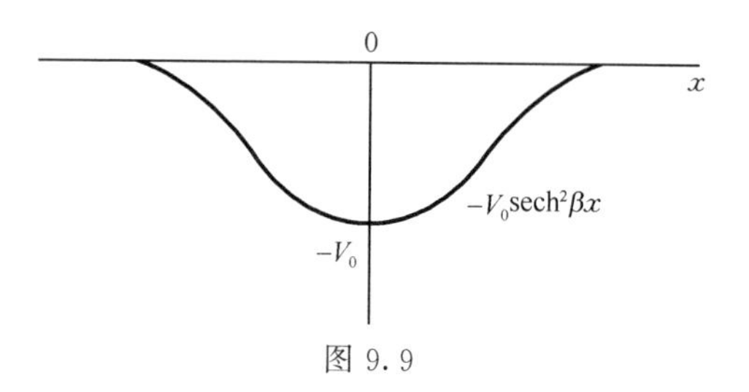

图 9.9

$$\frac{\mathrm{d}^2 u}{\mathrm{d}x^2} - 4\lambda\beta\tanh\beta x\ \frac{\mathrm{d}u}{\mathrm{d}x} + 4\beta^2(\lambda^2 - \kappa^2)u = 0 \tag{9.4.80}$$

式中 $\kappa = \sqrt{-mE/2\hbar^2\beta^2}(E<0)$，是与能量 E 有关的无量纲参数. 作变量替换，令

$$z = -\text{sh}^2\beta x \tag{9.4.81}$$

则式(9.4.80)化为超几何方程

$$z(1-z)\frac{\mathrm{d}^2 u}{\mathrm{d}z^2} + \left[\frac{1}{2} - (1-2\lambda)z\right]\frac{\mathrm{d}u}{\mathrm{d}z} - (\lambda^2 - \kappa^2)u = 0 \tag{9.4.82}$$

与超几何方程的标准形式

$$z(1-z)\frac{\mathrm{d}^2 u}{\mathrm{d}z^2} + [\gamma - (\alpha+\beta+1)z]\frac{\mathrm{d}u}{\mathrm{d}z} - \alpha\beta u = 0 \tag{9.4.83}$$

比较，相应参数为 $\alpha=\kappa-\lambda, \beta=-(\kappa+\lambda), \gamma=1/2$. 方程(9.4.82)的两个线性独立解(在 $z=0$ 点，即 $x=0$ 点解析)可取为

$$u_1 = \mathrm{F}(\alpha,\beta,\gamma;z) = \mathrm{F}(-\lambda+\kappa, -\lambda-\kappa, 1/2; z) \tag{9.4.84a}$$

$$\begin{aligned} u_2 &= \sqrt{|z|}\,\mathrm{F}(\alpha+1/2, \beta+1/2, \gamma+1; z) \\ &= \sqrt{|z|}\,\mathrm{F}(-\lambda+\kappa+1/2, -\lambda-\kappa+1/2, 3/2; z) \end{aligned} \tag{9.4.84b}$$

它们分别给出偶宇称和奇宇称解. 根据束缚态条件，式(9.4.84)中的无穷级数解必须中断为一个多项式. 对于(9.4.84a)，要求 $\alpha(=-\lambda+\kappa)$ 或 $\beta(=-\lambda-\kappa)$ 为非负整数. 但分析可以发现，从后一条件($\beta=-\lambda-\kappa$ 为非负整数)得出的波函数 $\psi(x)$ 在 $x\to\pm\infty$ 处呈指数上升，不满足束缚态要求. 因此，只能要求另一个解 $-\alpha=(\lambda-\kappa)=l=0,1,2,\cdots$. 再利用 $E=-\frac{\hbar^2\beta^2}{2m}(2\kappa)^2$，以及 $\kappa=\lambda-l$，就可得出偶宇称能级如下：

$$E_l = -\frac{\hbar^2\beta^2}{2m}\left[\frac{1}{2}\sqrt{\frac{8mV_0}{\hbar^2\beta^2}+1} - 2l - 1/2\right]^2, \quad l = 0,1,2,\cdots \tag{9.4.85}$$

对于(9.4.84b)解，类似分析可知，只当 $\lambda-\kappa-1/2=m=0,1,2,\cdots$时，才满足束缚态要求，从而得出奇宇称能级

$$E_m = -\frac{\hbar^2\beta^2}{2m}\left[\frac{1}{2}\sqrt{\frac{8mV_0}{\hbar^2\beta^2}+1} - (2m+1) - 1/2\right]^2 \tag{9.4.86}$$

$$m = 0,1,2,\cdots$$

上两式可合并表示成

$$E_n = -\frac{\hbar^2\beta^2}{2m}\left[\frac{1}{2}\sqrt{\frac{8mV_0}{\hbar^2\beta^2}+1} - \left(n+\frac{1}{2}\right)\right]^2, \quad n = 0,1,2,\cdots \tag{9.4.87}$$

上式中 n 要求满足

$$n < \left[\frac{1}{2}\sqrt{\frac{8mV_0}{\hbar^2\beta^2}+1}-\frac{1}{2}\right] \tag{9.4.88}$$

以保证 $E_n<0$(束缚态). 对于图 9.9 所示势阱,$E>0$ 为游离态.

*9.5 径向 Schrödinger 方程的因式分解

一维谐振子能量本征值问题的一种代数解法——因式分解法和升、降算符的概念,源于 20 世纪 40 年代 Schrödinger 的工作. 后来,在 20 世纪 80 年代发展起来的超对称量子力学方法中,又得到进一步发展和应用,升、降算符被用来联系超对称伴(supersymmetric partner)Hamilton 量的相应能态. 现有的超对称量子力学方法主要用来处理一维体系,但也被用以处理中心力场中的粒子的径向 Schrödinger 方程[①]. 众所周知,一维规则势阱的束缚态是不简并的,只需用一个量子数来标记,所以只需引进一类升降算符即可把相邻的能量本征态联系起来. 而中心力场(二维、三维,以及更高维)的能级一般都有简并. 特别是,具有某种动力学对称性的中心力场,如 Coulomb 势和各向同性谐振子势,能级还存在进一步简并(l 简并等). 因此,需要引进多种升降算符把同一个 Hamilton 量的相邻能量本征态联系起来.

进一步分析还发现,径向 Schrödinger 方程的因式分解与相应的经典粒子的动力学对称性和轨道的闭合性有密切关系. 可以证明,从径向 Schrödinger 方程的因式分解所导出的升、降算符,与保证经典粒子轨道的闭合性的守恒量等价[②],而它们的物理根源都是体系的几何与动力学对称性.

*9.5.1 三维各向同性谐振子的四类升、降算符[③]

三维各向同性谐振子势 $V(r)=\frac{1}{2}M\omega^2r^2$ 中粒子的能量本征方程为

$$H\psi = \left(-\frac{\hbar^2}{2M}\frac{1}{r}\frac{\mathrm{d}^2}{\mathrm{d}r^2}r+\frac{\hat{\boldsymbol{l}}^2}{2Mr^2}+\frac{1}{2}M\omega^2r^2\right)\psi = E\psi \tag{9.5.1}$$

$\hat{\boldsymbol{l}}$ 为角动量算符. ψ 取为对易守恒量完全集$(H,\hat{\boldsymbol{l}}^2,\hat{l}_z)$的共同本征态

$$\psi = \frac{\chi_l(r)}{r}\mathrm{Y}_l^m(\theta,\varphi),\quad l=0,1,2,\cdots;\quad m=l,l-1,\cdots,-l \tag{9.5.2}$$

$\chi_l(r)$满足下列径向方程(取自然单位 $\hbar=M=\omega=1$):

---

① V. A. Kostelecky and M. M. Nieto, Phys. Rev. Lett. **53**(1984) 2285.
R. W. Haymaker and A. R. P. Rau, Am. J. Phys. **54**(1986) 928.
A. R. P. Rau, Phys. Rev. Lett. **56**(1986) 95.
V. A. Kostelecky and M. M. Nieto, Phys. Rev. Lett. **56**(1986) 96.
A, Valence and T. J. Morgan and H. Bergeron, Am. J. Phys. **58**(1990) 487.

② Y. F. Liu, W. J. Huo and J. Y. Zeng, Phys. Rev. **A58**(1998) 852.
Z. B, Wu and J. Y. Zeng, J. Math. Phys. ,**39** (1998) 5253.

③ 刘宇峰,曾谨言. 物理学报,1997,**46**,417,Y. F. Liu,J. Y. Zeng,Phys. Lett. **A231**(1997) 9.

$$H(l)\chi_l(r)=E\chi_l(r)$$
$$H(l)=-\frac{1}{2}\frac{\mathrm{d}^2}{\mathrm{d}r^2}+\frac{l(l+1)}{2r^2}+\frac{1}{2}r^2 \tag{9.5.3}$$

上式可改写成

$$D(l)\chi_l(r)=\lambda_l\chi_l(r),\quad \lambda_l=-2E$$
$$D(l)=\frac{\mathrm{d}^2}{\mathrm{d}r^2}-\frac{l(l+1)}{r^2}-r^2=-2H(l) \tag{9.5.4}$$

定义依赖于角动量 l 的两类算符

$$A_+(l)=\frac{\mathrm{d}}{\mathrm{d}r}-\frac{l+1}{r}+r,\quad A_-(l)=\frac{\mathrm{d}}{\mathrm{d}r}+\frac{l}{r}-r \tag{9.5.5}$$

$$B_+(l)=\frac{\mathrm{d}}{\mathrm{d}r}-\frac{l+1}{r}-r,\quad B_-(l)=\frac{\mathrm{d}}{\mathrm{d}r}+\frac{l}{r}+r \tag{9.5.6}$$

容易证明

$$A_-(l+1)A_+(l)=D(l)+(2l+3)$$
$$A_+(l-1)A_-(l)=D(l)+(2l-1) \tag{9.5.7}$$
$$B_-(l+1)B_+(l)=D(l)-(2l+3)$$
$$B_+(l-1)B_-(l)=D(l)-(2l-1) \tag{9.5.8}$$

利用式(9.5.7)、(9.5.8)和(9.5.4),不难证明

$$D(l)[A_+(l-1)\chi_{l-1}]=(\lambda_{l-1}+2)[A_+(l-1)\chi_{l-1}] \tag{9.5.9a}$$

$$D(l)[A_-(l+1)\chi_{l+1}]=(\lambda_{l+1}-2)[A_-(l+1)\chi_{l+1}] \tag{9.5.9b}$$

$$D(l)[B_+(l-1)\chi_{l-1}]=(\lambda_{l-1}-2)[B_+(l-1)\chi_{l-1}] \tag{9.5.10a}$$

$$D(l)[B_-(l+1)\chi_{l+1}]=(\lambda_{l+1}+2)[B_-(l+1)\chi_{l+1}] \tag{9.5.10b}$$

由式(9.5.9a)可以看出,如 χ_{l-1} 是 $D(l-1)$ 的本征态,本征值为 λ_{l-1},则 $A_+(l-1)\chi_{l-1}$ 是 $D(l)$ 的本征态,本征值为 $\lambda_{l-1}+2$,即相应能量[参见式(9.5.4)]本征值减小 1. 因此算符 A_+ 的作用是使量子态的角动量 l 增加 1,同时使能量减小 1. 同样,从式(9.5.9b)可看出,算符 A_- 的作用是使角动量 l 减小 1,同时使能量增加 1.

类似地,从式(9.5.10)可看出,$B_+(B_-)$算符的作用是使角动量增加(减小)1,同时使能量也增加(减小)1. 为了更明显表示算子 A 和 B 的这种性质,不妨把它们改记为

$$A_+(l)\to A(l\uparrow,N\downarrow)=\frac{\mathrm{d}}{\mathrm{d}r}-\frac{l+1}{r}+r$$
$$A_-(l)\to A(l\downarrow,N\uparrow)=\frac{\mathrm{d}}{\mathrm{d}r}+\frac{l}{r}-r \tag{9.5.11}$$

$$B_+(l)\to A(l\uparrow,N\uparrow)=\frac{\mathrm{d}}{\mathrm{d}r}-\frac{l+1}{r}-r$$
$$B_-(l)\to B(l\downarrow,N\downarrow)=\frac{\mathrm{d}}{\mathrm{d}r}+\frac{l}{r}+r \tag{9.5.12}$$

式中 N 是标记能量的量子数[见本节附录 1，$E=N+3/2$，$N=l+2n_r$，$n_r=0,1,2,\cdots$为径向波函数的节点数(不包括 $r=0$ 和 $r=\infty$点)].

联合算子 A 和 B，还可以构造出另外两类算子 C 和 D(见图 9.10). 利用式(9.5.11)、(9.5.12)、(9.5.3)和(9.5.4)，可以证明

$$\begin{aligned}A((l+1)\downarrow,N\uparrow)B(l\uparrow,N\uparrow) &= D(l)-2r\frac{\mathrm{d}}{\mathrm{d}r}+2r^2-1\\ B((l+1)\downarrow,N\downarrow)A(l\uparrow,N\downarrow) &= D(l)+2r\frac{\mathrm{d}}{\mathrm{d}r}+2r^2+1\end{aligned}\tag{9.5.13}$$

用式(9.5.13)对角动量和能量的本征态 $|l,N\rangle$ 运算，得

$$\begin{aligned}A((l+1)\downarrow,N\uparrow)B(l\uparrow,N\uparrow)|l,N\rangle &= -2\left(r\frac{\mathrm{d}}{\mathrm{d}r}-r^2+N+2\right)|l,N\rangle\\ B((l+1)\downarrow,N\downarrow)A(l\uparrow,N\downarrow)|l,N\rangle &= 2\left(r\frac{\mathrm{d}}{\mathrm{d}r}+r^2-N-1\right)|l,N\rangle\end{aligned}\tag{9.5.14}$$

根据 A、B 算子的物理意义，算子 $A((l+1)\downarrow,N\uparrow)B(l\uparrow,N\uparrow)$的作用是使 N(能量)增加 2，但 l 不变，而算子 $B((l+1)\downarrow,N\downarrow)A(l\uparrow,N\downarrow)$是使$N$ 减小 2，但保持 l 不变. 这样就得出下列一类升、降算子：

$$\begin{aligned}C(l,N\uparrow\uparrow) &= r\frac{\mathrm{d}}{\mathrm{d}r}-r^2+(N+2)\\ C(l,N\downarrow\downarrow) &= r\frac{\mathrm{d}}{\mathrm{d}r}+r^2-(N+1)\end{aligned}\tag{9.5.15}$$

类似地可以证明(见图 9.10)

$$\begin{aligned}A((l-1)\downarrow,N\uparrow)B(l\downarrow,N\downarrow) &= D(l)+\frac{2l-1}{r}\frac{\mathrm{d}}{\mathrm{d}r}+\frac{l(2l-1)}{r^2}\\ A((l+1)\uparrow,N\downarrow)B(l\uparrow,N\uparrow) &= D(l)-\frac{2l+3}{r}\frac{\mathrm{d}}{\mathrm{d}r}+\frac{(l+1)(2l+3)}{r^2}\end{aligned}\tag{9.5.16}$$

用式(9.5.16)作用于角动量和能量的本征态 $|l,N\rangle$ 上，得

$$\begin{aligned}&A((l-1)\downarrow,N\uparrow)B(l\downarrow,N\downarrow)|l,N\rangle\\ &=(2l-1)\left[\frac{1}{r}\frac{\mathrm{d}}{\mathrm{d}r}+\frac{l}{r^2}-\frac{2N+3}{2l-1}\right]|l,N\rangle\\ &A((l+1)\uparrow,N\downarrow)B(l\uparrow,N\uparrow)|l,N\rangle\\ &=-(2l+3)\left[\frac{1}{r}\frac{\mathrm{d}}{\mathrm{d}r}-\frac{l+1}{r^2}+\frac{2N+3}{2l+3}\right]|l,N\rangle\end{aligned}\tag{9.5.17}$$

根据算子 A 和 B 的物理意义，$A((l-1)\downarrow,N\uparrow)B(l\downarrow,N\downarrow)$的作用是使角动量 l 减小 2，但保持能量不变，而 $A((l+1)\uparrow,N\downarrow)\times B(l\uparrow,N\uparrow)$的作用是使角动量 l 增加 2，同时保持能量不变. 由此，可得出另一类升、降算子 D

$$D(l\downarrow\downarrow,N)=\left(\frac{1}{r}\frac{\mathrm{d}}{\mathrm{d}r}+\frac{l}{r^2}-\frac{2N+3}{2l-1}\right)\tag{9.5.18a}$$

$$D(l\uparrow\uparrow, N) = \left(\frac{1}{r}\frac{\mathrm{d}}{\mathrm{d}r} - \frac{l+1}{r^2} + \frac{2N+3}{2l+3}\right) \tag{9.5.18b}$$

这样就找出了三维各向同性谐振子的四类升、降算子 A、B、C 和 D，以及相应的选择规则和守恒量子数(见表 9.1 和图 9.10).

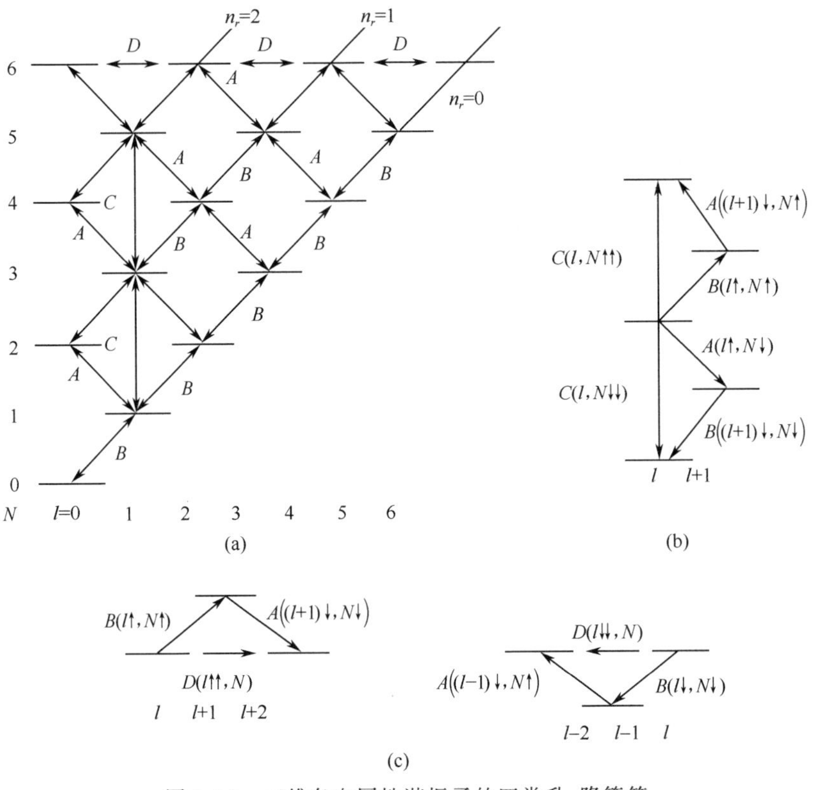

图 9.10 三维各向同性谐振子的四类升、降算符

应该提到，根据径向方程(9.5.3)的合流超几何函数解的递推关系，也可直接找出算子 C 和 D 的表示式(9.5.15)和式(9.5.18)(见下面附录 1).

表 9.1

升、降算子	l	n_r	$N=l+2n_r$	守恒量子数
$A(l\uparrow, N\downarrow)$	$l\to l+1$	$n_r\to n_r-1$	$N\to N-1$	$l+n_r=N-n_r$
$A(l\downarrow, N\uparrow)$	$l\to l-1$	$n_r\to n_r+1$	$N\to N+1$	
$B(l\uparrow, N\uparrow)$	$l\to l+1$	$n_r\to n_r$	$N\to N+1$	n_r
$B(l\downarrow, N\downarrow)$	$l\to l-1$	$n_r\to n_r$	$N\to N-1$	
$C(l, N\uparrow\uparrow)$	$l\to l$	$n_r\to n_r+1$	$N\to N+2$	l
$C(l, N\downarrow\downarrow)$	$l\to l$	$n_r\to n_r-1$	$N\to N-2$	
$D(l\uparrow\uparrow, N)$	$l\to l+2$	$n_r\to n_r-1$	$N\to N$	N
$D(l\downarrow\downarrow, N)$	$l\to l-2$	$n_r\to n_r+1$	$N\to N$	

能量和角动量本征态式(9.5.2)中,角动量部分的波函数(球谐函数)是大家熟知的.径向波函数 χ_{ln_r} 可以如下求出.考虑到算子 $A(l\uparrow, N\downarrow)$ 的作用,而 n_r 的极小值为零,可以看出

$$A(l\uparrow, N\downarrow)\chi_{l,n_r=0} = \left(\frac{\mathrm{d}}{\mathrm{d}r} - \frac{l+1}{r} + r\right)\chi_{l,0}(r) = 0 \tag{9.5.19}$$

解之,可得出 $n_r=0$ 的所有径向波函数

$$\chi_{l,0} \sim r^{l+1}\mathrm{e}^{-r^2/2}, \quad l = 0,1,2,\cdots$$

用 $A((l+1)\downarrow, N\uparrow)$ 对式(9.5.19)运算,利用式(9.5.7),得

$$[D(l)+(2l+3)]\chi_{l,0} = [\lambda_{l,0}+(2l+3)]\chi_{l,0} = 0$$

所以 $\lambda_{l,0}=-(2l+3)$,即

$$E_{l,n_r=0} = l+3/2, \quad l = 0,1,2,\cdots \tag{9.5.20}$$

这是 $E=N+3/2$ 的特殊情况($n_r=0, N=l$)(见本节附录1).

从 $\chi_{l,0}(l=1,2,\cdots)$ 出发,依次用 $A(l\downarrow, N\uparrow)$,$A((l-1)\downarrow, N\uparrow)$,…运算,可得 $\chi_{l-1,1}$,$\chi_{l-2,2}$,…,$\chi_{0,l}$.这样即可求出所有径向波函数.

附录 1

根据方程(9.5.3)的解在 $r\to 0$ 和 $r\to\infty$ 的渐近行为,可以令 $\chi_l(r)=r^{l+1}\mathrm{e}^{-r^2/2}u(r)$,$u(r)$ 满足

$$u'' + \frac{2}{r}(l+1-r^2)u' - (\lambda_l+2l+3)u = 0 \tag{9.5.21}$$

令 $\xi=r^2$,上式化为合流超几何方程

$$\xi\frac{\mathrm{d}^2u}{\mathrm{d}\xi^2} + [l+3/2-\xi]\frac{\mathrm{d}u}{\mathrm{d}\xi} - \frac{1}{4}[\lambda_l+2l+3]u = 0 \tag{9.5.22}$$

满足 $\chi_l(0)=0$ 的方程(9.5.3)的解,可表成合流超几何函数 $\mathrm{F}(\alpha,\gamma,r^2)$,其中

$$\alpha = \frac{1}{4}(\lambda_l+2l+3), \gamma = l+3/2 \tag{9.5.23}$$

对于束缚态,要求 F 中断为一个多项式,即要求 $\alpha=-n_r(n_r=0,1,2,\cdots)$.由此得出 $E=(l+2n_r)+3/2$,或记为

$$E = E_N = N+3/2, \quad N = l+2n_r = 0,1,2,\cdots \tag{9.5.24}$$

相应的本征函数(径向)为

$$\chi_{l,n_r}(r) \propto r^{l+1}\mathrm{e}^{-r^2/2}\mathrm{F}(-n_r, l+3/2, r^2) \tag{9.5.25}$$

对给定的能级(N),简并度为 $f_N=(N+1)(N+2)/2$.

利用合流超几何函数的微商公式和基本递推关系:

(1) $\frac{\mathrm{d}}{\mathrm{d}x}\mathrm{F}(\alpha,\gamma,x)=\frac{\alpha}{\gamma}\mathrm{F}(\alpha+1,\gamma+1,x)$

(2) $(\gamma-\alpha)\mathrm{F}(\alpha-1,\gamma,x)-\alpha\mathrm{F}(\alpha+1,\gamma,x)=(\gamma-2\alpha-x)\mathrm{F}(\alpha,\gamma,x)$

(3) $\gamma(\gamma-1)\mathrm{F}(\alpha,\gamma-1,x)+(\gamma-\alpha)x\mathrm{F}(\alpha,\gamma+1,x)=\gamma(\gamma-1+x)\mathrm{F}(\alpha,\gamma,x)$

(4) $\gamma\mathrm{F}(\alpha-1,\gamma,x)+x\mathrm{F}(\alpha,\gamma+1,x)=\gamma\mathrm{F}(\alpha,\gamma,x)$

(5) $(\gamma-1)\mathrm{F}(\alpha,\gamma-1,x)-\alpha\mathrm{F}(\alpha+1,\gamma,x)=(\gamma-\alpha-1)\mathrm{F}(\alpha,\gamma,x)$

(6) $(\gamma-\alpha)x\mathrm{F}(\alpha,\gamma+1,x)+\alpha\gamma\mathrm{F}(\alpha+1,\gamma,x)=\gamma(\alpha+x)\mathrm{F}(\alpha,\gamma,x)$

(7) $(\gamma-1)\mathrm{F}(\alpha,\gamma-1,x)-(\gamma-\alpha)\mathrm{F}(\alpha-1,\gamma,x)=(\alpha-1+x)\mathrm{F}(\alpha,\gamma,x)$

可导出下列递推关系：

(8) $\gamma F(\alpha+1,\gamma,x)-xF(\alpha+1,\gamma+1,x)=\gamma F(\alpha,\gamma,x)$

(9) $\gamma(\gamma-\alpha)F(\alpha-1,\gamma,x)-\alpha xF(\alpha+1,\gamma+1,x)=\gamma(\gamma-\alpha-x)F(\alpha,\gamma,x)$

(10) $(\gamma-\alpha)F(\alpha,\gamma+1,x)+\alpha F(\alpha+1,\gamma+1,x)=\gamma F(\alpha,\gamma,x)$

(11) $\gamma(\gamma-1)F(\alpha,\gamma-1,x)-\alpha xF(\alpha+1,\gamma+1,x)=\gamma(\gamma-1)F(\alpha,\gamma,x)$

利用这些公式，可以证明

$$\left[2\alpha+x\frac{\mathrm{d}}{\mathrm{d}x}\right]F(\alpha,\gamma,x^2)=2\alpha F(\alpha+1,\gamma,x^2) \tag{9.5.26}$$

$$\left[2(\gamma-\alpha-x^2)+x\frac{\mathrm{d}}{\mathrm{d}x}\right]F(\alpha,\gamma,x^2)=2(\gamma-\alpha)F(\alpha-1,\gamma,x^2) \tag{9.5.27}$$

$$\left[-\frac{2\alpha}{\gamma}+\frac{1}{x}\frac{\mathrm{d}}{\mathrm{d}x}\right]F(\alpha,\gamma,x^2)=\frac{2\alpha(\gamma-\alpha)}{\gamma^2(\gamma+1)}x^2F(\alpha+1,\gamma+2,x^2) \tag{9.5.28}$$

$$\left[2(\gamma-1)-\frac{2(\gamma-\alpha-1)}{\gamma-2}x^2+x\frac{\mathrm{d}}{\mathrm{d}x}\right]F(\alpha,\gamma,x^2)=2(\gamma-1)F(\alpha-1,\gamma-2,x^2) \tag{9.5.29}$$

由式(9.5.26)～式(9.5.29)即可导出算子 C 和 D 的表示式(9.5.15)和式(9.5.18).

*9.5.2 二维各向同性谐振子的四类升、降算符[①]

二维各向同性谐振子的能量本征方程为

$$H\psi=\left[-\frac{\hbar^2}{2M}\left(\frac{\partial^2}{\partial\rho^2}+\frac{1}{\rho}\frac{\partial}{\partial\rho}+\frac{1}{\rho^2}\frac{\partial^2}{\partial\psi^2}\right)+\frac{1}{2}M\omega^2\rho^2\right]\psi=E\psi \tag{9.5.30}$$

取 ψ 为对易守恒量完全集 $\left(H,\hat{l}_z=-\mathrm{i}\hbar\dfrac{\partial}{\partial\varphi}\right)$ 的共同本征态

$$\psi=\frac{\chi_m(\rho)}{\sqrt{\rho}}\mathrm{e}^{\mathrm{i}m\varphi},\quad m=0,\pm1,\pm2,\cdots \tag{9.5.31}$$

$\chi_m(\rho)$ 满足下列径向方程(取自然单位 $\hbar=M=\omega=1$)：

$$\begin{aligned}&H(m)\chi_m(\rho)=E\chi_m(\rho)\\&H(m)=-\frac{1}{2}\frac{\mathrm{d}^2}{\mathrm{d}\rho^2}+\frac{(m-1/2)(m+1/2)}{2\rho^2}+\frac{1}{2}\rho^2\end{aligned} \tag{9.5.32}$$

上式可改写成

$$\begin{aligned}&D(m)\chi_m(\rho)=\lambda_m\chi_m(\rho),\quad \lambda_m=-2E\\&D(m)\equiv\frac{\mathrm{d}^2}{\mathrm{d}\rho^2}-\frac{(m-1/2)(m+1/2)}{\rho^2}-\rho^2=-2H(m)\end{aligned} \tag{9.5.33}$$

先讨论 $m\geqslant0$ 的情况，(由于径向方程中只含 m^2，$m\geqslant0$ 的结果，可自然延拓到 $m\leqslant0$ 的情况). 与三维各向同性谐振子相似，可定义两类升、降算符

$$A_+(m)=\frac{\mathrm{d}}{\mathrm{d}\rho}-\frac{m+1/2}{\rho}+\rho,\quad A_-(m)=\frac{\mathrm{d}}{\mathrm{d}\rho}+\frac{m-1/2}{\rho}-\rho \tag{9.5.34}$$

---

① 刘宇峰，曾谨言. 物理学报，1997，**46**，423.

$$B_+(m)=\frac{\mathrm{d}}{\mathrm{d}\rho}-\frac{m+1/2}{\rho}-\rho,\quad B_-(m)=\frac{\mathrm{d}}{\mathrm{d}\rho}+\frac{m-1/2}{\rho}+\rho \tag{9.5.35}$$

可以证明,它们满足下列因式分解关系式:

$$\begin{aligned}A_-(m+1)A_+(m)&=D(m)+2(m+1)\\A_+(m-1)A_-(m)&=D(m)+2(m-1)\end{aligned} \tag{9.5.36}$$

$$\begin{aligned}B_-(m+1)B_+(m)&=D(m)-2(m+1)\\B_+(m-1)B_-(m)&=D(m)-2(m-1)\end{aligned} \tag{9.5.37}$$

利用式(9.5.36)、式(9.5.37)和式(9.5.33),可以证明

$$D(m)[A_+(m-1)\chi_{m-1}]=(\lambda_{m-1}+2)A_+(m-1)\chi_{m-1} \tag{9.5.38a}$$

$$D(m)[A_-(m+1)\chi_{m+1}]=(\lambda_{m+1}-2)A_-(m+1)\chi_{m+1} \tag{9.5.38b}$$

$$D(m)[B_+(m-1)\chi_{m-1}]=(\lambda_{m-1}-2)B_+(m-1)\chi_{m-1} \tag{9.5.39a}$$

$$D(m)[B_-(m+1)\chi_{m+1}]=(\lambda_{m+1}+2)B_-(m+1)\chi_{m+1} \tag{9.5.39b}$$

从式(9.5.38a)可以看出,如 χ_{m-1} 是 $D(m-1)$ 的本征态,本征值为 λ_{m-1},则 $A_+(m-1)\chi_{m-1}$ 是 $D(m)$ 的本征态,本征值为 $\lambda_{m-1}+2$,即相应能量 E[参见式(9.5.33)]本征值减小 1.因此算符 A_+ 的作用在于使量子态的角动量 m 增加 1,同时使能量减小 1.类似地,从式(9.5.38b)可看出算符 A_- 的作用是使 m 减小 1,同时使能量增加 1.从式(9.5.39)可知 $B_+(B_-)$ 算符的作用在于使 m 增加(减小)1,同时使能量也增加(减小)1.根据 A,B 算子的这种性质,不妨把它们改记为

$$\begin{aligned}A_+(m)\to A(m\uparrow,N\downarrow)&=\frac{\mathrm{d}}{\mathrm{d}\rho}-\frac{m+1/2}{\rho}+\rho\\A_-(m)\to A(m\downarrow,N\uparrow)&=\frac{\mathrm{d}}{\mathrm{d}\rho}+\frac{m-1/2}{\rho}-\rho\end{aligned} \tag{9.5.40}$$

$$\begin{aligned}B_+(m)\to B(m\uparrow,N\uparrow)&=\frac{\mathrm{d}}{\mathrm{d}\rho}-\frac{m+1/2}{\rho}-\rho\\B_-(m)\to B(m\downarrow,N\downarrow)&=\frac{\mathrm{d}}{\mathrm{d}\rho}+\frac{m-1/2}{\rho}+\rho\end{aligned} \tag{9.5.41}$$

式中 N 是标记能量的量子数.[$E=N+1,N=|m|+2n_\rho,n_\rho=0,1,2,\cdots$ 是径向波函数的节点数($\rho=0,\infty$ 点除外).]

与三维各向同性谐振子中相似,按照 A、B 的物理意义,可以构造出另外两类算子 C 和 D(见图 9.11)

$$\begin{aligned}C(m,N\uparrow\uparrow)&=\rho\frac{\mathrm{d}}{\mathrm{d}\rho}-\rho^2+N+3/2\\C(m,N\downarrow\downarrow)&=\rho\frac{\mathrm{d}}{\mathrm{d}\rho}+\rho^2-N-1/2\end{aligned} \tag{9.5.42}$$

$$D(m\downarrow\downarrow,N)=\frac{1}{\rho}\frac{\mathrm{d}}{\mathrm{d}\rho}+\frac{m-1/2}{\rho^2}-\frac{N+1}{m-1} \tag{9.5.43a}$$

$$D(m\uparrow\uparrow, N) = \frac{1}{\rho}\frac{\mathrm{d}}{\mathrm{d}\rho} - \frac{m+1/2}{\rho^2} + \frac{N+1}{m+1} \tag{9.5.43b}$$

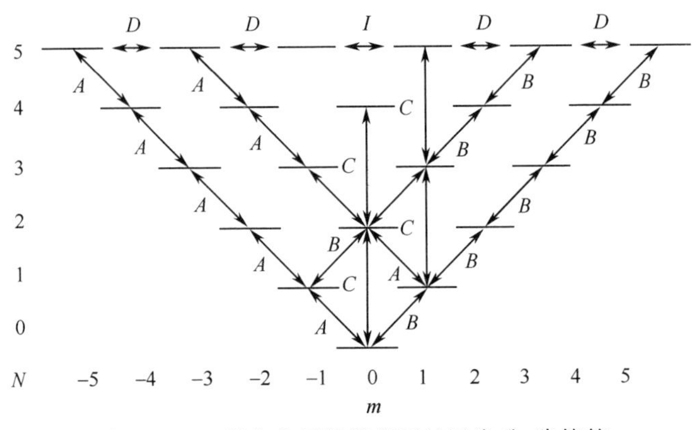

图 9.11 二维各向同性谐振子的四类升、降算符

考虑到径向方程(9.5.32)中只出现$|m^2|$,径向波函数$\chi_{-m}=\chi_m$,可把以上所述的升、降算子的表示式延拓到$m\leqslant 0$情况.此时算子C的形式不变,而A与B有下列关系:

$$A((-m)\downarrow, N\uparrow) = B(m\uparrow, N\uparrow),\text{或 } B((-m)\uparrow, N\uparrow) = A(m\downarrow, N\uparrow)$$

$$A((-m)\uparrow, N\downarrow) = B(m\downarrow, N\downarrow),\text{或 } B((-m)\downarrow, N\downarrow) = A(m\uparrow, N\downarrow) \tag{9.5.44}$$

而对算子D,有

$$D((-m)\uparrow\uparrow, N) = D(m\downarrow\downarrow, N),\quad m\neq\pm 1 \tag{9.5.45}$$

对于$m=\pm 1$,考虑到$\chi_{-1}=\chi_1$,所以可取

$$D((-1)\uparrow\uparrow, N) = D(1\downarrow\downarrow, N) = 1 \tag{9.5.46}$$

这样,我们就给出了二维各向同性谐振子的四类升、降算子A、B、C、D的表示式,以及有关的选择定则和守恒量子数,见表 9.2.

表 9.2

升、降算子	m	n_ρ	$N=\|m\|+2n_\rho$	守恒量子数
$A(m\uparrow, N\downarrow)$	$m\to m+1$	$n_\rho\to n_\rho-1$	$N\to N-1$	$\|m\|+n\rho, N-n_\rho$
$A(m\downarrow, N\uparrow)$	$m\to m-1$	$n_\rho\to n_\rho+1$	$N\to N+1$	
$B(m\uparrow, N\uparrow)$	$m\to m+1$	$n_\rho\to n_\rho$	$N\to N+1$	n_ρ
$B(m\downarrow, N\downarrow)$	$m\to m-1$	$n_\rho\to n_\rho$	$N\to N-1$	
$C(m, N\uparrow\uparrow)$	$m\to m$	$n_\rho\to n_\rho+1$	$N\to N+2$	m
$C(m, N\downarrow\downarrow)$	$m\to m$	$n_\rho\to n_\rho-1$	$N\to N-2$	
$D(m\uparrow\uparrow, N)$	$m\to m+2$	$n_\rho\to n_\rho-1$	$N\to N$	N
$D(m\downarrow\downarrow, N)$	$m\to m-2$	$n_\rho\to n_\rho+1$	$N\to N$	

附录 2　二维各向谐振子的径向方程的求解

考虑到解在 $\rho\to 0$ 和 $\rho\to\infty$ 的渐近行为，令

$$\chi_m(\rho)=\rho^{|m|-1/2}\mathrm{e}^{-\rho^2/2}u \tag{9.5.47}$$

则 u 满足

$$u''+\left(\frac{2|m|+1}{\rho}-2\rho\right)u'-(\lambda_m+2|m|+2)u=0$$

令 $\xi=\rho^2$，上式化为合流超几何方程

$$\xi\frac{\mathrm{d}^2u}{\mathrm{d}\xi^2}+(|m|+1-\xi)\frac{\mathrm{d}u}{\mathrm{d}\xi}-\left(\frac{|m|+1}{2}+\frac{\lambda_m}{4}\right)u=0 \tag{9.5.48}$$

满足 $\chi_m(0)=0$ 的方程(9.5.32)的解，可表成合流超几何函数 $\mathrm{F}(\alpha,\gamma;\rho^2)$，其中

$$\alpha=\frac{|m|+1}{2}+\frac{\lambda_m}{4},\quad \gamma=|m|+1$$

对于束缚态，要求 F 中断为一个多项式，即要求 $\alpha=-n_\rho(n_\rho=0,1,2,\cdots)$，即 $\lambda_m=-2(|m|+1)-4n_\rho$，$E=|m|+1+2n_\rho$，或记为

$$E=E_N=N+1,\qquad N=|m|+2n_\rho=0,1,2,\cdots \tag{9.5.49}$$

与三维各向同性谐振子相似，根据合流超几何函数的微商公式和递推关系，也可以推导出算符 C 和 D 的表示式(9.5.42)和式(9.5.43).

*9.5.3　三维氢原子的四类升、降算符

三维氢原子的径向方程为(自然单位 $e=\hbar=M=1$)

$$H(l)\chi_l(r)=E\chi_l(r),\quad H(l)=-\frac{1}{2}\frac{\mathrm{d}^2}{\mathrm{d}r^2}+\frac{l(l+1)}{2r^2}-\frac{1}{r} \tag{9.5.50}$$

可改记为

$$\begin{aligned}&D(l)\chi_l(r)=\lambda_l\chi_l(r),\quad \lambda_l=-2E\\&D(l)=-2H(l)=\frac{\mathrm{d}^2}{\mathrm{d}r^2}-\frac{l(l+1)}{r^2}+\frac{2}{r}\end{aligned} \tag{9.5.51}$$

引进与角动量 l 有关的算符

$$\begin{aligned}&A_+(l)=\frac{\mathrm{d}}{\mathrm{d}r}-\frac{l+1}{r}+\frac{1}{l+1}\\&A_-(l)=\frac{\mathrm{d}}{\mathrm{d}r}+\frac{l}{r}-\frac{1}{l}\quad(l>0)\end{aligned} \tag{9.5.52}$$

容易证明[①]

$$\begin{aligned}&A_-(l+1)A_+(l)=D(l)-1/(l+1)^2\\&A_+(l-1)A_-(l)=D(l)-1/l^2,\quad l>0\end{aligned} \tag{9.5.53}$$

以及

① 刘宇峰，曾谨言．物理学报，1997，**46**，428.

$$
\begin{aligned}
D(l)[A_+(l-1)\chi_{l-1}] &= \lambda_{l-1}A_+(l-1)\chi_{l-1} \\
D(l)[A_-(l+1)\chi_{l+1}] &= \lambda_{l+1}A_-(l+1)\chi_{l+1}
\end{aligned}
\tag{9.5.54}
$$

由式(9.5.54)可看出，如 χ_{l-1} 是 $D(l-1)$ 的本征态，本征值为 λ_{l-1}，则$A_+(l-1)x_{l-1}$ 为 $D(l)$ 的本征态，本征值仍为 λ_{l-1}. 因此，算符 A_+ 的作用是使**角动量增加1，但保持能量不变**. 类似地，算符 A_- 的作用是使**角动量减小1，也保持能量不变**. 所以 $A_\pm$ 分别为角动量的升、降算符. 为更明显展示算符 $A_\pm$ 的这种作用，不妨改记为(n 为主量子数)

$$
\begin{aligned}
A_+(l) \to A(l\uparrow, n) &= \frac{\mathrm{d}}{\mathrm{d}r} - \frac{l+1}{r} + \frac{1}{l+1} \\
A_-(l) \to A(l\downarrow, n) &= \frac{\mathrm{d}}{\mathrm{d}r} + \frac{l}{r} - \frac{1}{l} \quad (l>0)
\end{aligned}
\tag{9.5.55}
$$

与各向同性谐振子不同，直接从氢原子的径向方程的因式分解，只能导出一类升、降算符 $A_\pm(l)$. 但根据径向波函数的解及合流超几何函数的递推关系(见本节附录3)，可以找出另外三类升、降算符如下：

$$
\begin{aligned}
B(l, n\uparrow) &= \left[r\frac{\mathrm{d}}{\mathrm{d}r} - \frac{r}{n+1} + n\right]M\left(\frac{n}{n+1}\right) \\
B(l, n\downarrow) &= \left[r\frac{\mathrm{d}}{\mathrm{d}r} + \frac{r}{n-1} - n\right]M\left(\frac{n}{n-1}\right)
\end{aligned}
\tag{9.5.56}
$$

$$
\begin{aligned}
C(l\uparrow, n\uparrow) = &\left\{[(l+1)(n+1)+r]\frac{\mathrm{d}}{\mathrm{d}r} - \frac{r}{n+1}\right. \\
&\left. - \frac{(l+1)^2(n+1)}{r} + (n-l-1)\right\}M\left(\frac{n}{n+1}\right)
\end{aligned}
\tag{9.5.57a}
$$

$$
C(l\downarrow, n\downarrow) = \left\{[l(n-1)+r]\frac{\mathrm{d}}{\mathrm{d}r} + \frac{r}{n-1} + \frac{l^2(n-1)}{r} - (n-1)\right\}M\left(\frac{n}{n-1}\right)
\tag{9.5.57b}
$$

$$
D(l\downarrow, n\uparrow) = \left\{[l(n+1)-r]\frac{\mathrm{d}}{\mathrm{d}r} + \frac{r}{n+1} + \frac{l^2(n+1)}{r} - (n+l)\right\}M\left(\frac{n}{n+1}\right)
\tag{9.5.58a}
$$

$$
\begin{aligned}
D(l\uparrow, n\downarrow) = &\left\{[(l+1)(n-1)-r]\frac{\mathrm{d}}{\mathrm{d}r} - \frac{r}{n-1}\right. \\
&\left. - \frac{(l+1)^2(n-1)}{r} + (n+l+1)\right\}M\left(\frac{n}{n-1}\right)
\end{aligned}
\tag{9.5.58b}
$$

式中算子 M 为标度算符(scaling operator)，定义如下

$$
M(k)f(x) = f(kx)
\tag{9.5.59}
$$

与算子 A、B、C、D 相应的选择定则和守恒量子数列于表 9.3. 三维氢原子的能级及算子 A、B、C、D 的作用如图 9.12 所示.

表 9.3

升、降算子	l	n_r	$n=l+n_r+1$	守恒量子数
$A(l\uparrow,n)$	$l\to l+1$	$n_r\to n_r-1$	$n\to n$	$n,l+n_r$
$A(l\downarrow,n)$	$l\to l-1$	$n_r\to n_r+1$	$n\to n$	
$B(l,n\uparrow)$	$l\to l$	$n_r\to n_r+1$	$n\to n+1$	l
$B(l,n\downarrow)$	$l\to l$	$n_r\to n_r-1$	$n\to n-1$	
$C(l\uparrow,n\uparrow)$	$l\to l+1$	$n_r\to n_r$	$n\to n+1$	n_r
$C(l\downarrow,n\downarrow)$	$l\to l-1$	$n_r\to n_r$	$n\to n-1$	
$D(l\downarrow,n\uparrow)$	$l\to l-1$	$n_r\to n_r+2$	$n\to n+1$	$n+l,2l+n_r$
$D(l\uparrow,n\downarrow)$	$l\to l+1$	$n_r\to n_r-2$	$n\to n-1$	

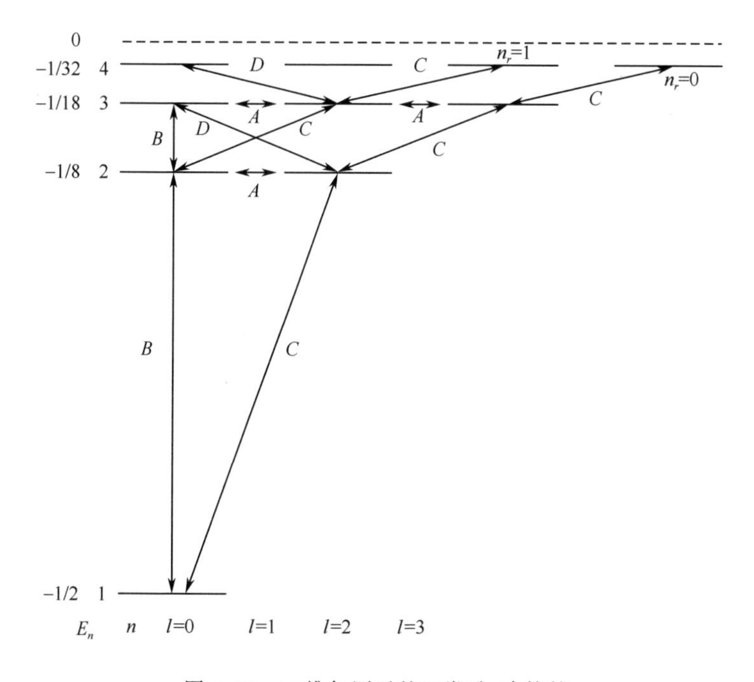

图 9.12　三维氢原子的四类升、降算符

附录 3

在束缚态边界条件下，可求出氢原子的能量本征值为

$$E=E_n=-1/(2n^2),\quad n=l+n_r+1,n_r=0,1,2,\cdots \tag{9.5.60}$$

径向波函数为

$$\chi_{ln_r}\propto r^{l+1}\mathrm{e}^{-r/(l+n_r+1)}\mathrm{F}\left(-n_r,2l+2,\frac{2r}{l+n_r+1}\right) \tag{9.5.61}$$

或表示成

$$\chi_{ln} \propto \xi_n^{l+1} e^{-\xi_n/2} F[-(n-l-1), 2l+2, \xi_n], \quad \xi_n = \frac{2r}{n} \tag{9.5.62}$$

n_r 为径向波函数节点数($r=0,\infty$点除外),n 为主量子数.能级 E_n 具有 l 简并性($l=0,1,\cdots,n-1$),简并度为 n^2.

利用合流超几何函数的递推关系式,可以证明:

$$\left(\alpha + x\frac{d}{dx}\right)F(\alpha,\gamma;x) = \alpha F(\alpha+1,\gamma;x)$$

$$\left[(\gamma-\alpha-x) + x\frac{d}{dx}\right]F(\alpha,\gamma;x) = (\gamma-\alpha)F(\alpha-1,\gamma;x)$$

$$\left[(\alpha+x) - (\gamma+x)\frac{d}{dx}\right]F(\alpha,\gamma;x) = \frac{(\gamma-\alpha)(\gamma+1-\alpha)}{\gamma(\gamma+1)}F(\alpha,\gamma+2;x)$$

$$\left\{[(\gamma-1)(\gamma-2)+\alpha x] + x(\gamma+2-x)\frac{d}{dx}\right\}F(\alpha,\gamma;x) = (\gamma-1)(\gamma-2)F(\alpha,\gamma-2;x)$$

$$\left[-\alpha + (\gamma-x)\frac{d}{dx}\right]F(\alpha,\gamma;x) = \frac{\alpha(\alpha+1)}{\gamma(\gamma+1)}xF(\alpha+2,\gamma+2;x)$$

$$\left[(\alpha-1)x + (\gamma-1-x)(\gamma-2-x) + (\gamma-2-x)x\frac{d}{dx}\right]F(\alpha,\gamma;x)$$
$$= (\gamma-1)(\gamma-2)F(\alpha-2,\gamma-2;x)$$

利用上述公式及径向波函数(9.5.62),即可求出升、降算符 B、C 和 D 的表示式(9.5.56)、式(9.5.57)和式(9.5.58).

根据算符 A 的物理意义(见表 9.3)以及 n_r 最小值为 0,可知 $A(l\uparrow,n)\chi_{l,n_r=0}=0$,

$$\left(\frac{d}{dr} - \frac{l+1}{r} + \frac{1}{l+1}\right)\chi_{l,n_r=0}(r) = 0 \tag{9.5.63}$$

其解为 $\chi_{l,n_r=0}(r)\propto r^{l+1}e^{-r/(l+1)}$.这是波函数(9.5.61)的特例($n_r=0$),即圆轨道波函数,是给定能级中角动量最大($l=n-1$)的态.对式(9.5.62)依次用 $A(l\downarrow,n)$,$A((l-1)\downarrow,n)$,…作用,即可求出径向波函数 $\chi_{l-1,1}$,$\chi_{l-2,2}$,…,$\chi_{0,l}$.变动 $l(l=0,1,\cdots)$,即可求出全部径向波函数.

*9.5.4 二维氢原子的四类升、降算符

二维氢原子的径向方程为($\hbar=M=e=1$)

$$H(m)\chi_m(\rho) = E\chi_m(\rho)$$
$$H(m) = -\frac{1}{2}\frac{d^2}{d\rho^2} + \frac{(|m|-1/2)(|m|+1/2)}{2\rho^2} - \frac{1}{\rho} \tag{9.5.64}$$

可表示成

$$D(m)\chi_m(\rho) = \lambda_m\chi_m(\rho), \quad \lambda_m = -2E$$
$$D(m) = -2H(m) = \frac{d^2}{d\rho^2} + \frac{1}{4\rho^2} - \frac{m^2}{\rho^2} + \frac{2}{\rho} = \frac{d^2}{d\rho^2} - \frac{(|m|-1/2)(|m|+1/2)}{\rho^2} + \frac{2}{\rho} \tag{9.5.65}$$

它与三维氢原子的径向方程(9.5.50)有很大的相似性,利用三维氢原子的计算结

果[形式上把 $l(l+1)\to(|m|-1/2)(|m|+1/2)$]，容易得出二维氢原子的有关公式[直接从径向方程(9.5.65)出发，也可得同样的公式]. 四类升、降算子的表示式如下($m\geqslant 0$ 情况)：

$$
\begin{aligned}
A(m\uparrow,n) &= \frac{\mathrm{d}}{\mathrm{d}\rho}-\frac{m+1/2}{\rho}+\frac{1}{m+1/2}\\
A(m\downarrow,n) &= \frac{\mathrm{d}}{\mathrm{d}\rho}+\frac{m-1/2}{\rho}-\frac{1}{m-1/2}
\end{aligned}
\tag{9.5.66}
$$

$$
\begin{aligned}
B(m,n\uparrow) &= \left[\rho\frac{\mathrm{d}}{\mathrm{d}\rho}-\frac{\rho}{n+1}+n\right]M\left(\frac{n}{n+1}\right)\\
B(m,n\downarrow) &= \left[\rho\frac{\mathrm{d}}{\mathrm{d}\rho}+\frac{\rho}{n-1}-n\right]M\left(\frac{n}{n-1}\right)
\end{aligned}
\tag{9.5.67}
$$

$$
\begin{aligned}
C(m\uparrow,n\uparrow) =&\Big\{[(m+1/2)(n+1)+\rho]\frac{\mathrm{d}}{\mathrm{d}\rho}-\frac{\rho}{n+1}\\
&-\frac{(m+1/2)^2(n+1)}{\rho}+n-m-1/2\Big\}M\left(\frac{n}{n+1}\right)
\end{aligned}
\tag{9.5.68a}
$$

$$
\begin{aligned}
C(m\downarrow,n\downarrow) =&\Big\{[(m-1/2)(n-1)+\rho]\frac{\mathrm{d}}{\mathrm{d}\rho}+\frac{\rho}{n-1}\\
&+\frac{(m-1/2)^2(n-1)}{\rho}-n+m-1/2\Big\}M\left(\frac{n}{n-1}\right)
\end{aligned}
\tag{9.5.68b}
$$

$$
\begin{aligned}
D(m\downarrow,n\uparrow) =&\Big\{[(m-1/2)(n+1)-\rho]\frac{\mathrm{d}}{\mathrm{d}\rho}+\frac{\rho}{n+1}\\
&+\frac{(m-1/2)^2(n+1)}{\rho}-n-m+1/2\Big\}M\left(\frac{n}{n+1}\right)
\end{aligned}
\tag{9.5.69a}
$$

$$
\begin{aligned}
D(m\uparrow,n\downarrow) =&\Big\{[(m+1/2)(n-1)-\rho]\frac{\mathrm{d}}{\mathrm{d}\rho}-\frac{\rho}{n-1}\\
&-\frac{(m+1/2)^2(n-1)}{\rho}+n+m+1/2\Big\}M\left(\frac{n}{n-1}\right)
\end{aligned}
\tag{9.5.69b}
$$

考虑到式(9.5.65)只与 m^2 有关，所以 $\chi_{-m}=\chi_m$，上列公式容易推广到 $m\leqslant 0$ 情况. 此时，算子 A 满足下列关系式：

$$
\begin{aligned}
A((-m)\uparrow,n) &= A(m\downarrow,n)\\
A((-m)\downarrow,n) &= A(m\uparrow,n)
\end{aligned}
\tag{9.5.70}
$$

算子 B 的表示式不变. 算子 C 和 D 变化如下：

$$
\begin{aligned}
C((-m)\uparrow,n\uparrow) &= -D(m\downarrow,n\uparrow)\\
C((-m)\downarrow,n\downarrow) &= -D(m\uparrow,n\downarrow)\\
D((-m)\downarrow,n\uparrow) &= -C(m\uparrow,n\uparrow)
\end{aligned}
$$

$$D((-m)\uparrow, n\downarrow) = -C(m\downarrow, n\downarrow) \tag{9.5.71}$$

算子 A、B、C、D 相应的选择定则和守恒量子数列于表 9.4.二维氢原子的能级及算子 A、B、C、D 的作用如图 9.13 所示.

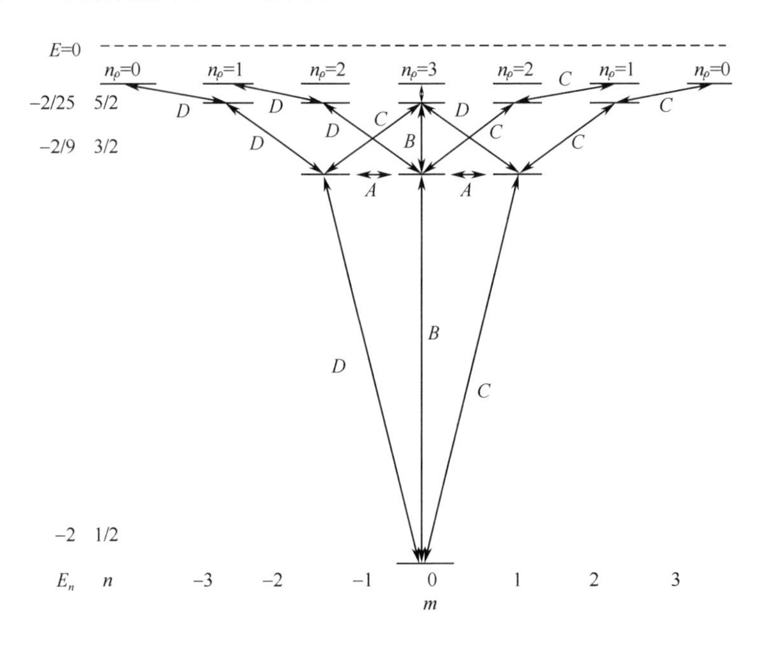

图 9.13　二维氢原子的四类升、降算符

表 9.4

升、降算子	m	n_ρ	$n=\|m\|+n_\rho+1/2$	守恒量子数
$A(m\uparrow, n)$	$m\to m+1$	$n_\rho\to n_\rho-1$	$n\to n$	$n, \|m\|+n_\rho$
$A(m\downarrow, n)$	$m\to m-1$	$n_\rho\to n_\rho+1$	$n\to n$	
$B(m, n\uparrow)$	$m\to m$	$n_\rho\to n_\rho+1$	$n\to n+1$	m
$B(m, n\downarrow)$	$m\to m$	$n_\rho\to n_\rho-1$	$n\to n-1$	
$C(m\uparrow, n\uparrow)$	$m\to m+1$	$n_\rho\to n_\rho$	$n\to n+1$	n_ρ
$C(m\downarrow, n\downarrow)$	$m\to m-1$	$n_\rho\to n_\rho$	$n\to n-1$	
$D(m\downarrow, n\uparrow)$	$m\to m-1$	$n_\rho\to n_\rho+2$	$n\to n+1$	$n+\|m\|, 2\|m\|+n_\rho$
$D(m\uparrow, n\downarrow)$	$m\to m+1$	$n_\rho\to n_\rho-2$	$n\to n-1$	

*9.5.5　径向 Schrödinger 方程的可因式分解性

以下证明,只当中心力场 $V(r)$ 为各向同性谐振子势或 Coulomb 势时,径向 Schrödinger 方程才能因式分解而得出能量和角动量的升、降算符.对于各向同性谐振子,直接从径向方程的因式分解可以导出两类(能量和角动量)升、降算符,而

对于 Coulomb 势，则只能导出一类升降算符[1].

中心力场 $V(r)$ 中粒子的径向方程为

$$
\begin{aligned}
&H(l)\chi_l(r) = E\chi_l(r) \\
&H(l) = -\frac{1}{2}\frac{\mathrm{d}^2}{\mathrm{d}r^2} + \frac{l(l+1)}{2r^2} + V(r)
\end{aligned}
\tag{9.5.72}
$$

可改写成

$$
\begin{aligned}
&D(l)\chi_l(r) = \lambda_l\,\chi_l(r), \quad \lambda_l = -2E \\
&D(l) = -2H(l) = \frac{\mathrm{d}^2}{\mathrm{d}r^2} - \frac{l(l+1)}{r^2} - 2V(r)
\end{aligned}
\tag{9.5.73}
$$

定义与角动量 l 有关的升、降算符

$$
\begin{aligned}
&A_+(l) = \frac{\mathrm{d}}{\mathrm{d}r} - \frac{l+1}{r} + f(l,r) \\
&A_-(l) = \frac{\mathrm{d}}{\mathrm{d}r} + \frac{l}{r} + g(l,r)
\end{aligned}
\tag{9.5.74}
$$

式中 $f(l,r)$ 与 $g(l,r)$ 待定，以满足因式分解的要求，即

$$
\begin{aligned}
&A_-(l+1)A_+(l) = D(l) + c_1(l) \\
&A_+(l-1)A_-(l) = D(l) + c_2(l)
\end{aligned}
\tag{9.5.75}
$$

这里 $c_1(l)$ 和 $c_2(l)$ 与 r 无关，待定. 利用式(9.5.74)，易于证明

$$
\begin{aligned}
A_-(l+1)A_+(l) =& \frac{\mathrm{d}^2}{\mathrm{d}r^2} - \frac{l(l+1)}{r^2} + [f(l,r)+g(l+1,r)]\frac{\mathrm{d}}{\mathrm{d}r} + \frac{\mathrm{d}f(l,r)}{\mathrm{d}r} \\
&+ [f(l,r)-g(l+1,r)]\frac{(l+1)}{r} + g(l+1,r)f(l,r) \\
A_+(l-1)A_-(l) =& \frac{\mathrm{d}^2}{\mathrm{d}r^2} - \frac{l(l+1)}{r^2} + [g(l,r)+f(l-1,r)]\frac{\mathrm{d}}{\mathrm{d}r} + \frac{\mathrm{d}g(l,r)}{\mathrm{d}r} \\
&+ [f(l-1,r)-g(l,r)]\frac{l}{r} + f(l-1,r)g(l,r)
\end{aligned}
\tag{9.5.76}
$$

比较式(9.5.75)、式(9.5.76)，可得

$$
f(l,r) = -g(l+1,r) \tag{9.5.77}
$$

$$
-2V(r) + c_1(l) = \frac{\mathrm{d}f(l,r)}{\mathrm{d}r} + 2f(l,r)\frac{l+1}{r} - f(l,r)^2 \tag{9.5.78}
$$

$$
-2V(r) + c_2(l) = -\frac{\mathrm{d}f(l-1,r)}{\mathrm{d}r} + 2f(l-1,r)\frac{l}{r} - f(l-1,r)^2 \tag{9.5.79}
$$

假设 $V(r)$ 与角动量 l 无关. 式(9.5.79)中 l 换成 $(l+1)$，并从式(9.5.78)中减去，可得

---

① Y. F. Liu, Y. A. Lei and J. Y. Zeng, Phys. Lett. **A 231**(1997) 9.

$$\frac{\mathrm{d}f(l,r)}{\mathrm{d}r} = a(l), \quad a(l) = \frac{1}{2}[c_1(l) - c_2(l+1)] \tag{9.5.80}$$

由此可得

$$f(l,r) = a(l)r + b(l) \tag{9.5.81}$$

$b(l)$为积分常数.把上式代入式(9.5.78)或式(9.5.79),可得

$$\begin{aligned} &2V(r) + 2b(l)\,\frac{l+1}{r} - a(l)^2 r^2 - 2a(l)b(l)r \\ &= \frac{1}{2}[c_1(l) + c_2(l+1)] - 2(l+1)a(l) + b(l)^2 \end{aligned} \tag{9.5.82}$$

上式对于任何一点 r 和任意 l 值都应成立.从上式左边含有 r 的三项可以看出,与 l 无关的中心势 $V(r)$只能是下列三种形式之一:

$$\text{(i)}V(r) \propto \frac{1}{r}; \quad \text{(ii)}V(r) \propto r^2; \quad \text{(iii)}V(r) \propto r \tag{9.5.83}$$

以下分别讨论.

(i)$V(r)\propto 1/r$

由式(9.5.82)可得 $a(l)=0$,$f(l,r)=b(l)=1/(l+1)$.此时,除了一个相加性常数外,$V(r)=-1/r$,即 Coulomb 吸引势.由式(9.5.80)和式(9.5.81),可求出 $c_1(l)=c_2(l+1)$,$c_1(l)=-1/(l+1)^2$,$c_2(l)=-1/l^2$,$(l>0)$.因此,由式(9.5.74),得

$$\begin{aligned} A_+(l) &= \frac{\mathrm{d}}{\mathrm{d}r} - \frac{l+1}{r} + \frac{1}{l+1} \\ A_-(l) &= \frac{\mathrm{d}}{\mathrm{d}r} + \frac{l}{r} - \frac{1}{l} \quad (l>0) \end{aligned} \tag{9.5.84}$$

而式(9.5.75)化为

$$\begin{aligned} A_-(l+1)A_+(l) &= D(l) - \frac{1}{(l+1)^2} \\ A_+(l-1)A_-(l) &= D(l) - \frac{1}{l^2} \quad (l>0) \end{aligned} \tag{9.5.85}$$

直接利用式(9.5.84)计算也可得出上式.式(9.5.84)与(9.5.85)正是 9.5.3 节中已得出的结果[见式(9.5.52)与式(9.5.53)],$A_\pm(l)$正是角动量的升、降算符.

(ii)$V(r)\propto r^2$

由式(9.5.82)可得 $b(l)=0$,$a(l)=$常数.取自然单位,让 $a(l)^2=1$,则得 $V(r)=r^2/2$(各向同性谐振子),而 $a(l)=\pm 1$.

对于 $a(l)=+1$,相应的升、降算符记为 $A_\pm$,

$$A_+(l) = \frac{\mathrm{d}}{\mathrm{d}r} - \frac{l+1}{r} + r, \quad A_-(l) = \frac{\mathrm{d}}{\mathrm{d}r} + \frac{l}{r} - r \tag{9.5.86}$$

对于 $a(l)=-1$,相应的升、降算符记为 $B_\pm$,

$$B_+(l) = \frac{\mathrm{d}}{\mathrm{d}r} - \frac{l+1}{r} - r, \quad B_-(l) = \frac{\mathrm{d}}{\mathrm{d}r} + \frac{l}{r} + r \tag{9.5.87}$$

此时,式(9.5.75)化为

$$
\begin{aligned}
A_{-}(l+1)A_{+}(l) &= D(l)+(2l+3) \\
A_{+}(l-1)A_{-}(l) &= D(l)+(2l-1) \\
B_{-}(l+1)B_{+}(l) &= D(l)-(2l+3) \\
B_{+}(l-1)B_{-}(l) &= D(l)-(2l-1)
\end{aligned} \tag{9.5.88}
$$

直接利用式(9.5.86)与式(9.5.87)计算,也可得出上式.此即9.5.1节中已得到的各向同性谐振子的两类角动量和能量的升、降算符.

(iii)$V(r)\propto r$

由式(9.5.82)可得 $a(l)=b(l)=0$,但此时得出的 $V(r)=$常数.所以线性中心势 $V(r)\propto r$ 被排除.

本节结论得证.

*9.5.6 n维氢原子和各向同性谐振子的四类升、降算符[①]

1. n维氢原子

Hamilton量为($\hbar=M=e=1$)

$$
\begin{gathered}
\hat{H} = \frac{\hat{p}^2}{2}-\frac{1}{r} \\
r=\sqrt{\sum_{i=1}^{n} x_i^2}, \quad \hat{p}^2=\sum_{i=1}^{n}\hat{p}_i^2
\end{gathered} \tag{9.5.89}
$$

对于 $n\geqslant 2$ 的情况,H 的简并态可取为对易守恒量完全集($H,\hat{C}_2,\hat{C}_3,\cdots,\hat{C}_n$)的共同本征态(这里 $\hat{C}_i$ 是 SO_i 群的Casimir算符,$i=2,3,\cdots,n$),即

$$
\begin{gathered}
\psi(x)=R(r)Y_{J_{n-2}J_{n-3}\cdots J_1J_0}(\theta_{n-2},\theta_{n-3},\cdots,\theta_1,\theta_0) \\
0\leqslant |J_0|\leqslant J_1\leqslant\cdots\leqslant J_{n-3}\leqslant J_{n-2}
\end{gathered} \tag{9.5.90}
$$

$Y_{J_{n-2}J_{n-3}\cdots J_1J_0}$ 是 n 维空间的球谐函数,而 J_{n-2} 是与 $\hat{C}_n$ 相应的量子数.

$$
\hat{C}_n Y_{J_{n-2}J_{n-3}\cdots J_1J_0} = J_{n-2}(J_{n-2}+n-2)Y_{J_{n-2}J_{n-3}\cdots J_1J_0} \tag{9.5.91}
$$

径向波函数 $R(r)$ 满足下列方程:

$$
\left[\frac{1}{r^{n-1}}\frac{\mathrm{d}}{\mathrm{d}r}\left(r^{n-1}\frac{\mathrm{d}}{\mathrm{d}r}\right)-\frac{J_{n-2}(J_{n-2}+n-2)}{r^2}+\frac{2}{r}+2E\right]R(r)=0 \tag{9.5.92}
$$

令

$$
\chi(r)=r^{(n-1)/2}R(r) \tag{9.5.93}
$$

则 $\chi(r)$ 满足下列方程:

$$
\left\{\frac{\mathrm{d}^2}{\mathrm{d}r^2}-\frac{1}{r^2}\left[J_{n-2}(J_{n-2}+n-2)+\left(\frac{n-1}{2}\right)\left(\frac{n-1}{2}-1\right)\right]+\frac{2}{r}+2E\right\}\chi(r)=0 \tag{9.5.94}
$$

---

① Y. F. Liu and J. Y. Zeng, Science in China (Series A) **40**(1997) 1110.

对于三维氢原子($J_1=l=0,1,2,\cdots$),上式化为大家熟悉的径向方程

$$\left[\frac{d^2}{dr^2}-\frac{l(l+1)}{r^2}+\frac{2}{r}+2E\right]\chi(r)=0 \tag{9.5.95}$$

对于二维氢原子($J_0=m,|m|=0,1,2,\cdots$)

$$\left[\frac{d^2}{dr^2}-\frac{(|m|-1/2)(|m|+1/2)}{r^2}+\frac{2}{r}+2E\right]\chi(r)=0 \tag{9.5.96}$$

比较式(9.5.94)、式(9.5.95)与式(9.5.96),对于 n 维氢原子,如定义

$$l_n=J_{n-2}+\frac{n-1}{2}-1\quad(n\geqslant 2) \tag{9.5.97}$$

则式(9.5.94)~式(9.5.96)都可表示成相同的形成

$$\left[\frac{d^2}{dr^2}-\frac{l_n(l_n+1)}{r^2}\Big/\frac{2}{r}+2E\right]\chi(r)=0 \tag{9.5.98}$$

按照处理三维氢原子的经验,相应的角动量升、降算符可表示为

$$\begin{aligned}A(l_n\uparrow,N)&=\frac{d}{dr}-\frac{l_n+1}{r}+\frac{1}{l_n+1}\\&=\frac{d}{dr}-\frac{J_{n-2}+(n-1)/2}{r}+\frac{1}{J_{n-2}+(n-1)/2}\\A(l_n\downarrow,N)&=\frac{d}{dr}+\frac{l_n}{r}-\frac{1}{l_n}\\&=\frac{d}{dr}+\frac{J_{n-2}+(n-3)/2}{r}-\frac{1}{J_{n-2}+(n-3)/2}\end{aligned} \tag{9.5.99}$$

N 为主量子数.

n 维氢原子的束缚态波函数和能量为

$$\begin{gathered}\chi(r)\propto e^{-r/N_r\,|J_{n-2}|+(n-1)/2}\,F\left(-n_r,2J_{n-2}+n-2,\frac{2r}{N}\right)\\n_r=0,1,2,\cdots\\E=E_N=-1/2N^2,\quad N=\left(K+\frac{n-1}{2}\right)\\K=n_r+|J_{n-2}|=0,1,2,\cdots\end{gathered} \tag{9.5.100}$$

F 是合流超几何函数.对于三维氢原子,

$$\begin{gathered}\chi(r)\propto e^{-r/N_r\,l+1}\,F\left(-n_r,2l+2,\frac{2r}{N}\right)\\N=n_r+l+1=1,2,3,\cdots\end{gathered} \tag{9.5.101}$$

对于二维氢原子,

$$\begin{gathered}\chi(r)\propto e^{-r/N_r\,|m|+1}\,F\left(-n_r,2|m|+1,\frac{2r}{N}\right)\\N=n_r+|m|+1/2=1/2,3/2,5/2,\cdots\end{gathered} \tag{9.5.102}$$

利用合流超几何函数的递推关系和标度算符 $M(k)f(x)=f(kx)$,就可以导出其他三类升降算符

$$\begin{aligned}B(l_n,N\uparrow)&=\left(r\frac{d}{dr}-\frac{r}{N+1}+N\right)M\left(\frac{N}{N+1}\right)\\B(l_n,N\downarrow)&=\left(r\frac{d}{dr}+\frac{r}{N-1}-N\right)M\left(\frac{N}{N-1}\right)\quad(N>1)\end{aligned} \tag{9.5.103}$$

$$C(l_n\uparrow,N\uparrow)=\Big\{[(l_n+1)(N+1)+r]\frac{\mathrm{d}}{\mathrm{d}r}-\frac{r}{N+1}-\frac{(l_n+1)^2(N+1)}{r}+(N-l_n-1)\Big\}M\left(\frac{N}{N+1}\right)$$

$$C(l_n\downarrow,N\downarrow)=\Big\{[l_n(N-1)+r]\frac{\mathrm{d}}{\mathrm{d}r}+\frac{r}{N-1}+\frac{l_n^2(N-1)}{r}-(N-l_n)\Big\}M\left(\frac{N}{N-1}\right)\quad(N>1)\tag{9.5.104}$$

$$D(l_n\downarrow,N\uparrow)=\Big\{[l_n(N+1)-r]\frac{\mathrm{d}}{\mathrm{d}r}+\frac{r}{N+1}+\frac{l_n^2(N+1)}{r}-(N+l_n)\Big\}M\left(\frac{N}{N+1}\right)$$

$$D(l_n\uparrow,N\downarrow)=\Big\{[(l_n+1)(N-1)-r]\frac{\mathrm{d}}{\mathrm{d}r}-\frac{r}{N-1}-\frac{(l_n+1)^2(N-1)}{r}+(N+l_n+1)\Big\}M\left(\frac{N}{N-1}\right)\quad(N>1)\tag{9.5.105}$$

这四类算符相应的选择定则如下：

	Δl_n	Δn_r	ΔN	守恒量子数
A	±1	∓1	0	N(或 E)
B	0	±1	±1	l_n
C	±1	0	±1	n_r
D	∓1	±2	±1	$N+l_n$

2. n 维各向同性谐振子

与氢原子相似，在三维各向同性谐振子的升降算符中，把 l 换成 $l_n=J_{n-2}+(n-1)/2-1$[见式(9.5.97)]，即可得出 n 维各向同性谐振子的各类升、降算符. 其中算符 A 和 B 可以直接从径向 Schrödinger 方程的因式分解得出

$$A(l_n\uparrow,N\downarrow)=\frac{\mathrm{d}}{\mathrm{d}r}-\frac{l_n+1}{r}+r$$

$$A(l_n\downarrow,N\uparrow)=\frac{\mathrm{d}}{\mathrm{d}r}+\frac{l_n}{r}-r\tag{9.5.106}$$

$$B(l_n\uparrow,N\uparrow)=\frac{\mathrm{d}}{\mathrm{d}r}-\frac{l_n+1}{r}-r$$

$$B(l_n\downarrow,N\downarrow)=\frac{\mathrm{d}}{\mathrm{d}r}+\frac{l_n}{r}+r\tag{9.5.107}$$

而借助于它们，可以构造出其他两类升降算符

$$C(l_n,N\uparrow\uparrow)=r\frac{\mathrm{d}}{\mathrm{d}r}-r^2+N+\frac{n+1}{2}$$

$$C(l_n,N\downarrow\downarrow)=r\frac{\mathrm{d}}{\mathrm{d}r}+r^2-N-\frac{n-1}{2}\tag{9.5.108}$$

$$D(l_n\downarrow\downarrow,N)=\frac{1}{r}\frac{\mathrm{d}}{\mathrm{d}r}+\frac{l_n}{r^2}-\frac{2N+n}{2l_n-1}$$
$$D(l_n\uparrow\uparrow,N)=\frac{1}{r}\frac{\mathrm{d}}{\mathrm{d}r}+\frac{l_n+1}{r^2}+\frac{2N+n}{2l_n+3} \tag{9.5.109}$$

四类升降算符相应的选择定则如下：

	Δl_n	Δn_r	ΔN	守恒量
A	±1	∓1	∓1	$N-n_r$
B	±1	0	±1	n_r
C	0	±1	±2	l_n
D	±2	∓1	0	N(或 E)

$n(n\geqslant2)$维各向同性谐振子的径向波函数和能量本征值为

$$\chi(r)\propto \mathrm{e}^{-r^2/2}r^{|J_{n-2}|+(n-1)/2}\mathrm{F}(-n_r,J_{n-2}+n/2,r^2)$$
$$n_r=0,1,2,\cdots \tag{9.5.110}$$
$$E=E_N=(N+n/2),\quad N=2n_r+|J_{n-2}|=0,1,2,\cdots$$

对于三维各向同性谐振子($J_1=l=0,1,2,\cdots,N=2n_r+l=0,1,2,\cdots$)，

$$\chi(r)\propto \mathrm{e}^{-r^2/2}r^{l+1}\mathrm{F}(-n_r,l+3/2,r^2) \tag{9.5.111}$$

对于二维各向同性谐振子($J_0=m,|m|=0,1,2,\cdots,N=2n_r+|m|=0,1,2,\cdots$)，

$$\chi(r)\propto \mathrm{e}^{-r^2/2}r^{|m|+1/2}\mathrm{F}(-n_r,|m|+1,r^2) \tag{9.5.112}$$

*9.5.7 一维谐振子与氢原子

在 9.4.1 节中已讨论过一维谐振子的因式分解，并导出了升、降算符 $a^+=\frac{1}{\sqrt{2}}\left(x-\frac{\mathrm{d}}{\mathrm{d}x}\right)$ 和 $a=\frac{1}{\sqrt{2}}\left(x+\frac{\mathrm{d}}{\mathrm{d}x}\right)$，它们把具有相反宇称的相邻能量本征态联系起来. 但应注意，形式上与三维各向同性谐振子($V(r)=r^2/2,r\geqslant0$)相应的一维谐振子势为

$$V(x)=\begin{cases}x^2/2, & x\geqslant0\\ \infty, & x<0\end{cases} \tag{9.5.113}$$

其能级为 $E_N=(N+1/2)$，$N=1,3,5,\cdots$. 而通常所说的一维谐振子势为 $V(x)=x^2/2(-\infty<x<+\infty)$，具有反射对称性，而相邻能态的宇称相反. 由此可以理解，为什么对于 n 维($n\geqslant2$)各向同性谐振子存在两类升、降算符 $A_\pm$ 和 $B_\pm$，其形式与 a^+ 和 a 不相同. 但可以利用算符 A 和 B 的乘积，即算符 C，作为宇称相同的相邻能级之间的升、降算符. 事实上，对于三维各向同性谐振子(见 9.5.1 节)

$$A(1\downarrow,N\uparrow)B(0\uparrow,N\uparrow)=C(l=0,N\uparrow\uparrow)=\frac{\mathrm{d}^2}{\mathrm{d}r^2}+r^2-2r\frac{\mathrm{d}}{\mathrm{d}r}-1 \tag{9.5.114}$$

与一维谐振子的联系相同宇称的相邻能级的算符

$$2a^+a^+=\frac{\mathrm{d}^2}{\mathrm{d}x^2}+x^2-2x\frac{\mathrm{d}}{\mathrm{d}x}-1 \tag{9.5.115}$$

形式上相同，选择定则为：$\Delta N=2$，宇称不变.

与三维氢原子的 Comlomb 势形式上相应的一维氢原子势为

$$V(x)=\begin{cases}-\dfrac{1}{x}, & x>0\\ \infty, & x\leqslant 0\end{cases} \tag{9.5.116}$$

在物理上这是可以实现的. 例如,当一个电子被限制在一块很大的电介质平板(法线方向为 x 轴)的上方($x>0$)运动时,按电象法可求出其静电势为

$$V(x)=-\frac{\alpha}{x},\quad x>0$$

$$\alpha=\frac{\mathrm{e}^2}{4}\left(\frac{\varepsilon-1}{\varepsilon+1}\right)>0 \tag{9.5.117}$$

(ε 为介电常数),形式上与式(9.5.116)相同. 此时,能量本征方程与三维氢原子的径向方程($l=0$ 情况)完全相同,边条件也一样,因此能级为

$$E_n=-1/2n^2,\quad n=1,2,3,\cdots \tag{9.5.118}$$

是**不简并的**. 由此可以理解,为什么对于一维氢原子,不存在与三维氢原子那种联系相同能量的简并态的角动量升、降算符 $A_\pm$ 类似的算符. 但可以构造与三维氢原子类似的能量升、降算符

$$B(l=0,N\uparrow)=\left(x\frac{\mathrm{d}}{\mathrm{d}x}-\frac{x}{n+1}+n\right)M\left(\frac{n}{n+1}\right)$$

$$B(l=0,N\downarrow)=\left(x\frac{\mathrm{d}}{\mathrm{d}x}+\frac{x}{n-1}-n\right)M\left(\frac{n}{n-1}\right),\quad (n>1) \tag{9.5.119}$$

第10章 时间反演

根据波函数的统计诠释，Wigner 曾经论证过[1]：量子力学中的对称性变换，或为幺正变换，或为反幺正变换. 但对于连续对称性变换，则必为幺正变换. 对于离散的对称性变换，则可能出现反幺正变换. 最常碰到的反幺正变换就是时间反演(time reversal).

关于时间反演概念，人们常常感到很神秘. 但正如 Wigner 曾经着重指出那样，“时间反演态”并不意味着真正时间倒流，而只不过是“运动方向的倒转”(reversal of direction of motion). 两个逆向的运动过程(见图 10.1 所示两例)中，粒子的运动状态互为时间反演态，但时间都是正向流动，因果关系也是相同的. 所以时间反演概念并没有什么神秘的东西.

Wigner 还指出，量子体系的时间反演不变性并不导致相应的某种守恒量(这一点和时间反演算符是一个反线性算符有密切关系). 尽管如此，时间反演不变性可以导致一个反应过程与其逆过程的概率之间存在一定的关系(例如反应过程中的细致平衡关系). 此外，还可能导致某些选择规则. 在某些情况下还可以导致能级简并(例如，Kramers 简并，见 10.2.5 节).

时间反演态概念在金属的超导理论和原子核物理的对关联理论中有广泛的应用. 在粒子物理中，关于相互作用的时间反演不变性问题，有过长期的探讨. 实验分析表明，强作用和电磁作用具有时间反演不变性. 但有确切的实验证据(如中性 K 介子的衰变)表明，在弱作用中时间反演不变性不完全成立.

时间反演不变性只存在于微观过程中. 在宏观世界中，基于热力学的熵增加原理，运动过程是不可逆的，时间反演不变性不存在. 这里涉及从微观世界到宏观世界过渡时出现的退相干(decoherence)现象，是一个值得深入探讨的问题[2].

在 10.1 节中先分析时间反演态概念以及如何写出一个量子态的时间反演态. 10.2 节讨论时间反演不变性. 10.3 节讨论力学量按照时间反演下的变换性质进行分类，并给出涉及时间反演态的矩阵元公式. 这些公式不但本身很有用，而且通过它们可以熟悉一下反幺正算符的运算特点. 在此之前，由于量子力学的读者习惯于线性算符和幺正算符的运算规则，对于反幺正算符的运算往往容易出错，所以我们单列一节进行讨论，以便初学者正确掌握反幺正算符的运算规则.

---

① 参阅，E. P. Wigner, *Group Theory and its Application to the Quantum Mechanics of Atomic Spectra*, chap. 26. Academic Press, 1959.

② 例如，参阅 M. Schlosshauer, *Decoherence and the Quantum-to-Classical Transition*. Springer, Heidelbeng/Berlin, 2007.

10.1 时间反演态与时间反演算符

在经典力学中，设处于两个状态 A 和 A_r 下的粒子，在轨道上各点的速度数值相同，但方向相反，则称 A 与 A_r 态互为时间反演态(图 10.1 中给出两个简单的例子). 更仔细一点说，设在 A 态下粒子在时刻 t 的位置为 $\boldsymbol{r}$，动量为 $\boldsymbol{p}$(角动量为 $\boldsymbol{l}=\boldsymbol{r}\times\boldsymbol{p},\cdots$)，而在 A_r 态下(在两态下粒子位置重合的时刻，取为 $t=0$)，粒子在时刻 $t'=-t$ 的位置为 $\boldsymbol{r}$，动量为 $-\boldsymbol{p}$(角动量为 $-\boldsymbol{l},\cdots$)，则称 A_r 态为 A 态的时间反演态(time reversed state). 反之亦然.

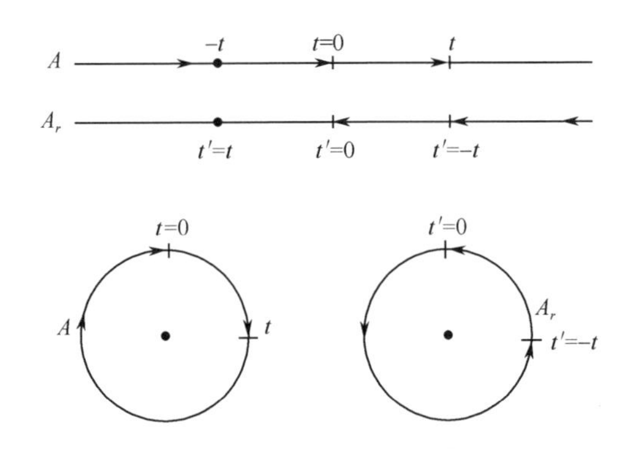

图 10.1 经典力学中的时间反演态

A 与 A_r 互为时间反演态. A_r 与 A 的画图实际应该重合，只是为了看得清楚，才把它们分开画

与经典力学中时间反演态的物理意义对比，一个量子态 ψ 的时间反演态 ψ_r 要求满足下列条件：

时间反演态 ψ_r 下在时刻$(-t)$ 量子态 ψ 下在时刻 t

粒子坐标 $\boldsymbol{r}$ 的平均值＝ 粒子坐标 $\boldsymbol{r}$ 的平均值

粒子动量 $\boldsymbol{p}$ 的平均值＝－(粒子动量 $\boldsymbol{p}$ 的平均值)

粒子角动量 $\boldsymbol{l}$ 的平均值＝－(粒子角动量 $\boldsymbol{l}$ 的平均值) (10.1.1)

下面先讨论无自旋的粒子. 我们将看到，如取

$$\psi_r = K\psi = \psi^* \tag{10.1.2}$$

则可以满足式(10.1.1)的要求，K 为取复共轭算符. 在此之前，我们先举几个例子，写出时间反演态在坐标表象中的表示式，然后普遍地论证式(10.1.2)的写法的确满足式(10.1.1)所提出的要求.

例 1 考虑自由粒子的动量本征态(未计及归一化)，在时刻 t 表示为

$$\psi(\boldsymbol{r},t) = \exp[\mathrm{i}(\boldsymbol{p}\cdot\boldsymbol{r} - Et)/\hbar] \tag{10.1.3}$$

动量本征值为 $\boldsymbol{p}$，能量 $E=p^2/2m$. 式(10.1.3)描述的是一个定态，代表沿 $\boldsymbol{p}$ 方向传播的平面单色波. 它相应的在时刻 t 的时间反演态为

$$\exp(-\mathrm{i}\boldsymbol{p}\cdot\boldsymbol{r}/\hbar-\mathrm{i}Et/\hbar) \tag{10.1.4}$$

动量本征值为 $-\boldsymbol{p}$，能量仍为 $E=p^2/2m$，代表往 $-\boldsymbol{p}$ 方向传播的平面单色波，记为 $\psi_r(\boldsymbol{r},t')$，$t'=-t$. 在时刻 t 的量子态 $\psi_r(\boldsymbol{r},-t)$ 与 t 时刻量子态 $\psi(\boldsymbol{r},t)$ 相对应. 而在 $(-t)$ 时刻，时间反演态波函数则为

$$\psi_r(\boldsymbol{r},t)=\exp(-\mathrm{i}\boldsymbol{p}\cdot\boldsymbol{r}/\hbar+\mathrm{i}Et/\hbar)=\psi^*(\boldsymbol{r},t) \tag{10.1.5}$$

所以 $\psi_r=\psi^*=K\psi$.

例 2 设一维自由粒子用一个很窄的波包来描述[图 10.2(a)]，是一个非定态. 在时刻 t 表示为

$$\psi(x,t)=\int\varphi(p)\exp\left(\mathrm{i}px/\hbar-\mathrm{i}\frac{p^2}{2m\hbar}t\right)\mathrm{d}p \tag{10.1.6}$$

它所描述的波包沿 x 轴正方向运动，在此态下坐标 x 的平均值 $\bar{x}$ 代表经典粒子坐标，波包的群速度相应于经典粒子的速度. 与 ψ 相应的时间反演态 ψ_r 应该是描述沿 x 轴负方向运动的波包. 在 t 时刻，它用下列波函数来描述：

$$\psi_r(x,t)=\int\varphi^*(p)\exp\left(-\mathrm{i}px/\hbar-\mathrm{i}\frac{p^2t}{2m\hbar}\right)\mathrm{d}p \tag{10.1.7}$$

如图 10.2(b)，t 时刻的量子态 $\psi_r(x,t')=\psi_r(x,-t)$ 与 t 时刻 $\psi(x,t)$ 相对应. 而在 $(-t)$ 时刻

$$\psi_r(x,t)=\int\varphi^*(p)\exp\left(-\mathrm{i}px/\hbar+\mathrm{i}\frac{p^2t}{2m\hbar}\right)\mathrm{d}p=\psi^*(x,t) \tag{10.1.8}$$

$\psi_r(x,t)$ 描述的波包位置在 B 点，运动方向沿 $(-x)$ 轴方向，与波包 $\psi(x,t)$ 在 t 时刻的位置相同，但运动方向相反. 从式(10.1.8)与式(10.1.6)也可得出 $\psi_r=K\psi$.

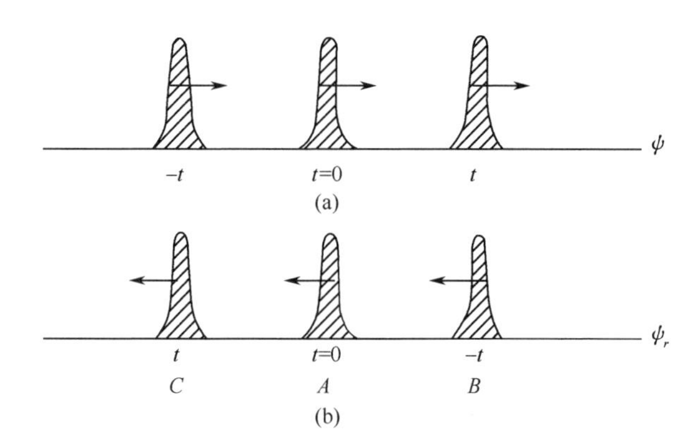

图 10.2 量子力学中量子态 ψ 及其时间反演态 ψ_r

设一个粒子的 Hamilton 量不显含 t，能量就是守恒量. 设体系处于能量本征态 $\psi_E(\boldsymbol{r})$，定态波函数表示为

$$\psi_E(\boldsymbol{r},t)=\psi_E(\boldsymbol{r})\exp(-\mathrm{i}Et/\hbar) \tag{10.1.9}$$

在定态下，坐标和动量的平均值都与时间无关. 所以在寻找时间反演态 ψ_r 满足的条件式(10.1.1)中，可以不考虑计算平均值的时刻，即只要 $\psi_E(\boldsymbol{r})$ 的时间反演态 ψ_{Er} 满足下列要求：

$$
\begin{aligned}
(\psi_{Er}, \boldsymbol{r}\psi_{Er}) &= (\psi_E, \boldsymbol{r}\psi_E) \\
(\psi_{Er}, \boldsymbol{p}\psi_{Er}) &= -(\psi_E, \boldsymbol{p}\psi_E) \\
&\cdots
\end{aligned}
\tag{10.1.10}
$$

下面我们将看到，如取

$$\psi_{Er}(\boldsymbol{r}) = K\psi_E(\boldsymbol{r}) = \psi^*(\boldsymbol{r})$$

则条件式(10.1.10)可以满足.

下面我们普遍地证明：对于无自旋粒子，如果取 $\psi_r = K\psi = \psi^*$，则可以满足式(10.1.1)的要求. 即对于无自旋的粒子，时间反演算符

$$T = K^* \tag{10.1.11}$$

首先考虑粒子坐标的平均值 $\langle \boldsymbol{r} \rangle$. 前已提到，在 $(-t)$ 时刻，时间反演态用 $\psi_r(\boldsymbol{r}, t) = \psi^*(\boldsymbol{r}, t)$ 描述. 在此时刻

$$
\begin{aligned}
\langle \boldsymbol{r} \rangle &= \int (\psi^*(\boldsymbol{r},t))^* \boldsymbol{r}\psi^*(\boldsymbol{r},t)\mathrm{d}^3 r \\
&= \int \psi^*(\boldsymbol{r},t)\boldsymbol{r}\psi(\boldsymbol{r},t)\mathrm{d}^3 r
\end{aligned}
\tag{10.1.12}
$$

后一式正是处于 ψ 态下的粒子在时刻 t 的坐标的平均值.

其次，处于时间反演态下的粒子在时刻 $(-t)$ 时动量的平均值为

$$\langle \boldsymbol{p} \rangle = \int (\psi^*(\boldsymbol{r},t))^* (-\mathrm{i}\hbar\boldsymbol{\nabla})\psi^*(\boldsymbol{r},t)\mathrm{d}^3 r$$

分部积分后，得

$$\langle \boldsymbol{p} \rangle = -\int \psi^*(\boldsymbol{r},t)(-\mathrm{i}\hbar\boldsymbol{\nabla})\psi(\boldsymbol{r},t)\mathrm{d}^3 r \tag{10.1.13}$$

后者正是在 ψ 态下的粒子的动量在时刻 t 的平均值的负值，即满足与经典力学中时间反演态同样的要求.

类似还可以讨论角动量的平均值. 这样，我们就论证了式(10.1.2)的正确性. 以上讨论的是无自旋的粒子.

下面我们来证明，对自旋为 1/2 的粒子，与量子态 $\psi(\boldsymbol{r},t)$ 相应的时间反演态(反向运动态)为

$$\psi_r(\boldsymbol{r},t') = T\psi(\boldsymbol{r},t') = T\psi(\boldsymbol{r},-t)$$

即

$$T = -\mathrm{i}\sigma_y K \tag{10.1.14}$$

为时间反演算符，σ_y 为 Pauli 矩阵.

对于粒子坐标 $\boldsymbol{r}$，动量 $\boldsymbol{p}$(以及轨道角动量 $\boldsymbol{l}$ 等)的平均值的计算，由于它们与自旋自由度无关，而 $(-\mathrm{i}\sigma_y)^+(-\mathrm{i}\sigma_y) = \sigma_y^2 = 1$，因而与式(10.1.12)、式(10.1.13)的结果相似，结论不变.

下面只讨论自旋角动量的平均值. 在时间反演态 $T\psi$ 之下，在时刻$(-t)$粒子 σ 的平均值为

$$
\begin{aligned}
\langle \boldsymbol{\sigma} \rangle &= \int [-\mathrm{i}\sigma_y K \psi(\boldsymbol{r},t)]^{+} \boldsymbol{\sigma} [-\mathrm{i}\sigma_y K \psi(\boldsymbol{r},t)] \mathrm{d}^3 r \\
&= \int \tilde{\psi}(\boldsymbol{r},t)(-\mathrm{i}\sigma_y)^{+} \boldsymbol{\sigma} (-\mathrm{i}\sigma_y) \psi^{*}(\boldsymbol{r},t) \mathrm{d}^3 r \\
&= \int \tilde{\psi}(\boldsymbol{r},t) \sigma_y (\boldsymbol{i}\sigma_x + \boldsymbol{j}\sigma_y + \boldsymbol{k}\sigma_z) \sigma_y \psi^{*}(\boldsymbol{r},t) \mathrm{d}^3 r \\
&= \int \tilde{\psi}(\boldsymbol{r},t)(-\boldsymbol{i}\sigma_x + \boldsymbol{j}\sigma_y - \boldsymbol{k}\sigma_z) \psi^{*}(\boldsymbol{r},t) \mathrm{d}^3 r
\end{aligned}
$$

$\tilde{\psi}$ 表示 ψ 的转置. 利用

$$
\tilde{\sigma}_x = \sigma_x, \quad \tilde{\sigma}_y = -\sigma_y, \quad \tilde{\sigma}_z = \sigma_z
$$

可得

$$
\langle \boldsymbol{\sigma} \rangle = -\int \psi^{+}(\boldsymbol{r},t) \boldsymbol{\sigma} \psi(\boldsymbol{r},t) \mathrm{d}^3 r \tag{10.1.15}
$$

后者正是 ψ 态下的粒子的 $\boldsymbol{\sigma}$ 在 t 时刻的平均值取负号. 自旋并无经典力学对应，但其动力学性质与轨道角动量相似. 式(10.1.15)说明，自旋为 1/2 的粒子的时间反演态 $\psi_r = T\psi(T = -\mathrm{i}\sigma_y K)$ 的取法，满足物理上的要求[见式(10.1.1)，与轨道角动量同样要求].

练习　按式(10.1.14)，$T=-\mathrm{i}\sigma_y K$，K(取复共轭)为反幺正算符. 令 $T=UK$，$U=-\mathrm{i}\sigma_y$. 证明 U 为幺正算符.

角动量本征态的时间反演态

下面先讨论几个最简单的情况.

1°自旋为 1/2 的粒子的 s_z 的本征态 χ_{m_s}，在 s_z 表象中，

$$
\chi_{\frac{1}{2}} = \begin{pmatrix} 1 \\ 0 \end{pmatrix}, \quad \chi_{-\frac{1}{2}} = \begin{pmatrix} 0 \\ 1 \end{pmatrix}
$$

其时间反演态表示为

$$
T\chi_{m_s} = -\mathrm{i}\sigma_y K \chi_{m_s}
$$

在 Pauli 表象中

$$
-\mathrm{i}\sigma_y = \begin{pmatrix} 0 & -1 \\ 1 & 0 \end{pmatrix}
$$

得

$$
T\chi_{\frac{1}{2}} = \begin{pmatrix} 0 \\ 1 \end{pmatrix} = \chi_{-\frac{1}{2}}
$$

$$
T\chi_{-\frac{1}{2}} = -\begin{pmatrix} 1 \\ 0 \end{pmatrix} = -\chi_{\frac{1}{2}}
$$

概括起来，

$$T\chi_{m_s} = (-1)^{\frac{1}{2}-m_s}\chi_{-m_s} \tag{10.1.16}$$

2°轨道角动量($\boldsymbol{l}^2, l_z$)的共同本征态 Y_l^m

按通常用的球谐函数的 Condon-Shortley(C. S.)定义，

$$T\mathrm{Y}_l^m = \mathrm{Y}_l^{m*} = (-1)^m \mathrm{Y}_l^{-m} \tag{10.1.17}$$

其形式与式(10.1.16)有所不同.因此有人改变 Y_l^m 的定义，令

$$\mathrm{Y}_l^m = \mathrm{i}^l(\mathrm{Y}_l^m)_{\mathrm{C.S.}} \tag{10.1.18}$$

即添上一个相因子 i^l. 在此新定义下

$$T\mathrm{Y}_l^m = K[\mathrm{i}^l(\mathrm{Y}_l^m)_{\mathrm{C.S.}}] = (-1)^{l-m}\mathrm{Y}_l^{-m} \tag{10.1.19}$$

其形式就与式(10.1.16)相似了.

3°总角动量($\boldsymbol{l}^2, \boldsymbol{j}^2, j_z$)的共同本征态

$$\psi_{jm} = \sum_{m_s(m_l)} \langle lm_l \frac{1}{2}m_s | jm\rangle \mathrm{Y}_l^{m_l}\chi_{m_s} \tag{10.1.20}$$

按式(10.1.16)与式(10.1.19)，ψ_{jm} 的时间反演态为

$$T\psi_{jm} = \sum_{m_s(m_l)} \langle lm_l \frac{1}{2}m_s | jm\rangle (-1)^{l-m_l}\mathrm{Y}_l^{m_l}(-1)^{\frac{1}{2}-m_s}\chi_{-m_s}$$

利用 CG 系数的对称性关系

$$\langle lm_l \frac{1}{2}m_s | jm\rangle = (-1)^{-(l+\frac{1}{2}-j)}\langle l-m_l \frac{1}{2}-m_s | j-m\rangle$$

可得出

$$\begin{aligned} T\psi_{jm} &= (-1)^{j-m}\sum_{m_s(m_l)} \langle l-m_l \frac{1}{2}-m_s | j-m\rangle \mathrm{Y}_l^{-m_l}\chi_{-m_s} \\ &= (-1)^{j-m}\psi_{j-m} \end{aligned} \tag{10.1.21}$$

其形式与式(10.1.16)、式(10.1.19)一致. 习惯上，记 $(-1)^{j-m}\psi_{j-m} = \psi_{j\bar{m}}$.

不难证明，时间反演算符 T 的作用，除了一个可能的相因子差异外，与绕 y 轴(或 x 轴)旋转 π 角的算符 $R_y(\pi)$[或 $R_x(\pi)$]的作用是等效的，它们都把 ψ_{jm} 态变成 $\psi_{j\bar{m}}$ 态，因为

$$\begin{aligned} R_y(\pi)\psi_{jm} &= \sum_{m'} D^j_{m'm}(0,\pi,0)\psi_{jm'} = \sum_{m'} d^j_{m'm}(\pi)\psi_{jm'} \\ &= \sum_{m'}(-1)^{j+m'}\delta_{m',-m}\psi_{jm'} = (-1)^{j-m}\psi_{j-m} = \psi_{j\bar{m}} \end{aligned} \tag{10.1.22}$$

而

$$\begin{aligned} R_x(\pi)\psi_{jm} &= \sum_{m'} D^j_{m'm}\left(-\frac{\pi}{2},\pi,\frac{\pi}{2}\right)\psi_{jm'} = \sum_{m'} \mathrm{e}^{\mathrm{i}m'\pi/2}(-1)^{j+m'}\delta_{m',-m}\mathrm{e}^{-\mathrm{i}m\pi/2}\psi_{jm'} \\ &= \mathrm{e}^{-\mathrm{i}m\pi}(-1)^{j-m}\psi_{j-m} = (-1)^m\psi_{j\bar{m}} \end{aligned} \tag{10.1.23}$$

空穴态

原子或原子核壳模型中的“空穴态”，是指从满壳组态抽去一个粒子所形成的态. 例如，从$(2j+1)$个粒子填满的j壳中抽去一个粒子而形成的空穴态，记为$|(jm)^{-1}\rangle$. 对于空穴态$|(jm)^{-1}\rangle$，当添加一个ψ_{jm}态粒子，并反对称化后，就构成满壳态$|J=0\rangle$，即

$$\mathscr{A}\left\{\sum_m \psi_{jm} \mid (jm)^{-1}\rangle\right\} \propto \mid J=0\rangle \tag{10.1.24}$$

$\mathscr{A}$表示反对称化算符. 但另一方面，$J=0$态也可如下构成：

$$\begin{aligned} \mid J=0\rangle &= \sum_m \langle jmj-m \mid 00\rangle \psi_{jm}\varphi_{j-m} \\ &= \frac{1}{\sqrt{2j+1}}\sum_m (-1)^{j-m}\psi_{jm}\varphi_{j-m} \propto \sum_m \psi_{jm}\varphi_{j\overline{m}} \end{aligned} \tag{10.1.25}$$

与式(10.1.24)比较，可见空穴态$|(jm)^{-1}\rangle$在转动下的变换性质，与单粒子态φ_{jm}的时间反演态$\varphi_{j\overline{m}}$相同.

10.2 时间反演不变性

10.2.1 经典力学中的时间反演不变性

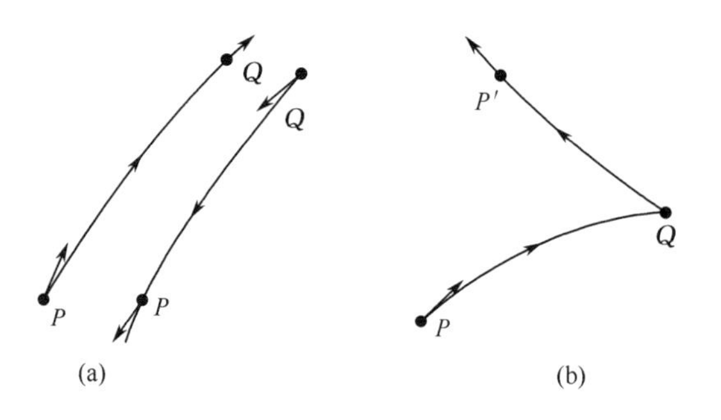

图 10.3

(a)粒子在静势场中运动，具有时间反演不变性；

(b)粒子在给定外磁场中运动，不具有时间反演不变性

如图 10.3 所示，设在$t=0$时刻粒子在空间P点，位置记为$\boldsymbol{r}(0)$，速度为$\boldsymbol{v}(0)$. 在外力作用下，在t时刻粒子到达Q点，位置为$\boldsymbol{r}(t)$，速度为$\boldsymbol{v}(t)$. 若在t时刻有一个相同的粒子从Q点出发，但速度反向，即为$-\boldsymbol{v}(t)$，则在$2t$时刻，我们将发现有两种可能的结局：

(1)粒子回到P点，即位置为$\boldsymbol{r}(0)$，但速度反向，即为$-\boldsymbol{v}(0)$[图 10.3(a)]. 这种情况下，我们称力学规律在时间反演下具有不变性. 例如，在静势场(static potential)中$V(\boldsymbol{r})$的粒子的运动就具有此性质[注 1].

(2)粒子不回到 P 点. 我们称力学规律不具有时间反演不变性. 例如,一个带电粒子在给定的外磁场 $\boldsymbol{B}$ 中运动[图 10.3(b)],在 $2t$ 时刻粒子将达到 P' 点,而不是回到 P 点[注 2].

[注 1] 对于只依赖于粒子坐标的静势场 $V(\boldsymbol{r})$,作用力 $\boldsymbol{F}=-\nabla V(\boldsymbol{r})$,Newton 方程具有时间反演不变性,原因在于加速度是时间的偶函数. 以一维运动为例,设 $t=0$ 时刻,粒子坐标 $x(0)$ 与其时间反演态的坐标 $x_r(0)$ 重合,则在任何时刻 t,$x_r(t)=x(-t)$,速度 $\dot{x}_r(t)=\dfrac{\mathrm{d}}{\mathrm{d}t}x_r(t)=-\dfrac{\mathrm{d}}{\mathrm{d}(-t)}x(-t)=-\dot{x}(-t)$,而

$$m\frac{\mathrm{d}^2x_r(t)}{\mathrm{d}t^2}=m\frac{\mathrm{d}^2x(-t)}{\mathrm{d}t^2}=m\frac{\mathrm{d}^2x(-t)}{\mathrm{d}(-t)^2}=F[x(-t)]=F[x_r(t)]$$

即时间反演态 $x_r(t)$ 满足的 Newton 方程与 $x(t)$ 相同. 此即 Newton 方程的时间反演不变性.

(注 2) 对于外磁场 $\boldsymbol{B}$ 中的荷电粒子运动,时间反演不变性不成立,并不意味着电动力学中时间反演不变性不成立. 如把产生磁场 $\boldsymbol{B}$ 的电流也看成体系的一部分,在进行时间反演变换时,磁场 $\boldsymbol{B}$ 将反向,则时间反演不变性将得到保持. 但这不是此处所说的"给定的外磁场"的含义. 参阅:K. Gottfried, *Quantum Mechanics*, Vol. **1**, p. 314. Benjamin, 1974;或见 R. Shanker, *Principles of Quantam Mechanics*, 2nd. ed. p. 303. Plenum Press, New York, 1994.

10.2.2 量子力学中的时间反演不变性

量子力学中时间反演不变性的表述,与经典力学有相似之处,但也有不同的地方. 这是由于量子态的描述(用 Hilbert 空间中一个矢量来描述)及其动力学规律(含时间一次微商的 Schrödinger 方程中出现虚数 i 的特点所带来的.

与经典力学一样,如果在图 10.4(a)所示的相继的四个过程之后,体系回到原来状态,则称该量子力学体系具有时间反演不变性①,即

(时间平移 t)·(时间反演)·(时间平移 t)·(时间反演)=1

(Ⅳ) (Ⅲ) (Ⅱ) (Ⅰ)

或等当地表示成[图 10.4(b)]

(时间平移 t)·(时间反演)=(时间反演)·(时间平移 $-t$)

(Ⅳ′) (Ⅲ′) (Ⅱ′) (Ⅰ′)

按照 Schrödinger 方程

$$\mathrm{i}\hbar\frac{\partial}{\partial t}\psi(t)=H\psi(t) \tag{10.2.1}$$

方程的解在形式上可表示为(设 H 不显含 t)

$$\psi(t)=\mathrm{e}^{-\mathrm{i}Ht/\hbar}\psi(0) \tag{10.2.2}$$

① 见 p.388 所引 Wigner 一书,第 26 章.

$e^{-iHt/\hbar}$即时间平移算符.设 T 为时间反演算符,图 10.4(b)的要求可表示为

$$e^{-iHt/\hbar}T = Te^{iHt/\hbar} \tag{10.2.3}$$

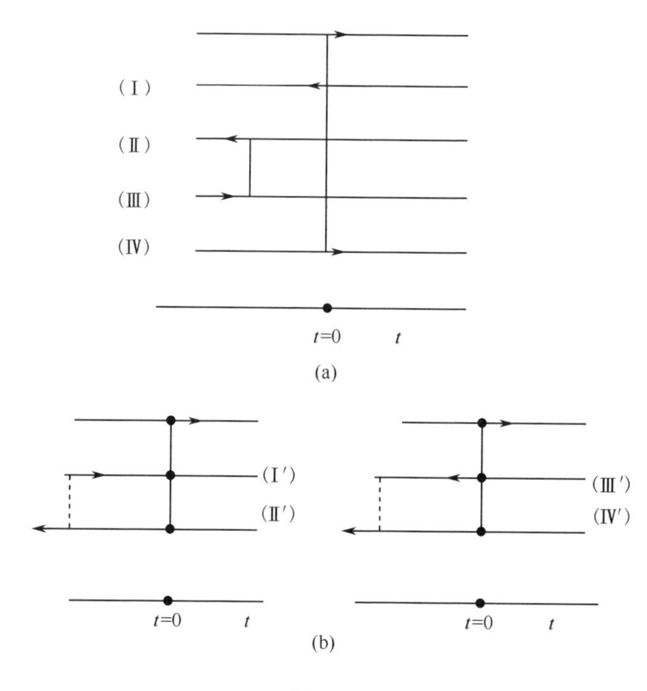

图 10.4

试考虑无穷小时间平移 δt,则

$$e^{-iH\delta t/\hbar}T = Te^{iH\delta t/\hbar}$$

即

$$(1 - iH\delta t/\hbar)T = T(1 + iH\delta t/\hbar)$$

δt 是任意的,所以

$$-iHT = TiH \tag{10.2.4}$$

按照波函数的统计诠释,这里只有两种选择.

(1)T 为幺正算符,于是

$$-iHT = iTH$$

即

$$HT = -TH \tag{10.2.5}$$

亦即

$$THT^{-1} = -H$$

但由此我们将得出 H 的本征值无下界的结论.因为假设

$$H\psi = E\psi \tag{10.2.6}$$

即 ψ 为 H 的本征态,相应本征值为 E.利用式(10.2.5),有

$$HT\psi = -TH\psi = -TE\psi = -E(T\psi) \tag{10.2.7}$$

可见 $T\psi$ 也是 H 的本征态,相应的本征值为$(-E)$.一般说来,H(包含有动能项)的本征值是无上界的,因此$(-E)$无下界,即 H 的本征值无下界.这在物理上是难以接受的,应予以摒弃.

(2)T 为反幺正算符.此时由式(10.2.4)可得出

$$HT = TH \quad 或 \quad [T,H] = 0 \tag{10.2.8}$$

这并不带来什么困难,是物理上允许的.所以时间反演算符 T 应该为反幺正算符.这是 Wigner 得出的重要结论.

按 8.2 节,式(8.2.20),一个反幺正算符总可以表示成

$$T = UK \tag{10.2.9}$$

其中 U 为幺正算符,K 为取复共轭运算.这样,式(10.2.8)可以表示为

$$HUK = UKH$$

上式左乘 U^+,右乘 K^{-1},可得

$$H^* = U^+ HU \tag{10.2.10}$$

因此,如果能找到一个幺正变换 U,并且使式(10.2.10)成立,则体系具有时间反演不变性.例如,对于无自旋粒子,前面已证明 $T=K$,即 $U=1$,此时式(10.2.10)归结为

$$H^* = H \tag{10.2.11}$$

10.2.3 Schrödinger 方程与时间反演不变性

下面讨论无自旋粒子在实势场 $V(\boldsymbol{r})=V^*(\boldsymbol{r})$中的运动.Schrödinger 方程为

$$\mathrm{i}\hbar\frac{\partial}{\partial t}\psi(\boldsymbol{r},t) = \left(-\frac{\hbar^2}{2\mu}\nabla^2 + V(\boldsymbol{r})\right)\psi(\boldsymbol{r},t) \tag{10.2.12}$$

取复共轭

$$-\mathrm{i}\hbar\frac{\partial}{\partial t}\psi^*(\boldsymbol{r},t) = \left(-\frac{\hbar^2}{2\mu}\nabla^2 + V(\boldsymbol{r})\right)\psi^*(\boldsymbol{r},t) \tag{10.2.13}$$

把 $t\to -t$,则

$$\mathrm{i}\hbar\frac{\partial}{\partial t}\psi^*(\boldsymbol{r},-t) = \left(-\frac{\hbar^2}{2\mu}\nabla^2 + V(\boldsymbol{r})\right)\psi^*(\boldsymbol{r},-t) \tag{10.2.14}$$

可以看出,时间反演态 $\psi^*(\boldsymbol{r},-t)$满足的方程(10.2.14)与 $\psi(\boldsymbol{r},t)$满足的方程(10.2.12)完全相同.因此,若 $\psi(\boldsymbol{r},t)$是 Schrödinger 方程的一个解,则相应的时间反演态 $\psi^*(\boldsymbol{r},t')=\psi^*(\boldsymbol{r},-t)$也是 Schrödinger 方程的一个解.这就是 Schrödinger 方程的时间反演不变性,这是由实势 $V^*=V$(因而 $H^*=H$)得以保证的[参阅式(10.2.11)].

对于一般情况,Schrödinger 方程

$$\mathrm{i}\hbar\frac{\partial}{\partial t}\psi(t) = H\psi(t) \tag{10.2.15}$$

取复共轭,有

$$-\mathrm{i}\hbar\frac{\partial}{\partial t}\psi^*(t)=H^*\psi^*(t)$$

把 $t\to t'=-t$,得[1]

$$\mathrm{i}\hbar\frac{\partial}{\partial t}\psi^*(-t)=H^*\psi^*(-t)$$

假设 $H^*=U^+HU$[见式(10.2.10)],则

$$\mathrm{i}\hbar\frac{\partial}{\partial t}\psi^*(-t)=U^+HU\psi^*(-t)$$

用 U 对上式运算,得

$$\mathrm{i}\hbar\frac{\partial}{\partial t}U\psi^*(-t)=HU\psi^*(-t)\tag{10.2.16}$$

可以看出,时间反演态 $\psi_r(t')=UK\psi(-t)=U\psi^*(-t)$满足的 Schrödinger 方程(10.2.16)与 $\psi(t)$满足的方程(10.2.15)相同.设 $\psi(t)$是 Schrödinger 方程的解,则相应的时间反演态 $UK\psi(-t)$也是 Schrödinger 方程的解.这就是 Schrödinger 方程的时间反演不变性.它由条件式(10.2.10)得以保证.

Wigner 指出,一个量子体系具有时间反演不变性,$[T,H]=0$,并不导致什么守恒量.这是因为 T 是反线性算符的缘故.在量子力学中(采用 Schrödinger 图像),不显含 t 的算符 A 随时间的演化遵守如下规律:

$$\frac{\mathrm{d}}{\mathrm{d}t}A=\frac{1}{\mathrm{i}\hbar}[A,H]\tag{10.2.17}$$

因此,如$[A,H]=0$,则$\frac{\mathrm{d}}{\mathrm{d}t}A=0$,即 A 为守恒量.但要小心,在推导式(10.2.17)时,**用到了 A 为线性算符的性质**[2].如 A 为反线性算符,就得不出式(10.2.17).

10.2.4 T^2 本征值与统计性的关系

按照时间反演算符 T 的物理意义,$T^2\psi$ 与 ψ 应表示同一个量子态,因而它们最多可以差一个常数因子.令

$$T^2=cI\tag{10.2.18}$$

(I 为恒等算符).下面证明

$$c=\pm 1\tag{10.2.19}$$

证明 1 试计算$(T\varphi,\psi)$,φ 与 ψ 是两个任意的量子态.暂时令 $T\varphi=f$,利用反幺正算符的性质[见 10.2 节,式(10.2.19)],可知

$$(T\varphi,\psi)=(f,\psi)=(T\psi,Tf)=(T\psi,T^2\varphi)=c(T\psi,\varphi)\tag{10.2.20}$$

重复类似的运算,得

---

① 通常采用 Schrödinger 图像,并假设 H 不随时间改变.若换到相互作用图像中,或 H 显含 t,则条件(10.2.11)应换为 $H^*(-t)=U^+H(t)U$.

② 参阅,卷Ⅰ,5.1 节.

$$(T\varphi,\psi) = c^2(T\varphi,\psi)$$

由此得 $c^2=1$,所以,$c=\pm1$.

证明 2 利用 $T=UK$,U 为幺正算符 $UU^+=U^+U=I$,而 K 为取复共轭运算,因此

$$T^2 = UKUK = UU^*$$

但 $T^2=cI$,所以

$$UU^* = cI$$

左乘 U^+,得

$$U^* = cU^+$$

转置得

$$U^+ = cU^*$$

右乘 U,得

$$I = cU^*U = c^2U^+U = c^2I$$

所以 $c^2=1$,$c=\pm1$. 证毕.

对于无自旋粒子,$T=K$,$T^2=K^2=1$,所以

$$c=+1 \quad (\text{无自旋粒子}) \tag{10.2.21}$$

对于自旋为 1/2 的粒子,

$$\begin{aligned} T &= -\mathrm{i}\sigma_y K \\ T^2 &= (-\mathrm{i}\sigma_y K)(-\mathrm{i}\sigma_y K) = \sigma_y K\sigma_y K \\ &= \sigma_y\sigma_y^* = -\sigma_y^2 = -1 \end{aligned}$$

所以

$$c=-1 \quad (\text{自旋为 } 1/2 \text{ 的粒子}) \tag{10.2.22}$$

更一般说,对于 Bose 子 $c=+1$;对于 Fermi 子,$c=-1$. 对于 Bose 子组成的多体系 $c=+1$. 对于由 N 个 Fermi 子组成的多体系,$c=(-1)^N$.

例 一个角动量为 J 的体系,

$$T\psi_{JM} = (-1)^{J-M}\psi_{J-M}$$

$$T^2\psi_{JM} = (-1)^{J-M}T\psi_{J-M} = (-1)^{J-M+J+M}\psi_{JM} = (-1)^{2J}\psi_{JM}$$

所以

$$c = (-1)^{2J} = \begin{cases} +1, & J = \text{整数(包括 0)} \\ -1, & J = \text{半奇数} \end{cases} \tag{10.2.23}$$

10.2.5 Kramers 简并

对于一个 Fermi 子,$c=-1$. 试问 φ 与 $T\varphi$ 是否代表同一个量子态? 在式(10.2.20)中,取 $\psi=\varphi$,得

$$(T\varphi,\varphi) = -(T\varphi,\varphi) = 0 \tag{10.2.24}$$

这表明对于一个 Fermi 子,$T\varphi$ 态与 φ 态正交,因此代表不同的态.

假设体系具有时间反演不变性，$[T,H]=0$. 此时，如 φ 是 H 的一个本征态，则容易看出 $T\varphi$ 也是 H 的一个本征态，而且它们对应的能量本征值相同. 但 $T\varphi$ 与 φ 是两个不同的态，所以 H 的本征态出现简并. 这称为 Kramers 简并.

10.3 力学量的分类与矩阵元的计算

在 7.3.1 节中我们讨论过力学量按照它们在转动下的性质进行分类，并引进了不可约张量的概念. 在卷 Ⅰ，5.4.3 节中，我们讨论过力学量按照它们在空间反射下的性质而分成偶算符和奇算符两类. 与此类似，力学量也可以按照它们在时间反演下的性质分为两类.

设力学量算符 F 在时间反演 T 之下

$$TFT^{-1} = \eta F \tag{10.3.1}$$

上式中 $\eta^2=1$. 上式也可以表示为 $T^{-1}FT=\eta F$. 若 $\eta=+1$，则称 F 为第一类算符. 例如，粒子坐标 $\boldsymbol{r}$，动能 $\boldsymbol{p}^2/2m$，静势 $V(\boldsymbol{r})$，角动量平方($\boldsymbol{l}^2,\boldsymbol{s}^2,\boldsymbol{j}^2$)，自旋轨道耦合 $\xi(r)\boldsymbol{s}\cdot\boldsymbol{l}$，电四极矩 Q 等，都属于这一类. 若 $\eta=-1$，则称 F 为第二类算符. 例如，粒子的动量 $\boldsymbol{p}$，角动量 $\boldsymbol{l}$，自旋 $\boldsymbol{s}$，总角动量 $\boldsymbol{j}$，磁矩 $\boldsymbol{\mu}$ 等，都属于这一类.

以下讨论涉及时间反演态的矩阵元. 令

$$|\bar{\nu}\rangle = T|\nu\rangle \tag{10.3.2}$$

表示 $|\nu\rangle$ 的时间反演态①. 下面计算涉及时间反演态的矩阵元 $\langle\bar{\mu}|F|\bar{\nu}\rangle$，$\langle\mu|F|\bar{\nu}\rangle$ 等.

利用反幺正算符的性质(参阅 8.2 节)

$$\begin{aligned}(T\psi_\mu,FT\psi_\nu) &= (T\psi_\mu,TT^{-1}FT\psi_\nu) = \eta(T\psi_\mu,TF\psi_\nu)\\ &= \eta(F\psi_\nu,\psi_\mu) = \eta(\psi_\mu,F\psi_\nu)^*\end{aligned}$$

所以

$$\langle\bar{\mu}|F|\bar{\nu}\rangle = \eta\langle\mu|F|\nu\rangle^* \tag{10.3.3}$$

特例 $\mu=\nu$(平均值)

$$\langle\bar{\nu}|F|\bar{\nu}\rangle = \eta\langle\nu|F|\nu\rangle^* \tag{10.3.4}$$

若 F 为可观测量($F^+=F$)，则 $\langle\nu|F|\nu\rangle$ 为实，因而

$$\langle\bar{\nu}|F|\bar{\nu}\rangle = \eta\langle\nu|F|\nu\rangle \tag{10.3.5}$$

另外，

$$(\psi_\mu,FT\psi_\nu) = (\psi_\mu,TT^{-1}FT\psi_\nu) = \eta(\psi_\mu,TF\psi_\nu)$$

---

① 例如，设 $|\nu\rangle=|jm\rangle$ 为($\boldsymbol{j}^2,j_z$)的共同本征态，则 $|\bar{\nu}\rangle=(-1)^{j-m}|j-m\rangle$. 注意：对于 Fermi 子，由于 $T^2=-1$，所以 $|\nu\rangle=-T|\bar{\nu}\rangle$.

$$= \eta(TTF\psi_\nu, T\psi_\mu) = c\eta(F\psi_\nu, T\psi_\mu)$$

$$= c\eta(T\psi_\mu, F\psi_\nu)^*$$

所以

$$\langle\mu|F|\bar{\nu}\rangle = c\eta\langle\bar{\mu}|F|\nu\rangle^* \tag{10.3.6}$$

$$= \begin{cases} -\eta\langle\bar{\mu}|F|\nu\rangle^*, & \text{对于 Fermi 子} \\ +\eta\langle\bar{\mu}|F|\nu\rangle^*, & \text{对于 Bose 子} \end{cases}$$

利用 $c^2=1, \eta^2=1$，上式还可表示成

$$\langle\bar{\mu}|F|\nu\rangle = c\eta\langle\mu|F|\bar{\nu}\rangle^* \tag{10.3.7}$$

第 11 章　相对论量子力学

Schrödinger 方程是量子力学的基本方程，是非相对论性的. 在此方程中，时间与空间坐标显然处于不同等的地位，

$$\mathrm{i}\hbar \frac{\partial}{\partial t}\psi = \left(\frac{-\hbar^2}{2m}\nabla^2 + V\right)\psi$$

Schrödinger 方程描述的粒子，概率（或粒子数）是守恒的. 在这里没有粒子产生和湮没的现象. 事实表明，Schrödinger 方程对于描述原子和分子的绝大多数现象，甚至包括低能核物理的许多现象，是很成功的. 这不足为怪，因为在原子和分子中，粒子运动速度远比光速小（$v/c\approx 10^{-2}$），相对论效应是很小的，所以 Schrödinger 方程是一个好的近似[①]. 但一涉及高能领域，实物粒子产生与湮没就是一个普通现象. 高能现象涉及的不仅是粒子数相同的各量子态，更多的是涉及粒子数不同的量子态. 在此领域，非相对论性的 Schrödinger 方程就无能为力了.

差不多与 Schrödinger 方程提出的同时，就有人提出了相对论性波动方程[②]. 在自由粒子的情况下，方程表示为

$$-\hbar^2 \frac{\partial^2}{\partial t^2}\psi = (-\hbar^2 c^2 \nabla^2 + m^2 c^4)\psi$$

习惯上称为 Klein-Gordon 方程，见 11.1 节. 与 Schrödinger 方程明显不同，在 Klein-Gordon 方程中出现了波函数对时间的二次导数. 如果与非相对论性的 Schrödinger 方程一样，把 Klein-Gordon 方程看成描述单粒子的波动方程，则不仅对于描述粒子的产生、湮没或转化，无能为力，而且还将遇到新的严重困难（见 11.1 节）. 由于这些原因，Klein-Gordon 方程在提出后达 7 年之久，未引起人们重视. 直到 1934 年，Pauli 和 Weisskopf 才给予它以新的解释[③]：它不是一个单粒子波动方程，而是一个场方程（正如 Maxwell 方程是电磁场方程一样），并对它进行量子化. 之后，才重新引起人们注意. 由于 Klein-Gordon 方程中的波函数只有一个分量，它所描述的粒子是没有自旋的. 在实验上发现（1947 年）π 介子（自旋为 0）后，人们才普遍用 Klein-Gordon 方程来描述 π 介子场.

为了克服 Klein-Gordon 方程所碰到的负概率困难，Dirac 提出电子的相对论

---

① 在原子核中，$v/c\approx 1/4$，相对论效应也比较小.

② E. Schrödinger, Ann. der Physik **81**(1926) 109; O. Klein, Z. Phys. **37**(1926) 895; **41**(1927) 407; W. Gordon, Z. Phys. **40**(1926) 117.

③ W. Pauli and V. Weisskopf, Helv. Phys. Acta. **7**(1934) 709.

性波动方程[1]. 为了把电子的自旋自由度考虑进去,Dirac 从一开头就引进了多分量波函数(见 11.2 节),并定义一个正定的概率密度,在 Dirac 理论中,电子具有自旋 $1/2(\hbar)$ 而内禀磁矩 $\mu_B = \dfrac{e\hbar}{2mc}$(Bohr 磁子)乃是方程的必然后果. 根据电子在 Coulomb 引力势中的 Dirac 方程,还可以对氢原子光谱的精细结构给予满意的说明. 所以,尽管把 Dirac 方程看成一个单电子方程还存在负能级的困难,它所取得的成功仍然引起人们很大的重视,并在相当长一段时期中被人们视为唯一可信的相对论性波动方程. 在 Pauli 和 Weisskopf(1934)重新解释 Klein-Gordon 方程之后,人们才认识到,Klein-Gordon 方程,Dirac 方程以及 Maxwell 方程都应理解为场方程,分别描述自旋为 $0,\dfrac{1}{2}(\hbar)$ 以及 $\hbar$(静质量 $m=0$)的场,分别被称为标量(scalar)场、旋量(spinor)场和矢量(vector)场($m=0$)的场方程. 在本章中,我们先引进 Klein-Gordon 方程和 Dirac 方程,然后着重讨论 Dirac 方程的基本性质以及所取得的主要成果. 但讨论仍局限在单粒子波动方程的框架内[2],还不涉及场的量子化.

我们知道,在相对论性理论中,人们一些习惯的概念要作相应的修改. 例如,讨论粒子在空间的概率分布密度 $\rho(x,y,z,t)$,就涉及在某一时刻粒子的坐标的概念. 在非相对论量子力学中,认为粒子在一定时刻可以有完全确切的空间坐标,或者说粒子可以确切地定域于空间某一点,而在相对论量子力学中,不可能把单粒子局域到比它的 Compton 波长 $\lambda_C = \hbar/mc$ 还要小的空间区域中. 例如,把粒子定域到 $\Delta x < \lambda_C/4$ 区域中,按照不确定度关系

$$\Delta p \gtrsim \frac{\hbar}{2}\frac{1}{\Delta x} \approx 2\hbar/\lambda_C = 2mc$$

因而粒子能量

$$E = \sqrt{c^2p^2 + m^2c^4} \approx \sqrt{c^2(\Delta p)^2 + m^2c^4} > 2mc^2$$

在这样高能量情况下,可能出现"粒子对"产生现象,因而讨论一个孤立的单粒子的位置概率分布就失去意义. 所谓"负概率"的困难,就与此有密切关系. 对于光子,$m=0$,$v=c$,没有非相对论情况. 把一个光子定域于空间一点是不可能的,这是人们已熟知的.

尽管如此,也还存在这样一种情况,即在有些问题中,粒子产生和湮没等现象的影响并不很严重. 此时,从单粒子理论也可得出许多重要的结果. 例如,从 Dirac 方程出发,可以给出氢原子光谱的精细结构、电子自旋和内禀磁矩、自旋-轨道耦合

---

① P. A. M. Dirac, Proc. Roy. Soc. (London) **A117**(1928) 610.

② 参阅:W. Pauli, *Die Allgemeinen Prinzipen der Wellen Mechanik*, *Handbuch der Physik*, Band 24 (Springer-Verlage, 1946); P. A. M. Dirac, *The Principles of Quantum Mechanics*, 4th ed. Oxford University Press, 1958; M. E. Rose, *Relativistic Electron Theory*, John Wiley & Sons, 1961; L. Schiff, *Quantum Mechanics*, 3rd ed., McGraw-Hill, 1967; R. Shanker, *Principles of Quantum Mechanics*, 2nd ed., Plenum Press, 1994.

作用(Thomas 项)等,都与实验相当符合. Dirac 还预言了正电子(positron,电子的"反粒子")的存在,并在 1932 年被观测证实①. 当然,要进一步更细致地说明实验结果(如电子的反常磁矩、氢原子能级的 Lamb 移动等),或处理粒子产生和湮没不可忽略的一些现象,单粒子理论就无能为力了. 关于把场进行量子化,并用以描述高能物理领域中粒子产生和湮没等现象的内容,读者可参阅量子场论的书籍.

11.1 Klein-Gordon 方程

在非相对论量子力学中,自由粒子的波动方程为

$$i\hbar\frac{\partial}{\partial t}\psi(\boldsymbol{r},t)=-\frac{\hbar^2}{2m}\nabla^2\psi(\boldsymbol{r},t) \tag{11.1.1}$$

这个方程可以在经典自由粒子的能量-动量关系式

$$E=\frac{\boldsymbol{p}^2}{2m} \tag{11.1.2}$$

中作如下替换:

$$E\to i\hbar\frac{\partial}{\partial t},\qquad \boldsymbol{p}\to -i\hbar\nabla \tag{11.1.3}$$

并作用于波函数 $\psi(\boldsymbol{r},t)$上而得到. 按 de Broglie 假定,具有一定动量(能量)的自由粒子,相应的波为平面单色波

$$\psi(\boldsymbol{r},t)\propto\exp[i(\boldsymbol{k}\cdot\boldsymbol{r}-\omega t)] \tag{11.1.4}$$

其中波矢 $\boldsymbol{k}$ 和角频率 ω 与粒子动量 $\boldsymbol{p}$ 和能量 E 的关系如下:

$$\boldsymbol{p}=\hbar\boldsymbol{k},\qquad E=\hbar\omega \tag{11.1.5}$$

按式(11.1.2)与式(11.1.5),平面单色波(11.1.4)显然满足方程(11.1.1). 容易证明,描述自由粒子的一般波函数,即波包(由许多平面单色波叠加而成)

$$\psi(\boldsymbol{r},t)=\int\varphi(\boldsymbol{k})\exp[i(\boldsymbol{k}\cdot\boldsymbol{r}-\omega t)]d^3k \tag{11.1.6}$$

也满足波动方程(11.1.1).

从方程(11.1.1)出发,可以得出(卷Ⅰ,2.2.2 节)

$$\frac{\partial}{\partial t}\rho+\nabla\cdot\boldsymbol{j}=0 \tag{11.1.7}$$

其中

$$\rho=\psi^*\psi\geqslant 0 \tag{11.1.8}$$

$$\boldsymbol{j}=-\frac{i\hbar}{2m}(\psi^*\nabla\psi-\psi\nabla\psi^*) \tag{11.1.9}$$

$$=\frac{1}{2m}\psi^*\hat{\boldsymbol{p}}\psi+\text{复共轭项}=\mathrm{Re}\,\psi^*\hat{\boldsymbol{v}}\psi$$

---

① C. D. Anderson, Phys. Rev. **41**(1932) 405.

$\boldsymbol{v}_{\wedge}=\hat{\boldsymbol{p}}/m$ 为速度算符，ρ 为粒子在空间的概率密度，$\boldsymbol{j}$ 为概率流密度. 式(11.1.7)反映局域的(local)概率守恒. 对于得出此结果，方程(11.1.1)中只含有波函数对时间的一次微商是至关紧要的.

以上做法，可以自然地推广到相对论情况. 按照特殊相对论，自由粒子的能量-动量关系为(设 m 为粒子的静质量)

$$E^2=c^2p^2+m^2c^2 \tag{11.1.10}$$

试作与式(11.1.3)同样的替换，并作用于波函数 $\psi(\boldsymbol{r},t)$ 上，则得

$$-\hbar^2\frac{\partial^2}{\partial t^2}\psi=(-\hbar^2c^2\boldsymbol{\nabla}^2+m^2c^4)\psi \tag{11.1.11}$$

这就是自由粒子的 Klein-Gordon 方程. 不难证明，平面单色波式(11.1.4)或波包式(11.1.6)都满足此 Klein-Gordon 方程. 但应注意，此时 ω 与 k 的关系应为

$$\hbar^2\omega^2=\hbar^2c^2k^2+m^2c^4 \tag{11.1.12}$$

按式(11.1.10)，粒子能量为

$$E=\pm\sqrt{p^2c^2+m^2c^4}=\pm\sqrt{\hbar^2c^2k^2+m^2c^4} \tag{11.1.13}$$

这里出现了“负能量”问题. 所谓“负能量”问题在相对论力学(无论是经典力学，或者量子力学)中普遍存在. 但在经典力学领域，由于能量是连续变化，而观测到的粒子的初始能量总是正的($E\geqslant mc^2>0$)，所以在以后任何时刻，能量保持为正，不会引起什么麻烦. 但在量子力学中，粒子可以跃迁(图 11.1)，“负能量”困难就应认真对待了.

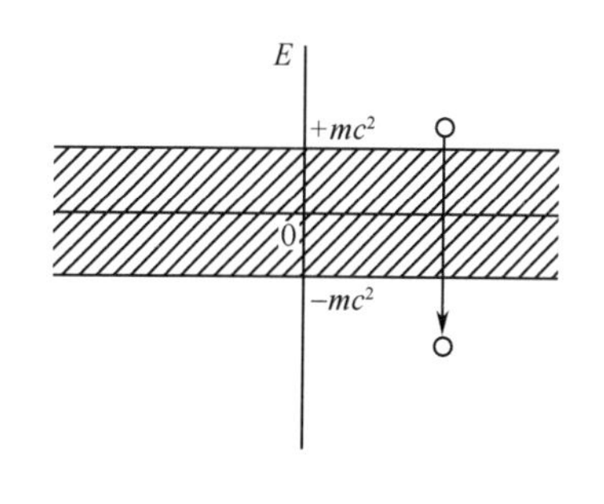

图 11.1

与上述困难密切相关的还有“负概率”困难. 由 $\psi^*\times(11.1.11)-\psi\times(11.1.11)^*$，可得出

$$-\hbar^2\frac{\partial}{\partial t}\left[\psi^*\frac{\partial}{\partial t}\psi-\psi\frac{\partial}{\partial t}\psi^*\right]=-\hbar^2c^2\boldsymbol{\nabla}\cdot(\psi^*\boldsymbol{\nabla}\psi-\psi\boldsymbol{\nabla}\psi^*)$$

令

$$\boldsymbol{j}=-\frac{\mathrm{i}\hbar}{2m}(\psi^*\boldsymbol{\nabla}\psi-\psi\boldsymbol{\nabla}\psi^*)$$

$$\rho=\frac{\mathrm{i}\hbar}{2mc^2}\left(\psi^*\frac{\partial}{\partial t}\psi-\psi\frac{\partial}{\partial t}\psi^*\right) \tag{11.1.14}$$

则

$$\frac{\partial}{\partial t}\rho+\boldsymbol{\nabla}\cdot\boldsymbol{j}=0 \tag{11.1.15}$$

形式上与非相对论情况下的式(11.1.7)一样. 但按式(11.1.14)，ρ 不一定是正定的，所以很难把 ρ 解释为粒子在空间的概率密度. 历史上曾经有过各种尝试，企图修改 ρ 和 $\boldsymbol{j}$ 的定义来克服此困难，但均未成功. 其要害是 Klein-Gordon 方程中含

有波函数对时间的二阶导数，因而 ρ 不可避免地含有 ψ 和 $\frac{\partial}{\partial t}\psi$. 对于含有对时间的二阶导数的波动方程，只当 $\psi(\boldsymbol{r},t=0)$ 和 $\left.\frac{\partial\psi}{\partial t}\right|_{t=0}$ 都给定后，才能确定它在 $t>0$ 时刻的解 $\psi(\boldsymbol{r},t)$. 但初条件 $\psi(\boldsymbol{r},t=0)$ 和 $\left.\frac{\partial\psi}{\partial t}\right|_{t=0}$ 是可以任意给定的. 因此得出的 $\rho(\boldsymbol{r},t)$ 完全有可能在空间某些区域中为正，而在另外一些区域中为负. 由于这个严重困难，Klein-Gordon 方程被搁置达 7 年之久. 直到 1934 年，Pauli 与 Weisskopf 把 Klein-Gordon 方程重新解释为场方程，并把 $q\rho$ 与 $q\boldsymbol{j}$ 分别解释为电荷密度和电流密度（q 为粒子电荷，可正可负），并把 $\frac{\partial}{\partial t}(q\rho)+\nabla\cdot(q\boldsymbol{j})=0$ 解释为局域的电荷守恒（但粒子数不一定守恒）. 现在人们已认识到，应该把 Klein-Gordon 方程看成一个标量场(scaler field)方程，场量子的自旋为 0，可用来描述自旋为 0 的粒子，例如 π 介子. 显然，用它来描述自旋为 $\frac{1}{2}$ 的粒子（如电子、质子或中子）是不恰当的.

1. 非相对论极限

在非相对论极限（$v/c\ll 1$）情况下，粒子的能量（正）可近似表示为

$$\begin{aligned}E&=mc^2(1+p^2/m^2c^2)^{1/2}\\&\approx mc^2+p^2/2m-\frac{p^4}{8m^3c^2}+\cdots\end{aligned}\tag{11.1.16}$$

第一项是粒子静质量所相应的能量，第二项为非相对论中粒子的动能，第三项是相对论修正中的首项. 令

$$\psi(\boldsymbol{r},t)=\varphi(\boldsymbol{r},t)\exp(-\mathrm{i}mc^2t/\hbar)\tag{11.1.17}$$

（目的是把不变的静质量相应能量的影响分离出去.）代入 Klein-Gordon 方程，即可得出①

$$\mathrm{i}\hbar\frac{\partial}{\partial t}\varphi(\boldsymbol{r},t)=-\frac{\hbar^2}{2m}\nabla^2\varphi(\boldsymbol{r},t)\tag{11.1.18}$$

这正是非相对论情况下自由粒子的 Schrödinger 方程.

用式(11.1.17)代入式(11.1.14)，得

---

① $\mathrm{i}\hbar\frac{\partial}{\partial t}\psi=\left(\mathrm{i}\hbar\frac{\partial}{\partial t}\varphi+mc^2\varphi\right)\exp(-\mathrm{i}mc^2t/\hbar)\approx mc^2\varphi\exp(-\mathrm{i}mc^2t/\hbar)$[因非相对论极限下 $\mathrm{i}\hbar\frac{\partial}{\partial t}\varphi\propto E_t\varphi$，而 E_t(动能)$\ll mc^2$]

$$-\hbar^2\frac{\partial^2}{\partial t^2}\psi=\left(-\hbar^2\frac{\partial^2}{\partial t^2}\varphi+2mc^2\mathrm{i}\hbar\frac{\partial}{\partial t}\varphi+m^2c^4\varphi\right)\exp(-\mathrm{i}mc^2t/\hbar)$$

$$\approx\left(2mc^2\mathrm{i}\hbar\frac{\partial}{\partial t}\varphi+m^2c^4\varphi\right)\exp(-\mathrm{i}mc^2t/\hbar)$$

代入方程(11.1.11)，即得出方程(11.1.18).

$$\rho(\boldsymbol{r},t) = \varphi^*(\boldsymbol{r},t)\varphi(\boldsymbol{r},t) \geqslant 0 \tag{11.1.19}$$

此时，ρ 是正定的，因而可赋予粒子的空间分布密度以概率密度的意义.

2. 有电磁场的情况

设粒子荷电 q，在电磁势 $(\boldsymbol{A},\phi)$ 中运动. 与非相对论情况一样，作下列替换：

$$\boldsymbol{p} \to \boldsymbol{P} - \frac{q}{c}\boldsymbol{A} \qquad (\boldsymbol{P} = -\mathrm{i}\hbar\boldsymbol{\nabla})$$

$$\mathrm{i}\hbar\frac{\partial}{\partial t} \to \mathrm{i}\hbar\frac{\partial}{\partial t} - q\phi \tag{11.1.20}$$

于是 Klein-Gordon 方程化为

$$\left(\mathrm{i}\hbar\frac{\partial}{\partial t} - q\phi\right)^2\psi = \left[c^2\left(\boldsymbol{P} - \frac{q}{c}\boldsymbol{A}\right)^2 + m^2c^4\right]\psi \tag{11.1.21}$$

在非相对论极限下，同样令

$$\psi = \varphi\exp(-\mathrm{i}mc^2t/\hbar) \tag{11.1.22}$$

代入式(11.1.21)，得①

$$\mathrm{i}\hbar\frac{\partial}{\partial t}\varphi = \left[\frac{1}{2m}\left(\boldsymbol{P} - \frac{q}{c}\boldsymbol{A}\right)^2 + q\phi\right]\varphi \tag{11.1.23}$$

这正是非相对论情况下荷电 q 的粒子在电磁势 $(\boldsymbol{A},\phi)$ 中的 Schrödinger 方程.

练习　试把 Klein-Gordon 方程应用于氢原子中的电子，此时 $q=-e$，$\phi=+e/r$，$\boldsymbol{A}=0$，方程(11.1.21)相应的能量本征方程

$$(-\hbar^2c^2\boldsymbol{\nabla}^2 + m^2c^4)\psi = \left(E + \frac{e^2}{r}\right)^2\psi \tag{11.1.24}$$

取 ψ 为能量和角动量 $(\boldsymbol{l}^2, l_z)$ 的共同本征态，

$$\begin{aligned}&\psi(\boldsymbol{r}) = R_l(r)\mathrm{Y}_l^m(\theta,\varphi)\\&l = 0,1,2,\cdots;\quad m = l, l-1,\cdots,-l\end{aligned} \tag{11.1.25}$$

则 $R_l(r)$ 满足径向方程

$$\left[\frac{\mathrm{d}^2}{\mathrm{d}r^2} + \frac{2}{r}\frac{\mathrm{d}}{\mathrm{d}r} + \left(\frac{B}{r} - \frac{C}{r^2} - |A|\right)\right]R_l(r) = 0 \tag{11.1.26}$$

式中

$$|A| = |E^2 - m^2c^4|/\hbar^2c^2,\ B = 2Ee^2/\hbar^2c^2$$

$$C = l(l+1) - \alpha^2,\quad \alpha = e^2/\hbar c \approx 1/137\text{(精细结构常数)}$$

考虑到在 $r\to 0$ 和 $r\to\infty$ 时 R_l 的渐近行为，不妨令

---

① $$\left(\mathrm{i}\hbar\frac{\partial}{\partial t} - q\phi\right)\psi = \left[mc^2\varphi + \left(\mathrm{i}\hbar\frac{\partial}{\partial t} - q\phi\right)\varphi\right]\exp(-\mathrm{i}mc^2t/\hbar)$$

$$\left(\mathrm{i}\hbar\frac{\partial}{\partial t} - q\phi\right)^2\psi = \left[m^2c^4\varphi + 2mc^2\left(\mathrm{i}\hbar\frac{\partial}{\partial t} - q\phi\right)\varphi + \left(\mathrm{i}\hbar\frac{\partial}{\partial t} - q\phi\right)^2\varphi\right]\cdot\exp(-\mathrm{i}mc^2t/\hbar)$$

$$\approx\left[m^2c^4\phi + 2mc^2\left(\mathrm{i}\hbar\frac{\partial}{\partial t} - q\phi\right)\varphi\right]\exp(-\mathrm{i}mc^2t/\hbar)$$

$$R(r)=r^{\gamma}\mathrm{e}^{-r/\beta}G(r),\quad \beta=|A|^{-1},\quad \gamma=\sqrt{(l+1/2)^2-\alpha^2}-\frac{1}{2}$$

试求出 $G(r)$ 满足的方程. 可以证明要求 $G(r)$ 中断为一个多项式的条件为

$$B/2\sqrt{|A|}=(n_r+l+1)+\gamma-l=n+\gamma-l \tag{11.1.27}$$

$n_r=0,1,2,\cdots,n=n_r+l+1=1,2,3,\cdots$ 分别是径向量子数和主量子数. 由此可以得出能量本征值 E

$$E=mc^2\left(1+\frac{\alpha^2}{n'^2}\right)^{-1/2} \tag{11.1.28}$$

$$n'=(n_r+1/2)+[(l+1/2)^2-\alpha^2]^{1/2},\quad n_r,l=0,1,2,\cdots$$

对精细结构常数 α 作幂级数展开, 可得出

$$E/mc^2=1-\frac{\alpha^2}{2n^2}-\frac{\alpha^4}{2n^4}\left[\frac{n}{(l+1/2)}-\frac{3}{4}\right]+\cdots \tag{11.1.29}$$

$$n=n_r+l+1=1,2,3,\cdots$$

给定 n 下, $l=0,1,\cdots,n-1$. 所以能级的精细结构分裂

$$\Delta E=E_{n,l=n-1}-E_{n,l=0}=\frac{\alpha^4}{n^3}\left(\frac{n-1}{n-1/2}\right)mc^2 \tag{11.1.30}$$

其值约为 Dirac 方程求得的裂距的 2 倍, 而与实验观测明显不符①.

3. Klein-Gordon 方程的协变形式

为了明显展示方程的相对论不变性, 常把它们写成协变的(covariant)形式. 令

$$\begin{aligned} x_\mu &= (\boldsymbol{r},\mathrm{i}ct) \\ A_\mu &= (\boldsymbol{A},\mathrm{i}\phi) \\ p_\mu &= (\boldsymbol{p},\mathrm{i}E/c) \\ j_\mu &= (\boldsymbol{j},\mathrm{i}c\rho) \end{aligned} \tag{11.1.31}$$

则自由粒子的 Klein-Gordon 方程(11.1.11)可写成

$$\frac{\partial}{\partial x_\mu}\frac{\partial}{\partial x_\mu}\psi=\frac{m^2c^2}{\hbar^2}\psi \tag{11.1.32}$$

在上式中, 对重复的指标 μ 要求和, $\mu=1,2,3,4$, 下同, 而方程(11.1.15)化为

$$\frac{\partial}{\partial x_\mu}j_\mu=0 \tag{11.1.33}$$

荷电粒子在电磁场中的 Klein-Gordon 方程(11.1.21)则可写成:

$$\left(\frac{\partial}{\partial x_\mu}-\frac{\mathrm{i}q}{\hbar c}A_\mu\right)^2\psi=\frac{m^2c^2}{\hbar^2}\psi \tag{11.1.34}$$

上式也可以从自由粒子的 Klein-Gordon 方程(11.1.32)作如下替换

$$\frac{\partial}{\partial x_\mu}\to\frac{\partial}{\partial x_\mu}-\frac{\mathrm{i}q}{\hbar c}A_\mu \tag{11.1.35}$$

而得出.

---

① 参阅钱伯初、曾谨言, 量子力学习题精选与剖析, 第三版, 18.3 题. 北京: 科学出版社, 2008.

11.2 Dirac 方程

11.2.1 Dirac 方程的引进

Dirac 试图解决 Klein-Gordon 方程遇到的困难，在 1928 年提出了电子的相对论性波动方程. 作为描述单电子的波动方程，他考虑了如下几条原则[①]：

(1)保证概率密度正定，即 $\rho(\boldsymbol{r},t)\geqslant 0$；

(2)保证概率守恒，即

$$\frac{\mathrm{d}}{\mathrm{d}t}\int_{(全)}\rho(\boldsymbol{r},t)\mathrm{d}^3x = 0$$

(3)作为相对论性波动方程，要求方程具有 Lorentz 不变性，(即在各惯性参考系中，方程的形式不变).

Dirac 参照非相对论量子力学中 Pauli 描述电子的二分量波函数的理论(即考虑电子的一个新自由度——自旋)，提出电子的波函数应写成多分量的形式，即

$$\psi_\nu(\boldsymbol{r},t), \qquad \nu = 1,2,\cdots,N \tag{11.2.1}$$

或写成列矢(column vector)

$$\psi = \begin{pmatrix} \psi_1(\boldsymbol{r},t) \\ \psi_2(\boldsymbol{r},t) \\ \vdots \\ \psi_N(\boldsymbol{r},t) \end{pmatrix} \tag{11.2.1$'$}$$

电子的空间概率密度定义为

$$\begin{aligned}\rho(\boldsymbol{r},t) &= \sum_{\nu=1}^{N}\psi_\nu^*(\boldsymbol{r},t)\psi_\nu(\boldsymbol{r},t) \\ &= (\psi_1^*(\boldsymbol{r},t),\psi_2^*(\boldsymbol{r},t),\cdots)\begin{pmatrix} \psi_1(\boldsymbol{r},t) \\ \psi_2(\boldsymbol{r},t) \\ \vdots \end{pmatrix} \\ &= \psi^+(\boldsymbol{r},t)\psi(\boldsymbol{r},\boldsymbol{t})\end{aligned} \tag{11.2.2}$$

式中 ψ^+ 是 ψ 的复共轭转置，表示成行矢(row vector)形式

$$\psi^+(\boldsymbol{r},t) = (\psi_1^*(\boldsymbol{r},t),\psi_2^*(\boldsymbol{r},t),\cdots,\psi_N^*(\boldsymbol{r},t)) \tag{11.2.3}$$

由式(11.2.2)定义的 $\rho(\boldsymbol{r},t)$ 显然是正定的.

为保证概率守恒，即

$$\frac{\mathrm{d}}{\mathrm{d}t}\int_{(全)}\rho(\boldsymbol{r},t)\mathrm{d}^3x = \sum_\nu\int\left(\frac{\partial\psi_\nu^*}{\partial t}\cdot\psi_\nu + \psi_\nu^*\cdot\frac{\partial\psi_\nu}{\partial t}\right)\mathrm{d}^3x = 0 \tag{11.2.4}$$

---

① 参阅 W. Pauli, *Die Allgemeinen Prinzipen der Wellen Mechanik*, *Handbuch der Physik*, Band **24**. Springer-Verlage, 1946.

当 ψ_ν 已给定时，$\frac{\partial}{\partial t}\psi_\nu$ 就不能随便取. 所以波动方程只能含波函数对时间的一次微商. 再根据相对论不变性条件(3)，空间坐标应与时间坐标处于同等的地位，波动方程中也只应出现波函数对空间坐标的一次微商. 因此，Dirac 建议，自由电子的相对论性波动方程取为

$$\frac{1}{c}\frac{\partial}{\partial t}\psi_\nu + \sum_\mu\left(\boldsymbol{\alpha}_{\nu\mu}\cdot\nabla\psi_\mu + \frac{\mathrm{i}mc}{\hbar}\beta_{\nu\mu}\psi_\mu\right) = 0 \tag{11.2.5}$$

其中系数 $\boldsymbol{\alpha}(\alpha_x,\alpha_y,\alpha_z)$ 和 β 无量纲. 由于 ψ 是 N 分量波函数，$\boldsymbol{\alpha}$ 和 β 均为 $N\times N$ 矩阵. 考虑到时间与空间的均匀性，$\boldsymbol{\alpha}$ 和 β 应与 $(\boldsymbol{r},t)$ 无关，即为常数矩阵元组成的矩阵. 若采用矩阵形式，式(11.2.5)可简记为

$$\frac{1}{c}\frac{\partial}{\partial t}\psi + \boldsymbol{\alpha}\cdot\nabla\psi + \frac{\mathrm{i}mc}{\hbar}\beta\psi = 0 \tag{11.2.6}$$

或写成与 Schrödinger 方程相似的形式

$$\mathrm{i}\hbar\frac{\partial}{\partial t}\psi = H\psi \tag{11.2.7}$$

$$H = -\mathrm{i}\hbar c\boldsymbol{\alpha}\cdot\nabla + mc^2\beta = c\boldsymbol{\alpha}\cdot\boldsymbol{p} + mc^2\beta$$

此即自由电子的 Dirac 方程. 矩阵 $\boldsymbol{\alpha}$ 与 β 的性质待定. 但应注意：(a) Dirac 方程(11.2.7)中 ψ 为多分量波函数，而 Schrödinger 方程中的波函数为单分量；(b) Dirac 方程(11.2.7)中只含动量算符 $\boldsymbol{p}$ 的一次项，而 Schrödinger 方程中则含 $\boldsymbol{p}^2$ 项.

首先，为保证概率守恒，要求 H 为厄米算符，即要求 $\boldsymbol{\alpha}$ 和 β 为厄米矩阵，

$$\boldsymbol{\alpha}^+ = \boldsymbol{\alpha},\qquad \beta^+ = \beta \tag{11.2.8}$$

即

$$\boldsymbol{\alpha}_{\nu\mu}^* = \boldsymbol{\alpha}_{\mu\nu},\qquad \beta_{\nu\mu}^* = \beta_{\mu\nu}$$

利用此性质，不难从式(11.2.7)推出概率守恒方程

$$\frac{1}{c}\frac{\partial}{\partial t}(\psi^+\psi) + \psi^+\boldsymbol{\alpha}\cdot\nabla\psi + (\nabla\psi^+)\cdot\boldsymbol{\alpha}\psi = 0 \tag{11.2.9}$$

令

$$\rho = \psi^+\psi = \sum_\nu\psi_\nu^*\psi_\nu$$

$$\boldsymbol{j} = c\psi^+\boldsymbol{\alpha}\psi = c\sum_{\nu\mu}\psi_\nu^*\boldsymbol{\alpha}_{\nu\mu}\psi_\mu \tag{11.2.10}$$

则

$$\frac{\partial}{\partial t}\rho + \nabla\cdot\boldsymbol{j} = 0 \tag{11.2.11}$$

此即局域的概率守恒的表示式.

其次，与电磁场方程类比. 我们知道，电场 $\boldsymbol{E}$ 和磁场 $\boldsymbol{B}$ 的各分量满足的联立方程组(Maxwell 方程)，是含它们对时间的一阶微商的方程. 但它们每一个单个分量满足的波动方程，则是含时间和空间坐标的二阶微商的方程(D'Alembert 方程).

与此类比，对于 Dirac 波函数，我们也要求它的每一个单个分量满足时间和空间坐标的二阶微分方程，即

$$\frac{1}{c^2}\frac{\partial^2}{\partial t^2}\psi - \nabla^2\psi + \frac{m^2c^2}{\hbar^2}\psi = 0 \tag{11.2.12}$$

（当 $m=0$ 时，上式称为 D'Alembert 方程.）式(11.2.12)与 Klein-Gordon 方程形式上相似，但 Klein-Gordon 方程中波函数 ψ 只有一个分量，而式(11.2.12)中的 ψ 是一个多分量波函数.换言之，它的每一个分量单独都满足方程(11.2.12).

下面来讨论，要求 ψ 满足方程(11.2.12)会对 Dirac 方程中的 $\boldsymbol{\alpha}$ 和 β 有什么限制.试用

$$\left(\frac{1}{c}\frac{\partial}{\partial t} - \sum_{i=1}^{3}\alpha_i\frac{\partial}{\partial x_i} - \frac{\mathrm{i}mc}{\hbar}\beta\right)$$

从左对式(11.2.6)运算，得

$$\left[\frac{1}{c}\frac{\partial}{\partial t} - \left(\sum_i \alpha_i\frac{\partial}{\partial x_i} + \frac{\mathrm{i}mc}{\hbar}\beta\right)\right] \cdot \left[\frac{1}{c}\frac{\partial}{\partial t} + \left(\sum_k \alpha_k\frac{\partial}{\partial x_k} + \frac{\mathrm{i}mc}{\hbar}\beta\right)\right]\psi = 0$$

即

$$\left[\frac{1}{c^2}\frac{\partial^2}{\partial t^2} - \sum_{ik}\alpha_i\alpha_k\frac{\partial}{\partial x_i}\frac{\partial}{\partial x_k} + \frac{m^2c^2}{\hbar^2}\beta^2 - \frac{\mathrm{i}mc}{\hbar}\sum_i(\alpha_i\beta + \beta\alpha_i)\frac{\partial}{\partial x_i}\right]\psi = 0$$

算符次序对称化后，上式化为

$$\frac{1}{c^2}\frac{\partial^2}{\partial t^2}\psi - \frac{1}{2}\sum_{ik}(\alpha_i\alpha_k + \alpha_k\alpha_i)\frac{\partial}{\partial x_i}\frac{\partial}{\partial x_k}\psi + \frac{m^2c^2}{\hbar^2}\beta^2\psi - \frac{\mathrm{i}mc}{\hbar}\sum_i(\alpha_i\beta + \beta\alpha_i)\frac{\partial}{\partial x_i}\psi = 0 \tag{11.2.13}$$

与式(11.2.12)比较，就要求

$$\frac{1}{2}(\alpha_i\alpha_k + \alpha_k\alpha_i) = \delta_{ik} \tag{11.2.14a}$$

$$\beta^2 = 1 \tag{11.2.14b}$$

$$\alpha_i\beta + \beta\alpha_i = 0 \tag{11.2.14c}$$

其中式(11.2.14a)即

$$\begin{aligned} &\alpha_i^2 = 1, \qquad i = x, y, z \\ &\alpha_i\alpha_k = -\alpha_k\alpha_i, \qquad i \neq k \end{aligned} \tag{11.2.14a'}$$

概括起来，式(11.2.14)可表示成：

(1) $\alpha_x^2=\alpha_y^2=\alpha_z^2=\beta^2=1$；

(2) α_x、α_y、α_z、β 之中任何两个算符都是反对易的.

式(11.2.14)及厄米性要求式(11.2.8)，概括了 $\boldsymbol{\alpha}$ 与 β 的全部代数性质.

11.2.2 电子的速度算符,电子自旋

自由电子的 Dirac 方程为[见式(11.2.7)]

$$i\hbar\frac{\partial}{\partial t}\psi = H\psi$$

$$H = c\boldsymbol{\alpha}\cdot\boldsymbol{p}+\beta mc^2 \tag{11.2.15}$$

显然

$$[\boldsymbol{p},H]=0 \tag{11.2.16}$$

即动量为守恒量.这是意料中的事,因为自由电子具有空间均匀性.

考虑到

$$\frac{d}{dt}x = \frac{1}{i\hbar}[x,H] = \frac{1}{i\hbar}[x,c\boldsymbol{\alpha}\cdot\boldsymbol{p}+\beta mc^2] = \frac{1}{i\hbar}[x,c\alpha_x p_x] = c\alpha_x$$

所以

$$\boldsymbol{v}\equiv\dot{\boldsymbol{r}} = c\boldsymbol{\alpha} \tag{11.2.17}$$

即 $c\boldsymbol{\alpha}$ 可视为相对论电子的速度算符.此外,粒子流密度公式(11.2.10)也可以表示成

$$\boldsymbol{j} = \psi^+ c\boldsymbol{\alpha}\psi = \psi^+\boldsymbol{v}\psi \tag{11.2.18}$$

其物理意义就容易理解了.

其次,考虑电子轨道角动量随时间的变化

$$\begin{aligned}\frac{d}{dt}l_x &= \frac{1}{i\hbar}[l_x,H] = \frac{c}{i\hbar}[l_x,\alpha_x p_x+\alpha_y p_y+\alpha_z p_z]\\ &= \frac{c}{i\hbar}\{\alpha_x[l_x,p_x]+\alpha_y[l_x,p_y]+\alpha_z[l_x,p_z]\}\\ &= c(\alpha_y p_z-\alpha_z p_y) = c(\boldsymbol{\alpha}\times\boldsymbol{p})_x\end{aligned}$$

所以

$$\frac{d}{dt}\boldsymbol{l} = c(\boldsymbol{\alpha}\times\boldsymbol{p}) \tag{11.2.19}$$

或

$$[\boldsymbol{l},H] = i\hbar c(\boldsymbol{\alpha}\times\boldsymbol{p}) \tag{11.2.20}$$

这表明自由电子的轨道角动量 $\boldsymbol{l}$ 并不守恒.但是对于一个自由电子,空间是各向同性的,理应要求角动量守恒.但以上计算表明,轨道角动量却不守恒.这就迫使人们要求:电子除了轨道角动量之外,还应有内禀(intrinsic)角动量,即自旋.当然,实验上早已证实电子具有自旋 $\boldsymbol{s}\left(s=\hbar/2\right.$,它在任何方向的分量都只可能是$\left.\pm\frac{1}{2}\hbar\right)$.令

$$\boldsymbol{j} = \boldsymbol{l}+\boldsymbol{s} \tag{11.2.21}$$

人们自然会想到,尽管自由电子的轨道角动量不守恒,它的总角动量应该是守恒量.

试问:应如何表达 $\boldsymbol{s}$,才能使总角动量 $\boldsymbol{j}$ 守恒? 即满足

$$[\boldsymbol{j}, H] = 0 \tag{11.2.22}$$

试引进算符 $\boldsymbol{\Sigma}$,满足如下代数关系

$$[\boldsymbol{\Sigma}, \beta] = 0, \quad [\Sigma_i, \alpha_i] = 0, \quad i = x, y, z$$

$$[\Sigma_i, \alpha_j] = 2\mathrm{i}\varepsilon_{ijk}\alpha_k \tag{11.2.23}$$

则可以证明

$$\left[\frac{1}{2}\boldsymbol{\Sigma}, H\right] = -\mathrm{i}c(\boldsymbol{\alpha} \times \boldsymbol{p}) \tag{11.2.24}$$

因此,如令

$$\boldsymbol{s} = \frac{\hbar}{2}\boldsymbol{\Sigma} \tag{11.2.25}$$

则

$$[\boldsymbol{s}, H] = -\mathrm{i}\hbar c(\boldsymbol{\alpha} \times \boldsymbol{p}) \tag{11.2.26}$$

因而式(11.2.22)得以满足. 此外,电子自旋 $\boldsymbol{s} = \frac{\hbar}{2}\boldsymbol{\Sigma}$ 应该符合实验上观测到的性质,即要求 $\boldsymbol{\Sigma}$ 的任何方向的分量只能取 ± 1,即要求

$$\Sigma_x^2 = \Sigma_y^2 = \Sigma_z^2 = 1 \tag{11.2.27}$$

另外,由于 $\boldsymbol{s} = \frac{\hbar}{2}\boldsymbol{\Sigma}$ 具有角动量的性质,按角动量代数的一般理论,要求

$$[s_i, s_j] = \mathrm{i}\hbar\varepsilon_{ijk}s_k \tag{11.2.28}$$

由此可得出

$$[\Sigma_i, \Sigma_j] = 2\mathrm{i}\varepsilon_{ijk}\Sigma_k \tag{11.2.29}$$

从式(11.2.27)与式(11.2.29)可以看出,$(\Sigma_x, \Sigma_y, \Sigma_z)$ 的代数性质与 Pauli 算符 $(\sigma_x, \sigma_y, \sigma_z)$ 相同.

概括起来讲,Dirac 方程描述的粒子具有内禀角动量,其值为 $\hbar/2$. 对于自由电子,虽然轨道角动量与自旋分别不是守恒量,但总角动量却是守恒量.

11.2.3 $\boldsymbol{\alpha}$ 与 $\boldsymbol{\beta}$ 的矩阵表示

用 Dirac 方程来处理问题时,一般说来,并不一定需要 $\boldsymbol{\alpha}$ 和 β 的矩阵表示,而只需要利用它们的代数性质. 但如要了解波函数各分量的信息,则可采用一定的表象,把 $\boldsymbol{\alpha}$ 和 β 的矩阵表示明显写出来. 设矩阵维数为 N(待定).

(1) 按式(11.2.14c),

$$\beta\alpha_i = -\alpha_i\beta = (-I)\alpha_i\beta$$

I 为 $N \times N$ 单位矩阵. 取上式两边矩阵相应的行列式值[注意 $\det(-I) = (-1)^N$],得

$$\det\beta \cdot \det\alpha_i = (-1)^N \det\alpha_i \cdot \det\beta$$

所以

$$(-1)^N = 1$$

即要求

$$N = 偶数 \tag{11.2.30}$$

(2)考虑 $N=2$. 在卷Ⅰ,11.1.3 节中已知,Pauli 矩阵 σ_x、σ_y、σ_z 和 I(2×2 单位矩阵)构成 4 个线性独立的 2×2 矩阵,任何 2×2 矩阵均可用它们的线性组合来表示. 可以证明,找不到一个 2×2 非零矩阵能够与 σ_x,σ_y,σ_z 均反对易. 所以 $\boldsymbol{\alpha}$,β 不能表示为 2×2 矩阵,因而至少应取 $N=4$.

(3)其次,考虑 $\boldsymbol{\alpha}$ 与 β 的 4×4 矩阵表示并不是唯一的,它们可以有不同的表象. 通常惯用的表象称为 Pauli-Dirac 表象,即 β 是对角化的表象. 考虑到 $\beta^2=1$,所以 β 本征值只能取 ±1. 在 Pauli-Dirac 表象中,

$$\beta = \begin{pmatrix} I & 0 \\ 0 & -I \end{pmatrix} \tag{11.2.31}$$

式中 $I=\begin{pmatrix} 1 & 0 \\ 0 & 1 \end{pmatrix}$是 2×2 单位矩阵,$0=\begin{pmatrix} 0 & 0 \\ 0 & 0 \end{pmatrix}$是 2×2 零矩阵.

(4)$\boldsymbol{\alpha}$ 的矩阵表示可根据其代数性质求出. 设

$$\alpha_i = \begin{pmatrix} A_i & B_i \\ C_i & D_i \end{pmatrix}$$

A_i、B_i、C_i、D_i 均为 2×2 矩阵. 利用 α_i 与 β 的反对易关系 $\alpha_i\beta=-\beta\alpha_i$ 及 β 矩阵表示式(11.2.31),有

$$\begin{pmatrix} A_i & -B_i \\ C_i & -D_i \end{pmatrix} = \begin{pmatrix} -A_i & -B_i \\ C_i & D_i \end{pmatrix}$$

所以 $A_i=D_i=0$,因此

$$\alpha_i = \begin{pmatrix} 0 & B_i \\ C_i & 0 \end{pmatrix}$$

其次,根据 $\alpha_i^+=\alpha_i$,要求 $C_i=B_i^+$,因此

$$\alpha_i = \begin{pmatrix} 0 & B_i \\ B_i^+ & 0 \end{pmatrix}$$

再根据 $\alpha_i^2=1$,得 $B_iB_i^+=B_i^+B_i=1$. 不妨取 B_i 为厄米矩阵,$B_i^+=B_i$,则 $B_i^2=1$. 又根据 $\alpha_i\alpha_k=-\alpha_k\alpha_i$,得

$$\begin{pmatrix} B_iB_k & 0 \\ 0 & B_iB_k \end{pmatrix} = -\begin{pmatrix} B_kB_i & 0 \\ 0 & B_kB_i \end{pmatrix}$$

即

$$B_iB_k = -B_kB_i$$

可见 $B_i(i=x,y,z)$满足与 Pauli 矩阵 $\sigma_i(i=x,y,z)$同样的代数关系,因此不妨取 $B_i=\sigma_i$. 此时

$$\alpha_i = \begin{pmatrix} 0 & \sigma_i \\ \sigma_i & 0 \end{pmatrix}, \qquad i = x, y, z$$

或表示为

$$\boldsymbol{\alpha} = \begin{pmatrix} 0 & \boldsymbol{\sigma} \\ \boldsymbol{\sigma} & 0 \end{pmatrix} \tag{11.2.32}$$

式(11.2.31)与式(11.2.32)即 Pauli-Dirac 表象中 β 与 $\boldsymbol{\alpha}$ 的矩阵表示.读者可用矩阵乘法规则去验证它们的确满足代数关系式(11.2.14).令

$$\boldsymbol{\Sigma} = \begin{pmatrix} \boldsymbol{\sigma} & 0 \\ 0 & \boldsymbol{\sigma} \end{pmatrix} \tag{11.2.33}$$

可以验证 $\boldsymbol{\alpha}$、β、$\boldsymbol{\Sigma}$ 的矩阵表示式满足代数关系式(11.2.23)和式(11.2.29).

练习 1　设 $\boldsymbol{A}$ 和 $\boldsymbol{B}$ 是与 $\boldsymbol{\sigma}$ 对易的任意矢量算符,利用 $(\boldsymbol{\sigma}\cdot\boldsymbol{A})(\boldsymbol{\sigma}\cdot\boldsymbol{B})=\boldsymbol{A}\cdot\boldsymbol{B}+\mathrm{i}\boldsymbol{\sigma}\cdot(\boldsymbol{A}\times\boldsymbol{B})$,证明

$$(\boldsymbol{\Sigma}\cdot\boldsymbol{A})(\boldsymbol{\Sigma}\cdot\boldsymbol{B}) = \boldsymbol{A}\cdot\boldsymbol{B} + \mathrm{i}\boldsymbol{\Sigma}\cdot(\boldsymbol{A}\times\boldsymbol{B}) \tag{11.2.34}$$

$$(\boldsymbol{\alpha}\cdot\boldsymbol{A})(\boldsymbol{\alpha}\cdot\boldsymbol{B}) = \boldsymbol{A}\cdot\boldsymbol{B} + \mathrm{i}\boldsymbol{\Sigma}\cdot(\boldsymbol{A}\times\boldsymbol{B}) \tag{11.2.35}$$

$$(\boldsymbol{\alpha}\cdot\boldsymbol{A})(\boldsymbol{\Sigma}\cdot\boldsymbol{B}) = (\boldsymbol{\Sigma}\cdot\boldsymbol{A})(\boldsymbol{\alpha}\cdot\boldsymbol{B}) = -r_5(\boldsymbol{A}\cdot\boldsymbol{B}) + \mathrm{i}\boldsymbol{\alpha}\cdot(\boldsymbol{A}\times\boldsymbol{B}) \tag{11.2.36}$$

式中

$$r_5 = \begin{pmatrix} 0 & -I \\ -I & 0 \end{pmatrix} = -\begin{pmatrix} 0 & I \\ I & 0 \end{pmatrix} \tag{11.2.37}$$

练习 2　对于自由电子,证明 $\boldsymbol{\sigma}\cdot\boldsymbol{p}/|\boldsymbol{p}|$ 是守恒量,并求出其本征值.

练习 3　验证,对于自由电子

$$\left[H, -\frac{\mathrm{i}}{2}\alpha_x\alpha_y\right] = \mathrm{i}c(\boldsymbol{\alpha}\times\boldsymbol{p})_z$$

进而论证

$$-\frac{\mathrm{i}}{4}\boldsymbol{\alpha}\times\boldsymbol{\alpha}$$

具有角动量的性质.

练习 4　令

$$\gamma_k = -\mathrm{i}\beta\alpha_k, \qquad (k = 1,2,3), \qquad \gamma_4 = \beta \tag{11.2.38}$$

证明

$$\begin{aligned} &\gamma_\mu\gamma_\nu + \gamma_\nu\gamma_\mu = 2\delta_{\mu\nu} \qquad (\mu,\nu = 1,2,3,4) \\ &\gamma_\mu^+ = \gamma_\mu \end{aligned} \tag{11.2.39}$$

并写出它们在 Pauli-Dirac 表象中的矩阵表示

$$\gamma_k = \begin{pmatrix} 0 & -\mathrm{i}\sigma_k \\ \mathrm{i}\sigma_k & 0 \end{pmatrix}, \qquad \gamma_4 = \begin{pmatrix} I & 0 \\ 0 & -I \end{pmatrix} \tag{11.2.40}$$

练习 5　利用式(11.2.38)定义的 γ_μ 矩阵,把 Dirac 方程(11.2.6)改写成($\hbar=c=1$)

$$\left(\gamma_\mu\frac{\partial}{\partial x_\mu} + m\right)\psi = 0 \tag{11.2.41}$$

其中 $x_\mu=(x,y,z,\mathrm{i}t)$.

*11.2.4 中微子的二分量理论

中微子自旋为 $\hbar/2$，通常认为，其静质量为 0. 仿照前面建立 Dirac 方程的作法，并考虑到 $m=0$ 的特点，中微子的波动方程可表示为[参考式(11.2.5)]

$$\frac{1}{c}\frac{\partial}{\partial t}\varphi_\lambda + \sum_\mu \boldsymbol{\sigma}_{\lambda\mu}\cdot\nabla\varphi_\mu = 0 \tag{11.2.42}$$

φ_λ 为中微子的多分量波函数，上式中 $\boldsymbol{\sigma}$ 的性质待定. 若把 φ_λ 写成列矢形式，方程(11.2.42)可表示成

$$\frac{1}{c}\frac{\partial}{\partial t}\varphi + \sum_{i=1}^{3}\sigma_i\frac{\partial}{\partial x_i}\varphi = 0 \tag{11.2.43}$$

为保证概率守恒，要求

$$\sigma_i^+ = \sigma_i \qquad (i=1,2,3 \text{ 或 } x,y,z) \tag{11.2.44}$$

从方程(11.2.42)或方程(11.2.43)出发，可求出下列概率守恒方程

$$\frac{\partial}{\partial t}\rho + \nabla\cdot\boldsymbol{j} = 0 \tag{11.2.45}$$

其中

$$\boldsymbol{\rho} = \varphi^+\varphi = \sum_\lambda \varphi_\lambda^*\varphi_\lambda \tag{11.2.46}$$

$$\boldsymbol{j} = c\varphi^+\boldsymbol{\sigma}\varphi = c\sum_{\lambda\mu}\varphi_\lambda^*\boldsymbol{\sigma}_{\lambda\mu}\varphi_\mu \tag{11.2.47}$$

按照特殊相对论，对静质量 $m=0$ 的粒子，能量-动量关系式为

$$E^2 = p^2c^2 \tag{11.2.48}$$

要求 φ 的每一个分量满足下列含对时间和空间坐标的二阶导数的方程

$$\left(-\hbar^2\frac{\partial^2}{\partial t^2} + c^2\hbar^2\nabla^2\right)\varphi = 0$$

即

$$\left(-\frac{1}{c^2}\frac{\partial^2}{\partial t^2} + \nabla^2\right)\varphi = 0 \tag{11.2.49}$$

这是对方程(11.2.43)中的矩阵 $\sigma_i(i=x,y,z)$ 一个很强的限制. 试以

$$\left(-\frac{1}{c}\frac{\partial}{\partial t} + \sum_k\sigma_k\frac{\partial}{\partial x_k}\right)$$

对方程(11.2.43)运算，可得

$$\left(-\frac{1}{c^2}\frac{\partial^2}{\partial t^2} + \sum_{ik}\sigma_k\sigma_i\frac{\partial}{\partial x_i}\frac{\partial}{\partial x_k}\right)\varphi = 0$$

经过对称化后，得

$$\left[-\frac{1}{c^2}\frac{\partial^2}{\partial t^2} + \frac{1}{2}\sum_{ik}(\sigma_i\sigma_k + \sigma_k\sigma_i)\frac{\partial}{\partial x_i}\frac{\partial}{\partial x_k}\right]\varphi = 0 \tag{11.2.50}$$

与方程(11.2.49)比较，要求

$$\frac{1}{2}(\sigma_i\sigma_k + \sigma_k\sigma_i) = \delta_{ik} \qquad (i,k = x,y,z) \tag{11.2.51}$$

即

$$\sigma_x^2 = \sigma_y^2 = \sigma_z^2 = 1$$

$$\sigma_x\sigma_y = -\sigma_y\sigma_x, \cdots$$

在建立方程(11.2.43)过程中,由于粒子 $m=0$,方程中只出现 3 个算符 σ_x、σ_y、σ_z,而它们彼此反对易,代数关系与 Pauli 矩阵相同.所以不妨就把它们取为大家熟悉的 Pauli 矩阵.

方程(11.2.42)还可写成

$$\mathrm{i}\hbar\frac{\partial}{\partial t}\varphi = H\varphi$$

$$H = -\mathrm{i}\hbar c\boldsymbol{\sigma}\cdot\boldsymbol{\nabla} = c\boldsymbol{\sigma}\cdot\boldsymbol{p} \tag{11.2.52}$$

此即静质量 $m=0$,自旋 $s=\frac{1}{2}(\hbar)$的粒子满足的相对论性二分量波动方程.

守恒量的讨论:

(1)显然,$[\boldsymbol{p},H]=0$,所以动量 $\boldsymbol{p}$ 为守恒量.

(2)与电子相似,可以证明

$$[\boldsymbol{l},H] = \mathrm{i}\hbar c\boldsymbol{\sigma}\times\boldsymbol{p} \neq 0 \tag{11.2.53}$$

即轨道角动量不是守恒量.还可以证明

$$\frac{\hbar}{2}[\boldsymbol{\sigma},H] = -\mathrm{i}\hbar c\boldsymbol{\sigma}\times\boldsymbol{p} \tag{11.2.54}$$

因此,如令

$$\boldsymbol{j} = \boldsymbol{l} + \boldsymbol{s} \tag{11.2.55}$$

$$\boldsymbol{s} = \frac{\hbar}{2}\boldsymbol{\sigma} \tag{11.2.56}$$

则

$$[\boldsymbol{j},H] = 0 \tag{11.2.57}$$

即 $\boldsymbol{s}$ 为中微子(neutrino)的自旋,而 $\boldsymbol{j}$ 为其总角动量,是守恒量.

(3)

$$[\boldsymbol{\sigma}\cdot\boldsymbol{p},H] = 0 \tag{11.2.58}$$

即 $\boldsymbol{\sigma}\cdot\boldsymbol{p}$ 为守恒量,自旋沿动量方向的投影 $\frac{\hbar}{2}\boldsymbol{\sigma}\cdot\boldsymbol{p}/|\boldsymbol{p}|$,也是守恒量.考虑到

$$\frac{(\boldsymbol{\sigma}\cdot\boldsymbol{p})}{|\boldsymbol{p}|}\frac{(\boldsymbol{\sigma}\cdot\boldsymbol{p})}{|\boldsymbol{p}|} = 1$$

所以

$$\frac{\boldsymbol{\sigma}\cdot\boldsymbol{p}}{|\boldsymbol{p}|} = \pm 1 \tag{11.2.59}$$

即中微子的自旋沿运动方向的投影，总是$\pm\frac{\hbar}{2}$，其中

$$\frac{\boldsymbol{\sigma}\cdot\boldsymbol{p}}{|\boldsymbol{p}|}=+1 \qquad \text{称为右旋粒子态}$$

$$\frac{\boldsymbol{\sigma}\cdot\boldsymbol{p}}{|\boldsymbol{p}|}=-1 \qquad \text{称为左旋粒子态}$$

(4) 可以证明，中微子宇称 P 不守恒. 因为

$$PHP^{-1}=cP\boldsymbol{\sigma}\cdot\boldsymbol{p}P^{-1}=c\boldsymbol{\sigma}\cdot\boldsymbol{p}=-H \tag{11.2.60}$$

即

$$[P,H]\neq 0 \tag{11.2.61}$$

11.3 自由电子的平面波解

自由电子满足的 Dirac 方程为

$$\mathrm{i}\hbar\frac{\partial}{\partial t}\psi=H\psi$$

$$H=c\boldsymbol{\alpha}\cdot\boldsymbol{p}+mc^2\beta \tag{11.3.1}$$

H 不显含 t，能量为守恒量，这是自由电子体系的时间均匀性的表现. 此外，考虑到 $[\boldsymbol{p},H]=0$，$\boldsymbol{p}$ 也为守恒量，这是空间均匀性的表现. 所以可以求能量和动量的共同本征态. 这共同本征态可表示为

$$\psi_{\boldsymbol{p},E}(\boldsymbol{r},t)=u(\boldsymbol{p})\exp[\mathrm{i}(\boldsymbol{p}\cdot\boldsymbol{r}-Et)/\hbar] \tag{11.3.2}$$

代入式(11.3.1)，可得到 $u(\boldsymbol{p})$ 满足的方程

$$(c\boldsymbol{\alpha}\cdot\boldsymbol{p}+mc^2\beta)u=Eu \tag{11.3.3}$$

注意，u 为多分量波函数(反映电子有自旋). 为了方便，不妨令

$$u=\begin{pmatrix}\varphi\\ \chi\end{pmatrix} \tag{11.3.4}$$

其中

$$\varphi=\begin{pmatrix}u_1\\ u_2\end{pmatrix},\qquad \chi=\begin{pmatrix}u_3\\ u_4\end{pmatrix}$$

分别都为二分量波函数. 采用 Pauli-Dirac 表象，则式(11.3.3)化为(令 $\boldsymbol{p}=\hbar\boldsymbol{k}$)

$$(E-mc^2)\varphi-c\hbar\boldsymbol{\sigma}\cdot\boldsymbol{k}\chi=0 \tag{11.3.5a}$$

$$-c\hbar\boldsymbol{\sigma}\cdot\boldsymbol{k}\varphi+(E+mc^2)\chi=0 \tag{11.3.5b}$$

上列方程有非平庸解的充要条件为

$$\begin{vmatrix}E-mc^2 & -c\hbar\boldsymbol{\sigma}\cdot\boldsymbol{k}\\ -c\hbar\boldsymbol{\sigma}\cdot\boldsymbol{k} & E+mc^2\end{vmatrix}=0$$

即

$$E^2 - m^2c^4 - c^2\hbar^2k^2 = 0$$

解之，得

$$E = E_\pm = \pm\sqrt{m^2c^4 + c^2\hbar^2k^2} \tag{11.3.6}$$

$E=E_+=\sqrt{m^2c^4+c^2\hbar^2k^2}$为正能量解，$E=E_-=-E_+$为“负能量”解.

由式(11.3.5a)和式(11.3.5b)可得出

$$\chi = \frac{c\hbar}{E+mc^2}(\boldsymbol{\sigma}\cdot\boldsymbol{k})\varphi \tag{11.3.7}$$

$$\varphi = \frac{c\hbar}{E-mc^2}(\boldsymbol{\sigma}\cdot\boldsymbol{k})\chi$$

到此，我们只找到了φ与χ的关系，尚未分别把它们确定下来. 在物理上，这反映电子还有新的自由度(自旋)，因而$(H,\boldsymbol{p})$未构成守恒量完全集. 11.2节中已提及，对于自由电子，轨道角动量$\boldsymbol{l}$和自旋$\boldsymbol{s}=\frac{\hbar}{2}\boldsymbol{\Sigma}$分别都不是守恒量，但总角动量$\boldsymbol{j}=\boldsymbol{l}+\boldsymbol{s}$是守恒量，

$$[\boldsymbol{j},H] = 0 \tag{11.3.8}$$

但由于$[j_i,p_j]=[l_i,p_j]\neq 0(i\neq j)$，一般说来，$\boldsymbol{j}$与$\boldsymbol{p}$不能有共同本征态，所以$\boldsymbol{p}$的本征态不能是$\boldsymbol{j}$的本征态，所以不能把$\boldsymbol{j}$的任何分量选进$(H,\boldsymbol{p})$以构成一组对易守恒量完全集. 但不难证明[利用11.2节，式(11.2.23)]，$\boldsymbol{\Sigma}\cdot\boldsymbol{p}$为守恒量，并与$\boldsymbol{p}$对易，

$$[\boldsymbol{\Sigma}\cdot\boldsymbol{p},H] = 0,\quad [\boldsymbol{\Sigma}\cdot\boldsymbol{p},\boldsymbol{p}] = 0 \tag{11.3.9}$$

所以可以选$(H,\boldsymbol{p},\boldsymbol{\Sigma}\cdot\boldsymbol{p})$为一组对易守恒量完全集，即让$(H,\boldsymbol{p})$的本征态(11.3.2)，同时也是$\boldsymbol{\Sigma}\cdot\boldsymbol{p}$(即电子自旋沿动量方向$\boldsymbol{p}$的分量)的本征态，这样就可以把定态解确定下来，即

$$\boldsymbol{\Sigma}\cdot\boldsymbol{p}u = \lambda u \tag{11.3.10}$$

注意到[利用11.2节，式(11.2.34)]

$$(\boldsymbol{\Sigma}\cdot\boldsymbol{p})^2 = p^2 = \hbar^2k^2 \tag{11.3.11}$$

可见$(\boldsymbol{\Sigma}\cdot\boldsymbol{p})$的本征值$\lambda=\pm\hbar k$.

为确切起见，可以采用Pauli-Dirac表象

$$\boldsymbol{\Sigma}\cdot\boldsymbol{p} = \begin{pmatrix} \boldsymbol{\sigma}\cdot\boldsymbol{p} & 0 \\ 0 & \boldsymbol{\sigma}\cdot\boldsymbol{p} \end{pmatrix}$$

利用$u=\begin{pmatrix}\varphi\\ \chi\end{pmatrix}$，式(11.3.10)可改写成

$$\hbar\boldsymbol{\sigma}\cdot\boldsymbol{k}\varphi = \lambda\varphi$$

$$\hbar\boldsymbol{\sigma}\cdot\boldsymbol{k}\chi = \lambda\chi \tag{11.3.12}$$

可见 φ 与 χ 满足的方程在形式上相同，它们都是$(\boldsymbol{\sigma}\cdot\boldsymbol{k})$的本征态，所以它们的解最多可以差一个常系数. 注意，利用$(\boldsymbol{\sigma}\cdot\boldsymbol{k})^2=1$，$\boldsymbol{\sigma}\cdot\boldsymbol{k}$ 的本征值为$\pm k$. 以 φ 为例，求解如下：

利用 Pauli 矩阵，把 $\varphi=\begin{pmatrix}u_1\\u_2\end{pmatrix}$满足的方程(11.3.12)写出

$$\begin{pmatrix}k_z-\dfrac{\lambda}{\hbar} & k_x-\mathrm{i}k_y\\ k_x+\mathrm{i}k_y & -k_z-\dfrac{\lambda}{\hbar}\end{pmatrix}\begin{pmatrix}u_1\\u_2\end{pmatrix}=0 \tag{11.3.13}$$

对于

$$\lambda=\hbar k,\quad \frac{u_1}{u_2}=\frac{k+k_z}{k_x+\mathrm{i}k_y}=\frac{k_x-\mathrm{i}k_y}{k-k_z} \tag{11.3.14}$$

$$\lambda=-\hbar k,\frac{u_1}{u_2}=-\frac{k-k_z}{k_x+\mathrm{i}k_y}=-\frac{k_x-\mathrm{i}k_y}{k+k_z} \tag{11.3.15}$$

这样，对于给定动量本征值 $\boldsymbol{p}=\hbar\boldsymbol{k}$，有下列 4 个本征态(未归一化)，分别相应于 $E=E_+$、E_- 和 $\boldsymbol{\Sigma}\cdot\boldsymbol{p}=\pm\hbar k$：

(a) $E=E_+$，$\boldsymbol{\Sigma}\cdot\boldsymbol{p}=\hbar k$，

$$\psi=\begin{pmatrix}k+k_z\\ k_x+\mathrm{i}k_y\\ c\hbar k(k+k_z)/(E_++mc^2)\\ c\hbar k(k_x+\mathrm{i}k_y)/(E_++mc^2)\end{pmatrix}\exp[\mathrm{i}(\boldsymbol{k}\cdot\boldsymbol{r}-E_+t/\hbar)]$$

或

$$\psi=\begin{pmatrix}k_x-\mathrm{i}k_y\\ k-k_z\\ c\hbar k(k_x-\mathrm{i}k_y)/(E_++mc^2)\\ c\hbar k(k-k_z)/(E_++mc^2)\end{pmatrix}\exp[\mathrm{i}(\boldsymbol{k}\cdot\boldsymbol{r}-E_+t/\hbar)]$$

(b) $E=E_+$，$\boldsymbol{\Sigma}\cdot\boldsymbol{p}=-\hbar k$，

$$\psi=\begin{pmatrix}-(k-k_z)\\ k_x+\mathrm{i}k_y\\ c\hbar k(k-k_z)/(E_++mc^2)\\ -c\hbar k(k_x+\mathrm{i}k_y)/(E_++mc^2)\end{pmatrix}\exp[\mathrm{i}(\boldsymbol{k}\cdot\boldsymbol{r}-E_+t/\hbar)]$$

或

$$\psi=\begin{pmatrix}k_x-\mathrm{i}k_y\\ -(k+k_z)\\ -c\hbar k(k_x-\mathrm{i}k_y)/(E_++mc^2)\\ c\hbar k(k+k_z)/(E_++mc^2)\end{pmatrix}\exp[\mathrm{i}(\boldsymbol{k}\cdot\boldsymbol{r}-E_+t/\hbar)]$$

(c) $E=E_-=-|E|, \boldsymbol{\Sigma}\cdot\boldsymbol{p}=\hbar k$,

$$\psi=\begin{pmatrix} -c\hbar k(k+k_z)/(|E|+mc^2) \\ -c\hbar k(k_x+\mathrm{i}k_y)/(|E|+mc^2) \\ k+k_z \\ k_x+\mathrm{i}k_y \end{pmatrix}\exp[\mathrm{i}(\boldsymbol{k}\cdot\boldsymbol{r}+|E|t/\hbar)]$$

或

$$\psi=\begin{pmatrix} -c\hbar k(k_x-\mathrm{i}k_y)/(|E|+mc^2) \\ -c\hbar k(k-k_z)/(|E|+mc^2) \\ k_x-\mathrm{i}k_y \\ k-k_z \end{pmatrix}\exp[\mathrm{i}(\boldsymbol{k}\cdot\boldsymbol{r}+|E|t/\hbar)]$$

(d) $E=E_-=-|E|, \boldsymbol{\Sigma}\cdot\boldsymbol{p}=-\hbar k$,

$$\psi=\begin{pmatrix} -c\hbar k(k-k_z)/(|E|+mc^2) \\ c\hbar k(k_x+\mathrm{i}k_y)/(|E|+mc^2) \\ -(k-k_z) \\ k_x+\mathrm{i}k_y \end{pmatrix}\exp[\mathrm{i}(\boldsymbol{k}\cdot\boldsymbol{r}+|E|t/\hbar)]$$

或

$$\psi=\begin{pmatrix} c\hbar k(k_x-\mathrm{i}k_y)/(|E|+mc^2) \\ -c\hbar k(k-k_z)/(|E|+mc^2) \\ k_x-\mathrm{i}k_y \\ -(k-k_z) \end{pmatrix}\exp[\mathrm{i}(\boldsymbol{k}\cdot\boldsymbol{r}+|E|t/\hbar)] \quad (11.3.16)$$

如取电子动量方向为 z 轴方向，即 $k_z=k_y=0, k_z=k$，则上列本征函数(未归一化)化为

(a) $E=E_+=|E|, \boldsymbol{\Sigma}\cdot\boldsymbol{p}=\hbar k$,

$$\psi=\begin{pmatrix} 1 \\ 0 \\ c\hbar k/(|E|+mc^2) \\ 0 \end{pmatrix}\exp[\mathrm{i}(\boldsymbol{k}\cdot\boldsymbol{r}-|E|t/\hbar)]$$

(b) $E=E_+=|E|, \boldsymbol{\Sigma}\cdot\boldsymbol{p}=-\hbar k$,

$$\psi=\begin{pmatrix} 0 \\ 1 \\ 0 \\ -c\hbar k/(|E|+mc^2) \end{pmatrix}\exp[\mathrm{i}(\boldsymbol{k}\cdot\boldsymbol{r}-|E|t/\hbar)]$$

(c) $E=E_-=-|E|, \boldsymbol{\Sigma}\cdot\boldsymbol{p}=\hbar k$,

$$\psi = \begin{pmatrix} -c\hbar k/(|E|+mc^2) \\ 0 \\ 1 \\ 0 \end{pmatrix} \exp[\mathrm{i}(\boldsymbol{k}\cdot\boldsymbol{r}+|E|t/\hbar)]$$

(d) $E=E_- = -|E|$, $\boldsymbol{\Sigma}\cdot\boldsymbol{p} = -\hbar k$,

$$\psi = \begin{pmatrix} 0 \\ c\hbar k/(|E|+mc^2) \\ 0 \\ 1 \end{pmatrix} \exp[\mathrm{i}(\boldsymbol{k}\cdot\boldsymbol{r}+|E|t/\hbar)] \tag{11.3.17}$$

从式(11.3.16)和式(11.3.17)可以看出,对于正能量解($E=E_+=|E|$),φ 为大分量,χ 为小分量.而对于"负能量"解,情况正相反.

在非相对论极限下($p=\hbar k\ll mc$,或 $v/c\ll 1$),式(11.3.17)化为(时间因子略去)

$$\begin{pmatrix} 1 \\ 0 \\ 0 \\ 0 \end{pmatrix} \mathrm{e}^{\mathrm{i}\boldsymbol{k}\cdot\boldsymbol{r}} \qquad \begin{pmatrix} 0 \\ 1 \\ 0 \\ 0 \end{pmatrix} \mathrm{e}^{\mathrm{i}\boldsymbol{k}\cdot\boldsymbol{r}}$$

$$\begin{pmatrix} 0 \\ 0 \\ 1 \\ 0 \end{pmatrix} \mathrm{e}^{\mathrm{i}\boldsymbol{k}\cdot\boldsymbol{r}} \qquad \begin{pmatrix} 0 \\ 0 \\ 0 \\ 1 \end{pmatrix} \mathrm{e}^{\mathrm{i}\boldsymbol{k}\cdot\boldsymbol{r}} \tag{11.3.18}$$

如限于讨论正能解,波函数大分量部分表示为

$$\begin{pmatrix} 1 \\ 0 \end{pmatrix} \mathrm{e}^{\mathrm{i}\boldsymbol{k}\cdot\boldsymbol{r}} \qquad \begin{pmatrix} 0 \\ 1 \end{pmatrix} \mathrm{e}^{\mathrm{i}\boldsymbol{k}\cdot\boldsymbol{r}} \tag{11.3.19}$$

它们是 $\boldsymbol{p}$ 和 $\boldsymbol{\sigma}\cdot\boldsymbol{p}/|\boldsymbol{p}|=\sigma_z$ 的共同本征态.

11.4 电磁场中电子的 Dirac 方程与非相对论极限

11.4.1 电磁场中电子的 Dirac 方程

自由电子的 Dirac 方程为

$$\mathrm{i}\hbar\frac{\partial}{\partial t}\psi = H\psi$$

$$H = c\boldsymbol{\alpha}\cdot\boldsymbol{p}+mc^2\beta = -\mathrm{i}\hbar c\boldsymbol{\alpha}\cdot\boldsymbol{\nabla}+mc^2\beta \tag{11.4.1}$$

电子(荷电 $-e$)在电磁势($\boldsymbol{A},\phi$)中的 Dirac 方程,与 Klein-Cordon 方程相仿,可在方程(11.4.1)中做如下替换而得出:

$$-\mathrm{i}\hbar\nabla \to \left(-\mathrm{i}\hbar\,\nabla + \frac{e}{c}\boldsymbol{A}\right) = \left(\boldsymbol{P} + \frac{e}{c}\boldsymbol{A}\right) \quad (\boldsymbol{P} = -\mathrm{i}\hbar\nabla)$$

$$\mathrm{i}\hbar\,\frac{\partial}{\partial t} \to \left(\mathrm{i}\hbar\,\frac{\partial}{\partial t} + e\phi\right) \tag{11.4.2}$$

即电磁场($\boldsymbol{A},\phi$)中电子的 Dirac 方程表示为

$$\left[\mathrm{i}\hbar\,\frac{\partial}{\partial t} + e\phi - c\,\boldsymbol{\alpha}\cdot v\left(\boldsymbol{P} + \frac{e}{c}\boldsymbol{A}\right) - mc^2\beta\right]\psi = 0 \tag{11.4.3}$$

或写成

$$\mathrm{i}\hbar\,\frac{\partial}{\partial t}\psi = H\psi$$

$$H = c\boldsymbol{\alpha}\cdot\left(\boldsymbol{P} + \frac{e}{c}\boldsymbol{A}\right) - e\phi + mc^2\beta \tag{11.4.4}$$

若($\boldsymbol{A},\phi$)与时间 t 无关,则 ψ 存在定态解,形式为

$$\psi(\boldsymbol{r},t) = \psi(\boldsymbol{r})\exp(-\mathrm{i}Et/\hbar) \tag{11.4.5}$$

而多分量能量本征函数 $\psi(\boldsymbol{r})$满足能量本征方程

$$H\psi(\boldsymbol{r}) = \left[c\,\boldsymbol{\alpha}\cdot\left(\boldsymbol{P} + \frac{e}{c}\boldsymbol{A}\right) - e\phi + mc^2\beta\right]\psi(\boldsymbol{r}) = E\psi(\boldsymbol{r}) \tag{11.4.6}$$

E 为电子的能量本征值.

11.4.2　非相对论极限与电子磁矩

令

$$\psi = \begin{pmatrix}\varphi\\ \chi\end{pmatrix}\exp(-\mathrm{i}mc^2t/\hbar) \tag{11.4.7}$$

其目的是把电子静质量相应的能量的影响先“剔除”出去,以便于讨论非相对论极限[①]. 把式(11.4.7)代入方程(11.4.4),得

$$\mathrm{i}\hbar\,\frac{\partial}{\partial t}\varphi = c\boldsymbol{\sigma}\cdot\left(\boldsymbol{P} + \frac{e}{c}\boldsymbol{A}\right)\chi - e\phi\varphi \tag{11.4.8a}$$

$$\mathrm{i}\hbar\,\frac{\partial}{\partial t}\chi = c\boldsymbol{\sigma}\cdot\left(\boldsymbol{P} + \frac{e}{c}\boldsymbol{A}\right)\varphi - e\phi\chi - 2mc^2\chi \tag{11.4.8b}$$

在非相对论极限下,由式(11.4.8b)(略去不含 c 的项),可得

$$\chi \approx \frac{1}{2mc}\boldsymbol{\sigma}\cdot\left(\boldsymbol{P} + \frac{e}{c}\boldsymbol{A}\right)\varphi \tag{11.4.9}$$

χ 为小分量($\chi/\varphi\approx v/c$). 把式(11.4.9)代入式(11.4.8a),得

---

① 在($\boldsymbol{A},\phi$)与 t 无关情形下,在能量本征方程(11.4.6)中,令 $E=E'+mc^2$. 在 $E'=E-mc^2$ 中已把静质量相应能量去掉. 在非相对论情况下,$E'\ll mc^2$. 然后在所有公式中把 $E'\to\mathrm{i}\hbar\,\frac{\partial}{\partial t}$,也可得出下面式(11.4.8)～式(11.4.12)的一切结果.

$$\mathrm{i}\hbar \frac{\partial}{\partial t}\varphi = \frac{1}{2m}\left[\boldsymbol{\sigma}\cdot\left(\boldsymbol{P}+\frac{e}{c}\boldsymbol{A}\right)\right]^2\varphi - e\phi\varphi \tag{11.4.10}$$

利用

$$\begin{aligned}\left[\boldsymbol{\sigma}\cdot\left(\boldsymbol{P}+\frac{e}{c}\boldsymbol{A}\right)\right]^2 &= \left(\boldsymbol{P}+\frac{e}{c}\boldsymbol{A}\right)^2 + \mathrm{i}\boldsymbol{\sigma}\cdot\left[\left(\boldsymbol{P}+\frac{e}{c}\boldsymbol{A}\right)\times\left(\boldsymbol{P}+\frac{e}{c}\boldsymbol{A}\right)\right] \\ &= \left(\boldsymbol{P}+\frac{e}{c}\boldsymbol{A}\right)^2 + \mathrm{i}\,\frac{e}{c}\boldsymbol{\sigma}\cdot[\boldsymbol{P}\times\boldsymbol{A}+\boldsymbol{A}\times\boldsymbol{P}] \\ &= \left(\boldsymbol{P}+\frac{e}{c}\boldsymbol{A}\right)^2 + \frac{e\hbar}{c}\boldsymbol{\sigma}\cdot(\boldsymbol{\nabla}\times\boldsymbol{A}) \\ &= \left(\boldsymbol{P}+\frac{e}{c}\boldsymbol{A}\right)^2 + \frac{e\hbar}{c}\boldsymbol{\sigma}\cdot\boldsymbol{B}\end{aligned} \tag{11.4.11}$$

方程(11.4.10)可化为

$$\mathrm{i}\hbar \frac{\partial}{\partial t}\varphi = \left[\frac{1}{2m}\left(\boldsymbol{P}+\frac{e}{c}\boldsymbol{A}\right)^2 + \frac{e\hbar}{2mc}\boldsymbol{\sigma}\cdot\boldsymbol{B} - e\phi\right]\varphi \tag{11.4.12}$$

右边第二项为$-\boldsymbol{\mu}\cdot\boldsymbol{B}$,

$$\boldsymbol{\mu} = -\frac{e\hbar}{2mc}\boldsymbol{\sigma} = -\frac{e}{mc}\boldsymbol{s} \tag{11.4.13}$$

表示电子内禀磁矩,$-\boldsymbol{\mu}\cdot\boldsymbol{B}$ 表示电子内禀磁矩与外磁场 $\boldsymbol{B}$ 的相互作用能. 电子内禀磁矩的值为

$$\mu_{\mathrm{B}} = \frac{e\hbar}{2mc} \tag{11.4.14}$$

称为 Bohr 磁子. 这是 Dirac 方程得出的一个重要结论. 电子磁矩的观测值为

$$\mu = 1.00116\mu_{\mathrm{B}} \tag{11.4.15}$$

所以,Dirac 的相对论波动方程一方面能够对观测到的电子磁矩给予较满意的说明,但另一方面观测值与 Bohr 磁子还有微小差异($\approx 10^{-3}$),称为电子的反常磁矩. 作为单电子理论的 Dirac 方程还不能解决这问题.

11.4.3 中心力场下的非相对论极限,自旋轨道耦合

考虑电子在中心力场$V(r)$中的运动. 如电子在原子核的 Coulomb 引力势$\phi(r)$中运动. 此时,中心力场为

$$V(r) = -e\phi(r)$$

定态 Dirac 方程(11.4.6)表示为

$$[c\boldsymbol{\alpha}\cdot\boldsymbol{p} + mc^2\beta + V(r)]\psi = E\psi \quad (\boldsymbol{p} = -\mathrm{i}\hbar\boldsymbol{\nabla}) \tag{11.4.16}$$

为便于过渡到非相对论情况,令

$$E = mc^2 + E' \tag{11.4.17}$$

(在非相对论近似下,$E' = E - mc^2 \ll mc^2$),并令

$$\psi = \begin{pmatrix}\varphi \\ \chi\end{pmatrix} \tag{11.4.18}$$

采用 Pauli-Dirac 表象，式(11.4.16)化为

$$c(\boldsymbol{\sigma}\cdot\boldsymbol{p})\chi = [E' - V(r)]\varphi \tag{11.4.19a}$$

$$c(\boldsymbol{\sigma}\cdot\boldsymbol{p})\varphi = [2mc^2 + E' - V(r)]\chi \tag{11.4.19b}$$

由式(11.4.19b)可得

$$\chi = \frac{c(\boldsymbol{\sigma}\cdot\boldsymbol{p})}{2mc^2 + (E' - V)}\varphi = \frac{1}{2mc}\left(1 + \frac{E' - V}{2mc^2}\right)^{-1}(\boldsymbol{\sigma}\cdot\boldsymbol{p})\varphi$$

χ 为小分量. 在非相对论极限下

$$\chi \approx \frac{1}{2mc}\left(1 - \frac{E' - V}{2mc^2}\right)(\boldsymbol{\sigma}\cdot\boldsymbol{p})\varphi \tag{11.4.20}$$

代入式(11.4.19a)，得出大分量波函数 φ 满足的方程

$$\frac{1}{2m}(\boldsymbol{\sigma}\cdot\boldsymbol{p})\left(1 - \frac{E' - V}{2mc^2}\right)(\boldsymbol{\sigma}\cdot\boldsymbol{p})\varphi = (E' - V)\varphi \tag{11.4.21}$$

化简后，得

$$\left[\frac{1}{2m}p^2 - \frac{p^2}{4m^2c^2}E' + \frac{1}{4m^2c^2}(\boldsymbol{\sigma}\cdot\boldsymbol{p})V(r)(\boldsymbol{\sigma}\cdot\boldsymbol{p})\right]\varphi = (E' - V)\varphi \tag{11.4.22}$$

再利用

$$\begin{aligned}
V(\boldsymbol{\sigma}\cdot\boldsymbol{p}) &= (\boldsymbol{\sigma}\cdot\boldsymbol{p})V + \mathrm{i}\hbar\boldsymbol{\sigma}\cdot\nabla V \\
(\boldsymbol{\sigma}\cdot\boldsymbol{p})V(r)(\boldsymbol{\sigma}\cdot\boldsymbol{p}) &= (\boldsymbol{\sigma}\cdot\boldsymbol{p})^2 V + \mathrm{i}\hbar(\boldsymbol{\sigma}\cdot\boldsymbol{p})(\boldsymbol{\sigma}\cdot\nabla V) \\
&= p^2 V + \mathrm{i}\hbar\{\boldsymbol{p}\cdot(\nabla V) + \mathrm{i}\boldsymbol{\sigma}\cdot[\boldsymbol{p}\times\nabla V(r)]\} \\
&= p^2 V + \mathrm{i}\hbar\left\{(\nabla V)\cdot\boldsymbol{p} - \mathrm{i}\hbar\nabla^2 V + \mathrm{i}\boldsymbol{\sigma}\cdot\left[\boldsymbol{p}\times\frac{\boldsymbol{r}}{r}\frac{\mathrm{d}V}{\mathrm{d}r}\right]\right\} \\
&= p^2 V + \hbar^2\left(\frac{\mathrm{d}V}{\mathrm{d}r}\frac{\partial}{\partial r} + \nabla^2 V\right) + \hbar(\boldsymbol{\sigma}\cdot\boldsymbol{l})\frac{1}{r}\frac{\mathrm{d}V}{\mathrm{d}r}
\end{aligned} \tag{11.4.23}$$

代入式(11.4.22)，得

$$\begin{aligned}
&\left(\frac{p^2}{2m} + V - E'\right)\varphi + \frac{1}{4m^2c^2}p^2(V - E')\varphi \\
&+ \frac{1}{4m^2c^2}\left[\frac{1}{r}\frac{\mathrm{d}V}{\mathrm{d}r}\hbar(\boldsymbol{\sigma}\cdot\boldsymbol{l}) + \hbar^2\nabla^2 V + \hbar^2\frac{\mathrm{d}V}{\mathrm{d}r}\frac{\partial}{\partial r}\right]\varphi = 0
\end{aligned} \tag{11.4.24}$$

上式左边第二项与第三项均系相对论修正项. 利用式(11.4.21)，略去高级修正项，可得 $(E' - V)\varphi \approx \frac{1}{2m}p^2\varphi$，于是式(11.4.24)左边第二项化为 $\frac{1}{8m^3c^2}p^4\varphi$. 式(11.4.24)可改写成

$$\left\{\frac{p^2}{2m} + V - \frac{p^4}{8m^3c^2} + \frac{1}{2m^2c^2}\frac{1}{r}\frac{\mathrm{d}V}{\mathrm{d}r}(\boldsymbol{s}\cdot\boldsymbol{l}) + \frac{\hbar^2}{4m^2c^2}\left(\nabla^2 V + \frac{\mathrm{d}V}{\mathrm{d}r}\frac{\partial}{\partial r}\right)\right\}\varphi = E'\varphi \tag{11.4.25}$$

左边第三项$-\frac{p^4}{8m^3c^2}$为动能的相对论修正①,第四项为自旋轨道耦合项(Thomas项),可记为$\xi(r)$,而

$$\xi(r)=\frac{1}{2m^2c^2}\frac{1}{r}\frac{\mathrm{d}V}{\mathrm{d}r} \tag{11.4.26}$$

式(11.4.25)左边最后两项无经典含义.还应提到,最后一项不是厄米算符.问题出在:Dirac 波函数的"大分量"φ是否真正就是非相对论近似下的二分量波函数$\boldsymbol{\Psi}$?否.理由如下:作为波函数,应保证在非相对论极限下总概率守恒(波函数归一化保持不变),即要求

$$(\boldsymbol{\Psi},\boldsymbol{\Psi})=(\psi,\psi)=(\varphi,\varphi)+(\chi,\chi) \tag{11.4.27}$$

在准确到$O(v^2/c^2)$下,利用式(11.4.20),

$$(\chi,\chi)\approx\left(\varphi,\left(\frac{\boldsymbol{\sigma}\cdot\boldsymbol{p}}{2mc}\right)^2\varphi\right)=\left(\varphi,\frac{p^2}{4m^2c^2}\varphi\right)$$

所以

$$(\psi,\psi)=\left(\varphi,\left(1+\frac{p^2}{4m^2c^2}\right)\varphi\right)=(\boldsymbol{\Psi},\boldsymbol{\Psi}) \tag{11.4.28}$$

因而

$$\varphi\approx\left(1-\frac{p^2}{8m^2c^2}\right)\boldsymbol{\Psi}\quad\text{或}\quad\boldsymbol{\Psi}\approx\left(1+\frac{p^2}{8m^2c^2}\right)\varphi \tag{11.4.29}$$

用φ代入式(11.4.25),略去$O(v^4/c^4)$项,得出$\boldsymbol{\Psi}$满足的方程

$$\left\{\frac{p^2}{2m}+V-\left(\frac{1}{8}+\frac{1}{16}\right)\frac{p^4}{m^3c^2}+\frac{(E'-V)}{8m^2c^2}p^2+\frac{\hbar}{4m^2c^2}\frac{1}{r}\frac{\mathrm{d}V}{\mathrm{d}r}(\boldsymbol{\sigma}\cdot\boldsymbol{l})+\frac{\hbar^2}{4m^2c^2}\left(\boldsymbol{\nabla}^2V+\frac{\mathrm{d}V}{\mathrm{d}r}\frac{\partial}{\partial r}\right)\right\}\boldsymbol{\Psi}=E'\boldsymbol{\Psi} \tag{11.4.30}$$

利用($p^2=\boldsymbol{p}\cdot\boldsymbol{p}$)

$$\begin{aligned}[V,\boldsymbol{p}^2]&=[V,\boldsymbol{p}]\cdot\boldsymbol{p}+\boldsymbol{p}\cdot[V,\boldsymbol{p}]\\&=\mathrm{i}\hbar\boldsymbol{\nabla}V\cdot\boldsymbol{p}+\mathrm{i}\hbar\boldsymbol{p}\cdot\boldsymbol{\nabla}V\\&=\hbar^2\boldsymbol{\nabla}^2V+2\hbar^2\frac{\mathrm{d}V}{\mathrm{d}r}\frac{\partial}{\partial r}\end{aligned}$$

即

$$V\boldsymbol{p}^2=\boldsymbol{p}^2V+\hbar^2\boldsymbol{\nabla}^2V+2\hbar\frac{\mathrm{d}V}{\mathrm{d}r}\frac{\partial}{\partial r} \tag{11.4.31}$$

---

① 按特殊相对论,$E=\sqrt{c^2p^2+m^2c^4}$(非相对论近似下取正能值).当$p/mc\ll1$时,

$$E=mc^2\left[1+\frac{p^2}{m^2c^2}\right]^{1/2}=mc^2+\frac{p^2}{2m}-\frac{p^4}{8m^3c^2}+\cdots$$

代入式(11.4.30),并利用

$$\frac{p^2}{8m^2c^2}(E'-V)\Psi \approx \frac{p^4}{16m^3c^2}\Psi$$

则式(11.4.30)化为

$$\left[\frac{p^2}{2m}+V-\frac{p^4}{8m^3c^2}+\frac{1}{2m^2c^2}\frac{1}{r}\frac{\mathrm{d}V}{\mathrm{d}r}(\boldsymbol{s}\cdot\boldsymbol{l})+\frac{\hbar^2}{8m^2c^2}\nabla^2V\right]\Psi = E'\Psi \tag{11.4.32}$$

这就是在中心力场 $V(r)$ 中运动的粒子的 Dirac 方程的非相对论极限. 左边[…]内后三项为最低级的相对论修正[$O(v^2/c^2)$]. 它们将导致能级的精细结构.

对于类氢原子,$V(r)=-Ze^2/r$,所以

$$\xi(r) = \frac{1}{2m^2c^2}\frac{1}{r}\frac{\mathrm{d}V}{\mathrm{d}r} = \frac{Ze^2}{2m^2c^2r^3} \tag{11.4.33}$$

$$\frac{\hbar^2}{8m^2c^2}\nabla^2V = \frac{-Z\hbar^2e^2}{8m^2c^2}\nabla^2\frac{1}{r} = \frac{\pi Z\hbar^2e^2}{2m^2c^2}\delta(\boldsymbol{r}) \tag{11.4.34}$$

后一项(Darwin 项)亦称为接触势(contact potential). 它只对 s 态($l=0$)有影响①. 与此相反,自旋轨道耦合作用 $\xi(r)\boldsymbol{s}\cdot\boldsymbol{l}$ 只对 $l\neq0$ 态有影响.

11.5 氢原子光谱的精细结构

11.5.1 中心力场中电子的守恒量

1. 非相对论情况

在非相对论情况下,在中心力场 $V(r)$ 中运动的粒子,Hamilton 量为

$$H=-\frac{\hbar^2}{2m}\nabla^2+V(r)=-\frac{\hbar^2}{2m}\frac{1}{r^2}\frac{\partial}{\partial r}\left(r^2\frac{\partial}{\partial r}\right)+\frac{\boldsymbol{l}^2}{2mr^2}+V(r) \tag{11.5.1}$$

容易证明

$$[\boldsymbol{l},H]=0 \tag{11.5.2}$$

即轨道角动量 $\boldsymbol{l}$ 为守恒量,因而 $\boldsymbol{l}^2$ 也是守恒量. 所以常常选($H,\boldsymbol{l}^2,l_z$)为对易守恒量完全集,它们的共同本征态记为 ψ_{nlm}.

对于电子,需要考虑自旋轨道耦合作用 $\xi(r)\boldsymbol{s}\cdot\boldsymbol{l}$, $\xi(r)=\dfrac{1}{2m^2c^2}\dfrac{1}{r}\dfrac{\mathrm{d}V}{\mathrm{d}r}$. 此时,$\boldsymbol{l}$ 与自旋 $\boldsymbol{s}$ 分别不再是守恒量,但总角动量 $\boldsymbol{j}=\boldsymbol{l}+\boldsymbol{s}$ 是守恒量,因为

$$[\boldsymbol{j},\boldsymbol{s}\cdot\boldsymbol{l}]=0,\qquad [\boldsymbol{j},H]=0 \tag{11.5.3}$$

还可以证明

$$[\boldsymbol{l}^2,\boldsymbol{s}\cdot\boldsymbol{l}]=0,\qquad [\boldsymbol{l}^2,H]=0 \tag{11.5.4}$$

---

① T. A. Welton, Phys. Rev. **74**(1948) 1157,曾经利用这一点,对于 Lamb 位移给出了一个粗略的说明.

即 $\boldsymbol{l}^2$ 仍是守恒量①. 所以习惯选$(H,\boldsymbol{l}^2,\boldsymbol{j}^2,j_z)$为对易守恒量完全集，相应的本征函数记为 ψ_{nljm_j}. 对于给定 j，l 可以取 $l=j\pm1/2$，而 $m_j=j,j-1,\cdots,-j$，能级为$(2j+1)$重简并. 我们还注意到，在非相对论情况下，体系的宇称 $\pi=(-1)^l$，由角量子数 l 的奇偶性完全确定. 对于给定 j 的能级，$l=j\pm1/2$ 两个本征态的宇称相反，因此也可以选$(H,\boldsymbol{j}^2,j_z,P)$为对易守恒量完全集，$P$ 为空间反射算符.

2. 相对论情况

考虑电子在 Coulomb 势 $\phi(r)$中运动，令 $V(r)=-e\phi(r)$，则 Hamilton 量表示为

$$H = c\boldsymbol{\alpha}\cdot\boldsymbol{p} + mc^2\beta + V(r) \tag{11.5.5}$$

与自由电子情况相似，可证明

$$[\boldsymbol{l},H] = \mathrm{i}\hbar c\boldsymbol{\alpha}\times\boldsymbol{p} \neq 0$$

即 $\boldsymbol{l}$ 不是守恒量. 但

$$\boldsymbol{j} = \boldsymbol{l} + \frac{\hbar}{2}\boldsymbol{\Sigma} \tag{11.5.6}$$

是守恒量. 与非相对论情况不同之处是：$\boldsymbol{l}^2$ 不再守恒，因

$$\begin{aligned}[\boldsymbol{l}^2,H] &= c[\boldsymbol{l}^2,\boldsymbol{\alpha}\cdot\boldsymbol{p}] \\ &= c\boldsymbol{l}\cdot[\boldsymbol{l},(\boldsymbol{\alpha}\cdot\boldsymbol{p})] + c[\boldsymbol{l},(\boldsymbol{\alpha}\cdot\boldsymbol{p})]\cdot\boldsymbol{l} \\ &= \mathrm{i}\hbar c\{\boldsymbol{l}\cdot(\boldsymbol{\alpha}\times\boldsymbol{p}) + (\boldsymbol{\alpha}\times\boldsymbol{p})\cdot\boldsymbol{l}\} \neq 0\end{aligned} \tag{11.5.7}$$

另外，由于[式(11.5.6)平方可得]

$$\hbar\boldsymbol{\Sigma}\cdot\boldsymbol{l} = \boldsymbol{j}^2 - \boldsymbol{l}^2 - \frac{3}{4}\hbar^2 \tag{11.5.8}$$

$\boldsymbol{\Sigma}\cdot\boldsymbol{l}$ 也不再是守恒量. 但如令

$$\hbar\hat{K} = \beta(\boldsymbol{\Sigma}\cdot\boldsymbol{l} + \hbar) \tag{11.5.9}$$

可以证明它是守恒量②，即

---

① $\boldsymbol{s}\cdot\boldsymbol{l}$ 或 $\boldsymbol{\sigma}\cdot\boldsymbol{l}$ 也是守恒量. 但 $\boldsymbol{s}\cdot\boldsymbol{l}=\frac{1}{2}\left(\boldsymbol{j}^2-\boldsymbol{l}^2-\frac{3}{4}\hbar^2\right)$，而我们已选取 $\boldsymbol{j}^2$ 与 $\boldsymbol{l}^2$，$\boldsymbol{s}\cdot\boldsymbol{l}$ 就不是独立的守恒量了.

② 因$[\boldsymbol{\Sigma},\beta]=0$，得$[\hat{K},\beta]=0$. 因此

$$[\hbar\hat{K},H] = [\hbar\hat{K},c\boldsymbol{\alpha}\cdot\boldsymbol{p}] = c[\beta\boldsymbol{\Sigma}\cdot\boldsymbol{l},\boldsymbol{\alpha}\cdot\boldsymbol{p}] + \hbar c[\beta,\boldsymbol{\alpha}\cdot\boldsymbol{p}]$$

利用 $\beta\boldsymbol{\alpha}=-\boldsymbol{\alpha}\beta$，

$$[\hbar\hat{K},H]=c\beta[\boldsymbol{\Sigma}\cdot\boldsymbol{l},\boldsymbol{\alpha}\cdot\boldsymbol{p}]_+ + 2\hbar c\beta\boldsymbol{\alpha}\cdot\boldsymbol{p}$$

再利用[11.2 节，式(11.2.36)]，

$$(\boldsymbol{\Sigma}\cdot\boldsymbol{l})(\boldsymbol{\alpha}\cdot\boldsymbol{p}) = \mathrm{i}\boldsymbol{\alpha}\cdot(\boldsymbol{l}\times\boldsymbol{p})$$

$$(\boldsymbol{\alpha}\cdot\boldsymbol{p})(\boldsymbol{\Sigma}\cdot\boldsymbol{l}) = \mathrm{i}\boldsymbol{\alpha}\cdot(\boldsymbol{p}\times\boldsymbol{l})$$

所以$[\boldsymbol{\Sigma}\cdot\boldsymbol{l},\boldsymbol{\alpha}\cdot\boldsymbol{p}]=\mathrm{i}\boldsymbol{\alpha}\cdot\{(\boldsymbol{l}\times\boldsymbol{p})+(\boldsymbol{p}\times\boldsymbol{l})\}=-2\hbar\boldsymbol{\alpha}\cdot\boldsymbol{p}$，因而

$$[\hbar\hat{K},H]=0$$

$$[\hat{K}, H] = 0 \tag{11.5.10}$$

还可以证明①

$$[\hat{K}, \boldsymbol{j}] = 0 \tag{11.5.11}$$

因此，代替非相对论情况下的对易守恒量完全集$(H, \boldsymbol{l}^2, \boldsymbol{j}^2, j_z)$，相对论情况下的对易守恒量完全集可以取为$(H, \hat{K}, \boldsymbol{j}^2, j_z)$.

$\hbar\hat{K}$ 的本征值可如下求出：

利用$[\beta, \boldsymbol{\Sigma}]=0, \beta^2=1$，可得

$$\hbar^2\hat{K}^2 = (\boldsymbol{\Sigma}\cdot\boldsymbol{l})^2 + 2\hbar\boldsymbol{\Sigma}\cdot\boldsymbol{l} + \hbar^2$$

但

$$(\boldsymbol{\Sigma}\cdot\boldsymbol{l})^2 = \boldsymbol{l}^2 + \mathrm{i}\boldsymbol{\Sigma}\cdot(\boldsymbol{l}\times\boldsymbol{l}) = \boldsymbol{l}^2 - \hbar\boldsymbol{\Sigma}\cdot\boldsymbol{l}$$

所以

$$\hbar^2\hat{K}^2 = \boldsymbol{l}^2 + \hbar\boldsymbol{\Sigma}\cdot\boldsymbol{l} + \hbar^2 = \boldsymbol{j}^2 + \frac{1}{4}\hbar^2 \tag{11.5.12}$$

可以看出，尽管 $\boldsymbol{l}^2$ 与 $\boldsymbol{\Sigma}\cdot\boldsymbol{l}$ 分别不再为守恒量，它们的线性组合 $\hbar^2\hat{K}^2$ 却是守恒量(因为 $\boldsymbol{j}^2$ 守恒). 用 $\boldsymbol{j}^2$ 的本征值代入式(11.5.12)，可求出 $\hbar^2\hat{K}^2$ 的本征值为

$$\left[j(j+1) + \frac{1}{4}\right]\hbar^2 = \left(j + \frac{1}{2}\right)^2\hbar^2 \tag{11.5.13}$$

所以 $\hat{K}$ 的本征值为

$$K = \pm\left(j + \frac{1}{2}\right) = \pm 1, \pm 2, \pm 3, \cdots \tag{11.5.14}$$

对给定 j 值，$\hat{K}$ 可以取两个值 $K = \pm\left|j + \frac{1}{2}\right|$. $\hbar^2\hat{K}^2$ 的角色与非相对论情形下的 $\boldsymbol{l}^2$ 相当. 但考虑到$[\hat{K}, \boldsymbol{l}] \neq 0, [\hat{K}, \boldsymbol{l}^2] \neq 0$，$\hat{K}$ 的本征态一般不是 $\boldsymbol{l}^2$ 的本征态.

11.5.2 $(\hat{K}, \boldsymbol{j}^2, j_z)$的共同本征态

先构造$(\boldsymbol{j}^2, j_z)$的共同本征态(参见卷Ⅰ，11.2 节)

$$\begin{aligned}
\phi^A_{jm_j} &= \frac{1}{\sqrt{2l+1}}\begin{pmatrix}\sqrt{l+m+1} & \mathrm{Y}_l^m \\ \sqrt{l-m} & \mathrm{Y}_l^{m+1}\end{pmatrix} \quad l = j - 1/2 \\
\phi^B_{jm_j} &= \frac{1}{\sqrt{2l+3}}\begin{pmatrix}-\sqrt{l+1-m} & \mathrm{Y}_{l+1}^m \\ \sqrt{l+1+m+1} & \mathrm{Y}_{l+1}^{m+1}\end{pmatrix} \quad l + 1 = j + 1/2
\end{aligned} \tag{11.5.15}$$

$(\boldsymbol{j}^2, j_z)$的本征值为 $j(j+1)\hbar^2$ 和 $m_j\hbar = \left(m + \frac{1}{2}\right)\hbar$. 我们注意到，$\phi^A$ 和 ϕ^B 都是 $\boldsymbol{l}^2$ 的本征态，本征值分别为 $l(l+1)$和$(l+1)(l+2)$. 或者说，ϕ^A 与 ϕ^B 分别都具有确

---

① 考虑 $\hbar\hat{K}$ 定义及$[\Sigma, \beta]=0$，只需证明$[\boldsymbol{\Sigma}\cdot\boldsymbol{l}, \boldsymbol{j}]=0$. 利用$[\boldsymbol{\Sigma}\cdot\boldsymbol{l}, \boldsymbol{l}] = -\mathrm{i}\hbar\boldsymbol{\Sigma}\times\boldsymbol{l}$，$[\boldsymbol{\Sigma}\cdot\boldsymbol{l}, \boldsymbol{\Sigma}] = 2\mathrm{i}\boldsymbol{\Sigma}\times\boldsymbol{l}$，即可证明$[\boldsymbol{\Sigma}\cdot\boldsymbol{j}, \boldsymbol{j}]=0$.

定宇称,但前者的宇称为 $\pi=(-1)^l=(-1)^{j-1/2}$,与后者的宇称 $\pi=(-1)^{l+1}=(-1)^{j+1/2}$ 相反. 按照前面的分析,可以猜想,$\hat{K}$ 的本征态应是用 ϕ^A 和 ϕ^B 构成 4 分量波函数. 利用

$$\hbar\boldsymbol{\sigma}\cdot\boldsymbol{l}=\boldsymbol{j}^2-\boldsymbol{l}^2-\frac{3}{4}\hbar^2 \tag{11.5.16}$$

容易得出

$$\begin{aligned}(\boldsymbol{\sigma}\cdot\boldsymbol{l})\phi^A_{jm_j}&=\left(j-\frac{1}{2}\right)\hbar\phi^A_{jm_j}\\(\boldsymbol{\sigma}\cdot\boldsymbol{l})\phi^B_{jm_j}&=-\left(j+\frac{3}{2}\right)\hbar\phi^B_{jm_j}\end{aligned} \tag{11.5.17}$$

即 ϕ^A 和 ϕ^B 均为 $\boldsymbol{\sigma}\cdot\boldsymbol{l}$ 的本征态,但本征值并不相同. 考虑到

$$\hbar\hat{K}=\begin{pmatrix}\boldsymbol{\sigma}\cdot\boldsymbol{l}+\hbar & 0\\ 0 & -(\boldsymbol{\sigma}\cdot\boldsymbol{l}+\hbar)\end{pmatrix} \tag{11.5.18}$$

容易证明

$$\phi_1=\begin{pmatrix}c_1\phi^A_{jm_j}\\ c_2\phi^B_{jm_j}\end{pmatrix}\qquad \phi_2=\begin{pmatrix}c_1\phi^B_{jm_j}\\ c_2\phi^A_{jm_j}\end{pmatrix} \tag{11.5.19}$$

是 $\hat{K}$ 本征态[c_1,c_2 是任意常系数,更严格讲,只要 c_1 和 c_2 与粒子的角度变量和自旋无关即可,见式(11.5.26)],

$$\hat{K}\phi_1=\left(j+\frac{1}{2}\right)\phi_1,\qquad \hat{K}\phi_2=-\left(j+\frac{1}{2}\right)\phi_2 \tag{11.5.20}$$

所以 ϕ_1 与 ϕ_2 都是$(\hat{K},\boldsymbol{j}^2,j_z)$的共同本征函数. $(\boldsymbol{j}^2,j_z)$的本征值分别为 $j(j+1)\hbar^2$ 与 $m_j\hbar$,而 $\hat{K}$ 的本征值对于 ϕ_1 和 ϕ_2 分别为$\pm(j+1/2)$.

11.5.3 径向方程

氢原子的 Dirac 方程的定态解,可选为守恒量完全集$(H,\hat{K},\boldsymbol{j}^2,j_z)$的共同本征态,即角度与自旋的波函数取为$(\hat{K},\boldsymbol{j}^2,j_z)$的本征函数,剩下的任务就是在一定边条件下求解一个径向方程. 为找出此径向方程,先对 H 做一些变化,使之用 $\hat{K}$ 表示出来.

$$H=c\boldsymbol{\alpha}\cdot\boldsymbol{p}+mc^2\beta+V(r) \tag{11.5.21}$$

其中只有 $\boldsymbol{\alpha}\cdot\boldsymbol{p}$ 与 $\hat{K}$ 有关. 为找出它们的关系,定义算符

$$\alpha_r=\boldsymbol{\alpha}\cdot\boldsymbol{r}/r \tag{11.5.22}$$

显然,$\alpha_r^2=1$,所以 α_r 的本征值为±1. 利用式(11.2.35),可得

$$\begin{aligned}\alpha_r(\boldsymbol{\alpha}\cdot\boldsymbol{p})&=\frac{1}{r}(\boldsymbol{\alpha}\cdot\boldsymbol{r})(\boldsymbol{\alpha}\cdot\boldsymbol{p})=\frac{1}{r}\{\boldsymbol{r}\cdot\boldsymbol{p}+\mathrm{i}\boldsymbol{\Sigma}\cdot(\boldsymbol{r}\times\boldsymbol{p})\}\\&=-\mathrm{i}\hbar\frac{\partial}{\partial\boldsymbol{r}}+\frac{\mathrm{i}}{r}\boldsymbol{\Sigma}\cdot\boldsymbol{l}=p_r+\frac{\mathrm{i}\hbar}{r}\beta\hat{K}\end{aligned} \tag{11.5.23}$$

式中

$$p_r=-\mathrm{i}\hbar\left(\frac{\partial}{\partial r}+\frac{1}{r}\right)=p_r^+ \tag{11.5.24}$$

为径向动量算符，这样，

$$\boldsymbol{\alpha}\cdot\boldsymbol{p} = \alpha_r^2(\boldsymbol{\alpha}\cdot\boldsymbol{p}) = \alpha_r\left(p_r + \frac{\mathrm{i}\hbar}{r}\beta\hat{K}\right)$$

因而

$$H = c\alpha_r p_r + \frac{\mathrm{i}\hbar c}{r}\alpha_r\beta\hat{K} + mc^2\beta + V(r) \tag{11.5.25}$$

由此可见，$(H,\hat{K},\boldsymbol{j}^2,j_z)$的共同本征函数可表示成下列两种类型：

$$K = j + 1/2, \qquad \psi = \begin{pmatrix} \phi^A_{jm_j} f(r) \\ \phi^B_{jm_j} g(r) \end{pmatrix}$$

$$K = -(j + 1/2), \qquad \psi = \begin{pmatrix} \phi^B_{jm_j} f(r) \\ \phi^A_{jm_j} g(r) \end{pmatrix} \tag{11.5.26}$$

式中 $f(r)$与 $g(r)$待定. 把式(11.5.26)代入 Dirac 方程 $H\psi=E\psi$,可得出 $f(r)$和 $g(r)$满足的方程

$$\left[c\,\alpha_r p_r + \frac{\mathrm{i}\hbar cK}{r}\alpha_r\beta + mc^2\beta + V(r) - E\right]\begin{pmatrix} f(r) \\ g(r) \end{pmatrix} = 0 \tag{11.5.27}$$

式中 $K=\pm(j+1/2)$.

在 Pauli-Dirac 表象中，

$$\alpha_r = \begin{pmatrix} 0 & \sigma_r \\ \sigma_r & 0 \end{pmatrix}, \qquad \sigma_r = \frac{1}{r}\boldsymbol{r}\cdot\boldsymbol{\sigma}, \quad \hat{\boldsymbol{r}} = \boldsymbol{r}/r \tag{11.5.28}$$

$$\alpha_r\beta = \begin{pmatrix} 0 & \sigma_r \\ \sigma_r & 0 \end{pmatrix}\begin{pmatrix} I & 0 \\ 0 & -I \end{pmatrix} = \begin{pmatrix} 0 & -\sigma_r \\ \sigma_r & 0 \end{pmatrix} \tag{11.5.29}$$

利用①

$$\sigma_r\phi^A_{jm_j} = -\phi^B_{jm_j}, \qquad \sigma_r\phi^B_{jm_j} = -\phi^A_{jm_j} \tag{11.5.30}$$

可得

$$\alpha_r\begin{pmatrix} \phi^A f(r) \\ \phi^B g(r) \end{pmatrix} = -\begin{pmatrix} \phi^A g(r) \\ \phi^B f(r) \end{pmatrix}, \tag{11.5.31}$$

$$\alpha_r\begin{pmatrix} \phi^B f(r) \\ \phi^A g(r) \end{pmatrix} = -\begin{pmatrix} \phi^B g(r) \\ \phi^A f(r) \end{pmatrix}$$

所以 α_r 对$\begin{pmatrix} f \\ g \end{pmatrix}$的作用是使它变成$\begin{pmatrix} -g \\ -f \end{pmatrix}$. 所以在径向方程(11.5.27)中 α_r 相当于

---

① 钱伯初，曾谨言，量子力学习题精选与剖析，第三版. 北京：科学出版社，2008. 6.33 题. σ_r 为赝标量算符，称为螺旋度算符(helicity operator)，容易证明，$\sigma_r^2=1$，σ_r 本征值为±1. 定义幺正算符 $U=\mathrm{e}^{i\frac{\pi}{2}\sigma_r}$，秒为赝自旋变换(pseudospin transformation). 可证明，在此变换下，算符 $F\to\widetilde{F}=F+\sigma_r[F,\sigma_r]$. 例如，自旋 $\boldsymbol{s}=\boldsymbol{\sigma}/2\to\widetilde{\boldsymbol{s}}=-\boldsymbol{s}+\hat{\boldsymbol{r}}\,\sigma_r$，轨道角动量 $\boldsymbol{l}\to\widetilde{\boldsymbol{l}}+2\boldsymbol{s}-\hat{\boldsymbol{r}}\,\sigma_r$，因而总角动量 $\boldsymbol{j}=\boldsymbol{l}+\boldsymbol{s}\to\widetilde{\boldsymbol{j}}+\widetilde{\boldsymbol{s}}=\boldsymbol{j}$，这与$[\boldsymbol{j},\sigma_r]=0$ 一致. 参阅：A. Bohr, I. Hamamoto, B. R. Mottelson. Physica Scripta **26**(1982) 267.

$$\alpha_r = \begin{pmatrix} 0 & -I \\ -I & 0 \end{pmatrix} \tag{11.5.32}$$

而 $\alpha_r\beta$ 相当于

$$\alpha_r\beta = \begin{pmatrix} 0 & -I \\ -I & 0 \end{pmatrix}\begin{pmatrix} I & 0 \\ 0 & -I \end{pmatrix} = \begin{pmatrix} 0 & I \\ -I & 0 \end{pmatrix} \tag{11.5.33}$$

令

$$f(r) = \frac{F(r)}{r}, \qquad g(r) = \frac{\mathrm{i}G(r)}{r} \tag{11.5.34}$$

(上式的第 2 式中加一个 i,只是为了方便.)利用

$$p_r \frac{F(r)}{r} = -\mathrm{i}\hbar \frac{1}{r}\frac{\mathrm{d}F}{\mathrm{d}r}, \qquad p_r \frac{G(r)}{r} = -\mathrm{i}\hbar \frac{1}{r}\frac{\mathrm{d}G}{\mathrm{d}r} \tag{11.5.35}$$

则可得出 $F(r)$ 和 $G(r)$ 满足的方程组为

$$\begin{aligned} \frac{\mathrm{d}F}{\mathrm{d}r} - \frac{K}{r}F &= \left[\frac{mc^2+E}{\hbar c} - \frac{V(r)}{\hbar c}\right]G(r) \\ \frac{\mathrm{d}G}{\mathrm{d}r} + \frac{K}{r}G &= \left[\frac{mc^2-E}{\hbar c} + \frac{V(r)}{\hbar c}\right]F(r) \end{aligned} \tag{11.5.36}$$

对于氢原子,$V(r)=-e^2/r$,则方程(11.5.36)化为

$$\begin{aligned} \frac{\mathrm{d}F}{\mathrm{d}r} - \frac{K}{r}F &= \left(\frac{mc^2+E}{\hbar c} + \frac{\alpha}{r}\right)G \\ \frac{\mathrm{d}G}{\mathrm{d}r} + \frac{K}{r}G &= \left(\frac{mc^2-E}{\hbar c} - \frac{\alpha}{r}\right)F \end{aligned} \tag{11.5.37}$$

式中 $\alpha=e^2/\hbar c\approx 1/137$ 是精细结构常数.

11.5.4 氢原子光谱的精细结构

在束缚态边条件下求解氢原子的 Dirac 方程的径向方程(11.5.37),可发现只当能量本征值取下列分立值时,才能得到物理上允许的解(见本节附录 1,并把径向量子数 n' 改记为 n_r)

$$E = E_{n_r}K = mc^2\left[1 + \frac{\alpha^2}{(\sqrt{K^2-\alpha^2}+n_r)^2}\right]^{-1/2} \tag{11.5.38}$$

$$n_r = 0,1,2,\cdots; \quad |K| = (j+1/2) = 1,2,3,\cdots$$

如按精细结构常数 $\alpha\approx 1/137\ll 1$ 的幂级数展开,

$$(\sqrt{K^2-\alpha^2}+n_r)^{-2} \approx \left(n_r + |K| - \frac{\alpha^2}{2|K|}\right)^{-2} \approx \frac{1}{n^2}\left[1+\frac{\alpha^2}{n|K|}\right]$$

$$n = n_r + |K| = 1,2,3,\cdots \tag{11.5.39}$$

则式(11.5.38)可表示成①

---

① 对于类氢离子,式(11.5.38)～式(11.5.42)中,$\alpha\to Z\alpha$,Z 为类氢离子的原子核电荷.

$$E = E_{nK} = mc^2\left[1+\frac{\alpha^2}{n^2}\left(1+\frac{\alpha^2}{n|K|}\right)\right]^{-1/2}$$

$$= mc^2\left[1-\frac{1}{2}\frac{\alpha^2}{n^2}-\frac{\alpha^4}{2n^4}\left(\frac{n}{|K|}-\frac{3}{4}\right)+O(\alpha^6)\right] \tag{11.5.40}$$

式(11.5.40)还可改写成

$$E_{nK}-mc^2=-\frac{mc^2\alpha^2}{2n^2}\left[1+\frac{\alpha^2}{n^2}\left(\frac{n}{|K|}-\frac{3}{4}\right)+O(\alpha^4)\right]$$

$$=-\frac{e^2}{2a}\frac{1}{n^2}\left[1+\frac{\alpha^2}{n^2}\left(\frac{n}{|K|}-\frac{3}{4}\right)+O(\alpha^4)\right] \tag{11.5.41}$$

($a=\hbar^2/me^2$,Bohr 半径). 如用量子数 j 代替 $|K|$,则得

$$E_{nj}-mc^2=-\frac{e^2}{2a}\frac{1}{n^2}\left[1+\frac{\alpha^2}{n^2}\left(\frac{n}{j+1/2}-\frac{3}{4}\right)+O(\alpha^4)\right] \tag{11.5.42}$$

可以看出,能级不仅与主量子数 n 有关,而且依赖于 j(或 $|K|$,或 n_r). 式(11.5.41)与(11.5.42)中右边第二项远小于第一项,这是相对论最低级修正项. 当忽略此项时,就回到 Bohr 氢原子能级公式(除去一个常数项外)

$$E_n=-\frac{e^2}{2a}\frac{1}{n^2},\qquad n=1,2,3,\cdots \tag{11.5.43}$$

由于相对论修正,Bohr 能谱级将发生分裂. 但此相对论修正很小[$O(\alpha^2)$],能级分裂是很微小的,这就是氢原子能级精细结构的来源①. 在式(11.5.40)~式(11.5.42)中,对于给定 n,

$$\begin{aligned}
&|K|=1,2,3,\cdots,n\\
&j=|K|-1/2=1/2,3/2,5/2,\cdots,n-1/2\\
&K=(j+1/2)(>0)\ \text{情况下}\quad l=j-1/2\\
&K=-(j+1/2)(<0)\ \text{情况下}\quad l=j+1/2
\end{aligned} \tag{11.5.44}$$

这里 l 是波函数[见式(11.5.26),式(11.5.15)]的大分量中的球谐函数的阶,在非相对论极限下是好量子数. 以 $n=4$ 为例

K	$+1$	-1	$+2$	-2	$+3$	-3	$+4$*)
(n_r	3		2		1		0)
j	1/2		3/2		5/2		7/2
l	0	1	1	2	2	3	3
光谱符号	$4s_{1/2}$	$4p_{1/2}$	$4p_{3/2}$	$4d_{3/2}$	$4d_{5/2}$	$4f_{5/2}$	$4f_{7/2}$

*) 当 $n_r=0$,按式(11.5.39),$n=|K|=j+1/2$,所以 j 只取一个值 $j=n-1/2$,相当于 K 只取正值.

① 按位力定理,类氢离子中电子的动能平均值 $\overline{T}=-E$. 对于能级 $E_n=-\frac{e^2}{2a}\frac{Z^2}{n^2}=-E_1Z^2/n^2$,$E_1=-13.6\text{eV}$,所以 $\overline{T}=13.6Z^2/n^2(\text{eV})$. 通常认为,如 $T\geqslant 0.05mc^2$,相对论效应就应认真考虑. 按此准则,对于 $Z\geqslant 43$ 的重原子,相对论效应还是应该认真对待的.

在非相对论量子力学的计算结果(Bohr 公式)中,氢原子能级只与主量子数 n 有关($l=0,1,\cdots,n-1$ 诸能级的位置相同). 而按照相对论量子力学(Dirac 方程)的计算结果[见式(11.5.40)~式(11.5.42)],氢原子能级与主量子数 n 和总角动量量子数 j 都有关($j=1/2,3/2,\cdots,n-1/2$,共有 n 条). 但由于 $\alpha=e^2/\hbar c\approx 1/137 \ll 1$,相对论效应引起的分裂是很小的. 这就导致氢原子光谱的精细结构. 图 11.2 给出氢原子能级精细结构的示意图. 属于同一个主量子数 n 的诸能级的最大裂距($|K|=1$ 与 $|K|=n$ 能级的间距)为 $\Delta E=mc^2\alpha^4\times(n-1)/2n^4$,与实验观测结果符合得很好①. 这是 Dirac 的相对论量子力学取得的重要成果之一.

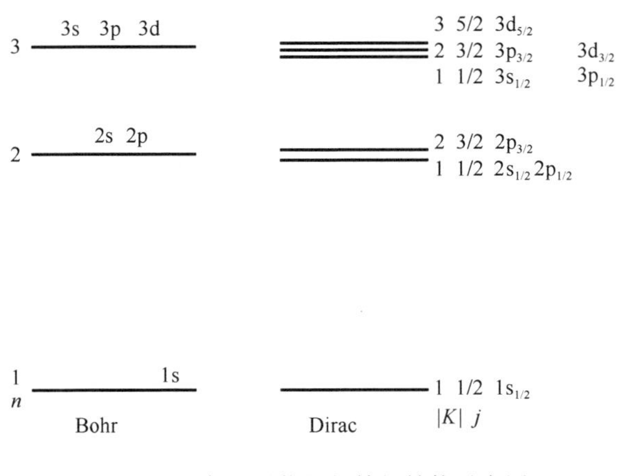

图 11.2 氢原子能级的精细结构示意图
(能级位置未按比例画出)

氢原子光谱理论的发展,是量子力学理论发展的一个缩影和侧面. 氢原子是一个最简单的原子,数学处理比较容易,可以找出其解析解. 但氢原子光谱的精密观测却并不是一件容易的事. 实验观测肯定了 Dirac 理论给出的相对论修正. 然而早在 20 世纪 30 年代,就有人发现 Dirac 理论与氢原子光谱的精细结构的观测还有一定的微小差异. 但由于当时实验的精确度不够,没有引起人们的重视②. 直到 1945 年 Lamb 与 Retherford③ 利用微波技术精确地测定了氢原子光谱的精细结构,肯定同一个(nj)的能级按照宇称不同还有微小的分裂(图 11.3). 例如,按 Dirac 的单电子能级公式(11.5.42),$2s_{1/2}$ 与 $2p_{1/2}$ 两条能级位置相同,但实验观测表明,$2s_{1/2}-2p_{1/2}$ 能级发生分裂,$2s_{1/2}$ 能级略高($\Delta E=\hbar\Delta\omega$, $\Delta\omega=1057.8\pm 0.1\text{MHz}$). 此即有名的 Lamb 移动(shift). 它与精细结构分裂(自旋轨道耦合分裂)$\Delta\omega(2p_{3/2}$

---

① 这个裂距比 Klein-Gordon 方程的计算结果[见 11.1 节,式(11.1.30)]要小得多. 如 $n=2$ 能级,$\Delta E(\text{Dirac})/\Delta E(\text{KG})=3/8$.

② G. W. Series, *Spectrum of Atomic Hydrogen*, Oxford University Press, 1957.

③ W. E. Jr. Lamb and R. C. Retherford, Phys. Rev. **72**(1947) 241.

$-2p_{1/2}$) = 10950MHz 相比，小一个数量级. 类似还有 $3s_{1/2}$ 能级略高于 $3p_{1/2}$，$3p_{3/2}$ 略高于 $3d_{3/2}$ 等.

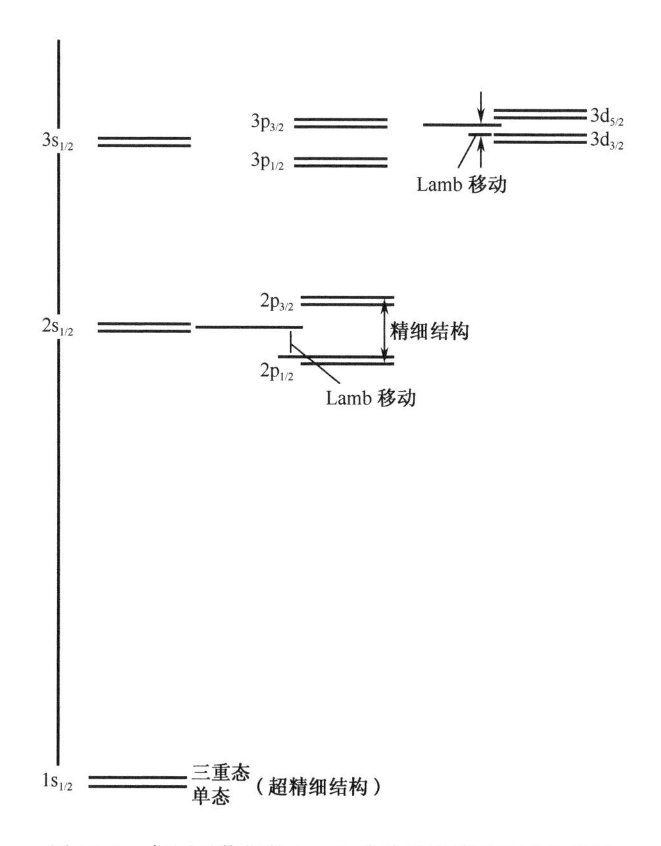

图 11.3 氢原子能级的 Lamb 移动和超精细分裂示意图
（能级位置未按比例画出.）

氢原子光谱的超精细结构源于电子磁矩与质子的相互作用，此作用使精细结构分裂（自旋轨道耦合分裂）后的电子每条能级再分裂成两条，相应于电子的角动量 j 与质子的自旋(1/2)耦合后形成的总角动量 $F=j\pm 1/2$ 的能级. 参阅，E. Fermi, Z. Physik **60**(1930)320；或下页所引文献②，p. 57.

与电子的反常磁矩一样，Lamb 移动(Lamb shift)是作为单电子理论的 Dirac 相对论量子力学所不能解释的. 为了说明它们，需要把 Dirac 方程看成一个场方程，并对场进行量子化. 在量子场论中，计及辐射修正之后，可以满意地解释 Lamb 移动和电子的反常磁矩. 这是 20 世纪 40 年代末量子电动力学取得的重要成果. 这些内容已超出本书范围. 有兴趣的读者可在学习本书的基础上，阅读有关的量子电动力学或量子场论的书籍[①~⑥].

附录1 氢原子径向方程的求解[⑦]

氢原子径向方程为

$$\frac{\mathrm{d}F}{\mathrm{d}r}-\frac{K}{r}F=\left(\frac{mc^2+E}{\hbar c}+\frac{\alpha}{r}\right)G \tag{F1.1}$$

$$\frac{\mathrm{d}G}{\mathrm{d}r}+\frac{K}{r}G=\left(\frac{mc^2-E}{\hbar c}-\frac{\alpha}{r}\right)F$$

下面求束缚态($E<mc^2$)解.为方便,令

$$c_1=(mc^2+E)/\hbar c,\qquad c_2=(mc^2-E)/\hbar c \tag{F1.2}$$

$$a=\sqrt{c_1c_2}=\sqrt{m^2c^4-E}/\hbar c \tag{F1.3}$$

并引进无量纲变量

$$\rho=ar \tag{F1.4}$$

则式(F1.1)化为

$$\frac{\mathrm{d}F}{\mathrm{d}\rho}-\frac{K}{\rho}F=\left(\frac{c_1}{a}+\frac{\alpha}{\rho}\right)G \tag{F1.5}$$

$$\frac{\mathrm{d}G}{\mathrm{d}\rho}+\frac{K}{\rho}G=\left(\frac{c_2}{a}-\frac{\alpha}{\rho}\right)F$$

在方程的两个奇点$\rho=0,\infty$的领域,解的渐近行为如下:

$\rho\to\infty$时,方程(F1.5)化为

$$\frac{\mathrm{d}F}{\mathrm{d}\rho}\approx\frac{c_1}{a}G,\qquad \frac{\mathrm{d}G}{\mathrm{d}\rho}\approx\frac{c_2}{a}F$$

因此

$$\frac{\mathrm{d}^2F}{\mathrm{d}\rho^2}\approx\frac{c_1}{a}\frac{\mathrm{d}G}{\mathrm{d}\rho}\approx\frac{c_1c_2}{a^2}F=F$$

所以,当$\rho\to\infty$时,$F\propto\mathrm{e}^{\pm\rho}$.但$F\propto\mathrm{e}^{\rho}$不满足束缚态条件,弃之.所以

$$\rho\to\infty\text{ 处},\qquad F(\rho)\propto\mathrm{e}^{-\rho} \tag{F1.6}$$

$G(\rho)$的渐近行为也一样.因此,不妨令

$$F(\rho)=\mathrm{e}^{-\rho}f(\rho),\qquad G(\rho)=\mathrm{e}^{-\rho}g(\rho) \tag{F1.7}$$

代入式(F1.5),得

---

① J. D. Bjφrken and S. D. Drell, *Relativistic Quantum Mechanics* McGraw-Hill, 1964; *Relativistic Quantum Fields*, McGraw-Hill, 1965.

② M. O. Scully and M. S. Zubairy, *Quantum Optics*, 1.3 节, Cambridge Univ. Press, 1997.

③A. Zee, *Quantum Field Theory in a Nutshell*, Princeton Univ. Press, Princeton and Oxford, 2003.

④C. Cohen-Tannoudji, J. Dupont-Roc and G. Grynberg, *Atom-Photon Interaction*, Wiley, New York, 1992.

⑤S. Weinberg, *Theory of Quantum Fields*, Cambridge, London, 1995.

⑥E. R. Pike and S. Sarkar, *Quantum Theory of Radiation*, Cambridge, London, 1995.

⑦方程(F1.1)经过适当变换后,可化为合流超几何方程.详见:钱伯初,曾谨言,量子力学习题精选与剖析,第三版, 18.6题.北京:科学出版社,2008.

$$\left(\frac{\mathrm{d}}{\mathrm{d}\rho}-\frac{K}{\rho}-1\right)f=\left(\frac{c_1}{a}+\frac{\alpha}{\rho}\right)g$$
$$\left(\frac{\mathrm{d}}{\mathrm{d}\rho}+\frac{K}{\rho}-1\right)g=\left(\frac{c_2}{a}-\frac{\alpha}{\rho}\right)f \tag{F1.8}$$

当 $\rho\to 0$ 时,上式化为

$$\frac{\mathrm{d}f}{\mathrm{d}\rho}-\frac{K}{\rho}f-\frac{\alpha}{\rho}g=0$$
$$\frac{\mathrm{d}g}{\mathrm{d}\rho}+\frac{K}{\rho}g+\frac{\alpha}{\rho}f=0 \tag{F1.9}$$

令

$$f\propto b_0\rho^s,\qquad g\propto d_0\rho^s \tag{F1.10}$$

代入式(F1.9),得

$$(s-K)b_0-\alpha d_0=0$$
$$\alpha b_0+(s+K)d_0=0 \tag{F1.11}$$

此齐次方程有非平庸解的充要条件为

$$\begin{vmatrix} s-K & -\alpha \\ \alpha & s+K \end{vmatrix}=0$$

解之,得

$$s=\pm\sqrt{K^2-\alpha^2}$$

但 $s<0$ 的解在 $\rho\approx 0$ 邻域不满足波函数统计诠释的要求,弃之.取

$$s=\sqrt{K^2-\alpha^2} \tag{F1.12}$$

这样,方程(F1.8)的一般解可表示为

$$f(\rho)=\sum_{\nu=0}^{\infty}b_\nu\rho^{s+\nu}$$
$$g(\rho)=\sum_{\nu=0}^{\infty}d_\nu\rho^{s+\nu} \tag{F1.13}$$

代入方程(F1.8),得

$$\left(-\frac{c_2}{a}+\frac{\alpha}{\rho}\right)\sum_\nu b_\nu\rho^{s+\nu}+\left(\frac{K}{\rho}-1\right)\sum_\nu d_\nu\rho^{s+\nu}+\sum_\nu(s+\nu)d_\nu\rho^{s+\nu-1}=0$$
$$\left(\frac{K}{\rho}+1\right)\sum_\nu b_\nu\rho^{s+\nu}-\sum_\nu(s+\nu)b_\nu\rho^{s+\nu-1}+\left(\frac{c_1}{a}+\frac{\alpha}{\rho}\right)\sum_\nu d_\nu\rho^{s+\nu}=0$$

比较等式两边 $\rho^{s+\nu-1}$ 项的系数,得

$$-\frac{c_2}{a}b_{\nu-1}+\alpha b_\nu+Kd_\nu-d_{\nu-1}+(s+\nu)d_\nu=0 \tag{F1.14a}$$

$$Kb_\nu+b_{\nu-1}-(s+\nu)b_\nu+\frac{c_1}{a}d_{\nu-1}+\alpha d_\nu=0 \tag{F1.14b}$$

(F1.14a)$+\frac{c_2}{a}\times$(F1.14b),注意 $c_1c_2=a^2$,可把 $d_{\nu-1}$、$b_{\nu-1}$ 消去,得

$$\left[\frac{c_2}{a}(K-s-\nu)+\alpha\right]b_\nu+\left[(K+s+\nu)+\frac{c_2\alpha}{a}\right]d_\nu=0 \tag{F1.15}$$

当 $\nu\gg 1$ 时,

$$b_\nu/d_\nu\approx a/c_2$$

代入式(F1.14a),得

$$-d_{\nu-1}+\alpha\frac{c_2}{a}d_\nu+(K+s+\nu)d_\nu-d_{\nu-1}=0$$

当 $\nu\gg1$ 时,得 $\nu d_\nu-2d_{\nu-1}=0$,得

$$d_\nu/d_{\nu-1}\approx 2/\nu$$

类似也可得出

$$b_\nu/b_{\nu-1}\approx 2/\nu$$

由此可以判断①

$$\text{当}\ \rho\to\infty,\qquad f(\rho)、g(\rho)\propto e^{2\rho}\tag{F1.16}$$

这样得到的无穷级数解 $F(\rho)$ 与 $G(\rho)$[见式(F1.7)]不满足束缚态边条件[见式(F1.6)].为满足束缚态条件,级数解(F1.13)必须从某项开始就截断,成为一个多项式.假设在 $\nu=n'(=0,1,2,\cdots)$ 处截断,即当 $\nu\geqslant n'$ 时,

$$b_\nu=d_\nu=0\tag{F1.17}$$

在式(F1.14a)中,取 $\nu=n'+1$ 时,有

$$-\frac{c_2}{a}b_{n'}=d_{n'}\tag{F1.18}$$

在式(F1.15)中,取 $\nu=n'$,有

$$\left[\frac{c_2}{a}(K-s-n')+\alpha\right]b_{n'}+[K+s+n'+c_2\alpha/a]d_{n'}=0\tag{F1.19}$$

比较式(F1.18)与式(F1.19),得

$$\frac{c_2}{a}(K-s-n')+\alpha-\frac{c_2}{a}(K+s+n'+c_2\alpha/a)=0$$

即

$$2\frac{c_2}{a}(s+n')=\alpha(1-c_2^2/a)=\alpha(1-c_2/c_1)$$

上式乘 c_1,利用 $c_1c_2=a^2$,$c_1-c_2=2E/\hbar c$,得

$$2a(s+n')=2\alpha E/\hbar c\tag{F1.20}$$

即

$$\alpha E=\hbar ca(s+n')=\sqrt{m^2c^4-E^2}(s+n')$$
$$\alpha^2E^2=(m^2c^4-E^2)(s+n')^2$$

解出得

$$E^2=m^2c^4\Big/\left[1+\frac{\alpha^2}{(s+n')^2}\right]\tag{F1.21}$$

其正能解为

$$E=mc^2\Big/\sqrt{1+\frac{\alpha^2}{(s+n')^2}}\tag{F1.22}$$

将式(F1.12)代入,即得出氢原子的束缚态能量本征值

$$E=E_{n'K}=mc^2\left[1+\frac{\alpha^2}{(\sqrt{K^2-\alpha^2}+n')^2}\right]^{-1/2}\tag{F1.23}$$

---

① $e^{2\rho}$ 的级数展开式中 ρ^ν 与 $\rho^{\nu-1}$ 项的系数之比为 $2/\nu$.

$$n' = 0,1,2,\cdots$$
$$|K| = (j+1/2) = 1,2,3,\cdots$$

附录 2　γ 代数

为便于记忆和运算，有关 γ 矩阵的性质，可按如下线索来整理.

(1) 定义 4×4 厄米矩阵 $\rho_j(j=1,2,3)$

$$\rho_1 = \begin{pmatrix} 0 & I \\ I & 0 \end{pmatrix}, \quad \rho_2 = \begin{pmatrix} 0 & -\mathrm{i}I \\ \mathrm{i}I & 0 \end{pmatrix}, \quad \rho_3 = \begin{pmatrix} I & 0 \\ 0 & -I \end{pmatrix} \tag{F2.1}$$

在形式上与 Pauli 矩阵 σ_j 相似，但这里 I 是 2×2 单位矩阵，0 是 2×2 零矩阵. ρ_j 之间的代数关系与 σ_j 相同.

$$\sigma_j^+ = \sigma_j \qquad \rho_j^+ = \rho_j \tag{F2.2a}$$
$$\sigma_j^2 = 1 \qquad \rho_j^2 = 1 \tag{F2.2b}$$
$$\mathrm{tr}\sigma_j = 0 \qquad \mathrm{tr}\rho_j = 0 \tag{F2.2c}$$
$$[\sigma_i,\sigma_j]_+ = 2\delta_{ij} \qquad [\rho_i,\rho_j]_+ = 2\delta_{ij} \tag{F2.2d}$$
$$[\sigma_i,\sigma_j] = 2\mathrm{i}\varepsilon_{ijk}\sigma_k \qquad [\rho_i,\rho_j] = 2\mathrm{i}\varepsilon_{ijk}\rho_k \tag{F2.2e}$$
$$\begin{aligned} &\sigma_1\sigma_2 = \mathrm{i}\sigma_3 && \rho_1\rho_2 = \mathrm{i}\rho_3 \\ &\sigma_2\sigma_3 = \mathrm{i}\sigma_1 && \rho_2\rho_3 = \mathrm{i}\rho_1 \\ &\sigma_3\sigma_1 = \mathrm{i}\sigma_2 && \rho_3\rho_1 = \mathrm{i}\rho_2 \end{aligned} \tag{F2.2f}$$

(2) Σ_j 矩阵$(j=1,2,3)$

$$\Sigma_j = \begin{pmatrix} \sigma_j & 0 \\ 0 & \sigma_j \end{pmatrix} \tag{F2.3}$$

显然，Σ_j 也满足与式(F2.2)相同的代数关系，

$$\Sigma_j^+ = \Sigma_j \tag{F2.4a}$$
$$\Sigma_j^2 = 1 \tag{F2.4b}$$
$$\mathrm{tr}\Sigma_j = 0 \tag{F2.4c}$$
$$[\Sigma_i,\Sigma_j]_+ = 2\delta_{ij} \tag{F2.4d}$$
$$[\Sigma_i,\Sigma_j] = 2\mathrm{i}\varepsilon_{ijk}\Sigma_k \tag{F2.4e}$$
$$\Sigma_1\Sigma_2 = \mathrm{i}\Sigma_3, \quad \Sigma_2\Sigma_3 = \mathrm{i}\Sigma_1, \quad \Sigma_3\Sigma_1 = \mathrm{i}\Sigma_2 \tag{F2.4f}$$

(3) 容易证明

$$[\Sigma_i,\rho_j] = 0, \qquad i,j = 1,2,3 \tag{F2.5}$$

由于 γ_μ、$\boldsymbol{\alpha}$ 和 β 矩阵均可用 ρ_j 和 Σ_j 表示出来，它们的各种代数关系很容易从式(F2.2)、式(F2.4)、式(F2.5)得出.

$\boldsymbol{\alpha}$,β 矩阵可表示为

$$\alpha_j = \rho_1\Sigma_j = \begin{pmatrix} 0 & \sigma_j \\ \sigma_j & 0 \end{pmatrix} \quad 或 \quad \Sigma_j = \rho_1\alpha_j \tag{F2.6}$$

$$\beta = \rho_3 \tag{F2.7}$$

γ_μ 矩阵可表示为

$$\gamma_j = \rho_2\Sigma_j = \begin{pmatrix} 0 & -\mathrm{i}\sigma_j \\ \mathrm{i}\sigma_j & 0 \end{pmatrix} \quad 或 \quad \Sigma_j = \rho_2\gamma_j \tag{F2.8}$$

$$\gamma_4 = \rho_3 = \beta \tag{F2.9}$$

γ 矩阵与 $\boldsymbol{\alpha}$ 矩阵的关系如下：

如

$$\gamma_j = \rho_2 \Sigma_j = \rho_2 \rho_1 \alpha_j = -\mathrm{i}\rho_3 \alpha_j = -\mathrm{i}\beta\alpha_j$$

即

$$\boldsymbol{\gamma} = -\mathrm{i}\beta\boldsymbol{\alpha} \quad 或 \quad \boldsymbol{\alpha} = \mathrm{i}\beta\boldsymbol{\gamma} \tag{F2.10}$$

(4) 由式(F2.8)、式(F2.4)、式(F2.5)容易证明

$$[\gamma_i, \gamma_j]_+ = 2\delta_{ij}, \qquad i,j = 1,2,3 \tag{F2.11}$$

与式(F2.2c)、式(F2.4c)相似.类似可证明

$$[\gamma_4, \gamma_j]_+ = 0, \qquad j = 1,2,3 \tag{F2.12}$$

考虑到 $\gamma_j^2 = 1$,上两式可概括为

$$[\gamma_\mu, \gamma_\nu]_+ = 2\delta_{\mu\nu}, \qquad \mu,\nu = 1,2,3,4 \tag{F2.13}$$

定义

$$\gamma_5 = \gamma_1 \gamma_2 \gamma_3 \gamma_4 \tag{F2.14}$$

用式(F2.8)、式(F2.9)代入

$$\gamma_5 = \rho_2 \Sigma_1 \rho_2 \Sigma_2 \rho_2 \Sigma_3 \rho_3 = \rho_2 \rho_3 \Sigma_1 \Sigma_2 \Sigma_3 = \mathrm{i}\rho_1 \mathrm{i}\Sigma_3 \Sigma_3 = -\rho_1$$

所以

$$\gamma_5 = -\rho_1 = \begin{pmatrix} 0 & -I \\ -I & 0 \end{pmatrix} \tag{F2.15}$$

容易证明

$$\gamma_5^2 = 1, \qquad [\gamma_5, \gamma_\mu]_+ = 0, \qquad \mu = 1,2,3,4 \tag{F2.16}$$

式(F2.13)与式(F2.16)可概括为

$$[\gamma_\mu, \gamma_\nu]_+ = 2\delta_{\mu\nu}, \qquad \mu,\nu = 1,2,3,4,5 \tag{F2.17}$$

(5) 4×4 厄米矩阵,线性独立的有 16 个.按 Lorentz 变换下的性质,可以方便地分为如下 5 组:

(a) I(4×4 单位矩阵)(标量,S)

(b) γ_μ($\mu=1,2,3,4$)(矢量,V)

(c)

$$\sigma_{\mu\nu} = -\frac{\mathrm{i}}{2}(\gamma_\mu \gamma_\nu - \gamma_\nu \gamma_\mu) = -\sigma_{\nu\mu} \ (\mu,\nu = 1,2,3,4) \tag{F2.18}$$

(反对称张量,T,共 6 个矩阵)

$$\begin{pmatrix} \sigma_{23} & \sigma_{31} & \sigma_{12} \\ \sigma_{14} & \sigma_{24} & \sigma_{34} \end{pmatrix} = \begin{pmatrix} \Sigma_1 & \Sigma_2 & \Sigma_3 \\ \alpha_1 & \alpha_2 & \alpha_3 \end{pmatrix} \tag{F2.19}$$

(d) γ_5(赝标量,P)

(e) $\mathrm{i}\gamma_\mu \gamma_5$($\mu=1,2,3,4$)(赝矢量)

$$\begin{aligned} &或\ \mathrm{i}\gamma_2\gamma_3\gamma_4, \quad \mathrm{i}\gamma_3\gamma_1\gamma_4, \quad \mathrm{i}\gamma_1\gamma_2\gamma_4, \quad -\mathrm{i}\gamma_1\gamma_2\gamma_3 \\ &= -\rho_3\Sigma_1, \quad -\rho_3\Sigma_2, \quad -\rho_3\Sigma_3, \quad \rho_2 \end{aligned} \tag{F2.20}$$

在 Pauli-Dirac 表象中,这 16 个矩阵有 10 个为实,6 个为纯虚.

10 个实矩阵为 $I, \gamma_2, \gamma_4(=\rho_3=\beta), \gamma_5(=-\rho_1), \Sigma_1, \Sigma_3, \alpha_1, \alpha_3, \rho_3\Sigma_1, \rho_3\Sigma_3$.

6 个纯虚矩阵为 $\gamma_1, \gamma_3, \Sigma_2, \alpha_2, \rho_2, \rho_3\Sigma_2$.

这 16 个矩阵分别记为 $\gamma_A(A=1,2,\cdots,16)$，它们具有如下代数性质：

①

$$\gamma_A^2=1 \qquad (\gamma_A^{-1}=\gamma_A) \tag{F2.21}$$

②除单位矩阵外，对于每一个 γ_A，都可找到一个 $\gamma_B(B\neq A)$ 与之反对易

$$\gamma_A\gamma_B=-\gamma_B\gamma_A \tag{F2.22}$$

③除单位矩阵外，均为零迹矩阵，

$$\mathrm{tr}\gamma_A=0 \tag{F2.23}$$

证明　按式(F2.22)，对于 $\gamma_A(\neq I)$，总可找到 $\gamma_B(B\neq A)$，使 $\gamma_A\gamma_B=-\gamma_B\gamma_A$. 考虑到

$$\mathrm{tr}\gamma_A=\mathrm{tr}(\gamma_A\gamma_B^2)=\mathrm{tr}(\gamma_A\gamma_B\gamma_B)=\mathrm{tr}(\gamma_B\gamma_A\gamma_B)$$

但另一方面

$$\mathrm{tr}(\gamma_A\gamma_B\gamma_B)=-\mathrm{tr}(\gamma_B\gamma_A\gamma_B)$$

所以

$$\mathrm{tr}\gamma_A=0$$

④所以 γ_A 均为幺模矩阵，即

$$\det\gamma_A=1 \tag{F2.24}$$

证明　按式(F2.21)，

$$\det(\gamma_A^2)=\det\gamma_A\cdot\det\gamma_A=1$$

所以 $\det\gamma_A=\pm1$. 但 γ_A 为 4×4 矩阵，在 γ_A 对角化表象中，γ_A 矩阵元必为 ±1. 而按 $\mathrm{tr}\gamma_A=0$，对角元中取 $+1$ 与 -1 的数目必须相同，因而为偶数，所以 $\det\gamma_A=1$. 注意，det 不因表象而异.

⑤16 个矩阵彼此线性独立.

反证法：

设存在不全为 0 的数 C_A，使

$$\sum_{A=1}^{16}C_A\gamma_A=0$$

用 γ_B(任意)左乘，上式化为

$$C_B+\sum_{A\neq B}C_A\gamma_B\gamma_A=0 \tag{F2.25}$$

注意：当 $B\neq A$ 时，$\gamma_B\gamma_A$ 不可能为单位矩阵，因而

$$\mathrm{tr}(\gamma_B\gamma_A)=0 \qquad (B\neq A)$$

试对式(F2.25)求迹，立即得 $C_B=0$. 但 B 是任意的，这与假设矛盾. 证毕.

按此性质，任何 4×4 矩阵 M 均可表示成

$$M=\sum_{A=1}^{16}m_A\gamma_A$$

$$m_A=\frac{1}{4}\mathrm{tr}(\gamma_AM) \tag{F2.26}$$

⑥Schur 引理　设矩阵 M 与 $\gamma_\mu(\mu=1,2,3,4)$ 都对易，则 M 必为单位矩阵的倍数. 即 $M=kI$，k 为常数，I 为单位矩阵.

证明　任何矩阵都与单位矩阵对易.

按假定，M 与 $\gamma_\mu(\mu=1,2,3,4)$ 对易. 除单位矩阵外，其他 15 个矩阵均可用 γ_μ 矩阵的某种乘

积表示出来，所以 M 与它们也都对易. 因而 M 与 16 个矩阵都对易. 又按式(F2.26)，M 总可表示成

$$M = m_B\gamma_B + \sum_{A\neq B} m_A\gamma_A \tag{F2.27}$$

设上式中 $\gamma_B \neq I$，按②，总可找到一个矩阵 γ_C 与 γ_B 反对易，即 $\gamma_B\gamma_C = -\gamma_C\gamma_B$. 再利用 $M\gamma_C = \gamma_C M$，$\gamma_C^2 = 1$，M 可表示成

$$M = \gamma_C^2 M = \gamma_C M\gamma_C$$

用式(F2.27)

$$\begin{aligned} M &= m_B\gamma_C\gamma_B\gamma_C + \sum_{A\neq B} m_A\gamma_C\gamma_A\gamma_C \\ &= - m_B\gamma_B + \sum_{A\neq B} m_A\varepsilon_A\gamma_A \end{aligned} \tag{F2.28}$$

式中 $\varepsilon_A = +1$ 或 -1，视 γ_A 与 γ_C 对易或反对易而定. γ_B · 式(F2.28)，求迹，得

$$\mathrm{tr}(\gamma_B M) = -4m_B$$

而 γ_B · 式(F2.27)，求迹，得

$$\mathrm{tr}(\gamma_B M) = 4m_B$$

所以 $m_B = 0$. 因此，式(F2.27)的各项中，除单位矩阵外，其他矩阵前面的系数必为 0. 因此 M 只能是单位矩阵的倍数 $M = kI$，k 为任意数.

⑦定理　设 γ_μ 与 γ_μ' 为两组任意的 4×4 矩阵，满足

$$[\gamma_\mu, \gamma_\nu]_+ = 2\delta_{\mu\nu}$$
$$[\gamma'_\mu, \gamma'_\nu]_+ = 2\delta_{\mu\nu}$$
$$(\mu, \nu = 1,2,3,4)$$

则必定存在一个非奇异矩阵 S，使

$$\gamma'_\mu = S\gamma_\mu S^{-1} \tag{F2.29}$$

除一个常数因子外，S 可以唯一确定.（证明从略）

练习 1　证明：奇数个 γ_μ 矩阵的乘积之迹为 0，即

$$\mathrm{tr}\gamma_\mu = 0, \qquad \mathrm{tr}(\gamma_\mu\gamma_\nu\gamma_\lambda) = 0, \quad \cdots \tag{F2.30}$$

练习 2　证明：

$$\begin{aligned} &\mathrm{tr}(\gamma_\mu\gamma_\nu) = 4\delta_{\mu\nu} \\ &\mathrm{tr}(\gamma_\mu\gamma_\nu\gamma_\rho\gamma_\sigma) = 4(\delta_{\mu\nu}\delta_{\rho\sigma} + \delta_{\mu\sigma}\delta_{\nu\rho} - \delta_{\mu\rho}\delta_{\nu\sigma}) \end{aligned} \tag{F2.31}$$

附录 3　Dirac 方程的协变形式

取 $\hbar = c = 1$. 令

$$x_\mu = (x_1, x_2, x_3, \mathrm{i}t) \tag{F3.1}$$

Lorentz 变换表示为

$$x_\mu \to x'_\mu = a_{\mu\nu}x_\nu \tag{F3.2}$$

为保证 $x'_\mu x'_\mu = x_\mu x_\mu$，要求

$$a_{\mu\nu}a_{\mu\lambda} = \delta_{\nu\lambda} \tag{F3.3}$$

这里采用了 Einstein 约定，即同一项中出现重复下标时，要对该下标求和.

特例

1. 空间反射

$$a_{\mu\nu} = \begin{pmatrix} -1 & & & \\ & -1 & & \\ & & -1 & \\ & & & 1 \end{pmatrix} \tag{F3.4}$$

显然

$$\det a = -1$$

2. 时间反演

$$a_{\mu\nu} = \begin{pmatrix} 1 & & & \\ & 1 & & \\ & & 1 & \\ & & & -1 \end{pmatrix} \tag{F3.5}$$

同样

$$\det a = -1$$

3. 真(proper)Lorentz 变换

指 $\det a = +1$，$a_{44} > 0$ 的 Lorentz 变换. 如参考系 Σ' 沿 z 轴(即 x_3 轴)以匀速 V 相对于参考系 Σ 运动

$$\begin{pmatrix} x'_1 \\ x'_2 \\ x'_3 \\ x'_4 \end{pmatrix} = \begin{pmatrix} 1 & 0 & 0 & 0 \\ 0 & 1 & 0 & 0 \\ 0 & 0 & \dfrac{1}{\sqrt{1-V^2}} & \dfrac{\mathrm{i}V}{\sqrt{1-V^2}} \\ 0 & 0 & \dfrac{-\mathrm{i}V}{\sqrt{1-V^2}} & \dfrac{1}{\sqrt{1-V^2}} \end{pmatrix} \begin{pmatrix} x_1 \\ x_2 \\ x_3 \\ x_4 \end{pmatrix} \tag{F3.6}$$

这种变换可以从恒等变换($a_{\mu\nu} = \delta_{\mu\nu}$)出发，经过相继的一系列无穷小变换达到. 因此，只需研究其无穷小变换，即

$$a_{\mu\nu} = \delta_{\mu\nu} + \varepsilon_{\mu\nu} \tag{F3.7}$$

$\varepsilon_{\mu\nu}$ 为无穷小量. 按式(F3.3)要求

$$\delta_{\nu\lambda} = (\delta_{\mu\nu} + \varepsilon_{\mu\nu})(\delta_{\mu\lambda} + \varepsilon_{\mu\lambda}) = \delta_{\nu\lambda} + (\varepsilon_{\lambda\nu} + \varepsilon_{\nu\lambda}) + O(\varepsilon^2)$$

所以要求

$$\varepsilon_{\lambda\nu} = -\varepsilon_{\nu\lambda} \tag{F3.8}$$

设在 Lorentz 变换下，波函数

$$\psi(x) \to \psi'(x') = \Lambda\psi(x) \tag{F3.9}$$

Λ 是 4×4 矩阵，待定. 此时 Dirac 方程

$$\left(\gamma_\mu \frac{\partial}{\partial x_\mu} + m\right)\psi(x) = 0 \tag{F3.10}$$

化为

$$\left(\gamma_\mu a_{\nu\mu} \frac{\partial}{\partial x'_\nu} + m\right)\Lambda^{-1}\psi'(x') = 0 \tag{F3.11}$$

左乘 Λ,得

$$\left(\Lambda\gamma_\mu\Lambda^{-1} a_{\nu\mu} \frac{\partial}{\partial x'_\nu} + m\right)\psi'(x') = 0 \tag{F3.12}$$

如 Λ 满足

$$\Lambda\gamma_\mu\Lambda^{-1} = a_{\lambda\mu}\gamma_\lambda \tag{F3.13}$$

则式(F3.12)化为

$$\left(\gamma_\nu \frac{\partial}{\partial x'_\nu} + m\right)\psi'(x') = 0 \tag{F3.14}$$

其形式与原来惯性参考系中的 Dirac 方程(F3.10)相同.此即 Dirac 方程的 Lorentz 不变性,,是相对性原理的要求.这样的 Λ 能否找到?可以的.满足式(F3.13)的 Λ 矩阵分别如下:

1) 空间反射

$$\Lambda = \mathrm{i}\gamma_4 \qquad \Lambda^{-1} = -\mathrm{i}\gamma_4 \tag{F3.15}$$

显然

$$\Lambda\gamma_j\Lambda^{-1} = -\gamma_j, \qquad j = 1,2,3$$
$$\Lambda\gamma_4\lambda^{-1} = \gamma_4$$

与式(F3.4)比较,可见式(F3.13)是满足的.

2) 时间反演

$$\Lambda = \gamma_1\gamma_2\gamma_3 = \mathrm{i}\rho_2, \qquad \Lambda^{-1} = \gamma_3\gamma_2\gamma_1 = -\mathrm{i}\rho_2 \tag{F3.16}$$

显然

$$\Lambda\gamma_j\Lambda^{-1} = \gamma_j, \qquad j = 1,2,3$$
$$\Lambda\gamma_4\Lambda^{-1} = -\gamma_4$$

与式(F3.5)比较,可见式(F3.13)是满足的.

3) 真(proper)Lorentz 变换

考虑无穷小 Lorentz 变换式(F3.7),此时,不妨取

$$\Lambda = 1 + \frac{\mathrm{i}}{4}\varepsilon_{\mu\sigma}\sigma_{\mu\sigma}$$

$$\Lambda^{-1} = 1 - \frac{\mathrm{i}}{4}\varepsilon_{\mu\sigma}\sigma_{\mu\sigma} \tag{F3.17}$$

其中

$$\sigma_{\mu\nu} = -\frac{\mathrm{i}}{2}(\gamma_\mu\gamma_\nu - \gamma_\nu\gamma_\mu) = -\sigma_{\nu\mu} \qquad \mu \neq \nu \tag{F3.18}$$

可以得出

$$\begin{aligned}\Lambda\gamma_\lambda\Lambda^{-1} &= \left(1 + \frac{\mathrm{i}}{4}\varepsilon_{\mu\nu}\sigma_{\mu\nu}\right)\gamma_\lambda\left(1 - \frac{\mathrm{i}}{4}\varepsilon_{\mu\nu}\sigma_{\mu\nu}\right) \\ &= \gamma_\lambda + \frac{\mathrm{i}}{4}\varepsilon_{\mu\nu}[\sigma_{\mu\nu}, \gamma_\lambda] + O(\varepsilon^2)\end{aligned}$$

利用代数恒等式

$$[AB, C] = A[B, C]_+ - [A, C]_+ B$$

可知

$$\mathrm{i}[\sigma_{\mu\nu},\gamma_\lambda]=\frac{1}{2}[\gamma_\mu\gamma_\nu-\gamma_\nu\gamma_\mu,\gamma_\lambda]=[\gamma_\mu\gamma_\nu,\gamma_\lambda]\quad(\mu\neq\nu)$$

$$=\gamma_\mu[\gamma_\nu,\gamma_\lambda]_+-[\gamma_\mu,\gamma_\lambda]_+\gamma_\nu=2\gamma_\mu\delta_{\nu\lambda}-2\gamma_\nu\delta_{\mu\lambda}$$

所以

$$\Lambda\gamma_\lambda\Lambda^{-1}=\gamma_\lambda+\frac{1}{2}\varepsilon_{\mu\nu}(\gamma_\mu\delta_{\nu\lambda}-\gamma_\nu\delta_{\mu\lambda})=\gamma_\lambda+\frac{1}{2}(\gamma_\mu\varepsilon_{\mu\lambda}-\gamma_\nu\varepsilon_{\lambda\nu})$$

$$=\gamma_\lambda+\varepsilon_{\mu\lambda}\gamma_\mu=a_{\mu\lambda}\gamma_\mu$$

与式(F3.13)相同.

习　题

11.1　试证明自由粒子的 Klein-Gordon 方程

$$-\hbar^2\frac{\partial^2}{\partial t^2}\psi=(-\hbar^2c^2\boldsymbol{\nabla}^2+m^2c^4)\psi$$

可表示成类似于 Schrödinger 方程的形式

$$\mathrm{i}\hbar\frac{\partial}{\partial t}\Psi=H\Psi$$

式中

$$H=-\frac{\hbar^2}{2m}(\tau_3+\mathrm{i}\tau_2)\boldsymbol{\nabla}^2+mc^2\tau_3$$

Ψ 是重新构造的二分量波函数,$\Psi=\begin{pmatrix}\varphi\\ \chi\end{pmatrix}$. φ 描述正电荷态,χ 描述负电荷态,$\tau_i\ (i=1,2,3)$是 Pauli 矩阵,

$$\tau_1=\begin{pmatrix}0&1\\1&0\end{pmatrix},\quad\tau_2=\begin{pmatrix}0&-\mathrm{i}\\ \mathrm{i}&0\end{pmatrix},\quad\tau_3=\begin{pmatrix}1&0\\0&-1\end{pmatrix}$$

试找出 Ψ 与 ψ 的关系,并用 Ψ 来表示连续性方程中的 ρ 与 $\boldsymbol{j}$.

答:

$$\psi=\varphi+\chi$$

$$\mathrm{i}\hbar\frac{\partial}{\partial t}\psi=mc^2(\varphi-\chi)$$

$$\rho=\Psi^+\tau_3\Psi$$

$$\boldsymbol{j}=-\frac{\mathrm{i}\hbar}{2m}[\Psi^+(1+\tau_1)\boldsymbol{\nabla}\Psi-(\boldsymbol{\nabla}\Psi^+)(1+\tau_1)\Psi]$$

11.2　按照特殊相对论,自由粒子的能量

$$E=\sqrt{c^2p^2+m^2c^4}$$

当 $v/c\ll1$ 时,

$$E=mc^2\left[1+\frac{p^2}{m^2c^2}\right]^{1/2}\approx mc^2+\frac{p^2}{2m}-\frac{p^4}{8m^3c^2}$$

$-p^4/(8m^3c^2)$是最低幂次的相对论修正. 把常数项 mc^2 去掉,氢原子的 Hamilton 量可表示成 $H=H_0+H'$,

$$H_0=\frac{p^2}{2m}-\frac{e^2}{r}$$

$$H'=-\frac{p^4}{8m^3c^2}$$

把 H' 看成微扰，求能级的微扰论一级修正.

答：能级的一级修正为

$$\frac{\alpha^2}{2n^4}\left[\frac{3}{4}-\frac{n}{l+1/2}\right]\frac{me^4}{\hbar^2} \qquad (\alpha=e^2/\hbar c)$$

加上零级能量 $E_n=-\frac{1}{2n^2}\frac{me^4}{\hbar^2}$，得

$$E_{nl}=-\frac{1}{2n^2}\left[1+\frac{\alpha^2}{n^2}\left(\frac{n}{l+1/2}-\frac{3}{4}\right)\right]\frac{me^4}{\hbar^2}$$

$$n=1,2,3,\cdots, \qquad l=0,1,\cdots,n-1$$

11.3 同上题，考虑相对论最低级修正后，中心力场 $V(r)$ 中粒子的 Schrödinger 方程表示为

$$\left(\frac{p^2}{2m}+V(r)-\frac{p^4}{8m^3c^2}\right)\psi=E\psi$$

试把 $H'=-p^4/(8m^3c^2)$ 当作微扰，并让

$$H'\psi\approx H'\psi^{(0)}=-\frac{T^2}{2mc^2}\psi^{(0)}=-\frac{(E-V)^2}{2mc^2}\psi^{(0)}\approx-\frac{(E-V)^2}{2mc^2}\psi$$

于是 Schrödinger 方程化为

$$\left[\frac{p^2}{2m}+(V(r)-E)-\frac{1}{2mc^2}(E-V(r))^2\right]\psi=0$$

对于氢原子，$V(r)=-e^2/r$. 试求出其能级公式.

答：能量本征值 E 由下式确定：

$$\frac{E}{mc^2}=\left[1+\frac{\alpha^2}{\left(\sqrt{(l+1/2)^2-\alpha^2}+n_r+\frac{1}{2}\right)^2}\right]^{-1/2}-1$$

$$n_r,l=0,1,2,\cdots$$

按 α^2 幂级数展开，得

$$E=E_{nl}=-\frac{1}{2n^2}\left[1+\frac{\alpha^2}{n^2}\left(\frac{n}{l+1/2}-\frac{3}{4}\right)+\cdots\right]\frac{me^4}{\hbar^2}$$

$$n=n_r+l+1=1,2,3,\cdots$$

$$l=0,1,2,\cdots,n-1$$

参阅 E. U. Condon and G. H. Shortley, *The Theory of Atomic Spectra*. Cambridge University Press, 1935.

11.4 在非相对论近似下，氢原子的 Dirac 方程可化为[参阅 11.4.3 节，式(11.4.32)、式(11.4.33)和式(11.4.34)]

$$\left\{\frac{p^2}{2m}+V-\frac{p^4}{8m^3c^2}+\frac{Ze^2}{2m^2c^2}\frac{1}{r^3}\boldsymbol{s}\cdot\boldsymbol{l}+\frac{\pi Ze^2\hbar^2}{2m^2c^2}\delta(\boldsymbol{r})\right\}\Psi=E'\Psi$$

$(E'=E-mc^2)$. 试把{ }中后三项看成微扰，用微扰论一级近似计算能级修正，并与 Dirac 方程的严格解比较.

答：$E'=E_{nj}=E_n^{(0)}+\langle H'\rangle_{nljm_j}$

$$=-mc^2\frac{Z^2\alpha^2}{2n^2}\left[1+\frac{Z^2\alpha^2}{n^2}\left(\frac{n}{j+1/2}-\frac{3}{4}\right)\right]$$

由 Dirac 方程精确解[见 11.5.4 节,式(11.5.38)]

$$E_{nj} = mc^2 \left\{ 1 + \frac{Z^2 \alpha^2}{\left[n_r + \sqrt{\left(j + \frac{1}{2} \right)^2 - Z^2 \alpha^2} \right]^2} \right\}^{-1/2}$$

$$n = n_r + j + 1/2 = 1,2,3,\cdots, \qquad n_r = 0,1,2,\cdots$$

作 α^2 幂级数展开,到 α^4 项,减去 mc^2,所得结果与微扰论一级修正的结果相同.

11.5　对于自旋为 1/2 的三维各向同性谐振子,计算能级的相对论修正.

提示:用 $V(r)=\frac{1}{2}m\omega^2 r^2$ 代入 11.4.3 节式(11.4.32).

答案见钱伯初,曾谨言.《量子力学习题精选与剖析》,第三版, 18.11 题. 北京:科学出版社,2008.

第 12 章 辐射场的量子化及其与物质的相互作用

在经典物理学和量子物理学中,光的本性的探讨都占有特殊重要的地位.早在17世纪,就存在 Newton 的光的微粒说与 Huygens 的光的波动说的争论.在相当长一段时期内,由于 Newton 在学术界的崇高威望,微粒说占主流地位.直到19世纪,经过 T. Young 和 A. J. Fresnel 等关于光的干涉和衍射的实验工作和理论分析,光的波动论才得到人们普遍承认. J. C. Maxwell(1865)建立了把电和磁现象统一起来的理论,即电动力学(现今称为经典电动力学),并预言了电磁波的存在,电磁波的传播速度为 c(真空中光速,$c=1/\sqrt{\varepsilon_0\mu_0}$,$\varepsilon_0$ 为真空比容率,μ_0 为真空磁导率).不久,H. R. Hertz(1888)用实验证实了电磁波的存在,指出光是一个特定波段中的电磁波,波长 $\lambda\sim(380\sim760\text{nm})$,频率 ν 为 $8\times10^{14}\sim4\times10^{14}$ Hz).

量子物理学的提出,发轫于 M. Planck(1900)对黑体辐射的研究.为了说明实验观测到的黑体辐射场的能量密度分布的规律,Planck 提出了作用量子的概念.随后,A. Einstein(1905)提出了光量子概念,把光的粒子性和波动性统一起来,成功阐明了光电效应. 继 Planck-Einstein 的光量子论之后,N. Bohr(1913)提出了原子的量子论.在20世纪20年代中期,W. Heisenberg 的矩阵力学与 E. Schrödinger 的波动力学相继提出,非相对论量子力学体系得以建立.

在非相对论量子力学理论框架中,曾经提出原子和分子辐射的半经典理论.在此理论中,原子和分子的运动用量子力学来处理,而作用于原子和分子的电磁场仍然看成经典的电磁场.这个半经典理论,成功说明了原子和分子的一些辐射现象,但对某些现象还不能给予满意的说明.光的波动性和粒子性的完整的、系统的理论是 P. A. M. Dirac.(1927)的电磁场的量子化理论给出的(后来称为量子电动力学).在此理论中,出现了一些经典辐射理论中未曾出现的现象[①],例如,真空涨落(vacuum fluctuation,即与零点能相应的涨落),成功说明了自发辐射现象、Lamb 位移、激光线宽、Casimir 效应等.关于这方面的系统理论,可以参阅有关专门文献[②③]和专著[④].本

---

① M. O. Scully and M. S. Zubairy, *Quantum Optics*, Cambridge Univ. Press, 1997.

② P. A. M. Dirac, Proc. Roy. Soc. **A114**(1927) 243.

③ E. Fermi, Rev. Mod. Phys. **4**(1932) 87.

④ 例如,R. Loudon, *The Quantum Theory of Light*, Oxford Univ. Press, 1973.

C. Cohen-Tannoudji, J. Dupont-Roc. and G. Grynberg, *Photons and Atoms*, *Introduction to Quantum Electrodynamics*, Wiley, New York, 1989.

E. R. Pike and S. Sarker, *Quantum Theory of Radiation*, Cambridge, London, 1995.

章只做一个初步的介绍. 12.1 节对经典电动力学和经典辐射场做一个简要回顾. 12.2 节讨论辐射场的量子化. 12.3 节讨论多极辐射场及其量子化. 12.4 节讨论多极自发辐射.

12.1 经典辐射场

12.1.1 经典电动力学简要回顾①

荷电 q 的粒子所受电磁场的作用力(Lorentz 力)由下式给出:

$$\boldsymbol{F}=q\left(\boldsymbol{E}+\frac{1}{c}\boldsymbol{v}\times\boldsymbol{B}\right)\tag{12.1.1}$$

$\boldsymbol{v}$ 为粒子速度,c 为一个普适常数,即真空中光(电磁波)的传播速度,$\boldsymbol{E}$ 和 $\boldsymbol{B}$ 分别为电场强度和磁场强度. 电磁场的运动遵守下列 Maxwell 方程组:

$$\nabla\cdot\boldsymbol{E}=4\pi\rho\tag{12.1.2a}$$

$$\nabla\times\boldsymbol{E}+\frac{1}{c}\frac{\partial}{\partial t}\boldsymbol{B}=0\tag{12.1.2b}$$

$$\nabla\cdot\boldsymbol{B}=0\tag{12.1.2c}$$

$$\nabla\times\boldsymbol{B}-\frac{1}{c}\frac{\partial}{\partial t}\boldsymbol{E}=\frac{4\pi}{c}\boldsymbol{j}\tag{12.1.2d}$$

ρ 与 $\boldsymbol{j}$ 分别表示电荷密度和电流密度. 对式(12.1.2d)取散度,利用式(12.1.2a),得

$$\nabla\cdot\boldsymbol{j}+\frac{\partial\rho}{\partial t}=0\tag{12.1.3}$$

此即电荷守恒的局域表示式.

通常习惯引进电磁矢势 $\boldsymbol{A}$ 和标势 ϕ 来描述电磁场. 根据式(12.1.2c),$\boldsymbol{B}$ 可以表示成

$$\boldsymbol{B}=\nabla\times\boldsymbol{A}\tag{12.1.4}$$

(因为 $\nabla\cdot(\nabla\times\boldsymbol{A})\equiv0$,见本节末的矢量分析公式). 把式(12.1.4)代入式(12.1.2b),得

$$\nabla\times\left(\boldsymbol{E}+\frac{1}{c}\frac{\partial}{\partial t}\boldsymbol{A}\right)=0$$

因而 $\boldsymbol{E}+\frac{1}{c}\frac{\partial}{\partial t}\boldsymbol{A}$ 可以表示成梯度形式 $-\nabla\phi$(因为 $\nabla\times(\nabla\phi)\equiv0$),即

$$\boldsymbol{E}=-\frac{1}{c}\frac{\partial}{\partial t}\boldsymbol{A}-\nabla\phi\tag{12.1.5}$$

---

① 详细内容可参阅 J. D. Jackson, *Classical Electrodynamics*, Wiley, N. Y., 1975; R. Shankar, *Principles of Quantum Mechanics*, 2nd. ed., Plenum Press, N. Y., 1994.

曹昌其. 电动力学. 北京:人民教育出版社,1978.

俞允强. 电动力学简明教程:北京:北京大学出版社,1999.

式(12.1.4)和式(12.1.5)代入式(12.1.2a)和式(12.1.2d),并利用$\nabla\times(\nabla\times\boldsymbol{A})=\nabla(\nabla\cdot\boldsymbol{A})-\nabla^2\boldsymbol{A}$,可得出$\boldsymbol{A}$和$\phi$满足的方程

$$\nabla^2\phi+\frac{1}{c}\frac{\partial}{\partial t}(\nabla\cdot\boldsymbol{A})=-4\pi\rho \tag{12.1.6a}$$

$$\nabla^2\boldsymbol{A}-\frac{1}{c^2}\frac{\partial^2}{\partial t^2}\boldsymbol{A}-\nabla\left(\nabla\cdot\boldsymbol{A}+\frac{1}{c}\frac{\partial}{\partial t}\phi\right)=-\frac{4\pi}{c}\boldsymbol{j} \tag{12.1.6b}$$

由式(12.1.4)和式(12.1.5)可以看出,$\boldsymbol{A}$和ϕ有一定的任意性,即$\boldsymbol{A}$和ϕ分别做如下变换:

$$\boldsymbol{A}\rightarrow\boldsymbol{A}'=\boldsymbol{A}-\nabla f \tag{12.1.7}$$

$$\phi\rightarrow\phi'=\phi+\frac{1}{c}\frac{\partial f}{\partial t}$$

上种f为(r,t)的任意函数,设∇f和$\frac{\partial f}{\partial t}$存在,则所得出的电磁场$\boldsymbol{E}$和$\boldsymbol{B}$是不变的,因而不影响 Lorentz 力和 Maxwell 方程组.这种不变性称为**规范不变性**(gauge invariance).

规范不变性可用来化简方程(12.1.6).以下讨论**自由电磁场**($\rho=0,\boldsymbol{j}=0$)情况.此时总可以选择$(\boldsymbol{A},\phi)$,使之满足①

$$\nabla\cdot\boldsymbol{A}=0,\quad \phi=0 \tag{12.1.8}$$

此之谓 Coulomb 规范.在 Coulomb 规范中,自由电磁场($\rho=0,\boldsymbol{j}=0$)的矢势满足下

① 一般说来,$(\boldsymbol{A},\phi)$不一定满足 Coulomb 规范,此时,可做规范变换,取

$$f(\boldsymbol{r},t)=-c\int_{-\infty}^{t}\mathrm{d}t'\phi(\boldsymbol{r},t')$$

则$\phi\rightarrow\phi'=0,\boldsymbol{A}\rightarrow\boldsymbol{A}'=\boldsymbol{A}-\nabla f$.此时$\nabla\cdot\boldsymbol{A}'$不一定为0.可再做规范变换,取

$$f'(\boldsymbol{r},t)=-\frac{1}{4\pi}\int\mathrm{d}^3x'\,\frac{\nabla'\cdot\boldsymbol{A}'(\boldsymbol{r}',t)}{|\boldsymbol{r}-\boldsymbol{r}'|}$$

则

$$\begin{aligned}\phi'\rightarrow\phi''&=\phi'+\frac{1}{c}\frac{\partial}{\partial t}f'=\frac{1}{c}\frac{\partial}{\partial t}f'\\&=-\frac{1}{4\pi c}\int\frac{\mathrm{d}^3x'}{|\boldsymbol{r}-\boldsymbol{r}'|}\nabla'\cdot\left[\frac{\partial}{\partial t}\boldsymbol{A}'(\boldsymbol{r}',t)\right]\\&=\frac{1}{4\pi}\int\frac{\mathrm{d}^3x'}{|\boldsymbol{r}-\boldsymbol{r}'|}\nabla'\cdot\boldsymbol{E}'(\boldsymbol{r}',t)=0\end{aligned}$$

而

$$\boldsymbol{A}'\rightarrow\boldsymbol{A}''=\boldsymbol{A}'-\nabla f'=\boldsymbol{A}-\nabla f-\nabla f'$$

$$\nabla\cdot\boldsymbol{A}''=\nabla\cdot\boldsymbol{A}-\nabla^2 f-\nabla^2 f'$$

利用$\nabla^2\frac{1}{|\boldsymbol{r}-\boldsymbol{r}'|}=-4\pi\delta(\boldsymbol{r}-\boldsymbol{r}')$,可证明

$$\nabla^2 f'=\nabla\cdot\boldsymbol{A}'(\boldsymbol{r},t)=\nabla\cdot\boldsymbol{A}-\nabla^2 f$$

因而$\nabla\cdot\boldsymbol{A}''=0$.在 Coulomb 规范中,如要再进行规范变换,则f必须不依赖于时间变量t,并满足 Laplace 方程$\nabla^2 f=0$.此时若再要求在空间无穷远处$|\boldsymbol{A}|\rightarrow0$,则$\boldsymbol{A}$将唯一确定,即在给定$\boldsymbol{E}$和$\boldsymbol{B}$的情况下,$\boldsymbol{A}$是唯一确定的,没有什么规范自由度了(参阅上页所引 R. Shanker 一书 p. 503).

列波动方程：

$$\nabla^2 \boldsymbol{A} - \frac{1}{c^2}\frac{\partial^2}{\partial t^2}\boldsymbol{A} = 0 \tag{12.1.9a}$$

以及

$$\nabla \cdot \boldsymbol{A} = 0 \tag{12.1.9b}$$

考虑到式(12.1.5)和式(12.1.2a)，还有

$$\nabla \cdot \dot{\boldsymbol{A}} = 0 \tag{12.1.9c}$$

方程(12.1.9a)的一种特解(平面单色驻波)可取为

$$\boldsymbol{A} = \boldsymbol{A}_0 \cos(\boldsymbol{k}\cdot\boldsymbol{r} - \omega t) \tag{12.1.10}$$
$$\omega = kc = |\boldsymbol{k}|c$$

$\boldsymbol{k}$ 为波矢. 由式(12.1.9b)，有

$$\boldsymbol{k} \cdot \boldsymbol{A}_0 = 0 \tag{12.1.11}$$

电磁场强度为

$$\begin{aligned} \boldsymbol{E} &= -\frac{1}{c}\frac{\partial}{\partial t}\boldsymbol{A} = -\frac{\omega}{c}\boldsymbol{A}_0 \sin(\boldsymbol{k}\cdot\boldsymbol{r} - \omega t) \\ \boldsymbol{B} &= \nabla \times \boldsymbol{A} = -(\boldsymbol{k} \times \boldsymbol{A}_0)\sin(\boldsymbol{k}\cdot\boldsymbol{r} - \omega t) \end{aligned} \tag{12.1.12}$$

可见 $\boldsymbol{E}$ 和 $\boldsymbol{B}$ 都与 $\boldsymbol{k}$ 垂直，$\boldsymbol{E}$ 和 $\boldsymbol{B}$ 彼此也垂直，且大小相等($|\boldsymbol{E}| = |\boldsymbol{B}|$).

电磁场能量密度为

$$u = \frac{1}{8\pi}(|\boldsymbol{E}|^2 + |\boldsymbol{B}|^2) = \frac{1}{4\pi}\frac{\omega^2}{c^2}|\boldsymbol{A}_0|^2 \sin^2(\boldsymbol{k}\cdot\boldsymbol{r} - \omega t) \tag{12.1.13}$$

动量密度(Pointing 矢量)为

$$\begin{aligned} \boldsymbol{P} &= \frac{1}{4\pi c}(\boldsymbol{E} \times \boldsymbol{B}) = \frac{\omega}{4\pi c^2}\boldsymbol{A}_0 \times (\boldsymbol{k} \times \boldsymbol{A}_0)\sin^2(\boldsymbol{k}\cdot\boldsymbol{r} - \omega t) \\ &= \frac{\omega}{4\pi c^2}\boldsymbol{k}|\boldsymbol{A}_0|^2 \sin^2(\boldsymbol{k}\cdot\boldsymbol{r} - \omega t) \end{aligned} \tag{12.1.14}$$

能流密度为

$$\begin{aligned} \boldsymbol{S} &= \frac{c}{4\pi}(\boldsymbol{E} \times \boldsymbol{B}) = c^2 \boldsymbol{P} \\ &= \frac{\omega}{4\pi}\boldsymbol{k}|\boldsymbol{A}_0|^2 \sin^2(\boldsymbol{k}\cdot\boldsymbol{r} - \omega t) \end{aligned} \tag{12.1.15}$$
$$|\boldsymbol{S}| = \frac{\omega}{4\pi}\left(\frac{\omega}{c}\right)|\boldsymbol{A}_0|^2 \sin^2(\boldsymbol{k}\cdot\boldsymbol{r} - \omega t) = uc$$

12.1.2 经典辐射场的平面波展开

对于自由电磁场(纯辐射场)，采用 Coulomb 规范(12.1.8)是方便的，即 $\nabla \cdot \boldsymbol{A} = 0$，$\phi = 0$，而矢势 $\boldsymbol{A}$ 满足下列方程：

$$\nabla^2 \boldsymbol{A} - \frac{1}{c^2}\frac{\partial^2}{\partial t^2}\boldsymbol{A} = 0 \tag{12.1.16}$$

为避免计算过程中出现归一化的困难，先设辐射场局限在体积为 V 的方匣子中(在计算的最后结果中，让 $V\to\infty$)，并要求 $\boldsymbol{A}$ 在空间的变化具有周期性. 显然，方程(12.1.16)可以分离变量. 以下用分离变量法求方程(12.1.16)的一种特解，而一般解可以表示成这些特解的线性叠加. 令

$$\boldsymbol{A}(\boldsymbol{r},t)=q(t)\boldsymbol{A}(\boldsymbol{r}) \tag{12.1.17}$$

代入式(12.1.16)，可得

$$\nabla^2\boldsymbol{A}(\boldsymbol{r})+k^2\boldsymbol{A}(\boldsymbol{r})=0 \tag{12.1.18}$$

$$\ddot{q}(t)+\omega^2 q(t)=0 \tag{12.1.19}$$

式中 k(或 $\omega=kc$)是不依赖于 $\boldsymbol{r}$ 和 t 的常量. 方程(12.1.18)的解可取为平面行波解(后面将看出，它是光子的动量的本征态)

$$\boldsymbol{A}_\lambda(\boldsymbol{r})=\sqrt{\frac{4\pi c^2}{V}}\boldsymbol{\varepsilon}_\lambda\exp[\mathrm{i}\boldsymbol{k}_\lambda\cdot\boldsymbol{r}] \tag{12.1.20}$$

式中 $\sqrt{4\pi c^2}$ 是为归一化表述方便而引进的. $\boldsymbol{\varepsilon}_\lambda$ 描述辐射的偏振方向，$\boldsymbol{k}_\lambda$ 为波矢. 设 $V=L^3$(L 为匣子边长)，则由周期性条件给出 $\boldsymbol{k}$ 的可取值 $\boldsymbol{k}_\lambda$ 为

$$\boldsymbol{k}_\lambda=\frac{2\pi}{L}(l,m,n) \tag{12.1.21}$$

$$l,m,n=0,\pm1,\pm2,\cdots(\text{但 } l=m=n=0 \text{ 除外})$$

(每一组 l,m,n 相应于一个波矢，以下笼统用指标 λ 标记之.)利用周期性边条件可以证明(参阅卷Ⅰ,5.4.3 节)

$$\frac{1}{L^3}\int\mathrm{d}\tau\exp[\mathrm{i}(\boldsymbol{k}_\lambda-\boldsymbol{k}_{\lambda'})\cdot\boldsymbol{r}]=\delta_{\boldsymbol{k}_\lambda\boldsymbol{k}_{\lambda'}} \tag{12.1.22}$$

式(12.1.20)代入式(12.1.8)，得横波条件

$$\boldsymbol{\varepsilon}_\lambda\cdot\boldsymbol{k}_\lambda=0 \tag{12.1.23}$$

即 $\boldsymbol{\varepsilon}_\lambda$ 与波矢方向 $\boldsymbol{k}_\lambda$ 垂直，它有两个独立的分量，表示两种偏振态. 如把 $\boldsymbol{k}_\lambda$、$\boldsymbol{\varepsilon}_\lambda$ 笼统用符号 λ 来标记，则

$$\int\mathrm{d}\tau\boldsymbol{A}_\lambda^*\cdot\boldsymbol{A}'_\lambda=4\pi c^2\delta_{\lambda\lambda'} \tag{12.1.24}$$

与 $\boldsymbol{k}_\lambda$ 相应($\omega_\lambda=|\boldsymbol{k}_\lambda|c$)的方程(12.1.19)的解记为

$$q_\lambda(t)\propto\exp[\pm\mathrm{i}\omega_\lambda t] \tag{12.1.25}$$

经典辐射场方程(12.1.16)的一般解(实)可表示为这些特解的线性叠加(以下取 $q_\lambda(t)\propto\mathrm{e}^{-\mathrm{i}\omega_\lambda t}$)

$$\boldsymbol{A}(\boldsymbol{r},t)=\sum_\lambda[q_\lambda(t)\boldsymbol{A}_\lambda(\boldsymbol{r})+q_\lambda^*(t)\boldsymbol{A}_\lambda^*(\boldsymbol{r})] \tag{12.1.26}$$

$$\propto \sum_\lambda \boldsymbol{\varepsilon}_\lambda [\mathrm{e}^{-\mathrm{i}\omega_\lambda t + \mathrm{i}\boldsymbol{k}_\lambda \boldsymbol{r}} + \text{复共轭项}]$$

上式右边括号内第一项代表沿 $\boldsymbol{k}_\lambda$ 方向传播的平面单色波(具有一定偏振 ε_λ),而第二项复共轭项代表沿 $-\boldsymbol{k}_\lambda$ 方向传播的平面单色波①.

利用式(12.1.26),可将电场强度及磁场强度表示为

$$\begin{aligned} \boldsymbol{E} &= -\frac{1}{c}\frac{\partial}{\partial t}\boldsymbol{A} = -\frac{\mathrm{i}}{c}\sum_\lambda \omega_\lambda (\boldsymbol{q}_\lambda \boldsymbol{A}_\lambda - q_\lambda^* \boldsymbol{A}_\lambda^*) \\ \boldsymbol{B} &= \boldsymbol{\nabla}\times\boldsymbol{A} = \sum_\lambda (q_\lambda \boldsymbol{\nabla}\times\boldsymbol{A}_\lambda + q_\lambda^* \boldsymbol{\nabla}\times\boldsymbol{A}_\lambda^*) \end{aligned} \tag{12.1.27}$$

利用上式及正交性公式(12.1.24),可求出辐射场的能量为

$$\begin{aligned} \frac{1}{8\pi}\int \mathrm{d}\tau |\boldsymbol{E}|^2 &= -\frac{1}{8\pi c^2}\sum_{\lambda\lambda'}\omega_\lambda \omega'_\lambda \cdot \int \mathrm{d}\tau (q_\lambda \boldsymbol{A}_\lambda - q_\lambda^* \boldsymbol{A}_\lambda^*) \cdot (q_{\lambda'} \boldsymbol{A}_{\lambda'} - q_{\lambda'}^* \boldsymbol{A}_{\lambda'}^*) \\ &= \frac{1}{8\pi c^2}\sum_{\lambda\lambda'}\omega_\lambda \omega'_\lambda \left[q_\lambda q_{\lambda'}^* \int \boldsymbol{A}_\lambda \cdot \boldsymbol{A}_{\lambda'}^* \mathrm{d}\tau + q_\lambda^* q_{\lambda'} \int \boldsymbol{A}_\lambda^* \cdot \boldsymbol{A}_{\lambda'} \mathrm{d}\tau \right] \\ &= \frac{1}{2}\sum_\lambda \omega_\lambda^2 (q_\lambda q_\lambda^* + q_\lambda^* q_\lambda) \end{aligned}$$

类似有②

$$\begin{aligned} \frac{1}{8\pi}\int \mathrm{d}\tau |\boldsymbol{B}|^2 &= \frac{1}{8\pi}\sum_{\lambda\lambda'}\int \mathrm{d}\tau (q_\lambda \boldsymbol{\nabla}\times\boldsymbol{A}_\lambda + q_\lambda^* \boldsymbol{\nabla}\times\boldsymbol{A}_\lambda^*) \cdot (q_{\lambda'} \boldsymbol{\nabla}\times\boldsymbol{A}_{\lambda'} + q_{\lambda'}^* \boldsymbol{\nabla}\times\boldsymbol{A}_{\lambda'}^*) \\ &= \frac{1}{8\pi}\sum_{\lambda\lambda'}\left\{ q_\lambda q_{\lambda'}^* \int \mathrm{d}\tau (\boldsymbol{\nabla}\times\boldsymbol{A}_\lambda) \cdot (\boldsymbol{\nabla}\times\boldsymbol{A}_{\lambda'}^*) \right. \\ &\qquad \left. + q_\lambda^* q_{\lambda'} \int \mathrm{d}\tau (\boldsymbol{\nabla}\times\boldsymbol{A}_\lambda^*) \cdot (\boldsymbol{\nabla}\times\boldsymbol{A}_{\lambda'}) \right\} \\ &= \frac{1}{8\pi}\sum_{\lambda\lambda'}\left\{ q_\lambda q_{\lambda'}^* \frac{\omega_{\lambda'}^2}{c^2}\int \mathrm{d}\tau (\boldsymbol{A}_\lambda \cdot \boldsymbol{A}_{\lambda'}^*) + \text{复共轭项} \right\} \\ &= \frac{1}{2}\sum_\lambda (q_\lambda q_\lambda^* + q_\lambda^* q_\lambda)\omega_\lambda^2 \end{aligned}$$

所以辐射场总能量为

$$H = \frac{1}{8\pi}\int \mathrm{d}\tau (|\boldsymbol{E}|^2 + |\boldsymbol{B}|^2) = \sum_\lambda \omega_\lambda^2 (q_\lambda q_\lambda^* + q_\lambda^* q_\lambda) \tag{12.1.28}$$

由于 q_λ、q_λ^* 并非实变量,彼此不正则共轭. 为便于对辐射场进行量子化,定义实变量

$$Q_\lambda = q_\lambda + q_\lambda^*$$

---

① 例如,见 M. O. Scully and M. S. Zubairy, *Quantum Optics*, Cambridge Univ. Press. 1997.

② 利用

$$(\boldsymbol{\nabla}\times\boldsymbol{A}_\lambda)\cdot(\boldsymbol{\nabla}\times\boldsymbol{A}_{\lambda'}^*) = \boldsymbol{\nabla}\cdot[\boldsymbol{A}_\lambda \times (\boldsymbol{\nabla}\times\boldsymbol{A}_{\lambda'}^*)] + \boldsymbol{A}_\lambda \cdot [\boldsymbol{\nabla}\times(\boldsymbol{\nabla}\times\boldsymbol{A}_{\lambda'}^*)]$$

第一项积分后,化为面积分,无贡献. 第二项化为

$$\boldsymbol{A}_\lambda \cdot [\boldsymbol{\nabla}(\boldsymbol{\nabla}\cdot\boldsymbol{A}_{\lambda'}^*) - \boldsymbol{\nabla}^2 \boldsymbol{A}_{\lambda'}^*] = -\boldsymbol{A}_\lambda \cdot (-k_{\lambda'}^2 \boldsymbol{A}_{\lambda'}^*) = \frac{\omega_{\lambda'}^2}{c^2}(\boldsymbol{A}_\lambda \cdot \boldsymbol{A}_{\lambda'}^*)$$

$$P_\lambda = \dot{q}_\lambda + \dot{q}_\lambda^* = \mathrm{i}\omega_\lambda(q_\lambda - q_\lambda^*) \tag{12.1.29}$$

其逆为

$$q_\lambda = \frac{1}{2}\left(Q_\lambda - \frac{\mathrm{i}}{\omega_\lambda}P_\lambda\right)$$

$$q_\lambda^* = \frac{1}{2}\left(Q_\lambda + \frac{\mathrm{i}}{\omega_\lambda}P_\lambda\right) \tag{12.1.30}$$

式(12.1.30)代入式(12.1.28),可得

$$H = \frac{1}{2}\sum_\lambda (P_\lambda^2 + \omega_\lambda^2 Q_\lambda^2) \tag{12.1.31}$$

由此可以看出,辐射场可以看成由无穷多个谐振子组成的体系,振子频率 $\omega_\lambda = |\boldsymbol{k}_\lambda|c$ 由式(12.1.21)给出(当 $L\to\infty$时,趋于连续变化).(Q_λ, P_λ)可视为彼此正则共轭的坐标和动量①.

类似还可求出(留作读者练习)辐射场的总动量为

$$\boldsymbol{P} = \frac{1}{4\pi c}\int \mathrm{d}\tau(\boldsymbol{E}\times\boldsymbol{B}) = \sum_\lambda \frac{\boldsymbol{k}_\lambda}{\omega_\lambda}(P_\lambda^2 + \omega_\lambda^2 Q_\lambda^2) \tag{12.1.32}$$

附录　矢量代数与矢量分析公式

$\boldsymbol{a},\boldsymbol{b},\boldsymbol{c},\boldsymbol{d},\cdots$矢量场;$\phi,\psi,\cdots$标量场.

$$\boldsymbol{a}\cdot(\boldsymbol{b}\times\boldsymbol{c}) = \boldsymbol{b}\cdot(\boldsymbol{c}\times\boldsymbol{a}) + \boldsymbol{c}\cdot(\boldsymbol{a}\times\boldsymbol{b})$$

$$\boldsymbol{a}\times(\boldsymbol{b}\times\boldsymbol{c}) = (\boldsymbol{a}\cdot\boldsymbol{c})\boldsymbol{b} - (\boldsymbol{a}\cdot\boldsymbol{b})\boldsymbol{c}$$

$$\boldsymbol{a}\times(\boldsymbol{b}\times\boldsymbol{c}) + (\boldsymbol{b}\times\boldsymbol{c})\times\boldsymbol{a} + \boldsymbol{c}\times(\boldsymbol{a}\times\boldsymbol{b}) = 0$$

$$(\boldsymbol{a}\times\boldsymbol{b})\cdot(\boldsymbol{c}\times\boldsymbol{d}) = (\boldsymbol{a}\cdot\boldsymbol{c})(\boldsymbol{b}\cdot\boldsymbol{d}) - (\boldsymbol{a}\cdot\boldsymbol{d})(\boldsymbol{b}\cdot\boldsymbol{c})$$

$$(\boldsymbol{a}\times\boldsymbol{b})\times(\boldsymbol{c}\times\boldsymbol{d}) = [(\boldsymbol{a}\times\boldsymbol{b})\cdot\boldsymbol{d}]\boldsymbol{c} - [(\boldsymbol{a}\times\boldsymbol{b})\cdot\boldsymbol{c}]\boldsymbol{d}$$
$$= [(\boldsymbol{c}\times\boldsymbol{d})\cdot\boldsymbol{a}]\boldsymbol{b} - [(\boldsymbol{c}\times\boldsymbol{d})\cdot\boldsymbol{b}]\boldsymbol{a}$$

$$\nabla\times(\nabla\phi) = 0,\quad \nabla\cdot(\nabla\times\boldsymbol{a}) = 0,\quad \nabla\cdot\nabla\phi = \nabla^2\phi \equiv \Delta\phi$$

$$\nabla\times(\nabla\times\boldsymbol{a}) = \nabla(\nabla\cdot\boldsymbol{a}) - \Delta\boldsymbol{a},\quad \Delta\boldsymbol{a} = \nabla\cdot(\nabla\boldsymbol{a})$$

$$\nabla(\phi\psi) = \phi\nabla\psi + \psi\nabla\phi$$

$$\Delta(\phi\psi) = \phi\Delta\psi + 2(\nabla\phi)\cdot(\nabla\psi) + \psi\Delta\phi$$

$$\nabla\cdot(\phi\boldsymbol{a}) = \phi\nabla\cdot\boldsymbol{a} + \boldsymbol{a}\cdot\nabla\phi$$

$$\nabla\times(\phi\boldsymbol{a}) = \phi\nabla\times\boldsymbol{a} + (\nabla\phi)\times\boldsymbol{a}$$

$$\nabla\cdot(\boldsymbol{a}\times\boldsymbol{b}) = \boldsymbol{b}\cdot(\nabla\times\boldsymbol{a}) - \boldsymbol{a}\cdot(\nabla\times\boldsymbol{b})$$

$$\nabla(\boldsymbol{a}\cdot\boldsymbol{b}) = \boldsymbol{a}\times(\nabla\times\boldsymbol{b}) + \boldsymbol{b}\times(\nabla\times\boldsymbol{a}) + (\boldsymbol{b}\cdot\nabla)\boldsymbol{a} + (\boldsymbol{a}\cdot\nabla)\boldsymbol{b}$$

$$\nabla\times(\boldsymbol{a}\times\boldsymbol{b}) = \boldsymbol{a}(\nabla\cdot\boldsymbol{b}) - \boldsymbol{b}(\nabla\cdot\boldsymbol{a}) + (\boldsymbol{b}\cdot\nabla)\boldsymbol{a} - (\boldsymbol{a}\cdot\nabla)\boldsymbol{b}$$

$$\boldsymbol{l} = -i\hbar\boldsymbol{r}\times\nabla,\qquad \nabla = \boldsymbol{i}\frac{\partial}{\partial x} + \boldsymbol{j}\frac{\partial}{\partial y} + \boldsymbol{k}\frac{\partial}{\partial z}$$

---

① 按正则方程,$\dot{Q}_\lambda = \frac{\partial H}{\partial P_\lambda} = P_\lambda$,$\dot{P}_\lambda = -\frac{\partial H}{\partial Q_\lambda} = -\omega_\lambda^2 Q_\lambda$,所以 $\ddot{Q}_\lambda + \omega_\lambda^2 Q_\lambda = 0$,$\ddot{P}_\lambda + \omega_\lambda^2 P_\lambda = 0$,与 q_λ、q_λ^* 满足的微分方程(12.1.19)相同.

$$\nabla = \boldsymbol{e}_r \frac{\partial}{\partial r} - \frac{\mathrm{i}}{\hbar r^2}\boldsymbol{r}\times\boldsymbol{l}, \qquad \boldsymbol{e}_r = \boldsymbol{r}/r(\text{径向单位矢})$$

$$\Delta = \frac{1}{r}\frac{\partial^2}{\partial r^2}r - \frac{\boldsymbol{l}^2}{\hbar^2 r^2}$$

$$\nabla\cdot\boldsymbol{r} = 3, \quad \nabla\times\boldsymbol{r} = 0$$

$$\nabla\cdot\boldsymbol{e}_r = \frac{2}{r}, \qquad \nabla\times\boldsymbol{e}_r = 0$$

12.2 辐射场的量子化

场量子化的基本思想是:找出描述经典场的一组完备的正则坐标和动量,然后把它们视为相应的算符,满足正则坐标和动量的对易式,从而使之量子化,此时Planck 常数将出现其中.按上节分析,经典辐射场可以看成由无穷多个独立的谐振子组成的体系.振子的正则坐标和动量记为 Q_λ 和 P_λ.按正则量子化方案,要求它们满足

$$[Q_\lambda, Q_{\lambda'}] = 0, \qquad [P_\lambda, P_{\lambda'}] = 0 \tag{12.2.1}$$
$$[Q_\lambda, P_{\lambda'}] = \mathrm{i}\hbar\delta_{\lambda\lambda'}$$

为方便,不妨引进无量纲算符 a_λ 与 a_λ^+

$$\begin{aligned} Q_\lambda &= \sqrt{\frac{\hbar}{2\omega_\lambda}}(a_\lambda + a_\lambda^+) \\ P_\lambda &= -\mathrm{i}\sqrt{\frac{\hbar\omega_\lambda}{2}}(a_\lambda - a_\lambda^+) \end{aligned} \tag{12.2.2}$$

其逆为

$$\begin{aligned} a_\lambda &= \sqrt{\frac{\omega_\lambda}{2\hbar}}\left(Q_\lambda + \frac{\mathrm{i}}{\omega_\lambda}P_\lambda\right) = \sqrt{\frac{2\omega_\lambda}{\hbar}}q_\lambda \\ a_\lambda^+ &= \sqrt{\frac{\omega_\lambda}{2\hbar}}\left(Q_\lambda - \frac{\mathrm{i}}{\omega_\lambda}P_\lambda\right) = \sqrt{\frac{2\omega_\lambda}{\hbar}}q_\lambda^* \end{aligned} \tag{12.2.3}$$

利用式(12.2.3)和式(12.2.1),不难证明

$$[a_\lambda, a'_\lambda] = 0, \qquad [a_\lambda^+, a_{\lambda'}^+] = 0 \tag{12.2.4}$$
$$[a_\lambda, a_{\lambda'}^+] = \delta_{\lambda\lambda'}$$

这正是 Bose 子的产生和湮没算符满足的对易关系式.按式(12.2.3)及 12.1 节式(12.1.26),辐射场矢势的展开式可表示成

$$\boldsymbol{A}(\boldsymbol{r},t) = \sum_\lambda \sqrt{\frac{\hbar}{2\omega_\lambda}}[a_\lambda \boldsymbol{A}_\lambda(\boldsymbol{r})\exp(\mathrm{i}\omega_\lambda t) + a_\lambda^+ A_\lambda^*(\boldsymbol{r})\exp(-\mathrm{i}\omega_\lambda t)] \tag{12.2.5}$$

这里已经把 $q_\lambda(t)$ 和 $q_\lambda^*(t)$ 中随时间简谐变化的因子明显写出,式(12.2.5)中 a_λ 与 a_λ^+ 不再依赖于时间.注意式(12.2.5)中的 a_λ 和 a_λ^+ 已化为算符,满足对易式

(12.2.4).在粒子占据数表象(occupation number representation)中(参阅4.1节),如取适当的相位规定,a_λ 和 a_λ^+ 的运算可表示为

$$
\begin{aligned}
a_\lambda^+ |n_\lambda\rangle &= \sqrt{n_\lambda + 1}\,|n_\lambda + 1\rangle \\
a_\lambda |n_\lambda\rangle &= \sqrt{n_\lambda}\,|n_\lambda - 1\rangle
\end{aligned}
\tag{12.2.6}
$$

不难验证

$$
a_\lambda^+ a_\lambda |n_\lambda\rangle = n_\lambda |n_\lambda\rangle \tag{12.2.7}
$$

正定厄米算符 $a_\lambda^+ a_\lambda$ 正是 λ 态上的 Bose 子数算符,其本征值为 $n_\lambda = 0,1,2,\cdots$ 而 $|n_\lambda\rangle$ 正是相应的本征态,n_λ 就是处于 λ 态上的 Bose 子数.对于辐射场,n_λ 就是处于 λ 态的光子数.

把式(12.2.2)代入式(12.1.31),利用对易式(12.2.4),可以得出辐射场的 Hamilton 量

$$
H = \frac{1}{2}\sum_\lambda (P_\lambda^2 + \omega_\lambda^2 Q_\lambda^2) = \sum_\lambda \left(a_\lambda^+ a_\lambda + \frac{1}{2}\right)\hbar\omega_\lambda \tag{12.2.8}
$$

其能量本征值为

$$
E = \sum_\lambda \left(n_\lambda + \frac{1}{2}\right)\hbar\omega_\lambda \tag{12.2.9}
$$

$$
n_\lambda = 0,1,2,\cdots
$$

类似可求出辐射场的动量算符

$$
\boldsymbol{P} = \sum_\lambda \frac{\boldsymbol{k}_\lambda}{\omega_\lambda}(P_\lambda^2 + \omega_\lambda^2 Q_\lambda^2) = \sum_\lambda \left(a_\lambda^+ a_\lambda + \frac{1}{2}\right)\hbar\boldsymbol{k}_\lambda \tag{12.2.10}
$$

其本征值为

$$
\boldsymbol{P} = \sum_\lambda \left(n_\lambda + \frac{1}{2}\right)\hbar\boldsymbol{k}_\lambda \tag{12.2.11}
$$

由式(12.2.9)和式(12.2.11)可以看出,辐射场经过量子化之后,就变成了由光子组成的体系,处于 λ 态的光子数为 n_λ,λ 态上每一个光子的能量和动量为

$$
E_\lambda = \hbar\omega_\lambda, \qquad \boldsymbol{P}_\lambda = \hbar\boldsymbol{k}_\lambda \qquad (\omega_\lambda = |\boldsymbol{k}_\lambda|c) \tag{12.2.12}
$$

由此可以看出

$$
E_\lambda^2 - p_\lambda^2 c^2 = 0 \tag{12.2.13}
$$

这是光子的静质量为0的反映.考虑到 $\boldsymbol{\varepsilon}_\lambda \cdot \boldsymbol{k}_\lambda = 0$(见12.1节,式(12.1.23),横波条件),光子可以有两个独立的偏振态.这是光子具有自旋($\hbar$)的表现(见后).

辐射场能量密度分布

按照 Boltzmann 分布律,处于热平衡(温度 TK)的体系,处于能级 E_i 的概率 P_i 为

$$
P_i = \frac{1}{Z}\exp[-\beta E_i] \tag{12.2.14}
$$

其中

$$Z = \sum_i \exp[-\beta E_i] \tag{12.2.15}$$

$$\beta = \frac{1}{kT}, \quad k = 1.38 \times 10^{-23} \text{J/K(Boltzmann 常量)}$$

因此平均能量为

$$E_{av} = \sum_i P_i E_i = -\frac{\partial}{\partial \beta} \ln Z \tag{12.2.16}$$

对于经典谐振子

$$E = \frac{p^2}{2m} + \frac{1}{2} m\omega^2 x^2$$

x 与 p 为连续变量,式(12.2.15)中 $\sum_i \to \int dx \int dp$,此时

$$Z = \iint_{-\infty}^{+\infty} dx dp \exp\left[-\beta\left(\frac{1}{2} m\omega^2 x^2 + \frac{p^2}{2m}\right)\right] = \frac{2\pi}{\omega\beta} \tag{12.2.17}$$

因而每一个经典谐振子的平均能量为

$$E_{av} = -\frac{\partial}{\partial \beta} \ln Z = \frac{1}{\beta} = kT \tag{12.2.18}$$

对于量子谐振子,能量是不连续的,$E_n = \left(n + \frac{1}{2}\right)\hbar\omega$

$$\begin{aligned} Z &= \sum_{n=0}^{\infty} \exp[-\beta E_n] = \sum_n \exp\left[-\beta \hbar\omega\left(n + \frac{1}{2}\right)\right] \\ &= \exp[-\hbar\omega\beta/2] \sum_n \exp[-\beta\hbar\omega n] \\ &= \exp[-\hbar\omega\beta/2] \frac{1}{1 - \exp[-\hbar\omega\beta]} \end{aligned} \tag{12.2.19}$$

由此得出

$$E_{av} = -\frac{\partial}{\partial \beta} \ln Z = \hbar\omega \left\{\frac{1}{2} + \frac{1}{\exp[\hbar\omega\beta] - 1}\right\} \tag{12.2.20}$$

可以看出,当 $T \to \infty (\beta \to 0)$,每个量子谐振子的平均能量

$$E_{av} \to \hbar\omega\left[\frac{1}{2} + \frac{1}{\hbar\omega\beta}\right] \approx \frac{1}{\beta} = kT \tag{12.2.21}$$

与经典振子相同.

按 12.1.2 节的分析,在空窖 $V = L^3$ 内的辐射场可看成很多平面单色(简谐)波的叠加,波矢 $\boldsymbol{k}$ 的取值

$$(k_x, k_y, k_z) = \frac{2\pi}{L}(l, m, n) \tag{12.2.22}$$

$$l, m, n = 0, \pm 1, \pm 2, \cdots (l = m = n = 0 \text{ 除外})$$

考虑到偏振,每一组 (l, m, n) 值对应有两个振动模式,相当于 $\boldsymbol{k}$ 空间体积元 $(2\pi/L)^3$. 因此在 $\boldsymbol{k}$ 空间中半径 $\leqslant |\boldsymbol{k}|$ 的球内相应有

$$2 \cdot \frac{4\pi}{3}k^3 \bigg/ \left(\frac{2\pi}{L}\right)^3 = \frac{8\pi}{3}\frac{\nu^3 L^3}{c^3} \quad (k = \nu/c) \tag{12.2.23}$$

个振动模式. 所以单位体积中在$(\nu,\nu+\mathrm{d}\nu)$频率范围内有

$$\frac{8\pi\nu^2}{c^3}\mathrm{d}\nu \tag{12.2.24}$$

个振动模式. 因此热平衡下经典辐射场的平均能量密度为

$$\frac{8\pi\nu^2 kT}{c^3}\mathrm{d}\nu \tag{12.2.25}$$

此即 Rayleigh-Jeans 公式. 辐射场经过量子化之后,被看成无穷多个谐振子(光子)组成体系,而振子能量是不连续的,其平均能量由式(12.2.20)给出. 由此可得出辐射场的平均能量密度随频率的分布

$$\frac{8\pi\nu^2}{c^3} \cdot \frac{h\nu}{\mathrm{e}^{h\nu/kT}-1} \tag{12.2.26}$$

此即 Planck 公式$\left[\text{在上式中,已把式(12.2.20)中的零点能}\frac{1}{2}\hbar\omega\text{略去了}\right]$.

12.3 多极辐射场及其量子化

12.3.1 经典辐射场的多极展开

原子发射或吸收的辐射,在绝大多数情况下(包括可见光、紫外线等),波长$\gg$原子半径,只需要考虑偶极辐射. 此时用平面波(光子动量本征态)来展开辐射场是方便的. 对于原子核的γ辐射,其波长变化的幅度很大,各种多极辐射都有可能出现. 考虑到原子核在辐射过程中角动量守恒,采用球面波(角动量本征态)来展开辐射场较为方便. 下面的计算表明,多极辐射的跃迁速率随多极性增大而急剧减小,这对于分析实验数据是很方便的. 为此,先讨论经典辐射场的多极展开,然后进行量子化①.

在求解辐射场方程

$$(\nabla^2 + k^2)\boldsymbol{A}(\boldsymbol{r}) = 0 \qquad (k = \omega/c) \tag{12.3.1}$$

$$\nabla \cdot \boldsymbol{A} = 0 \qquad (\text{Coulomb 规范}) \tag{12.3.2}$$

时,先找出它的一种特解,即球面单色波(角动量本征态),其一般解则可表示成这些球面波的叠加. 为此目的,并为了便于表述边条件,我们假设辐射场局限于半径为R_0的大球内(最后让$R_0\to\infty$). 从物理上来看,要求$\boldsymbol{A}$在球内有界,并要求在球面上$(r=R_0)$$\boldsymbol{A}$的切线方向为0. 这样,电场$\boldsymbol{E}$将沿球面法线方面,而 Pointing 矢量$\frac{c}{4\pi}(\boldsymbol{E}\times\boldsymbol{B})$将沿球面切线方向,即无辐射能流出球外.

---

① 参阅,J. M. Blatt and V. F. Weisskopf, *Theoretical Nuclear Physics*, App. B. John Wiley & Sons, New York, 1952.

为了便于表述方程(12.3.1)的解,先来考察一个更简单的标量场方程

$$(\nabla^2+k^2)u(\boldsymbol{r})=0 \tag{12.3.3}$$

的解,此方程与自由粒子的Schrödinger方程相似.方程(12.3.3)的包括原点 $r=0$ 在内的物理上可接受的解可表示成(见卷Ⅰ,6.2节)

$$u_{lm}=\mathrm{j}_l(kr)\mathrm{Y}_l^m(\theta,\varphi) \tag{12.3.4}$$

其中 j_l 为球Bessel函数,Y_l^m 为球谐函数,k 值由边条件确定[见式(12.3.8)].

考虑到 $[\boldsymbol{l},\nabla^2]=0$,$\boldsymbol{l}=\boldsymbol{r}\times\boldsymbol{P}$ 是角动量算符,可知 $\boldsymbol{l}u_{lm}$ 满足方程(12.3.1)

$$(\nabla^2+k^2)\boldsymbol{l}u_{lm}=0$$

再利用 $\nabla\cdot\boldsymbol{l}=-\mathrm{i}\hbar\nabla\cdot(\boldsymbol{r}\times\nabla)=0$,可知

$$\nabla\cdot\boldsymbol{l}u_{lm}=0$$

这样,我们就找到了方程(12.3.1)的满足横波条件(12.3.2)的一类解,记为

$$\boldsymbol{A}_{lm}^{\mathscr{M}}=\mathrm{i}C_l\boldsymbol{l}u_{lm} \tag{12.3.5}$$

$\mathrm{i}C_l$ 是为方便而引进的归一化常数(待定).$\boldsymbol{A}$ 的右上角标 $\mathscr{M}$ 是标明其辐射性质(磁多极辐射,其物理意义见后).考虑到 $\boldsymbol{r}\cdot\boldsymbol{l}=0$,可知 $\boldsymbol{r}\cdot\boldsymbol{A}_{lm}^{\mathscr{M}}=0$,即 $\boldsymbol{A}_{lm}^{\mathscr{M}}$ 垂直于 $\boldsymbol{r}$ 方向.因此,在球面上 $\boldsymbol{A}$ 的切线分量为0的条件就是

$$\boldsymbol{A}_{lm}^{\mathscr{M}}\big|_{r=R_0}=0 \tag{12.3.6}$$

用式(12.3.4)、式(12.3.5)代入,并注意到 $\boldsymbol{l}$ 只对角度变量函数运算,式(12.3.6)可化为

$$\mathrm{j}_l(kR_0)=0 \tag{12.3.7}$$

利用 $\mathrm{j}_l(x)$ 的渐近性质

$$\mathrm{j}_l(x)\xrightarrow{x\to\infty}\frac{\sin(x-l\pi/2)}{x}$$

可知,当 $R_0\to\infty$ 时,式(12.3.7)给出 k 的可能取值为

$$kR_0-l\pi/2=\lambda\pi,\qquad \lambda=0,1,2,\cdots$$

即

$$k=k_\lambda=(\lambda+l/2)\pi/R_0 \tag{12.3.8}$$

波动方程(12.3.1)的与 $\boldsymbol{A}_{lm}^{\mathscr{M}}$ 线性独立的另一个横波解可如下求出.由于 $\nabla\times$ 与 ∇^2 对易,可知

$$(\nabla^2+k^2)\nabla\times(\boldsymbol{l}u_{lm})=0$$

而且

$$\nabla\cdot[\nabla\times(\boldsymbol{l}u_{lm})]=0$$

所以$\nabla\times(\boldsymbol{l}u_{lm})$也是方程(12.3.1)的一个横波解，并且与$\boldsymbol{l}u_{lm}$线性无关，记为

$$\boldsymbol{A}_{lm}^{\mathscr{E}}=\frac{C_l}{k}\nabla\times(\boldsymbol{l}u_{lm})=\frac{1}{\mathrm{i}k}\nabla\times\boldsymbol{A}_{lm}^{\mathscr{M}} \tag{12.3.9}$$

$\boldsymbol{A}$ 右上角标 $\mathscr{E}$ 表示辐射场的性质(电多极辐射). 不难看出

$$\boldsymbol{A}_{lm}^{\mathscr{E}}\cdot\boldsymbol{A}_{lm}^{\mathscr{M}}=0 \tag{12.3.10}$$

可以证明①

$$\begin{aligned}\nabla\times(\boldsymbol{l}u_{lm})&=\nabla\times[\mathrm{j}_l(kr)\boldsymbol{l}\mathrm{Y}_l^m(\theta,\varphi)]\\&=\mathrm{i}\hbar\left\{\frac{\partial}{\partial r}[r\mathrm{j}_l(kr)]\right\}\nabla\mathrm{Y}_l^m-\mathrm{i}\hbar\mathrm{j}_l(kr)\boldsymbol{r}\nabla^2\mathrm{Y}_l^m\end{aligned} \tag{12.3.11}$$

上式右侧第一项为切线分量，第二项为径向分量，因此，边条件为

$$\left.\frac{\partial}{\partial r}[r\mathrm{j}_l(kr)]\right|_{r=R_0}=0 \tag{12.3.12}$$

在 $R_0\to\infty$ 极限下，上式给出

$$\cos(kR_0-l\pi/2)=0$$

即

$$kR_0-l\pi/2=\left(\lambda+\frac{1}{2}\right)\pi$$

亦即

$$k=k_\lambda=\left(\lambda+\frac{l+1}{2}\right)\pi/R_0 \tag{12.3.13}$$

$$\lambda=0,1,2,\cdots$$

这样，我们已找出辐射场方程(12.3.1)的两组线性无关的球面横波解 $\boldsymbol{A}_{lm}^{\sigma}$，$\sigma=\mathscr{M}$、$\mathscr{E}$ 分别表示磁多极和电多极辐射. 以下为了方便，把以上公式中的角动量量子数 lm 换记为 LM，以标记光子的角动量.

---

① 利用

$$\begin{aligned}\nabla\times\boldsymbol{l}&=-\mathrm{i}\hbar\nabla\times(\boldsymbol{r}\times\nabla)\\&=\mathrm{i}\hbar\left[\nabla\left(1+r\frac{\partial}{\partial r}\right)-\boldsymbol{r}\nabla^2\right]\end{aligned}$$

令 $\boldsymbol{e}_r=\boldsymbol{r}/r$(径向单位矢)，则

$$\begin{aligned}\nabla\times(\boldsymbol{l}u_{lm})&=\nabla\times[\mathrm{j}_l(kr)\boldsymbol{l}\mathrm{Y}_l^m(\theta\varphi)]\\&=(\nabla\mathrm{j}_l(kr))\times\boldsymbol{l}\mathrm{Y}_l^m+\mathrm{j}_l(kr)\nabla\times(\boldsymbol{l}\mathrm{Y}_l^m)\\&=\left[\frac{\partial}{\partial r}\mathrm{j}_l(kr)\right]\boldsymbol{e}_r\times\boldsymbol{l}\mathrm{Y}_l^m+\mathrm{i}\hbar\mathrm{j}_l(kr)\left[\nabla\left(1+r\frac{\partial}{\partial r}\right)-r\nabla^2\right]\mathrm{Y}_l^m\\&=-\mathrm{i}\hbar\left[r\frac{\partial}{\partial r}\mathrm{j}_l(kr)\right]\boldsymbol{e}_r\times(\boldsymbol{e}_r\times\nabla)\mathrm{Y}_l^m+\mathrm{i}\hbar\mathrm{j}_l(kr)[\nabla\mathrm{Y}_l^m-\boldsymbol{r}\nabla^2\mathrm{Y}_l^m]\end{aligned}$$

利用 $\boldsymbol{e}_r\times(\boldsymbol{e}_r\times\nabla)=\boldsymbol{e}_r(\boldsymbol{e}_r\cdot\nabla)-\nabla=\boldsymbol{e}_r\dfrac{\partial}{\partial r}-\nabla$，得

$$\begin{aligned}\nabla\times(\boldsymbol{l}u_{lm})&=\mathrm{i}\hbar\left[r\frac{\partial}{\partial r}\mathrm{j}_l(kr)\right]\nabla\mathrm{Y}_l^m+\mathrm{i}\hbar\mathrm{j}_l(kr)[\nabla\mathrm{Y}_l^m-\boldsymbol{r}\nabla^2\mathrm{Y}_l^m]\\&=\mathrm{i}\hbar\left\{\frac{\partial}{\partial r}[r\mathrm{j}_l(kr)]\right\}\nabla\mathrm{Y}_l^m-\mathrm{i}\hbar\mathrm{j}_l(kr)\boldsymbol{r}\nabla^2\mathrm{Y}_l^m\end{aligned}$$

可以证明① $\boldsymbol{A}_{LM}^{\sigma}$ 的正交归一性，即取适当的归一化因子

$$C_L = \sqrt{\frac{8\pi}{L(L+1)R_0} \cdot \frac{\omega_\lambda}{\hbar}} \tag{12.3.14}$$

之后，

$$\int \boldsymbol{A}_{LM}^{\sigma^*} \cdot \boldsymbol{A}_{L'M'}^{\sigma'} \mathrm{d}\tau = 4\pi c^2 \delta_{\sigma\sigma'} \delta_{k_\lambda k_{\lambda'}} \delta_{LL'} \delta_{MM'} \tag{12.3.15}$$

把$(\sigma, k_\lambda, L, M)$诸量子数笼统用 λ 来标记，则上式可表示为

$$\int \boldsymbol{A}_{\lambda}^{*} \cdot \boldsymbol{A}_{\lambda'} \mathrm{d}\tau = 4\pi c^2 \delta_{\lambda\lambda'} \tag{12.3.15$'$}$$

下面讨论电磁场 $\boldsymbol{E}_{LM}^{\sigma}$ 和 $\boldsymbol{B}_{LM}^{\sigma}$ 的性质.

对于单色波

$$\boldsymbol{A}_\lambda(\boldsymbol{r}, t) = \boldsymbol{A}_\lambda(\boldsymbol{r}) \exp[\mathrm{i}\omega_\lambda t] + \mathrm{c.\,c.} \tag{12.3.16}$$

而

---

① 首先考虑 $\sigma=\sigma'=\mathscr{M}$(磁多极辐射)，

$$\begin{aligned}\int \boldsymbol{A}_{LM}^{\mathscr{M}*} \cdot \boldsymbol{A}_{L'M'}^{\mathscr{M}} \mathrm{d}\tau &= |C_L|^2 \int_0^{R_0} \mathrm{j}_L(k_\lambda r)\mathrm{j}_{L'}(k_{\lambda'} r) r^2 \mathrm{d}r \int (\boldsymbol{l} Y_{LM})^* \cdot (\boldsymbol{l} Y_{L'M'}) \mathrm{d}\Omega \\ &= |C_L|^2 \int_0^{R_0} \mathrm{j}_L(k_\lambda r)\mathrm{j}_{L'}(k_{\lambda'} r) r^2 \mathrm{d}r \int \mathrm{Y}_{LM}^* \boldsymbol{l}^2 \mathrm{Y}_{L'M'} \mathrm{d}\Omega \\ &= |C_L|^2 L(L+1)\hbar^2 \int_0^{R_0} \mathrm{j}_L(k_\lambda r)\mathrm{j}_{L'}(k_{\lambda'} r) r^2 \mathrm{d}r \delta_{LL'}\delta_{MM'} \\ &= |C_L|^2 L(L+1)\hbar^2 \left(\frac{R_0}{2k_\lambda^2}\right) \delta_{k_\lambda k_{\lambda'}} \delta_{LL'} \delta_{MM'}\end{aligned}$$

归一化条件要求

$$|C_L|^2 = \frac{8\pi c^2 k_\lambda^2}{L(L+1)\hbar^2 R_0} = \frac{8\pi\omega_\lambda^2}{L(L+1)\hbar^2 R_0}$$

其次考虑 $\sigma=\sigma'=\mathscr{E}$(电多极辐射)

$$\int \boldsymbol{A}_{LM}^{\mathscr{E}*} \cdot \boldsymbol{A}_{L'M'}^{\mathscr{E}} \mathrm{d}\tau = \frac{1}{k_\lambda k_{\lambda'}} \int (\nabla \times \boldsymbol{A}_{LM}^{\mathscr{M}})^* \cdot (\nabla \times \boldsymbol{A}_{L'M'}^{\mathscr{M}}) \mathrm{d}\tau$$

利用

$$(\nabla \times \boldsymbol{A}_{LM}^{\mathscr{M}*}) \cdot (\nabla \times \boldsymbol{A}_{L'M'}^{\mathscr{M}}) = \nabla \cdot [\boldsymbol{A}_{LM}^{\mathscr{M}*} \times (\nabla \times \boldsymbol{A}_{L'M'}^{\mathscr{M}})] + \boldsymbol{A}_{LM}^{\mathscr{M}*} \cdot \nabla \times (\nabla \boldsymbol{A}_{L'M'}^{\mathscr{M}})$$

式中第一项积分后，化为面积分，无贡献. 利用横波条件，第二项化为

$$\nabla \times (\nabla \boldsymbol{A}_{L'M'}^{\mathscr{M}}) = \nabla(\nabla \cdot \boldsymbol{A}_{L'M'}^{\mathscr{M}}) - \nabla^2 \boldsymbol{A}_{L'M'}^{\mathscr{M}} = k_{\lambda'}^2 \boldsymbol{A}_{L'M'}^{\mathscr{M}}$$

由此，得

$$\int \boldsymbol{A}_{LM}^{\mathscr{E}*} \cdot \boldsymbol{A}_{L'M'}^{\mathscr{E}} \mathrm{d}\tau = \frac{k_{\lambda'}}{k_\lambda} \int \boldsymbol{A}_{LM}^{\mathscr{M}*} \cdot \boldsymbol{A}_{L'M'}^{\mathscr{M}} \mathrm{d}\tau = 4\pi c^2 \delta_{k_\lambda k_{\lambda'}} \delta_{LL'} \delta_{MM'}$$

最后考虑$\int \boldsymbol{A}_{LM}^{\mathscr{M}*} \cdot \boldsymbol{A}_{L'M'}^{\mathscr{E}} \mathrm{d}\tau$，利用式(12.3.5)、式(12.3.9)及式(12.3.11)，积分可分为两项，它们的角度部分分别为

$$\int (\boldsymbol{l} \mathrm{Y}_{LM})^* \cdot (\nabla \mathrm{Y}_{L'M'}) \mathrm{d}\Omega = \int \mathrm{Y}_{LM}^* \boldsymbol{l}^* \cdot \nabla \mathrm{Y}_{L'M'} \mathrm{d}\Omega = 0$$

$$\int (\boldsymbol{l} \mathrm{Y}_{LM}^*) \cdot (\boldsymbol{r} \nabla^2 \mathrm{Y}_{L'M'}) \mathrm{d}\Omega = \int \mathrm{Y}_{LM}^* \boldsymbol{l}^* \cdot \boldsymbol{r} \nabla^2 \mathrm{Y}_{L'M'} \mathrm{d}\Omega = 0$$

因而

$$\int \boldsymbol{A}_{LM}^{\mathscr{M}*} \cdot \boldsymbol{A}_{L'M'}^{\mathscr{E}} \mathrm{d}\tau = 0$$

$$\boldsymbol{E}_\lambda(\boldsymbol{r},t) = \boldsymbol{E}_\lambda(\boldsymbol{r})\exp[\mathrm{i}\omega_\lambda t] + \text{复共轭项} \tag{12.3.17}$$
$$\boldsymbol{B}_\lambda(\boldsymbol{r},t) = \boldsymbol{B}_\lambda(\boldsymbol{r})\exp[\mathrm{i}\omega_\lambda t] + \text{复共轭项}$$

利用

$$\boldsymbol{E} = -\frac{1}{c}\frac{\partial}{\partial t}\boldsymbol{A}, \qquad \boldsymbol{B} = \boldsymbol{\nabla}\times\boldsymbol{A}$$

可得出

$$\boldsymbol{E}_\lambda(\boldsymbol{r}) = -\mathrm{i}k_\lambda\boldsymbol{A}_\lambda(\boldsymbol{r})$$
$$\boldsymbol{B}_\lambda(\boldsymbol{r}) = \frac{\mathrm{i}}{k_\lambda}\boldsymbol{\nabla}\times\boldsymbol{E}_\lambda(\boldsymbol{r}) \tag{12.3.18}$$

对于磁多极辐射($\sigma=\mathscr{M}$),利用式(12.3.5),得

$$\boldsymbol{E}^{\mathscr{M}}_{LM} = k_\lambda C_L \boldsymbol{l}u_{LM}$$
$$\boldsymbol{B}^{\mathscr{M}}_{LM} = \mathrm{i}C_L\boldsymbol{\nabla}\times(\boldsymbol{l}u_{LM}) \tag{12.3.19}$$

对于电多极辐射($\sigma=\mathscr{E}$),利用式(12.3.9)得①

$$\boldsymbol{E}^{\mathscr{E}}_{LM} = -\mathrm{i}C_L\boldsymbol{\nabla}\times(\boldsymbol{l}u_{LM})$$
$$\boldsymbol{B}^{\mathscr{E}}_{LM} = k_\lambda C_L(\boldsymbol{l}u_{LM}) \tag{12.3.20}$$

由式(12.3.19)、式(12.3.20)可看出:

(1)

$$\boldsymbol{E}^{\mathscr{M}}_{LM} = \boldsymbol{B}^{\mathscr{E}}_{LM} \qquad \text{宇称为}(-1)^L$$
$$\boldsymbol{E}^{\mathscr{E}}_{LM} = -\boldsymbol{B}^{\mathscr{M}}_{LM} \qquad \text{宇称为}(-1)^{L+1} \tag{12.3.21}$$

(2)

$$\boldsymbol{r}\cdot\boldsymbol{E}^{\mathscr{M}}_{LM} = \boldsymbol{r}\cdot\boldsymbol{B}^{\mathscr{E}}_{LM} = 0 \tag{12.3.22}$$

它们均垂直于径向方向.无论$\sigma=\mathscr{M}$或$\mathscr{E}$,$\boldsymbol{E}$和$\boldsymbol{B}$总是彼此垂直,所以相应的Pointing矢量总是沿球面的切线方向.

12.3.2 多极辐射场的量子化

多极辐射场的量子化的基本思想与12.2节相同.不同的是,12.2节是用平面单色波(光子动量本征态)来展开辐射场,而这里则是用球面单色波(光子角动量本征态)来展开,即

$$\boldsymbol{A}(\boldsymbol{r},t) = \sum_\lambda\sqrt{\frac{\hbar}{2\omega_\lambda}}[a_\lambda\boldsymbol{A}_\lambda(\boldsymbol{r})\exp(\mathrm{i}\omega_\lambda t) + a^+_\lambda\boldsymbol{A}^*_\lambda(\boldsymbol{r})\exp(-\mathrm{i}\omega_\lambda t)] \tag{12.3.23}$$

形式上与12.2节式(12.2.5)相同,但这里$\boldsymbol{A}_\lambda(\boldsymbol{r})$是球面单色波[见式(12.3.4)、

① $\boldsymbol{B}^{\mathscr{E}}_{LM} = \frac{1}{k_\lambda}\boldsymbol{\nabla}\times(C_L\boldsymbol{\nabla}\times\boldsymbol{l}u_{LM}) = \frac{C_L}{k_\lambda}\{\boldsymbol{\nabla}[\boldsymbol{\nabla}\cdot(\boldsymbol{l}u_{LM})] - \boldsymbol{\nabla}^2\boldsymbol{l}u_{LM}\} = C_L k_\lambda\boldsymbol{l}u_{LM}$

$(\boldsymbol{\nabla}\cdot\boldsymbol{l}=0, \boldsymbol{\nabla}^2\boldsymbol{l}u_{LM} = -k^2_\lambda\boldsymbol{l}u_{LM})$

式(12.3.5)、式(12.3.9)],它们满足的正交归一性公式(12.3.15′)与 12.1 节式(12.1.24)形式上也完全相同.因此场量子化条件也同样可以表示为

$$[a_\lambda, a_{\lambda'}^+] = \delta_{\lambda\lambda'}$$
$$[a_\lambda, a_{\lambda'}] = [a_\lambda^+, a_{\lambda'}^+] = 0 \tag{12.3.24}$$

[与 12.2 节式(12.2.4)相同].辐射场的 Hamilton 量类似可表示为

$$H = \frac{1}{8\pi}\int(\mathscr{E}^2 + B^2)\mathrm{d}\tau = \sum_\lambda \left(a_\lambda^+ a_\lambda + \frac{1}{2}\right)\hbar\omega_\lambda \tag{12.3.25}$$

A 为矢量场,其内禀角动量(光子自旋)为 1.这可以从它在空间旋转下的性质[一阶张量,见 7.3 节式(7.3.10)]看出.以下证明 $\boldsymbol{A}_{LM}^\sigma$ 是 $\boldsymbol{L}^2(\boldsymbol{l}^2)$, L_z, $\boldsymbol{s}^2$ 的共同本征态,即

$$\begin{aligned}
&\boldsymbol{L}^2\boldsymbol{A}_{LM}^\sigma = \boldsymbol{l}^2\boldsymbol{A}_{LM}^\sigma = L(L+1)\hbar^2\boldsymbol{A}_{LM}^\sigma, \quad L = 1,2,3,\cdots \\
&L_z\boldsymbol{A}_{LM}^\sigma = M\hbar\boldsymbol{A}_{LM}^\sigma, \quad M = L, L-1,\cdots,-L \\
&\boldsymbol{s}^2\boldsymbol{A}_{LM}^\sigma = 2\hbar^2\boldsymbol{A}_{LM}^\sigma
\end{aligned} \tag{12.3.26}$$

这里

$$\boldsymbol{L} = \boldsymbol{l} + \boldsymbol{s} \tag{12.3.27}$$

是光子的总角动量算符.

证明 采用 Cartesian 坐标系,**A** 可表示成列矢

$$\boldsymbol{A} = \begin{pmatrix} A_x \\ A_y \\ A_z \end{pmatrix} \tag{12.3.28}$$

而 **s** 对它的运算,可用下列矩阵表示(见卷 Ⅰ,5.4.2 节):

$$s_x = \mathrm{i}\hbar\begin{pmatrix} 0 & 0 & 0 \\ 0 & 0 & -1 \\ 0 & 1 & 0 \end{pmatrix}, \quad s_y = \mathrm{i}\hbar\begin{pmatrix} 0 & 0 & 1 \\ 0 & 0 & 0 \\ -1 & 0 & 0 \end{pmatrix}, \quad s_z = \mathrm{i}\hbar\begin{pmatrix} 0 & -1 & 0 \\ 1 & 0 & 0 \\ 0 & 0 & 0 \end{pmatrix} \tag{12.3.29}$$

容易证明

$$\boldsymbol{s}^2 = s_x^2 + s_y^2 + s_z^2 = 2\hbar^2 I \tag{12.3.30}$$

即光子自旋 $s=1$.

另外,利用

$$l_z\boldsymbol{l} = \boldsymbol{l}l_z - \mathrm{i}\hbar\boldsymbol{e}_z \times \boldsymbol{l} = \boldsymbol{l}l_z - s_z\boldsymbol{l}$$

[用式(12.3.28)、式(12.3.29)及角动量各分量的对易式容易证明],可得

$$l_z\boldsymbol{l}u_{LM} = \boldsymbol{l}l_z u_{LM} - s_z\boldsymbol{l}u_{LM} = (M\hbar - s_z)\boldsymbol{l}u_{LM}$$

所以

$$L_z\boldsymbol{l}u_{LM} = (L_z + s_z)\boldsymbol{l}u_{LM} = M\hbar\boldsymbol{l}u_{LM} \tag{12.3.31}$$

因而

$$L_z\boldsymbol{A}_{LM}^{\mathscr{M}} = M\hbar\boldsymbol{A}_{LM}^{\mathscr{M}} \tag{12.3.32}$$

类似也可证明

$$L_z \boldsymbol{A}_{LM}^{\mathscr{E}} = M\hbar \boldsymbol{A}_{LM}^{\mathscr{E}} \tag{12.3.32$'$}$$

再利用

$$\boldsymbol{L}^2 = \boldsymbol{l}^2 + \boldsymbol{s}^2 + 2\boldsymbol{s}\cdot\boldsymbol{l} \tag{12.3.33}$$

$$(\boldsymbol{s}\cdot\boldsymbol{l})\boldsymbol{l}u_{LM} = -\hbar^2 \boldsymbol{l}u_{LM} \tag{12.3.34}$$ [①]

以及式(12.3.30)可证明

$$\boldsymbol{L}^2 \boldsymbol{l}u_{LM} = \boldsymbol{l}^2 \boldsymbol{l}u_{LM} = \boldsymbol{l}\boldsymbol{l}^2 u_{LM} = L(L+1)\hbar^2 \boldsymbol{l}u_{LM} \tag{12.3.35}$$

所以

$$\boldsymbol{L}^2 \boldsymbol{A}_{LM}^{\mathscr{M}} = L(L+1)\hbar^2 \boldsymbol{A}_{LM}^{\mathscr{M}}$$

类似也可证明

$$\boldsymbol{L}^2 \boldsymbol{A}_{LM}^{\mathscr{E}} = L(L+1)\hbar^2 \boldsymbol{A}_{LM}^{\mathscr{E}}$$

应该提到，$L=0$ 的辐射(光子)是不存在的，因为当 $L=0$ 时，$\boldsymbol{A}_{00}^{\mathscr{M}} = \mathrm{i}C_0 \boldsymbol{l} Y_0^0 = 0$，同理 $\boldsymbol{A}_{00}^{\mathscr{E}} = 0$. 这也是辐射场为矢量场(光子有内禀角动量 $s=1$)的反映.

12.4 自发多极辐射

下面考虑一个实物粒子($m \neq 0$)体系(例如原子、原子核等)的自发多极辐射. 在此过程中，应把实物粒子体系和辐射场都看成量子体系. 整个体系的 Hamilton 量表示为

$$H = H_r + \sum_i \left[\frac{1}{2m_i}\left(\boldsymbol{P}_i - \frac{e_i}{c}\boldsymbol{A}(i)\right)^2 - \boldsymbol{\mu}_i \cdot \boldsymbol{B}(i)\right] + V \tag{12.4.1}$$

其中

$$H_r = \sum_\lambda \left(a_\lambda^+ a_\lambda + \frac{1}{2}\right)\hbar\omega_\lambda \tag{12.4.2}$$

表示辐射场的 Hamilton 量，$\boldsymbol{P}_i$ 表示第 i 个实物粒子的正则动量，e_i 和 m_i 表示各粒子电荷与质量，$\boldsymbol{\mu}_i$ 表示其内禀磁矩算符，$-\boldsymbol{\mu}_i \cdot \boldsymbol{B}(i)$ 表示第 i 个粒子的内禀磁矩与磁场 $\boldsymbol{B}$ 的相互作用，V 表示实物粒子之间的相互作用. H 可改写成

---

① 利用

$$s_x l_x \boldsymbol{l} = l_x s_x \boldsymbol{l} = l_x \mathrm{i}\hbar(\boldsymbol{e}_x \times \boldsymbol{l}) = \mathrm{i}\hbar l_x (l_y \boldsymbol{e}_z - l_z \boldsymbol{e}_y)$$
$$s_y l_y \boldsymbol{l} = \mathrm{i}\hbar l_y (l_z \boldsymbol{e}_x - l_x \boldsymbol{e}_z)$$

得

$$\begin{aligned}(s_x l_x + s_y l_y)\boldsymbol{l}u_{LM} &= \mathrm{i}\hbar\{M\hbar(l_y \boldsymbol{e}_x - l_x \boldsymbol{e}_y) + (l_x l_y - l_y l_x)\boldsymbol{e}_z\}u_{LM} \\ &= \mathrm{i}\hbar\{M\hbar(l_y \boldsymbol{e}_x - l_x \boldsymbol{e}_y) + \mathrm{i}\hbar l_z \boldsymbol{e}_z\}u_{LM}\end{aligned}$$

而

$$\begin{aligned}s_z l_z \boldsymbol{l}u_{LM} &= \mathrm{i}\hbar \boldsymbol{e}_z \times \{l_z(l_x \boldsymbol{e}_x + l_y \boldsymbol{e}_y + l_z \boldsymbol{e}_z)\}u_{LM} \\ &= \mathrm{i}\hbar \boldsymbol{e}_z \times \{M\hbar(l_x \boldsymbol{e}_x + l_y \boldsymbol{e}_y + l_z \boldsymbol{e}_z) - \mathrm{i}\hbar(l_y \boldsymbol{e}_x - l_x \boldsymbol{e}_y)\}u_{LM} \\ &= \mathrm{i}\hbar\{M\hbar(l_x \boldsymbol{e}_y - l_y \boldsymbol{e}_x) + \mathrm{i}\hbar(l_y \boldsymbol{e}_y + l_x \boldsymbol{e}_x)\}u_{LM}\end{aligned}$$

由此即得出式(12.3.34).

$$
\begin{aligned}
H &= H_0 + H' \\
H_0 &= H_r + H_N \\
H_N &= \sum_i \frac{1}{2m_i}\boldsymbol{P}_i^2 + V \\
H' &= -\sum_i \frac{e_i}{m_i c}\boldsymbol{A}(i)\cdot\boldsymbol{P}_i - \sum_i \boldsymbol{\mu}_i\cdot\boldsymbol{B}(i)
\end{aligned}
\tag{12.4.3}
$$

H_N 表示(无辐射场时)实物粒子体系的 Hamilton 量,H'表示实物粒子体系与辐射场的相互作用(这里已利用了横波条件$\nabla\cdot\mathbf{A}=0$,并忽略了 $\mathbf{A}^2$ 项,通常认为 H' 为微扰,而 $\mathbf{A}^2$ 项看成二级微扰项).

为确切起见,设考虑的实物体系为一个原子核(或原子),其初态记为$|a\rangle$,具有确定的能量 E_a,角动量 $J_a(M_a)$及宇称 π_a,如图 12.1 所示.对于自发辐射,初态中没有光子,因此整个体系(原子核+辐射场)的初态记为$|i\rangle=|a\rangle|0_\lambda\rangle$.设原子核末态记为$|b\rangle$,在自发辐射过程中将产生一个光子,处于 λ 态,光子能量 $\hbar\omega_\lambda=E_a-E_b$,整个体系末态记为$|f\rangle=|b\rangle|1_\lambda\rangle$.下面计算自发辐射的跃迁概率.

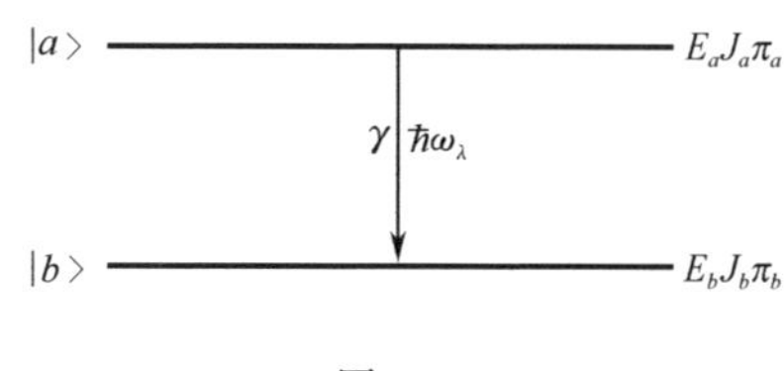

图 12.1

由于原子核的初末态具有确定的角动量和宇称,因此辐射场采用多极展开是方便的.此时光子态用 $\lambda=\{\sigma,k_\lambda,L,M\}$ 刻画.$\sigma=\mathscr{E}$(电多极辐射)或 $\mathscr{M}$(磁多极辐射),$k_\lambda=\omega_\lambda/c$,$L(M)$表示光子角动量(及投影).当 $R_0\to\infty$(即辐射场所占据的空间$\to\infty$),整个体系的末态能量将连续变化.按 Fermi 的黄金规则(golden rule),体系的跃迁速率(单位时间跃迁概率)为

$$
w_{fi} = \frac{2\pi}{\hbar}|\langle f|H'|i\rangle|^2\rho_f \tag{12.4.4}
$$

ρ_f 是体系末态的态密度(单位能量范围中的量子态数).按 12.3 节式(12.3.8)与式(12.3.13)

$$
k_\lambda = \left(\lambda+\frac{l}{2}\right)\frac{\pi}{R_0} \quad 或 \quad \left(\lambda+\frac{l+1}{2}\right)\frac{\pi}{R_0} \tag{12.4.5}
$$

$$
\lambda = 0,1,2,\cdots
$$

所以 $\mathrm{d}k_\lambda/\mathrm{d}\lambda=\pi/R_0$,而末态态密度

$$
\rho_f = \frac{\mathrm{d}\lambda}{\mathrm{d}E} = \frac{1}{\hbar}\frac{\mathrm{d}\lambda}{\mathrm{d}\omega_\lambda} = \frac{1}{\hbar c}\frac{\mathrm{d}\lambda}{\mathrm{d}k_\lambda} = \frac{R_0}{\pi\hbar c} \tag{12.4.6}
$$

因此

$$
w_{fi} \equiv \frac{2R_0}{\hbar^2 c}|\langle b|\langle 1_\lambda|H'|0_\lambda\rangle|a\rangle|^2 \tag{12.4.7}
$$

微扰 H'[见式(12.4.3)]只含有 $\mathbf{A}$ 的一次项.$\mathbf{A}$ 的多极展开式[见 12.3 节,式(12.3.23)]为

$$\boldsymbol{A}(\boldsymbol{r},t) = \sum_{\lambda} \sqrt{\frac{\hbar}{2\omega_\lambda}} [a_\lambda^+ \boldsymbol{A}_\lambda(\boldsymbol{r}) \exp[\mathrm{i}\omega_\lambda t] + a_\lambda^+ A_\lambda^*(\boldsymbol{r}) \exp[-\mathrm{i}\omega_\lambda t]]$$

$$(12.4.8)$$

这样,H 的每一项只含有一个光子的产生或湮没算符. 对于$|0_\lambda\rangle \to |1_\lambda\rangle$的跃迁,只有 a_λ^+ 项有贡献. 利用$\langle 1_\lambda | a_\lambda^+ | 0_\lambda \rangle = 1$,可以得出

$$w_{fi} = \frac{R_0}{\hbar c\omega} |\langle b | H' | a \rangle|^2 \tag{12.4.9}$$

在上式中 H'已经不再含有光子产生和湮没算符,它只对原子核的态进行运算,表示为

$$H' = -\sum_i \frac{e_i}{m_i c} \boldsymbol{A}_\lambda(\boldsymbol{r}_i) \cdot \boldsymbol{P}_i - \sum_i \boldsymbol{\mu}_i \cdot [\boldsymbol{\nabla}_i \times \boldsymbol{A}_\lambda(\boldsymbol{r}_i)] \tag{12.4.10}$$

在式(12.4.9)中,只需计算上式在原子核初态$|a\rangle$和末态$|b\rangle$之间的矩阵元$\langle b | H' | a \rangle$. 对于磁多极辐射($\sigma = \mathscr{M}$)

$$H' = \mathrm{i} \sum_i \left\{ \frac{e_i}{m_i c} C_L (\boldsymbol{l} u_{LM})_i^* \cdot \boldsymbol{P}_i + C_L \boldsymbol{\mu}_i \cdot (\boldsymbol{\nabla} \times \boldsymbol{l} u_{LM})_i^* \right\} \tag{12.4.11}$$

对于电多极辐射($\sigma = \mathscr{E}$)

$$H' = -\sum_i \left\{ \frac{e_i}{m_i \omega_\lambda} C_L (\boldsymbol{\nabla} \times \boldsymbol{l} u_{LM})_i^* \cdot \boldsymbol{P}_i + \frac{C_L}{k_\lambda} \boldsymbol{\mu}_i \cdot (\boldsymbol{l} u_{LM})_i^* \right\} \tag{12.4.12}$$

原子核的 γ 跃迁中,γ 光子能量一般约为 1MeV,相应波长

$$\lambda\!\!\!^{-} = \hbar c / E \approx 200\text{fm} \gg \text{核半径 } a (\approx 3 \sim 7\text{fm}) \tag{12.4.13}$$

当 $r > a$ 时,原子核波函数迅速趋于 0,在计算式(12.4.9)中的矩阵元$\langle b | H' | a \rangle$的空间积分时,只需局限在核内,而在此区域中

$$kr = \frac{r}{\lambda\!\!\!^{-}} \ll 1$$

因此 u_{LM} 函数中的球 Bessel 函数可近似表示为

$$\mathrm{j}_L(kr) \xrightarrow{kr \ll 1} \frac{(kr)^L}{(2L+1)!!} \tag{12.4.14}$$

利用此结果可以化简$\langle b | H' | a \rangle$中 H'各项的表示式,最后可得(见本节末附注)

$$\langle b | H' | a \rangle = \frac{C_L (L+1) k^L}{(2L+1)!!} \langle b | \mathscr{M}_{LM}^{\sigma *} | a \rangle \tag{12.4.15}$$

式中

$$\mathscr{M}_{LM}^{\sigma *} = \sum_i \mathscr{M}_{LM}^{\sigma *}(i)$$

$$\mathscr{M}_{LM}^{\mathscr{E} *}(i) = e_i r_i^L \mathrm{Y}_L^M(\theta_i, \varphi_i) - \mathrm{i} k^{-1} (L+1)^{-1} (\boldsymbol{\mu}_i \times \boldsymbol{r}_i) \cdot (\boldsymbol{\nabla} r^L \mathrm{Y}_L^{M*})_i \tag{12.4.16}$$

$$\begin{aligned} \mathscr{M}_{LM}^{\mathscr{M} *}(i) &= \frac{e_i}{m_i c (L+1)} \boldsymbol{l}_i \cdot (\boldsymbol{\nabla} r^L \mathrm{Y}_L^{M*})_i + \boldsymbol{\mu}_i \cdot (\boldsymbol{\nabla} r^L \mathrm{Y}_L^{M*})_i \\ &= \frac{e_i \hbar}{2 m_i c} \left(g_s \boldsymbol{s} + \frac{2}{L+1} g_l \boldsymbol{l} \right)_i \cdot (\boldsymbol{\nabla} r^L \mathrm{Y}_L^{M*})_i \end{aligned} \tag{12.4.17}$$

$\sigma=\mathscr{E},\mathscr{M}$ 分别标记电、磁多极矩算符. 式(12.4.16)右边第二项的贡献通常比第一项小得多,可忽略. 因此

$$\mathscr{M}_{LM}^{\mathscr{E}*}(i) \approx e_i r_i^L Y_L^M(\theta_i, \varphi_i) \tag{12.4.18}$$

用式(12.4.15)~式(12.4.18)代入式(12.4.9),利用 $|C_L|^2=8\pi\omega^2/L(L+1)\hbar^2 R_0$ [见 12.3 节式(12.3.14)],得

$$w_{fi} = \frac{8\pi(L+1)}{L[(2L+1)!!]^2} \frac{k^{2L+1}}{\hbar} |\langle b | \mathscr{M}_{LM}^{\sigma*} | a \rangle|^2 \tag{12.4.19}$$

在核物理中,习惯上用 $T_{ba}(\sigma LM)$,表示原子核从 a 态跃迁到 b 态,并放出(σLM)光子的跃迁概率/单位时间. 光子的能量 $\hbar\omega=E_a-E_b$, $k=\omega/c$,角动量为 L. 原子核能级与磁量子数 M 无关. 实验上往往只考虑原子核从初能级 E_a 到末能级 E_b 的跃迁概率,此时应该对原子核末态的磁量子数 M_b 求和,对初态的磁量子数 M_a 求平均($M=M_a-M_b$). 这样,从能级 a 到能级 b 的跃迁概率/单位时间,可表示为

$$T_{ba}(\sigma L) = \frac{8\pi(L+1)}{L[(2L+1)!!]^2} \frac{1}{\hbar} \left(\frac{\omega}{c}\right)^{2L+1} B(\sigma L) \tag{12.4.20}$$

其中

$$B(\sigma L) = \frac{1}{(2I_a+1)} \sum_{M_a M_b} |\langle b | \mathscr{M}_{LM}^{\sigma*} | a \rangle|^2 \tag{12.4.21}$$

称为约化(reduced)跃迁速率,它与原子核的初、末态波函数密切相关,反映了原子核结构的信息. $B(\sigma L)$的计算比较复杂,通常要采用某种简化模型来计算(例如单粒子模型,集体运动模型等). 式(12.4.20)右边的因子

$$\frac{8\pi(L+1)}{L[(2L+1)!!]^2} \frac{1}{\hbar} \left(\frac{\omega}{c}\right)^{2L+1} \tag{12.4.22}$$

则与模型无关,只依赖于跃迁的多极性(σL)及 γ 光子的能量 $\hbar\omega$.

例 电偶极辐射(E1).

如采用单粒子模型来计算,即假定原子核初末态之差别仅在于某单粒子的态发生了变化,同时伴随有一个 γ 光子($L=1$,宇称奇)发射. 按式(12.4.20)与式(12.4.18),可得

$$T_{ba}(\mathrm{E1}) = \frac{16\pi}{9} \frac{1}{\hbar} \left(\frac{\omega}{c}\right)^3 \sum_M |\langle b | e\boldsymbol{r} Y_1^M | a \rangle|^2 \tag{12.4.23}$$

利用

$$rY_1^0 = \sqrt{\frac{3}{4\pi}} z, \qquad rY_1^{\pm 1} = \mp \sqrt{\frac{3}{8\pi}} (x \pm \mathrm{i}y)$$

得

$$\begin{aligned} T_{ba}(\mathrm{E1}) &= \frac{16\pi}{9} \frac{1}{\hbar} \left(\frac{\omega}{c}\right)^3 \frac{3}{4\pi} \cdot e^2 (|x_{ba}|^2 + |y_{ba}|^2 + |z_{ba}|^2) \\ &= \frac{4}{3} \frac{e^2 \omega^3}{\hbar c^3} |\boldsymbol{r}_{ba}|^2 \end{aligned} \tag{12.4.24}$$

这正是电偶极自发辐射系数,(见卷Ⅰ,12.5.2 节).

原子核多极辐射的讨论

(**a**)宇称选择定则

按式(12.4.21),对于电($\sigma=\mathscr{E}$)L 极辐射(记为 EL),光子宇称为$(-1)^L$,对于磁($\sigma=\mathscr{M}$)L 极辐射(记为 ML),光子宇称为$(-1)^{L+1}$.设原子核初、末态的宇称分别为 π_a 和 π_b,则按宇称守恒

$$\pi_a\pi_b=\begin{cases}(-1)^L, & \mathrm{E}L\\(-1)^{L+1}, & \mathrm{M}L\end{cases} \tag{12.4.25}$$

(**b**)角动量选择定则

设原子核初、末态角动量分别为 $\mathrm{I_a}$ 和 $\mathrm{I_b}$.由于 σL 光子带走角动量 L,按角动量守恒

$$|I_a-I_b|\leqslant L\leqslant(I_a+I_b) \tag{12.4.26}$$

即只当

$$L=|I_a-I_b|,|I_a-I_b|+1,\cdots,|I_a+I_b| \tag{12.4.27}$$

跃迁才可能发生.

(**c**)跃迁速率随多极性的变化

利用

$$\mathscr{M}^{\varepsilon}_{LM}\approx O(ea^L)\qquad(a\text{ 为核半径})$$

$$\mathscr{M}^{\mu}_{LM}\approx O\left(\frac{e\hbar}{mc}\,\frac{\omega}{c}a^L\right)\qquad(k=\omega/c) \tag{12.4.28}$$

按式(12.4.20)、式(12.4.21)

$$\frac{T(\sigma L+1)}{T(\sigma L)}\approx k^2a^2=\left(\frac{\lambda}{a}\right)^2 \tag{12.4.29}$$

一般原子核的 γ 射线能量 ħω 约为 1MeV,可求出$(\lambda/a)^2\approx10^{-2}\sim10^{-3}$.所以 σL+1 辐射跃迁速率比 σL 辐射要慢 2 或 3 个数量级.考虑到宇称守恒,辐射的多极性 σL 的奇偶由 $\pi_a\pi_b$ 确定[见式(12.4.25)].σ 相同的多极辐射的 L 只能相差偶数.而

$$\frac{T(\sigma L+2)}{T(\sigma L)}\approx10^{-4}\sim10^{-6} \tag{12.4.30}$$

σL+2 辐射根本不可能与 σL 辐射竞争.因此,角动量选择定则允许的多极辐射[见式(12.4.27)]中,只有

$$L=|I_a-I_b|\text{或}|I_a-I_b|+1 \tag{12.4.31}$$

可能被观测到,其中究竟哪一个 L($|\mathrm{I_a}-\mathrm{I_b}|$或$|\mathrm{I_a}-\mathrm{I_b}|+1$)辐射能被观测到,取决于初、末态的宇称和辐射为电多极性或磁多极性.

(**d**)电、磁多极辐射跃迁速率的比较

按式(12.4.20)、式(12.4.21)、式(12.4.28),可得出(设 $\mathrm{E}_\gamma=\hbar\omega\approx1MeV$)

$$\frac{T(\mathrm{E}L)}{T(\mathrm{M}L)}\approx\left(\frac{ea^L}{\frac{e\hbar}{mc}\,\frac{\omega}{c}a^L}\right)^2\approx\left(\frac{mc^2}{\hbar\omega}\right)^2\gg1$$

$$\frac{T(\mathrm{ML})}{T(\mathrm{EL}+1)} \approx \left(\frac{1}{k^2 a^2} \frac{\hbar\omega}{mc^2}\right) \approx 1 \tag{12.4.32}$$

而

$$\frac{T(\mathrm{ML}+1)}{T(\mathrm{EL})} \ll 1$$

因此,只有 $E(\mathrm{L}+1)$可以与 ML 竞争.这与实验观测相符.

(**e**)正负电子对产生与内转换

由于辐射光子总要携带一定的角动量(L=0 的辐射不存在),所以 $\mathrm{I_a}=0$ 和 $\mathrm{I_b}=0$之间不可能通过 γ 辐射来实现其跃迁,即

$$0 \overset{\times}{\longleftrightarrow} 0(\gamma \text{ 跃迁禁戒}) \tag{12.4.33}$$

在此情况下只能通过其他方式进行跃迁.例如,正负电子对产生与内转换.当

$$(E_a - E_b) > 2m_e c^2 \approx 1.06\mathrm{MeV}$$

则 $\mathrm{E_a}$ 能级可以通过产生正负电子对来实现退激.如 $\pi_a=\pi_b$,也可通过内转换来实现退激.

概括起来,在给定 $\mathrm{I_a}\pi_a$ 和 $\mathrm{I_b}\pi_b$ 后,可观测到的多极辐射如下所示:

$\pi_a\pi_b$ \ $\lvert \mathrm{I_a}-\mathrm{I_b} \rvert$	0* 或 1	2	3	4	5
+	M1,E2	E2	M3,E4	E4	M5,E6
−	E1	M2,E3	E3	M4,E5	E5

* $I_a=I_b=0$ 除外.

(注) 式(12.4.15)~(12.4.17)的推导

式(12.4.11)右边第一项可化为

$$\begin{aligned}
\mathrm{i}\sum_i \frac{e_i}{m_i c} C_L (\boldsymbol{l}u_{LM})_i^* \cdot \boldsymbol{P}_i &= \mathrm{i}\sum_i \frac{e_i C_L}{m_i c}\boldsymbol{P}_i \cdot (\boldsymbol{l}u_{LM})_i^* \quad [\text{利用了}\nabla\cdot(\boldsymbol{l}u_{LM})=0] \\
&= -\sum_i \frac{e_i \hbar C_L}{m_i c}\boldsymbol{P}_i \cdot (\boldsymbol{r}\times\nabla u_{LM})_i^* = \sum_i \frac{e_i \hbar C_L}{m_i c}\boldsymbol{l}_i \cdot (\nabla u_{LM}^*)_i \\
&\approx \sum_i \frac{e_i \hbar C_L}{m_i c} \frac{k^L}{(2L+1)!!}\boldsymbol{l}_i \cdot (\nabla r^L \mathrm{Y}_L^{M*})_i
\end{aligned} \tag{12.4.34}$$

式(12.4.12)第二项类似可化为

$$\begin{aligned}
-\frac{C_L}{k}\sum_i \boldsymbol{\mu}_i \cdot (\boldsymbol{l}u_{LM})_i^* &= -\frac{\mathrm{i}\hbar}{k}C_L \sum_i \boldsymbol{\mu}_i \cdot (\boldsymbol{r}\times\nabla u_{LM}^*)_i \\
&= -\frac{\mathrm{i}\hbar}{k}C_L \sum_i (\boldsymbol{\mu}_i \times \boldsymbol{r}_i)\cdot(\nabla u_{LM}^*)_i \\
&\approx -\mathrm{i}\hbar C_L \frac{k^{L-1}}{(2L+1)!!}\sum_i (\boldsymbol{\mu}_i\times\boldsymbol{r}_i)\cdot(\nabla r^L \mathrm{Y}_L^{M*})_i
\end{aligned} \tag{12.4.35}$$

式(12.4.11)右侧第二项,利用

$$\nabla\times(\boldsymbol{l}u_{LM})^* = \mathrm{i}\hbar\nabla\times(\boldsymbol{r}\times\nabla)u_L^{M*}$$

$$= \mathrm{i}\hbar\left[\boldsymbol{r}\,\boldsymbol{\nabla}^2 - \boldsymbol{\nabla}\left(1 + r\frac{\partial}{\partial r}\right)\right]\mathrm{j}_L(kr)\mathrm{Y}_L^{M*}(\theta,\varphi)$$

$$\approx \mathrm{i}\hbar[\boldsymbol{r}k^2 - \boldsymbol{\nabla}(1+L)]\mathrm{j}_L(kr)\mathrm{Y}_L^{M*}(\theta,\varphi)$$

（因为 $kr \ll 1$,第一项 $\ll$ 第二项）

$$\approx -\mathrm{i}\hbar(1+L)\,\boldsymbol{\nabla}\mathrm{j}_L(kr)\mathrm{Y}_L^{M*}(\theta,\varphi)$$

$$\approx -\mathrm{i}\hbar\,\frac{(L+1)k^L}{(2L+1)!!}\,\boldsymbol{\nabla}r^L\,\mathrm{Y}_L^{M*}(\theta,\varphi) \tag{12.4.36}$$

所以式(12.4.11)右侧第二项化为

$$\mathrm{i}C_L\sum_i\boldsymbol{\mu}_i\cdot(\boldsymbol{\nabla}\times\boldsymbol{l}\boldsymbol{u}_{LM})_i^* \approx \frac{C_L\hbar(L+1)k^L}{(2L+1)!!}\sum_i\boldsymbol{\mu}_i\cdot(\boldsymbol{\nabla}r^L\mathrm{Y}_L^{M*})_i \tag{12.4.37}$$

最后,式(12.4.11)右侧第一项化为

$$-\sum_i\frac{e_iC_L}{m_i\omega}(\boldsymbol{\nabla}\times\boldsymbol{l}\boldsymbol{u}_{LM})_i^*\cdot\boldsymbol{P}_i = -\sum_i\frac{e_iC_L}{m_i\omega}\int\mathrm{d}\tau\delta(\boldsymbol{r}-\boldsymbol{r}_i)(\boldsymbol{\nabla}\times\boldsymbol{l}\boldsymbol{u}_{LM})^*\cdot m_i\boldsymbol{v}_i$$

$$= -\frac{C_L}{\omega}\int\mathrm{d}\tau(\boldsymbol{\nabla}\times\boldsymbol{l}\boldsymbol{u}_{LM})^*\cdot\sum_i e_i\delta(\boldsymbol{r}-\boldsymbol{r}_i)\cdot\boldsymbol{v}_i$$

$$= -\frac{C_L}{\omega}\int\mathrm{d}\tau(\boldsymbol{\nabla}\times\boldsymbol{l}\boldsymbol{u}_{LM})^*\cdot\boldsymbol{j} \tag{12.4.38}$$

其中

$$\boldsymbol{j} = \sum_i e_i\delta(\boldsymbol{r}-\boldsymbol{r}_i)\,\boldsymbol{v}_i$$

是核电流密度.利用式(12.4.36),式(12.4.38)化为

$$\frac{\mathrm{i}\hbar C_L(L+1)k^L}{\omega(2L+1)!!}\int\mathrm{d}\tau(\boldsymbol{\nabla}r^L\mathrm{Y}_L^{M*})\cdot\boldsymbol{j} = -\frac{\mathrm{i}\hbar C_L(L+1)k^L}{\omega(2L+1)!!}\int r^L\mathrm{Y}_L^{M*}\,\boldsymbol{\nabla}\cdot\boldsymbol{j}\,\mathrm{d}\tau \tag{12.4.39}$$

[这里在分部积分时,$\boldsymbol{\nabla}\cdot(r^L\mathrm{Y}_L^{M*}\boldsymbol{j})$化为面积分,而在边界上(无穷远处),$\boldsymbol{j}=0$].再利用连续性方程

$$\boldsymbol{\nabla}\cdot\boldsymbol{j} = -\frac{\partial}{\partial t}\rho = -\frac{1}{\mathrm{i}\hbar}(\rho H_N - H_N\rho)$$

H_N 为原子核 Hamilton 量,于是式(12.4.39)化为

$$\frac{C_L(L+1)k^L}{\omega(2L+1)!!}\int r^L\mathrm{Y}_L^{M*}(\rho H_N - H_N\rho)\mathrm{d}\tau$$

在计算矩阵元$\langle b|H'|a\rangle$时,得 $\left[\text{注意}:E_a - E_b = \hbar\omega,\rho(\boldsymbol{r}) = \sum_i e_i\delta(\boldsymbol{r}-\boldsymbol{r}_i)\right]$

$$\frac{C_L(L+1)k^L}{\omega(2L+1)!!}(E_a-E_b)\langle b\mid\int r^L\mathrm{Y}_L^{M*}\rho\mathrm{d}\tau\mid a\rangle = \frac{\hbar C_L(L+1)k^L}{(2L+1)!!}\langle b\mid\sum_i e_ir_i^L\mathrm{Y}_L^{M*}(\theta,\varphi_i)\mid a\rangle \tag{12.4.40}$$

附录A 分析力学简要回顾①~④

A.1 最小作用原理与 Lagrange 方程

设体系的 Lagrange 函数记为 $L(q_1,\cdots,q_n,\dot{q}_1,\cdots,\dot{q}_n,t)$，或简记为 $L(q,\dot{q},t)$，q_i ($i=1,2,\cdots,n$)是足以确定体系位置的一组独立的坐标，n 为体系的自由度，$\dot{q}_i$ 为广义速度. 设体系处于保守势 V 中，T 为动能，则 $L=T-V$.（如 V 包含与时间有关的外界作用，即体系为非保守系，L 将显含 t. 以下如不特别声明，都只讨论 L 不显含 t 的情况.）

设体系在时刻 t' 从点 A 出发，经过某轨道 $q(t)$ 在时刻 t'' 达到点 B（图 A.1). 对于每一条轨道 $q(t)$，可定义作用量(action)

$$S[q(t)]=\int_{t'}^{t''}L(q,\dot{q})\mathrm{d}t \tag{A.1.1}$$

它依赖于粒子所走的轨道 $q(t)$，即它是 $q(t)$ 的函数，所以是一个泛函(functional)，其量纲与角动量同. 对于给定初终点位置 A 和 B，粒子可以有各种可能的轨道. 试问：自然界中粒子运动将遵循哪一条轨道？最小作用原理(principle of least action)说：粒子实际所走轨道应使 S 取极小值. 设 $q(t)$ 作无穷小变化，$q(t)\rightarrow q(t)+\delta q(t)$，在下列条件下

$$\delta q(t')=\delta q(t'')=0 \tag{A.1.2}$$

要求

$$\delta S=0 \tag{A.1.3}$$

换言之，粒子实际所走的轨道，与相邻的各种可能轨道（初终点位置相同）相比，其作用量取极小值.

按照最小作用原理，不难求出 $q(t)$ 满足的微分方程. 按式(A.1.1)，

$$\delta S=\int_{t'}^{t''}\mathrm{d}t\sum_i\left[\frac{\partial L}{\partial q_i}\delta q_i+\frac{\partial L}{\partial \dot{q}_i}\delta\dot{q}_i\right]$$

---

① H. Goldstein, *Classical Mechanics*, Addison-Wesley, Reading, Massachusetts, 1950.

② L. D. Landau and E. M. Lifshitz, *Mechanics*, *Course of Theoretical Physics*, Vol. **1**, Oxford, Pergamon Press, 1976; 3rd ed.，世界图书出版社公司，北京：1999.

③ E. C. G. Sudharshan and Mukunda, *Classical Dynamics*, *A Modern Perspective*, Wiley, N. Y., 1974.

④ E. J. Saletan and A. H. Cromer, *Theoretical Mechanics*, John Wiley & Sons, 1971. 中译本：卢邦正，姜存志译，理论力学，高等教育出版社，北京，1989.

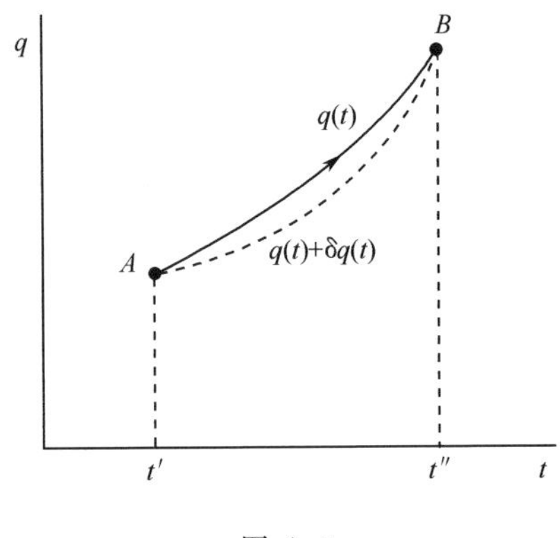

图 A.1

注意到 $\delta\dot{q}_i=\delta\dfrac{\mathrm{d}q_i}{\mathrm{d}t}=\dfrac{\mathrm{d}}{\mathrm{d}t}\delta q_i$，上式右边第二项在分部积分后，得

$$\delta S=\sum_i\int_{t'}^{t''}\mathrm{d}t\left[\frac{\partial L}{\partial q_i}-\frac{\mathrm{d}}{\mathrm{d}t}\left(\frac{\partial L}{\partial\dot{q}_i}\right)\right]\delta q_i+\sum_i\left[\frac{\partial L}{\partial\dot{q}_i}\delta q_i\right]_{t'}^{t''}$$

按照式(A.1.2)与式(A.1.3)，得

$$\delta S=\sum_i\int_{t'}^{t''}\mathrm{d}t\left[\frac{\partial L}{\partial q_i}-\frac{\mathrm{d}}{\mathrm{d}t}\left(\frac{\partial L}{\partial\dot{q}_i}\right)\right]\delta q_i=0$$

由于 $\delta q_i(i=1,2,\cdots,n)$是**任意的**，所以要求

$$\frac{\partial L}{\partial q_i}-\frac{\mathrm{d}}{\mathrm{d}t}\left[\frac{\partial L}{\partial\dot{q}_i}\right]=0,\qquad i=1,2,\cdots,n\tag{A.1.4}$$

此即 Lagrange 方程.

如取 q_i 为 Cartesian 坐标 x_i，则

$$L=T-V=\frac{1}{2}\sum_i m_i\dot{x}_i^2-V(x_1,\cdots,x_n)\tag{A.1.5}$$

而 Lagrange 方程(A.1.4)化为

$$m_i\ddot{x}_i=-\frac{\partial V}{\partial x_i},\qquad i=1,2,\cdots,n\tag{A.1.6}$$

即 Newton 方程. 令

$$p_i=\frac{\partial L}{\partial\dot{q}_i}\tag{A.1.7}$$

$$F_i=\frac{\partial L}{\partial q_i}\tag{A.1.8}$$

分别表示与广义坐标 q_i 相应的广义动量和广义力①，则 Lagrange 方程形式上与 Newton 方程相同，

---

① 例如，q_i 为描述绕定轴旋转的角度，则 p_i 表示绕定轴的角动量，F_i 表示绕定轴的力矩.

$$\dot{p}_i = F_i \tag{A.1.9}$$

Lagrange 方程(A. 1. 4)是含有 n 个坐标变量 q_i 对时间的二阶导数的微分方程. 当给定 $2n$ 个初条件 $q_i(0)$(初位置)和 $\dot{q}_i(0)$(初"速度")之后,求解微分方程(A. 1. 4)即可把解确定下来.

讨论

(1)在经典力学的 Lagrange 形式中,人们只需构造体系的 L 这样一个标量,全部的运动方程即可通过对 L 的简单的微分运算而得出. 而 Newton 方程的建立,涉及矢量运算,较为复杂,特别是采用曲线坐标系的情况.

(2)Newton 方程(A. 1. 6)所示的简单形式,只在 Cartesian 坐标系中才成立. 与此不同,无论采用哪一种坐标系,Lagrange 方程的形式都一样,即式(A. 1. 4)所示.

(3)在 Lagrange 形式中,易于分析守恒量. 设 L 不依赖于某坐标 q_i,而只依赖于 $\dot{q}_i$[此时 q_i 称为体系的循环坐标(cyclic coordinate)],按式(A. 1. 4)和式(A. 1. 7),可知广义动量 p_i 为守恒量($\dot{p}_i=0$). 由于在任何坐标系中 Lagrange 方程的形式都一样,人们可以较方便地选择合适的坐标,以找出体系的守恒量,这样可以最佳地反映势能的对称性.

(4)上面讨论的是保守体系. 对于在电场 $\boldsymbol{E}$ 和磁场 $\boldsymbol{B}$ 中的荷电 q 的粒子,受力(Lorentz 力)为

$$\boldsymbol{F} = q\left(\boldsymbol{E} + \frac{1}{c}\boldsymbol{v}\times\boldsymbol{B}\right) \tag{A.1.10}$$

其中 $\boldsymbol{v} = \dot{\boldsymbol{r}}$ 是粒子速度. 在一般情况下,它不能用一个保守势来描述,L 不能表示成$(T-V)$的形式. 可以证明,荷电粒子的 Lagrange 量如写成

$$L = \frac{1}{2}mv^2 - q\phi - \frac{q}{c}\boldsymbol{v}\cdot\boldsymbol{A} \tag{A.1.11}$$

则可以给出正确的运动方程式. 式(A. 1. 11)中 ϕ 和 $\boldsymbol{A}$ 分别为电磁场的标量势和矢量势,而

$$\begin{aligned}\boldsymbol{E} &= -\nabla\phi - \frac{1}{c}\frac{\partial}{\partial t}\boldsymbol{A}\\ \boldsymbol{B} &= \nabla\times\boldsymbol{A}\end{aligned} \tag{A.1.12}$$

事实上,把式(A. 1. 11)代入 Lagrange 方程,得

$$\frac{\mathrm{d}}{\mathrm{d}t}\left(m\dot{x}_i + \frac{q}{c}A_i\right) = -q\frac{\partial}{\partial x_i}\phi + \frac{q}{c}\frac{\partial}{\partial x_i}(\boldsymbol{v}\cdot\boldsymbol{A}),\quad i = 1,2,3$$

即

$$\frac{\mathrm{d}}{\mathrm{d}t}\left(m\boldsymbol{v} + \frac{q}{c}\boldsymbol{A}\right) = -q\nabla\phi + \frac{q}{c}\nabla(\boldsymbol{v}\cdot\boldsymbol{A}) \tag{A.1.13}$$

式中

$$\boldsymbol{P} = m\boldsymbol{v} + \frac{q}{c}\boldsymbol{A} \tag{A.1.14}$$

表示正则动量. 利用

$$\frac{\mathrm{d}}{\mathrm{d}t}\boldsymbol{A} = \frac{\partial}{\partial t}\boldsymbol{A} + (\boldsymbol{v} \cdot \boldsymbol{\nabla})\boldsymbol{A}$$

$$\begin{aligned}\boldsymbol{\nabla}(\boldsymbol{v} \cdot \boldsymbol{A}) &= \boldsymbol{v} \times (\boldsymbol{\nabla} \times \boldsymbol{A}) + (\boldsymbol{v} \cdot \boldsymbol{\nabla})\boldsymbol{A} \\ &= \boldsymbol{v} \times \boldsymbol{B} + (\boldsymbol{v} \cdot \boldsymbol{\nabla})\boldsymbol{A}\end{aligned}$$

可得出

$$\begin{aligned}\frac{\mathrm{d}}{\mathrm{d}t}(m\boldsymbol{v}) &= \left(-q\,\boldsymbol{\nabla}\phi - \frac{q}{c}\,\frac{\partial}{\partial t}\boldsymbol{A}\right) + \frac{q}{c}(\boldsymbol{v} \times \boldsymbol{B}) \\ &= q\boldsymbol{E} + \frac{q}{c}\boldsymbol{v} \times \boldsymbol{B} = \boldsymbol{F}\end{aligned} \tag{A.1.15}$$

与式(A.1.10)一致. 上式即荷电粒子在电磁场中的 Newton 方程.

注意: Lagrange 量(A.1.11)并不能表示成($T-V$)形式, 而且

$$U = q\phi + \frac{q}{c}\boldsymbol{v} \cdot \boldsymbol{A}$$

也不能理解为荷电粒子的势能. 一般情况下的电磁场(显含 t)是非保守场, 不能定义一个与路径无关的功函数. 即使在不显含 t 的情况下, 也只有 $q\phi$ 可以理解为电势能, 而$\frac{q}{c}\boldsymbol{v} \cdot \boldsymbol{A}$ 并不能理解为磁势能, 因为磁场的作用力$\frac{q}{c}\boldsymbol{v} \times \boldsymbol{B}$ 总是垂直于粒子的运动速度$\boldsymbol{v}$, 是不做功的.

作用量 S 的计算

1. 自由粒子

先以一维自由粒子为例, $L = \frac{1}{2}m\dot{x}^2$. 按 Lagrange 方程, $p = m\dot{x}$ (动量)为守恒量. 因此粒子沿经典轨道从 $x't' \to x''t''$ ($t'' > t'$)的作用量为

$$\begin{aligned}S_{cl}[x''t'', x't'] &= \frac{1}{2}\int_{t'}^{t''}\mathrm{d}t m\dot{x}^2 = \frac{m}{2}\left(\frac{x''-x'}{t''-t'}\right)^2 \cdot (t''-t') \\ &= \frac{m}{2}\,\frac{(x''-x')^2}{(t''-t')}\end{aligned} \tag{A.1.16}$$

对于三维自由粒子, 则

$$S_{cl}[\boldsymbol{r}''t'', \boldsymbol{r}'t'] = \frac{m}{2}\,\frac{(\boldsymbol{r}''-\boldsymbol{r}')^2}{(t''-t')} \tag{A.1.17}$$

2. 谐振子

对于一维谐振子, $L = \frac{1}{2}m\dot{x}^2 - \frac{1}{2}m\omega^2x^2$, 代入 Lagrange 方程, 得

$$\ddot{x} - \omega^2 x = 0$$

设初条件 $x(0)=0,\dot{x}(0)=v_0$. 由于能量 E 为守恒量 $E=\frac{1}{2}mv_0^2, v_0=\sqrt{2E/m}$. 由此不难解出

$$x(t)=\sqrt{\frac{2E}{m}}\frac{\sin\omega t}{\omega},\quad \dot{x}(t)=\sqrt{\frac{2E}{m}}\cos\omega t$$

从 $t=0,x=0$ 点出发,沿经典轨道到达 (x,t) 的作用量为

$$\begin{aligned}S[xt,00]&=\frac{m}{2}\int_0^t \mathrm{d}t\left[\left(\sqrt{\frac{2E}{m}}\cos\omega t\right)^2-\omega^2\left(\sqrt{\frac{2E}{m}}\frac{\sin\omega t}{\omega}\right)^2\right]\\&=\frac{E}{2\omega}\sin2\omega t=\sqrt{\frac{mE}{2}}x\cos\omega t\end{aligned}$$

推广到一般情况,

$$S[x''t'',x't']=\frac{m\omega}{2\sin\omega(t''-t')}[(x''^2+x'^2)\cos\omega(t''-t')-2x'x''] \tag{A.1.18}$$

而对于三维谐振子,

$$S[\boldsymbol{r}''t'',\boldsymbol{r}'t']=\frac{m\omega}{2\sin\omega(t''-t')}[(t''^2+t'^2)\cos\omega(t''-t')-2\boldsymbol{r}''\cdot\boldsymbol{r}'] \tag{A.1.19}$$

A.2 Hamilton 正则方程,Poisson 括号

在 Lagrange 理论形式中,把 Lagrange 量表示成广义坐标 q_i 和广义速度 $\dot{q}_i(i=1,2,\cdots,n)$ 的函数 $L(q_1,\cdots,q_n,\dot{q}_1,\cdots,\dot{q}_n,t)$. 在上节中已引进广义动量

$$p_i=\frac{\partial L}{\partial\dot{q}_i} \tag{A.2.1}$$

定义体系的 Hamilton 量

$$H(q,p)=\sum_i p_i\dot{q}_i-L(q,\dot{q}) \tag{A.2.2}$$

注意:这里是把 $q_i,p_i(i=1,2,\cdots,n)$ 作为独立变量,即应把 H 看成 $2n$ 个独立变量 q_i 和 $p_i(i=1,2,\cdots,n)$ 的函数, $H(q,p)\equiv H(q_1,\cdots,q_n,p_1,\cdots,p_n)$. 利用式(A.2.1)和式(A.2.2),可求得

$$\frac{\partial H}{\partial p_i}=\dot{q}_i+\sum_j p_j\frac{\partial\dot{q}_j}{\partial p_i}-\sum_j\frac{\partial L}{\partial\dot{q}_j}\frac{\partial\dot{q}_j}{\partial p_i}=\dot{q}_i$$

类似,利用 Lagrange 方程,可得

$$\frac{\partial H}{\partial q_i}=\sum_j p_j\frac{\partial\dot{q}_j}{\partial q_i}-\frac{\partial L}{\partial q_i}-\sum_j\frac{\partial L}{\partial\dot{q}_j}\frac{\partial\dot{q}_j}{\partial q_i}=-\frac{\partial L}{\partial q_i}=-\dot{p}_i$$

概括起来,

$$\dot{q}_i=\frac{\partial H}{\partial p_i},\quad \dot{p}_i=-\frac{\partial H}{\partial q_i}\qquad(i=1,2,\cdots,n) \tag{A.2.3}$$

此即 Hamilton 正则方程. 具体写出来,就是 $2n$ 个独立变量 q_i、$p_i(i=1,2,\cdots,n)$ 满足的含时间一阶导数的微分方程. 当给定初值 $q_i(0)$、$p_i(0)(i=1,2,\cdots,n)$ 之后,原

则上可以从正则方程(A. 2. 3),把解 $q_i(t)$ 和 $p_i(t)$ 确定下来. 在附录 A. 4 中将给出求正则方程的积分的一种系统方法,即 Jacobi-Hamilton 理论.

当然,正则方程也可直接从最小作用原理导出. 此时,作用量

$$S = \int_{t'}^{t''} \mathrm{d}tL = \int_{t'}^{t''} \mathrm{d}t \left[\sum_i p_i \dot{q}_i - H(q,p,t) \right] \tag{A. 2. 4}$$

作为 $2n$ 个独立变量 q_i、$p_i(i=1,2,\cdots,n)$ 的函数,对 q_i、p_i 进行变分

$$\delta S = \sum_i \int_{t'}^{t''} \mathrm{d}t \left[\dot{q}_i \delta p_i + p_i \delta \dot{q}_i - \frac{\partial H}{\partial q_i} \delta q_i - \frac{\partial H}{\partial p_i} \delta p_i \right]$$

上式右边第二项分部积分后,得

$$\int_{t'}^{t''} \mathrm{d}t p_i \frac{\mathrm{d}}{\mathrm{d}t} \delta q_i = p_i \delta q_i \Big|_{t'}^{t''} - \int_{t'}^{t''} \mathrm{d}t \dot{p}_i \delta q_i = - \int_{t'}^{t''} \mathrm{d}t \dot{p}_i \delta q_i$$

所以

$$\delta S = \sum_i \int_{t'}^{t''} \mathrm{d}t \left[\left(\dot{q}_i - \frac{\partial H}{\partial p_i} \right) \delta p_i - \left(\dot{p}_i + \frac{\partial H}{\partial q_i} \right) \delta q_i \right] \tag{A. 2. 5}$$

按最小作用原理,要求 $\delta S=0$. 由于 δq_i、δp_i 都是任意的,这就要求

$$\dot{q}_i = \frac{\partial H}{\partial p_i}, \quad \dot{p}_i = - \frac{\partial H}{\partial q_i}, \quad i = 1,2,\cdots,n$$

与式(A. 2. 3)完全一样.

设体系处于保守势场 V 中,则 H 可表示成

$$H = T + V$$

T 为动能,H 代表体系的能量. 如采用 Cartesian 坐标系,则

$$T = \frac{1}{2} \sum_i m_i \dot{x}_i^2$$

$$p_i = \frac{\partial L}{\partial \dot{x}_i} = m_i \dot{x}_i$$

$$\sum_i p_i \dot{x}_i = 2T$$

所以

$$H = \sum_i p_i \dot{x}_i - L = 2T - (T - V) = T + V \tag{A. 2. 6}$$

更一般情况,采用曲线坐标系(例如球坐标系),设

$$T = \sum_{ij} T_{ij}(q) \dot{q}_i \dot{q}_j$$

同样容易证明 $\sum_i p_i \dot{q}_i = 2T$,因而 $H=T+V$ 仍成立.

与 Lagrange 量相似,Hamilton 量 H 也是标量. 正则方程(A. 2. 3)的形式也不因坐标选择而异. 同样,我们也可以选择合适的坐标系以展示体系的守恒量和对称性. 例如,设 V(因而 H)不显含 t,$\frac{\partial H}{\partial t}=0$. 按正则方程(A. 2. 3),可求出

$$\frac{\mathrm{d}H}{\mathrm{d}t} = \sum_i \left[\frac{\partial H}{\partial q_i}\dot{q}_i + \frac{\partial H}{\partial p_i}\dot{p}_i\right] = \sum_i \left(\frac{\partial H}{\partial q_i}\frac{\partial H}{\partial p_i} - \frac{\partial H}{\partial p_i}\frac{\partial H}{\partial q_i}\right) = 0 \tag{A.2.7}$$

即 H(能量)为守恒量.若 H 不依赖于某一坐标 q_i,则 $\dot{p}_i=0$,即 p_i 为守恒量.这种坐标称为体系的循环坐标.

对于任何一个不显含 t 的力学量 $A(p,q)$,有

$$\begin{aligned}\frac{\mathrm{d}}{\mathrm{d}t}A &= \sum_i \left(\frac{\partial A}{\partial q_i}\dot{q}_i + \frac{\partial A}{\partial p_i}\dot{p}_i\right) \\ &= \sum_i \left(\frac{\partial A}{\partial q_i}\frac{\partial H}{\partial p_i} - \frac{\partial A}{\partial p_i}\frac{\partial H}{\partial q_i}\right)\end{aligned}$$

记为

$$\equiv \{A,H\} \tag{A.2.8}$$

{ }称为 Poisson 括号.若力学量 $A(p,q)$与体系的 Hamilton 量 H 的 Poisson 括号为 0,

$$\{A,H\} = 0 \tag{A.2.9}$$

则

$$\frac{\mathrm{d}}{\mathrm{d}t}A = 0$$

即 A 为守恒量.

任意两个力学量的 Poisson 括号定义为

$$\{A,B\} = \sum_i \left(\frac{\partial A}{\partial q_i}\frac{\partial B}{\partial p_i} - \frac{\partial A}{\partial p_i}\frac{\partial B}{\partial q_i}\right) \tag{A.2.10}$$

不难证明 Poisson 括号满足下列代数恒等式:

$$\begin{aligned}&\{A,B\} = -\{B,A\} \\ &\{A,B+C\} = \{A,B\} + \{A,C\} \\ &\{A,BC\} = \{A,B\}C + B\{A,C\} \\ &\{A,\{B,C\}\} + \{B,\{C,A\}\} + \{C,\{A,B\}\} = 0\end{aligned} \tag{A.2.11}$$

(Jacobi 恒等式)

最基本的 Poisson 括号为

$$\{q_i,p_j\} = \delta_{ij}, \quad \{q_i,q_j\} = \{p_i,p_j\} = 0 \tag{A.2.12}$$

容易证明

$$\{q_i,A\} = \frac{\partial A}{\partial p_i}, \quad \{p_i,A\} = -\frac{\partial A}{\partial q_i} \tag{A.2.13}$$

利用 Poisson 括号,正则方程可表示为

$$\dot{q}_i = \{q_i,H\}, \qquad \dot{p}_i = \{p_i,H\} \tag{A.2.14}$$

练习 设 a 为体系的任一力学变量,证明

$$\frac{\partial}{\partial a}\{A,B\} = \left\{\frac{\partial A}{\partial a},B\right\} + \left\{A,\frac{\partial B}{\partial a}\right\} \tag{A.2.15}$$

Poisson 定理

若 A、B 为体系的守恒量,则$\{A,B\}$也是体系的守恒量[1].

证明 设 A 和 B 不显含 t,利用 Jacobi 恒等式

$$\{A,\{B,H\}\}+\{B,\{H,A\}\}+\{H,\{A,B\}\}=0$$

以及题设$\{A,H\}=0$,$\{B,H\}=0$,可得

$$\{H,\{A,B\}\}=0$$

即$\{A,B\}$为守恒量.

若 A 和 B 为含时守恒量,即$\frac{\partial A}{\partial t}+\{A,H\}=0$,$\frac{\partial B}{\partial t}+\{B,H\}=0$.考虑到

$$\begin{aligned}\frac{\mathrm{d}}{\mathrm{d}t}\{A,B\}&=\{\{A,B\},H\}+\frac{\partial}{\partial t}\{A,B\}\\&=-\{\{B,H\},A\}-\{\{H,A\},B\}+\left\{\frac{\partial A}{\partial t},B\right\}+\left\{A,\frac{\partial B}{\partial t}\right\}\\&=\left\{\frac{\partial A}{\partial t}+\{A,H\},B\right\}+\left\{A,\frac{\partial B}{\partial t}+\{B,H\}\right\}\end{aligned}$$

按假设,上式右边两项均为零,所以

$$\frac{\mathrm{d}}{\mathrm{d}t}\{A,B\}=0$$

(证毕)

带电粒子在电磁场中的 Lagrange 量为(见式(A.1.11))

$$L=\frac{1}{2}mv^2-q\phi+\frac{q}{c}\boldsymbol{v}\cdot\mathbf{A} \tag{A.2.16}$$

由它给出的正则动量为

$$P=m\boldsymbol{v}+\frac{q}{c}\mathbf{A} \tag{A.2.17}$$

因此 Hamilton 量为

$$\begin{aligned}H&=\boldsymbol{P}\cdot\boldsymbol{v}-L=mv^2+\frac{q}{c}\boldsymbol{v}\cdot A-\frac{1}{2}mv^2+q\phi-\frac{q}{c}\boldsymbol{v}\cdot\mathbf{A}\\&=\frac{1}{2}mv^2+q\phi=T+q\phi\end{aligned}$$

仍可表示成 $T+q\phi$ 的形式,但电磁场矢势 $\mathbf{A}$ 不出现于上式中,似乎被弃置一边了.问题在于 H 应选用正则动量 $\boldsymbol{P}$(而不是 $\dot{\boldsymbol{r}}=\boldsymbol{v}$)为变量,所以正确表示式应为

$$H=\frac{1}{2m}\left(\boldsymbol{P}-\frac{q}{c}\mathbf{A}\right)^2+q\phi \tag{A.2.18}$$

---

[1] 但应该指出,$\{A,B\}$ 不一定是什么新的有意义的守恒量.一个体系独立的守恒量的个数是有限的.对于自由度为 n 的封闭体系,最多有$(2n-1)$个独立的守恒量.

A.3 正则变换，生成函数

前已提及，Lagrange 方程的形式不因坐标选择而异，即在坐标变换下

$$q_i \to Q_i(q_1, q_2, \cdots, q_n), \qquad i = 1, 2, \cdots, n \tag{A.3.1}$$

[简记为 $q \to Q(q)$]，Lagrange 方程形式不变，即

$$\frac{\partial L}{\partial Q_i} - \frac{\mathrm{d}}{\mathrm{d}t}\left(\frac{\partial L}{\partial \dot{Q}_i}\right) = 0, \qquad i = 1, 2, \cdots, n \tag{A.3.2}$$

这里已把 $L(q, \dot{q})$ 改用坐标 $Q, \dot{Q}$ 表示出来，但习惯上仍记为 $L(Q, \dot{Q})$，而 $L(Q, \dot{Q}) = L(q, \dot{q})$. 严格说来，由于 $L(Q, \dot{Q})$ 的函数形式与 $L(q, \dot{q})$ 不同，应记为 $\bar{L}(Q, \dot{Q})$. 此处仍按多数人的习惯，记为 $L(Q, \dot{Q})$. 在坐标变换(A.3.1)下，可以证明，正则动量变换如下①：

$$p_i \to P_i = \sum_j \frac{\partial q_j}{\partial Q_i} p_j \tag{A.3.3}$$

变换式(A.3.1)和式(A.3.3)称为点变换(point transformation).

在点变换式(A.3.1)和式(A.3.3)之下，Lagrange 方程形式的不变性，意味着 Hamilton 方程的形式也是不变的，即

$$\dot{Q}_i = \frac{\partial H}{\partial P_i}, \qquad \dot{P}_i = -\frac{\partial H}{\partial Q_i} \tag{A.3.4}$$

如把 Hamilton 理论形式看成是从 Lagrange 理论形式导出的，而后者是建立在 n 个广义坐标所张开的位形空间(configuration space)中，可以看出变换(A.3.1)、(A.3.3)就是最普遍的变换了. 但我们也可以另起炉灶，从最小作用原理出发，视 q_i、$p_i (i=1, 2, \cdots, n)$ 为独立变量，导出 Hamilton 正则方程. Hamilton

---

① 令式(A.3.1)之逆变换表示为 $q = q(Q)$，则

$$\dot{q}_i = \sum_j \frac{\partial q_i}{\partial Q_j} \dot{Q}_j$$

可以看出

$$\left(\frac{\partial \dot{q}_i}{\partial \dot{Q}_j}\right)_Q = \frac{\partial q_i}{\partial Q_j}$$

按照正则动量的定义，

$$P_i = \left.\frac{\partial L(Q, \dot{Q})}{\partial \dot{Q}_i}\right|_Q = \left.\frac{\partial L(q, \dot{q})}{\partial \dot{Q}_i}\right|_Q = \sum_j \left.\left(\frac{\partial L}{\partial q_j}\frac{\partial q_j}{\partial \dot{Q}_i} + \frac{\partial L}{\partial \dot{q}_j}\frac{\partial \dot{q}_j}{\partial \dot{Q}_i}\right)\right|_Q$$

注意 $q = q(Q)$ 而不是 $q(Q, \dot{Q})$，所以 $\frac{\partial q_j}{\partial \dot{Q}_i} = 0$，再利用式 $\left(\frac{\partial \dot{q}_i}{\partial \dot{Q}_j}\right)_Q = \frac{\partial q_i}{\partial Q_j}$，得

$$P_i = \sum_j \frac{\partial L}{\partial \dot{q}_j}\frac{\partial q_j}{\partial Q_i} = \sum_j \frac{\partial q_j}{\partial Q_i} p_j$$

此即式(A.3.3).

理论形式就建立在 q_i、p_i($i=1,2,\cdots,n$)张开的 $2n$ 维相空间(phase space)中. 在此空间中,还可以有比点变换更普遍的变换,

$$q \to q(Q,P), \qquad p \to p(Q,P) \tag{A.3.5}$$

相空间中这一组新的独立的坐标 Q_i、P_i($i=1,2,\cdots,n$)形式上也可以用来描述体系的状态,但不一定能保证方程的正则形式(A.3.4).(类似于简单的 Newton 方程的形式 $m\ddot{q}_i=-\dfrac{\partial V}{\partial q_i}$,只当 q_i 取 Cartesian 坐标时才成立.)但如变换(A.3.5)能保证 Hamilton 方程的正则形式不变,则称为正则变换(canonical transformation).

给出一组变换

$$q \to Q(q,p), \qquad p \to P(q,p) \tag{A.3.5$'$}$$

之后,如何判断它是否正则变换? 为此,计算

$$\dot{Q}_j = \sum_i \left(\frac{\partial Q_j}{\partial q_i}\dot{q}_i + \frac{\partial Q_j}{\partial p_i}p_i\right) = \sum_i \left(\frac{\partial Q_j}{\partial q_i}\frac{\partial H}{\partial p_i} - \frac{\partial Q_j}{\partial p_i}\frac{\partial H}{\partial q_i}\right) \tag{A.3.6}$$

把 $H(q,p) \to H(Q,P)=H(q,p)$,

$$\begin{aligned} \frac{\partial H(q,p)}{\partial p_i} &= \frac{\partial H(Q,P)}{\partial p_i} = \sum_k \left(\frac{\partial H}{\partial Q_k}\frac{\partial Q_k}{\partial p_i} + \frac{\partial H}{\partial P_k}\frac{\partial P_k}{\partial p_i}\right) \\ \frac{\partial H(q,p)}{\partial q_i} &= \frac{\partial H(Q,P)}{\partial q_i} = \sum_k \left(\frac{\partial H}{\partial Q_k}\frac{\partial Q_k}{\partial q_i} + \frac{\partial H}{\partial P_k}\frac{\partial P_k}{\partial q_i}\right) \end{aligned} \tag{A.3.7}$$

代入式(A.3.6)中,经过整理,可得

$$\dot{Q}_j = \sum_k \left\{\frac{\partial H}{\partial Q_k}\{Q_j, Q_k\} + \frac{\partial H}{\partial P_k}\{Q_j, P_k\}\right\} \tag{A.3.8a}$$

类似可得

$$\dot{P}_j = \sum_k \left\{\frac{\partial H}{\partial Q_k}\{P_j, Q_k\} + \frac{\partial H}{\partial P_k}\{P_j, P_k\}\right\} \tag{A.3.8b}$$

可以看出,如要求保证方程的正则形式(A.3.4),必须

$$\begin{aligned} &\{Q_j, Q_k\} = \{P_j, P_k\} = 0 \\ &\{Q_j, P_k\} = \delta_{jk} \end{aligned} \tag{A.3.9}$$

值得注意的是:上述条件与 Hamilton 量的具体函数形式无关. 这是可以理解的,因为确定一个正则变换纯系运动学问题,对于任何 H 都一视同仁.

设(q,p)与(Q,P)都是正则的,因而与它们相应的 Hamilton 方程形式上相同,即

$$\begin{gathered} \{q_i, q_j\} = \{p_i, p_j\} = 0, \quad \{q_i, p_j\} = \delta_{ij} \\ \dot{q}_i = \frac{\partial H}{\partial p_i}, \qquad p_i = -\frac{\partial H}{\partial q_i} \end{gathered} \tag{A.3.10}$$

相应有

$$\{Q_i,Q_j\}=\{P_i,P_j\}=0,\qquad \{Q_i,P_j\}=\delta_{ij}$$

$$\dot{Q}_i=\frac{\partial H}{\partial P_i},\qquad \dot{P}_i=-\frac{\partial H}{\partial Q_i}\tag{A.3.11}$$

前面我们曾经引进 Poisson 括号来描述 Hamilton 方程. 理论的自洽性要求按两组正则坐标和动量定义出的 Poisson 括号应相等,或者说,Poisson 括号形式在正则变换下具有不变性,此即 Jacobi 定理.

定理证明如下:

$$\{A,B\}=\sum_i\left(\frac{\partial A}{\partial q_i}\frac{\partial B}{\partial p_i}-\frac{\partial A}{\partial p_i}\frac{\partial B}{\partial q_i}\right)$$

$$=\sum_{i\alpha\beta}\left\{\left(\frac{\partial A}{\partial Q_\alpha}\frac{\partial Q_\alpha}{\partial q_i}+\frac{\partial A}{\partial P_\alpha}\frac{\partial P_\alpha}{\partial q_i}\right)\left(\frac{\partial B}{\partial Q_\beta}\frac{\partial Q_\beta}{\partial p_i}+\frac{\partial B}{\partial P_\beta}\frac{\partial P_\beta}{\partial p_i}\right)\right.$$

$$\left.-\left(\frac{\partial A}{\partial Q_\alpha}\frac{\partial Q_\alpha}{\partial p_i}+\frac{\partial A}{\partial P_\alpha}\frac{\partial P_\alpha}{\partial p_i}\right)\left(\frac{\partial B}{\partial Q_\beta}\frac{\partial Q_\beta}{\partial q_i}+\frac{\partial B}{\partial P_\beta}\frac{\partial P_\beta}{\partial q_i}\right)\right\}$$

$$=\sum_{i\alpha\beta}\left\{\frac{\partial A}{\partial Q_\alpha}\frac{\partial B}{\partial Q_\beta}\left(\frac{\partial Q_\alpha}{\partial q_i}\frac{\partial Q_\beta}{\partial p_i}-\frac{\partial Q_\alpha}{\partial p_i}\frac{\partial Q_\beta}{\partial q_i}\right)\right.$$

$$+\frac{\partial A}{\partial P_\alpha}\frac{\partial B}{\partial P_\beta}\left(\frac{\partial P_\alpha}{\partial q_i}\frac{\partial P_\beta}{\partial p_i}-\frac{\partial P_\alpha}{\partial p_i}\frac{\partial P_\beta}{\partial q_i}\right)$$

$$+\frac{\partial A}{\partial Q_\alpha}\frac{\partial B}{\partial P_\beta}\left(\frac{\partial Q_\alpha}{\partial q_i}\frac{\partial P_\beta}{\partial p_i}-\frac{\partial Q_\alpha}{\partial p_i}\frac{\partial P_\beta}{\partial q_i}\right)$$

$$\left.+\frac{\partial A}{\partial P_\alpha}\frac{\partial B}{\partial Q_\beta}\left(\frac{\partial P_\alpha}{\partial q_i}\frac{\partial Q_\beta}{\partial p_i}-\frac{\partial P_\alpha}{\partial p_i}\frac{\partial Q_\beta}{\partial q_i}\right)\right\}$$

(在上式最后一项中,指标 $\alpha\leftrightarrow\beta$ 已对调)

$$=\sum_{\alpha,\beta}\left\{\frac{\partial A}{\partial Q_\alpha}\frac{\partial B}{\partial Q_\beta}\{Q_\alpha,Q_\beta\}+\frac{\partial A}{\partial P_\alpha}\frac{\partial B}{\partial P_\beta}\{P_\alpha,P_\beta\}\right.$$

$$\left.+\left(\frac{\partial A}{\partial Q_\alpha}\frac{\partial B}{\partial P_\beta}-\frac{\partial A}{\partial P_\alpha}\frac{\partial B}{\partial Q_\beta}\right)\{Q_\alpha,P_\beta\}\right\}$$

利用式(A. 3. 9)

$$=\sum_\alpha\left(\frac{\partial A}{\partial Q_\alpha}\frac{\partial B}{\partial P_\alpha}-\frac{\partial A}{\partial P_\alpha}\frac{\partial B}{\partial Q_\alpha}\right)$$

即

$$\{A,B\}_{(q,p)}=\{A,B\}_{(Q,P)}\qquad(\text{定理证毕})\tag{A.3.12}$$

Hamilton 方程形式在正则变换下是不变的,而存在正则变换的可能性,可以从最小作用原理来理解. 在求变分过程中

$$\delta\int_{t'}^{t''}L\,\mathrm{d}t=0$$

若被积函数加上一个全微分 $\mathrm{d}F/\mathrm{d}t$,则上式化为

$$\delta\int_{t'}^{t''}\mathrm{d}t\left(L+\frac{\mathrm{d}F}{\mathrm{d}t}\right)=\delta\int_{t'}^{t''}L\,\mathrm{d}t+\delta F(t'')-\delta F(t') \tag{A.3.13}$$

若 $\delta F(t')=\delta F(t'')=0$,则得出的结果完全相同. 换言之,变分原理对于被积函数加上一项全微分的变换($L\to L+\mathrm{d}F/\mathrm{d}t$)具有不变性. 这种被积函数的不确定性,反映了可以对 Hamilton 方程进行适当的正则变换.

考虑 $2n$ 维相空间中的变换,$(q,p)\to(Q,P)$,设它们均为正则坐标,则

$$\dot{q}_i=\frac{\partial H}{\partial p_i},\qquad \dot{p}_i=-\frac{\partial H}{\partial q_i} \tag{A.3.14}$$

$$\dot{Q}_i=\frac{\partial K}{\partial P_i},\qquad \dot{P}_i=-\frac{\partial K}{\partial Q_i} \tag{A.3.15}$$

这里已经把用(Q,P)表示出来的 Hamilton 量记为 $K(Q,P,t)$,以示与 $H(q,p,t)$ 的区别(函数关系不同). 方程(A.3.14)与方程(A.3.15)可认为是分别按最小作用原理

$$\delta\int_{t'}^{t''}\mathrm{d}t\left[\sum_i p_i\dot{q}_i-H(q,p,t)\right]=0 \tag{A.3.16}$$

$$\delta\int_{t'}^{t''}\mathrm{d}t\left[\sum_i P_i\dot{Q}_i-K(Q,P,t)\right]=0 \tag{A.3.17}$$

得出的结果. 但按式(A.3.13)的讨论,它们的被积函数具有一个不确定性,可以加上一个全微分 $\mathrm{d}F$,即

$$\left(\sum_i p_i\dot{q}_i-H\right)\mathrm{d}t-\left(\sum_i P_i\dot{Q}_i-K\right)\mathrm{d}t=\mathrm{d}F$$

即

$$\mathrm{d}F=\sum_i(p_i\mathrm{d}q_i-P_i\mathrm{d}Q_i)+(K-H)\mathrm{d}t \tag{A.3.18}$$

到此,F 还是任意的,并未指定它所依赖的变量. 试取 F 作为(q,Q,t)的函数 $F(q,Q,t)$则

$$\mathrm{d}F=\sum_i\left(\frac{\partial F}{\partial q_i}\mathrm{d}q_i+\frac{\partial F}{\partial Q_i}\mathrm{d}Q_i\right)+\frac{\partial F}{\partial t}\mathrm{d}t \tag{A.3.19}$$

比较式(A.3.18)与式(A.3.19),得出

$$p_i=\frac{\partial F}{\partial q_i},\quad P_i=-\frac{\partial F}{\partial Q_i},\quad i=1,2,\cdots,n \tag{A.3.20a}$$

$$K=H+\frac{\partial F}{\partial t} \tag{A.3.20b}$$

式(A.3.20a)中的 $2n$ 个式子把 q_i、p_i、Q_i、P_i 联系了起来. 例如,可以把 q_i、p_i 表示成 Q_i 和 P_i 的函数(或反之),即确定了一个正则变换. 所以 F 称为生成函数(generating function). 每一个正则变换都用一个相应的生成函数来刻画. 如生成函数 F 不显含 t,按式(A.3.20b),则 $K=H$. 此时,F 的全微分写成

$$\mathrm{d}F=\sum_i(p_i\mathrm{d}q_i-P_i\mathrm{d}Q_i) \tag{A.3.21}$$

与上类似，如生成函数取为(q,P,t)的函数$\widetilde{F}(q,P,t)$，则①

$$p_i=\frac{\partial \widetilde{F}}{\partial q_i},\quad Q_i=\frac{\partial \widetilde{F}}{\partial P_i},\quad i=1,2,\cdots,n \tag{A.3.22a}$$

$$K=H+\frac{\partial \widetilde{F}}{\partial t} \tag{A.3.22b}$$

若$\widetilde{F}$不显含t，则$K=H$，而

$$\mathrm{d}\widetilde{F}=\sum_i(p_i\mathrm{d}q_i+Q_i\mathrm{d}P_i) \tag{A.3.23}$$

概括起来，生成函数有下列4种类型，它们分别取为

$$(q,Q,t),\qquad (q,P,t),\qquad (p,Q,t),\qquad (p,P,t)$$

的函数.

例1 $F=\sum_i q_iQ_i$. 相应的变量关系为

$$p_i=\frac{\partial F}{\partial q_i}=Q_i,\quad P_i=-\frac{\partial F}{\partial Q_i}=-q_i,\quad K=H$$

即相应的正则变换为

$$Q_i=p_i,\qquad P_i=-q_i$$

原来的动量p_i变成新的坐标Q_i，而原来坐标的反号$(-q_i)$则成了新的动量P_i. 可见在正则变换之下，平常意义下的坐标与动量的划分已失去意义.

例2 $\widetilde{F}=\sum_i q_iP_i$. 相应的变量关系为

$$p_i=\frac{\partial \widetilde{F}}{\partial q_i}=P_i,\quad Q_i=\frac{\partial \widetilde{F}}{\partial P_i}=q_i,\quad K=H$$

此$\widetilde{F}$所刻画的正则变换只不过是一个平庸的恒等变换而已.

例3 利用正则变换化简谐振子的求解. 谐振子 Hamilton 量表示为

$$H=\frac{p^2}{2m}+\frac{1}{2}m\omega^2q^2$$

可以证明$p=m\omega q\cot Q$与$P=m\omega q^2/2\sin^2 Q$是一个正则变换. 为此，先证明$p\mathrm{d}q-P\mathrm{d}Q$为一个全微分. 事实上，

$$p\mathrm{d}q-P\mathrm{d}Q=m\omega q\cot Q\mathrm{d}q-\frac{m\omega q^2}{2\sin^2 Q}\mathrm{d}Q=\mathrm{d}\left(\frac{1}{2}m\omega q^2\cot Q\right)$$

所以相应的生成函数为

$$F(q,Q)=\frac{m\omega q^2}{2}\cot Q$$

① 这相当于生成函数做如下 Legendre 变换，

$$\widetilde{F}(q,P,t)=F(q,Q,t)+\sum_i P_iQ_i$$

按式(A.3.19)、式(A.3.20)、式(A.3.21)

$$\mathrm{d}\widetilde{F}=\sum_i(p_i\mathrm{d}q_i-P_i\mathrm{d}Q_i)+\sum_i(P_i\mathrm{d}Q_i+Q_i\mathrm{d}P_i)=\sum_i(p_i\mathrm{d}q_i+Q_i\mathrm{d}P_i)$$

即式(A.3.23)，式中$p_i=\dfrac{\partial \widetilde{F}}{\partial q_i}$，$Q_i=\dfrac{\partial \widetilde{F}}{\partial P_i}$，即式(A.3.22a).

利用这组正则坐标和动量把 Hamilton 量表示出来,

$$\begin{aligned}H&=\frac{1}{2m}(m^2\omega^2q^2\cot^2Q)+\frac{1}{2}m\omega^2\left(\frac{2P\sin^2Q}{m\omega}\right)\\&=\frac{m}{2}\omega^2\cdot\frac{2P\sin^2Q}{m\omega}\cdot\cot^2Q+\omega P\sin^2Q\\&=\omega P(\cos^2Q+\sin^2Q)=\omega P(=K)\end{aligned}$$

它不依赖于 Q,所以相应的正则动量 P 为运动常数,记为 $P=E/\omega$. 又因为

$$\dot{Q}=\frac{\partial K}{\partial P}=\omega$$

所以

$$Q=\omega t+\alpha \qquad (\alpha\text{ 为积分常数})$$

而

$$q=\sqrt{\frac{2P}{m\omega}}\sin Q=\sqrt{\frac{2E}{m\omega^2}}\sin(\omega t+\alpha)$$

此即谐振子的解.

应该指出,以上讨论的正则变换并不是什么数学游戏,而是很有用处的一种技巧. 如果我们能找到一个适当的正则变换(即找到一组合适的正则坐标和动量),使体系的 Hamilton 量的表示式 K 具有更简单的形式,则可以使正则方程及其积分简化. 例如,使 Hamilton 量 K 不含有某正则坐标 Q_i(参见例 3),则相应的正则动量 P_i 就是守恒量,这就使正则方程的求解(积分)容易多了.

特别应该提到,如能找到一个正则变换(即相应的生成函数),使新的 Hamilton 量 $K=0$,则按式(A. 3. 15)

$$\dot{P}_i=0,\qquad \dot{Q}_i=0\qquad (i=1,2,\cdots,n) \tag{A. 3. 24}$$

即

$$P_i=\alpha_i(\text{常量}),\qquad Q_i=\beta_i(\text{常量}) \tag{A. 3. 25}$$

均为运动常量,它们由初条件给出,于是问题便解决了. 乍一看来,这种做法似乎太特殊,没有什么普遍性. 实则不然. 下面我们将介绍一种系统的方法,即借助于 Jacobi-Hamilton 方程来找出这种正则变换相应的生成函数.

A. 4 Jacobi-Hamilton 方程

在最小作用原理(A. 1 节)中,是对给定初终位置的诸轨道进行比较,其中使作用量 S 取极小值($\delta S=0$)的轨道 $q(t)$ 乃自然界中粒子实际所走的轨道,由此就导出了 Lagrange 方程. 现在换一种看法,即让 S 中的 $q(t)$ 就取为满足 Lagrange 方程的轨道. 设初时刻 t' 粒子位置确定[$\delta q(t')=0$],但末态(t 时刻)的位置 $q(t)$ 允许变化,亦即把 S 看成积分上限的坐标 $q(t)$ 的函数,$S[q(t),t]$,变分 $q(t)$,并进行比较,如图 A. 2. 此时(参见 A. 1 节),

$$\delta S = \delta\int_{t'}^{t} L\,\mathrm{d}t = \sum_i \frac{\partial L}{\partial \dot{q}_i}\delta q_i \Big|_{t'}^{t} + \sum_i \int_{t'}^{t} \mathrm{d}t \left[\frac{\partial L}{\partial q_i} - \frac{\mathrm{d}}{\mathrm{d}t}\left(\frac{\partial L}{\partial \dot{q}_i}\right)\right]\delta q_i$$
$$= \sum_i \left(\frac{\partial L}{\partial \dot{q}_i}\right)\delta q_i(t) = \sum_i p_i \delta q_i \tag{A.4.1}$$

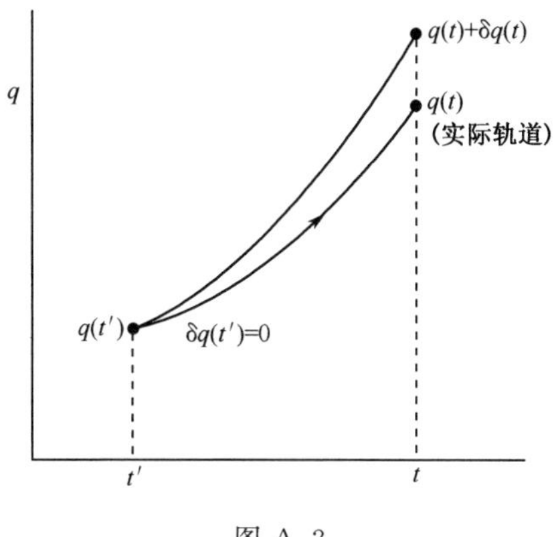

图 A.2

由于把 S 看成 $q(t)$ 的函数，由式(A.4.1)可得

$$p_i = \frac{\partial S}{\partial q_i} \tag{A.4.2}$$

按上述对 S 的理解，在轨道上 S 对 t 的全微分，就是 L，

$$\frac{\mathrm{d}S}{\mathrm{d}t} = L \tag{A.4.3}$$

把 S 看成 $q(t)$ 的函数，有

$$L = \frac{\mathrm{d}S}{\mathrm{d}t} = \sum_i \frac{\partial S}{\partial q_i}\dot{q}_i + \frac{\partial S}{\partial t} = \sum_i p_i \dot{q}_i + \frac{\partial S}{\partial t}$$

因而

$$\frac{\partial S}{\partial t} = L - \sum_i p_i \dot{q}_i = -H(q,p,t) \tag{A.4.4}$$

上式中 p_i 理解为$\dfrac{\partial S}{\partial q_i}$，即

$$\frac{\partial S}{\partial t} + H\left(q, \frac{\partial S}{\partial q}, t\right) = 0 \tag{A.4.5}$$

更详细一点写出，

$$\frac{\partial S}{\partial t} + H\left(q_1, \cdots, q_n, \frac{\partial S}{\partial q_1}, \cdots, \frac{\partial S}{\partial q_n}, t\right) = 0 \tag{A.4.5′}$$

此即 Jacobi-Hamilton 方程，是作用量 S[作为坐标 $q(t)$ 的函数 $S(q(t),t)$]所满足的一阶偏微分方程，独立变量选为$(q_1, q_2, \cdots, q_n, t)$其完全积分含有 $n+1$ 个积分常数. 由于 S 只以微分形式出现在方程中，有一个积分常数将以相加形式出现，它与理论中感兴趣的问题无关. 另外 n 个积分常数记为 $\alpha_1, \alpha_2, \cdots, \alpha_n$.

若 H 不显含 t，则式(A.4.5)的解可分离变量如下：

$$S(q,t)=S_0(q)+f(t) \tag{A.4.6}$$

代入式(A.4.5)，得

$$H\left(q,\frac{\partial S_0}{\partial q}\right)+\dot{f}=0$$

即

$$H\left(q,\frac{\partial S_0}{\partial q}\right)=-\dot{f}=\text{常量}\xlongequal{\text{记为}}E$$

所以

$$f(t)=-Et$$

$$S(q,t)=S_0(q)-Et \tag{A.4.7}$$

而

$$H\left(q,\frac{\partial S_0}{\partial q}\right)=E \tag{A.4.8}$$

这样，我们已求出 n 个积分常数中之一，即 $E(=\alpha_1)$. E 为体系的能量，即不显含 t 的 Hamilton 量.

例如，对于在势场 $V(x,y,z)$中运动的粒子，

$$S(x,y,z,t)=S_0(x,y,z)-Et \tag{A.4.9}$$

而 $S_0(x,y,z)$满足下列偏微分方程：

$$\frac{1}{2m}\left[\left(\frac{\partial S_0}{\partial x}\right)^2+\left(\frac{\partial S_0}{\partial y}\right)^2+\left(\frac{\partial S_0}{\partial z}\right)^2\right]=E-V(x,y,z) \tag{A.4.10}$$

粒子的动量为

$$\boldsymbol{p}=\nabla S_0 \tag{A.4.11}$$

式(A.4.10)可表示成矢量分析的形式

$$(\nabla S_0)^2=2m(E-V) \tag{A.4.12}$$

它与几何光学(波动光学的短波极限)中的程函(eikonal)方程形式上相似，只不过把

$$\sqrt{2m(E-V(x,y,z))}=n(x,y,z) \tag{A.4.13}$$

理解为介质的折射系数 $n(x,y,z)$而已. 此时，S_0 代表光波的相位，$S_0=$常数表示等相面. 在均匀介质中，$n=$常数(相当于 $V=$常数，即无外力作用下的自由粒子)，等相面为平面族，

$$S_0=ax+by+cz+d \tag{A.4.14}$$

平面的法线方向为(a,b,c)(即 $\boldsymbol{p}=\nabla S_0$ 方向)，代表“光线”(ray)的传播方向(相当于自由粒子的轨道为直线). 在非均匀介质中(相当于粒子在外力场中运动)，等相面为曲面簇，其法线方向(∇S_0 方向)即光线传播方向，一般有折射现象. 经典粒子力学与几何光学的这种相似性，早在 19 世纪初(1825)已被 Hamilton 发现，但未引

起人们注意而被遗忘了. 直到 20 世纪 20 年代波动力学提出后, 才重新引起人们的注意①.

A.5 正则方程的积分

利用 Jacobi-Hamilton 方程, 可以给出求正则方程的积分的一个普遍方法. 为此, 试选择一个正则变换, 相应的生成函数 $\widetilde{F}(q,P,t)$ 使 $K=0$. 按 A.3 节式(A.3.22), 可知 $\widetilde{F}$ 满足下列偏微分方程:

$$\frac{\partial \widetilde{F}}{\partial t}+H\left(q_1,\cdots,q_n,\frac{\partial \widetilde{F}}{\partial q_1},\cdots,\frac{\partial \widetilde{F}}{\partial q_n},t\right)=0 \tag{A.5.1}$$

在采用新的正则坐标后, 由于 $K=0$, 按正则方程[A.3 节式(A.3.15)], $\dot{P}_i=-\partial K/\partial Q_i=0$, 所以 $P_i=\alpha_i$(常量). 因此, 式(A.5.1)中 $\widetilde{F}(q_1,\cdots,q_n,P_1,\cdots,P_n,t)$ 中的 P_i 可换为常量 α_i, 即 $\widetilde{F}(q_1,\cdots,q_n,\alpha_1,\cdots,\alpha_n,t)$, 于是 $\widetilde{F}$ 为 $(q_1,\cdots,q_n,t)$ 的函数, 而这样的函数满足的偏微分方程(A.5.1), 正好与 Jacobi-Hamilton 方程中 $S(q_1,\cdots,q_n,t)$ 满足的偏微分方程[见 A.4 节式(A.4.5′)]

$$\frac{\partial S}{\partial t}+H\left(q_1,\cdots,q_n,\frac{\partial S}{\partial q_1},\cdots,\frac{\partial S}{\partial q_n},t\right)=0 \tag{A.5.2}$$

完全相同. 假如我们已找出 Jacobi-Hamilton 方程的完全积分, $S(q_1,\cdots,q_n,\alpha_1,\cdots,\alpha_n,t)$, $(\alpha_1,\alpha_2,\cdots,\alpha_n)$ 为积分常数, 则我们就找到了一个正则变换相应的生成函数 $\widetilde{F}(q_1,\cdots,q_n,\alpha_1,\cdots,\alpha_n,t)$ 它使得 $K=0$. 而按正则方程理论, 对此新的正则"坐标", 有 $\dot{Q}_i=\dfrac{\partial K}{\partial P_i}=0$, 即 $Q_i=\beta_i$(常量). 按照 A.3 节式(A.3.22a), $Q_i=\partial\widetilde{F}/\partial P_i=\partial\widetilde{F}/\partial\alpha_i$, 因此我们有

$$\frac{\partial S}{\partial \alpha_i}=\beta_i \qquad (i=1,\cdots,n) \tag{A.5.3}$$

上式中 $S(q_1,\cdots,q_n,\alpha_1,\cdots,\alpha_n,t)$ 是 Jacobi-Hamilton 方程(A.5.2)的完全积分. 从式(A.5.3)可解出 $q_i(\alpha_1,\cdots,\alpha_n,\beta_1,\cdots,\beta_n,t)$ 其中常量 $(\alpha_1,\cdots,\alpha_n,\beta_1,\cdots,\beta_n)$ 由初条件确定. 动量 $p_i=\partial S/\partial q_i$ 也可由 S 计算出.

如 H 不显含 t, 则立即求出一个积分常量, 即 $\alpha_1=E$(体系能量), 而

$$S=S_0-Et \tag{A.5.4}$$

S_0 满足

$$H\left(q_1,\cdots,q_n,\frac{\partial S_0}{\partial q_1},\cdots,\frac{\partial S_0}{\partial q_n}\right)=E \tag{A.5.5}$$

解之, 得出完全积分 $S_0(q_1,\cdots,q_n,E,\alpha_2,\cdots,\alpha_n)$, 再按照

---

① Sidney Borowitz, *Fundamental of Quantum Mechanics, Particles, Waves and Wave Mechanics*, p. 142. W. A. Benjamin, 1967.

$$\frac{\partial S_0}{\partial \alpha_i} = \beta_i \qquad (i = 2, \cdots, n) \tag{A.5.6}$$

并利用

$$\frac{\partial S_0}{\partial E} = t + \beta_1 \tag{A.5.7}$$

可求出 $q_i(E, \alpha_2, \cdots, \alpha_n, \beta_1, \cdots, \beta_n, t)$，进而求出 $p_i = \partial S_0 / \partial q_i$.

下面给出两个例子,来阐明如何利用 Jacobi-Hamilton 方法来求正则方程的积分.

例 1 谐振子

$$H = \frac{1}{2m} p^2 + \frac{1}{2} K q^2 \tag{A.5.8}$$

由于 H 不显含 t

$$S(q, t) = S_0(q) - \alpha t$$

式中 $\alpha(=E)$乃积分常数(能量). S_0 满足 Jacobi-Hamilton 方程

$$\frac{1}{2m}\left(\frac{\partial S_0}{\partial q}\right)^2 + \frac{1}{2} K q^2 = E$$

由此得

$$\frac{\partial S_0}{\partial q} = \sqrt{2m\left(E - \frac{1}{2} K q^2\right)} = \sqrt{mK}(2E/K - q^2)^{1/2}$$

积分得

$$S_0(q, E) = \sqrt{mK} \int^q \sqrt{2E/K - q^2} \, \mathrm{d}q$$

而

$$S(q, E, t) = \sqrt{mK} \int^q \sqrt{2E/K - q^2} \, \mathrm{d}q - Et \tag{A.5.9}$$

另一积分常数($\beta = \partial S / \partial \alpha$) 为

$$\beta = \frac{\partial S}{\partial E} = \sqrt{\frac{m}{K}} \int^q \frac{\mathrm{d}q}{\sqrt{2E/K - q^2}} - t$$

$$= \sqrt{\frac{m}{K}} \left[-\arccos\left(\frac{q}{\sqrt{2E/K}}\right) \right] - t$$

所以

$$\beta + t = -\sqrt{\frac{m}{K}} \arccos\left(\frac{q}{\sqrt{2E/K}}\right) \tag{A.5.10}$$

令 $\sqrt{K/m} = \omega$,则得

$$\cos[\omega(\beta + t)] = q\sqrt{\frac{m\omega^2}{2E}}$$

即

$$q(t) = \sqrt{\frac{2E}{m\omega^2}} \cos[\omega(\beta + t)] \tag{A.5.11}$$

E 和 β 为两个运动积分. 设 $t=0, p=0, q=q_0$(最大振幅), 易求出 $\beta=0, E=\frac{1}{2}Kq_0^2$, 而 $q(t)=q_0\cos\omega t$.

例 2 中心力场 $V(r)$ 中的粒子. 采用球坐标系, 则动能

$$T = \frac{m}{2}[\dot{r}^2 + r^2\dot{\theta}^2 + r^2\sin^2\theta\dot{\varphi}^2] \tag{A.5.12}$$

所以

$$p_r = m\dot{r}, \quad p_\theta = mr^2\dot{\theta}, \quad p_\varphi = mr^2\sin^2\theta\dot{\varphi}$$

而 Hamilton 量表示成

$$H = \frac{1}{2m}\left[p_r^2 + \frac{p_\theta^2}{r^2} + \frac{1}{r^2\sin^2\theta}p_\varphi^2\right] + V(r) \tag{A.5.13}$$

H 不显含 t, 所以

$$S = S_0(r,\theta,\varphi) - Et \tag{A.5.14}$$

E 为一积分常数, S_0 满足

$$\frac{1}{2m}\left[\left(\frac{\partial S_0}{\partial r}\right)^2 + \frac{1}{r^2}\left(\frac{\partial S_0}{\partial \theta}\right)^2 + \frac{1}{r^2\sin^2\theta}\left(\frac{\partial S_0}{\partial \varphi}\right)^2\right] + V(r) = E \tag{A.5.15}$$

S_0 可分离变量, 令

$$S_0 = S'_r(r) + S_\theta(\theta) + S_\varphi(\varphi) \tag{A.5.16}$$

则

$$\frac{1}{2m}\left[S'^2_r + \frac{1}{r^2}S'^2_\theta + \frac{1}{r^2\sin^2\theta}S'^2_\varphi\right] + V(r) = E \tag{A.5.17}$$

上式中不出现 φ, S'_φ 是与 φ 无关的常数, 记为 α_φ, 得

$$\frac{1}{2m}\left[S'^2_r + \frac{1}{r^2}S'^2_\theta + \frac{1}{r^2\sin^2\theta}\alpha_\varphi^2\right] + V(r) = E$$

可以看出 $S'^2_\theta + \frac{1}{\sin^2\theta}\alpha_\varphi^2$ 是与 θ 无关的常数, 令

$$S'^2_\theta + \frac{1}{\sin^2\theta}\alpha_\varphi^2 = \alpha_\theta^2 \text{(常数)}$$

由此得

$$\frac{\mathrm{d}S_\theta}{\mathrm{d}\theta} = \sqrt{\alpha_\theta^2 - \frac{1}{\sin^2\theta}\alpha_\varphi^2} \tag{A.5.18}$$

而

$$S'^2_r + \frac{\alpha_\theta^2}{r^2} = 2m[E - V(r)]$$

所以

$$\frac{\mathrm{d}S_r}{\mathrm{d}r} = \sqrt{2m[E-V(r)] - \alpha_\theta^2/r^2}$$

$$S_r = \int \mathrm{d}r\,\sqrt{2m[E-V(r)] - \alpha_\theta^2/r^2} \tag{A.5.19}$$

可以取适当的坐标取向, 使 $\alpha_\varphi=0$(相当于选运动平面为极坐标平面), 于是

$$S_\theta = \alpha_\theta\theta \tag{A.5.20}$$

把此 S 作为一个正则变换的生成函数,即视 E、α_θ 为"正则动量",相应的"坐标"为运动常数 β、β_θ,

$$\beta = \frac{\partial S}{\partial E} = \frac{\partial S_0}{\partial E} - t$$

$$\beta_\theta = \frac{\partial S}{\partial \alpha_\theta} = \frac{\partial S_0}{\partial \alpha_\theta} = \theta$$

所以

$$\beta + t = \frac{\partial S_0}{\partial E} = m\int \frac{\mathrm{d}r}{\sqrt{2m[E - V(r)] - \alpha_\theta^2/r^2}} \tag{A.5.21}$$

$$\beta_\theta = \theta - \alpha_\theta \int \frac{\mathrm{d}r}{r^2\sqrt{2m[E - V(r)] - \alpha_\theta^2/r^2}} \tag{A.5.22}$$

积分常数 α_θ、β_θ、β 由初条件确定. 当 $V(r)$ 给定后,由式(A.5.22)可求出轨道方程 $r(\theta)$. 由式(A.5.21)可求出 $r(t)$,再代入式(A.5.22),还可求出 $\theta(t)$. 参数 α_θ、β_θ、E、β 由初条件确定.

附录 B　群与群表示理论简介

群论作为代数的一个分支，早在19世纪初就已建立[①]. 矩阵和矩阵群的理论也早在19世纪中叶就已提出[②]. Lie群理论是19世纪80年代提出的[③]，但当时人们都认为群论对其他自然科学没有什么用处，而物理学家对群论则几乎一无所知[④]. 直到1925年量子力学建立以后，M. von Laue首先认识到群论可以为量子力学处理问题提供一个自然的工具[⑤]. H. A. Bethe(1929)首先应用点群理论来研究晶体场中原子能级的分裂. H. Weyl(1928)、E. P. Wigner(1931)、Van der Waerden(1932)等用群论方法研究了原子和分子结构以及光谱规律. 人们发现，几乎所有关于原子光谱的规律(矢量模型，光跃迁的电偶极辐射选择规则，Laporte关于宇称守恒的定律等)，均可根据量子力学体系的对称性考虑而得出. 当时已经认识到转动群和置换群理论对于研究原子结构有很大用处[⑥].

如果说数学家对于抽象群理论比较有兴趣，量子力学则更多与群表示理论打交道，特别是跟幺正(unitary)变换群的表示打交道. 群表示理论特别适合于用来分析量子体系的对称性. 这与量子力学中态的描述的特点(用Hibert空间中一个矢量来描述一个量子态)以及量子力学有一条基本原理(态叠加原理)有密切的关系. 量子力学中广泛使用算符(矩阵)这种数学工具，可观测量都用厄米算符(矩阵)来刻画. 常见的有经典对应的力学量，例如，动量、角动量、Hamilton量等及相应的守恒定律都和体系的某种对称性变换群的无穷小算子(生成元)密切相关. 目前，群及其表示的理论已经相当广泛地在以量子力学作为理论基础的近代物理学的各前沿领域中被使用.

也许有人争辩说，量子力学可以不必使用群论. 在某种意义上讲，这也有一定

---

① 例如，参阅 E. T. Bell, *Men of Mathematics*, Penguin Books, LTD., Harmondsworth, Middlesex, England, 1965. . 对此有重要贡献的数学家有：Gauss, Cauchy, Abel, Hamilton 等人.

② 矩阵力学的创始人 W. Heisenberg 并不了解在此之前已有矩阵代数. 只是在稍后他与 M. Born 和 P. Jordon 的合作中才了解到这一点. 事实上当时一些著名物理学家，如 A. Einstein, A. Sommerfeld 等对矩阵代数都不大了解.

③ S. Lie and F. Engel, *Theorie der Transformations Gruppen*, Band 1, 1888; Band 2, 1890; Band 3, 1893, Leipzig.

④ 例如参阅，D. Gilmore, *Lie group, Lie algebra and some of their applications*, preface, John Wiley & Sons, 1974.

⑤ E. P. Wigner, *Group Theory and its Application to the Quantum Mechanics of Atomic Spectra*, Academic Press, New York, 1959.

⑥ H. Weyl, *Theory of Groups and Quantum Mechanics*, Princeton University Press, 1931.

道理.因为不用群论,量子力学的很多问题也可以很好解决.然而当你熟悉了群论之后,所得到的报偿将是很丰厚的(参阅 7.1.2 节,7.3 节等).

当然,对于物理学工作者,群论只是一个重要的数学工具,学习时应结合有关的物理背景,有目的和有选择地学习,以期达到事半功倍,否则会在浩如烟海的群论书籍中迷失方向.此外,也不可认为群论可以解决量子力学中的一切问题,事实上它并不能代替量子力学的动力学理论.有些量子力学问题(例如,能级的简并度,简并态的标记,在外场作用下能级是否分裂,跃迁选择定则等),群论可以较方便处理,而有一些问题(例如能级具体分裂大小,跃迁概率等),群论则无能为力.

这一附录的目的是为量子力学的读者进一步学习群论提供一个引导.有了这点准备知识,既有助于学习量子力学中关于对称性的理论,也有助于读者有选择地学习有关的群论知识,达到学用结合①.

B.1 群的基本概念

B.1.1 群与群结构

设有一系列元素 $a,b,c,\cdots$ 的集合,在它们之间规定了某种"乘法",并且

(1)若 $a\in G,b\in G$,则其乘积 $ab\in G$(封闭性).

(2)乘法遵守结合律,即 $a(bc)=(ab)c$.

(3)存在单位元素 e,使对 G 内任一元素 a,$ae=ea=a$.

(4)对应于任一个元素 $a\in G$,必存在一个元素 $b\in G$,使 $ba=ab=e$ (b 称为 a 之逆,记为 a^{-1}).

则称集合 G 构成一个群.

群元素的具体含义,视不同问题而异.它们可以是普通的数、算符、矩阵、体系的各种对称操作等."乘法"的含义也随问题而异,但作为群论的研究对象来说,关心的是要给出任何两个元素的"有序乘积"(可以列序,或用函数形式表达等),即群

① 下列参考书可作为物理专业的读者进一步学习群论之用:
M. Hamermesh, *Group Theory and its Application to Physical Problems*, Addison-Wesly, 1962.
J. P. Elliott and P. G. Dawber, *Symmetry in Physics*, Vol. **1**,**2**, MacMillan Press LTD, 1979.
B. F. Bayman, *Some Lactures on Groups and Their Applications to Spectroscopy*, Nordita, 1960.
A. W. Joshi, *Elements of Group Theory for Physicists* 2nd. ed, John Wiley & Sons, 1977.
V. Heine. *Group Theory in Quantum Mechanics*, Pergamon Press, 1960.
M. Tinkham, *Group Theory and Quantum Mechanics*, McGrawl-Hill, 1964.
韩其智,孙洪洲,群论,北京大学出版社,北京,1987.
马中骐,物理学中的群论,科学出版社,北京,1998.
孙洪洲,韩其智,李代数李超代数及在物理学中的应用,北京大学出版社,北京,2000.

结构. 如果群的元素的数目有限,则称为有限群. 反之,为无限群. 有限群的元素的数目,称为群的阶(order). 一般来说,群的乘法不满足交换律,即 $ab \neq ba$. 如乘法满足交换律,则称之为 Abel 群. 否则称为非 Abel 群.

下面举几个例子:

例 1 空间反射变换 $P[(x,y,z) \to (-x,-y,-z)]$ 与恒等变换 $I[(x,y,z) \to (x,y,z)]$ 构成一个 2 阶群,即空间反射群. 显然,$II=I, PP=I, IP=PI=P$, I 即群的单位元.

例 2 所有 n 维非奇异矩阵 A($\det A \neq 0$)构成一个 n 维矩阵群. 乘法即平常矩阵乘法. 单位元素即单位矩阵. 元素 A 之逆即 A 之逆矩阵,记为 A^{-1}[因 $\det A \neq 0$,总可以找到其逆矩阵 A^{-1},$AA^{-1}=A^{-1}A=I$(单位矩阵)]. 由于矩阵乘法不满足交换律,所以 n 维矩阵群为非 Abel 群($n=1$ 除外).

例 3 考虑绕定轴(如 z 轴)旋转 $2\pi/n$ 角($n \geqslant 1$,正整数)的操作,记为 C_n. 相继两次操作记为 C_n^2,表示绕定轴旋转 $2 \cdot 2\pi/n$. 绕相反方向旋转 $2\pi/n$ 角,记为 C_n^{-1}. 显然 $C_n^{-1}C_n=C_nC_n^{-1}=e$,表示还原(相继两次操作之后,回到原来位置). 还容易看出 $(C_n)^n=e$,即经过 n 次操作 C_n 之后,又回到原来位置. 这个群包含 n 个元素,

$$C_n, C_n^2, C_n^3, \cdots, C_n^n = e \qquad (\text{单位元素})$$

是一个 n 阶循环群,它是一个 Abel 群. 习惯上,称为 C_n 群.

当 $n \to \infty$(元素的数目 $\to \infty$),则构成一个连续群,它包含绕定轴的一切转动. 每一个元素(转动)用一转角 θ(连续变化,$0 \leqslant \theta \leqslant 2\pi$)来描述. 这个群记为 SO_2(二维旋转群).

例 4 NH_3 分子的对称性群 C_{3v}.

如图 B.1,NH_3 分子在下列操作下具有不变性:

(1) e(单位元素).

(2) $C_3^{\pm}$ 分别为绕 z 轴逆时针和顺时针旋转 120°角.

(3) σ_1、σ_2、σ_3 分别表示 3 个镜像反射,镜像面(z 轴在面内)分别包含 $11'$、$22'$、$33'$ 在内[图 B.1(b)].

这个群习惯上称为 C_{3v},包含 6 个元素,其群结构如表 B.1.

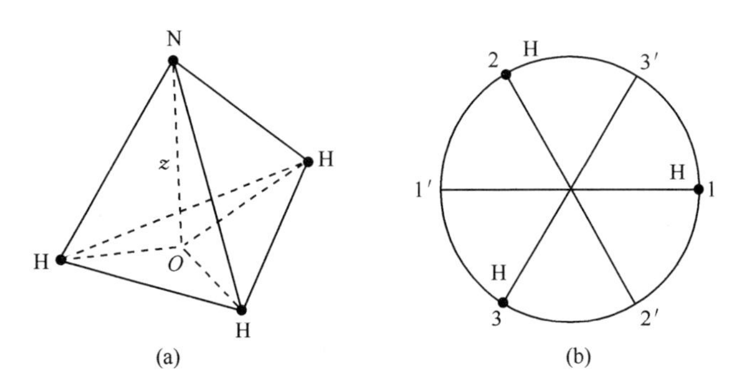

图 B.1

可以看出,它是一个非 Abel 群(也是阶最小的一个非 Abel 群). 可以看出,$\sigma_1^2=\sigma_2^2=\sigma_3^2=e$,我们称元素 σ_1、σ_2、σ_3 的阶为 2. 又 $(C_3^+)^2=C_3^-$,$(C_3^+)^3=e$,$(C_3^-)^2=C_3^+$,$(C_3^-)^3=e$,所以 C_3^+ 与 C_3^- 的阶为 3. 显然,单位元 e 的阶为 1.

表 B.1　C_{3v} 群的乘积表

	e	C_3^-	C_3^+	σ_1	σ_2	σ_3
e	e	C_3^-	C_3^+	σ_1	σ_2	σ_3
C_3^-	C_3^-	C_3^+	e	σ_3	σ_1	σ_2
C_3^+	C_3^+	e	C_3^-	σ_2	σ_3	σ_1
σ_1	σ_1	σ_2	σ_3	e	C_3^-	C_3^+
σ_2	σ_2	σ_3	σ_1	C_3^+	e	C_3^-
σ_3	σ_3	σ_1	σ_2	C_3^-	C_3^+	e

练习 1　设群 G 的元素记为 $\{g_0, g_1, g_2, \cdots\}$，则集合

$$g_iG: \{g_ig_0, g_ig_1, g_ig_2, \cdots\}$$
$$(g_i \in G)$$

也构成一个群，并与 G 相同.（重排定理）

练习 2　设 2 阶群的元素记为 e（单位元素）和 a，证明它的唯一结构如下：

	e	a
e	e	a
a	a	e

练习 3　设 3 阶群的元素记为 e（单位元素）、a、b，则它唯一的群结构如下（3 阶循环群）：

	e	a	b
e	e	a	b
a	a	b	e
b	b	e	a

练习 4　设 4 阶群的元素记为 e（单位元素）、a、b、c，则它有下列两种群结构：

	e	a	b	c
e	e	a	b	c
a	a	b	c	e
b	b	c	e	a
c	c	e	a	b

（4 阶循环群）

	e	a	b	c
e	e	a	b	c
a	a	e	c	b
b	b	c	e	a
c	c	b	a	e

练习 5　证明 5 阶群只有一种结构，即 5 阶循环群.

还可以证明，n 阶群(n 为素数，1,2,3,5,7,11,13,17,…)只有一种结构，即 n 阶循环群，是一种 Abel 群，其元素可记为

$$a, a^2, a^3, \cdots, a^n = e$$

综上所述，$n \leqslant 5$ 的有限群均为 Abel 群. 最低阶的非 Abel 群从 $n=6$ 开始(例如 C_{3v} 群).

B.1.2　子群与陪集

设 $\mathscr{H}$ 为群 G 的一个子集合($\mathscr{H} \subset G$)，并且在与 G 相同的乘法之下，$\mathscr{H}$ 本身也构成一个群，则称 $\mathscr{H}$ 为 G 的一个子群(subgroup)①.

判断一个子集合 $\mathscr{H}$ 是子群的判据：

(1) $\mathscr{H}$ 中任何两元素之积仍在 $\mathscr{H}$ 内.

(2) $\mathscr{H}$ 如含有一个元素，同时也含有该元素之逆(因而单位元素也在 $\mathscr{H}$ 内).

对于有限群，判据(2)并不必要. 因为有限群的元素的阶总是有限的. 设 $a \in \mathscr{H}$，a 的阶为 k，即 $a^k = e$，因此 $a^{-1} = a^{k-1}$，而按(1)，a^{k-1} 总在 $\mathscr{H}$ 内，因而 a^{-1} 总在 $\mathscr{H}$ 内.

如 C_{3v} 群，由表 B.1 可看出，$\mathscr{H} = C_3\{e, C_3^+, C_3^-\}$ 构成 C_{3v} 的一个子群. 又如 C_n 群是 C_{2n} 群的一个子群.

设 $\mathscr{H}$ 为 G 的一个子群，元素记为$\{e, h_1, h_2, \cdots\}$. 设 a 为 G 的一个元素，但不在 $\mathscr{H}$ 内，则集合 $a\mathscr{H}\{a, ah_1, ah_2, \cdots\}$ 称为子群 $\mathscr{H}$ 的一个左陪集(left coset). 类似还可定义右陪集(right coset) $\mathscr{H}a$. 可以证明：

(1) $a\mathscr{H}$ 中没有两个元素相同.(如若不然，设 $ah_i = ah_j$，则 $h_i = h_j$，与假设矛盾，$\mathscr{H}$ 作为一个子群，$h_i \neq h_j$.)

(2) $a\mathscr{H}$ 中没有一个元素在 $\mathscr{H}$ 内.(如若不然，设 $ah_i = h_j$，则 $a = h_j h_i^{-1}$. 按子群定义，a 必在 $\mathscr{H}$ 内，与假设矛盾.)

如 $\mathscr{H} + a\mathscr{H}$ 尚未把群 G 的一切元素囊括在内，则不妨从 G 内去找出另一个元素 b($b \neq a$，也不在 $\mathscr{H}$ 内)去构造 $\mathscr{H}$ 的另一个左陪集 $b\mathscr{H}$. 类似可以证明：

(1) $b\mathscr{H}$ 中没有两个元素相同.

---

① 单位元素本身就可以构成一个子群，整个 G 也可以说是 G 的子群，但都没有研究的必要，称为平庸子群. 除它们之外的子群，称为真正子群(proper subgroup). 以后讨论的子群，都是指真正子群.

(2) $b\mathscr{H}$中没有一个元素在$\mathscr{H}$和$a\mathscr{H}$内.

如果$\mathscr{H}+a\mathscr{H}+b\mathscr{H}$还没有把$G$的全部元素囊括进去,还可以继续做下去,最后可以把$G$分解成如下一系列集合:

$$G=\mathscr{H}+a\mathscr{H}+b\mathscr{H}+\cdots$$

(注意:$a\mathscr{H}$,$b\mathscr{H}$,…都不是子群,至少,它们并不包含单位元).这样,设G为n_G阶群,子群$\mathscr{H}$为$n_{\mathscr{H}}$阶.由于陪集$a\mathscr{H}$,$b\mathscr{H}$,…每一个集合都含$n_{\mathscr{H}}$个元素,必然有

$$n_G/n_{\mathscr{H}}=m \qquad (\text{正整数})$$

此即 Lagrange 定理——有限群的子群的阶必可整除群的阶.

由此可以得出:n_G为素数的群一定没有真正子群(proper subgroup),而且其元素(除单位元素外)的阶必为n_G.所以n_G为素数的群必为n_G阶循环群,是一个很特殊的 Abel 群.

练习　证明C_{3v}群可分解为$\mathscr{H}+\sigma_1\mathscr{H}$,其中$\mathscr{H}=C_3$,含有三个元素$\{e,C_3^+,C_3^-\}$(注意:$\sigma_2\mathscr{H}=\sigma_3\mathscr{H}=\sigma_1\mathscr{H}$(见表 B.1),都包含 3 个元素$\{\sigma_1,\sigma_2,\sigma_3\}$,它们本身都不构成一个群.)

B.1.3　类,不变子群,商群

对于群G中两个元素a与b,若能找到某元素$u\in G$,使$uau^{-1}=b$,则称元素a与b共轭.容易证明,若a与b共轭,b与c共轭,则a与c也共轭.群内彼此共轭的诸元素组成的集合,称为一类(class).单位元素本身就构成一类.群内诸元素可以分割成若干类,互相不重叠.例如,C_{3v}群诸元素分为 3 类:

$$K_1:\quad e$$

$$K_{C_3}:\quad C_3^-,C_3^+$$

$$K_\sigma:\quad \sigma_1,\sigma_2,\sigma_3$$

(读者根据表 B.1 验证.)

练习　对于 Abel 群,每个元素自成一类,所以它所含类的数目,即群阶.

设$\mathscr{H}$为G的一个子群,$a\in G$(a可以在$\mathscr{H}$内,也可以不在$\mathscr{H}$内),则$a\mathscr{H}a^{-1}$也是G的一个子群,称为$\mathscr{H}$的共轭子群[①].若对于所有元素$a\in G$,我们有$a\mathscr{H}a^{-1}=\mathscr{H}$,则称$\mathscr{H}$是$G$的一个不变子群(invariant subgroup).容易证明:一个子群如由若干类元素构成(即当它含有某一元素时,同时也就含有与该元素同类的诸元素),则必为不变子群.反之,若子群只含某一类元素的一部分(而不是全部),则必非不变子群.例如,C_{3v}群的子群C_3包含两类元素,K_1和K_{C_3},所以C_3是C_{3v}的一个不变子群.

---

① $\mathscr{H}$是子群,a不在$\mathscr{H}$内,则$a\mathscr{H}$构成$\mathscr{H}$的一个陪集.注意,$a\mathscr{H}$并不构成一个群,但$a\mathscr{H}a^{-1}$则构成一个群.

一个群若无非平庸不变子群，则称为单纯群(simple group).(不言而喻，一个子群都没有的群，当然是单纯群).一个群 G 如有不变子群(因而不是单纯群)，但这些不变子群均为非 Abel 群，则称 G 是一个半纯群(semi-simple group).但如这些不变子群中有一个是 Abel 群，则 G 是非半纯群(当然，更不是单纯群了).

以下介绍商群.

设群 G 有不变子群 $\mathscr{H}$，元素 a 和 b 不在 $\mathscr{H}$ 内，所以 $a\mathscr{H}$ 和 $b\mathscr{H}$ 构成 $\mathscr{H}$ 的左陪集.可以看出：

(1) $$(a\mathscr{H})(b\mathscr{H})=a\mathscr{H}b\mathscr{H}=ab\mathscr{H}\mathscr{H}=(ab)\mathscr{H}$$

即两个左陪集相乘，仍为 $\mathscr{H}$ 的一个左陪集.

(2) 因 $\mathscr{H}$ 为不变子群，$a\mathscr{H}a^{-1}=\mathscr{H}$，即 $a\mathscr{H}=\mathscr{H}a$，所以

$$\mathscr{H}(a\mathscr{H})=\mathscr{H}a\mathscr{H}=a\mathscr{H}\mathscr{H}=a\mathscr{H}$$

即不变子群 $\mathscr{H}$ 与其陪集相乘时，它所起的作用与“单位元素”相同.

(3) $$(a^{-1}\mathscr{H})(a\mathscr{H})=a^{-1}\mathscr{H}a\mathscr{H}=\mathscr{H}\mathscr{H}=\mathscr{H}$$

即 $a\mathscr{H}$ 之逆为 $a^{-1}\mathscr{H}$.

因此，如把群 G 的不变子群 $\mathscr{H}$ 看成“单位元素”，并把它的每一个陪集都看成一个元素，则在陪集相乘下，$\mathscr{H}$ 及其诸陪集也构成一个群，称为 G 的商群(factor group)，记为 $G/\mathscr{H}$，其阶为 $n_G/n_{\mathscr{H}}$.

例 C_3 群含有两类元素：K_I，K_{C_3}，它构成 C_{3v} 群的一个不变子群.取 $E=\mathscr{H}=C_3$，包含元素 $\{e,C_3^+,C_3^-\}$.从表 B.1 容易看出，其陪集 $\sigma_1\mathscr{H}=\sigma_2\mathscr{H}=\sigma_3\mathscr{H}$ 含有 3 个元素 $\{\sigma_1,\sigma_2,\sigma_3\}$，记为 A.可以证明：(留作读者练习)

$$EE=E,\qquad EA=AE=A,\qquad AA=E$$

所以在陪集相乘下，E 与 A 构成一个商群($n_G/n_{\mathscr{H}}=2$).

B.1.4 同构与同态

以上讨论的是群内各元素之间的关系.以下讨论群与群之间的关系

设群 $G\{e,a,b,c,\cdots\}$ 与群 $G'\{e',a',b',c',\cdots\}$ 的元素之间有双向一一对应关系，即

$$e\leftrightarrow e',\qquad a\leftrightarrow a',\qquad b\leftrightarrow b',\qquad c\leftrightarrow c',\qquad \cdots$$

乘法规则相同，有序乘积也一一对应，即

$$ab\leftrightarrow a'b',\qquad ac\leftrightarrow a'c',\qquad \cdots$$

则称群 G 与 G' 同构(isomorphic)，记为 $G\approx G'$.显然 G 与 G' 的阶相同.

设与 G 内任一个元素相对应，在 G' 内有一个确切的元素(单向对应，反过来不一定一一对应，即对应于 G' 内一个元素，G 内可能存在不止一个元素)，并能保持同样的乘法关系，则称群 G 与 G' 同态(homomorphic)，记为 $G\sim G'$，或称 G' 为 G 的同态映象(homomorphic mapping)，显然，$n_{G'}\leqslant n_G$.其关系可形象地表示如下：

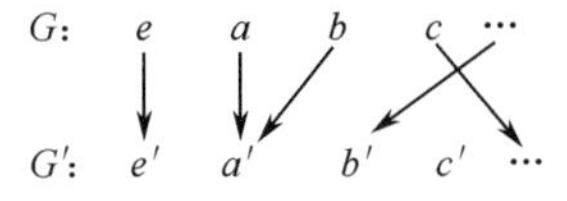

B.2 量子体系的对称性变换群

B.2.1 幺正变换群

根据波函数的统计诠释，Wigner 曾经证明，量子体系的对称性变换，或为幺正变换，或为反幺正变换. 对于连续对称性变换，则必为幺正变换. 对于离散对称性变换，则除了幺正变换外，也可能出现反幺正变换. 最常见的反幺正变换是时间反演，但空间反射则为幺正变换. 全同粒子的置换也属于幺正变换. 幺正变换是一种特殊的非奇异的(即存在逆变换的)线性变换. 连续幺正变换群是一种最简单的 Lie 群.

1. 线性变换群

考虑实 n 维空间中的非奇异线性变换 $L(n)$，它们用 $n\times n$ 非奇异实矩阵描述：

$$L=\begin{pmatrix} L_{11} & L_{12} & \cdots & L_{1n} \\ L_{21} & L_{22} & \cdots & L_{2n} \\ \vdots & \vdots & \vdots & \\ L_{n1} & L_{n2} & \cdots & L_{nn} \end{pmatrix},\qquad \det L\neq 0 \tag{B.2.1}$$

n 维空间实矢量 x 经过此变换后，化为

$$x'=Lx \tag{B.2.2}$$

或用分量表示出来，

$$x'_i=\sum_j L_{ij}x_j \tag{B.2.3}$$

n 维实线性变换用独立的 n^2 个参数描述，例如，可以取为 $L_{ij}(i,j=1,2,\cdots,n)$. [在 Lie 群理论中称 $L(n)$群的阶为 n^2.]所有这些 n 维矩阵的集合构成一个群，乘法即矩阵乘法，单位元素即单位矩阵，逆元素即逆矩阵.

对于复 n 维空间的线性变换群，群阶为 $2n^2$.

2. 幺正变换群

满足幺正性条件的复 n 维变换群，称为 n 维幺正(unitary)变换群，记为$U(n)$，

$$UU^+=U^+U=1\qquad(\text{或 } U^{-1}=U^+) \tag{B.2.4}$$

对于 n 维幺正变换群 U(n)，式(B.2.4)给出 n^2 个限制条件，因此，$U(n)$群的阶为 n^2. 如进一步要求

$$\det U=1 \tag{B.2.5}$$

则描述变换的独立参数将减少一个，这种幺正变换群称为 SU 群. 因此，SU(n)群的阶为 n^2-1. SU(n)是 $U(n)$的一个子群.

根据式(B.2.4)

$$(U^+ U)_{ik} = \sum_j U_{ij}^+ U_{jk} = \sum_j U_{ji}^* U_{jk} = \delta_{ik}$$

对于 $i = k$,

$$\sum_j |U_{jk}|^2 = 1$$

所以

$$|U_{jk}|^2 \leqslant 1 \tag{B.2.6}$$

即所有参数的变化范围是有界的.

幺正变换还可以表示成

$$U = \exp(\mathrm{i}F) \tag{B.2.7}$$

式中 F 为厄米算符

$$F^+ = F \tag{B.2.8}$$

容易看出

$$\det U = \det e^{\mathrm{i}F} = \exp(\mathrm{i}\,\mathrm{tr}F) \tag{B.2.9}$$

对于 SU 变换($\det U=1$),则

$$\mathrm{tr}F = 0 \tag{B.2.10}$$

因此,若记 $\mathrm{SU}(n)=\exp(\mathrm{i}F_0)$,$U(n)=\exp(\mathrm{i}F)$,由于 F 为厄米矩阵,令 $\mathrm{tr}F=\alpha$(实),则 F 可以表示成

$$F = F_0 + \frac{\mathrm{i}\alpha}{n} I \tag{B.2.11}$$

式中 I 为 $n \times n$ 单位矩阵. 因此 $U(n)$ 可表示成

$$U(n) = \exp\left[\mathrm{i}\,\frac{\alpha}{n} I\right] SU(n) = SU(n) \exp\left[\mathrm{i}\,\frac{\alpha}{n} I\right] \tag{B.2.12}$$

其中 $\exp\left[\mathrm{i}\,\frac{\alpha}{n} I\right]$ 为 $n \times n$ 常数矩阵,可视为 U(1) 群元素. 所以 $U(n)$ 可表为 U(1) 与 SU(n) 群的直积

$$U(n) = U(1) \otimes SU(n) \tag{B.2.13}$$

例 求 SU(2) 矩阵的一般表达式

令

$$SU(2) = \begin{pmatrix} a & b \\ c & d \end{pmatrix} \tag{B.2.14}$$

按幺正条件

$$\begin{pmatrix} a^* & c^* \\ b^* & d^* \end{pmatrix} \begin{pmatrix} a & b \\ c & d \end{pmatrix} = \begin{pmatrix} 1 & 0 \\ 0 & 1 \end{pmatrix}$$

可给出 4 个限制

$$a^* a + c^* c = 1 \tag{B.2.15a}$$

$$b^* b + d^* d = 1 \tag{B.2.15b}$$

$$a^* b + c^* d = ab^* + cd^* = 0 \tag{B.2.15c}$$

而幺模条件 $\det SU(2)=1$ 给出一个限制

$$ad - bc = 1 \tag{B.2.16}$$

利用式(B.2.15c)、式(B.2.15b)，得

$$ad - bc = \left(-c\frac{d^*}{b^*}\right)d - bc = -\frac{c}{b^*}(d^*d + b^*b) = -\frac{c}{b^*}$$

因此 $c=-b^*$. 再利用式(B.2.15c)，可得 $a=-cd^*/b^*=d^*$. 因此，SU(2)矩阵的一般形式可表示为

$$\begin{pmatrix} a & b \\ -b^* & a^* \end{pmatrix} \qquad |a|^2 + |b|^2 = 1 \tag{B.2.17}$$

是一个 3 参数矩阵.

练习 对于 SU(2)变换，证明其共轭变换 $\mathrm{SU}(2)^*$ 与 SU(2)只差一个相似变换.

提示：$\mathrm{SU}(2)=\begin{pmatrix} a & b \\ -b^* & a^* \end{pmatrix}$， $SU(2)^*=\begin{pmatrix} a^* & b^* \\ -b & a \end{pmatrix}$

证明经过相似变换 $X=\begin{pmatrix} 0 & 1 \\ -1 & 0 \end{pmatrix}$，$X^{-1}=\begin{pmatrix} 0 & -1 \\ 1 & 0 \end{pmatrix}$后，$SU(2)\to SU(2)^*$.

3. O(n)(实正交)变换群

保证实 n 维空间中任意两个矢量的标积不变的线性变换，称为实正交(orthogonal)变换. 两个矢量 x 和 y 的标积定义为

$$(x, y) = \sum_{ij} g_{ij} x_i y_j \tag{B.2.18}$$

式中 $g_{ij}=g_{ji}$ 是对称的度规张量(metric tensor)，$\widetilde{G}=G$. 显然 $(x,y)=(y,x)$. 在 O(n)变换下，$x\to x'=Ox$，$y\to y'=Oy$，要求 $(x',y')=(x,y)$，即

$$\begin{aligned}\sum_{ij} g_{ij} x'_i y'_j &= \sum_{ij} g_{ij} \sum_{kl} O_{ik} x_k O_{jl} y_l \\ &= \sum_{kl} x_k \Big(\sum_{ij} \widetilde{O}_{ki} g_{ij} O_{jl}\Big) y_l \\ &= \sum_{kl} g_{kl} x_k y_l\end{aligned}$$

所以

$$g_{kl} = \sum_{ij} \widetilde{O}_{ki} g_{ij} Q_{jl}$$

即要求变换 O 满足

$$G = \widetilde{O} G O \qquad (\widetilde{G} = G) \tag{B.2.19}$$

特别是，如取 $g_{ij}=\delta_{ij}$(正则形式)，则上式化为

$$\widetilde{O} O = 1 \tag{B.2.20}$$

由此可看出，O(n)是一种实幺正变换. 因为对于实幺正变换，$U^+=\widetilde{U}$，$U^+U=1\to \widetilde{U}U=1$.

由式(B.2.19)或式(B.2.20)，并(利用 $\det\widetilde{O}=\det O$)，可得出 $(\det O)^2=1$，所以

$$\det O = \pm 1 \tag{B.2.21}$$

凡满足 $\det O=+1$ 的 $O(n)$ 变换，称为真(proper) $O(n)$ 变换，记为 $SO(n)$. $SO(n)$ 是 $SU(n)$ 的一个子群. $\det O=\pm 1$ 的 $O(n)$ 群称为实 n 维空间转动-反射群，或称实 n 维空间全(full)转动群，记为 $O(n)$.

考虑到度规张量 $\widetilde{G}=G$，它有 n 个对角元和 $\frac{1}{2}n(n-1)$ 个非对角元，是独立变化的. 条件(B.2.19)给 $O(n)$ 变换带来

$$n+\frac{1}{2}n(n-1)=\frac{1}{2}n(n+1)$$

个限制. 因此 $O(n)$ 群的阶为

$$n^2-\frac{1}{2}n(n+1)=\frac{1}{2}n(n-1) \tag{B.2.22}$$

例如，$O(3)$ 群为 3 参数变换群，习惯选它们为三个 Euler 角.

4. $Sp(n)$ 群(sympletic group)

保证实 n 维空间任何两个矢量的赝标积(skew product)不变的线性变换，称为 $Sp(n)$ 变换. 矢量 x 与 y 的赝标积定义为①

$$\{x,y\}=\sum_{ij}g_{ij}x_iy_j$$

它与标积不同，这里 $g_{ij}=-g_{ji}$(反对称度规张量).

$$\widetilde{G}=-G \tag{B.2.23}$$

容易看出

$$\{x,y\}=-\{y,x\} \tag{B.2.24}$$

所以对于任何矢量 x，

$$\{x,x\}=0$$

按式(B.2.23)，$\det\widetilde{G}=(-1)^n\det G$，所以要求 $n=$偶，否则 $\det G=0$.

与 $O(n)$ 变换类似，可以证明，$Sp(n)$($n=$偶)变换(记为 A)要求满足

$$G=\widetilde{A}GA \qquad (\widetilde{G}=-G) \tag{B.2.25}$$

但由于 $\widetilde{G}=-G$，对角元为 0，它只有 $\frac{1}{2}n(n-1)$ 个非对角元可独立变化. 所以式(B.2.25)给 $Sp(n)$ 变换带来 $\frac{1}{2}n(n-1)$ 个附加限制. 因此 $Sp(n)$ 群的阶为

$$n^2-\frac{1}{2}n(n-1)=\frac{1}{2}n(n+1) \quad (n\ 偶) \tag{B.2.26}$$

---

① 量子力学中两个角动量耦合为 $J=0$ 的态表示为

$$(\psi_j\varphi_j)_{J=0}=\sum_{mm'}\langle jmjm'\mid 00\rangle\psi_{jm}\varphi_{jm'}=\sum_{mm'}g_{mm'}\psi_{jm}\varphi_{jm'}$$

其中 $g_{mm'}=\delta_{m',-m}(-1)^{j-m}/\sqrt{2j+1}$. 利用 CG. 系数性质，$g_{mm'}=(-1)^{2j}g_{m'm}$.

当 $j=$整数时，$g_{mm'}=g_{m'm}$，而当 $j=$半奇数时 $g_{mm'}=-g_{m'm}$.

B.2.2 置换群

置换群(permutation group)及其表示的理论,对量子力学中处理全同粒子系波函数的置换对称性,是很有用的数学工具. n 个全同粒子的可能的置换的总数有 $n!$ 个,即 n 个物体的可能的排列数. 它们构成的群称为置换群,记为 S_n.

例如,S_2 群的两个元素可表示成

$$e=\begin{pmatrix}1 & 2\\ 1 & 2\end{pmatrix},\qquad P_{12}=\begin{pmatrix}1 & 2\\ 2 & 1\end{pmatrix}$$

e 是单位元(表示没有粒子置换),P_{12} 表示 $1 \rightleftharpoons 2$ 两个粒子**对换**(transposition). 显然,$P_{12}P_{12}=e$.

S_3 群的 $3!$ 个元素可表示为

$$\begin{pmatrix}1 & 2 & 3\\ 1 & 2 & 3\end{pmatrix}\quad \begin{pmatrix}1 & 2 & 3\\ 2 & 3 & 1\end{pmatrix}\quad \begin{pmatrix}1 & 2 & 3\\ 3 & 1 & 2\end{pmatrix}$$
$$\begin{pmatrix}1 & 2 & 3\\ 1 & 3 & 2\end{pmatrix}\quad \begin{pmatrix}1 & 2 & 3\\ 3 & 2 & 1\end{pmatrix}\quad \begin{pmatrix}1 & 2 & 3\\ 2 & 1 & 3\end{pmatrix}$$

为便于研究置换群的结构,先介绍一下**循环置换**(cyclic permutation)概念. 例如

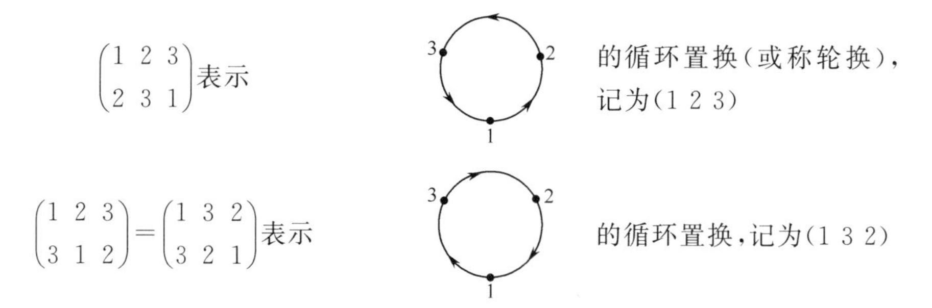

显然(1 2 3)=(2 3 1)=(3 1 2),(1 3 2)=(3 2 1)=(2 1 3). 但注意(1 2 3)≠(1 3 2).

可以证明,任何一个循环置换均可表示成若干个对换的乘积,即

$$(1\ 2\ 3)=(1\ 3)(1\ 2)$$
$$(1\ 2\ 3\ 4)=(1\ 4)(1\ 3)(1\ 2)$$
$$\cdots\cdots$$
$$(1\ 2\ 3\cdots n)=(1n)(1n-1)\cdots(13)(12)$$

注意:(a)在上列分解中,各对换所涉及的粒子并不完全是不同的对象,因此各对换的先后顺序不能随便调动. 例如

$$(1\ 2\ 3)=(1\ 3)(1\ 2)\neq(1\ 2)(1\ 3)=(1\ 3\ 2).$$

(b)一个循环置换按对换进行分解时,因子的个数不是唯一的. 例如,可以把

(1 2)改为(2 3)(1 3)(2 3)，并不影响结果. 但分解时因子个数的奇偶性是完全确定的. $(12\cdots n)$的奇偶性由$(-1)^{n-1}$确定. 由偶数个对换的乘积构成的循环称为偶循环. 由奇数个对换的乘积构成的循环称为奇循环.

任何一个置换总可以分解成若干个循环之积，或者说可以按循环结构进行分解. 例如

$$\begin{pmatrix} 1&2&3&4&5&6&7&8 \\ 2&3&1&5&4&7&6&8 \end{pmatrix} = (1\ 2\ 3\ )(4\ 5)(6\ 7)(8)$$

其中(8)表示第 8 个粒子不参与置换，这种结构常略去不写. 在分解时，各循环结构涉及的对象各不相同，因此各循环彼此的乘积顺序可以随便调动. 例如

$$(1\ 2\ 3\ )(4\ 5)(6\ 7) = (4\ 5)(1\ 2\ 3)(6\ 7)$$

由于每一个置换的循环结构是完全确定的，而每一个循环都具有确定的奇偶性，所以每一个置换的奇偶性也是完全确定的. S_n 群的偶置换与奇置换各占一半，数目都是 $n!/2$. 考虑到偶置换×偶置换＝偶置换，在 S_n 群中的 $n!/2$个偶置换的集合，构成 S_n 群的一个子群，称为交替(alternating)群.

可以证明，具有相同循环结构的各置换构成一类，因而置换群的元素可以按循环结构进行分类. 因为如果

$$a = \begin{pmatrix} 1 & 2\cdots n \\ a_1 & a_2\cdots a_n \end{pmatrix}$$

$$b = \begin{pmatrix} 1 & 2\cdots n \\ b_1 & b_2\cdots b_n \end{pmatrix} = \begin{pmatrix} a_1 & a_2\cdots a_n \\ b_{a_1} & b_{a_2}\cdots b_{a_n} \end{pmatrix}$$

则

$$bab^{-1} = \begin{pmatrix} a_1 & a_2\cdots a_n \\ b_{a_1} & b_{a_2}\cdots b_{a_n} \end{pmatrix} \begin{pmatrix} 1 & 2\cdots n \\ a_1 & a_2\cdots a_n \end{pmatrix} \begin{pmatrix} b_1 & b_2\cdots b_n \\ 1 & 2\cdots n \end{pmatrix}$$

$$= \begin{pmatrix} b_1 & b_2\cdots b_n \\ b_{a_1} & b_{a_2}\cdots b_{a_n} \end{pmatrix}$$

但容易看出

$$\begin{pmatrix} b_1 & b_2\cdots b_n \\ b_{a_1} & b_{a_2}\cdots b_{a_n} \end{pmatrix} 与 \begin{pmatrix} 1 & 2\cdots n \\ a_1 & a_2\cdots a_n \end{pmatrix}$$

具有相同的循环结构，因为 $b_1, b_2, \cdots, b_n$ 只不过是 $1, 2, \cdots, n$ 的某种重排. 所以 bab^{-1}与 a 的不同仅在于对象的编号改变($1\rightarrow b_1, 2\rightarrow b_2, \cdots, n\rightarrow b_n$)，而这并不影响置换的循环结构.

例如，(1 2 3)与(1 3 2)同类，因为

$$(2\ 3)(1\ 2\ 3)(2\ 3)^{-1} = \begin{pmatrix} 2&3 \\ 3&2 \end{pmatrix} \begin{pmatrix} 1&2&3 \\ 2&3&1 \end{pmatrix} \begin{pmatrix} 3&2 \\ 2&3 \end{pmatrix}$$

$$=\begin{pmatrix}2&3\\3&2\end{pmatrix}\begin{pmatrix}3&2&1\\3&1&2\end{pmatrix}=\begin{pmatrix}3&2&1\\2&1&3\end{pmatrix}=\begin{pmatrix}1&3&2\\3&2&1\end{pmatrix}=(1\ 3\ 2)$$

根据以上对置换的循环结构的分析,可得出下列重要结论:

置换群 S_n 的类的数目=可能的循环结构的数目,而后者正是把 n 分成若干非负整数之和,即

$$n=f_1+f_2+\cdots \qquad (f_i\geqslant 0, i=1,2,\cdots)$$

的可能分法 $[f_1 f_2\cdots]$ 的数目,这里 f_i 表示第 i 个循环结构所包括的对象的数目. 为确切起见,不妨取

$$f_1\geqslant f_2\geqslant f_3\geqslant\cdots\geqslant 0$$

如 $n=2=2+0=1+1$,S_2 有两类元素,即

$[f_1 f_2]=[20]$,简记为 $[2]$,包含一个元素,即 $(1\ 2)$

$[f_1 f_2]=[11]$,包含一个元素,即单位元 $e=(1)(2)$

$n=3=3+0+0=2+1+0=1+1+1$,S_3 有 3 类元素,即

$[f_1 f_2 f_3]=[300]$,简记为 $[3]$,包含两个元素,即

$(1\ 2\ 3)$,$(1\ 3\ 2)$

$[f_1 f_2 f_3]=[210]$,简记为 $[21]$,包含 3 个元素,即

$(1\ 2)(3)$,$(2\ 3)(1)$,$(3\ 1)(2)$,或简记为

$(1\ 2)$,$(2\ 3)$,$(3\ 1)$

$[f_1 f_2 f_3]=[111]$,只包含一个元素,即单位元 $e=(1)(2)(3)$

其余类推. 习惯上还常用 Young 图来标记各类. 由于有限群的不等价不可约表示的数目=群的类的数目(见 B. 3). 所以人们也借用 Young 图来标记置换群的各不可约表示. 例如

n	$[f_1 f_2\cdots]$	Young 图
1	[1]	□
2	[2]	□□
	[11]	□ □
3	[3]	□□□
	[21]	□□ □
	[111]	□ □ □

例 S_3 群有 6 个元素,分成 3 类,其群结构(乘积表)如表 B. 2. 可以看出,偶置换 e、(123)、(132)构成 S_3 的一个子群,即交替群,阶 $n_{\mathscr{H}}=3(n_G/n_{\mathscr{H}}=2)$. 此子群是由两类元素组成,所以是 S_3 的不变子群,与表 B. 1 比较,可看出 S_3 群与 C_{3v} 群具有相同的群结构.

表 B.2 置换群 S_3 的乘积表

	e	(1 2 3)	(1 3 2)	(2 3)	(3 1)	(1 2)
e	e	(1 2 3)	(1 3 2)	(2 3)	(3 1)	(1 2)
(1 2 3)	(1 2 3)	(1 3 2)	e	(1 2)	(2 3)	(3 1)
(1 3 2)	(1 3 2)	e	(1 2 3)	(3 1)	(1 2)	(2 3)
(2 3)	(2 3)	(3 1)	(1 2)	e	(1 2 3)	(1 3 2)
(3 1)	(3 1)	(1 2)	(2 3)	(1 3 2)	e	(1 2 3)
(1 2)	(1 2)	(2 3)	(3 1)	(1 2 3)	(1 3 2)	e

B.3 群表示的基本定理

B.3.1 群表示的基本概念

(a)群表示定义

设群 G 与群 G' 同态对应($G \to G'$),G' 是由维数相同的非奇异矩阵构成的群,则称 G' 为 G 的一个表示(representation),

$$G \to G' = D(G) \qquad \text{矩阵群}$$

即设

$$g_i \to D(g_i), \qquad g_i \in G$$
$$g_k \to D(g_k), \qquad g_k \in G$$

而

$$g_l = g_i g_k \to D(g_l) = D(g_i)D(g_k)$$

我们就称 G' 是 G 的一个表示,矩阵的维数就称为表示的维数.

若 $G \leftrightarrow G'$(双向一一对应,或称同构对应),则称 G' 为 G 的一个单值表示.

如 $G' = D(G)$ 是由幺正矩阵组成,则称之为幺正表示.

讨论

(1) 群的单位元对应于群表示的单位矩阵.

设 g_0 为 G 的单位元,即 $g_0 g_i = g_i$,相应有 $D(g_0)D(g_i) = D(g_i)$. 用逆矩阵 $D(g_i)^{-1}$ 右乘,得 $D(g_0) = D(g_i)D(g_i)^{-1} = I$(单位矩阵).

(2) 群 G 的两个互逆的元素所对应的两个矩阵也互逆,即

$$D(g_i^{-1}) = D(g_i)^{-1}$$

因为

$$g_i g_i^{-1} = g_0 \to D(g_i)D(g_i^{-1}) = D(g_0) = I \qquad \text{(单位矩阵)}$$

所以 $D(g_i^{-1}) = D(g_i)^{-1}$.

(3) 表示中不能有任何矩阵为奇异矩阵. 例如,假设

$$\det D(g_1) = 0$$

于是 $D(g_1 g_i) = D(g_1) D(g_i)$ 也是奇异矩阵[因 $\det D(g_1 g_i) = \det D(g_1) \det D(g_i) = 0$]. 当 g_i 跑遍整个群 G, $g_1 g_i$ 也跑遍整个群 G, 因而 $D(g_1 g_i)$ 也跑遍整个群 G', 而它们都是奇异矩阵. 这与群表示的假设矛盾.

(b) 等价表示

设 $D(G)$ 是群 G 的一个表示. X 是维数与 $D(G)$ 相同的一个非奇异矩阵, 则 $XD(G)X^{-1}$ 也是群 G 的一个表示, 称为与 $D(G)$ 等价的一个表示. 因为设

$$g_i \to D(g_i), \qquad g_k \to D(g_k), \qquad (g_i, g_k \in G)$$

则有

$$g_i g_k \to D(g_i) D(g_k)$$

与此类似, 设

$$g_i \to XD(g_i)X^{-1}, \qquad g_k \to XD(g_k)X^{-1}$$

则有

$$g_i g_k \to XD(g_i g_k)X^{-1} = XD(g_i)D(g_k)X^{-1} = XD(g_i)X^{-1}XD(g_k)X^{-1}$$

群的一个表示和它的等价表示的差别仅在于表示空间基矢选择不同(两组基矢通过某种非奇异的线性变换 X 相联系), 此外无实质性差别. 所以在彼此等价的诸表示中, 只要选用其中一个即可. 这样, 找寻群的一切表示的问题, 就缩小为找寻它的所有彼此不等价的表示.

(c) 表示的直和

设 $D^{(1)}(G)$ 是群 G 的一个 f_1 维表示, $D^{(2)}(G)$ 是群 G 的一个 f_2 维表示, 则矩阵群

$$D(G) = \begin{pmatrix} D^{(1)}(G) & 0 \\ 0 & D^{(2)}(G) \end{pmatrix}$$

也是群 G 的一个表示, 维数为 $(f_1 + f_2)$, 称为表示 $D^{(1)}$ 和 $D^{(2)}$ 的直和(direct sum), 记为 $D(G) = D^{(1)}(G) \oplus D^{(2)}(G)$. 因为, 设

$$g_i \to D^{(1)}(g_i), \qquad g_k \to D^{(1)}(g_k)$$

则有

$$g_i g_k \to D^{(1)}(g_i) D^{(1)}(g_k)$$

同样, 设

$$g_i \to D^{(2)}(g_i), \qquad g_k \to D^{(2)}(g_k)$$

则有

$$g_i g_k \to D^{(2)}(g_i) D^{(2)}(g_k)$$

因此,

$$D(g_i)D(g_k)=\begin{pmatrix}D^{(1)}(g_i) & 0\\ 0 & D^{(2)}(g_i)\end{pmatrix}\begin{pmatrix}D^{(1)}(g_k) & 0\\ 0 & D^{(2)}(g_k)\end{pmatrix}$$

$$=\begin{pmatrix}D^{(1)}(g_i)D^{(1)}(g_k) & 0\\ 0 & D^{(2)}(g_i)D^{(2)}(g_k)\end{pmatrix}$$

$$=\begin{pmatrix}D^{(1)}(g_ig_k) & 0\\ 0 & D^{(2)}(g_ig_k)\end{pmatrix}=D(g_ig_k)$$

即 $D(g_ig_k)=D(g_i)D(g_k)$，所以 $D(G)$ 也是群 G 的一个表示.

(**d**)可约表示与不可约表示

设 $D(G)$ 为群 G 的一个表示. 如经过适当的相似变换之后，所有矩阵均可化为块对角(block-diagonal)形式，即

$$D(G)\rightarrow XD(G)X^{-1}=\begin{pmatrix}D^{(1)}(G) & & & \\ & D^{(2)}(G) & & \\ & & D^{(3)}(G) & \\ & & & \ddots\end{pmatrix}$$

$$=D^{(1)}(G)\oplus D^{(2)}(G)\oplus D^{(3)}(G)\oplus\cdots$$

则称表示 $D(G)$ 是可约的(reducible). 通过相似变换把一个表示化为维数较低的若干个表示的直和，称为表示的约化(reduction). 这相当于找一个表象(基矢)变换把空间分解成若干个不变子空间. 假如不存在任何相似变换可以把所有 $D(G)$ 矩阵都块对角化，则称表示 $D(G)$ 不可约(irreducible). 这样，找寻群 G 的一切表示的问题，又可进一步缩小为找出它的一切彼此不等价的不可约表示的问题.

B. 3. 2 有限群的表示的两条基本定理

定理 1 对于群 G 的任何一个表示 $D(G)$，必有一个与之等价的幺正表示.

定理 2 设 $D^{(j)}(G)(j=1,2,3,\cdots)$ 是群 G 的一系列彼此不等价的不可约表示，维数为 f_j，则

$$\sum_{i=1}^{n_G}D_{\mu\nu}^{(j)^*}(g_i)D_{\mu'\nu'}^{(j')}(g_i)=\frac{n_G}{f_j}\delta_{jj'}\delta_{\mu\mu'}\delta_{\nu\nu'} \tag{B. 3. 1}$$

n_G 为群元素的个数.(此定理称为群表示的正交性定理.)

定理 1 的证明

(1)试作厄米矩阵

$$H=\sum_{i=1}^{n_G}D(g_i)D(g_i)^+=H^+$$

它总可以通过一个幺正(表象)变换而对角化(对角元为实). 设经过幺正变换 U 之后，H 化为实对角矩阵 d

$$d = U^{+} HU = U^{+} \sum_i D(g_i)D(g_i)^{+} U$$

$$= \sum_i U^{+} D(g_i)UU^{+} D(g_i)^{+} U$$

$$= \sum_i \overline{D}(g_i)\overline{D}(g_i)^{+}$$

其中

$$\overline{D}(g_i) = U^{+} D(g_i)U = U^{-1} D(g_i)U$$

$\overline{D}$ 是与 D 等价的一个表示. d 的对角元为

$$d_{kk} = \sum_{ij} \overline{D}(g_i)_{kj} \overline{D}(g_i)^{+}_{jk} = \sum_{ij} |\overline{D}(g_i)_{kj}|^2$$

(2)d 记为

$$d = \begin{pmatrix} d_{11} & 0 & \cdots \\ 0 & d_{22} & \\ \vdots & & \ddots \end{pmatrix}$$

定义

$$d^{1/2} = \begin{pmatrix} d_{11}^{1/2} & 0 & \cdots \\ 0 & d_{22}^{1/2} & \\ \vdots & & \ddots \end{pmatrix}$$

其逆可表示为

$$d^{-1/2} = \begin{pmatrix} d_{11}^{-1/2} & 0 & \cdots \\ 0 & d_{22}^{-1/2} & \\ \vdots & & \ddots \end{pmatrix}$$

试作另一个等价表示 $\overline{\overline{D}}$,

$$\overline{\overline{D}}(g_i) = d^{-1/2} \overline{D}(g_i) d^{1/2} = d^{-1/2} U^{-1} D(g_i) U d^{1/2}$$
$$= (Ud^{1/2})^{-1} D(g_i)(Ud^{1/2})$$

(3)下面证明 $\overline{\overline{D}}$ 为一个幺正表示.

$$\overline{\overline{D}}(g_i)\overline{\overline{D}}(g_i)^{+} = d^{-1/2}\overline{D}(g_i)d^{1/2}(d^{-1/2}\overline{D}(g_i)d^{1/2})^{+} \qquad (d \text{ 为实})$$

$$= d^{-1/2}\overline{D}(g_i)d\overline{D}(g_i)^{+} d^{-1/2}$$

$$= d^{-1/2}\overline{D}(g_i) \sum_k \overline{D}(g_k)\overline{D}(g_k)^{+} \overline{D}(g_i)^{+} d^{-1/2}$$

$$= d^{-1/2} \sum_k \overline{D}(g_i g_k)\overline{D}(g_i g_k)^{+} d^{-1/2}$$

$$= d^{-1/2} \sum_k \overline{D}(g_k)\overline{D}(g_k)^{+} d^{-1/2} \qquad (\text{重排定理})$$

$$= d^{-1/2} \cdot d \cdot d^{-1/2} = I \qquad (\text{单位矩阵})$$

定理 2 的证明

下面分几步来证明：

(1) Schur 引理 1　设 $D(G)$为群 G 的一个不可约表示. 设矩阵 M 与所有 $D(G)$对易，即 $MD(g_i)=D(g_i)M, g_i\in G$，则 M 必为常数矩阵，即 $M=kI$.

(a)证明：设有厄米矩阵 H 与所有 $D(G)$对易，则 H 必为常数矩阵.

厄米矩阵 H 总可以通过幺正交换 U 而对角化，即 $d=U^{-1}HU$ 为实对角矩阵. 按假定，$HD(g_i)=D(g_i)H$，因而

$$U^{-1}HD(g_i)U=U^{-1}D(g_i)HU$$

$$U^{-1}HUU^{-1}D(g_i)U=U^{-1}D(g_i)UU^{-1}HU$$

由此得

$$d\overline{D}(g_i)=\overline{D}(g_i)d$$

其中 $\overline{D}(g_i)=U^{-1}D(g_i)U$. 上式取矩阵元，考虑到 d 为对角矩阵，我们有

$$d_{kk}\overline{D}_{kj}(g_i)=\overline{D}_{kj}(g_i)d_{jj}$$

所以

$$(d_{kk}-d_{jj})\overline{D}_{kj}(g_i)=0$$

这就要求 $d_{kk}=d_{jj}$(否则，当 $k\neq j$ 时，$\overline{D}_{kj}(g_i)=0$，即 $\overline{D}$ 可约，因而 D 可约，与假设矛盾). 这样，我们就证明了 d 的所有对角元相同，即 d 为常数矩阵，因而 $H=UdU^{-1}=dUU^{-1}=d$ 也是常数矩阵.

(b)按定理 1，不妨假设 $D(G)$为幺正表示，这并不失去证明的普遍性. 按假定

$$MD(g_i)=D(g_i)M \qquad (g_i\in G)$$

因而有

$$D(g_i)^+M^+=M^+D(g_i)^+$$

上式左乘 $D(g_i)$，右乘 $D(g_i)$，注意它是幺正表示，得

$$M^+D(g_i)=D(g_i)M^+ \qquad (g_i\in G)$$

即 M^+ 也与所有 $D(G)$对易. 因此，如果令

$$H_1=M+M^+, \qquad H_2=\mathrm{i}(M-M^+)$$

则 H_1 与 H_2 都是与所有 $D(G)$对易的厄米矩阵. 按照(a)，H_1 与 H_2 必为常数矩阵. 因而

$$M=\frac{1}{2}(H_1-\mathrm{i}H_2), \qquad M^+=\frac{1}{2}(H_1+\mathrm{i}H_2)$$

也是常数矩阵.(Schur 引理 1 证毕.)

按 Schur 引理 1，如能找到一个不是常数的非零矩阵与群 G 的某表示 $D(G)$的所有矩阵对易，则 $D(G)$必为可约表示.

(2) Schur 引理 2　设 $D^{(1)}(G)$和 $D^{(2)}(G)$为群 G 的两个不可约表示，维数分别为 f_1 和 f_2. 设有矩阵 M(f_1 列，f_2 行)满足

$$MD^{(1)}(g_i)=D^{(2)}(g_i)M \qquad (g_i\in G)$$

若 $f_1\neq f_2$，则 $M=0$. 若 $f_1=f_2$，则 $M=0$ 或非奇异矩阵(此时 $D^{(1)}$ 与 $D^{(2)}$ 表示等价).

证明 按定理1,不妨假设 $D^{(1)}$ 和 $D^{(2)}$ 均为幺正表示,为确切起见,设 $f_2 \geqslant f_1$. 分几步来证明.

(a)按假设

$$MD^{(1)}(g_i) = D^{(2)}(g_i)M \qquad (g_i \in G)$$

取厄米共轭

$$D^{(1)}(g_i)^+ M^+ = M^+ D^{(2)}(g_i)^+$$

考虑到 $D^{(1)}$ 与 $D^{(2)}$ 均为幺正表示($D^+ = D^{-1}$)上式可化为

$$D^{(1)}(g_i^{-1})M^+ = M^+ D^{(2)}(g_i^{-1})$$

左乘 M,得

$$MD^{(1)}(g_i^{-1})M^+ = MM^+ D^{(2)}(g_i^{-1}) \tag{B.3.2}$$

类似,设 $g_i \in G$,我们有

$$MD^{(1)}(g_i^{-1}) = D^{(2)}(g_i^{-1})M$$

右乘 M^+,得

$$MD^{(1)}(g_i^{-1})M^+ = D^{(2)}(g_i^{-1})MM^+ \tag{B.3.3}$$

比较式(B.3.2)与式(B.3.3),有

$$MM^+ D^{(2)}(g_i^{-1}) = D^{(2)}(g_i^{-1})MM^+$$

即

$$MM^+ D^{(2)}(g_i) = D^{(2)}(g_i)MM^+ \tag{B.3.4}$$

按照 Schur 引理1,MM^+ 必为常数矩阵,$MM^+ = kI$.

(b)设 $f_1 = f_2 = f$. 若常数 $k \neq 0$,则

$$\det(MM^+) = k^f \neq 0$$

因而,

$$\det(MM^+) = \det M \cdot \det M^+ \neq 0$$

即 $\det M \neq 0$,M 为非奇异矩阵,此时 $D^{(1)}$ 与 $D^{(2)}$ 表示等价.

若 $k=0$,即 $MM^+ = 0$,取对角元,有

$$(MM^+)_{ii} = \sum_j M_{ij} M_{ji}^+ = \sum_j |M_{ij}|^2 = 0$$

因此,必须 $|M_{ij}| = 0$,即 $M_{ij} = 0$,M 为0矩阵.

(c)设 $f_2 > f_1$. 此时可以把 M 补上一些零列,以构成 $f_2 \times f_2$ 方阵,记为 N

$$\begin{pmatrix} M_{11} & M_{12} \cdots M_{1f1} & 0 \cdots 0 \\ M_{21} & M_{22} \cdots M_{2f1} & 0 \cdots 0 \\ \vdots & \vdots \quad \vdots & \vdots \quad \vdots \\ M_{f_2 1} & M_{f_2 2} \cdots M_{f_2 f_1} & 0 \cdots 0 \end{pmatrix} \equiv N$$

显然,$\det N = 0$,而用矩阵乘法容易验明 $MM^+ = NN^+$. 按式(B.3.4),$NN^+ D^{(2)}(g_i)$

$=D^{(2)}(g_i)NN^{+}$，而 $D^{(2)}$ 是不可约表示，按 Schur 引理 1，得 $NN^{+}=MM^{+}=kI$. 所以

$$\det(NN^{+}) = k^{f_2}$$

但

$$\det(NN^{+}) = \det N \cdot \det N^{+} = 0$$

所以必然 $k=0$，即 $NN^{+}=MM^{+}=0$. 与(b)类似，可证明 N 和 M 为 0 矩阵.

(3) 设 $D^{(1)}(G)$ 和 $D^{(2)}(G)$ 是群 G 的两个不等价的不可约表示，维数分别为 f_1 维和 f_2 维. 设 X 是 f_1 列、f_2 行的任一矩阵，作

$$M = \sum_i D^{(2)}(g_i)XD^{(1)}(g_i)^{-1}$$

可以证明，$M=0$. 因为

$$\begin{aligned} D^{(2)}(g_k)M &= \sum_i D^{(2)}(g_k)D^{(2)}(g_i)XD^{(1)}(g_i)^{-1} \\ &= \sum_i D^{(2)}(g_kg_i)XD^{(1)}(g_kg_i)^{-1}D^{(1)}(g_k) \\ &= \sum_i D^{(2)}(g_i)XD^{(1)}(g_i)^{-1}D^{(1)}(g_k) \\ &= MD^{(1)}(g_k) \end{aligned} \tag{B.3.5}$$

按 Schur 引理 2，当 $f_1 \neq f_2$ 时，$M=0$，当 $f_1=f_2$ 时，$M=0$ 或非奇异矩阵(但此时 $D^{(2)}$ 与 $D^{(1)}$ 等价，与假设矛盾). 所以无论 f_1 与 f_2 相等与否，都有 $M=0$.

因此，

$$M_{\mu'\mu} = \sum_{i\rho\lambda} D^{(2)}_{\mu'\rho}(g_i)X_{\rho\lambda}D^{(1)}_{\lambda\mu}(g_i)^{-1} = 0$$

X 是任意的，不妨取 $X_{\rho\lambda}=\delta_{\rho\nu'}\delta_{\lambda\nu}$，则

$$M_{\mu'\mu} = \sum_i D^{(2)}_{\mu'\nu'}(g_i)D^{(1)}_{\nu\mu}(g_i)^{-1} = 0$$

考虑到 $D^{(1)}$ 为幺正表示，$D^{(1)-1}=D^{(1)+}$，所以上式化为

$$\sum_i D^{(2)}_{\mu'\nu'}(g_i)D^{(1)}_{\mu\nu}(g_i)^{*} = 0 \qquad (正交性) \tag{B.3.6}$$

(4) 假设 X 为 $f_1 \times f_1$ 方阵，作

$$M = \sum_i D^{(1)}(g_i)XD^{(1)}(g_i)^{-1}$$

与式(B.3.5)类似，可以证明

$$MD^{(1)}(g_k) = D^{(1)}(g_k)M$$

按 Schur 引理 1

$$M = kI \qquad (常数矩阵)$$

即

$$M_{\mu'\mu} = k\delta_{\mu'\mu} \tag{B.3.7}$$

另外,不言而喻,$D^{(1)}$与$D^{(1)}$等价,按 Schur 引理 2,必然$M\neq 0$. M的矩阵元为

$$M_{\mu'\mu}=\sum_i\sum_{\rho\lambda}D^{(1)}_{\mu'\rho}(g_i)X_{\rho\lambda}D^{(1)}_{\lambda\mu}(g_i)^{-1}$$

仍取$X_{\rho\lambda}=\delta_{\rho\nu'}\delta_{\lambda\nu}$,得

$$M_{\mu'\mu}=\sum_i D^{(1)}_{\mu'\nu'}(g_i)D^{(1)}_{\nu\mu}(g_i)^{-1} \tag{B.3.8}$$

其对角和为

$$\begin{aligned}\sum_\mu M_{\mu\mu}&=\sum_i\sum_\mu D^{(1)}_{\mu\nu'}(g_i)D^{(1)}_{\nu\mu}(g_i)^{-1}\\&=\sum_i\Big[\sum_\mu D^{(1)}_{\nu\mu}(g_i^{-1})D^{(1)}_{\mu\nu'}(g_i)\Big]\\&=\sum_i[D^{(1)}(g_i^{-1})D^{(1)}(g_i)]_{\nu\nu'}\\&=\sum_i D^{(1)}_{\nu\nu'}(g_i^{-1}g_i)=\sum_i D^{(1)}_{\nu\nu'}(g_0)\qquad(g_0\text{ 为单位元})\\&=\sum_i\delta_{\nu\nu'}=n_G\delta_{\nu\nu'}\end{aligned} \tag{B.3.9}$$

n_G为群G元素的个数.

比较式(B.3.7)与式(B.3.9),$\sum_\mu M_{\mu\mu}=kf_1=n_G\delta_{\nu\nu'}$,所以

$$k=\frac{n_G}{f_1}\delta_{\nu\nu'}$$

比较式(B.3.7)与式(B.3.8),考虑到$D^{(1)}$为幺正表示,最后得

$$\sum_{i=1}^{n_G}D^{(1)*}_{\mu\nu}(g_i)D^{(1)}_{\mu'\nu'}(g_i)=\frac{n_G}{f_1}\delta_{\mu\mu'}\delta_{\nu\nu'}\qquad(\text{归一性}) \tag{B.3.10}$$

把正交性关系(B.3.6)与归一性关系(B.3.10)联合起来,可表示成

$$\sum_{i=1}^{n_G}D^{(j)*}_{\mu\nu}(g_i)D^{(j')}_{\mu'\nu'}(g_i)=\frac{n_G}{f_j}\delta_{jj'}\delta_{\mu\mu'}\delta_{\nu\nu'}$$

(定理 2 证毕)

讨论

彼此不等价的不可约表示的正交归一性定理可表示为

$$\sum_{i=1}^{n_G}v^{(j)*}_{\mu\nu}(g_i)v^{(j')}_{\mu'\nu'}(g_i)=\delta_{jj'}\delta_{\mu\mu'}\delta_{\nu\nu'} \tag{B.3.11}$$

式中

$$v^{(j)}_{\mu\nu}(g_i)=\sqrt{\frac{f_j}{n_G}}\cdot D^{(j)}_{\mu\nu}(g_i) \tag{B.3.12}$$

我们不妨把$v^{(j)}_{\mu\nu}(g_i)$视为n_G维空间(群空间)中一个“矢量”的第i分量,每一“矢量”用(j,μ,ν)标记,则式(B.3.11)表示n_G维空间中这些“矢量”的正交归一性.设群G有c个不等价不可约表示,维数分别为$f_j(j=1,2,\cdots,c)$.对于给定$j,\mu,\nu=1$,

$2,\cdots,f_j$，因而有 f_j^2 个 $v_{\mu\nu}^{(j)}$. 这些正交归一的"矢量"的总数为 $\sum_j f_j^2$，它当然不能超过群空间的维数 n_G，所以

$$\sum_{j=1}^{c} f_j^2 \leqslant n_G \tag{B.3.13}$$

还可以证明(略)

$$\sum_{j=1}^{c} f_j^2 = n_G \tag{B.3.14}$$

即有限群的一切不等价不可约表示的维数平方之和等于群元素的个数(群阶).

还可以证明，有限群的不等价不可约表示的个数 c 等于群的类的数目.

以上两个关系对于寻找有限群的不可约表示是很有用的. 例如，对于 Abel 群，$c=n_G$. 按式(B.3.14)，必须 $f_j=1$(对所有 j)，即 Abel 群的不可约表示必为一维.

B.4 特　征　标

B.4.1 特征标概念

设 $D^{(j)}(G)$是群 G 的一个表示，其特征标(character)定义为

$$\chi^{(j)}(g_i) = \sum_{\mu} D_{\mu\mu}^{(1)}(g_i) \tag{B.4.1}$$

即表示矩阵的对角元之和，或称为矩阵之迹(trace). 根据矩阵求迹的规律，可得出下列两个结论：

(1)由于在相似变换下矩阵之迹不变，即特征标不因群表示空间基矢(表象)的选择而异，所以两个等价表示所相应的特征标是相同的. 因此根据特征标往往就可以判明群表示的许多重要性质. 在处理很多具体问题时，往往只需用到特征标，而不需要群表示本身. 当然，如人们已经找出了群的一个表示，根据式(B.4.1)定义，就可以计算其特征标. 但要找出群的不可约表示，一般说来，比找特征标要麻烦得多. 事实上，可以不必先找出群的表示而用其他办法计算出其特征标(参阅 B.4.3 节).

(2) 属于同一类的各元素所相应的群表示的特征标是相等的. 因此，特征标是"类函数". 因为，设元素 g_i 与 g_k 同类，即存在 $g_l\in G$，使 $g_k=g_l g_i g_l^{-1}$，因此 $D(g_k)=D(g_l)D(g_i)D(g_l^{-1})$，而

$$\begin{aligned}\mathrm{tr}D(g_k) &= \mathrm{tr}[D(g_l)D(g_i)D(g_l^{-1})] \\ &= \mathrm{tr}[D(g_l^{-1})D(g_l)D(g_i)] \\ &= \mathrm{tr}[D(g_l^{-1}g_l)D(g_i)]\end{aligned}$$

考虑到 $g_l^{-1}g_l$ 即单位元，因而 $D(g_l^{-1}g_l)$=单位矩阵，所以

$$\mathrm{tr}D(g_k) = \mathrm{tr}D(g_i)$$

例　转动群不可约表示的特征标.

转动角的值相同(不管转轴的取向)的所有转动都属于一类. 因此转角为 φ 的转动所相应的特征标可以如下方便地计算出,即选择转轴为 z 轴,此时,转动群的 $(2j+1)$ 维不可约表示为对角矩阵

$$D_{m'm}^{(j)}(\varphi,0,0) = e^{-im'\varphi}\delta_{m'm}$$

$$D^{(j)}(\varphi,0,0) = \begin{pmatrix} e^{-ij\varphi} & & & \\ & e^{-i(j-1)\varphi} & & \\ & & \ddots & \\ & & & e^{ij\varphi} \end{pmatrix} \tag{B.4.2}$$

特征标为

$$\chi^j(\varphi) = \sum_{m=-j}^{j} e^{-im\varphi} = \begin{cases} \dfrac{\sin[(j+1/2)\varphi]}{\sin[\varphi/2]}, & \varphi \neq 0 \\ 2j+1, & \varphi = 0 \end{cases} \tag{B.4.3}$$

B.4.2 几条重要定理

定理 1 群的不等价不可约表示的个数=群的类的个数.

定理 2 设群 G 有 c 类元素,则它的某个表示是不可约的判据(充分,必要)为

$$\frac{1}{n_G}\sum_{i=1}^{n_G}\chi^*(g_i)\chi(g_i) = \frac{1}{n_G}\sum_{\rho=1}^{c} n_\rho\chi^*(\rho)\chi(\rho) = 1 \tag{B.4.4}$$

其中 $\chi(\rho)$ 是第 ρ 类元素(有 n_ρ 个)相应的特征标.

定理 3 群的两个表示的特征标如果相等,则两个表示等价.

前面已提到,两个等价表示的特征标是相等的. 因此,两个表示等价的充分和必要条件是它们的特征标相等.

定理 4 有限群的特征标若为实数,则必为整数.

可以证明,置换群的特征标可取为实数. 又按 Cayley 定理,对于一个 k 阶群,总可以找到置换群 S_k 的一个 k 阶子群与之同构. 因此,有限群的特征标可取为实数. 此时,它们必取整数.

定理 1 的证明

利用不可约表示的正交归一性定理[B.3.2 节,式(B.3.1)],可得

$$\begin{aligned}\sum_{i=1}^{n_G}\chi^{(j)^*}(g_i)\chi^{(j')}(g_i) &= \sum_{i}\sum_{\mu\nu}D_{\mu\mu}^{(j)^*}(g_i)D_{\nu\nu}^{(j')}(g_i) \\ &= \sum_{\mu\nu}\frac{n_G}{f_j}\delta_{jj'}\delta_{\mu\nu} = \frac{n_G}{f_j}\delta_{jj'}\sum_{\mu=1}^{j}1 = n_G\delta_{jj'}\end{aligned} \tag{B.4.5}$$

此即特征标的正交归一性关系. 考虑到特征标是类函数. 设群 G 有 c 类元素,记为 $K_\rho(\rho=1,2,\cdots,c)$,$K_\rho$ 类含 n_ρ 个元素,对于不可约表示 $D^{(j)}$,它的特征标记为 $\chi^{(j)}(\rho)$. 令

$$v_{\rho}^{(j)} = \sqrt{\frac{n_{\rho}}{n_G}}\chi^{(j)}(\rho) \tag{B.4.6}$$

则式(B.4.5)化为

$$\sum_{\rho=1}^{c} v^{(j)*}(\rho) v^{(j')}(\rho) = \delta_{jj'} \tag{B.4.7}$$

$v^{(j)}(\rho)$可以看成 c 维空间中的一个“矢量”(用 j 标记)的第 ρ 分量($\rho=1,2,\cdots,c$).设群 G 有 c'个不等价不可约表示($j=1,2,\cdots,c'$),则式(B.4.7)表示有 c'个“矢量”彼此正交,因此 $c'\leqslant c$.还可以证明(略),$c'=c$,即不等价不可约表示的个数=群的类的个数.

定理 2 的证明

先假设群的某表示 $D(G)$是可约的,即经过相似变换之后可以化为块对角的形式

$$XD(G)X^{-1} = \begin{pmatrix} D^{(1)}(G) & & \\ & D^{(2)}(G) & \\ & & \ddots \end{pmatrix} \tag{B.4.8}$$

设 $D^{(1)},D^{(2)},\cdots$均为不可约表示,在 $D(G)$约化时,$D^{(j)}$出现 a_j 次(a_j 为非负整数).对式(B.4.8)求迹,得

$$\chi(g_i) = \sum_j a_j \chi^{(j)}(g_i) \tag{B.4.9}$$

利用不等价不可约表示的特征标的正交归一性关系(B.4.5),可得

$$\begin{aligned}\sum_i \chi^*(g_i)\chi(g_i) &= \sum_{jj'} a_j a_{j'} \sum_i \chi^{(j)*}(g_i)\chi^{(j')}(g_i)\\ &= \sum_{jj'} a_j a_{j'} n_G \delta_{jj'} = n_G \sum_j a_j^2\end{aligned}$$

所以

$$\sum_j a_j^2 = \frac{1}{n_G}\sum_{i=1}^{n_G}\chi^*(g_i)\chi(g_i) = \frac{1}{n_G}\sum_{\rho=1}^{c} n_{\rho}\chi^*(\rho)\chi(\rho) \tag{B.4.10}$$

如果一个表示是不可约的,则式(B.4.9)的系数 a_j 中只有一个不为 0.此时 $\sum_j a_j^2 = 1$.因此

$$\frac{1}{n_G}\sum_{i=1}^{n_G}\chi^*(g_i)\chi(g_i) = \frac{1}{n_G}\sum_{\rho=1}^{c} n_{\rho}\chi^*(\rho)\chi(\rho) = 1$$

此即式(B.4.4).

定理 3 的证明

设群表示 $D(G)$可约,如式(B.4.8)所示,其特征标如式(B.4.9)所示.用

$\chi^{(j')^*}(g_i)$乘式(B.4.9),求和

$$\sum_{i=1}^{n_G}\chi^{(j')^*}(g_i)\chi(g_i)=\sum_j a_j\sum_{i=1}^{n_G}\chi^{(j')^*}(g_i)\chi^{(j)}(g_i)$$
$$=\sum_j a_j n_G\delta_{jj'}=n_G a_{j'}$$

所以

$$a_j=\frac{1}{n_G}\sum_{i=1}^{n_G}\chi^{(j)^*}(g_i)\chi(g_i)$$
$$=\frac{1}{n_G}\sum_{\rho=1}^{c}n_\rho\chi^{(j)^*}(\rho)\chi(\rho) \tag{B.4.11}$$

a_j 值由群表示 $D(G)$的特征标 $\chi(\rho)$决定,不因表象变换而异.因此,如两个表示的特征标相等,则它们约化时,各不可约表示 $D^{(j)}$ 出现的次数是完全相同的.它们约化成块对角形式(B.4.8)之后,唯一可能出现的差别是各个 $D^{(j)}$ 在对角线上的位置不同,而这种位置上不同的表示是彼此等价的(可以通过一个相似变换把 $D^{(j)}$ 在对角线上的位置改变,使两者相同).

定理 4 的证明

按群表示基本定理 1(B.3.2 节),不妨假定 $D(G)$为幺正表示,即 $D^+D=1$.取对角元,得

$$\sum_\mu D^+_{\nu\mu}D_{\mu\nu}=\sum_\mu D^*_{\mu\nu}D_{\mu\nu}=1$$

设群表示已经通过相似变换化为对角形式,则上式化为 $D^*_{\mu\mu}D_{\mu\mu}=1$.如取 $D_{\mu\mu}$ 为实,则$(D_{\mu\mu})^2=1$,因而 $D_{\mu\mu}=\pm1$,从而 $\sum\limits_\mu D_{\mu\mu}$(即特征标)=整数.但特征标不因相似变换而异,因此特征标总可取为整数.

B.4.3 特征标的一种计算方法,类的乘积

下面介绍一种不必找出群表示而直接计算特征标的方法,即利用群元素之间的代数关系来找出特征标之间的关系,从而计算出特征标.

先介绍“类乘积”概念.设群 G 的 K_ρ 类含有 n_ρ 个元素 $g_l^{(\rho)}$,$l=1,2,\cdots,n_\rho$.令

$$K_\rho=\sum_{l=1}^{n_\rho}g_l^{(\rho)} \tag{B.4.12}$$

两个类之积表示为

$$K_\rho K_\mu=\sum_{l=1}^{n_\rho}\sum_{m=1}^{n_\mu}g_l^{(\rho)}g_m^{(\mu)} \tag{B.4.13}$$

设 $g\in G$,则

$$gK_\rho K_\mu g^{-1} = \sum_{lm} gg_l^{(\rho)}g^{-1}gg_m^{(\mu)}g^{-1}$$

$$= \sum_{lm} g_l^{(\rho)}g_m^{(\mu)} = K_\rho K_\mu \tag{B.4.14}$$

即类的乘积 $K_\rho K_\mu$ 总是若干类之和(它或者含有某类元素的全体,或者完全不含某类元素).因此

$$K_\rho K_\mu = \sum_\nu C_{\rho\mu\nu}K_\nu \qquad (C_{\rho\mu\nu}\text{ 为正整数}) \tag{B.4.15}$$

现在考虑群 G 的某不可约表示 $D(G)$.令

$$D_\rho = \sum_{g_i \in K_\rho} D(g_i) \tag{B.4.16}$$

即把 K_ρ 类诸元素所对应的表示矩阵相加.可以证明 D_ρ 为常数矩阵①,即

$$D_\rho = \lambda_\rho I \qquad (\lambda_\rho\text{ 待定}) \tag{B.4.17}$$

对式(B.4.16)、式(B.4.17)分别求对角和,进行比较,得

$$n_\rho \chi(\rho) = \lambda_\rho \chi(I) \tag{B.4.18}$$

$\chi(I)$即群表示的维数.因此

$$\lambda_\rho = n_\rho \chi(\rho)/\chi(I) \tag{B.4.19}$$

与式(B.4.15)相应的表示矩阵的关系为

$$D_\rho D_\mu = \sum_\nu C_{\rho\mu\nu}D_\nu \tag{B.4.20}$$

用式(B.4.17)、式(B.4.19)代入,得

$$n_\rho n_\mu \chi(\rho)\chi(\mu) = \chi(I)\sum_\nu C_{\rho\mu\nu}n_\nu\chi(\nu) \tag{B.4.21}$$

此即特征标之间的关系.设已给出群的乘积表,则 n_ρ、n_μ、n_ν、$C_{\rho\mu\nu}$ 均可求出.利用式(B.4.21),即可定出特征标.

例 求群 C_{3v}的不可约表示的特征标.

利用群 C_{3v}的乘积表 B.1,可得出类的乘积如下:

$$K_{C_3}K_{C_3} = 2K_1 + K_{C_3} \tag{B.4.22a}$$

$$K_\sigma K_\sigma = 3K_1 + 3K_{C_3} \tag{B.4.22b}$$

$$K_{C_3}K_\sigma = 2K_\sigma \tag{B.4.22c}$$

与式(B.4.15)比较,即可得出 $C_{\rho\mu\nu}$,然后代入式(B.4.21),即可求出特征标.

---

① $$D_\rho = \sum_{g_i\in K_\rho} D(gg_ig^{-1}), \qquad g\in G$$

$$= \sum_{g_i\in K_\rho} D(g)D(g_i)D(g^{-1}) = D(g)\sum_{g_i\in K_\rho} D(g_i)D(g)^{-1} = D(g)D_\rho D(g)^{-1}$$

所以 $D(g)D_\rho = D_\rho D(g)$,$g\in G$.由于 $D(g)$为不可约表示,按 B.3.2 节,Schur 引理 1,D_ρ 必为常数矩阵.

由于 C_{3v} 有 3 类元素，所以有 3 个不等价不可约表示. 设维数分别为 f_1、f_2 与 f_3，而 $f_1^2+f_2^2+f_3^2=6$(群阶)，它只有一个可能解，即$(f_1,f_2,f_3)=(1,1,2)$. 现分别求它们的特征标.

(a)计算一维表示[$\chi(I)=1$]的特征标.

对于 $\rho=\mu=C_3$，按式(B. 4. 22a)，式(B. 4. 21)表示为

$$2\cdot2\cdot\chi(C_3)^2=2+1\cdot2\cdot\chi(C_3)$$

即

$$2\chi(C_3)^2-\chi(C_3)-1=0$$

解之，得 $\chi(C_3)=1,-1/2$. 但特征标(实)必为整数，所以

$$\chi(C_3)=1$$

对于 $\rho=\mu=\sigma$，按式(B. 4. 22b)，式(B. 4. 21)表示为

$$3\cdot3\cdot\chi(\sigma)^2=3+3\cdot2\cdot\chi(C_3)=9$$

解之，得 $\chi(\sigma)=\pm1$. 这样，我们就求得了群 C_{3v} 的两个一维表示的特征标如下：

$\chi(I)$	$\chi(C_3)$	$\chi(\sigma)$
1	1	1
1	1	−1

(b)计算二维表示 $\chi(I)=2$ 的特征标.

对于 $\rho=\mu=C_3$，利用式(B. 4. 22a)，式(B. 4. 21)表示为

$$2\cdot2\cdot\chi(C_3)^2=2\cdot2\cdot2+2\cdot1\cdot2\cdot\chi(C_3)$$

即

$$\chi(C_3)^2-\chi(C_3)-2=0$$

解之，得 $\chi(C_3)=2,-1$.

对于 $\rho=\mu=\sigma$，利用式(B. 4. 22b)，式(B. 4. 21)表示为

$$3\cdot3\cdot\chi(\sigma)^2=2\cdot3\cdot2+2\cdot3\cdot2\cdot\chi(C_3)$$

即

$$3\chi(\sigma)^2=4+4\chi(C_3)$$

用 $\chi(C_3)=2$ 代入，得

$$\chi(\sigma)=\pm2$$

用 $\chi(C_3)=-1$ 代入，得

$$\chi(\sigma)=0$$

于是得出三个二维表示的特征标如下：

$\chi(I)$	$\chi(C_3)$	$\chi(\sigma)$
2	2	2
2	2	−2
2	−1	0

但可以判明[利用 B.4.2 节,式(B.4.4)],前两个表示是可约的(可分别约化为两个一维表示),而最后一个表示是不可约的.最后我们得出群 C_{3v} 的三个不等价不可约表示的特征标如下:

不可约表示的记号*)	$\chi(I)$	$\chi(C_3)$	$\chi(\sigma)$
A_1	1	1	1
A_2	1	1	−1
E	2	−1	0

*)这是研究分子对称性的点群理论中的习惯记号,A 标记一维表示,E 标记二维表示.

练习　试验证 C_{3v} 的 3 个不等价不可约表示 A_1、A_2 和 E 的特征标的正交归一性.

B.5　群表示的直积与群的直积

B.5.1　群表示的直积及其约化

设 $D^{(i)}(G)$ 为群 G 的一个 f_i 维不可约表示,$\psi_\mu^{(i)}(\mu=1,2,\cdots,f_i)$ 为表示空间的一组基矢,即

$$R\psi_\mu^{(i)} = \sum_{\mu'}\psi_{\mu'}^{(i)}D_{\mu'\mu}^{(i)}(R) \qquad (R\in G) \tag{B.5.1}$$

又设 $D^{(j)}(G)$ 为群 G 的一个 f_j 维表示,基矢 $\psi_\nu^{(j)}(\nu=1,2,\cdots,f_j)$

$$R\psi_\nu^{(j)} = \sum_{\nu'}\psi_{\nu'}^{(j)}D_{\nu'\nu}^{(j)}(R) \qquad (R\in G) \tag{B.5.2}$$

则基矢乘积 $\psi_\mu^{(i)}\psi_\nu^{(j)}$ 张开的 f_if_j 维空间[①],也可用以荷载群 G 的表示(但一般可约).

证明

$$\begin{aligned}R(\psi_\mu^{(i)}\psi_\nu^{(j)}) &= (R\psi_\mu^{(i)})(R\psi_\nu^{(j)}) \\ &= \sum_{\mu'\nu'}\psi_{\mu'}^{(i)}\psi_{\nu'}^{(j)}D_{\mu'\mu}^{(i)}(R)D_{\nu'\nu}^{(j)}(R)\end{aligned} \tag{B.5.3}$$

令

$$\begin{aligned}D_{\mu'\mu}^{(i)}(R)D_{\nu'\nu}^{(j)}(R) &\equiv [D^{(i)}(R)\times D^{(j)}(R)]_{\mu'\nu',\mu\nu} \\ &\equiv D_{\mu'\nu',\mu\nu}^{(i\times j)}(R)\end{aligned} \tag{B.5.4}$$

则

$$R(\psi_\mu^{(i)}\psi_\nu^{(j)}) = \sum_{\mu'\nu'}(\psi_{\mu'}^{(i)}\psi_{\nu'}^{(j)})D_{\mu'\nu',\mu\nu}^{(i\times j)}(R) \tag{B.5.5}$$

---

① 在多粒子体系的独立粒子模型中,体系的波函数可以表示为单粒子波函数的乘积.单粒子 Hamilton 量往往具有某种对称性.单粒子能级的诸简并态可荷载对称性群的不可约表示.乘积波函数在对称性变换下的性质是量子力学理论感兴趣的问题.这就涉及对称性群的两个不可约表示乘积的约化.对于转动群,就是角动量耦合表象的基矢按照非耦合表象基矢来展开的问题.

我们称 $D^{(i)}\times D^{(j)}$ 或 $D^{(i\times j)}$ 为不可约表示 $D^{(i)}$ 与 $D^{(j)}$ 的直积(direct product)①.

下面证明 $D^{(i\times j)}(G)$ 确系 G 的一个表示. 因为

$$
\begin{aligned}
D^{(i\times j)}_{\mu'\nu',\mu\nu}(RS) &\equiv D^{(i)}_{\mu'\mu}(RS)D^{(j)}_{\nu'\nu}(RS) \qquad (R,S\in G)\\
&= [D^{(i)}(R)D^{i}(S)]_{\mu'\mu}[D^{(j)}(R)D^{(j)}(S)]_{\nu'\nu}\\
&= \sum_{\lambda\sigma}D^{(i)}_{\mu'\lambda}(R)D^{(i)}_{\lambda\mu}(S)D^{(j)}_{\nu'\sigma}(R)D^{(j)}_{\sigma\nu}(S)\\
&= \sum_{\lambda\sigma}D^{(i\times j)}_{\mu'\nu',\lambda\sigma}(R)D^{(i\times j)}_{\lambda\sigma,\mu\nu}(S)\\
&= [D^{(i\times j)}(R)D^{(i\times j)}(S)]_{\mu'\nu',\mu\nu}
\end{aligned}
$$

即

$$
D^{(i\times j)}(RS) = D^{(i\times j)}(R)D^{(i\times j)}(S) \tag{B.5.6}
$$

所以 $D^{(i\times j)}(G)$ 确系群 G 的一个表示,其特征标即两个表示的特征标之积. 因为

$$
\begin{aligned}
\chi^{(i\times j)}(R) &= \sum_{\mu\nu}D^{(i\times j)}_{\mu\nu,\mu\nu}(R) = \sum_{\mu\nu}D^{(i)}_{\mu\mu}(R)D^{(j)}_{\nu\nu}(R)\\
&= \chi^{(i)}(R)\chi^{(j)}(R)
\end{aligned} \tag{B.5.7}
$$

两个不可约表示的直积,作为群的表示,一般是可约的,即可以化为若干个不可约表示的直和,记为

$$
D^{(i\times j)} = \sum_k a_k D^{(k)} \tag{B.5.8}
$$

a_k 是不可约表示 $D^{(k)}$ 重复出现的次数. 上式称为 Clebsch-Gordan 系列. a_k 由下式确定[参阅 B.4.2 节式(B.4.11)]

---

① 不同于通常矩阵乘法,两个矩阵 A 与 B 的直积 $A\times B$ 定义为

$$
(A\times B)_{i\alpha,k\beta} = \alpha_{ik}b_{\alpha\beta}
$$

例如,$A=\begin{pmatrix}a_{11} & a_{12}\\ a_{21} & a_{22}\end{pmatrix}$,$B=\begin{pmatrix}b_{11} & b_{12}\\ b_{21} & b_{22}\end{pmatrix}$,则

$$
A\times B=\begin{pmatrix}a_{11}B & a_{12}B\\ a_{21}B & a_{22}B\end{pmatrix}=\left(\begin{array}{cc:cc}a_{11}b_{11} & a_{11}b_{12} & a_{12}b_{11} & a_{12}b_{12}\\ a_{11}b_{21} & a_{11}b_{22} & a_{12}b_{21} & a_{12}b_{22}\\ \hdashline a_{21}b_{11} & a_{21}b_{12} & a_{22}b_{11} & a_{22}b_{12}\\ a_{21}b_{21} & a_{21}b_{22} & a_{22}b_{21} & a_{22}b_{22}\end{array}\right)
$$

显然,两个矩阵的直积的维数=两个矩阵维数之积. 两个对角矩阵的直积仍为对角矩阵. 矩阵直积的性质:

(1) 设 $A^{(1)}$ 与 $A^{(2)}$ 为 n 维矩阵,$B^{(1)}$ 与 $B^{(2)}$ 为 m 维矩阵,则

$$
(A^{(1)}\times B^{(1)})(A^{(2)}\times B^{(2)})=(A^{(1)}A^{(2)})\times(B^{(1)}B^{(2)})
$$

因为,左边

$$
[(A^{(1)}\times B^{(1)})(A^{(2)}\times B^{(2)})]_{i\alpha,k\beta}=\sum_{lr}(A^{(1)}\times B^{(1)})_{i\alpha,lr}(A^{(2)}\times B^{(2)})_{lr,k\beta}=\sum_{lr}a^{(1)}_{il}b^{(1)}_{\alpha r}a^{(2)}_{lk}b^{(2)}_{r\beta}
$$

右边 $[(A^{(1)}B^{(1)})\times(A^{(2)}B^{(2)})]_{i\alpha,k\beta}=(A^{(1)}A^{(2)})_{ik}(B^{(1)}B^{(2)})_{\alpha\beta}=\sum_{lr}a^{(1)}_{il}a^{(2)}_{lk}b^{(1)}_{\alpha r}b^{(2)}_{r\beta}$

(2) $(A\times B)^{-1}=A^{-1}\times B^{-1}$. 因 $(A\times B)(A^{-1}\times B^{-1})=(AA^{-1}\times BB^{-1})=I$,所以 $(A^{-1}\times B^{-1})=(A\times B)^{-1}$.

(3) 设 $A^{+}=A$,$B^{+}=B$,则 $(A\times B)^{+}=(A\times B)$,因 $(A\times B)^{+}=A^{+}\times B^{+}=A\times B$.

$$a_k = \frac{1}{n_G}\sum_{\rho} n_\rho \chi^{(k)^*}(\rho)[\chi^{(i)}(\rho)\chi^{(j)}(\rho)] \tag{B.5.9}$$

在式(B.5.8)中,如 $a_k \leqslant 1$,即任何两个不可约表示的直积在约化时,任何一个不可约表示最多只出现一次,则称群 G 为简单可约(simply reducible)①.

设不可约表示 $D^{(k)}$ 的基矢记为 $\psi_\lambda^{(k)}$ $(\lambda=1,2,\cdots,f_k)$. 在式(B.5.8)中,如 $D^{(k)}$ 重复出现多次$(a_k>1)$,则需用一个附加记号 τ_k 来区别它们,相应的基矢记为 $\psi_\lambda^{(k,\tau_k)}$. 令

$$\psi_\lambda^{(k,\tau_k)} = \sum_{\mu\nu}\langle i\mu j\nu \mid k\lambda\tau_k\rangle \psi_\mu^{(i)}\psi_\nu^{(j)} \tag{B.5.10}$$

$\langle i\mu j\nu | k\lambda\tau_k\rangle$称为推广的 Clebsch-Gordan 系数. 上式之逆可表示为

$$\psi_\mu^{(i)}\psi_\nu^{(j)} = \sum_{k\tau_k}\langle k\lambda\tau_k \mid i\mu j\nu\rangle \psi_\lambda^{(k,\tau_k)} \tag{B.5.11}$$

对于实幺正表示,则

$$\langle k\lambda\tau_k \mid i\mu j\nu\rangle = \langle i\mu j\nu \mid k\lambda\tau_k\rangle \tag{B.5.12}$$

则式(B.5.11)可表示成

$$\psi_\mu^{(i)}\psi_\nu^{(j)} = \sum_{k\tau_k}\langle i\mu j\nu \mid k\lambda\tau_k\rangle \psi_\lambda^{(k,\tau_k)} \tag{B.5.13}$$

Clebsch-Gordan 系数满足下列正交归一性关系:

$$\sum_{\mu\nu}\langle i\mu j\nu \mid k\lambda\tau_k\rangle\langle i\mu j\nu \mid k'\lambda'\tau'_k\rangle = \delta_{kk'}\delta_{\lambda\lambda'}\delta_{\tau_k\tau'_k} \tag{B.5.14}$$

$$\sum_{k\tau_k}\langle i\mu j\nu \mid k\lambda\tau_k\rangle\langle i\mu' j\nu' \mid k\lambda\tau_k\rangle = \delta_{\mu\mu'}\delta_{\nu\nu'} \tag{B.5.15}$$

B.5.2 群的直积及其表示

设有两个群,

$\mathscr{H}$,元素记为 h_α $\quad \alpha=1,2,\cdots,n_{\mathscr{H}}$

$\mathscr{K}$,元素记为 k_β $\quad \beta=1,2,\cdots,n_{\mathscr{K}}$

如果(i)$\mathscr{H}=\mathscr{K}$,或(ii)$h_\alpha k_\beta=k_\beta h_\alpha$,$h_\alpha\in\mathscr{H}$,$k_\beta\in\mathscr{K}$,则 $n_{\mathscr{H}}n_{\mathscr{K}}$ 个元素 $h_\alpha k_\beta$ 的集合也构成一个群,记为 $\mathscr{H}\times\mathscr{K}=G$(元素可记为 $g_{\alpha\beta}=h_\alpha k_\beta$),称为两个群的直积②.

证明

(a) $\mathscr{H}=\mathscr{K}$,按群的封闭性,$\mathscr{H}\times\mathscr{K}$ 就是原来的群.

---

① 如三维转动群,就是简单可约,

$$D^{(j_1)}\times D^{(j_2)} = \sum_{j=|j_1-j_2|}^{j_1+j_2} D(j).$$

② 设无相互作用的两个量子体系的对称性群分别为 G_1 和 G_2,则复合体系的对称性群为 $G=G_1\times G_2$,G_1 的元素作用于第一体系,G_2 的元素作用于第二体系,两种运算是对易的. 又例如,同一个体系的两种自由度,如粒子的轨道角动量与自旋,尽管它们都是三维空间转动的无穷小算符,但分别作用于空间和自旋波函数上,乘积是对易的. 如无自旋轨道耦合,则体系的空间旋转对称性为$(SO_3)_{轨道}\times(SO_3)_{自旋}$.

(**b**) 设 $h_\alpha, h_{\alpha'} \in \mathscr{H}, k_\beta, k_{\beta'} \in \mathscr{K}$,则 $h_\alpha k_\beta, h_{\alpha'} k_{\beta'} \in \mathscr{H} \times \mathscr{K}$,即 $g_{\alpha\beta}, g_{\alpha'\beta'} \in \mathscr{H} \times \mathscr{K} = G$. 此时,$g_{\alpha\beta} g_{\alpha'\beta'} = h_\alpha k_\beta h_{\alpha'} k_{\beta'} = h_\alpha h_{\alpha'} k_\beta k_{\beta'}$,由于 $h_\alpha h_{\alpha'} \in \mathscr{H}, k_\beta k_{\beta'} \in \mathscr{K}$,所以$(h_\alpha h_{\alpha'})(k_\beta k_{\beta'})$ 在 $\mathscr{H} \times \mathscr{K}$ 之中,即 $g_{\alpha\beta} g_{\alpha'\beta'}$ 在 $G = \mathscr{H} \times \mathscr{K}$ 之中,这就证明了群的封闭性. 又设 h_1 为 $\mathscr{H}$ 的单位元,k_1 为 $\mathscr{K}$ 的单位元,不难证明,$h_1 k_1$ 是 $G = \mathscr{H} \times \mathscr{K}$ 的单位元. 设 h_α 之逆为 h_α^{-1},k_β 之逆为 k_β^{-1},也不难证明 $g_{\alpha\beta} = h_\alpha k_\beta$ 之逆为 $h_\alpha^{-1} k_\beta^{-1}$.

不难证明:直积群 $\mathscr{H} \times \mathscr{K}$ 的类的数目=($\mathscr{H}$ 群的类的数目)×($\mathscr{K}$ 群的类的数目). 为此,只需证明:如 h_α 属于 $\mathscr{H}$ 的一类,k_β 属于 $\mathscr{K}$ 的一类,则 $h_\alpha k_\beta$ 构成 $\mathscr{H} \times \mathscr{K}$ 的一类. 事实上,对于 $\mathscr{H} \times \mathscr{K}$ 的任一元素 $h_\gamma k_\delta$,我们有

$(h_\gamma k_\delta)^{-1} h_\alpha k_\beta (h_\gamma k_\delta) = h_\gamma^{-1} k_\delta^{-1} h_\alpha k_\beta h_\gamma k_\delta = (h_\gamma^{-1} h_\alpha h_\gamma)(k_\delta^{-1} k_\beta k_\delta)$,而 $h_\gamma^{-1} h_\alpha h_\gamma$ 与 h_α 同属一类,$k_\delta^{-1} k_\beta k_\delta$ 与 k_β 同属一类,因此其乘积$(h_\gamma^{-1} h_\alpha h_\gamma)(k_\delta^{-1} k_\beta k_\delta)$,亦即 $(h_\gamma k_\delta)^{-1} h_\alpha k_\beta (h_\gamma k_\delta)$,在 $\mathscr{H} \times \mathscr{K}$ 中,与 $h_\alpha k_\beta$ 同属一类.

有些比较复杂的群可以表示为较简单的两个子群的直积. 此时,它们的不可约表示的性质(特征标等)就可以从较简单的子群的性质推出.

设群 G 有两个子群 $\mathscr{H}$ 和 $\mathscr{K}$,如果(i)子群 $\mathscr{H}$ 的元素与 $\mathscr{K}$ 的元素的乘积是对易的,(ii)G 的每一个元素可以表示成唯一的形式 $h_\alpha k_\beta$,($h_\alpha \in \mathscr{H}, k_\beta \in \mathscr{K}$),记为 $g_{\alpha\beta}$,则称 G 是其子群 $\mathscr{H}$ 与 $\mathscr{K}$ 的直积,记为 $G = \mathscr{H} \times \mathscr{K}$.

由上述要求可知:

(**a**)$\mathscr{H}$ 与 $\mathscr{K}$ 只有一个公共元素,即单位元素.

用反证法. 设 $h_1 = k_1 = e$(单位元). 又设 $\mathscr{H}$ 与 $\mathscr{K}$ 有另外一个公共元素 $h_2 = k_2$,则 $g_{12} = h_1 k_2 = h_1 h_2 = h_2 = h_2 k_1 = g_{21}$,这与(ii)矛盾.

(***b***)$\mathscr{H}$ 与 $\mathscr{K}$ 均为 G 的不变子群.

例如,设 $h_{\alpha'} \in \mathscr{H}, g_{\alpha\beta} = h_\alpha k_\beta$ 为 G 内任一元素,则

$$g_{\alpha\beta} h_{\alpha'} (g_{\alpha\beta})^{-1} = h_\alpha k_\beta h_{\alpha'} h_\alpha^{-1} k_\beta^{-1} = h_\alpha h_{\alpha'} h_\alpha^{-1}$$

仍在 $\mathscr{H}$ 中.

例 1 6 阶循环群可以表示成它的两个子群 $\mathscr{H}\{e, a^2, a^4\}$ 和 $\mathscr{K}(e, a^3)$ 的直积. $G = \mathscr{H} \times \mathscr{K}$:$\{e, a, a^2, a^3, a^4, a^5\}$.

例 2 $D_{3h} = C_{3v} \times C_s$ 是三角棱柱(triangular prism)的对称性群. 它包含两种对称性操作.

(a)在 xy 平面内的对称性操作(图 B.1)C_{3v},有 6 个元素:

$$e, C_3^{\pm}, \sigma_j (j = 1, 2, 3)$$

(b)σ_h(对 xy 平面的反射),$S_3^{\pm} = C_3^{\pm} \sigma_h$,$C_{2j} = \sigma_j \sigma_h (j = 1, 2, 3)$是绕垂直于 z 轴的 $11'$,$22'$,$33'$ 轴旋转 180°,共 6 个元素.

把$\{e, \sigma_h\}$记为 C_s. 由于 σ_h 与 C_{3v} 对易,有

$$D_{3h} = C_{3v} \times C_s$$

下面讨论群的直积的不可约表示.

设 $G=\mathscr{H}\times\mathscr{K}$，$\psi_\mu^{(i)}$ 是群 $\mathscr{H}$ 的不可约表示 $D^{(i)}$ 的基矢($\mu=1,2,\cdots,f_i$)，$\phi_\nu^{(j)}$ 是群 $\mathscr{K}$ 的不可约表示 $\Delta^{(j)}$ 的基矢($\nu=1,2,\cdots,f_j$)，则 $\psi_\mu^{(i)}\phi_\nu^{(j)}$(共 f_if_j 个)可以构成群 $G=\mathscr{H}\times\mathscr{K}$ 的表示空间的一组基. 如 $\mathscr{H}\neq\mathscr{K}$，则这一组基张开群 G 的一个 f_if_j 维不可约表示①.

证明 设

$$h\psi_\mu^{(i)}=\sum_{\mu'}\psi_{\mu'}^{(i)}D_{\mu'\mu}^{(i)}(h),\qquad h\in\mathscr{H}$$

$$k\phi_\nu^{(j)}=\sum_{\nu'}\phi_{\nu'}^{(j)}\Delta_{\nu'\nu}^{(j)}(k),\qquad k\in\mathscr{K}$$

于是

$$\begin{aligned}hk\psi_\mu^{(i)}\phi_\nu^{(j)}=h\psi_\mu^{(i)}k\phi_\nu^{(j)}&=\sum_{\mu'\nu'}\psi_{\mu'}^{(i)}\phi_{\nu'}^{(j)}D_{\mu'\mu}^{(i)}(h)\Delta_{\nu'\nu}^{(j)}(k)\\&=\sum_{\mu'\nu'}\psi_{\mu'}^{(i)}\phi_{\nu'}^{(j)}D_{\mu'\nu',\mu\nu}^{(i\times j)}(hk)\end{aligned}$$

其中

$$D^{(i\times j)}(hk)\equiv D^{(i)}(h)\times\Delta^{(j)}(k)$$

即

$$D_{\mu'\nu',\mu\nu}^{(i\times j)}(hk)\equiv D_{\mu'\mu}^{(i)}(h)\Delta_{\nu'\nu}^{(j)}(k)$$

设 $g=hk$，$g'=h'k'$，则

$$\begin{aligned}D^{(i\times j)}(gg')&=D^{(i\times j)}(hkh'k')=D^{(i\times j)}(hh'kk')\\&=D^{(i)}(hh')\times\Delta^{(j)}(kk')=D^{(i)}(h)D^{(i)}(h')\times\Delta^{(j)}(k)\Delta^{(j)}(k')\end{aligned}$$

利用 $(A\times B)(C\times D)=(AC)\times(CD)$，则

$$\begin{aligned}D^{i\times j}(gg')&=D^{(i)}(h)D^{(i)}(h')\times\Delta^{(j)}(k)\Delta^{(j)}(k')\\&=(D^{(i)}(h)\times\Delta^{(j)}(k))(D^{(i)}(h')\times\Delta^{(j)}(k'))\\&=D^{(i\times j)}(hk)D^{(i\times j)}(h'k')=D^{(i\times j)}(g)D^{(i\times j)}(g')\end{aligned}$$

这就证明了 $D^{(i\times j)}(G)$ 确系群 G 的一个表示. 下面证明它是不可约. 为此，只需计算其特征标

$$\chi^{(i\times j)}(hk)=\sum_{\mu\nu}D_{\mu\nu,\mu\nu}^{(i\times j)}(hk)=\sum_{\mu}D_{\mu\mu}^{(i)}(h)\Delta_{\nu\nu}^{(j)}(k)=\chi^{(i)}(h)\eta^{(j)}(k)$$

注意到群 $G=\mathscr{H}\times\mathscr{K}$ 的阶为 $n_{\mathscr{K}}n_{\mathscr{K}}$，而

$$\begin{aligned}\frac{1}{n_{\mathscr{H}}n_{\mathscr{K}}}\sum_g\chi^{(i\times j)}(g)\chi^{(i\times j)*}(g)&=\frac{1}{n_{\mathscr{H}}n_{\mathscr{K}}}\sum_{hk}\chi^{(i\times j)}(hk)\chi^{(i\times j)*}(hk)\\&=\frac{1}{n_{\mathscr{H}}}\sum_h\chi^{(j)}(h)\chi^{(j)*}(h)\cdot\frac{1}{n_{\mathscr{H}}}\sum_k\eta^{(j)}(k)\eta^{(j)*}(k)=1\end{aligned}$$

按 B.4.2 节定理 2，可知 $D^{(i\times j)}(G)$ 表示是不可约的.

---

① 若 $\mathscr{H}=\mathscr{K}$，就是同一个群的两个不可约表示的直积，它一般是可约的.

常用物理常量简表

	国际单位制	Gauss 单位制
Planck 常量	$h=6.626\,075\,5(40)\times10^{-34}\mathrm{J\cdot s}$ $\hbar=h/2\pi=1.054\,572\,66(63)\times10^{-34}\mathrm{J\cdot s}$ $=6.582\,122\,0(20)\times10^{-22}\mathrm{MeV\cdot s}$	$h=6.626\times10^{-27}\mathrm{erg\cdot s}$ $\hbar=1.055\times10^{-27}\mathrm{erg\cdot s}$ $=6.582\times10^{-22}\mathrm{MeV\cdot s}$
真空光速	$c=2.997\,924\,58\times10^{8}\mathrm{m\cdot s^{-1}}$	$c=2.998\times10^{10}\mathrm{cm\cdot s^{-1}}$
电子电荷	$e=1.602\,177\,33(49)\times10^{-19}\mathrm{C}$	$e=4.803\times10^{-10}\mathrm{esu}$
质子质量单位	$u=\frac{1}{12}$(^{12}C 原子质量) $=1.660\,540\,2(10)\times10^{-27}\mathrm{kg}$ $=931.494\,32(28)\mathrm{MeV}/c^2$	$u=1.660\,5\times10^{-24}\mathrm{g}$
真空电容率 真空磁导率	$\left.\begin{matrix}\varepsilon_0\\ \mu_0\end{matrix}\right\}\ \varepsilon_0\mu_0=1/c^2$ $\varepsilon_0=8.854\,187\,817\cdots\times10^{-12}\mathrm{F\cdot m^{-1}}$ $\mu_0=4\pi\times10^{-7}\mathrm{N\cdot A^{-2}}$	$\varepsilon_0=1$ $\mu_0=1$
精细结构常数	$\alpha=e^2/4\pi\varepsilon_0\hbar c=1/137.035\,989\,5(61)$	$\alpha=e^2/\hbar c\simeq1/137$
电子质量	$m_e=9.109\,389\,7(54)\times10^{-31}\mathrm{kg}$ $=0.510\,999\,06(15)\mathrm{MeV}/c^2$	$m_e=9.109\times10^{-28}\mathrm{g}$ $=0.511\mathrm{MeV}/c^2$
Bohr 半径	$a=4\pi\varepsilon_0\hbar^2/m_ee^2=0.529\,177\,249(24)\times10^{-10}\mathrm{m}$	$a=\hbar^2/m_ee^2=0.529\times10^{-8}\mathrm{cm}$
电子 Compton 波长	$\lambda\!\!\!^{-}_e=\hbar/m_ec=3.861\,593\,23(35)\times10^{-13}\mathrm{m}$	$\lambda\!\!\!^{-}_e=\hbar/m_ec=3.862\times10^{-11}\mathrm{cm}$
电子经典半径	$r_e=e^2/4\pi\varepsilon_0m_ec^2=2.817\,940\,92(38)\times10^{-15}\mathrm{m}$	$r_e=e^2/m_ec^2=2.818\times10^{-13}\mathrm{cm}$
Rydberg 能量	$hcR_\infty=m_ee^4/(4\pi\varepsilon_0)^2 2\hbar^2=m_ec^2\alpha^2/2$ $=13.605\,6981(40)\mathrm{eV}$	$hcR_\infty=m_ee^4/2\hbar^2=13.61\mathrm{eV}$
Bohr 磁子	$\mu_B=e\hbar/2m_e=5.788\,382\,63(52)\times10^{-11}$ $\mathrm{MeV\cdot T^{-1}}$	$\mu_B=e\hbar/2m_ec=9.273\times10^{-21}\mathrm{erg/Gs}$
质子质量	$m_p=1.672\,623\,1(10)\times10^{-27}\mathrm{kg}$ $=938.272\,31(28)\mathrm{MeV}/c^2$ $=1.007\,276\,470(12)u$ $=1\,836.152\,701(37)m_e$	$m_p=1.672\,6\times10^{-24}\mathrm{g}$ $=938.272\mathrm{MeV}/c^2$ $=1\,836.15m_e$
中子质量	$m_n=939.565\,63(28)\mathrm{MeV}/c^2$ $m_n-m_p=1.293\,318(9)\mathrm{MeV}/c^2$	$m_n=939.566\mathrm{MeV}/c^2$ $m_n-m_p=1.293\mathrm{MeV}/c^2$
Boltzmann 常量	$k=1.380\,658(12)\times10^{-23}\mathrm{J\cdot K^{-1}}$ $=8.617\,385(73)\times10^{-5}\mathrm{eV\cdot K^{-1}}$	$k=1.3807\times10^{-10}\mathrm{erg\cdot K^{-1}}$ $=8.617\,4\times10^{-5}\mathrm{eV\cdot K^{-1}}$
Avogadro 常量	$N_A=6.022\,136\,7(36)\times10^{23}\mathrm{mol^{-1}}$	$N_A=6.022\times10^{23}\mathrm{mol^{-1}}$

换算关系：$1\text{Å}=10^{-10}\mathrm{m}=10^{-8}\mathrm{cm}=0.1\mathrm{nm}$

$1\mathrm{fm}=10^{-15}\mathrm{m}=10^{-13}\mathrm{cm}$

$1\mathrm{b(barn)}=10^{-28}\mathrm{m^2}=10^{-24}\mathrm{cm^2}$

$1\mathrm{eV}=1.602\,177\,33(49)\times10^{-19}\mathrm{J}=1.602\times10^{-12}\mathrm{erg}$

$0℃=273.15\mathrm{K}$

本表选自 Particle Data Group 编，Review of particle properties，Phys Lett. **B204**(1988).

还可参阅 E. R. Cohen and B. N. Taylor，Physics Today，Aug. 1993，BG9-BG12.

参考书目

英文参考书目

Basdevant Jean-Louis & Dalibaed Jean. 2005. Quantum Mechanics. 2nd ed. Berlin: Springer

Gottfried K. & Yan T. M. 2003. Quantum Mechanics: Fundamentals. 2nd ed. New York: Springer-Verlag

Hey T. & Walters P. 2003. The New Quantum Universe, Cambridge University Press

中译本,雷奕安,新量子世界,湖南科技出版社,2005.

Landau L. D. & Lifshitz E M. 1977. Quantum Mechanics, Non-Relativistic Theory. Oxford: Pergamon Press

Merzbacher E. 1970. Quantum Mechanics. New York: Wiley

Robinett R. W. 1997. Quantum Mechanics. Oxford University Press

Sakurai J. I. 1995. Quantum Mechanics. Addison-Wesly, Reading, MA

Schiff L. 1967. Quantum Mechanics, 3rd ed. New York: McGraw-Hill

Shankar R. 1994. Principles of Quantum Mechanics. 2nd. ed. New York: Plenum Press

Tipler P. A., Llewellyn R. A. 2000. Modern Physics. 3rd ed. W. H. Freeman and Co

Wichmann E. H. 1971. Berkeley Physics Course. Vol. 4. Quantum Mechanics. McGraw-Hill

以上参考书适合初学者选用,以下为进一步参考书.

Aharnonov Y. & Rohrlich D. 2005. Quantum Paradoxes, quantum theory for the perplexed, Weinheim; VILEY-VCH Verlag & Co. KGaA

Bjorken J. D. & Drell S. D. 1964. Relativistic Quantum Mechanics. McGraw-Hill

Cohen-Tannoudji C., Diu B. & Laloe F. 1977. Quantum Mecuanics. Vol. 1, 2. John Wiley & Sons

Dirac P. A. M. 1958. The Principles of Quantum Mechanics. 4th ed. Clarenden, Oxford.

Feynman R. P., Leighton N. B. & Sands M. 1965. The Feynman Lectures on Physics. Vol. 3. Quantum Mechanics. Addison-Wesley, Reading, MA

Messiah A. 1961. Quantum Mechanics. Vol. 1, 2. Amsterdam: North-Holland

Sakurai J. I. 1967. Advanced Quantum Mechanics. Addison-Wesly, Reading, MA

Von Neumann J., 1955. Mathematical foundations of Quantum Mechanics. Princeton: Princeton University Press

Wheeler J. A. & Zurek, W. H. 1983. Quantum Theory and Measurement, Princeton: Princeton University Press

Weinberg S. 2013. Lectures on Quantum Mechanics. 2nd ed. Cambridge University Press

中文参考书目

曾谨言. 2013. 量子力学教程. 3 版. 北京:科学出版社

周世勋. 2009. 量子力学. 2 版. 北京:高等教育出版社

钱伯初. 2006. 量子力学. 北京:高等教育出版社

彭桓武,徐锡申. 1998. 理论物理基础. 北京:北京大学出版社

张永德.2002.量子力学.北京:科学出版社
裴寿镛.2008.量子力学.北京:高等教育出版社
柯善哲,肖福康,江兴方.2006.量子力学.北京:科学出版社
井孝功.2004.量子力学.哈尔滨:哈尔滨工业大学出版社
喀兴林.2001.高等量子力学.2版.北京:高等教育出版社
倪光,陈苏卿.2003.高等量子力学.上海:复旦大学出版社
张礼,葛墨林.量子力学的前沿问题.北京:清华大学出版社
曾谨言,裴寿镛.2000.量子力学新进展.第一辑.北京:北京大学出版社
曾谨言,裴寿镛,龙桂鲁.2001.量子力学新进展.第二辑.北京:北京大学出版社
曾谨言,龙桂鲁,裴寿镛.2003.量子力学新进展.第三辑.北京:清华大学出版社
龙桂鲁,裴寿镛,曾谨言.2007.量子力学新进展.第四辑.北京:清华大学出版社

量子力学习题参考书目

钱伯初,曾谨言.2008.量子力学习题精选与剖析.3版.北京:科学出版社
张鹏飞,阮图南,朱栋培,吴强.2011.量子力学习题解答与剖析.北京:科学出版社
吴强,柳盛典.2003.量子力学习题精解.北京:科学出版社
Flugge S., 1974. Practical Quantum Mechanics, 2nd ed. Berlin: Springer-Verlag 1974;
北京:世界图书出版公司重印.1994.
Basdevant Jean-Louis & Daliberd Jean, 2005. Quantum Mechanics. Solver
ter Haar D., 1975. Problems in Quantum Mechanics, 3rd. ed., London: Pion Ltd
Kogan V. I., Galitski V. M. 1963. Problems in Quantum Mechanics, Printice Hall
Constantmescu F. & Magyari Z. 1985. 量子力学习题与解答. 葛源译. 北京:高等教育出版社

索　引[①]

一　画

二　画

三　画

四　画

五　画

① 索引以笔画为序.同一笔画数中的各词,按第一个字的汉语拼音的字母先后为序.

六　画

七　画

八　画

九　画

十　画

十一画

十一画

十二画